Robert N. Bellah

［美］**罗伯特·贝拉** 著

孙尚扬 邵铁峰 刘一南 译

Religion in Human Evolution

From the Paleolithic to the Axial Age

人类进化中的宗教

从旧石器时代到轴心时代

北京大学出版社

PEKING UNIVERSITY PRESS

图书在版编目（CIP）数据

人类进化中的宗教：从旧石器时代到轴心时代/（美）罗伯特·贝拉著；孙尚扬等译.—北京：北京大学出版社，2024.4

ISBN 978-7-301-34212-1

Ⅰ.①人… Ⅱ.①罗…②孙… Ⅲ.①宗教史—研究—世界 Ⅳ.①B929.1

中国国家版本馆 CIP 数据核字（2023）第 204266 号

Religion in Human Evolution: From the Paleolithic to the Axial Age

by Robert N. Bellah

Copyright © 2011 by the President and Fellows of Harvard College

Published by arrangement with Harvard University Press through Bardon-Chinese Media Agency

Simplified Chinese translation copyright © 2024 by Peking University Press

ALL RIGHTS RESERVED

书　　　名	人类进化中的宗教：从旧石器时代到轴心时代 RENLEI JINHUAZHONG DE ZONGJIAO：CONG JIUSHIQI SHIDAI DAO ZHOUXIN SHIDAI
著作责任者	［美］罗伯特·贝拉（Robert N. Bellah） 著 孙尚扬 等译
责 任 编 辑	吴 敏
标 准 书 号	ISBN 978-7-301-34212-1
出 版 发 行	北京大学出版社
地　　　址	北京市海淀区成府路 205 号 100871
网　　　址	http://www.pup.cn 新浪微博：@北京大学出版社
电 子 邮 箱	编辑部 wsz@pup.cn 总编室 zpup@pup.cn
电　　　话	邮购部 010-62752015 发行部 010-62750672 编辑部 010-62757065
印 刷 者	涿州市星河印刷有限公司
经 销 者	新华书店
	965 毫米×1300 毫米 16 开本 49.25 印张 786 千字
	2024 年 4 月第 1 版 2024 年 4 月第 1 次印刷
定　　　价	198.00 元

谨以此书纪念梅兰妮·贝拉
并献给我们的孙子及孙子们的孙子

目　录

前　言

历史之井深如许。

——托马斯·曼:《约瑟夫和他的兄弟们》

精神貌似快速发展的那些时刻仍然在其当下的深处归属于它,正如它已经在历史中经历了所有这些时刻一样,它也必须在当下再次经历这些时刻。

——黑格尔:《历史中的理性》

颂其诗,读其书,不知其人,可乎? 是以论其世也,是尚友也。

——《孟子·万章下》

这是一部关于一个宏大主题的大书。因此,向读者解释一下本书为何如此篇幅巨长(它本可以还长很多倍),提供一幅路线图,并且回应一下那些可能会浮现在一些读者脑海中的反对意见,乃是我义不容辞之事。借引用上述三段文字,我将开始解释我力图做些什么。

托马斯·曼在他的《约瑟夫和他的兄弟们》一书开篇第一句话使用的历史之井的比喻,旋即由第二句话得到补充:"难道我们不应该谓之深不见底吗?"在以这几句话诘井篇的漫长序幕中,显而易见的是,当托马斯·曼开始讲述一个可追溯至公元前第二个千年的故事时,他担心自己会无休止地跌入历史,失去他为停止坠跌而伸出手对边沿的抓握,反而不断深入地骤然坠入那看似深不见底的井里。除此之外,他还为这样一个念头而颤栗:完全陷入生物进化中那些低于人类的深邃的裂缝之中。临到序幕的末尾,他又全神贯注于另外一种恐惧:历史是死的,坠入历史即是走向死亡。但是,他刚要写完序幕时,又获得了指导其事业的真理:他思考时间。"生命的过去,湮没而去(dead-and-gone)的世界"即是死亡,然而,死即是生,因为死亡乃是永恒之现在。因此,在论及过去时,他写道:"不论我们如何喋喋不休地说它曾经在,它都在,永远在。"①过去在,而且即使明明白白是死亡的,也还是生,被这一想法所萦绕,托马斯·曼乃着手为时十六年之久的写作项目,该书单行本的篇幅超过了1200页。

我们或许会说,黑格尔摭拾了类似于托马斯·曼关于井的比喻,并且以一种托马斯·曼未曾使用过的方式运用了这一比喻:井乃是供给我们活水的源泉,没有它我们就会死亡。黑格尔乃是我们现代的亚里士多德,他努力思考每一事物,并且将其置于时间、发展和历史之中。对黑格尔来说,若不了解客观精神的历史——哪怕我们错误地认为我们已经超越了这一历史——我们就无法了解客观精神,我们或许可将客观精神称作最深刻意义上的文化。除非我们在当下经历精神的历史中的所有时刻,否则,我们就无法知晓我们是谁,无法认清主观精神——也就是我们当下的文化的诸多可能性。

最后,孟子认为,可以在历史中找到朋友,如果我们努力理解这些朋友,他们对我们的事业将有所助益。②此处所引《孟子》之文的前面是这样一种思想:一个善士(Gentleman)——Gentleman是用来翻译古代汉语中的"君子"一词的英文术语,而君子指的是具有较高社会地位的人,孔子已经将其改造成用来指称具有较高道德品质的人的术语——要努力与他所在的乡、国乃至天下的善士交朋友,但是,也要与历史自身中的善士交朋友(《孟子》中的原文是:"一乡之善士,斯友一乡之善士;一国之善士,斯友一国之善士;天下之善士,斯友天下之善士。以友天下之善士为未足,又尚论古之人。"——本书楷体字皆为译者注,下同,不另注)。孟子是在提醒我们,可以在那些我们一直都在向其学习的古人中,嘤鸣求友。

---

① Thomas Mann, *Joseph and His Brothers* (New York: Knopf, 1958), 32-33.

② 尽管我以为我熟知《孟子》,但当肖阳引起我对这段文字的注意后,我才明白它与久久萦绕我心的头两段引文(指本书前言开篇引用的托马斯·曼和黑格尔的两段引文)有关。见 Yang Xiao, "How Confucius Does Things with Words: Two Hermeneutic Paradigms in the Analects and Its Exegeses", *Journal of Asian Studies* 66(2007):513。

艾瑞克·霍布斯鲍姆认为，我们最晚近的历史中文化变迁的加剧已经威胁到要让我们全然摆脱历史："割断一代又一代人之间的联系，也就是割断过去与现在之间的联系。"①这将威胁到我刚揭示的托马斯·曼、黑格尔和孟子都曾做出过贡献的整个规划，并且使得我们作为人类究竟是谁以及我们意欲何所去等都大成问题。没有过去，就没有将来：事情就这么简单。人们也许还会说，也没有现在。文化真空，这不太可能，但即便是这样的威胁也必须严肃对待，并且在最近已遭到对深度历史或大历史的呼唤的反驳。大卫·克里斯蒂安的《时间地图：大历史导言》和丹尼尔·罗德·史迈尔的《论深度历史与大脑》可以看作这个时代的征兆。② 克里斯蒂安和史迈尔所做的事就是将我们与我们作为一个物种的历史联系起来，我们这个物种乃是众多物种之一，而其他物种都是我们的亲族，他们将这种联系一直回溯至 35 亿年之前的单细胞有机体。克里斯蒂安甚至追溯到比这更远，即始于 135 亿年前的大爆炸，结束于几十亿年后衰变成"无特征均衡"状态的宇宙。克里斯蒂安和史迈尔两人都是历史学家，而且两人都承认，他们打破了其专业中相当顽强的禁忌，拒斥了如下既成的观点：历史始于文献，因此只有大约 5000 年之久，任何在此之前的东西都应该留给生物学家和人类学家。我愿追随他们，很谨慎地将我的关注点限定在一个论域之内，此即宗教，尽管宗教在前近代社会里乃是一个颇具包容性的范畴；并且将我的关注点限定在我们自己这个物种之内，只是偶尔扫视一下我们生物学意义上的祖先。我的结束点不是现在，而是公元前的第一个千年。个中缘由，我会在后面予以解释。

有一点是克里斯蒂安和史迈尔两人都视之为理所当然的，而我也深表赞同，这就是：历史可以一路往回追溯，任何在历史与史前史之间所做的区分都是武断的。这意味着生物的历史——也就是进化——是整个人类历史的一部分，尽管在很久以前它导致了文化的产生，并自那

① Eric Hobsbawm, *The Age of Extremes: The Short Twentieth Century, 1914-1991* (London: Weidenfeld and Nicolson, 1994), 15, 转引自 David Christian, *Maps of Time: An Introduction to Big History* (Berkeley: University of California Press, 2004)。

② David Christian, *Maps of Time*; Daniel Lord Smail, *On Deep History and Brain* (Berkeley: University of California Press, 2008).

以后一直与之共同进化。^① 这不可避免地要提出一些问题,而这些问题我只能在第二章中进行详细的探讨。第二章专注于人类进化这一背景中的宗教,但从一开始,我就必须简述一下。在《约瑟夫和他的兄弟们》的序幕中,托马斯·曼尤其惊恐于在"深不见底"的井中堕入人类之前的进化旋涡之中,但他大可不必如此惊恐。尽管他是从 1926 年至 1942 年,即在 20 世纪中期进化论获得重大进展之前撰写那本书的,但如果他有足够的时间,他仍然可以获得足够的资讯,以发现他在非人类的有机体中拥有许多朋友。比如说,那时候,人们就得知,拥有丰富氧气供给的地球大气层,并不是在太阳系的早年出现的,只是由于原始海洋中的单细胞有机体发现了如何利用光合作用以供养自己,由此而产生了氧气过剩,它才应运而生。而这种氧气过剩在超过 10 亿年的进程中创造了大气层,多细胞生命——植物、动物等等——得以在其中栖居于陆地上,这些地方先前还是寸草不生的岩石。我们可以大胆地提议对这些微小的生物略表谢忱,没有它们,目前存在于陆地上的所有的一切都不会存在。

对许多担心进化论与历史学合流的人来说,最令人不安的是这样一种信念:此二者是建基于两种完全不相容的方法论之上的,进化论是自然科学,是严格的决定论和化约论,容不得自由和创造性;而历史学则是一种人文研究,在这种研究中,人类的自由处于中心地位,既表现在其无与伦比的创造性之中,也表现在其令人恐惧的暴力之中。在某些形式的新达尔文主义,我姑且称之为原教旨主义派的达尔文主义中,可见到严格的决定论的身影。在这种达尔文主义里,进化的主体是基因,而且是自私的基因。而有机体则只是受选择之盲目力量任意摆布的工具,基因借助于选择而无休无止地繁殖自身。理查德·道金斯是这一观点的最有名的支持者,在其广为人知的《自私的基因》一书中,这一点尤其突出。在该书中,他写道:"我们是幸存的机器——被盲目地驱使以保存被称作基因的自私的分子的机器人式的工具。我将论

----

① 早先对这种共同进化所做的强有力的论证是克利福德·格尔茨(Clifford Geertz)的《文化的发育与心灵的进化》,见 *The Interpretation of Cultures* (New York: Basic Books, 1973 [1962]), 55—83 页。我很遗憾地说,那些以更为晚近的著作为基础就生物/文化的共同进化进行撰述的生物学家一律未引用这篇重要的论文。

证:在一种成功的基因之中,其可预期的主要品质就是冷酷无情的自私。这种基因的自私通常会导致个体行为中的自私。"①在《自私的基因》一书出版之后,道金斯的观点引起了广泛的关注,但是自那以后,其他与之竞争的观点也大行其道。②

大多数进化论的研究者继续相信——与道金斯的说法相反——是有机体在进化,而不仅仅是基因在进化。③ 玛丽·珍妮·韦斯特–埃贝哈德强调有机体(表型)在其自身进化过程中的角色:"我认为,在适应性进化中,基因是追随者,而不是领导者。"④马克·科尔施纳和约翰·葛哈特在他们那部重要的著作《生命的看似有理性》中,阐发了变异的生物控制(organismic control of variation)这样一个概念。"我们支持表型变异发生论,相信有机体确实参与到其自身的进化之中,而且是以一种与其变异与选择的漫长历史相关的偏向参与其中的。"⑤进化的行为与象征的方面具有特别的重要性,这些方面都是建基于遗传能力之上的,但其自身并非是在遗传上受到控制的,因为正是在那里,我们可能会找到宗教——从生物学意义上的开端而来的文化的发展——的大部分源泉。⑥

---

① Richard Dawkins, *The Selfish Gene*(New York:Oxford University Press, 1989), v, 2.

② 比如,参看 Stephen Jay Gould, *The Structure of Evolutionary Theory*(Cambridge, Mass.:Harvard University Press, 2002), 618-619, 638-641.玛丽·米奇利(Mary Midgley)在《作为一种宗教的进化论》(*Evolution as a Religion*, New York:Routledge, 2006[1985])一书中辩称,用像"自私的"这样的伦理学术语来描述诸如基因之类的生物实体,首先就是一种范畴错误。也可参考 Joan Roughgarden, *The Genial Gene: Deconstructing Darwinism Selfsihness*(Berkeley:University of California Press, 2009)。

③ 在《自私的基因》之后,道金斯接着撰写了《扩展的表型》(*Extended Phenotype*, New York:Oxford University Press, 1982)。实际上,在该书中,道金斯本人就已注意到,无论你认为进化的基本单位是基因还是有机体,这都只是解释的问题,而不是事实,每种解释都能自圆其说。

④ Mary Jane West-Eberhard, "Developmental Plasticity and the Origin of Species Differences", *Proceedings of the National Academy of Sciences USA* 102, suppl.1(2005):6547. 也可参考 Eva Jablonka and Marion J. Lamb, *Evolution in Four Dimensions: Genetic, Epigenetic, Behavioral, and Symbolic Variation in the History of Life*(Cambridge, Mass.:MIT Press, 2005)。

⑤ Marc Kirschnerand and John Gerhart, *The Plausibility of Life: Resolving Darwine's Dilemma*(New Haven:Yale University Press, 2005), 252-253.

⑥ 在进化论心理学之内,有一种思路称,宗教的一些特征是遗传的(genetic),包括像"超自然的存在"之类的"模块"(modules)在内。但是,许多心理进化与文化进化的研究者仍然不甚确信。有一种"宗教基因"或者一种"上帝基因",这太不可能了。

演化语言学家德里克·比克顿指出,我们必须回溯到很遥远的时代,以发现这些开端。在论及语言,但隐含地论及文化时,他写道:"几乎先前所有考察起源的尝试都遇到了这样的麻烦,那就是它们回溯得都不够遥远。如果想彻底了解所有相关的语言,我们也许必须追溯到最低等的有生命动物,因为语言根本上取决于意志与原始意识的母体,而这种母体一定是在数亿年以前就已经初具规模了。"[1]

xiii　　约翰·奥德林-斯米和他的同事们在《生态位的建构:进化中被忽视了的过程》一书中,对有机体参与其自身进化——一种重要的行为进化——的程度,提供了非常引人深思的阐述。约翰·奥德林-斯米等人称,除非我们弄清有机体如何积极地为它们自身的进化创造条件,否则,我们就不可能理解进化。自然选择确实是盲目的,但吊诡的是,它会导向有目的的行动:"如果说自然选择是**盲目**的,而生态位的建构却是**有语义根据的**(semantically informed),并且是**有目标导向的**,那么,进化必定由一个完全**无目的的**过程所构成,这个过程即是自然选择,为**有目的的**有机体亦即进行生态位建构的有机体所做的选择。至少就以下情况而言,这一点必定是正确的:被自然选择选中的建构生态位的有机体发挥着作用,**以求**生存和繁衍。"[2]因此,道金斯的以下论点是根本错误的:生物选择的单位是基因,而有机体是"用后即扔的求生机器"。如果有机体能够学习,而此种学习能改变其环境,并因此而改变其后代的生存机会,那么,正是有机体——尽管它肯定包括基因(约翰·奥德林-斯米等人称之为基因表型[phenogenotype])——才是进化的"核心单位"。[3]

---

[1] Derek Bickerton, *Roots of Language*(Ann Arbor:Karoma, 1981),216.对这一思想更充分的阐发,参比克顿的《语言与物种》(*Language and Species*, Chicago:Chicago University Press, 1990),尤其是第四章"象征体系的起源"。

[2] John Odling-Smee, Keven N. Laland, and Marcus W. Feldman, *Niche Construction: The Neglected Process in Evolution*(Princeton:Princeton University Press, 2003),186;也参176页的表4.1,这些地方对自然选择和生态位建构做了比较。Terrence W. Deacon 在其尚未完稿的《心由物生:生命产生的动力》(*Mind from Matter: The Emergent Dynamics of Life*)中,强调了与有机体相关的目的论思想的不可避免性。

[3] Odling-Smee, Laland, and Feldman, *Niche Construction: The Neglected Process in Evolution*, 365-366,也参21、243页。

6　人类进化中的宗教

在人类与非人类的哺乳动物和鸟类之间,有着大量的连续性,有些在基因上密切相关,而有些则相当疏远,对此,我将在第二章中进一步予以探讨。但其中有同理心,包括偶尔产生的对其他物种成员的同理心、一种正义感、一种寻求多种形式的合作的能力。① 正如我们将会看到的那样,仅见于哺乳动物和鸟类之中的游戏——也许有少数例外——是特别重要的进化遗产。并非一切都那么美好:侵犯与暴力也在进化,其后果特别严重,这就是人类与我们最亲近的灵长类近亲黑猩猩蓄意屠杀自己物种的成员。

整个进化的意义究竟何在? 这使我们陷入一些重大问题,而这些问题几乎不可避免地要变成与宗教部分重叠的关于终极意义的问题。有些科学家已经对跨越几十亿年的浩大的进化过程表现出"敬畏",而敬畏是否会让我们迈入一个不同于科学的领域,是我们后面不得不考虑的事情。道金斯写道:"我们所观察到的宇宙确实拥有没有设计,没有目的,没有善恶,只有盲目无情的冷漠的那些特性。"② 即便进化像道金斯描写的那样被宣布是没有意义的,那也是一种宗教立场:生命的终极意义就是没有意义。也许道金斯也迈入了另外一个领域。

我一直力图揭示,进化较之于一些生物学家和许多人文主义者所想象的要复杂得多,在进化中,意义和目的拥有一席之地,而且意义与目的也在进化。我对进化的兴趣特别专注于能力的进化——这是历史引人注目的一个部分:创造氧气的能力;在周遭只有单细胞有机体的几十亿年之后,形成庞大且复杂的有机体的能力;调节体温的能力——鸟

xiv

---

① 对这些能力的浅显易懂的探讨,参 Marc Bekoff and Jessica Pierce, *Wild Justice: The Moral Lives of Animals* (Chicago: University of Chicago Press, 2009)。也参 Frans de Waal, *The Age of Empathy: Nature's Lessons for a Kinder Society* (New York: Harmony House, 2009)。

② Richard Dawkins, *River Out of Eden* (New York: Basic Books, 1996), 133. 在拉夫加登 (Roughgarden)的《利于生长的基因》(*The Genial Gene*)一书中,我看到了引自《自私的基因》的这段引文和前面的一段引文,但没有注明页码。我寻获这些书籍(以及她参考的道金斯的其他几种著作),为的是找到页码,并且读完了它们。我逐渐对道金斯表现出相当的尊重,但也慢慢相信,他经常放任自己的修辞偏离主题。我也了解到,与我想象的不同,生物学乃是一个聚讼纷纭的领域,更像社会科学;而道金斯的观点并不能被视作该领域现状的代表。

类与哺乳动物保持恒定的体温以便在极端炎热或寒冷的气温中生存的能力；花费数天或者数周（许多鸟类与哺乳动物即是如此），或者数年（黑猩猩与其他猿类即是如此），或者数十年的时间（人类即是如此）养育无法凭借其自身力量生存下去的幼崽和小孩的能力；制造原子弹的能力。进化并未向我们保证，我们会聪明地或很好地运用这些新能力。这些能力能够帮助我们，或许也能毁灭我们，这端赖于我们如何对待这些能力。

我希望，这澄清了我所说的进化的含义是什么，以及为什么我认为如果想了解我们是谁、我们会向何处去，这是很重要的。但是，我所说的宗教指的是什么呢？什么是宗教的进化呢？宗教是一种复杂的现象，不易界定，不过，我将用头两章的大部分篇幅努力界定宗教。为了开个好头，我将利用格尔茨的著名定义。[①] 转述一下他的说法：宗教是一个象征的系统，在其被人类制定之时，便会确立强有力的、无处不在的和长效的情感与动机，就生存的普遍秩序这一观念而言，这些情感和动机可谓意义重大。[②] 留意一下格尔茨所排除的东西是很有趣的。这个定义没有提及"对超自然存在的信仰"或"对神祇或上帝（gods ［God］）的信仰"，当今许多定义都认为这理所当然地是必不可少的。这并不是说格尔茨或者我认为这些信仰在宗教中是付之阙如的——尽管在某些情况下可能是这样的——而只是说这些信仰并非定义的根本方面。

我同意格尔茨的说法，对宗教（正如对包括科学在内的人类活动的许多方面一样）而言，象征乃是根本。也就是说，只是随着语言的产

---

① 格尔茨，尤其是他的那篇论宗教作为一种文化体系的论文，将笼罩这篇前言的大部分行文，直到我准备为撰写这篇前言而重读他的那篇论文时，我都没料想到他会这样盘桓在我的心头。我不太能原谅格尔茨，因为他80岁时就去世了，不能阅读我所写的东西，并作出回应。

② 格尔茨的全部定义是这样的："宗教是（1）一个象征体系，（2）用来在人类之中确立强有力的、无处不在的和长效的情感与动机，（3）而它凭借的是形构关于生存的普遍秩序的观念，（4）并且为这些观念披戴上实在性的光环，（5）以至于这些情感与动机看上去具有独特的逼真性。"Geertz, "Religion as a Cultural System", in *The Interpretation of Cultures* (New York: Basic Books, 1973［1966］), 90.

生,宗教才成为可能。① 对我来说,尽管在某些非人类的动物中,出现过一些发展,这些发展提供了资源,而这些资源有助于后来宗教在人类中的产生,但是,关于前语言的宗教这一观念,正如"黑猩猩的灵性"这样的观念一样,是难以置信的。甚至有这样的可能性,即在早期的人属(genus homo)这个更早的物种中,尤其是在直立人(homo erectus)中,已经发展出了像宗教一样的东西。直立人可能已经拥有了某种原型语言,但尚无现代完整的句法语言。

在《作为一种文化体系的宗教》(Religion as a Cultural System)这篇论文中,格尔茨力图详细说明,与由其他象征体系组成的许多其他领域相比,宗教究竟是什么。格尔茨追随阿尔弗雷德·舒茨(Alfred Schutz),将这几个文化领域与日常生活世界进行了对比,而舒茨将日常生活的世界视为生活的"最高实在"。诚如格尔茨所说的那样: xv

> 正像舒茨所说,常识客体与实际行动的日常世界是人类经验的最高实在,谓其最高乃因为它是我们最坚实地植根于其中的世界,其固有的现实性,我们很难予以质疑(不论我们可以质疑的部分占这个世界的比例有多大),这个世界的压力与要求也是我们无从逃脱的。②

诚如舒茨已经指出的那样,那将常识凸显为一种"看"(seeing)的方式的,乃是将世界、世界的客体及其过程简单地接受为恰如它们看上去所是的存在——这有时被称作朴素的实在

---

① 我原本以为我会对塔拉尔·阿萨德(Talal Asad)论格尔茨及其宗教概念的论文保持沉默,以沉默言说。阿萨德的论文初次发表时,题为《人类学的宗教概念:对格尔茨的反思》,载 Man, n.s., 18(1983):237-259,后再印于他的《宗教的谱系:基督教与伊斯兰教中对权力的规训与思考》(Genealogies of Religion: Discipline and Reasons of Power in Christianity and Islam, Baltimore: Johns Hopkins University Press, 1993, 27-54),再印时有所修改,并略微温和一些。但是,我这份前言最初的阅读者们向我指出,阿萨德的论文形塑了整整一代人对格尔茨的看法。尽管我仔细阅读过该文,并且读过不止一遍,但是我不能在此费时逐一反驳阿萨德的论断。我只能向严肃的读者推荐,他们应该去阅读格尔茨本人的著作,看看阿萨德的责难是否适用。他们也许还应该浏览一下爱德华·萨义德的《东方主义》(Orientalism, New York: Pantheon Books, 1978)一书对格尔茨的参考,以弄清萨义德与阿萨德的观点之间的差异。

② Geertz, "Religion", 119, citing Alfred Schutz, "On Multiple Realities", in Schutz's Collected Papers, vol.1, The Problems of Social Reality (The Hague: Martinus Nijhoff, 1967), 226-228.

论——和实用的动机,亦即这样一种愿望:对这个世界有所作用以便使其屈从于人们的实际目标,去控制它,或者只要这被证明是不可能的时候,就去适应它。①

对舒茨来说,日常生活世界的特征是奋斗、劳作和焦虑。它是运作、适应和求生的最重要的世界。一些生物学家和历史学家认为,一切不过如此而已,日常生活世界就是这样一个世界。然而,在使用语言的人类中,日常生活世界从来就不是一切不过如此而已。人类文化导致的其他实在不可能沉沦,而只是会与日常生活世界交叉重叠,日常生活世界里冷酷无情的功利主义从来就不可能是绝对的。

除了下文会对日常生活世界做更充分的讨论外,现在,我们可以对另外两件事做些说明。尽管日常生活世界具有"显而易见的现实性",但它是一个由文化、象征建构的世界,而不是它实际所是的那个世界。因此,它本身是依据时间和空间而变化的,即使跨越历史的和文化的景观,也多有相同,但偶尔也会迥然不同。但是,因为日常生活世界看上去是"自然的",因此对显现出来的日常生活的不信任的悬置便是题中应有之义。在舒茨所说的"自然的态度"中,人们"会将以下的怀疑放入括弧之中,即世界及其客体可能不同于它向人们所显现的样子"。②

这里,饶有意味的是,在格尔茨终其一生都兴致益然的形形色色的其他世界——文化领域、象征体系里,日常生活的常识世界放置在"任何事物都可以不同于它显现的样子"这一观念两边的括弧被去掉了。在这些其他的世界里,天经地义的预设不再支配一切。在《作为一种文化体系的宗教》一文里,格尔茨根据世界可能被解释的方式,将宗教的视角与常识世界之外的另外两种视角进行了比较,这两种视角是科学的与美学的视角。③ 他说,在科学的视角里,日常生活的天经地义消

xvi

---

① Geertz, "Religion", 111, citing Alfred Schutz, "On Multiple Realities", 208-209.

② Alfred Schutz, "On Multiple Realities", 229.

③ 斯蒂芬·杰伊·古尔德(Stephen Jay Gould)曾谈及科学与宗教是"不交错重叠的领域"(magisteria),不交错重叠是因为它们做的是不同的事情,一个处理事实并解释事实,另一个则处理终极性的意义与道德价值。当他如此论述时,他可能发现了与格尔茨的文化领域这一观念相似的东西。见古尔德:《各时代的基石:生命的丰盛之中的科学与(转下页)

失不见了："刻意的怀疑与系统的探究,悬置实用的动机,青睐于客观公正的观察,依据正式的概念分析世界——这些概念与常识的非正式的概念之间的关系越来越成问题——的尝试,都是那些试图科学地把握世界的努力之特点。"①对我来说,格尔茨关于美学视角的观点有点怪异,我不会继续探究他的这一观点,而会在这篇前言临近结尾时再简要地回到这一观点卓尔不群的特征。

正是以其对仪式的讨论,格尔茨最直截了当地向我们展示了宗教作为一种文化体系的特别之处,展示了是什么使得宗教有别于其他领域,因为仪式不仅是宗教信仰,而且也是宗教行为。格尔茨以一种我无法加以改进的方式对仪式做了概述:"在仪式中,在一套象征形式的媒介之下融为一体的生活的世界与想象的世界,最终成为同一个世界,并由此在人们对实在的感知中产生一种非同小可的转化,在我的引文中,桑塔亚纳提到了这一点……[正是]从宗教仪式的具体行为这一语境中,宗教信念出现在人类这一层面上……在这些可塑的戏剧中,人们获得了他们的信仰,一如他们演示信仰一样。"②他的引文中有一段是这样写的:"(一种宗教)开启的景观及其提出的神话是用来生活于其中的另外一个世界,而用来生活于其中的另外一个世界——不论我们是否期待完全投身于其中——乃是我们拥有一种宗教的意蕴之所在。"(乔治·桑塔亚纳:《宗教中的理性》)

为了阐释他的论点,格尔茨一如既往地提供了关于仪式如何创造世界的一些事例。他的最为深广的事例来自巴厘岛——邪恶而令人恐惧的巫后、作为恐惧本身的兰达(Rangda)与一种滑稽的羊狗龙、力图保护村民不受兰达之害的巴龙(Barong)之间的仪式性搏斗,在这一仪式中,搏斗不可避免地要以平局结束。在研讨的过程中,格尔茨描述了可以用兰达与巴龙之间的搏斗来概括巴厘岛民文化之核心关切的许多方式,但是,他总结道:

(接上页)宗教》(*Rocks of Ages: Science and Religion in the Fullness of Life*, New York: Ballantine Books, 2002)。文化的各个领域是否像它们影响日常生活世界一样,从来就完全不会交错重叠,这是一个开放的问题。

① Geertz, "Religion", 111.

② Ibid., 112-114.

正是在实际表演的语境中，在与这两个人物形象的直接相遇之中，对村民来说，他逐渐将它们认作真正的实在。于是，它们就不是任何东西的表象，而就是存在（presence）。而当村民们进入入迷状态时，他们本身就变成了——*nadi*——这些存在实存于其中的那个领域的一部分。要想问一个曾经是兰达的人——就像我曾经问过的那样——兰达是不是真实的，提问者本人会被怀疑是不是白痴。①

但是，格尔茨随后就提醒我们，不论宗教象征的世界对参与其中的人来说多么真实，没有人，哪怕是圣人，会总是生活在宗教象征的世界里，我们中的绝大多数人都只是在某些时候生活在其中。仪式结束了，还得照料农田，养育孩子。日常生活世界会带着也许受到了损害但不会完全消失的括弧返回人间。然而，当足够多的人进入过那另一个世界，那么，他们返回其中的日常生活世界就绝不可能还是那同一个世界。诚如格尔茨所说的那样："宗教之所以在社会学上饶有兴味，并不是因为它描述了社会秩序，而是因为它形塑了社会秩序。"②

宗教如何创造这些其他的世界？这些其他的世界又是如何与日常生活世界互动的？这是本书的主题。像格尔茨一样，我不能想象不加阐释而就象征形式以及这些象征形式的演示（enactment）贸然立论。如果所需之全部就是这个论点，那么，仅这篇序言就足矣，或者已经接近于它了。但是，如果人们想在宗教象征体系的各种形态及其发展中来理解这些体系，那就不得不有全面的阐释。即便在我的概论性的头两章中有许多简短的阐释，但从论部落宗教的第三章开始，我将提供更为全面的描述，当我的讨论主要是上古时代和轴心时代的社会里的宗教时，这些描述的篇幅会越来越长。即便如此，讨论轴心时代的四个案例的篇幅颇长的数章也很难抓住表面，前面几章亦复如此。我希望，这几章所讲的足以帮助读者哪怕是在瞬间身临其境地体验一下，生活在

---

① Geertz，"Religion"，118. 玛丽·米奇利说，宗教拥有"借助于使一个具有威胁性的和混乱的世界戏剧化从而理解它的能力"，当她这样说的时候，就简明地概括了格尔茨的论点，只是她没有提及格尔茨。Mary Midgley，*Evolution as a Religion*（New York：Routledge，2006［1985］），18.

② Geertz，"Religion"，119.

这些世界里可能是什么样子。

　　我可以想象到,可能会有读者喜欢我的案例,却将我的论点弃如敝屣,对此我没有意见。我甚至想过,克利福德·格尔茨也可能会以这种方式阅读我的著作。但是,我不能没有阐释就立我所欲立之论,因此,本书篇幅甚长。另一方面,本书的篇幅还不够长:它没有顾及晚近的两千年。但是,如果我力图对晚近两千年宗教的重大发展给予与我曾经对早先的宗教给予的注意力——尽管那是不够的——程度相等同的注意力,那么,我必须掌握的细节就会令我应接不暇。我必须再拥有一次人生,或者有一个合作者的方阵。我最多只能寄希望于撰写另外一部中等篇幅的著作,该书将努力展示从轴心时代到近现代之间的一些联系,只是偶尔沉浸于深层的细节之中。我们拭目以待吧。

　　关于什么是进化,什么是宗教,我已经提供了一些想法,不论这些想　xviii
法多么粗浅,多么不充分。现在,也许是更加模糊不清地,我将努力简要说说它们是如何聚合在一起的。我同意格尔茨引自桑塔亚那的引文中的开篇之句:"任何想不说特定语言就说话的努力,较之于想拥有一种不是特定宗教的宗教的努力而言,并不是更加无望的。"我力图详细地描述各种形式的宗教之全部特性的尝试,将会为我上述的赞同提供证据,但是,我也相信,有多种形式的宗教,而且这些类型可以置于一个进化的序列之内,但这不是就好坏而言的,而是就它们所运用的能力而言的。

　　在试图描述这样一个进化的序列时,我发觉梅林·唐纳德(Merlin Donald)关于文化进化的架构尤其令人信服。唐纳德揭示了,在生物与文化的共同进化中,人类文化的三个阶段——模仿的、神话的和理论的阶段——在过去的 100 万或 200 万年间是如何发展的。[①] 这一进化过程始于情景文化这一起点,这种情景文化是我们与其他较高等的哺乳动物共同拥有的——它是这样一种能力,即能辨别个体处于什么样的情景之中,在以前类似的情景中发生过什么,能够为当下如何行动提供

---

① 梅林·唐纳德:《近代心智的起源:文化与认知进化的三个阶段》(*Origins of the Modern Mind: Three Stages in the Evolution of Culture and Cognition*, Cambridge, Mass.: Harvard University Press, 1991)。在《如此罕见的心智:人类意识的进化》(*A Mind So Rare: The Evolution of Human Consciousness*, New York: Norton, 1999)一书中,唐纳德更进一步地阐发了他的论点。

线索,哪怕它还缺乏所谓自传性的记忆,在这种记忆中,各种经历在一个更大的故事中被串联在一起。然后,我们与也许是在长达 200 万年之前的直立人这样的物种,一起迈向模仿文化。在这种文化中,我们运用我们的身体,以规制(enact)过去与未来的事件,也使用姿势进行交流。模仿文化虽然主要是姿势性的,但绝不是静默的,它十有八九包含着音乐以及语言能力的一些肇端,尽管是非常简单的语言能力。舞蹈可能是这种模仿文化最早的形式,在几乎所有部落社会里,舞蹈乃是仪式之基础。因此,尽管我们只能想象其样子,但某种宗教可能就是起源于这些早年的日子。关于唐纳德的架构,重要的是要记住,尽管他谈论的是阶段,但较早的阶段并未失落,而只是在新的条件下得到重组。因此,即使在我们高度语言化并且在一定程度上是抽象的文化里,姿势交流不仅在私密生活中显然是基本的,而且在公共生活中、在我们的体育或政治的盛大场景里也仍是基本的。

在 25 万年至 10 万年之前的某个时期,完整的语法语言发展出来了,这使得复杂的叙事成为可能。也许,得到充分发展的自传性记忆依赖于语法语言和叙事,并因此而只是在那时出现;或者,也许是在模仿阶段它就已经被预示出来了。唐纳德将这个新阶段称作神话文化。就神话所能规制的东西而言,它极大地扩展了模仿仪式的能力,但是,神话并未取而代之。我们所知的所有文化都拥有与模仿文化交织在一起的叙事文化。由于充分意识到"部落"(tribe)这个词是多么不可靠,我努力在部落宗教这一标题之下阐明那些主要是模仿性和神话性的宗教。但是,即使当宗教逐渐包含着理论的向度时,再造过了的模仿文化和神话文化仍然是核心,人类若没有它们就无法活动。

随着社会越来越复杂,诸宗教也是如此。它们以自身的方式解释社会阶层之间的巨大差异,后者取代了劫掠成性的部落里基本的平等主义。酋长们及随后的上古君王们需要新型的象征化和规制,以使依据财富和权力而日益增长的社会阶级之间的等级划分获得意义。在公元前的第一个千年里,理论文化在古代世界的多个地方出现了,它质疑旧的叙事,同时重组旧的叙事及其模仿性的基础;它摒弃仪式与神话,同时创造新的仪式与神话;并且以伦理的和属灵的普遍主义的名义,质疑所有旧的等级制。这一时期的文化沸腾不仅导致了宗教和伦理学中的新发展，而且也导致了对自然界理解的新发展，后者是科学的源头。由于这些原因，我们称这一时期为轴心时代①。

以上对宗教象征体系的进化之简明勾画——这需要以全书的篇幅来充实之——对我止于我所做之处提供了一种慰藉。我的书结束于轴心时代，当时产生了理论文化，以及对模仿性的、神话性的和理论性的元素之间关系的重组，此种重组乃是理论文化的产生所要求的。过去两千年经历了所有资源的巨大发展，而宗教从中获益匪浅。这也是理论文化如何逐渐——部分地，决非全面地——摆脱模仿与神话文化的历史。尽管我不能讲述这一历史，也不能思考这一历史所导致的成就与困境，但至少我就活动中的所有方面提供了一种观念。有人已经指出，我们正处于第二次轴心时代之中，但是，如果真是如此，就应该有一种新的文化形式涌现出来。也许我眼盲，但我并未看到它。我认为，我们所拥有的乃是一种不连贯（incoherence）的危机，还有这样一种需要，即以新的方式将我们自从轴心时代以来就拥有的一切方面都整合在一起。在结语中，我将回到这一问题。

正是从那些导向理论文化之产生的一系列进化性的发展之中，各种各样的世界，亦即格尔茨曾谈及的"各种文化体系"得到了越来越清晰的界定。但是，遵循他的逻辑，我们可以质问，这些新的发展，这些新 xx的能力与日常生活世界之间的关系是什么？如果将日常生活世界视作达尔文的适者生存的世界——在某种程度上，我们必须作如是观——我们也许会问，人类怎么可能"负担得起"这样的奢侈品：饥饿与危险环绕在他们的周遭，并且如果其血统要传承下去的话，还亟需生儿育女，当此之时，他们却将时间花费在替代性的诸世界、舞蹈与神话乃至理论之上？

只是想说明一下我正在谈论的那种奢侈品：人们何以能够创造出卓尔不群的美学领域，即非功利的领域？让我引用诗人兼批评家马克·斯特兰德的一段文字来阐明这一观点：

---

① 这一术语来自卡尔·雅斯贝尔斯（Karl Jaspers）《历史的起源与目标》（*The Origin and Goal of History*, London: Routledge and Kegan Paul, 1953[1949]），第六章开篇将进一步讨论这一术语。

超越知识之外的某种东西迫使我们的兴趣与能力被诗歌所驱动……有这样一种架构（schema），它对超然于科学所告诉我们是真的那些东西来说，仍然是真的。诗歌受这种架构之限制……诗歌是一个场所，在这个场所里，超越性与内在性（withinness）的状态都是显而易见的；在这个场所里，想象即是去感知它看起来所是的样子。它容许我们拥有一种我们因为过于忙于生计而被迫摒弃了的生活。更为悖谬的是，诗歌允许我们生活在我们自身之内，就好像我们够不着我们自己一样。①

　　过于忙于生计？一点不错。我们何以可能拥有那样一种生活？看来有各种各样的方式，进化通过这些方式，容许生灵最终机智地战胜达尔文式的各种压力，并终于"拥有一种生活"。或许吧。正如我们将要看到的那样，每一种试图逃避达尔文式选择的尝试都是能被收编的（co-opted）；每一种试图逃避功能与适应的努力——如果是完全成功的——都将被它试图逃避的东西再次捕获，如果我们可以拟人化地谈论大的进化趋势的话。但是，也许不尽然。结果甚或是，拥有无用的生活领域是"有用的"（functional）。

　　在阅读从事我感兴趣的领域研究的生物学家们所撰写的大量最新出版物时，我兴味盎然地发现，他们在使用"在线"和"离线"这样的计算机语言。在线是日常生活世界，是当下呈现在我们眼前的世界，是伴随着复仇的达尔文式压力的世界。在线是生物为了生存必须全力以赴而为之的觅食、战斗、逃跑、生育以及其他事情的世界。离线则是当这些压力消失，并且有其他的事情在发挥作用之时。我经常发现，那些谈论像睡觉或者游戏之类的离线事情的论文或者书籍，都以如下合格的陈述开篇："睡眠没有得到很好的理解"，"游戏没有得到很好的理解，有些人甚至辩称它不存在"。没有任何人以这种否弃的态度开始对觅食技巧的研讨。当然，一旦谈及具体的主题，即便是在严酷的适者生存的世界里，说某种东西没有得到很好的理解，都是司空见惯的，对我来说，这是令人宽慰的。但是，一旦运用到整个领域，主要还是离线领域

---

① Mark Strand, "On Becoming a Poet", in *The Making of a Poem: A Norton Anthology of Poetic Forms*, ed. Mark Strand and Eaven Boland (New York: Norton, 2000), xxii, xxiii, xxiv.

得到了如此这般的描述。

以睡眠为例。在所有生物中,睡眠几乎是普遍的。在无脑的生物中,我们无法扫描到能指示睡眠的脑电波,但是,我们能观察到安静的退居(withdrawal)。因此,我们都需要睡眠,睡眠对生存来说是必不可少的:我读到过这样的消息,即被迫持续保持清醒的老鼠,会在两周左右死去。但是,究竟发生了什么并不清楚。而且,睡眠是昂贵的。睡眠中的动物较之于完全清醒的动物而言,更容易受到捕食者的伤害。当我们睡眠时,我们无法觅食,无法照看孩子,无法生育。但是,我们需要睡眠,而且践行之。

此外,还有快速眼动睡眠这一问题——这是 20 世纪 50 年代才发现的——它似乎是睡眠的一部分,在这种睡眠中,出现做梦的情况。人类的婴孩需要大量的快速眼动睡眠,婴孩的睡眠大约 80% 是快速眼动睡眠,而成人的睡眠则仅有 20% 是这种睡眠。但是,做梦究竟是怎么回事?我尚未发现共识,即便是在各种严肃对待梦而且梦有时甚至严重地影响了日常生活的文化中,也是如此。快速眼动睡眠似乎与学习有关,与巩固记忆、整理重要的记忆、清除迅速遗忘的记忆有关,或者与创造性有关。因此,睡眠是有功能的。确实如此。但是,尚不清楚究竟是什么功能。睡眠是这样一种奢侈品,即便我们尚未很好地理解它,它也被证明是必需品。

那么,游戏怎么样呢?游戏是奢侈品中的奢侈品。游戏中不容许有日常生活中的关切。你可以打打闹闹,但是,如果你咬得太狠,游戏就结束了。你可以玩性交(与同性或异性)游戏,但是,如果你真的试图这样做,游戏就结束了。游戏不是普遍的,在哺乳动物和鸟类中,特别是在有智力和社交的哺乳动物和鸟类之中,游戏得到了很好的开发。不过,游戏也见于鱼类和某些爬行动物之中,甚至昆虫也拥有可以被视作游戏的东西。游戏主要是但不绝对是幼年生物的活动。有些物种需要长时期地持续照顾幼崽,这样,该物种的幼崽就不必直接参与到对生存的追索之中:它们被抚养,受到保护,因此有精力只是嬉戏玩耍。在这些物种中,游戏最为常见,我们人类亦复如是。

当然,游戏也是昂贵的。它使得游戏中的动物易受捕食者的伤害,使得它们无意觅食。因此,我们有许多关于游戏功能的理论——游戏可以锻炼肌肉,游戏可以学习合群,游戏可以学习针对玩伴以智取胜,等等——然而,很少有观察者疑心它包含着纯粹嬉乐的元素,而这元素很少见于动物所做的其他事情之中。约翰·赫伊津哈写过一本名著《游戏的人》,该书仍然令我们受益匪浅。① 他甚至认为游戏与文化的起源有关。

最后一个例子。演化语言学家德里克·比克顿曾辩称,语言的起源发生于离线之时。② 其他灵长类动物的叫声并非语言,而是命令性的发声的姿势,我们可以将其翻译为"危险! 捕食者!"或者"到这里来! 食物!"但是,没有指称危险或捕食者或食物的语言。一方面,除了受惊吓后的尖叫外,没有语义学的内容;另一方面,或者除了快乐的尖叫外,也没有语义学的内涵。当没有捕食者接近,或者附近没有食物方面的任何新发现时,也即是说,当离线之时,没有任何语言可以用来讨论捕食者与食物的可能性。我们如何离线得足以去发明语言,而这种语言是对事物的谈论,而不是对这个世界里的直接干预,或者未必如此? 比克顿有他自己的答案,但此时此刻,可以说仅是"功能性的""适应性的"、源于离线的语言这类东西就让人难以置信。

我想说明的是,以许多方式离线的能力,即便在简单的有机体中也存在,但是它更广泛地存在于复杂的有机体尤其是人类之中,这种能力也许是我们最重大的能力之一;而宗教以及科学与艺术则可能是这种离线能力的结果。我并不是在否认功能和适应。动物行为学家戈登·伯格哈特有这样一种理论,认为有首要的游戏,它只是游戏,还有次级游戏,它以许多方式演变成有适应能力的。③ 在其他领域里,也许可以

---

① Johan Huizinga, *Homo Ludens: A Study of the Play-Element in Culture* (Boston: Beacon Press, 1955[1938]). 该书的英文标题再造了一种连赫伊津哈本人也不赞同的用法。他说,他反对在将该书翻译为英语时以"文化中的游戏元素"取代"文化的游戏元素"的任何努力,因为"我的目的不是界定游戏在文化的所有其他表现形式中的地位,而是厘清文化本身在多大程度上具有游戏的特征"(前言,无页码)。我们能将赫伊津哈解释为他在辩称"文化"是离线的吗? 我查阅过的每一部专论游戏的严肃的生物学著作都深怀敬意地引用过赫伊津哈,将其论点视为进化论的。

② Derek Bickerton, *Adam's Tongue: How Humans Made Language, How Language Made Humans* (New York: Hill and Wang, 2009), 194.

③ Gordon M. Burghardt, *The Genesis of Animal Play: Testing the Limits* (Cambridge, Mass.: MIT Press, 2005), 118-121.

做这样的区分。

对宗教来说，所有这一切都意味着，本书中的探索并非想发现如下方式：以这些方式，宗教具有适应能力并因此就是好的东西，或者适应不良并因此就是坏的东西，甚或是在拱肩（spandrel）——一种空洞的进化空间——里发展的什么东西，而对适应是中性的。我想了解的是，宗教是什么，宗教做了什么，然后纠结于宗教对日常生活的后果（这样的问题）。后果是非常重要的，而这些后果是否有助于适应这样的问题最终是无可规避的。但是，对任何现象而言，几乎都可以发现各种适应——生物学家们称之为有条理（just-so）的历史。它们不是出发点，宗教模式中的生活的实在才是我的出发点。

在前言结束前，我需要强调另外一点，尽管我早先已经触及它：宗教进化并不意味着从坏到好的进步。我们并不是从部落民众拥有的 xxiii "原始宗教"进化到像我们这样的人所拥有的"高级宗教"。我认为，这正是当我谈论宗教的进化时，颇令克利福德·格尔茨不安的问题之所在，因为早些时候，宗教进化经常被人以这些词汇表达出来。① 宗教的进化确实增加了新的能力，但是，它并未就如何使用这些能力向我们透露任何东西。值得记住的是，正如斯蒂芬·杰伊·古尔德曾指出的那样，复杂并不是唯一的好。② 简单也有其魅力，某些相对简单的生物以或多或少相同的方式存活了数亿年。物种越复杂，其寿命越短。在某些情况下，这是因为物种已经变成了更加复杂的形式，但灭绝是大规模的。曾经有过若干个人属这样的物种，但是，现在只有一个。现在存留下来的这个物种可能要部分地对那个最后存留下来的近亲尼安德特人的灭绝负责。越复杂越脆弱。复杂性与热力学第二定律背道而驰，所有复杂的实体都趋向于分崩离析，复杂的系统要想发挥功能，就需要消耗越来越多的能量。关于这一切，我将在第二章中详加说明。

---

① 我在芝加哥大学的口头报告后来变成了 1964 年的一篇文章《宗教的进化》，当我首次做报告时，格尔茨坐在听众中。我讲完后，他向我走过来，说："我很喜欢你的报告，尽管我完全不同意它。"该报告发表为 Robert N. Bellah, "Religious Evolution", *America Sociological Review* 29（1964）：358-374；最近重印于 *The Robert Bellah Reader*, ed. Robert N. Bellah and Steven M. Tipton（Durham, N.C.：Duke University Press, 2006），23-50。

② Stephen Jay Gould, *Full House: The Spread of Excellence from Plato to Darwin*（New York：Harmony Books, 1996）.

基因变迁是缓慢的,文化变迁是快速的,至少在生物学时间里是这样的。到如今,有一点显而易见,即文化变迁在任何时候都可以是快速的。一旦科学这样的离线成果转化成技术,那么,就像常言所说的那样,一切都会一团糟。技术采用了科学的可能性,并利用这些可能性对日常生活世界施加影响,给人类和生物圈都带来了戏剧性的后果。首先,世界人口的骤然增长——它本身只是因为技术才成为可能的——在我自己的这一生里,就几乎超过了此前全部历史中的人口增长。从上个冰川期末尾的也许只有 1 万人这样一个假设性的"瓶颈"人口,到现在的 60 多亿,再到指日可待的 120 亿。到目前为止,能量显然是通过光合作用无休无止地直接取自太阳,对能量的这种巨大需求一直驱使着我们去开发储藏在化石燃料之中的巨大、有限而且非再生性的来自太阳的能源,这一切都是为了维持我们与日俱增的复杂性。

在适应方面,我们已经证明是非常成功的。现在,我们适应得如此之快,以至于我们难以适应我们自己的适应了。我们的技术进步是几何级数的,但却难以论证我们的道德进步哪怕是算术级数的。八十年来,我经历了一个又一个令人恐惧的十年,像我这样的人,不得不坦白,我无法见到道德有多大的进步。这里有一种讽刺,因为在过去数百年间,对道德的敏感度一直在稳步增长。对先前一直遭到鄙视和压迫的各种人的需要,我们比以前敏感得多。然而,我们不断增长的道德敏感却是在一个道德恐惧无所不在而且未见减少的世界里发生的。是的,有些坏家伙难辞其咎,他们都非常坏。但并不是他们发明和使用了原子弹去屠杀成千上万的平民百姓,其中大多还是妇女和儿童。只要我们稍微严肃一点地看看晚近的世界历史,就可以说,没有哪个人的手是干净的。

宗教是这幅全景图的一部分,非常复杂的一个部分,它有时导向伟大的道德进步,有时导向深刻的道德失败。说宗教的进化只是更加富有同情心、更加公义和更加开明的宗教向上和向前的崛起,这样的说法与事实的距离几乎是远得不能再远了。没有哪位严肃读者会认为本书是对任何种类的宗教必胜信念或任何其他的必胜信念的赞歌。高速的技术进步与关于我们正在对世界社会和生物圈做什么的道德盲目相结合,乃是快速灭绝的秘方。证据的重负压在那些说情况并非如此的人身上。我们可以寄希望于那些能够改变我们的进程的新方向,并且为之劳作,但是,我们不能自满。

本书要质问的是,关于"在人类已经想象过的生活中,哪一种是值得过的"这个问题,我们深厚的历史能教给我们些什么? 本书是这样一种努力:再次经历在我们的现在之深处属于我们的那些时刻,从历史之井中汲取活水,在历史中寻找能够帮助我们明白我们何所在的朋友。这不是一本关于现代性的书。但确凿无疑的是,正如莱舍科·克拉克斯基曾经雄辩地指出的那样,现代性正在遭受审判。① 我不能在本书中提供任何对这一审判的解释,我所能做的全部不过是召集一些非常重要的见证人。

---

① Leszek Kolakowski, *Modernity on Endless Trial* (Chicago: University of Chicago Press, 1997).

鸣　谢

我要感谢我的妻子梅兰妮，她一直是我所撰写的所有著述的第一xxv个读者和编辑，其中当然也包括这本书，她在事毕不久就与世长辞了。我也要感谢与我合著《心灵的习性》(*Habits of the Heart*)一书的其他作者：赵文词(Richard Madsen)、威廉·苏利文(William Sullivan)、安·斯韦德勒(Ann Swidler)和斯蒂芬·蒂普顿(Steven Tipton)，感谢他们在我们一年一度的聚会上年复一年、一章一章地阅读和评论本书。威廉·苏利文对本书尤其助益良多，多年来，他对我的所有著述都有所助益，埃利·萨甘(Eli Sagan)亦复如是。与他们两人之间生动活泼的讨论在很多方面深化了我的著作，即便我并未完全按照他们的建议去做。还有其他一些人阅读了本书全文或部分章节，并一直在帮助我。他们是：蕾妮·福克斯(Reneé Fox)、汉斯·乔阿斯(Hans Joas)、什穆埃尔·艾森斯塔特(Shmuel Eisenstadt)、斯蒂芬·史密斯(Steven Smith)、阿尔温德·拉伽歌帕(Arvind Rajagopal)、哈兰·斯德尔麦克(Harlan Stelmach)、肖阳(Yang Xiao)、约翰·马奎尔(John Maguire)、萨缪尔·珀特尔(Samuel Porter)、穆罕默德·纳费斯(Mohammad Nafissi)、玛窦·博拓里尼(Matteo Bortolini)、韦德·肯尼(Wade Kenny)，也许还有我漏掉的一些人。我对他们全都深表谢忱。

本书涉猎许多领域，如果没有这些领域里众多学者的专精学识，我不可能撰写本书。有时候，他们以对我的某些章节的草稿的细致批评帮助我，他们的帮助令这些章节大为增色。在相关的章节中，他们的名字将被提及。有些学者对本书全文具有无处不在的影响，其中我要因文化进化论而特别提到梅林·唐纳德，还要因研究动物之游戏及其在进化中的意义的著作而特别提到戈登·伯格哈特。

我必须感谢两位杰出的编辑，如果没有他们，本书可能永远也不会完成,他们是:芝加哥大学出版社的道格拉斯·米切尔(Douglas Mitch-ell),当本书还仅仅是我脑中的一个梦想时,他就予以信任;还有哈佛大学出版社的琳赛·沃特斯(Lindsay Waters),她经历了本书以其最终的面貌得以完成的全过程。

xxvi　我还要感谢约翰·坦普尔顿(John Templeton)基金会,自2004年以来,该基金会一直支持我撰写本书,他们的慷慨资助于我助益良多,防止了一个漫长的过程变得更长。在他们的职员中,我要特别感谢保罗·沃森(Paul Wason)和德鲁·瑞克-米勒(Drew Rick-Miller)。我还要感谢坦普尔顿基金会资助了2008年在爱尔福特大学(University of Erfurt)的马克斯·韦伯中心召开的一次讨论"轴心时代及其后果"的会议,该会的主席是汉斯·乔阿斯,会议的目的是为与会者收到的本书中论述轴心时代的那四章做准备。我要感谢加州大学伯克利分校的研究委员会,从这个项目一开始,该委员会就提供了适度的研究资助。我一直非常依赖加州大学伯克利分校绝妙的图书馆,该馆得到了联合神学研究院图书馆里卓越的藏书之补充。这些图书馆鲜有不能提供我所需要的文献的时候。

以上皆为我受惠于健在者之处,而我受惠于故去者也许要大得多。我受惠于埃米尔·涂尔干和马克斯·韦伯者非常之多。我受惠于涂尔干的情况可能更为明显,因为在我作为一个社会学家和知识分子的使命感中,我与他更为亲近。然而,在本书的几乎每一行中,都显示着我暗自受惠于韦伯之处,对我来说,韦伯的著作较之涂尔干的著作乃是更为亲近的模式。我决定不一一提及我借自韦伯的观念,或为数极少的我不赞同的事例——若一一提及,本书实际上会成为另一本书。虽然我崇敬韦伯,但我不赞同他的文化悲观主义(Kulturpessimismus),尽管我尊重这种文化悲观主义,并经常受到它的诱惑。我不同意这样的想法:我们应该忘记我们的创始人(许多生物学家从未忘掉达尔文,这给我印象极深)。但我确实同意克利福德·格尔茨的看法,他曾在多处主张,我们社会科学家有很多东西要向历史学家、哲学家、神学家和自然科学家学习,仅仅给这些创始人增加一些脚注并不会让我们有多大长进。

我必须提到我曾亲炙其教但已不在世的三位大师:塔科特·帕森

斯（Talcott Parsons）、威尔弗雷德·史密斯（Wilfred Smith）和保罗·蒂利希（Paul Tillich）。帕森斯将伟大的社会学传统传授给我，因为他对该传统活学活用。威尔弗雷德·史密斯教导我说，每个人、每个群体和每个传统的宗教都是独特的，绝不可能用诸如"基督教"或"儒教"乃至"宗教"本身这样的术语充分把握之，但与此同时，他又教导我说，由于宗教的每一种表达在历史上都多多少少是彼此相关的，宗教是同一的（religion is one），这显得有些吊诡。蒂利希教导我要理解每一种文化表达中的"深奥的维度"（dimension of depth），在我认为基督教是"对不可信者的信仰"时，他则教导我说不是这样的。我还该提到我的朋友克利福德·格尔茨、肯尼斯·伯克（Kenneth Burke）、爱德华·希尔斯（Edward Shils）以及众多的其他人，他们都临在于我的生活之中，我从他们那里获益甚多。书籍，至少是很多书籍一定会让我着迷，并且给我惊喜。但是，正是老师们的精神，教导我去倾听作者们言说，而只是观看作者们静静地躺在书页上。

有一点或许不言而喻，但我无论如何还是要说几句，那就是，我从以下人士那里受益良多：孟子曾经谈论过的历史上的友人，不仅仅是孟子本人，还有我在本书后面各章中研究过的各种伟大传统的所有创造者，以及部落传统和上古传统中的那些神话吟诵者和仪式舞蹈者——他们必定寂然无名，但他们一直不仅是我的范例，而且是我在此项事业中的老师。

第一章　宗教与实在

　　许多学者质问道，"宗教"这个词本身是否与文化结合得过于密切，以至于很难在当今的历史性的与跨文化的比较中加以使用？我无法回避这一问题，但是，实际上我将使用这一术语，这是因为对于本书所利用的哲学与社会学传统来说，宗教的观念一直是其核心之所在。证明使用这一术语的正当性更多地取决于作为一个整体的本书论点的说服力，而不是取决于一个宗教定义；虽然如此，定义有助于启动我们的工作。在前言中，我提供了格尔茨的定义的简化版；这里，我将再次以涂尔干的定义的简化版为起点，涂尔干的定义与格尔茨的定义并非不相容，但它开启了略有不同的面向：宗教是与神圣者有关的信仰与仪式的体系，这个体系将奉行这些信仰与仪式的人们团结到一个道德共同体之中。① 即便是这样一个简单的定义，也会立刻引发第二个定义问题：什么是神圣者？

　　涂尔干将神圣者界定为卓尔不群或具有禁忌性的事物。涂尔干的定义可以予以宽泛化，即将神圣者界定为非日常的实在之领域。尽管很多民族都广泛地持有非日常性的实在这一观念，但现代意识却似乎会将其排除在外。难道我们不是相信不存在非日常性的实在，日常性的实在就是全部的存在吗？如果是这样，那么，神圣者与宗教这两者就都不能被贬低为历史的过去，被贬低为先前的文化的错误信念吗？但

---

① Émile Durkheim, *The Elementary Forms of Religion Life*, trans. Karen E. Fields (New York: Free Press, 1995[1912]), 44. 涂尔干的全部定义如下："宗教是由与神圣者，亦即卓尔不群的、有禁忌性的(séparées, interdites)事物有关的信仰与仪式组成的一个统一的体系，这些信仰与仪式将奉行它们的人们团结到一个被称作教会的道德共同体之内。"在法文版原文中，整个定义都是斜体字。见 Émile Durkheim, *Les formes élémentaires de la vie religieuse* (Paris: Press Universitaires de France, 1968), 65。

是,我们可以借用阿尔弗雷德·舒茨对多重实在的分析,更充分地阐发在前言中所勾画的东西,以便说明我们今天在任何时候都是在一系列非日常性的实在以及日常性的实在中营生的。①

2

多重实在

舒茨论证说,从方法论上来讲,我们生活于其中的最高实在就是日常生活的世界,韦伯称之为日常生活(everyday)。② 我们想当然地认为,日常生活的世界是自然的。舒茨将日常生活世界的特征刻画为**完全清醒的、成熟的男人的世界**。我们是带着**务实的**或者**实用的**兴趣来面对日常生活世界的。在日常生活世界里,首要的活动是"借助于身体运动造成事物的(一种)被规划的状态",舒茨将这种身体运动称作**劳作(working)**。劳作的世界是由手段/目的这一架构支配的:我们也可以将其界定为**奋斗的**(striving)世界。日常生活世界是在**标准的时间**与**标准的空间**里运转的。

此外,根据舒茨的看法,日常生活世界是以一种**根本性的焦虑**为基础的,这种焦虑虽然不一定是有意识的,但最终来源于对死亡的了解与恐惧。最后,根据舒茨的看法,日常生活世界包含着他所说的对自然态度的"悬搁"——将对世界所显现的样态的不信任悬置起来。在自然的态度中,人们"会将以下的怀疑放入括弧之中,即世界及其客体可能不同于它向人们所显现的样子"。③

在这一点上,我们拥有日常生活世界与宗教世界之间的一种鲜明的比照,在宗教的世界里,对世界所呈现的样子的怀疑通常是根本性的。例如,道家大师庄子在谈到他自己时,曾经这样写道:

---

① Alfred Schutz, "On Multiple Realities" (1945), in *Collected Papers*, vol.1, *The Problem of Social Reality* (The Hague: Martinus Nijhoff, 1967), 207-259.

② 韦伯比较了超凡脱俗的(extrodinary)与日常的(everyday),立论以为在超凡脱俗与"克里斯玛"之间有一种特殊的关系。在他的社会学尤其是其宗教社会学中,克里斯玛是一个关键性的术语。韦伯的这种比较影响甚巨,本章中我们将会反复地予以评论。见韦伯:《克里斯玛及其转化》(Charisma and Its Transformation),收入 G. Roth and C. Wittich 编辑的《经济与社会》(*Economy and Society*, Berkeley: University of California Press, 1978[1921])2:1111-1112.

③ Alfred Schutz, "On Multiple Realities", 229.

昔者庄周梦为胡蝶,栩栩然胡蝶也。自喻适志与,不知周也。俄然觉,则蘧蘧然周也。不知周之梦为胡蝶与？胡蝶之梦为周与？[①]

但是,我们不必变得如此富于幻想就可以明白,即便是在现代世界里,我们也并未将所有时间都耗费在日常生活世界上。

例如,我们大多数人将生命中多达三分之一甚至更多的时间用于睡眠。睡眠不仅将我们对日常生活世界的参与戏剧性地悬置起来,而且睡眠还是我们做梦的时间,而做梦显然并不遵循日常生活的逻辑。[②]例如,梦并不是在标准的时间和空间里运作的:梦可以将来自不同时间与空间的人聚拢在一个单一的互动之中。

我们经常会置身于一些活动之中,这些活动会蓄意改变日常生活世界的环境,有时其方式则是强调它的某些特征,同时忽略其他特征。像美式橄榄球这样的运动是人为创造一种不同的实在。美式橄榄球不是以标准的时间和空间运作的,而是在游戏的有限制的时间和空间中运作的。橄榄球赛事仅仅发生在橄榄球场上,例如,如果传球在界外被接住,那就不能算作接球,因为它没有发生在游戏的空间之内。游戏时间是一个小时,但它会因为各种原因而暂停,通常会持续的标准时间大约是三个小时。最为核心的是,打橄榄球带着劳作世界里的焦虑,即为了实用的优势而玩命。与日常生活世界不同的一个小时的游戏时间产生了一个明显的结果:有人赢,有人输,或者偶尔会出现平局。在日常生活中,当我们在经济或者政治语境中谈论"游戏计划"或者"赢得四分卫"时,我们可能借用了橄榄球的比喻。实际上,对高薪的职业橄榄球运动员来说,游戏的世界**就是**日常生活世界,但是,对于我们普通人来说,它"只是一个比喻"。

这适用于打橄榄球者,也适用于其他共同的经验。当我们看电视、电影、戏剧,或者听音乐时,我们会全神贯注于正在看或者听的那些活

---

① *The Complete Works of Chuang Tzu*, trans. Burton Watson (New York: Columbia University Press, 1968)[以下引作 *Chuang Tzu*],49.

② 弗洛伊德认为梦是以他所说的首要过程进行运作的,这种首要过程与支配我们的日常生活世界的次要过程迥然不同。当此之时,他指明了这种差别。见 Freud, *The Interpretation of Dreams* (London: Allen and Unwin, 1954 [1900]), chap. 7, sec. E, "The Primary and Secondary Processes—Regression", 588-609。

动。我们暂离日常生活而得到娱乐,这正是我们在这些活动上花费如此多时间的主要原因。然而,在我们的社会里,这些活动较之于日常生活世界而言,倾向于被看作"不那么真实",被看作虚构的,终究不如劳作的世界那么重要。它们可以像电视机一样被关掉,然后我们就回到了"真实的世界",即日常生活世界里。但是,关于日常生活世界,应该注意的首要事情之一是,**没有人能忍受在所有的时间里都生活于其中**。有些人甚至根本就不能忍受生活于其中——他们曾经会被送入精神病院,但是,如今在美国,可以见到他们在城市的街头游荡。我们所有人都以相当高的频率离开这个世界——不仅当我们睡觉和做梦(梦的结构与劳作世界的结构几乎完全相反)时,而且当我们想入非非、旅游、去听音乐会、打开电视机时,都是如此。我们做这些事情,通常追求的是走出日常生活世界这种纯粹的愉悦。即使是这样,我们也可能会觉得有罪,因为我们在逃避我们对真实世界的责任。

然而,如果追随阿尔弗雷德·舒茨的分析,那么,日常生活世界具有独特的真实性这一观念本身就是一种虚构,一种需要勉力才能维持的虚构。日常生活世界与其他所有多重实在一样,是由社会建构的。每种文化,每个时代,都建构它自己的日常生活世界,它从来就不会与任何其他的日常生活世界完全一致。即使是"标准的"时间与空间的含义,在各文化之间也会有细微的不同。关于人、家庭和国家的基本概念,也都因为文化而变化。我这么说并非意指日常生活世界即便在其文化的变异体中也是不真实的——它是充分真实的。但是,它缺乏独特的本体论上的真实性,缺乏对完全自然的主张,而这是当它将认为它可以是别的样子的怀疑置于括弧之中时,努力要得到的。其他实在的功能之一是提醒我们,置于括弧中这一行动最终是不安全的,并且是得不到保证的。偶尔会有一件艺术作品打破其边界,使我们深感不安,甚至会向我们发出"改变你的生活"之类的命令——换言之,它不会声称要一种次要的实在,而是要一种比日常生活世界更高的实在。

日常生活世界遭到了比艺术审慎得多的另一种实在即科学的挑战。不论科学看起来多么密切地接近日常生活世界的特征,两者还是有一个根本性的差别:科学不接受日常生活世界所显现的样子,科学的前提是,永远举着对自然态度的悬搁。诚如威廉·詹姆士在对多重实在富有原创性的讨论中所指出的那样，物理学家理解热度的依据不是"被感受到的热度"，而是"分子振动"，后者导致了身体的热度，是这种热度之表象的真相。①

然而，正是宗教一直以传统的方式引导着对劳作世界最正面的进攻。正如庄子所说的那样：

> 梦饮酒者，旦而哭泣；梦哭泣者，旦而田猎。方其梦也，不知其梦也。梦之中又占其梦焉，觉而后知其梦也。且有大觉而后知此其大梦也，而愚者自以为觉，窃窃然知之。"君乎！牧乎！"固哉！②

佛陀宣称，世界是个假象，是座火宅，我们必须从中逃离。早期的基督徒相信，世界处于罪与死亡的掌控之中，很快就要走向末日，将被新天新地取而代之。庄子关于觉醒的比喻，即仿佛日常生活的世界实际上只是一个梦，可见于包括佛教和基督教在内的许多传统之中。

宗教性的实在 5

宗教性的实在引发了人们对日常生活世界的怀疑，我们如何刻画这种实在的特征呢？当然，宗教世界与日常生活世界一样也是变动不居的，在本书全文中，我们将拿出理由对这种变化性加以评论。但是，作为刻画对实在的宗教经验之特征的初始努力，我将从心理学家亚伯拉罕·马斯洛那里有所借鉴。在《存在心理学探索》和其他著作中，马斯洛区分了存在认知（或者 B-Cognition）和匮乏认知（或者 D-Cognition）。③他对匮乏认知的特征之刻画明显类似于舒茨关于日

---

① William James, *The Principles of Psychology* (Cambridge, Mass.: Harvard University Press, 1983 [1890]), 929. 这里参考的是第 21 章"对实在的感知"，在这一章里，詹姆士论及多重"实在"与"世界"，这两个概念可以互用。舒茨在著名的论文《多重实在》中，开篇就承认詹姆士是其术语用法的来源。但是，对詹姆士来说，实在是主观的；而在舒茨的现象学进路中，实在是主体间性的（intersubjective）。詹姆士关注的是精神性的实在，而舒茨关注的是也具有文化性的实在。然而，总的来说，詹姆士对"多元论"的坚持既是本体论意义上的，也是心理学意义上的，二者不分轩轾。

② *Chuang Tzu*, 47-48.

③ Abraham Maslow, *Toward a Psychology of Being* (Princeton: Van Nostrand, 1962). 马斯洛对所谓高峰体验特别感兴趣，这种体验可能是也可能不是明显的宗教体验。

常生活世界的观念,因为匮乏认知乃是对缺乏的东西和需要通过奋斗予以弥补的东西的认知。匮乏认知是由一种基本的焦虑所激发的,这种焦虑驱使我们迈向劳作世界里实际的和务实的行动。当我们受到匮乏动机的支配时,我们在手段/目的的架构下操作,我们对主体与客体之间的差异有清晰的感知,我们对客体(哪怕是人类中的客体)的态度是操纵性的。我们会全神贯注于实在中与我们的需要最密切相关的局部方面,而忽视其他方面,包括与我们自己相关的方面和与世界相关的方面;但是,我们操作时会一丝不苟地注意标准的时间与空间的限制。

存在认知在各个方面都是在与匮乏认知的鲜明对照中得到界定的。当被存在动机驱动时,我们通过参与而不是操纵而与世界联系起来;我们会体验到主体与客体之间的合一,这是一种克服了所有片面性的整全性。存在认知本身就是目的,而不是达到任何其他东西的手段,它倾向于超越我们对时间与空间的日常体验。马斯洛并没有排他性地将存在体验等同于宗教——存在体验可能发生在自然之中,发生在与艺术的关系之中,发生在亲密的人际关系之中,甚至发生在体育运动之中。[①] 但是,由于存在体验经常在宗教文献中得到报道,这些体验便可能提供了一种进入人们宗教性地体验世界的特定方式之中的原初模式,不过,这当然不是唯一的方式,而且,当我们与某些特定的宗教相遇时,我们将不得不拓宽对宗教世界的现象学描述,使之更加详尽。

赫伯特·理查森通过借鉴查尔斯·皮尔士(Charles Peirce)和弗里德里希·施莱尔马赫(Friedrich Schleiermacher)等作家,指出了情感的

[①] 迈克尔·墨菲(Michael Murphy)在《身体的未来》(*The Future of Body*, Los Angels: Tarcher/Perigree, 1993, 444)一书中写道,在体育运动中,"聚精会神能够产生一种通过非凡的清晰与聚焦而得到荣耀的心理状态。例如,英国高尔夫球手托尼·杰克林(Tony Jacklin)就曾说过:'当我处于这种状态时,我全神贯注,完全在现在之中,不走出现在。我每摆动半英尺,我都能意识到……在那个特定的时刻,我都绝对凝神沉溺于我所做的事情。这是重要的事情。这是一种很难达到的状态,它来了,很快就走了。你走出去,来到锦标赛的第一个开球点,然后说:"今天,我必须聚精会神。"这种做法没用,那行不通。它必定已经在那儿了。'很多运动员都曾描述过'巅峰状态'(zone),这是一种超越了他们的正常功能的状态。在向我描述这种状态时,四分卫约翰·布罗迪(John Brodie)说:'通常在运动的高潮和亢奋中,运动员的感知与协调能力会得到极大的改进。有的时候,现在是以越来越高的频率,我体验到一种清澈,我从未见到哪个橄榄球故事对此做过充分的描述。'当他们努力描述这种体验时,运动员们有时开始使用类似于在宗教著述中被使用过的比喻。听了这样的描述后,我逐渐相信,那种运动技艺能够反映与神同在式的沉思之荣耀。"

认知方面,当此之时,他描述了某种类似于马斯洛的存在认知的东西。他说,情感"通过参与而感知。正如情感是对整体的感知一样,整体乃是通过参与而被感知的东西"①。根据理查森的看法,美学与其他种类的认知包含着对一个有限的整体的情感,而宗教性的认知则包含着对一个无限的大全的情感。他将我们对"海洋的浩瀚"或者对"另一个人的临在"的感知列举为我们与一个有限的整体进行"情感交流"的例子。理查森征引过的乔纳森·爱德华兹是这样描述对无限大全的感知的:

> 对神圣存在的荣耀的感知进入我的灵魂,可以说是扩散弥漫于整个灵魂;这是一种全新的感受,与我以前经历过的任何事情迥然不同……我暗自思忖道,那是一种多么卓绝的存在,如果我可以喜爱那个上帝,在天上全神贯注于他,好像永远完全沉浸于他之中,我将多么幸福!②

爱德华兹把与无限的大全融为一体的感受体验为对上帝生命的参与,这种感受伴随着另外两种感受,理查森和马斯洛辩称这种体验经常伴随着这两种感受:所有事物的普遍正确性(general rightness)和个人的安康。

瓦茨拉夫·哈维尔在他的狱中书简中,以一种完全非有神论的语调描述了这种体验:

> 我再次想起那遥远的时刻,那是在赫尔曼尼斯(Hermanice)狱中,在一个炎热、万里无云的夏天,我坐在一堆锈迹斑斑的废铁上,凝视着一棵大树的华冠,这棵树高贵而又宁静,它向上、向四周舒展着,遮盖着那所有将我与它隔离开来的篱笆、铁丝网、栅栏和瞭望塔。我看到,树叶对着一望无际的天空发出难以觉察的颤抖,当时,我被一种难以言表的感觉击倒:突然间,我似乎超越了尘世间我短暂的存在的所有坐标系,进入一种在时间之外的状态,在这种状态里,我曾看到过和经历过的所有美好的事物全都以一种完全

① Herbert Richardson, *Toward an American Theology* (New York: Harper and Row, 1967), 57.
② Ibid., 60,引自 Edwards, "Memoirs", in *The Works of Jonathan Edwards*, vol.1(New York, 1881), 16。

"共在"（co-present）的方式存在着。我感到了一种和解感，它确实是对当下向我展现的不可避免的事件过程的一种几乎温和的赞同感，而这又与快乐舒畅的决心结合在一起：直面不得不面对的东西吧。对存在的主权的深刻惊愕，变成了对无休无止地坠入存在之神秘性深渊之中的令人眩目的感受；变成了一种无边无际的愉悦，愉悦于还活着，愉悦于被赐予了这样的机会：经历了我所经历过的一切却还活着；愉悦于每件事都有深刻而又明显的意义这样一个事实——在我内心深处，这种愉悦与一种模模糊糊的恐惧形成一种奇特的联合，恐惧的是我在那一刻与之如此接近的每件东西都是不可理解、不可获得的，它们都处于"有限者的边沿"上；我充溢着一种终极性的幸福感，充溢着一种与世界、与我自己、与那一时刻、与我所能回忆起来的所有时刻以及隐藏于其后并且具有意义的每一无形事物之间的和谐感。我甚至可以说我有点"被爱深深打动了"，尽管我并不能准确地知道那是对谁或者对什么的爱。①

这里，我们看到了对参与、对事物的正确性、对个人安康的体验，类似于我们在爱德华兹那里看到的那种体验。华莱士·史蒂文斯在若干场合以诗意的形式表达过这种体验。下文与哈维尔尤其能产生共鸣，尽管它引入了常见于宗教著述中的觉醒这一观念，但不论是在爱德华兹那里，还是在哈维尔那里，这一观念都不是明晰可见的：

也许
真理取决于绕着湖边的一场散步，

身体疲惫时的一次平静，一次停步
来看雪割草，一次停步来细察
一个变得确凿的定义，以及

在那种确凿之中的一次等待，
在湖边松树的垂花饰之中的一次休憩。

---

① Václav Havel, *Letters to Olga* (New York: Knopf, 1988[1984]), 331-332.

也许存在着在本质上极其美妙的时光。

当雄鸡在左边啼鸣而一切
都好,不可计数的平衡,
一种瑞士般的完美在其中到来

由这架机器演奏出的熟悉音乐,
设定了它的狂热,不是我们成就的
平衡,而是就这样产生的平衡,

当一个男人和女人一见钟情。
也许有一些苏醒的瞬间,
极端,幸运,私密,在其中

我们不止是苏醒,坐在睡眠的边缘,
如在一种升华之上,并凝望
那些学院,宛如包裹在一团薄雾之中的建筑。①

　　史蒂文斯以令人入迷的诗意语言,激发了参与感,而不像爱德华兹和哈维尔力图做的那样去描述这种参与感。无论如何,事物的正确性 8 和个人的安康这些元素都是特别明显的。

重叠的实在

　　到目前为止,我主要将多重实在当作连续剧来处理:这么多的时间被用于睡眠,这么多的时间被用于工作,这么多的时间被用于看电视,被用于社交,被用于沉思,等等。但是,我们也可以将实在的各个领域视为同时发生的,只是偶尔会彼此切割开。日常生活世界里的客体可

---

① Wallace Stevens,from "Notes toward a Supreme Fiction", in *The Collected Poems of Wallace Stevens* (New York:Knopf, 1955),386.(这里的译文引自 http://blog.sina.com.cn/s/blog_a54ae9d001015m7x.html[陈东飚译],有改动。——2014 年 3 月 14 日引)。

能具有不止一种意义,而我们并不是对所有的意义都了然于胸。我们也许会无意识地与劳作世界里的老板相处融洽,就好像他是我们的父亲一样。正如采用精神治疗法的医生所知道的那样,这样的意义可以扭曲我们的行为方式,以至于它会扰乱我们在工作场所履行职责的能力。我们在日常世界里遭遇到的许多客体都至少潜在地具有宗教意义。哈维尔观察到的在阳光中闪闪发光的大树,作为狱中庭院里日常放风的背景,可能很少受到关注,但是,不论是由于什么样的原因,在那一特定的时刻,它有助于突破日常生活:正是尘世-大树将宇宙的全部意义贯注在树的闪闪发光的存在之中。

换言之,日常生活世界里的一个物体、一个人、一个事件,可能在另外一种超越劳作世界的实在里拥有一种意义,这总是可能的。设若如此,我们便可以称之为一种象征,这里遵循的是阿尔弗雷德·舒茨对"象征"这个术语的用法。[1] 关于象征,我们将详加论述,但是,这里只需注意到,我们在任何时候都被象征或者潜在的象征环绕着。一棵树、水、太阳都是具有多种意义的(multivalent)象征,但是,一间房是一个象征,一扇门是一个象征,一本书是一个象征,一名教师是一个象征,一名学生是一个象征。在日常生活的绝大多数时间里,我们都是以一种狭隘的实用意识,以马斯洛所说的匮乏认知来过活的,我们看不见象征,或者至少我们不是有意识地看到象征的。但是,即使在日常生活中,当某些稀松平常的事物变得卓尔不群,变成象征性的事物之时,我们有时会体验到存在认知。

亚伯拉罕·马斯洛曾经当着我的面谈到这种存在认知。当时,他是布兰德斯大学心理学系主任,人们期待着他穿着学位袍盛装出席毕业典礼。他以前曾逃避过这类盛事,认为那是愚蠢的繁文缛节。但是,他说,随着队列开始行进,他突然将其"视作"一个无穷无尽的队列。在很远很远的前列,也就是在队列的开头,站着苏格拉底。排在苏格拉底很后面,但仍在马斯洛很前面的是斯宾诺莎,刚好在他前面的是弗洛伊德,紧随其后的则是他自己的老师和他本人。在他身后无休无止地延伸着的是他的学生和他的学生的学生们,一代接着一代,有的还

---

[1] Alfred Schutz, "Symbol, Reality, Society" (1955), in *Collected Papers*, 1:287-356.

没有出生呢。马斯洛向我们保证,他所经历到的不是一种幻觉,而是一种特别的洞察,是存在认知的一个事例。我想说的是,这也是将学位授予队列理解为一种象征,表示真正的大学是一个超越时间与空间的神圣的学术共同体。在某种意义上,马斯洛是在领会任何现实中的大学的"真正的"基础。人们可以说,如果我们再也不能领会那个神圣的基础,那么,现实中的大学就会崩溃。因为真正的大学既不是消费社会用来批发知识的专营店,也不是阶级斗争的工具,尽管现实中的大学略似两者都是。但是,如果大学不具备超越劳作世界中各种实用考量的基本的象征性的参照点,并且与这些考量处于张力之中,那么,它就丧失了存在的理由。

如果没有象征性超越的能力,没有**依据**超越日常生活的领域去理解日常生活领域的能力,即没有肯尼斯·伯克所说的"超越"的能力,那么,人们就会陷入一个充斥着被称为"可怕的内在性"的东西之世界中。① 这是因为,仅仅被视为对焦虑与需要做出理性反应的世界的日常生活世界,是一个机械必然性的世界,而不是一个彻底的自主性的世界。正是通过指向其他的实在,通过超越,宗教、诗歌还有科学才能以其自身的方式突破这个表象世界的可怕命运。

我们可以慢慢理解,为什么将日常生活世界视为最高实在是危险的了,如果它不仅仅是一种方法论的假设的话。我们已经指出,没有人能够忍受一直生活在日常生活世界里。日常生活世界里支配性的焦虑源于它的两个特征:它是一个缺乏的世界,是匮乏动机的世界,必须得到弥补,此其一;日常生活参与的操纵不能确保成功——在努力克服某种匮乏时,这些操纵可能会失败,此其二。于是,日常生活世界就必须被那些本来就更加令人惬意的时段所打断:这些时段包括睡眠、聚餐、不是任何目的之手段的活动。麦金太尔一直将"实践"(practice)这个

---

① Kenneth Burke, *Language as Symbolic Action* (Berkeley: University of California Press, 1966), 298-299. 伯克提出了一个新的英语动词"超越"(to beyond),其意思是依据某种超越某一事物的东西,来看待该事物。伯克论证说,当情绪宣泄超越了怜悯与恐惧时,亚里士多德的悲剧理论就包含着一种超越。他将索福克勒斯的《俄狄浦斯在克罗诺斯》列举为一个例证:"我们对他(俄狄浦斯)的死亡感到怜悯与恐惧,恰恰是在他超越了这个世界的苦难——也就是**超越**了那些苦难,并且变成了一个**守护神**之时"(299 页,黑体为伯克所加)。

术语运用于那些善内在于其中的活动。① 我们一直用来刻画宗教经验之特征的存在认知不是一种实践,这是因为,借用史蒂文斯的话来说,它不是我们获得的某种东西,而是发生了的某种事情。然而,仪式就是一种实践,这种实践比宗教还要宽泛,但是,宗教为它提供了重要的范例。常规重复活动,例如吃饭、体育、音乐会可以呈现出仪式的特性。安息日,即休息日的观念就与仪式密切相关,因为传统上,它就包含着参与宗教仪式,参与做礼拜。无论如何,安息日不同于一周之内其他六天这一观念意味着,安息日至少部分地是将日常生活世界弃之不顾的时间,是在其中让日常生活世界里的焦虑暂时得到缓解的时间,是时间之外的时间。如果当今有许多人以体育运动或者不同于礼拜或除了礼拜之外的其他娱乐来减缓这些焦虑,这也并不会改变那些打断日常生活世界之节奏的时间的重要意义。

　　然而,日常生活世界不可能消耗我们的全部生命这一事实,并不是我们会犹疑于将其刻画为最高实在的唯一原因。在日常生活自己的城堡之内,它也并不总是至高无上的。作为操纵客体以满足需要的世界,日常生活世界甚至对于理解劳作的世界来说也是不充分的。作为一个满足边际效用的世界,劳作世界缺乏在文化上清楚明确的主观意义。韦伯在描述工具理性(Zweckrationalität)时——他确实将其视作一种最高的实在——觉得工具理性可以由观察者从纯粹客观的观察出发予以读解。考虑到必要的外在境遇,工具理性行动的意义将是显而易见的。没有必要对主观的意义进行解释。

　　但是,我相信,即便在劳作世界的正中心,也有一股拉力,使我们将劳作理解为实践,理解为内在地具有意义和价值的东西,而不是达到某一目的的手段。心理学家米哈伊·奇凯岑特米哈伊描述过一种他称之为心流(flow)的现象,那是一种对完全沉溺于尘世、充分实现一个人自身潜力的最理想的体验,他将其描述为经常发生于劳作中的普通美国人之中的现象。② 人类学家维克托·特纳已经使用过心流这一观念来

① Alasdair MacIntyre, *After Virtue* (South Bend, Ind.: Notre Dame University Press, 1981), 174-183.

② Mihaly Csikszentmihalyi, *Flow: The Psychology of Optimal Experience* (New York: Harper and Row, 1990), chap. 7.

理解仪式,以下说法也许并不是过分夸张,正是当劳作变成(在积极的意义上)仪式时,劳作就近似于心流了。[1]

例如,我们可以以佛教禅宗的实践观念为例,其主要的意思指的是打坐(meditation),最好是在固定时段与其他禅宗信徒一起在禅堂中以莲花坐姿打坐。随后,禅宗的实践观念外推到所有活动,以至于洒扫变成了实践,洗碗变成了实践,任何劳作都是如此。从禅宗的观点来看,使劳作变成实践的是正念(mindfulness)这一态度,即一种特定形式的宗教专注。正念并不意指对结果的关切,而是指对正在实际发生着的事情这一实在敞开心胸,是一种存在认知。也许我可以提议,仪式——在我赋予它的宽泛意义上——堪与作为最高实在的日常生活世界相匹敌。这种论断与下述广为人们分享的宗教观念有关:日常生活世界是一个幻觉的世界。

宗教表象的诸种模式

确凿无疑的是,宗教性的实在乃是经验的领域,但是,它也是表象的领域。事实上,经验与表象是不可避免地相互依存的。乔治·林贝克以有助于我们的阐述的方式,描述了当今可供选择的几种主要的宗教理论。[2] 他描述的第一种宗教理论是他所说的命题理论,这一理论认为宗教是由一系列命题性的真理宣称所组成的,这些宣称都借由概念得到陈述。关于这些概念,我将在下文详加说明,因为它们在宗教话语中非常重要。但是,林贝克辩称,关于宗教的命题理论作为研究宗教的一种主要进路是不充分的,而且在很大程度上已经被当今的学者所摒弃,我相信他是正确的。把宗教等同于一套其真理性能够得到论证的命题,会将宗教转化为更准确地来讲应该称之为哲学的东西。宗教与哲学是密切相关的,对此,我们将在后面各章中予以探讨,但是,它们

---

[1] Victor Turner, "Liminal to Liminoid in Play, Flow, and Ritual: An Essay in Comparative Symbology", *Rice University Studies* 60, no. 3(1974): 53-92. 正如在罗伯特·莫顿的仪式主义这一观念中一样,贬义的仪式意味着毫无意义或者强迫性的重复。见 Robert K. Merton, *Social Structure and Social Theory* (Glencoe, Ill.: Free Press, 1957), 150, 184。

[2] George Lindbeck, *The Nature of Doctrine* (Philadelphia: Westminster, 1984), 16, 31-41.

并不完全相同。

　　林贝克所说的第二种宗教理论是影响广泛的经验-表现进路。这种观点假设，人类有一种普遍的成就宗教经验的能力，这种能力在不同的宗教传统中以不同的方式得到实现。林贝克将这种经验-表现性观点的现代形式追溯到弗里德里希·施莱尔马赫，而在晚近的时期，它得到了保罗·蒂利希（Paul Tillich）的广泛宣传。在迄今为止的相关探讨中，对存在认知和感知大全（felt-whole）的强调在很大程度上都应该归入经验-表现的宗教理论之中。在一种理解中，宗教经验的深层结构一般都存在于人类心灵之中，各种特定的宗教都是全人类的这种深层的经验潜力的外在表现。

　　然而，林贝克将第三种理论选定为最有前途的，他称之为文化-语言理论。这种文化-语言理论源于文化人类学，尤其是来自克利福德·格尔茨，它认为象征形式是首要的，认为象征形式与其说是基础性的宗教情感的表现，不如说它们本身就塑造着宗教经验与情感。我同意，文化-语言进路是对经验-表现进路颇有价值的矫正，但是，我认为我们无须二者择其一。在我看来，我们可以将它们视为同等重要的进路，而且我们需要在这两种理论之间来回逡巡，以便理解宗教现象。因此，当我将差异很大的表现刻画为存在认知的例证时，我并不是在论证说，有一种实际存在的存在经验（Being experience）的实在，这种经验仅在不同的场合以不同的形式出现。相反，我认识到，人类有一些共同的经验潜力，这些潜力具有可以辨认的相似性，但在由象征形式赋予它们以形态之前，都是不完备的。一旦被赋予了形态，那么，它们的相似性通常都有限；差异也许是至关重要的。文化传统不仅形塑甚至会唤起情感经验，在这一点上，我完全同意林贝克的观点。简言之，我们无法将未经加工的真实经验从文化形式中抽离出来。不过，我们可以将它们视为同等重要的，就像亚里士多德的质料与形式观念一样，并且无须将一种进路选定为首要的。

　　我们不妨考虑一下感知大全的经验，以此为例说明为什么需要以上两种理论进路。确实，很多有过这种经验的人谈到它时，总会说言辞难以表达这种经验，此即难以言说性或言辞无力。感知大全的经验，是马斯洛存在认知的一种极端形式，它为进入宗教实在这一领域提供了一个颇有价值的(但绝不是唯一的)切入点,但它对分析宗教表象却是大有问题的,而这是文化-语言进路的一个核心关注。对那些我们最好称之为统一的经验(unitive experience)来说,所有表象都必定是不充分的。表象必然包含着表象形式及其所表现的实在之间的一种二元性,但正是这种二元性是统一的经验所要超越的。谈论统一的**经验**也许甚至是危险的,因为根据现代西方的文化范畴,经验必然包含着与客观性完全对立的主观性与内在性,而这又采用了一种错误的二元论。若将这一考量牢记在心,谈论统一的事件以及统一的经验也许好一些。

如果我们没有亲身经历之,除非借助于表象,我们可能对统一的事件一无所知。因此,就宗教诸表象而言,统一的事件乃是一种着地点(ground zero)。它超越它们,但是,如果它还想要被传达出去的话,它又需要它们。基督教的否定神学和佛教关于空的教义通过谈论虚无、空虚、沉默和空,力图以吊诡的方式来表达这一点。但是,那些否定性的术语本身就是象征形式,就是表象,并且因此而将一种二元论的元素引入统一的事件之中,哪怕在它们试图克服表象的二元论时,也是如此。当我们调查世界各大宗教中对统一的事件的各种表述时,这并不是需要解决的吊诡,而是需要显明的吊诡。

因此,在阐发一种关于宗教表象的类型学时,我们必须从统一的表象这种零值的范畴出发——更确切地说,就是从那种力图显明统一的事件或者经验的表象出发。下面几节中,我将阐发一种类型学,把关于经验与表象的模式立基于儿童最早的形式之上,立基于比宗教更普遍的但宗教的表象形式是从其中产生出来的对实在的理解模式之上。我将表象的模式建立在最早的关于实在的经验之上,这种兴趣并不只是心理学的。我无意于将这些模式化约到儿童的水平,但是,它们可能包含着心理分析学家们所说的"有益于本我的回归"(regression in the service of ego)。如果是这样,它们在其最早的理解中也包含着有益于世界的回归。

由于我是在儿童认知发展的各个阶段为宗教表象的模式定位,值得指出的是,在统一的经验与皮亚杰所说的儿童的"非二元论"——这是从鲍德温(J. M. Baldwin)那里借鉴而来的——之间,存在着某种相似性。皮亚杰说,在生命最初几个月里的这种非二元论中,"尚未出现任何对自我的意识,更准确地说是,尚未出现内在的或经验的世界与外在的现实世界之间的界线。弗洛伊德谈论过自恋,但没有充分强调这样一个事实,即这是一种没有自我的自恋(narcissism without a Narcissus)"①。我的意思并不是想说,统一的经验是对婴儿早期经验的简单意义上的"回归",而是,情况可能正如在其他形式的早期经验中一样,这些随后存在的可能性从未丧失殆尽,能够在后来的更为复杂的形式中再次得到使用。正如我们将会看到的那样,"没有什么会永远失去"这一观点也可以被用来对宗教的历史施加影响。

宗教表象的第二种模式是我所说的动作性表象(enactive representation),这个概念借鉴自杰罗姆·布鲁纳,他将其视作儿童最早的真实的表象形式。② 宗教的动作性表象是出自宗教意义的身体活动,诸如鞠躬、下跪、吃饭和舞蹈之中的活动。这些模式并非无懈可击的范畴,而通常是彼此交叉的,这一点可以通过以下事实得到说明:统一的事件是非常动作性的。它是这样一种事件,即整个身体都参与其中,而且是全心全意地参与,没有分岔感(bifurcation)。但是,这种动

---

① Jean Piaget and Barbel Inhelder, *The Psychology of the Child* (New York: Basic Books, 1969), 22. 根据最近的研究,皮亚杰的非二元论这一观念必定适用于,或许甚至只能运用于出生前的时期。乔治·巴特沃斯(George Butterworth)辩称:"在婴儿的知觉中,存在着婴儿与世界之间的界线,这使得皮亚杰假定的绝对的'非二元论'得不到支持。"但是,他补充道:"另一方面,显而易见的是,婴儿本身没有客观的、反思性的自我意识。"George Butterworth, "Some Benefits of Egocentrism", in *Making Sense: The Child's Construction of the World*, ed. Jerome Bruner and Helen Haste (London: Methuen, 1987), 70-71.

② Jerome Bruner, *Studies in Cognitive Growth* (New York: Wiley, 1966), 12-21. 尽管"动作性的"(enactive)是我直接取自布鲁纳的唯一的术语,但他的开篇之章《论认知的增长》之中关于表象的类型学是我的三种主要的表象模式的来源。但是,在布鲁纳称作第二类符号性表象(iconic,有时拼作 ikonic)和第三类象征性表象的地方,我则称作第二类象征性表象(以符号性表象为象征性表象的一种次级类型)和第三类概念性表象。布鲁纳的类型学显然大多要归功于皮亚杰。皮亚杰的三种类型与布鲁纳的和我的可谓同宗同源,对这三种类型最清晰的阐述可见于让·皮亚杰的《儿童的游戏、做梦与模仿》(*Play, Dreams and Imitation in Childhood*, New York: Norton, 1962),该书原来的标题《象征的形成》(*La formation du symbole*)描述得更准确。在该书中,皮亚杰谈及"感觉运动活动"(sensory-motor activity)、"自我中心的表象活动"和"操作性活动"。皮亚杰使用"象征"这个术语来描述他所说的自我中心的象征活动的特征,其原因我们将在下文予以解释。因此,我对"象征性表象"这个术语的使用更接近于皮亚杰的用法。由于在这一领域里对术语的用法没有共识,人们只能努力弄清一个人使用某一特定的术语时其含义是什么。

作性的模式不必具有与统一的事件一样的基本性质。它可能只是一个几乎无意识的姿势，就像某些人画十字以求上帝的保佑一样，而对这些人来说，这一姿势已经成了第二天性。这种姿势可能只是让人蜻蜓点水地、虚与委蛇地与宗教实在协调一致，却完全缺乏任何基本的意蕴。即便如此，它仍然显出了像表象与意义这类的术语是否充分的问题。姿势**即是**意义——姿势规制了意义——它并不或者并不一定显明任何别的东西。因此，规制模式即便是在其片面性中也分享着统一性。14

　　"象征"一词至少与"意义"和"表象"这些术语一样危险，这一点也不是因为它的那些为数众多的且经常矛盾的用法，而是因为在谈论宗教表象的模式时，它是不可避免的。象征——在物质性或词语性的表象的意义上——比统一的事件或者身体姿势更明显地"代表"（stand for）别的某种东西，尽管统一的事件和身体姿势既可以是象征性的，也能被象征化。正是在日常生活的意识流里，象征能够被有意识地或者无意识地感觉到，就像我们在树、水和门的例子中已经看到的那样。但是，在绘画、雕塑甚至建筑中，在声音中，当然还有在词语中，象征也能被有意识地创造出来。当象征之感染力主要是视觉性的之时，我们就能用符号象征来表达之；当象征包含着声音时，它们就是或者接近于音乐象征；当象征包含着词语时，我们就能用诗化象征表达之。一种至关重要的词语象征模式是叙事，即传说或者神话（我们应该牢记的是，mythos 就是 story 的希腊语形式），它几乎在所有宗教中都是很重要的。为了显示各种表象模式是如何部分重叠的，我们可以展示一下戏剧表象，在其中，叙事通过身体而得到规制，经常伴有面具之类的视觉象征，以及音乐、声乐和/或乐器演奏。

　　最后，我们可以谈谈概念化的表象模式，这是一种抽象的词语反思与论辩形式，它产生于主要的宗教行为和表象之后，并且对这些宗教行为和表象加以批评。在某种程度上，概念性的反思存在于所有的宗教之中，但在轴心时代的宗教中尤其重要。在轴心时代的宗教中，理论虽然还与仪式和叙事相关联，但已经在某种程度上变成非嵌入式的了。因为在统一的事件的中心存在着认知性的环节，也就是一种洞若观火的环节，我们可以说概念性的表象一开始就存在于那里，而且所有的概念性表象都为概念性反思提供营养。但是,即便概念性表象是宗教实在中不可磨灭的要素,诚如我们已经论证的那样,它并不能规定宗教实在。

统一的表象

尽管纯粹意义上的统一的表象是一个零值的范畴,统一的事件却15 在宗教中颇具重要性,以至于我们需要在行为与象征的帮助下,进一步探究一下它是如何得到表现的。到目前为止,我们已经讨论过的事例——爱德华兹、史蒂文斯和哈维尔的解释——都是现代西方的,而且可能担负着超额的经验-表现性的负荷。我想考量几个迥然不同的事例,这些事例中,主观性的要素要么是付之阙如的,要么远远不如我们现代人通常期待的那么突出。

西塞罗的《西庇阿之梦》是对统一的事件的一种双倍远离(doubly removed)的解释。① 西塞罗并未声称他亲身经历过,而西庇阿——西塞罗认为他是事件的主角——则详细记述这件事发生在梦里。虽然如此,这个"梦"具有许多类似的叙述共同拥有的暗示性特征。西庇阿说,在他的梦里,他在最高的天上见到了父亲和祖父,二人现在就生活在那里:

> 当我从那一点上环顾四周,其他的一切都显得美轮美奂。有我们从地球上从未见过的星星,它们比我们曾经想象过的都要大……繁星满天的夜空要比地球大得多;确实,地面对我来说看起来是如此渺小,以至于我嘲笑我们的帝国,它的覆盖范围可以说只是地面上的一个点。(6.16)

西庇阿的异象使帝国相对化,而在现实生活中,他对这个帝国承担着沉重的政治与军事责任。在梦里,西庇阿问父亲,他是否可以立刻加入这个美丽的天上王国之中,与父亲在一起。但是,父亲告诉他,想要

---

① 《西庇阿之梦》(*Somnium Scipionis*)见于西塞罗的《论共和国》(*De Re Publica*)第六卷,收入西塞罗《论共和国、论法律》(Cicero, *De Re Publica*, *De Legibus*, Loeb Classical Library, Cambridge, Mass.: Harvard University Press, 1923),260—283 页。

达到那里的唯一路径是完成他在尘世的责任,但在完成责任时要将天堂的异象牢记于心,这样,他就永远不会忘记事务的相对重要性。西庇阿还看到了一些其他的事物:"在远处,几乎处在正中途的是太阳,即其他发光体的主、首领和统治者,也是宇宙之心与指导原则,他是如此庞大,以至于用他的光展现和充满了所有的东西。"(6.17)但是,西庇阿不只是看,他还听到了"高亢而又令人愉悦的声音",他的父亲让他确信,那是天籁。(6.18)

西塞罗竭力强调的是永恒者的雄伟庄严与转瞬即逝者的相对无意义,尽管他并未丧失对尘世间的道德行为与一个人的永恒命运之间的关系的洞察。西庇阿的主观反应的重要性微乎其微。他对天上王国的美的感受,以及他对地上乃至帝国的无意义的嘲弄,意在向我们传达他的异象的力量——这种异象将实在置于真实的景观之中,而不是传达与西庇阿的感觉本身有关的任何重要事物。感觉并未缺席,但正是异象而不是感觉表现了统一的事件。几乎没有必要指明天国的象征,即太阳和那"充满了所有事物"的阳光,在这类叙述中,这些都是经常会出现的。

接下来,我的叙述也是间接的。它讲述的是对一个统一的事件的三位见证人,他们都亲身经历了这一统一的事件。即便我们可以假定这一叙事来自一个或者多个见证人,它也是以第三人称的形式给定的。这是一个关于基督显现圣容的故事,见于三种对观福音书之中(《马太福音》17:1-8;《马可福音》9:2-8;《路加福音》9:28-36)。在马太的叙述中,耶稣带着彼得、雅各和约翰"上了高山"。在那里,耶稣"变了形象,脸面明亮如日头,衣裳洁白如光"。门徒们看到耶稣对摩西和以利亚说话,然后,"有一朵光明的云彩遮盖他们,且有声音从云彩里出来说:'这是我的爱子,我所喜悦的,你们要听他。'"门徒们俯伏在地,极其害怕,但是,耶稣对他们说:"起来,不要害怕。"然后,他们举目不见一人,只见耶稣在那里。

现在,我们可以在太阳与光的象征之外再加上高度,在这个例子中是一座高山,它不是西庇阿所在的实实在在的诸天,或者史蒂文斯所说的那种抬升,而是同一主题的变种。我想强调这一叙事中赤裸裸的客观性。其中提到的唯一的情感是门徒们体验到的敬畏感,最令人惊讶

16

的是诸福音书对耶稣在那一非同寻常的时刻里的主观经验毫无兴趣，而当今的我们则可能非常想知道耶稣当时是如何感受的。人们可以想象一位电视主持人这样问耶稣："在山上时，你心里都想了些什么？"但是，福音书关注的是在这个统一的事件中被启示出来的真理，而不是任何人对它的感受。

在我的下一个事例中，主观性的问题得到了有意识的主题化。石田梅岩是18世纪日本的一位宗教老师，他在一位禅宗和尚的指导下，长期练习打坐。在他年约40岁时，他悉心照料自己的母亲，"他打开一扇门，突然间，前些年的疑惑烟消云散了……鱼跃于渊，鸢飞戾天。大道上下清澈透体。由于体悟到天性就是做天地万物之父母，他大喜过望"。梅岩到他的师傅那里去复述了他的体验，但是，师傅并不完全满意。师傅认可梅岩已经看到了某种真实的东西："你所看到的是可以认识的事物的应然状态。"但是，还有个更进一步的阶段："你看到我们的天性就是做天地万物之父母，你用的眼睛还在那儿呢，一定有天性，但不用眼看。现在，你须失去眼睛。"

17   梅岩回去又夜以继日地练了一年多的打禅：

> 后来有天晚上，他累极而卧，没意识到天已大亮。他听到卧处之后的林子里有雀儿在叫，于是，他的体内像大海或者像万里无云的天空一样安详宁静。他觉得雀儿的叫声像鸬鹚破水而入，深入大海的安详宁静之中。从此以后，他再也不有意观察他自己的本性了。①

这里，整套象征引入了很多元素，这些元素与我们到此为止所看到的密切相关却又有点不同：万里无云的天空、大海、鸬鹚。这里，开启一扇门或者听到雀儿的叫声之类的经验触发了一个统一的事件。但是，特别兴味盎然的是，这个叙事尽管比西塞罗或者福音书的叙事更充满主观经验，它特别关注的却是让自我从经验中超拔出来，诚如梅岩的师傅所说的那样："失去眼睛。"因此，还是客观实在，而不是主观"意义"，处在最前列，尽管我们处在一个比本节中的另外两个叙事对主观性敏

① Robert N. Bellah, *Tokugawa Religion* (New York: Free Press, 1957), 201-202.

感得多的世界里。

最后，我想思考一种迥然不同的统一的事件。到此为止，我们的事例全部集中于单个的个体之上。只是在改变形象这个故事里，我们才有一个群体，而即便在那个故事里，焦点也更多地是耶稣，而不是三个门徒。但是，统一的事件没有理由不能发生在一个群体之中，没有理由不能有群体经验。根据埃米尔·涂尔干的看法，这类事件主要是并且本来就是集体性的。他论及"集体的欢腾"，认为这是人们经验一种不同并且更为深刻的实在的条件。涂尔干这样描述过澳大利亚的土著人："夜幕降临，活动揭幕。各种游行、舞蹈和歌唱在火炬中开始；常规性的欢腾持续地高涨着。"在描述这些仪式事件后，他给出了以下的解释：

> 人们可以轻而易举地看到，一个人一旦达到这种亢奋的状态，是如何不再认识他自己了。由于觉得自己被一种使得他所思所行均不同于平常日子的外在力量所支配和激励，他自然而然地就有了他不再是自己的印象（后来，涂尔干描述过这种字面上是狂喜之意的经验，狂喜一词的词源是［希腊语］ekstasis，意思是"身不由己或失去自己"）。在他看来，他已经变成了一种新的存在：他穿戴的装饰物，还有遮盖着他面部的面具从物质上象征着这种内在的转换，而且在更大的程度上，有助于决定其性质。而且，由于他所有的同伴都同时觉得他们自己也以同样的方式发生了变化，并且通过他们的叫喊、他们的姿势和他们的总体性态度表达了这种情感，一切都预示着他好像真被转送到了一个特殊的世界里——一个完全不同于他日常生活于其中的那个世界——并且被转送到了一种充满着异常强烈的力量的环境之中，这种力量掌控着他，并且让他彻底改变。①

涂尔干的观点是，仪式的世界非常不同于"人们的日常生活厌烦地拖累着他们"的那个世界。这是一个与凡俗的日常生活完全相反的神圣的世界。对涂尔干来说，正是社会本身那种深刻的创造性和转化

18

---

① Émile Durkheim, *Elementary Forms*, 218.

性的力量,才是在仪式中得到了理解的实在。此刻,我们只需对涂尔干的理论——对宗教实在的概念性解释——给予临时赞誉,我们还会回到这种理论。这里重要的是,涂尔干持之有据地坚持,我所说的统一的事件能够而且经常是集体性的。

动作性表象

杰罗姆·布鲁纳在《认知增长中的学习》(*Studies in Cognitive Growth*)一书中,阐发了一种关于幼童认知发展中的表象模式的类型学,正如我已经说明过的那样,我从中有所借鉴,以阐发我自己的类型学。布鲁纳没有统一的表象,相反,他的第一种模式是他所说的动作性的表象。布鲁纳论证说,尽管儿童生来就具有视觉感知的能力,而且"最初的行动形式就是'看'",但正是"抓握、牙牙学语、拿取等行动进一步让环境'客体化',并让环境相互'关联起来'"。[①] 儿童首先将客体理解为他们自己身体的延伸,一支铅笔或者一个球是根据它们如何以身体予以操纵而得到理解的。在学习的这一早期阶段,如布鲁纳引用皮亚杰所说的那样,事物"是被活现的,而不是被思考的"[②]。诚如皮亚杰指出的那样,儿童只能逐渐地做到"在心中抓住一个物体",而无须用手抓住它。布鲁纳论证说,动作性的表象这一观念(而不只是行动)产生于动作性习惯的存在,儿童可以将这种习惯运用于对行动的组织之中,从而超越简单的反射作用。确实,诚如他所指出的那样,"动作性的表象能被置于其上的原理运用[就是]对行动本身的指导"[③]。

---

① Bruner, *Studies in Cognitive Growth*, 16. 布鲁纳注意到在儿童早期学习中,"看的行为"对感觉运动操纵的优先性,这是对皮亚杰观点的修正,但是,布鲁纳仍然证实了皮亚杰的洞见。关于幼童仅仅通过"看"究竟能"知道"多少,参见 Michael Tomasello,《人类认知的文化起源》(*The Cultural Origins of Human Cognition*, Cambridge, Mass.: Harvard University Press, 1999),57—58 页。

② Bruner, *Studies in Cognitive Growth*, 17, 引自 Jean Piaget,《儿童对实在的建构》(*The Construction of Reality in the Child*, New York: Basic Books, 1954)。

③ Bruner, *Studies in Cognitive Growth*, 11. 布鲁纳注意到,在人际交往中,皮亚杰"怀疑我们所说的动作性的表象到底是否应该被称作表象,因为行动是否'代表'或者表现超出它自身之外的任何东西,是大成问题的"(10 页)。

布鲁纳指出,可以用两种方式来思考表象:将其想象为"某物**的**表象"或"**对某物的**表象"。① 在现代西方文化中,我们倾向于认为表象——最宽泛意义上的象征——就是我们头脑中拥有的某种东西,就是某种像外在事物之图像的东西。但是,表象作为行动的方法,作为对……的表象,即便在语言中也可能是根本性的。布鲁纳引用了鲁利亚(Luria)对言语的"实用功能"的强调,当一个小孩说"洞就是去挖"时,情况就是这样。② 动作性表象的"对……的表象"这一特性中的某种东西乃是所有表象模式的特征,并且也许与这样一个事实相关联,即动作性的表象至少是下意识地也存在于象征性的和概念性的表象形式之中。正如布鲁纳所说的那样,"即使是在自由行动的意象得到了很好的开发之后,儿童继续依赖于某些动作性的表象形式的程度也仍然是令人惊讶的"③。意象与行动世界之间的分离从来就不曾完成。④

作为行动之方法的动作性表象这一观念可以通过打结和骑自行车来得到阐释。人们可以通过言辞或者借助于图示得到指导,学习如何打结。但是,直到他实践过打结之前,直到他的身体、他的运动感觉系统已经**学会了**打结之前,他还是**不知道如何**打结。就骑自行车而言,这就更加明显了。在这里,语言性或者图示性的指导几乎毫无用处。人们是通过骑自行车来学习骑自行车的,但是,打结和骑自行车的运动感觉习惯随之就勉强变成了某种表象(a representation of sorts),即某种特定的行动——当需要这种行动时——的方法。

在幼儿身上,许多这类的习惯——吮吸、抓握等——是天生就有的,甚至是在作为与母子(或者亲子)整体相分离的自我这样一种儿童的感觉尚未开发之前就已经习得的。后来特化为符号表象、语言表象和其他表象模式的"看"与"听"仍然内嵌于一个整体性的感知母体之

① Bruner, *Studies in Cognitive Growth*, 6-8. 布鲁纳的区分类似于格尔茨的《作为文化体系的宗教》(1966)一文中"在……的模式"和"对……的模式"这两者之间所做的区分,该文收入《文化的解释》(*The Interpretation of Culture*, New York: Basic Books, 1973),93—94 页。

② Bruner, *Studies in Cognitive Growth*, 8. 他参考的是 A. R. Luria, *The Role of Speech in the Regulation of Normal and Abnormal Behavior* (New York: Pergamon, 1961)。

③ Bruner, *Studies in Cognitive Growth*, 19.

④ Ibid., 21.

内,在这个母体里,触摸、嗅闻、咬啮、撒尿、排便和叫喊都是很重要的。儿童辨认一张大略面孔的能力常常是与伴随着这张面孔的抚抱、喂食、保暖和安抚等活动联系在一起的。正如我已经说过的那样,这种与实在之间的、完全是身体性的联系从未丧失殆尽。其他模式——象征性的、概念性的表象——是后发性的,它们为了某些目的而领先于动作性的表象。但是,由于人类仍然是有肉体的,任何形式的表象的产物在一定程度上都是一种变化了的身体状态,即一种姿势。重要的抽象过程会产生**看得见摸得着的**后果。动作性的表象通过乔治·赫尔伯特·米德所说的姿势的交谈,可以变成象征性的表象。① 身体本身变成了一种形象和象征,而这又开启了新表象的可能性。

尽管在大多数情况下,动作性的表象是以复杂的方式与其他的表象模式联系在一起的,但是,此刻我愿意特别集中地谈谈动作性表象。总的来说,宗教与身体密切相关;仪式总是以我们需要予以考量的方式,通过身体而呈现其意义的。在形形色色的各种宗教中,都存在着与治病密切的关联。健康是宗教核心性的当务之急,也是关于救赎的一种比喻。生与死是宗教周期性地全神贯注于其上的事,宗教的重生现象是一种普遍存在的现象,澳大利亚的土著人曾借助于成年人的双腿,通过少年的仪式性过渡来使重生得到象征化。吃喝、参加宴饮与禁食,是宗教仪式中常见的要素。

形形色色、各种各样的身体姿势是仪式内在的特征。在某些形式的基督教礼拜仪式中,有按序排列的移动,包括下跪、落座、站立和走上圣坛领取圣餐。除此之外,穆斯林的祷告和佛教的仪式包括各种形式的俯伏在地。在舞蹈中,身体姿势是详细规定的,这是仪式中常见的一种要素,是许多传统所共有的。舞蹈的根本是有节奏的运动,而节奏又是与心跳和呼吸之类的生理规律密切相关的。在佛教的打坐中,呼吸本身是焦点:全神贯注于呼吸,贯通内外,这可以变成一种统一的经验。打坐的坐姿,即佛陀的莲花坐姿,被日本的禅宗大师道元视作顿悟。那

---

① 米德:《心灵、自我与社会》(George Herbert Mead, *Mind, Self and Society*, ed. Charles W. Morris, Chicago: University of Chicago Press, 1934),42—43 页。也参见《社会意识与意义意识》(Social Consciousness and the Consciousness of Meaning[1910]),收入米德:《选集》(*Selected Writings*, ed. Andrew J. Reck, Chicago: University of Chicago Press, 1964),123—124 页。

些安坐于禅宗沉思中的人就是已经顿悟了的人,没有更多的东西可以翘首以待。①

马雷特谈及部落宗教时说:"与其说部落宗教是思考出来的,不如说它是跳舞跳出来的。"②但是,动作性表象并不仅仅对"原始人"而言是首要的。威廉·巴特勒·叶芝(William Butler Yeats)在去世前6天写道:"我确知我的余日不多了……我是幸福的,而且认为我充满了我已经对其丧失信心的精力。在我看来,我已经发现了我想要的。当试图一言以蔽之时,我说'人能体现真理,但他不能认识真理。'在我的生命即将终结时,我必须体现真理。"③我们将会看到,真理是一种大有问题的观念,并非每个人都会同意叶芝说的真理必须被体现出来。但是,有一种历史宗教却将其对真理的宣称建立在道成肉身的基础之上。

象征性表象 ²¹

我们也许可以通过关注游戏这一现象来开始对象征主义这一复杂主题的思考,这是因为,皮亚杰将儿童的象征的形成之开端与他所说的"象征性游戏"联系在一起。对皮亚杰来说,象征使得实在与儿童的需

---

① 道元(1200—1253)在《正法眼藏》的"办道话"(Bendowa)这一部分中说,"夫谓修证非一者,即外道之见也。佛法之中,修证是一等也。即今亦是证上之修故,初心之办道即是本证之全体。是故教授修行之用心,谓于修之外不得更待有证,以是直指之本证故也。既修是证,证无际限;已是证而修,修无起始"(这里的译文见何燕生译注《正法眼藏》,北京:宗教文化出版社,2003 年,9 页)。见 Hee-Jin Kim,《道元希玄——神秘的实在论者》(*Dogen Kigen—Mystical Realist*,Tucson:University of Arizona Press,1975),79 页。关于其他的译文,见 Masao Abe and Norman Waddell, trans.,"Dogen's Bendowa",in *The Eastern Buddhist* 4 (1971):144。

② 马雷特:《宗教的起源》第二版(R. R. Marett, *The Threshold of Religion*, 2nd. ed. London:Methuen, 1914),xxxi 页。动作性的表象也是一种思考——用身体思考,就此而言,马雷特的比照是不准确的。诚如皮亚杰所说的那样:"语言不足以解释思想,这是因为,使思想具有其特征的多种结构在行动与感觉运动的机制中,拥有比语言更为深厚的根基。"皮亚杰:《心理学六论》(Jean Piaget, *Six Psychological Studies*, New York:Random House, 1967),98 页。但是,如果马雷特是在论证说,宗教并不像他的许多同代人所认为的那样,只是概念性的信仰,他经常被征引的评论还是颇有见地的。

③ Richard Ellmann, *Yeats: The Man and The Masks* (New York:Macmillan, 1948), 285.

求、愿望和欲求"同化"。① 谈到象征性游戏的同化功能的事例,皮亚杰写道:"在假期里,一个小女孩就她观察到的一个古老村庄的教堂尖塔上的那些钟的机械学原理问了各种各样的问题,现在,她像一个推弹杆一样笔直地伫立在她父亲的书桌旁,发出了震耳欲聋的叫声。父亲说:'我说,你真烦人。没看见我在工作吗?''不要跟我说话',小女孩回答道,'我是一座教堂。'"人们会禁不住说,这个小女孩也在"工作",让一种吓唬她的经验获得意义。在这种情况下,我们可以看到,象征性表象与动作性表象是多么密切。这个小孩规制了那个塔尖,但是,唯有她对那个塔尖的视觉和听觉经验,而不是她的运动经验,才容许她这么做。这里有教堂的某种形象,就此而言,较之于皮亚杰所说的"练习性游戏"——这是儿童最早的、纯粹感觉运动形式的游戏——来说,这里包含着更多的东西。② 这样,象征就使得内与外、经验与感受、自我与世界之间的整合成为可能。

皮亚杰告诉我们,在幼童那里,感知是"自我中心的",但是,他的意思是说,自我与世界还是一个整体的未加区分的部分。在某处,皮亚杰讲了一个男孩的故事。在一个艳阳天,男孩在日内瓦上车,去巴塞尔旅游。到达目的地时,这个孩子下了车,抬眼一望,说:"哎呀,太阳跟着我过来了。"我们可以说,这个孩子还没有按照舒茨所说的标准时间和空间对他自己和太阳进行定位。这个小孩的世界有一种动态的特性,这导致皮亚杰谈论儿童的"万物有灵论"。③

皮亚杰列举的象征性游戏的例子大体上都是单个人的,一个小女孩在吃午饭时拒绝喝完她的汤,她后来会用玩具娃娃"闯过"那个令人不快的情景,这就是单个人的游戏。在重新规制的情景里,这个小女孩

---

① 皮亚杰与英海尔德:《儿童心理学》(Piaget and Inhelder, *Psychology of the Child*),57—63 页。在皮亚杰的理论词汇中,同化(assimilation)包括转化实在以适应儿童先前存在的图式,而调适(accommodation)则包括更改这些图式以便适应现实。因此,同化中有些"主观的"东西。

② 例如,练习性游戏包括击打。当儿童学习击打时,他会击打够得着的任何物体,只是为了获得练习这种新能力的快乐。皮亚杰与英海尔德:《儿童心理学》,59 页。

③ 皮亚杰:《儿童的世界概念》(Jean Piaget, *The Child's Conception of the World*, Paterson: Little-field, Adams, 1960),169—251 页。皮亚杰的非二元论这一观念的限定性条件也适用于他的自我中心主义的观念。

对玩具娃娃不喜欢喝汤表现出的理解要多于她的妈妈实际上表现出的理解。① 布鲁纳提供了一个象征性游戏的例子，这个游戏本质上就既需要成年人，也需要孩子。这就是司空见惯的躲猫猫游戏，这种游戏的"深层结构"是"一个物体或者一个人的受控性的消失和再现"，但是，其表层结构则是可以无穷变化的，这要看是谁或者什么（玩具娃娃、泰迪熊、妈妈的面孔，甚至孩子的面孔）消失，是什么遮掩了已经消失的物体，消失的时长，等等。② 有趣的是布鲁纳研究的儿童对这种游戏的着迷程度，这种游戏始于周岁里牙牙学语前的几个月，持续到早期语言学习之后很长一段时间。这里，有好几件事情颇为有趣。如果是一个陌生人想与一个很小的幼童玩这个游戏，结果差不多肯定是眼泪。如果是妈妈来玩，结果通常都是笑声。躲猫猫是在玩弄孩子最深层的焦虑之一，即害怕被妈妈或者照料者遗弃。这看起来好像是布鲁纳在别的地方所说的"将儿童带到恐惧的边缘"——父母与孩子在玩耍中司空见惯的一个部分——的一个例子。③ 在对那种激发焦虑而又驱除焦虑的游戏的无休无止的重复中，儿童获得了我们或许可以称之为仪式性的快乐。躲猫猫也许可以被视为对弗洛伊德在《悲痛与忧郁症》中所说的丧失了的客体这一基本问题的应对。④

22

在接着更仔细地考虑象征性表象的各种次级类型之前，我想转向保罗·利科，因为他对为什么值得在儿童的生活中考察宗教象征主义的心灵（psychic）起源，给出了精妙的解释：

> 在"宇宙"之上去表现"神祇"和在"心灵"（psyche）中去表现"神祇"是一回事。

> 也许我们甚至还应当拒绝在这两种解释之间作选择，一种解释把这些象征作为婴儿期的伪装表示和心理主义的本能部分，另一种解释则在这些象征中寻找对我们的个体进化和成熟的可能性

---

① Piaget and Inhelder, *Psychology of the Child*, 60.

② Jerome S. Bruner, *Child's Talk: Learning to Use Language*(New York：Norton, 1983), 46.

③ Jerome S. Bruner, "Nature and Use of Immaturity", in *The Growth of Competence*, ed. Kevin Connolly and Jerome S. Bruner(London：Academic Press, 1974), 32.

④ Sigmund Freud, "Mourning and Melancholia", in *Collected Papers*, vol. 4 (London：Hogarth, 1956[1917]), 152-170.

的预期。我们后面还必须探索一种解释,按照这种解释,"倒退"是"前进"的一种迂回方式,也是探究我们潜在性的一种迂回方式……重新再沉浸在我们的古代言语之中,无疑是我们借以使自己沉浸到人类古代言语之中的迂回方式,并且这双重的"倒退"也许相应地还是导向有关我们自己的某种发现、探索和预言的途径。

正是象征作为探索者的手杖和作为"自我发生"(becoming oneself)之指南的这种功能,必须与宗教现象学所描述的在圣显(hierophanies)中被表达出来的象征的"宇宙性"功能相一致而不是相对立的。宇宙和心灵是同一"表达性"的两极;我在表达世界的过程中表达了我自己;我在译解世界的神圣性过程中探索了我自己的神圣性。①

符号性的象征化

正如在那个把自己当作教堂的小女孩的案例中所示的那样,符号性表象与动作性表象之间的关系是很密切的。理查兹(I. A. Richards)告诉布鲁纳,形象是"充满肌肉的"。② 确实,当2岁的儿童发现自己能用彩色蜡笔有所作为时,他们创造的第一个东西就是涂鸦之作,这个东西仍然主要是动作性的。③ 蜡笔是儿童身体的延伸,乐趣就在运动之中。儿童并不是在"绘画",当然不是画某个东西**的**画。儿童**就是**那幅画。如同儿童的表达的每一元素一样,我们立刻就可以想到复杂精致的成人版。让人想起来的并不只是杰克逊·波洛克(Jackson Pollock)

---

① 保罗·利科:《恶的象征》(Paul Ricoeur, *The Symbolism of Evil*, New York: Harper and Row, 1967),12—13页(这里的译文参考了公车译《恶的象征》,上海:上海人民出版社,2005年,13—14页,个别地方有修正)。在谈论圣显时,利科借鉴了米尔恰·伊利亚德(Mircea Eliade)的著作《比较宗教的范型》(*Patterns in Comparative Religion*, New York: Sheed and Ward, 1958[1949])。

② Bruner, *Studies in Cognitive Growth*, xv. 正是因为形象或者象征"拥有肌肉",我们必须给保罗·利科的名言"象征导致思想的产生"补充上这样一个观念,即象征导致行动的发生。保罗·利科:《恶的象征》(Paul Ricoeur, *The Symbolism of Evil*),347—355页。

③ Rhoda Kellogg and Scott O'Dell, *The Psychology of Children's Art* (New York: CRM-Random House, 1967), 19-25. 该书有趣之处在于其对儿童绘画的复制,这些作品充满生机,尤其是在它们变得平淡无味之前。

的绘画的外表,而是他称之为行为绘画这样一个事实,它表达了与布鲁纳的动作性表象这一观念接近的某种东西。

在涂鸦开始后不久,儿童就发现了形状。最早的形状是卷状物,它与随意的涂鸦并无太大的差别,但乍看起来有点像圆形。[①] 当然,儿童没有能力画任何接近于完美的圆形的东西,但大概其意的圆形开始显现出来。在 3—4 岁之间,形状发展为轮廓,可能是圆形的或者四边形的。[②] 儿童看似在玩弄形式(form),但那是什么的形式呢? 对自我和世界之间的差异拥有强烈感受的成人希望形式是某种东西的形式。但是,儿童用圆形、正方形和将它们分开的十字标记以及从它们之中伸出来的辐条所做的事,是以一种正在形成的(emerging)自我表达儿童自己对有边界的形式的感知,这正如他们用世界中的任何东西所做的事一样。儿童将一个有辐条伸出来的圆形称作太阳或者花朵,这可能并不只是为了取悦成年人,因为儿童是在理解世界以及自我的意义,并且在世界与自我这两者之中看到了平衡的形式。凯洛格和奥德尔在他们专论儿童艺术心理学的精彩的著作中称,他们在 3—5 岁的儿童的绘画中大量出现的画有十字的圆形和类似的形状中,看到了曼陀罗,当他们这样说时,他们也许并不是在做过度的诠释。[③] 曼陀罗(这是个佛教术语)是一个有圆心的图样,有时极具复杂性,异常精致。它不仅可见于印度、东南亚和东亚,也可见于纳瓦霍人的沙画、欧洲中世纪的玫瑰窗、现代雕塑等之中。不论它还是别的什么东西,曼陀罗是对秩然有序的一致性——人类的一种根本关切——的表达,因此,它自发地出现在幼童的绘画中,也出现在各种高级的文化表现形式之中,是一点也不令人惊讶的事。

大约 4—5 岁时,处于图形转化之中的儿童会——看似"抽象地"——画出可辨认的人的形状。带有辐条的圆形即"太阳"会长出

① Rhoda Kellogg and Scott O'Dell, *The Psychology of Children's Art*, 27-34.

② Ibid., 35-41.

③ Ibid., 53-63. 也参乔斯和米丽亚姆·阿圭列斯:《曼陀罗》(Jose and Miriam Arguelles, *Mandala*, Berkeley: Shambala, 1972);和卡尔·荣格等:《人及其象征》(Carl G. Jung et. Al, *Man and His Symbols*, Garden City: Doubleday, 1964)。荣格将曼陀罗的形状主要视作"个性化"的表现,因此可能将它们过度心理化了。

茎,变成"花",然后会得到面孔,也许不只是变成一个人,而是变成"我"。儿童的艺术接近于皮亚杰的象征性游戏,但是,象征性游戏也许是所有艺术中的一个要素。虽然在儿童的艺术中,幽默也是常见的,但是,我们可别忘了,心理学家们也谈论"严肃的游戏",正如我们在后面几章将要看到的那样,这个术语也同样适用于高级艺术和仪式。

24

音乐的象征化

如果形象是"充满肌肉的",那么,音乐甚至就更显然是肌肉运动知觉性的(kinesthetic)了。在考虑动作性表象时,我们就已经有机会注意到,节奏乃是身体生活的特征,它在早期就已经以音乐和舞蹈的形式得到了表现。如果我们可以这样说的话,音乐可谓不偏不倚地进入身体之内。确实,不伴随身体反应的音乐是难以想象的:一些无动于衷的听众在听巴赫或者维瓦尔第的音乐时很淡定平静,只是极其偶尔地动动头,我总是对此大为惊异。如果人们看着暂时尚未演奏的音乐家,经常可以注意到轻微的身体运动或静静的踩脚动作。记得有一次,那时我还年少,在一场巴赫音乐会上,凑巧坐在奥托·克伦佩勒(Otto Klemperer)邻座上,他一直都细心地倾听着音乐,把手指放在他的膝盖上,整场音乐会都是如此,这个事实让我烦恼不安。在古典音乐会上,指挥(斯托科夫斯基、伯恩斯坦)是唯一被允许对音乐"跳舞"的人,尽管我们可以间接地(在家里用高保真音响装置就不用这样间接地)欣赏它。歌唱也不可避免地是动作性的。在某些形式的新教礼拜中,歌唱是整个仪式中身体运动——声音洪亮地使用声带——唯一合宜的时刻,而且即使是在那时,人们也必须在歌唱时保持宁静。

我并不是在说,与身体运动分离的音乐(至少对听众来说——绝不是对表演者来说)就无法交流,显然,这种音乐也能交流。若非如此,我们就不能谈论音乐象征是超越动作性表象的某种东西。但是,与符号性或者诗化象征相比,音乐象征确有神秘之处。音乐象征象征着什么呢?最常见的现代答案,而且就现状来说也是适当的答案,是音乐象征着情感。苏珊·朗格提供了这种观点的一个精致的版本:

> 回应音乐的想象是个人性的、联想性的和逻辑性的,带有情

感,带有身体节奏,带有梦想,但**关注的是**对其大量的无言的知识,对情感性的和有机的经验的全部知识,对生命的刺激、平衡和冲突的知识,对生死和感受的**方式**的大量的表达形式……其持续的影响,正如说话对思维发展的初始影响,是**使得事物可以被想象**,而不是储藏命题。音乐的赠礼不是交流,而是洞见,用一句非常朴素的话来说,这赠礼就是一种关于"情感该如何宣泄"的知识。①

25

阿尔弗雷德·舒茨同意朗格关于音乐的意义无法用言语或者概念进行释义的说法,但在认为音乐具有典型的交流性这一点上,又与朗格有所不同:

> 因此,我们就拥有如下的境况:内在时间中的两个系列的事件,一个属于作曲家的意识流,另一个属于观看者的意识流,它们是同时被经历的,这种同时性是由音乐过程的奔流不息所创造的。本文的主题就是这种对他人在内在的时间里的经验流的共享,而这种对栩栩如生的同在(present in common)的经历,就构成了我们所说的……相互合调(tuning-in)的关系,即对"我们"的体验,而这正是所有可能的交流沟通的基础之所在。音乐交流过程的独特性在于被交流内容的本质上的多元性,换言之,即在于这样一个事实:音乐事件的流动和这些事件借以得到交流的活动属于内在的时间的向度。②

尽管舒茨尽可能地着重强调交流,但是,被交流的乃是"内在时间里的经验流",首先是作曲家的,但通过演奏又变成表演者和听众的。正如舒茨所说的那样,在音乐表演中,作曲家、表演者和听众"一起变老"——也就是一起分享内在的时间(虽然作曲家以及表演者可能在听音乐时死亡,记录中真有表演者猝死的案例)。③

---

① 苏珊·朗格:《哲学新解》(Susanne Langer, *Philosophy in a New Key*, New York:Penguin, 1948[1942]),198 页。第八章《论音乐中的意义》是对现代论述音乐中的象征的旧文献的精妙的综述。

② Alfred Schutz, "Making Music Together", in *Collected Papers*, vol. 2 (The Hague:Martinus Nijhoff, 1964[1951]), 173.

③ Ibid., 175.

现代阐释者主要忽视的是许多传统中的前现代人所假定的：音乐不仅与内在的实在有关，而且也与宇宙性的和社会性的实在有关。在前面已经引述过的西塞罗《西庇阿之梦》的那段文字中，西庇阿被描述为正在倾听"天籁"。在古代地中海世界里，这一观念至少可以追溯到毕达哥拉斯那里："公元前 6 世纪的毕达哥拉斯发现音阶乃是秩然有序的设置，他已将那种秩序提升到天上。像八度音阶的七个音符一样，七个行星在和谐的秩序中运行，并因此创造了一种'音乐'，据传说，毕达哥拉斯曾经在好几个场合听到过这种音乐。"[1]在古代社会晚期，开创者被呼召在"人与神的歌曲"中"以他的身体及其声音规制整个宇宙的图式"。[2] 这里，表演者的内在时间与宇宙的内在时间是统一的。类似的观念可见于印度教、佛教和苏菲虔敬派的精致的形式之中，并且也许可广泛地见于前现代世界里更为普遍的形式之中。

对于某些前现代人来说，音乐不仅具有个人性的和宇宙性的意义，而且还具有社会性的意义，这一观念从未完全消亡。它是这样一种观念，即认为音乐能带来社会和谐，或者反之，错误的音乐会导致社会崩溃。阿兰·布鲁姆(Allan Bloom)在其有点悖于常情的著作《美国精神的封闭》一书中，就当代大学生喜欢听的(摇滚)音乐这一话题，论证了后面的这个论题(即错误的音乐会导致社会崩溃)。[3] 布鲁姆是柏拉图主义者，他也许是从他的老师那里获得了这一观念。在《理想国》第三卷中，柏拉图希望在其理想的城邦里管制音乐的风格。这里，音乐的心

---

[1] Patricia Cox Miller, "In Praise of Nonsense", in *Classical Mediterranean Spirituality*, ed. A. H. Armstrong (New York：Crossroad, 1989), 498.

[2] Ibid., 499.

[3] 阿兰·布鲁姆：《美国精神的封闭》(*The Closing of American Mind*, New York：Simon and Schuster, 1987)。布鲁姆写道："这里，我关注的不是这种音乐的道德影响——不论它导致的是色情、暴力还是毒品。这里的问题是对教育的影响，而我相信它毁掉了年轻人的想象，使得他们很难获得与艺术和思想之间的热忱关系，而后者乃是文科通识教育的实质。最早的感官经验在确定一个人对整个生活的趣味时，是具有决定性的，它们是我们内在的动物性与灵性之间的联系纽带。初期的感官享受时期一直都被用来进行升华——这里的意思是使之高尚——用来让他们养成对音乐、绘画和故事的富有朝气的喜好与渴慕，因为这些东西可以为他们履行人生的职责和享受人生的快乐提供过渡之津梁……摇滚乐激发的激情和提供的楷模与上大学的年轻人可能会过上的任何生活都没有任何关系，与通识学习所鼓励的仰慕也没有任何关系。如果没有情操的配合，任何技术教育之外的东西都是形同虚设的。"(79—80 页)

理学意义并未消失,实际上它是核心性的。音乐为心灵带来秩序(或者混乱),并因此而协调或者不能协调个体与社会和宇宙秩序之间的关系。

孔子也持有这种音乐观,他将音乐与礼仪相匹配,作为将个人、社会和宇宙秩序统一起来的最重要的方式。确实,在早期中国传统中,音乐的潜力是猛烈的。亚瑟·威利详细叙述道:

> 不仅在原始人的眼里,而且在几乎所有非欧洲人的眼里,音乐不仅对人的心灵行使着魔术般的力量(正如我们欧洲人在某种程度上也认可的那样),而且也对自然力量行使着魔术般的力量。每个熟悉早期中国典籍的人都知道晋平公与凶乐的故事——该故事现存的版本不计其数——八只玄鹤为恶调之魔力所吸引,从南方俯冲而至,舞于郭门之上,黑云遮天蔽日,暴风雨裂其宫室帷幕,破俎豆,堕廊瓦,平公之身遂癃病。晋国大旱,赤地三年,寸草不生,树不结果。①

孔子的音乐观相当温和。与柏拉图一样,他认为在对年轻人的教育中,音乐发挥着核心性的作用。像柏拉图一样,他意识到音乐风格和旋律有各种不同的品质,也意识到为了有效地治理国家而管制音乐风格和旋律的重要性。《论语·卫灵公》说:

> 颜渊问为邦。子曰:"行夏之时,乘殷之辂,服周之冕,乐则韶 27
> 舞。放郑声,远佞人。郑声淫,佞人殆。"②

孔子本人对正乐极易动情,这一点在《论语》的另一段文字(《述而》)中得到了显明:

> 孔子在齐闻韶,三月不知肉味,曰:"不图为乐之至于斯也!"③

Nomos,既意指伦理规范,也指音乐的小节,它是柏拉图哲学的核心。埃里克·沃格林描写了他临终时的情景:"柏拉图享寿81岁。临终那天晚上,他让一位色雷斯少女为他吹奏长笛。这位少女无法找到

---

① Arthur Waley, *The Analects of Confucius* (London: Allen and Unwin, 1938), 68.

② Confucius, *The Analects*, trans. D. C. Lau(New York: Penguin, 1979), 133-134.

③ *The Analects*, trans. Lau, 87.

小节的节拍,柏拉图动了动手指,向她指示了小节。"①

不论我们认为音乐表现的是情感,还是心灵、社会和宇宙中的秩序(和混乱),音乐都具有所有象征形式所共有的一种特征:它参与到它所表现的东西之中。如果它真的有所表示,那么,它是借助于它之所是,而不是只借助于它之所指,来从本质上而不是随意地进行表达的。

诗化象征化

这里,我想谈谈象征语言或者语言性的象征。我是在宽泛的意义上使用"诗化"(poetic)这个术语的,以此囊括对语言的非推论性(non-discursive)的用法,这是在苏珊·朗格区分了推论性的和表象性的语言形式这一意义上来说的。②尽管我们认为符号性象征是以某种方式内在地与它们所象征的东西相关联的,我们通常都认为词语与它们所象征的东西之间的关系完全是随意的:难道"狗"和"犬"(chien)不是同样准确和同样随意地指称同一种东西的方式吗?然而我们也知道,一首关于狗的英文诗根本就不能轻而易举地翻译成法文,而如果法文翻译成功了,那是因为那首英文诗激发了一首新的和真正的法文诗。对儿童来说,词语与事物之间的关系是随意的这一点完全不是显而易见的。皮亚杰详细记述了一个成年人与一个幼童之间的以下对话:

28　　　　我们怎么知道太阳被叫作"太阳"?——**因为它在天上,不在地上,它在天上给我们阳光。**——是的,但是,我们怎么知道呢?——**因为它是一个大球,它有光线。我们知道它被叫作"太阳"。**——但是,我们怎么知道它的名字叫太阳?我们也可以称之为别的什么东西。——**因为它给我们阳光。**——最早的人怎么知道它可以称作太阳,而不是别的什么东西?——**因为那个大球是黄色的,而且光线是黄色的,然后他们碰巧就说那就是太阳,那**

---

① Eric Voegelin, *Order and History*, vol. 3, *Plato and Aristotle* (Baton Rouge: Louisiana State University Press, 1957), 268.

② 苏珊·朗格:《哲学新解》(Susanne Langer, *Philosophy in New Key*),第四章《推论性的与表象性的形式》。

是太阳……——那么,最早的人怎么知道它应该被叫作太阳?——**因为它在空中,它高高在上……**最早的人怎么知道太阳的名字?——**因为他们看到了太阳。**

在许多这类回答的基础之上,皮亚杰提供了一种解释:

> 这些回答都非常引人深思,因为尽管它们都极力坚持了名义上的实在论,但它们并不是荒谬的。这是因为,儿童确实会假定,他们只需看到一个事物就可以知道它的名字,尽管如此,这根本就不意味着他们认为名字是以某种方式写在那个事物之上的。相反,这意味着,对这些儿童来说,名字乃是事物的一个必不可少的部分……太阳这个名字意味着一个闪闪发光并且有射线的黄球,等等。但是,必须补充的是,对这些儿童来说,事物的本质并不是一个概念,而是事物自身。①

华莱士·史蒂文斯在其晚期的一首诗中重新表述过儿童的理解,他是这样说的:

> 诗是特殊场合的叫声,
> 是事物自身的一部分,而不是论述它的。②

舒茨阐明了诗歌中概念与"物自身"之间的区分,诗是物自身的一部分,而不是关于事物的:

> 例如,一首诗可能**也**有概念化的内容,而且这种内容当然也可以单义地(monothetically)予以把握。我可以用一两句话讲述一个古代水手的故事,而且事实上这是在作者的注释中完成的。但是,柯勒律治的诗歌中的诗化的意义超胜了概念化的意义——换言之,它是诗——就此而言,我只有通过从头到尾地背诵或者朗诵它,才能将其带到我的脑海前。③

---

① Piaget, *Child's Conception of the World*, 69-70.
② 引自《纽黑文的一个平常的傍晚》(An Ordinary Evening in New Haven),收入《诗选》(*Collected Poems*),473 页。此外,也可见《携带物件的人》(Man Carrying Thing, 1947),收入《诗选》,350 页:"诗必须抵抗理智/接近成功地。"
③ Schutz, "Making Music Together", 173.

　阿奇博尔德·迈克利什（Archibald MacLeish）诗意地论证了同样的观点。他在《诗的艺术》（Ars Poetica）中说，诗应该是"缄默的""哑的"和"静止的"，即不要谈论某种事物，相反：

> 诗不应该意指（A Poem should not mean）
>
> 而应该是（But be）

苏珊·朗格解释道：

> 艺术象征……是不可翻译的……而且是不能以任何解释加以说明的。这甚至也适用于诗，这是因为，尽管诗的**素材**是言语，但是，它的意蕴并不是产生于词语的字面的论断，**而是做出论断的方式**，而这又包括词语联合而成的声音、节拍和氛围，思想的或长或短的序列，含摄着它们的转瞬即逝的意象之丰富或贫乏，纯粹的事实对想象的突然中止，或者刹那间的想象对熟悉的事实的中止，持久的含糊性所导致的字面意义之悬置，由于一个被期待已久的核心词的出现而得到解决，以及韵律的那种步调一致、无所不包的灵巧性。①

　　但是，这并非只是说，诗化象征与所有的象征一样参与到它所象征的东西之中。诗是一种行动的形式，是"以言行事"的一种方式。② 诚如曼德尔施塔姆（Mandelstam）所说的那样，"诗是力量"，又如兰波（Rimbaud）所说的那样，"比喻能改变世界"。海伦·文德勒更温和地指出，抒情诗具有"表演的"（performative）特征。她对莎士比亚的十四行诗的探讨表明，即便在那些不具备明显的"戏剧性"的十四行诗——以赞美、恳求和质疑的方式对另一个人说话——中，也经常有针对指责或者类似的东西而发出的含蓄的反驳或者辩护。而如果对这些"言语行动"视而不见，诗就会被严重地误解。③

　　正如意象与声音能够"不偏不倚地进入身体之内"一样，提升了的

① Langer, *Philosophy in a New Key*, 212.

② John L. Austin, *How to Do Things with Words* (Cambridge, Mass.: Harvard University Press, 1962).

③ Helen Vendler, "Shakespeare's Sonnets: Reading for Difference", *Bulletin of American Academy of Arts and Sciences* 47(1994): 37-41.

(或者,诚如我们很快就会看到的一样,"浓缩了的")语言亦复如此。有一篇博士论文提供了强有力的例证,其作者是加利福尼亚的一个都市教堂会众的牧师:

> 一位妇女的母亲处于弥留之际,但是,她没有教会之家(church home),她问她的邻居——我侍奉的会众里的一员——她是否属于教会。这位邻居告诉她我的名字,然后,我去拜访了她。³⁰我在她的家门前见到了她,交谈是这样进行的:"我不知道我为什么要给你打电话,但我的母亲快要死了,我想我们也许应该从这里的教会里找个人来"……她请我进入家中,我们谈论着她的母亲。我发现,这母女俩多年前参加过一家教会。于是,我提议进到她母亲的房间里,进行祷告。这位妇女建议就在起居室里祷告,因为她的母亲已经昏迷多日,不能参加祷告。但是,我敦促她,我们无论如何应该进入她母亲的房间。我做了祷告,并且问她是否知道"主祷文"。我请她一起祷告。我们刚说完"我们在天上的父",她的母亲就和我们一起念完了余下的主祷文。在她去世之前几天,她从昏迷中苏醒过来,而且母女俩还有过重要的交谈。①

这里,熟悉而又强有力的词语进入到那位母亲的身体之内,令其恢复了意识,至少有那么几天的时间。

在幼童那里,语言与身体所做的行动之间的联系是相当密切的。诚如布鲁纳所说的那样:

> 语言最初的结构,还有其句法的普遍的结构,确实是行为的结构的延伸。句法并不是随意武断的,它的实情(cases)反映了就行为发出信号并且标明行为的要求:能动者(agent)、行为、对象、场所、属性和方向都是在其实情之中。不论是什么语言,能动者-行为-对象这种结构都是很快就会被牙牙学语的小孩所认识的形式……因为儿童本人向我们展示的乃是,最初的语言的开发紧随

---

① Mons Teig, "Liturgy as Fusion of Horizons: A Hermeneutical Approach Based on Hans-Georg Gadamer's Theory of Application"(Ph. D. diss., Graduate Theological Union, Berkeley, California, 1991), 295-296.

着而不是导致他的行为和思想中的技巧的发展。

正如布鲁纳所说的那样："要想弄清孩子在说什么,你必须看清他在做什么。"①不过,后来语言(部分地)逐渐脱离了行为的语境。

儿童学习在语境中使用语言,布鲁纳将此描述为"样式化为常规形式和常规化为格式"。他所说的格式指的是"一种惯例化的和重复的互动,在这种互动中,成人和儿童针对彼此做事,并且一起**做**事"。躲猫猫游戏就是一个很好的例证。但是,很多成年人的语言也是语境性的,并且遵循着一些约定俗成的格式。布鲁纳坚持认为,这种语言在某种意义上是"受约束的",为的是"在认知上易于处理"。②

31 布鲁纳认为"语境"是"受约束的",并且会导致"格式"的产生,这种说法让人想到巴兹尔·伯恩斯坦的著作,尽管布鲁纳并未做过这样的关联。众所周知,伯恩斯坦区分了两种语言符码,一种是"受约束的符码",它体现在使用它的人们的具体社会关系之中;另一种则是"复杂的符码",它在很大程度上是去语境化的,可供那些没有亲密的或者特别的关系的人们之间使用。③ "受约束的符码"也许是一种不幸的术语选择,因为这种语言的弦外之音和意蕴是非常丰富的,而且在使用中涉及可观的精湛技艺。较之于"受约束的"这个术语,我更青睐"浓缩的"这个术语。玛丽·道格拉斯著有《自然的象征》,用她的话来说,这是"运用伯恩斯坦的进路对仪式进行分析的一种尝试",该书谈到了与"弥散型的"象征相对立的"浓缩型的"象征,这至少部分地类似于伯恩斯坦的用法。④ 浓缩型的语言,还有我在此想囊括在内的父母与孩子之间和情侣之间的亲密语言,还有诗歌的语言,都需要共享的经验的世界,而这个世界则是语词所暗示的,并且会对任何表达都提供难以言表的意义。专心学来的,并且在一生中的许多不同的情境中被回想起来的诗,当然比被单个的读者初次在纸上碰到的一首诗拥有更多的意义。但尽管如此,如果诗想有点意蕴,那几乎当然是因为读者对

---

① Bruner, "Immaturity", 34-35.

② Brunner, *Child's Talk*, 129, 131.

③ Basil Bernstein, *Class*, *Codes and Control* (London：Routledge and Kegan Paul, 1971).

④ Mary Douglas, *Natural Symbols: Exploration in Cosmology* (New York：Pantheon Books, 1982 [1970]), 10-11, 21.

这首特定的诗来自其中,并且不可避免地要对其有所暗指的诗歌传统略有所知。

如果浓缩型的语言对在亲密的语境中、在家庭中形成认同是有效的,那么,在民族认同这一层面上,它也是行之有效的。正如本尼迪克·安德森所指出的那样:

> 有一种特殊的同时性的共同体,仅用语言——首先是以诗与歌曲的形式——就可以显明它。试以国庆日所唱的国歌为例,不论歌词多么乏味,曲调多么平庸,在唱国歌的过程中都有一种同时性的体验。在完全相同的时刻,彼此完全互不相识的人们以同样的旋律唱出同样的歌词。形象:合唱。歌唱《马赛进行曲》《丛林流浪》(Waltzing Matilda)和《伟大的印度尼西亚》(Indonesia Raya)都为和谐一致、为想象中的共同体的那种回音式的有形的实现提供了合适的时机。

为了说明对"母语"的体验可以达到多么强烈的程度,安德森引用托马斯·布朗(Thomas Browne)的一段话说,尽管在一定程度上词语是可以翻译,但它们"只会让说英语的人脖颈上起鸡皮疙瘩"。①

宗教语言通常都是浓缩的、诗化的,而且由于它牵涉仪式,因而是 32 行动性的。与任何其他种类的诗歌一样,宗教语言在得到概念性的释义时,不可能不蒙受意义上的重大损失。即使是一位表面上将宗教置之脑后的诗人也能把握住宗教语言的烈度。当曾经指出"曾有过天堂"的史蒂文斯接着说出下面的诗文时,情况即是如此:

> 在那里,他也看到了一些圆屋顶,因为他必须看,
> 这些屋顶呈天蓝色,围绕着一个上层圆屋顶,熠熠生辉,
> 那个上层圆屋顶在众屋顶之上,
> 摇曳的群星,白日之乐,
> 及其纯净之火,正中间的圆屋顶,
> 还有每人皆可在那里看到真理并且知之为真的庙坛,

---

① Benedict Anderson, *Imagined Communities* (London: Verso, 1991[1983]), 145, 147.

都点缀着那个上层圆屋顶。①

或者在晚年,他依照浪漫主义的学说说了"上帝与想象是二而一的",此后,他写道:"至高之烛照亮了黑暗,真是高不可攀啊!"他由此又回归到那萦绕着他的全部诗作的关于光与太阳的象征主义。②

叙　事

在某种意义上,叙事只是我所说的诗化象征的一部分。但是,叙事有些方面使得它可以过渡到我所说的第三类表象,即概念性表象。概念性表象总是语言性的(或者像数学一样是准语言性的),但是,正如我就抒情诗和相关的浓缩型的语言形式所做的论证一样,并不是所有的语言都是概念性的。我所说的"概念性"的意思有点像苏珊·朗格所说的"推论性的"。诚如她所解释的那样:"严格意义上的语言本质上都是推论性的,它拥有可融入更大的意义单位的永恒的意义单位;它拥有使得界定与翻译成为可能的固定的对等项;它的含义是普遍性的,以至于它需要非语言性的动作,如指示、看或者强调性的音变,以便将特定的字面意思指定给它的词汇。"③人们可以想象一下那种会成为朗格意义上的推论性的叙事,即对实际发生的事情进行文学描述。但是,许多形式的叙事——包括一些声称只是描述实际发生的事情的叙事——实际上都是受组织的象征模式支配的。赫尔伯特·理查逊曾谈

① 华莱士·史蒂文斯,引自《猫头鹰的三叶草》(Owl's Clover, 1936),载于《遗作》(*Opus Posthumous*, New York: Knopf, 1989[1936]),85 页。阿德莱德·柯比·莫里斯(Adelaide Kirby Morris)在她的《华莱士·史蒂文斯:想象与信仰》(*Wallace Stevens: Imagination and Faith*, Princeton: Princeton University Press, 1974)中探讨了史蒂文斯与宗教的关系之背景与含义。对史蒂文斯来说,想象是超越个体的,她对个中之义做了考察(114—115 页)。

② 华莱士·史蒂文斯,引自《内在情人的最后独白》("Final Soliloquy of Interior Paramour"),见《诗选》(*Collected Poems*),524 页。在一封写于 1955 年的信函中,史蒂文斯写道:"尽管它很庄严,但复活节仍是所有节日中最辉煌的,因为**它不仅带回了太阳,而且带回了太阳的作品**,包括那些属灵的作品,而这些作品说明确实就是可以被称作泉源-作品的作品:试图活下去并且成为生命的一部分的愿望的生机勃勃的力量。"《华莱士·史蒂文斯书信集》(*Letters of Wallace Stevens*, ed. Holly Stevens, New York: Knopf, 1966),879 页,黑体为笔者所加。

③ Langer, *Philosophy in a New Key*, 78.

及神话——对我们研究目的而言,这是一种重要的叙事形式。诚如他所说的那样:"神话话语是在完整的故事这一层面上兴起的,而完整的故事乃是语言性的表达之最复杂的层面。适合于神话的语言单位不是单词,甚至也不是语句,而是故事。"①因此,在这种意义上,一种叙事的真实性并不是来自其词语或者语句与"现实"之间的"一致性",而是来自作为一个整体的故事的融贯性。正如一首诗不可能在不遭受不可弥补的损失的情况下得到概念性的释义一样,这种叙事亦复如此。

"整个故事"是神话的重要形式,这一点给它赋予了朗格意义上的表象的特性,而这种表象的特性又克服了其推论性的时间性的顺序。列维-斯特劳斯在将神话与音乐联系起来时,精当地阐述了这一点:

> 神话与音乐(两者都是语言)以它们各自不同的方式超越了辩才无碍的表达,尽管与此同时——像辩才无碍的演讲一样,但不像绘画那样——还需要时间性的向度,以便在其中予以展开。但是,这种与时间的关系具有一种相当特殊的性质:就好像是音乐与神话需要时间只是为了否定它。确实,两者都是用来消除时间的工具……由于音乐作品的内在组织,听音乐的行动使得流逝中的时间被固定下来,就像人们抓握和紧抱着风中飘曳的布片一样,听音乐的行动抓握和紧抱着时间。由此可以推论出,通过聆听音乐,并且在我们听音乐的时候,我们进入了一种不朽之中。
>
> 现在,可以看到,音乐与神话是何其相似,因为后者也克服了历史的、动作性的时间与永恒的持续不断之间的矛盾。②

叙事还有一些其他的特征将它锚定在象征甚或是动作性的表象模式之中。故事可以表演出来,并且通常是在戏剧、电影、电视和仪式中

---

① 理查逊(Richardson):《迈向一种美国神学》(*Toward an American Theology*),66 页。杰罗姆·布鲁纳在《意义的行为》(*Acts of Meaning*, Cambridge, Mass.: Harvard University Press, 1990) 121 页中对于他所搜集的"未经雕饰的自传"说了相同的话:"作为新发明的故事,这些'未经雕饰的自传'是由更小的(关于事件、偶然发生的事情、计划的)故事组成的,每个这样的故事都是根据其构成更大规模的'生活'的部分而获得其重要性的。在这方面,它们都具有所有叙事的普遍特征。这种更大的整全的叙事是以容易辨认的风格——牺牲者的故事、教育小说、反英雄主角的形式、漫游记、黑色喜剧等——讲述的。它们所构成的广为流传的事件只是凭借更宏大的画面才获得其意义。"

② Claude Lévi-Strauss, *The Raw and The Cooked* (New York: Harper and Row, 1969), 15-16.

表演出来的。即便当观众只是一位观察者时,对音乐的身体反应这类东西也会出现。这一点在看惊悚影片时就很明显:即使我们只是坐在观众席上,而动作都发生在银幕上,我们也会对情节的每次转换报以怕得发抖、倒抽气等等。但是,即便是口头叙事也能做到同样的事情,抱着一个幼童坐在你的膝盖上,讲小红帽的故事,你就会感到其身体反应。

将叙事与象征联系起来的另外一个特征是内与外、自我与世界之间的区分,这一特征不像在概念性的话语中那样明显。我们对叙事中正在发生的事情**感同身受**,为了安抚孩子,说"这只是故事"固然很好,但是,在某种层面上,小孩知道故事有其自身难以为这种否认所企及的真实性。我们甚至会被那些旨在复述真相的事件的叙事所吸引。当我们在报纸上看到,或者在电视上听到某人在一起从行驶的汽车上射击的案件中失去了其独生子女时,我们会情不自禁地——不论多么短暂——感到痛苦,感到"那也会是我"。这并不是"原始的"或者"退化了的"思想偏差,而是人之常情。

人类是叙事性的生物。正如我们将要看到的那样,叙事性处于我们认同的核心。一项对母亲与学龄前儿童在家中的交谈的研究表明,叙事每七分钟发生一次,而其中的四分之三是由母亲讲述的。① 下回你在公共交通工具上,或者在等候室里,当你不由自主地无意听到交谈时,请注意一下其中有多少是叙事。

我们不仅向别人讲述故事,我们也向自己讲故事,而且这种情况很早就开始了。布鲁纳报告了一项对自言自语的研究,这些自言自语记录了一个名叫艾米莉的儿童,发生在其 18 个月至 3 岁之间:

> 在反复聆听录音带和阅读其文字记录时,我们被她独白性的叙事的**基本**功能所打动。她并不只是在报告;她在努力赋予她的日常生活以意义。她似乎在寻找一个完备的结构,这个结构可以囊括她以其所**感**所**信**而**做**的一切。②

① Bruner, *Acts of Meaning*, 83.
② Ibid., 89. 这一研究在凯瑟琳·尼尔森(Katherine Nelson)所编辑的《来自小儿床的叙事》(*Narratives from the Crib*, Cambridge, Mass.: Harvard University Press, 1989)的一书中得到了报道。

叙事可谓无处不在,由此出现了一个相当晚近的"作为讲故事的人的自我"这一概念,布鲁纳详细讲述过这个概念。他引述了精神分析学家罗伊·谢弗(Roy Schafer)的一段话:

> 我们总是在向自己讲故事。在向**其他人**讲述这些自我的故事的过程中,我们的主要意图可以说是在表演一些率直的叙事行为。但是,在说我们也在**向自己**讲故事的时候,我们是将一个故事套入到另一个故事之内。这是这样一个故事,其中有一个自我向另外某个人讲述某些事情,而这另外某个人可以充作听众,这个听众就是自己或者某人的自我……就此而言,自我在讲述。

精神分析学家已经发现了小说作者一直都知道的事情:我们讲述的关于我们自己的故事,尽管是以我们的生活为基础的,却包含着"荧幕记忆",甚至虚构以及事实。它们所包含的真实性不是历史的真实性,而是**叙事性的**真实性。而分析者的任务并不是考古学的复原,而是以对新的叙事的建构帮助之。这种新叙事有助于接受精神分析的人更成功地应对任何由分析带给他的烦扰,有助于他重新描述他的生活。①

自我在讲述,而且不可避免的是,它既讲述关于自我的事情,也讲述关于他者的事情。确实,自我不可能摆脱重要的他者,这导致布鲁纳有点笨拙地谈及"分散的自我"(distributed self)②。分散的自我是由人生中的重要的关系、"认同"所构成的。分散的自我在其卷入的不同的领域与关系之中,会随机应变地采取不同的行动。如果说分散的自我不能轻而易举地与现代意识形态中"深刻的自我"相适应,那么,它也不仅仅是面具变换的表演,即欧文·戈夫曼所说的"自我在日常生活中的呈现"③。叙事性的真实并不比任何形式的真实更为确切,但是,它可以是稳定的、可靠的,甚至是深刻的。

---

① Bruner, *Acts of Meaning*, 111-113. 罗伊·谢弗的引文出现在第 111 页里。赫尔伯特·芬加雷特(Herbert Fingarette)在《转换中的自我》(*The Self in Transformation*)一书尤其是第一章中,做了本质上相同的论证。

② Ibid., 114.

③ Erving Goffman, *The Presentation of Self in Everyday Life* (Garden City, N. Y.: Doubleday, 1959 [1956]).

如果个人的认同存在于讲述之中，那么，社会的认同也是如此。家庭、民族和宗教（但也包括公司、大学、社会学系）借助于它们所讲述的故事而知道它们是谁。近代的历史学这个学科与民族国家的出现密切相关，对我们的研究目的来说，这是一个特别饶有趣味的事例。家庭和宗教在其讲述的故事中，一直很少关注"科学的准确性"和概念化的推论。现代民族一直要求民族的历史在一种据称是客观的意义上是真实的，而且，毫无疑问的是，有大量准确的事实被发现了。但是，民族历史的叙述形式并不比其他关于认同的讲述的叙事形式更加具有科学性（或者更少虚构性），这一点并未引起真相揭露者的注意。本尼迪克特·安德森在《想象的共同体》中详细叙述了史学教席在法国大革命那一代人中的广泛设立，及其对民族主义狂热的宣泄，还有由那种历史所产生的记忆与遗忘的奇怪混合（对那些谙熟其他形式的自我讲述的人来说，这并不那么奇怪）。①

叙事可以过渡到概念性的表象，在回到这层意思之前，我想讨论一下叙事的另外一个特点。在布鲁纳的解释中，肯尼斯·伯克在《动机的语法》中描述了可见于任何故事中的五个一组的元素：主角、情节、目标、情景和手段——根据布鲁纳的想法，还应该加上麻烦。② 当两个或者多个元素不再和谐时，麻烦就出现了：当佛陀拒绝结婚和继承他父亲的王国时，他便拒斥了预定的目标；或者，耶稣宣告了对以下情景的一种极端新颖的理解：上帝的国度就在当下。这些不和谐并不是偶然发生的。有些东西是内在于人类生活的秩序之中的，内在于这种秩序是一种规范性的秩序这一事实之中的，内在于事物的应然方式之中的，而这种方式会激发或者展示混乱。正如 W. E. H. 斯坦纳所解释的那样，澳洲土著的神话就表达了生活中的这种"亘古

36

---

① Anderson, Imagined Communities, 197-206. 埃里克·霍布斯鲍姆（Eric Hobsbawm）和特伦斯·朗杰（Terence Ranger）编辑了一部关于这一过程的颇有价值的著作：《传统的创造》（*The Invention of Tradition*，Cambridge：Cambridge University Press，1983）。

② Bruner, *Acts of Meaning*，50. 布鲁纳这里引用的是肯尼斯·伯克的《动机的语法》（*A Grammar of Motives*，New York：Prentice-Hall，1945），但术语有些变化：目标取代了目的，手段取代了代理人。尽管麻烦大体上是一个伯克式的术语，但《动机的语法》一书中，我未能找到这个术语。

常新的误导"。① 因此,佛陀发现了他的父母力图对他隐瞒的东西:人生不可避免地要包含衰老、疾病和死亡。而直到耶稣复活,耶稣的门徒都一直惊吓过度,难以相信耶稣必须被钉十字架。因此,在叙事中,对时间的否弃之所以可能,完全是借助于让时间及其麻烦占据叙事自身的核心。自我的讲述之任务是应对处于日常生活之核心的麻烦,找到无论有多少艰难困苦也要让生活能够继续过下去的方式。而且,诚如本尼迪克特·安德森所指出的那样,诸种民族的历史都集中关注"我们当中的逝者",而他们必须被牢记,为的是"他们不会白白地死去"。②

如果一切皆好,事物的一切方式皆好,我们为什么需要叙事?具有深刻大全感的那些统一的事件并不会导致叙事的产生,尽管它们可以构成叙事的高潮,即在混乱中发现新的秩序。步舒茨之后尘,我们已经说过,日常生活的特征是匮乏,是根本性的焦虑。叙事,就像我们迄今为止讨论过的所有表象形式一样,并不会在日常生活世界的术语之下运转,但它逃避不了根本性的焦虑。相反,叙事将根本性的焦虑纳入自身之内,并且将焦虑转化成某种解决方式:不一定是一种"幸福的结局",而可能是一种悲剧性的理解。但后现代的叙事则要排除在外,它留给我们的是前所未有的焦虑。由于正是借助于宗教和宗教性的叙事,人类一直共同应对着生活中亘古常新的误导,因此,我们将会频繁地回到这些问题。

最后,正如布鲁纳指出的那样:"(儿童)早在他们能够处理那些可以用语言形式得到表述的最为基本的皮亚杰式的逻辑命题之前,就创造并且理解故事,被这些故事所抚慰,所惊吓。确实,我们甚至知道,当逻辑命题被嵌入一个正在进行中的故事时,它们最容易被儿童所理解。因此,人们不禁要问,在儿童拥有处理'逻辑'命题所需的智力装备——运用后来才发展起来、成年人才能具备的那种逻辑演算能力来处理那些命题的智力装备——之前,叙事是否可以充当逻辑命题的早

---

① W. E. H. Stanner, *On Aboriginal Religion*, *Oceania Monograph* 11 (Sydney: University of Sydney, 1966 [1959-1963]), 40. 即便是在最精致的宗教话语中,叙事也还是最重要的。参 Stanley Hauerwas 和 L. Gregory Jones 编辑的《为什么要叙事?叙事神学读物》(*Why Narrative? Readings in Narrative Theology*, Grand Rapids, Mich.: Eerdmans, 1989)。

② Anderson, *Imagined Communities*, 205-206.

期的解释者?"①

　　即便是早期儿童的叙事,也是通过在某种意义上具有逻辑性的关系而被组织起来的,这一事实警告我们,不要假定叙事或者象征性的表象普遍地都是"非理性的"。艺术、音乐、诗歌和叙事并不只是情感的宣泄。它们都是思想的诸多形式,而且原则上都像数学或者物理学一样,在深处都是理性的。对成人以及儿童(甚至对理论物理学家)来说,叙事性地思考比概念性地思考要容易得多,因此,毫不令人惊讶的是,逻辑关系通常都是以叙事形式得到表述的。肯尼斯·伯克再次使我们神益匪浅。在对《创世记》头三章的注释中,他指出,该叙事可以根据逻辑需要得到重新表述。拥有主宰之权柄的上帝与具备选择之能力的人类导致了忤逆与惩罚的逻辑可能性。在接下来的一系列事件中,被叙事性地揭示出来的东西,可以从逻辑上重述为对秩序与自由这一问题的原初阐述中的必需品。② 逻辑性的重述决不完全等同于叙事,但是,它确实帮助我们明白,叙事,不论它还是别的什么东西,它并不是非逻辑的或者非理性的。叙事拥有以个体性的和社会性的方式深入我们的身体并且重构我们认同的能力,可以说它从一开始就还包含着概念化的可能性。但是,概念性的表象的成就乃是它凭借自身之能力而获得的创获。

概念性的表象

　　让·皮亚杰揭示了儿童如何在赋予世界以意义的过程中从象征迈向概念,在这方面,他或许比任何人做得都要多。这一转换大体上发生(在 20 世纪中叶的瑞士)于 7 或 8 岁至 11 或 12 岁之间。儿童从一个自我中心的(拥有我赋予这个术语的限定条件)世界("啊呀,太阳跟我一起来了")迈向一个去中心的世界。现在,自我与太阳被视作一个标准的时间与空间世界里的各自独立的要素。然而,即便晚至 10 岁到

---

① Bruner, *Acts of Meaning*, 80.

② Kenneth Burke, *The Rhetoric of Religion*(Boston: Beacon Press, 1961), chap. 3, "The First Three Chapters of Genesis", 172-272.

12岁,儿童仍然会认为河流或者太阳具有意志或者意图(而且,我认为,任何年龄的成年人在梦中和某种情绪状态中都会这样做)。[①]

皮亚杰以一种让人联想到米德的方式指出,这种转换发生在与社会学习的关联中:"只是到了自我中心时期的末期,儿童才逐渐能够区分各种观点,并因此学会辨别出他自己的观点(与其他可能的观点有别),也学会抗拒建议。"[②]也是在这个时候,儿童逐渐精熟于皮亚杰所说的"形式运算"——逻辑思想和数学。

童年晚期的"去中心的"世界接近于我们所说的日常生活世界。 38 它不是一个完全受制于我马上就要描述为概念性的表象的世界,因为一种特定的叙事——写实的、按照字面意义进行的叙事——和对话是日常生活世界必不可少的资源。但是,按照字面意义进行的叙事已经差不多就是概念性的表象了,因为它包含着一些稳定的术语,而这些术语或多或少准确地符合确实存在着的实在。概念是以清晰的定义与准确的观察为基础的,这样它们便成为某种特定的事物的概念。当逻辑与观察在方法论上结合起来时,它们就导致了希腊哲学家所说的与"意见"(doxa)相反的"知识"(episteme)。知识建立在证明的基础之上,而叙事并不证明;修辞可以说服人,但并不证明。日常生活世界通常都更多地是由意见、叙事和修辞所构成的,很少是由证明所构成的。确实,相对于日常生活世界,严密证明的、科学(希腊语知识[episteme]也可以翻译成科学)的世界,就像音乐或者宗教一样是一种替代性的实在。

然而,一定程度的实际的证明却是日常生活世界中必不可少的一个部分。如果日常生活世界也是劳作的世界,那么,将手段与目的联系起来的准确性当然就是它的一个部分。正如在理性选择论或者理性行动者的理论中那样,日常生活世界的这种特征通常被称作理性,但是,这是在工具理性这 狭义的意义上使用该术语,虽然这足够重要,却并未穷尽理性的含义。同样不幸的是,比方说,将音乐或者宗教说成是非理性的,或者试图将它们解释成"实际上是"工具理性的形式。音乐与

---

① Piaget, *The Child's Conception of the World*, 227.
② 皮亚杰:《游戏、梦与模仿》,288页。在《文化的起源》中,托马赛罗(Tomasello)以最新的研究为基础,论证道,儿童在早于皮亚杰所相信的年龄就学习理解别人的意图(140—145页)。但是,要想让那种理解得到充分的赏识,也许还需要时日。

宗教有它们自身的理性，而这种理性并不是工具性的。

运用概念性表象的某种能力乃是每种文化中童年晚期的特征。概念性表象使得独立于主体的客体世界成为可能，这个客体世界乃是一个"非情景化"（decontextualized）的世界。这是概念性表象的巨大力量的一部分，即在不被主观动机、愿望和异想天开所搅乱的情况下，操控客体的能力。但是，客体世界的独立性也是概念性意识的有限性之根源。现在，每一事物，甚至一个人的自我，当然还有他者的自我，都是一个客体。一方面，自觉的反思（首次对成熟的自我的反思——这使得将"自我中心"这个术语用于儿童颇成问题）伴随着对客观实在进行清
39 晰思考的能力而出现，乃是一大胜利。另一方面，如果概念性表象不能与其他形式的表象重新整合在一起，那么，严重的扭曲就会发生。在日常生活世界里，这通常并不是一个问题，因为在日常生活世界里，概念性的表象使得其自身仅仅被短暂地和片段性地感受到。但是，在有些文化里，概念性的表象已经获得了支配性的重要领地，在这些文化里，困难的确会出现。

在古希腊，通过苏格拉底或者柏拉图，概念的发现产生了强有力的后果。柏拉图使用诸概念批评神话，但是随后又将它们重新整合到对话、叙事（苏格拉底的生与死）甚至神话（几大重要对话临近结尾之处的神话）之中。多个世纪以来，希腊哲学与基督宗教可以富有成效地被整合在一起，当然，这并不是毫无张力的。但是，在早期近代的欧洲，概念的解放呈现出更为激进的新趋势。伴随着近代科学的兴起，对比喻、象征和神话的拒斥逐渐明显。例如，在一段我们可以将其解释为摒弃我们在上文已经考虑过的叶芝的关于被体现的真理（embodied truth）这一观念的文字中，霍布斯说："现在，**真的**、**真理**和**真命题**这几个词语是彼此等同的，因为真理存在于言谈之中，而不是在被谈及的事物之中；而尽管真的与**貌似真实的**（apparent）或者**虚假的**有时是对立的，但它总是意指命题真理。"①在《利维坦》一书中，霍布斯担当了词语警察的角色。在罗列滥用语言的情况时，他写道："其次，当（人们）比

---

① Thomas Hobbes, *De Corpore* (1655), in Hobbes, *Body*, *Man*, *and Citizen*, ed. Richard S. Peters (New York: Collier, 1962), 3.7.48.

喻性地使用词语时,即在不同于词语被赋予的意义上使用它们时,就是以此欺骗他人。"他谴责化体说(transubstantiation)"荒谬绝伦","或许可理所当然地列入众多的疯狂之中"。并且告诉我们:"既没有无极无限(*Finis ultimis*)这样的东西,也没有古代道德哲学家们所说的最大的善(*Summum Bonum*)这样的东西。"[①]"实在"是变动中的事,而我们的语言必须与之相符。因此,霍布斯也许会禁用诗歌、神学和传统的道德哲学的语言。

与霍布斯一样,笛卡尔也注重清除前概念思想的残余物。正如罗森施多克–胡埃斯所写的那样:

> 在他的论方法的小册子中,[笛卡尔]一点儿都没有幽默的意思,他一本正经地抱怨道,在人们的理智发展到拥有逻辑的全部力量之前,他就已经获得了印象。他继续抱怨道,"20年来,我无法理解的那些客体给我留下了混乱的印象。20岁时,我的脑海不仅没有一块清晰的白板,我反而发现上面刻印了数不胜数的错误观念。人不能从出生之日起就清晰地思考,在成熟之前就不得不拥有记忆,这多么可惜啊!"

40

罗森施多克–胡埃斯指出,笛卡尔的概念怀疑论可能有助于他的数学和科学研究,但是,"事实是,伟大的笛卡尔,当他抹掉儿童勒内的印象时,他自己却丧失了自然科学之外的任何社会感知"。[②]

---

① Thomas Hobbes, *Leviathan*, ed. C. B. MacPherson (Harmondsworth: Penguin, 1968[1651]), 102, 147, 160.

② Eugen Rosenstock-Huessy, *Out of Revolution* (Windsor, Vt.: Argo, 1969), 754, 756. 罗森施多克–胡埃斯阐述的笛卡尔的那段文字是:"由于我们都必须从婴儿状态过渡到成人,而且在相当长的时间内,必须被我们的欲望和老师们所支配(而老师们的要求经常是相互冲突的,同时也许并非总是劝告我们行至善之事),因此,我进一步断定,如果我们的理性从我们出生之时起就一直是成熟的,而且如果我们一直都只是受理性规导的,那么我们的判断就几乎不可能一如既往地如此正确或牢靠。"勒内·笛卡尔:《论方法》(*Discourse on Method*,约翰·维奇[John Veitch]译,LaSalle, Ill.:Open Court, 1946[1637]),13页。稍早,笛卡尔在该书的第二部分(比喻性地!)谈及一些古代的城市,这些城市里,由于时间久远,街道已经变得弯弯曲曲,建筑物乱七八糟,大小与风格皆不适宜,与新型的和合理的城市相比可谓相形见绌。他设计了大小与风格皆和谐宜人的建筑。书籍与时间观念都像古代城市的街道与建筑物:重新只从理性开始要好得多。不过,笛卡尔也承认,"以一种迥然不同的重建建筑物的单一的设计方案推倒一个城镇的所有建筑物,并非习惯"。《论方法》,11—13页。

不论有多少问题,在 17 世纪欧洲的那些最有才智的人的著作中,最具意义的某些事情还在继续发生。离开早先的思想形式的重大转向正在发生。厄内斯特·盖尔纳称之为人类认识史上的"大壕沟",因为它将近代西方(现在则是世界的大多数地方)与历史上的任何其他人区分开来。① 只是为了说明这一变化的剧烈程度,我们可以转向吕西安·费弗尔(Lucien Febvre),正如史丹利·谭比阿所总结的那样,他列明了下列在 16 世纪尚未得到使用的术语:

> 形容词有"绝对的"或"相对的","抽象的"或"具体的","有意的""内在的""超验的",等等;名词有"因果关系"和"规律性","概念"和"标准","分析"和"综合","演绎"与"归纳","整理"与"分类",甚至就连"系统"这个词也只是在 17 世纪中叶才得到使用。"理性主义"本身直至 19 世纪晚期才得到命名。②

但是,科学发现的进程从来就不曾像笛卡尔和霍布斯所希望的那样清新。迈克尔·波兰尼就那种构成任何重要的科学发现之基础的"理智的激情"进行了广泛的撰述。③ 杰罗姆·布鲁纳则就科学发现与证明过程之间的区别做了众所周知的阐发,科学发现确实是充满激情的,有时是混乱的,通常是受象征性的表象、隐喻甚至是梦的支配,多于

---

① 厄内斯特·盖尔纳(Ernest Gellner):《后现代主义、理性与宗教》(*Postmodernism, Reason and Religion*, London: Routledge, 1992),51 页。盖尔纳是在肯定一个术语,对这个术语,克利福德·格尔茨曾在《反反相对论》(Anti Anti-Relativism, *American Anthropologist* 86[1984]: 276 n. 2)中予以批判,而盖尔纳则在《景象与困境》(*Spectacles and Predicaments*, Cambridge: Cambridge University Press, 1979, 146)中首次使用这个术语。在《转变中的自我》(*The Self in Transformation*)233—234 页中,赫尔伯特·芬加雷特描述了处于大壕沟中的我们一方的某些代价:"我们受物理–因果性思维方式的奴役如此严重,以至于许多试图将'本体论的优先性'划拨给人类的戏剧性的现实努力都会遭到神秘化、反启蒙主义的非理性主义,乃至——具有讽刺意味的是——反人道主义之类的指责的围攻,这是很不幸的。反讽的是,处于剧烈冲突之中的可以直接把握的人类世界,即自从人类这个种属肇端之始人类就一直很熟悉的世界——所有这一切我们现在都发觉是黑暗的、喧嚣的、神秘的,甚至是愚蠢或者乏味的。西方的人文世界已经逐渐变成了一个边缘化的、鬼鬼祟祟的'地下'世界。"

② Stanley Tambiah, *Magic, Science, Religion, and the Scope of Rationality* (New York: Cambridge University Press, 1990), 89, 引自 Lucien Febvre, *The Problem of Unbelief in the Sixteenth Century: The Religion of Rabelais*, Beatrice Gottlieb 译(Cambridge, Mass.: Harvard University Press, 1982), 356-357。

③ Michael Polanyi, *Personal Knowledge: Towards a Post-Critical Philosophy* (Chicago: University of Chicago Press, 1958),第六章。

受概念性的理性之支配,而在证明的过程或者如卡尔·波普尔所说的证伪的过程中,科学的方法则以其所有的严密性支配着一切。①

近代早期的科学充满了这样的事例,在这些事例中,象征性表象看来就像是概念性发现的助产士。除非全神贯注于天体尤其是太阳这样的新柏拉图主义的神秘主义语境中,哥白尼就不可能得到充分的理解。在《天体运行论》(*De Revolutionibus*, 1543)一书中,他写道:"太阳冠冕而居于所有天体中央。在这美轮美奂的殿宇中,我们如何能将这个发光体置于更好的位置——从它而来的光能同时照亮全部? ……因此,太阳坐在王座之上,统治着他的孩子们,即环绕在他周遭的众多行星。"②开普勒借助于为行星的轨道建构模型而拓展了哥白尼的理论,他以狂喜的语调详述了他的发现: 41

> 为此,我将我一生最美好的时光都献给了天文学的沉思,为此,我与第谷·布拉赫为伍……最后,我揭开了谜底,并且发现了它的真理,这超出了我的所有预期……如今,曙光已经从十八个月之前开始显现,和煦的日光从三个月之前开始显现,而且,作为最非同凡响之冥思的对象的纯净的太阳自身,的确也从短短几天之前开始显现——什么也无法约束我;我将沉溺于我那神圣的狂暴之中,我将以坦率的告白奚落人类:我已经窃取了埃及人的金花瓶,为的是实实在在地远离埃及的束缚,用这些金花瓶给我的上帝建造一个帐幕。

开普勒的伟大著作题为《世界的和谐》(*Harmonice Mundi*, 1619),

---

① Jerome Bruner, *Possible Worlds*, *Actual Minds* (Cambridge, Mass.: Hardvard University Press, 1986). 布鲁纳写道:"(科学)时不时地驾驭着狂野的隐喻……科学的历史充满了隐喻。隐喻是拐杖,帮助我们登上抽象的山峰。一旦登上山峰,我们就将隐喻弃之不顾(甚至隐藏它们),而宁愿选择一个能够(幸运地)以数学或近乎数学的术语陈述的形式化的、逻辑上一致的理论。这些涌现出来的形式化的方法被人们共享,得到小心翼翼的呵护,以免遭受其攻击,并且规定了其使用者的生活方式。而对这些成就助益匪浅的隐喻却通常被人遗忘,或者,如果这种进步最终显得颇为重要,那么,隐喻就会被炮制成科学史的一部分,而不是科学的一部分。"关于证伪,见 Karl Popper, *Objective Knowledge: An Evolutionary Approach* (Oxford: Clarendon Press, 1972)。

② 转引自 Stanley Tambiah, *Magic*, *Science*, *Religion*, *and the Scope of Rationality* (Cambridge: Cambridge University Press, 1990), 17。

这一点意味深长，而上述引文出自该书的第五卷。开普勒推测："在太阳里栖居着一种智力单一体，一种知性之火或者知性之心，不论它可能是什么，它都是所有和谐的源泉。"如果太阳本身就是努斯（*nous*，理性，包括柏拉图的节拍［measure］、上帝观念），那么，一般而言，它就是宇宙和谐的终极根源，具体来说，它就是行星和谐的终极根源。诚如波兰尼所告诉我们的那样，开普勒"走得如此之远，甚至在乐谱中写下了每个行星的曲调"。① 若非哥白尼和开普勒为我们现代人奠定对宇宙理解的基础，上述这一切都可能是无聊可笑的。证明了哥白尼的太阳系中的太阳中心说的那个人确实"听到"了天球的音乐，在这个事实中，确有奇妙之事。

在科学发现中，隐喻如此重要，这并不令人惊奇。正如肯尼斯·伯克对隐喻过程的解释所说的那样，将某物视"为"另外一个某物，或者"根据"另外一个某物来看待某物——这另外一个某物也许来自出乎意料的迥然不同的领域，可以提供创造性的观念，而该观念能够导向一种全新的假说。② 但是，新的假说必须在托马斯·库恩所说的"普通科学"（ordinary science）这一平淡得多的过程中得到检验（证实、证伪）。③ 在由笛卡尔和霍布斯所提出的限制之下进行的，正是这一过程。正是在这里，针对真实的数据检验理论性的假说这一"实证主义"的过程，采取了常识意义上的关于真理的符合论，不论哲学家们怎么想，都是如此。

42

但是，诚如盖尔纳提醒我们的那样，对这一过程嗤之以鼻是不好的。④ 它提供了确切的知识，这种知识使得人类可以理解和改造自然界——不过，由于从本章的论点中已经显明了的原因，它尚未同样地改造也不可能改造我们关于人文世界的知识。在人文世界里，科学的知识形式尽管总是合适的，还必须得到其他认知方式的补充，这些认知方式我们称之为人文学科。然而，它并不是作为另外一种实在的科学，而

---

① 转引自 Polanyi, *Personal Knowledge*, 7。

② Burke, *A Grammar of Motives*, 503-504.

③ Thomas Kuhn, *The Structure of Scientific Revolutions*, 2nd ed. (Chicago: University of Chicago Press, 1970 [1962]).

④ Ernest Gellner, *Postmodernism, Reason and Religion*, 58-60.

是经过技术对科学的应用改造了世界,而技术乃是一种将科学知识与日常生活世界的关切合而为一的形式。像日常生活世界一样,技术全神贯注于经济、政治与军事上的匮乏与对此种匮乏的消除。以新的科学知识全副武装起来的日常生活世界的工具理性,会变成狂妄野心与妄自尊大的牺牲品。医学得到推进,目的是消除死亡本身,而军事技术得到推进,却到了消灭全人类的边缘。由于人类意识与文化的极度丰富性,还有各种表象形式能够唤起的实在的多重性,技术的频段似乎颇为狭窄。但是,技术的发现却会产生数不胜数的后果。罗宾逊·杰夫斯对这些后果做过简洁的评论:

> 一点小小的知识,不过是海滩上的一块卵石
> 沧海一粟:谁曾梦想到这点无限之小
> 会如此过分?①

为了让那点小小的知识不至于太过分,它必须与我们在本章中考量过的其他认知形式重新统合,并且必须与伦理性的反思重新统合,伦理性的反思本身将概念性的思考与更深刻地镶嵌在人类经验中的认知形式结合在一起。

然而,不论科学如何像每个其他的领域一样卷入了世俗的关切,它本身却没有功利性的关怀,它是纯粹理解的努力。纯粹好奇的沉思性的瞬间并非只限于哥白尼和开普勒,不论什么地方,只要对知识的追求开花结果,这种瞬间就会出现。在其最高的层次上,概念性的认知会在对纯粹形式的理解中回归到象征性、音乐性的认知,或者表演性的认知,即一种身体的愉悦感。对于能理解的人来说,阅读亚里士多德的《形而上学》或者黑格尔的《逻辑学》可以激起一种下意识的舞蹈。伯特兰·罗素写道:"真正的愉悦精神、狂喜、超越大写之人的感觉——这是最优秀的试金石——肯定可以在数学中找到,正如肯定可以在诗歌中找到一样。"②对科学的真正理解可以阻止我们狂妄自大。

---

① 引自《科学》("Science",1925),载于 Robinson Jeffers, *Selected Poems*(New York:Vintage,1965),39。
② 转引自 Polanyi, *Personal Knowledge*,199,引自罗素的《神秘主义与逻辑学》(*Mysticism and Logic*, New York:Norton 1929[1910]),62。

在本章中,我们思考了从中将会产生出仪式、神话与神学(以及基督教以外的宗教的反思性思想的传统)的基本成分,以及宗教在其周遭得以发展的各种文化形式。当我们在诸种实际社会的生活与历史中思考它们时,它们将会呈现出新的意义。

第二章 宗教与进化

第一章是关于宗教和个体发生学的。这番努力的用意并不在于理 44
解宗教在个人生命历程中的发展(尽管那会是一项颇有价值的工作),
而在于将人类的发展作为对一系列能力的获取——所有这些能力都有
助于宗教的形成——来进行审视。本章则是关于宗教和种系发生学
的,研究的是历史深处的宗教。宗教起源于何时?如果它只出现在人
类当中,那么是否存在着某些更早的发展,使它的出现——甚至是在其
他物种当中出现——成为可能,并且可以帮助我们理解它?如果我们
假设(我就是这样假设的),按照前言和第一章中的方式来定义的宗教
是被限制于人属(Homo)甚至也许是智人(Homo sapiens)这个物种之
中的,那么这个属、这个物种在我们所能追溯的进化过程的全部历史中
又处于什么位置呢?我所说的"进化"——作为一个包含着从单细胞
有机体到当代人类社会和文化的一切事物的过程——是什么意思呢?
此即本章所要讲述的内容。

故　事

如果我们对人类文化史进行观察,就会发现大量关于起源的神话,
我们将在后面的章节中对其中的一部分进行认真的探讨;但是,存在着
这样一个关于起源的故事:至少在当今受过教育的人们当中,它具有一
种优先性,那就是由科学来讲述的故事——就宇宙而言,它是科学的宇
宙论;就生命而言,它是进化。这些都是非比寻常的故事,我们将不得
不对其中的一部分进行概述。但我们要注意:它们是故事,是叙述,在
某种意义上——由于它们已经被赋予这种意义——甚至是神话。因
此,当我们开始审视这些故事时,我们一定要牢记它们是哪种类型的故

事,以及它们从前和现在是怎样被使用的。

　　这里存在着一个问题,这个问题是每一个将宇宙进化的故事当作受过教育之人的元叙事(metanarrative)来接受的人都要面对的——他们接受这个故事,是因为它是科学的元叙事,在当今世界中具有压倒一切的威望;这个问题当然也是我的问题。正如格尔茨在试图将科学定义为文化模式时所说的那样,科学需要"公正无私的观察",至少要以此为理想。即使它像大多数科学中不时所做的那样,采用叙事的形式,它所给出的叙事也是由证据和论证来支持的。其中的每一个关键点都必须在批评和质疑面前得到证明,而且在面对新证据的时候是可以更正的。我在上文中提及的问题是:正是叙事这种文化形式本身不可避免地驱使我们超越了公正无私的观察和既定的事实。叙事是一种前理论的形式;正如我们在上一章中看到的那样,这种形式与一种身份认同感——包括对自我身份和他者身份的认同感——密切相关。我们就是我们的故事,而我们所归属的每一个群体就是它的故事。

　　大卫·克里斯蒂安清楚地意识到叙事的这个方面,但他为其感到不安。他说,他的"大历史"是一个故事,实际上是一则创世神话,它所"适用"的人必然是"在现代世界的科学传统中受过教育的现代人"。但是他又附加了一句:"奇怪的是,这意味着现代创世神话的**叙事**结构像所有创世神话一样,可能看上去是前哥白尼的(pre-Copernican),尽管它的内容肯定是**后**哥白尼的(post-Copernican)。"①一点儿不错。正如我们马上就会看到的那样,这个现代创世神话甚至在最有可能相信它的那些以现代科学为导向的人们——我把自己也包括在内——当中也不可避免地引发了显然是前哥白尼的种种感受和想法。

　　我的整本书就是浸淫在浩如烟海的故事当中的。通过本书的书名,我选择了把大卫·克里斯蒂安所讲述的现代创世神话作为我的主要元叙事。作为一位社会科学家,如果我要忠于自己的使命,我实在别无选择;而且,实事求是地说,这是能充分地允许我对构成人类历史的所有其他叙事和元叙事进行描述和比较的唯一一种元叙事。

---

① David Christian, *Maps of Time: An Introduction to Big History* (Berkeley: University of California Press, 2004), 6. 黑体字是原文中就有的。

这并不意味着它是唯一的故事。在撰写这本书——这是一部关于众多历史的历史，一个关于众多故事的故事——的过程中，我沉潜到了我所讲述的许多故事之中，以至于至少部分地皈信之。这部内容广泛的著作用四章——分别是关于古代以色列、古代希腊、古代中国和古代印度的——来论述轴心时代，除了关于印度的那一章用了我两年时间以外——因为我起初对印度的情况了解得最少，每一章用了一年；在撰写这部著作时，我发现自己每写完一章就会感到闷闷不乐，因为我不想离开自己已经生活于其中的那个世界，还想再继续学习更多的东西。 46
换句话说，在每一种情况下，我都在学习关于我自己和我所生活的世界的更多东西；这些故事在塑造我自己的理解。毕竟，这就是故事的作用。

但是，说实话，即便是对于科学的元叙事——在这里，超然的态度乃是方法论上的绝对要求——我也不能保持"公正无私"和超然。在这里，我们不得不面对这样一个事实：我们在原则上能进行类别区分，但在实践中却不可能完全持之以恒。格尔茨循着舒茨的思想而描述的生活领域实际上是部分重叠的。于是，在讲述关于存在之秩序的大故事时，即使它们是科学的故事，它们也必将具有宗教的含义。与其试图否认这一事实，不如直面之。事实上我已经发现，我的一些从事自然科学研究的同事发觉自己越过了边界，即使他们本无此意。以下是塔夫茨大学的物理学和天文学教授、《宇宙的进化》一书的作者埃里克·简森在其著作中关于这个故事不得不说的话：

> 相当重要的是，我们也被科学中的美和对称观念所引导，被对简洁和优雅的寻求所引导，被一种尽可能用最少的原则来解释最大范围的现象的尝试所引导……结果，进化的史诗便从积聚起来的丰富材料中凸现了出来，潜在地将意义与合理性赋予了一种原本显得不切实际的努力。智慧生命是宇宙借以逐渐了解其自身的一条生机勃勃的渠道……

> 也许现在该进一步拓宽为了理解而进行的探求的范围、将思想上的努力扩展到传统科学之外了——参加由哲学家、神学家和其他那些即使不能在名义上经常与宇宙进化主题产生共鸣的人组成的更大的、非科学的共同体，所有这些人都在进行一项雄心勃勃

的尝试，那就是建构一种关于我们是谁，我们从哪里来，我们作为有才智、有道德的人类是如何适应宇宙万物之格局的千禧年世界观。

人类正在进入一个综合的时代，这样的时代每隔几代才出现一次，也许每隔几个世纪才出现一次。今后的岁月无疑是令人兴奋且富有成效的，甚至也许是极其重要的，这在很大程度上是因为宇宙进化的图景提供了一个以系统的、彼此协作的方式来探究我们的生存之性质的机会——通过协同努力，来构建一种来自一切文化背景的人都易于理解和采纳的现代宇宙历史（*Weltallgeschichte*）。时值新千禧年的开端，这样一个关于我们自身存在的前后连贯的故事——一则有力而真实的神话——可以作为一个有效的思想媒介来发挥作用，邀请所有文化成为建构一种全新遗产的工作的参与者，而不只是旁观者。①

简森断言是时候超越"传统的科学"了，当他这样说时，他其实是承认他自己正在进入另一个领域，而且我们也将注意到一些线索，借以得知他正在步入哪一个领域。通过使用"史诗"（epic）这个词语，他暗示自己正在步入诗歌的国度，这当然在一定程度上是真的；但大多数迹象都表明了一个事实：他正在步入宗教的国度。当他谈到一种"千禧年世界观"时，他指的显然是格尔茨所说的宗教之核心要素之一，即一种关于"存在之普遍秩序"的理念。当他谈到首字母大写的"宇宙"（Universe）时，他是在暗示"神圣事物"的一种要素——涂尔干的定义即取决于这种神圣事物；而在上述引文的末尾，当他呼吁"所有文化成为建构一种全新遗产的工作的参与者，而不只是旁观者"时，他是在进一步援引涂尔干的结论——宗教是由与神圣者有关的信仰与仪式所组成的体系，这个体系**将奉行这些信仰与仪式的人团结到一个道德共同体中**。实际上，他是在为一个与他的新宗教形影不离的新教会鼓与呼。

我对于简森的努力并无疑问——事实上，我对此还非常赞同——但是如果他对自己正在做的事情负起责任来，而不是暗示这一切仍然

① Eric J. Chaisson, *Cosmic Evolution: The Rise of Complexity in Nature* (Cambridge, Mass.: Harvard University Press, 2002), 211-213.

是科学(尽管要"超越传统的科学"),那么我会更加高兴。而且当他谈到他称之为一则"有力而真实的神话"的那个故事时,他暗示其他神话都不是真实的,因为真实性是使他的宗教与众不同的标志之一——这样他就落入了一切宗教共有的陷阱之一。这种说法很危险地逼近了这样一种暗示:其他宗教都是错误的。要是这样的话,人类当中既不理解更不相信他的神话的绝大多数人该何以自处呢?

假如简森清楚地知道下面这一点,他原本是可以避免这个错误的:神话并不是科学。神话可能是真实的,但那是不同于科学之真实的另一种真实,必须以不同的标准被评判;而且,他所讲述的神话虽然利用了科学,却并不是科学,因而不能自称具有科学真实性。我将通过论证指出,由古代以色列先知,由苏格拉底、柏拉图和亚里士多德,由孔子和孟子,由佛陀所讲述的神话——仅列举本书论述范围之内的这些人——都是真实的神话。它们彼此重叠,也与简森的神话重叠,但即使是在它们发生冲突——有时还十分严重——的时候,它们也都是值得信仰的,而且我发现,对所有这些神话都怀有相当深刻却并不排他的信仰,是有可能的。

玛丽·米奇利在对科学与宗教的不可避免之重叠进行分析——这 48
是我迄今为止见到过的此类分析中最好的一种——的时候,指出进化论可以通过两种方式成为宗教性的:宇宙乐观主义和宇宙悲观主义。[1]通过仔细阅读达尔文本人的著作,她发现,达尔文无法避免这些思想的感染力,但是他比其大多数支持者和反对者都更加公允:他同时秉持这两种回答,并根据语境来决定强调哪一种。[2]埃里克·简森已经给了我们一个关于宇宙乐观主义的例子。米奇利则诉诸诺贝尔奖获得者、法国生物化学家雅克·莫诺(Jacques Monod),以获得一个关于宇宙悲观主义的例子:

> 科学在对价值观进行攻击,这是千真万确的。当然这种攻击
> 并不是直接的,因为科学不是价值观的审判官,而且**必须**置之于不
> 顾;但是,它却颠覆了每一种神话性或哲学性的个体发生学,万物

---

[1] Mary Midgley, *Evolution as a Religion* (New York: Routledge, 2006 [1985]), 8.
[2] Ibid., 5.

有灵论的传统——从澳大利亚土著到辩证唯物主义者——一直将道德、价值、责任、权利和禁令奠基于这些个体发生学之上。

如果人类完全接受这一信息的重大意义，他就一定要至少从他的千禧年之梦中清醒过来，发现自己处于完全孤独无依和彻底孤立无援之中。他必定要意识到自己就像一个吉卜赛人，生活在一个陌生世界的边缘，这个世界听不到他的音乐，对他的希望漠不关心，就像对他的痛苦和罪行漠不关心一样。[①]

虽然莫诺是一位卓越的科学家，是分子生物学的创始人之一，他在上述文字中却进入了形而上学思辨的世界，而且——或许这并不令人惊讶——还在那里体悟出了一位重要的法国存在主义者的思想。正如米奇利所言，莫诺创作了"一部戏剧，萨特式的人物在其中扮演孤独的主人公，在对一个陌生而毫无意义的宇宙进行挑战"。在我看来，尤为震撼人心的是：莫诺把自己当作一位杰出的音乐家，在想到这个陌生宇宙时的第一个念头是它"听不到他的音乐"。我完全有理由相信，我们也必须聆听莫诺这位才智超群的人士和进化生物学之巨擘的话。即使像人们现在广泛相信的那样，道德和宗教既是进化的又具有突现性，"进化"也无法告诉我们应当追随它们当中的哪一个。对于那些只能在进化当中找到意义的人，这一定是一个令人沮丧但却无可争辩的事实。

最后，为了结束对进化和宗教不可避免的重叠区域所作的反思，还49是让我从多产的神经学家奥利弗·萨克斯（Oliver Sacks）的著作中引用一段引人入胜的话吧，在这里，他把自己的议论限制在简森和莫诺不甚重视的界限之内，但同样揭示了我亦视为无可争辩之真理的东西——那就是我们与所有生命的亲缘关系。

这个星球上的生命已有几十亿年的历史，而我们确实让这一深度历史体现在我们的结构、我们的行为、我们的本能、我们的基因之中。譬如，人类保留着我们的鱼类祖先遗留下来的、发生过很大变化的鳃弓——甚至还保留着当初控制鳃的活动的神经系统。

---

① Mary Midgley, *Evolution as a Religion* (New York：Routledge, 2006 [1985]), 2, 引自 Jacques Monod, *Chance and Necessity* (London：Fontana, 1974 [1970], 160。

正如达尔文在《人类的由来》(*The Descent of Man*)中所言:人类在身体结构上仍然带有其低等祖先不可磨灭的印记……

1837 年,在达尔文为"物种问题"做记录的众多笔记本中的第一本中,他勾勒出了一棵生命树的草图。它那十字对生的形状非常有力且具有原型意味,反映了进化和灭绝的平衡。达尔文总是强调生命的连续性,强调一切生物是如何从一个共同的祖先衍生而来的,以及我们所有生物在这个意义上如何彼此联系。于是,人类不仅与猿类和其他动物相联系,也与植物相联系。(我们现已得知,植物和动物的 DNA 中有 70% 是相同的)然而,由于自然选择这架巨大引擎——变异——的作用,每一个物种都是独特的,每一个个体也是独特的……

我很高兴,因为我知道自己的生物独特性,知道自己继承的古老的生物血统,知道自己与所有其他生命形式的生物性血缘关系。这种知识让我生根,让我得以在自然界中感到舒适自如,感到我拥有我自己对生物学意义的感知,不论我在这个文化的、人类的世界当中的角色是什么。[①]

因此,在萨克斯看来,生物学并没有为每一个问题都作出解答;他仍然不得不生活在文化的、人类的世界之中。但是,在自然界中感到舒适自如并非小事一桩,这要比像身处陌生世界边缘的吉卜赛人那样生活幸福多了。由于我现在要转而试图以高度凝练的方式讲述现代科学的元叙事,就让我重申一遍我的信念吧:在所有对这种非同寻常的、令人困扰的元叙事的回应中,都存在着毋庸置疑的真理,这些回应既包括与上述三位科学家迥然不同的观点,也包括其他许多科学家和非科学家的看法。我也相信,尽管我们有所分歧,却并不需要陷入文化战争之中,谴责和诅咒我们不同意其观点的那些人。这是一个宏大的宇宙,我们所有人都有一席之地。

---

① Oliver Sacks, "Darwin and the Meaning of Flowers", *New York Review of Books* 55 (2008): 67.

大爆炸之后是什么

我打算扼要讲述一下现代宇宙论关于宇宙起源和历史的基本观点。由于我讲的这个故事的性质，我对生物学比对物理学更感兴趣，对哺乳动物比对其他类型的有机生物更感兴趣，对人类比对其他动物更感兴趣。不过，作为试图理解我们称之为宗教的这一人类实践的现代人类，我们需要尽可能将自己置于最广阔的背景之下，而我们必须从科学的宇宙论开始。我尤其关心的是：我们必须牢记规模的问题。我们无须陷入莫诺的悲观主义之中，但是我们生活于其中的宇宙确实庞大得难以想象，它产生于漫长得难以想象的岁月之前。[①]我们无法确切地知道这个宇宙何去何从，但是今天能做出的最好的估计却并不令人安心：一切现存的事物都纷纷瓦解为构成它的实体，七零八落地散布在一个黑暗而酷寒的宇宙之中，这个宇宙还将永远不停地膨胀。当然，这是几十亿年之后才会出现的前景，所以无须杞人忧天。而且我们还可以希冀科学将发现其他更加令人快慰的前景。但有一件事情是可以确知的：科学并没有提供关于任何事物的终极观点。每过大约一代人的时间，我们才会拥有《圣经》的修订版，可是关于宇宙进化的"圣经"却是每过六个月甚至也许每过一天就会被修订一次。然而我们仍然不得不说，我们本应借以生存的这一宏大的元叙事——至少从目前来看——整体而言并不是特别令人愉快的。[②]

大约在135亿年之前（确切日期还没有定论，但人们对于大致日期已经基本达成共识），某个密度无限大、温度无限高的东西开始剧烈膨胀。这就是我们谈论"大爆炸宇宙论"的原因。史蒂文·温伯格将

---

① 有时有人注意到，印度教徒和佛教徒测量时间的单位甚至比现代宇宙论的时间单位还要大，例如："劫"（kalpa）出现在许多时间单位当中，但最大的单位是"大劫"（mahakalpa），长达1.28万亿年，而科学宇宙论所描述的宇宙则只有135亿年。不过，大劫是由许多较小的劫组成的，这些小劫又是由更小的时间单位组成的，依此类推，每一个更小的单位都具有某一种特性，如道德水平的下降——尽管正如我们所知道的那样，这其实是世界的一种循环，直到世界终结，新的循环开始。因此，尽管这些时间单位极大，它们却能够通过人类的用语被人理解，这是科学宇宙论中的时间所做不到或不容易做到的。

② 在这方面，与我引述过的那些科学家一样，我也参与了一种日后一定要被修正的陈述。

最初的百分之一秒形容为"一种密度无限大、温度无限高的状态"①。在最初的条件下，没有原子，只有次原子粒子，而且其中只有基本的次原子粒子。温伯格将最初的百分之一秒结束时的情形描述如下：

> 我们可以估计，这种状态是在高达大约 $10^{32}\,°K$ 的温度之下形成的。②

> 在这样的温度下，各种各样奇怪的事情都可能发生过……"粒子"这个概念本身可能还没有任何意义……说得随便一点，每一个粒子也许都与可观测到的宇宙差不多一样大！③

我不能说我理解了温伯格所描述的情形——只明白了一点：它使任何人类能想象到的规模都相形见绌。不过，从起初的第一秒开始，科学还是可以给予我们一种相当具体、细致的描述，告诉我们当这个无限小的东西不断膨胀——起初比光速还要快，以至于在第一个瞬间结束之际，它比一个星系还要大——的时候发生了什么。

我们很可能要问：大爆炸以前发生过什么呢？科学确实无法回答这个问题，但这也许是一个毫无意义的问题。也许并不存在可供询问的"以前"。随着这个密度无限大、温度无限高的东西不断膨胀，它创造了它在其中膨胀的时间和空间。另一种可能的解释是这样的：先前存在过的一个宇宙在膨胀了许多亿年之后，再次浓缩，直到变成这个体积极小、密度极大、温度极高的东西，正是这个东西发生了爆炸，从而形成了我们的宇宙。而实际上，关于第一个百分之一秒之前的情形，只存在各种猜想。如果那些关于起源的传统神话提出的问题比它们回答的问题还要多，那么，看到一个关于起源的科学神话也是如此，我们就不应当感到讶异了。如果科学不是在持续不断地提出新问题的话，它就什么都不是了。④

---

① Steven Weinberg, *The First Three Minutes* (New York: Basic Books, 1993 [1977]), 140.

② "K"是开尔文温标(Kelvin)的缩写，这种温标以绝对零度，亦即完全没有热能为起点，不同于以冰的熔点为起点的摄氏度。

③ Weinberg, *The First Three Minutes*, 146.

④ 史蒂文·温伯格在《最初三分钟》的开头引用了一则挪威创世神话，以表明还有许多问题是悬而未决的。显然他并没有意识到，具有讽刺意味的是：他自己的叙述同样提出了很多至今悬而未决的问题，就像科学一直所做的那样。但这并非说他的叙述不是相对于挪威神话之叙述的一项进步——只要我们将这一神话视为准科学的解释。

在给出一种关于宇宙早期发展的概要说明之前,我们可以试着体会一下 135 亿年意味着什么。(我甚至不能开始想象 $10^{32°}K$ 的高温意味着什么)在这样做的时候,我将采用大卫·克里斯蒂安的巧妙想法:用 10 亿这个因数来分解宇宙的历史,使每 10 亿年都被缩减为 1 年,这样就可以为这些巨大的时间跨度赋予一种能够为人类所理解的意义了。这样,促使宇宙诞生的大爆炸开始于 13.5 年以前,太阳和太阳系出现在 4.5 年以前,地球上最初的生物有机体——单细胞有机体出现在 3.5—4 年以前,多细胞有机体出现在 7 个月以前,智人大约出现在50 分钟以前,农业社会出现在 5 分钟以前,而我们生活于其中的科技大爆炸则发生在最后一秒钟之内。[1]对于宇宙生命中的这 13.5"年",历史学家们致力于研究最后的 3 分钟,而且主要是研究最后 1 分钟乃至更短的时间。本书几乎完全依赖于历史学家的研究成果,但是如果我们要把人类历史置于现代科学元叙事的语境之中,我们就需要回顾至少几个"月"以前,乃至(即使只是短暂地回顾)几"年"以前的时间。

我们已经注意到,宇宙始于某种无限小的东西,也许比原子还要小,但却是一个温度高达许多万亿度的原子,以比光速还要快的速度膨胀,以至于几乎立即膨胀到一个星系那么大。[2] 这一膨胀的非同寻常的速度确保宇宙的大部分永远都不能被人从地面上观测到,因为从它发出的光实在太遥远了,永远不能到达我们这里。随着宇宙的膨胀,它开始变冷,物理学所熟悉的实体和力开始出现。30 万年以后,氢原子和数量少一些的氦原子开始形成。氢云和氦云一旦出现,重力就开始将它们雕刻成形。大爆炸之后,经过大约一百万年,这些形体在复杂性上达到了新的水平,从而使恒星得以产生——也使星系得以产生,它们由恒星和宇宙尘组成,呈现为平底转盘的形状,一些弧状物质从温度极高的中心向外流溢出来。重力把氢云和氦云吸引到一起,使它们变热,结果恒星以构成其自身的原子为燃料,在极高的温度下燃烧起来。正

52

---

[1]　Christian, *Maps of Time*, 502-503.

[2]　关于宇宙的历史,我主要以下列著作作为依据:Weinberg, *The First Three Minutes*; Christian, *Maps of Time*; Chaisson, *Comic Evolution*. 我也查阅了几个网站,看这些著作的观点是否已被取代。大部分宇宙史在被人们用时间、大小、速度和热度来描述时都是极其惊人的,以至于要耗费我的大量想象力,因此我只能讲述自己勉强理解的东西。

是在恒星内部的高温之下,氢、氦以外的其他一切元素才得以形成:促使其化学产生的正是恒星。那些巨大的恒星迅速地(以宇宙时间)燃烧自身并发生爆炸,成为可以被我们的天文学家观测到的超新星(supernovae),并在这个过程中喷射出各种各样的化学元素。大约在45亿年前,也许是一次超新星爆炸导致了我们的太阳和太阳系的出现,它们或许是由这次爆炸的余烬聚合而成的。

大卫·克里斯蒂安注意到,这一现代宇宙论描述了太阳和包括我们所在行星在内的太阳系,但我们并没有足够认真地对待它的意义。人们认为哥白尼搅扰了人类的自信心,因为他指出地球不是宇宙的中心,而是围绕着太阳旋转。现在事实已经很清楚:太阳也不是任何事物的中心。正如克里斯蒂安所言:"我们的太阳看上去位于[银河系]一个二级星系(仙女座星系是本星系群中最大的星系)的一个不起眼的郊区,这个二级星系又位于室女座超星系团边缘处的一个星系群中,该超星系团包含着成千上万的其他星系。"[1]还有什么是比这更加"去中心化的"(decentered)呢?

我们的地球只不过是在太阳系中形成并围绕着太阳这颗新的恒星旋转的几颗行星之一。太阳系和我们所在行星的早期历史,是由太阳系赖以形成的各种物质之间连续不断的碰撞所构成的。克里斯蒂安将这种情形生动地描述如下:"我们必须将早期的地球想象为一个由岩石质物质、金属和被捕获的气体(trapped gases)构成的混合物,它不断受到较小的星子(planetesimals)的轰击,且没有很厚的大气层。对人类来说,早期的地球看上去确实是一个糟糕透顶的地方。"[2]由于重力不断地将宇宙物质吸引到地球上来,地球变得越来越大,同时也越来越热,以至于它的内部开始熔化,其中的铁、镍等重金属元素组成了地核,并构造了地球特有的磁场,该磁场可保护地球免受高能粒子的轰击——假若这些粒子能够直达地球表面,它们或许已经打断了最终将导致生命诞生的化学过程。随着这些金属沉入地核,各种气体在地球表面翻腾激荡,使地球成了一个"巨大的火山区"。随着地球冷却下

53

---

① Christian, *Maps of Time*, 40.

② Ibid., 62.

来，积聚在大气层中的水蒸气"化作倾盆大雨，一连下了几百万年"，由此出现了海洋，生命将在这里初次登场。①仅在我们自己的银河系里，或许就存在着其他几百万个太阳系，但关于它们当中是否有哪一个可能拥有像地球这样的行星，尚有争议。

这是关于宇宙乃至我们自己所在星球的早期历史的一段非常简短且不充分的描述。我的能力不足以判断埃里克·简森所说的"宇宙的进化"是否合理。他相信，银河系、恒星、行星系相继出现的过程伴随着复杂性的不断升级，生命进化的过程亦然，而在这些复杂程度不断提高的种种状况之间存在着一种连续性。有些生物学家认为复杂性的增加只是生物进化的特征之一，而且未必是最重要的特征。无论如何，记住我们的老朋友（或敌人）"热力学第二定律"是值得的。要增加复杂性——不论是宇宙方面的还是生物方面的，有一种代价是必须付出的：更大的复杂性需要更多的能量输入来维持。恒星最终都会将其自身燃烧殆尽，即使是像我们的太阳这样中等大小的恒星也是如此——太阳将比那些随着（相对）迅速地消耗其自身燃料而剧烈地燃烧和爆炸的巨型恒星更加持久；但是一切恒星不论大小，最终都将遭遇同样的命运。

我即将讲述的故事——关于生命的故事，对人类而言必然要比我刚才以最粗略的方式讲述过的故事更易于理解。毕竟，我们生活在地球上，而且我们能够看见周遭的生物。不难想象，生命有其漫长的历史。穿越将近45亿年的历史而看到的地球迥异于我们所知的地球，这一点是很难想象的——它使我们几乎要把想象力发挥到了极致。但是，宇宙——我们仍然居于其中，我们的地球也从中产生——的历史是令人恐惧的。它甚至似乎使史蒂文·温伯格这样获得过诺贝尔奖的物理学家也感到恐惧。在描述了一些相互竞争的宇宙模型之后，他写道：

54　　　　不管所有这些问题可以怎样解决，也不管哪一种宇宙模型被证明是正确的，在其中任何一种状况中都没有多少慰藉可言。人类几乎无法抗拒地相信，我们和宇宙之间有着某种特殊的关系，人

---

①　Christian, *Maps of Time*, 63.

类生活不只是可追溯至最初三分钟的一连串偶然事件所导致的一个多少有些荒谬可笑的结果;相反,我们从一开始就以某种方式成了宇宙的一部分。……很难意识到这[地球]只是怀有极其强烈敌意的宇宙的一个很小的部分。更难意识到当前的宇宙是从一种陌生得难以形容的早期状况中进化而来的,并且面临着在无止无休的严寒或难以忍受的酷热中消亡的未来。宇宙越是显得易于理解,也就越是显得没有意义。①

我们由此看到了叙述给叙述者造成的危险。温伯格的故事也在他心中造成了一种"几乎无法抗拒"的对意义的渴望。如果正如玛丽·米奇利所写的那样,"意义就是关联",那么对意义的渴望就是完全自然的,因为我们——不论这有多么令人难以理解——无疑是和宇宙联系在一起的,我们是它的一部分。我们需要从它那里找到意义,这种需要乃是我们"对意义的渴求"的一部分;用米奇利的话来说,这种需要是"我们的生活的中心"。她写道:"它是更加宽广的目的,我们的理论化好奇心只是其中的一部分。它是我们想象的推动力:我们想象自己使这个世界井然有序,旨在对其进行理解和沉思——这些是在理论建构可以开始之前就必须完成的。"②温伯格想要通过宣称宇宙是"怀有极其强烈敌意的",而且到头来是"没有意义的",将任何这样的对意义之渴求都当作孩子气的心态而弃置不顾。但是,真正显得孩子气的却很可能是温伯格自己:他可能感到愤怒,因为他原本期望宇宙是美好而有意义的,却失望地感到情况并非如此;这几乎就如同发现上帝——他绝对不相信上帝——让他失望了一样。③然而,温伯格和其他人一样,无从

---

① Weinberg, *The First Three Minutes*, 154.

② Midgley, *Evolution*, 96, 157.

③ 关于温伯格的无神论,参见他的文章《没有上帝》("Without God", *New York Review of Books*, September 25, 2008, 73-76)。文中,他讨论了宗教的几个特征,这些特征导致宗教信仰(在他看来)逐渐衰退,甚至可能消亡。当时,我给《纽约书评》写了一封信,委婉地表示温伯格没有多少资格讨论宗教问题,正如我没有多少资格讨论理论物理问题一样。他们决定不发表我这封信。但当我为了准备写这一章而重读温伯格的文章时,我认为他们是对的。该文并不是一篇学术论文,而是一份私人性的回忆录,且出自他这位声名卓著的人士之手,因而很适合在《纽约书评》上发表。关于宇宙问题,他在 2008 年发表的观点与他 1977 年的观点大体上是相同的。他写道,"科学世界观是相当令人恐惧的",因为我们没有"从自(转下页)

逃避对意义的求索。他像雅克·莫诺那样,选择了宇宙悲观主义作为自己的意义。

但情况也不全然如此。他确实找到了安慰:"但是,如果我的研究成果没有带来什么慰藉的话,至少这种研究本身是有一些安慰的……试图理解宇宙的这种努力是将人类的生活提升到比闹剧的水平略高一点儿的程度并赋予它一些悲剧魅力的极少数事物之一。"[1]在温伯格所著的《最初三分钟》结尾的这几句话中(科学家经常允许自己在最后几句话中使用一些即兴修辞,它们往往颇具启迪意义),他实际上从作为文化体系的科学转向了作为文化体系的宗教,并且声称科学实践就是他的宗教;这样也挺好的——如果这对于我们当中其他这些还只停留在闹剧水平的人来说不是显得那么居高临下的话。不过,宗教往往是排他性的。[2]

尽管宇宙史远比生命史更加令人恐惧,然而,在宇宙悲观主义者面前采取一种与奥利弗·萨克斯关于生物进化的观点相近的立场,难道不是很有可能的吗?毕竟,我们的身体完全是由大爆炸后百分之一秒中涌现的那些基本粒子所衍生出来的实体所组成的。我们的的确确是宇宙的一部分。没有必要认为存在着这样一位有智能的设计者,他让

(接上页)然界中找到铺陈在我们面前的生活的任何意义"。因此,他"在刀刃上,在希望与绝望之间"过着他的生活。但他也有自己的慰藉:它们不仅存在于他作为物理学家而工作时所感到的愉悦之中,也存在于春日里的新英格兰乡间,存在于莎士比亚的诗歌之中。不过,他是以一种冷酷的斯多亚主义论调收束全文的:"某种荣誉感或者也许只是一种阴郁的满足感,存在于我们对自身处境的既不毫无希望亦不一厢情愿的正视之中——进行这种正视的时候,我们有很好的心情,但却没有上帝。"(76 页)

① Weinberg, *The First Three Minutes*, 154.

② 米奇利引用了马可·奥勒留(Marcus Aurelius)的一段话,它阐述了人和宇宙的一种在某种程度上更加成熟的关系:"不论世界是靠原子的偶然聚合来维持的,还是由一个有智能的自然力来掌管的,让我写下这句箴言吧:我是一个整体的一部分,被这个整体自身的本性所支配……我将永远不会为那个整体分配给我的东西感到不快……那就让我们以适当的方式利用命运分配给我们的这段短暂的时间,并且满足地离开这个世界,犹如一颗从茎上落下来的熟橄榄一般,赞美那孕育了它的土壤和生养了它的果树。"《沉思录》(*Meditations*)10.6 和 4.39,引自 Midgley, *Evolution*, 106. 我们应该记住,在马可·奥勒留的斯多亚哲学中有这样一种信仰:世界是循环往复的,它将毁于大火,然后重生。我也想指出,马可·奥勒留的看法是对我前面关于宇宙元叙事之阴郁性的评论的一种驳斥。

我们记住,要对以下事实心怀感激:这个宇宙最终导致了我们的出现,我们能够思考与这个我们是其中的一部分的整体有关的问题。当然,我在这里谈论的是"世界观",而不是科学,但我并不认为存在着"科学的世界观"这样的东西,因为科学并不是关于世界观的文化领域,尽管它催生了多种世界观。

地球上的早期生命

一旦人们开始理解当处于宇宙中的地球上的生命首次出现时,宇宙——这个宇宙当时已有将近100亿岁——是什么样的,我们尚未完全了解生命之起源这一点也就不足为奇了。即使是对导致我们出现的这个故事进行思考的可能性,也只存在了150年多一点儿的时间;但从那以后,这个故事几乎每天都不断地被添油加醋,尽管生命起源的问题还远远没有得到解答。这个和其他尚未解决的问题足以诱使一些人强烈赞同诉诸造物主或智能设计者之干预,然而,那些假说只是成功地增加了需要解释的海量问题。

不过,在我们开始思考神奇的干预问题之前,这种相对晚近的知识应该为我们做的是,让我们既认识到我们身处其中的宇宙史是多么宏大,也认识到我们在它面前是多么渺小而又有限的生物。理查德·道金斯在不抨击宗教的时候是一名才华横溢的科学作家,他已经指出:我们是通过电磁波谱中很窄的一段来观看世界的,除此之外的波段是我们完全看不见的;它覆盖了处于长端的无线电波到处于短端的伽马射线。其他物种在能力上与我们稍有不同,例如:一些昆虫能够看见我们看不见的紫外线,因而生活在一个我们完全看不到的"紫外花园"里。但这只是我们深刻的局限性的一个象征: 56

> 光线的"窄窗"逐渐扩展到一个极其宽广的波谱之中,这一隐喻在科学的其他领域里对我们也是有所裨益的。我们生活在一个洞穴般的博物馆的中心附近,馆中有无数的人在用感官和神经系统观看世界,它们可以帮助人们感知和理解只存在于一个小范围里的中等大小的、以中等速度移动的物体。我们可以轻松地看见方圆几公里(从山顶看到的景观)到大小约十分之一毫米(针尖)

这个范围里的物体；在这个范围以外，就连我们的想象力也会受到限制，我们需要求助于仪器和数学——我们很幸运，能够学会使用它们。我们想象力易于把握的大小、距离或速度的范围只有窄窄的一段，它处于一个广袤无垠的可能性的范围——从处于较小一端的量子奇异性的规模到处于较大一端的爱因斯坦宇宙论的规模——之中。①

道金斯还引用了20世纪中叶伟大的进化生物学家霍尔丹(J.B.S. Haldane)的一段话："现在，我自己的疑虑是，宇宙不仅比我们所猜想的更加古怪，而且比我们所能够猜想的更加古怪……我怀疑在天上和地上都有比人们在任何哲学中梦想的或能够梦想的还要多的东西。"②如果霍尔丹认为我们生活在一个非常奇怪的宇宙中的想法是正确的，那么我们在无须想象某种外来干涉的情况下，也不应讶异于种种非常奇异之事的发生。

关于宇宙的奇事之一就是我们存在于其中。思考这个问题的一种方法(仅就地球而言)被称为"人择原理"(anthropic principle)，它始于一个简单的——尽管从更大的格局来看也是相当惊人的——事实："我们生存在地球上。"③许许多多关于地球的事情使我们的生存成为可能，如对生命至关重要的液态水的存在；但是，如果地球的轨道离太阳更近一些，水就会沸腾；如果更远一些，水就会结冰。此外，地球的轨道必须接近于环形，而不是椭圆形，否则我们的气候对于生命来说，就会在一些季节中过于炎热，而在其他季节中过于寒冷。还有，正如道金斯指出的那样(与莫诺和温伯格相反)，如果说我们生活在一个"友好的"星球——一个可以维持生命的星球——上面，我们也生活在一个"友好的"宇宙当中："物理学家们已经算出，假如物理学的定律和恒量稍有不同，宇宙就会朝着另一个方向发展，生命在那种情况下是不可能存在的。"④但即便是有了(从某种深层意义上说)对生命很"友好"的宇宙和

---

① Richard Dawkins, *The God Delusion* (Boston: Houghton Mifflin, 2006), 406-407.

② Ibid., 408.

③ Ibid., 162.

④ Ibid., 169-170.

星球,生命的出现本身也是异常奇异的。再引一句道金斯的话:"生命的产生只需发生一次。因此,我们可以允许它成为一个极其不可能发生的事件,这种不可能的程度要比大多数人意识到的高出许多数量级。"①

确实,35 亿年前的温暖海洋是一种具有很多分子的"化学汤"(chemical soup),这些分子可以组成当时已经出现的单细胞生物之各个部分。关于在自我复制的有机体出现之前必须发生哪些事情,已经有了很多理论,多数都看似有理。迄今为止,重现原始生命诞生之条件的实验室实验尚未成功地将生命创造出来,这并不令人惊奇,因为我们还不完全清楚那种化学汤是由什么构成的,或者当时地球上的环境到底是什么样的。关于生命起源的问题是通过两种主要途径表述出来的。一种必须和统计概率相关,我前面提到过这一点。我们的概率感基于一生的时间,即还不到一个世纪,我们正是在这样的框架下对概率进行必要而有效的思考的。但是,如果生命是在地球形成约 5 亿年后自然出现的,那就造成了一系列完全不同的概率,因而原本几乎不可能发生的某些事情还是会发生。这种处理方法使这个问题成了一件纯属巧合的事情:一些合适的变量导致了生命的产生,仅此而已。

另一种途径则主张,即便是以最大的宇宙级概率来看,用"纯粹偶然的事件"来解释生命之起源也是难以想象的。这种替代性的路径求助于"突现"(emergence)这一现象;在突现的过程中,表面上混沌的现象显示了自组织(self-organization)的可能性——也要在合适的环境下才能发生,但这些环境比纯粹偶然的情形更有可能出现。很多人都以不尽相同的方式探究过"突现"这种观念。目前,对生命起源的解释仍然是一个悬而未决的问题,但理论和实验两方面的工作都在突飞猛进,所以我们不久以后必然会了解得更多。无论如何,全新性(radical novelty)的突现都是进化中的一个反复出现的主题,我们在后面还要讨论这个问题。②

---

① Richard Dawkins, *The God Delusion* (Boston: Houghton Mifflin, 2006), 162.

② 虽然我无法评判,但这种与"纯属偶然"的说法相对立的"突现"观点对我极具吸引力。探究过这一观点的学者包括:斯图亚特·考夫曼(Stuart Kauffman),著有《宇宙为家——自组织和复杂性原理探索》(*At Home in the Universe: The Search for the Laws of Self-Organization and Complexity*, New York: Oxford University Press, 1995);哈罗德·莫洛惠兹(Harold J. Morowitz),(转下页)

在地球上仍然存在的生命形式中,最古老的——尽管在它之前很可能还出现过更简单的生命形式——是一种被称为"原核生物"(pro-karyotes)的单细胞生物,它们的 DNA 自由地漂浮在细胞中,核糖体按照 DNA 的指令来进行蛋白质合成。原核生物是靠细胞分裂来进行繁殖的。在 10 亿年以上的时间里,它们是存活于世的唯一一种生物,直到"真核生物"(eukaryotes)于 25 亿年前突然出现。真核生物仍然是单细胞生物,不过要比原核生物大得多,具有适合于 DNA 的细胞核;它们还具有其他很多种复杂之处,包括新的繁殖方式。原核生物和真核生物都经常生有尾巴,这使它们可以活动。原核生物和真核生物之间的区别是一切生命形式的基本区别,因为多细胞生物正是从真核生物中形成的,而且一切多细胞生物都是由真核生物的组合体构成的;在一种重要的意义上,多细胞生物就是真核生物,它们一点一点地、在相对较晚的时候从比它们多得多的单细胞原核生物中分离了出来。

但还是让我们回到原核生物这里。它常被称为细菌,是单细胞微生物中迄今为止最成功的生命形式。它们为其他生命形式做出了无可估量的贡献:它们不仅通过光合作用创造了一个富含氧气的大气层,而且在再循环的养分(养分循环中的很多步骤都依赖于它们)中、大气氮固定和腐败作用中都至关重要。它们大多要用显微镜才能看见,它们生存于动植物体内,也可以独立存在;尽管有些细菌会致病,然而它们也起着积极而重要的作用,如帮助人体进行消化。细菌当中的一部分能致病,这一事实虽使它们恶名昭彰,却在事实上导致了对其进行抵抗的免疫系统在多细胞生物(如我们自身)体内的发育——尽管在细菌

(接上页)著有《一切事物的突现——世界是如何变得复杂的》(*The Emergence of Everything: How the World Became Complex*, New York: Oxford University Press, 2002);特伦斯·迪肯(Terrence Deacon),撰有《突现——轮毂之洞》("Emergence: The Hole at the Wheel's Hub", in *The Re-Emergence of Emergence*, ed. Philip Clayton and Paul Davies, New York: Oxford University Press, 2006, 111-150)。迪肯即将出版的新著更加充分地阐发了这些观点,参见特伦斯·迪肯:《出自物质的精神——生命的突现动力学》(*Mind from Matter: The Emergent Dynamics of Life*)。在"突现"首次成为议题的一个较早的时期,社会学的创始人之一乔治·赫伯特·米德(George Herbert Mead)曾强烈支持这种观点,参见米德:《著作选》(*Selected Writings*, Chicago: University of Chicago Press, 1964),尤其是 277 和 345 页。

和免疫系统不停地进化以相互厮杀的时候，一种类似于军备竞赛的情形也在发展。我们知道，那些帮助人体抵抗细菌的抗生素药物也参与了这样的"军备竞赛"。虽然这一切都很重要，但它们不应转移我们试图理解细菌这一不同寻常的现象的注意力。

我们乐意将人类自身想象为一切生物物种当中最成功的一种，将我们的时代想象为"人类的时代"，或者至少是"哺乳动物的时代"，而我们实际上却和 40 亿年以来的一切生物一样，生活在史蒂芬·杰伊·古尔德所说的"细菌的时代"。细菌"起初是，现在是，而且很可能将永远是——直到太阳的燃料耗尽——地球上占统治地位的生物，衡诸生物化学的多样性、栖息地的范围、对灭绝的抵抗力，甚至也许还有生物量（biomass）等各种进化标准，情况都是如此"。古尔德接着又说："生命之树实际上是一个由细菌组成的灌木丛（bacterial bush）。三个领域中的两个（细菌和原始细菌）都只属于原核生物，而三个多细胞真核生物王国（植物、动物和真菌）仅仅作为第三个领域边界上的三根细枝而出现。"①

由此得知，不仅我们的太阳只是一个不太令人瞩目、不靠近任何中心的银河系中的一颗小恒星，而且，我们如此引以为豪的人类也远离生物界的中心，不过，人类却是威胁许多生物之生存的一个重大危险——然而，细菌无论如何还是相对安全的，不会被我们捕食殆尽。古尔德长期以来一直主张，生物进化的主要趋势是多样化，而不是复杂化，因为如果把生命视为一个整体，那么复杂化只是一种次要的、较小的发展。②实际上，也有以复杂性减小为趋势的大规模进化，如大量寄生物种将其官能卸载到宿主身上之后，它们在复杂性方面与其祖先相比通常有所下降。古尔德经常把达尔文的"生命树"（tree of life）形象改换成"生命丛"（bush of life），因为"丛"枝干扶疏，没有显示那么多的方向

---

① Stephen Jay Gould, *The Structure of Evolutionary Theory* (Cambridge, Mass.: Harvard University Press, 2002), 898；参见 899 页中关于三个领域的图表，三根极小的细枝在最右面。原始细菌是在相对较晚的时候被发现的第三种单细胞生物，与我们的研究目的无关，因此完全可以忽略。若要获得关于细菌的引人注目的特征以及我们为什么仍然生活在"细菌的时代"的更充分的论述，可参见 Stephen Jay Gould, *Full House: The Spread of Excellence from Plato to Darwin* (New York: Harmony House, 1996)，尤其是 167—216 页。

② Gould, *Full House*.

性。我也愿意赞成古尔德对我们天生的人类中心主义进行另一次打击，但不论是我，还是古尔德，都不相信我们的生存本身和我们的复杂性不值得最仔细的研究。不论作为物种的我们可能处于"右外场"中多远的位置（古尔德是棒球的狂热爱好者），我们毕竟是我们所是的唯一物种，所以必须努力理解自身。但是，正如我在前言中曾指出的那样，向细菌公开致谢肯定是合乎情理的："'细菌的时代'把地球从一个由火山玻璃岩构成的、像月球一样坑坑洼洼的地方变成了一个富饶的星球，我们就在其中安家。"①为了不致低估这些肉眼看不见的微小生物，我们必须记住它们具有多么非同寻常的能力。

虽然细菌仍然既围绕在我们周围又存在于我们体内（据估计，我们体内的细菌比我们自身的细胞还要多，后者至少有一万亿，可能还要多得多），但还是让我们回到真核生物这种复杂程度仅比细菌略高一点的有机体吧——我们从根本上说是由它们构成的。细菌可以组成被称为"生物膜"（说得更通俗些，叫"黏液"）的群落；它们在处于集体状态时的细胞结构与作为独立有机体时的细胞结构有所不同，但大多数多细胞生物体——包括一切更复杂的生物体——都是从真核生物衍生出来的。真核生物平均要比细菌大 100 到 1000 倍，所以前者当中最大的也许刚刚能被肉眼看见。与原核生物相比，它们不仅在大小上而且在复杂性上都体现出了显著的增长：它们具有一个包含着 DNA 的内核，这是某种细胞共生（cell symbiosis）的结果。由于原核生物有着坚硬的外壁，将它们以一种新的形式结合在一起绝非易事。生命在早期地球上的海洋中出现，大概花了 5 亿年，但还要等到 15 亿年之后，真核生物才出现。

在记住古尔德对原核生物和真核生物具有支配地位这种观点的批评以及那些由分化的真核细胞构成的多细胞生物只不过是生命丛上的细枝这一事实的同时，我们仍然可以细想一下这些细枝可能经过的非比寻常的路径，以及其中的一根细枝最终将导致我们的出现这一事实。约翰·梅纳德·史密斯和埃奥斯·萨特马利在著作《进化中的主要转

---

① Christian, *Maps of Time*, 113, 此句引自 Lynn Margulis & Dorion Sagan, *Microcosmos: Four Billion Years of Microbial Evolution* (New York: Summit Books, 1986), 114。

变》中描述了我们在前面提到过的多细胞生物的发展,有性繁殖在真核生物当中的出现,涉及细胞分化并导致真菌、植物和动物这三种主要类群诞生的多细胞真核生物的出现,与一些昆虫群体中无生殖力的那些类别相关的多细胞生物集群的发展,灵长目动物和其后的人类社会的发展,最后还有人类语言的发展。[1]史密斯和萨特马利根据经典达尔文主义自然选择理论对上述所有转变进行了解释。

守恒的核心过程

马克·科尔施纳和约翰·葛哈特在《生命的看似有理性》中阐发了一个关于对变异的机体控制(organismic control)的概念,它并未否认关于自然选择的经典观点,而是对其进行了扩展。[2]由于他们关注的焦点是动物,他们将使我们更加接近人类进化问题,而人类的进化正是我们理解宗教的背景。真菌和植物乃是极其成功的多细胞生命形式,它们本身是非常有趣的,然而对于我的故事的宗旨而言却并不太重要。当我尝试对科尔施纳和葛哈特的十分复杂的论证进行改写,以使其适合于本书宗旨时,将不可避免地进行过于简化的处理,所以我提醒读者:不要只依赖我的概述,而是要去查阅这本非常重要的著作。

科尔施纳和葛哈特之论证的关键在于"促成的变异"(facilitated variation)这个观念,它所涉及的生物选择活动比常见的"随机突变"(random mutation)观念所表明的要多得多。但只有依据他们的另一个关键概念即"守恒的核心过程"(conserved core processes),"促成的变异"才有意义。科尔施纳和葛哈特强调的是:突变只能在已经成为结构——已经具备经历过漫长进化史的核心过程——的生物中发生;此外,虽然突变不可避免地具有随机性,然而,它们是被接受还是被拒斥,要视它们与那些守恒的核心过程处于何种关系而定。这本书的主要贡献是阐明了守恒的核心过程如何促进了变异,即"促成的变异",它是

61

---

[1] John Maynard Smith and Eörs Szathmáry, *The Major Transitions in Evolution* (Oxford: W. H. Freeman, 1995).

[2] Marc W. Kirschner and John C. Gerhart, *The Plausibility of Life: Resolving Darwin's Dilemma* (New Haven: Yale University Press, 2005).

以引起表型(phenotypes)的新发展但并不损害核心过程之连续性的方式进行的。按照这种看法,稳定性和变化并不互相冲突,而是互相促进。

虽然这本书的主要贡献是在细胞生物学的层面上对"促成的变异"进行了清楚的说明,其论证却依赖于"守恒的核心过程"这个观念;至于这个观念的来源,他们并未声称已经进行了充分的解释。全部生命都是对第一个核心过程的一种发展,亦即对原核细胞的发展。"第一个核心过程的最令人费解的起源,就是第一个原核细胞的创造。这个细胞的新异性和复杂性远远超出了当今世界上使我们对其产生方式感到困惑的任何无生命之物。"①但是,与所有核心过程一样,原核细胞的出现所导致的结果仍在现存的一切生物中起着作用:

> 这些过程的化学过程是在至少30亿年前演进而成的;其成分和活动至今仍然保持不变,并被传递给这位祖先的所有后代。这种守恒性达到了惊人的程度。在经过几十亿年的进化之后,大肠杆菌中的许多代谢酶在其氨基酸序列上仍然与相应的人体内的酶有着超过50%的同一性。例如,在从大肠杆菌中抽样获得的548个代谢酶样本中,半数存在于现存的全部生命形式之中,而只有15%是细菌所特有的。②

后来的核心过程共同体现出一些特征:它们发生得相当突然;它们具有重大的新异性;还有,它们不是一点一滴地积累而成的,而是包含着成套的变化。③当科尔施纳和葛哈特谈及第二个重大的守恒核心过程——单细胞真核生物于15—20亿年前出现——的时候,他们先是描述了一些在真核生物中被重组的原核生物特征,然后写道:

> 这些情形暗示,核心过程的重大革新并不是创造行为中魔幻的瞬间,而是蛋白质的结构和功能这两者发生大规模改变的阶段。这些变化并不是经由我们于整本书中一直在描述的调节型的"促

---

① Marc W. Kirschner and John C. Gerhart, *The Plausibility of Life: Resolving Darwin's Dilemma* (New Haven: Yale University Press, 2005), 256.
② Ibid., 47.
③ Ibid., 253.

成的变异"而实现的。反之,在革新的巨浪中,原有的原核生物成分以这样一些至关重要的方式改变了它们的蛋白质结构和功能:这些方式使真核细胞的新核心过程的组成部分得以产生。①

科尔施纳和葛哈特描述了"一个迅速进行结构改变的阶段",它包含着不具"魔力"但却并非仅仅遵循促成的变异(此乃该书的核心)之逻辑的"巨大革新"。从这种转变中出现的新核心过程非常稳定地存活于随后出现的一切真核生物之中,包括多细胞生物——真菌、植物、动物,当然还有我们,这一点又与原核生物一样。在描述他们称之为真核细胞的"发明"(引号是他们加的)的那一组特征时,他们写道:"最引人注目的特点是它们的大小和复杂性。它们在体积上要比细菌细胞大100到1000倍,而且生有将细胞分隔成小间或细胞器('小器官')的许多内膜,这些内膜为了适应不同的功能而特化(specialized)。"②

下一个"对真正的新异性的宣告"来自大约10亿年前的一个时期,当时"包括动物在内的多细胞真核生物首次出现"。在这里,我们又一次看到新的守恒核心过程的出现:"多细胞上皮生物内部的受控液体环境是一个新异之物,它通过分泌和接收到的信号而促进了动物细胞之间的联络。"这在真菌、植物和动物中是以不同的方式逐渐显现的,而在仅谈及动物时,他们写道:"动物体内的受控环境必定为规模显著扩大的一套信号和受体(receptors)的充分发展提供了条件,而且动物也确实进化出了多种细胞-细胞信号传导方式。"正是这些信号传导能力导致了分化的各种细胞类型的发展,如血细胞、肌细胞和神经细胞。"分化了的细胞的进化是一种调节性的成果,它关乎新的安置方式和大量增加的旧有成分。一旦进化了,许多这样的细胞类型就持续存在于从水母到人类的后生生物「动物」的进化之中。"③

根据科尔施纳和葛哈特的分析,下一组也是最后一组守恒核心过程与动物的身体结构(body plans)的出现相关:"到了6亿年前,很可能

① Marc W. Kirschner and John C. Gerhart, *The Plausibility of Life: Resolving Darwin's Dilemma* (New Haven: Yale University Press, 2005), 255.
② Ibid., 51-55, 255.
③ Ibid., 55-57, 255-256.

已经出现了一些相当复杂的动物,如呈分枝状的海绵,像水母这样的辐射对称动物,第一批较小的两侧对称动物(即像我们这样的动物,左右两边完全对称)——它们在形状上也许更像蠕虫,将其洞穴的痕迹遗存在泥泞的海底,而后变成了化石。这种与蠕虫相似的动物可能是一切现代两侧对称动物的祖先。"但是,接下来:

> 5.43 亿年前,多种多样的宏观解剖结构(macroscopic anatomy)非常突然地出现在寒武纪的环境之中。根据化石记录,在 30 个主要的现代动物门中,除了一门以外,其他门的代表性动物到中寒武纪时都已经出现。
>
> 如此之多的复杂解剖结构突然涌现,可能是那一时期的化石作用(fossilization)的特殊特征的产物,或是一些有利于较复杂的大型动物生存的特殊环境条件所造成的产物,也可能是细胞水平上的调控出现某种突破所导致的结果。再一次,新的一组细胞和多细胞功能相当迅速地涌现出来,并且一直被保存至今。①

我们无须描述动物身体结构的细节。它们当中的大部分具有某些共同特征,如前面的嘴、后面的肛门、中间的某种消化系统、某种心脏和循环系统——至少是神经联系的开端等。值得注意的是,有一个门与我们自己所在的脊椎动物亚门有着共同特征——如头部,常常还有眼睛,等等,尽管这些特征中的一部分是独立进化出来的——这个门显然进化得非常成功,它就是节肢动物门。史蒂芬·杰伊·古尔德唯恐我们试图将自己所在的脊椎动物亚门哺乳纲看得过高,提醒我们说:"哺乳动物组成了一个包含 4000 个物种的小群体,而已经被正式命名的多细胞动物却有将近 100 万种。由于这么多物种当中的 80% 以上都是节肢动物,又由于节肢动物当中的绝大多数都是昆虫,[一些]开明人士喜欢把现代命名为'节肢动物时代'。"②维基百科上的文章《甲壳动物》("Crustaceans")指出:"甲壳动物位于最成功的动物之列,它们大量遍布在海里,就像昆虫大量遍布在陆地上一样。"所以,继极其成功

---

① Marc W. Kirschner and John C. Gerhart, *The Plausibility of Life: Resolving Darwin's Dilemma* (New Haven: Yale University Press, 2005), 57-58.

② Gould, *Full House*, 175-176.

的单细胞生物之后,在多细胞生物中,是节肢动物最成功地辐射衍生出了多种多样的、在生物量上比哺乳动物多得多的物种。

关于在变异的产生过程中具有非同寻常的漫长寿命和创造力的身体结构,科尔施纳和葛哈特写道:"虽然身体结构是一个解剖结构,它却在发展中起着核心的作用,因而它也应当被称为一个守恒核心过程。 64 它参与了新陈代谢和其他生物化学机制、真核细胞活动过程以及多细胞动物发展过程等守恒过程,这些过程构成了两侧对称动物之守恒过程的全套环节。"①在进行总结时,他们又写道:

> 如果我们追踪从细菌类祖先直到人类的这一历程,就会发现,涉及重大革新的事件曾反复出现。在每一个事件中,都出现了新的基因和蛋白质。而后,生物的成分和发展过程却在很长一段时期内保持稳定。"高度守恒"(deep conservation)的存在是令人惊异的。在一些生物学家看来,它与他们对生物从随机突变中生成随机表型变异(phenotypic variation)的能力的预期相矛盾。一些人认为,它会对动物进化史中解剖结构和生理机能的疯狂蔓延的多样化趋势起到抵制作用,因而几乎是自相矛盾的。②

但是,科尔施纳和葛哈特却恰恰认为,尽管随机突变对于变异的产生是至关重要的,它却从不通过个别的基因变化之产生而起作用。尽管关于基因的那种流行信念被一些科学作家所强化,然而,基因其实并不是坐在其染色体中、起着"复制器"作用的小矮人,"操纵着"看似"笨重的机器人车辆"的生物。③毋宁说,突变发生在被这样的一些守恒核心过程所组织起来的表型中:这些过程有能力在没有产生剧烈破坏的情况下造成高效的而且常常是相当显著的变化。

生物并不是笨重的机器人,而是进化过程甚至是可进化性(evolvability)之进化中的行动者。科尔施纳和葛哈特总结道:

> 从产生表型变异这方面来看,我们相信生物确实参与了它自身的进化,而且是带着一种偏向性这样做的,这种偏向性与它漫长

---

① Kirschner and Gerhart, *The Plausibility of Life*, 62.
② Ibid., 68-69.
③ Richard Dawkins, *The Selfish Gene* (New York: Oxford University Press, 1989), v.

的变异和选择史有关。结合我们对自然选择和遗传的那些已然具有前沿性的理解来看，"促成的变异"大体上完成了进化的一般过程，尤其是为后生生物的多样性做了准备。[1]

在其著作的结尾，科尔施纳和葛哈特认识到了以往的生物学类比所具有的那些风险，并提出了关于他们的分析在生物学以外的普遍适用性的问题。然而他们确实提出了一种方法，通过这种方法，他们的分析可以对我们这部关于宗教进化的著作起到作用：

　　　　至少，对"促成的变异"所导致的可进化性的分析激发了一些与社会达尔文主义不同的隐喻，后者强调选择的条件（selective conditions）而非变异。历史并不只是选择的结果，由外部环境或竞争来决定；它也与社会的深层结构和历史相关。它包括各个社会的组织、适应能力、创新能力甚至也许还有对隐蔽的变异和多样性加以保护的能力。[2]

我在前言中提到过梅林·唐纳德关于文化进化的架构，他认为文化进化依次包含模仿的、神话的和理论的文化的出现[3]，在后文中我还将进一步阐发他的理论。也许其中的每一种文化都是一个"守恒核心过程"，即使按照新核心过程被重组，也从未丢失过；每一种文化都促进了适应性和创新性的变异，但是每一种对于文化的完整性而言都是必不可少的。这很像是在表述本书的核心论点。

　　附带说一下，我注意到，即使是科尔施纳和葛哈特，在其关于守恒

---

[1] Kirschner and Gerhart, *The Plausibility of Life*, 252-253. 另一位在著作中对科尔施纳和葛哈特的观点进行了补充的进化生物学家是玛丽·简·韦斯特－埃伯哈德（Mary Jane West-Eberhard）。与他们一样，她强调了生物（表型）在其自身的进化中的作用："我认为基因在适应性进化中是追随者，而非领导者。大量证据显示，表型的新异性在很大程度上可以被创新性基因所重组，但却并不是创新性基因的产物。即使重组始于一种突变、一种对调控有重要影响的基因，选择也会导致基因调节，即符合表型的被重组的条件并受其指引的基因变化。一些作者将这个模式表述为'表型先于基因型（genotype）'。"West-Eberhard, "Developmental Plasticity and the Origin of Species Differences", 收录于 *Proceedings of the National Academy of Sciences USA* 102, suppl. 1（2005）：6547。也可参阅她的著作 *Developmental Plasticity and Evolution*（New York: Oxford University Press, 2003）。

[2] Kirschner and Gerhart, *The Plausibility of Life*, 264.

[3] Merlin Donald, *Origins of the Modern Mind: Three Stages in the Evolution of Culture and Cognition*（Cambridge, Mass.: Harvard University Press, 1991）.

和变异的新颖而富于挑战性的分析中,也无法回避关于宗教的问题。他们实际上在著作开头就引述了威廉·佩利(William Paley)写于1802年的著作《自然神学》(*Natural Theology*),佩利在这本书中阐发了这样一个类比:如果有人在荒地上发现了一块表,并且知道结构如此复杂的一个机械装置必定有一位制造者,那么这就证明蚯蚓和云雀也必定有其制造者。这种看法后来被称作"神创论"(creationism,又译"特创论")。我们的两位作者指出,这个关于表的类比是有缺陷的:表可以被"制造",可以被拆卸开来、再重新组装起来,而生物却在生长,而且一旦被拆开,就会死亡。达尔文在阐发他关于一切生物都起源于一个单一的开端并通过自然选择而发生变化的观点时,曾考虑过佩利的观点。[①]但在该书的结尾,作者却"回到了荒地",并且设想佩利的一位接受过现代生物学教育的后代会向其先祖解释(假如他们能够交谈的话)那个关于表的类比是如何无效,以及我们可以如何理解生物依靠其自身的条件来进化,而无需外来的干预。但作者并不想排除关于信仰的问题;他们只是想要让他们想象出来的这位年轻后代向祖先解释说,我们现在必须"根据现代的理解,在另一个地方——一个防御性更强的地方画出信仰与科学之间的分界线"[②]。甚至在我并未抱有期待的时候,科学与宗教之间的关系似乎也一再出现于我所研究的这些出自科学家笔下的著作当中。在本章后面的内容中,我将概述我在无意中发现的一些情况——这些情况关乎科学家最近根据他们自己的工作来思考宗教问题的多种方式。

66

新能力的进化

不论是在梅纳德·史密斯和萨特马利描述"转变"(transitions)的时候,还是在科尔施纳和葛哈特描述"守恒的核心过程"的时候,他们谈论的都事关新能力的获得。史蒂芬·杰伊·古尔德在反驳进化史中的"进步"观念并表达他对关于较高或较低的生命形式的言谈的不悦

---

① Kirschner and Gerhart, *The Plausibility of Life*, 1-5.
② Ibid., 271-273.

之情时,引用了达尔文的著作以便达到同样的效果,并指出达尔文在很长一段时期中避免使用"进化"一词,更喜欢用"自然选择"来替代,因为"进化"包含着"进步"这个固有含义,赫伯特·斯宾塞(Herbert Spencer)的例子就清楚地表明了这一点。在《物种起源》中,达尔文把进步的变化称为流行于古生物学家当中的一种"模糊不清的想法"。①他只在以下意义上接受这个观念:由于许多微小的改进逐渐积累起来,后代比它们的祖先更加适应周围的环境,因此具有更强的生存能力,尽管它们很有可能也是要灭绝的。令达尔文感到不安的似乎是这样一种看法,即认为在自然选择的缓慢作用之外,还存在着某种推动生物进步的内在力量。②但是,也许可以把新能力的获得——不管那些能力是如何被获得的——仅仅说成是进化史上的一个事实,而不暗示任何形而上学的方向,并且承认,细菌在当今世界中的数量优势不仅是它们的适应度(fitness)的证据,而且——以它们自身的方式——也是它们对范围大得惊人的一系列环境的适应能力取得了进步的证据。它们极好地利用了自己拥有的能力,因而不再需要后来发展出来的那些能力了。

如果我们可以从科尔施纳和葛哈特关于最终的守恒的核心过程——动物的身体结构的观点出发,从"生命丛"中摘取几根恰好令我们非常感兴趣的细枝,我们就可以注意到,在身体结构的早期历史中,爬行动物和哺乳动物的身体结构看上去是非常相似的。爬行动物和哺乳动物大约出现于 3.2 亿年前,我们对它们最初的历史并不完全清楚。一些分类方法把哺乳动物列为爬行动物的早期后代,而其他分类方法则认为爬行动物和哺乳动物这两者大约是在同一时期从脊椎动物中分离出来的。无论如何,爬行动物和哺乳动物的早期历史表明,爬行动物显然占有统治地位。大型爬行动物在二叠纪(距今 2.9—2.5 亿年)占

---

① Charles Darwin, *On the Origin of Species: A Facsimile of the First Edition*, annotated by James T. Costa (Cambridge, Mass.: Belknap Press of Harvard University Press, 2009 [1859]), 345. 相关的句子是:"在世界历史上,依次到来的每一个时期的居民都在求生的竞赛中击败了他们的前辈,以至于处在更高的自然等级(scale of nature);这也许能说明为什么在很多古生物学家中会出现那种模糊不清的想法,即组织结构总体而言有了进步。"

② 古尔德在《进化论的结构》(*Structure of Evolutionary Theory*)475—479 页中非常详尽地讨论了达尔文对于"进步"的含糊而矛盾的态度。

绝大多数,尽管它们在我们所知的最大的生物灭绝事件——二叠纪－
三叠纪灭绝事件中几乎被彻底灭绝。然而,正如每个小学生都知道的
那样,爬行动物却再度兴盛,"恐龙时代"继而登场。恐龙从三叠纪晚
期(约2.3亿年前)到白垩纪末期(约6500万年前)一直是占据统治地
位的陆生动物;在白垩纪末期,白垩纪－第三纪灭绝事件终于将其完全
灭绝,只留下了它们的后代——鸟类。

　　史蒂芬·杰伊·古尔德在反驳"人类中心主义"的英勇斗争中,曾
提出过一个问题:如果像许多人所声称的那样,哺乳动物远比爬行动物
更加高级,那么,为什么从二叠纪到白垩纪末期的哺乳动物一直只局限
于啮齿目动物这样的身体较小的生物,而爬行动物却发展出了种类极
其繁多的生物,包括曾在地球上居住过的最庞大的生物? 由于哺乳动
物是温血动物,它们大概比爬行动物行动得更迅速,而且与爬行动物相
比,它们的大脑与体重的比例要大得多;但是即便如此,在很长一段时
期里,它们却似乎表现欠佳。古尔德指出,如果不是由于在大约6500
万年前发生了白垩纪－第三纪灭绝事件,我们(把我们的祖先称为"我
们",是因为我们就是哺乳动物)或许直到今天还在跟比我们大得多的
爬行动物共存,或者不如说,在它们双足的周围跑动;或者,如果把"我
们"的范围局限于人类,那么我们可能根本就不会在这里了。①只有那
些十分庞大的爬行动物(恐龙)被灭绝之后,哺乳动物才终于进入全盛
时期,并且成就了更近时期的大型哺乳动物群。

　　在这里添加警示性的注脚,也许是适宜的。巨大的体积可以展示
出生物可能具有的新能力,但是巨大的体积也使它们容易受到伤害。
哺乳动物(和鸟类)体积较小,因而它们和蛇、蜥蜴、海龟等较小的爬行
动物一样,被证明是具有足够的能力在白垩纪－第三纪灭绝事件中存
活下来的;当然,单细胞生物也是如此。我们通常并不认为人类是大型
哺乳动物,但是如果把生物看作一个整体,我们在体积上仍然是很大

---

① 古尔德指出,白垩纪－第三纪灭绝事件"使几个群体走向灭绝,但并不是由于它们自身缺乏
适应力;同时,该事件也把偶然性的、功能变异方面的成功赋予了那些在恐龙的漫长统治时
期一直存活于世而且从未取得过任何可能使其取代恐龙的统治——哪怕是可能使其与生命
史上最成功的脊椎动物群体之一分享统治地位——的进展的生物"。古尔德:《进化论的结
构》,1332页。

的,因此在发生灾难性事件时必然很容易被灭绝。大型哺乳动物有各种不同的定义,但是这个术语常常被用于指称那些重量大于 100 磅的动物,而且被广泛用于指称比人类更大的动物。

虽然我们将主要关注哺乳动物是如何发展起来的,尤其是 6500 万年前的白垩纪-第三纪灭绝事件以来的发展过程,但是确实需要说一点关于鸟类的情况,因为鸟类相当独立地发展出了一些和哺乳动物相同的能力。鸟类是在约 2 亿到 1.5 亿年前的侏罗纪从恐龙中分离出来的。从血统上说,它们仍然可以被称作恐龙,即经历了白垩纪-第三纪灭绝事件而存活下来的唯一的一批恐龙。它们是动物的一个非常成功的纲,由大约 10000 个现存物种组成,存在于地球的每块大陆和每个地区。它们和哺乳动物一样是温血动物,新陈代谢的速度很快,需要摄入大量的食物以维持其体温和生命活力。相对于它们的体积,它们的大脑是比较大的,而且它们当中的一部分相当聪明——有些乌鸦甚至会制造工具。它们当中的大部分都与多数哺乳动物一样,会抚养后代——在产卵之前先筑巢,用体温来使鸟卵保持温暖,并喂养那些常常很无助的雏鸟,直到后者能够照顾自己为止。大多数鸟类在群居时都实行"一夫一妻制",父母双方经常共同孵卵和照料子女,可能比哺乳动物还要普遍。它们具备只有少数几个物种能够与之媲美的发音能力,并且能够使用复杂的视觉和听觉信号传导方式。虽然关于动物情感的研究难度很大且多有争议,但鸟类似乎具有与哺乳动物相似的表达情感的能力,其相似程度在其他物种身上几乎是见不到的。

哺乳动物是温血动物,这一点与爬行动物不同,却与鸟类相同;这意味着哺乳动物能够居住在爬行动物无法生存的极其寒冷的地带。多数哺乳动物都生有毛发或毛皮,这使它们能够在寒冷的气候中存活下去。"哺乳动物"(mammal)一词来自"乳腺"(mammary glands),而乳腺似乎是哺乳动物所特有的。雌性哺乳动物的乳腺为出生后活着的子女产奶。即使是单孔类动物——哺乳动物中非常古老的一支幸存者,靠产卵来繁殖后代——也生有乳腺,其用途并不清楚。有袋动物是生育后代的,但子女被置于母亲的育儿袋中,直到它们能够自己行动。大多数哺乳动物都被称为"有胎盘哺乳动物"(placental),因为胚胎是在母体的胎盘中发育的。有胎盘哺乳动物中的所有新生儿若要活下去,都必须从它们的母亲或其他雌性动物那里吃奶;但是,在早成性物种和晚成性物种之间存在着一种差异:前者中的小动物从出生的那一刻起就是相对成熟且易于活动的,而后者中的小动物出生时却是软弱无助的。同样的差异也存在于鸟类中:有几种鸟的幼鸟能把蛋壳啄破,让自己出来,并独立生存;但大多数鸟的幼鸟都需要某种程度的养育,这样的养育在某些情况下还会持续很长时间。

我打算集中考察一下"亲代养育"(parental care)——正如萨拉·赫尔迪所指出的那样,这种能力与其他几种具有巨大潜力的发展相关。仅举几个例子:逐渐增长的智力、社交能力以及理解他人感受的能力。[①]与这种复杂能力相关的是弗朗斯·德·瓦尔所说的"共同出现假说"(the co-emergence hypothesis),该假说描述了这样一种能力是如何在人的童年时期的某一个特定时刻出现的:它让人在镜中认出自己,从而获得了一种"置自身于世界之中"的感觉;同时,孩子开始能够理解别人虽然有别于自己,却和自己拥有同样类型的感受,因而可以根据其感受来对其进行回应,这就是德·瓦尔所说的"高层次同理心"(advanced empathy)。[②]但是德·瓦尔的意思并不是说这些互相关联的能力必然是在进化史上的同一时期出现的,也不是说它们仅仅存在于人类身上:

> 我们是一小批有头脑的精英中的一部分——与绝大多数动物相比,这批精英的头脑是在更高的水平上运作的。这批精英的成员能够更好地领会自己在世界中的位置,更准确地理解自己周围那些生物的生命价值。但是,不论这个故事看上去可能有多么美好,我在内心中还是对"泾渭分明的界线"的存在感到怀疑。出于同样的原因,我并不相信人类和猿类在头脑方面存在差别;我无法相信这样的观点,比如猴子或狗没有、完全没有我们一直在讨论的那些能力。观点采择(perspective-taking)和自我意识(self-aware-

69

---

① Sarah Blaffer Hrdy, *Mothers and Others: The Evolutionary Origins of Mutual Understanding* (Cambridge, Mass.: Harvard University Press, 2009).

② Frans de Waal, *The Age of Empathy: Nature's Lessons for a Kinder Society* (New York: Harmony House, 2009), 123.

ness）只在少数几个物种的一次飞跃中得到了进化，而不需要在其他动物身上进行任何过渡——这简直令人难以置信。①

为了把德·瓦尔的"共同出现假说"与"亲代养育"关联起来，让我们考虑一下他对"同理心"（empathy）之起源的一段评论：

> 同理心可在进化历史中追溯到很久以前，它比我们这个物种久远得多。它很可能肇始于亲代养育出现之时。在哺乳动物进化的 2 亿年间，那些体贴子女的雌性动物在繁育后代方面胜于那些对子女冷淡和疏远的雌性动物。当小狗、幼兽、小牛或婴儿感到寒冷、饥饿或处于危险中时，它们的母亲需要立即作出反应。这种敏感性一定承受过惊人的选择压力（selection pressure），那些未能成功作出反应的雌性动物永远不能将其基因繁衍下去。②

萨拉·赫尔迪注意到，在鱼、乌贼、鳄鱼和响尾蛇当中可以发现某种程度的亲代养育情形，这种养育通常来自母亲，但是，有时也来自父亲。她写道："不论亲代养育朝什么方向发展，它都标志着动物感知其他个体的方式中的一个分水岭，这一点对脊椎动物大脑的构造方式具有深刻的含义。"但是，她接着又指出了亲代养育能力在哺乳动物中的特殊发展：

> 认知和神经生物学方面的这些转变，在哺乳动物身上体现出了比在其他所有动物身上都更加明显的革命性。做了母亲的哺乳动物自成一类。哺乳的母亲可以追溯至约 2.2 亿年前的三叠纪末期。就是从这个时候开始，由于刚出生的小动物十分弱小无助，它们的母亲需要去适应这些脆弱的孩子的气味、声音和最细微的状态变化，因为必须让它们保持温暖和饱足。由于附近的任何新生儿都可能出自这些母亲自己的身体，母亲们便适应了这样一种心理：觉得一切新生儿都是富有吸引力的。③

---

① Frans de Waal, *The Age of Empathy: Nature's Lessons for a Kinder Society* (New York：Harmony House, 2009), 139.

② Ibid., 67.

③ Hrdy, *Mothers and Others*, 38-39.

从亲代养育的出现而发展出来的能力对于我此后要讲述的整个故事,对于甚至存在于许多种动物身上的同理心和道德规范的发展,乃至对于宗教在人类当中的发展而言,都绝对是首要因素。然而,许多其他的东西也在发展,记住这一点是很重要的。侵略行为(aggression)几乎在每一个动物物种当中都能找到(倭黑猩猩可能是一个重要的例外,不过即使是它们,也可能有相当不悦的时候);虽然很多侵略行为都可以被解释为适应性的,但也有很多似乎是毫无意义的,以其自身的失控而告终。德·瓦尔为了申辩自己并没有忽视进化的黑暗面,写道:"居高临下的作风、竞争、嫉妒和令人厌恶的行为大量存在于动物当中。权力和等级制度是灵长目动物社群的核心组成部分,因而冲突总是一触即发。"然而,正因为其他人强调了这个黑暗面,即这个"弱肉强食的自然界",德·瓦尔坚称我们也认识到那绝不是故事的全部,并指出:"具有讽刺意味的是,给人留下最深刻印象的合作发生在争斗期间,这时灵长动物们会互相保护;或者发生在争斗之后,这时受害者会受到抚慰。"[1]

我愿意求助于一位更早的动物行为学家——伊莱奈乌斯·艾博尔-艾博斯菲尔特的著作,以便讨论亲代养育的一些更广泛的含义,也即最近由赫尔迪和德·瓦尔这样的学者做了进一步阐明的含义。正如艾博尔-艾博斯菲尔特最著名的著作之一《爱与恨》(Love and Hate)的书名所暗示的那样,他并没有小看侵略行为在行为进化中的重要性。继康拉德·劳伦兹(Konrad Lorenz)和其他学者之后,他也注意到侵略行为要比爱更加古老,而且,举个例子,我们可以在爬行动物当中发现侵略行为,而爱却不存在于爬行动物当中。[2]他也将侵略行为看作——说来奇怪——道德规范之发展的一个基点,即便是在爬行动物中也是如此,正如我们一会儿将要看到的那样。但他是在亲代养育中找到爱的起源的,因为亲代养育"把父母和它们的子女联结在一起,而且显然联结得非常好,有助于加固成年动物之间的纽带。我们要大家注意这

---

[1] De Waal, *The Age of Empathy*, 131.

[2] 戈登·伯格哈特(Gordon Burghardt)暗示说,这种关于爬行动物的普遍观点是不准确的,爬行动物也"有可能结成密切关系,具有大范围的亲代养育行为,拥有长期的配偶,生活在扩大了的族群中,等等"。出自私人谈话。

71

一事实：只有那些照料幼小子女的动物才组成了关系密切的群体。它们都是通过源于亲代养育的'珍爱'这一行为模式并通过利用幼小动物发出的信号——正是这些信号激发了这种行为——来做到这一点的"。①

艾博尔-艾博斯菲尔特认为亲代养育不仅是群体联系的基础，也是个体友谊的基础："没有亲代养育，也不会有友谊，这一点几乎是没有例外的。"②他指出，友谊始于那些吸收了亲代养育之库存的行为，就像求爱的行为一样，后者在这一点上表现得更为明显。用鼻子摩挲、或真或假的喂食、亲吻等，都是从亲代养育的库存中借来的。③艾博尔-艾博斯菲尔特似乎把性和亲代养育看作亲密关系的不同来源，认为后者比前者更加强有力，但是只需对弗洛伊德的理论有一点粗浅的了解，就能看出，这两种动机可能具有深层的联系，尽管绝非永远如此。④

我们有可能从艾博尔-艾博斯菲尔特笔下的内容丰富的自然史中找出比这多得多的例子，来说明爱的形式是如何从亲代养育的全套环节中获取其实质的——几乎每一种爱的形式都是如此。他也注意到，他称之为逃跑内驱力（flight drive）的那种东西，即受惊的动物从同种动物——尤其是它能找到的最强大的同种动物——那里寻求庇护这种自然反应，植根于孩子在接收到关于某种不同寻常的事物的第一个信号时奔向自己母亲的这种行为。⑤

不过，我们一定不能忘记侵略行为是无所不在的。看一下上文提到的艾博尔-艾博斯菲尔特关于侵略行为的论点也许是有好处的，该论点将这种行为与那些出于自我保护而不是出于爱的规范联系起来。他称之为"仪式化攻击"（ritualized aggression）的那种行为在包括爬行动物在内的很多动物当中都能看到："喜欢争斗的动物常常发展出非

---

① Irenäus Eibl-Eibesfeldt, *Love and Hate: The Natural History of Behavior Patterns* (New York: Aldine, 1996 [1971]), 128.

② Ibid., 127.

③ Ibid., 111.

④ 弗洛伊德——他使用的是"性"的宽泛定义——认为亲代养育本身就与性有关，乳腺的重要性清晰地表明了这一点。但是，有性生殖可以追溯至真核生物，而亲代养育的出现时间则要晚得多。它们两者有重合之处，但由于它们的起源是如此不同，性和爱之间的冲突是一个反复出现的问题，这在人类当中表现得十分明显。

⑤ Eibl-Eibesfeldt, *Love and Hate*, 122.

常复杂的战斗规则,这使它们有可能在争斗中不用流血。"他以加拉帕哥斯群岛(Galapagos Islands)上的海鬣蜥为例:"这种不流血的竞赛是从一场恐吓性的表演开始的:这片领地的占有者仰起后背和脖子上的冠,侧对着它的对手,向其展示自己的威风。"它从地上直立起来,使自己看起来更大,摆出张口欲咬的姿势,同时摇晃着它的头。如果侵入者不退却,保卫者就会冲向对方,双方以头相撞,都试图把对方推到这块地方以外。当其中一方成功地把另一方推开,或者当其中一方腹部朝下趴在地上、摆出顺从的姿势来认输时,这场"战斗"就结束了。它们虽然生有又大又锋利的牙齿和强健有力的下颌,却没有流过血。艾博尔–艾博斯菲尔特注意到,"响尾蛇从不互咬,两个对手会按照严格的规则来进行争斗"。(这些遵守规则者竟是爬行动物!)与此相似的仪式化攻击也发生在鸟、鱼和哺乳动物当中。我们在后文中仍需对这类规范化行为进行考察。艾博尔–艾博斯菲尔特用明显的适应性来对此进行解释:争斗至死的方式会使富有繁殖力的年轻雄性动物的数量急剧减少,这将导致生物的过早灭绝。[①]

72

在最早、最简单的那些亲代养育实例中,被艾博尔–艾博斯菲尔特(或其著作的译者)如此迷人地称为"珍爱"的那种行为必然也是适应性的,正如德·瓦尔和赫尔迪在上文中指出的那样。但是,"爱"在这个基本意义上乃是"功能性的"这一事实,并不意味着继之而来的那些非同寻常的发展仅仅是其起源的功能。赫尔迪写道:"自然选择绝不会预见到最终的益处。不能用后来出现的结果来解释最初的推动力。"[②]亲代养育会导致社会性的亲密关系的形成,使个体友谊有可能产生,甚至最终会促使婚姻和家庭出现,这一切都是无法预料的;而且,虽然这一系列情形都是适应性的,它们却催生了超越"适应性变化"的意义。在最早的哺乳动物和鸟类的适应性变化中寻找爱的起源,并非旨在将它化约为这些起源,而是会让人讶异于大自然促使某种在我们

---

① Eibl-Eibesfeldt, *Love and Hate*, 65-66.值得记住的是,前现代的人类战争虽然经常导致生命的大量牺牲,但也经常受到那些仪式化战斗规则的调节。举一个古代中国的例子:当入侵的敌军正在渡河的时候攻击他们被认为是不公平的,因为对方太容易受到伤害了。"总体战"(total war)这个概念是现代的发明。

② Hrdy, *Mothers and Others*, 67.

生命中如此至关重要的东西出现的方式。不过，人类对待爱的实践和理想的方式绝不应当使我们忽视整个进化史，或是因为其他物种没有取得我们自己所取得的某些进步而贬低之。德·瓦尔的观点是：如果把关注对象局限于我们自己的发展路径，我们就无法真正理解自身，即使往前追溯两百万年以考察我们的脑前额叶逐渐增大的情形时也是如此："同理心是一种与哺乳动物的世系同样古老的遗产的一部分。同理心占用的脑区已有超过 1 亿年的历史。这种能力是在很久以前与运动神经模仿行为（motor mimicry）和情绪感染（emotional contagion）一同发展起来的，此后，进化层累叠加，直到我们的祖先不仅能够感觉到其他人所感觉到的东西，而且还能理解其他人可能想要什么或需要什么。"①

正如德·瓦尔在谈到"神经模仿行为"时指出的那样，同理心既存在于头脑之中，也存在于身体之中。正是在身体中，"同理心和同情心产生了——它们并不是产生于同想象力相关的更高级的区域之中，也不是产生于有意识地重构'当我们处于另一个人的境遇时，我们可能产生的感觉'这种能力之中。它的产生要比这简单得多，是伴随着身体的同步性而出现的——当别人奔跑时也奔跑起来，当别人大笑时也大笑起来，当别人哭泣时也哭泣起来，当别人打呵欠时也打起呵欠来"。②当同理心达到"人类之爱"的程度时，虽然它确实存在于我们的头脑之中，但它仍然在很大程度上存在于我们的身体之中。正如德·瓦尔所言："身体联系首先出现——理解随之而来。"③用第一章的术语来说，在某种程度上，爱永远是动作性的。

德·瓦尔的路径帮助他克服了在很多生物学理论的建立过程中已然具有基础性地位的一个区别——尽管它产生于哲学思辨——这个区别就是利己主义和利他主义之间的区别。他以一只做了母亲的动物为例：它的孩子的大声"抱怨"使它感到烦恼，于是就给孩子喂奶或让它感到温暖，以使它不再发出声音。在这种情况下，"我们不能说同理心完全是'自私的'，因为一种彻底自私的态度会完全无视别人的情感。

---

① De Waal, *The Age of Empathy*, 208.

② Ibid., 48.

③ Ibid., 77.

然而,如果是某人自己的情感状态激发了行动,那么,说同理心是'无私的'似乎也不合适。自私/无私之间的分别也许是无关紧要的题外话。如果'自我'和'他人'这两者的融合乃是我们的合作行为背后的秘密,那么为什么要企图把'自我'从'他人'中抽离出来或者把'他人'从'自我'中抽离出来呢?"①

　　他进一步阐释了同理心的"融合"方面:"我们无法感觉到发生在自己之外的任何事物,但是,通过下意识地把自我和他人融合起来,他人的经验就会在我们的内心当中引发共鸣。我们从而感觉到了它们,仿佛它们就是我们自己的经验一样。这样的认同不能被化约为任何其他的能力,诸如学习、联想或推理的能力。同理心为进入'陌生的自我'(the foreign self)提供了直接的通道。"②进行这种认同的能力可以跨越物种的界线:"人们在家里养着长有毛皮的食肉动物,而不是像鬣蜥或海龟这样的动物(尽管它们更容易养活),原因在于哺乳动物可以给予我们一种爬行动物永远不能给予的东西——情感上的回应。狗和猫可以不费力地理解我们的心情,我们也可以不费力地理解它们的心情。"③

　　考虑到在我们这个将个人主义发挥到了疯狂地步的美国社会中,许多人会怀疑存在这种同理心的可能性,更多的人应当知道,同理心不仅对于人类而言是基础性的,而且其他动物享有同理心的时间也已经超过了 1 亿年。正如"利他主义"这个术语是从哲学领域侵入生物学

---

① De Waal, *The Age of Empathy*, 75.迈克尔·托马塞罗(Michael Tomasello)大体上主张,与我们的灵长类亲戚相比,人类的能力具有独特性,这与德·瓦尔的观点相反,后者在人类和灵长动物身上看到了极其相似的地方(也许从他们各自的角度来看,每一种看法都是对的);尽管如此,有趣的是,托马塞罗却与德·瓦尔一样怀疑关于利他主义的论点,他曾谈到"互利主义"(mutualism),这似乎与德·瓦尔的"融合"观念很接近。他写道:"我当然不会在这里解决'利他主义的进化'这个问题。但这也没关系,因为我无论如何也不相信这是最重要的过程;也就是说,我不相信利他主义是对人类的合作——就人类在基于制度的群体中生活与合作的倾向和能力这种更广泛的意义而言——负有主要责任的过程。在这个故事中,利他主义只是一个小配角。互利主义才是'明星',它使我们全都从合作中受益,但这只发生在我们一起工作的时候——我们可以将这种行为称为'协作'(collaboration)。"参见 Michael Tomasello, *Why We Cooperate* (Cambridge, Mass.: MIT Press, 2009)。

② Ibid., 65.

③ Ibid., 74.戈登·伯格哈特指出,像蛇和鬣蜥这样的爬行动物对人类的行为是能够作出灵敏的反应的,自信且不怀敌意的驯蛇者很少被蛇咬。出自私人谈话。

领域的而且引起了各种复杂的结果,更晚近的哲学观念"心智理论"(theory of mind)——知道其他人所知道的东西的能力——也是如此。德·瓦尔称之为"冷静的观点采择"(cold perspective-taking),因为它主要关注的是另一个个体知道或看见了什么,而不是其他人想要、需要或感觉到了什么。尽管他很注意不在人类和其他动物之间,或不同动物物种之间画出泾渭分明的界线,尽管最近的一些研究确实表明猿类在某些情况下能够领会其他同类的心理状态,他仍然乐于承认"知道其他个体所知道的事物这种能力的高级形式可能仅存在于我们自己的物种当中"。然而他觉得,与分享他人的境遇与情感的能力相比,这只是一种"有限的现象"。①换言之,对于像我们自己这样的群居动物而言,同理心仍然是一种基本的资源,尽管我们也拥有更加精密的了解事物的方法。②

74　　除了同理心这种非常重要的能力以外,还有很多其他的行为特征是人类与其他动物特别是类人猿共有的。德·瓦尔在一系列重要著作中,或许比其他任何人都更加充分地描述了这些迷人的连续性。③ 但由于篇幅有限,而且我们需要开始考察**人属(Homo)**和**智人(Homo sapiens)**这个物种,我将把自己的论述限定于我们与其他动物很大程度上共享的另一个领域,我相信这个领域对于理解宗教之起源是至关重要的——这个领域就是"游戏"。

游　戏

如果我们像德·瓦尔那样认为同理心是一切社会亲密关系的基础,或者像艾博尔-艾博斯菲尔特那样认为爱是一切社会亲密关系的基础——如果这样的看法是正确的,那么,"游戏"(play)就需要被理

---

① "冷静的观点采择"可能是有限的,但它对于许多人类活动——如科学——而言是必不可少的。

② De Waal, *The Age of Empathy*, 100.

③ 这里只列举德·瓦尔的几部著作:*Chimpanzee Politics: Power and Sex among Apes*(Baltimore:Johns Hopkins University Press, 2007[1982]);*Good Natured: The Origins of Right and Wrong*(Cambridge, Mass.:Harvard University Press, 1996);*Primates and Philosophers: How Morality Evolved*(Princeton:Princeton University Press, 2006)。

解为与某种联系(bond)相关。但我们将会看到,游戏玩耍是一种事件、一种活动,是有始有终的,而且发生在日常生活的环境之中,却在一定程度上有别于日常生活。如果哺乳动物许久以来就常常是"社会性的"——情况似乎就是如此,尽管程度各不相同——那么,哪一种社会体现了有别于游戏玩耍的日常生活的特征呢?

最明显的社会亲密关系形式产生于使其成为可能的那种实践本身:亲代养育。虽然它在不同的物种中有不同的表现,但母子关系——以及表现得较少的父子关系——在子女能够独立生活之后仍然持续不变。被同一位母亲照料的兄弟姐妹可能会有竞争意识,即使是在社会复杂性低的物种当中也是如此:两只幼兽可能想要从同一只乳房中吸吮乳汁。然而兄弟姐妹似乎经常分享一定程度的信任,这在其他关系中可能要弱一些。简而言之,某种类似于"原亲属关系"(protokinship)的关系也许可以沿着哺乳动物的世系往前追溯,甚至可以在爬行动物和鱼类当中找到。①没有语言,当然就不可能有亲属关系术语,但对亲属关系的认识常常是存在的。例如,虽然任何其他动物都可能是游戏玩耍伙伴,但兄弟姐妹却是最有可能成为玩伴的;而且,从很早的时候开始,母亲和子女之间的游戏玩耍似乎就成了"珍爱"行为的一部分。

然而,亲属关系并不为大多数哺乳动物的社会——就它们所拥有的社会而言——的社会秩序提供唯一的基础,鸟类社会亦然。实际上,物种的社会性越强,它就越有可能也是根据某种统治权力等级制度组织起来的。虽然存在于鸡群中著名的"啄序"(pecking order)——每一个单独的个体都按照它对每一个其他个体的支配情况而居于特定的地位——较为罕见,但某种等级次序——从处于支配地位的雄性动物(处于这种地位的动物几乎总是雄性的)到地位居中的社群成员,再到可能处于社群边缘、随时会被排斥在外的地位最低的成员——却是常见的。正是亚伯拉罕·马斯洛(Abraham Maslow)在关于猕猴和黑猩猩的早期著作(写于20世纪30年代)中首次创造了"支配驱力"(drive for dominance)这个术语,而且,虽然他并不认为存在着一种"顺从驱力"——因为全体成员共享着支配驱力——但他还是主张,为了安抚

75

————————

① 戈登·伯格哈特的观点。出自私人谈话。

支配者而示弱的顺从行为无疑是非常重要的。①

支配权——以及当自己没有支配权时想要获取这种权力的企图——所推动的似乎是侵略行为,而不是同理心。而且,在几乎所有具有统治权力等级制度的哺乳动物社会中,位于顶端或通过斗争来攀向顶端的动物都是雄性的,因此,我们可以想象到,存在着因性别不同而有所差异的两种道德准则:雌性动物以同理心为准则,雄性动物则以支配权为准则。也许在灵长动物中尤其如此,那里的雄性统治等级制度高度发达,亲代养育几乎是母亲的专属领域。然而事情很少如此简单。德·瓦尔指出,居于统治地位的雄性动物通过对违规行为施行惩罚——有时还十分严厉——来强迫年轻成员服从社群规则;但他接着又评论道:

> 幼小的和未成年的动物从母亲那里受到的侵犯,要比从任何其他个体那里受到的侵犯都更多。当然,这些侵犯通常并不会造成伤害,但它们有时确实会被咬,甚至会受伤。美国著名灵长动物学家欧文·伯恩斯坦(Irwin Bernstein)将其解释为**社会化**(socialization),母亲们借此来教育子女不要进行那些会给它们招惹麻烦的行为。即使母亲的侵略行为不会立即给幼小动物带来好处,却增强了后者的谨慎心理和行为控制能力,而这些都是它们在等级制结构的社会环境中生存所必需的。②

还有,不论是否违反直觉,虽然雄性动物之间的争斗更加频繁,它们却比雌性动物更擅长于用友好的方式来解决争端。③居于支配地位的雄性动物必然会为自己处处留心:它们会率先进食;如果食物较少的话,它们吃得最多;它们还企图独占与社群中的雌性动物交配的权利,尽管几乎从未完全得手。然而,通过减少其臣属之间的争斗,有时在狩猎中起带头作用,以及分配资源(包括社会接纳),它们在满足自己需求的同时也在服务于社群(通常都是"两者兼顾"[both/and],而不是"顾此失彼"[not either/or])。于是,德·瓦尔总结道:

---

① 我是从德·瓦尔的 *Good Natured*(99、126—127 页)中得知马斯洛这部早期著作的情况的。

② De Waal, *Good Natured*, 113.

③ Ibid., 123-124.

考虑到这种整合功能,正式化的等级制度在合作得最密切的物种当中最为发达,这一点并不令人惊讶。一群嚎叫的狼或一群边尖叫边跺脚的黑猩猩对外界展示的和谐,是以其内部的等级差别为基础的。狼在狩猎期间需要彼此依靠,黑猩猩(至少是雄性黑猩猩,它们是等级最为森严的性别)也要依赖其他成员才能防御怀有敌意的邻居。等级制度能够对内部竞争进行调节,以至于可能形成一个团结对敌的前线。①

德·瓦尔发现,统治权力等级制度的专制程度是可变的,在灵长动物中尤其如此。例如,猕猴实行的是专制,任何来自下级的挑战都会受到严厉的惩罚;而黑猩猩则与此迥然不同:"尽管我们不能过分地将黑猩猩称为'平等主义者',然而这个物种确实摒弃了专制统治,而迈向了一种为分享、宽容和下层的联盟留出了空间的社会安排。虽然等级较高的个体拥有比例过大的特权和影响力,然而它们的统治在某种程度上也要依靠下层成员的接受才能得以实行。"②一些雌性猩猩甚至可能结成同盟来反抗一位过于残暴的雄性首领;这时,由于其他雄性猩猩出于各自的理由没有来为首领解围,而雌性猩猩也相当高大和强壮,几只雌性猩猩就足以制服一只单打独斗的雄性猩猩,使这位首领除了退让以外别无选择。③

在简短地回顾了高度社会化的哺乳动物——尤其是灵长动物——日常生活中的社会结构之后,我们现在需要把目光转向"游戏"这种活动,它在本质上**不是**日常生活。我想集中讨论"游戏",是因为我认为它是舒茨所说的日常生活世界以外的多重现实之一的进化史当中的第一个例子。根据约翰·赫伊津哈在《游戏的人》中阐述的观点,游戏几乎是一切人类文化体系——神话和仪式、法律、诗歌、智慧、科学——的终极源头。④文化体系——按照格尔茨对这个术语的用法——是人类

---

① De Waal, *Good Natured*, 103.

② Ibid., 131.若要了解我关于统治权力等级制度的讨论的背景,参见该书的第三章《等级和秩序》("Rank and Order",89—132 页)。

③ Ibid., 91-92.

④ Johan Huizinga, *Homo Ludens: A Study of the Play Element in Culture* (Boston: Beacon Press, 1950 [1938]).

文化层面上的多重现实。

　　我要求助于戈登·伯格哈特——他的杰出著作《动物游戏的起源》是最近关于这个题目的最佳研究成果——来为"游戏"下一个非常复杂的定义;之所以复杂,是因为它包含着动物游戏的研究者们注意到的许多向度。伯格哈特在进行总结时,指出了五个因素——在我们将可以把某种情形称为"动物游戏"之前,这些因素是必须以某种方式一直存在的:

　　　　1. 有限的直接功能

　　　　2. 内源性的成分

77　　3. 结构或时间上的差别

　　　　4. 反复出现的表演

　　　　5. 放松的场域①

　　第一条标准表明,游戏"在它被表达出来的环境中并不完全是功能性的",它"无助于当下的生存"②。根据达尔文的观点,进化的特征是"生存斗争";而根据斯宾塞的观点,进化的特征是"适者生存"——如果是这样的话,那么游戏就是进化史中某种有别于日常生活世界的"最高实在"的东西,这种不同的东西是另一种可供替代的实在。③

----

① Gordon M. Burghardt, *The Genesis of Animal Play: Testing the Limits*, (Cambridge, Mass.: MIT Press, 2005), 81. 我也感到罗伯特·费根(Robert Fagan)的著作《动物的游戏行为》(*Animal Play Behavior*, New York: Oxford University Press, 1981)非常有帮助。由于伯格哈特的著作包括了1981年以后进行的研究,我认为最好主要引用他的著作。我也很高兴地从他的"致谢"中得知,他为了写这本书而进行的工作持续了"比15年还要长的时期"(xvi),这甚至比我自己写书所用的时间还要长,但长得不太多。

② Burghardt, *The Genesis of Animal Play*, 71. 赫伊津哈说游戏"不同于'日常'生活",参见 *Homo Ludens*, 4。

③ 达尔文从托马斯·马尔萨斯(Thomas Malthus)的著作中撷取了"生存斗争"这个短语,将其用作《物种起源》第三章的标题。赫伯特·斯宾塞发明了"适者生存"这个短语,并在《生物学原理》(*Principles of Biology*, 出版地点不详,1864)444页中首次使用。在《物种起源》第五版中,达尔文自己采用了这个短语。在讨论"生存斗争"的时候,他写道:"'适者生存'这个经常被赫伯特·斯宾塞先生使用的表述方式更加准确,而且有时是同样方便的。"在达尔文看来,两个短语都表明了繁殖适合度;"斗争"既可能是同其他生物的斗争,也可能是同环境的斗争。但达尔文经常用这两个短语来表达一个物种"击败"或"战胜"了竞争者,以至于很像是在暗示那种广泛流行的含义。当今的生物学家已经不再使用这两个短语,而只谈论"自然选择"。

第二条标准是说,游戏是某种"为玩而玩"的事情,它本身就是令人愉快的,而且是自发和自愿的;它并不是为了达到某个目的的手段。①这就是伯格哈特说它具有"内源性的成分"的意思。

第三条标准"结构或时间上的差别"是说在游戏中可以采用日常生活中的行为,如打斗、追捕、搏击,但并没有这样的行为通常具有的目的。它以"闹着玩"的方式使用日常生活的某些特征,这是为了那些特征本身的缘故,但并不是为了实现它们在日常生活中所具有的目的。这是认为游戏不"严肃"的根本原因之一,不过,这个问题还需要进一步的探讨。伯格哈特指出,这条准则并不意味着游戏是"完全非结构化,不受规则限制"的,并因此而纯粹是"创造性的"。实际上,他还说过,"如果这些说法是真的,我们就永远也不会把任何行为视为游戏了"②。

第四条标准是说游戏行为是"以一种相似却并非一成不变的形式反复进行的",那么,它就是"在动物一生中的一个可以预测的时期——在某些情况下几乎会持续终生——反复进行、常常要经过多个回合的某种行为"③。

第五条也是最后一条标准与第一条相关:游戏行为"是在动物已经吃饱、身体健康、没有压力(如食肉动物的威胁、严酷的小气候、社群的不稳定)、也不受激烈竞争的体制(如喂食、交配、逃避食肉动物)影响的时候开始的。换言之,动物处于一个'放松的场域'"之中。④ 这条准则很重要,可以帮助我们理解游戏是如何起源的,它为什么(在很大程度上,但不是完全)只发生在哺乳动物和鸟类当中,还有,它为什么常常只发生在年龄较小的动物当中,尽管它在某些物种中持续终生。人们可能会想到多种多样可以催生"放松的场域"——我们几乎可以用类似的方式称之为"放松的选择"(relaxed selection)——的状况,但其中比较明显的一种状况正是"亲代养育"。那些在其他动物的照料

---

① Burghardt, *The Genesis of Animal Play*, 73. 赫伊津哈说:"因此,首要的是,游戏是一种自愿的活动。奉命而做的游戏就不再是游戏了。"(*Homo Ludens*, 7)
② Burghardt, *The Genesis of Animal Play*, 74.
③ Ibid., 75.
④ Ibid., 77-78.

下满足了基本需要、感到饱足和安全的幼小动物，乃是最有可能做游戏的动物。一个能减少社群内部的侵略行为、更能对外部危险进行有效抵御的等级鲜明的社会结构，可以提供促使其成员——不只是幼小动物，也包括成年动物——做游戏的条件。对于等级制社会结构（如黑猩猩的社会结构）——这样的社会结构已摒弃专制统治而转向某种开始看似"君主立宪制"的状态——而言，可能尤其是这样。"放松的场域"这个观念并没有解释动物为什么要做游戏，但它是一个起点。

动物游戏的研究者们辨明了三种主要的游戏形式：运动性游戏、客体游戏和社会性游戏。伯格哈特谈到运动-旋转性游戏时，说它不仅可以包含从一个地方到另一个地方的运动，而且可以包含原地运动，包括多种类型的旋转。这通常是动物一生中最初的游戏形式，而且常常是独自进行的。伯格哈特以"马驹从马厩蹦蹦跳跳地奔进田地"[1]这种活动为例子。客体游戏常常也是独自进行的，包含动物与某个物体的互动，但除了玩耍以外没有任何目的。任何养过猫的人都知道什么是客体游戏，而人类婴儿与玩具的互动则是另一个明显的例子。社会性游戏至少有两只动物参加，有时还会更多。正如伯格哈特所言："社会性游戏可以采取多种形式，但最常见的形式是准侵略行为模式，如追捕、搏击、抓挠和掐咬。"至于社会性游戏的突出特点，他说这种游戏"看起来很有趣，包括许多常常既复杂又精妙的运动，而且似乎预示着这些行为模式会在比这严肃得多的成年人行为中得到应用"[2]。社会性游戏是最有可能得到进一步发展的，我们将在后文中对此做进一步讨论，但我们首先需要对伯格哈特的另一种游戏分类方法进行考察，这种方法与动物的进化有关。

伯格哈特在整理研究动物游戏的大量现有著作后，谈到了第一级、第二级和第三级游戏程序，它们都必须符合游戏定义的五条标准。第一级游戏程序不是直接自然选择的结果，因而也许不具有选择性的后果：它就是最初的游戏形式。这个类型的游戏对随后的行为也许没有什么影响，或者它"可以作为提供可供选择的各种变化的'预适应'或

---

① Burghardt, *The Genesis of Animal Play*, 84.
② Ibid., 87.关于他对游戏类型的讨论，参见 83—89 页。

'功能变异'来起作用"。如果我可以对伯格哈特的话进行解释,那就是:游戏似乎是与"放松的选择"——这由亲代养育来提供——极其相似的某种事物的结果,而且,正是在"放松的选择"情境中,业已存在的遗传可能性,即"预适应"和"功能变异"所暗示的可能性起先由于缺乏适应性而受到了压抑,而后却被释放到行为中去。游戏行为一旦形成,它就可能被选来履行各种不同的功能,这就是第二级和第三级游戏程序所描述的内容;但是,第一级游戏程序在某种程度上仍然存在于那些也经历了重要而复杂的发展的物种当中。 79

第二级游戏程序涵盖了可用于解释游戏之进化的多种功能。第二级程序是"这样一种行为:它一旦发生,就会逐渐演化出某种有助于保持或改善生理能力和行为能力之正常发展的作用,尽管这种作用不一定是它所独有的甚至也不一定重要。游戏可能有助于保持捕食、防御和社交技巧的准确性,维持神经的运转,以及保持生理能力"。

第三级游戏程序是"这样一种游戏行为:它已经在改变和增强行为能力和适应力,包括革新性和创造力的发展方面,获得了重要的(虽然还不是关键性的)作用"。虽然从第二级到第三级程序的转变并不突然,而是更多地体现了连续性,但是第三级程序表明了游戏在人类当中发展的丰富可能性——在人类当中,文化为游戏的进一步演化增添了多种可能性。①

正如我们已经看到的那样,亲代养育似乎是游戏之发展的一个重要前提。关于亲代养育的各种类型与游戏发展程度之间的关系,伯格哈特进行了概述。我们在上文中提到过早成性物种和晚成性物种之间的差异:前者中的新生儿几乎生来就具有生存能力,后者中的新生儿则是软弱无助的。但在一些早成性物种,如牛和马中,母亲通常一次只生育一个后代,这个后代和父母一起生活的时间可能比 些晚成性物种的后代还要长,后者中大量软弱无助的幼崽会迅速成长到可以独立生活的地步。因此,"需要对作为整体的亲代养育系统进行探讨。不过,在对那些经常进行游戏活动的动物进行辨认时,晚成性可能是一个有用的标志,因为生育了晚成性后代的那些物种常常比早成性物

---

① 以上三个自然段中的所有引文均出自上书 119 页。

种中的近亲还要更加频繁地做游戏,或是做比后者所做的更加复杂的游戏"①。

伯格哈特强调,游戏是非常复杂的,而且对其关键方面的研究的发展很不均衡,这给解释动物游戏之起源造成了困难,然而他提出了一套尝试性的假说,他称之为"游戏的过剩资源理论"(the surplus resource theory of play)②。这种理论的一个方面是:亲代养育持续的时间越长,子女就越有可能具有大量精力(常常还有智力),以至于需要通过某种形式表达出来,以避免我们所说的"乏味"。③正是为了应付这个多少有些冗长的放松"选择压力"的时期,第一级游戏程序出现了。第一级游戏程序是对没有特定的压力的回应,而不是对这些压力本身的回应。不过,选择压力的缺失意味着那些缺乏亲代养育的动物通常具有与生俱来的、可用于对付环境的高度专门化的本能性能力——如捕食、飞翔和交配——在长期受到亲代养育的动物那里并没有被使用,因而刚一出现就开始逐渐衰退;也就是说,这些本能性能力常常不会受到基因意义上的选择(genetically deselected)。取代了这些未被选择的本能(其行为含义通常相当精准)的,是更加一般化但如今可以作为第二级游戏程序而有利于选择的游戏行为——即搏击、奔跑、追捕等游戏行为,这些行为可以通过一般性的方式来帮助动物磨炼那些在"现实世界"当中很实用的技巧;当幼小动物独立生活之后,它们将会用到这些技巧。伯格哈特清楚地知道,游戏并不提供这些功能的源头,但是,这些功能可以通过游戏行为而发展起来,而游戏行为乃是一种活动,其益处起初根本不以任何功能为目的。第二级游戏程序一旦出现,游戏就有可能催生一些先前不在物种存储库之内的新异活动。换言之,游戏是这样一种新能力:它极有可能促使更多的能力得到发展,这些能力被伯格哈特称为第三级游戏程序,其中有一些是相当高超的。

现在,我们需要看一看非人类动物所做的社会性游戏的一些特点,以便了解这些新能力中的一部分可能是怎样出现的。我们所用的例子

---

① Burghardt, *The Genesis of Animal Play*, 129.

② Ibid., 172.

③ Ibid., 151-156. 作者在其中讨论了关于精力与游戏之关系的各种理论,并提醒读者:这两者的关系是复杂多面的。我的讨论则经过了必要的简化。

将主要来自犬科动物和灵长动物,尤其是狗和黑猩猩,因为对这些动物的研究是最详细的。在那些社会结构或多或少都是高度等级化的动物中,最令人惊讶的是构成其游戏之特征的平等。马克·贝科夫和杰西卡·皮尔士令人信服地指出:

> 我们要强调,社会性游戏是以"公平"为其坚实基础的。游戏只有在这样的情况下才会出现:在做游戏的这段时间里,各个个体除了游戏以外没有任何其他意图。它们将体形大小和社会等级上的任何不平等都搁置一旁,或对其不予考虑。我们将会看到,体形较大和较小的动物会一起游戏,级别较高和较低的动物会一起游戏;但若是其中一只动物利用自己在体力或地位上的优势来占便宜,游戏就无法进行了。

> 归根结底,最后的结果可能是:在不对等性于其他社会环境当中更多地得到容许的状况下,游戏是一类独特的行为。动物们确实致力于减少体形、体力、社会地位等方面的不平等,找到让每一只动物都情绪高昂地游戏的方法……游戏讲究平等的程度或许是独一无二的。如果我们把"正义"定义为"为了保持群体的和谐而抵消个体之间差别的一套社会准则和期待",那么,这正是我们在做游戏的动物身上所看到的。①

伯格哈特指出了动物游戏借以实现平等的一些特定方法。一个常见的方法是"角色反转":"一只动物追逐另一只动物;追上之后,被追上的动物可能要突然转身,开始追逐原先的追逐者。双方可以上树,也可以在树丛周围、岩石周围等地方进行追逐,等等。一只动物可能在一场搏斗比赛中先是在上头,然后又被压在底下。"②在这个例子中,角色反转是在一个回合的游戏里发生的,但它也可能要经过多个回合才会发生:"也就是说,一只动物可能会在某一天追逐另一只动物,第二天则被后者所追逐。"③

---

① Marc Bekoff and Jessica Pierce, *Wild Justice: The Moral Lives of Animals* (Chicago: Chicago University Press, 2009), 121.
② Burghardt, *The Genesis of Animal Play*, 89.
③ Ibid., 90.

伯格哈特将年龄较长、体格较强或地位较高的动物与年龄较轻、体格较弱或地位较低的动物进行游戏的行为称为"自我妨碍"(self-handicapping),并指出"自我妨碍暗示着动物社会游戏这方面的某种相互意向性(mutual intentionality)"①。德·瓦尔对猕猴进行了评论,它们似乎不会立刻注意到玩伴所受的暂时伤害,但是,如果这种伤害持续了几个星期之久,它们就会对此重视起来,并像照料年幼动物那样照料伤者。他写道:"我一直很赞赏成年雄性动物在做游戏时所具有的极度控制力;它们会用令人生畏的犬齿去咬年幼的动物,并和后者打成一团,却不会给后者造成丝毫伤害。"②德·瓦尔主张,游戏中的抑制力很有可能来自条件作用,是"习得的调适"(learned adjustments):"猴子们从小就得知,如果它们过于粗暴地对待一个年龄较小的玩伴,乐趣就不会持久。"③考虑到这一点,游戏就是在学习方面的可塑性和开放性的一种表达方式——当亲代养育限制了动物对早期本能性自我保护行为的需求时,学习方面的可塑性和开放性就出现了。

动物是如何知道在游戏回合中举止得当的方法的呢?我们对此还知之甚少,但是有证据说明,存在着多种形式的信号传递行为,它们始于参加游戏的邀请,狗群中的这类邀请被称为邀玩动作(play bow):狗屈下前腿蹲伏在地并低下头,同时后腿保持直立。这显然意味着"我想玩",而另一只可能成为其玩伴的狗也会用同样的动作来应答。④格雷戈里·贝特森将这个行为称为"元交流"(metacommunication),因为它不仅通过信号表达了想做游戏的意愿,而且表明了接下来要进行的行为类型——并不是真正的搏斗以及同类行为,而是玩搏斗游戏。⑤犬科动物的邀玩动作可能会在一个游戏回合中重复出现,这可能意味着

---

① Burghardt, *The Genesis of Animal Play*, 90.

② De Waal, *Good Natured*, 47.

③ Ibid., 48.

④ Burghardt, *The Genesis of Animal Play*, 90-98.

⑤ 格雷戈里·贝特森(Gregory Bateson)在论文《关于游戏和幻想的一种理论》(收录于 *Steps to an Ecology of Mind*, New York: Ballantine Books, 1972)中写道:"游戏似乎是这样一种现象:其中的'游戏'活动关乎或表示'并非游戏'的其他活动。因此,我们在游戏中遇到了代表其他事件的信号的一个例子,而且正因如此,游戏的进化似乎是交流的进化的一个重要步骤。"(181页)在179页,他将意为"这是游戏"的那些信号的交换称为"元交流"。

"我还想玩"。灵长动物有多种姿势可以表达想要做游戏和遵守游戏规则的意愿。在黑猩猩当中,一个常见姿势是举起一只手臂,这与狗的邀玩动作具有同样的含义,尽管黑猩猩也有另外几种可以表达做游戏意愿的姿势。[①]在游戏过程中,尖叫或掐咬可能是在告诉玩伴,对方表现得过于粗暴,并要它停止这样的做法。如果一个玩伴执意要粗暴行事,游戏就会突然停止,或者演变为真正的搏斗。

动物游戏一直是一个很难处理的领域,有些研究者甚至怀疑是否有可能对其进行研究,或是公开指责其他研究者在进行解释时带有人类中心主义的倾向——出现这种情况的一个原因在于:我们实在太清楚(或者认为我们清楚)发生的是什么事了。的确,一只狗可能会朝我们作出邀玩动作,我们便开始和它一起玩。很小的孩子所做的社会性游戏与动物中的社会性游戏极其相似。正是在游戏行为中,我们能在动物身上看到那些被许多人说成是人类所独有、动物不具有的东西:一种自我意识,一种理解其他个体所思所想的能力,例如一种进行非常精细且经过设计的合作的能力;如果这些特征描述显得虚高的话,那么,有一点是毫无疑问的:在它们身上可以看到最低限度的共同意向和共同注意力。

科学具有一些非常清晰的规则,要求在科学家和研究对象之间建立一种"我-它"关系;关于这一点,我在后文中将要引用马丁·布伯的观点来进一步讨论。科学家必须保持严格的客观性,这种客观性必然使研究对象成为一件"东西"。在对游戏进行观察时,或者在亲身与一只动物玩耍时(在这种情况下可以体会得更清楚),几乎不可能不建立一种"我-你"关系,这会引起人们的疑心,觉得这不是在做科学研究。[②]

---

① 迈克尔·托马塞罗在其《人类交流的起源》(*Origins of Human Communication*, Cambridge, Mass.: MIT Press, 2008)24 页中为黑猩猩的各种姿势绘制了一张图表,其中的几种姿势被用于了发起游戏。

② Martin Buber, *I and Thou* (New York: Simon and Schuster, 1996 [1923]). 这是布伯《我与你》(*Ich und Du*)的第二个译本,译者是沃尔特·考夫曼(Walter Kaufmann);虽然考夫曼沿用了出版于 1937 年的第一个译本的英文标题,但他在书中始终把 *Ich und Du* 这个短语译成 "I and You"。第一个译本对原书标题的译法如今已经约定俗成,该译本用的是"Thou"而不是"You",因为德文中的 *Du* 是第二人称单数,与英文中的"Thou"对应。但是,正如考夫曼指出的那样,如今德文中的 *Du* 被用于称呼恋人或亲密的朋友,而在英文中,几个世纪以来,人们并没有用"Thou"来称呼这样的人。"Thou"具有一种古式的、略显虔诚的含义,而德文中的 *Du* 则并不包含这层含义,因此,"You"是一种更加准确的译法。

另一方面,正如德·瓦尔在几个地方指出的那样,"我-你"这样的态度可能是一种有价值的信息来源,而若是把动物当作纯粹的机械装置来对待,可能妨碍我们看见真正发生的事实。人们可能将这视作以一种功利的方式利用"我-你"关系,并因此削弱它的真实含义,但在阅读德·瓦尔和其他一些学者关于动物游戏的著作时,人们感觉到作者既对那些被研究的动物的"他性"(otherness)或"你性"(You-ness)怀有真诚的尊重,同时也在审慎地进行客观研究。毕竟,多重现实——"我-它"和"我-你"是其例证——从来都不是密封的,而常常是重叠的。当隐喻促使一位科学家获得理论上的突破性进展(如同我们在第一章中看到的那样)时,这样的重叠就能够成为创造力的来源。

83　　人们已经花了很多工夫来揭示人类与其他动物是多么不同;在语言方面,还有——只是在最基本的意义上——在文化方面,人类确实是不同的。然而,我已经付出了巨大的努力来说明,一段非常漫长的生物历史对我们造成了多么深刻的影响。各种形式的性行为和侵犯行为可以一直追溯到许久以前,而且在今天的人类中无疑仍然是强大的力量。以亲代养育形式出现的"抚育"(nurturance),即我们可称之为"爱"的最早行为,可追溯至 2 亿多年前的早期哺乳动物。统治权力等级制度很可能与哺乳动物社群同样古老。在行为复杂的哺乳动物中(尤其是在黑猩猩中,无疑是如此),与道德规范和政治活动显然颇为相似的一些模式已经出现,我们不知道是在多长时间以前出现的,但很有可能是在几百万年以前。而哺乳动物的游戏——它是后来发展出来的很多能力的温床——也许至少可以上溯至同样久远的年代。

　　我们并不是无源之水、无本之木,而是植根于一段非常深远的生物和宇宙历史之中。这段历史并没有对我们起决定性作用,因为生物从一开始就在对其自身的命运产生影响;随着每一种新能力的出现,这种影响越来越大。①然而,我们所拥有的非同寻常的自由——我乐于宣称这一点——却植根于一个宇宙和生物母体,它影响着我们所做的一切

① 达尔文本人在谈及昆虫——在昆虫身上,本能的力量看起来几乎起着绝对的作用——的时候写道:"正如皮埃尔·休伯(Pierre Huber)所表述的那样,即使是那些自然等级极低的动物,在做游戏时也会用到一点点的判断力或理智。"(*Origin*, 208)

事情。如果认为我们或我们所创造的机制能够跳出这段历史,进入纯粹的自决状态,那简直是科幻小说。我们生活于其中的世界包含着我们自己的精神和身体,我们需要尊重这个世界。将这一切铭记在心中之后,现在可以探讨我们为什么与所有其他生物都迥然不同了。

智　人

　　大约 500 万(或者更多)年前,衍生出现代人类的物种"智人"(Homo sapiens)从那些衍生出黑猩猩的物种当中分离了出来。我们没有理由认为 500 万年前的黑猩猩世系成员与当代的黑猩猩完全相同。黑猩猩和我们一样,是从那个时期进化出来的。尽管这一时期出现了重大的进化分歧,然而我们确实与黑猩猩有着众多的共同点,比我们与其他任何物种的共同点都要多,但我们与它们也有很多差别。我们很愿意清晰地描绘出从衍生出黑猩猩和大猩猩的那些支系中分离出来,并衍生出我们这个属的动物世系——它们灭绝已久——有过什么样的经历;还有,大约 200 万(或者更多)年前,人属(Homo)的第一批成员有过什么样的经历——这批成员即能人(Homo habilis),稍后发展为直立人(Homo erectus),他们也已经灭绝,但在时间上要晚得多。但我们的证据几乎完全由骨骼化石和石制工具构成,它们只能解答我们的众多问题中的寥寥几个。我们相信,更大量考古证据的开端只能追溯到智人这个物种已经形成的时期,即大约 25 万年前。关于这个时期在地质时代中有多晚,詹姆斯·科斯塔给出了如下说明:"另一种方法把地质时间表压缩到一个日历年之内:若是把地球形成的时间(实际上是 45 亿年前)看成是 1 月 1 日的午夜,那么,经过简单的计算就可以得知,从智人最早出现的时间算起,人类的全部生存历程迟至 12 月 31 日晚上约 11 时 49 分才开始。"①

　　关于直立人,已有多种猜测,他们在身体结构上与现代人类十分相似;直立人的大脑起初较小,但随着时间的推移而变大了。有人倾向于

---

① 詹姆斯·科斯塔(James Costa)的注释,见 Darwin, *Origin*, 488。智人"最早出现"的确切时间还远远不能确定,因为该物种是逐渐形成的。

认为他们过着和以狩猎和采集野生食物为生的现代游牧群体类似的生活，尽管他们的技术要比后者简单得多，他们所讲的语言——如果他们有语言的话——的语法也比已知的任何人类语言都要简单得多。①但确凿的证据寥寥无几，所以在下文中，我将主要谈论我们自己的物种——该物种的早期历史与那些比我们更早的世系的历史几乎同样模糊不清——而对于我们这个属的那些更早的成员，可以这么说：我将仅仅投去远远的一瞥。

以最清晰的方式将我们与我们最近的亲属灵长动物区分开来的，正是语言和它所促进的文化上的发展；然而，语言的起源仍然是一个悬而未决的问题。正如彼得·理查森和罗伯特·博伊德所言："为了使我们相信人类文化的存在是一个非常具有革命性的奥秘，与生命的起源本身同样神奇，做一点科学理论化的说明是必要的。"②我打算暂缓进行文化和语言方面的思考，先考察一下我们不同于其他灵长动物的某些身体上的区别——尽管总是存在着这样一种可能性：那些区别中的一部分也可能在一定程度上应当归因于文化。

人类是晚成性物种，也就是说，与早成性哺乳动物不同，人类刚生下来时是软弱无助的，在某种意义上是"早产的"，因为本应在子宫中进行的一些发展直到出生以后才得以完成，而且其间还需要受到持续不断的亲代养育。③人类刚出生时早产的程度是异乎寻常的。作为两足直立行走的结果，双腿被分化出来，专门进行走和跑的活动，这是在哺乳动物中显得颇为独特的又一个人科动物特征——与我们那些用四

---

① 德里克·毕克顿（Derek Bickerton）在《亚当之舌——人类是如何构造语言的，语言又是如何构造人类的》（*Adam's Tongue: How Humans Made Language, How Language Made Humans*, New York：Hill and Wang, 2009）中阐发了一个论点，即认为在**直立人**中存在着一种"原始母语"（protolanguage，一译"始源语"）。理查德·让海姆（Richard Wrangham）在《生火——烹饪是如何使我们成为人类的》（*Catching Fire: How Cooking Made Us Human*, New York：Basic Books, 2009）中论证说，最早进行烹饪的是**直立人**，这种活动对于人类的生理机能和行为都有重要的意义。

② Perter J. Richerson and Robert Boyd, *Not by Genes Alone: How Culture Transformed Human Evolution* (Chicago：Chicago University Press, 2005), 126.

③ 戈登·伯格哈特指出，还有一些比人类更加晚熟的物种，它们"出生时没有毛发或羽毛，各种官能也还没有得到充分发育，尤其是视觉（如田鼠、老鼠、猫、狗、熊，等等，它们刚出生时什么都看不见）"。出自私人谈话。

肢行走的祖先相比,人类母亲的骨盆比较狭窄,这意味着新生儿的头部必须较小,以便通过产道而不致给母亲造成严重伤害。这是人类的几个设计缺陷之一,它导致整个人类历史上母亲死于难产的事故屡屡发生。

与其他灵长目幼兽一样,早产的人类婴儿刚出生时是没有毛发的; 85
但是,不同于我们那些很快就会长满体毛的灵长目表亲,人类终生都没有毛发——除了头发和阴毛以外。这便是所谓“幼态持续”(neoteny)的一个特征,该词意指把幼年时期的特征一直保持到成年时期的现象。刚出生时,黑猩猩和人类的婴儿的面部是非常相似的,但人类一直保持着幼年时期的扁平面部和高额头,而黑猩猩却长出了突出的下颌、宽大的牙齿和向后倾斜的额头。有人推测,幼态持续的另一个特征是:人类可以终生保持他们幼年时期那强大的学习能力。也有人拒绝接受“关于保幼(juvenilization)的神话”——“保幼”是表示幼态持续的另一个术语——而是主张,人类的发展体现了“成人化”(adultification),也就是说,一种超越了同类物种的更加强大的持续发展。①还有人坚称,人类的发展是“保幼”和“成人化”拼合而成的“马赛克”,试图表明这两个过程都起到了长期作用。例如:“因此,迥异于我们的猿类背景,我们具有超级成人化的大脑和颅顶,却保留着幼儿的下颌。”②

延长的亲代养育是类人猿尤其是黑猩猩的典型特征:即使是与其他猿类相比,黑猩猩成熟得也比较缓慢,它们与母亲的密切联系要一直持续到第16—24周,而狒狒的这种联系只需持续大约4周。它们吃奶要吃到4—5岁,并且在8岁以前要依赖母亲,尽管在断奶之后会自己去寻找食物。③在类人猿中,每两次生育间隔6—8年,好让母猿——它拒绝让其他类人猿照料它的子女——养育子女,直到后者发育成熟。人类婴儿吃奶的时间可能与类人猿一样长,但通常要短于后者,因为两

① 休·泰勒·帕克(Sue Taylor Parker)和迈克尔·L.麦金尼(Michael L. McKinney)在《动物智力的起源》(*Origins of Animal Intelligence*, Baltimore: Johns Hopkins University Press, 1999, 336-355)中激烈地反驳了“幼态持续”或“保幼”的说法。

② Melvin Konner, *The Evolution of Childhood: Relationships, Emotion, Mind* (Cambridge, Mass.: Harvard University Press, 2010), 139.

③ John E. Pfeiffer, *The Emergence of Man*, 3rd ed. (New York: Harper and Row, 1978), 254-255.

次生育平均间隔 3 年。对于那些经常变换地点的搜食者来说,即便只照料一个孩子,对母亲而言也是很困难的,所以其他同类不得不参与对孩子的照料。"合作抚养"(cooperative breeding),即共同进行亲代养育的行为在鸟类当中相当普遍,也见于多种脊椎动物(包括一些灵长动物),但是,如前所述,这种行为在类人猿当中是不存在的。

萨拉·赫尔迪论证说,我们这个属中的合作抚养可能出现于几十万年前,它是一个具有重要意义的巨大转变。她把人科动物当中合作抚养的出现(远在智人出现之前)与情感现代性(emotional modernity)的出现联系了起来——后者是指人类婴儿像德·瓦尔所说的那样(我们在上文中引用过),能够"更好地领会自己在世界中的位置,更准确地理解自己周围那些生物的生命价值",因而有能力与其他同类相处。而在类人猿中,由于母亲不会与其他同类共同抚养孩子,幼猿有能力与母亲建立一种直接的情感关系,尤其是在生命中的最初几周;但它们永远也不会学着把幼年时期与母亲建立关系的这种能力普遍应用到与其他同类的关系上,甚至会丧失这种能力。人类婴儿则从一开始就不仅受到母亲的照料,而且会受到外祖母、姨母、姐姐甚至可能还有亲戚以外的人的照料,因此他们不会丧失这种与他人建立亲密而和谐的情感关系的能力,而是会继续发展和普遍应用这种能力。赫尔迪认为,这种发展是从人科动物当中开始的,远远早于大脑的发育——后者导致了语言和文化的发展,这既标志着我们这个解剖学意义上的现代物种智人的出现,也标志着行为意义上的现代人类的出现。[①]

赫尔迪把合作抚养和情感现代性的出现与见于狩猎采食者当中的那种引人注目的平等主义联系了起来,这与其他类人猿社群、与农业出现之后的人类社会都形成了对照,我们将在第四章对后者进行更加充分的分析。[②]但如果赫尔迪是正确的,那么,这一系列转变导致人类成

---

① Hrdy, *Mothers and Others*, 282. 迈克尔·托马塞罗在《人类认知的文化根源》(*The Cultural Origins of Human Cognition*, Cambridge, Mass.: Harvard University Press, 1999)中通过论证指出,赫尔迪称之为"情感现代性"的东西,即理解和同情他人意图的能力,很有可能是在大约25万年前的更新世随着智人一起出现的,而赫尔迪则认为早在 200 万年前就在人属的早期成员身上出现了。在这个年代问题上,学界争论不休。

② Hrdy, *Mothers and Others*, 204-206.

为某种全新的生物,特伦斯·迪肯用下面这句话表明了这个观点:"在生物学的意义上,我们只是另一种猿类;而在精神的意义上,我们却是生物中的一个全新的门"①,而这些转变的领先优势之最终结果乃是我们的这样一种转向:整个社会都更多地参与到亲代养育和随之而来的情感发展之中。

黑猩猩头部和面部结构上发生的变化,无疑与为了进食和打斗而做出的调适有关。人类从童年到成年时期,其头部和面部在结构上都是相似的,这一事实只是人类缺乏许多其他物种具有的身体"特化"的诸多迹象之一。如果我们手无寸铁地面对其他动物,它们会比我们跑得更快,还会用爪子、牙齿和纯粹的肌肉力量打败我们。有时人们说,人类特化成了通才,而且,当然也特化成了智力高超的生物。然而,我们需要注意到,人类身体上的一些引人注目的能力是随着我们的认知能力的发展而发展的。对人类十分重要的两种技巧是其他猿类所缺少的:一种是精准投掷的能力,这在用武器打猎时无疑是很有助益的;另一种是适时的动作协调能力,没有它,技巧性舞蹈就不可能进行。正如凯思琳·吉布森所言:

> 人类在力量和速度方面无疑要逊色于其他许多动物,他们在树上运动技巧和脚部控制能力方面都比不上大多数猿类。然而,人类能够摆出新的姿势,并且迅速而流畅地变换一系列新姿势,如在舞蹈、游泳、体操、一些复杂的制造和使用工具的工作、哑剧和手语中使用的姿势,是否有任何动物在这种能力上能够超越人类,是大有疑问的。②

正如吉布森所指出的那样,迅速、灵活地进行新的身体活动的能力是与交流技巧同步发展的,即使是在语言尚未出现的时候也是如此。尽管有些人可能要把人类身体没有特化归因于与幼态持续相关的生物退

①　Terrence Deacon, *The Symbolic Species: The Co-evolution of Language and the Brain* (New York: Norton, 1997), 23. 当然,迪肯指的是语言,它的某种比较简单的形式可能在智人出现之前就已经存在了。

②　Kathleen R. Gibson, "Putting It All Together: A Constructionist Approach to the Evolution of Human Mental Capacities", in *Rethinking the Human Revolution*, ed. Paul Mellars et al. (Cambridge: McDonald Institute for Archaeological Research, 2007), 70.

化,吉布森却提醒我们说,那些引人注目且前所未有的身体技巧(尽管是一般性的技巧,而且灵活多变)的发展使这些损失得到了弥补。

生物学家很早以前就注意到动物被驯养的结果和人类中的幼态持续这类特征之间的某些相似之处。特伦斯·迪肯写道:"从许多方面来说,我们是一个自我驯养的物种。若是把我们自己视为一种在某种程度上经历了基因方面的退化、神经方面的去分化的(dedifferentiated)猿类,会不会太令人蒙羞了呢?用'在生物意义上退化'这样的术语来对人类的特性进行重构,并不是要否认我们在很多方面——不论是在神经上还是在行为上——都比猿类中的其他物种更加复杂。"①这一论述背后的论证过程极为复杂,我无法在此处深入探讨,但它产生于对这样一些发展过程的认识:这些过程虽然处于基因组的一般性控制之下,却以非常灵活的方式运作;而且,在某些环境下,当它们为了减轻突变给科尔施纳和葛哈特所说的"守恒的核心过程"造成的影响而发挥作用时,它们还会颇有创造性地运作。在进化历史的深处,守恒的结构和具有创新性的变异之间存在着一种平衡,或者说,一种辩证关系。然而,在"放松的选择"条件下,当自然选择压力下的基因控制松懈之后,这种辩证关系可能会被加强。这时涌现出了"造就形式的各种特性,它们源于分子的自组织趋势和细胞的相互作用,而不是源于生物与环境条件的关系。吊诡的是,这意味着选择实际上可能妨碍生物在进化中'探索'可供选择的功能性协作方式,同时,选择的松懈可能在逐步增加的功能复杂性的进化中起到重要的作用"②。

我已经论证过,哺乳动物中的亲代养育从一开始就通过保护新生儿免受直接的选择压力而造就了一种放松的选择,而具有创新可能性的动物游戏,正是对那放松的选择的一种回应。③但是,如果人类是"自我驯养的",我们就可以从第一批晚成性哺乳动物的出现过程中看到

---

① Terrence Deacon, "Relaxed Selection and the Role of Epigenesis in the Evolution of Language", in *Handbook of Developmental Behavioral Neuroscience*, ed. M. Blumberg et al. (New York: Oxford University Press, 2009), 750.

② Ibid., 731.

③ 迪肯告诉我,被伯格哈特当作动物游戏定义的一个因素——"放松的场域"与他自己通过"放松的选择"而表达的意思有相似之处,但并非完全相同。出自私人谈话。

某种类似于自我驯养的现象的起源。如果这种解释是正确的,那么,若是由于人类不受本能的控制,并且需要依靠习得的行为来进行控制(其他动物天生就会进行这样的行为),就假定人类迥然有别于所有其他动物,那很有可能是在夸大其词。①一方面,其他动物(至少某些哺乳动物物种)在很大程度上也不受本能的控制;另一方面,人类也仍然具有强大的生物驱力(用一个含义不像"本能"那么丰富的术语),如性、侵犯、抚育和支配,这些驱力可能受到文化的影响,但永远不会被彻底根除。在进化中,连续性和创新性似乎是携手共进的,甚至还会相互强化。

如果哺乳动物的自我驯养导致它们在幼年时期相当自由,乃至足以创造复杂而新颖的游戏形式,那么,游戏在我们自己物种——在某种重要的意义上,我们从未离开幼年时期——中的地位就更是非常重要了。让我们来看一看关于智人所胜任之事的最早证据。虽然人们已经找到了早在 200 多万年前就已出现的一些简单的石器,但阿舍利(Acheulian)石器工业——包括相当精细的石片,它们被普遍认为是手斧的组成部分——也许可追溯至将近 200 万年前的直立人时代;其后,石器的制造继续进行,其复杂程度日益提高,但其形式并未发生重大变化,一直持续到早期智人的时代——迟至 10 万年前,智人可能还在使用这样的石器。尽管人类的大脑在这一时期显著增大,而且也许在文化和社会方面都发生了多种变革(没有留下物质方面的线索),然而主要的石器工业却一直保持稳定,因而没有给我们留下可以表明文化上发生了重大变化的确凿证据。

近来有这样一种趋势:认为上面所说的这种稳定性在大约 4 万年到 5 万年前被人们称为"人类革命"(human revolution)的事件打断了,

①　这样的论点可以追溯到 19 世纪,但它直到 20 世纪中叶才被阿诺德·盖伦(Arnold Gehlen)加以有力地论证。参见盖伦的《人——他的天性和他在世界中的地位》(*Man: His Nature and Place in the World*, New York: Columbia University Press, 1988 [1950])。虽然我不能接受盖伦将人类和所有其他动物截然分开的做法,但我在他的书中发现了很多有价值的内容。是莱尼·茂斯(Lenny Moss)引发了我对盖伦著作的关注。关于茂斯对这些观点中的一部分的发展,参见他的《超然态度、基因组学和人之为人的天性》("Detachment, Genomics and the Nature of Being Human", in *New Visions of Nature*, ed. M. Drenthen et al., New York: Springer, 2009, 103-115)。

当此之时,在欧洲的遗址上相当突然地出现了整整一系列这方面的证据。但从 20 世纪 90 年代末期开始,非洲遗址上的一系列发现促使人们或将"革命"发生的日期前推到 6 万年到 8 万年前,或彻底否认这种关于革命的观念,代之以对"复杂实物证据的逐渐发展"的论证——这个发展过程大约是从 25 万年前持续到 20 万年前,当时智人这个物种正在形成。①

萨利·麦克布里雅蒂(Sally McBrearty)认为"现代"实物证据经历过更加漫长、更加缓慢的发展过程,她对此进行了非常出色的论证。在她看来,最早的革命观念是以欧洲为中心的,它忽视了非洲的证据。②从我们角度来看,特别有趣的一点是:麦克布里雅蒂引用了一些证据,说明早在 10 万年乃至更长的时间以前就已出现红赭石和贝壳珠。当然,我们无法确切地知晓这些物品的用途,但人种志方面的证据暗示它们几乎肯定是作为人体彩绘颜料和珠状饰品而用于个人装饰的。考古学家论证说,这两种饰品很可能都被用作团体成员的标识;当一些团体拥有了较多的成员、不再只是"面对面"的小规模群体的时候,了解团体内部成员和陌生人之间的区别可能是很重要的,因此这样的标识具有重要意义。然而我们也可以用人种志证据来说明,这样的装饰很有可能是用于集体庆典或仪式的,这些公众活动的参加者通常都要"打扮"一番。这样的庆典或仪式有没有可能是从深植于我们的生物传统的游戏能力当中发展出来,但又因人们在语言和相关文化方面取得进步而必然得到了重大发展的呢?

我们不知道符合现代语法规则的语言是何时进化出来的,但知道它直到智人时代才得以存在,它出现于这个物种逐渐形成的过程当中的某一个时间点。无论如何,对当代人类婴幼儿的研究表明,人类的游戏行为远比其他任何动物都更加丰富多彩,它们在人类使用语言之前就已

① 这个论点在迈勒斯(Paul Mellars)的《对人类革命的重新思考》(*Rethinking the Human Revolution*)的很多章节中得到了广泛探讨。

② 参见萨利·麦克布里雅蒂的《打倒革命》("Down with the Revolution")一文,收录于上书第 133—151 页;她关于证据的详细讨论见她和艾莉森·布鲁克斯(Alison S. Brooks)合撰的《并不存在的革命》("The Revolution That Wasn't: A New Interpretation of Modern Human Behavior"),收录于 *Journal of Human Evolution* 39 (2000): 453-563。

出现,但人类一学会使用语言,就又开发出了很多新的游戏形式。

由于游戏在我关于宗教进化的论证中起着最重要的作用,我需要考虑游戏在今天的人类儿童中的流行情况,并特地引用了艾莉森·高普尼克的《哲学宝宝》中的内容,然后对游戏的进化情况,尤其是语言出现之后的进化情况进行推测。[1]我在前言中说过,我想知道,拥有不具功能的生活领域,这会不会最终是"有功能"的呢?高普尼克对一大批关于婴儿认知生活和情感生活的近著中的观点进行了总结和阐发,当她谈及"有用的无用"(useful uselessness)时,她暗示了和我一样的看法:

> 成人和孩子打发时间的方式是不同的——我们工作,婴儿们则游戏。游戏是童年的标记。它以有形的、活生生的方式表明了想象和学习是怎样进行的。它也是不成熟时期那种看似矛盾的"有用的无用"最容易为人所见的标志。这些无用的行为——以及我们在工作日挤出时间来进行的那些属于成年人的同类行为——乃是独特的、典型的人类行为,具有极高的价值。戏剧是游戏,小说、绘画和歌曲亦然。[2]

她提醒我们说,要使这种"有用的无用"成为可能,需要一种特殊类型的爱;我们永远不应忘记这一点。她写道:"改变、想象和学习的所有步骤最终都要依靠'爱'才能进行。我们可以从上面几代人的发现当中学到东西,因为那些同样关爱我们的人会致力于教导我们。如果没有亲人的关爱,人类不仅得不到抚养、温暖和情感上的安全感,也不会拥有文化、历史、道德、科学和文学。"[3]

90

儿童甚至在还不会说话时,就已经开始进行"假装游戏"(pretend play)了,这种游戏的一个特别重要的特征是:它创造了整整一系列"可

---

[1] Alison Gopnik, *The Philosophical Baby: What Children's Minds Tell Us about Truth*, *Love*, *and the Meaning of Life* (New York: Farrar, Straus and Giroux, 2009).

[2] Alison Gopnik, *The Philosophical Baby: What Children's Minds Tell Us about Truth*, *Love*, *and the Meaning of Life*, 14.乔治·赫伯特·米德(George Herbert Mead)在《精神、自我和社会》(*Mind*, *Self*, *and Society*, Chicago: University of Chicago Press, 1934)中强调了游戏在儿童成长中的重要性。

[3] Gopnik, *The Philosophical Baby*, 15.

能的世界",这个术语被高普尼克用作她的著作第一章的标题。她在这一章的开头写道:"人类并非生活在真实的世界当中。"显然,她的意思并不是说我们在所有时间当中都是如此,而是说,如果我们想一想"梦想和计划、虚构和假设"——它们都是"希望和想象的产物"——的重要性,那么,即使是成人也会将很多时间消耗于可能的世界中,这些可能的世界在显而易见的意义上并不"真实"。①然而,如果连成人都要将大把的时间花费在可能的世界当中,儿童所花费的时间就更多了:

> 在成人看来,虚构的世界是奢侈品;对未来的预言才是真事,才是严肃认真的成人生活内容。然而,对年幼的孩子们来说,想象出来的世界却似乎与真实的世界同样重要、同样具有吸引力。这并不是因为——像科学家们惯于认为的那样——孩子们分不清真实世界和想象世界之间的区别,而只是因为他们看不出有什么特别的理由让自己更喜欢生活在真实的世界里。②

也许此时正适合提出赫伊津哈在《游戏的人》中强调过的一个观点——"游戏"的反义词并不是"认真"(seriousness)。其实游戏可以是非常认真的。尽管我们确实常说"噢,他不是认真的,他只是在说着玩儿(playing)",然而"认真"这个名词却并不具有"游戏"这个名词的那种实实在在的感染力。③合适的反义词——尽管我们会看到该词同样有问题——不是"认真",而是"工作",正像上文中我引自高普尼克著作的第一段引文所表明的那样。正如伯格哈特所论证的那样(他指的甚至是动物游戏),游戏不属于日常生活的世界——阿尔弗雷德·舒茨称之为"工作的世界"。诚如高普尼克指出的那样,游戏与"交配、捕食、逃跑和打斗的基本进化目标"④完全无关。虽然有些游戏形式是滑稽有趣的,但是其他形式的游戏——不仅包括高普尼克提到过的衍生

---

① Gopnik, *The Philosophical Baby*, 19.
② Ibid., 71.
③ 赫伊津哈通过论证指出,作为术语的"游戏"一词具有一种根本性的力量,这是所有表述"非游戏"的术语都不具有的。他写道:"游戏这种东西是独立存在的。在这个意义上,'游戏'这个概念比'认真'这个概念更加高级。这是因为'认真'试图将游戏排除在外,而'游戏'却完全可以将'认真'包含在内。"参见《游戏的人》(*Homo Ludens*),45页。
④ Gopnik, *The Philosophical Baby*, 14.

形式,还包括儿童的假装游戏——却真的是严肃认真的。

弗洛伊德曾这样写道:"每一个做游戏的孩子都表现得像一位诗人,因为他创造了一个属于他自己的世界;更准确地说,他按照一种符合自己喜好的新的安排方法把各种事物移到了他自己的世界当中。如果认定他并没有认真地对待这个世界,那是不公正的;恰恰相反,他以非常认真的态度对待自己的游戏,向其中投入了大量的情感。游戏的对立物是'现实'(reality),而不是'认真'。"①当弗洛伊德这样说时,他认可了这一事实,但在我看来,他却在同时犯了另一个错误。如果孩子是诗人,那么难道诗歌不真实吗?难道《李尔王》不真实吗?难道它不比日报所报道的不幸的家庭破裂事件真实得多吗?所以,我愿意像詹姆士和舒茨那样,确信"多重实在"的"真实性"。如果我们出于方法论上的目的,必须把日常生活世界当作"最高实在",那也并不意味着其他可能存在的世界缺乏其自身的真实性。可能的世界和多重实在具有我们无之则无法生活的重要意义。

游戏和仪式

当我们转向人类进化中认真的游戏之深层根源这个问题时,让我们记住游戏的某些特点。游戏是受时间和空间限制的;伯格哈特谈到了有始有终的"游戏回合",并指出,它们常常发生在社群的中心区域,捕食者对这里的威胁最小。关于动物中真正合作的真诚程度与广泛程度,德·瓦尔和迈克尔·托马塞罗进行了争论;无论他们是怎样争论的,即使是在与我们关系最近的灵长目亲属当中,动物游戏都是若没有合作就不可能进行的。托马塞罗发现,"共同的意向性"对于人类的合作而言是根本性的。但即使是在非人类的动物当中,游戏也离不开共同的意向性,否则就不可能进行。在社会性的游戏中,游戏双方必须通过"邀玩动作""邀玩手势"或其他某种方式来表示对以下情况的同意:

---

① 转引自伯格哈特的《动物游戏的起源》(Burghardt, *The Genesis of Animal Play*),xiv 页。关于弗洛伊德是如何理解"现实"的,我们可以考虑一下被认为是他说过的一句话:"只有一位上帝,我们却并不信仰他。"这句话的意思相当含糊不清。

它们准备玩游戏,而不是要打斗或做别的什么事儿。在孩子们的社会性游戏中,如果某人不想玩,或是没有"认真地"对待游戏,也就是说,没有分享做游戏的意向,便可以干脆离开,否则就会成为"扫兴者",把整个游戏都毁掉。

如果共同的意向是社会性游戏的一个基本前提,那么"共同的注意力"亦复如此。赛跑和捉迷藏是一些动物和几乎所有孩子都会玩的野外游戏;在这些游戏中,参加者要注意其玩伴的那些迅速改变、不可预测的行为,这是至关重要的,否则他们就无法快速而适当地作出反应。动物和人类游戏的另一个特征是规范——在更加复杂的人类游戏中,就是游戏规则——的存在,规范仅适用于进行游戏的时间和地点,但在那里具有强制性。虽然我们还可以提及游戏的更多共同特征,但
92 我们只提最后一个但却是非常重要的特征:游戏是一种实践——这个术语曾为麦金太尔所使用,当时他说:实践的益处存在于实践本身的内部,它不是什么具有外在目标的东西。[1]我们已经看到,即使在动物游戏当中,情况也是如此。

这一切在本书中将朝哪个方向发展,是完全可以预料的,那就是:我认为仪式乃是人类进化史中严肃游戏的原始形式——之所以是仪式而不是宗教,因为仪式是符合上一段所说那些条件的一种确定的实践,而宗教则是以多种方式从仪式的含义中生发出来的事物,它从未将仪式弃之不顾。

仪式之早期历史的证据是不容易获取的。我在前面提到过,将红赭石用于人体彩绘、将贝壳珠用于人体装饰的做法很可能是为仪式场合设计出来的。在更为晚近的时期,或许是4万年前,简单的笛子出现

---

[1] 麦金太尔在《追寻美德》(*After Virtue*, South Bend, Ind.: University of Notre Dame Press, 1981)175页中,为"实践"下了如下定义:"我用'实践'来指称业已确立的人类合作活动的任何一种复杂且前后一致的形式,通过这一形式,这种活动内在的益处在人类努力达到'优秀'之标准——那些标准适合于这种活动形式,而且在一定意义上决定了这种活动形式——的过程中得以实现,其结果是:人类达到优秀水平的能力和他们关于相关目标和益处的观念都得到了系统的扩展。"他以足球为例,又用国际象棋来说明他的意思,这样游戏就被包括在他的定义之内;他也将艺术、科学和亚里士多德意义上的政治包括在这个定义之内,但没有提及仪式。然而,很难论证说仪式不符合这些标准。麦金太尔将游戏的一些形式包括在实践之内,但是并没有像我这样把游戏视为这类实践的首要来源;不过他在后面并未试图解释实践的来源。

了。音乐经常为仪式伴奏，而且几乎总是伴有歌舞。然而我们还是不能把太多的想象建立在这些考古遗迹上，因为它们可能具有多种含义。从（根据我们的猜想）语言以我们所知道的形式发展起来的那个时期开始，我们就可以依据狩猎采集者所参加的诸多仪式来对仪式进行推想，尽管这样的推断是成问题的。但是有理由相信，在人属的成员发展出意识和行为的各种形式——它们与类人猿的同类形式相比较为复杂，但与会讲现代语言的人类的同类形式相比则较为简单——的那个漫长时期，某种类型的仪式很可能得到了进化。

关于儿童在牙牙学语之前进行的非语言交流，乃至完全能够运用语言的成人在发现自己无法使用它时——例如，当他们身处异国却不会讲当地语言时，当巨大的噪音盖住了说话声时，或者当几个朋友更希望谨慎地进行非言语的交谈、以避免被人听到而招致危险时——进行的非语言交流，迈克尔·托马塞罗对此论说颇多。他把这种类型的交流称为"手势语"（gestural）。①梅林·唐纳德阐发了这样一种想法（我们将在第三章中对此详加论述）：在语言出现之前存在过一种模仿的文化，它既包括手势，也包括某些类型的发音、歌曲，可能还有一些最初级的语言。

仪式化在非人类的动物当中十分常见，而且总是包括由遗传固定下来的若干组行为，它们可以传达彼此的意图，经常发生在与性或侵犯有关的场合，如加拉帕哥斯群岛上的海鬣蜥之间发生的争斗。但是，那种我力图理解为从游戏中进化而来的仪式之特征却恰恰是缺少遗传固定性、具有相对自由的形式和创造性，而这正是哺乳动物游戏的特点。所以，我们不打算以海鬣蜥为例来说明那些像是初期仪式的非人类行为；让我们再次把目光转向我们所熟悉的表亲——黑猩猩。德·瓦尔观察到了黑猩猩的一些活动，他喜欢将这些活动称作"庆典"（celebrations）：

> 当黑猩猩看到一位看护人员带着两大包黑莓、糖果、山毛榉坚果和郁金香树枝在远处出现时，它们会爆发出笑声，然后喧闹起

93

---

① Michael Tomasello, *Cultural Origins*, 31-33, 62-66; and Tomasello, *Origins of Human Communication*, 20-34, 60-71.

来,相互还会拥抱和亲吻。其间,友好的身体接触会比平时增加一百次,地位信号(status signals)则会增加七十五次。地位较低的猩猩会走近居于支配地位的猩猩,尤其是领头的雄性猩猩,向它们鞠躬致意,嘴里还发出类似于喘气的咕噜咕噜声。看似矛盾的是,猿类出于各种意图和目的,会在中止等级制度之前先对其进行确认。

我把这种反应称为**庆典**,它标志着向一种由宽容和互惠来主导的互动模式的转变。庆典有助于消弭社会张力,从而为一段轻松的进食期做好准备。在那些不会分享的物种中,绝不会发生与此哪怕是只有一点点相似之处的事情。①

虽然这种庆典并不是由动物们设计出来的,而是由被送来的大量食物引发的,但它包含着游戏行为的一些因素。游戏活动常常是充满欢乐的,看上去可能显得喧嚣杂乱,不过正如德·瓦尔在论及这种情况时所指出的那样,这些活动是由有意义的互动组成的。非常重要的一点是,这种活动有一个规范性的方面:它导致了这样一种状况,即等级差别被(暂时地)消除了,由“一种由宽容和互惠来主导的互动模式”所取代,而这正是动物游戏的特征——这些动物在其他情况下常常是很重视统治权的。

我们能否在尚不具备语言能力但可以通过模仿来进行交流的人科动物那里把某种类似于黑猩猩庆典的情形的出现看作一种有意设计出来的严肃游戏形式——具有严肃的含义,尽管并非没有对欢乐情绪的表达——呢?我们知道,在人科动物进化期间,其群体的规模越来越大,这一点将在第三章中得到详细描述。在类人猿中,血缘关系在很大程度上促进了群体的团结,统治权力等级制度则维持着秩序,尽管它也会在统治权争夺战中造成混乱无序的局面。但在那些过于庞大、单靠血缘关系已经无法保证其团结的人科动物群体——而且,它们也许已

94

① De Waal, *Good Natured*, 151-152, 黑体字是原文中就有的;也可参见 174、176 和 205 页。德·瓦尔既未提到涂尔干,也未提到维克多·特纳(Victor Turner),尽管他的描述会令人想起他们。不过,有趣的是,德·瓦尔笔下的“庆典”似乎与特纳笔下的仪式序列(ritual sequence)相反,因为这个欢腾时期对“结构”进行了表达,然后却出现了某种像是“共睦态”(communitas)的情形。参见维克多·特纳的《仪式过程》(*The Ritual Process*, Chicago: Aldine, 1969)。

经从等级森严的状态转向更加平等且团结一致(在两种性别当中都是如此)的状态——中,仪式可能就成了一种新造的方式,可以带来非常必要但无法以其他方式获得的团结。

这种仪式的游戏特征可以通过以下事实得到证实:它们是各自独立、有始有终的活动,因而要在特定的时间(可能是食物相当丰富的时候)、特定的地点(可能是对该群体具有重大意义的某个地方)举行。游戏的平等准则——必须保证"公平",这在双人游戏中是至关重要的——在仪式中与在黑猩猩庆典中一样,扩展到作为整体的整个群体之中。诚如托马塞罗和唐纳德两人都指出过的那样,与在双人游戏中一样,仪式需要远比类人猿的能力发展得更加充分的"共同意向"和"共同注意力"。[①]仪式的意图是颂扬群体的团结,它会顾及所有成员的感受,而且可能标志着不同于其他群体的群体身份。群体内部的团结和对他人团体的敌意,乃是在任何层次的人类群体——从觅食者、小学生直到民族国家——当中都很有可能反复出现的情形。

被这样一个仪式激发出来的情绪的强烈程度,导致涂尔干谈到了神圣感。然而,由于当时尚未产生语言,即使我们能够谈论这种事物,这种神圣感也必定是相当模糊的。无论如何,这样一个仪式并不是"崇拜"——那是很久以后才在远比这更加复杂的社会中发展起来的;当时也不存在对社会的崇拜;最多只存在这样的一种感觉:存在着某种与聚集在一起的群体有关的特殊事物,这种感觉在仪式中催生了涂尔干所说的"集体欢腾"。

赫伊津哈在讨论仪式的根本意义时坚持认为,我们不应当忘记仪式首先是,在某种程度上永远是游戏:

> 我们认为,在上古社会(archaic society)中,人们经常像孩子或动物那样做游戏。这样的游戏方式从一开始就包含着游戏所特有

---

① 在上文引述过的所有出自托马塞罗之手的著作中,"共同意向"都是其论证的核心,但是他也很关注"共同注意力"。他甚至将注意力视为"一种有意的感知"(*Cultural Origins*, 68),因为,哪些事物将要受到注意,在某种程度上是由人们的意图决定的。梅林·唐纳德讨论了注意力和意图;他在《现代心智的起源》(*Origins of the Modern Mind*)中集中探讨了注意力,但在《如此罕见的心智》(*A Mind So Rare*, New York: Norton, 2001)中对注意力和意图这两者都进行了探讨。

的一切要素:秩序、张力、运动、变化、庄严感、节奏和狂喜。只有到了一个较晚的社会阶段,游戏才被人们与关于某种事物的观念即我们所说的"生命"或"自然"联系在一起,而这种观念是在游戏当中得到表达,并且通过游戏来表达的。然后,无言的游戏采取了诗歌的形式。在游戏的形式和功能之中——游戏本身是一个无意义、非理性的独立实体——人类感到自己内嵌于一个神圣的事物秩序之中的意识找到了它最初的、最高的也最神圣的表达方式。渐渐地,一个神圣行为的意义渗透于游戏过程之中。仪式将其自身嫁接于该意义之上,然而首要的东西是且始终是游戏。①

95

赫伊津哈认为,神话和仪式源自游戏,而其他许多事物则源自神话和仪式:"文明生活中那些伟大的天生的力量均起源于神话和仪式:法律和秩序,商业和利润,手艺和艺术,诗歌,智慧和科学。所有这些都植根于游戏的原始土壤之中。"②

我认为,值得注意的是,赫伊津哈从不认为早期的仪式是致力于关注"超自然的存在"的,而"超自然的存在"太频繁地被用作宗教的基本定义。他谈到了对"事物的神圣秩序"的意识,但在非语言的仪式中,很难想象这种秩序是人格化的。然而,尤其在完全符合句法的语言的出现使得叙事成为可能之后,在仪式中被表演出来的神话中的角色就可以与人不同了。会说话的动物在全世界的神话和民间故事中都出现过。有时被称为"有权柄的存在"的事物也经常出现于神话之中,但称之为"超自然的"事物是成问题的——尤其是在那些没有"自然"这个观念的文化当中更是如此,因为既然没有"自然",也就无需与之相关的"超自然"了。③将那些有权柄的存在称为"诸神"是尤为危险的,因为这个术语在深受《圣经》宗教影响的文化中已经被赋予了过多的含义。有权柄的存在当然不是全能或全知的——它们甚至可能受伤或被杀。它们拥有人类所没有的能力,但除此以外并无显著的不同之处。

---

① Huizinga, *Homo Ludens*, 17-18.

② Ibid., 5.

③ 我们头脑中的"以单元的形式存在的超自然存在"这样的观念,在我看来乃是进化心理学的一种形式的最明显的谬论之一。

它们常常被想象为死后继续显灵的祖先,特别关心它们自己家族的后代所遇到的问题。[①]

关于有权柄的存在能与人类接近到什么程度,可以在《创世记》第32章的著名故事中找到说明,这一章描写了这一情景:雅各整夜与一个人摔跤,这个人其实是上帝;在雅各快要取胜的时候,上帝在他的大腿窝上摸了一把,他就脱臼了。然而雅各不放上帝走,除非上帝为他祝福;于是上帝为他祝福,并对他说,他有了一个新名字"以色列",意思可能是"上帝统治"。然后,雅各问上帝叫什么名字,上帝却拒绝告诉他,为他祝福之后就离开了。我们将在本书第六章中看到,"El"是通常用于指称一位神的闪语单词,因此几乎可以肯定,这个故事背后的传统并不指涉耶和华(Yahweh)——在《圣经》故事中,耶和华直到很久以后与摩西相会时才赐下那个名字。然而"El"和"Yahweh"彼此融合,后来的传统认为它们指称的都是唯一的一位真神。祭司在编写《创世记》时保留了这个故事,这一点是引人注目的,因为这个故事无疑表明,作为一个有权柄的存在的上帝竟然只比一个非常强壮的人——雅各就被普遍认为是这样的人——强壮一点点。简而言之,关于神性的观念是在宗教史中进化出来的诸多事物之一,而"超自然存在"这样的观念在宗教的早期发展阶段中并不存在。即使是在后来的历史中,神与人之间的区别也常常并不明显。

由于第三章是关于仪式之进化的,并且会对三个部落民众中的仪式进行详细描述,此处无须对这个问题进行进一步的探讨。但是我愿意跟进赫伊津哈的看法,即游戏是生活的基本形式;我已将这种看法与詹姆士和舒茨的论述中的"多重实在"、格尔茨用该术语来指称的文化

96

---

① 芭芭拉·赫恩斯坦·史密斯(Barbara Herrnstein Smith)在《自然的反思——位于科学和宗教交叉点的人类认知》(*Natural Reflections: Human Cognition at the Nexus of Science and Religion*, New Haven: Yale University Press, 2009)中写道:"人类学家莫里斯·布洛克(Maurice Bloch)指出,在许多崇拜据称具有超自然性的祖先的人那里,他们对这些祖先的态度与他们对在世长辈的态度和行为并没有多少不同之处:'在行为动机、内心感情和理解方式上,他们对长辈和祖先一视同仁。祖先只不过是更难以与他们交流而已。因此,当居住在乡间的马达斯加人在非常普通的语境中想要让自己所说的话被死人听到时,他们会提高嗓音;这也是他们希望长辈对他们的话加以留意时常做的事情,因为长辈常常是耳聋的……祖先不像在世的父母或祖父母那样近在咫尺,但也并非遥不可及。'"(91—92页)

体系以及由麦金太尔界定的"实践"联系了起来。①就其本身而言,游戏就是一个模型,生活中的很多其他形式都是从中发展出来的,而我们称之为宗教的仪式及相关实践构成了一种媒介,它提供了一个模式,游戏可以通过这个模式被转化为其他场域。

根据格尔茨的定义,宗教提供了一个关于"存在之整体秩序"的模型,这类似于赫伊津哈的"事物之神圣秩序";其他几种文化系统则在进化期间从那种一开始就是全球性的、一致的思维方式中发展了出来,特别是艺术、科学和哲学,它们全都以各不相同的方式关注存在之整体秩序,因此,它们很可能彼此竞争,并且与宗教竞争。尤其是,由于这些领域都自称发现了关于存在之整体秩序的真理,这些真理的相对地位就作为一个问题在历史上应运而生了。很难对这个问题泛泛而论,因为随着时间的流逝,这些领域之间的关系发生了极大的变化。艺术起初几乎总是作为宗教的一种表达形式而出现的;在西方,从更新世的洞穴壁画直到现代早期的艺术创作,一直是如此。最近,随着艺术将其自身从宗教当中解放了出来,它对自己拥有真理的宣称也就成了空想。一方面,文学乐于被视为"虚构",以便使它自己似乎不再关涉这样的真理宣称,但是,随后就出现了一个问题:虚构在什么时候表现了真理?或者,真理在什么时候是一种虚构?我们对这个问题还没有深入涉足。②

哲学的早期形式——例如古代希腊或中国的哲学——就许多方面而言乃是一种宗教。正如皮埃尔·阿多令人信服地论证过的那样,古代的哲学起初乃是(我会论证,在西方与在中国都是如此)一种"生活方式"而不只是思想方式,它处理所有的宗教问题,因而对于通常是受

---

① 还可以再加上两个类似的例子:维特根斯坦称之为"语言游戏"的活动(尽管它们先于作为文化形式的语言),和皮埃尔·布尔迪厄称之为"场域"的事物。

② 格雷厄姆·格林(Graham Greene)在《吉诃德大神父》(*Monsignor Quixote*, New York: Penguin, 2008)的最后一章(192—193 页)中反思了事实和虚构之间的区别。书中的特拉普派修士莱奥波尔多神父认为很难在这两者之间进行区分,而来自美国的皮尔比姆教授却毫不怀疑这两者是有区别的。当吉诃德神父去世之前在迷迷糊糊的状态下主持一场拉丁文弥撒时,关于这个问题的情节达到了高潮:吉诃德把一片无形的圣饼放入他的朋友桑丘之口时,莱奥波尔多神父认为圣饼"确实"存在,而皮尔比姆教授却同样肯定地认为它并不存在。实际上,整部小说所表达的都是这种区分是多么成问题。

过教育的精英信奉者而言,实际上是一种宗教形式。[1]即使是一些启蒙时期的哲学家——如果我们能以康德和黑格尔为例的话——也很关注生活方式,像关注思想方式一样。更为晚近的哲学几乎只专注于思想方式,以至于几乎——但绝不是完全——忽视了比如说伦理学和政治学是生活实践而不只是思想形式这一事实。直到相当晚的时期,也许迟至 19 世纪,科学还只是哲学的一个领域,很少敢于提供关于"存在之整体秩序"的构想,直到科学宇宙论尤其是达尔文进化生物学登场。[2]虽然"自然哲学家"们从古代就开始批评神话的形式,但科学与宗教之战却在很大程度上是一个现代现象。

宗教自然主义

诚如我先前在本章中已经指出的那样,竟有如此之多的当代杰出科学家仍然在关注宗教,而且感到有必要在与宗教的关系上采取某种立场,这让我感到惊讶。更让我印象深刻的是,有些人似乎想要使科学和宗教彻底息战、握手言和,或者至少以友好的方式休战。我们在前言中曾指出,史蒂芬·杰伊·古尔德将宗教和科学区分为两种不相重叠的教权领地(non-overlapping magisteria)[3];在本章中,我们指出,科尔施纳和葛哈特"将信仰与科学之间的界线画在了另一个地方,一个从现代理解方式来看更有防御性的地方"[4],这与古尔德的意图似乎非常接近。试图将科学和宗教描述为两个不同的"文化系统",在朝着不同的目标、以不同的方式运行——这种尝试在我看来是正确的,但是,弄清两者的区别,以及它们重叠和不重叠的方式(因为所有的文化系统都会重叠,而且它们都对日常生活世界有所影响)并不是一件容易的事情。

---

[1] Pierre Hadot, *Philosophy as a Way of Life* (Oxford: Blackwell, 1995 [1987]).

[2] "科学家"(scientist)这个术语直到 19 世纪早期才出现。17 世纪时,我们称之为科学家的那些人被称作"自然哲学家",而哲学家——如笛卡尔和莱布尼茨——同时也是科学家和数学家。

[3] Stephen Jay Gould, *Rocks of Ages: Science and Religion in the Fullness of Life* (New York: Ballantine Books, 2002).

[4] Kirschner and Gerhart, *The Plausibility of Life*, 271-273.

此前,我循着玛丽·米奇利的观点指出,关于宇宙和生物进化的宏大的科学元叙事,可以从宇宙乐观主义角度来看(如简森),亦可从宇宙悲观主义角度来看(如莫诺和温伯格),还可从干脆接受"这是我们拥有的唯一一个世界"这种观点(如马可·奥勒留和奥利弗·萨克斯)来看。我有必要报告一下我见过的另一种观点,它在某些方面与简森的观点类似,但又大大地超越了它:这种观点全盘接受科学的故事,明确否认超自然者,但却从宗教视角来看待自然,从而赋予宗教一定程度的自主权,这是无所畏惧的宇宙乐观主义没有做到的。这种看法有时被称为"宗教自然主义"(religious naturalism),它承认自己具有某些宗教色彩,但它自认为并不包含任何超出自然之外的东西。

98 这些观点中的一部分甚至使用了"上帝"一词,只不过赋予了该词以新的含义。生物学家哈罗德·莫洛惠兹提出了一种清晰但相当惊人的观点。他先是接受了一种斯宾诺莎主义的泛神论,但他试图超越泛神论的内在性(immanence),而转向某种超越性(transcendence)。作为一位研究"生物的突现"的学者,他打算论证说,意识的出现就是一种超越性:"我们,智人,是内在的上帝的超越性所在……我们就是上帝。"①他以下面这段话作为其著作的结尾:

> 对于那些相信我们就是精神、就是意志、就是内在的上帝的超越性所在的人而言,我们的任务是很艰巨的。我们必须创造一种能够优化人类生活并转向灵性的伦理学,并按照它的要求来生活。为了做到这一点,必须运用我们关于内在上帝之思想的科学和知识。我想起了《塔木德》编著者的一句话:"能否完成这项任务并不取决于你,但你也不能停止努力。"②

我试图用这个例子来说明的是:通过将宇宙称为"内在的上帝"、将人类称为"超越的上帝",莫洛惠兹显然已经突破了科学语言的范

---

① Morowitz, *The Emergence of Everything*, 196.
② Ibid., 200.一些基督徒在祈神赐福于他们与无家可归者分享的面包时说:"如今基督在地上除了我们的身体以外没有别的身体,除了我们的手以外没有别的手,除了我们的脚以外没有别的脚。整个大地就是经由我们的手被祝福的。"然而,我认为他们不会有自称为上帝的思想,尽管迈斯特·埃克哈特(Meister Eckhart)以他自己的方式接近了这个想法。

畴,明确地使用了宗教语言——甚至是在没有假定任何超乎自然的上帝的情况下。在这个意义上,他的观点可以被称为"宗教自然主义";在他那里,这个概念在本质上意味着使用宗教语言来指涉自然界的各个方面。

宗教自然主义的另一种形式则没有作出如此激进的宣称,尽管它超越了宇宙乐观主义。斯图亚特·考夫曼,一位在"复杂性理论"方面做了大量工作的生物学家,写有一本名为《宇宙为家》的著作,这个标题已经表明了该书的乐观主义倾向,而在题为《再造神圣者》的最后一章中,他又提了更多的建议。①这里出现了一个宗教术语"神圣者",这样的使用方式是大多数宗教信徒都不会认可的,因为他们认为神圣者不能被创造或再造。2008 年,考夫曼以他出版于 1995 年的著作《宇宙为家》最后一章的标题作为一本新书的书名——该书详细阐明了他关于科学与宗教的观点——这个标题是《再造神圣者——一种关于科学、理性和宗教的新观点》。②在这里,考夫曼不只谈到了神圣者,而且谈到了上帝,不过,他赋予这个术语以新的意义:"上帝,一位完全自然的上帝,就是宇宙的创造性本身。"③

考夫曼尽其所能来减轻宗教信徒对于科学把一切化约为原子的恐惧之情。书中的一章题为《打破伽利略的魔咒》("Breaking the Galilean Spell"),我起初由于无知而以为这一章是要对耶稣进行批评(Galilean 一词既有"伽利略的"之意,也有"加利利的、基督教的"之意),然而考夫曼其实是在批评伽利略及其从古到今的众多追随者,他们总是企图将复杂的事物化繁为简。作为"突现理论"(emergence theory)的支持者,考夫曼相信,在进化中涌现出来的宇宙和生物形式无法被化约为构成它们的那些实体,甚至无法用那些实体来进行充分解释,因为新的结构形式导致了全新的、不能化约的复杂性。新的结构形式之涌现的一个必不可少的方面是这些形式的创造性,因为它们无法被事先预测出

99

① Stuart Kauffman, *At Home in the Universe: The Search for the Laws of Self-Organization and Complexity* (New York: Oxford University Press, 1995), 302-304.
② Stuart Kauffman, *Reinventing the Sacred: A New View of Science, Reason, and Religion* (New York: Basic Books), 2008.
③ Ibid., 6.

来——在某种意义上,它们甚至可以被说成是超乎理性的,尽管它们完全是自然的。在考虑了关于上帝的这样一种纯粹自然的定义会冒犯一些宗教信徒的可能性之后,考夫曼将其意图的真实宗教意蕴声言如下:"如果我们必须带着作为命令的信仰和勇气生活下去——我们只是在一定程度上知道这一点——那么这位上帝可能在我们进入神秘的时候呼召我们。生命的漫长历史已经给了我们面对神秘事物而生活的工具,而我们只是在一定程度上知道自己拥有这些工具;它们就是我们现在可以称之为上帝的那种'创造性'赠给我们的礼物。"①与大多数宗教自然主义者一样,考夫曼从根本上说是为我们提供了一种理论,它探讨的是"上帝"这个术语在一个完全自然的世界中可能具有什么含义。他澄清道,他的上帝与一位可以说是从外部干预自然的造物主上帝有着根本的差异,因此不可能是一位人格神。

那些认为宗教主要不是一种理论而是一种实践的人可能觉得,要明白一个人怎么能够崇拜宇宙的创造性,这种创造性又怎么可能成为一种生活方式的基础(用阿多的术语来说),是有一点难度的。然而,在前面引用过的考夫曼著作最后一段中,他却说他的上帝"呼召"我们,而且赠给我们"礼物"。一旦对宗教语言的采用达到了考夫曼这个程度(尽管他并未谈及他的所作所为之含义),那么,想要回避对神的人格化就似乎不大可能了。然而,和简森一样,考夫曼也确实认为,他的提议若是被广泛接受,就会对实践造成影响:它会"弥合理性和信仰之间的裂缝",为一种"新的全球伦理"奠定基础。②

大多数提出某种形式的宗教自然主义,以满足世界上——在这个世界上,科学被认为是与历史上的宗教水火不容的——对意义的需求的人,都不关心该如何解释宗教的进化;而大多数研究宗教进化问题的人,则不关心宗教自然主义的问题。读者可能已注意到,我没有引用过最近一二十年间问世的很多关于宗教进化的著作。这很大程度上是因为,正如前言中所说的那样,我关注的问题首先是理解宗教是什么,然

---

① Stuart Kauffman, *Reinventing the Sacred: A New View of Science, Reason, and Religion* (New York: Basic Books), 285-286.
② Ibid., 288, 273.

后才是考虑以下问题：就进化这方面而言，宗教是否具有适应性、适应不良性，或者是否是自适应中性的（adaptively neutral）。这个领域中的多数研究都以解答后面这个问题为主要目标，因此在我的课题中并不是特别有帮助。有些著作毫无裨益，尤其是那些从进化心理学的某一个特定分支出发而写出的著作。[1]有些学者聚焦于宗教在适应方面的可能性，他们当中一些人的著作令我获益，这些著作有罗伯特·赖特的《上帝的进化》和尼古拉斯·韦德的《信仰本能》。但我发现，从人种志角度而言，这些学者的关注焦点过于狭窄，过于集中于犹太教、基督教和伊斯兰教，对其他类型的宗教则只是顺带提及；而且即使是在讨论前面几种宗教的时候，也缺少对他们的研究主旨的敏锐理解。在那些强调宗教具有适应性的著作中，最好的一本是戴维·斯隆·威尔逊的《达尔文的大教堂》，它对某些特定情形的集中探讨常常是富于启发意义的。[2]

然而，有一位进化生物学家在宗教进化和宗教自然主义方面都有所著述，我认为他对我尤有帮助。在本章中，我曾在其他语境下引用过他的著作，但在此处我要简单地讨论一下他关于宗教的见解。我想到的这位学者是特伦斯·迪肯，进化人类学家和神经科学家，他既以宗教自然主义者的身份写过著作，也写过宗教进化方面的著作。他与厄休拉·古迪纳夫合作撰写的《大自然的神圣突现》一文，表达了突现论者

---

[1] 有些著作认为心智是由许多单元组成的，并认为宗教可以用一个由超自然存在占据的单元来解释，我觉得这些著作尤其无益于我。这类著作中的代表作有帕斯卡·布瓦耶（Pascal Boyer）的《得到解释的宗教——宗教思想的进化根源》（*Religion Explained: The Evolutionary Origins of Religious Thought*, New York：Basic Books, 2001）——这个标题提到了思想，却没有提到实践，这表明了这种方法的弱点；另一部是斯科特·阿特兰（Scott Atran）的《我们信仰诸神——宗教的进化景观》（*In Gods We Trust: The Evolutionary Landscape of Religion*, New York：Oxford University Press, 2002）。B.H.史密斯在《自然的反思》中虽然以欣赏的眼光对这些著作进行了解读（这是我很难做到的），但也详细地描述了它们的推测性理论化倾向，以及它们对实际存在的、活生生的宗教缺少洞见的不足。但是读者也会注意到我是多么依赖其他类型的进化心理学，这方面的代表学者是梅林·唐纳德和迈克尔·托马塞罗，尽管他们的著作对于宗教仅仅是偶尔提及（如果有所提及的话）。

[2] Robert Wright, *The Evolution of God* (Boston：Little, Brown, 2009)；Nicholas Wade, *The Faith Instinct: How Religion Evolves and Why It Endures* (New York：Penguin, 2009)；David Sloan Wilson, *Darwin's Cathedral: Evolution, Religion, and the Nature of Society* (Chicago：Chicago University Press, 2003)。

的一种看法,这在标题中就得到了明确的体现。该文的开头对化约论（reductionism）进行了激烈的批评,并论证了突现形式的不可化约性。和上面讨论过的突现论者莫洛惠兹和考夫曼一样,迪肯和古迪纳夫也是宇宙乐观主义者,而莫诺和温伯格这样的化约论者却是宇宙悲观主义者;这暗示着——尽管我们的样本很小而且不是随机的——突现论和乐观主义、化约论和悲观主义之间的某种联系。然而,与莫洛惠兹和考夫曼相比,迪肯和古迪纳夫的主张更加温和——他们以"宗教非一神论者"的身份发言,而且避免使用"上帝"一词。①此外,与那些持突现论立场的同行相比,他们更加清楚地意识到——或者至少更加清楚地表达了自己的观点——宗教不仅常常具有适应性,而且常常可能导致非常消极的后果,即使是短期的方向错误也可能造成长期的后果。正像该文的标题所表明的那样,该文的主旨是描述"突现"如何起作用,然后通过赞美它而找到意义。他们写道:"将人类理解为自然史的突现产物,这使我们得以通过令人兴奋的新方式来理解我们是谁。"然后,他们从迪肯以前的一篇文章中引用了以下内容:

101 　　人类的意识不只是一种突现的现象,它还体现了突现的逻辑本身的形式。由于人类的理智深刻地受制于象征文化,它们有一个有效的因果轨迹,这种轨迹横跨各个大洲,延续了几千年,从数不胜数的个人的经验当中生发出来。意识是作为一种从无中而来的对某种事物的持续不断的创造而出现的,它是一个不停超越自身的过程。要想成为人类,就应该知道成为进化事件的感觉是什么样的。②

　　他们注意到了对这种理解的一系列灵性和道德方面的回应,但是迪肯在他和蒂龙·凯什曼合撰的另一篇题为《象征能力在宗教起源中

① Ursula Goodenough and Terrence W. Deacon, "The Sacred Emergence of Nature", in *The Oxford Handbook of Religion and Science*, ed. Philip Clayton（New York：Oxford University Press, 2006）, 865. 当我找到这本收录了很多杰出思想家的研究成果的大部头著作时,我希望它能给我的课题研究提供帮助。然而我却几乎完全失望了。通过将科学和宗教主要视为理论而非实践,这些文章结束于对苹果和橘子的比较;虽然作为当今知识分子思考问题的方式的例证,它们十分有趣,但在帮助人们理解科学和宗教起作用的不同方式这方面,它们并无助益。

② Goodenough and Deacon, "The Sacred Emergence of Nature", 867.

的作用》的文章中,更加明确地将这些回应置于一种进化语境之中。①
他们首先提出了一个观点:宗教只存在于我们人类自己这个物种当中,
在其他任何物种当中都不存在;然后,他们把宗教与象征能力之进化联
系了起来。他们指出象征能力使我们在认知和情感范围上超过其他灵
长动物的三种方式。他们提出的第一个观点是:只有人类拥有创作叙
事的能力,或者更确切地说,只有人类拥有对于作为一系列相关事件的
生活的记忆,这种记忆有时被称为"自传式记忆"。其他智力较高的哺
乳动物拥有的记忆则被称为"情景记忆"(episodic memory),也就是说,
当它们处于某种对它们有所触动的情景之中时,它们能够记起以前的
某些特定事件;于是,它们能够以自己在过去的类似情景中学到的东西
为基础,在当下的情景中采取行动。然而,在动物那里,以及在年幼的
孩子们那里(就像高普尼克的著作表明的那样),情景记忆无法被恢
复,除非受到当下某种对它们(他们)有所触动的境况的提示;而且,它
们(他们)的情景记忆也不会以某种有序的方式彼此联系起来。②我们
的动物亲属还拥有另一种记忆——程序记忆(procedural memory),它
来源于反复进行的实践和技巧的发展。对我们来说,学习骑自行车或
打网球就是程序记忆的例子,这些记忆深植于体内,以至于我们甚至无
法将其解释清楚,除非将其演示出来;但是,它们包含着连续发生的一
系列事件,而不是"情景记忆"这样互不相连的情境记忆所包含的那些
东西。对于早期人类而言,制造阿舍利手斧——这是一项相当复杂的
技能,现代人要花很长时间才能掌握——就是程序记忆的一个例子。

迪肯和凯什曼所要论证的是,学习一门语言需要程序记忆——也
就是说,需要进行大量的记忆和实践,直到能够几乎不假思索地说出各
种句子,就像骑自行车一样。然而,句子是由单词组成的,而单词都是
充满含义的,这些含义必然不断地为情景记忆作出提示。语言关涉到 102
情景记忆和程序记忆的融合,因此,它必然导致叙事的产生。语言能够

① Terrence Deacon and Tyrone Cashman, "The Role of Symbolic Capacity in the Origin of Reli-
gion", *Journal for the Study of Religion*, *Nature and Culture* 3 (2009): 490-517. 在这里,迪肯
和凯什曼转而将宗教解释为一种实践,他们的解释方法是前面那篇文章和《牛津宗教和科学
手册》(*The Oxford Handbook of Religion and Science*)中的其他大部分文章都没有使用过的。
② Gopnik, *The Philosophical Baby*, 138-140.

让记忆的两种早期形式互相促进、共同起作用，它构成了叙事的基础。叙事的出现对于宗教是至关重要的，因为正像我们在第一章中看到的那样，叙事是个体身份认同和社会身份认同的基础，而宗教首先是理解世界的意义并建构与世界相关的身份的一种方式。就迪肯和凯什曼已经完成的工作而言，他们的研究是很有助益的；不过，为了理解叙事在宗教中起到的作用，我们还需要看到，这种作用深深地植根于实践之中——首要的实践便是"仪式"，我们将在第三章中详细讨论这方面的问题。

除了说明叙事对宗教在生存中探寻意义这一能力的贡献以外，迪肯和凯什曼还提出，叙事本身的性质可能导致了"生命并未随着死亡而结束"这样的观念："相信有来生的倾向或许是叙事倾向的一个自然产生的副产品。"①这是一个有趣的提法，但我对此并不准备完全接受，尤其是当我们想到早期人类的时候。在上古社会中，关于来生的观念可能萦绕在人们的心头——可以想一想古代埃及的情形，我们将在第五章中对其进行描述——而且，在历史上的多数宗教中，来生的观念都以不同方式显得很重要。但是，狩猎采食者却不一定对这个问题感兴趣；例如，纳瓦霍人（Navajo）就是如此。即使是那些对其感兴趣的群体，如澳大利亚的土著，也只是假定"重生"是可能的：X叔叔和Y奶奶去世以后住在当地的一个水潭里，他们可能进入一个女人的子宫，以新生儿的面貌重新出现。在澳大利亚人关于生命之连续性的这种非常自然的信仰中，没有任何超自然的因素。加纳纳什·奥贝赛克拉在他论述作为印度教和佛教之重要元素的"业"（karma）的著作中，长篇大论地讨论了比这简单得多的关于"重生"的观念在各大洲的部落居民当中是多么普及。②我甚至也怀疑人们对早期人类的坟墓——有的坟墓中摆放着精心制作的随葬品——的惯常的解释方式，即认为那些坟墓表明了"对来生的信仰"。这样的坟墓可能仅仅表达了人们的哀伤情绪，以及缅怀的必要性。强烈的哀伤情感在那些智力较高但几乎肯

---

① Deacon and Cashman, "Role of Symbolic Capacity", 9.

② Gananath Obeyesekere, *Imagining Karma: Ethical Transformation in Amerindian*, *Buddhist, and Greek Rebirth* (Berkeley: University of California Press, 2002), 19-71.

定不相信有来生的动物当中十分普遍。赋予这样的哀伤情感以物质表达方式这一做法，在没有可靠证据的情况下不应当被过度解释。

迪肯和凯什曼的第二个提法是：象征能导致对于"真实的物体和活物所构成的有形世界"和"被有意义的联想联结在一起、受语法'规则'限制的象征世界"之间的差别的意识。①他们提出，事物和语词的二元论可能导致形而上的二元论，这样的情况在许多部落文化和历史文化中都可以找到。但是这样的二元论不一定是形而上的——它们在日常生活世界当中也常常出现，我们在理解他人的过程中遇到的许多普通问题就来源于此。此外，这样的二元论对科学而言也是根本性的，在科学中，现象与科学所发现的真实情况是不同的：地球围绕着太阳转，而不是太阳围绕着地球转，太阳围绕着地球转是肉眼所看到的现象。即使是在"每个人"都知道地球围绕着太阳转的某一种文化当中，也极少有人能证明这一点——这是基于对科学的信念，即使它与感觉相悖。而且，科学的解释在很大程度上依赖于不可见的——至少是肉眼不可见的，尽管这是很自然的——诸如基因之类的实体。这是否会让常识成为真实的而科学却成为虚构的呢？

迪肯和凯什曼以澳大利亚土著关于"做梦"的观念为例，认为梦境"对他们来说是一种隐藏的真实，比可见的世界还要真实"——我们将在第三章中对这个观念进行更详细的讨论。但我将通过论证指出，梦境其实更加真实，因为它被浓缩得更加稠密，而且得到了比日常语言更加有力的表达，但它精确地阐明了可见世界的真实情况，正如科学以不同的方式所做的那样。梦并不是使人们离开"真实世界"的对虚幻想象的表达。在澳大利亚土著那里，正像他们当中最机敏者所说的那样，正是"做梦"让他们可以"毫无病态地去依从生活本身"。以隐喻和类比的方式运用语言，对于宗教是非常重要的，对于包括科学和文学（在方式上有所不同）在内的其他几种文化系统同样重要，但是这样的语言运用方式可以成为更深刻地理解现实而不一定是逃避现实的战略方法。此外我们还会注意到，比喻和类比经常会与其他语言形式一起被用于游戏的语境之中。赫伊津哈的著作将整整一章用于论述"在语言

①　Deacon and Cashman, "Role of Symbolic Capacity", 10.

中得到表达的游戏概念"①。

象征能力对宗教之进化的第三个贡献在于,它从人类与其他灵长动物和哺乳动物共有的那些基本情感的原料中,发展出了更加复杂的情感,如"虔诚、敬畏、镇静、自我超越和精神更新(仅举这几例)"。②这些复杂的精神情感,还有"同情"乃至"爱仇敌"这样的道德直觉,并非仅仅是由我们继续同其他动物分享的情感延续而来的,而是在文化重组的语境中突现的。迪肯关于这些情感及其对于人类的重要性方面的观念颇具启发意义,我认为这些观念基本上是正确的,不过,我不能在此处对其进行详细探讨。但是,值得指出的是,正是这些复杂的精神和道德情感,得到了古迪纳夫和迪肯在前一篇文章中最强烈的肯定。带有超自然痕迹的宗教无法像"精神性"(spirituality)——一种较之于在进化论生物学家中,在当代思想中更为广泛流行的倾向——那样容易得到肯定。

宗教为何如此频繁关注人格化

现在我要做一番简单的尝试,即在我自己对作为文化体系的宗教的看法当中,把突现生物学家们所能确定的东西(精神性)和他们不能确定的东西(有神论)联系起来。我一直坚持认为,在宗教的进化中,关于诸神的观念和(当然还有)关于上帝的观念并不是从一开始就出现的。但是当一个群体的成员在仪式中上演故事和神话时,他们就成了扮演人类、动物或有权柄的存在(被称为神灵、神祇还是别的什么,要视具体情况而定)的演员。但可以肯定的是,仪式和叙事的演出内容都是人格化的。很多进化论生物学家认为,人类的智力之所以超过了其他任何物种的智力,并不是因为我们在技术方面非常聪明,而是因为我们发展出了非常复杂的社会,并培养出了具有共同意向和共同注意力的能力,这使得一种全新层面上的合作成为可能。因此,仪式和神话所表现的是在社会意义上互相联系的"人"(persons),是他们的烦

① Huizinga, *Homo Ludens*, 28-45.

② Deacon and Cashman, "Role of Symbolic Capacity", 13.

恼、缺点和洞见,这也就不足为奇了。①

此前在讨论我们与动物相关联的方式的时候,我提到了马丁·布伯在"我-它"关系和"我-你"关系之间进行的区分,并指出,这里的"你"在某些情况下甚至可以被扩展到动物身上。但是对于人类这样一个物种——它之所以成为它之所是,主要是因为它具有社会性,甚至像一些人所说的那样,具有超级社会性——而言,"我-你"关系会在最高层次的意义上胜过"我-它"关系,这一点是不足为奇的。坦率地说,人类有一种深刻的需求——这种需求建立在这样的基础之上:2亿年以来,人类的先祖一直需要依靠亲代养育才能存活下来;至少25万年以来,成人一直在对儿童进行范围极广的保护和照料;因此,除了做其他事情以外,这些儿童可以将大量时间用于玩游戏——那就是把宇宙、把他们所能想象到的最大的世界看作人格化的。

我们看到,即使是在我们的科学家当中,这种情形也会在未经考虑的情况下自然而然地出现。当史蒂文·温伯格说地球"只是一个怀有极其强烈敌意的宇宙的一个很小的部分"时,或者当雅克·莫诺说人生活在对他的音乐充耳不闻,对他的希望漠不关心,就像对他的痛苦和罪行漠不关心一样的世界里时,我们必须想到,只有人会怀有敌意、会听不到声音或对事物漠不关心。另一方面,即使是像理查德·道金斯这样相信宇宙从根本上说毫无意义的人,也会在讨论人择原理时说宇宙是"友好的";而我们那些相信突现论的朋友则相信宇宙中突现的最高形式是人的突现,在他们看来,我们进化到最高程度的情感与对他人尊严的尊重有关。

在布伯看来,"我-你"关系成了理解现实的钥匙。他并不否认存在着处于"我-它"关系之中的世界;相反,他肯定了这一点。但他写道:"用最严肃的追求真理的态度听我说:没有'它',一个人就无法生

---

① 赫伊津哈在《游戏的人》中题为《神话创造的要素》("The Elements of Mythopoiesis")的那一章里讨论了"拟人化"的问题,他谈及神话时写道:"比喻的效用就是用与生活和活动相关的措辞来描述物体或事件,这时,我们就走上了拟人化的道路……我们一旦感觉到同其他人交流看法的需要,拟人化就产生了。于是,对神话的构思就作为想象活动而诞生了。我们把这个天生的思想习惯——创造出包含着各种生物的想象世界的这种倾向——称为一种精神活动、一种脑力游戏,是否可以被证明为合理呢?"(136页)

活。但无论是谁，若是生活中只有'它'，他就不是人了。"①布伯对"我－你"关系的反思的出发点是另一个人当下的临在："当我面对一个作为我的'你'的人、并对他说出'我－你'这样的基本字样时，他就不再是众多事物当中的一个，也不再由事物所组成。他就是'你'，茕茕孑立，完整无隙，充满了整个苍穹。这并不是说除他以外空无一物，而是说，其他一切事物都生活在**他的**光芒之中。"②

虽然这种"我－你"关系存在于人和人之间，布伯却感到它也可能存在于一些其他的关系之中，如人类和动物之间，甚至是人类和树木之间。③在他写于 1957 年——《我与你》的初版问世 34 年之后——的一篇对批评者进行回应的文章中，他为这一立场进行了辩护。在谈到动物时，他写道："有些人终其一生在其内心深处都拥有一种和动物的潜在伙伴关系——在多数情况下，这些人的本性绝不是'动物性的'；毋宁说，他们的本性乃是精神性的。"④即使是与一棵树，两者之间的关系是"我－它"关系还是"我－你"关系，也要取决于两者相遇的性质："一棵树的生机盎然的整体性和统一性对任何一个只做研究的人都会隐而不显——不论他的目光有多么锐利；然而，这种整体性和统一性对于那些称'你'的人却是显而易见的：当**他们**在场的时候，这种整体性和统一性就会存在，因为他们赋予这棵树以显明这种性质的机会，而作为在者的树现在果然显明了它。"⑤

在布伯看来，可以在人类和自然界中遇到的"你"从根本上说是超越由事物组成的世界、进入终极实在的世界的一条途径，而终极实在就是永恒之"你"：

> 在每一个领域中，在每一个相关的行动中，通过每一种出现在我们面前的事物，我们都在凝视着永恒之"你"的一系列身影。我们在每一种事物中都能感觉到它的呼吸；在每一个领域中，以其特

① Buber, *I and Thou*, 85.
② Ibid., 59.
③ Ibid., 57, 144-146.
④ Ibid., 172.
⑤ Ibid., 173.布伯不仅乐于把树木包括在内，而且乐于把"从石块到星辰的这个浩瀚领域"整个包括在内。

定的方式，我们都通过每一个你（you）来向永恒之“你”（You）倾诉。一切领域都被包括在它之内，而它却不被包括在任何东西之内。

独一的存在（presence）之光穿透了所有的领域。①

布伯是用一种有意为之的庄严而富于诗意的语言来论说的。他的 106
译者沃尔特·考夫曼（Walter Kauffmann）指出，布伯的德文常常有别于日常使用的口语，显得佶屈聱牙。这是因为布伯不想让他的著作太浅显易懂，太容易被归入人们先入为主的范畴之中。在布伯看来，大多数关于上帝的论说都是“我-它”论说：上帝变成了一件东西，人们自称了解它的性质，他们可以滔滔不绝地谈论它，但这并不是处于关系之中的上帝——对他而言，关系中的上帝才是唯一存在的上帝。他写道：“但任何一个憎恶［上帝的］这个名字并幻想他自己不信神的人——当他对自己全身心地热爱的存在，即他生命中的那个无法被其他任何事物所限制的‘你’说话时，他就是在对上帝说话。”②布伯毫不遮掩地从犹太教传统出发来进行写作，但他也在对现代世界讲话——在这个世界里，宗教领域中的任何事物或关于上帝的任何言说都不能被视为理所当然的。对我的论证十分重要的是，他坚决主张宗教是一种生命形式——这种生命形式基于关系，基于存在，与我们生命中被奉献给各种物体、各种东西的那些完全有效的部分截然相反。若是把这两个领域混淆起来，那就无法了解其中任何一个的性质。

虽然布伯并没有讨论宗教和科学之间的关系，但我还想“传唤”另一位证人，他与科学有着极其密切的关系，而且除非将宗教与科学联系起来，他便不能思考宗教问题。他既是一位重要的数学家、一位重要的科学家（尤其是在物理学领域），又是一位重要的神学家。如果还能举出另一个在这三个领域都如此杰出的人物作为例证，我不知道那会是谁。他的名字是帕斯卡，1623—1662 年在世。在他所生活的 17 世纪，正如我们所知道的那样，科学正在快速形成。帕斯卡是一个数学神童，年仅 16 岁时就发表了第一篇数学论文，受到了笛卡尔的称羡。他的研

① Buber, *I and Thou*, 150.

② Ibid., 124.

究有助于证明自然界中可能出现真空,这与笛卡尔的观点相反。他还是一位发明家,年轻时就由于为他那位身为参与征税事务的官员的父亲发明了机械计算器而闻名遐迩。他与当时的一流思想家们有书信往来,并被接纳为他们当中的一员。

1654年11月23日晚上10:30到12:30之间,他经历了我们在第一章中称之为"统一的事件"(unitive event)的体验。他后来在他的衣服上缝了一张羊皮纸,上面写着他对那次事件的记述——如果可以把一系列惊叹称为"记述"的话。这份文件是以一个词开始的(在惊叹之前):"火"。火在很多文化中是一个核心的宗教象征,但身为科学家的帕斯卡却完全清楚它的物理性质。惊叹是这样开始的:

"亚伯拉罕的上帝,以撒的上帝,雅各的上帝",而不是
哲学家和学者的上帝。
确信,衷心的确信,喜乐,平安。
耶稣基督的上帝。
耶稣基督的上帝。①

其后的21行文字都是同样的风格,始终没有形成一段连续的叙述。从1646年开始,帕斯卡和他的家人受到了冉森派(Jansenism)——在波尔·罗雅尔(Port Royal)的一个宗教团体基础上发展起来的一场严格主义者的天主教运动——的影响,他以前奉行的传统天主教实践从此朝着更加严肃的方向发展。他的科学研究给他带来了巨大的国际声誉,他在贵族社交圈里的交际也日渐频繁,这些都使他感到忧虑——他担心自己会犯下骄傲之罪。

然而,在经历了那次皈依体验之后,他并没有放弃科学,因为他后来继续研究数学问题,直到病痛使他难以为继。不过,他确实在宗教问题上投入了越来越多的时间,并在《致外省人信札》(Provincial Letters)中针对主要来自耶稣会士的攻击为波尔·罗雅尔修会进行辩护。这些书信写于1656—1657年;仅作为文学作品而言,它们被视为现代法语散文的开创者;然而,它们实质上却是探究性的评论文章,对一些被帕

---

① Blaise Pascal, *Pensées*, rev. ed., trans. A. J. Krailsheimer (London: Penguin, 1995 [1670]), 285.

斯卡认为是曲解信仰的观点——这些观点在耶稣会中尤其盛行——进行了评论。晚年时期，他致力于为计划中的《为基督宗教辩护》(*Apology for the Christian Religion*)一书作注，这本书是写给他那些身份高贵却持有怀疑论立场的朋友的，希望向后者表明，他们的生活中失去了哪些东西。这些注释从未被整合成为一篇连贯的论文，但在帕斯卡去世之后，它们以《思想录》(*Pensées*)为题出版，成为作者最著名也最有影响的作品，并被奉为文学、哲学和神学中的经典。

早期现代科学的一位领军人物，在晚年何以将宗教问题作为主要的(尽管从来都不是唯一的)关注对象？这个问题已经引发了大量的评论。我要简短地讲一讲帕斯卡本人如何看待他所做的事情，他又怎样将他生活中的不同领域区分开来。在这方面，一句非常重要的话是：Le coeur a ses raisons que la raison ne connaît point. 它的各种译法中，在我看来最简洁的一种是："心灵具有理性所不知道的理由。"①对于这句话的含义，很容易做出反理性主义角度的解释；但是，只有当我们没有试图仔细地理解帕斯卡的"心灵"和"理性"究竟意指什么时，才会做出这样的解释。帕斯卡认为，实际上存在着三级知识，它们在不同层面上发挥作用，因而不应当被混淆：关于身体(感官)的知识，关于头脑(理性)的知识，和关于心灵的知识——我们将不得不努力理解这种知识，因为它不像前两种那样清楚明白。首先，帕斯卡很清楚心脏在人类的解剖结构中的作用，所以他所说的"心"(coeur)——作为知识的一个来源——必然是隐喻性的；但是，当时的宗教语言通常是隐喻性的，而"心"的这种隐喻性用法在帕斯卡的时代已经是一种古老用法了，它是以《圣经》为其坚实基础的。

帕斯卡主张，每一种类型的知识——分别出自感官、理性和心灵——都各行其是地有效，我们不应将其混淆起来。关于信仰(它出自心灵)和感官，他写道："信仰当然会告诉我们感官所无法告诉我们

① Blaise Pascal, *Pensées*, rev. ed., trans. A. J. Krailsheimer (London：Penguin, 1995 [1670])，127. 这个句子在两个版本中的段落编号分别是：Blaise Pascal, *Pensées*, ed. Louis Lafuma (Paris：Editions du Seuil, 1962)，423(后文引用时简称 Lafuma)；Blaise Pascal, *Pensées et Opuscules*, ed. Leon Brunschvicg (Paris：Hachette, 1920)，277(后文引用时简称 Brunschvicg)。

的东西,但这不会与感官所感受到的东西相反;它高于后者,而不是与后者相悖。"①心灵是内在知识——如空间、时间、运动和数字——的来源,这些内在知识是理性的出发点,但理性不能产生它们。心灵也是爱的来源,而且在上帝的帮助下,它也是信仰的来源。仅以理性为基础的信仰"只来自人本身,对得救毫无用处"②。所以,帕斯卡相信,上帝之存在的形而上学证据是无用的。③然而,理性可以告诉我们关于这个世界的许多事情:

> 那么就让人凝思整个自然界的崇高与宏伟吧,让他把自己的目光从周围的卑微事物上移开,让他注视那像永恒之灯一般照亮全宇宙的炫目阳光,让他觉得地球与太阳所划出的巨大轨道相比就像一个微小的斑点,并且让他惊讶地发现,这个巨大轨道本身与在苍穹中运转着的那些恒星所划出的轨道相比,也只不过是一个微不足道的小点而已。④

理性能够把它自身范围内的真理告诉我们,就像感官能够把它们自身范围内的真理告诉我们一样;不仅如此,理性还是人类尊严的深刻根源。帕斯卡在一个著名的段落中写道:

> 人只不过是一根芦苇,是自然界中最脆弱的东西;但他是一根能够思考的芦苇。不需要由整个宇宙都拿起武器来毁灭他:一团气、一滴水就足以置他于死地了。然而,纵使宇宙要毁灭他,人却仍然比置他于死地的东西更加高贵,因为他知道自己要死亡,也知道宇宙对他所具有的优势。而宇宙对此却是一无所知。⑤

109　　　帕斯卡生活在我们对自己生活于其中的宇宙的知识巨量增长之时。在理性的帮助下,望远镜和显微镜正在将那些不为早期人类所知

---

① Blaise Pascal, *Pensées*, rev. ed., trans. A. J. Krailsheimer (London: Penguin, 1995 [1670]), 56. Lafuma 185, Brunschvicg 265.

② Ibid., 28-29. Lafuma 110, Brunschvicg 282. 这段话作为一个整体,尤其有助于理解帕斯卡关于心灵的观点。

③ Ibid., 57. Lafuma 190, Brunschvicg 543.

④ Ibid., 60. Lafuma 199, Brunschvicg 72.

⑤ Ibid., 66. Lafuma 200, Brunschvicg 347.

的领域揭示出来。对于理性所能给予我们的伟大和尊贵,帕斯卡只能惊叹不已。但是,理性最终也让我们得知自己是多么可怜,得知自己在自我拯救方面是多么无能与无助。拯救我们是心灵的任务——当它把我们引领到上帝面前的时候。只有上帝的临在才能拯救我们,就像帕斯卡在1654年11月发现的那样。从我的论点来看,帕斯卡为我们提供了一个例证,说明一位伟大的数学家和科学家如何能够理解知识来自若干领域。他绝对没有否认理性的伟大和尊贵,但却发现信仰来自心灵——它具有理性所不知道的理由。

再论作为游戏的宗教

把帕斯卡的《思想录》视为游戏,甚至是严肃的游戏,都是不容易的。这是一本充满了剧痛的书,他甚至把自己的皈依体验形容为"火"。也许他从小就沉迷于其中的数学,对他而言倒是一种游戏。很多严肃的思想家都不得不承认,他们最严肃的著作对他们而言是游戏。我们可以转而谈论另一位伟大的思想家——柏拉图,以此来结束这一章。柏拉图为我们写下的一些关于游戏的文字,是这类文字中最为引人注目的。我很久以前就意识到,柏拉图《法律篇》第二卷是他全部著作中最明朗、最欢快的段落之一,我无法不对此感到惊讶——我越是想起《法律篇》后面的内容包含着出自他笔下的一些最黑暗的段落,就越是对第二卷的风格感到惊讶。是赫伊津哈的伟大著作提醒了我:我想到的那些明朗段落中的一部分是关于游戏的。在第二卷中,柏拉图解释了节日的价值,并认为节日和儿童游戏在起源上是有联系的:

> 这种教育[基于对幼年时期激情的适度调节]存在于正确地受过训练的快乐和痛苦之中。对人类而言,这种教育是逐渐放松的,并在他们的一生中趋于严重腐化。所以,诸神为人类生来就要遭受的这种痛苦而心生怜悯,规定把节日的循环作为暂停劳动、休息放松的日子。他们让缪斯、她们的领袖阿波罗以及狄俄尼索斯来和我们共同庆祝节日——以便让这些神明帮助人类复原。就这样,人类凭借在诸神的陪伴下度过的这些节日支撑着他

们的精神。

有必要看一看,这种论证向我们表达的内容是否符合自然的情形。这种论证断言:可以说,一切年幼的动物都没有能力在身体或声音上保持平静,而是总在试图活动或喊叫。年幼的动物蹦蹦跳跳,仿佛在欢快地跳舞或一起游戏,而且发出各种各样的叫声。接着,这种论证又说:其他动物缺少对运动中的秩序(获得了"节奏"或"和声"之名的秩序)和混乱的感知;与此相反,我们人类却能与上述那些被赐予我们的诸神共同跳舞,他们使我们获得了对节奏与和声的愉悦感受。他们用这种感受来打动我们,带领我们进行合唱,并使我们共同融入歌舞之中;这就是他们发明"合唱"(choruses)这个名字的原因——该词来自"欢乐"(charā),它是这些活动自然具有的性质。①

赫伊津哈使我注意到了另一段同等重要甚至更加重要的话,我觉得他的译文是最令人满意的:

依我说,人类在面对严肃的事情时必定是严肃的。只有神值得人类用最严肃的态度来对待,然而人是作为神的玩物而被创造出来的,这个特点就是他身上最好的一部分。因此,每一个男人和女人都应该用相应的方式来生活,玩最高尚的游戏,要有与现在不同的另一个心智。……因为他们把战争当作一件严肃的事情,尽管在战争中既没有配得上"游戏"之名的游戏,也没有配得上"文化"之名的文化,而这些事物在我们看来都是非常严肃的。因此,所有人都必须生活在和平之中,也有可能生活在和平之中。那么,正确的生活方式是什么呢? 一定要用做游戏的态度来生活。做某些游戏、献祭、唱歌和跳舞,这样一个人就能够取悦于诸神,保护自

---

① 柏拉图:《法律篇》,2.653,见《柏拉图的〈法律篇〉》(The Laws of Plato, trans. Thomas Pangle, New York: Basic Books, 1980),32—33 页;也参考了泰勒(A. E. Taylor)的译文,见《柏拉图对话集》(Plato: The Collected Dialogues, ed. Edith Hamilton and Huntington Cairns, New York: Pantheon Books, 1961),1250—1251 页。我们将在第三章中看到柏拉图关于节奏与和声的观点是正确的:只有人类能够"及时会合"。

己免受敌人的伤害,并在竞争中获胜。①

如果在柏拉图看来,阿波罗和狄俄尼索斯引领人类跳舞,而神对人类的首要要求就是玩游戏,那么柏拉图又是怎么做的呢?他玩不玩游戏呢?柏拉图经常用神话来表达其教导的要点。赫伊津哈相信,神话是我们在儿童身上发现的"心智的游戏习惯"的一部分:"我们总是不由自主地用自己的科学、哲学或宗教信仰标准来评判古人对于他所创造的神话的信仰。近乎虚构的半戏谑性元素与真实的神话是不可分割的。"②他以柏拉图为例。柏拉图经常利用神话来阐述他那些最重要的观点,但即便是在此时,他也会接着表示,这个故事总体而言是真实的,或者是"接近于真实的""很有可能发生的",并解释说,他是在利用神话来使人接受一个观念,而不是一个一成不变的故事。例如,在《政治家篇》中,陌生人(他在这篇对话中代替苏格拉底)在一场非常深奥的辩论中陷入困境之后,问与他谈话的那位年轻人,他们是否不应该求助于那些"混杂着游戏成分"的"古代传说"。年轻人让他继续说,于是陌生人回答道:"既然如此,请像孩子那样全神贯注地听我的故事;您肯定已经有好多年没有玩过孩子们的游戏了。"③

在赫伊津哈看来,神话从来都不会远离游戏世界。我们会问柏拉图是否曾经远离游戏。据说他早年曾经想要成为悲剧作家——也就是戏剧(plays)作家;当他开始理解苏格拉底的学说之后,他烧掉了自己所写的悲剧。虽然如此,除了几封不能确定是否出自他手的书信以外,他的全部著作都具有一种戏剧形式:它们是对话。我们从赫伊津哈那里得知,根据亚里士多德的看法,柏拉图的对话形式并非源于悲剧,而是源于滑稽剧;他声言柏拉图追随的是"索福戏(Sophron),一位创作滑稽剧即'拟剧'(mimos)的作家,亚里士多德直接把对话称为拟剧的一

111

---

① 柏拉图:《法律篇》,7.796(这段话实际出自《法律篇》,803b,e), 转引自 Huizinga, *Homo Ludens*, 18-19.

② Huizinga, *Homo Ludens*, 143.

③ 柏拉图:《政治家篇》,268d. 我的引文出自汉密尔顿和凯恩斯(Hamilton and Cairns)编辑的《柏拉图对话全集》(*Complete Dialogues*)中 J. B. 斯肯普(J. B. Skemp)的译文(1033 页),和约翰·库珀(John M. Cooper)编辑的《柏拉图全集》(*Plato: Complete Works*, Indianapolis: Hackett, 1997)中 C. J. 罗(C. J. Rowe)的译文(310 页)。

种类型,而拟剧自身则是喜剧的一种类型。"①

　　人们可以论证说,在柏拉图全部著作的核心,有一则"严肃的神话":那就是苏格拉底的生与死,而这则神话是一部悲剧。当然,在那些明确描写了苏格拉底的受审与死亡的对话中,含有很多悲剧成分。然而,当苏格拉底的朋友们恳求他像大家期望的那样离开雅典以逃避死刑判决时,他却一点儿也不像他们那样严肃。时年七十岁的苏格拉底宣布,他曾作为雅典公民而生活,也将作为雅典公民而死去,并不打算逃跑。他也明言自己毫不惧怕死亡。人们会想起《会饮篇》结尾关于悲剧和喜剧的讨论;此处,苏格拉底和阿里斯托芬辩论的内容是:同一个人能否既写悲剧又写喜剧。阿里斯托芬认为一个人不可能两者都写,而苏格拉底则认为"同一个人可以兼长喜剧和悲剧——悲剧诗人可以同时也是喜剧演员"②。他是否不仅在说自己,也在说柏拉图呢?

　　所以,我随着柏拉图回到了本章的核心主题——宗教在哺乳动物游戏中的出现。我已经深入探讨了我们以往的进化过程,以便发现好几百万年前游戏是如何在柏拉图所说的"年幼的动物"的蹦蹦跳跳当中起源的。游戏在我看来是非常重要的,因为早在智人产生之前,甚至112 也许在灵长动物产生之前,游戏就已经在哺乳动物的进化当中出现了,成为一个在某种程度上免于遭受选择压力的领域,其目标就内在于其实践之中,不论它的第二级和第三级形式被证明是多么具有适应性。语言和文化使游戏可以得到重大的、富于创造性的复杂发展;而且,由于经常求助于赫伊津哈的著作,还参考了赫伊津哈引用的柏拉图著作选段,我发现仪式和宗教都起源于游戏。在仪式和宗教中,我们也发现了这样的实践:其益处首先是内在于实践之中的,尽管当它们返回日常生活世界时,可能具有适应良好或适应不良的结果。但是,如果仪式来自游戏,那么许多其他生活领域则是从仪式及其文化含义当中发展出来的。我已在上文中尝试说明了这是一个多么复杂的历史过程。

　　在相对较晚的时候,科学在几个地方作为"其益处内在于其自身"的领域之一出现了,随后导致了重大的适应性结果。在一种赋予理论

<hr>

① Huizinga, *Homo Ludens*, 149-150, 其中引自亚里士多德著作的段落出自《诗学》, 1447B。

② Plato, *Symposium* 223d, trans. Michael Joyce, in Hamilton and Cairns, *Collected Dialogues*, 547.

以特权的文化中,我们倾向于认为这些领域——尤其是宗教和科学——首先是认知性的,是了解事物的方式。但我一直在通过论证来说明,它们首先是实践,而非理论;首先是生活方式,其次才是认知方式。在重读本章时,史蒂文·温伯格的话在这一点上给我留下了生动的印象。虽然他对宇宙越是了解,就越是觉得宇宙没有意义;但是,即使他了解到的东西并没有带来什么慰藉,这种质询活动、这种"研究本身""试图理解宇宙的这种努力"本身却是一种益处,是意义的一个来源。当我为写作本章而阅读文献时,我明白了自然科学的实践是多么令人兴奋,人们还有多少东西要学,还有多少最重要的问题仍然没有定论。这种研究的开放性,"某一扇新的大门很快就会打开"的感觉,某一种从未被人想到过的新观念(达尔文的自然选择观念就是这类观念的典型),创造了一种对探究本身的生存性参与,不论这种探究将把人们引向何方。

在当代世界上,科学与宗教仍然在进行激烈的文化战争,我正是在这样的处境下写作本章的。就在我即将写完时,芭芭拉·赫恩斯坦·史密斯的杰出著作《自然的反思》出版了,我从而得以对她关于这些论战之主要方面的冷静而敏锐的观点加以利用。我觉得很有趣的是,我发现自己对这两种完全相反的立场——不只是科学和宗教,还有科学解释和人文理解各自的方法论——都持赞成态度。[1]史密斯把两个对我有重大影响的人物——埃米尔·涂尔干和马克斯·韦伯——置于"自然主义解释"一方,她这样做当然是对的,但是这两个人物却同样致力于进行人文阐释,这在韦伯身上体现得尤为明显。[2]韦伯将这种方法称为 Verstehen,该词大体上可以译为"理解"或"阐释"。"维基百科"上关于 Verstehen 的词条将其描述为"对社会现象的非经验性、神入性或参与性的考察",但是,对社会现象的神入性或参与性的考察并没有任何"非经验性的"成分。进行这样的探究,需要努力去设身处地,试着用被观察的人或人们的眼光来看待世界。这在我看来是高度经验性的,因为这种努力可以有效地使人了解"在被研究者当中真实发生的

113

---

① Smith, *Natural Reflections*, 140-146.

② Ibid., 33.

事情"的一个相当核心的方面。在科学方法论和人文方法论之间进行区分的一种方法是：认为科学解释关注的是被研究的行为的起因和功能，而人文理解关注的则是这些行为的意义。在我看来，这两种方法论是科学和人文研究都需要的。

始于最早的哺乳动物时代的亲代养育之生物进化和在母亲和孩子之间发展出来的那种"珍爱"行为，令我非常感兴趣。当然，人们可以避免使用"珍爱"这样的字眼，不过我是从动物行为学家艾博尔－艾博斯菲尔特的著作中援引这个词语的，它似乎确实捕捉到了关于正在发生的事情的某种重要因素。德·瓦尔在某处提到，当一些生物学家坚称人们可以说黑猩猩"翘起了嘴角"但不能说它们"在微笑"的时候，他们其实是在限制完全意义上的科学理解的可能性。

芭芭拉·赫恩斯坦·史密斯指出，这种文化战争和方法论上的两极化的另一个特征是：它假设一种根本二分对立的每一方都具有高度的同质性；而实际上，每一方都是由一系列多种多样的行动、实践、信仰和对知识的宣称组成的，以至于完全不可能视其为统一的整体，而只能视其为彼此松散联系的集合体。①有些人甚至否认"宗教"是一个有用的术语，因为它所涵盖的事物太多样化了；芭芭拉·赫恩斯坦·史密斯本人则相信科学和技术之间的区别方式在历史上的大部分时间里都是不适用的，因为它们是一个连续统一体的两个方面，不能简单地加以区分。②

我相信，虽然定义总是有问题的，但是为了勾画出（不论勾画得多么粗略）一个研究领域，定义还是无可规避的；尽管如此，这整本书都是由多种多样的事例集合而成的，任何一位读完此书的读者都会真实地感觉到，这种被称为"宗教"的东西实际上是变化何其多端。但是，由于宗教处理的是那些对于人类的身份认同，对于人们关于自我、世界和这两者之关系的感受而言至关重要的问题，因而如果要进行一种纯粹因果性、功能性的分析，那么就会忽略其最重要的部分。我认为这个问题在很大程度上与生物学领域中的化约论者和突现论者之间的分歧有关。化约论者认为，如果一种解释揭示了导致被研究的现象产生的

---

① Smith, *Natural Reflections*, 27.
② Ibid., 135.

那些因素和影响力，那么这种解释就是完整的，当此之时，人们便已然往下走了一级，以便观察某种东西是从哪里来的。突现论者则认为，许多现象都具有全新的特性，而不仅仅是其原有成分之特性的外推，因此只有在其自身的水平上才能得到理解。康德说过，机器可以被拆卸开来，然后重新组装，可是有机体若是被拆开的话，就会死亡，这句话可谓说到点子上了。当特伦斯·迪肯谈到在获得文化和语言之后从人类中发展出来的复杂情感如敬畏、镇静和自我超越的时候，他指出，这些情感是以我们仍与灵长动物共有的一些更加基本的情感如恐惧和欢乐为基础的，但却无法被化约为那些基本情感；他迈出了人文主义者们所熟悉的步伐。

对于各种各样的生活领域、文化体系和多重实在，我们不仅不应该将其具体化和想象为比它们实际所是具有更多的同质性，而且，与古尔德关于"不相重叠的领地"的论点相反，我们应该注意到，它们不仅有很多重叠之处，而且还彼此参与到对方当中。史密斯提醒我们说，宗教和科学并非总是被视为互相矛盾的事物，因为几个世纪以来，科学产生于西方的大学中，而大学是由天主教会中的修会或其他实体所创办的；当时的科学被视为一种更大的宗教文化的一部分，而不是处于与宗教争战的状态中。[1]

随着社会变得越来越庞大、越来越复杂，更加分化的领域发展了起来，然而它们继续彼此交叉、彼此影响。我们也不应忘记，它们都与舒茨所说的日常生活世界相关，并受其影响。上文提到过的那种存在于狩猎采集文化之中的显著的——尽管只是相对而言——平等主义，在全体社会成员都参加的那些仪式中得到了反映；我们会看到，根据性别来划分的群体有时会通过彼此之间的冲突与和解来表达自己的身份认同。随着等级制度回到人类社会当中，宗教也变得更加等级森严，经常强化男性的统治权，在这一点上比狩猎采集群体犹有过之。研究韦伯的学者都不会看不到更庞大的社会，尤其在政治和经济领域是怎样影响宗教发展的，同时也会看到反方向的强大影响力。

正因为宗教常常与个人和群体的身份认同有着如此密切的关系，　115

---

①　Smith, *Natural Reflections*, 132.

一些人对宗教的不理解或不尊重才引起了信徒的极大怨愤——在这些人当中,有的只关心被他们奉为"客观的探究"的东西,有的则相信所有的宗教都是有害的,最好将其完全根除。科学家自己的身份认同也遭受了类似的打击,这些打击来自那些禁止科学进行某些类型的探究的人(为数甚少),或者来自那些提议他们自己研究的某些类型的科学应该与诸如创造论科学之类的"常规科学"一同被讲授的人(为数较多)。我相信科学的有效性乃是对"自然"的一种临时的准确描述;并且,我看不出试图对科学进行限制或者想象有一些非自然的力量在运作(这会提供另外的解释)的做法有什么意义。但是,史密斯又指出:在很长一段时间里,世界上的许多人是缺乏一种"自然"的观念的;不仅如此,即使是在存在这个观念的地方,它的定义也是成问题的,而且包含着将"自然"界定为"非超自然"、将"超自然"界定为"非自然"的循环倾向,双方中每一方的定义都依赖于对另一方的一个远非清晰的定义。[1]

我一直坚持,各个生活领域都有自己的一些实践,这些实践的益处内在于实践自身之中,不论它们是否经常在外力的驱使之下发挥其他作用。我也曾论证说,实践是先于信仰的,而信仰只有作为实践的一种表达方式才能得到最充分的理解。因此,科学真理——我对它毫不怀疑——就是科学实践的一种表达方式,它较之其他类型的真理没有任何形而上的优先性。当我们看到布伯在谈论永恒之"你"——这个"你"的光芒透过其他人的面孔,有时是动物的面孔,有时甚至透过树木、岩石和星辰照射过来——的时候,很容易试图为"他为什么会这样说"寻找一种科学的解释。这样的解释虽然很可能是正确的,但却绝不会驳倒布伯所谈论的真理。与此相似,帕斯卡在 1654 年 11 月遇到的情形——他将其描述为"火"——也是确凿的,其有效性超越了进化心理学对它的任何解释。科学是通向真理的一条极有价值的渠道,但却不是唯一的渠道。断言科学是唯一渠道的做法被正当地称为"科学主义"(scientism),在关于这个世界的诸多"原教旨主义"中占有一席之地。[2]

———————————

① Smith, *Natural Reflections*, 89-94.

② Ibid., 31-32.

我试图以高度凝练的形式讲述的这个关于宇宙和生物进化的故事,对于我和很多人而言是非常有力而令人信服的。在许多科学家看来,它导致了被他们自己表达为"一种敬畏感"的感受。这是一种完全自然而正当的回应;但这正是宗教领域和科学领域相遇并且实际上发生了重叠的一个例证——我在上文中曾描述过的那些宗教自然主义者将会同意这一点。考虑到当代关于这些问题的各种讨论之间的张力程度,我并不期望得到赞同,甚至不一定期待得到理解。我只是在试图说明我的立场。 116

　　第三章要讲述的是在我看来很有助益的一种文化和宗教进化概论,即梅林·唐纳德著作中的内容。然后,我将开始探讨本书的主题,即描述某些特定的宗教形式及其实际运作方式。

第三章 部落宗教:意义的生产

在第一章中,我提出了一种关于宗教表象的类型学——统一的、动作性的、象征性的和概念性的——以便描述宗教借以理解实在的几种方式。动作性表象、象征性表象、概念性表象这几个概念借鉴自杰罗姆·布鲁纳关于儿童发展的著作,而布鲁纳的这几个范畴又借鉴自皮亚杰的著作。根据布鲁纳的观点,儿童首先通过在世界上行动而对它产生认识。儿童是通过抓握、投掷、伸手去拿他们周围的物体,才对其有所了解的。在早期的语言学习中,象征和物体是融合在一起的——太阳和用于指称太阳的词语没有区别——最常见的语言使用方式是叙述。虽然对概念的学习在五六岁时就开始了,但它一直要到青春期才会进入成熟状态。我曾论证说,宗教采取了所有这些表象形式——正如儿童即使是在能够熟练地使用概念之后,也还是会继续使用动作性和象征性表象,宗教也是如此。我在布鲁纳所说的三个表象发展阶段之前添加了一个初始阶段,也就是一个零值阶段(因为它无法被表示出来),它关乎统一的意识(unitive consciousness),这种意识出现在很多时代、很多地方的宗教经验之中。

在第二章中,我把宗教的进化置于宇宙和地球上的生命的历史深处,集中探讨哺乳动物进化的这样一些特征:它们为仪式的出现提供了条件——仪式很可能是从动物游戏发展出来的,但只是间接地暗示着第一章中描述过的那些宗教表象形式。现在该思考一下这些理解方式可能是怎样在进化史上产生的,也该对仪式和神话、部落宗教和上古时代的宗教(这些理解方式在它们当中非常突出)进行更加仔细的考察。

我的工作在很大程度上得益于梅林·唐纳德的研究,他的著作《现代心智的起源：文化和认知进化的三个阶段》①从种系发生学的角度为人类文化的发展勾画了一幅图景，它与我的宗教表象类型学主要从个体发生学角度进行的描述相对应。他所说的人类文化三阶段——模仿阶段、神话阶段和理论阶段——与我所说的动作性、象征性和概念性这三种类型的宗教表象相对应，而他的起点，即那种虽然仍处于前人类时期但已相当发达的哺乳动物起始阶段——"情景文化"，甚至很可能与我所说的"统一类型"有着某种共鸣。在本章中，我打算主要用他对模仿文化和神话文化的描述来帮助读者理解部落社会中的仪式和神话，然后在接下来的几章中讨论酋长国（chiefdoms）和上古社会中的仪式和神话；但在本书后面的内容中，我将回到唐纳德关于理论文化的观念，这种文化是从前面两个阶段中发展出来的，并对那两个阶段进行了激烈的批评，但却从未完全摒弃它们。

情景文化

首先，我要对唐纳德所说的起始阶段，即"情景文化"（Episodic Culture）进行一番概览。人们可以把"文化"这个概念追溯到多长时间以前，这是一个开放的问题。有些人论证说，与由基因决定的因素相反，一切习得行为——即使是生物个体经过磨炼和谬误才习得的行为——都可以被视为文化；不过，其他人却把"文化"限定为通过模仿（如果不是教导）而由一只动物传递给另一只动物的行为。唐纳德对情景文化的描述适用于许多高级哺乳动物物种，但他引用的例子主要来自非人类灵长动物：

> 它们（类人猿）的行为尽管实际上十分复杂，却似乎是缺乏思考的、具体的、受环境限制的。即使是它们对手势的使用和社会行为，也是对环境的即时的、短期的回应。实际上，似乎能够最好地

---

① Merlin Donald, *Origins of the Modern Mind: Three Stages in the Evolution of Culture and Cognition* (Cambridge, Mass.: Harvard University Press, 1991). 唐纳德在《如此罕见的心智：人类意识的进化》(*A Mind So Rare: The Evolution of Human Consciousness*, New York: Norton, 2001)中进一步阐发了他的论点。

概括猿类认知文化(可能也包括其他许多哺乳动物的文化……)的词语是"情景的"这个术语。它们完全生活在现时,它们的生活是由一系列具体情景组成的,它们的记忆体系中最高级的成分似乎处于事件表象的水平。在人类可以拥有抽象的象征记忆表象的那些地方,猿类的表象却只局限于具体的环境或情景;它们的社会行为就反映了这种环境限制。因此,可以将它们的文化划归为"情景文化"。①

119   "情景文化"之所以是文化,是因为个体要从对以往事件的经历当中了解到自己面对的是哪种类型的事件,这种事件又是怎样构成的,这样才有可能作出一种适当的回应。例如,一只受到地位更高的黑猩猩威胁的黑猩猩必须决定自己是应该作出顺从的表示,还是应该逃跑,或寻找可能与之联手的盟友来共同抵抗这种威胁。只有清楚地记得这类形势以前是怎样发展的,才能在现时作出合宜的决定。要知道该如何对种种事件作出反应,需要进行大量的学习,这些学习从婴儿期就开始了,在很大程度上是通过观察其他黑猩猩的行为来进行的。在一个群体当中学到的东西,并不是由基因决定的(尽管细微方面的学习能力是由基因决定的),因此会与其他群体中的其他黑猩猩所学到的东西略有不同;所以,在某一群体中学到的东西可以被称为"文化"。

我在第二章中强调,人类与其他高等哺乳动物共有的两个至关重要的特征是"注意力"(attention)和"意向"(intention),这两者的重要性在情景文化的语境中体现得更加清晰。猿类必须全神贯注于此时此地正在发生的事情。对现时境况的敏锐注意是由对以往类似事件的记忆提供信息的,这种注意力使它们得以通过有效的行动来实现自己的意向——换言之,使它们达到各种目标,而它们的行动正是围绕着这些目标进行调整的。对情景或事件的感知能力对人类而言也仍然十分重要——我们对世界的理解也是从情景文化开始的。虽然产生意向和加以注意的能力总体而言是互相促进的,然而它们却不一定同时产生,而且可能(甚至必然)是二中择一和交替出现的。进行意向性行为的能

_____

① Donald, *Origins of the Modern Mind*, 149.

力对于任何一种复杂的觅食动物而言当然都是至关重要的,但集中注意力的能力也是如此。过强的目标意向性可能导致注意力无法集中。一个优秀的觅食者,无论是人类还是非人类,都需要培养集中注意力的能力。约翰·克鲁克指出,在狩猎采集的经济中,"当一位猎手平稳地拿着武器、悄无声息地在画面中走过的时候,他突然听到一种声音,这时,对此时此地的注意力就非常有价值了。刹那间,出现了一种完全聚焦于此时此地的境况;在这种境况中,注意力很容易捕捉到可能预示着猎物或危险之出现的最微小的环境变化。注意力的这种开启状态完全是未经思考的,因为针对目标的意向性此时已经退出了意识的范围。①

然而,我们在过去的 200 万年乃至更长的时间里发展出来的更加复杂的文化形式,使我们得以思考更多的可能性——这些可能性的范围远远大于那些被更加严格限制在此时此地的哺乳动物所能达到的范围。但这一更加包罗万象的文化包袱(如果我可以从情景文化的角度来说)也可能会妨碍我们对于此时此地的直接感知能力。内心语言的喋喋不休,可能使我们对自己眼前的东西视而不见。因此,有人设计了一些宗教实践形式,如"冥想"或"打坐"(meditation),以便尽可能逃避复杂的表象尤其是语言表象,从而达到(借用禅宗的术语来说)"心一境性"(one-pointedness),对此时此地进行直接而无言的感知。也许当这样的直接感知臻于完全之后,我们就能够谈论"统一的意识"了,它虽然经常与"看"有关,但却总是难以言说,直到事实发生之后才能用言辞来表达。

我只想指出这样一种可能性:那种最深刻的宗教经验是植根于我们作为哺乳动物的最基本的感知形式之中的。我意识到,哺乳动物的注意力虽然非常灵敏和精微,却几乎总是服务于实用目的。它的用处在于让动物完全存在于此时此地,从而能够更加有效地跟自己所在群体的其他成员联系在一起,寻找食物和配偶,提高自己在群体中的地

120

---

① John H. Crook, "The Experiential Context of Intellect", in *Machiavellian Intelligence: Social Expertise and the Evolution of Intellect in Monkeys, Apes, and Humans*, ed. Richard W. Byrne and Andrew Whiten (Oxford: Clarendon Press, 1988), 359-360.

位,还可以保护自己免受攻击。对于那些努力实现自己意图——包括远远高于功利性意图的道德意图——的人来说,敏锐的注意力也是一项很有价值的长处。①但是,完全存在于此时此地的意识的那种具体而直接的特性,对宗教生活来说也可能是一种重要资源。

模仿文化

我打算花点篇幅描述一下梅林·唐纳德所说的"模仿文化"的含义。"模仿文化"是动作性表象的一个颇为相似的对应物,因为它说明了发生在人类进化史上一个漫长时期当中的事情——很可能发生在直立人的出现(180万年前)和我们自己的物种智人的出现(20万—30万年前)之间的那段时间。②关于那段时间的起点,即人科动物这一支从发展出现代黑猩猩的那一支当中分离出来的那个时期,我们所知甚少,只知道人科动物开始用双腿行走,并在200万年前的某个时候开始制造简单的石器。他们也许比我们更像现代黑猩猩,但我们无法得知这一点在多大程度上可能是真的。我们从考古发现和史料当中开始大量得知距我们较近的那段时间当中发生的事情。但是,关于人类文化在最近200万年的大部分时间里的面貌,我们几乎没有直接的证据,因而将总是不得不依赖于在可靠信息基础上作出的猜测。即使是我们自己这个物种的文化的早期发展——也就是说,在大约20万年前到5万年前的那段时间当中的发展——也仍然笼罩在不确定性之中,尽管我们有理由相信,现代快速语言(modern rapid language)至少在15万年前就已产生了。③

① 罗伯特·贝拉、赵文词(Richard Madsen)、威廉·苏利文(William M. Sullivan)、安·斯韦德勒(Ann Swidler)和斯蒂芬·蒂普顿(Steven M. Tipton)合著的《美好社会》(*The Good Society*, New York: Knopf, 1991)的最后一章题为《民主意味着加以注意》("Democracy Means Paying Attention")。

② 能人(*Homo habilis*)是我们这个属的第一种生物,兴盛于230万年前和180万年前(直立人出现的时间)之间,但我们关于这个种的知识是支离破碎的,因而无法贸然对他们的能力进行猜测。

③ Johanna Nichols, "The Origin and Dispersal of Languages: Linguistic Evidence", in *The Origin and Diversification of Language*, ed. Nina G. Jablonski and Leslie C. Aiello (San Francisco: California Academy of Sciences, 1998), 127-170.

人们可能会质疑这个起点：毕竟，尽管我们与黑猩猩可能非常近似，然而，在我们这一支从它们那一支当中分离出来之后，它们也经历了数百万年的进化。我们怎么能够确定我们的祖先与今天的黑猩猩长得很像呢？我们当然不能确定这一点，但我们的确知道，进化性变化的比率在不同物种之间是有很大差异的，许多物种在远比五六百万年（即将我们这一支从黑猩猩那一支当中分离出来所用的时间）还要长的时间里保持着相对稳定的面貌。而在栖息地和行为方面，黑猩猩与其他一些类人猿——这些类人猿从我们共同的支系上分离出去的时间要比人类与黑猩猩相分离的时间早得多——极其相似，这一点也是实情。

　　随着基因研究的继续发展，我们与黑猩猩的近似之处（"我们和它们的基因有98%以上是相同的"这句话，我们听说过多少次了？）只会变得更加明显。在1992年，贾雷德·戴蒙德就已经通过论证指出，我们是"第三类猩猩"（另两类是黑猩猩和倭黑猩猩或倭小黑猩猩），尽管他认为我们和其他两类猩猩在基因上的微小差别具有重大意义。[1]2002年由德里克·威尔德曼及其同事报告的研究成果表明，我们和黑猩猩的基因有99%以上是相同的，而且"科学界中出现了这样一种动向：通过将人类和黑猩猩置于同一个属中，承认二者在进化方面的密切亲缘关系；按照动物学命名法的规则，这个属一定是人属（Homo）"[2]。这些作者并不比戴蒙德更希望低估我们自己和我们的黑猩猩亲属之间的重大差别，但把这种差别归因于对基因活动的时机和模式加以控制的调控序列（regulatory sequences）在进化过程中发生的快速变化，以及在基因中被编码的蛋白质的结构变化，而不是完全归因于我们的基因中不为它们所有的不到1%的基因。[3]

　　模仿文化在黑猩猩中充其量只是初具雏形，是哪些变化使之成为

①　Jared Diamond, *The Third Chimpanzee: The Evolution and Future of the Human Animal* (New York: Harper Trade, 1992).

②　Derek E. Wildman, Lawrence I. Grossman, and Morris Goodman, "Functional DNA in Humans and Chimpanzees Shows They Are More Similar to Each Other than Either Is to Other Apes", in *Probing Human Origins*, ed. Morris Goodman and Anne Simon Moffat (Cambridge, Mass.: American Academy of Arts and Sciences, 2002), 2.

③　Ibid., 1.

早期人类中的一个复杂而精细的体系呢？解剖结构上的重大变化显然是属于这类变化的。两足运动可以追溯到大约 400 万年前的远古时期，在最早的人科南猿属（Australopithecus）中首次出现。这显然是很重要的一步，但关于它的适应性功能尚无定论，我们无需在此延宕。伊恩·塔特萨尔采取了一种谨慎的观点：在认知特征和解剖学特征方面，南猿属灵长动物可能比任何与我们自己非常相似的生物都更像"两足猿类"。[1]南猿属灵长动物或生活在同一时期的其他人科物种的后代——我们一定要记住，很可能有过许多物种而不是只有这一个支系，但那些物种大多已经灭绝——开始在几个重要方面发生变化。大脑的体积变大了，而且，由于庞大的大脑需要大量能量，一个更加高效的给食系统发展起来了。也就是说，水果和日益增多的肉类取代叶子成为主食，结果肠道的体积变小了，但效率却有所提高；而且，这样的食物还释放出更多的能量，以满足比以前更大的大脑的需要。随着大脑体积的增大，人科动物的婴儿不得不在其胎儿发育的早期阶段就被生出来，否则他们的头部就会长大到无法通过产道的地步。与其他灵长动物相比，人科动物的婴儿是"早产的"，也就是说，要在子宫外面经历其他哺乳动物在出生之前经历的发育过程。这些"早产的"婴儿十分弱小无助，在他们能够照顾自己之前，需要更长的养育时间。

这些与给食习惯和增大的大脑体积有关的变化，都在直立人身上得到了最清晰的体现。这些变化引起社会组织上的一个重大变化（与我们的灵长亲属相比），这种变化可能发生在 100 万到 200 万年之前，也许比这还要早得多。日常饮食越来越依赖于肉类，婴幼儿需要被照料的时间越来越长，这两点都导致了一雄一雌两只动物——有时是一

---

[1] Ian Tattersall, *Becoming Human: Evolution and Human Uniqueness* (New York：Harcourt Brace，1998)，121. 塔特萨尔确实容许他自己作了一条推测：在四足猿猴中，新生儿是面向母亲从产道出来的，因而母亲可以帮助孩子完全脱离母体。"人类婴儿却不得不把脸扭到一边，不能面对母亲，因此，母亲由于害怕会弄断孩子的脊柱，无法提供这样的帮助。母亲也不能像猿猴那样，亲自清除婴儿口鼻上的黏液，让他得以呼吸，或者亲自解开缠绕在婴儿脖子上的脐带。所有这些照料行为常常都是必要的，这就是助产术在人类社会中几乎无处不在的原因。有人提出，母亲以外的雌性动物参与生产过程的情形可以一直追溯至两足运动刚刚出现的时候；如果是这样的话，这暗示着早期雌性人科动物间的合作与协作行为在程度上远远超过了我们在其他灵长动物中看到的那种由'姨母们'偶尔进行的照料孩子的行为。"（121—122 页）

只雄性动物和几只雌性动物——的相对稳定的合作关系的形成,这种关系逐渐取代了由为首的一只雄性动物统治的灵长动物群体。雌雄成对的联合关系逐渐取代由单一的雄性动物统治的群体,这种变化的一个标志是两性异形(sexual dimorphism)——雄性动物和雌性动物在体型和体力方面的差别——逐渐减少。罗宾·邓巴写道:"在哺乳动物中,显著的两性异形[这在南猿属灵长动物中仍然十分明显]始终与一夫多妻式的交配系统联系在一起;在这样的系统里,少数身强力壮的雄性动物分享所有的雌性动物。而在较晚出现的人科动物中,两性异形的减少——雄性动物只比雌性动物重10%—20%——意味着雌性动物被雄性动物以更加均衡的方式分享。"[1]较高的两性异形程度,包括雄性动物的犬牙要比雌性动物的犬牙大得多这一点,与下面这种状况相联系:在群体内部,雄性动物为了接近雌性动物,经常进行激烈的打斗;因此,两性异形程度的降低暗示着群体内部的雄性动物之间的敌意也有所减弱。

我们没有理由认为直立人的组织形式是孤立的核心家庭,却有充分理由认为他们除了建立雌雄成对的联合关系以外,还需要在男性之间建立程度较高的合作关系(在狩猎、防御食肉动物和其他人类群体等方面),在女性之间也建立程度较高的合作关系(在生孩子、照料孩子、采集食物等方面);因此,一种在非人类灵长动物中从未出现过的、达到全新水平的社会组织形式就成为必要的了。邓巴在大脑皮层(负责增加人科动物大脑体积的主要区域)面积的增大和群体规模的增大之间看到了一种紧密的联系,这种联系不仅适用于灵长动物,也适用于其他哺乳动物。根据他的解释,不是增大的大脑体积导致了更大群体的出现,而是更大群体中的成员需要更大的大脑来应对群体生活中日益增多的需求。[2]我们需要思考,为什么越来越复杂的社会需要越来越复杂的文化;我们可以从思考邓巴的《理毛、闲聊和语言的进化》一书的核心论点入手。

123

---

[1] Robin Dunbar, *Grooming, Gossip, and the Evolution of Language* (Cambridge, Mass.: Harvard University Press, 1996), 130.

[2] Ibid., 62-66.

邓巴指出,对我们的猿类亲属来说,其最大的典型群体有 50 到 55 个成员,这样的群体规模是黑猩猩和狒狒所特有的。他把大脑皮层面积和群体规模之间的联系扩展到了智人身上,并由此提出了 150 这个数字,他发现这个数字不仅与狩猎采集者的群体成员平均人数很相近,而且与许多复杂组织的基本单位的人数也很相近:例如,可独立执行任务的最小军事编制单位"连"的人数就接近这个数字。他发现,理毛行为(grooming)也许是灵长动物增强团结的基本方式,此后,他提出了一个问题:这种行为(考虑到理毛频率的情况下)在成员人数大于 50 的群体中是否还能有效呢? 他写道:"理毛行为似乎是使灵长动物群体团结在一起的主要技巧。我们不能十分确定这种行为是怎样发挥作用的,但我们确实知道,当群体的规模增大时,这种行为的频率大体上也会相应提高,因为较大的群体似乎需要个体花费更多的时间来维护它们的关系。"[1]然而,考虑到人类群体的规模,并以灵长动物的模式为参照,假如理毛行为是群体凝聚力的主要来源,那么我们将不得不把40%的时间花在互相梳理毛发上面,剩不下多少时间来做其他事情了。是否有另一种更加高效的方式可以帮助人类达到同样的目的呢? 他写道:"当然,显而易见的方式就是使用语言。我们在建立和维护关系时似乎确实用到了语言。有没有可能是这样:语言作为一种有声的理毛行为逐步进化,使我们得以将较大的群体凝聚在一起,这个目的是通过身体来进行的理毛行为这种灵长动物传统机制所达不到的?"[2]

这是一个有趣的观念,我们将在下文中继续探讨。但是如果邓巴所说的"语言"是指仅存在于智人当中的现代快速语言(我们将看到,他所指的并非只是这一种语言),那么,在我们这个属的第一批成员和我们自己之间仍然相隔至少 200 万年的漫长时间;如果邓巴的推断是正确的,那么在这个时期,群体规模逐渐从 50 增长到 150,同时新大脑皮层的面积随之增大——我们是从化石证据中得知这一点的。

我认为可以论证这样的论点:真正为这些早期群体的团结提供了

---

[1] Robin Dunbar, *Grooming, Gossip, and the Evolution of Language* (Cambridge, Mass.: Harvard University Press, 1996), 77.

[2] Ibid., 78.

来源的东西,一方面超越了邓巴所说的"语言",另一方面又达不到语言的要求。它还不足以被称为语言,因为虽然它可能包含着远比类人猿所能掌握的更加复杂和精细的发声法,但还不是现代快速语言。有些作者提到了"原始母语"(protolanguage),那是一种占位符号(place-holder),我们最多只能在没有把握的情况下对其稍作谈论。但是,如果我们不相信突然出现了某种异常复杂的、以一次性突变的方式产生的"语言模块"(language module),那么,这样一个假设就几乎是必不可少的:口头交流的复杂性有了显著的提高。[1]

但是,在现代语言出现之前,营造团结氛围的那种东西似乎也超越了语言。唐纳德用"语言骑在文化的肩上"这个隐喻来暗示,在语言出现之前,需要先发展出一种复杂的文化,依据这种文化,迈向语言的使用才是有意义的。[2]在唐纳德看来,是模仿文化在一段漫长时期当中的发展,导致了认知资源的大量增加,这些资源也包括理毛行为不再能够提供而语言还不足以提供的团结。

在如此之多的揣测当中,用我们所拥有的几乎是唯一一种关于模仿文化的确凿证据(恕我使用双关语)来开始对这种文化进行描述,或许是明智的——这种证据就是石器。200多万年前,能人就已经在制造简单的石器,它们在本质上是"用石头'锤子'凿击小块圆石而制成的锋利石片"[3]。有人曾经偶尔在野外观察到黑猩猩在使用"工具",如用一块石头敲开坚果,或者用一根枝条把蚂蚁引出蚁丘;但是,刻意制造哪怕是一件相对简单的石器以备未来之用的做法,却体现了认知能力的一大进步,这样的进步即使是最聪明的黑猩猩也未曾取得。直立人的工具虽然相对简单,却仍然使他们能够相当迅速地杀死体型很大的动物,甚至大象。双手的灵巧程度和对原料的理解程度——他们知道,若是用一块石头猛击另一块石头的棱角,就能制造出锋利的碎

---

[1] 我的能力不足以解答这个问题。"语言模块"这个观念最初是由诺姆·乔姆斯基(Noam Chomsky)的追随者们提出来的,并在史蒂芬·平克(Steven Pinker)的著作《语言本能》(The Language Instinct, New York: William Morrow, 1994)中得到了详细的阐述。梅林·唐纳德的论证在我看来很有说服力,他认为并不存在"语言模块"这样的东西。参见《如此罕见的心智》,尤其是 36—39 页。

[2] Donald, *A Mind So Rare*, 279-285.

[3] Tattersall, *Becoming Human*, 128.

片——都暗示着认知能力已经达到了相当复杂的地步。从文化的观点来看,最重要的是,这种技巧是可以学到的,而这种学习的一部分是实践,因为在初次尝试的时候不易做好。不论这种技巧有多么简单,它还是具有一定的复杂程度,以至于人们无法在短时间内学会——无法在需要的时候即时掌握。对于这类工具,必须在使用之前就计划制造它们,因为在需要用到它们的时刻,手边很可能没有合适的材料。这种技巧已经颇具难度,以至于必须在别人的教导下才能学会。但在教学时,可以不通过语言而只用模仿的方式来进行。[1]

唐纳德把"模仿"描述为对行动的自觉控制的加强,这种控制关涉到人类特有的四种能力:模仿(mime)、模拟(imitation)、用技巧(skill)和做动作(gesture)。[2]他说,"模仿"是对一个事件的想象性演示。虽然猿猴具有基本的模仿能力,但"模仿"还要求把一系列事件表演出来(就像在孩子们的装扮游戏中那样),这一行动形式突破了情景性行动的那种关乎此时此地的具体性。[3]在模仿中,人们可以用富于想象力的方式表演出过去发生过的某件事情,或是他们以后打算做的某件事情。不论模仿能起到的作用多么有限,它允许人们逃离现时的状况,在某种程度上摆脱即时性(immediacy)的束缚。在唐纳德的术语中,"模拟"包含着某种远比模仿更加精确的东西。当孩子看到大人制造了一件石器之后,他可以"假装"自己也制造了一件,但他并不知道该如何选择适当的材料,也不知道该如何进行准确的操作以制成自己所需的石片。对实际过程的模拟通常需要有人教导,因而教学法是作为模仿文化的一部分而首次出现的。"用技巧"——按照唐纳德对该词的用法——包括模仿和模拟,但又超出这两者之外。它需要"练习、有系统的提高以及将模仿行为按照级别串联起来"[4]。唐纳德以学习打网球为例——不过能人是不大可能打过网球的!学习打网球在很大程度上是

---

[1] 参见科林·伦福儒(Colin Renfrew)在《世界语言多样化的起源——一个考古学的视角》("The Origins of World Linguistic Diversity:An Archaeological Perspective")一文中的图解,见 Jablonski and Aiello, *Origin and Diversification*, 178。

[2] Donald, *A Mind So Rare*, 263-265.

[3] 当我的双胞胎外孙女安安静静地做游戏时,其中一个突然大声喊道:"妈妈!"我的女儿立即答应了一声,但被告知:"不是你!"其实是另一位外孙女在这一时刻扮演游戏中的妈妈。

[4] Donald, *A Mind So Rare*, 264.

一种模仿技巧,尽管也是一种非常复杂的技巧,如果要学得好的话,它需要把由简单动作构成的若干链条聚合在一起,形成复杂的序列。一位技巧熟练的网球手在打球时看似毫不费力,他们"本能地"知道如何应对每一个挑战;但是,当他们刚开始学习这些在后来能够自动起作用的技巧时,都要全神贯注于自己的学习过程,进行缓慢而痛苦的练习。最后,唐纳德用"做动作"来描述这样一种方式:通过这种方式,人类可以诉诸上述三个层次的模仿能力,以便同他人进行交流。当群体的规模越来越大,单靠理毛行为已不足以增强凝聚力的时候,最早为凝聚力提供来源的正是"做动作"。唐纳德还认为,"做动作"现在仍然在促进群体团结方面起着至关重要的作用。

　　如果我们可以继续讨论一会儿石器问题的话,有一点是值得提及的:大约150万年前,随着阿舍利手斧和相关工具的面世,出现了一种显著的进步:"这些石器显然是以一种标准化模式制成的,该模式在石器制造过程尚未开始之前就已经存在于石器制造者的头脑之中。"①这些新工具标志着早先时代的人类在简易石片的制造上取得了重大进步。唐纳德说,它们"要靠内行的技艺才能被制造成型;考古学家要经过长达数月的训练和实践才能熟练地制造阿舍利石器"②。塔特萨尔指出,虽然这些新的、更加先进的石器的出现与匠人(Homo ergaster)有关,但它们却是在匠人登场20万年之后才出现的。他以此为例来说明以下事实:在人类的进化中,身体结构一直在发生变化,这种变化在某种程度上独立于文化上的变化。即使物种发生了变化,技术变化和文化上的其他变化也仍然留存了下来,而且在某些情况下会在漫长时期当中随着身体上的发展而发生,这种发展对它们来说大概是必要条件,但并不是充分条件。③关于现代智人和语言分别是何时出现的,学界尚有争议,但是有些人相信,尽管智人已经具备了完全意义上现代语言所需的智力和发声法,然而现代语言却是在他们存在了大约几万年之后才面世的。

---

① Tattersall, *Becoming Human*, 138.
② Donald, *Origins of the Modern Mind*, 179.
③ Tattersall, *Becoming Human*, 139.

我们很容易把视线集中于技术的不断发展完善,认为这是理解人类进化的关键——因为这与我们乐于用经济决定论来理解历史的倾向实在太相符了。但是,自从最近几十年间心理学领域发生认知革命以来,似乎出现了这样的看法:与其说技术本身是首要的决定性因素,不如说它是认知能力不断增强的标志,因为认知能力才是理解人类进化的关键。虽然石器制造是模仿文化出现的重要标识,但我们还需要了解远比这更多的、关于整个过程的情况,而石器制造是这个过程的一个重要部分。

唐纳德将"濡化"(enculturation)说成是人类的发展中除了基因与环境以外的第三个因素,认为它是我们这个物种所独有的。他称之为"深度濡化",以便与在其他许多物种中常见的程度较浅的濡化形成对比,因为深度濡化触及了"人类天性之核心的深处"——简而言之,它使我们的心智形成了结构。①濡化的起点其实就是我们的老朋友"注意力",我们曾视其为情景意识的关键。对于文化而言,关键性的步骤是对注意力的**共享**。在人类婴儿出生后最初几个月中的某个时候,他开始能够在父母注视他时有所回应,与父母共同进行目光交流,不久以后还会养成看父母之所看的能力——共同注意力正是这个时候开始形成的。②唐纳德将共同注意力在婴儿早期的重要意义描述如下:

127
> 在婴儿期早期,文化上的影响主要取决于特定的人物,如母亲、父亲和其他亲近的家庭成员。这些人在婴儿的精神生活中会起到强有力的作用,因为他们会对婴儿的注意力发生影响。他们不仅会支配婴儿的注意力,还会训练婴儿与他们自己共享注意力。他们教给婴儿(在其出生之后的第一年里)的最重要的一课,也许就是由注意力共享的基本规则构成的。这个过程一旦被确定下来,它就会作为一种迅捷的社交学习工具而在各种各样的情境当中起到极好的作用。共同注意力会发展成为主要的文化指引手段,它使儿童得以按照各种文化信号的指示来行动——随着他们

---

① Donald, *A Mind So Rare*, 264.
② Ibid.

的视界逐渐开阔,那些信号会变得越来越抽象。①

这种早期的注意力共享是通过模仿,而不是通过语言来进行的——记住这一点是很重要的。这一点对于今天的婴儿和 100 万年前的婴儿同样适用。在描述儿童的模仿才能时,唐纳德指出了人类进化过程中的一个时期——其间只存在模仿文化——的性质:

> 在儿童发展的早期,他与受习俗、惯例和角色承担(role taking)控制的模仿性社交网络联系在一起。家庭是一个小型的"三围剧场",以"迷你剧"为特色,每位成员都必须在其中扮演多个角色。孩子们很早就对这些戏剧的制作过程有清楚的了解,以至于他们可以在婴儿期表演的限度之内扮演任何角色。这在他们的幻想游戏中有所体现——在这类游戏中,他们可以选择扮演父亲、母亲或自己,甚至扮演狗或家用汽车。孩子们在能够口头描述或回想自己所做的事情之前,就已经成为优秀的哑剧艺术家和演员了。②

"做动作"是模仿文化能够在其中构造共同注意力的最复杂形式。动作有多种形式:表达情感、寻求帮助、发出危险警告等。它与句法是如此相近,以至于它很可能是通向语言的主要途径,尤其是当我们把伴随着语音的动作也包括在内——我们也必须这样做——的时候更是如此。但我目前打算集中探讨共有动作的一个主要形式,它对于社会团结的形成起着基础性作用:这个形式就是"节奏"(rhythm)。节奏在父母和年幼的孩子一起玩耍的那些简单的相互模仿游戏中已经有了明显的体现③;对于能够通过模仿的方式来界定群体身份和个人在群体中的角色的那些群体仪式而言,节奏乃是其基础。我们这个属是唯一一

128

---

① Donald, *A Mind So Rare*, 205.

② Ibid., 266.

③ 语言学家发现,在一切文化中,父母都是用他们称之为"母性语言"(motherese)的一种简化的、高度重复的、单调的、在一定程度上毫无意义的语言来跟婴儿说话的,这种语言所传达的与其说是信息,不如说是感情。诚然,每一种语言都有自己的"母性语言"版本,但是这类语言的基本特征却似乎是相当普遍的。由于母性语言在很大程度上是由单调而毫无意义的音节所组成的,我们很容易想象到,在它之前存在过一种前语言的、模仿的形式。关于母性语言,参见平克:《语言本能》,39—40 页。

个具有"及时动作协调"（keeping together in time）①能力的属，而这种生物能力对于模仿文化的充分发展是至关重要的。关于人属中的前现代成员是否具有对动物进行模仿的能力，从而不仅能够表现出他们自己的社会背景，还能够展示出他们所处自然环境的重要方面，我们永远不可能知晓；但在历史上为我们所知的那些狩猎采集者当中，对动物的模仿是常见的。

模仿行动包括在某种事件当中用身体来表现自己和他人。它通过具身性（embodied）行动——可以说是"关于事件的事件"——来对事件进行**表现**，这超出了哺乳动物的情景（事件）意识所能达到的程度。但是，没有理由认为，由于人属的前现代成员不会说现代语言，他们的模仿行动是在静默中进行的（如同 mime 一词可能暗示的那样）。相反，我们有充足的理由相信，他们的发声（vocalization）已经得到了显著的发展，远远超过了大猩猩所使用的那种简单的叫嚷方式。唐纳德通过论证指出，某种形式的自发调节嗓音的行为——他称之为对嗓音的韵律控制——是通向语言进化的一个必要步骤。他写道："从逻辑上说，对嗓音的韵律控制——也就是对音量、音高、音调和重音的调控——比对语音的控制更加重要，在时间上也早于后者；它远比语音体系更加接近于猿类的能力。它接近于达尔文认为可能是'言说适应'之起源的那种事物，即一种初级的歌曲。"②

我会再回到歌唱问题上来，但现在我要转而探讨莱斯利·艾洛在言说（speech）和语言之间所做的有趣的区分，以及他认为这两者分别进化的那种见解："引起人类言说的能力所涉及的很多独特的解剖特征，以及人类语言的一些认知方面的前身，其出现的时间都远远早于包括句法、符号引用和离线思考（off-line thinking）在内的经过充分发展的现代人类语言。"③即使是邓巴——他主张，随着人类群体的规模逐渐增大，语言取代理毛行为成为社会凝聚力的基础——也指出，"内容

---

① 参见 William H. McNeill, *Keeping Together in Time: Dance and Drill in Human History* (Cambridge, Mass.: Harvard University Press, 1995)。

② Donald, *Origins of the Modern Mind*, 182.

③ Leslie C. Aiello, "The Foundations of Human Language", in Jablonski and Aiello, *Origin and Diversification*, 23.

为零"的"一股稳定的口头絮语之流",或曰无语言之言说,可能是旧大陆猿猴(Old World monkeys and apes)的召唤声和真正的语言之间的一个过渡阶段。他所说的"内容为零"指的是抽象的象征性内容为零,而不是社会性内容为零,因为即使是"灵长动物的发声也已经能够传达大量的社会性信息和评论了"①。

如果言说出现在语言产生之前②(我们的几位专家很可能会同意这一点),而且,如果非语言之言说的特征是韵律,即音量、音高、音调和重音,那么,这种言说如果不是"歌唱"——邓巴列举了多种理由来说明为什么我们所知的歌唱很可能直到进化史晚期才发展起来——又能是什么呢?③史蒂文·布朗提出了可供选择的另一种有趣答案,这种答案也许经得起仔细探究。布朗是从下面这一点开始的:今天的语言和音乐迥然不同,因为它们在大脑中的初始位置不同;虽然如此,但即使是从脑生理学这方面而言,这两者也有许多重合之处。然后他提出,语言和音乐这两者构成了一个连续统一体,而不是一个绝对的二分体,这个二分体的一端是作为"所指意义"的声音意义上的语言,另一端则是作为"情感意义"的声音意义上的音乐。④布朗从这种连续统一体观念和上述两者在脑生理学中的重合位置出发,并且出于简练地进行解释的需要,主张音乐和语言并不是分别进化或先后出现的,它们很有可能都是从某种既是原始语言又是原始音乐的东西发展而来的,这种东西被他称为"音乐语言"(musilanguage)。⑤如果我们假定这种音乐语言也是要被演示出来的,也就是说,要伴以有意义的动作和声音,那么,我们就可以把仪式看作由音乐语言进化出来的第一个例子,并且注意到,即使是在今天,仪式也容易成为一种音乐语言:无论它在言辞、音乐、动作等方面的成分有多么复杂精密,这些成分彼此之间仍然有着难解难

---

① Dunbar, *Grooming*, 78.
② 我们倾向于从抽象性含义这方面来对语言进行思考,因为我们深受自己经常接触的书面语言的影响;尽管如此,我们最好还是记住:说话是伴随着动作的,要用身体来演示,还包含着微妙的肌肉训练,就像其他形式的动作那样。
③ Dunbar, *Grooming*, 140.
④ Steven Brown, "The 'Musilanguage' Model of Music Evolution," in Nils L. Wallin, Björn Merker, and Steven Brown, *The Origins of Music* (Cambridge, Mass.: MIT Press, 2000), 275.
⑤ Ibid., 277.

分的深刻联系。而且,根据第二章的论证,我们可以设想,由于游戏构成了仪式的母体(仪式是从游戏发展而来的),游戏已使这些特征当中的很大一部分得以发展。

不论邓巴多么坚执于"是语言取代了理毛行为"这一观念,也不论他可能多么怀疑"音乐语言"这一观念,他都乐于承认,话语本身——即使是在现代语言得到进化之后——并不足以提供人类群体所必需的凝聚力:

> 试图把新出现的人类生存所需的大型群体团结在一起,这一定是一项艰巨的任务。即使是现在,我们也仍然发现这是很难做到的。想象一下努力使 25 万年前非洲林地上的 150 个人协调合作的情形吧。仅仅话语本身是不够的,因为没有人会注意聆听推理缜密的论证。促使我们行动起来的是激动人心的演说,是它们把我们带入亢奋状态,使我们愿意毫不迟疑地担负起整个世界的任务,而将个人所要付出的代价置之度外。在这里,歌舞扮演了重要的角色:它们就像鸦片剂那样,激发起人们的情感,使人们进入极度兴奋的迷狂状态。①

130　　　　一个举行没有语言的模仿性仪式的社会,看起来就像是涂尔干所说的"基本形式"的一个几近纯理论的实例,因为仪式参与者的身体所能表达的内容不能太多地超越他们自身和他们所组成的社会。也许邓巴提到的"兴奋"与"迷狂"指向社会之外,但如果是这样的话,那么至少可以说,这种说法是没有明确意义的。在涂尔干看来,集体欢腾是社会的一种表达方式,因此,我们在这里似乎可以看到"社会扮演其自身"的纯理论性实例。不过,我们可以说社会创造了仪式吗?还是只能说仪式创造了社会呢?模仿性仪式似乎是它使之成为可能的那个社会的必要组成部分。

在形塑社会本身及其构成要素的角色的过程中,模仿文化提供了必要的资源,以超越相当混乱无序的黑猩猩群体,形成更大的、有能力控制内部争斗的群体,这样,交配活动和同性之间的团结才能在多种环

---

① Dunbar, *Grooming*, 146.

境下出现。群体内部的团结并不意味着这些以模仿文化为基础的社会是和平安宁的。有充足的理由让我们相信并非如此,地方性冲突经常在群体之间发生——化石记录甚至表明发生过同类相食的事件——也许,群体内部的争斗只得到了相对成功的控制。①

模仿文化的局限性是显而易见的。唐纳德写道:

> 因此,模仿是一种远比象征语言更加有限的表达形式;它的速度较慢,意思含糊不清,主题范围又十分有限。在模仿文化中,情景性事件记录继续作为更高级认知的原材料而发挥作用,但它在认知层次结构中并非居于顶端,而是扮演着次要角色。在具备模仿技巧的大脑中,最高级的处理方式不再是对感性事件的分析和分类,而是对自发行动中的这类事件的模拟(modeling)。从更大的范围来看,其结果是这样一种文化——它能够对先前的情景性事件进行模拟。②

应当记住,我们人类从未远离哺乳动物的基本情景意识。如前所述,模仿文化是"关于事件的事件"。我们将会看到,居于语言文化之核心的"叙述"从根本上说是对一连串事件的记述,这些事件按照等级组成了更大的事件单元。但是,当我们的先人初次走到"事件意识"之外来观察这种意识以及在它之前、之后和周围发生的事情的时候,这一时刻乃是一个具有最重大意义的历史性时刻。其他高级哺乳动物虽然也是社会性的,但却固守在它们各自的意识之内。③正如唐纳德所说,它们是"唯我主义者"。而对人类来说,一旦模仿文化进化出来,他们就能够参与、分享其他人的所思所想。我们能学习,能接受教导,而不必事事都亲自去发现。模仿文化是有限而保守的,它缺少迅速发展的

---

① 参见 Lawrence H. Keeley, *War before Civilization: The Myth of the Peaceful Savage* (New York: Oxford University Press, 1996)。唐纳德提出了一个有力的观点:"在所有人科动物当中,只有一个亚种存活了下来,这绝非巧合;哺乳动物中的其他大多数物种都至少有几个同时存在的亚种,每一种都占据了一个特定的生态区位。但人类并非如此。显然,只有一种人科动物能够在较长的时间当中占据人类的生态区位。"参见 Donald, *Origins of the Modern Mind*, 209。

② Donald, *Origins of the Modern Mind*, 197-198.

③ 此处概述的唐纳德《现代心智的起源》一书出版于 1991 年;此后,德·瓦尔、托马塞罗等学者的研究表明,类人猿在很大程度上具有共同意识,我们在第二章中对这一点作过探讨。

潜力,而语言却使这样的发展成为可能。但模仿是一个必不可少的步骤;倘若没有这个步骤,语言就永远也无法进化出来了。

此外,尽管模仿在很多方面都不如语言那样高效,然而它在其自身的领域里却是不可或缺的。正如唐纳德所言,模仿"发挥着不同的功能,而且在传播某些类型的知识时仍然远比语言更加高效;例如,在形塑社会角色、表达情感、传授初级技巧等方面,模仿仍然是最重要的"①。也许模仿并非仅仅是"初级技巧",因为在传授体育、舞蹈,可能还有其他艺术领域的那些相当复杂的技巧时,模仿也是最基本的方式。最后,在"集体性仿效和由此而来的建构"人类社会本身的行为当中,模仿仍然是不可或缺的。②

神话文化

我们是如此沉迷于自己作为语言使用者的身份,以至于认为,发现语言之起源乃是理解人类进化的关键。梅林·唐纳德把文化——逃避我们的唯我主义并与一种更大的、与他人共享的意识相联系的能力——视为令我们与众不同的关键,这是其研究的重大优点之一。正是在这样的语境中,他认为语言"骑"在文化的"肩上"这一观念才说得通。③个人对语言的习得是社会性的:即使有"语言模块"(language module)这样的东西存在,它也只有在社会所提供的语言环境中才能起作用。幽闭的儿童是不会自发地学会说话的。唐纳德提醒我们道,杰罗姆·布鲁纳令人信服地说明,语言学习需要一个外部支持系统、一个语言环境,才能产生效果。④问题是:最初使语言成为可能的这个"外部支持系统"是什么呢?

生物人类学家和神经科学家特伦斯·迪肯在著作《使用象征的物

---

① Donald, *Origins of the Modern Mind*, 198.

② Ibid., 200.

③ Donald, *A Mind So Rare*, 36-39.

④ Jerome Bruner, *Possible Worlds*, *Actual Minds* (Cambridge, Mass.: Harvard University Press, 1986),转引自 Donald, *Origins of the Modern Mind*, 283。

种——语言与大脑的共进化过程》①中,试图理解直立人的语言是如何产生的——直立人大脑的组织方式并不适合语言的使用,尽管像我们所知道的那样,与我们关系最近的灵长目亲属在经过极其艰苦的努力和外部训练的情况下可以学会至少是最基本的词语使用方法。但是,正如迪肯所说:"最初的人科动物是完全依靠自己来使用象征进行交流的,几乎没有从外界得到过什么支持。那么,接下来他们何以能够用与黑猩猩相似的头脑来取得这个难以取得的成果呢?简而言之,答案是'仪式'。"

在下文中,迪肯找到了理由说明,教黑猩猩使用象征进行交流的过程和语言在仪式中产生的过程有着类似之处:

> 的确,仪式在现代社会中仍然是使用象征进行的"教育"的核心部分——尽管我们很少意识到,由于它以微妙的方式被织入社会的织体之中,它在现代仍然发挥着作用。"对象征的发现"这个问题意味着把注意力从具体事物转移到抽象事物,从符号和物体之间那些分散的、指示性的联系转移到符号之间的一套有组织的关系上。为了凸显[符号–符号]之关系的逻辑,大量的多余活动是很重要的。这一点在用黑猩猩做的一些实验中得到了证实。……实验者发现,让它们机械地重复把图形字组合起来,使它们能够把注意力从明晰而具体的"符号–物体"之联系转移到含蓄的"符号–符号"之联系上来。而在现代人类社会中,在仪式里用同一组事物一遍又一遍地重复同一组行为的做法,也常常被用于相似的目的。"重复"的做法可以使某些表演的各个细节不假思索并且几乎是无意识地做出来;同时,集体参与所引起的强烈情感又能帮助他们把注意力集中在相关事物和行为的其他方面。仪式中的狂热氛围可以促使人们用迥然不同的眼光来看待日常生活中的活动和事物。②

虽然当迪肯论证说仪式为最初的语言学习提供了必要的"外部支

---

① Terrence Deacon, *The Symbolic Species: The Co-evolution of Language and the Brain* (New York: Norton, 1997).

② Ibid., 402-403.

持系统"时,他的思路似乎是正确的,但却可以看出,他的观点在梅林·唐纳德关于语言之起源的语境当中才是最能说得通的。迪肯所讲的故事的问题在于:"仪式"似乎是突然出现的;而且,如果语言对于"与黑猩猩相似的头脑"而言是很难的,那么仪式亦当如此。唐纳德认为,曾经有过这样一段非常漫长的时期,其间模仿文化得到了发展,人类的大脑也达到了比黑猩猩的大脑大得多、复杂得多的程度。这种观点把迪肯的论断所暗示的内容表达了出来:仪式是语言的外部支持系统。

133   迪肯认为学习语言的关键在于构造"符号–符号"之联系——这些联系是从符号和事物的直接联系中抽象出来的——的能力,这一点无疑是正确的;但是,关于语言在很大程度上不仅以模仿意识为基础,甚至也以情景意识为基础,唐纳德所坚持的看法也是对的。唐纳德在对"普遍语法"(universal grammar)观念提出他自己的阐释时,说明了语言能够多么严密地反映出人们对事件的感知:

> 除了用某种方法来明确说明向上、向下、旁边和上方,我们还能用什么方式来对空间进行表述呢? 话语的组成部分和对其进行控制的规则似乎是从"事件感知"(event perceptions)的不断发展的分化或分解过程中自然而然地出现的。在这一事例中,我们可以说,语言始于给一种情境感知的特定方面贴标签的简单行动。实际上,正是后者,即情景性的认知——这是我们身上残存的哺乳动物遗留痕迹——把这一普遍框架加于语言之上。①

唐纳德引用了乔治·莱柯夫和马克·约翰逊的著作,他们两人主张,语言从根本上说具有隐喻的性质:"莱柯夫和约翰逊指出,隐喻性的表达开掘了认知的矿脉,这一矿脉远比语言本身更为关键。实际上,隐喻彻底暴露了(用一个隐喻来说)语言的情景性根源。"②唐纳德写道:

---

① Donald, *A Mind So Rare*, 282.

② George Lakoff and Mark Johnson, *Metaphors We Live by* (Chicago: University of Chicago Press, 1980),转引自 Donald, *A Mind So Rare*, 283。也可参见 Lakoff and Johnson, *Philosophy in the Flesh: The Embodied Mind and Its Challenge to Western Thought* (New York: Basic Books, 1999)。

语言普遍性(linguistic universals,一译"语言共性")源自这样的语境:人们在其中学会了现实世界中的语言;更重要的是,这些语言是其中进化出来的。与其他任何习俗体系一样,语言方面的习俗是被它们起源于其中的环境所形塑的。这些语言习俗具有模仿性的起源。因此,一旦我们把范式改换一下,"普遍语法"的特征就从一种对动作、模拟和模仿行为的细致分析当中顺畅地浮现出来了。"语言本能"是存在的,但它是一种领域一般性的(domain-general)本能,其目的是进行模仿和参与集体行为,并被一种要求进行概念说明的深层内驱力所推动。①

但是,为什么会出现这种要求进行概念说明的内驱力呢?唐纳德提出,人类有过这样一种需求:想要对世界进行一种比通过模仿行为能做到的更加融贯一致的表述。他写道:"因此,我们必须考虑这样一种可能性:最初的人类适应行为并不是**作为**语言的语言,而是整合性的、起初具有神话性质的思想。现代人类发展出了语言以回应那种促使他们对概念结构进行改进的压力,而不是相反。"②"神话"是一个极其模糊的词语,所以我们最好弄清楚唐纳德想用这个词语来说明什么意思:

> 在我们的术语中,"神话思想"可以被当作一种统一的、被集体持有的体系,由解释性和调节性的隐喻构成。人类心智的范围已经超出了对一连串事件的情景性感知,超出了对情景的模仿性重构,达到了对整个人类宇宙进行综合性仿效的程度。因果性的解释、预言、控制——神话构成了对这三者的一种尝试,生活的每一个方面都被神话所渗透。③

在某种意义上,正是由于神话相对于语言的优先性,唐纳德将"模仿文化"之后的阶段称为"神话义化"。

唐纳德强调神话在认知方面的作用,这与人类学家列维-施特劳斯的观点很接近。列维-施特劳斯比其他任何人都更加强调神话知性功能。然而,列维-施特劳斯并未将神话视为科学的一种形式,或是科

---

① Donald, *A Mind So Rare*, 283-284.

② Donald, *Origins of the Modern Mind*, 215.

③ Ibid., 214.

学在远古时代的先驱,而是认为神话具有一种不同的认知功能:

> 说一种思考方式［神话］是客观公正的,而且具有智识性,这丝毫不意味着它等同于科学思考……它仍然是不同的,因为它的目标是尽可能通过最短的途径来获致对宇宙的一般性理解——不仅是一般性的而且是**整体性的**理解。也就是说,这种思考方式必然暗示着:除非你理解一切事物,否则你就无法对任何事物作出解释。①

这种神话观确实会认为神话"被一种要求进行概念说明的深层内驱力所推动",我们将在下文中对这种内驱力进行进一步的探讨。

虽然在模仿文化的多种资源中,唐纳德提到了仪式,可他并没有像迪肯那样将其置于语言产生过程的核心地位。但我认为,根据唐纳德自己的主张,我们可以看出迪肯是正确的。如果神话超越了模仿的最复杂形式,那么,仪式不就是最有可能成为那种最复杂形式的候选者吗?模仿性的仪式对社会,甚至可以想象得到对某些(比如各种动物的)社会环境进行仿效。但即使是在模仿阶段,难道我们想象不出更多的东西吗?毕竟,仪式并非只是现实的反映,它还为应然的实在提供了一幅图景。②在模仿性的仪式中,社会克服了一切无止无休的口角、派系之间的争端、伤害、愤怒和怨恨,这些因素在任何社会中都是普遍流行的;取而代之的是对社会团结的表现。即使模仿性仪式的复杂程度足以使其既能体现秩序,又能体现无序,就像一切已知的(同语言相联系的)仪式所做的那样,这类仪式所传达的信息也会是"无序状态被战胜"。

在那些断裂期(继之而来的是旧石器社会)中,疾病必定影响重大,尤其是当我们所说的疾病不只是指躯体的失调,而且是指身心和社会的失调时更是如此。儿童在这种又小又脆弱的社会中必定特别容易受到伤害,而一个成人的病故或丧生也会给其他群体成员带来沉重的

---

① Claude Lévi-Strauss, *Myth and Meaning* (New York: Schocken Books, 1979), 17. 黑体字是原文中就有的。
② 值得记住的是,在涂尔干后期的著作中,他并没有把"社会"等同于现有的现实世界,而是等同于赋予它一致性和目的的那些理念。

负担。因此,治疗仪式自古以来就很可能是非常重要的,至今仍然如此。若是不考虑萨满教问题——有些人认为它流行于一切古代文化之中,其他人则认为它是西方人的虚构——那么最早的仪式专业人员可能是治疗者,即了解治疗仪式的人,这种仪式能够在面临既有病痛的情况下把对健康的体验生动地表达出来。①

然而,如果把模仿性仪式想象为尽力表达一种关于社会的理念——不是按照社会实然状态,而是按照其应然状态来进行表达——的这样一种行为是正确的,那么唐纳德的那种认为语言出现于人们通过神话来获致对世界的更广泛理解的努力过程之中的观念就是非常合情合理的了。乔纳森·Z.史密斯对(同语言相联系的)仪式之特性的描述方式也许可以帮助我们理解导致神话出现的那种"要求进行概念说明的内驱力":

> 我要提出,与其他东西相比,**仪式表现的是对一种受控的环境的创造**——在这种环境中,日常生活中的那些变化无常的东西(如事故)可以被取代,而这**恰恰**是因为它们被感知为不可抵抗地在场并且强大有力。**仪式是演示事物应然状态的一种手段,这种应然状态与事物的实然状态处于清醒的张力之中,演示的方式使得这种仪式化的完美情形会在事物日常的、不受控的进程中被回想起来。**②

在日常生活中,事物不断地破碎。关于仪式,马萨特克(Mazatec)印第安人中的萨满巫师曾说:"我是组合者。"③无疑,这不仅适用于身体治疗,也适用于普遍意义上的治疗。

关于仪式和神话何者在前,这一争论持续了一百多年还没有得到

① 詹姆斯·麦克雷农(James McClenon)在《奇妙的治疗——萨满教、人类进化和宗教起源》(*Wondrous Healing: Shamanism, Human Evolution, and the Origin of Religion*, Dekalb: Northern Illinois University Press, 2002)中论证说,根据新达尔文主义,萨满教的治疗是宗教的"起源"。他的论点虽然有趣,但在我看来太简单了。

② Jonathan Z. Smith, *Imagining Religion: From Babylon to Jamestown* (Chicago: University of Chicago Press, 1982), 63. 黑体字是原文中就有的。

③ Morris Berman, *Wandering God: A Study in Nomadic Spirituality* (Albany: SUNY Press, 2000), 83.

解决。这是被许多人认为无法解决因而最好放弃的争论之一。然而，
136　如果像唐纳德和迪肯这样的学者是正确的，那么这一争论就终于可以
结束了。仪式显然是先于神话的。但是，尽管人们在多个民族中都发
现了一些例子，说明存在着无神话之仪式，然而据我们所知，仪式仍然
深植于神话之中，没有神话就常常难以理解。另一方面，虽然神话经常
是无拘无束地从仪式中发展而来的，但在很多情况下仍然可以看出，神
话起初是仪式性的。考察一下这两者具有异常密切联系的几个例子，
也许是有用的。

　　当我们对拥有口头文化的、相对较小的社会中的仪式和神话进行
考察时，以下事实是很有趣的事情之一：仪式常常是异常稳定的，然而
神话却有许多不尽一致的版本。这并不是说仪式不发生变化——任何
社会中都没有不变的东西。但仪式似乎比神话更有抵抗变化的能力。
从某种程度上说，我们也许可以把仪式看作一个模仿性标志，语言以神
话的形式从中逃之夭夭。我愿意求助于罗伊·拉帕波特的《人类形成
过程中的仪式和宗教》——近年来问世的最严肃的一部对仪式进行思
考的研究成果——来考虑他对仪式的高度凝练的定义：**"对几乎不变
的、没有完全被演示者编码的若干组正式行动和话语的演示。"**①

　　拉帕波特对"不变的……若干组正式行动和话语"的强调，使我
们回想起了"音乐语言"的特征。在从若干组无意义的声音转化为
高度凝练（从无差别的意义上说）但却有所指且带有感情意涵的声
音事件——与神话只差一步——的过程中，音乐语言也许起到了至
关重要的作用。这些过渡性事件的一个关键方面是"冗余"，它在帮
助人类从指示性意义转向象征性意义的过程中起到了根本性的作
用。根据布鲁斯·里奇曼的观点，音乐性的冗余是通过三种形式得到
传播的：(1)重复；(2)程式化（"大量的原有程式、即兴重复段、主题、
动机和节奏"）；(3)对"就要发生的、可以填补即将出现的时间缝隙的

---

① Roy Rappaport, *Ritual and Religion in the Making of Humanity* (Cambridge： Cambridge University Press, 1999), 24. 该书是在作者去世之后出版的。基思·哈特(Keith Hart)在该书序言中援引了涂尔干的《宗教生活的基本形式》，并认为拉帕波特的著作"在范围上堪与其伟大前辈的著作媲美"(xiv)，我同意这一判断。

事件"的期待。①在由期待所创造的"冗余"中,最重要的因素是节拍(tempo),即可以由打鼓、跺脚或其他方式带来的节奏。我们已经注意到了人类特有的"及时动作协调"能力。无论如何,这一点是与在拉帕波特对仪式的定义中居于核心位置的"几乎不变的……若干组正式行动和话语"密切相关的。仪式的这些方面将会在关于南美洲卡拉帕洛人的例子中得到简短的说明——他们那里的仪式完全是音乐性的;神话提供的是背景,而不是内容。

137

我需要讲一点儿题外话,以便为我对实例的选择进行辩护。我并不想论证说,我将要描述的群体在任何具体方面与5万年乃至更长时间以前的人类群体有相似之处。正如黑猩猩进化的时间与人类一样长,我要描述的这些群体进化的时间也与其他任何现存人类群体一样长。然而,有些狩猎采食者和从事种植业的部落拥有完全通过口头来表达的文化,这种文化告诉我们一些关于人类进化早期阶段的信息;如果不对这些群体加以考察,似乎是有悖常理的。虽然那些反对文化进化观念的人类学家正是这样做的,但对于将人类进化视为不可否认之事实的考古学家或其他学者而言,他们的论点并没有说服力。更困难的问题是:我们应当选择哪些部落社会呢?有些人倾向于认为那些组织严密的、高度仪式化的、"涂尔干式的"部落社会出现得较晚,而那些组织松散的、"个人主义的"、在仪式或神话方面十分匮乏的群体却是人类进化早期阶段的代表。②玛丽·道格拉斯则完全拒绝承认一系列进化过程的存在,并认为一些部落社会是相当"世俗"的,在宗教方面几乎没有什么表现。然而,关于为什么一些部落是高度仪式化的而另一些却几乎是世俗的,她确实给出了一条理由。她以她自己的涂尔干式方法,把宗教性(religiosity)的程度和社会组织的严密性联系了起来。用她的话来说,网格(grid)和群体很高级的地方,我们可以预料到

---

① Bruce Richman, "How Music Fixed 'Nonsense' into Significant Formulas: On Rhythm, Repetition, and Meaning", in Wallin, Merker, and Brown, *The Origins of Music*, 304.

② 这是莫里斯·伯曼(Morris Berman)《漫游的上帝》(*Wandering God*)一书的核心论点。伯曼相信,"宗教"是在农业产生之后才随之产生的,因此在人类进化过程中出现的时间相当靠后。艾伦·约翰逊(Allen Johnson)和蒂莫西·厄尔(Timothy Earle)在《人类社会的进化》(*The Evolution of Human Societies*, Stanford: Stanford University Press, 1987)中主张,有些规模很小的早期人类群体"天生"就具有个人主义的特点。

那里的仪式也是颇为盛行的;但在群体比较弱小的地方,仪式在很大程度上就看不到了。①

问题是(如果我们要问的话):尽管道格拉斯反对老式的进化体系,但并不理所当然一定要选择组织比较松散的群体。其实,规模较小、组织较松散的社会也许并不能代表进化的主要脉络。邓巴推论出智人群体的规模为 150 人,这可能也暗示了这一点。让我们看一下道格拉斯所举的世俗部落实例之一——弗雷德里克·巴特所描述的伊朗巴瑟里游牧部落。道格拉斯写道:"难道人们不应该认为,一个不需要将其自身的表象清晰地向自己表达出来的社会是一个类型很特殊的社会吗?这就直接导向了巴特关于巴瑟里部落家庭之独立和自足的说法:这种独立和自足使这些家庭有能力生存于'与外部市场的经济关系之中,但却与同类部落完全隔离。这种独立和自足是巴瑟里组织非常引人注目的一个基本特征'。"②然而,不能将巴瑟里社会当作早期人类社会的典型。首先,真正的草原游牧制度——巴瑟里确实是实施这种制度的典范部落——是一个出现得较晚的现象,直到农业社会产生之后才成为可能,而且总是与后者共生。这种共生关系在这个实例中138 体现得十分明显,因为正是市场使巴瑟里部落家庭得以在"与同类部落完全隔离"的情况下生活。

我将通过论证指出,家庭之间完全隔离的社会——巴瑟里或其他任何这样的社会——都没有能力拥有神话文化;我怀疑它们甚至都没有拥有过模仿文化。像科林·特恩布尔(Colin Turnbull)笔下的姆布蒂俾格米人(Mbuti pygmies)这样的群体,或是见于世界不同地区的其他极其松散的俾格米人群体,通常都与邻近的农业部落(姆布蒂人)共生,也有的是被敌对部落打败并出逃的难民,只能勉强维持生计,无法成为早期智人进化的合适例子。③ 出于不同的理由,因纽特人(Inuit)

---

① Mary Douglas, *Natural Symbols: Explorations in Cosmology* (New York: Pantheon Books, 1982 [1970]), 99.

② Ibid., xi-xii.其中的引文出自 Fredrik Barth, *Nomads of South Persia: The Basseri Tribe of the Khamseh Confederacy* (London: Allen and Unwin, 1964), 21.

③ 在《文明之前的战争》(*War before Civilization*)中,基利(Lawrence H. Keeley)论证说,在无战争之社会的几个例子中,多数人其实都是"被打败的难民",精神创伤和身体疲惫使他们无心对别人发起攻击。

和其他生活在靠近北极区的小型群体也不能成为这样的进化范例。因纽特人是最晚到达新大陆的民族,可能直到包括狩猎工具制造、缝衣和划船在内的高度复杂的技术发展起来之后才占领了自己的地盘,当时距今最多只有几千年。

模仿文化和神话文化都极有可能是在那些最适合狩猎采食的富饶地区进化出来的,那些地区早就一直被务农者们占据着。那也正是可以支撑为文化创新所必需的人口密度的地区。在世界上的大多数地方,狩猎采食者都已被驱赶到边缘地带,不复占据他们在原始文化全盛时期所占据的领域。但是也有一个引人注目的例外:澳大利亚。除了在距今很近的时期受到欧洲人的入侵之外,澳大利亚的土著在5万年乃至更长的时间当中一直走着自己的路,当然其间并非没有受到过外来文化的某些影响。正如经常被人指出的那样,这些部落并不是"典型"的狩猎采食社会,但是可能比其他任何同类社会都更加接近于我们的古代传统。①其他可能的候选者则来自新大陆;在那里,中美洲文明对狩猎采食社会和从事种植业的社会造成了影响,但是也许并没有给这些社会的周边带来决定性的改变。

作为一项思想实验,我打算对几个实例——一个来自澳大利亚,一个来自南美洲,还有一个来自北美洲——加以考察,看看相对而言很少受到上古文明影响、更少受到历史文明影响的神话文化可能是什么样的。

卡拉帕洛人

第一个例子是巴西中部(马托格罗索州)兴谷河上游盆地的一个

① 艾伦·巴纳德(Alan Barnard)在丛林居民和澳大利亚模式的狩猎采食社会之间做了一个有趣的对照,并得出结论说,前者可能更加接近于早期智人社会,理由有二:(1)澳大利亚模式是澳大利亚所独有的;(2)澳大利亚模式过于复杂,因而无法成为早期文化的基础。参见他的《现代狩猎采食者和早期象征文化》一文,收录于《文化的进化》(*The Evolution of Culture*, ed. Robin Dunbar et al., New Brunswick: Rutgers University Press, 1999),50—68页。我已经论述过文化演变的问题。大卫·特纳(David H. Turner)在《〈创世记〉之前的生活——一个结论》(*Life before Genesis: A Conclusion*, Toronto: Peter Lang, 1985)中支持那些倾向于认为澳大利亚模式存在于北美洲的看法,并认为从逻辑上说,澳大利亚模式可能存在于任何地方。

讲加勒比语的群体——卡拉帕洛人,埃伦·巴索对其进行过研究。[1]巴索曾在1966—1968年与他们共同生活,当时那个村庄的人口是110人,但那里的人口曾因1954年的流行麻疹而锐减;当她于1978—1980年回去为她的第二部著作进行田野调查时,那里的人口是200人左右。因此,在整个时期,该村庄的人口在邓巴假设的标准——150人左右波动。这个地区的八个村庄虽然语言不同,人们彼此听不懂,但拥有同一种文化,并由重要的亲缘纽带和仪式纽带相联结;卡拉帕洛就是这八个村庄中的一个。这些人生活的地区极其偏僻,以至于从土著人尚未与外来文化接触的时期开始,他们就几乎没有受过打扰。如今,他们生活在兴谷河国家公园的边界之内;在那里,"非印第安人的移民、传教活动、对自然资源的商业开采乃至偶然性的旅游都是被禁止的"。根据巴索的看法,这项政策的结果是"一个基本健康的群体得以继续保持其文化活力,这个人群在很多重要方面都没有发生过变化,仍然保持着"他们在1884年第一次被欧洲人发现时的原样。[2]然而,在这座公园建成之际,卡拉帕洛人不得不迁移到他们如今在公园边界之内的居住地来生活。他们有时仍然会回到大约三日行程之外的村庄旧址,从那里的树上采摘水果,并怀着深切的感伤情绪再看一看那些地方,因为它们与卡拉帕洛神话中的某些特定的事件相关联。[3]

卡拉帕洛人从事种植业,他们的主要作物是木薯,但他们也靠捕鱼和采集野生植物获得了很大一部分食物。他们把一年分为两个季节:湿季和干季。干季大体上是在五月和九月之间,其间会举行许多持续数周,有时持续数月的仪式活动。在不举行仪式的情况下,卡拉帕洛社会是根据家庭和血缘网络组织起来的;但在举行仪式的时节,社会组织

---

[1] Ellen B. Basso, *The Kalapalo Indians of Central Brazil* (New York: Holt, Rinehart and Winston, 1973); and Basso, *A Musical View of the Universe: Kalapalo Myth and Ritual Performances* (Philadelphia: University of Pennsylvania Press, 1985).

[2] Basso, *Kalapalo*, 1-3. 在巴索第二次探访期间(1978—1980),卡拉帕洛人仍然坚守着他们的传统文化。公园提供的保护"使他们有可能在面临人口结构、社会和经济方面的压力越来越重大——这些压力有几次已经对保护区的完整性构成了威胁——的情况下继续生存",使他们尽管"心怀恐惧且软弱无力",却在事实上成了拉丁美洲土著中的独特群体。参见 Basso, *Musical View*, xi-xii。

[3] Basso, *Kalapalo*, 5.

就转变成为一个更加具有包容性的社群,超越了血缘关系和姻亲关系。经济活动由仪式官员来组织,组织方式比不举行仪式时更加集中和有效,其产品由整个社群的成员所分享。

尤为有趣的是,卡拉帕洛的仪式主要是音乐性的,神话作为评论发挥的作用要多于作为场景所发挥的作用;然而,"音乐占据统治地位"这个观念本身却是植根于神话的。卡拉帕洛人根据各种生物发出的声音来对它们进行分类。"起初"就存在的"强力存在"通过"音乐"来表达自身,人类用"话语"来表达,包括动物在内的其他生灵拥有"呼喊",无生命的物体则制造"噪音"。①这些强力存在包括阿古提(Agouti)、陶吉(Taugi)、桑德(Thunder)、杰古阿(Jaguar)等。"阿古提是告密者和密探,陶吉是能够看穿假象、常常得手的骗子,桑德是最危险的强力存在,杰古阿则是容易受骗的恶霸。"②有些强力存在具有动物特性,它们的名字就明显地体现了这一点;而且,它们也会说话或发出"呼喊",尽管它们更喜欢音乐这种表达方式。除了强力存在以外,还有"黎明之人"(Dawn People),他们是存在于"黎明时代"的人类,能够很容易地跟强力存在进行互动。

根据卡拉帕洛的宇宙进化论,人类是被"常说关于他自己的谎言"的骗子陶吉创造出来的,这就是为什么人类所说的话总是具有潜在的欺骗性,而且人们很注意用证据来证明其话语的真实性,包括经常使用含有"这不是谎话"这类意思的表达方式。③最早的人类"黎明之人"与强力存在关系密切,而且在很多方面与后者相似。今人是黎明之人的后裔,但不具备他们的能力,因而必须对强力存在和它们那极富创造性但也十分危险的能量加以提防。④它们可能出现在梦里或不同寻常的

---

① Basso, *Musical View*, 65. 值得注意的是,巴索在第一部著作中提到"伊特塞克"(itseke,指强力存在)时,只将它们称为"怪物",因为此前与它们有关的种种危险给她留下了最为强烈的印象。参见 Basso, *Kalapalo*, 21-23. 她为《音乐观》(*Musical View*)一书所做的田野调查集中于神话和仪式,这些工作大大加深了她对强力存在的理解。

② Basso, *Musical View*, 69.

③ Ibid., 68.

④ 巴索指出,那些强力存在是可以被本土化的:"某些地标——树木、河流的流域、极深的林区等等——被认为是一些特别的怪物[伊特塞克]的家园。在经过这些地方的时候,人们按说要保持沉默,以免引起那些生物的注意。"(*Kalapalo*, 116)在《音乐观》中,正如我们将要看到的那样,巴索说那些神灵生活在"天上的村庄"里。

环境中,通常以人形显现,但有时也会以动物的外形显现;遇到这样的情况时,常常需要举行保护性的仪式,因为这类情况与危险有关。然而,几乎为仪式提供了全部内容的,正是作为仪式生活之焦点的强力存在以及它们的表达形式,亦即音乐。

根据巴索的观点,强力存在和黎明之人的世界要用到语言,但首先要用到音乐:

> 这个世界是在仪式表演期间被复制出来的;在这些表演中,卡拉帕洛人共同采用了强有力的交流模式,他们通过这种模式引发了对宇宙力量之统一性的体验,而这些力量是通过创造性的动作所构造的声音之统一性而发展出来的。他们也在仪式中极为生动地认识到他们的存在之力。这是因为,通过集体性的音乐表演,他们不仅以自己心目中的强力存在之形象为模型来形塑自己,而且通过体验内在于人类乐感之中的转化性力量而感觉到那些模型的价值。①

那些要花费数周时间——在某些情况下甚至长达一年——来进行准备和排练的盛大节日,需要复杂精细的人体彩绘和花卉装饰,有时还需要面具。与音乐表演相伴的身体动作是这种表演的必要组成部分,巴索称之为"曳行"(shuffling)而非舞蹈;表演者的队列会在曲调改变时变换行进方向。表演者在扮演强力存在的同时,也能取悦它们,因为音乐可以使其平静下来,并对其进行抚慰,从而抑制其力量所引发的种种危险——这种力量在其他情况下是不受控制的。很明显,这些强力存在并不是"诸神",这种仪式也不是"崇拜"。更确切地说,正如巴索所言:

> 音乐表演与强力存在相关联,是与后者进行交流的途径,尽管它不是直接讲给后者听的话语……可以说,交流之所以能产生,不是由于人们**向**某一种强力存在歌唱,而是将其唱成生灵。强力存在那高度专注的精神形象是通过表演的方式在表演者的头脑中被创造出来的……结果,表演者的自我与歌颂的对象融为一体;正如

---

① Basso, *Musical View*, 243.

神话中的强力存在会参与人类的说话行为,仪式中的人类也会参与到**伊特塞克**[强力存在]的音乐性当中,从而暂时获得它们的一些转化性力量。在公共仪式中,这就是共同体的力量。然而,它的含义并不是危险和矛盾,而是从对社会重建和公共劳动的行为体验中产生的集体凝聚力,它代表着一种具有显著的创造性效果的转化性力量,包括创造它自己的社会组织的能力和帮助治愈重病患者的能力。①

巴索对她在卡拉帕洛人当中看到的那种热情的"交融"(communitas)——她用维克多·特纳(Victor Turner)的术语来形容仪式中的共同体情感——进行了讨论;她认为这种交融与其说是特纳所主张的一种"反结构",不如说是一种另类的结构。仪式持续的时间很长,并且包含着很多组织性极强的经济活动,因而不能被视为日常生活中的差别得到克服的短暂时段。毋宁说,平时没有仪式时,人们之间存在着家庭和血统的差别,各种妒忌和纠纷由此产生,但仪式使他们不再关注这些差别,进入了一个充满热情的集体活动时期,这时他们将自己认同为卡拉帕洛人,而不是家庭成员。在仪式中分组跳舞的时候,兄弟姐妹被有意分隔开来,夫妻也被分在不同组中。只能扩展到卡拉帕洛人和与其相邻的同盟部落的那种"共同人性",取代了日常生活中的种种分歧。因此,按照巴索的说法,卡拉帕洛人的"交融"虽然短暂,却是一种"有结构的秩序……构成有效的集体工作之基础并促使其产生的那些合宜的态度,是通过集体性、重复性、模仿性的音乐表演而得以传达的,集体性的体验所带来的欢乐由此得以实现。实际上,这种集体性的音乐表演使经济活动得以成功地产生"。

这种新的自我身份认同(例如:不是"我是凯姆比的儿媳",而是"我是卡拉帕洛人")暗示着一种关于平等的道德意识或"对参与的认同"。 142

　　从经济方面来说,它意味着每个人都有义务参与其中,但每个人不论贡献大小,都会有所收获。"伊夫提苏"(Ifutisu),卡拉帕洛人生活中最基本的价值标准(包括慷慨、谦逊、灵活、面临社会困

---

① Basso, *Musical View*, 253. 黑体字是原文中就有的。

难时的镇静、对他人的尊重等观念)①超越了家族范围,被扩展到共同体里的所有人当中。②

这种纯粹口头文化的世界显然是通过仪式和神话组织起来的。卡拉帕洛人的宇宙是合乎逻辑的:起初有强力存在;它们创造了黎明之人,并在初期和后者生活在一起;它们现在居住在一个"天上的村庄"里,距离太阳升起的地方很近,距离当今的人们——黎明之人的后裔——在大地上的居所也不远;人们死后将会前往天上的村庄,成为强大的生灵。这一"宇宙史"在时间或空间上都没有很大的跨度。③但即使是这种相当有限的关于时间之延展的意识,也被仪式压倒了,因为那些强大的人物变成了现在和我们。巴索引用了音乐哲学家维克多·祖卡坎德尔的话来说明音乐如何帮助提供这种关于自我和世界合而为一的意识。在祖卡坎德尔看来,音乐创造了"一种关于'没有地点区别的空间'和'过去与未来同时存在于现在之中的时间'的意识,亦即关于音调之运动的意识,而这种运动就是音乐本身"。④

卡拉帕洛人把这样的"神话时间之重现"当作理解现实的一个巧妙方法。"起初"发生的事情可能总会发生;一个人做出的奇怪行为可以比作神话中一种强力存在的某个活动,并以这种方式得到阐释;日食或月食使人想起太阳或月亮"被杀"的那些故事,同时又让人感到安慰,因为在故事里它们并没有死去,而是又回到了正常状态。巴索论证说,卡拉帕洛人的神话并不像马林诺夫斯基所想象的那样,是一种"宪

① 我们将在其他部落社会和古代社会中看到类似的情况。

② Basso, *Musical View*, 256-257.

③ 詹·范希纳(Jan Vansina)注意到,在口头文化中,年代方面的内容十分浅显,这是不可避免的:"超出一定的时间跨度,年表就不再能够被保存下来了。各种记述融合在一起,或是被抛回初始时期——典型的做法是将其归到一位文化英雄名下——或是被遗忘。据我所知,最短的时间跨度存在于罗巴耶的阿卡(Aka of Lobaye,在中非共和国),它不会超出一代成年人的范围。历史意识只对两方面的记录产生了影响:初始时期和近代。由于人们在估计时间方面所能达到的限度随着世代变迁而发生变化,我把这种间隔称为可变的间隔。"Vansina, *Oral Tradition as History*, University of Wisconsin Press, 1985),24. 后来他提到了一段历史回忆是怎样在一段时间之后被归入一种创世神话的:"卢伯拉[刚果/乌干达]创世神话中的一位重要人物是世纪之交的一位英国殖民地行政官员。"(177 页)

④ Victor Zuckerkandl, *Man the Musician*, 2nd ed. (Princeton: Princeton University Press, 1976), 374. 转引自 Basso, *Musical View*, 254。

章",提供了一个模式或一条规则以供人们遵循;神话其实是对事物存在方式的一种解释,是帮助人们理解世界的一个参照性架构。她指出,西方人——即使是人类学家——都习惯于那种用教学式的、符合逻辑的、讲究证据的形式来进行的解释,因而认为神话的"解释"是非理性的;他们没有注意到叙事性思维(narrative thinking)可以起到的那些微妙而复杂的作用。[1]我们将会看到,对神话解释的这种居高临下的态度是一种典型的理论性见解,而在卡拉帕洛人中这种理论性思考充其量只不过才刚刚萌芽。

巴索列举了大量证据来说明,不论仪式应该起到什么作用,卡拉帕143洛人的生活都绝不是一帆风顺的;否则,仪式就几乎没有必要举行了。有些仪式聚焦于青少年——为男孩和女孩举行的青春期仪式是很重要的,此前先要有一个与世隔绝的时期,其间孩子们要进行苦修实践和运动训练。青春期仪式之前的艰苦而漫长的隔绝期,可以使年轻人把他/她自己转变为

> 一个令人愉悦的对象,在内心之中抵消了邪恶力量,从而成为一个被珍视、受尊重的人,在仪式中成为共同体道德价值的积极象征。……卡拉帕洛的青少年从而能够充当道德之美与身体之美的特别合适的形象。……然而在神话中,正是这些人最经常地挑起别人的妒忌和愤怒之情;作为回应,他们会退出社会,或是以各种方式回应强力存在的建议,从而既为他们自己也为他们家族的某些成员提出了考验。[2]

人们与强力存在亲密到什么程度,这一点并不明确。有些人通过梦境或其他方式被召唤成为萨满巫师,他们经过一段时期的严格训练和一场重大的公共仪式,能够为民众担任治疗者和占卜者,并拥有探访强力存在所居住的天上村庄的能力。[3]但强力存在到底拥有什么样的能力,这一点也是不明确的。它们的能力既可以被用来做善事,也可以

---

[1]　Basso, *Musical View*, 37-39.

[2]　Ibid., 170.

[3]　Basso, *Kalapalo*, 113-119; Basso, *Musical View*, 71, 106-107.

被用来做恶事;卡拉帕洛人还相信,有些女巫会用这种能力进行杀戮。①如果有人死亡,就要举行持续很久、充满悲伤的仪式,其间人们会对那些可能要为这一死亡事件负责的人产生怀疑。②杀害受到怀疑的女巫的事件并非没有发生过。

一种冲突会出现在仪式本身当中的场合是,仅由男性或女性履行的那些重大仪式。正如巴索所言:"[这些仪式]使人想到的那些象征,通过指涉内在于人类性活动之中的危险力量而强调了两性之间的差异和对抗。然而,与此同时,音乐也影响了(某一性别的)仪式履行者和(另一性别的)听众之间的交流;在这种情况下,人们的交流对这些危险力量进行了控制。"对欺骗行为的担忧,经常出现于卡拉帕洛人的交流当中,也是神话的常见特征;这种情绪进到了仪式交换活动当中。表演者试图使听众与自己产生同感,但听众却仍对自己是否可以信任表演者怀有疑虑。

144

> 然而,听众(他在另外的某个时候也是参与者)有"断定"和"怀疑"的双重体验。……由于音乐可以得到多重阐释,当人们需要进行交流但又不能或不愿把关于所说内容之真实性的相同预设带到交流事件中来的时候,音乐是十分有效的。这种阐释之多重性和表演者–听众之间的区别,凸显了由分类与对立造成的界线,同时又看似矛盾地把那些被限制、被反对的对象融入一个表演性话语的统一体之中,融入一个由卡拉帕洛人以其关于强力存在的观念表述出来的话语领域之中。③

巴索指出,仪式表演概括了强力存在和人类之间的神话关系;由此,她为自己对卡拉帕洛仪式和神话的阐释进行了总结。人类的生命最初是从强力存在那里衍生出来的,强力存在和人类各自都了解对方的主要交流方式:音乐和语言。

> 当人类演奏音乐时,他们具有感动强力存在的能力,因为后者可以由此在人性中非常清晰地识别出某些属于它们自己的东

---

① 关于巫术,参见 Basso, *Kalapalo*, 124-131。

② Basso, *Musical View*, 91-140.

③ Ibid., 308-309.

西。……在仪式表演中,人们的联合是通过音乐表达而达到的;在表演中,身体是一件重要的乐器,有助于在空间里创造一种对声音之运动的感受,以及对一种特殊的时间感和对生命本身的最热情的表达方式的理解,那就是体验到——不论有多么短暂——自己其实就是强力存在。

通过声音符号,关于事物联系、活动、因果关系、过程、目标、结果和思维状态的观念得以形成,并被表述出来,昭示给全世界。正是通过声音,宇宙实体才得以存在,并被卡拉帕洛人表述出来——不是作为对象类型,而是作为在名副其实的精神音乐生态中引发行动和体验行动的存在。①

卡拉帕洛人的例子阐明了本章前面阐发过的很多关于模仿文化和神话文化的论证。虽然神话通过提供一个对世界进行解释的框架,确实使卡拉帕洛人得到了唐纳德所说的"概念上的明晰性",但是卡拉帕洛人的仪式却仍然具有极强的模仿性,因为它使用的是无词的音乐,是用动作而非语言来进行表达的。选择卡拉帕洛人作为我的第一个例子,就是因为他们的仪式具有模仿的性质;他们的情况虽然可能是极端的,却并非独一无二。不仅仪式在本质上总是具有模仿性,就连神话也很少不具备模仿的特征。巴索在描述仪式外部的正式神话朗诵时强调道,尽管这些神话并没有被吟唱出来(朗诵中偶尔会穿插着歌曲),然而它们却具备带有强烈修辞色彩的(动作)要素。它们是有节奏、有诗意的表演,要求观众能够熟练地参与其中,进行恰当的应答。应答方式有时相当于福音派会众对布道进行回应时所说的"阿门";有时则提出一些问题,激励朗诵者进行更加热忱的表达。②如果说卡拉帕洛人的神话朗诵——尽管它显然是"言说"而非"音乐",即使是从他们自己对声音的分类来看也是如此——仍然带有模仿的意味,那么,一切口头语言几乎都是如此,连最枯燥的学术讲座也不例外。

因此,卡拉帕洛人的仪式阐明了拉帕波特对仪式的凝练定义;仪式包含"不变的若干组正式行动和话语";但这种仪式也阐明了他在分析

---

① Basso, *Musical View*, 310-311.
② Ibid., 11ff.

时提到的很多更加宽泛的特征。就我们的研究目的而言,最重要的特征必定关乎社会习俗、道德秩序、神圣感和同宇宙之关系——包括关于经验宇宙背后的事物的信仰——的创造。①拉帕波特与其他大多数论述仪式问题的作者一样,意识到有许多种行动都可以被归到这个术语之下。在他看来,仪式的一个确切的特征是"表演"。②在他使用"表演"这个可能很模糊的术语时,该术语带有在语言哲学中被称为"述行性言语"(performative speech)的那种言语所具有的含义:它是那种不仅要得到描述或象征化还要得到践履与表演的东西。仅仅是参加严肃仪式的这一行动,就需要人们对未来的行动作出承诺,至少要与各位教友保持团结。因此,当拉帕波特使用这一术语时,它的意思显然不同于参加戏剧"表演"——戏剧表演一结束,演员就卸掉了自己的"角色",而观众不管有多么感动,在离开的时候也都知道这"只是一场戏"。③相反,严肃的仪式表演能够不仅使角色发生改变,也使参与者的个性发生改变,如"过渡仪式"(rites of passage)就是如此。④拉帕波特认为,"说"和"做"之间的基本关系确立了"仪式中的惯例"和"存在于其中的社会契约与道德"。他论证说,这是"把仪式当作人类的基本社会行动"的理由。⑤

如果能把无词的仪式视为最复杂的模仿行为——因为动作的使用让它十分接近叙事形式——我们就能想象出,完全使用语言的叙事可能会让人感到多么自由。当神话得到一定程度的语言自主权之后,变化、抉择和沉思就都成为了可能;而这种情况在仪式的"不变的形式"——它们仍然带有模仿行为发源地的标志——中发生的可能性就要低得多了。澳大利亚土著对神话丰富多彩的阐发方式,就为这样的一些可能性提供了证据。

---

① Rappaport, *Ritual and Religion*, 27.

② Ibid., 37.

③ 维克多·特纳强调了仪式和戏剧表演之间的关系,他的观点是很有用的;这两者之间的界线确实模糊不清。参见他的《灌木丛的边缘——作为作为经验的人类学》(*On the Edge of the Bush: Anthropology as Experience*, Tucson: University of Arizona Press, 1985),尤其是其中的第二部分。

④ Arnold van Gennep, *The Rites of Passage*, trans. Monika B. Vizedom and Gabrielle L. Caffee (Chicago: University of Chicago Press, 1960 [1908]).

⑤ Rappaport, *Ritual and Religion*, 107.

澳大利亚土著（瓦尔比利人）

正如人类学家指出的那样，澳大利亚土著生活的地区有许多部落、家族和本地群体；而且，由于特殊性是其文化的一个重要特征，若是合并到一起来看待，就会曲解实际情况。不过，澳大利亚土著文化还是有一些共同特征的，它们与其他狩猎采食者的文化形成了对照。我会采取一条中间路线：对澳大利亚土著文化和宗教进行某种程度的一般性论述，但要将澳大利亚中部的沙漠社会"瓦尔比利"（Walbiri）用作我的主要例证。①选择瓦尔比利人，是出于双重理由。虽然没有哪个澳大利亚群体能像卡拉帕洛人那样逃脱外族入侵带来的创痛，但是，在我最依赖的两位民族志学者 M. J. 麦基特和南希·芒恩于 20 世纪 50 年代进行研究的时候，瓦尔比利人的文化属于现存最完整的澳大利亚群体文化之列。②第二个理由是：生活在中部沙漠的民族——瓦尔比利人就是其中之一——比生活在其他地带的那些容易受到多种外来攻击的民族（它们比中部沙漠民族更早同外界发生接触）更加接近于托尼·斯维恩所说的"反式土著的'知识体系化观念'"（trans-aboriginal "architectonic idea"）③。我绝不是主张瓦尔比利人可以代表古老的、不变的、"真正的"土著传统——我们所知的关于土著文化的一切情况都暗示，它像所有其他文化一样，总是容易发生持续不断的变化——而是主张，瓦尔比利人和其他中部沙漠部落也许最能告诉我们 200 年前（即将与外界发生接触之际）遍及整个大洲的土著文化是什么样的。

与生活在村庄里（尽管在夏季和冬季轮流住在不同的村庄）并且

---

① 我的主要资料来源是 M. J. 麦基特（M. J. Meggitt）和南希·芒恩（Nancy D. Munn）的著作，他们把这个群体称为"瓦尔比利人"，所以我将遵循他们的用法；不过，更近的一些出版物使用了一种略有不同的正字法，称这个群体为"瓦耳皮利人"（Warlpiri）。

② "所有的外人都来自农耕传统，并且是乘船来到沿海地带的，由此可以断定：澳大利亚的沙漠内地是古老秩序最晚受到干扰的地方。（因此，对于本世纪［20 世纪］后半期来自中部和西部沙漠的研究成果，有时可以合理地说，它们描述的是与非土著世界接触极少的土著人。）" Tony Swain, *A Place for Strangers: Towards a History of Australian Aboriginal Being* (New York: Cambridge University Press, 1973), 7.

③ Ibid., 277.

在狩猎采食之外还从事种植业的卡拉帕洛人不同,澳大利亚土著是以狩猎采食为业的半游牧(seminomadic)民族,他们的社会主要是根据地理位置和亲缘关系组织起来的。由于对特定地点的强烈依恋是土著文化的核心,我们必须理解"半游牧"一词的含义。正如涂尔干在《宗教生活的基本形式》中指出的那样,土著社会有时体现为较小的觅食群体,有时则体现为较大的仪式群体,这两种形式来回变换;但不管采取哪一种形式,这些群体都不会组成永久性的村庄。他们沿着相当稳定的路线,在若干通常与水潭相邻的营地中循环流动。由于极度干旱,一些非常神圣的地点也许大半年都不适于居住;但到了雨水丰沛、土地富饶的季节,这样的地点就有可能成为大型仪式性露营的场所。赋予人们("部落"一词在澳大利亚是特别没有用处的)身份的是他们与"故土"(country),即他们对其怀有特别的、世代相传的归属感的那些地点的关系,因为他们相信,自己就来自他们的故土,而且死后将要回到那里。因此,如果不进入我们愿意称之为"宗教性的"那些观念,就不可能理解澳大利亚土著社会。

在澳大利亚,神话和仪式通常是彼此需要的。虽然斯坦纳描述过他称之为"无仪式之神话"和"无神话之仪式"的情形,但他相信,即使是在这些情况下,那缺席的对方也暗含于其中。[1]土著居民对神话的理解经常在"做梦"(Dreaming,一译"黄金时代")这个术语中得到表达,尽管我们在使用该词时必须小心谨慎。在包括瓦尔比利人在内的一些中部沙漠群体中,用于指称神话和梦境的是同一个词语;但在其他许多群体中,情况则并非如此。即使是在用词一样的那些地方,把一个人带到其祖先所在的世界中的那种"梦"也与普通意义上的梦迥然不同。根据南希·芒恩的研究,瓦尔比利人"用 djugurba 这个术语——意思也是'梦境'和'故事'——来指称……故土的先民和他们四处周游并创造了世界的那个时代,这个世界就是今天的瓦尔比利人所生活的世界"[2]。而反义词 yidjaru 表示的则是现在正在发生的事情,或是

---

① 参见斯坦纳:《论澳大利亚土著居民的宗教》(W. E. H. Stanner, *On Aboriginal Religion*, Oceania Monograph 11, Sydney: University of Sydney, 1966)第四章和第五章。

② Nancy D. Munn, *Walbiri Iconography: Graphic Representations and Cultural Symbolism in a Central Australian Society* (Ithaca: Cornell University Press, 1973), 23-24.

栩栩如生的记忆之中的事件。该词也指"与梦相反的清醒时的体验"①。用第一章描述过的舒茨的术语来说,yidjaru 可以被形容为"日常的实在",djugurba 则是"非日常的实在"。舒茨的术语帮助我们克服了这样一种想法:这两个领域之间的差别主要是时间上的。这是因为,虽然 yidjaru 指的是现时的日常状况,但是在举行仪式的过程中,或者即使是在讲述神话的过程中,djugurba 也会成为现时的状况。托尼·斯维恩论证说,土著更多地是根据"有规律的事件"而不是根据延伸乃至循环的时间来想象他们的世界;"梦"可以被视为一类事件,即"**持久性事件**"——构成实在之基础的形成性事件,它们与时间无关,但总是发生在特定的地点。②

斯维恩进一步论证说,土著居民对存在的理解主要指向特定的地点——它们被理解为有意识、有生命的存在,是祖先留下的活生生的痕迹——而不是指向空间(即特定的事情在发生于其中的无差别的广延)。一种关于发生在特定地点的、具有规律性和持久性的事件的本体论,排除了对时间和历史进行考虑的必要性。因此,这种本体论也排除了任何宇宙进化观念——正如芒恩所说,祖先与其说是"创造"(form)了世界,不如说是"塑造"了世界,因为并不存在"创造之前的开端"这样的观念,甚至连"创造"这个观念都不存在。祖先的塑造行为既发生在过去,也发生在现在。斯维恩恢复使用了一个古老的词语 ubiety(名词,意为"所在""那里")来刻画澳大利亚土著居民的本体论特征。③该词彻底抹除了时间因素,以至于在"梦"中,过去、现在和未来之间并无差别;用斯坦纳的一个恰当的术语来说,只有"时时"或"始终"(everywhen)。④即使是日常生存中的生活,也可以被理解为从"出于梦境"的诞生到作为"归于梦境"的死亡的转变。

---

① Nancy D. Munn, *Walbiri Iconography: Graphic Representations and Cultural Symbolism in a Central Australian Society* (Ithaca: Cornell University Press, 1973), 24.

② Swain, *A Place for Strangers*, 22. 黑体字是原文中就有的。

③ Ibid., 4, 49.

④ W. E. H. Stanner, "The Dreaming", in *Cultures of the Pacific*, ed. Thomas G. Harding and Ben J. Wallace (New York: Free Press, 1970 [1956]), 305. 在那些皈依了基督教但尚未完全被《圣经》观念所同化的土著的想象中,亚当、摩西和耶稣都是当代人物,都是基督教之梦的一部分。Heilsgeschichte(救赎历史)这个观念并没有完全进入他们的惯常思维方式之中。

然而,对地点的重视并不是一成不变的。瓦尔比利人的故土观念可用圆圈来形象地予以表示:圆圈象征着水潭和营地,线条则象征着它们之间的路径。虽然圆圈在某种意义上是"中心",但它们并没有被视为世界的中心,像在后来的上古社会中那样。正如芒恩所言:

> 应当注意,对中心的这种象征手法不同于其他某些文化中的宇宙模型,它指的并不是**作为整体**的世界的中心,而只是一个地方。瓦尔比利人的故土由许多这样的生活中心组成,它们通过小路连成一体。没有一个地方是其他所有地方的焦点。瓦尔比利人其实并没有把世界清晰地表达为一个整体(即一个单一的、中心化的结构),而是依据由小路联结而成的地点网络来想象它。①

弗瑞德·迈尔斯把宾土比人(Pintupi)——该民族就生活在瓦尔比利人的南边——的一种类似态度描述如下:

> 人们听到的任何叙事,不论是历史故事、神话故事还是当代事件,都不可能不经常提到事发地点。从这个意义上说,地点提供了一个构架,事件在其周围汇合了起来;而众多地点则有助于记忆重大事件。穿越故土的旅行可以唤起关于发生在附近水潭的一场战斗的回忆,或是关于发生在远方群山之中的一个死亡事件的回忆。不是时间上的联系而是地形构成了宾土比人所讲的故事中的重要标点。……

> 由此,世界被宾土比人社会化了,尽管他们并没有构筑一个由家庭文化和残暴的大自然组成的、有空间上的中心的宇宙,像许多居住地点更加固定的民族所做的那样。一种流动得如此频繁的社会生活似乎排除了这样的建构方式。相反,他们在充满自信地步行穿过灌木丛的时候似乎才真正是无拘无束的。一座营地几乎在任何地方都可以几分钟之内搭建起来——要布设防风障,点起火堆,可能还要备好马口铁罐以便烧水沏茶。不受注意的、荒凉的故土就这样成了一座有着舒适家庭氛围的"营地"(ngurra)。正是这

---

① Nancy D. Munn, "The Spatial Presentation of Cosmic Order in Walbiri Iconography", in *Primitive Art and Society*, ed. Anthony Forge (New York: Oxford University Press, 1973), 214-215.

种使一个民族几乎在任何偶尔栖身之地都能搭建营地且极少出现混乱的思维方式,围绕着神话化的故土创造了一个意义宇宙。①

Djugurba(梦)既有"故事"之意,也有"神话"之意(相当于我们的术语 myth 所对应的希腊原文 mythos 的意思),因此以下情况并不令人吃惊:这些故事即使是在涉及祖先的时候,也仍然与日常生活非常贴近。在谈及女人们时常互相讲述并以沙画来加以说明的那些故事时,芒恩写道:

> 有时,故事中包含一种非同寻常的行为,如一个男人变成了一条蛇,今天的瓦尔比利人已经不再相信会发生这种事情;但这类情况是罕见的。故事中的大部分行为仅仅是由日常生活中的行为模式组成的,如食物的获得、葬礼、各种类型的仪式……

> 所有这些故事都被看作对祖先活动的传统讲述;与此同时,很明显,我们看到了对循环的、日复一日的日常生活经验的叙述性推测,以及对若干类事件和行为——它们也有可能发生在瓦尔比利人现今的大部分日常生活之中——的叙述。实际上,正是这种不断重复的日常生存被贴上了 djugurba(祖传生活方式)的标签。②

被当作仪式脚本来使用并由"主宰"那些仪式的男人们讲述的神话,只不过是比女人们讲述的故事稍微精致一些的版本。同样的日常事务——睡觉、打猎、吃饭——构成了这些神话的基础,但是神话聚焦于行动,尤其是其中所讲的祖先从一个特定地点前往另一个特定地点的旅行。画在神圣的石块和木板上和仪式舞者身体上的复杂图案与女人们画在沙子上的图画用的是同样的基本图形,但前者在形式上比后者更加复杂。象征着营地与营地之间路径的那些线条,要比女人们图画中的线条更加显眼,因为女人们的图画是以象征营地本身的圆圈为核心的。仪式神话表明了祖先们怎样塑造景物(河流、山丘或水潭),或他们自己是怎样变成某个引人注目的岩层或其他地形的。南希·芒恩将她称之为土著"世界理论"的思想归纳为"走出"梦境和"走进"梦 150

---

① Fred R. Myers, *Pintupi Country*, *Pintupi Self: Sentiment*, *Place*, *and Politics among Western Desert Aborigines* (Washington, D. C.: Smithsonian Institution Press, 1986), 54.

② Munn, *Walbiri Iconography*, 77-78.

境——正如斯维恩总结的那样,"某种东西从大地中出来,在地面上走过,然后又钻进了大地",它就是如此这般地塑造了世界。①虽然土著有时说,当一位祖先进入大地(或变成某种引人注目的地形)时,他就"死了";但是,他仍然会完全临在于他漫游过的一切场所。斯维恩引用了T. 史特瑞劳(T. G. H. Strehlow)的话:阿兰达人(Aranda)——另一个中部沙漠群体——相信"祖先会同时临在于他曾在其中充分展示超自然力量的众多场景中的每一个场景"。②

如果说在神话中,祖先被描述为自然世界的塑造者,他们也被视为社会世界的塑造者,在大地上四处旅行时创建了习俗和仪式。虽然我们谈论的是"祖先"(Ancestral Beings),但瓦尔比利人并不认为他们自己是那些祖先的生物学后代。确切地说,他们相信那些生灵在旅行时把"古鲁瓦力"(guruwari,意为生殖力或繁殖力)撒到了土壤之中。然后,女人们凭借这些力量受孕,所以她们的孩子具有祖先的精灵(spirit)。③"古鲁瓦力"的另一层意思是描绘祖先的图案及相关歌曲。男孩在成年仪式中要触摸绘有那种图案的物体,由此从祖先的"古鲁瓦力"中重生。因此,人类通过他们与这些生灵的关系而彼此相连;父系家族源于他们与祖先的关系,但跟他们与地点的关系相比,血缘关系并不那么重要。④

但是,不仅社会是通过人类和祖先之间的联系而被塑造出来的,整个道德秩序也是如此。澳大利亚土著对一直被我称为"梦"的事物的另一种指称方式(这种方式甚至更加常见)是"法则"(Law)或"祖传法则"(Ancestral Law)。⑤身为土著居民的玛西娅·兰顿(Marcia Langton)将土著的"法则"所要求的内容描述如下:

① Munn, "Spatial Presentation", 197; Swain, *A Place for Strangers*, 32.
② Swain, *A Place for Strangers*, 33.
③ 根据斯维恩的描述,在一个土著群体中:"孩子一生下来就立即被放在一块小洼地上,然后就在那里'出生'了——无疑,这一行为清楚地说明,孩子不是来自某一位母亲,而是来自某一个地方。"Swain, *A Place for Strangers*, 44.
④ 参见南希·芒恩在《瓦尔比利图像研究》(*Walbiri Iconography*)27—31 页中的描述;也可参见斯维恩在《陌生人的地方》(*A Place for Strangers*)36—49 页中关于血缘关系和地点的讨论。
⑤ Dreaming 和 Law 这两个英文单词如今都被澳大利亚土著广泛使用。有趣的是,他们并没有使用"宗教"一词来指称他们最深刻的信仰。

我们的族人在谈到他们的"法则"时,指的是一种宇宙论、一种世界观,它是对自然界、人类社会和超自然领域之运作方式的一种解释,这种解释具有宗教性、哲学性、诗性和规范性。土著的"法则"把每一个个体都与家族、"故土"——尤其是大片土地——和"梦"连结在一起。一个人生来就负有这些继承物带来的责任和义务。许多责任是相当繁重的,而且人们认为除了履行它们以外别无选择。如果一个人忽视这些责任,他就会被看作懒惰和粗心的人,从而无法博得名望、权威和有利条件——如理想的婚约或为其子女提供的机会。正如许多我们的族人所说的那样,"祖传法则"就是辛勤的工作。[1]

在瓦尔比利人中生活的麦基特则将"法则"描述如下:

有些明晰的社会准则大体上是人人都要遵守的;人们可以随意就别人的行为是符合规则还是违反规则而彼此刻画其特性。全部规则共同表达了 djugaruru(法则)这个术语的含义,这个术语也可以译为"路线"或"笔直的道路,正确的道路"。[2] 该词的基本含义是一种既定的、合乎道德的行为(不论是星球的运行还是人类的行为)秩序,对其应当奉行不悖……

由于这种法则起源于梦幻时期,它不会受到批评性的质询,也不会被人们有意识地改变。这里的图腾哲学宣称,人类、社会和自然界是同一个体系的几个互相依存的组成部分,该体系源自梦幻时期。[3]

如果"梦"说明了宇宙是如何形成的,那么它们也说明了一个人在社会中应该如何行动。例如,中部沙漠的一个故事讲述了一位祖先迷恋上了他的一位女性亲戚,但由于这种亲戚关系使她有可能成为他的

---

[1] 转引自 Frank Brennan, "Land Rights: The Religious Factor", in *Religious Business: Essays on Australian Aboriginal Spirituality*, ed. Max Charlesworth (Cambridge: Cambridge University Press, 1998), 169。

[2] 我们会发现,"道路"的比喻被用于很多文化之中,其含义都与此相似。

[3] M. J. Meggitt, *Desert People: A Study of the Walbiri Aborigines of Central Australia* (Chicago: University of Chicago Press, 1962), 251-252.

岳母,他们之间的性关系是禁忌。由于欲火难耐,他对她施行了强暴,但她把双腿夹得极紧,以至于他的阴茎在她的阴道里折断了。土著居民会把一块岩石指给你看,它象征着那位女性的阴道,一根石头"阴茎"仍然牢牢嵌在里面。看来那些祖先并不比我们好到哪儿去,但发生在他们身上的事情具有警诫性,可以表明"法则"是如何起作用的。

"法则"也许需要"辛勤的工作",而且我们也应当注意,"法则"是在土著的仪式生活中重新得到颁布的,而这种仪式生活也确实需要大量的辛勤工作。但即便如此,"法则"的目标却是恢复活力。瓦尔比利人把"快乐和安康"的感受与礼仪联系在一起,并且相信,在一场社会动乱平息之后,一场仪式表演会让人们重新"快乐"起来。[1]瓦尔比利仪式最常见的形式之一是"班巴"(banba),或称"增加"仪式,是为父系群体或至少是该群体所属的父系半偶族所"拥有"的动物或植物物种而举行的。这些仪式其实是"图腾"仪式,但是我们不必为"图腾崇拜"(totemism)的含义所困扰。[2]一个父系群体的图腾只不过是该群体的祖先(以动物外形呈现),以及该群体所认同的地理位置。正如麦基特指出的那样,仪式的目的与其说是使相关物种有所"增加",不如说是确保它维持正常规模,因此"宇宙维系仪式"这个名称或许比"增加仪式"更合适。[3]

特定的图腾必定"属于"一个特定的群体,但这种情况是在以下背景下发生的:存在着属于许多群体的许多图腾;如果宇宙和民族要生存下去,所有这些图腾都是必需的。[4]在"班巴"仪式中,不仅"主人"(owners)是必需的,而且来自另一个半偶族的"工人"也是必不可少

152

---

① Munn, *Walbiri Iconography*, 44.

② 关于澳大利亚图腾崇拜,篇幅最短的研究成果是斯坦纳(W. E. H. Stanner)的《宗教、图腾崇拜和象征手法》("Religion, Totemism and Symbolism"),见 Ronald M. Berndt and Catherine H. Berndt, *Aboriginal Man in Australia* (Sydney: Angus and Robertson, 1965), 207-237.

③ Meggitt, *Desert People*, 221.

④ 斯特海罗(T. G. H. Strehlow)写了一本篇幅不长的著作,题为《澳大利亚中部地区的宗教——多图腾社群中的个人化单图腾崇拜》(*Central Australian Religion: Personal Monototemism in a Polytotemic Community*, Bedford Park, S.A.: Australian Association for the Study of Religion, 1978),这个副标题暗示了"图腾崇拜"的真相。

的,仪式的很多准备工作其实都是他们做的。举行仪式的意图在于增强物种的活力,这种活力有助于给所有人(不只是"主人"们)带来安康。土著对主人身份的看法与盎格鲁-撒克逊人的财产法并不相符,这一点导致了许多令人烦恼的误解。"拥有"一个地方并不意味着独占对其进行经济开发的权利;相反,它意味要履行义务,以保持那片土地的肥力,以供所有人使用。仪式中的演员所做的事情就是使祖先的创造力"古鲁瓦力"再生。正如芒恩所言:"通过他们的表演,主人们(我在前文中把称之为 owners)意识到了祖先的外形所具有的生殖潜力;它们仿佛把祖先变成了后代,从而保持了物种和人的连续性。"①

在描述卡拉帕洛人时,我集中探讨了仪式及其首要形式——音乐。在研究澳大利亚土著时,我在"叙事"方面投入了更多的注意力,但叙事只是相对而言比在卡拉帕洛人中更重要一些;总体而言,仪式仍然是最突出的,其中的歌曲尤为突出。我已经提到过,每一种"古鲁瓦力"(祖先的创造力)都有与之相关的歌曲。祖先们在他们探访过的每一个地方都留下了歌曲,这些歌曲则会反过来令人想起他们是其中一部分的那种更宏大的叙事。在约克角(Cape York)流传着一位祖先的故事,说这位祖先在美拉尼西亚人的影响下逐渐成长为一位非澳大利亚土著类型的"英雄",然而爱唱歌的癖好却将他与这片大陆的模式联结在一起:

> 他走了,他走了,他走了。
> 走出了河口。
> 他说:"呃,我想我现在就要走,离开这个地方。"……
> 他回头眺望,说:"啊,我远离了故土,它就在南方。"
> 他开始唱歌,在那个地方,在那个时刻。
> 他仍然往前走……
> 他始终没有停步
> 却一直在唱歌。②

153

---

① Munn, *Walbiri Iconography*, 208.
② Swain, *A Place for Strangers*, 69.

正如保罗·利科所说,"梦"是对他们所描述的内容的重述,但添加了某些情节化的因素。①澳大利亚土著的叙事——至少是中部沙漠的各种叙事——最引人注目的特点是:它添加的内容极少,尽管被添加的那一点点内容是极其重要的。持久性的事件和日常事件在很大程度上彼此重叠。正是在这个意义上,对这些土著而言,他们的生活正像斯坦纳所说的那样,是"一件只有一种可能性的事情"②。如他所言:"他们的理想和现实非常接近。"③

这并不是说,土著居民缺乏"形而上学的禀赋"——用斯坦纳的话来说,就是那种可以让人"超越自身,展开想象,从而得以站在自身的'外部'或'远处',把宇宙、自己和自己的同伴变成冥思的对象"的能力。他们也不缺乏"从人类经验中'创造意义',并在整个人类处境中找到某种'原理'"④的动力。然而,"否决的心情乃是信念之一,而不是探究或异议之一"⑤。"正是出于这个原因,在他们之中,'关于同意的哲学'这只手套几乎完美地适合实际的习俗这只手,而社会生活、艺术、仪式和其他许多东西的形式也都呈现出绝妙的匀称状态。"⑥

但斯维恩论证说,这种匀称状态、这种理想和现实极其相似的情形以及这种对持久性的重视,当且仅当"所在"(ubiety)占据主导地位时才会持续下去。一旦流离失所甚或只是受到威胁,人们就会"坠落"到时间和历史之中,上文所说的那只"手套"不再合适,对另一段时间、另一个地方的渴望就开始了。他阐述了几个发生在土著当中的"坠落"事例,我无法在此详述,但其中的两个例子我必须至少提一下。

引人注目的是,对帕特·施密特(Pater Schmidt)亦步亦趋的米尔恰·伊利亚德将澳大利亚土著作为"原始一神教"(Urmonotheismus)的一个重要例证而予以引用,因为在那里可以看到"高位神"或"天

---

① Paul Ricoeur, *Time and Narrative*, vol.1 (Chicago: University of Chicago Press, 1984), 31-51.

② Stanner, "The Dreaming", 307.

③ Ibid., 313.

④ Ibid., 309.

⑤ Ibid., 306.

⑥ Ibid., 313.

上的诸神"。①但在我集中探讨的这些中部沙漠民族当中,却并没有"高位神",实际上根本就没有神灵。祖先们——比如卡拉帕洛人的"强力存在"——并未受到崇拜,而是在仪式表演中被视为与人们相同的存在。正是由于诸神、崇拜乃至祈祷都不存在,早期的西方观察者断言那里的土著居民根本就没有宗教,结果完全错失了实际上构成了土著生活之特征的那张丰富多彩的信仰与实践之网。那么,这些"高位神"、这种原始一神教到底在哪里呢?

伊利亚德确实认为对这类神灵的信仰存在于一个中部沙漠群体"阿兰达人"之中,但乔纳森·Z.史密斯却彻底驳倒了伊利亚德为了证明这一论点而征引的论据。②关于"高位神"乃至"至高的存在"的主要证据要到澳大利亚东南部去找;正如托尼·斯维恩所言,那里是最早遭受欧洲殖民侵略的地方,也是被破坏得最严重的地方。③实际上,澳大利亚东南部的"高位神"出现的背景乃是"毁灭、死亡和剥夺"④。土著居民中的80%乃至更多的人不是死于屠杀,就是死于对其缺乏免疫力的传染病;因此,他们当中的幸存者一旦被迫离开"故土"——故土本身是与祖先的踪迹同生共在的——就从他们的征服者那里借来了一种与他们的传统宇宙观不同的新宇宙观。据说,常被称为"巴依亚米"(Baiami)的创造之神(关于这位神的第一份报告来自惠灵顿山谷传教团,写于19世纪30年代)离开了大地,升到了天上。由于大地受到了破坏,如今肥沃富饶的土地位于天堂之中,土著可以在死后到那里去。巴依亚米是万民之父,他不在任何特定的地方,不是地方性的,而是无处不在的,但他肯定不是这片大地的神。仅在一处的属地特性和无处不在的属天特性两者之间的这种撕裂,被反映在另一种颇具非土著特点的撕裂之中,那就是善与恶之间的撕裂。但是,这种撕裂绝不是对其征服者观念的简单模仿,它并不是为善之人与作恶之人之间的撕裂

¹⁵⁴

---

① Mircea Eliade, *Australian Religions: An Introduction* (Ithaca: Cornell University Press, 1973), chap.1; Wilhelm Schmidt, *Ursprung der Gottesidee*, vol.1, 2nd ed. (Münster: Aschendorf, 1926).

② Jonathan Z. Smith, *To Take Place: Toward Theory in Ritual* (Chicago: University of Chicago Press, 1987), 10.

③ Swain, *A Place for Strangers*, chap.3.

④ Ibid., 119.

（"恶"这个观念本身就是非土著的），而是土著人和白人之间的撕裂：只有土著人才能升入天堂。背井离乡导致了一种新的、非土著的对时间的关切。巴依亚米不仅是创造者，还有可能存在"终末时间"，其实就是"千禧年"（以前这在中部沙漠是不可想象的）；到了那时，所有的白人都将登上他们的船只航向远方，使澳大利亚重新回到原住民手中。斯维恩并不认为这些新信仰是"融合性的"，尽管它们的本体论是从征服者那里借来的；毋宁说，它们是土著人思想中的一个革命性飞跃，这个飞跃是灾难性处境所导致的。直到 20 世纪晚期，巴依亚米信仰才开始与基督教和谐相处。[1]虽然斯维恩只是在对来自澳大利亚东南部的材料进行谨慎的重新评价，并没有把他的论点推广到更大的范围，但我认为，如果说北美本地人的宗教中的流行观念，即他们信仰"大灵"（Great Spirit），并相信自己死后将会升入天上的"狩猎乐土"（Happy Hunting Ground）也是灾难性接触的结果，那也不是没有可能的（如果这种观念能完全代表任何北美本地信仰的话）。[2]

155　　不同于中部沙漠民族的第二个例证来自西北部，那里的变化和东南部的变化一样，是在外来侵略的刺激之下发生的。侵略者抵达此处与白人抵达东南部大约是在同一时期，也就是 18 世纪末到 19 世纪初。但这个例证中的侵略者来自苏拉威西岛（Sulawesi），在今天的印度尼西亚。[3]土著居民称之为"马克撒人"（Macassans）的民族（很有可能包括几个来自苏拉威西岛的种族群体）远远没有东南部的白人那样富于侵略性，因为他们来此的目的是寻找海参，这种水产品在对华贸易中有利可图。他们并不那么想掠夺土著的土地，只是建立沿海飞地以便补充粮食。澳大利亚土著完全不能够将东南部的白人侵略者带入与"法则"的任何关系之中，这令他们惊慌失措；然而，马克撒人却被"法则"成功地纳入其中（尽管他们也为此感到不安），甚至到了与当地人通婚的地步。

---

① Swain, *A Place for Strangers*, 127-140.

② 托克维尔用以下文字来评论使美洲印第安人固守在其土地上的那种"对故土的本能之爱"："'我们决不会卖掉这个埋葬着我们父辈遗骨的地方'——当有人提出要购买他们的土地时，这句话总是他们的第一句回答。"参见托克维尔：《论美国的民主》（Alexis de Tocqueville, *Democracy in America*, trans. George Lawrence, Garden City, N.Y.: Doubleday, 1969），323 页。这段话出自著名的第一卷第十章《住在美国领土上的三个种族》。

③ 在这部分讨论中，我以斯维恩的《给外来人的地方》（*A Place for Strangers*）第四章为依据。

与马克撒人的接触并没有导致深切的失落感,而是带来了一种模糊的不安情绪,即这样一种意识:世界要比"故土"——它对土著的意识至关重要——更加广阔。这里的仪式尽管对此作出了足够意味深长的回应,但回应的方式却不像东南部那样激烈。仪式的回应采取了膜拜"万民之母"的形式,与东南部的"万民之父"相反。"万民之母"并不是一位天神,她肯定不是一位"至高存在",而只是一位从大海对岸来到北部海岸(斯维恩指出,她也许是土著们对苏拉威西人的农业女神"稻米母亲"的创造性改造)①的生灵,现在与其他祖先一样在四处游历。但是,与当地人和马克撒人的接触一样,对她的膜拜成了"国际性的",也就是说,从一个群体传播到另一个群体,甚至到 19 世纪末已经传播到了中部沙漠。有趣的是,当该仪式传播到瓦尔比利人中间的时候,其核心人物已经变成了男性——正如麦基特所言,瓦尔比利人的"伽德亚里"(Gadjari)仪式变成了没有母亲的"母亲膜拜"。②

对"母亲膜拜"的最佳描述是斯坦纳对穆林巴塔人(Murinbata)——一个生活在距西北海岸不远处的民族——的成年仪式"潘"(Punj)及与之相伴的神话的描述。这一神话讲的是一位被称为"穆特金伽"(Mutjinga)的老妪:出于某种难以说明的原因,她把孩子们吞入腹中;必须把她杀死,才能从她的子宫里(而不是肚子里)找回那些孩子。这一神话带有伤感的意味——用斯坦纳的话来说,具有"令人伤心的必然性",因为这个故事是一种解释,它展示了人世间"古老的错误"。③关于穆特金伽为什么会犯错误,土著居民没有作出解释,只是说:"她应该已经活了很长时间了","人们不想杀她","她自己做错了事",最后还有"这是一件我们不能理解的事情"。④斯坦纳说,穆林巴塔人"停止或超越了用生活用语进行的争吵。他们的神话证明,他们感觉到了一种致命的伤害,并对此进行了反思;但他们的仪式却证明,他们用一种

---

① 《给外来人的地方》,183—184 页。

② M. J. Meggitt, *Gadjari among the Walbiri Aborigines of Central Australia*, Oceania Monographs 14 (Sydney:University of Sydney, 1966).

③ Stanner, *On Aboriginal Religion*, 40-42, 80.

④ Ibid., 43.

积极的态度来面对这个问题"①。总之,按照斯坦纳的说法,穆林巴塔人的仪式不仅是礼仪,还是庆祝活动,"它容许他们认同人生的不带病态的本来样式"②。然而,与"母亲膜拜"之换位相关的那种令人伤心的结局暗示着一种转变,即不再过清醒而乐观的沙漠生活;这种转变要比东南部那种剧烈的符号革命微妙得多。对穆林巴塔人来说,生活也许仍然是一件只有一种可能性的事情,但这一点已经比以前更加脆弱了。

土著生活的一个特征给很多细心的观察者留下了深刻的印象:他们几乎完全没有帝国野心。在整个大洲,几乎没有任何一场战争是为了领土扩张而进行的。这绝不是说那些土著不使用暴力。在一个土著社会中被杀的可能性或许要比在同时代的多数社会中更高,但杀人或者是为了复仇,或者是由于出现了被指控为巫术的行为,或者是由于配偶的不忠,等等,但不是为了争夺领土。虽然很多群体使用不同的语言,但"部落"之间并没有真正的分界线。祖先曾游遍整个大洲,他们的足迹在许多群体的领土上都能找到。但是,那些神圣之地的"主人"只是它们的看守者,他们不会把自己的肥沃土壤让给那些不了解本地仪式的人,因此,进行领土扩张简直没有什么用处。

由于这个原因和其他原因(有些原因即使在我的简短概述里也是显而易见的),几位对澳大利亚土著文化进行严肃研究的学者得出了这样的结论:土著文化远非"原始",它在某些方面比我们自己的文化还要先进(我说的不是那些狂热追求土著式"灵性"的"新时代运动"拥护者,他们对那种"灵性"知之甚少,却把他们自己对"东方"思想的预设强加于其中)。大卫·特纳就是这些严肃学者当中的一位,他甚至学会了一种很难学的土著乐器的演奏方法。他发表了一篇文章,题为《作为"世界宗教"的澳大利亚土著宗教》,这个标题本身就说明了文章主旨。③特纳出版了一套三部曲著作,该书得出的观点之一是:"对立互补"(complementary opposition)让澳大利亚人免于产生我们这样的好战

---

① Stanner, *On Aboriginal Religion*, 170.

② Ibid., 53.

③ David H. Turner, "Australian Aboriginal Religion as 'World Religion'", *Studies in Religion* 20 (1991).

倾向——总想进行规模更大的、最终会导致自我毁灭的扩张。①另一位学者是黛博拉·伯德·罗斯,她为土著居民在本质上的多元主义进行辩护,反对我们西方人的帝国一元论倾向。②托尼·斯维恩将天神的出现视为从所在(ubiety)"坠落"下来的结果,但他并不认为这种坠落代表着"进步"。我希望与这些杰出学者一同断言:这个世界还有许多东西要向土著人学习。

由于我想对叙事加以强调,并将其置于土著居民特殊的地点本体论中,因此没有提及卡拉帕洛人和土著居民之间的多种相似之处。对疾病和治疗的关注就是一个例子。在澳大利亚,有一些专门从事仪式性治疗的治疗者,他们有时被称为"聪明人"或"高级人"。③也有一些巫术信仰,被用于发现谁在施行巫术,也可用于武力报复或用巫术回击。在土著中甚至也能找到没有歌词或(也许稍好一些)没有意义的音乐,尽管不像卡拉帕洛人的音乐那样无处不在。斯坦纳写道:"许多歌曲是毫无意义的……但演唱时却不乏深情。"④芒恩则指出,瓦尔比利人的歌词常常采用"特殊形式"或难以翻译的"外来词语"。⑤卡拉帕洛人生活在一些讲他们听不懂的语言的民族当中,因此他们很有可能也从后者那里借来了对他们而言是"无词歌"的外来歌曲。另一种可能性是:仪式语言,尤其是歌曲中的仪式语言已经陈旧过时,难以为当代人所理解。在诸种伟大的传统中,有专人能释读上古时代的仪式用语;但在无智识阶层的部落,那些语言的意思可能被完全忘掉了。我们描述土著宗教时省略了一些内容,其中最重要的就是成年仪式,它至少与卡拉帕洛人中的这类仪式同样重要;不过在瓦尔比利人当中,以及在澳大利亚的大多数地方(但并非全境),参加这种仪式的只有男孩,没有女孩。

① David H. Turner, *Life before Genesis*; Turner, *Return to Eden: A Journey through the Aboriginal Promised Landscape of Amagalyuagba* (Toronto: Peter Lang, 1996); and Turner, *Afterlife before Genesis: An Introduction-Accessing the Eternal through Australian Aboriginal Music* (Toronto: Peter Lang, 1997).

② Deborah Bird Rose, *Dingo Makes Us Human: Life and Land in an Aboriginal Australian Culture* (Cambridge: Cambridge University Press, 1992).

③ 参见 A. P. Elkin, *Aboriginal Men of High Degree* (New York: St. Martin's Press, 1978)。

④ Stanner, *On Aboriginal Religion*, 20.

⑤ Munn, *Walbiri Iconography*, 16, 147.

另一方面,关于土著的讨论引发了我们对卡拉帕洛人的某种重新评价。巴索不止一次提出,"强力存在"们处于特定的地方,卡拉帕洛人对地点怀有强烈的眷恋之情。搬离原先村庄的政治必要性并没有冲淡卡拉帕洛人对自己先前的居住地及重要场所的眷恋之情。在卡拉帕洛人中和在澳大利亚土著中一样,时间上的差距几乎可以忽略不计。"强力存在"和"黎明之人"在仪式中出现于此时此地,它们也许在多数情况下被视为"持久性的事件",而不是生活在"起初"的"造物主"。

其实,"所在"也许作为宗教前提是普遍存在的,远远超过了澳大利亚土著的例子本身所暗示的程度。在上古社会中,即使是在被崇拜、接受祷告和祭品的神和女神——这与那些卡拉帕洛人和澳大利亚土著将其与自己等同的生灵完全相反——确实存在的那些地方,这些神灵在很大程度上也仍然是地方性的。例如,在美索不达米亚、埃及和古代地中海世界,一般而言,诸神首先是城邦之神,与他们的人民有着紧密的联系,而且不断地活跃于他们中间。我们常听到的"女神"观念(当然也有"神"观念)在上古时代的民族中只不过刚刚出现。当时存在的主要是某些特定的神或女神,尽管可能会看到一位外邦的神或女神与人们熟悉的神或女神相对等。"新时代运动"以追忆往昔的名义对土著宗教进行了借鉴,但进行了重要的创新。虽然土地(从地点的意义上说)居于土著居民思想的核心,而且正像我们看到的那样,"母亲膜拜"并非不为人知,但是,正如斯维恩所言:"直到 20 世纪 80 年代早期,我们还没有证据可以说明土著民族曾提到'大地母亲'。"①生态女性主义者接受了土著居民的"灵性",而此举的背景却是众多土著居民失去了与他们世代居住的地方的一切联系——这时,看到土著居民自己接受了一个具有情感意义但与他们的传统并无真正关联的术语,就不足为奇了。"所在"暗示着他们缺乏那些被我们视作理所当然的范畴——不仅是时间范畴,还有空间范畴(如关于大地的一般观念,更不用说"大地母亲"了),因此"所在"观念是我们很难理解的,然而它也许

① 转引自 Tony Swain and Garry Trompf, *The Religions of Oceania* (New York: Routledge, 1995),109。

是部落民族和上古民族生活方式的核心。

卡拉帕洛人和澳大利亚土著共有的另一个特征可能具有更加广泛的重要意义,这个特征就是(我在讲卡拉帕洛人时也提到过):他们缺少马林诺夫斯基那种将神话视为"宪章",即一套供人遵循的明晰法则的观念。土著居民的"法则"或"祖传法则"可能看起来像是这样的宪章,但如果这样理解的话,就是在根据我们所熟悉的东西来对其进行过于仓促的判断。研究土著文化的学者已经让我们确信,能将各不相同的所有故事都整合在一起的综合性神话"体系"并不存在。能被所有土著居民接受的"道德准则"也不存在。有一些故事和范例是关于应该或不应该如何行动的,但是在不同群体中有不同的形式,而且抽象程度极低——当我说"持久性事件"接近于日常生活中那些有规律地重复的事件时,这就是我想要提出的看法。斯坦纳表明了这个观点,还提出了几条理由:

> 许多神话——不能说所有神话——都有说教的效果,也许土著居民从中汲取了道德教训。但是就我们所能看到的情况而言,并不存在一种强有力的、明晰的宗教伦理;也许正是出于同样的理由,并未出现一套宗教信条。三个关键性的先决条件都不具备——一种在理智上保持客观的传统,一个有权利或有责任制定准则的阐释者阶层,以及一种迫使人们对道德或信仰进行详细分析的挑战。①

我不喜欢凿空之论;但是,我们将会看到,斯坦纳提到的三个先决条件都逐渐出现于上古文明之中,而且我们把这些先决条件视为理所当然,以至于几乎无法想象没有它们时的情形;因此,斯坦纳的观点是有价值的。卡拉帕洛人和澳大利亚土著与我们一样清楚地知道正确与错误之间的差别,但是他们缺少关于善与恶的一般性观念,所以这两个群体都没有关于来世赏罚的任何看法——无论如何,"来世"这个观念本身对他们而言是相当模糊的。

159

虽然我已经把我认为对于理解我称之为"部落宗教"(我这样称呼

---

① Stanner, "Religion, Totemism and Symbolism", in *Berndt and Berndt*, *Aboriginal Man in Australia*, 218.

时颇为不安)的事物非常重要的大多数观点都列举了出来,但我还想再加上一个例子,一方面是为了展示世界上另一个分享这种基本模式的地区,另一方面则是出于更加私人化的原因:这个例子就是美国西南部的纳瓦霍人(Navajo)。如果说卡拉帕洛人处于南美洲上古文明的东南部边缘地带,那么纳瓦霍人就处于北美洲上古文明的西北部边缘地带。一个更加私人化的原因是:研究纳瓦霍人的重要专家之一克莱德·克拉克洪(Clyde Kluckhohn)是我读本科时的老师之一,而我读本科时的辅导员和论文导师大卫·阿伯利(David Aberle)也是一位研究纳瓦霍人的专家。在阿伯利的指导之下,我完成了本科毕业论文《阿帕切人的亲属系统》①。纳瓦霍人只是西南部那些南方阿萨巴斯卡语系(Southern Athabascan)部落中最大的部落,其他所有部落则被称为某种类型的阿帕切人,因此,把纳瓦霍人包括在阿帕切人之中,是很自然的。在修习几门人类学课程和为写论文进行调查的过程中,我对纳瓦霍人进行了仔细的考察。由于我的学术事业始于对纳瓦霍人的研究,我在自己的最后一部主要著作中回到他们那里——既是出于对他们的内在兴趣,也是出于对老师们的虔诚心意——似乎是理所应当的。

纳瓦霍人

与澳大利亚土著一样,纳瓦霍人也是一个经常被研究的民族,这也是应当的。他们是美国本土最大的美洲本地部落(据2000年的人口普查,其人口有30万左右),拥有最大的保护区,跨越了亚利桑那、新墨西哥和犹他三个州。虽然相当一部分纳瓦霍人还在讲他们自己的语言,许多孩子却已经不再讲了,因而这种语言的未来是不确定的——尽管它在期刊、书籍等书面出版物中越来越多地被使用。虽然他们从其他印第安部落,尤其是普韦布洛人(Pueblos)中吸收了其大量的文化,也从大平原印第安人(Plains Indians)、西班牙人、墨西哥人及盎格鲁血统的美国人中吸收了不少文化,但他们自身的传统——包括宗教传

---

① Robert N. Bellah, *Apache Kinship Systems* (Cambridge, Mass.: Harvard University Press, 1957).

统——却以旺盛的活力存留了下来。他们恰当地自称为"纳瓦霍族"。①

就本书所关注的观点而言,尤为有趣的是下面这个事实:纳瓦霍人把北美洲本地宗教中的很多主题都纳入了自己的宗教之中。他们与几个阿帕切部落共同构成了南方阿萨巴斯卡群体,该群体很快就与北方阿萨巴斯卡群体——后者在与外界发生接触时居住在阿拉斯加和加拿大西北部的广袤地区——和加利福尼亚北太平洋海岸上的几个阿萨巴斯卡群体建立了联系。南方阿萨巴斯卡群体似乎在公元1000年左右离开了加拿大麦肯奇盆地的亚北极区,或是经过高平原,或是经过高原和大盆地,或是经过这两者向南行进,于1500年左右到达西南部,在到此的时间上略早于西班牙人。那时,他们开始分别进入几个阿帕切部落和纳瓦霍人之中。他们当然是狩猎采食者,不过他们也许在高平原上从事某种基本的种植业,而他们的宗教很可能是萨满教的一种形式,这种宗教在北美洲的狩猎采食者中十分常见,至今还在阿帕切人中留有明显的痕迹,在纳瓦霍人中也是如此,只是不那么明显。但纳瓦霍人(还有某些阿帕切群体,只是程度要低一些)用了很长一段时期来适应普韦布洛人的文化,那些文化当时已经占据了他们迁入的那片土地。在这个文化适应过程中,纳瓦霍人撷拾了普韦布洛宗教中的一些重要因素,而这种宗教又是以种植业(尤其是谷物种植业,其中心在中美洲)为核心的宗教在极西北部的形式。在我看来,普韦布洛人仍然属于部落民族,然而他们显示出了最初的上古民族特征,这在一定程度上是由于上古文明对他们的南部地区造成的影响。就纳瓦霍人变得"普韦布洛化"这一点而言,他们构成了通向后面几章中的上古时代宗教研究的一座桥梁。

我们对纳瓦霍人历史的了解,要比对卡拉帕洛人甚至澳大利亚土著历史的了解全面得多,而且我们没有被限制在"民族志现状"的单一框架之内,就像部落民族研究者常常遇到的情况那样。我要通过论证指出,纳瓦霍人与卡拉帕洛人和澳大利亚土著一样,使我们在某种程度上领悟到了好几千年前的人类文化——尤其是居于核心的仪式和神

---

① Marshall Tome, "The Navajo Nation Today", in *Handbook of North American Indians*, vol. 9, *Southwest*, ed. Alfonso Ortiz (Washington D.C.: Smithsonian Institution, 1983), 679-683.

话——是什么样的。但是,没有一个部落民族能为我们提供早期人类文化的化石标本;一切都是历史变化(常常是剧变)的产物。卡拉帕洛人讲的是加勒比语,却与北部的加勒比人主体相隔很远,这一事实本身就告诉我们,他们必然经历了一段充满变故的历史,尽管我们无法重构这段历史。关于澳大利亚土著,我们可以看到他们长达两个世纪以上、以灾难为主的历史,它仅仅让我们对必然发生于欧洲人和印度尼西亚人登岸之前的各种变化有了稍许的了解。而关于纳瓦霍人,我们则不仅可以看到他们与远古时代的亚北极区民族在语言上的关联,还可以看到西南部长达五六个世纪的历史;当然,其中最古老的那段岁月只能通过不完整的考古和历史记录来加以了解。尽管这段历史中的一部分是灾难性的——尤其是在 1864—1868 年,9000 多名纳瓦霍人被美国军队关押在只能被称为集中营的新墨西哥萨姆纳堡(Fort Sumner)——然而,纳瓦霍人掌控自己命运的能力却达到了部落民族中罕见的程度。这不仅是由于他们极其善于随机应变,也由于以下事实:他们的家园所在之处位于北美洲对白人移民吸引力最小的地区之一。①

　　"外邦"文化对纳瓦霍人最基本的影响并非来自任何类型的欧洲人,而是来自普韦布洛人,这种影响从双方在 1500 年左右初次接触时就开始了。这种影响在以下两方面得到了明显的体现:一方面,纳瓦霍人本是狩猎采食者,但在普韦布洛人的影响下,种植业在他们当中的重要性日渐提高;另一方面,许多随之而来的物质文化因素(如陶器)和观念文化因素(如神话)的重要性也日渐提高。通过正常的接触过程而发生的事情被特定的历史事件所强化。1680 年,发生了普韦布洛人反抗西班牙人的大规模联合暴动,将包括传教士、士兵和移民在内的西班牙人全都驱逐出新墨西哥长达十二年,但接踵而至的是,西班牙人再次征服了除霍皮人以外的全体普韦布洛人,导致许多普韦布洛人逃到纳瓦霍人那里去避难,希望最终能回到自己的家乡。当他们清楚地意识到继续抵抗毫无希望时,一部分人还是回到了自己的村庄,其他人则

161

---

① 关于纳瓦霍人历史中最令人痛苦的事件,以及该民族应对这些事件的能力,参见 Robert Roessel, "Navajo History, 1850-1923" 和 Mary Shepardson, "Development of Navajo Tribal Government",这两篇文章被收录于 Ortiz, *Southwest*, 506-523, 624-635。

与纳瓦霍人通婚。18世纪时,旱灾迫使一些霍皮人到纳瓦霍人那里去避难,也造成了类似的结果。这一时期,在西部普韦布洛人和一些东部普韦布洛人中广泛分布的母系氏族开始在纳瓦霍人中定居,有些人与杰梅兹(Jemez)氏族,也许还有霍皮氏族有联系。在普韦布洛人揭竿起义一个世纪之后,新墨西哥北部和亚利桑那出现了一个比较繁荣、人口也比较稠密的种植业社会,它似乎综合了纳瓦霍人和普韦布洛人的特征。最明显的特征是:在纳瓦霍人的传统房屋"泥盖木屋"(hogans)附近出现了普韦布洛式的石屋(pueblitos)。然而,人种史学家和考古学家大卫·布鲁格(David Brugge)提出,在18世纪中叶,纳瓦霍人经历了一场复兴运动①,他们在运动中拒斥了普韦布洛文化的某些特征,尤其是彩陶,并对他们的仪式体系进行了重组;这样一来,该体系虽然仍包含着普韦布洛因素,却具有明显的非普韦布洛式外部特征,还出现了一种新的核心仪式"祝福之路"(Blessingway),我们将在下文中对其进行进一步的讨论。②

在这一时期,生态变化在飞快地继续发生。西班牙人带来了新大陆原本没有的家畜,纳瓦霍人由此获得羊、马。由于牧羊业在纳瓦霍人经济中的地位开始比种植业更加重要(此前,狩猎采食一直是食物的重要来源),此前为普韦布洛石屋提供支持的集中移居地变得不那么重要了:畜牧业使人们得以重新过上更加分散的半游牧式生活,这在某些方面更加接近古老的以狩猎采食为生的生活方式,而不是普韦布洛人以种植业为生的生活方式。马的获得使纳瓦霍人的流动性比此前的任何时期都大为增强。我们一定要记住,新墨西哥北部位于高平原的边上;从17世纪到19世纪,此处的居民先是开始养马,后来又得到了枪支,再加上大型野牛群的出现使他们比以前更容易猎获野牛,导致这里出现了一个文化高峰期。纳瓦霍人和东部普韦布洛人都容易受到生

---

① 这个术语来自安东尼·华莱士(Anthony F. C. Wallace)的著作。参见他的《宗教——一个人类学观点》(*Religion: An Anthropological View*, New York: Random House, 1966),30—39、157—166页。

② David M. Brugge, *Navajo Pottery and Ethnohistory*, Navajoland Publications ser. 2, Navajo Tribal Museum, Window Rock, 1963; and Brugge, "Navajo Prehistory and History to 1850", in Ortiz, *Southwest*, 489-501. 布鲁格提出,"祝福之路"在结构和功能上是"新"的,但并非所有成分都是新的。

活在平原上的印第安群体,尤其是科曼切人(Comanche)的劫掠;而且,在 18 世纪,由于法国人为平原上的部落提供了枪支,纳瓦霍人和东部普韦布洛人都处于极其不利的地位,而西班牙人却成功地使他们管辖范围内的印第安群体在多数情况下得不到枪支。不过,纳瓦霍人和其他阿帕切群体虽然在战斗中从来都不是平原部落的对手,却成了高效的突袭者,他们从普韦布洛人和西班牙人的居住地劫夺家畜,有时还劫夺奴隶,并在遭受损失时集结大军进行反击。1846 年,当美国军队在美墨战争中成功入侵之后,纳瓦霍人的劫掠活动逐步减少,以至于身为受害者的次数比身为侵略者的次数还要多;如前所述,最后他们在 1864 年遭到监禁,然后在 1868 年回到了纳瓦霍人的故土。①作为纳瓦霍人经济核心的牧羊业得到了极大的发展,直到 20 世纪 30 年代,美国政府下令对纳瓦霍人的羊群数量加以限制,因为它们的规模对脆弱的环境造成了损害。随后,纳瓦霍人变得越来越依赖于雇佣劳动,尽管牧羊业仍然是其传统文化的核心。

163　　考虑到最近几个世纪这段变故频生的历史,我们能就纳瓦霍人的宗教说些什么呢?直到关于纳瓦霍人神话和仪式的第一批记录于 19 世纪末问世,我们在很大程度上只能局限于推测。即使到了 20 世纪,虽然文献记录越来越多,但这些记录的规模本身、做记录的时间和地点所导致的内容上的变动以及提供资料的纳瓦霍人和进行记录的人的身份,都给许多彼此冲突的阐释留出了空间。②我将不得不依赖于那些看上去非常可靠的研究纳瓦霍宗教的学者,并在合适的时候讨论一些互斥的解释。

　　有几位学者曾尝试通过在北部阿萨巴斯卡居民和另一些群体——南部阿萨巴斯卡居民在到达西南部之前必定曾经经过他们的领土——

---

① 当时被称为"新墨西哥领地"的地方包括现在的亚利桑那州和新墨西哥州,它在 1848 年被墨西哥正式割让给美国。

② 还有一个困难是:关于仪式的知识分为若干层次,而试图理解纳瓦霍宗教的学者可能不知道资料提供者认为适合透露出来的那些内容属于哪个层次。莫琳·施瓦茨(Maureen Schwarz)描述了知识的十二个层次,分别适合处于不同年龄和地位的特定人群。参见 Maureen Trudelle Schwarz, *Molded in the Image of Changing Woman: Navajo Views on the Human Body and Personhood* (Tucson: University of Arizona Press, 1997), 24-33。

中寻找比较性的材料,来重构以狩猎采食为生的早期阿帕切人的宗教。①卢克尔特提出了一个"前人类流变"(prehuman flux)的观念,将其作为狩猎者信仰的一个起点——这些信仰不仅存在于北美洲,而且可能存在于世界各地。他用这个术语来指称一个万物都能相互转换的"时代":不仅强力存在、人类和动物是"活的",而且连昆虫、植物和自然环境特征(如山脉)也是"活的",它们的形式可以互换。最终,一些强力存在将大地塑造成形,并将各个"族类"(包括动物、植物、山脉等等)分开,使其成为现在的形式。然而,其实这种原始的转变并非存在于过去,人们可以通过仪式和与之相伴的恍惚状态回到它那里。②卢克尔特论证说,北美狩猎者普遍使用的"蒸汗棚屋"(sweat house)如今仍被纳瓦霍人使用,它有一个特殊的功能——它的仪式用途可以将猎人转变为食肉动物,亦即特别高效的猎人。按照这种观点,仪式中的发汗浴(sweat bath)标志着这样一个变化:它使人类得以从事狩猎活动,并使他们不会由于接触了危险(在灵性上危险,而不只是在身体上危险)的动物而生病。在狩猎活动之后,仪式中的发汗浴重复进行,以便把那些自身已经变得很危险的猎人重新变成普通的纳瓦霍人。③伴随着这些狩猎者仪式的是一整套神话,这类神话讲述的是那些对猎人施以援手,并帮助他们进入游戏(其他生灵则阻止他们进入这类游戏)的保护性生灵的故事,以及那些时而帮助、时而阻碍人类达到目标的爱骗人的生灵(如渡鸦、乌鸦和丛林狼)的故事。

---

① 在这些研究中,比较值得注意的是卡尔·卢克尔特(Karl W. Luckert)的《纳瓦霍人的狩猎传统》(The Navajo Hunter Tradition, Tucson: University of Arizona Press, 1975)、盖伊·库珀(Guy H. Cooper)的《纳瓦霍宗教的发展和压力》(Development and Stress in Navajo Religion, Stockholm: Almqvist and Wiksell International, 1984)以及杰罗尔德·利维(Jerrold E. Levy)最近出版的《起初——纳瓦霍人的〈创世记〉》(In the Beginning: The Navajo Genesis, Berkeley: University of California Press, 1998)。

② Luckert, Navajo Hunter, 133-142. 莫琳·施瓦茨的以下报告可以视为对纳瓦霍人(按照卢克尔特的说法)"前人类流变"的一个例子的描述:在"第一(幽冥)世界"中,雄性和雌性生灵并没有采取"现在的外形",而是将在后来变成"第一个男人"和"第一个女人"。她写道:"其他居住在这个世界中的生灵被想象为'空气之灵'或'薄雾式的存在'。它们没有固定的形式或形状,而是会在后来的世界中变成人类、动物、鸟类、爬虫和其他生物。"Maureen Trudelle Schwarz, Navajo Lifeways: Contemporary Issues, Ancient Knowledge (Norman: University of Oklahoma Press, 2001), 12-13.

③ Luckert, Navajo Hunter, 142-148.

与这些狩猎者信仰相伴出现的是流传得同样广泛的萨满教的观念和实践。用最简单的话来说,萨满巫师是这样一个人:他或是要寻找一个强力存在,或是被一个强力存在所寻找,以便经历一种直接的体验——通过这种体验,那个强力存在的一部分力量可以被这位萨满所使用;这样做的目的通常是治病。鲁思·本尼迪克特曾揭示:个人与"守护灵"(guardian spirit)可以建立关系的观念在北美洲流传颇广,而且比人们通常理解的萨满教更具普遍性,因为个人不仅可以从他接触的那个强力存在那里得到治疗性力量,还能得到许多其他力量,如使他狩猎成功的力量。①"幻象探索"(vision quest)就是这种情结的一个方面——进行这种探索的人要在某个偏远的地方(常常是山顶)过苦行生活,以求找到这样一位守护灵。不过,在其他情况下,守护灵会主动对人进行"呼召"。

虽然狩猎者传统的这些特征中的大多数现在仍然能在阿帕切群体中找到,而且更加广泛地体现于很多北美狩猎采食者文化之中,但是,普韦布洛人的宗教却相当与众不同。以狩猎采食为生的群体和以畜牧业为生的纳瓦霍人是以扩大的家族为单位组织起来的,不同家族的住所通常离得很近;他们也会组成更大的团体,即多达几百人的地方性群体或团伙,出于特殊原因——小到仪式,大到战争——而暂时聚集在一起。而普韦布洛人则生活在固定的村庄里,每个村庄有几百人到几千人,而且在很大程度上依靠周围田地里的农产品为生。他们的村庄常常是相当小的,有时出于防御目的而建在平顶山的山顶上。在这些村庄里,仪式的组织者不是那些通过与强力存在交流的私人体验而获得其教导的个人,而是履行祭司职责的团体,它们把教义传授给下一代。虽然有治疗仪式,但是由负责治疗的祭司团体而不是单个的萨满巫师来实施的。主要仪式——每个仪式都属于一个特定的祭司团体——是按照日历来进行的,根据它们与春分、夏至、秋分、冬至的关系而组织起来,并与谷物的生长季有关。普韦布洛人的起源神话比狩猎采食者的起源神话复杂得多,而且聚焦于人类如何在经历了几个幽冥世界的各

① Ruth Fulton Benedict, *The Concept of the Guardian Spirit in North America* (Menasha, Wis.: American Anthropological Association, 1923).

种沧桑变迁之后出现在当今的大地上。普韦布洛人的宗教在取向上具有高度的空间性,他们的家园看上去像是世界的中心,周围的圣山则标志着神圣空间在四个方向上的边缘。虽然有些人类学家谈到了普韦布洛人的"诸神",但我相信,这样的人物更像是强力存在,而不太像是上古社会所尊奉的诸神,因为它们更多是被祈求、被认同的对象,而不是被崇拜、被献祭的对象。不过,较之狩猎采食者,普韦布洛人确实拥有一批更加自成一体、更加拟人化的神祇,而狩猎采食者拥有的则是无定形的神灵群体,这些神灵有时是人,有时是动物。

这些"普韦布洛化"的纳瓦霍人充任的是什么角色呢?虽然在所有的阿帕切群体中都有一些人通过异象或梦境从强力存在那里接受仪式方面的指示,但这样的人在纳瓦霍人中却几乎不存在,只能在占卜者中看到。最重要的精通仪式者被称为"歌手",因为他们要主持一些被称为"歌唱"的礼仪;他们通过作为著名歌手的学徒而学到礼仪方面的知识;他们充任的角色更像是祭司,而不是萨满巫师;不过,歌手并没有团体,每位男歌手或女歌手(比较少见)都是独立工作的。没有仪式年历,但在某些人或群体需要仪式的时候,仪式就会举行。这些仪式通常都是治疗仪式,不过这里的人们对疾病的定义要比我们自己的定义宽泛得多,但所有仪式中最重要的仪式"祝福之路"除外,它在多种场合都要举行,我们将在下文中对此进行描述。

纳瓦霍人的起源神话记录在很多不尽相同的版本之中,这一神话显然来自普韦布洛人的神话资源,因为它是一个关于"出现"的神话,讲到了几个(通常被认为是四个)幽冥世界,人们先是从这些世界中穿行,然后才出现在"地面"——这是纳瓦霍人对我们这个世界的称呼。虽然如此,但是像草原狼这样的捕猎者形象会突然出现在某些地方,而在普韦布洛神话中,则不要指望有这样的地方。虽然纳瓦霍人中不存在萨满教,但在为主要的治疗仪式而讲述的神话中,却都有一个具有浓烈萨满色彩的人物。这些神话对人类中的一个男孩或(在较少的情况下)女孩的历险进行叙述:由于种种不幸的遭遇,这个孩子在强力存在的手中受到了伤害,但灵性援助者使他得以参加治疗性的仪式,而这种治疗正来自那些伤害过他的强力存在。然后他把这些仪式带到自己在大地上的家族中来,并将其传授给家人——常常是一位兄弟姐妹或近亲,然后再次离开这里,加入神灵的行列。虽然纳瓦霍人的仪式在歌手之间代代相传,但最初的学习者是那些体验过与神灵直接交流的人,那种交流是以一种高度萨满化的方式进行的。因此,虽然萨满教其实在纳瓦霍人中几乎不存在,却似乎一直被包含在治疗仪式的神话脚本之中继续存在着。

虽然纳瓦霍人没有根据日历来举行的仪式(多数仪式只能在夏季或冬季举行,但除了不在出现日食或月食的日期举行之外,并无特别的时间要求),但是他们却有着强烈的普韦布洛式的空间取向。四座圣山的四个方向在纳瓦霍人的仪式中至关重要,且与颜色、日期、季节和特定的神灵相关。由于纳瓦霍人散居在距离很远的各个地方,他们并没有普韦布洛意义上的"中心",但圣山内部的土地(被称为 Navajoland 或 Dinetah)在纳瓦霍人的空间意识中居于"中心"位置。①举行仪式的那个住所(泥盖木屋)也是一种微观宇宙(类似于普韦布洛人的"大地穴",不过大地穴不是住所),并且在那个意义上是一个中心。②

用于称呼纳瓦霍人中的神灵的最常见术语是 diyin dine'e,通常译为"神圣之人"(Holy People),但是研究纳瓦霍宗教的学者很快就提醒我们说,这里的"神圣"指的并不是伦理上的善良,甚至也不一定是仁慈,而是强大。他们由于力量强大而十分危险,而且,如果人们以不恰当的方式接近他们,他们还会加害于人;不过,通过恰当的仪式,他们也许会对人有帮助。"神圣之人"是一个十分混杂的群体,其中有些生灵来自古老的狩猎传统(至于具体是哪些传统,尚有争议),有些生灵则

① 虽然纳瓦霍人不像澳大利亚土著那样相信自己是从土地中诞生的,但是他们仍对地点有着强烈的依恋之情。治疗仪式中的主角探访过纳瓦霍地区的许多指定地点,一些环境特征也被说成是被"屠怪者"所杀的怪兽的尸体。基思·巴索(Keith Basso)很好地叙述了地点在西部阿帕切人——在文化上与纳瓦霍人最接近的阿帕切群体——中的重要性,其中的大部分也许同样适用于纳瓦霍人。参见 Keith H. Basso, *Wisdom Sits in Places*(Albuquerque: University of New Mexico Press, 1996)。

② 关于普韦布洛人和纳瓦霍人的仪式,路易斯·莱姆菲尔所作的比较分析很有助益,参见 Louise Lamphere, "Southwestern Ceremonialism",收录于 Ortiz, *Southwest*, 743-763。我在为 "哈佛价值观研究"文集撰写的论文中,对纳瓦霍人和居住在普韦布洛人中的祖尼人进行了一些比较。参见 Robert N. Bellah, "Religious Systems",收录于 *People of Rimrock: A Study of Values in Five Cultures*, ed. Evon Z. Vogt and Ethel M. Albert(Cambridge, Mass.: Harvard University Press, 1966), 227-264。

显然是从普韦布洛人中借来的。后者最明显的例子是 ye'i,或称"戴面具的诸神",他们是普韦布洛人所尊崇的著名的克奇纳神(kachinas)的纳瓦霍版本。这些戴面具的诸神出现在经常举行的"黑夜之路"(Nightway)仪式的某些程序中,但不会出现在最重要的仪式"祝福之路"中。

现在,让我们考察一下"祝福之路"这种仪式,并探讨它为什么如此重要,且与所有其他仪式都迥然不同。虽然"祝福之路"植根于纳瓦霍人的起源神话——赋予这个世界以意义的叙事——但是,与所有的纳瓦霍仪式一样,它最重要的特征是歌曲。没有歌曲(要记住,纳瓦霍仪式被称为"歌唱"),任何仪式都不可能生效。由此,我们就能明白"祝福之路"为何被称为"歌曲的脊柱"[1]了。格拉迪斯·赖希哈德用"祝福之路"中的一个段落来强调歌曲的重要性:"'变化中的女人'教她的两个赋有神性的孩子唱歌,告诫他们说:'不要忘记我教给你们的歌曲。你们忘记它们的那一天将是末日,不会再有别的日子了。'"[2]加里·威瑟斯庞指出,所有的纳瓦霍人都经常唱歌,他们当中的很多人还创作了歌曲——不是那些必须细心学习的仪式歌曲,而是适用于各种场合的歌曲。[3]因此,与卡拉帕洛人和澳大利亚土著的情况一样,我们处于一种歌唱文化之中。实际上,某人所拥有的歌曲数量可以表明他的财产状况,而下面这句话则能说明某人的贫穷:"我一直是一个穷人,连一首歌都没有。"[4]

不论歌曲有多么不可或缺,它都深植于叙事之中;而在这里,"祝福之路"同样占据着中心位置。约翰·法雷拉用"主茎"的比喻来说明其核心地位:

当纳瓦霍人提及他们的哲学和仪式体系时,通常将其概念化

① Sam D. Gill, *Sacred Words: A Study of Navajo Religion and Prayer* (Westport, Conn.: Greenwood Press, 1981), 84.

② Gladys A. Reichard, *Navajo Religion: A Study of Symbolism* (New York: Pantheon Books, 1950), 289.

③ Gary Witherspoon, *Language and Art in the Navajo Universe* (Ann Arbor: University of Michigan Press, 1977), 152.

④ Reichard, *Navajo Religion*, 289-291.

为一株玉米。植株分叉的节点就是主要仪式的分支点。植株的"根部"延伸到幽冥世界之中，而且，它们指的当然是人们出现之前的故事。"主茎"一方面指的是"忽竹吉"[祝福之路]，另一方面指的是(其实是同一种事物)他们哲学的本质或综合性的核心。①

作为"祝福之路"叙事基础的那个故事所讲述的事件，发生在人类在地面世界上出现之后、重大治疗性仪式的主角开始历险之前。正是这种叙事与我们可以称之为历史的任何事物之间的那种模糊关系及其基本性质，诱使法雷拉和其他人谈到了"哲学"一词；而我则愿意把这个术语留给一种在纳瓦霍人中几乎完全不存在的理论文化。②纳瓦霍人关于起源的叙事不是通常的西方意义上的"线性历史"，而是如同莫琳·施瓦茨从里克·平克斯顿和克莱尔·法雷尔的文章中引用的一句话所说的那样："纳瓦霍人关于起源的故事所包含的祖传知识'只是当前现实的又一个因素，而不是一种客观化的、与现时保持距离的、惰性的对智慧或真理的见解'。对于纳瓦霍人来说，历史不是'有关实在之知识的客观化的表现的一种属性或载体'，而是'连续不断地形成着的事物的发展过程'。"③在这个意义上，纳瓦霍人的起源神话讲述的是"持久性事件"(借用斯维恩用于描述澳大利亚土著居民之"梦"的术语)，因此关于"之前"和"之后"的观念只有一种相对性而非绝对性的含义。在仪式中，叙事里的任何因素都以潜在的方式存在于现时。

不过，虽然许多仪式都提到了发生在人类出现之前的事件，但把世

----

① John R. Farella, *The Main Stalk: A Synthesis of Navajo Philosophy* (Tucson：University of Arizona Press, 1984), 20.

② 更好的说法也许是"过去在纳瓦霍人中不存在"。1969年，纳瓦霍社区学院(Navajo Community College)及其分院分别成立于柴尔(Tsaile，位于亚利桑那州)和希普罗克(Shiprock)，该学院开展了一个"纳瓦霍人研究项目"，大量利用了用纳瓦霍语和英语书写的材料；随着这些举措的推行，纳瓦霍人的哲学和神学在理论方向上的发展的制度基础得以确立。在我看来，虽然威瑟斯庞和法雷拉都承认叙事的根本性重要意义，但是他们的研究却代表着某种程度的系统化，这种系统化反映了纳瓦霍文化在概念上变成"双语式的"这一无可避免的合理化进程。下文将要引用的詹姆斯·麦克尼雷(James McNeley)著作也可以在此处被引用。参见 Gloria J. Emerson, "Navajo Education", in Ortiz, *Southwest*, 669-670。

③ Schwarz, *Navajo Lifeways*, 10, quoting Rik Pinxton and Claire Farrerr, "On Learning a Comparative View", *Cultural Dynamics* 3 (1990)：249.

界按照我们知道的方式组织起来的却是那些发生在人类出现之后的事件。①当"第一个男人""第一个女人"和其他"神圣之人"首次从"第四世界"中出现的时候，地面被大水所覆盖，没有形状。大风（这些大风本身就是"神圣之人"）吹干了陆地，然后诸神所做的第一件事就是建造一座"蒸汗棚屋"。在蒸汗棚屋里，"第一个男人"把他从幽冥世界里带回来的药包打开，里面装着谷粒状的宝石、幽冥世界里圣山上的泥土等物。"第一个男人"用这包东西塑造了我们所看到的这个世界的许多特征：他建造了第一座泥盖木屋，使其成为一种微观宇宙，它的四根主要柱子标识着主要方向和圣山。

随后，第一个男人用"曙光、暮光、阳光"和"一片黑暗"——一天里的四个时间——的薄片盖住了包里的某些圣物：

> 当他像上文描述的那样盖住它们四次之后，一对年轻男女首次从那里出现了。这对男女在美貌上绝对比不上"神圣之人"，而且都长着很长的头发，一直垂到大腿处……要想凝视"神圣之人"是不可能的，因为他们的目光明亮得惊人。他对这对男女说道："这是你们当中的任何人唯一一次看到他们，今后你们当中没有人会再次看到他们。虽然他们就在你们周围，甚至就在你们周围关照着你们的生计，直到你们生命的终点，但是你们当中没有人会再次看到他们。"②

根据某个版本，正是这对年轻男女生育了一个孩子，并把她放在一座圣山的山顶，"第一个男人"在那里发现了她。他把孩子带回家，交给"第一个女人"；在其他"神圣之人"的建议下，他们用云彩与植物中的花粉和花瓣上的露珠来养育这个孩子。"由于受到这种特殊照顾，孩子以极快的速度成长起来：她在两天之后就能走路，四天之后就开口说话，十二天之后就开始行经了。"③

这个孩子就是"变化中的女人"（Changing Woman），她的月经初潮

---

① 我对"祝福之路"的叙事进行了高度压缩，主要以利兰·威曼（Leland C. Wyman）的著作《祝福之路》（*Blessingway*, Tucson：University of Arizona Press，1970）中的材料为依据。
② 同上书，11—112 页。
③ Schwarz, *Navajo Lifeways*, 19.

是人们欣喜若狂的一个原因，也是人们首次举行"祝福之路"庆典的缘由。女孩们的青春期仪式在北美洲的狩猎采食者中十分常见；当南方阿萨巴斯卡居民进入西南部之后，这些仪式无疑也被他们带到了这里。但这些古老仪式的关注焦点在于经血所导致的污染，以及此后人们与经血的接触可能导致的对狩猎的危害，因此在举行这些仪式时需要对处于经期的女孩进行隔离。纳瓦霍人的仪式是"祝福之路"的一种形式，它更多地是为"变化中的女人"带给人们的生命力和生殖力而进行的庆祝活动。

"变化中的女人"躺在一块石头上休息时，太阳使她怀孕了。她随即生下了"武士兄弟"——"屠怪者"和"水的孩子"。虽然"变化中的女人"的露面是吉兆，但这个世界仍然是一个危险之地，因为被"第四世界"中那些不合时宜的行动所催生的各种怪物也来到了地面上，正在摧毁这里的新居民。"武士兄弟"费尽周折才得知他们的父亲是谁，以及如何才能找到他。在经历了太阳赋予的多种考验之后，他们获得了杀死怪物的能力。"屠怪者"在弟弟的支持下，继续行动。除了饥饿、贫穷、衰老和虱子以外，所有的怪物都被杀掉了。虽然幸存的这些怪物都很讨厌，但它们各自都在人类生活中发挥着一种功能：没有饥饿，就没有吃东西时的愉悦；没有贫穷，就没有得到新东西时的愉悦；没有衰老（和死亡），大地上就会过于拥挤，生育本身也会停止；没有虱子，就无法刺激人们通过从别人头上捉虱子来表达自己对他们的友谊和爱。①

169　　　应"变化中的女人"的请求，"第一个男人"把药包给了她，但他手中还留一个；当他和"第一个女人"回到幽冥世界的时候，他把这另一个药包带在身上。这些一开始在故事中如此重要的人物，如今却呈现出危险的一面，因为他们带回去的药包是巫术包。②从这时开始，"变化

---

① Levy, *In the Beginning*, 73. 纳瓦霍人对灭虱行为之积极社会功能的理解，暗示着智人中还留着灵长目动物的理毛行为。

② 巫术信仰在纳瓦霍人中广为流行，像在卡拉帕洛人和澳大利亚土著中一样。关于这一课题的基础著作是克莱德·克拉克洪（Clyde Kluckhohn）的《纳瓦霍巫术》（*Navajo Witchcraft*, Cambridge, Mass.: Peabody Museum, Harvard University, 1944; repr., Boston: Beacon Press, 1967）。

中的女人"这个抚育万物的人物成了纳瓦霍仪式的中心;但即便是她,也会在其规则不受尊重的情况下变得十分危险,因而纳瓦霍人的世界总是仁慈之力和危险之力的混合物。

在怪物被杀死之后,"变化中的女人"希望能得到同伴:

> "白珠女人"(White Bead Woman)[她经常被认为与"变化中的女人"是同一个人]现在希望拥有自己的子民。她希望拥有一群她可以称之为子孙的人。他们将把她教给他们的知识传承下去。他们将对她赐予他们的祷文和颂歌尊敬有加,并将其奉为神圣。①

于是"变化中的女人"揉擦了身体各个部位的皮肤,并向揉擦下来的东西中吹入了生命。这些就是纳瓦霍人,她把他们所需的全部知识都教给了他们。然后,她按照太阳的吩咐,离开了这些"地面之人"(Earth Surface People),前往西方。然而,不论是"变化中的女人"还是其他"神圣之人"都没有真正离去,因为他们临在于仪式中,仪式的参加者可以与他们融为一体。

尽管"变化中的女人"很重要,然而"祝福之路"和(根据威瑟斯庞和法雷拉这类解释者的看法)纳瓦霍人生活的核心却是在"变化中的女人"的父母"美丽的生灵"那里得到拟人化表现的。威瑟斯庞引用威曼的话将"第一个男人"起初对他们说的话叙述如下:

> "在这被造出来各种各样的神圣生灵当中,你是第一个被造出来的,将成为(代表)他们的思想,并将被称为'长生'[sa'ah naaghaii],"他被如此告知。"而你是第二个被造出来的;在所有首先得到使用的'神圣之人'中,你将是(代表)他们的话语,并将被称为'幸福'[bik'eh hozho],"他被如此告知。事情就这样发生了。"你们将存在于(被发现于)一切事物之中(尤其是庆典事务),没有例外;确切地说,万物都将通过你们两人而成为'长生',也将通过你们两人而成为'幸福',"他们被如此告知。②

不论是将其拟人化,还是"长生、幸福"这样的译名,都不足以表达出   170

---

① Schwarz, *Navajo Lifeways*, 20.

② Witherspoon, *Language and Art in the Navajo Universe*, 17; Wyman, *Blessingway*, 398.

sa'ah naaghaii bik'eh hozho 的核心地位。这个短语处于"祝福之路"仪式的核心，而且被用于"祝福之路"这个部分——几乎每场庆典都以此结束。hozho 这个术语有"祝福""美丽""健康""完全"等多种译法，兼有道德和审美的含义，被许多人视为纳瓦霍文化的关键术语。法雷拉提醒我们说，hozho 总是暗示着它的补充物 hochxo，后者有"邪恶""丑陋"等不同译法，但它与前者同样是纳瓦霍人生活的必要组成部分。纳瓦霍人没有把善和恶绝对对立起来，而是在不可避免的无秩序中寻找秩序。庆典体系以"祝福之路"和 sa'ah naaghaii bik'eh hozho 为中心，把意义和秩序带入了这个危险的世界。①

关于对"神圣之人"的态度在一个人的一生中会如何发生变化，法雷拉提出了如下看法：

> 年轻人，尤其是处于青春期的少年，会违反禁忌而不致受罚，他以此来表明自己不害怕、有勇气。随后，发生了一件不幸的事，于是他开始相信了。正是在这个时候，一个人开始相信世界是非常可怕的，但他对具体情形并不了解。然后，为了超越这种恐惧，他开始学习故事和仪式。在这一学习过程的起始阶段，老师会保护学生，直到后者自己掌握控制能力。接着，就到了这样一个时候：恐惧不再是一个人与第伊尼伊[diyinii，即"神圣之人"]之关系的主导性情感色调，它被尊敬所替代。这种敬意表现了平等者或几近平等者之间的关系，而恐惧则是从属关系的特征。

正如法雷拉指出的那样，那些在后来的人生中非常博学的人往往不是仪式的执行者：

> 他们似乎对事物非常满意：并非通过任何手段而完全心满意足，而是能够接受事物存在的方式。他们确实要用到仪式，不是为了改变现有事物，而是将仪式作为一种为现有事物而进行庆祝的小庆典。与此同时，与仪式执行者相比，这些人与第伊尼伊的关系更加密切。他们有过与强力存在同在的体验：强力存在是他们的

---

① 威瑟斯庞在 *Language and Art in the Navajo Universe* 一书 17—27 页中对 sa'ah naaghaii bik'eh hozho 这个短语进行了细致的语言学分析，法雷拉则在 *The Main Stalk* 一书 153—187 页中对该短语进行了可以被称为形而上学的分析。

一部分,他们自己也是强力存在的一部分。……

在这些较为博学的人士那里,自我和第伊尼伊之间的这条界线——对纳瓦霍人而言,它从来都不是非常明显的——几乎不复存在。我认识的那些达到这个状态的人士都已老迈,我猜想死亡会最终消解这条界线。但是,在死亡即将来临时,他们的心态十分平和,并不焦虑。①

正如这段对理想化的纳瓦霍人生活的记述所暗示的那样,sa'ah naaghaii bik'eh hozho 的意思是"完全"(completeness);但是,正像法雷拉所指出的那样,这种"完全"并不是孤立的个人的完全。sa'ah naaghaii bik'eh hozho 可以被等同于 nilch'i,即赋予万物以生命的风、空气或呼吸。正是通过"风",我们才与万物联系在一起。另一种表述方法是:sa'ah naaghaii bik'eh hozho 把我们同万物而不只是同人类联结在一起,使我们成了万物的亲戚(k'e)。②

此刻,也许可以对"纳瓦霍人是'个人主义的',而普韦布洛人是'集体主义的'"这种陈旧观点加以反驳了。的确,生活在牧羊文化中的人们要比生活在人口密集的农业村庄里的人们更加经常地自食其力,而且纳瓦霍人非常尊重任何人——乃至儿童——为自己作出重要决定的权利。但是,这种理想化的纳瓦霍人不同于盎格鲁个人主义者,后者首先寻求的是他自己的利益或"自我实现"。相反,理想化的纳瓦霍人会对祝福予以回报,并会承担对他人的责任。尽管纳瓦霍人的仪式都是围绕着"被歌颂者"而组织起来的,并因此而具有显而易见的个人主义核心,但即便是治疗仪式也具有远比这更加宽泛的关注范围:

虽然纳瓦霍人的治疗仪式似乎是以"病人"为核心的,但病人并没有被挑出来单独接受医治;相反,正像哈里·沃尔特斯(Harry Walters)指出的那样,"整个范围"——病人在其中与个人的、社会

① Farella, *The Main Stalk*, 66-68.

② 关于"完全",参见上书 181 页;关于风,参见 James Kale McNeley, *Holy Wind in Navajo Philosophy*, Tucson: University of Arizona Press, 1981;关于亲戚,参见 Witherspoon, *Language and Art in the Navajo Universe*, 88,他在那里谈到了"'像亲戚那样与每个人和谐相处'这种纳瓦霍观念"。

的、宇宙的领域紧密联系——都要接受医治。"在仪式中,你不仅要医治人的身体,还要医治他的精神,再加上他的配偶、孩子、家人和牲畜,你知道,还有病人将要呼吸的空气、他将要走过的土地、他将要饮用的水和他将要使用的火。你知道,你这个人所在的这个范围中的一切人和物都像你一样需要接受医治。所以,这种医治是对所有那些人和物、对整个范围的医治。"①

就连功能远非仅限于治疗的"祝福之路"仪式,也需要一位"被歌颂者"——即使仪式的目的显然是为了"整个范围"。正如威曼所言,不论是在什么场合,仪式的目标都是"为了美好的希望","为了避免潜在的不幸,并获得人类为了过上长久且幸福的生活而需要的祝福"。

因此,"祝福之路"的实践包括出生和青春期、家或泥盖木屋、婚礼、对财产的维护和获取、针对不测事件的保护措施……在纳瓦霍人的体系中,没有其他仪典可以像"祝福之路"这样为各行各业提供本地的帮助……它的仪式很简单。它可以适应任何紧急情况、梦境、想象和人性的脆弱。②

当我们考虑纳瓦霍人的神圣叙事和伦理道德之间的关系时,我们会发现,它们只不过像纳瓦霍人的同类事物一样,体现了一种明确的道德准则。"神圣之人"既没有发布道德律令,也没有像道德模范那样行动:如果说他们有所教导,那么,他们借助于自己做错的事情,如借助于自己做对的事情一样而进行教导。不过,他们的叙事确实不仅有助于理解这个世界,还有助于提供一种道德秩序概念,这一点又和澳大利亚土著的情况相同。山姆·吉尔(Sam Gill)在引用凯瑟琳·斯宾塞的开拓性著作时,说这些神圣的故事"作为对合乎道德的生活的一份指南而起作用",这句话很好地表明了上面的观点:

凡是在创造的时代,人们关心的是合适处所的构建和世界万物之间的关系;而在开始出现仪典的时代,人们关心则是一个人应该如何生活在这个世界上。这种关切处理的是地点与关系这两者

---

① Schwarz, *Molded in the Image of Changing Woman*, 235.

② Wyman, *Blessingway*, 8.

的界线,处理的是生活所必需的那些关系,如猎人和比赛的关系、一个男人和他的妻子以及不是他妻子的其他女人的关系、姻亲之间的关系、活人和死人的关系、纳瓦霍人和非纳瓦霍人的关系、人和他所处环境中的动植物的关系、"地面之人"和"神圣之人"的关系等。那些谈及这个时代的故事界定了纳瓦霍人的生活方式。它们讲述的是随着时间和空间的变迁而发展变化的生活。它们对各种限制进行了测试,并因此而强化了那些限制。①

莫琳·施瓦茨在她颇有价值的著作《纳瓦霍人的生活方式》(*Navajo Lifeways*)中,说明了这些神圣叙事所体现的纳瓦霍宗教如何至今仍是纳瓦霍人的意义来源。她举了一些例子,其中的纳瓦霍人用一种积极的神话阐释方式来理解他们所面临的困难,这些困难主要始于20世纪90年代。当时,由汉坦病毒引起的致命传染病在四角地(Four Corners)爆发,夺走了许多纳瓦霍人的生命。这场疫病的爆发被解释为神话时代"怪物"的回归;只有恢复传统的纳瓦霍人行为方式并增加"祝福之路"仪式的次数,才能抵御那些怪物的破坏力。对那些被断定为属于霍皮人之地的纳瓦霍人的重新安置,铀矿开采过程中引发的疾病,以及由酒精中毒导致的持续的灾祸,则是另一些例子,在这些事例中,对源自神话的理解方式的运用有助于应对当前的挑战。也许最有趣的例子产生于两个"神圣之人"在保护区的一个偏远地带对一个女人的"显现"。虽然很多人——包括纳瓦霍族的一些高级官员——都用这一显灵来激励种族复兴和激发种族自豪感,以至于成千上万人到"显灵"之地来朝圣,使朝圣活动获得了空前的发展;而其他人却指出,纳瓦霍人的神圣叙事清楚地表明,虽然"神圣之人"就在我们周围,但他们永远不会为人所见。他们还批评了朝圣和在朝圣地点献祭的观念,因为正确的做法是在自己住所附近的圣地献祭。这场热烈的解释学论争为传统的持续活力提供了证据,不过它也为"真正的传统正在

---

① Katherine Spencer, *Mythology and Values: An Analysis of Navaho Chantway Myths* (Philadelphia: American Folklore Society, 1967), 转引自 Gill, *Sacred Words*, 56. 也可参见 Katherine Spencer, *Reflection of Social Life in the Navaho Origin Myth*, University of Arizona Publications in Anthropology 3 (1947)。

消逝,这很有可能带来毁灭性后果"这样的一些告诫提供了理由。①

引人注目的是,随着英语在主要从事非传统职业的年轻人中被越来越广泛地使用,随着包括摩门教在内的多种基督教宗派以及美洲本地教会(佩奥特教)的侵入②,古老的仪轨模式仍然留存下来并发挥作用,吸引着许多表面上接受了其他宗教的人。也许它的历史赋予了纳瓦霍宗教一种灵活性,让它即使是在重大挑战之下也能存活下来。强有力的普韦布洛成分为其叙事和仪式提供了融贯性,这是北美洲那些更加松散的狩猎采食者的宗教似乎不具备的。但是,这一传统虽然被普韦布洛化了,却没有被固定于礼仪年的时间和特定地点——换言之,一种普韦布洛化的宗教仍像以往一样简便——这个事实本身使它能够对纳瓦霍人面临的诸多困难不断地进行灵活的回应。如果纳瓦霍知识分子依据大量书面文献阐发出已经在一定程度上蕴含于口头传统之中的"纳瓦霍哲学",那么,其未来如何将不可限量。

在浩如烟海的可选材料当中,我挑选了三种材料,以便举例说明文化——乃至今天的文化——是如何通过叙事而非理论组织起来的,仪式及其不可避免的音乐基础又是如何继续提供主要意义的。纳瓦霍人的实例(其实本章写到的三个实例都是如此)表明,主要依据仪式和神话组织起来的那些文化在当今世界中仍然可以发挥作用,我们一定要对这些文化平等相待,它们当中的很多东西有待我们去学习。③我们会

---

① 参见施瓦茨的《纳瓦霍人的生活方式》,尤其是第三章《1996 年的神圣访问》("The Holy Visit of 1996")。施瓦茨在第七章《最后的想法》("Final Thoughts")的简短结论中表达了一些更加阴郁的告诫。

② 关于纳瓦霍人的佩奥特教(Peyote)最翔实的著作出自大卫·阿伯利(David F. Aberle)之手。据他估计,在 1972 年,40%—60% 的纳瓦霍人是佩奥特教的信徒。参见他的《纳瓦霍人中的佩奥特教》("Peyote Religion among the Navajo")一文,收录于 Ortiz, *Southwest*, 558。关于这一课题的最全面的研究成果是阿伯利的《纳瓦霍人中的佩奥特教》(*The Peyote Religion among the Navajo*, Viking Fund Publications in Anthropology 42, New York, 1966)。

③ 应该记住,纳瓦霍人、瓦尔比利人也许还有现今的卡拉帕洛人,都生活在互利共生的关系之中,他们的社会有先进的理论文化。例如,在纳瓦霍人和澳大利亚土著的例子中,医生和本地治疗者之间发展出了一种工作关系,这样,双方都可以参考他们觉得自己处理不了的其他病例。日益向部落民族开放的现代教育,也是理论文化的一条渠道。在纳瓦霍人的例子中,对双语教育的重视有助于保持传统文化的生命力;但是,理论进路——尤其是在社区学院的层面上——不可避免地占据了统治地位,甚至在"纳瓦霍人研究项目"中也是如此,这意味着人们无法在与外界完全隔绝的情况下保存神话文化。

看到,即使是在理论变得至关重要的时候,仪式和神话也以具有惊人活力的新形式存活了下来。但在考察这一点之前,为了更好地理解人类如何从神话文化步入理论文化,我们需要看一看,在规模比我们前面考察过的社会大得多、阶层也多得多的那些社会当中,叙事和仪式是如何应对社会问题的——在此过程中,它们可以说有所屈从,但并没有断裂。为此,我们必须转向那些迈出了狩猎采食者的平等制度而步入了权力分化状态的社会。

第四章　从部落时代到
上古时代的宗教：意义和权力

第三章所描述的仪式和神话文化终将遭受激烈攻击——反仪式主义(antiritualism)和去神话化(demythologization)，它们来自那些为意义问题寻找更普遍的答案的人(尽管攻击者本身绝不会完全避开仪式和神话)，但我们现在必须考虑一下：在部落社会中发展起来的意义生产资源何以得到扩展，以便通过仪式和神话之新形式的发展和对宇宙、社会、自我之关系的新理解来应对规模大得多、更加分层化的社会。这些新理解把仪式和神话资源拉伸到了极限，但并没有超越它们。

支配的倾向

第三章中考察的那些小型社会里，权力和地位的分化是极小的——但并非不存在。如果我们现在想要理解仪式和神话如何有助于组织大规模的社会，可以从以下做法开始：比以前更加仔细地观察那些即使在小型社会当中也存在的权力和地位之区别。但是，我们首先要考虑小型社会，即狩猎采食者的社会，以及许多种植业社会和畜牧业社会中的一个非常突出的特点：它们是高度平等的。如果我们从进化的视角来看待智人，那么，这种平等几乎是不指望能够看到的。我们所有最近的亲属，即类人猿中的几个物种，都是专制多于平等的，尽管我们已经发现黑猩猩实行的是有限专制。也就是说，它们的地位等级制度把个体分成了若干等级，从最强壮的带头雄性猩猩(或者，在倭黑猩猩的例子中，是带头雌性猩猩)直到最弱小的猩猩。在黑猩猩和大猩猩中，雄性猩猩的地位高于雌性猩猩的地位；而在倭黑猩猩中，则是雌性猩猩的地位高于雄性猩猩的地位，但这并没有降低它们的专制或准专制程度,因为它们也有清晰的地位等级制度。在黑猩猩中,带头雄性猩猩不仅有时会对较为弱小的雄性猩猩实施身体伤害,还会试图独占交配机会,与群落中的雌性猩猩们滥交,并尽可能完全阻止其他雄性猩猩进行交配。在这样的环境下,与我们所知的"家庭"类似的任何事物都不可能存在。最多只能谈及母亲和孩子之间那种长期的密切关系和兄弟姐妹之间的某种密切关系,但在父母之间、父亲和孩子之间却没有任何持续关系。

虽然我们与黑猩猩和倭黑猩猩有着诸多共同点,但在家庭形式上,我们确实与它们不同。德·瓦尔将主要区别概括如下:"在人类社会的三个主要特征即男性同盟、女性同盟与核心家庭中,第一个特征是我们与黑猩猩共有的,第二个是我们与倭黑猩猩共有的,第三个则是我们独有的……几百万年来,我们这个物种已经适应了一种围绕着再生产单位而建立的社会秩序,这是众所周知的社会基石,而在任何黑猩猩属(Pan species)中,都不存在类似的秩序。"[1]怎样解释这种区别呢?是我们缺乏支配的倾向吗?不可能。毋宁说,是一种不同类型的社会使一种不同类型的家庭成为可能。在这里,我要借鉴一下人类学家克里斯托弗·博姆的著作,尤其是他的《森林中的等级制度:平等主义行为的演变》[2]一书。博姆论证说,我们与黑猩猩、倭黑猩猩共有一种专制倾向,亦即一种支配的倾向。我们也与它们共有另外两种倾向:一种是当自己在对抗中快要失利时表示屈服的倾向,另一种则是一旦屈服就对他人的支配感到怨恨的倾向。[3]但是,博姆问道:如果我们是一个具有专制倾向,也就是说,想要在任何可能的时候支配他人的强烈意向的物种,那么,我们所知的最简单的社会,即过游牧生活的狩猎采食者的社会,为什么无一例外实行平等主义,而且很有可能已经持续了几千年(如果不是几百万年)呢?博姆的回答不是狩猎采食者缺乏统治等级,

① Frans B. M. de Waal, "Apes from Venus: Bonobos and Human Evolution", in *Tree of Origin: What Primate Behavior Can Tell Us about Human Evolution*, ed. de Waal (Cambridge, Mass.: Harvard University Press, 2002), 62.

② Christopher Boehm, *Hierarchy in the Forest: The Evolution of Egalitarian Behavior* (Cambridge, Mass.: Harvard University Press, 1999).

③ Ibid., 147, 163.

而是他们具有他称之为"反向支配等级"(reverse dominance hierarchies)的等级,也就是说,社会中的成年男性组成了一个普遍联盟,以防他们当中的任何一位成员独自支配他人,或与几位盟友共同支配他人。①男性当中的平等主义不一定会扩展到女性当中——女性受男性平等主义影响的程度是多样化的,即使是在狩猎采食者中也是如此。但是,"反向支配等级"所避免的是女性被占支配地位的男性所独占,由此,我们所知的家庭成为可能,它以(相对)稳定的跨性别夫妇联盟和父母对子女的共同养育为基础,而这正是与我们关系最近的灵长目亲属所不具备的。

博姆坚持认为,人类的平等主义来之不易,也并非意味着他们缺乏支配的倾向;毋宁说,平等主义需要艰苦的、有时富于攻击性的工作,以便防止可能成为新贵的人支配其余的人。平等主义是一种支配形式,是由卢梭所说的"公意"来支配每个人的意志。因而,狩猎采食者的部落并不是扩大了的家庭,而是我们所知的家庭的先决条件。博姆总结道:"这种类型的平等主义社会控制似乎有两个组成部分:一个是包括用以维持社会一致性的强大武力在内的道德共同体……另一个要素则是蓄意使用社会约束力,以便在完全成年的男性当中强制实施政治平等。"②我要加上"仪式",仪式乃是道德共同体的共同表达;没有它,约束的过程就毫无意义了。在社会约束力起作用的方式上,博姆的论述尤为精彩。可能成为新贵的人先是被嘲弄,然后被冷落,最后,如果他们仍然固执己见的话,就会被杀害。博姆通过来自每个大洲的例证,详细地描述了这个越来越严苛的约束体系是如何发挥作用的。但在我认为具有同等必要性的另一个方面,他的描述就不那么精彩了,这个方面就是社会团结,尤其是通过仪式得以表达的团结的强力拉动作用,这关系用一种让人感到自己完全被社会接受的感觉来回馈人们对支配权的放弃。

第三章中的所有内容都能帮助我们理解以前发生的事情。当博姆

① Christopher Boehm, *Hierarchy in the Forest: The Evolution of Egalitarian Behavior* (Cambridge, Mass.: Harvard University Press, 1999), 10-11.

② Ibid., 60.

说狩猎采食者实施的平等主义的根本基础乃是道德共同体的出现时，他指的是模仿文化和神话文化可能会成就的东西。在这个道德共同体中，强有力的行为准则以消极的方式对专制行为予以制裁，并为家庭提供了保护。虽然文化是使这样一种逆转成为可能的关键资源，但博姆坚持认为，这种逆转并不完全是它看上去的那样。人类的专制倾向是如此根深蒂固，以至于这种倾向不能被轻易地摒弃。我们并没有突然从醒龊者变为仁善者。"反向支配等级"是一种支配形式：平等主义并不只是专制统治的缺乏，而是对潜在的专制统治的积极而持续地消除。

但是，如果平等主义在小型社会中事实上是普遍存在的，那么，为什么在酋长国尤其是在早期国家中，却似乎恢复了专制制度，并使其比178可见于类人猿中的任何制度都更加残暴呢？专制统治的演变可以用一条 U 形弧线来表示：从实行专制制度的猿类到实行平等制度的狩猎采食者，再到重新实行专制制度的复杂社会。对此，需要进行解释。① 为什么史前时代那种基于"反向支配等级"的平等主义的漫长历史走向了终结，而实行专制制度的酋长国和早期国家随之兴起呢？为什么此后专制制度虽然历经挑战，却一直在某种程度上得以延续呢？这就是我们要在本章中处理的问题。

虽然狩猎采食者大体上成功地阻止了新贵的产生，但随后的人类历史中却密布着成功崛起的新贵。许多新贵——人们会想到尤利乌斯·恺撒、拿破仑、祖鲁人沙卡（Shaka Zulu）、墨索里尼等——都遭遇了不幸的结局，不过也有些人寿终正寝。新贵想要独占女性、削弱家庭的倾向在古代希伯来新贵大卫那里得到了生动的说明。马基雅维利曾告诫可能成为新贵的人不要玩弄其他男人的妻子，因为这会立即引起反叛，大卫却娶了拔示巴为妻，还杀死了她的原配丈夫。对一位新贵来说，为了成为合法统治者，一定要有对道德共同体的理解的重构，还要有表达这种理解的新仪式，好让专制制度成为合法权威，这样，许多愤愤不平但却必须服从的人才能对其予以容忍——这种考虑引出了我的下一步论证。

---

① 至于"现代性是否代表着另一次转向（这一次表现为专制程度的下降）"这个问题，我们可以推延到后面的章节中。

为了理解这条 U 形弧线为什么不完全是它看上去的那样,我们需要在"支配(专制)"和"等级制度"之间进行区分,这两个术语在大多数讨论中都被忽略了——这种忽略是难以避免的,但我们如果要理解真实的情况,就需要避免这样的忽略。我要用支配(专制)来表述强者的直接统治,用等级制度来表述得到道德共同体实际认可的地位差别,也就是说,我要把等级制度界定为合法的权威。① 支配和等级制度从一开始就形影不离,这是人类社会核心矛盾的一部分。②即使它们总是形影不离,我们也要通过分析把它们区分开来,这是很重要的。博姆使用的"反向支配等级"一词同时包含着这两个要素:道德共同体证明了等级要素(高于新贵的群体)的合理性,而对新贵的最终的暴力制裁则具有无法避免的支配要素。

我要借助澳大利亚土著的例子来探讨等级制度和支配在实行平等主义的狩猎采食社会中是如何发展的;通过第三章的描述,我们对这样的社会已经很熟悉了。不过,我要讨论的不是瓦尔比利人中的等级制度,而是与其相邻的一个西部沙漠群体——宾土比人,弗瑞德·迈尔斯在他们当中对其等级制度进行了考察,他的研究在广度上超过了曾研究过瓦尔比利人的任何一位民族志学者。迈尔斯把他对等级制度的讨论置于宾土比人社会生活的三个主要模式的语境之中。一个模式是他所说的"关联性",他将其定义为"把一个人同其他人的关系向外扩展,乐于满足其他人提出的要求,表现出同情心和谈判意愿"。关联性对于狩猎采食者是至关重要的,因为在他们当中,孤立的核心家庭实在太脆弱了,无法长久地生存下去。第二个主要模式是"自主性",即一种不愿受人强迫的心态,尤其是坚信成年男女有能力按照自己的愿望来

---

① 韦伯所用的 Herrschaft 一词应该被译为"合法权威"还是"支配",在很长时间里一直是一个有争议的问题。就我的论证而言,根据上下文,任何一种译法都可能是恰当的。而且,虽然我们通常用"支配"(domination)一词来指称强者的管辖,但该词其实衍生于拉丁文单词 dominus,意为"主",常被用于称呼"主上帝";这正如上帝在德文中被称为 Herr Gott。从经验上说,"支配"与"合法权威"确实难以被分割开来。
② 也许,这两者甚至同时存在于灵长动物当中。例如,带头雄性猩猩是否会为作为整体的群体提供任何有用的服务,还是只会增加它自己的繁殖机会,这是一个有争议的问题。有时,带头雄性猩猩会在狩猎活动或与其他猩猩群体的冲突当中起到某些领头作用,或者对等级较低的猩猩之间的斗殴加以制止,就此而言,可以认为它在为群体提供服务。

处理家庭事务的心态。第三个主要模式则有助于调解前两者之间不可避免的张力，这个模式就是"梦"本身，它是一种神话和仪式的模式，具有超乎个人意志的权威，并在连续不断的重新协商——宾土比人的社会就是由这些协商构成的——当中维持稳定。迈尔斯强调，宾土比人的社会并非天生就具有团体性，而是有诸多将其成员分离开来的界线。"关联性"远远超出了本地营地的范围，但它是由一对一的关系而非共同的成员身份组成。创造出任何像"遍及整个地区的凝聚力"这样的东西的，只能是仪式及其认可的各项准则。①

虽然成年人会维护其自主性，乃至在必要的时候诉诸暴力，但有一种总是为人所接受的权威。那些在"照料"别人、像哺乳时的母亲怀抱婴儿那样"抱"着他们的人，至少在某些特定的领域中，会拥有合法的权威。迈尔斯明确地说明了这种合法权威所在的领域："这样的权威绝不是专制独裁，它们主要存在于仪式、圣地和婚姻的领域之中，在那里，年长的人们可以通过把某些东西传递给年轻人的方式来照料他们。在这些特定的领域，长辈们拥有对晚辈们的相当大的权力；但在这些领域之外，社会关系更加平等，人们仍然可以相对自由地获取自然资源，而且不存在对力量的垄断。"②宾土比人总是同意，一个人将不得不"听从"父亲和舅舅，因为他们从他还是婴儿的时候起就一直在"照顾"他。但更普遍的是，并非只有家族中的年长成员拥有权威，凡是通过把"梦"这种遗产传递给年轻一代的方式来"照顾"他们的长辈都拥有权威。关于这种传递行为是如何在自主性和权威之间进行调解的，迈尔斯总结如下：

> 宾土比人所经历的生命周期是一个连续不断的发展过程，其目标在于获取自主性和威力，并得到对道德秩序最具包容性的那些方面的更大的认同感。年轻男性认可年长男性的权威，因为预料到这样会获得有价值的东西——既对他自己有价值，也对整个社会有价值。遵循"法则"既是他们为自己而做的事情，也是他们

180

---

① Fred R. Myers, *Pintupi Country*, *Pintupi Self* (Washington D.C.: Smithsonian Institution Press, 1986), 22-23.

② Ibid., 224.

为了生命本身的延续而做的事情。女人们也承认男性成年仪式的社会价值,并认可它的必要性。在这样的语境下,年长男人的权力和权威就被认为是为了让每个人都遵从宇宙计划而必需的。

男人们表现出来的是"照料"人们的能力。当然,与此同时,他们界定了男人"照料"他人的意思是什么:一个人要通过维持和传承"法则"来做到这一点。最终,年长男人赋予年轻男人的是以平等身份参与到其他男人之中的能力。虽然这种自主性通常不被视为个人地位的提高,但是作为价值来传承的"法则"仍然作为他们行使权力的工具而起作用。通过"法则",男人们可以行使权威,而不会被指责为自高自大。他们只是在传达"梦"的内容。①

受到年长一代的照顾并从他们手中接受"法则"的年轻一代,也将成为年长的一代,依次照顾比他们更年轻的一代,并把"法则"传到后者手中;因此,权威(除了"梦"本身的权威以外)是暂时的,它其实是使具有依赖性的年轻人获得成年人之自主性和责任感的方式。一个相似的模式存在于许多土著群体之中,它有时被称为"老人治理"(gerontocracy)。当这种权威被用于阻止年轻人与心仪对象成婚时,或是当它采取了带有施虐意味的成年仪式的形式时,它可能会被滥用,可能会转变为支配;但是根据迈尔斯的研究,在宾土比人中并没有这种情况。②

然而,宾土比人并没有丧失支配的倾向。那些企图越过合法权威之界线的男人是出"乱子"的主要原因。面对一个可能成为新贵的人,宾土比人不是与他正面对抗,而是宁愿离开他试图维护自己的那个地方,这是狩猎采食者对付新贵的一个常用办法,博姆称之为"回避"。迈尔斯说,"过分地维护自己会导致很大的危险";他还引用了这样一个实例:一个人由于自以为是而受到了广泛的批评;后来他在成年仪式上猝死,人们相信这是由于他被施加了巫术。③

---

① Fred R. Myers, *Pintupi Country*, *Pintupi Self* (Washington D.C.: Smithsonian Institution Press, 1986), 240.
② Ibid., 225.
③ Ibid., 246.

如果合法的等级制度和它试图控制的那种支配倾向在大多数平等社会——在那里,权威是暂时的、微不足道的,但绝非不存在——中都显而易见的话,那么,它们也见于更加复杂的社会这一点就并不令人惊讶了。让我转向上一章中考察过的另一个群体卡拉帕洛人,我要用这个例子来说明,有一种权威并不是循环性和暂时性的,它可以被世代继承,因而在这个意义上具有永久性——尽管在这个实例中,它几乎没有吹皱那仍然无处不在的平等主义的一池春水。

埃伦·巴索谈到了"被大众称为'阿尼塔乌'(anetaū,单数为阿尼图)的世袭仪式官员,他们负责管理、组织和筹划仪式程序"①。有时仪式的准备活动时间较长,在此期间,阿尼塔乌广泛地组织和协调所需的劳动力,以准备仪式将要用到的资源。但是,在宾土比人的实例中,阿尼塔乌的权威"代表着社群的一致意见,其动机是社群的目标,而不是个人的目标"。实际上,人们认为阿尼塔乌乃是中部卡拉帕洛人的"伊夫提苏"(ifutisu)理想的人格化,它在慷慨、调和等美德中得到了明确说明,这些美德可以使人拒斥想要支配的欲望。②

在巴索研究的村庄里,有两个担任阿尼塔乌的男人都渴望获得领导权,他们把整个社群分成了两个互相竞争的派系。不过,在仪式语境之外,阿尼塔乌毫无作用,经济和社会生活"是围绕家庭和亲戚网络被组织起来的"③。虽然有三分之一到一半的村民是阿尼塔乌的后代,但只有某些人仍然担任仪式官员的职务,如上面提到的那两个人。尽管如此,所有的阿尼塔乌都享有一定程度上的荣誉或尊敬,这就是所谓"阶层",因为他们的葬礼比其他卡拉帕洛人的葬礼更加考究,而且成了人们举行某些核心仪式的场合。这样的阶层划分方式起初是怎样开始的呢?在世界上的很多地方,有一些阶层分明却没有建立国家甚至也没有建立酋长国的社会——对此,很难进行解释。据说,阿尼塔乌并

---

① Ellen B. Basso, *A Musical View of the Universe: Kalapalo Myth and Ritual Performances* (Philadelphia: University of Pennsylvania Press, 1985), 255. 要了解关于"阿尼塔乌"的更多情况,参见 Ellen B. Basso, *The Kalapalo Indians of Central Brazil* (New York: Holt, Rinehart and Winston, 1973), 132-153。

② Basso, *The Kalapalo Inidans of Central Brazil*, 132.

③ Basso, *A Musical View of the Universe*, 256.

不像澳大利亚父系家族那样"拥有"这些仪式,但是他们对于组织仪式生活而言是必不可少的,这样的生活又会反过来告诉卡拉帕洛人他们是谁。如果说把阿尼塔乌与社会中的其他人分隔开来的不是前者与仪式的联系,那是令人难以置信的。

虽然经济盈余的增长不能决定等级制度和支配所要采取的形式,但种植业和农业经济盈余的增长(甚至还有狩猎采食活动带来的经济增长,如在北美洲西北海岸,捕鱼业方面的资源尤为丰富)确实关乎等级制度和支配的发展(我们将在下文探讨导致这种关联的几个可能的原因)。我们要记住,卡拉帕洛人在种植业和狩猎采食业方面都有适度的收获,因而他们的盈余比宾土比人的盈余更多。但即使圈外人有时称阿尼塔乌为"酋长",巴索却说"他们不一定是村庄的**领袖**,而且常常没有任何政治影响力"[1],因而无法被当作哪怕是很简单的酋长职位的范例。我们可以转向我们在第三章中详细描述过的第三个群体——普韦布洛印第安人(纳瓦霍人的邻居),从中寻找(至少是)初期酋长国的更清楚例子;但是,普韦布洛人是非常多样化的,他们的民族志也极其庞杂,因而更加明智的做法似乎是转到一个完全不同的方向。[2]

波利尼西亚(Polynesia)是对酋长国进行比较研究的一种实验室。原始波利尼西亚文化在大约2500年前出现于萨摩亚和汤加地区,那里被称为西波利尼西亚。在接下来的1500年中,波利尼西亚人扩散到了中东波利尼西亚——社会群岛(包括塔希提岛)、马克萨斯群岛及附近其他群岛——和夏威夷以北、拉帕努伊岛(复活节岛)以东南、新西兰以南还有被称为"波利尼西亚外露层"(Polynesian Outliers)的群岛以

---

① Basso, *The Kalapalo*, 132.

② 如果要在普韦布洛人中探讨这些问题,一个很好的起点是彼得·怀特利(Peter M. Whitely)的《有意的行动——在奥拉伊比分裂期间发生变化的霍皮文化》(*Deliberate Acts: Changing Hopi Culture through the Oraibi Split*, Tucson: University of Arizona Press, 1988)。怀特利发现,虽然以前的民族志研究强调霍皮人实行平等主义,但他们的社会其实是一个等级制的社会,分为精英和平民两个阶层,精英身份是由宗教知识和仪式领导权所界定的。地位最高的仪式领导者起着村庄酋长的作用(与下文中的提科皮亚人相似),但没有强制性的权力,而且要在与其他宗族和仪式领袖磋商之后才能作出决定。根据怀特利的研究,与卡拉帕洛人(以及提科皮亚人)一样,霍皮人的精英阶层和平民阶层之间的分界线"并非以经济差别为标志"(70页)。

西。波利尼西亚人到达时,除了波利尼西亚外露层以外,所有的岛屿都无人居住。在西部外露层,波利尼西亚人或是取代了在拉皮塔早期殖民化时期已经到达这里的居民,或是与后者融合,波利尼西亚人自己就是从那些居民进化而来的。

波利尼西亚人之所以如此有助于我们目前的研究目的,是因为原始波利尼西亚社会现已在帕特里克·基尔希和罗杰·格林笔下得到了相当全面的重建。① 它的社会形式是简单的酋长国。在波利尼西亚,所有复杂的酋长国都是从这个起点以内生的方式发展起来的,在欧洲人到达之前没有受过任何外力的影响。夏威夷(我们将把它作为一个早期国家来考察)与世隔绝的程度尤深;欧洲人于 18 世纪末发现该群岛之前,在长达 500 年左右的时间里,其岛民甚至都没有同其他波利尼西亚群体交流过。复杂酋长国的出现是难以理解的,但是我们至少可以确信:在波利尼西亚,这个过程完全是内生的。

提科皮亚

我们可以从 20 世纪伟大民族志学家雷蒙德·弗思(Raymond Firth)笔下的提科皮亚小岛(方圆 3 平方英里)上的那个结构简单的酋长国开始。②虽然提科皮亚不是化石——它是一个西部外露层,拥有一段可追溯至大约 3000 年前的被占领史——但它却是那种被称为"保守的波利尼西亚社会"的社会的一个例子,表现出了原始波利尼西亚社会

183

---

① Patrick V. Kirch and Roger C. Green, *Hawaiki, Ancestral Polynesia: An Essay in Historical Anthropology* (New York: Cambridge University Press, 2001).

② 弗思的运气很好:他在提科皮亚生活的那两年(1928—1929),传统文化尤其是传统宗教仍然在发挥着作用。因此,提科皮亚社会可能是拥有最出色的民族志记录的波利尼西亚社会。弗思最出名的著作是《我们提科皮亚人——关于波利尼西亚原始社会中的亲属关系的社会学研究》(*We the Tikopia: A Sociological Study of Kinship in Primitive Polynesia*, New York: American Book Company, 1936),但我们下面将要引用的是他的另外几部著作。另一件让我们感到很幸运的事情是,提科皮亚人乃是帕特里克·基尔希和道格拉斯·严(Douglas E. Yen)的杰出考古学研究成果《提科皮亚人——波利尼西亚外露层的史前史和生态》(*Tikopia: The Prehistory and Ecology of a Polynesian Outlier*, Honolulu: Bernice P. Bishop Museum, 1982)的研究主题。

的某些特征,尽管它绝不是后者不变的延续。①

尽管扩大的亲属关系在实行平等制度的宗族社会中很重要,然而常住群体通常是决定性单位,正如我们在宾土比人中所看到的那样。但在等级社会中,亲属关系是最重要的,因为被分出等级的正是世系和宗族。提科皮亚是一个在某种程度上与世隔绝的小岛,位于所罗门群岛主要区域的东南部。根据弗思在1929年进行的人口调查,该岛的人口为1281人。②该岛被分为四个宗族,每个宗族有几个世系;虽然这些世系常常具有本土化特征,但属于它们的土地却可能在岛上的任何地方。每个宗族都有一位酋长,而且,虽然没有主宰一切的酋长,但这些宗族之间却有等级差别,每位宗族酋长的地位都与他所在宗族的等级相关;因此,等级最高的宗族卡菲卡(Kafika)的酋长阿利基·卡菲卡(Ariki Kafika)据说代表着提科皮亚的"全境",尽管他在自己宗族以外的其他宗族中并不拥有政治权威。宗族中等级最高的世系的名字就是宗族的名字,宗族酋长是从该世系中选出来的。但是对于提科皮亚这样一个小型社会而言,其等级制度的另一个方面是格外惊人的,那就是酋长和其他居民之间的差异——酋长是真正的贵族,其他所有人都是平民。

尽管酋长必须来自宗族中等级最高的世系,然而并没有酋长直系后代自动继位的制度。酋长的长子是假定的继承人,但是他和宗族中除酋长之外的其他人一样,只是一介平民。他究竟会成为别的什么人物,也是不确定的,因为他的世系的另一位成员也可能会中选来替代他。至少在名义上,酋长是被民众选举出来的。正如塔夫阿(Tafua)宗族的酋长阿利基·塔夫阿对弗思所说的那样:"当一位酋长被选举出来之后,他就被全体民众视为塔普(tapu)。当他仍以平民身份生活期间,他只是一位被称为'马鲁'[maru]的高级管理人员,但是在他当选酋长之后,他实际上就成了塔普。在酋长即将被选举出来时,全体民众

---

① 人们可能会把普韦布洛人当作美国西南部简单酋长国的基本案例,继而把墨西哥谷的阿兹特克人(Aztecs)当作早期国家结构的例子。然而,这两种文化之间的关系是很成问题的:阿那萨齐人(Anasazi)——普韦布洛人的祖先——可能是狩猎采食者,他们可能在墨西哥谷文化的间接影响下开始发展新的社会形式;但我们缺乏关于过渡形式的信息,这意味着阿那萨齐社会只能勉强被视为与墨西哥谷文明早期阶段相似的社会。

② Firth, *We the Tikopia*, 409.

都要聚集在一起;然后,人们会听到这句话:'他被全体民众视为塔普.'①tapu 是一个波利尼西亚语单词,我们的 taboo(禁忌)一词就是由此而来的;在这个实例中,该词可以被不太准确地译为"神圣者"。酋长受到的高度尊敬(只有提科皮亚社会中的酋长会受到如此礼遇)表明他实际上是一个神圣的对象:他不能被他人触碰;人们在他面前要鞠躬或下跪;人们绝对不能背对着他,在离开他的居所时要倒退着走出门外。酋长保持着冷淡态度,只接受别人的拜访,却不会拜访别人,而且必定不会与别人一同用餐。正如弗思指出的那样,提科皮亚的酋长带有某种君王色彩——某种使人很容易联想到至高权威乃至神明的特质——不过我们将会看到,这些含义一定会通过什么方式而受到限定。②一位酋长只领导几百个人,却享有异乎寻常的崇高地位,这种现象在平等的部落社会中是独一无二的。我们应该如何解释这种现象呢?这种酋长地位的实际含义是什么呢?尤其是,合法权威和支配权之间的平衡是什么样的呢?

或许首先应该说明,提科皮亚的酋长同时也是高级祭司:神圣权力和世俗权力之间没有分别。作为高级祭司,他们是主要神明和民众之间的中介者;他们也会从宗族的其他世系中任命级别较低的祭司和长老,这些人负责在他们的民众和与他们自己的世系相联系的低级神明之间进行沟通。提科皮亚酋长的权威主要来自他们的祭司身份。正如弗思所言:

> 在传统的宗教体系中,卡菲卡的酋长被承认为提科皮亚的诸酋长中的第一酋长,他在神圣语境和世俗语境中都被赋予最重要的地位。作为**同侪之首**,他自己和他的民众都认为他对整片土地之富饶与繁荣负有主要责任。虽然阿利基·卡菲卡在世俗语境中被容许拥有优先权,但人们之所以相信他既在宗教领域中也在社会和经济领域中发挥着最大的作用,正是由于他与强大有力的诸

---

① Raymond Firth, *Rank and Religion in Tikopia: A Study in Polynesian Paganism and Conversion to Christianity* (London: Allen and Unwin, 1970), 42. 弗思接着又写道:"因而在某种非常真实的意义上,他的禁忌者身份是被他们创造出来的,作为他们的集体行为的象征;它以一种实用的涂尔干主义的方式代表着集体和社会的价值观。"

② Ibid., 35.

神有着特殊关系。①

可以说,提科皮亚的领袖们是在"领导"而非"支配",即使阿利基·卡菲卡也是如此。从提科皮亚的标准来看,他们十分富有,但是其他人可能拥有更多的土地。他们像其他人一样耕地或捕鱼。莫顿·弗莱德引用弗思的话说:"'他们的大部分食物都来自他们自己的劳作。'酋长以自己的主动性和榜样作用来激发和指引社群从事生产。他经常大摆筵宴,这一慷慨之举'给他的地位盖上了封印'。"②酋长任命几位近亲为马鲁,他们拥有制止斗殴、解决小争端等方面的权力;但是如果需要动用武力,他就必须向他的宗族求援——他没有自己的军队——酋长本人则应当自我克制,不参与暴力行为。因此,酋长似乎既没有剥削追随者,也没有施行暴政,而是通过榜样作用和慷慨行为来进行"统治"。他的追随者们保留着自己决定是否把酋长的想法付诸实施的能力。

185 　 在所有这些方面,酋长似乎与小型种植业社会尤其是新几内亚高地中那些被称为"大人物"(Big Men)、具有自我限制性的新贵几乎没有什么不同。"大人物"们凭借慷慨而获得了威望,这是平等社会中获取领导权的为数很少的可被接受的手段之一。通过与别人结为姻亲和借钱给别人(日后再收回),他们积累了大量的番薯和猪,并在盛大的宴会中分发给大家,这会给他们带来荣誉。"大人物"们在资源积累方面耗尽了心思,几乎没有什么机会把声望传给自己的子女。将他们和提科皮亚领袖作比较时,非常重要的一点是:"大人物"的声望与其世系无关,也不依赖于任何宗教功能,不过,他可能会得到具有精神力量之人的支持。③

提科皮亚的领袖不仅担任祭司,而且其宗教身份表明,当地人对人

① Raymond Firth, *History and Traditions of Tikopia* (Wellington：Polynesian Society, 1961), 53.

② Morton H. Fired, *The Evolution of Political Society: An Essay in Political Anthropology* (New York：Random House, 1967), 133. 其中的引文出自 Raymond Firth, *Primitive Polynesian Society* (London：Routledge, 1939)。

③ 关于"大人物"的经典研究成果是 Marshall Sahlins, "Poor Man, Rich Man, Big Man, Chief: Political Types in Melanesia and Polynesia", *Comparative Studies in Society and History* 5 (1963)：285-303。关于"大人物"的"世俗"程度,参见 Tony Swain and Gary Trompf, *The Religious of Oceania* (London：Routledge, 1995), 142。

类与强力存在之关系的理解与我们在第三章中看到的任何情况都迥然不同。人们第一次(还不太清晰地)察觉到,除了仍然存在于大地上的大量强力存在以外,还存在着很多可以被尝试性地称作"诸神"的存在。虽然提科皮亚人没有我们意义上的历史,但是他们却有一个关于几个主要时期的概念。第一个时期是"诸神时代",那时大多数主要神祇都出现了;只要传统宗教存在,其中的许多神祇就仍然在人们的崇拜中占据核心地位。这些神祇的家园在天上,不过他们对提科皮亚这片土地很感兴趣,甚至为了争夺对这片土地的支配权而互相争斗。最终,诸神生下了那些建立主要世系的男人。到了第二个时期,诸神和人类都行走在大地上,面对面进行互动。最后,诸神回到了他们的精神居所,他们会在那里继续干预人类的生活(如赐予好收成,或是降下飓风);当人类举行特定的仪式并念诵特定的名字时,他们也会接受人类的呼召,以接受人类的请求。[1]这一系列事件与卡拉帕洛人的情况不无相似之处——在卡拉帕洛人看来,"起初"就有强力存在,然后出现了可以直接与强力存在互动的"黎明之人",然后又出现了主要通过仪式与强力存在互动的普通人。但是,在卡拉帕洛人的想象中,"黎明时代"与现在只隔着几代人的时间;而在提科皮亚人的意识中,这段准历史时期要漫长得多。由于世系对他们来说是如此重要,而祖先的优先权又与世系所处地位相关,因而他们记述了多达十代的普通人薪火相传的情况,弗思估计其时间跨度至少长达 250 年。此前的神话时代在世代更替方面并不清晰。与第三章所描述的那些群体相似,提科皮亚是一种纯粹的口头文化,没有任何关于诸神或人类故事的具有明确权威性的文字记录。因此,下列情况并不令人惊异:同一位神祇有很多名字,同一则神话有很多版本,这些取决于讲述者是谁,尤其是从世系或宗族的角度来看。这一切都与我们以前看到的实例没有任何不同之处。

提科皮亚人这个实例的与众不同之处在于:核心仪式不再由全体成员集体表演,人们也不再通过音乐和舞蹈而与强力存在融为一体;这标志着一种向上古时代宗教的转变,不论这种转变是多么初级。虽然整个社群都会参与到仪式过程之中,但履行仪式的只有酋长一人,他担

---

[1] Firth, *History and Traditions*, 17.

任人与神之间的调解人。作为祭司，酋长要对诸神进行赞美、感恩和祈福，正是这些行为使我们可以称这些仪式为"崇拜"，称这些仪式的礼敬对象为"诸神"。核心仪式在由祭司掌管的露天神殿中举行。由女人和孩子们帮忙准备的食物祭品已被放入一个大烤炉中烘烤。卡瓦酒（Kava，一种有轻微麻醉作用的饮料）是最重要的祭品——实际上，这种仪式就是以它的名字命名的，每位酋长都有自己的"卡瓦"——为了酿制这种酒，需要进行复杂的准备工作，甚至连孩子们都被叫来帮忙。食物祭品在仪式结束之后分发给人们，但卡瓦酒（它在若干波利尼西亚社会中是一种仪式用酒）却不能被人饮用，而是要全部倒出，奉献给仪式所供奉的神祇或诸神。全体民众还要在神殿之外进行饮宴、歌唱和舞蹈，它们尤与被称为"诸神伟业"的那几组主要仪式（每年举行两次）相关。舞蹈在提科皮亚仍然十分重要，像在波利尼西亚的其他任何地方一样——据描述，诸神对舞蹈尤为喜爱——但舞蹈并不是仪式的核心。

如前所述，全体民众都会参加核心仪式开始之前和结束之后的活动；但是，仪式本身却由酋长独自履行，另有几位长者出席。仪式包括以下程序：祭司把食物和卡瓦酒奉献给神祇或诸神，同时吟诵神圣祷文以祈求福佑。我们已经说过，提科皮亚的阿利基是塔普——神圣者——但是他的神圣性源于他的玛努（manu，即原始波利尼西亚语中的 mana，玛那）。①弗思将玛努和主要仪式之间的联系解释如下："玛努[玛那]的特性在某些环境下可能会在普通人身上显示出来，但它主要是酋长的特质。'没有一个普通人是酋长双唇中的玛努。'人们认为，面包果和椰子的丰收、民众的健康等，都来自酋长的'双唇'，来自他对仪式用语的背诵……玛努的源头在灵魂（spirits）、诸神和祖先那里。"②酋长吟诵的许多内容就连在场的其他几人也无法听到，因为这些言辞，

187

①　tapu 和 mana 都已进入比较宗教学的词汇之中，尽管有人质疑它们是否适用于非波利尼西亚社会。然而，它们是所有波利尼西亚社会中的核心术语，很有可能有着更深的根源。基尔希和格林重构了这两个术语在原始大洋洲语中的形式，甚至还重构了 tapu 一词在原始东美拉尼尤波利尼西亚语（Proto Eastern Maylayo Polynesian）中的形式。参见 Kirch and Green, *Hawaiki*, 239-240。

②　Firth, *Rank and Religion*, 46.

尤其诸神的名字是秘而不宣的。

仪式的目的是高度实用性的。正如弗思所言："提科皮亚的宗教体系公开而明显地指向经济目标,它大量利用经济资源,并充当着重新分配经济资源的渠道。它也与等级体系错综复杂地连结在一起。在一个处处等级森严的制度里,酋长和其他世系的首领不仅是宗教体系中最重要的工作人员,也是民众的合法代表和群体活动的主要负责人。"①正如我们已经指出的那样,酋长们在仪式中与诸神相联系,因而是神圣的;的确,在举行重要仪式的过程中,被崇拜的神祇可能会暂时进入酋长的身体,因而他至少在那个瞬间是具有神性的。

提科皮亚的最高神是阿图阿·伊·卡菲卡(Atua i Kafika),他在波利尼西亚神祇中显得非同寻常:在诸神和人类都行走在大地上的时代,他是一个人,即阿利基·卡菲卡之子,但他也是把新的食物品种和技艺带到提科皮亚的文化英雄。他在一次土地争执中被杀;然后他被告知,如果不对凶手复仇,他就能被提升为最高的神明。他的后代、后来的卡菲卡酋长们正是以他为楷模,克制暴力行为。欧文·戈尔德曼说阿图阿·伊·卡菲卡的形体"象征着社会宇宙",以此来描述阿图阿·伊·卡菲卡的核心地位。他写道:"作为阿图阿,他是一位神祇,是提科皮亚的'高位'神;作为阿利基·卡菲卡,他是高位的神圣领袖;而作为卡菲卡,他的名字是四个主要亲族集团之一的名字,也是该集团中为首的世系和该集团的神殿的名字。卡菲卡是神祇,是酋长,是民众的有机集合,也是圣地。他既是宗教之核心、统治之核心,也是社会和经济生活之核心。其他的一切都是依赖性的、次要的——但并不归入卡菲卡之下。"②

虽然仪式活动需要全体民众的参与,而且"动员个人朝着共同目标而作出的努力,确实暗示着每个人为他人福祉而承担的道德责任"③,但主要责任却是由首领本人担负的。人们相信,对诸神的崇拜保障了整个群体成员的利益:

① Firth, *Rank and Religion*, 23.

② Irving Goldman, *Ancient Polynesian Society* (Chicago: University of Chicago Press, 1970), 354.

③ Firth, *Rank and Religion*, 25.

领袖的康乐意味着他的家族和世系的兴盛。倘若任何群体在兴盛程度上似乎落后于其他群体，人们就会认为这是由于其领袖缺乏神力［玛那］……领袖的声望关乎其群体的兴盛；如果其群体不再兴盛，他的那种使他的命令能够得到服从的名声和世俗权力就会受损。世系和宗族体系的结构使人们无法轻易投诚于其他领袖；他们只是不再去参加或支持其领袖的仪式。在那些关涉整个提科皮亚社会而非仅仅是社会的一个部门的仪式中，这类判断同样适用。①

如果我们把提科皮亚人的仪式和神话所表达的信仰同我们在第三章中描述过的那些群体的信仰进行比较，我们会看到一些重大区别。卡拉帕洛人、澳大利亚土著和纳瓦霍人中的强力存在经常是（虽然不总是）带头的男性人物，他们在受到（甚至是无心的）触犯时会给人间造成巨大的破坏，但是如果人们奉行正确的仪式，就能让自己与他们互相认同；而且，通过这种认同，他们的力量可以（至少是暂时地）变成仁慈的力量。有些强力存在很大程度上被视为抚育儿女的母亲，就像在"变化中的女人"的实例中那样，但部落神话中的行为准则却几乎不可能是这样的。如果那些神话确实描述了一种道德秩序、一种"法则"（按照澳大利亚土著的说法），这也并不是因为强力存在总是可靠的甚或品行端正的。这些神话是试图理解现实之本质的一种努力。它们的叙述者必然使用了手边的某些类比，这些类比来自他们自身的社会经验，包含着那些经验的全部内在张力和矛盾。

而在提科皮亚人中，一种不同的社会类型发觉它本身反映在一种不同的强力存在概念之中。正如弗思所言："由此，人们脑海中出现了被提科皮亚人高度形象化的主要神灵或'诸神'，他们像提科皮亚人心目中的'酋长'那样行事，但那是活动于一个不可见的、属灵的世界之中。他们控制着追随者，也控制着主要领域或事业；他们随心所欲地来来去去；他们会大发雷霆；他们给予人们福祉或惩罚；他们的决定虽然被认为是独断专行的，却会因人们的求情而发生动摇；在他们当中存在

---

① Firth, *Rank and Religion*, 29.

着区别和等级,就像在人类当中一样。"①

　　每位神祇都是某个世系所供奉的神祇,展示了他或她自己的偏好,因而他们代表的道德观是宗族和世系所效忠的道德观,而不是普遍性的道德规范。提科皮亚的诸神与荷马笔下诸神的相似之处,要多于他们与我们此前看到的那些神灵的相似之处。如前所述,由于叙述者不同,关于提科皮亚诸神行迹的叙述充满了差异和分歧,但是也许存在着一种新的表达程度。正如弗思所说:

> 因此,提科皮亚人的神灵(spirits)观念是权力和控制的概念 189
> 化。它们将人类事务中的随机性原则客观化和人格化了,但是它
> 们也概括了关于提科皮亚社会结构的观念,即关于对父母的孝敬
> 和父系权威、关于酋长的地位、关于男女之间的角色差别的观念。
> 它们也以象征的方式表达了一种对构想得不太清晰的兴趣和想
> 象——对性和人类脆弱性的看法,对失败、对体力的丧失、对疾病
> 和死亡的潜在焦虑——的认识。这一整套概念与一系列特定的社
> 会群体和社会境遇相关,并且构成了一个复杂的体系性结构,该结
> 构具有相当富于逻辑性的表述。②

　　然而,如果我们把这些存在称为诸神,这并不是因为他们与我们此前遇到的那些强力存在有根本不同,而是因为他们与人类的关系——他们在仪式中的角色说明了这种关系——发生了转变:如今他们受到了崇拜。正如弗思所言:"'崇拜'通常意味着尊敬,甚至是一种程度很高的赞美,它在表示不对等关系的象征行动中得到彰显——如通过鞠躬、下跪或匍匐等屈体动作,或通过奉献祭品。激发这些象征行为的,不仅是对地位差异的承认,还有想要通过某种方式与被颂扬的那位神祇的地位、行动或人格相联系的愿望。"③正如我们已经指出的那样,提科皮亚酋长在财富和权力方面几乎没有什么特权,他只有在人们希望服从他的时候才受到服从;但只有他能代表民众来崇拜诸神。在提科皮亚,一种新的程度上的等级制度——它存在于诸神和人类之间、酋长

---

① Firth, *Rank and Religion*, 90-91.
② Ibid., 111-112.
③ Ibid., 297.

和民众之间——开始出现,但几乎没有关于支配的证据。不过,在其他环境下,提科皮亚酋长的谦恭角色常常被人们尽情阐述,那些阐述可能包含着极其重大的含义。

提科皮亚似乎是非常和平的。他们的社会这么小,又是在这么小的岛上,有什么理由不和平呢?波利尼西亚人都是武士,提科皮亚人似乎没能逃脱他们那里普遍存在的战斗;不过,在欧洲人到达之前的几代人的时间里,似乎很少出现无秩序的状况。然而,该岛的早期历史并不是如此安宁的。据传,汤加人曾多次入侵,最终都被击退;不过,正如弗思所说:"在提科皮亚内部,等级较高的人似乎一直沉迷于对名望、权力和土地的渴求,准备诉诸武力来达到目标。提科皮亚人说,在这个时候,有许多'托阿'(toa,意为强壮的男人、武士)试图通过比拼体力或使用计谋来消灭对方,好能独自进行统治,让这片国土只效忠于他。"①

更加令人困扰的是那些关于提科皮亚人自己的主要群体遭到灭绝或驱逐的故事。在那些被弗思认为大体真实的叙述中,两个主要群体恩加·拉文加(Nga Ravenga)和恩加·法伊阿(Nga Faea)——它们可能由到达较晚的外来者组成——在大约 1700 年到 1725 年之间分别被灭绝。该岛的狭小面积所导致的对土地的渴求,以及人口的不断增加(这一点或许也要算上),是这一事件显而易见的原因,尽管提科皮亚人指出,拉文加受到攻击的直接原因是他们傲慢无礼地停止纳贡。此事的细节颇为骇人;拉文加的所有男人、女人和孩子都被灭绝,只有一人幸存(尽管他后来确实成为一个重要世系的祖先);法伊阿则受到了重大威胁,以至于他们的酋长和多数民众都出海去执行一项必然是自杀性的任务,只留下了极少数的几个人。②在弗思的时代,人们仍然焦虑

---

① Firth, *History and Traditions*, 122.

② Ibid., 128-143. 恩加·拉文加和恩加·法伊阿究竟是什么样的群体,这个问题引发了人们的猜测。人类对提科皮亚的占领可追溯至大约公元前 900 年,远远早于波利尼西亚文化在萨摩亚和汤加地区起源的时间(大约公元前 500 年)。大概在公元后第一个千年中的某个时候,东部的波利尼西亚人使居住于波利尼西亚"外露层"的群体——提科皮亚人就是其中之一——安定了下来。因此,恩加·拉文加和恩加·法伊阿以前可能是前波利尼西亚人,或者只是由波利尼西亚移民组成的一个较早出现的群体。通过考古成果,基尔希发现,就在驱逐事件发生之前的那个时期,提科皮亚人遭受了一场由地壳构造上升导致的地质巨变,这场巨变把海湾变成了微咸水湖,使现今提科皮亚人的祖先所居地区的生产力大为下降,从而导致了人们抢夺他人所占领土的需求。最后,恩加·法伊阿的离去究竟是一项自杀性(转下页)

地讲述着这些故事，以免类似的事情再度发生。至少在人们的回忆里，阿利基·卡菲卡并没有下令采取过这些可怖的措施。据弗思所知，酋长们在更多的时候是祭司，而不是武士，无疑更不是暴君。但提科皮亚也绝不是天堂岛。

虽然作为酋长国的提科皮亚是一个等级制的社会，而不是平等的社会，但平等主义并没有完全被弃之不顾。选举新酋长的程序甚至有其"民主"的一面——他必须得到民众的拥戴。无论是老酋长的偏爱还是宗教仪式，都无法代替民众的意愿。可以认为，提科皮亚特权等级的作用在某些重要方面类似于宾土比人"梦"的作用，因为它提供了一个能够减轻和调节日常生活张力的高级参照点。正如戈尔德曼所说："贵族领导之下的原始社群本质上是一个宗教社群，它在宗教意义上承认统治家族的内在优越性。在这种情况下，这样一个社群中的'服从'并不比对祖先、神祇或神灵的服从更加有辱人格。这样的服从被当作自然秩序的一部分而接受。"[1]世系是连续的、固有的、不可协商的，这一事实本身就使世系有可能成为无所不包的行为规范的体现。但是世系本身不能使某人成为酋长：他必须是能够起到实际作用的人。来自新贵的挑战时常出现，人们又具有平等主义情绪，这些都确保"不论是傲慢自大的酋长，还是软弱无能的酋长，都无法长期存在下去"[2]。不过，提科皮亚人特有的这种平衡性——尽管维持这种平衡无疑很不容易——并不是作为整体的波利尼西亚人的特征，尤其不是夏威夷人的特征，像我们将要看到的那样。

养育倾向

在更加仔细地考察夏威夷人之前，让我再稍微补充一点关于支配

(接上页)的任务，还是一种寻找新殖民地的努力(类似行动在波利尼西亚历史上经常出现)，这仍然是一个悬而未决的问题。关于所有这些问题，参见 Patrick Kirch, *The Evolution of Polynesian Chiefdoms* (New York：Cambridge University Press，1984)，80，125，202。

[1] Goldman, *Ancient Polynesian Society*, xviii.

[2] Ibid., 17.

倾向的讨论——这种倾向将我们与我们的灵长目近亲联系起来,而且很可能是我们的生物学遗产的一部分。它的原型可能是黑猩猩中的雄性首领,但我们应该还记得倭黑猩猩中的雌性首领,它们让我们看到,支配倾向就性别而言很有可能是中性的,尽管用"专制"一词来表述倭黑猩猩的支配特征可能在语气上过于强烈了。①我们也已看到,在实行平等制度的狩猎采食者群体中,支配倾向是如何通过那些受到了文化调节的道德共同体以及通过对新贵的制裁而被改变的,尽管这种支配倾向并未被根除。

当我们描述平等社会和起初为等级制社会的提科皮亚内部的领导权时,我们无意间发现了另一种倾向,它似乎与支配倾向同样是基础性的:那就是想要照料别人、"抱着"(这是宾土比人的说法,使用了哺乳期母亲怀抱幼子的类比)别人的倾向,亦即渴望进行养育的倾向。在黑猩猩属和最早的人属成员中,婴儿都在很长一段时间里具有依赖性,这就使母亲不仅需要花费几年来哺育孩子,还需要在此后的几年中照顾他们,并帮助他们寻找食物。在黑猩猩和倭黑猩猩中,父亲们似乎不参与这类活动,尽管我们不清楚他们是否也具有潜在的抚育倾向。雄性动物确实会进行理毛行为,以及其他形式的某些对他人表示关心的行为,这或许暗示着这种类型的特性是存在的。②

如果细致地观察我们迄今所探讨的这些实例,就会看到,养育倾向与支配倾向是以我们始料未及的方式联系在一起的。只要稍加思索,以下事实就是显而易见的:母亲在养育孩子的同时,也是在无可避免地支配着孩子。在宾土比人中,长辈的支配方式是在他们照料晚辈时得到体现的。我们也看到,提科皮亚的酋长不仅通过传达诸神的善意,还通过组织那些必然会导致资源重新分配的重大仪式来照料其民众。酋长组织人们积累食物以便为仪式做准备(就像阿尼塔乌在卡拉帕洛人中所做的那样),然后这些食物在集体宴席中被重新分发给人们。然而,"重新分配"不一定像它听起来那样具有平等主义色彩。人们有义

① 当"侵犯性"一词与雄性猩猩相联系时,可能在语气上显得更加强烈。参见 Frans de Waal, "Apes from Venus"。

② 例证参见 Frans de Waal, *Good Natured: The Origins of Right and Wrong in Humans and Other Animals* (Cambridge, Mass.: Harvard University Press, 1996)。

务为重大仪式准备食物,酋长们则以诸神的名义慷慨地进行重新分配。在美拉尼西亚,"大人物"的慷慨会给他带来声望,但那些使他得以表现慷慨的亲戚和依靠者们却并没有以平等的方式得到承认。当我们说"施比受更为有福"时,我们也许不愿意想到这一点,但给人带来支配地位的确实是"施"。正如马塞尔·莫斯提醒我们的那样:"'施'是在表现一个人的优越性,表现他拥有更多的财富和更高的地位,表现他是长官;而既不归还也无报偿的'受'则意味着面临从属关系,意味着成为地位卑微的食客,意味着成为仆人。"①原始典型的仆人是孩子,他(她)无法偿还自己所接受的东西,至少要等到很久以后才能偿还(如果能够偿还的话)。因此,如果养育与支配有关,那么接受就与服从有关。当我们探讨等级制社会中的诸神和人类、统治者和民众之间的关系时,必须牢记关于人类生活的这些基本事实。

如果支配倾向和养育倾向是我们的生物学传统的一部分,那么它们已经在一定程度上被文化所改变了。在实行平等制度的群体中,支配倾向在一定程度上成了一种趋于独立自主的倾向。即使是在这种合作程度很高的社会中,每个成年人也都必须为他(她)自己作决定,没有人能专断地告诉别人该做什么。如果人们确实服从权威,就像在宾土比人和其他许多类似群体的成年仪式中那样,那么这种做法的终极意图是使他们成为负责任的、关心他人的成年人,能够独立行动,继而在适当的时候对更年轻的人们行使权威。虽然所有的宾土比男性都可以成为长辈,但并非所有的宾土比男性都可以成为酋长,远非如此。即便是这样,所有人却都被包括在提科皮亚社会之中——弗思的著名书名《我们提科皮亚人》(*We the Tikopia*)蕴含着一条深刻的真理。在分层的波利尼西亚社会中,只有贵族拥有世系,"没有世系"就是平民的定义。在这个意义上,所有的提科皮亚人都是贵族,起初的等级制度并没有击败基础性的平等主义。情况的改变并不是不可避免的;提科皮亚人似乎尝试过其他办法,但最终还是选择了保持(用戈尔德曼的话

①　Marcel Mauss, *The Gift: Forms and Functions of Exchange in Archaic Societies* (Glencoe, Ill.: Free Press, 1954), 72. 欧文·戈尔德曼在《古代波利尼西亚社会》(*Ancient Polynesian Society*)18 页中使我注意到了这一段。

来说）"传统的"面貌。但在波利尼西亚的其他地方，情况就大不相同了，我们必须对个中缘由进行探讨。

穿行于波利尼西亚

处于与外来文化接触之前时期较晚阶段的夏威夷人，为我们呈现了"回归专制"——即回到我们在本章开头提到过的那种专制制度当中——的一个真正令人恐惧的例子。在这种专制制度中，社会阶层泾渭分明，甚至还存在一个"贱民"阶层；平民要缴纳沉重的赋税；酋长们会随意征用土地，而且经常会发生献祭活人的情况——这一点也许象征着夏威夷所属的那种社会类型。与提科皮亚人相比，等级制度被大大加强了——我们将会看到，酋长实际上变成了神圣者，而在提科皮亚几乎令人察觉不到的支配在这里被推向了极端。酋长既通过神圣权利，也通过武力来进行统治，而且他们可以被武力所征服或杀害。可是，这一时期的夏威夷社会中显而易见的那些情况大多数都潜在于提科皮亚社会之中；早期夏威夷人有可能，甚至很有可能比詹姆斯·库克船长（James Cook）——该群岛的第一位西方访客——于 1778 年来到这里时所观察到的更像提科皮亚人。①

1778 年的夏威夷是不是一个国家，这个问题我们可以稍后再回答；不过，它是一个非常不平等的、分层的社会，则是毫无疑问的。起初，狩猎采食者实行了长达几十万年的平等制度；到了距今很近的时期，出现了像卡拉帕洛和提科皮亚那样非常初级的等级制种植业社会。那么，像夏威夷这样的社会是如何成为可能的呢？我们简短地回顾一下宾土比人的情况吧，那是我们可能获得的最接近于早期狩猎采食者的民族志例子；在谈论宾土比人时，我指出了他们对平衡关联性和自主性（在这个实例中，"自主性"指的是成年男性及其家庭的自主性）的需求。马歇尔·萨林斯做过一个思想实验：把这类社会中的家庭想象为

---

① 戈尔德曼把提科皮亚人作为一个例子，来说明他的地位体系类型学中的一种"传统地位体系"。参见戈尔德曼：《古代波利尼西亚社会》（*Ancient Polynesian Society*），20—28 页。他把处于早期（124—1100）的夏威夷描述为"传统的"（212 页）。

真正自主的。我则追随克里斯托弗·博姆提出了如下主张:为了防止新贵通过虐待或杀害比较弱小的男性、任意同女性交合而破坏家庭,社会,即使是宾土比的本地群体及其向外扩展的人际关系这种松散意义上的社会的存在是必要的。但在这些实例中,社会并非只是针对新贵的防御手段;正如我在讨论宾土比人时暗示过的那样,它也是家庭所必需的安全网络,因为家庭过于脆弱,乃至无法独自生存。萨林斯在讨论他关于"生产的家庭模式"——每个家庭完全自给自足的生产模式——的设想为什么虽然是一个有用的理想类型但却不可能实现时,对上面这一点进行了强调:

> 每个家庭完全自给自足,这样的事情从来没有真正发生过,因为家庭对生产的束缚本身只会导致社会的终止。几乎每个以自己的方式独立过活的家庭都迟早会发现它其实没有活路。而在家庭周期式陷入难以维持生存的困境的同时,它也无法为公共经济提供任何财产(盈余):也就是说,无法为家庭之外的社会机构提供支持,也无法为战争、仪式、制造大型技术设备等集体活动提供支持——这些也许是与日常食物供给同样紧要的。[1]

194

我们马上就要更加仔细地考察战争和大型技术设备——这两者在狩猎采食者中似乎并不占核心地位;但是,一些通过扩大的亲属关系和宗教仪式而得到循环的公共供给,对于我们所知的最简单社会(我们记得,没有一个人类社会在任何绝对的意义上是简单的)的生存而言确实至关重要。这一点在第三章所描述的三个例子中可谓显而易见。然而,与狩猎和采集野生食物相比,农业需要更为宏大的计划,更多的努力和训练——这就是狩猎采食者常常并不热衷于从事农业生产的原因。[2]即使是为狩猎和采集野生食物而进行的远征,也需要有人领导,不论这种领导方式是多么朴素。如果我们能把卡拉帕洛人和提科皮亚人当作有启发性的例子,那么种植业就需要更加明确的制度化领导方

---

[1] Marshall Sahlins, *Stone Age Economics* (Chicago: Aldine-Atherton, 1972), 101.

[2] 萨林斯在其论文《最初的富足社会》("The Original Affluent Society"),即《石器时代的经济》(*Stone Age Economics*)第一章中,描述了许多狩猎采食社会"生产不足"状况,它们的成员似乎只要能满足当下需求就心满意足了。而务农者则必然不会满足于这种类型的富足。

式。卡拉帕洛人的阿尼图和提科皮亚人的酋长为了仪式的需要而组织经济活动，从而生产出了富余的物产，它们被重新分配给全体民众。在这两个实例中，领导权都在促进家庭无法独自进行的经济活动方面发挥着作用，但领导者们由此获得的与其说是更多的物质回报，不如说是社会声望：他们的收获更多地来自他们所奉献的东西，而不是来自他们所持有的东西。正如萨林斯所说："更大的优势在于：通过以这样的方式支持公共福利和组织公共活动，酋长提供了一种集体性的益处，这是单个家庭群体既无法想象也无力实现的。他建立了一种比家庭经济总量更为宏大的公共经济。"然而，萨林斯也注意到，"起初是想要成为头领的人用自己的产品使别人获益，结果却是在某种程度上变成了其他人用自己的产品使酋长获益"①。

很容易提出以下论点：其他波利尼西亚社会之所以比提科皮亚更加具有等级制特点，是由于大型技术设备的存在——在这个实例中，是指复杂的灌溉系统，这种系统见于很多更大的群岛，尤其是夏威夷群岛。但蒂莫西·厄尔和其他学者已经说明，即使是最复杂的波利尼西亚灌溉系统，也只需要由当地的领导者来掌管，他们在领导方式上不会比提科皮亚酋长更加暴虐；这些学者拒绝接受卡尔·威特福格尔（Karl Wittfogel）的"治水理论"——这种论点认为，灌溉体系与国家（或复杂的酋长国）的起源同时出现。②

那么，战争（warfare）——萨林斯将其与超越家庭生产模式之需求关联起来的另一种集体活动——的情况又是什么样的呢？将战争和酋长国联系在一起的原因已经越来越明晰。虽然并没有可供回忆的和平往昔——狩猎采食者们杀人的频率常常比我们的市中心还要高，但战争似乎确实与经济集约化相关，而且出现于相对较晚的史前时代。许多东西都取决于我们赋予"战争"一词的含义：杀人、复仇甚至还有偶尔的突袭行为都在狩猎采食者中屡见不鲜。但是，以攻占领土为目标

---

① Marshall Sahlins, *Stone Age Economics*, 140.

② Timothe Earle, *How Chiefs Come to Power: The Political Economy of Prehistory* (Stanford: Stanford University Press, 1997), 76-77. 但厄尔也指出，夏威夷的复杂酋长国中的官员们确实会组织人们进行劳动，以促进灌溉农业的发展，从而增加可以被私自占有的富余产品的数量。（78—79页）

的有组织战争却似乎确实只发生在这样的地方：那里集中着丰富的经济资源，而其他可供选择的地方则没有那么吸引人。而且，有组织的战争通常与酋长国的出现有关。[1]

厄尔对三个出现酋长国之地的考古学进行了比较，这些比较表明，在丹麦的齐（Thy）地区、秘鲁的马恩塔罗谷（Mantaro Valley）和夏威夷那些最早有移民居住的平原，都既没有出现战争，也没有出现酋长国，因为早期移民如果发现肥沃的土地已经被人占据，可以继续寻找其他的土地。但这三个群体都是由务农者组成的——丹麦群体同时也是牧民——当没有更多的肥沃土地可供占领时，争夺现有土地的战斗就开始了。无疑，有组织的战争需要有人领导，因此以下事实并不令人惊讶：在这三个实例中，都出现了酋长国。但唯独在夏威夷，出现了一个接近于早期国家水平、有最高统治者的酋长国。在秘鲁的高地上，位于马恩塔罗的若干小酋长国互相争斗了几百年，有的兴起了，有的没落了，但都未成气候，直到印加人征服此地。

举一个波利尼西亚人的例子：新西兰北岛上的毛利人被分为几十个小酋长国，酋长国之间战事不断，但并未出现更大的实体。毛利的酋长比提科皮亚的酋长更富有也更有权力，但仍然是通过亲缘纽带而与其追随者相联合的。戈尔德曼引用了弗思的一句话来描述毛利人的酋长："他的财产被用于扩大他自己的权势和影响力，但同时也极大地增进了其民众的物质利益。"[2]戈尔德曼把毛利和提科皮亚相提并论，将它们视为"传统的"波利尼西亚社会。虽然新西兰的北岛比其他任何波利尼西亚岛屿都要大，而且在经济上也相当多产（南岛上的大部分土地都过于寒冷，不适于进行波利尼西亚亚热带农业生产，因而那里的毛利人成了几乎居无定所的狩猎采食者），但其酋长同时掌握宗教和世俗两方面的权力，再加上酋长和民众的联合，使得这里比其他许多实

---

① 劳伦斯·基利（Lawrence H. Keeley）在《文明之前的战争——关于和平的野蛮人的神话》（*War before Civilization: The Myth of the Peaceful Savage*, New York：Oxford University Press, 1996）中论证说，战争的历史与人类社会的历史同样久远。雷蒙德·凯利（Raymond C. Kelly）在《无战争的社会与战争的起源》（*Warless Societies and the Origin of War*, Ann Arbor：University of Michigan Press, 2000）中提出了异议，他对战争的定义与我在上一段中给出的定义相同。

② Goldman, *Ancient Polynesian Society*, 41.

例中的社会更加接近于原始波利尼西亚社会。虽然到处都有战争,但战争并没有导致比简单酋长国更大的政治实体的出现,也没有从根本上改变传统的波利尼西亚模式。①

即使是在战争产生了更加惊人的社会影响的那些地方,战争也并非必然导致大型社会组织的产生。在基尔希看来,"曼加伊亚[Mangaia,南库克群岛中的一个岛屿]的实例很有启发性,因为它虽然是一个相对狭小的高地岛屿,却是波利尼西亚社会的缩影——在这个社会中,不论是经济、宗教还是政治,都完全与战争密不可分"②。在提科皮亚的实例中,我们听说过一些故事,说托阿(武士们)一度威胁说要推翻政治秩序。在曼加伊亚,这样的事情确实发生过。人口数量从未多于3000的早期曼加伊亚很可能被分成了几个小酋长国,酋长们兼具宗教和世俗权威,这一点与提科皮亚或新西兰一样。但在某种程度上,酋长们受到了武士们的挑战,萎缩得只具有祭司的功能,并被一种新型的酋长——实际上是"军事独裁者"——所取代。③奖赏是一小块可灌溉的土地,占全岛面积的2%。这块地作为胜者的战利品被重新分配,它先前的占有人被剥夺了对它的一切世袭权利。④我们已经注意到,传统上从酋长世系继承而来的玛那(mana)也会体现在其他人身上。在战争中获得的胜利就是这样一种对玛那的体现,它可以催生出一位"世俗的"酋长,这位酋长虽然是一位成功的新贵,但也戴着一层薄薄的"宗教合法性"面纱,曼加伊亚的情况就是这样。不过,由于新贵缺少韦伯称之为"世袭卡里斯玛"(hereditary charisma)⑤的特征,因而没有出现任何形式的固定继承制度——每位新酋长都是通过军事胜利而上台的。

---

① "尽管北岛在较晚的史前时期已然人口众多,然而毛利人却从来没有合并为大型政治组织,也没有经历过从简单酋长国水平的组织转化为复杂的、分层的社会组织的过程,就像我们在夏威夷或社会群岛看到的那样。"Patrick V. Kirch, *On the Road of the Winds: An Archeological History of the Pacific Islands before European Contact* (Berkeley: University of California Press, 2000), 283。

② Ibid., 205.

③ Goldman, *Ancient Polynesian Society*, 86.

④ Kirch, *Evolution of Polynesian Chiefdoms*, 206; Kirch, *On the Road*, 255.

⑤ 韦伯意义上的 Charisma 或许是 mana 的一种译法。

政治变革在宗教变革中得到了反映。被称为"兰戈"（Rongo）的神祇在东波利尼西亚的其他地方是一位和平的农业之神，但在这个岛上却变成了战神和高位神。在每一位新的军事统治者上任之际，兰戈都要求人们献祭活人。根据基尔希的研究，考古学记录表明，食人行为在较晚的史前时期相当常见。他在概括当时的情况时说："处于与外来文化接触之前时期较晚阶段的曼加伊亚社会，完完全全变成了一个以恐怖行为为基础的社会。"[1]曼加伊亚人口稀少，这使它无法成为复杂的、分层的社会，但它是一个例子，可以说明军事化的某些可能出现（尽管并非必然出现）的后果。

像基尔希、厄尔这样对简单酋长国和复杂酋长国进行过集中研究的学者，都同意酋长国的出现既不是必然的，也不是某种单一的因果机制所导致的。不过，确有一些必要但不充分的条件：在经济方面，由于产量大大提高，超出了家庭水平，需要有人执掌程度较高的领导权；可用的土地都已被人占领，以至于不再有开放的前沿阵地可供不满意者迁移过去；存在着一些高产的土地，其使用权值得人们去为之争斗；还有，经济、政治、军事三重领导权具有一定程度的宗教合法性，因而战争不会威胁到社会的持续生存。在新西兰，到处发生的低水平战事似乎是容易控制的，但在曼加伊亚，军事冲突的激烈程度却足以威胁到社会本身的生存能力；在近几个世纪的拉帕努伊岛（复活节岛）[2]，无疑也是如此；属于这种情况的也许还有马克萨斯群岛。社会是一个脆弱的成就：社会与个人一样，很容易受到伤害。历史上没有一个为人所知的社

——

① Kirch, *On the Road*, 257. 宗教和恐怖行为之间可能存在的关系似乎由来已久，不过也许不像勒内·吉拉尔（Rene Girard）在《暴力和神圣者》（*Violence and the Sacred*, Baltimore: John Hopkins Press, 1977）中所说的那样，从　开始就存在。

② 基尔希引用了一位较早的权威学者论及处于"前接触时期"较晚阶段的拉帕努伊岛的一句话："散布于岛上的各个社群变得越来越像食肉性群体，许多古老的、更有秩序的生活方式逐渐消失。"（Kirch, *Evolution of Polynesian Chiefdoms*, 277）基尔希本人补充了荷兰探险家罗赫芬（Roggeveen）于1722年复活节在岛上看到的那个"被战争破坏的、奄奄一息的社会"（278）。曼加伊亚和拉帕努伊绝不是仅有的运转不良或适应不良的社会。对这类实例的全面考察参见 Robert B. Edgerton, *Sick Societies: Challenging the Myth of Primitive Harmony*（New York: Free Press, 1992）。曼加伊亚和拉帕努伊的情况之所以特别有意思，是因为它们的崩溃完全是由于内在原因，而不是迫于外来压力。这类实例并未否认"功能性"分析的价值。其实，如果社会从未发生功能障碍，那么"功能主义"的说法也就纯属多余了。

会是永存不朽的;明智的做法是记住下面这一点:没有一个现存的社会可能成为例外。

夏威夷

虽然夏威夷是波利尼西亚最偏远的地区之一,但它是其最富饶的地区,而且还是仅次于新西兰的第二大群岛。面积和人口密度是复杂性之发展的必要但不充分的条件。基尔希估计,当夏威夷同外界发生接触时,其人口至少有 25 万,可能还要多得多。[①]在波利尼西亚,人口占第二位的地区是新西兰,据估计有 11.5 万。然而,新西兰中"最大政治单元"的人口只有 3500,而当夏威夷地位最高的酋长(paramount chief)卡兰尼欧蒲(Kalaniopu'u)1779 年 2 月在凯阿卡凯夸湾(Keakak-ekua Bay)会见库克船长时,这位酋长所掌管的酋长国至少有 6 万人,甚至可能多达 15 万人。[②]因此,新西兰的众多人口并没有自动导致复杂酋长国的大型政治单位的产生,尽管波利尼西亚的所有复杂酋长国都位于面积广大、人口密集的地区:除了夏威夷、汤加、萨摩亚和塔希提之外,还有其他地区。

当然,夏威夷起初并没有这么多的人口。大约在公元后最初几个世纪中的某个时段,这里开始有人居住,当时也许最多只有几百人,甚至可能少到只有 50 人。几百年间,随着这里的土地逐渐被人占领和开发,与原始波利尼西亚模型相似的简单酋长国开始盛行。不过,从公元1100 年到 1500 年,人口和农业生产都迅速增长,于是出现了竞争激烈的区域性酋长国。[③]较小的本地神殿供奉的是掌管农业的神祇,与我们在提科皮亚看到的神殿相似。这样的神殿几乎从一开始就存在,但考古学家认为,大型区域性神殿大约是在 1100 年之后才开始建造的,它们(如果我们能使用民族志类比的话)供奉的是战神,并且表明了复杂

---

① Kirch, *On the Road*, 290, 312, 351 n. 49.

② Kirch, *Evolution of Polynesian Chiefdoms*, 98; Kirch, *On the Road*, 248.

③ Earle, *How Chiefs*, 86.

酋长国的存在。①

　　夏威夷特有的阶级分层体系的出现,很可能与好战的复杂酋长国的发展有关。夏威夷语中的 ali'i 一词与原始波利尼西亚语中的 ariki(祭司-酋长)一词同源,但在夏威夷,虽然 ali'i 一词仍然被用于指称"酋长",甚至是地位最高的酋长,但它也适用于一般意义上的主要世系,所以也有类似于贵族阶层的意思。与在提科皮亚和新西兰这样的"保守"社会不同,这个处于主导地位的贵族阶层拒绝与平民发生任何宗谱上的联系。造成这种分裂的一个原因或许要从历史当中去寻找:本地酋长们与其所辖地区没有任何宗谱关系;是获胜的最高酋长们对他们予以委任,以酬报他们在战争中的效力。于是,本地社群和它的领袖之间的纽带断裂了。这个裂隙又被禁止平民将世系追溯至祖父那一代之前的卡普(kapu,即 tapu 在夏威夷语中的同源词)所强化。②民众丧失了世系,也丧失了同本地酋长之间的直系联系,这一点导致了相当实际的结果:它必然导致一切土地所有权的丧失。新任酋长也许会让现有农民继续留在土地上,只要能够从他们身上榨取出充足的余粮来;但农民要听命于酋长及其本地代理人克诺希基(konohiki)。酋长或克诺希基的一时心血来潮,都有可能导致农民丧失土地或生命。③在平民之下还有一个被称为卡乌瓦的弃民阶层,主要由战俘和违反卡普者构成,他们是"活人祭"祭品的来源。对平民来说,卡乌瓦是被污染者,要不惜一切代价避免同他们接触;但对于阿利伊(ali'i)来说则并非如此。

---

① 马修·斯普里格斯(Matthew Spriggs)提出,在夏威夷和塔希提之间的航行出现于传统记载的时期,即(根据现代人的推测)公元 1100—1400 年,塔希提人也许对夏威夷的发展产生过影响:"在传统的历史中,这是'移居时期',当时塔希提和夏威夷之间的双向航行带来了新的酋长和新的观念,尤其是新的宗教体系,包括在有围墙的神殿(普通百姓被阻隔在围墙之外)中举行活人祭和仪式。人们更加重视等级差别以及随之产生的卡普,它们把酋长和平民分隔开来。几座主要的鲁阿基尼·海阿乌(luakini heiau,举行活人祭的神殿)据说就是在这个时期修建的。"参见 Spriggs, "The Hawaiian Transformation of Ancestral Polynesian Society: Conceptualizing Chiefly States", 收录于 State and Society: The Emergence and Development of Social Hierarchy and Political Centralization, ed. John Gledhill et al. (London: Unwin Hyman, 1988), 60。可以体现这种联系的考古学证据很少,也有些学者怀疑关于塔希提人影响的传统记载的准确性。

② Earle, How Chiefs, 36, 45.

③ David Malo, Hawaiian Antiquities (Honolulu: Bernice P. Bishop Museum, 1951 [1898]), 57-58.

卡乌瓦由于违反了卡普而不受其限制,阿利伊则由于具有神性而不受卡普的限制,因此这两者可以建立起一种亲密关系,这种关系是他们当中的任何一方都不可能同平民建立起来的。①

阿利伊之神圣性的基础并不是世系本身,而是神圣的血统。正如戈尔德曼所说:"具体而言,[神圣性]是诸神的一种特质;按照不同等级的比例,它也是诸神的人类后代的特质。因此,人们既要敬重诸神,也要敬重诸神的神圣后代。较高等级内部的兄弟姐妹通婚而生育的子女获得了最高的卡普,因为他们其实是神祇。据说他们和诸神一样,是火,是热,是烈焰。在关于神圣性的等级制度中,诸神及其人类后代被包括在同一个等级中。虽然阿利伊和平民之间的距离(几乎)是绝对的,但在阿利伊这个大阶级中却有若干级别。有些处于最高级别的女性"由于级别太高,不敢养育子女,因为害怕她们的力量会弄伤或杀死新生儿。这类女性会把自己的孩子送到亲戚那里去抚养"②。

与提科皮亚阿利基的塔普相比,围绕着最高酋长们和其他处于最高等级之人的卡普达到了极端的程度。出于各种现实的目的,人们认为最高的酋长应该是不可见的;他不会离开自己的住所,除非是在别人看不见他的夜间。他甚至应该保持不动,不通过任何行动,只通过他的存在本身来行使他的玛那。我们会看到,酋长可以偶尔露面,甚至以雷霆万钧之力来行动,但是他的极端神圣性的潜在意义是通过人们对他的无形玛那的这些信仰而得以表达的。

最高酋长关注农业,我们会看到,他在农业仪式中扮演着重要的角色,但他却远离日常劳作的世界。簇拥在他周围的是一个只能称之为"宫廷"的圈子,由亲戚(血亲和姻亲)、官员、仆人和大量侍卫组成。正是为了满足宫廷的需求,酋长不得不向其领土上的平民征收财物;但他也要征发徭役,以便为芋头种植修建灌溉系统、在岸边阴影地带修建鱼塘以及建造主要神殿。虽然阿利伊阶层掌握着军事领导权,但平民在战时也会应召入伍。正是在那些本身就需要动员大量资源的大型仪式

---

① Valerio Valeri, *Kingship and Sacrifice: Ritual and Society in Ancient Hawaii* (Chicago: University of Chicago Press, 1985), 164.

② Goldman, *Ancient Polynesian Society*, 218.

中,最高酋长的神圣性和权力以最为公开的方式得到表达。

在对主要仪式进行简短描述之前,我要对作为这些仪式之倾诉对象的诸神略作介绍。与我们在提科皮亚看到的那些信仰相比,传统的夏威夷"神学"要发达得多。正如瓦列里奥·瓦列里所言:"考虑到强大的祭司阶层,亦即专职知识分子的存在,夏威夷众神的高度系统化性质是不足为奇的。"①(在提科皮亚,酋长会将关于仪式的知识传给儿子,但这些知识很可能由于父亲过早去世、儿子的记忆力欠佳等原因而有所流失。)祭司本身就属于阿利伊阶层(虽然不属于最高级别),位列宫廷随员之中。他们的存在并不意味着酋长们像曼加伊亚的酋长那样"世俗"。酋长们仍然主持最重要的仪式,他们对于仪式的效力而言是至关重要的;但他们要接受专职祭司的协助乃至指导。在阐发关于众神的系统性观念方面,祭司的作用也没有取代平民中的仪式领袖的作用——平民仍然拥有自己的本地神殿、信仰和仪式,它们不一定与官方的神殿、信仰和仪式相关。

夏威夷的四位主神依次是库(Kū)、罗诺(Lono)、卡奈(Kāne)和卡纳罗阿(Kanaloa),至少在夏威夷岛上是如此(卡奈似乎是考艾岛上的最高神)。我将只讨论库和罗诺,他们是两组最重要仪式的焦点。每位主神都负责管理自然界和人类活动的多个方面。库是战争、捕鱼（这是一项危险的活动）和巫术之神,而罗诺则是农业、丰产、生育和医药之神。②库和罗诺之间的对立显然来自这两组仪式之间的反差。

玛卡希基节(Makahiki,或称"新年节")是祭祀罗诺神的节日。③根据瓦列里的研究,"罗诺是卓越的生长之神、种植业之神和雨神(他和云彩有关),统管着人们的生活。他本身是一位滋养万物的神祇。人们把大地上因他的帮助而生长出来的第一批果实——尤其是芋头——奉献给他。"葫芦是罗诺的化身之一;而且,按照瓦列里的说法,它"或许能比其他东西都更好地浓缩这位神祇的不同表现。实际上,葫芦的果实令人联想起成熟、饱满或怀孕的事物那种圆圆的外形,也令人想起

① Valerio Valeri, *Kingship and Sacrifice*, 36.

② Ibid., 15.

③ Ibid., 200-233.

带雨云彩的形状"。一只装有卡瓦酒的葫芦被挂在罗诺像的脖子上；而且，"生命的两大支柱——芋泥饼和水——通常被存放在葫芦里"。①虽然罗诺是男性，但与圆形、怀孕和丰产的联系却强烈地暗示着与女性有关的方面。主要的男性神祇都有女性配偶，但他们的配偶并不是重要仪式的崇拜对象。

在夏威夷，玛卡希基节从年初开始，一直持续四个月。在前一年的岁末，库神的神殿关闭；战争和一切形式的杀戮行为（包括人祭）在四个月的节期中都被禁止。在玛卡希基节期中，有些地方体现出了狂欢节式"地位反转"（或"地位找平"，如果不是反转的话）的鲜明特色。正如瓦列里所说："罗诺马库阿[Lonomakua，处于节日核心的罗诺形象]是由宴饮所生的，他的登基包含着对[最高酋长]②和他那些由暴力牺牲所生的神祇的废黜。"在罗诺马库阿统治期间，最高酋长和那些与他最亲近的人仍然隐居在他们的住处。③节日的一个高潮是沐浴仪式希乌瓦伊（hi'uwai）。在宴饮了一整晚之后，贵族和平民都到海里去沐浴。这是平民唯一一次见到最神圣的阿利伊的机会——最神圣的阿利伊在一年的其余时间当中是不可见的。把贵族和平民分隔开来的一切卡普都被暂时取消；沐浴成了一种狂欢，不同地位者之间的性关系是被许可的。④

在希乌瓦伊仪式之后四天四夜当中，劳作是被禁止的，时间都被用来吃喝、谑笑、唱淫秽歌曲和讽刺歌曲，最重要的是用来跳舞，那些舞蹈有几百人甚至也许有几千人参加。笑声压倒了卡普，跳舞过程中的性要求不能被拒绝。瓦列里写道，"这些合作程度惊人的舞蹈"实现了一种重构社会本身的"完美伙伴关系"。这一切都发生在一种"无等级分化"的氛围之中。⑤至少在一小段时间里，古老的平等主义仿佛重现了。

在玛卡希基节期，并非所有人都是平等的，而且最高酋长也不会在一些最重要的事件中缺席。在环岛巡游的仪式中，酋长要护送罗诺马

---

① Valerio Valeri, *Kingship and Sacrifice*, 177-178.
② 瓦列里写的是"王"，但我希望到后文中再讨论该术语的正当性。
③ Valerio Valeri, *Kingship and Sacrifice*, 219.
④ Ibid., 206, 380 n.10.
⑤ Ibid., 218-219.

库阿的神像,或者亲自扮演这位神祇,并在进入每个辖区时收集该地的第一批果实作为祭品。多数祭品都会进入酋长的国库,或是被分发给他的仆从;但有时平民也能分到一些果实,这是古老的"重新分配"制度的残余。

卡利伊(kāli'i)仪式在玛卡希基节期临近结束时举行。当最高酋长及其仆从在四天里初次下海沐浴之后,他们要乘坐独木舟去谒见神祇。酋长上岸后,见到了罗诺神的众祭司,后者用长矛来威胁他。随着他躲开朝他掷来的几支长矛,一场模拟战斗开始了。酋长一方"获胜",然后他护送罗诺马库阿回到他的神殿。稍后,随着一只装满祭品的纳贡专用独木舟(又称"罗诺舟")被推进海里漂走,据说罗诺返回了卡希基(Kahiki,意为"诸神之地"),他此前就是从那里来的。[1]玛卡希基节就这样结束了,劳作和等级制度再次进入可控状态。

一年中余下的八个月属于库神,他最重要的仪式是鲁阿基尼(luakini)神殿中的仪式。与玛卡希基节的沐浴、舞蹈、戏谑等公众仪式相反,庄严的甚至是令人恐惧的鲁阿基尼神殿仪式要在神殿本身的场地内部举行,祭祀作为战争之神的库。与多数波利尼西亚神殿不同,夏威夷神殿的场地周围筑有围墙,因而除了主祭以外,没有人能看到里面发生了什么事情,尽管我们可以确信,每个人都知道里面发生的事情。[2]

典型的鲁阿基尼神殿仪式要在新任最高酋长就职时举行,这时神殿已经建造完成,或者(更有可能的是)重建完成;但仪式会周期性地重复举行,以重新确认统治者的地位。这种仪式十分复杂,无法在这里概述。[3]在玛卡希基节期间被禁止的活人祭,在鲁阿基尼仪式的每一个步骤中都要进行。瓦列里对这种又长又复杂的仪式的核心阐释是:它包含着战神库的"驯服",甚至包含着将他转化为与罗诺更为相像的神祇的过程。较早阶段的活人祭是相当血腥的,但临近结尾时的活人祭就不那么血腥了(处死的方式不再是斩首,而是绞死)。典型的鲁阿基

202

---

① Valerio Valeri, *Kingship and Sacrifice*, 211-213.

② Goldman, *Ancient Polynesian Society*, 206.

③ 参见瓦列里在《王位与献祭》(*Kingship and Sacrifice*)234—339 页的详细描述。值得注意的是,虽然玛卡希基节和提科皮亚诸神的工作显然都是波利尼西亚人为首批果实举行的常规庆典的变体,但在提科皮亚却并没有与鲁阿基尼神殿仪式对等的仪式。

尼仪式是在新任最高酋长战胜反对者之后举行的,那些反对者常常是与他争夺酋长之位的对手,有时是他的兄弟或同父异母兄弟,他们的尸体成了祭品的一部分,因此被驯服的不只是库,还有新任统治者(毕竟,他要同时充任库和罗诺的角色)。仪式有助于将他从"狂野的"武士转化为"顺服的"公民社会领导者。然而,由于新任最高酋长常常企图通过发动新的征服战争来证明他掌握着领导权,他会在"狂野"和"顺服"之间摇摆不定,这种情况和鲁阿基尼神殿仪式共同构成了酋长统治的持续性特征。

虽然那些对古代夏威夷进行严肃研究的大多数学者都断言,在传统的夏威夷信仰中,最高酋长们(在某种程度上,还有处于较高的阿利伊等级的所有人)被视为神,但许多观察者,包括一些人类学家更愿意相信,"统治者是神"这个观念完全是隐喻性的,没有人真正从字面上相信它;夏威夷和其他地方那些皈依了基督教的波利尼西亚人都持有这种看法,他们为自己的异教徒祖先感到羞耻。[①]我坚信,问题的源头在于,在那些深受一神教影响的文化中,"神"(god)这个词被赋予一种过于绝对的含义。在上古社会、复杂酋长国和第三章所描述的部落社会中,诸神、强力存在、祖先和人类共存于一个连续统一体中——在这些范畴之间并无绝对的裂隙。就像提科皮亚的诸神和酋长被认为互为依据那样,在夏威夷,正如瓦列里所说:"不仅阿利伊被描述为诸神,诸神也被描述为阿利伊。"[②]然而,当最高酋长被视为库神的化身时,那便是一件意义非同小可的事情。

我们必须努力更清楚地理解夏威夷最高酋长这个角色本身。他同时具有神、人、神人之间的中介这三重身份。正如瓦列里所言:"[最高酋长]是人类和诸神之间的最高中介。只有君王和他的教士才有可能

---

① 例如,可参见人类学家加纳纳什·奥贝赛克拉(Gananath Obeyesekere)和马歇尔·萨林斯关于夏威夷人是否认为库克船长和他们自己的酋长是神的争论。最重要的文献是奥贝赛克拉的《库克船长的神化——太平洋中的欧洲神话制作》(*The Apotheosis of Captain Cook: European Mythmaking in the Pacific*, Princeton: Princeton University Press, 1992)和萨林斯的《"当地人"是如何思考的——以关于库克船长的思考为例》(*How "Natives" Think: About Captain Cook, for Example*, Chicago: Chicago University Press, 1995)。

② Valerio Valeri, *Kingship and Sacrifice*, 151.

同这个社会最重要的诸神直接接触。"①这种直接接触首先体现在祭祀仪式,尤其是活人祭当中,这种活动以与众不同的方式把诸神和人类联结在一起。只有最高酋长能批准进行活人祭,他在某种意义上既是献祭者(祭祀仪式是以献祭者的名义举行的),又是祭祀者(主持祭祀仪式的神职人员)和象征意义上的祭品,因为牺牲者通过其献祭之死而"变成"了酋长,尤其是在我下面列举的例子当中更是如此。

最高酋长仍然是大祭司,这一点在瓦列里从一位 19 世纪夏威夷研究专家的著作中引用的一个故事中得到了阐明:

> 当火山爆发时,卡米哈米哈国王(King Kamehameha)派人去请培蕾女神(Pele)的祭司,请求后者给予建议,告诉他应当做什么。"您必须献上合适的祭品,"先知说。"那就把它们拿走并献上吧,"酋长回答道。"不能这样做!降临到这个国家的困难和灾祸需要由统治者本人献上取悦于神灵的祭品,而不是由先知或卡胡纳[kahuna,意为祭司]献上。""可我害怕培蕾会杀死我。""您不会被杀的,"先知保证道。②

正如这个例子所表明的那样,最高酋长作为神人之间的中介,在发生灾难的时候要为了公众福祉而采取行动。一方面,他被视为民众之"父"③;而当他被视为繁殖力的来源时,他甚至被含蓄地视为民众之"母"。人们认为,向作为罗诺神的酋长奉献的祭品即使实际上没有被重新分配,也会经由酋长的繁殖力——"玛那"而得到回报。

但酋长也有令人恐惧、具有破坏性的一面,正如诸神确实如此做过的一样。酋长的一个受人喜爱的吞噬者形象是鲨鱼。根据瓦列里的说法,"有时鲨鱼被称为酋长,有时酋长被称为鲨鱼"。他引用了下面这首颂歌,作为该用法的一个典型例子:

---

① Valerio Valeri, *Kingship and Sacrifice*, 140. 瓦列里还说:"总之,他是整个社会和证明其合理性的概念之间的连接点。"(142 页)在瓦列里这部杰出著作中,处处可以看出涂尔干和莫斯(Mauss)对他的明显影响。

② 出自卡玛卡乌(S. M. Kamakau)的著作,转引自上书,140 页。

③ 从无法追忆的远古时代开始,政治领袖们就宣称自己是民众之父。即使是在奉行"平等主义"的美国,乔治·华盛顿也被视为"国父"。

一条进入内陆的鲨鱼是我的酋长，

这条非常强壮的鲨鱼能把陆地上的一切通通吞入腹中；

一条鳃部鲜红的鲨鱼是我的酋长，

他可以把整个岛屿吞进喉咙而毫不窒息。①

一个被用于指称最高酋长的传统术语是阿利伊·艾·莫库(ali'i 'ai moku)，意为"吃掉岛屿的酋长"②。

　　夏威夷酋长地位之"可怖"的一面，在一定程度上是对政治现实的一种反映。关于至高权威应该如何继承，向来并不明确。虽然年龄大小很重要，但在一夫多妻的家庭中，若是一位母亲在等级上高于长子之母，那么前者的儿子就有可能被认为在等级上高于他那位同父异母的长兄。酋长之子为了确保自己的子女能够处于尽可能高的等级，会与获得父亲欢心的姐妹或同父异母的姐妹成婚，从而使家谱变得极其混乱。无论如何，最高酋长之死常会引发内战，觊觎王位者随时都可能发出挑战。通过杀死兄弟和/或同父异母的兄弟，把他们当作祭品，最高酋长就能吸收他们的玛那并(可以这么说)成为他们，以便将他这一代人在家谱中的等级集于他一人。但是，根据瓦列里的说法，更一般的情况是：酋长的"活人祭总是一种杀害兄弟的行为，这种行为或者是字面意义上的，因为最有可能成为他的竞争对手的就是他的兄弟，或者是隐喻意义上的，因为每个违规者都潜在地等同于他自己，并由此成为他的'重像'(double)"。而通过与姐妹或同父异母姐妹的乱伦婚姻，他又能吸收同样等级的女性身上的玛那。这样，酋长就通过杀害兄弟和同姐妹乱伦而再造了自身的合法性。③

　　由于同样的原因，被打败的酋长显然失去了玛那，他不再是神圣者，成了污秽之人。统治有赖于世系，但我们将会看到，世系是可以伪造的。统治权必须得到证明，必须得到积极的拥护，这就是酋长几乎全都死于非命的原因。即使是酋长的兄弟要求继承最高统治权，他们也仍然会被视为新贵，因为其合法性尚有待于得到证明。新贵们并不总

---

① Valerio Valeri, *Kingship and Sacrifice*, 151.

② Ibid., 370 n.36.

③ Ibid., 165.

是统治者的亲属,甚至也不总是阿利伊。根据传说,在大约公元1500年征服了整个夏威夷岛的典型篡位者和征服者乌米只是平民出身。然而,他并没有试图作为"军事独裁者"进行统治,而是声称前任最高酋长曾与他的母亲私通,因此从父系来看,他实际上继承了酋长的血脉。①酋长们都保有家谱专家,他们可以证实阿利伊的等级和地位,有时还会根据需要伪造出一份家谱。所以,虽然从意识形态上来说,家谱原则仍然占据统治地位,但根据瓦列里的看法,"上下级之间和政治联盟之间的**实际**关系常常比家谱中的关系更重要,至少从长远来看是如此"②。换言之,虽然完全通过军事力量而掌权的新贵在夏威夷历史上为数众多(不过,也许更多的新贵没有取得成功,过早丧命),但是他们一旦执政,就想要获得家谱和仪式上的合法性。③

　　具备批评眼光的读者很可能会问:在这些关于夏威夷统治者的内容当中,有多少是统治阶层的意识形态,又有多少是与平民共有的意识形态?关于所有这些情况,平民实际上持有什么样的想法?将夏威夷用作一个例证,其优点之一在于:我们拥有的一些关于这些情况的资料来自那些生活在古老政权统治之下的人们。在这方面,一部很有价值的著作是大卫·马洛的《夏威夷古代史》,写于19世纪30年代的夏威夷,1898年被译成英文。根据瓦列里的看法,"马洛的著作是关于夏威夷古代文化的最重要资料来源"④。马洛大约生于1793年,其世系属于阿利伊。在他的青年时代,他附属于地位很高的酋长库阿基尼(Kuakini)的家庭,库阿基尼是手握大权的王后卡阿胡马努(Ka'ahumanu)的弟弟。马洛亲身经历过自己所讲的情况;而且,虽然必须考虑到他作为皈依基督教者而可能持有的偏见,但他也对自己笔下的社会保持着一定的距离。让我们看一看马洛的见证:

---

① Valerio Valeri, *Kingship and Sacrifice*, 277-278.

② Ibid., 157.

③ 这令人想起了汉朝第一位皇帝汉高祖,这个典型的新贵,在秦王朝灭亡之后所说的一句话(后人认为此语出自汉高祖):"可马上得天下,但不可马上治天下。"(根据《史记·郦生陆贾列传》,此语并非出自汉高祖,而是出自陆贾回应汉高祖诘问的答语:"居马上得之,宁可以马上治之乎?")

④ Valerio Valeri, *Kingship and Sacrifice*, xxiv.

平民处于酋长们的支配之下,被迫进行艰苦的劳作,身负重担,备受压迫,有些人甚至被折磨致死。百姓的一生是咬牙忍耐的一生,是屈服于酋长以换取其欢心的一生。普通人(kanaka)绝不能抱怨。

如果百姓在进行酋长所要求的劳作时有所松懈,他们就会被驱逐,甚至被处以死刑。由于这样的原因,也由于他们所遭受的各种苛刻的榨取,他们对酋长怀有极大的恐惧,并将其奉若神明。①

然而,平民不仅会对不同的酋长进行评价,有时还会奋起反抗:

酋长之间有很大区别。有些酋长沉溺于抢劫、掠夺、谋杀、敲诈或强暴女性,但也有几位国王②为人正派,卡梅哈梅哈一世(Kamehameha I)就是如此。他很好地维持了境内的和平。

由于一些酋长对平民的恶劣行径(kolohe),暴力冲突在某些酋长和平民之间时有发生,平民在战斗中杀死了不少酋长。③

为平民谋福利是国王的职责,因为国家就是由民众构成的。许多国王由于压迫玛卡阿伊拿拿[makaainana,意为"国土上的民众"]而死于民众之手。④

从其他资料和马洛本人给出的一些例子中可以看到,阿利伊阶层中那些要求获得酋长之位的人是这类民众起义的领导者,他们无疑是在利用民众对现任酋长的不满来积聚反对力量。但无论如何,与传统社会中所有同类情况一样,这样的反叛行动并不是革命——并不是改变政权性质的努力,而是以贤明统治者代替残暴统治者的努力。正如马洛所言:"如果民众看到一位国王信奉宗教(haipule)并严格履行宗教义务,这位国王就能广受拥戴。从最古老的时代开始,虔信宗教的国王就一直备受尊敬。"⑤

---

① David Malo, *Hawaiian Antiquities*, 60-61.
② 马洛在"酋长"(chief)和"国王"(king)这两个术语之间摇摆不定,这一事实暗示着一种含混性,我将在下文中对这种含混性进行探讨。不过,在这个实例中,卡梅哈梅哈一世无论怎么定义都是一个国王。
③ David Malo, *Hawaiian Antiquities*, 58.
④ Ibid., 195.
⑤ Ibid., 190.

马洛的见证是极为珍贵的。从他的著作中可以清楚地看出,平民对于位高权重者有自己的想法,并且准备按照这些想法来行动。然而他们最大的期望只能是得到一位贤明的、"虔诚的"统治者。不论是由于恐惧心理还是由于敬佩之情,阿利伊在他们心目中都像神明一样。对于那些没有文字记载、仅靠考古发现为人所知的社会,甚至对于那些有文字记载但存留下来的文献悉数来自统治阶级的社会,我们对其平民的思想几乎一无所知。

最高酋长对于全体国民之重要性的另一个表现是:社会秩序会随着统治者之死而崩塌。瓦列里说,最高酋长之死会导致"根本性的颠覆和暴力的无政府状态",这会"破坏社会规则体系的根基"。简言之,使性行为和对人和财产之尊重井然有序的卡普体系崩溃了。任何事物、任何人都处于不安全状态之中。这种状态并不是狂欢节般的祥和状态(像在玛卡希基节那样);毋宁说,这一时期充满了对生命危险的极度恐惧。[1]难道以下情形不是可能的吗?——许多人(即使是平民)都认同最高酋长显然是无所不能的,他把神性和人性集于一身,同时又是卡普体系的实施者。如果是这样,那么,酋长之死导致标准秩序(包括内在秩序和外在秩序)的崩溃,也就不足为奇了。人们可以想象,即使是最具怀疑精神的平民也会希望新酋长尽快即位,以结束这种混乱状态。[2]

另一个极有价值的见证是马洛对"先知"卡乌拉(kāula)的描写——如果只依靠考古发掘,我们对其不会有任何了解。kāula 是原始波利尼西亚语中的 taaula 一词在夏威夷语中的同源词,taaula 的含义包括"祭司、灵媒、萨满巫师、术士和先知"[3]。弗思把提科皮亚语中的同源术语 taura 译为"灵媒",这似乎是用于指称在各个波利尼西亚社会中以不同(但彼此相关)的形式存在的一种现象的最具一般性的术语。与官方膜拜中的祭司塔胡恩加(tahunga,即夏威夷语中的 kahuna)不同,灵媒可以由任何地位、任何性别的人担任。这是一个"民主的"角

---

① Valerio Valeri, *Kingship and Sacrifice*, 220.
② 统治者死后的混乱时期也见于其他社会。经历过约翰·F. 肯尼迪于 1963 年 11 月遇刺之后头三天的那些人会记得,虽然社会秩序并未崩溃,但人们却普遍体验到了心理崩溃的感觉。
③ Kirch and Green, *Hawaiki*, 246.

色,因为神灵可以随心所欲地选择任何人充任他(她)的灵媒(男性神灵通常会选择男性灵媒,女性神灵则会选择女性灵媒)。弗思在《提科皮亚的等级和宗教》(*Rank and Religion in Tikopia*)中用了一章的篇幅来写灵媒,但是,由于这类灵媒几乎唯一的功能是处理其世系内部的治疗,他们是相当无关紧要的。而夏威夷卡乌拉的情况则完全不同。让我们听听马洛的说法:"卡乌拉是民众中一个颇为古怪的阶层。他们在沙漠中过着与世隔绝的生活,与人们没有联系,同任何人都不是朋友。他们的思想在很大程度上为神明所占据。"卡乌拉(马洛称之为先知或预言者)会预先警告"国王去世或政府被推翻"这类事件的发生。[1]人们注意到,18世纪的卡乌拉据说预言过以下情形:

207

> 在上的,将要在下;
> 在下的,将要在上;
> 诸岛将会联合;
> 围墙将会屹立。[2]

瓦列里引用了另一位较早的权威人物卡玛卡乌(S. M. Kamakau)的说法:"先知们是特立独行的人物,他们从神祇之灵那里获得启迪。他们在酋长和众人面前无所畏惧地宣说神谕。即使他们可能丧命,他们也会毫无畏惧地将其宣讲出来。"[3]

酋长和先知之间的潜在对立源于他们与神明的根本不同的关系。正如瓦列里所说:"卡乌拉代表着个人可直接进入因而同社会等级相对立的整体;国王则代表着与社会等级同质的整体。"[4]酋长和先知在某种意义上都是新贵:酋长为新贵是因为他靠武力掌握了权力,先知为新贵则是因为他在国王和民众面前宣布其预言。但酋长并不是单

---

[1] David Malo, *Hawaiian Antiquities*, 114.

[2] David Malo, *Hawaiian Antiquities*, 115. 这段话的圣经式意味可能令人怀疑其真实性。人们可能记得,早期希伯来先知纳比(nabi)所生活的社会与"前接触时期"较晚阶段的夏威夷并非完全不同。值得注意的是,卡乌拉是夏威夷语《圣经》译本用以翻译"先知"一词的词语。比较一下《耶利米书》1:9-10:"于是耶和华伸手按我的口,对我说:'我已将当说的话传给你。看哪,我今日立你在列邦列国之上,为要施行拔出、拆毁、毁坏、倾覆,又要建立、栽植。'"

[3] Valerio Valeri, *Kingship and Sacrifice*, 139. 马洛在《夏威夷的古迹》251—254页讲述了一则关于一位国王和一位女先知之间的殊死斗争的传说。

[4] Valerio Valeri, *Kingship and Sacrifice*, 139.

纯依靠武力来进行统治的;先知的武器也不是武力,而是话语。在夏威夷这样的社会中,神和人之间的关系几乎完全是由社会等级来调节的,自称与神祇有直接关系的先知其实只是一个模糊的身影。他会回来的。

一些早期国家或早期文明的实例与夏威夷有可比之处,它们与夏威夷的关联点是"祭司-国王"这个处于绝对中心地位的角色。强力存在、自然和作为整体的社会融为一体,这种融合是我称之为"部落宗教"的宗教中的仪式(不过它也常常在夏威夷这样的社会中再现,例如在玛卡希基节期间)之特征,它在早期文明中已经在很大程度上集中于一人之身。①活人祭在这样的社会中成了祭司-国王独有的特权,它在社会的其他任何发展阶段中都几乎不存在。活人祭象征着高度集中于一人之身的权力。正如大卫·马洛所说:

> 国王的敕令有生杀大权。如果国王想要置某人(可能是酋长,也可能是平民)于死地,他只需说出"死"这个词语,然后这个人就会被处死。
>
> 但是,如果国王选择说出"生"这个词语,这个人的性命就保住了。②

"生"和"死"是神圣的词语;掌控生死者被视为神祇,这是不足为奇的。③他既是神,又是人,因为他在诸神面前代表人类,又在人类面前代表诸神。他的专断权力和对治下平民的压迫代表着部落平等主义的土崩瓦解和一种格外严酷的专制统治形式的回归,使这种状况成为可能的因素包括社会单元规模的增大和与此相伴的"面对面社群"(face-to-face community)的消失,农业生产的强化所导致的越来越多余粮的

208

---

① 埃利·萨甘(Eli Sagan)的《在专制的黎明——个人主义、政治压迫和国家的起源》(*At the Dawn of Tyranny: The Origins of Individualism, Political Oppression and the State*, New York: Knopf, 1985)对这个现象进行了详尽的分析。萨甘还讨论了民众在何种程度上对统治者手握大权的情形予以认同。

② David Malo, *Hawaiian Antiquities*, 57.

③ 对臣民或公民的生杀大权通过死刑或战争动员而得以实施,这种权力为每个国家(不论在表面上是多么世俗)都赋予了神圣的成分。参见我在《各种公民宗教》(Robert N. Bellah and Philip E. Hammond, *Varieties of Civil Religion*, New York: Harper and Row, 1980)的引言中对宗教政治问题的讨论(vii-xv)。

出现,以及武力争夺目标增多所导致的黩武思想的兴起。在国王作为狂野的库神这一身份中,渴望支配的倾向获得了胜利。

但是,夏威夷并不是曼加伊亚或拉帕努伊,那两个地方实行的是几乎不受限制的恐怖统治。夏威夷也有恐怖统治,但它是仪式化、制度化和受限制的。作为库神的国王被驯服,并且至少在部分时间里成了作为罗诺神的国王;用瓦列里的话来说,作为罗诺神的国王"是滋养万物的神祇"。因此,在夏威夷,最高酋长阿利伊努伊(ali'i nui)把支配倾向和养育倾向结合在了一起,把统治和等级制度结合在了一起,就像历来每个政府所做的那样。然而在专制统治刚刚重新出现时,宇宙、社会和自我都体现于一个集恐怖和仁慈于一身的人,以至将这个人置于几乎难以忍受的张力之下。所有的上古社会都是以一个人为中心的君主制社会,但是较晚的上古社会设法将集中的权力分散开来,赋予它更广泛的社会文化之制度化,更聚焦于统治,而不是统治者。我们将在下文中对这些变化进行探讨。

但是,夏威夷的最高酋长属于上古时代的国王吗?卡梅哈梅哈一世之前的夏威夷算是一个国家(毋宁说是四个国家,因为四个主要岛屿中的每一个都由一位最高酋长进行统治)吗?这些显然是与定义有关的问题。在判断一个最高酋长国是否已经转化为国家时,一个关键因素在于它是否已经完全脱离了血亲体系。1972年,马歇尔·萨林斯论证指出,夏威夷并没有做到这一点:"他们并没有完全与总体上的民众断绝关系,因此,他们若是不尊重血缘伦理,只会遭到众人的背叛。"[1] 1984年,帕特里克·基尔希也表达了同样的看法:"统治精英……从未设法完全切断酋长和民众之间的**血缘**纽带,这种纽带是夏威夷从原始波利尼西亚社会那里继承下来的。"[2]到了2000年,基尔希承认他在这个问题上的观点"这些年来发生了微妙的变化",他已开始认为"甚至在库克船长之前,夏威夷社会就已经构成了'上古时代的国家'。阶级分层的发展和土地所有权与生产者的分离,更不用说还有将宗教意识形态绝对化的形式(包括'活人祭'这一战争膜拜)和军事力量的

① Sahlins, *Stone Age Economics*, 148.
② Kirch, *Evolution of Polynesian Chiefdoms*, 263. 黑体字是原文中就有的。

定期使用,都是典型的国家层次上的社会构造。"①

　　劳伦斯·克莱德尔将国家定义为"次级构造"(secondary formation),
这有助于解决上面所说的定义问题。他主张"社会整合、内部调节和
对外防御"是一切社会的功能,但是"国家把这些功能与对其自身存
在——这本身就是目标——的改善和维护结合了起来。因此,国家应
当被看作一个为了达成上述社会目标而出现的**次级构造**。"②我认为可
以说,到"前接触时期"较晚阶段时,围绕在我们现在可以称之为夏威
夷国王的那个人周围的宫廷就是这样一个次级构造:它掌有管理、征
税、征发徭役和征募兵役的权力,这些是为了达到它自己的目的,而不
一定是民众的目的。如果使用功能分析(这是我们在社会学研究中必
须使用的),我们一定要小心地询问"对谁有用"这个问题。对国家有
用的东西不一定对民众有用;确切地说,不一定对作为整体的社会有
用。人类历史上已经有太多这样的例子,所以我们必须把国家对社会
有用的程度视为一个因情况不同而有所区别的经验性问题。

　　最后发表一句类型学议论:夏威夷似乎是马克斯·韦伯所说的
"家产制国家"(patrimonial state)——他将其定义为从王室(宫廷)衍
生出来的国家——的一个很好的例子。这里再次出现了程度的问题。
只有当国王之"家"的规模和效力足以使其作为真正的次级构造而发
挥作用时,它才能被称为"家产制国家";我乐于主张,古代夏威夷的王
室就到达了这个阶段。

① Kirch, *On the Road*, 300. 埃利·萨甘在《在专制的黎明》中也论证说,脱离血缘关系是他称
之为"先进的复杂社会"的决定性特征;在他看来,夏威夷就是脱离了血缘关系的社会之一。
2010 年,基尔希的一本新书出版了;很不幸,想在本章中引述这部著作时已晚。我们在这
里只提一点:这部著作不但证实了基尔希认为他称之为"古代国家"、我称之为"早期国家"
的事物在夏威夷同西方人接触之前就已在该地出现的想法,而且还提出,这种转化早在 17
世纪末就已开始。参见 Patrick Vinton Kirch, *How Chiefs Became Kings: Divine Kingship and
the Rise of Archaic States in Ancient Hawai'i* (Berkeley, Calif.: University of California Press,
2010)。

② Lawrence Krader, *Formation of the State* (Englewood Cliffs, N.J.: Prentice-Hall, 1968), 28. 黑
体字是原文中就有的。

第四章　从部落时代到上古时代的宗教:意义和权力　265

第五章 上古时代的宗教:神与王

210 在关于部落宗教的讨论中,我选择了三个例子加以详细考察:卡拉帕洛人、澳大利亚土著(瓦尔比利人)和纳瓦霍人。对于从数千个部落民族中选出这几个例子的做法,不能以"具有代表性"作为为其辩护的理由——尽管每个例子都选自不同的大洲。我把酋长国视为部落和上古时代国家之间的过渡性组织形式,并选择主要考察波利尼西亚地区,因为那里的记录非常清晰;在这些记录中,考古学和民族志方面的研究共同给予了我们一种感悟,这种感悟关乎该地区在好几百年当中的发展——从新石器时代的村庄直到夏威夷的早期国家。不过,考虑到我们拥有世界上许多地区的几百个酋长国的资料,我们可以用具有战略意义而非具有代表性来为选择波利尼西亚地区为例这一做法进行辩护。而对于我选择称之为"上古社会"(archaic societies)的那些早期国家或早期文明,情况就迥然不同了。虽然上古社会的确切数目尚无定论,但它肯定远远小于部落或酋长国的数目,而资料充足的那些上古社会就为数更少了。再看一看继上古时代之后出现的那个时代,也即轴心时代,只有四个实例:古代以色列、古代希腊、公元前第一个千年后半叶的印度和同一时期的中国。因此,我决定只对那些对轴心时代社会做出了重大贡献的上古社会进行细致考察,它们是:古代美索不达米亚和埃及,它们对以色列和希腊都有影响;商代和西周时代的中国,中国由此平稳地进入了轴心时代。假如资料充足,我本来还可以把印度的印度河流域文明也包括在内。

当然,在第四章中,已经详细探讨过另一个上古社会——夏威夷。我将其当作上古社会转化为早期国家的一个例证,它的优势是我们对其早期阶段的了解多于我们对其他任何实例的了解。本章中探讨的任 211 何上古社会,没有像大卫·马洛这样的人对这些社会的早期阶段进行

266 人类进化中的宗教

报道,我们也无法清楚地重构这些社会在作为早期国家而出现之前的两千多年间可能有过的发展历程,像我们现在重构波利尼西亚社会的发展历程那样。对于研究上古时代宗教的起源来说,夏威夷的实例是极其珍贵的,因为我们拥有的相关资料非常丰富,这是其他任何实例都不具备的。

在转向本章将要关注的那些实例之前,对布鲁斯·特里格颇具启发性的概览之作《理解早期文明》加以考虑是有用的。该书对七个实例进行了简明扼要的比较分析,这些实例是:古王国和中王国时期的埃及,早期第三王朝到古巴比伦时期的美索不达米亚,商晚期和西周早期的中国,15世纪晚期到16世纪早期的阿兹特克族,古典时期的玛雅,16世纪早期的印加王国,以及18世纪中期到19世纪晚期的西部非洲约鲁巴族(Yoruba peoples)。①特里格选择这些实例,在很大程度上是因为相关的资料比较充足;他无法仅仅以考古学证据为基础来理解印度河文明(相关的极少数文字记载尚未被破译),这迫使他把这个重要的实例排除在外,我认为这样做是对的。②特里格选取的是成熟国家的样本;由于没有把夏威夷包括在内,他并没有举出真正的早期国家的例子。当然,我们应当记住,"早期国家"更多地是一个过程,而不是一个事件——想要"指出国家诞生的确切时刻"几乎永远不可能。③即使是在夏威夷,早在当地人同西方人接触之前,国家就显然已经开始形成了;不过,这个过程比特里格所有实例中的过程都更加明显,也正是由于这个原因,夏威夷的实例仍然是极有价值的。

我的上古社会样本的缺点之一是不包括美洲大陆的任何实例,所

---

① Bruce G. Trigger, *Understanding Early Civilizations* (Cambridge: Cambridge University Press, 2003), 28.

② 印度河文明大约在公元前2500年至前2000年期间达到鼎盛。它拥有坚固的城池和良好的供水系统,有些地方还出现了灌溉农业,但它在公共建筑方面不太发达。由于没有什么建筑可以被明确地说成是神殿或宫殿,我们对它的宗教体系和政治体系都完全不清楚。最近的相关研究参见 Jane R. McIntosh, *A Peaceful Realm: The Rise and Fall of the Indus Civilization* (Boulder, Colo.: Westview Press, 2002)。

③ 克赖森(Henri J. M. Claessen)和彼得·斯戈尔尼克(Peter Skalník)提到了缓慢地推动各个机构产生的那些"难以觉察的过程",这些机构仅仅在人们回顾往事时才会被视为国家的特征。参见 Henri J. M. Claessen and Peter Skalník, eds., *The Early State* (The Hague: Mouton, 1978), 620-621。

以,对特里格的考察结果——他的七个实例中有三个来自美洲大陆——的概述可以稍许弥补这一不足之处。在开始时,先对特里格所说的"早期文明"的含义加以斟酌将有所助益,因为他的定义非常接近于我所说的"上古社会"的含义:

> 人类学家用"早期文明"这个术语来指称最早、最简单的社会形式;在那些社会中,控制着社会关系的基本原则不是血缘关系,而是社会分工的等级制度,它对诸多社群进行了横向切割,并且在权力、财富和社会声望等方面具有不平等性。在这些社会中,一个使用强制性权力来增加自身权威的极小型的统治集团由农业生产的过剩产品和劳动支撑着,这些产品和劳动是统治者有计划地从人数比他们多得多的农业生产者那里占用的。全职的专业人员(工匠、官僚、士兵和仆人)也支持和服侍着统治集团及其控制的政府机构。统治者们养成了一种奢侈的生活方式,这将他们同被统治者区分开来。①

如果我们回想一下夏威夷的情况,就会发现阿利伊和平民之间的区别正是这样一种明确的阶级区别。可以得出同样论点而又不必如此集中于阶级问题的另一种方式,是主张关键区别存在于作为次级构造的国家和社会其余部分之间。这与特里格所表达的意思颇为接近,他下面这句话就清楚地表明了这种相似之处:"财富常常源自政治权力,这样的情况远远多于政治权力源自财富的情况。"②因此,对于在这些社会中起着关键作用的"阶级",其定义并不是根据它与生产方式的关系给出的,而是根据它与政治权力的关系给出的。

对于特里格来说,下面这个论点也很重要:虽然血缘关系在很多方面仍然对统治者和被统治者都很重要,但它已不再是"控制着社会关系的基本原则",像在部落社会和酋长国社会中那样。他又进一步补充了一个非常重要的论点:"正如阶级取代了作为组织社会之基础的血缘关系(包括事实上的和隐喻性的),宗教观念也取代了作为社会和

---

① Trigger, *Understanding Early Civilizations*, 44-45.
② Ibid., 46.

政治话语之媒介的血缘关系。"①当然,社会组织的每一个层面都出现了可以被称为"宗教性的"象征行为和表述,但在上古社会中,宗教领域里出现了一些新东西:诸神和对诸神的崇拜。对特里格研究的研读强化了我的一种感受:使上古社会不同于先前社会的是一种复杂的宗教政治变化,它催生了世界上两种全新的观念:王权和神性;从很多方面来看,它们都是同一整体的两个部分。

按照我们的描述,夏威夷社会是以国王和他与诸神,尤其是库神和罗诺神的关系(甚至是他与诸神的同一性)为中心的。在特里格的每一个实例中,王权都是中心,而且国王总是与诸神有着独特的关系,他本人还经常被视为神祇。在古王国时期的埃及、阿兹特克、玛雅、印加和约鲁巴,都能见到某种形式的神圣王权;在周代的中国,国王是"天子",尽管他本人并没有被视为神。在美索不达米亚,无法确定近似于祭司-国王的身份最早是在什么时期出现的,但在公元前 3000—前 2000 年间的阿卡得王朝和乌尔第三王朝时期,甚至也许在公元前 2000—前 1500 年间的古巴比伦王朝时期,偶尔会出现国王宣称其王位神圣的情形。②

在每个实例中,都存在着某种形式的与王室仪式相联系的活人祭;而且,与夏威夷的情况一样,活人祭总是国王地位获得极高尊崇的标志,尽管其程度是变化不定的。最常见的形式是被称为"仆人祭"(retainer sacrifice)的祭祀,即将妻妾和仆人(有时为数众多)与去世的国王一同埋葬。在埃及,这种做法见于第一王朝时期,很有可能也见于第二王朝时期;在美索不达米亚,这种做法只见于早王朝时期在乌尔举行的王室葬礼中——在每个实例中,都没有发现为时更晚的例子。虽然活人祭的数量在中国商代以后显著减少,但某种仆人殉葬仪式仍然延续了几百年。但在大多数实例中,活人祭也并非不常见于葬礼以外的其他仪式:在中国商朝、玛雅、印加和约鲁巴,都是如此;在阿兹特克最为普遍——数以千计的战俘在特诺奇提特兰(Tenochtitlan)的宏伟神

213

---

① Trigger, *Understanding Early Civilizations*, 48.

② Ibid., 79-87.

殿中被当作祭品，直到西班牙人征服此地。①

　　对统治者的极高尊崇，使夏威夷可以被确定无疑地归入（早期）上古社会的范畴；在上古社会中，这样的尊崇随处可见，而且往往走向极端，这种情况在更早或更晚的时期都不存在。但是，通常被我们视为上古社会之标志的另一些特征在夏威夷并不存在，如城市化和文字书写。然而，特里格论证说，城市并不是早期文明必不可少的标志；毋宁说，这类文明分为两种类型：城邦（city-states）和领土国家（territorial states）。美索不达米亚、约鲁巴、阿兹特克和玛雅是城邦，而埃及、中国和印加则是领土国家。②城邦是庞大的、具有多种用途的城市密集体，通常位于非常富饶的农耕地区附近；有时更大的国家就是从城邦发展而来的，它们通常通过征服其他同类城市并令其纳贡而得以形成。在领土国家，提供中心的不是城市，而是宫廷，但宫廷常常具有流动性。存在一些重要的礼仪中心，但宫廷只能间或巡幸这些中心，或者从一个中心迁移到另一个中心。夏威夷显然属于领土国家的范畴，它建立了横跨列岛的帝国，而不是从一座城市向外延伸。当然，已经建成的领土国家最终将会导致城市的兴起，尽管城市并非国家结构之基础。反之，城邦有时会变成领土国家；不过，把城市的各个机构扩展到一片广大的领土上，通常被证明是一项棘手的任务，而且从长远来看，常常是不可能完成的任务——罗马是伟大的例外。

　　当使用"文明"一词时——谈及上古社会时不可避免地要说到这个词语——我们通常会想到作为一项根本性判断标准的文字书写。但在特里格的七个实例中，印加人和约鲁巴人完全没有文字，阿兹特克人、玛雅人和商朝的中国人（或许也应包括在内）也只有初级的文字（不过，也许曾经有过比甲骨文——我们关于商朝文字的知识就依赖于这些甲骨——更多的文字记载，但它们未能存留下来）。即使是在公元前3200年左右就"发明"出文字的美索不达米亚，文字起初也主要被用于记账和列表，直到公元前2500年左右才出现可被破译的连续文本。

---

① Trigger, *Understanding Early Civilizations*, 88-89.

② Ibid., 92-119.

大多数上古社会的另一个特征是宏伟建筑的存在,它们主要用于仪式和/或王室活动。夏威夷的黑奥(heiau,意为神殿)是一种朴实的宏伟建筑物;最大的黑奥之一矗立在毛伊岛(Maui)上,面积超过 4000 平方米,大约需要在十次不同仪式期间的 2.6 万个工作日方能建成。①这类神殿无法与美索不达米亚的金字形神塔(ziggurats)相比,无法与阿兹特克、玛雅和印加的神殿相比,当然更无法与埃及的金字塔相比;但不论是商朝的中国还是约鲁巴,似乎都没有建造过远比夏威夷黑奥更加令人印象深刻的宏伟建筑物。

特里格指出,他在开始进行研究时原本期望能发现,在他的样本中,经济实践是最稳定的,宗教信仰和实践则是最变化多端的。但他发现实际情况正相反:维持生计的模式由于生态环境的不同而在诸多方面有所差异,而七个实例中的宗教信仰和实践却有着显著的相似之处。②不过我们将会看到,它们虽然不乏相似点,但还是有着重大区别。我们在第四章中看到,宗教与权力的关系在部落社会中只是刚刚出现,但在夏威夷却在某种意义上达到了高峰。由于我们已经把特里格的著作当作成熟上古社会这一研究领域的导读,现在可以通过详细考察其中的三个例子,来尝试更好地理解这些社会中宗教与权力、神与王之间的关系。

古代美索不达米亚

从表面上来看,夏威夷和美索不达米亚的起点恰恰完全相反。夏威夷位于地球上几乎最偏远的地点;在欧洲人到达之前的几百年间,它同其他任何社会都没有接触。美索不达米亚(字面意义是"河流之间的土地"——"河流"指底格里斯河与幼发拉底河——当今的伊拉克覆盖了古代美索不达米亚的全部疆域)则位于广阔的欧亚(和北非)大陆的中心,与其周边或远或近的众多邻邦从未中断来往。这种地理上的

---

① Timothy Earle, *How Chiefs Come to Power: The Political Economy of Prehistory* (Stanford: Stanford University Press, 1997), 177.

② Trigger, *Understanding Early Civilizations*, 639, 684.

差异本身就有助于解释美索不达米亚人建立国家的时间比夏威夷人建立国家的时间早 5000 年左右的事实。不仅在地理方面,而且就其他变量而言,夏威夷和美索不达米亚都是上古社会中大异其趣的两个社会;因此,以美索不达米亚作为对成熟上古社会进行探讨的起点,就要容许出现最大的差别。

考古学显示,尽管这两个实例存在着诸多差别,然而在这两个地方,最初的定居地很大程度上都是处女地。大约公元前 4000 年之后,在此以前极少有人定居的美索不达米亚南部冲积平原上,突然出现了许多面积相当大的定居区;到了公元前 3200 年左右,世界上第一批真正的城市已经出现了。① 这些城市以宏伟神殿的场院为中心,同时也有宫殿、市场和广大的住宅区。这些城市的出现,证明人口密度达到了一个新的水平,使其成为可能的原因是冲积土被广泛用于耕作。但这些城市的经济基础并非只是本地的灌溉农业,还有那些遍及整个地区的、被安德鲁·谢拉特称为"副产品(secondary products)革命"的经济革新,他认为这一巨变与植物种植和动物驯养行为本身的出现(至少在公元前 4000 年时就开始了)同样重要。②

早期的动物驯养起初只是为了获得稳定的肉类供应。随着"副产品革命"的兴起,畜力首次在农业中取代了人力(有一点值得记住:由于缺少牛羊,在美洲大陆并未出现副产品革命,在夏威夷当然也是如此)。人们发明了牛轭和马具,以便让家畜来拉犁、拉车。谢拉特推断道,由于犁可以更深地进入土壤,当人们为播种做准备时,用犁翻土的效率要比用锄头翻土的效率高四倍。③ 马车使人们可以更加便利地从边远的田地中收获谷物。这些创新首先在公元前 4000 年左右出现于美索不达米亚北部的农业居住地老区,但是它们有助于使南部地区接

---

① 汉斯·尼森(Hans J. Nissen)提出,在公元前第四个千年的中期,美索不达米亚的气候变化导致了降雨量的减少。此前,大量的降雨常在冲积平原上引发严重的洪灾,以至于不可能进行农业生产;但在降雨量变得适中之后,就可以获得丰收了。参见 Nissen, *The Early History of the Ancient Near East*, *9000-2000 B.C.* (Chicago:University of Chicago Press, 1988), 55。

② Andrew Sherratt, "Plough and Pastoralism:Aspects of the Secondary Products Revolution", in Ian Hodder, Glynn Isaac, and Norman Hammond, *Pattern of the Past: Studies in Honour of David Clarke* (Cambridge:Cambridge University Press, 1981), 261-305.

③ Ibid., 287.

踪而至的快速城市化成为可能。副产品革命带来的改变并非仅限于农业,还包括一种新式的畜牧业,因为大约在这一时期,人们开始喝奶、吃奶制品(酸奶、奶酪),也开始用绵羊来为纺织品提供羊毛——此前的纺织品都是用植物纤维制成的。谢拉特又推测,在给牲畜喂同样多的食物的情况下,牲畜作为奶制品来源而产生的蛋白质和能量总量是它们只作为肉类来源而产生的蛋白质和能量总量的四到五倍。[1]虽然美索不达米亚南部有富饶的冲积土,受到灌溉之后会变得非常高产,而且无法灌溉的土地也能支持畜牧业,但除此以外,这里几乎一无所有:没有木材,没有石头,没有金属。尽管对本地资源的使用极富独创性,然而很清楚,包括远途贸易在内的贸易从一开始就是必不可少的。因此,遍及整个区域的经济——包括用犁翻土的农业和密集的畜牧业,再加上大量贸易活动——到公元前第四个千年的末期已经出现了。

苏珊·保勒克对美索不达米亚南部在乌鲁克时期(Uruk Period,公元前 4000—前 3100)末期已有明显表现的一些发展进行了逐一记录:

> 乌鲁克时期经历了定居地数目显著的增长。虽然其中有很多是小村庄,其他的却迅速发展为城镇和城市。到了乌鲁克末期,一些较大的定居地已经建有围墙。神殿和其他公共建筑变得更大、更复杂了,其建造必定使用了大量的劳力,花费了漫长的时间……人们引入了批量生产的方式来制造某些类型的陶器,运用了技术创新,如模具制造和拉坯。记账体系……颇为复杂且多种多样,文字书写——最初的记账和记事技术——到这一时期的末期也已被发明出来。对携带武器之人和被捆绑之人(大概是囚犯)的描绘,证明当时已经开始使用武装力量。多幅图画都反复描绘了一个蓄着胡须、留着长发、戴着式样独特的头饰、穿着裙子的人在参加各种暗示其权威的活动,这类描绘是对公开行使权力之行为的一种表现。[2]

---

[1] Andrew Sherratt, "Plough and Pastoralism: Aspects of the Secondary Products Revolution", in Ian Hodder, Glynn Isaac, and Norman Hammond, *Pattern of the Past: Studies in Honour of David Clarke* (Cambridge: Cambridge University Press, 1981), 284.

[2] Susan Pollack, *Ancient Mesopotamia* (Cambridge: Cambridge University Press, 1999), 5-6.

到了公元前 2900 年,从古代城市的标准来看,乌鲁克城——也许是苏美尔最重要的城市——的规模已经非常大了。汉斯·尼森的研究表明,它比公元前 500 年的雅典城或公元 50 年的耶路撒冷城还要大,几乎与公元 100 年的罗马城一样大。[1]据估计,到公元前 2500 年时,乌鲁克的人口约有 5 万。该城主要神殿的面积很大,有一座带有阶梯的高塔,它历经数次改建,每次高度都有所增加。

如果只依靠考古学证据(书面文字几乎只用于记账,不包含可破译的叙述性内容),我们完全说不出乌鲁克和同一时期出现的其他类似城市的权威结构是什么样的。汉斯·尼森细述了先前的一些理论:那些被称为恩(en)或恩西(ensi)的早期统治者实际上是祭司-国王;后来,有人被任命为临时军事首领,人称路加尔(lugal,意为"大人"),这些人随着时间的推移会成为永久性的"王",在城中同首席祭司分庭抗礼,以求获得支配权。尼森感到,在那些留存的记录中,恩、恩西、路加尔这一整套术语的用法太不一致,以至无法支持这种理论,我们完全无从知晓权力在最早的时期是如何被运用的。到了早王朝时期(公元前 2900—前 2350),在苏美尔的主要城市中显然出现了王朝,但宏大的神殿同时是财富和权力的中心,而它们的维修其实是王室的主要责任。神殿和宫殿都被称为"大家庭"或"大组织",因为它们是主要的土地所有者,有大量的雇工,而且在某些情况下要致力于纺织品的制造,这是美索不达米亚的主要出口商品。[2]

学者也普遍同意,除了神殿和宫殿以外,还有一个充满活力的"私人部门",也许由世系中的一些在城市政府也有发言权的长辈负责领导,尽管被陶克尔德·雅克布森称为"原始民主制"[3]的观念现在尚未被广泛接受。无论如何,较之其他大部分早期国家,早期美索不达米亚

① Nissen, *Early History*, 72.

② Pollack, *Ancient Mesopotamia*, 118; A. Leo Oppenheim, *Ancient Mesopotamia: Portrait of a Dead Civilization* (Chicago: University of Chicago Press, 1977 [1964]), 95-109.

③ Thorkild Jacobsen, "Mesopotamia", in *Before Philosophy: The Intellectual Adventure of Ancient Man*, ed. Henri Frankfort, Mrs. Henri Frankfort, John A. Wilson, and Thorkild Jacobsen (Harmondsworth: Pelican, 1949 [1946]), 141-142. 奥本海姆(Leo Oppenheim)在《古代美索不达米亚》(*Ancient Mesopotamia*)111—114 页讨论了与神殿或宫殿无直接联系的当地要人所组成的城市"议会"的存在证据。

看起来确实像是异常等级结构(heterarchy),即具有若干互相竞争的权力中心的不平等社会,而不是只有单一的统治层级的社会的一个例子。①美索不达米亚是所有早期文明中与世隔绝程度最低的,又是最依赖于远途贸易的(因为本地资源匮乏),这一事实也许与它的很多城市中存在着多个权力中心不无关系。虽然苏美尔时期的领导权还不像后来那样明确,但在相当早的苏美尔神话中,据说"王权天授",尽管国王本人并没有自称为神。②

神圣王权在最早的历史中不存在,这并不意味着这种普遍的上古时代观念在此地是完全缺失的。它出现在企图将城邦联合起来并创建领土性帝国的王朝之中,这一点不足为奇。正如奥本海姆所说:

> 在阿卡得的萨尔贡时代(Sargon of Akkad,约公元前 2350)到汉谟拉比时代(Hammurapi③,公元前 1792—前 1750)的巴比伦,在书写国王的名字时,常常要加上 DINGIR(意为"神")这个限定词,该词通常用于指称当受崇拜的诸神或物件。我们也从乌尔第三王朝时期的文献和后来的零星资料中得知,已故国王的雕像也要在神殿中接受供奉。据说(尤其是在亚述文献中),王室成员的神圣性常常体现为令人敬畏的超自然光辉或光环;根据文献记载,这种光辉是神明和一切神圣事物的特征。④

众多亚述国王自称为"宇宙之王",这似乎是在暗示一种高于人类的权力。⑤

但即使是在国王以神之"仆人"或"奴隶"的身份为特征(在完全不同的语境中也会反复出现这种用法,如在基督教和伊斯兰教中,在后者中甚至出现得更多),而不是自称为神时——前者的情况出现得更频

---

① 关于异常等级结构,参见彼得·鲍古基(Peter Bogucki)的《人类社会的起源》(*The Origins of Human Society*, Malden, Mass.: Blackwell, 1999),256—257 页。

② Thorkild Jacobsen, *Treasures of Darkness: The History of Mesopotamian Religion* (New Haven: Yale University Press, 1976), 114.

③ 另一种拼法是 Hammurabi。

④ Oppenheim, *Ancient Mesopotamia*, 98. 亚述国王的"令人敬畏的光芒"令人联想到据说是夏威夷阿利伊之特征的那种"炫目的光辉"。

⑤ Amélie Kuhrt, *The Ancient Near East, c. 3000-330 BC* (London: Routledge, 1995).

繁,得到强调的也是他与神性的密切关系,而不是他的"世俗性"。在国王的铭文中,他不停地讲述自己为诸神所做的一切——建造或重建神殿、献上丰富的祭品、举办节日庆典等——并把此地的繁荣乃至他的军事胜利都归功于诸神,尤其是该城保护神的仁慈。与所有早期文明一样,在这里,宗教和政治并不属于不同的领域,而是对宇宙和社会之总体理解的不同方面,但这并不意味着我们无法观察到关于宗教与政治的说法的各种变化。

与夏威夷的情况一样,美索不达米亚的万神殿也非常宏伟,但有几位神祇尤为重要:众神之父阿努(Anu),他的儿子、众神的实际统治者恩利尔(Enlil),主管生育的女神宁胡尔萨格(Ninhursaga),主管淡水的神祇恩奇(Enki)——但他最重要的身份是才智、狡诈和所有生产技艺之神。①每座城市都有自己的保护神:乌鲁克供奉阿努神,埃利都(Eridu)供奉恩奇神,乌尔供奉南纳神(Nanna),等等。拉格什(Lagash)的保护神是恩利尔之子尼努尔塔(Ninurta),他既是战神,又是犁耕之神。虽然每位神祇都关乎大自然的特定方面(阿努与天空有关,恩奇与淡水有关,等等)或人类生活的特定方面,但是他们全都深切地关注着经济上的繁荣兴旺,以至于弗思在谈及提科皮亚时所说的"宗教体系公开而明显地指向经济目标"同样适用于美索不达米亚,正如下面这首献给尼努尔塔的颂歌(出现于公元前第三个千年末期的苏美尔)所表明的那样:

> 由恩利尔赐名的尼努尔塔呀!
> 我要颂扬你的名字,我的君王啊!
> 尼努尔塔,我,你的仆人,你的仆人,
> 我要颂扬你的名字!
> 啊,我的君王,绵羊生出了羊羔……
> 而我,我要颂扬你的名字!
> 啊,我的君王,山羊生出了小羊……

219

---

① 对主要神祇的介绍参见 Jacobsen, *Treasures of Darkness*, 93-143(如果我必须推荐一本关于古代美索不达米亚宗教的著作,那就是这一本);Jean Bottéro, *Religion in Ancient Mesopotamia* (Chicago: University of Chicago Press, 2001 [1998]), 44-58。

而我,我要颂扬你的名字!

你用永不止息的流水填满了运河,……

你让有斑点的大麦在田里生长,

你让鲤鱼和鲈鱼[?]充满了池塘,

你用蜜和酒装饰了花园和葡萄园!

你还会把更长的寿命赐予宫殿!①

我不想暗示说诸神总是仁慈的——远非如此。在不少情况下,他们是被雅克布森称为"令人瘫痪的恐惧"②之因。与夏威夷的情况一样,这些神祇与部落民族信奉的强力存在相差不远。他们既是丰收的源头,也是暴风雨、洪水和瘟疫的起因。他们既能带来战争的胜利,也会导致战争的失败。最重要的是,诸神都是王和王后,神殿就是他们的宫廷。"对诸神的奉养"——这项任务既费力又困难,但也令人喜悦,并会带来回报——处于美索不达米亚人生活的中心。③人们设立了一个很大的经济部门来奉养主管主要神殿的诸位男神和女神,以及他们的亲属和随从;所有这些神祇的雕像都会得到奢侈的"供养",身着饰有珠宝的衣服,在节日期间偶尔还会被人抬着游街展示,或是"乘船"前往邻近的神殿。④由于该城在经济和政治上的兴旺发达都依赖于诸神的仁慈,对他们的慷慨奉养是国王和民众的首要义务。

神人关系的性质在阿特拉哈西斯(Atrahasīs)的故事⑤这则神话中得到了集中体现。虽然这个文本出现于古巴比伦时代(公元前2000—前1500),但雅克布森认为它所表达的观念至少可以追溯至公元前第三个千年。在世界初分之际,阿努分到了诸天,恩利尔分到了大地,恩奇分到了地面之下的水。由于诸神必须受到供养,恩利尔派他的众多子女(即低级神祇)去从事灌溉农业的艰苦工作。诗歌的开头

---

① Bottéro, *Religion in Ancient Mesopotamia*, 138-139.

② Jacobsen, *Treasures of Darkness*, 12.

③ 我们能听到提科皮亚诸神伟绩或夏威夷玛卡希基节的回声吗?

④ 关于对诸神的奉养,参见 Jean Bottéro, *Mesopotamia: Writing, Reasoning, and the Gods* (Chicago: University of Chicago Press, 1992 [1987]), 1-2;关于"对诸神的照料和供养",参见 Oppenheim, *Ancient Mesopotamia*, 183-298。

⑤ 对这个故事的详尽叙述参见 Jacobsen, *Treasures of Darkness*, 116-121。

是这样的：

> 当伊鲁(即恩利尔)掌权时
> 他们不得不拼命苦干，
> 用力拖着工具筐；
> 诸神的工具筐……很大，
> 所以他们要做繁重的苦工，
> 克服巨大的困难。①

诸神不得不挖掘底格里斯河、幼发拉底河及灌溉渠，他们觉得这些工作太艰苦了，于是决定反抗恩利尔。他们烧掉了工具，然后包围恩利尔的住宅。万分恐惧的恩利尔闭门不出，向阿努和恩奇请教对策。他很想彻底放弃大地，到天上去投奔父亲。但恩奇(他总是最为足智多谋)提出了一条建议：为什么不造出人类来做低级神祇所讨厌的那些工作呢？于是，他杀死了一位名叫维埃(We-e)的低级神祇——可能是这场叛乱(我们能称之为罢工吗？)的主谋——并把他的鲜血和黏土混合在一起，造成了第一批人类。②

恩奇的计划实施得相当顺利：人类接手了诸神的工作，但与此同时也迅猛地发展壮大起来。人口不断增长，产生了巨大的噪音("地面像公牛一样咆哮")，以至于恩利尔无法入睡。他降下了一场瘟疫，企图消灭人类，可是聪明人阿特拉哈西斯向恩奇请教保命之计，后者教他使人们安静下来，并向诸神献上更多的祭品，于是瘟疫止息了。后来人类的数量再度增加，噪音又变大了。这一次恩利尔降下了一场旱灾，可阿特拉哈西斯再次说服了恩奇插手此事。到了第三次，人类委实闹得太过分了，于是恩利尔降下了一场洪灾，要将人类全都置于死地。然而恩奇抢先一步，让阿特拉哈西斯造了一条不会下沉的船，船上装载着各个种类的动物，结果这条船在洪水中幸免于难。恩利尔发现恩奇的所做所为之后勃然大怒，但与此同时，人类的大量毁灭使诸神无法再享用祭品，开始饿肚子了。恩利尔最终意识到，人类对于诸神是不可或缺的；

---

① Jacobsen, *Treasures of Darkness*, 117.
② 除了早期乌尔王朝的仆人陪葬仪式以外，这种类型的神话资料与我们所知的古代美索不达米亚活人祭仪式是最为接近的——尽管战俘常常在战场上被杀。

于是,在设定了几种控制生育的方法之后,他允许阿特拉哈西斯和他的同类重新在大地上定居。

雅克布森说,人们可能会觉得恩利尔显现出来的是一副恐惧、冲动、迟钝的可怜相,可是在古人看来,这个故事表明恩利尔拥有至高无上的权力,他那令人震惊的能力使他能够创造出一场足以摧毁每条生命的洪水。雅克布森总结道:"尽管如此,这则神话显然把绝对权力视为自私、无情和笨拙的。但事实就是如此。人类的生存状态是不安全的;他们虽然对诸神有用,但这并不能保护他们,除非他们小心行事,不要惹诸神讨厌——不论他们有多么清白无辜。人类应当知道,他们的自我表现是受到限制的。"①

在古代美索不达米亚,国家观念把诸神和人类的生活及两者之间的关系组织了起来。人类被创造出来以后,是他们而不是低级神祇在"拖着工具筐"。或者说,大多数人命中注定要这样做;有些人则过着神祇一般的生活——像诸神那样受到"奉养"。即便如此,国王们却被描绘成正致力于创建宏大的事业,尽管我们可能会怀疑他们实际上在这些事情上面花了多少时间;同时,除了他们把自己等同于诸神的那些相对短暂的时刻以外,他们与其他所有人一样,是诸神的仆人。"支配"是主题;在大多数情况下,支配是被包裹在合法等级制度的外衣之中的;但是神祇与国王都会对"不值得的"目标发出非理性的怒火。雅克布森把阿努等同为"权威",把恩利尔等同为"力量",而实际上统治世界的正是恩利尔。②恩利尔的力量确实被想象为"合法的力量":

> 然而,由于恩利尔就是力量,在他灵魂的黑暗深处潜藏着暴力和野性。常态下的恩利尔支撑着宇宙,确保万物井然有序、不致陷入混乱;但是,他那潜藏的野性会毫无征兆地突然爆发。恩利尔的这一面的确具有可怕的反常性,要驱散一切生命和生命意义。因此,人类从来都不能与恩利尔轻松相处,只会感到一种潜在的恐

---

① Jacobsen, *Treasures of Darkness*, 121. 阿特拉哈西斯的故事对《创世记》中创世故事和诺亚故事的预示很早就被人注意到了。

② Ibid., 95, 98.

惧,这种情绪常常表达在那些流传至今的颂歌当中。①

然而,在公元前3000—前1500年,"养育"倾向——体现为对一种特定类型的正义的关心——日益明显,并在所谓汉谟拉比"法典"中达到了某种意义上的高峰。在公元前第三个千年中期,拉格什已经有了一位国王,他自称为"社会不公正的纠正者和弱者的护卫者":"乌鲁伊尼木基那[Uruinimgina,意为'王']向宁吉尔苏[Ningirsu,意为'神']庄严地承诺,他将永远不会使无家可归者和寡妇沦为有权有势者的奴仆。"②写于萨尔贡的阿卡得王朝陷落之后的一首诗批评该王朝的诸王容许"不公正和暴力涉足于这片土地"③。在乌尔三世王朝时期,曾经有过定期减免债务的情形:"那时,庄严地记录着债务人对债权人之义务的写板被收起来打碎,人们的债务从而得以免除。"④

让·波特罗(Jean Bottéro)论证说,"法典"并不是一部法律,而是对汉谟拉比的历次裁决的总结,因而并不是一部真正的法典;但是,这部"法典"声名卓著,却是理所应当的。波特罗指出,是它的序言和结语让我们最清晰地洞悉了"正义"(justice)在古代美索不达米亚的含义。在序言中,汉谟拉比写道:

> 当(我的神)马杜克[在巴比伦人那里,马杜克取代了恩利尔,被奉为诸神的统治者]赋予我为人民维持秩序、引国家行于正道的使命时,我在这个国家施行了正义和公平,以求给我的人民带来福祉。

在结语中,他又写道:

> 伟大的诸神召唤了我,我确实是用公正的权杖带来和平的好牧人。我的仁慈庇护着我的城市。我把苏美尔和阿卡得的人民拥

222

---

① Jacobsen, "Mesopotamia," 157. 在这里,充满野性的恩利尔使我们想起了夏威夷那充满野性的库神。公元前第三个千年的苏美尔形成的模糊不清的恩利尔形象,在公元前第二个千年早期转化为巴比伦的马杜克(Marduk)形象,并在公元前第二个千年末期到第一个千年转化为亚述的阿舒尔(Assur)形象。

② Kuhrt, *Ancient Near East*, 1:39.

③ Nissen, *Early History*, 186.

④ Kuhrt, *Ancient Near East*, 1:77.

在怀中。由于我的好运(字面意思是:以我为对象的神圣庇佑),他们过上了富庶的生活。我在和平时期也没有停止对他们的管理。我用智慧庇护他们,为的是防止强者压迫弱者,为的是把正义给予孤儿和寡妇。①

在这里,关于"养育"的修辞十分有力:好牧人的形象将会再度出现于宗教史中。不用说,国王很少像他们自称的那样仁慈——关于驱魔仪式的文本就为我们提供了来自王廷的严重不公正事件的一些例子。但这也并不"只是修辞",一种标准被制定了出来,它将产生重大的影响。

我们可以谈论古代美索不达米亚的正义观念,但必须注意,我们的"正义"一词与他们的思想并不是完全同源的。首先,正义是人格化的,是一位神。正义是太阳神,在苏美尔语中被称为乌图(Utu),在阿卡得语中被称为沙玛什(Shamash);通过照亮一切行为、使其清晰可见,他能够发现哪些行为是正义的,哪些是不正义的。正如波特罗指出的那样,在古代美索不达米亚并没有真正的法律观念,它有的毋宁说是神祇或国王的决定:正义并不是抽象的,它只能在特定的案例中为人所见。阿卡得语中用于表示"正义"的术语梅萨鲁(mêšaru)与王权有着密切的联系:"诸神委托他[国王]**在这片国土中彰显梅萨鲁**,即秩序,**同时也是正义**。"② mêšaru 源自 êšêru 一词,后者意为"在正道上径直前行;秩序井然"③。由于正义深植于整个生活方式之中,深植于一套复杂的义务和禁令,包括我们认为与道德几乎没有什么关系的一些领域之中,我们无法将其简单地等同于我们自己对这个术语的理解。

我们从大量驱魔仪式文本和悔罪颂歌中得知,正义常常是在追溯往事时被发现的;换言之,如果一个人因为某种身体上的疾病或道德上的非正义而遭受苦难,那一定是由于他做过不公正的事情。为了发现某人犯过的"罪"、做过的错事或违反过的禁忌,人们往往求助于占卜, 223

---

① Bottéro, *Mesopotamia*, 168. 应当注意,"牧人"这个主题在美索不达米亚和埃及常常被用来指称国王。塞缪尔·诺亚·克莱默(Samuel Noah Kramer)翻译过一首献给身居高位的恩利尔神的苏美尔颂歌,歌中称这位神祇为"牧人"。参见 Kramer, *History Begins at Sumer* (Philadelphia: University of Pennsylvania Press, 1984 [1956], 91-92)。

② Bottéro, *Mesopotamia*, 183. 黑体字是原文中就有的。

③ Ibid., 182.

那些专业人士会指定正确的仪式和祈愿方式,它们可以把不公正的情况扭转过来。但是,对人生进行思考的方式是等级分明的,这一点不可磨灭。正如波特罗所说:

> 他们不仅凭诸神在本体论意义上的优越性(这是被公认的)——诸神的不可预测性是无人能够克服的——也凭诸神作为世界之主人和管辖者所担负的职责,认识到了诸神的最高特权,那就是在决定和行为上的完全自由。因此,也许可以说,诸神之意志的一切表现方式和表达方式都是如此这般地在同一种"公民"精神中被接受的,正如国王的命令被臣民所接受:没有讨论,没有抗议,没有批评,以完美的、宿命论的服从心态来接受,同时清楚地意识到自己不能抵抗更强者。诸神被认为是极其聪明、公正和无可指摘的,以至于人们永远不能称之为独断专行者,也永远不能质疑他们的决定。在那片土地上,没有人真正反抗过——即使是在言辞上反抗——那最残酷无情的决定:我们所有人都难逃一死。①

唔,也不能说是"没有人",我们稍后就会看到这一点。有几位先知就预言过国王的倒台。②也有一些有才智者,如所谓巴比伦神义论的作者确曾提出问题来质疑诸神的正义性:

> 那些不向神求助的人走上了兴旺之路,
> 而那些向女神祈祷的人却
> 一贫如洗。③

虽然这些相当于"约伯的朋友"的美索不达米亚人似乎确实在这番对话中占了上风,但也有一些文献以超乎人类理解力的方式宣告了赏罚的神秘性:

> 人们自认为善的东西,

---

① Bottéro, *Religion in Ancient Mesopotamia*, 220.

② Kuhrt, *Ancient Near East*, 1:105. 根据奥本海姆的研究,先知主要见于北部(亚述)和西北部。在美索不达米亚的中心区域,迷狂的萨满观念在很大程度上已经不复存在。参见 *Ancient Mesopotamia*, 221-222.

③ "The Babylonian Theodicy", in *The Ancient Near East: A New Anthology of Texts and Pictures*, ed. James B. Pritchard (Princeton: Princeton University Press, 1975), 162.

在神眼中却是罪行。

在人们心里被视为恶的东西，

在他们的神眼中却是善的。

谁能理解

高天上的诸神的心意呢？

神圣的深渊中的（那些神祇）的思想

又有谁能测度呢？

双眼被遮蔽的人类

怎能理解诸神的行事之道呢？①

　　在一个重要的方面,古代美索不达米亚与我们在前两章和本章观察过的所有社会一样:有一些观念是关于在死后继续存活的某种方式的,但并没有关于来世赏罚的观念,而且总体而言,那种来世生存方式并无诱人之处。对于古代美索不达米亚人来说,所有灵魂都要前往的"阴间世界"中的状况要么很糟（沉沉的昏睡状态）,要么更糟（恶魔主宰的领域）。波特罗认为大多数人把死亡视为毋庸置疑的,尽管这一观点的确是正确的,然而,最伟大的美索不达米亚诗篇——史诗《吉尔伽美什》,讲的却是一位传奇国王真的前往天涯海角以逃离死亡的故事,他的挚友恩奇都（吉尔伽美什和恩奇都都是典型的新贵）的英年早逝使他明白了死亡的实在性。《吉尔伽美什》有可能是唯一一部古代美索不达米亚文献（这一点并不太确定）,这使其成为世界文学中的经典;但这部叙事作品过于复杂,无法在此进行概述。②尽管吉尔伽美什对死亡进行了有力的抗议,为了克服死亡又投身于许多冒险,然而他最终面对的是这样一个事实——他所寻求的目标是不可能达到的;除了服从命运的安排以外,他别无选择:"身为凡人——他的日子是有限

---

① Jacobsen, *Treasures of Darkness*, 162.

② 史诗《吉尔伽美什》很早就进入世界文学之中。它是美索不达米亚文学中流传最广的作品,在古代近东地区无人不晓——有人发现了该诗的胡里语和赫梯语译文的片断。该诗可能对《伊里亚特》和《奥德赛》都有影响。参见 M. L. West, *The East Face of Helicon: West Asiatic Elements in Greek Poetry and Myth* (Oxford: Oxford University Press, 1997), 65, 336-347, 403-417。

的;不论他可能做出什么事情,他都只会像风那样倏忽而逝。"①

"文明"(civilization)这个术语很难定义,因为它以多种方式被人运用。我不打算把它当作"不文明的"(uncivilized)一词的反义词来使用,也不打算把"文化"(culture)一词当作"没有文化的"(uncultured)一词的反义词来使用。当"文明"一词被用于描述事物时,它所指涉的范围通常被限定于建立了国家的社会。用于指称未建立国家的社会的相应术语是"文化区域"(culture area)。波利尼西亚就是一个文化区域,尽管夏威夷最终催生了夏威夷文明。正如在同一个文化区域内存在着一些各不相同的社会,讲着彼此无关的语言——美国西南部就是一个例子——在同一种文明中也可能存在着许多讲不同语言的国家,而且,这些实体当然都不是静态的——随着时间的流逝,它们都在发生变化。

美索不达米亚文明从一开始就是一个多城邦(multi-city-state)文明。那里有共同的语言——苏美尔语,有共同的万神殿,还有共同的文字体系。北方的一些城市在早期甚至也许从一开始就讲一种不同的语言——阿卡得语,这是一种早期的闪语(苏美尔语同任何已知语族都没有关联)。阿卡得人不仅分享同一种文化,还使用同一种文字体系,即公元前 2500 年时已经发展出原始象形文字的楔形文字体系。用楔形文字进行书写的苏美尔语和阿卡得语是美索不达米亚文化的古典语言,用这两种文字在刻写板上书写的内容一直被抄录和研究。

试图在美索不达米亚建立统一国家的努力最先出现在苏美尔,然后出现在阿卡得人中间:萨尔贡建立了一座新城——位于苏美尔以北的阿卡得(Agade 或 Akkad),作为他的国都。后来,与阿卡得相距不远的巴比伦统一了美索不达米亚,并将保护神马杜克与苏美尔的保护神恩利尔等同了起来。巴比伦的语言是阿卡得语的一种方言,而巴比伦自称为古典美索不达米亚文化的主要倡导者。起源于阿舒尔城(Assur)的亚述位于古美索不达米亚旧中心区域以北很远的地方,它与这一传统有着更加模棱两可的关系;但是,通过将它的保护神阿舒尔等同于马杜克,也通过积累大量用古典楔形文字写成的王室文献资料,它

① Jacobsen, "Mesopotamia", 137.

也自称为苏美尔/阿卡得文化的文化继承者。

即使是当苏美尔语作为口语的地位在美索不达米亚各地都被阿卡得语取代之后（至少到公元前 2000 年时已经被取代），苏美尔语文献也还在继续被传承、抄录和重抄，甚至在亚述时代也仍然如此。在公元前第一个千年中，阿拉米语（Aramaic，又译为亚兰语、阿兰语、阿拉姆语或阿拉美语）逐渐取代了阿卡得语作为口语的地位，但它是用新的字母文字来书写的，传统文化的护卫者并不使用这种文字。在美索不达米亚人丧失其政治独立性——先是臣服于波斯人（公元前 538），而后臣服于希腊人（公元前 330），后来又臣服于帕提亚人（公元前 247）——之后，文士继续传承着楔形文字传统。最后一份用楔形文字写成的已知文献可追溯至公元 75 年，它被视为美索不达米亚文明终结的标志。

在一种重要的意义上，所有的文化都是一体的：今天的人类受惠于在我们之前出现过的每一种文化。美索不达米亚文化无疑对其邻国——尤其是波斯、以色列和希腊——产生了影响。一些学者，包括让·波特罗这样的著名亚述研究专家希望视其为“西方文明”的第一幕。而其他学者，尤其是奥本海姆，他为自己的著作《古代美索不达米亚》（*Ancient Mesopotamia*）起了一个意味深长的副标题《一个已逝文明的肖像》（*Portrait of a Dead Civilization*）则想要强调美索不达米亚文明相对于我们自己的文明的陌生性和差异性。[①]这两种立场都言之有理，但美索不达米亚文明作为一种综合性生活方式，似乎确实走到了终点，而最后一份楔形文字文献也许就是它消亡的一个合适的标志物，正如最后一份象形文字文献可以被视为古埃及文明之消亡的标志物一样。

虽然文字书写是某种特定文明的一个便于判别的标志物，而且常 226

---

① 美索不达米亚宗教的陌生性促使奥本海姆对“为什么不应写‘美索不达米亚宗教’”进行了著名论证。因此，“西方人似乎既没有能力也（最终）没有意愿去理解这样的［高度多神论的］宗教，除非透过古文物研究兴趣和护教性自负心理的扭曲视角来看待它们。在将近一个世纪的时间里，西方人试图用万物有灵论、自然崇拜、星球神话、植物生长周期、前逻辑（pre-logical）思想和同宗万灵药（kindred panaceas）来理解这些陌生的方面，借助于带有超自然力的咒语、禁忌和魔力来想象它们。但最好的结果也只是毫无活力、书卷气十足的合成物和写得很流畅、颇具系统性的成果，饰以大量极其巧妙的相似点之比较，这些相似点是通过在地球上曲折行进和考察人类已知历史而得到的。”*Ancient Mesopotamia*, 172, 183. 奥本海姆本人为理解美索不达米亚宗教做出了重要贡献（甚至通过包含上面那段话的那部著作），不过本书是否能免于受到他的指责还是一个问题。

常被视为一种文明的定义中的基本要素,但我们在为它赋予这种用途时必须小心谨慎。当我们想象文字书写立即引发了一场"读写革命"(literacy revolution)时,我们必须格外小心。若说这一术语具有任何有效性——如果它暗示了心态(mentalité)上的一种变化(我们将在后面的章节中探讨这种可能性)——它也几乎不适用于古代美索不达米亚、埃及或商代的中国。首先,早期文字的使用非常有限。考古学家汉斯·尼森甚至有些偏激地说:"[苏美尔的]文字书写之发明并不标志着任何特别具有历史意义的转折点。"[1]在美索不达米亚,文字书写和一种发展中的数字体系最初主要用于登记献给神殿和宫殿的贡品,以及神殿和宫殿分配给民众的口粮。不过,不论文字和数字是不是"具有历史意义的转折点",它们在记账方面的使用并非微不足道的成就;而且,对它们的使用也许同以下事实有关:在一切早期文明中,美索不达米亚拥有最广泛的贸易活动和最发达的市场经济。[2]早期的文字书写在官僚制度发展过程中也很有用:命令可以被传达到遥远的地带,并且可以在一定程度上确保其中的确切指示能够到达预期的目的地。[3]然而,考虑到书写楔形文字(和象形文字)是一项难度很大的实践,需要长达几年的特殊训练,王宫和神殿里必定有能够书写这些命令的文士,另一方面还要有能够对其进行解读的文士。即使是祭司和国王,也有可能不具备阅读能力。

于是再次发生这种情况:最初问世的文字文本常常是神话或颂歌,它们是重要仪式的片段,与口语仍然有着非常密切的联系。这些文本

---

[1] Nissen, *Early History*, 3.

[2] 奥本海姆注意到,通过借贷来获取利息在美索不达米亚成了普遍做法,尽管"高利贷"为其他大多数近东社会所憎恶。参见 *Ancient Mesopotamia*, 88ff。

[3] "美索不达米亚……也许代表着所有古代文明中对文字书写的最顽固的官僚主义使用方式。在真正的文字书写被发明 600 年之后,它的使用仍被行政官员所垄断。从公元前第三个千年末期的一个长约 75 年的时期,所谓'乌尔第三王朝时期'开始,我们有了几十万份这样的行政程序文件。一份文件可以对涉及几万人的业务进行控制;同时,若是一间仓库损失了半磅(0.25 千克)羊毛,必定会被发现并得到解释,这种有错必究的情形达到了令人恐惧的程度。因此,似乎可以公正地说,文字书写这项技术作为一种控制手段,其潜能在美索不达米亚获得了充分的实现。"参见 Mogens Trolle Larsen, "Introduction: Literacy and Social Complexity", 收录于 *State and Society: The Emergence and Development of Social Hierarchy and Political Centralization*, ed. John Gledhill et al. (London: Unwin Hyman, 1988), 173-191。

的内容常有重复之处,其中会有细微的变化,这表明它们常常是由口头文本逐字抄写下来的。简言之,即使是在难以掌握的文字书写体系出现之后,古代文明在其历史中也仍然在很大程度上是口头文化。[1]文字书写并不意味着口头文化传统的终结,甚至就连印刷术也只是对这一传统稍有削弱而已。尽管时至如今,大多数发达社会中的口头传统已被铺天盖地的印刷品和电子媒体推向了边缘,然而它依然存活于所有现有社会的方方面面。由于诸神——通常是仁慈的,有时也会因处于"狂野"状态而令人生畏,最终总是神秘莫测——在美索不达米亚人的历史上一直是关注的中心,也许美索不达米亚文明终结的标志并不是最后一份楔形文字文献的出现,而是最后一次向马杜克或阿舒尔念诵的祈祷,但相关的文字记载已然湮没无闻。

古代埃及

让·波特罗将古代美索不达米亚称为西方文明的"第一幕",但埃 227 及被形塑成为这一角色的频率要比前者高多少呢?扬·阿斯曼在《埃及人摩西》[2]中追溯了古代希伯来人和希腊人心目中的埃及形象——在好几百年间,关于埃及文字书写的知识已经佚失,但对埃及的迷恋仍在继续;到了近代,托马斯·曼和弗洛伊德这样的非埃及学者发现埃及对于理解西方文化有着基础性的作用。我写作本书的意图是尝试将每一种宗教置于它自身的文化语境中来加以理解;它的信奉者可能怎样理解它,本书就试图怎样去理解它。然而,这项被公认为乌托邦的事业本身就有其文化环境,它完全是由于文化上的发展,包括近代的大量学术进展才成为可能的。

不过,写到埃及的时候,先入之见乃至偏见的包袱是颇为沉重的。一幅带有强烈负面色彩的图景充斥在希伯来《圣经》开头的几部经书之中,尤其是《出埃及记》(《创世记》中的"约瑟的故事"比前者多了一

---

[1] 奥本海姆在参考一些书面资料的基础上指出,"存在着为数很少但却无可置疑的证据,可以证明在美索不达米亚存在过一种丰富而多产的口头文学传统"。*Ancient Mesopotamia*, 22.

[2] Jan Assmann, *Moses the Egyptian: The Memory of Egypt in Western Monotheism* (Cambridge, Mass.: Harvard University Press, 1997).

丁点微妙的色彩）中的埃及不仅是偶像崇拜——这是以色列人必须不惜一切代价避免的大罪——的原型，也是压迫和奴役的原型。连我很欣赏的一部近著——迈克尔·沃尔泽的《出埃及与革命》①，也把古埃及写成了我们甚至直到今天都想逃避的一切事物的象征。在与此截然相反的另一方面，从柏拉图直到现在，埃及一直被视为古代智慧的渊源和人类文化的起源。我将试图避免把古埃及妖魔化或理想化这两种倾向，尽可能不通过在它以后发生的事情，而通过在它以前发生的事情来接近它，比如说，通过提科皮亚、夏威夷或古代美索不达米亚的视角来看待它。

　　著名的古埃及考古学家巴里·坎普很好地说明了承担我所承担任务的任何人都会陷入的处境（不论他们原先怀有多么良好的意图）："我在写这本书的时候意识到，我正在自己的头脑里创造一些形象，我希望它们能与古埃及的情形相符。我也知道越是试图弄清事实，我写下的内容就越是具有推测性，并且开始与历史小说——神话的现代形式——中的世界相混合。我笔下的古埃及在很大程度上是一个想象出来的世界，不过，我希望人们不会轻而易举就揭示它与原始的古代资料相悖。"②我只想补充一句：历史**是**我们的神话——正如扬·阿斯曼所说："历史一旦被人记住、叙述和使用，它就变成了神话；也就是说，它被织入了现在这个织体之中。历史的神话特质与它的真值（truth values）无关。"③如果像威廉·麦克尼尔那样一言以蔽之，那就是：我们正在撰写的是"神话历史"（mythistory）。④如果看一下在这些方面的课题，我们就会对像古埃及这样以神话为首要文化形式的文化更加感到亲近和同情。在某种程度上，我们也是神话生物，因为"我们就是我们所记住的那些东西"（we are what we remember）⑤，我们与古埃及人可谓同舟共济。

　　另一位德国埃及学家提醒说，我们与古埃及人的距离甚至还要更

---

① Michael Walzer, *Exodus and Revolution* (New York: Basic Books, 1985).

② Barry J. Kemp, *Ancient Egypt: Anatomy of a Civilization* (London: Routledge, 1989), 3.

③ Assmann, *Moses the Egyptian*, 14.

④ William H. McNeill, *Mythistory and Other Essays* (Chicago: Chicago University Press, 1986).

⑤ Assmann, *Moses the Egyptian*, 14-15.

近一步。我们不仅仍然拥有自己的神话,而且还不能逃离他们的神话:

> 同埃及人世界的任何一种接触,都会使人不会再对这些神祇的真实性和存在有所疑问。埃及宗教的生存基础便是诸神存在这一事实。如果我们把诸神从埃及人的世界里驱除出去,就只剩下一个黑暗的、无人居住的外壳,并不值得研究……为了理解给埃及人划定了那个高度封闭且均质的世界的那些力量,我们必须探询他们的诸神的情况,并动用所有的概念武器,以找寻这些神祇之现实——这种现实不是被人类创造出来的,而是被他们**体验**到的。①

考虑到"我们"是以前的一切人类文化的产物,我们在一定程度上"已经"对那些神祇有所体验了,因为我们"已经"体验过部落民族信奉的强力存在。如果真想理解古埃及宗教(或任何宗教),那么我们的任务包括"回忆起"我们已经忘却但在某种意义上知道了的那些东西。

如果说美索不达米亚在很多方面都似乎是夏威夷的反题,那么,王朝统治以前的埃及却显示出了不少与夏威夷相似的地方,尽管这看似不大可能。埃及当然不像中太平洋岛屿那样与世隔绝,但与美索不达米亚相比,它就显得与世隔绝了。埃及实际上是从第一瀑布延至地中海的尼罗河河谷。由于尼罗河一年一度的河水泛滥会带来新的冲积土,既免除了灌溉的需要,又避免了土壤盐化的问题,因而这片河谷是世界上最肥沃的土地之一。然而,它的两边都以几乎无法通行的沙漠为界,所以远比美索不达米亚更加不易受到外来的侵略。不过,它的几个地方比较容易受到来自以下地区的侵略:被称为努比亚(Nubia)的尼罗河上游地区,西北方的利比亚(Libya),以及东北方地区,即巴勒斯坦和更远的地方,那里居住着被埃及人称为亚洲人(Asiatics)的居民。 229
它也容易受到尼罗河三角洲沿岸海域的伤害。在其王朝历史的最初的2000 年中,脆弱的边境仅被攻破过一次,敌人是被称为希克索斯人(Hyksos)的亚洲人,他们在公元前第二个千年的中期统治了三角洲100 年。埃及这种不完全的与世隔绝状况直到公元前第一个千年才被真正打破,当时周围的世界已经变得更加"发达"了。埃及不仅有过努

---

① Erik Hornung, *Conceptions of God in Ancient Egypt: The One and the Many* (Ithaca: Cornell University Press, 1982), 251. 黑体字是原文中就有的。

比亚和利比亚的统治者,还先后被亚洲人(亚述人和波斯人,后者占领的时期较长)、希腊人(即亚历山大大帝和其后的托勒密帝国)和罗马人以令人不知所措的方式征服过。在埃及,公元前第一个千年是一个具有极大创造力和革新性的时期(尽管该国处于前所未有的外来压力和影响之下);但在此之前,埃及文明已经在几乎不受外来影响并保持语言和人口的连续性的情况下发展了2000年。这是古埃及辉煌灿烂的原因之一。在上古文明当中,古埃及文明是持续时间最长、最具连续性、保留的文字记载最多的一种文明;因此,当我们考察诸文明时,古埃及文明必定是"重要证据"(Exhibit A)。它既展示了这类文明内部蕴含着极大的转化能力,也展示了那些转化显然不能超越的界限。

虽然王朝时期的埃及文明似乎在公元前第四个千年末期突然呈现出惊人的辉煌面貌,但此前并非没有长达几百年的准备时期。从公元前5500年左右到第四个千年末期,一种相当同质性的文化的农业人口逐渐增长。在这个千年的最后几百年中,越来越多的迹象,主要是带有奢侈随葬品的上层人士墓穴的出现,表明了等级制度和社会分层的存在,这一点在上埃及(Upper Egypt)①比在三角洲体现得更加明显。我们将会看到,从最古老的时代开始,墓穴和陵墓对埃及人是意义重大的事物。

在前王朝时期的末期,即公元前3100年左右,上埃及似乎出现了几个最高酋长国或早期国家,其中最重要的是耶阿孔波利斯(Hiera-konpolis)和涅伽达(Naqada)。②各种迹象都表明,这些政治组织之间的战争十分激烈,而统一的国家乃是这些彼此竞争的政治组织之一获得军事胜利的结果。意识形态从一开始就是非常重要的:涅伽达与塞特神(Seth)相关,耶阿孔波利斯则与荷鲁斯神(Horus)相关。当耶阿孔波利斯征服了涅伽达并建立了坎普称之为上埃及的原型王国(Proto-Kingdom of Upper Egypt)的国家时,这种联盟便以荷鲁斯和塞特的联合——表示那"两片土地"的统一(后来又被引申为上埃及和下埃及的

---

① 对于欧洲人和北美洲人这样的北方人来说,"上面的"(upper)在埃及人那里意为"南方的"这一点是颇为古怪的;这是因为尼罗河是自南向北流的。反之,埃及人觉得美索不达米亚人很古怪,因为在他们看来,底格里斯河与幼发拉底河是"向后"流的。

② Kemp, *Ancient Egypt*, 34-44.

统一)——为象征;继之而来的是对整个埃及的征服和第一王朝的建立,新的都城是孟斐斯(Memphis),距今天的开罗不远——在开罗,三角洲开始从尼罗河干流分岔。

这一转变的整个过程是模糊不清的。有一些文字记载流传了下来,尤其是诸王和诸神的名字,但是几百年间都没有出现连续的文本;所以,直到建国这一历史事实发生了很久之后,相关的文字记载才面世。最初的几个王朝经历了引人注目的文化繁荣局面,在几个领域都出现了新生的文化形式,它们一直持续到后世(但并非一成不变),直到埃及文明在公元后最初几个世纪中走向终结。不过,这个过程的细节还远远不够清晰:对早期国王的名字和顺序尚有争议。托比·威尔金森假定在公元前 3100 至前 3000 年左右出现过一个"零王朝"(Dynasty 0),其他一些学者也持同样观点。[①]最初的三个王朝通常被称为原型王朝或早期王朝,它们持续到公元前 2600 年;那时,随着第四王朝的建立,古王国时期开始了。

在王朝历史的开端,随着统一的埃及国家的崛起,文化也进入了繁盛期;迈克尔·霍夫曼提出了若干理由以解释这种现象。他引用的证据有:导致了上埃及几个地区显著的人口集中现象的长期人口增长;埃及土地非同寻常的生产力,以及通过税收和贮存来聚集资源的可能性;复杂的生产和建筑技艺的迅速发展;也许最重要的是丧葬膜拜的核心地位,这种膜拜在最初的两个王朝就已存在,历经变迁而流传不衰,一直是埃及文化的标志性特征:

> 随着埃及通过地方性酋长国的合并而成为区域性王国,继而成为世界上第一个民族国家,它将王室陵墓发展成为自己的旗帜:天神之下的政治一体化的象征……从我们对关于已知丧葬活动和纪念碑的研究状况的简短披露来看,可以得出以下结论:在史前时期晚期和有史时期早期(大约在公元前 3300—前 2700 年)的埃

---

① Toby A. H. Wilkinson, *Early Dynastic Egypt* (London: Routledge, 1999). 威尔金森论证说,早在公元前 3500 年,就至少出现了三个上埃及"王国",耶阿孔波利斯、涅伽达和提斯(This)的城镇及其附近的墓地都表明了这一点。他说"零王朝"这个术语可以用于指称公元前 3000 年之前不久的几任国王,他们当中的一位或几位也许统治过统一的埃及。参见 52—58 页。

及,王室丧葬膜拜的发展和功能是表明国家之崛起的最具社会、经济和政治敏感性的指示物之一,也是解释埃及文明出现的时间和方式的最重要理由之一。[1]

连续的文本一直处于缺失状态,直到古王国时期开始很长时间以后都是如此——也就是说,直到第五王朝末期,即公元前2400年左右;由于连续文本的缺失,很难重构当时的宗教信仰和实践。很多地方神祇都已为人所知,一些神祇(如上文提到过的荷鲁斯和塞特)的核心地位也已清楚地体现出来,但我们对于这些神祇可能深植于其中的神话语境却几乎一无所知。例如,奥西里斯(Osiris)在较晚的时期被认为是荷鲁斯之父,但在早王朝时期,他的名字并未出现,甚至连他的存在也只能被间接地推断出来。另一方面,荷鲁斯和国王之间的关系显然占据中心地位。埃及国王的命名方式很复杂,而且随着时间的推移愈发如此,但荷鲁斯从一开始就赫然出现在每一位国王的名字当中。荷鲁斯的标志是猎鹰,但称他为"鹰神"是错误的。荷鲁斯这个名字意为"高天上的那一位"。因此,"猎鹰"并非意指一种独有的身份,而是将他与天空也许甚至与太阳联系在一起。无论如何,正如坎普所说,"荷鲁斯是这样一位神祇:他的图像与早王朝时期的诸王明确地联系在一起。猎鹰的图像……兀然高居在包含国王主名的一个纹章图案的上方"[2]。

在我们尝试理解上古时代宗教的时候,一个关键性的问题是:在一种深刻的意义上,国王是否就是荷鲁斯——也就是说,他是否具有神性,是神祇本身的化身?这个问题已经有了多种不同的答案。亨利·弗兰克福论证过神圣王权的存在[3],而乔吉斯·珀斯纳则主张国王只在比喻意义上是神祇[4]。扬·阿斯曼在好几部著作中主张对国王的神性予以变化性的理解:国王从神祇变成了神祇之子,继而变成了被神祇选中者,后来又变成了神祇的仆人。也许关键在于对神明本身的变化

① Michael A. Hoffman, *Egypt before the Pharaohs: The Prehistoric Foundations of Egyptian Civilization* (New York: Knopf, 1979), 336.

② Kemp, *Ancient Egypt*, 37.

③ Henri Frankfort, *Kingship and the Gods: A Study of Ancient Near Eastern Religion as the Integration of Society and Nature* (Chicago: University of Chicago Press, 1948).

④ Georges Posener, *De la divinité du pharaon* (Paris: Cahiers de la Société Asiatique, 1960).

性理解。在古王国时期(公元前第三个千年),仪式不是诸神和人类之间的互动,而是"诸神"之间的互动。正如阿斯曼所说,仪式"**并没有被视为人神之间交流,而是被视为诸神之间的互动**"①。这句话实际上是说,仪式语言是"作为神的话语被祭司说出来的——当祭司在进行各自的膜拜仪式时,他们扮演的是我们所说的诸神的角色。因此,在他们表演膜拜仪式时,他们所说的话就是诸神的话,那些神圣言辞光芒四射的力量使其有可能彰显发生在此世之事件的来世意义"②。

如果我们了解了以下情形,就能明白阿斯曼的意思了:埃及早王朝时期的诸神只是刚刚同部落民族的强力存在区分开来,他们更多是受到人类的认同而非崇拜,因此阿斯曼所说的"来世的"(otherworldly)和"此世的"(this-worldly)只是一个在很大程度上没有分化的宇宙的两个方面。在这样的语境中,说国王**就是**荷鲁斯才有意义,因为他是在扮演后者,而不是崇拜后者。所以,如果我们说夏威夷国王是库神,那我们或许也可以说早期的埃及国王是荷鲁斯神。到了中王国时期,随着太阳神拉(Re)的出现,情况无疑发生了变化——甚至在古王国晚期就已经发生了变化,当时拉神已经居于中心地位,国王被说成是"拉神之子",而不是拉神本身。但即使国王和神祇之间的关系随着时间的推移而逐步演变,阿斯曼还是提醒我们说,"国王是神"这个观念延续了下来。在最初的四个王朝,"统治者不是神的形象,他**就是**神";到了后来的时代,情况也并非完全不同:"法老的王权(即使采取古老的、有代表性的形式)从未完全放弃'作为神之子的法老乃是神的化身'这个观念。不过,典型的情况是,在法老身上得到体现的神祇降到了儿子的等级:法老所象征的不再是阿蒙神(Amun)、拉神或普塔神(Ptah),而是奥西里斯神之子荷鲁斯神,他的身份是神子。"③当然,在阿蒙、拉或普塔登场之前,而且很可能在奥西里斯被明确地定为荷鲁斯的父亲之前,荷鲁斯就已经是诸王信奉的神祇了。

232

---

① Jan Assmann, *The Search for God in Ancient Egypt* (Ithaca: Cornell University Press, 2001 [1984]), 49. 黑体字是原文中就有的。

② Ibid., 89.

③ Jan Assmann, *The Mind of Egypt: History and Meaning in the Time of the Pharaohs*, trans. Andrew Jenkins (Cambridge, Mass.: Harvard University Press, 2003 [1996]), 300.

神性和人性在国王身上合二为一,这或许是"紧凑的象征"(compact symbolism)的核心表达方式——埃里克·沃格林认为"紧凑的象征"是部落宗教的特征,在上古社会的历史中只是逐渐有所改变,但直到轴心时代才被彻底打破。① 不论国王是诸神的化身、儿子还是仆人,他都是人类和宇宙之间的关键纽带,以至于国王体弱或王位空缺成了宇宙和社会秩序大乱的信号,国王正常履行职责则是生活与和平的首要保证。

部落民族的强力存在既仁慈又残暴;在古代美索不达米亚,人们也永远无从知晓恩利尔会做什么事情——与这两者相似,混沌和无秩序从未远离古埃及人的意识。按照埃里克·霍农的说法,埃及人对现实的理解可追溯至很久以前的古王国第五王朝时期;根据这种理解,混沌(它被定义为无边无际的水和完完全全的黑暗)先于第一位神祇而存在,包围着有限的宇宙;当宇宙变老之后,混沌将把它再次吸入体内,并最终获胜。此外,混沌不仅包围着宇宙,还连续不断地渗入其中,这需要同样连续不断的人类行为来加以应对。②

这种集中于国王身上的人类行动采取了两种主要形式。一种是"与那些属于宇宙之外的空虚(the nonexistent)但又侵入了宇宙并且必须被驱逐出宇宙之外的力量进行怀有敌意的对抗,这一驱逐行动是国王和诸神的责任"。③ 这类负面力量可以被国外的敌人——利比亚人或亚洲人所代表,也可以被国内的反叛者,确切地说,违反世界上的正当秩序的任何人所代表。自最早的埃及王权出现伊始,就有了"痛打敌人"的形象,通常出现于图画或浮雕之中,描绘的是法老一手抓住几个敌人或反叛者的头发,一手攥着用以杀死他们的武器。军事力量总是与埃及国家联系在一起,并且拥有强有力的象征性正当理由来坚持对抗混沌。

但是,同混沌或空虚的对抗还有另一个方面,即它在"丰产、更新和回春"④ 方面必不可少的作用。在黄昏时变得衰老的太阳若是不降

---

① Erich Voegelin, *Order and History*, 5 vols. (Baton Rouge: Louisiana State University Press, 1956-1987).

② Hornung, *Conceptions of God*, 172-185.

③ Ibid., 180.

④ Ibid., 181.

入地下的一片黑暗当中，它就不会在黎明时重生；大地若是不被泛滥的尼罗河淹没，它就不会长出新的庄稼；包括人类在内的万物若是不死，生命就无法继续。同混沌之间的所有这些交易都是危险的，必须以一丝不苟的礼仪得体地表演出来；但正是只有通过它们，我们所知的生命才能继续下去。由于从第五王朝开始，太阳的重要性在埃及宗教中得到了前所未有的提升，与太阳有关的仪式成了宗教崇拜的核心。如果没有以适当的形式举行这一仪式——也就是说，整个过程要涵盖一天一夜中的每一个小时，原则上要由国王主持，但这项任务通常会委派给那些担任祭司的代理人——生命之源本身就会陷入危险。

同混沌对抗的这第二种方式虽然危险，却没有敌意，而且在实际上起着至关重要的作用；正是这种对抗方式帮助我们理解了埃及历史上的丧葬仪式和王室陵墓的重要性。埃及人表面上全神贯注于死亡，事实上却是全神贯注于生命。由于国王之死是对人类秩序的最大威胁，需要对其采取特别的预防措施，以确保给人类带来生命，而不是死亡。陵墓或金字塔不是在国王死**后**才建造的，而是在他统治的早期就已开始建造。国王的儿子有责任完成这一工程，并承办葬礼，但我们知道，那些早逝的国王的陵墓很少给人留下深刻印象。王室陵墓——其中最重要的是第四王朝时期的大金字塔——至今仍属世界奇观，它们是国王一生的纪念碑，在他生前和死后都是如此。我们甚至可以称之为古埃及国家神圣王权的具体化了的仪式，在坎普的类比中，它是古代埃及国家的"旗帜"。

当我们初次发现第五王朝和其后那些带有华丽装饰的陵墓时，我们看到装饰画中描绘的场景充满了生命的气息，不仅有人类日常生活的场景，还有动植物生长的情景。在后来的几个世纪中，对阴间世界的关注逐渐增加，对日常生活的表现不再那么明显。但是古埃及人并未将来生视为与今生完全不同的另一个世界，而是将其视为今生的延续。从这个观点来看，正如霍农强调的那样，秩序和混沌之间的关系"绝不是消极的"，因为它们之间的正确关系正是埃及人最珍视的一切事物的源头。①

234

---

① Hornung, *Conceptions of God*, 182.

约翰·拜恩斯尽力提醒我们说,大多数古埃及人的生活都很艰难,而且他们的寿命常常很短;其他一些学者也持同样观点。古埃及的人口有100万到150万,其中真正的精英是一个"由几百人组成的组织严密的集团……核心精英及其家族成员共有两三千人"。即使是把次要精英、文化水平达到一定程度的地方行政官员和他们的家族成员都算进去,"统治阶级"也只占全部人口的3%到5%。①拜恩斯论证说,绝大多数人的日常生活与新石器时代的村民相比几乎没有什么不同,而且地方性的认同,尤其是对地方神祇或广为人知的神祇的地方变体的认同在埃及历史中一直很重要,但是中央集权的埃及国家在经济上以税收的形式,在政治上以征兵或徭役的形式(几乎可以肯定,在文化上也有相应的形式)将权力伸入各个村庄之中。国王的宫廷是流动性的,通常设在尼罗河沿岸各处,以便大多数村民可以体验到国王就在附近的临在感;这种情况在早期王朝时期尤为常见。宫廷和村民的生活方式之对比,确实会给大多数人留下这样一种印象:国王是活生生的神祇。

在埃及,像在其他早期上古国家一样,国王领导之下的权力集中化既与非凡的文化创造性——体现于文字、绘画和建筑的发展——相联系,也与扩展人力之极限的实验相联系。关于埃及前王朝晚期和早期王朝时的活人祭,证据不是太多,但足以清楚地表明有过这样的实践。以妻子、官员和仆人陪葬的"仆人祭"在第一王朝和第二王朝时期出现过,但随后就停止了。②仆人祭是国王显赫身份的标志,以示国王不同于普通人,他可以带着与自己最亲近的同伴一同进入来生。

不过,扩展人力极限的最极端例子必定是第四王朝时期大金字塔的兴建,当时仆人祭已被废止。宏伟壮观的陵墓是古王国时期前后埃及文化的一个标志,但无论是在埃及历史上还是在其他任何上古社会中,都没有任何事物能与公元前第三个千年中期在吉萨(Giza)建造基

---

① John Baines, "Society, Morality, and Religious Practice", in *Religion in Ancient Egypt: Gods, Myths, and Personal Practice*, ed. Byron E. Shafer (Ithaca: Cornell University Press, 1991), 132.

② 霍夫曼在《法老之前的埃及》(*Egypt before the Pharaohs*)275—279 页中将"仆人祭"称为萨提(sati)。威尔金森在《早期王朝时期的埃及》(*Early Dynastic Egypt*)265—267 页中描述了仆人祭,也描述了前王朝晚期和早期王朝时的其他形式的活人祭仪式。

奥普斯(Cheops)大金字塔和哈夫拉(Khephren)大金字塔的恢宏事业相比。在 20 世纪之前,这两项宏伟工程在人类历史上一直是无可匹敌的。全国的财富和人力必定都被调动起来,花了几十年时间来完成这些宏大的工程。实际修建这些纪念碑的工人不是奴隶,而是来自全国各地的普通村民,他们奉命在规定时期中驻留在建筑工地上。如果在更早的时期没有出现过"全国经济"(national economy),那么这一浩大的建筑工程必然创造出了这样的经济。但这一工程无疑也把早期国家拉伸到了极限。正如仆人祭此前已被废止,这类宏大的建筑工程也从未重复过。扬·阿斯曼把大金字塔的建造看作早期国家建筑的某种类型的顶点:

> 从某种意义上说,吉萨的大金字塔代表着始于涅伽达[前王朝晚期]的一段过程的顶点。陵墓越来越宏伟,酋长(后来是法老)的权力也越来越大,呈现出神圣的色彩,直到法老变得与至上神相似的程度。统治者逐渐被神圣化,这在王室陵墓的发展中得到了有形的表达——这一过程在吉萨达到了逻辑上的结局……国家提供了大量的人力和组织上的资源;没有这些,金字塔的建造是不可能完成的。因此,金字塔也象征着国家的组织能力,并使之形象化;这种能力具体表现在国王身上,他的意志强大到能够移山。[①]

在最近的四千五百年中,任何沿着尼罗河上行或下行的旅行者都能看见这些大金字塔;正如希罗多德所说,就连时间都对其感到畏惧。它们也会消失;但与大多数埃及遗迹不同,它们不会很快消失。

具有讽刺意味的是,由于没有与这些大金字塔相关的任何铭文,我们几乎不知道它们的确切意义是什么。在埃及,和在美索不达米亚一样,"文字的发明"和连续文本的出现之间隔了许多世纪。即使是在连续文本确已出现的第五王朝和第六王朝,它们的主题也是非常有限的,

---

① Assmann, *The Mind of Egypt*, 62. 巴里·坎普对这一过程的叙述只是略有不同:"第四王朝和其后的金字塔传达了王权的一种新形象。最高的疆域统治者的权力不再处于原始状态。国王如今被提升为太阳神的化身,建筑传达了这种根本性的重新评价,并达到了可能达到的最强烈的效果。"参见《古埃及》(*Ancient Egypt*),62 页。

集中于政务和神殿,最重要的则是葬礼即仪式。首先,有文化的阶层仍然人数极少;其次,口头文化并没有随着文字的发明而消失——远非如此——许多文化知识仍然由活生生的记忆来保存,而不是由文字来保存。早期的文字只让我们看到了一种完整的生活方式的一些碎片,这种生活方式的主要传播途径不仅包括口头叙述,也包括模拟,即对榜样的模仿。①

注定要永远被包围在重重疑团之中的古王国时期,尽管声称要通过大金字塔来战胜时间,实际上却走向了终结;继之而来的是"第一中间期"(First Intermediate Period),出现于公元前第三个千年的末期(约公元前2150—前2040)。由于在上古社会没有"宗教"或"政治"这样的东西(我们只是以分析的方式使用那些术语,以便描述其实是一个单一整体的事物的不同方面),"社会崩溃"和"宗教危机"就成了描述同一种现象的两种方式。当中央集权的国家分崩离析、自称为国王的人无法行使有效的权力时,地方上的新贵就出现了。阿斯曼提到了埃及历史上的一次交替现象,发生在中央集权国家的"单中心的表面"和在表面结构碎裂时重新出现的"多中心的深层结构"之间。不仅前王朝时期的各个地理实体重新出现,而且前一时期的某种精神特质也重新出现了,即"残暴成性"的文化,因为新贵是依靠武力来进行统治的,而且只有依靠军事胜利才能存在下去。②

不过,几百年的王朝历史是无法被抹去的;乍看起来像是在衰退的时期,实际上却是发生了显著的文化进步。地方上要求掌权者不能再作为国王任命的官员来行动:他们不得不寻求可以证明其权力正当性的其他来源。赤裸裸的权力可能是地方统治的初始基础,但只有它还不够。地方统治者不是自称受到国王的任命,而是自称受到地方神的任命,因而对地方神的崇拜兴盛了起来,对最高神的崇拜则衰退了下去。统治者以他们给当地带来秩序乃至正义的能力作为证据,说明他们是被神祇选中的人。

四处蔓延的内战扰乱了口头文化和模仿文化的平稳传播,由此出

---

① Assmann, *The Mind of Egypt*, 125, 127.

② Ibid., 84.

现的空白被新兴的文字文本所填补。人们发现了古王国晚期陵墓上的一些朴实而相对简短的自传性文字,它们常常是对逝者丰功伟绩的草草罗列。但这样的自传性文字在"第一中间期"十分流行。它们描绘了一幅关于周遭环境的阴暗图景,以便凸显当地统治者的成就。耶阿孔波利斯和艾得夫(Edfu)的省长①安赫梯菲(Ankhtifi)就是这样一位统治者,他的自传纪功碑文写道:

> 我是人类的先锋和人类的后卫,是在缺乏解决方法的地方找237
> 到解决方法的人,是用积极的行动来管理国土的领导者。合并三
> 省之日,我雄辩高谈、沉着思考。我是无可匹敌的斗士;在上埃及
> 陷入沉默、人心惶惶的那一日,民众缄口不语,我却慷慨陈词。②

在古王国时期,对百姓的道德义务标准规范就已经在墓碑碑文中得到重申。当安赫梯菲做出以下宣称时,他恢复并扩展了这一传统:

> 我为忍饥挨饿的人提供面包,
> 也为赤身裸体的人提供衣服,
> 我给未受涂油者涂油,
> 我让赤足者穿上鞋,
> 我让光棍娶妻成家。③

但在安赫梯菲那里,这些举动并不仅仅是对既定道德规范的重申。在人们快要饿死甚至以子女为食的时期,每一条普通道德规范都被违反了。因此,安赫梯菲坚称:

> 我把弱者从强者手中救出,
> 我倾听寡妇遇到的困难。

当他如是说时,他是在从事阿斯曼称之为"拯救正义"④的工作。他不是在既定道德规范下按部就班工作的官僚,而是保护(其实是拯救)受

---

① 埃及被分成约二十个"省"(nomes),因而一个省的统治者被称为"省长"(nomarch)。安赫梯菲将其治下的三个省合并到了一起。
② Miriam Lichtheim, *The Old and Middle Kingdoms*, vol. 1 of *Ancient Egyptian Literature* (Berkeley: University of California Press, 1973), 86.
③ Assmann, *The Mind of Egypt*, 100.
④ Ibid., 103.

庇护者免遭灾难并期待对方报以忠诚的庇护人。阿斯曼在其中看到了一种新修辞出现："危机和拯救的修辞将作为拯救者的庇护人置于最突出的位置，他的成就使他治下的省免遭见于其他每个地方的某些灾难。"①如果危机形势使得对庇护人的忠诚具有新的重要地位，那么这些形势就会让不忠诚者陷入灾难。阿斯曼相信，在第一中间期的灾难性环境中被造就出来的忠诚文化成了中王国时期文化的核心，那时国家早已被成功地重新统一，人们对混乱的恐惧被用于证明统治的合理性。

238　　　阿斯曼看到，随着政治组织在单中心和多中心这两种形式之间不断摇摆，埃及的价值观模式出现了一个转换。"整合"（integration）是国家统一时期的规范，"竞争"（competition）则是国家分裂时期的规范。把"第一中间期"的新的文化修辞从竞争语境转换到整合语境，这是中王国时期（公元前 2040—前 1650）的任务。但时代已经发生了变化。中央集权的国家并不是以古王国时期那种与外界隔绝的"尖塔"形式——那时所有的面孔都被转向中心——而存在的。它的中心必须通过文化手段而不只是军事手段来吸引新近获得独立地位且充满活力的外围成员来为其效忠。阿斯曼将这个问题描述如下：

> 一方面，有必要重新确立因古王国覆灭而受到激烈挑战的整合性伦理和谦逊精神的规范；另一方面，这些规范必须普遍化：一个由少数人组成的小特权群体的道德准则必须转化为一个代表埃及之理想、支撑国家之生存的范围较广的文化精英群体的道德准则。人们需要某种类似于"教育"的东西。实际上，正是中王国最早发现自己需要一种系统化的教育政策，作为其政治复兴计划的一部分。②

教育需要学校和标准教科书，也需要新的文类。正是从中王国那里，我们开始发现关于"智慧"的文章、颂歌和故事。"文学"（literature）是一个危险的词语，因为它起源于距今时间很短的西方；但是如果谨慎地运用该词，我们就能开始谈论始自公元前第二个千年早期的埃及文学了。

---

① Assmann, *The Mind of Egypt*, 104.
② Ibid., 127.

尤为重要的是所谓"指导文"（instruction texts），其中讲的常常是父亲向儿子传授世间智慧，但其中也包含着重要的新宗教观念。这种以面向官僚统治阶层且高度重视特定"经典"文本的道德教育为关注点的做法，在研究古代中国的学者看来会显得颇为熟悉，尽管中国的儒家思想是在很多世纪之后才发展起来的。我们将会看到，这两者的不同点和相似点同样重要。

古埃及的道德规范体系被概括为一个术语：玛特（ma'at）。该词有"秩序""正义""真理"等多种译法。这些译法都没有错误，但都不够充分，因为正如埃里克·沃格林所说："这个符号太简洁了，无法被译成现代语言中的单个词语。作为宇宙的'玛特'，它必须翻译为秩序；作为社会的'玛特'，它必须翻译为好政府和正义；作为对井然有序的现实的真实理解，'玛特'必须翻译为真理。"[1]阿斯曼提出了"联合性正义"（connective justice）这种译法，强调"互惠"这一要素，它使社团得以形成，使义务得以确立。他引用了公元前1700年左右的一篇王室碑文：

> 一个人因做了某些事情而得到的回报存在于
> 别人为他而做的某些事情当中。
> 神视此为玛特。[2]

如果说玛特指的是在部落社会中至关重要、后来也见于大多数道德体系的普遍性互惠，那么在埃及人那里，它是以女神的外形出现的，因而显得真实可触。它的"宗教"地位体现在以下经常出现的画面之中：国王把体现玛特的一尊小型女神雕像献给作为致辞对象的神祇，据说后者是以玛特为"食"的。这样的小型女神雕像经常出现于描绘死者所受审判的画面里：已故者的"心"被置于天平的一端，与之相对的另一端放的是女神雕像；缺少玛特的心会沉下去，由此将已故者遣入空无（nonexistence）之中。

"心"作为古埃及宗教之核心象征而出现，这本身就是第一中间期

---

[1] Eric Voegelin, *Israel and Revelation*, vol.1 of *Order and History* (Baton Rouge: Louisiana State University Press, 1956), 79.

[2] Assmann, *The Mind of Egypt*, 127-128.

之后神、王和人之间的关系发生变化的征兆。在中王国时期,原先将地方统治者同他的神祇联结起来,也将他的臣民同他联结起来的"忠诚主义"被推广到作为整体的国土当中。由这种思维方式衍生出来的王权观念更加近似于美索不达米亚的统治模式,而不是古王国时期的统治模式。[1]旧有的象征都没有被抛弃:国王仍然是拉神之子荷鲁斯。但现在的重点在于:国王是由神选定的管理者,而真正的统治者乃是神。

但国王在很大程度上也是民众的庇护人和保护者。如果阿斯曼用了"救主"(savior)这个术语,他所指的并不是来自这个世界的救主,而是在这个世界中的救主。他总结道:"埃及文明不需要救赎者,只需要一位保护其羊群不受狼群侵害的'好牧人'。"[2]同时,国王需要一种比古王国时期可能需要的更加自觉自愿的忠诚。阿斯曼描述了"心"的发展史,指出"心"在古埃及语中的含义比它在英语中的含义更加丰富:它既包括感觉(feeling),也包括心智(mind)和意愿(will)。在古王国时期,精英的理想是"由国王引导的个人"。无处提及个人之心,因为"国王之心为所有人进行思考和安排"。在中王国时期,精英的理想则是"由心引导的个人",即已经把忠诚内在化了的人,他对国王的尊敬已经成了他内心最深处的自我的一部分。到了新王国时期,将会出现另一种发展,即"由神引导的个人",但我们稍后再对那种情形进行探讨。

阿斯曼论证说:埃及人强调统治者会保护弱者不受强者欺凌、穷人不受富人压迫,并会维护任何类似于秩序的东西,使其不受民事纷争引起的混乱所影响;对统治者这种作用的强调,是中王国时期的人们对于在某种程度上算是"警察国家"(police state)的政体的一种霍布斯式合理性证明。[3]然而他也意识到,我们所谈论的并不是新石器时代的那种可由长老们维持秩序的村庄,更不是由公意(general will)统治的狩猎采食群体。当大规模农业社会瓦解时,突然发生形形色色的暴力和恐怖事件的情况并不鲜见。人们可能怀疑法老究竟保护了多少弱者和穷

---

[1] Assmann, *The Mind of Egypt*, 184.

[2] Ibid., 193.

[3] Ibid., 131.

人不受国内特权者的压迫,但是,关于法老的统治遏止了大规模骚乱的看法可能并不只是统治阶级的宣传,人们(并非只是精英阶层)可能充分意识到了这种情况。

直到新王国时期(公元前 1550—前 1070)才出现了某种至少可以被称为初期神学之花的思想,但是,对宗教意义的自觉反思却在中王国时期(如果不是更早)就出现了。为了理解埃及宗教反思的性质,某些情况是我们必须加以考虑的。在《古埃及人对神的求索》中,阿斯曼描述了他称之为"含蓄的神学"(implicit theology)的思想的三个方面,即主要出现于实践之中的那些方面:地方性的或膜拜性的(cultic)方面、宇宙的方面和神话的方面。然后他描述了他称之为"第四个方面"的含蓄神学。他早先曾告诫我们说,在古埃及并不存在"理论性的话语"①,因此他对"神学"这个术语的使用是成问题的。埃里克·沃格林提出了一个用于表示反思的术语,把神话思维推向了极致——推向了理论反思的极限,却没有明显越界——这个术语就是"神话思辨"(my-thospeculation)。②该词可能比"含蓄的神学"更适于指称阿斯曼所说的第四个方面。

阿斯曼说,含蓄神学的三个方面是"完全局限于实践领域之内的"③,它们由使得"谈论古埃及的'那种'宗教(单数形式)"④成为可能的那种基本的连续性所构成。虽然埃及宗教有其独一无二的特征,但是,如果将其也视为"古代近东地区的多神宗教"这个属的一个种,那也并非完全错误,只要我们意识到这类宗教"代表着同早期国家的政

① Assmann, *The Search for God*, 9.
② 在《秩序与历史》(*Order and History*, Baton Rouge: Louisiana State University Press, 1974)第四卷《人居领地时代》(*The Ecumenic Age*, 一译《天下时代》)中,沃格林提到了"神话-思辨"(mytho-speculation),该词在第五卷《寻求秩序》(*In Search of Order*, Baton Rouge: Louisiana State University Press, 1987)中被改成了不带连字符的"神话思辨"(mythospeculation)。该词在他自己的术语体系中的意思是:"['神话思辨']象征中符合理性的一面并没有反射出一种充分分化的智性意识的光芒;就其相关性而言,确切地说,实际材料是被一种仍然从属于宇宙论神话的猜测所阐明的。神话诗性(mythopoesis)和智性(noesis)相结合,形成了一个构成性的单元,它在宇宙论的紧密和智性的分化之间保持中间立场。它将被恰当地冠以'神话-思辨'之名,即存在于神话媒介内部的思辨。"参见《人居领地时代》,64 页。
③ Assmann, *The Search for God*, 152.
④ Ibid., 149.

治组织不可分割而且无法在部落社会中见到的那些高度发达的文化成
果"①。与其他上古社会中的情况一样,国王在宗教实践的各个方面中
都占据着核心地位。②国王要负责膜拜仪式的表演,也要负责举行仪式
的神殿——不只是都城的神殿,还有全国各地的神殿——的建造和维
修。虽然陵墓在埃及史上各个时期都很重要,但在古王国时期之后,神
殿取代了陵墓,成了由王室出资兴建的主要场所,这种建造活动一直持
续到托勒密王朝时期。神殿是如此重要,其数量又是如此之多,以至于
在一个较晚的文本中,埃及被称为"整个世界的神殿"③。国王还通过
仪式来负责维持宇宙的秩序、太阳每日的运行和尼罗河每年的泛滥。
最后,国王处于支撑着埃及国家的"核心神话"的中心,该神话就是关
于荷鲁斯的神话,他是奥西里斯的儿子和继承者,且受到所有神祇的喜
爱。④不论国王在宗教实践的各个方面的核心地位在每个社会中被表
述得多么不同,这种地位却在所有的上古社会中都普遍存在。

作为一种象征形式,神话对埃及宗教起着根本性的作用;但从"扩
展的叙事"这个意义上说,它的发展程度似乎并没有美索不达米亚神
话那么高——在那里,神话在很大程度上成了对其宗教意义的二度反
思的源泉。虽然对伊希斯(Isis)、奥西里斯和荷鲁斯神话的各个方面
进行暗示的内容可以在许多埃及文献中找到,但有指示作用的是,这则
神话的唯一"完整版"是普鲁塔克的希腊化版本,用公元 2 世纪时的希
腊语写成。⑤

不过,神话思辨(阿斯曼所说的"明晰的神学")并非在其他上古社
会中不为人所知,但它在埃及的发展程度尤其高,而且经历了比宗教实
践(阿斯曼所说的"含蓄的神学")多得多的历史变化。它扎根于受过

① Assmann, *Moses the Egyptian*, 45.
② 关于王权在埃及文化和信仰中的核心地位,参见大卫·奥康纳(David O'Connor)和大卫·西
尔弗曼(David P. Silverman)编辑的《古埃及王权》(*Ancient Egyptian Kingship*, Leiden: Brill,
1995)一书,尤其是约翰·拜恩斯(John Baines)的两篇论文:《王权、文化的定义、合法化》
("Kingship, Definition of Culture, and Legitimation")和《埃及王权的起源》("Origins of Egyp-
tian Kingship")。
③ Assmann, *The Search for God*, 17.
④ Ibid., 159.
⑤ Plutarch, *De Iside et Osiride*, in *Moralia* V, Loeb Classical Library (Cambridge, Mass.: Harvard
University Press, 1936), 1-191.

教育的、有文化的精英阶层之中,这个阶层在很大程度上是中王国及其后时期的产物。在新王国时期,首次出现了作为有文化的精英群体的子群的专业祭司群体,其存在进一步推动了神话思辨的产生。我将对中王国时期的两个文本加以考察,以便在某种程度上说明埃及早期的神话思辨是什么样的。这两个文本或者是对"神"的描述,或者是"神"的话语——注意到这一点很重要。已有许多文献论述过它们是否为某种潜在的"一神论"提供了证据,埃里克·霍农很好地解决了这一争论。①这两个文本都将诸神的存在视为理所当然的,所以在这个意义上,它们所持的是多神论观点。但它们又显然是对一位神祇所说的话,那位神祇不可能被包含在其他神祇之中,他的身份是这种神话猜测的中心。《对莫里卡尔王的训示》被认为产生于第一中间期,但几乎可以肯定,它是中王国时期的产物。这篇"训示"先是提出了许多关于世俗 242 事务的建议,然后给出了一段兴味盎然的"神学"结束语:

> 人类——神的畜群——得到了很好的照料,
> 为了他们,他创造了天和地,
> 他制伏了水怪,
> 他为他们的鼻子创造了呼吸以便他们生存下去,
> 他们是他的形象,出自他的身体,
> 为了他们,他在天上发光照耀,
> 为了他们,他创造了植物和牲畜、
> 禽类和鱼类,来养活他们。
> 他杀死他的宿敌,减少他的子女,
> 在他们企图发动叛乱的时候。
> 他为他们创造了日光;
> 他四处翱翔以便看见他们。
> 他在他们周围修建了他的神坛,
> 倾听他们的哭泣。
> 他在蛋里为他们创造统治者,

---

① Hornung, *Conceptions of God*. "一神论"这个术语本身就很成问题,这在下文中会体现得十分明显。

即扶助弱者的领袖。

他创造了法术,给他们当武器,

以抵挡各种事件的打击。

他日日夜夜守卫着他们。

他杀死了他们当中的叛徒,

就像一个人为了兄弟而痛打儿子,

因为神知道每个人的名字。①

人们必定会从这段话中看出似乎与希伯来《圣经》中的主题类似的主题,如按照神的形象被造的人类,关爱与对反叛行为的惩罚这两者的结合。但这位神不是耶和华。这类段落中的"神"的含义尚成疑问。

"关心人类福祉的神明"的观念似乎在第一中间期(或是在中王国时期的人们对第一中间期的回忆中)已经流传甚广,甚至引发了一些责难。《伊浦耳的忠告》("Admonitions of Ipuwer")就抱怨道,不仅是国王而且连"神祇"都玩忽职守,未能照料民众。伊浦耳责备那位创造人类的神祇:"他如今在哪里?他睡着了吗?人们看不到他的力量。"②

但是,中王国时期的第 1130 号"棺木铭文"(Coffin Text)却为"万众之主"做了一番引人注目的辩护。阿斯曼认为这篇铭文属于发展中的智慧文学传统。这篇铭文是针对伊浦耳式指责而为神进行的辩护。为了"平息人们的怒气",神讲述了他的"四善行":

我在光明之地的门口做了四件善事:

(1)我创造了四种风,

好让每个人都能在自己的生命里呼吸。

这是我的善行之一。

(2)我创造了大洪水,

好让穷人可以和富人一样使用它。

---

① 《对莫里卡尔王的训示》("The Instruction Addressed to King Merikare"),参见 Lichtheim, *Old and Middle Kingdoms*, 106。另一种译法和评论参见 Assmann, *The Mind of Egypt*, 189-191。也可参见 Assmann, *The Search for God*, 171-174。

② Assmann, *The Search for God*, 171. 完整的译文参见 Lichtheim, *Old and Middle Kingdoms*, 149-163。

这是我的善行之一。

　　(3)我让每个人喜欢他的同伴

　　并禁止他们行恶。

　　但是他们的心却抵制我的教诲。

　　这是我的善行之一。

　　(4)我使他们的心不会忘记西方,

　　好让人们能向各省的神祇献上祭品。

　　这是我的善行之一。①

这篇文献非同寻常的地方在于对平等的强调。人们可以从这篇文献中看出对"人人生而平等"这一宣言的一种引人注目的预示。神把风(最盛行的北风给埃及送来了蒙福的凉意,否则那里就会笼罩在沙漠的酷热之中)和尼罗河的泛滥赐给了包括富人和穷人在内的所有人。他一视同仁地创造了所有人,并禁止他们行恶。创造出压迫并导致贫富有别、强弱有别的,不是神,而是人。

　　这些早期文献非常重要的一个特点是它们的互文性:它们代表着就神的性质以及神、道德与现有社会环境之间的关系而展开的一番持续对话。国王并没有缺席——《对莫里卡尔王的训示》表明,神创造出统治者以保护弱者——但文献的核心并不在于赞颂国王,而在于证明神行为的合理性。如果说该文献在形式上不是理论性的,它却无疑是论辩性的,而论辩性文献很可能是发展出理论性著述的源头之一。希伯来《圣经》中的论辩模式的重要性是值得注意的。②这一切内容都是为了暗示,第六章将要探讨的轴心时代(公元前第一个千年中期)并不是在人们没有准备的情况下降临于世的。埃及的许多神话猜测至少具有"原始轴心"的性质;当下文谈到轴心时代的时候,我们还得回过头来讨论它们。

　　新王国(公元前1550—前1070)是由阿赫摩斯建立的,他成功地将

---

① Assmann, *The Search for God*, 174-175;注释参见 174-177。该文献的完整译文参见 Lichtheim, *Old and Middle Kingdoms*, 131-133。

② 参见 Walter Brueggemann, *Theology of the Old Testament: Testimony, Dispute, Advocacy* (Minneapolis: Fortress Press, 1997)。

希克索斯人逐出了埃及,重新统一了全国。第十八王朝的早期统治者不仅把"亚洲人"逐出了国境,还追击他们直至他们的内陆地区,并建立了常被称为"新帝国"(New Empire)的政权,其中包括巴勒斯坦、叙利亚的部分地区,甚至还有伊拉克北部(占有时间较短)。因此它是公元前第二个千年中期就已出现的第一批多种族帝国之一(赫梯帝国是另一个),多种族帝国这个现象到了公元前第一个千年将会越来越重要。埃及人认识到还存在着其他王国,尤其是在东北部,但即使如此,他们仍然自称有权统治全世界,人们经常把这一发展与埃及人认为"神具有普世性"这种越来越强的意识联系起来。随着新王国时期而来的是,中王国时期的神话思辨这一前途无量的新生事物变得远比以前更加直言不讳了。①在没有变成一神论宗教意义上的上帝(God)的情况下,他们的神——常常没有名字,但可以被指认为拉(Re)、阿蒙-拉(Amun-Re)、普塔(Ptah)②等——具有一种不仅超越人类而且超越诸神的真实性。神在未曾丧失与社会秩序和它在人间的支持者——国王——之联系的情况下,比以前更加明显地变成了个人所崇拜的神;而且,虽然证据尚不确凿,但几乎可以肯定,它已成为普通民众的神,而不只文化精英阶层的神。

公元前14世纪30年代,阿蒙神的一位祭司创作了下面这首献给阿蒙(这个名字的字面意思是"隐藏着的那一位")的颂歌:

转身回到我们这里吧,大量时间的主人啊!

① 尤其可参见 Jan Assmann, *Egyptian Religion in the New Kingdom: Re, Amun and the Crisis of Polytheism* (London: Kegan Paul International, 1995 [1983])。"多神论的危机"(crisis of polytheism)尤指下文将要讨论的阿玛尔纳(Amarna)宗教。

② 普塔是所谓"孟斐斯神学"(Memphite Theology)中的创造之神,这是从公元前8世纪沙巴卡王(King Shabaka)统治期间铭刻在一块玄武岩石板上的文字中得知的。铭文自称是一份古王国文献的抄本,但学者们现已相信,虽然它是用古代文体写成的,但实际创作时间却是前8世纪。无论怎样,它无疑是以新王国时期甚至可能是中王国时期的材料为依据的。普塔是孟斐斯的神,而沙巴卡想要重申孟斐斯作为埃及首都的首要地位。应当记住,即使是被宣称具有普遍性的那些神也有地方性的居所。所以,拉神是赫里奥波利斯(Heliopolis)的神,该城是孟斐斯附近的一个古代膜拜中心;阿蒙神是底比斯的神;普塔神则是孟斐斯的神。包含"借着(普塔之)'言'(Word)创造万物"这一著名教义的是孟斐斯神学,尽管阿斯曼论证说,具有创造力的是书面的象形文字,而不是说出来的言辞。该铭文的完整译文参见 Lichtheim, *Old and Middle Kingdoms*, 51-57。注释参见 Assmann, *The Mind of Egypt*, 345-358。

当一切都尚未出现的时候,你已经在这里了,
而且当"它们"不复存在的时候,你还将在这里。
你让我看到了你给予的黑暗——
为我照明吧,好让我能看见你!
噢,追随你是多么好啊,
阿蒙,主啊,
寻找他的人若能找到,那将是多么美妙啊!
驱逐恐惧,把快乐
放进人类的心中吧!
向你凝望的脸庞是多么幸福啊,阿蒙:
天天都在欢庆节日。①

阿蒙满足了人们对神的一种古老的理解:神明会扶助穷人和弱者;但这个观念如今被人格化了,成了个人可以拥有的观念。正是这样的段落使我们得以理解阿斯曼为什么说,在新王国时期,精英的理想从"由国王引导的个人"和"由心引导的个人"转变成了"由神引导的个人",以至于在另一篇文献中,出现了某种类似于"拯救"的观念: 245

你是阿蒙,寂静无声者的主人,
应穷人的呼求而来。
当我陷入悲哀的时候,对你发出呼求,
你就来拯救我。
你把呼吸赐给囚徒,
当我被监禁的时候,你拯救了我。
你是阿蒙-拉,底比斯的主,
你拯救了被打入阴间的人。
你是仁慈地对待呼求者的那位神,
你是来自远方的那位神!②

在这里,无论是阿蒙神还是其他神,都好像几乎处于时间之外和宇

---

① Assmann, *The Search for God*, 223.
② Ibid., 225.

宙之外（"你"在初始之前就在这里，在终末之后还将在这里）；但埃及神话思辨的另一面——它从未被认为同具有超越倾向的那一面相冲突——所象征的却不是处于宇宙之外的神，而是**作为**宇宙本身的神：

> 你的双目是太阳和月亮，
>
> 你的头颅是天空，
>
> 你的双足是阴间。
>
> 你是天空，
>
> 你是大地，
>
> 你是阴间，
>
> 你是水流，
>
> 你是它们之间的空气。①

把神看作宇宙尤其是太阳，这就容许人们有了"人类分有神的生命"这样一种感受，因为围绕着我们的阳光就是神的临在。正如一首献给太阳的颂歌所言："所有的眼睛都是通过你才看见外物的。当陛下降落时，它们就一事无成了。"②阿斯曼引用了一段歌德的诗作，该诗以人类分有阳光为主题：

> 如果眼睛不分有（partake of）太阳
>
> 它怎能凝视光芒呢？
>
> 如果我们不分享神的力量
>
> 我们就无法因神圣者而喜乐。③

此时人们认为创世之神就是阿蒙或普塔，他们既超出宇宙之外又与宇宙同一，既远离人类又参与到人类之中；这样的想法并不包含对于显而易见的冲突的担心。正是这种想象能力保存了一种非同寻常的反思传统——在神话思辨而非理论性话语的领域中进行反思。

只有一个短暂的时刻除外：阿肯那顿（Akhenaten，公元前 1352—前 1338）和他的所谓（由他的都城得名）"阿玛尔纳宗教"（Amarna reli-

---

① Assmann, *The Search for God*, 225.

② Jan Assmann, *Egyptian Solar Religion in the New Kingdom: Re, Amun and the Crisis of Polytheism* (London: Kegan Paul International, 1995), 75.

③ Ibid., 87. 阿斯曼指出，歌德是通过普罗提诺，最终从柏拉图那里得到这种"埃及的"观念的。

gion）。①法老阿蒙诺菲斯四世（Amenophis IV）改名为阿肯那顿，把原名中的"阿蒙"去掉了；而且，他有意在埃及全境内宣称阿顿（Aten，意为"太阳圆盘"）是唯一的神。这项试验最多持续了二十年；到了阿肯那顿去世五十年后，它已不复存在于人们的自觉记忆之中，这一点直到19世纪才被考古学家重新发现。虽然阿肯那顿的宗教显然受惠于中王国时期兴起、新王国时期兴盛的神话思辨，但它却预示甚至可能潜在地关联着轴心时代的宗教，尤其是以色列宗教，这一点最好到第六章再进行探讨。但是，不论阿玛尔纳宗教在某些方面有多么激进，它在一个方面却是倒退的，正是这个方面将它与上古时代而非轴心时代的宗教时刻永久地联系了起来：人们无法同阿顿发生直接联系；关于他的知识只能通过法老而得到；还有，即使只存在一位神，然而作为神之子的法老乃至法老之妻，也都具有神性。

不论神和人之间的关系在上古时代宗教中得到了多么丰富的描绘，国王的角色一直处于中心地位。即使是当虔敬心态已经十分普及、个人信奉已经广泛流行的时候（就像埃及的情况那样），宗教团体的构成也依赖于王权。埃及的征服者们很清楚这一点：波斯人、亚历山大、托勒密王朝统治者甚至还有罗马人，都把法老的角色视为维持埃及宗教–社会秩序的根本。只有当基督教决定性地取代古代宗教之后，法老的残余作用才被彻底消除。

商代和西周时期的中国

相较于古代美索不达米亚和埃及，在谈到古代中国时要注意的第一件事情是：上古时代的绝对年代（absolute chronology）开始的时间要晚得多。我们拥有的最早的中国文献可追溯至公元前1200年左右，比中东地区要晚将近两千年。不过，有各种理由相信，中国的上古文明在很大程度上是土生土长的，几乎没有依靠其他任何文明。中国的新石器时代极其著名，因而我们有了这样一幅图景：公元前第二个千年中期

---

① Erik Hornung, *Akhenaten and the Religion of Light* (Ithaca: Cornell University Press, 1999 [1995]).

之前,中国在漫长的历史中逐渐向分层社会和早期国家发展,几乎没有迹象表明它曾受到外界的重大影响。①战车当然是从境外引进的,冶金很可能也是如此,但这些情况直到公元前第二个千年开始之后很久才出现。而且,虽然早期埃及显示出了美索不达米亚的若干影响,早期中国在文字、艺术和建筑等方面却没有显示出任何外来影响。在公元前第三个千年和第二个千年早期,来自中东地区或印度河流域的一些影响当然有可能经由中亚地区延及中国,但没有证据说明这些影响的范围很广;而且,漫长的距离和地理上的屏障都暗示,此类影响不大可能发生,尽管穿过中亚地区的商路将在后来的时代中被开辟出来。但是,最能有力地说明中国文明之本土发展的论据也许是中国社会、文化和宗教的独特风格,这使它显著区别于此前讨论过的那些实例。

与中国文化具有本土性和独特性这一事实相联系的是,它还具有无与伦比的连续性。虽然在我们此前考察过的上古社会实例中,不难发现从新石器时代到早期国家的连续性,但在每一个实例中(新大陆上古文化也是如此),轴心时代的"突破"(尽管并非没有上古文化中的先兆)却是在它们的外部发生的,并最终导致了它们的终结——最明显的终结标志为其文字体系的遗失,以及由此导致的文献佚失,这些直到近代才得以恢复。然而,在中国这个实例中,不仅存在着从新石器时代到上古时代的连续性,还存在着从上古时代到轴心时代的连续性,这种连续性的标志是从上古时代持续至今(当然并非没有发展)的同一种文字体系。②

在我们当前的后现代心绪中,有人就"美索不达米亚"和"埃及"(更不用说"以色列"和"希腊"了)这类或许已被具体化的共同特性提

---

① 关于中国早期国家的本土发展,尤可参见刘莉:《中国北部的聚落形态、首领多变性和早期国家的发展》(Li Liu, "Settlement Patterns, Chiefdom Variability, and the Development of Early States in North China", *Journal of Anthropological Archaeology* 15 [1996]: 237-288)。张光直(Kwang-chih Chang)的很多著述也与此相关,最便于参阅的是他在《历史时期前夕的中国》("China on the Eve of the Historical Period", in *The Cambridge History of Ancient China*, ed. Michael Loewe and Edward L. Shaughnessy, Cambridge: Cambridge University Press, 1999, 37-73)中对中国新石器时代的概述。

② 当然,商朝的甲骨文确实也曾湮没,直到近代的考古挖掘将其发掘出来。假如中国学者在帝国时代就发现了它们,那些学者在破译它们时可能会遇到一些困难,但是他们不会需要罗塞塔石碑(Rosetta Stone)的帮助,因为他们能够发现甲骨文与后来的书写符号和字词的诸多联系。

出了一些问题,也有一些人质询过"中国"(China)究竟是什么。然而,这一领域的主要学者似乎不仅非常乐于保留这个术语,还将其推而广之,应用于对更加古老的历史的研究。出版于1999年的《剑桥中国古代史》(*The Cambridge History of Ancient China*)——虽然它还不够权威,但就我们在短时间内可以得到的文献而言,它已经最接近于权威了——囊括为数众多的、出自不同作者的一系列关于"中国"是何时开始形成的主张。杰出的考古学家张光直写道:"到了公元前3000年,中国人相互交流的领域可以被正确而适当地称为'中国'。"①商朝研究方面的重要专家吉德炜的说法则稍显迟疑:"然而,只有到了商朝晚期,并在商朝文字记载出现之后,人们才能第一次开始自信地谈及一种在价值观和制度方面由中国人首创的文明。"②不过,西周研究专家夏含夷写道,尽管后世中国文化的许多特征都可能植根于新石器时代和商代,"然而,如果可以说那些更早的时期是中国历史的基础(这么讲当然是有必要的)——这一点是可以肯定的——但这些时期在大部分历史中几乎隐而不见,那么,西周时代无疑应当被称为中国历史的基石"③。而且,当然还有很多人只将"中国的帝国时期"追溯到秦代(公元前221—前206)和汉代(公元前206—公元220)。不过,没有人断言从新石器时代至今的历史中存在着突然断裂的情形。这样的连续性无疑使中国自成一类。

中国的发展显然很独特,但在界定其独特性时却出现了一个问题。轴心时代的中国文明是异常丰富多彩的;由于它所提供的物质财富和多样化的观点,将它同其他轴心文明进行比较的工作非常值得一做。遗憾的是,中国上古时代,尤其是其最初的阶段商代(约公元前1570—前1045)的情况并非如此;但即便是西周时代(公元前1045—前771)的证据也是不完整的,对它的阐释也引发了争论。关于商朝文化,就文字记载而言,我们几乎完全依赖于所谓"甲骨"(还有几件刻有铭文的

---

① Chang, "China on the Eve", 59.

② David N. Keightley, "The Shang: China's First Historical Dynasty", in Loewe and Shaughnessy, *Ancient China*, 232.

③ Edward L. Shaughnessy, "Western Zhou History", in Loewe and Shaughnessy, *Ancient China*, 351.

青铜器),即从安阳时期(约公元前1200—前1045)留存至今的约10万片刻有文字的牛肩胛骨和龟壳碎片。这批文献虽然为数众多,但大多相当简短,它们是一种复杂的仪式性占卜实践的证据。幸运的是,占卜的主题多种多样,因而只要对文本进行仔细分析,就能从中得出为数极多的有意思信息。不过,我们很想知道的许多事情却是这些资料完全不包含的。关于本书的首要主题——宗教,吉德炜写道:"这些铭文提供了一种单调而简略的观点,这种观点更多地为我们提供了关于商朝膜拜仪式的记录,而不是关于商朝信仰的音乐的记录。"①考虑到中国后来的发展的极大重要性,我们必须使用现有这些有限的资料,以便尝试理解其背景。

249会导致挫折的一个原因是:现存上古时代的文献中缺少神话方面的内容。已经有人写了一些关于中国神话的大部头著作,但是它们所用资料的主要来源是写于汉代前不久、汉代本身乃至更晚的文献。②这些资料的一部分可以追溯至商代和西周时代,但我们无法得知究竟是哪个时代。有一小部分资料来自西周时代,不过就连它们的问世时间也难以测定;但是,甲骨上的文本中完全没有神话叙事。

然而,这些文本中不乏对于理解商朝历史非常重要的资料,其中最重要的是关于王室系谱的资料。我们可以利用这些资料列出一张包括王朝统治以前的六位国王和王朝统治时期的二十九位国王的名单。③从王朝的第二十一位国王武丁的统治时期开始,我们才有了考古资料和文本资料,因为直到武丁的统治时期,商朝才将安阳确立为礼仪中心,近代的人们在那里进行了大量的考古挖掘。关于武丁之前的历任

---

① David N. Keightley, "The Religious Commitment: Shang Theology and the Genesis of Chinese Political Culture", *History of Religions* 17, nos.3-4 (1978): 212. 我非常感激吉德炜——世界上研究商朝的重要专家之一——不仅由于他的著述,也由于他在我写作这一节时提出的建议。

② 在卜德(Derk Bodde)的《中国古代的神话》("Myths of Ancient China", in *Mythologies of the Ancient World*, ed. Samuel Noah Kramer, New York: Doubleday Anchor, 1961, 367-408)一文中,可以找到一份便于参阅的概述,以及一些关于年代测定的有见地的评论。莎拉·艾兰(Sarah Allan)的《海龟的形状——中国早期的神话、艺术和宇宙》(*The Shape of the Turtle: Myth, Art, and Cosmos in Early China*, Albany: SUNY Press, 1991)也很有用。

③ David N. Keightley, "The Making of the Ancestors: Late Shang Religion and Its Legacy", 收录于 *Chinese Religion and Society: The Transformation of a Field*, vol.1, ed. John Lagerwey (Hong Kong: University of Hong Kong Press, 2004), 13-14.

国王,我们只知道其继位顺序,以及前后任国王之间的关系,也就是说,后一任国王是前一任国王的弟弟还是儿子。关于武丁和其后的国王,学者们将大致的日期确定如下:武丁去世的年份被推定为公元前1189年,最后一位商王帝辛的统治时期据说是从公元前1086年到公元前1045年。有几个地方被说成是商朝更早时期的国都,但在没有相关文字记载的情况下,不可能确知它们是否真的曾经是国都,或者在什么时候是国都。因此,关于商朝社会,我们所知道的情况大部分来自它最后的150年左右,当时的国都是安阳。①

用韦伯的话来说,商朝社会是一个"家产制国家"(patrimonial state),即作为统治者宫廷之延伸而被组织起来、靠相关的世系和各种类型的仆从而得以扩大的国家。至少在起初,它实行的是一种家产官僚制,因为有各种各样被任命的民事官员和军事官员在国王手下服务;不过,只要这类官员仅仅是国王个人统治的延伸,缺乏对职位本身的强烈责任感,他们就只是官僚的雏形而已。有人认为,既然国王在国家的外围地区任命了地方官,甚至将国界以外的某些酋长认作下属,商朝的政体就是封建的(feudal)政体;鲍威里针对这些学者的看法进行了反驳。他主张,这些任命应当被视为"恩赐"(benefices),它们(至少在理论上)依赖于国王的心情,并未像真正的封建社会那样赋予地方统治者任何法权。②

商朝社会的特征之一是对一般的世系和特殊的王室世系的注重。血缘关系在早期国家中从来都不是不重要的,但王室统治的专制主义常常要优先于家族忠诚,以至于血缘关系的重要性大打折扣。在中国商朝,对世系的专注很有可能在很大程度上局限于统治阶级,尤其是王

250

---

① 我们使用"国都"(capital)这个术语或许是不明智的。安阳确实是一个重要的礼仪中心,但国王却不一定一直定居在那里。亚瑟·韦利(Arthur Waley)曾讲到可能在周朝早期做过国都的几个地方,并考虑到这些情况一定也适用于商朝:"我们不知道后来的'国都'概念始于何时。当我们讨论最早的那些国王在哪里建'都'时,我们也许在犯时代错误。在早期,政府的中心很有可能是国王当时的所在地。"《诗经》(*The Book of Songs*, trans. Arthur Waley, ed. Joseph R. Allen, New York: Grove Press, 1996),210页。我们已经注意到,在上古时代的一些领土性帝国,统治者是四处巡游的。

② Paul Wheatley, *The Pivot of the Four Quarters: A Preliminary Enquiry into the Origins of the Ancient Chinese City* (Chicago: Aldine, 1971), 52-61. 鲍威里将"家产制"(patrimonialism)观念应用于商朝这个实例,这一点尤为微妙。

室世系的内部,与夏威夷的情况一样。但是,商朝对世系的强调给后来整个中国文化都留下了永久的遗产,它的一种表现就是儒家思想对血亲关系的强调。在商朝仪式中如此至关重要的"祖先崇拜"在家庭层面上一直持续至今。

在中国,与在其他任何上古社会实例中一样,统治者被给予高度的重视;但是,对这种重视的表述却与古代美索不达米亚或埃及有着重大的区别。将商朝的政治制度称为"神权政治"的说法并不鲜见,但这并不意味着国王本人被当作神,至少不是像埃及或其他一些上古社会常有的情况那样、在那个意义上被当作神。祖先崇拜在商朝宗教中处于核心地位,这与我们此前探讨过的那些实例不同。然而,对祖先的崇拜和将祖先理解为人们同天上诸神之间必不可少的中介的看法,却在其他几个早期国家中存在过:西部非洲的约鲁巴,美洲大陆的阿兹特克、玛雅和印加(在后面这三个地方的表现方式稍有变化)。①不过,对王室祖先的崇拜在其他任何地方都不像在中国商朝这样具有如此至关重要的地位。

甲骨文对诸神并非没有提及,但这样的内容不多,其意义也不完全清楚。最重要的是"帝"(我们可以称之为"神",沿袭在古埃及实例中对该词的用法),偶尔也被称为"上帝"("天上的神");他对天气、收成和战争的掌控力,赋予了他比其他商朝神祇都更加广泛的统治权。不过,重要的是,"帝"不是直接受人崇拜的,而是要通过作为中介的王室祖先。关于"帝"的实际性质,尤其"帝"是不是某种类型的原祖,学界尚有争议,但这不一定会对我们造成阻碍。相当清楚的是,商朝人没有将"帝"视为直系祖先——由于他们非常关注王室的世系,如果他们相信自己是"帝"的后裔,那么他们几乎肯定会这样说。但是,由于"帝"缺乏特殊的特征(至少就我们所知,商朝没有与他相关的神话)以及对他的崇拜不是直接崇拜这一事实,他也许与其他文化中已知的某些无甚用处的高位神相类似。由于"帝"能够对战斗进行干预,支持或反对商王一方,他肯定不是全无用处的,而他在西周时代的继承者"天"则要活跃得多。除了"帝"之外,还有若干位自然神灵(如河神和山神)、

---

① Trigger, *Understanding Early Civilizations*, 421-426.

一位太阳神(也许不止一位,因为十日构成一个历法单位)以及许多地方神祇。虽然这类神祇偶尔会受到祭祀,但是根据从甲骨文中得知的情况,对他们的崇拜并不是商朝仪式的主要焦点。

居于商朝膜拜中心的是对商朝王室祖先的崇拜,他们被视为本身具有强大力量的神祇,而且还有能力在重大事情上代为向"帝"提出请求。其他世系的祖先可能也被认为在继续干预尘世上的生活,但是他们的管辖范围仅限于其后裔。只有王室祖先被认为在干预整个国家所关注,尤其是国王所关注的事情(例如他的健康如何,或者他的后妃会生男还是生女)。但是,如果说包括"帝"在内的诸神在很大程度上被人以不受个人情感影响的眼光来看待,几乎不具有个人的人格,那么祖先的情况也是如此。人们根据祖先距今时间长短(距今越久,力量越强)、是直系祖先(相对重要)还是旁系祖先(即由侄子而非儿子来继任的国王相对次要)来给他们分类,当然还要根据祖先是男(相对重要)还是女(相对次要——而且国王的直系母亲是唯一会被提及的女性)来给他们分类。总体而言,这种膜拜不是指向父母那一代的,而是从祖父母那一代开始的。

武丁是统治者中一个少见的例子:开疆扩土的功业使他从那些很大程度上默默无闻的祖先当中脱颖而出,并在死后立即受到崇拜。武丁自己的占卜文本表明,有多种多样受供奉者要被问到多种类型的问题;但在他的儿子祖甲(约公元前1177—前1158)统治期间,一个程序出现了,并且越来越常规化;按照这个程序,仪式根据日历周期被组织起来,每位祖先都被分配了特定的日子,并且都被问到一定数目的问题。[1]那些问题涉及天气、好收成、军事远征的结果,或仅仅是下一个时期是否会有灾祸。为了确定答案,要细看牛肩胛骨或龟壳烧灼之后产生的裂纹,然后把陈诉和答复刻写下来。

即使在位的国王不是神祇,他也是预期中的神祇,因为他在死后会成为祖先,其神力只会随着世代的更迭而愈发强大。正如鲍威里所说:

---

[1] 从技术上说,占卜包含的不是问题,而是陈诉,即可以被肯定或否定的要求。所以,"[商朝的占卜者]不会问'今天会下雨吗?',而是会说'今天/会//不会/下雨'。占卜是向神祇诉说人的需求,并从'神灵已被告知'这一事实中寻求安慰的一种方式。"吉德炜:《占卜和中国商朝晚期的王权》("Divination and Kingship in Late Shang China",未出版,1991年),368页。

"进行统治的君主是一个世系的成员；该世系中地上的成员与天上的成员在本体论的意义上共存，所以他是一切仪式程序中的关键人物。"①占卜和献祭即使由他人进行，也总是以国王的名义来履行，因为只有国王才是世俗领域和神圣领域之间的中介。正是由于这种联系，商王自称为"余一人"。但如果祖先是不受个人情感影响的，那么在某种意义上，国王也是如此。吉德炜在谈及商周诸王的时候，引用了史嘉柏（David Schaberg）的话："在中国仪式语言中，没有给在世国王赋予称号的条文；在他获得谥号之前，用于称呼他的字[王]是所有国王共用的；他与那个一般性角色别无二致，至少在语言和理想的层面上是如此。"②因此，起决定性作用的是国王在仪式上的角色，而不是他的人格。而且，不论高位神"帝"在我们看来可能有多么神秘，在"帝"与王之间却存在着一种独特的关系。正如吉德炜告诉我们的那样："使'帝'和国王这两者与众不同的是：至少在记载占卜情况的甲骨文所表现的那个有限的世界中，'帝'没有关注其他任何在世的个人及其活动。不论这种关注是否受欢迎，它都不可能不使国王在宗教和政治等级中的地位得以提高。"③

但吉德炜也指出，即使国王的权威通过他相对于"帝"和祖先们的特殊角色而得以提高，他的权力也要受到"一张由精神义务和关注构成的网"的限制，以使"国王不会成为为所欲为的暴君"。确实，国王所承担的而且只有国王才承担的压力促使他用了"余一人"这一短语，吉德炜指出这一短语的意思很可能是"我，孤单的人"④。吉德炜把国王被嵌入仪式-社会秩序的结果之特征描述如下："这些神灵的愿望，尤其是祖先们的愿望——祖先的管辖权似乎被安排得比'帝'或自然神灵的管辖权更加系统和易于理解——也许作为一种不成文的宪法而发挥作用，就像后来儒家传统也许对可供皇帝采取的选择进行了限制一样。"⑤

---

① Wheatley, *Pivot*, 55-56.

② Keightley, "Making of the Ancestors", 34.

③ Ibid., 203-204.

④ Ibid., 208.

⑤ Ibid., 209.

如果说商王不是暴君，那么，他也绝不是民主主义者。像在其他上古社会中一样，统治者和被统治者之间是泾渭分明的。吉德炜指出，虽然几乎没有证据说明在中国新石器时代出现过活人献祭现象，但在商朝，"牺牲者被肢解、被砍头，和对许多俘虏的仪式性屠杀，成了人在精神和政治方面的全套'节目'的一个常规部分"①。一些商朝精英人物的坟墓具有庞大的规模和复杂的结构，还有辉煌的陈设②，这一切必定都是由某种类型的从属性劳工完成的。由于证据不足，我们不知道国王是否有为百姓谋福祉的责任意识，就像我们将在周朝看到的那样；但从甲骨文所表达的内容来看，占卜更多地关涉统治精英的福祉，而不是作为整体的社会的福祉。

商朝在公元前第二个千年的最后几百年中管辖着中国中北部地区黄河流域的一片国土，其疆域虽然有过变化，但颇为可观。新的农业区域被开发出来，人口也有所增长；人们兴建了城市，发展了技术，尤其是青铜铸造方面的技术，那是一门非常复杂的技艺。我们关于商朝文化的主要视觉知识就来自留存至今的那些为数众多、做工精美的青铜器。至于这一博大精深但尚未完全为人所知的文明是否产生了将在后来一切中国文化中占据核心地位的那些道德关怀的萌芽，我们目前还无法置评。

至少在后人的记忆中，周朝对商朝的征服始于我们只能称之为"道德大爆炸"（moral explosion）的情形，其回声至今仍在耳畔。根据那些没有确切日期的记载，周朝早期的诸王——文王（约公元前 1099—前 1050）和武王（约公元前 1049/1045—前 1043）——用一种新思想来证明他们取代商朝的合理性，此即"天命"，武王之弟周公对这种思想的阐释尤为明晰。正如我们看到的那样，高位神"帝"有时确实会预言商王的敌人获胜，但没有迹象表明这样的行动被视为对商王过错的惩罚。周朝有时继续使用术语"帝"或"上帝"来指称高位神，但称之为

253

---

① 吉德炜：《中国的灵性——新石器时代的起源》（"Spirituality in China：the Neolithic Origins"，未出版）。

② David N. Keightley, "Shamanism, Death, and the Ancestors: Religious Mediation in Neolithic and Shang China（ca. 5000-1000 BCE）", *Asiatische Studien /Études Asiatiques* 52, no. 3（1998）：795.

"天"的频率要高得多,这个术语未曾在这个意义上被用于商朝铭文。[①]
周人认为"天"高度关注人类的道德品质,尤其是君王的道德品质。

第一位采用"王"称号的周朝统治者周文王——尽管从商朝的角度来看,他是一个反叛者——在周朝的传统中被视为道德行为的典范("文"的意思大约是"文化"),而末代商王则被视为道德沦丧者。周武王("武"的意思大约是"武力")完成了征服商朝的事业,这项事业在其子周成王的手中得到了巩固;由于成王幼年继位,最初七年由武王之弟周公摄政。武王和周公也被后世视为道德楷模。高度关注人类道德的"天"可以而且确实使"命"从一个王朝转移到另一个王朝——如果前一个王朝的统治者过于堕落的话。周朝的"天命"思想被追溯至商朝之前的时期——周朝思想家们宣称,商朝本身曾是天命所归,因为夏朝最后几任统治者在道德上犯了错误。但我们从商代铭文本身中完全无法得知这方面的信息。虽然"天命"思想在使刚刚成立的周朝合法化这方面很有效,但事实证明它是一把双刃剑,因为它可以被用来反对周人自己,反对中国历史上每一个后继的统治家族。《诗经·大雅》中的一首诗以下列诗节开头:

> 荡荡上帝,下民之辟。
> 疾威上帝,其命多辟。
> 天生烝民,其命匪谌。
> 靡不有初,鲜克有终。[②]

继之而来的是被认为出于文王之手的一系列抨击之辞,描述了商朝的累累罪行,结尾还援引了商朝之前的夏朝的罪有应得之下场;不过,该诗肯定了王室统治受条件制约的性质,这种性质不可能不适用于周人自身。

在大多数方面,从商朝到周朝的转变体现了很大的连续性。周朝

① Herrlee G. Creel, *The Origins of Statecraft in China*, vol.1, *The Western Chou Empire* (Chicago: University of Chicago Press, 1970), 495-500. 吉德炜(在私人交流中)指出,随后的研究证实了顾立雅(Herrlee G. Creel)的观点:没有来自商朝的证据表明商人曾在周人的意义上使用过"天"这个术语。

② *Book of Songs*, trans. Waley, nos. 255, 261. 约瑟夫·艾伦(Joseph Roe Allen)编辑的阿瑟·韦利译本采用的是传统的毛诗编号;该书收录了韦利没有译出的几个条目的新译文,从而提供了这部传统著作的一份完整译文。

早期诸王征服了比商朝统治范围更大的疆域,但他们缺少对其中的大部分地区进行直接统治的能力。于是,王室世系的成员(如周王的兄弟和子侄)被赐予封地。在某些情况下,既有的地方统治者被承认为周王廷的臣民,尤其是商朝统治家族的后裔被安置在后来成为宋国的地方。这种安排常被称为"封建主义"(feudalism),不过鲍威里对这一术语持保留意见(与他反对将该术语用于商朝的态度相同),他更愿意把周朝的政体视为家产制政体,王室贵戚按规定享有俸禄。鲍威里论证道,"封建主义"一词是从欧洲历史中撷拾而来的,它需要领主和封臣之间形成某种契约,而这种契约在商朝并不存在,在周朝也是如此。[1]

然而,顾立雅却主张,如果"封建主义"这个术语能够得到正确的 理解,它对于描述周代的情况是有用的。他对该词提供了他自己略显简单的定义:"封建主义是这样一个政权体制:统治者亲自将领土的若干部分的有限主权分派给封臣们。"[2]但实际上,他的分析与鲍威里的非常接近。根据顾立雅的看法,周人声称他们在创造一种中央集权的管理方式,他们的"封臣"不是自治的,而是要服从王室的意愿;周王廷要征税和主持正义,而且在理论上(尽管不常付诸实践)要让封臣迁离其封地,尤其是在初期的几年,当时还存在着一些势力强大的君主。[3]这与鲍威里所说的"为下属发俸禄的家产制政体"的意思并无显著差别。顾立雅想要强调的是,后人对周朝早期诸王的理想化并不是完全错误的。正如他所言,"早期诸王并不打算建立一个自己无法完全掌控的王国。他们征服'普天之下'并非仅仅为了将其拱手让人"[4]。他们未能建立中央集权的政体——除了相对短暂的时期——是因为缺少这方面的统治技巧,而不是因为(至少在后世的思想家们看来)不打算这样做。传于后世的乃是他们被假定怀有的意图,尽管它直到公元前

---

① Wheatley, *Pivot*, 118-122.

② Creel, *Origins of Statecraft*, 320.

③ Ibid., 168-170, 381-382, 387-416.我没能找到顾立雅或鲍威里关于对方观点的讨论。顾立雅的著作出版于1970年,鲍威里的著作出版于1971年,因此他们很可能都不了解对方的观点。

④ Creel, *Origins of Statecraft*, 419.

221 年才被再次实现。

虽然家产官僚制的萌芽出现于周王廷之中（就像以前出现于商王廷之中一样），也出现于那些新建立的附庸国之中，但是商朝和周朝都没能有效地实行中央集权统治：周王国的分权过程是在战国时代逐渐完成的，但它在很早的时候就开始了。为了方便起见，西周时期被说成是随着西周都城于公元前 771 年陷落和其后周王廷政治重要性降低而结束的。从上古时代到轴心时代的转变——这是本书所关注的主要问题——发生在西周灭亡和秦人于公元前 221 年建立中央集权帝国之间。我们无须在这个长达 550 年的时期中划出清晰的界线；但是，正如我们将在后面的章节中看到的那样，方便的做法可能是把孔子的一生（公元前 551—前 479）当作一个转折点。①

遗憾的是，对于那些据称出自周朝的征服和孔子的一生之间这段时期的文献，很难确定具体日期，所以我们只能用推测的方式来追溯那个时期的思想发展轨迹。孔子本人怀着敬意提到过的两批最重要的文献（因此至少其中的部分文献一定是在他之前问世的）是《尚书》（我将称之为《书》）和《诗经》（我将称之为《诗》）。《书》自称包含着周朝征服商朝之后最初几年的言论和对话，其中的一些篇章即使不是所谓的发表言论者的原话，也几乎可以肯定是写于西周时期，甚至是西周早期的。② 在被认为出自成王之手的《大诰》中，我们看到"天命"第一次被提及；在《召诰》中，我们看到帝王作为"天子"的身份第一次被提及。后一个段落值得引述一下：

---

① 夏含夷出于他自己的目的，在他的《孔子之前——中国经典的创立》（*Before Confucius: Studies in the Creation of the Chinese Classics*, Albany: SUNY Press, 1997）一书中采用了这种做法。

② 夏含夷在《孔子之前——中国经典的创立》中回顾了关于《书》中最早问世的几章的写作日期的争论；他指出，顾立雅认为其中的一部分写于周公本人的时代，而吉德炜主张它们很可能快到西周结束时才写成。夏含夷自己则主张，虽然这些关键性章节的确切写作日期无从查考，但"它们无疑远远早于圣人传记的传统（hagiographical traditions）——大约到了孔子的时代，以周公为中心的圣人传记传统已经发展了起来；因此几乎可以肯定，它们反映了西周时期的史学所关注的问题"（130—131 页）。夏含夷也在其《尚书》（收录于 *Early Chinese Texts: A Bibliographical Guide*, ed. Michael Loewe, Berkeley: Society for the Study of Early China, Institute of East Asian Studies, University of California, Berkeley, 1993, pp.377-380）中讨论了《书》中若干章节的写作日期问题。

皇天上帝,改厥元子,兹大国殷之命。惟王受命。①

在这一段中,我们可以看到周人如何将商人崇拜的高位神"帝"纳入他们初次提及的"天"的内容里,还能看到王如何不仅成为天子而且成为天之"元子"。

夏含夷主张,《书》中问世较早的这两章包含着周公和他的异母弟召公——又被称为"太保奭"(Grand Protector Shi)——关于政体性质的争论。周公在为年幼的成王辅政时,也许是为了让自己免受"篡权"的指责,在《君奭》章("君奭"就是召公,他在这一章里是听周公讲话的人)中讲道:"天命"被授予了全体周人,而道德高尚的君王(他不仅将周文王和周武王引为先例,也将商朝的一些君王引为先例)总要依靠贤良的大臣才能成功地进行统治。召公则在《召诰》中作了上文引述过的回答:天命是被授予君王的,只有君王才能进行统治。正如夏含夷指出的那样,这样的争论在中国历史中会一直持续进行,孔子及其追随者站在周公一方,君权专制主义者站在召公一方。②

在这里,一个有意思的问题是:《书》中的这些早期章节在多大程度上预示了后来的(也许是轴心时代的)发展。尽管我们要到后面的章节中再进行相关的讨论,但无疑在孔子看来,关于"天"和"天命"的观念的确有其轴心时代的含义。不过,我认为可以说,在西周早期,轴心时代的含义最多也就刚刚萌芽。当时最为迫切的问题是精英集团内部的一场争论,争论的内容是一支王室世系(周王室)取代另一支王室世系(商王室,具有最高级别的权威,在几百年间一直占据支配地位)的合法性。这幕剧里的所有人都是王室成员,因此"只有统治者才能在天神和人类之间充当中介者"这个上古时代观念是不成问题的。即使周公和召公之间的争论起初也只是关于统治家族成员的相对权力。到了几百年以后的孔子及其追随者那里,周朝早期的专门用语才被用于表述关于神和人之间关系的一个宽泛得多的概念。许倬云和林嘉琳

257

① Shaughnessy, *Before Confucius*, 115. 参见高本汉(Bernhard Karlgren)在《尚书》译本中对《召诰》的翻译(*The Book of Documents*, Museum of Far Eastern Antiquities, Bulletin 22, Stockholm, 1950, pp.48-51)。

② 尤可参见夏含夷的《西周史》("Western Zhou History"),317 页;该文 313—317 页对此进行了更具一般性的阐述。还可参见《孔子之前——中国经典的创立》,101—164 页。

在下面这段话中很好地表达了这一点："周人的贡献为他们自己的政治合法性提供了基石,但它也为中国人文主义和理性主义的悠久传统开辟了道路,因而可以被视为迈向雅斯贝尔斯式突破(Jaspersian breakthrough)的第一步。"①

即使周朝早期对"天命"观念的宣称只是第一步,它在理解统治者与天、与民之关系方面也已迥然不同于我们所了解的商朝。在《君奭》中,周公被认为说了以下几句话:"在我后嗣子孙,大弗克恭上下[敬天和敬民],遏佚前人光在家,不知天命不易,天难谌,乃其坠命。"②为了"敬民"而需要做的事情可以从《书》的几章中辨别出来。例如,在《梓材》中,武王劝诫他的一个儿子,要"至于敬寡,至于属妇……自古王若兹"③。如果我可以把高本汉为这一章所作的相当佶屈聱牙的译文复述一下,那就是:父亲劝诫儿子要为臣民树立榜样,关心他们,鼓励他们,避免判处死刑,确切地说要尽可能避免判处一切刑罚。④我们也许会怀疑这样的命令被贯彻到何种程度,或者国王实际上是如何照料"属妇"的,但这种理想可谓兴味盎然。(《史记·卫康叔世家》有"周公旦惧康叔齿少……为梓材,示君子可法则"之语,《尚书正义》也以《梓材》为"周公以王命戒"康叔之文,与贝拉引述的信息不符)

《诗》中诗歌的创作时间与《书》中据称真实可靠的几章的创作时间同样不易确定,但多数诗歌都生动地描绘了统治者应当如何行事和他们实际上是如何行事的。例如:

> 乐只君子,民之父母。
> 乐只君子,德音不已。⑤ (《小雅·南山有台》)

---

① Cho-yun Hsu and Katheryn M. Linduff, *Western Chou Civilization* (New Haven: Yale University Press, 1988), 111. 两位作者所说的"雅斯贝尔斯式突破"指的是轴心时代的突破,因为"轴心时代"(axial age)这个术语是由卡尔·雅斯贝斯(Karl Jaspers)在《历史的起源与目标》(*The Origin and Goal of History*, London: Routledge and Kegan Paul, 1953 [1949])一书中首次推广的。

② 译文参见 Creel, *Origins of Statecraft*, 98. 方括号里的文字是顾立雅添加的。比较 Karlgren, *The Book of Documents*, 59。

③ 译文参见 Creel, *Origins of Statecraft*, 99。

④ Karlgren, *The Book of Documents*, 46.

⑤ *Book of Songs*, trans. Waley, nos. 172, 146.

但并不是所有统治者都被断定为如此德位相配。另一首歌谣告诫道：

> 民亦劳止,汔可小康。
> 惠此中国,以绥四方。① (《大雅·民劳》)

有时,《诗》中的评价已经超出了告诫的范围：

> 硕鼠硕鼠,无食我黍!
> 三岁贯女,莫我肯顾。
> 逝将去女,适彼乐土。
> 乐土乐土,爰得我所。② (《魏风·硕鼠》)

在早期的中国,人比土地更有价值,因此受压迫的农民在某种程度上可以"用脚投票"。尽管他们可能找到"乐土",然而他们最有可能找到的是一位稍微仁慈一点的君主。

如果说《诗》为我们呈现了一幅关于周朝政治生活非常明晰的画面(很多地方都可以同大卫·马洛为早期夏威夷所描绘的画面相媲美,《硕鼠》一诗就是如此),那么,它也是我们关于孔子之前的虔诚信仰的最佳信息来源。被普遍认为是这部诗集中最古老的文本《周颂》中的一首诗,就提供了关于"天"在周人信仰中的核心地位的一种观念：

> 敬之敬之,天维显思。
> 命不易哉,无曰高高在上。
> 陟降厥士,日监在兹。
> 维予小子,不聪敬止。
> 日就月将,学有缉熙于光明。
> 佛时仔肩,示我显德行。③ (《敬之》)

"小子"这个短语表明发言者是国王;国王有时甚至会自称为"孤"。这类用法很可能同"余一人"这个短语相关——周人和商人一样,继续沿用了"余一人"这个称谓。

---

① *Book of Songs*, trans. Waley, nos. 253, 256. 此处"middle kingdom"的意思不是"中国",而是周朝领土的中心地区。
② Ibid., nos. 113, 88.
③ Ibid., nos. 288, 302.

这首颂诗的重要性在于"国王是'天'的谦卑仆人"这个观念。商朝的任何铭文都没有暗示商王与"帝"之间有这样的关系。事实上,关于"帝"的内容几乎完全不见于商朝晚期铭文,那些铭文几乎都是写给祖先的(不过在武丁治下,祖先有时被视为同"帝"沟通的中介)。《诗》中对祖先有所提及,但次数很少,跟对"天"的多次提及相比就显得更少了。人们仍然认为祖先对其后裔有着潜在的影响,《小雅》中一首诗开头的一节就表明了这一点:

> 四月维夏,六月徂暑。
> 先祖匪人,胡宁忍予?[1] (《四月》)

另一首《小雅》诗则详细地描述了一次对祖先的献祭,并说:

> 礼仪卒度,笑语卒获。
> 神保是格,报以介福,万寿攸酢。[2] (《楚茨》)

甲骨文是与《诗》中的风、雅、颂类型完全不同的文本,所以我们在某种意义上是在将苹果和橘子进行比较。说不定有一些献给"帝"的商朝颂诗没有流传下来。但从既有的证据来看,似乎存在着以下情形:周人在很早的时候就有了虔诚的信仰,他们虽然继续奉行祖先崇拜,却发展出了对"天"和人-神互动的全新关注。例如,我们在《诗经·小雅》中的一首诗中看到了对"天"的指责,这令我们想起了埃及人对神的指责:

260

> 浩浩昊天,不骏其德。
> 降丧饥馑,斩伐四国。
> 旻天疾威,弗虑弗图。
> 舍彼有罪,既伏其辜。
> 若此无罪,沦胥以铺。[3] (《雨无正》)

但在这里,也出现了为"天"辩护的人:

---

① *Book of Songs*, trans. Waley, nos. 204, 188.
② Ibid., nos. 209, 195.
③ Ibid., nos.194, 172.

下民之孽，匪降自天。

噂沓背憎，职竞由人。① (《十月之交》)

我们在这里看到的至少是初期的神学争论。当孔子说他"述而不作"(《论语·述而》)时，他无疑是对的，因为他实际上在试图保存和阐释"三代"(夏、商、周)的传统，尤其是周代的传统：

子曰："周监于二代，郁郁乎文哉！吾从周。"②

正如我已指出的那样，在其他任何实例中，轴心时代和上古时代之间都不存在这样的连续性。③

我曾提及实行专制的早期国家缔造者，他们通过鲜血和恐怖而掌握了权力——作为部落社会通常要设法压制的那种类型的新贵，他们几乎总是会这样做。与吉拉尔(Rene Girard)的理论相反，在通过文化组织起来的人们当中，最初的杀生行为似乎并不是杀死替罪羊，而是杀死某个这样的新贵：他真实地威胁要恢复以前的领头雄性的专制统治。我们已经论证过，狩猎采食者实施的平等主义并不是对支配的放弃，而是一种新的统治形式，即所有人对每一个人的统治。不过，有效的支配导致的不仅是服从，还有怨恨，以及对于反抗统治的渴望。正是由于这个原因，希望重建专制统治的新贵可见于每个社会。我们不需要诉诸

261

---

① *Book of Songs*, trans. Waley, nos.193, 172.

② 《论语·八佾》。参见 *The Analects of Confucius*, trans. Arthur Waley (London：Allen and Unwin, 1938), 97. 此处将汉字改写成了拼音。关于这种做法的讨论参见第八章注1。

③ 当我说中国是从新石器时代至今一直保持着未曾中断的连续性的一个实例时，我的话只在一定程度上是正确的。日本也表现出了这样的连续性。不过，我已经论证过，虽然日本从新石器时代进入了上古时代，但它直到今天都从未成为轴心文明。这看上去可能是一种奇怪的说法，因为日本接受了几种主要的轴心文明传统：儒家思想、佛教、基督教和西方启蒙思想，包括其后继者，如马克思主义。因此，很清楚，日本不是前轴心国家(所有其他上古社会实例都经历过前轴心时代)；然而我要说，它是非轴心国家，因为它极其出色和成功地使用了轴心文化来保护其上古社会的前提。我在别处对这一点进行过详细论证，在此无须赘述。参见《引言：日本的不同之处》("Introduction：The Japanese Difference")，见贝拉：《想象日本：日本的传统及其现代阐释》(*Imagining Japan: The Japanese Tradition and Its Modern Interpretation*, Berkeley：University of California Press, 2003)，1—62 页。艾森斯塔特(S. N. Eisenstadt)在《日本文明》(*Japanese Civilization*, Chicago：University of Chicago Press, 1997)中提出了相似的论点。

社会生物学来理解新贵为何普遍存在，因为近代哲学已经对人类的这种倾向进行了不少解释。霍布斯谈到了"对于成为最重要者的渴望"，黑格尔谈到了"主奴关系"这种基本的人类辩证法，尼采则谈到了"权力意志"。

但是，尽管新贵存在于所有社会之中，取得成功的新贵却似乎只存在于复杂社会之中。复杂社会的两个方面有助于使之成为可能。剩余农产品的增加使更大的群体得以形成——这些群体在规模上超过了由狩猎采食者组成的、面对面的小团体——在这样的大社群中，要想用那些古老的技巧来对付新贵就比较困难了。但取得成功的新贵最初采用的大多是军事化的手段。大而富裕的社会几乎总是处于危险之中，危险来自那些在边缘挣扎的穷人，或是来自其他一些已经很富裕但想要变得更加富裕的集团。在战事频发的情况下，获胜的武士散发出一种"玛那"感或"卡里斯玛"，可以用它来博得追随者。因此，在波利尼西亚，托阿（武士）可以对阿利基（祭司/酋长）发出挑战。在世界上许多地区的"英雄时代"，都经历过此类武士酋长崛起的情况。但勇敢的武士无法独自挑战古老的平等共识（egalitarian consensus）。正如霍布斯指出的那样，最强的人会被联合起来的其他人所战胜，甚至会在熟睡之际被弱者战胜。当出众的武士能够动员一群追随者时，他才能挑战古老的平等主义，才能作为成功的新贵而将自己的支配倾向从此前受到的控制中解放出来。不过，如果武士团体所做的只是促使其他武士团体成立，以致暴力活动不断升级（这在现实中是很可能的，詹姆斯·乔伊斯称之为"历史的噩梦"），那么这样的团体最终可能反过来危害自身。①

酋长国的存在时间很短，这是众所周知的；但早期国家也相当脆弱。只有当一名成功的武士能够营造出一种新型的权威，一种新型的合法等级制度时，他才能够打破暴力的循环，才有希望进行持久的、也许能由其子孙继承的统治。但这需要一种新的神人关系和新的组织社

---

① 克莱默（Samuel Noah Kramer）在《历史始于苏美尔》（*History Begins at Sumer*）123页中用一句简洁的苏美尔谚语总结了这一点："你们去了，夺走了敌人的土地；敌人来了，夺走了你们的土地。"

会方法,它们要为养育倾向赋予和支配倾向同样重要的地位。这就是上古时代的宗教和社会必须完成的任务——如果它们想要取得哪怕是短暂成功的话。它们在这样做时,阐发了一种广大的、等级分明的宇宙观,神、自然界和人类在其中被整合为一体。

即使是那些实行古老的狩猎采食者平等主义——维系这种平等主义的是一个非正式的制裁体系,它对刚刚出现的新贵采取越来越严厉的制裁措施——的社会,也需要一个神话和仪式模式,从而带来(可以这么说)"超越日常纷争"的意义和团结。这就是"梦"在澳大利亚和在我们看来拥有类似实践和观念的其他部落群体中起到的作用。然后,我们在农业越来越重要、人口不断增长的那些社会中看到,等级分明的世系可以提供前面说过的"一个能够减轻和调节日常生活之张力的高级参照点"。卡拉帕洛人和提科皮亚人都有这样等级分明的世系,尽管他们从根本上说是实行平等主义的。

部落社会宗教和上古社会宗教之间有着明显的连续性:在上古社会盛大节日中那些集体欢腾的时刻,整个社会的团结得到了再度确认。但大多数时候,在上古社会中提供组织原则的不是集体的团结,而是等级制度。正如刘易斯·芒福德所说的那样:

> 在这一点上,人的努力从村庄和家族的有限水平面转移到了整个社会的垂直面。新的社群组成了一个等级分明的结构、一个社会金字塔,从底座到塔尖包括许多家族、许多村庄和许多职业,常常也包括许多区域性栖所,尤其是还包括许多神祇。这个政治结构是新时代的基本发明。若是没有它,不论纪念碑还是城市都无法被建造出来,也不会——必须补充一句——过早地遭到如此持续不断的破坏。[1]

上古社会比先前的任何社会都要大得多。如果想要维持任何程度的稳定,它们就不得不找到团结的形式——那些形式一方面更多地以超出部落范围的庆典为基础,另一方面也以武力为基础。我们充分了解的每一个上古社会所找到的解决方法,都是关于王权和神明的新观念,它

---

[1] Lewis Mumford, *The Myth of the Machine: Technics and Human Development* (New York: Harcourt, Brace, 1967), 164.

超越了关于等级分明的世系和强力存在的旧观念。在夏威夷和本章所考察的社会中,国王像诸神一样行动,而诸神则像国王一样行动。正如雅克布森所说,宇宙被视为国家,国家则被视为宇宙的基本要素。①

但也许需要后退一步。很久以前,既没有国家,也没有被视为国家的宇宙;那么,我们是怎么从一个酋长和民众仍然通过强大的血缘纽带相联系的社会(甚至是等级社会)进入一个使真正的"次级构造",即不再通过血缘关系而与普通民众相联系的"国家"得以出现的社会的呢?这种从部落社会到上古社会的转变似乎只在以下时候才是可能的:一个人将如此之多的注意力集中在他自己的身上,以至于可以宣称,他而且只有他不仅能够进行统治,更能够维系社会和诸神——或者,不久以后会变成——和"神"的关系。当商王自称为"余一人"的时候,他表达了关于上古社会中王权的一条深刻的真理。新的次级构造即"国家"要表达他一个人的意志,只有他一个人站在神(诸神)面前,维系那种通过正确履行的仪式而同神明结成的关系。仿佛正是国王——不论他本人是神还是半神——才是把社会推动到一个新的社会组织水平上的必要支柱。或者换一个比喻方式:上古时代的国王仿佛释放了原子弹爆炸时产生的那么巨大的能量,能够改变千年以来人们都不愿改变的那些情况。但是,上古国家一旦做到了这一点,就必须迅速织就一张网络,它既关乎制度和权力结构,也关乎仪式和宇宙观,这使国家的出现显得既自然而然又不可避免。

在上古社会中,传统的社会结构和社会实践建立在以神圣的方式设定的宇宙秩序的基础上,在宗教需求和社会整合之间几乎没有张力。事实上,社会整合在每一点上都被宗教制裁(禁忌)所强化。然而,强大的国王和被生动描述为在一定程度上自由地对人类发生作用的神祇这样的观念本身,却引入了一个具有开放性的要素,它在部落社会的层次上表现得没有这么明显。②一旦国王自称为普通民众的保护人,当民众受苦时,问题就会被提出来,政治合法性的基础就会受到争议;一旦

---

① Jacobsen, "Mesopotamia", 147.

② 我们不应当忘记保罗·拉丁(Paul Radin)的《作为哲学家的原始人》(*Primitive Man as Philosopher*, New York: Dover, 1957 [1927])一书,尽管该书所报告的一些思考内容在我看来是在传教士的询问下被激发出来的,而不太像是产生于前接触时期的。

诸神取代强力存在而成为仪式和神话的中心,富有戏剧性和象征性的重述(reformulations)就至少是可以理解的了。埃里克·沃格林竟至说道:"在一切多神论中都潜藏着一种一神论;如果历史环境的压力和敏感而活跃的头脑相遇,它就可能在任何时候被激活。"①

在论述古代美索不达米亚的那一节中,我们曾论证指出,上古社会即使是在有了文字书写之后,也很有可能没有经历"读写革命"。毋宁说,口头语言在上古时代乃至很久以后仍然是最重要的交流方式。不过,我们需要考虑,文字书写的存在是否至少让一些具有较多的反思性和系统性因而超出了口头传统本身承载范围的思想得以萌芽。虽然谜语、警句和箴言是口头传统的标准特征,但是,我们在古代近东地区所谓"智慧文学"中发现的那些更加发达的论证性内容,或是从西周时代流传至今的一些文献,也许都依赖于文字书写,至少在一定程度上是如此。叙事乃口头传统之核心,但是,成文叙事可能经过了整理和修改,这赋予它们一种在口头吟诵中不会有的分量。颂诗可以成为神话思辨的载体。无论有助于激发反思性思想——它们由文字书写的技艺所提供——的是什么,都局限于文士阶层。早期的读写被称为"读写手艺"(craft literacy),因为它是一种专门的手艺,只有少数人能够掌握。然而,这样的少数人对于上古社会的自我理解和其后将要发生的事情可能是至关重要的。

沃格林提醒我们说,即使是在极其因循守旧的上古社会中——在那里,正如雅克布森在论及美索不达米亚时所说,"首要的美德"就是服从②——也有"敏感而活跃"的头脑,那就是先知、祭司和文士。即使是在"被当作国家的宇宙"的范围之内,他们也能有新的想法。上古文明的现实乃是政治权力的集中、阶级的分层、对军事力量的赞美、对弱者的经济剥削,以及为了生产和军事目的而被普遍采用的某种形式的强迫劳动。③为了与这些不可否认的事实相对照,我们也必须引述上古社会的主要成就:对国内和平的维持、农业产量的提高、以长期贸易为

① Voegelin, *Israel and Revelation*, 8.
② Jacobsen, "Mesopotamia", 217.
③ Mumford, *Myth*, 186.

目的的市场开放,以及建筑、艺术和文学方面的重大成就。但同等重要的是,在具备读写能力的精英阶层的帮助之下,出现了一种旨在赋予政治权力以道德意义的新努力。上古时代的国王几乎总是被描绘为武士,描绘为对边境上的野蛮人和国内的反叛者进行抵御的国土保卫者;他本身就体现了支配的一个强有力要素。但他也被视为——而且,随着上古社会趋于成熟,他很可能日益被视为——正义的捍卫者:在美索不达米亚和埃及被视为好牧人,在西周被视为民之父母。诸神和国王都日益被想象为不仅在支配万物,也在养育万物。然而,诉诸神祇与国王两者之合法性的伦理标准这一做法本身,就开启了政治和神学反思的新的可能性。到了轴心时代,一种新型的新贵——不是依靠武力而是依靠言论的道德新贵——将要出现;正如我们看到的那样,在上古社会中已经出现了一些声音,预示了他们的登场。

第六章 轴心时代(一):
导论与古以色列

导 论

部落社会中的仪式包括了群体中所有或大多数成员的参与——以经典的涂尔干式的表达来说,如果仪式畅行无碍,即可使该群体充满活力与团结。[①] 一些成员会比其他成员更积极,但是许多成员均会参与其中,如北美的纳瓦霍族印第安人的情况一样,即便当仪式专注于某个正在被治疗的人的时候,与他有关的整个交往网络均参与了该仪式并从中受益。与此截然对照的是,一些上古社会中的仪式首先集中于一个人,即神圣的或准神圣的君王,只有少数人——祭司或王族成员——方可参与。其余的社会成员偶尔可充作观众,但有时也只能凭借道听途说对这些大型仪式略有所知,因为他们要是在场,就会亵渎崇高的奥秘。部落社会由小型的、面对面的群体(face-to-face groups)或者少数毗连的群体组成,而上古社会则疆域广阔,能够容纳数以百万计的人。要维系如此庞大与广阔的社会的凝聚力,需要将部落仪式原本集中于整个社会的注意力与能量转而集中于统治者身上,后者被拔高至凌驾于常人之上的地位,与那些不仅强大而且也要求崇拜的存在相关。统治者被拔高到了如斯地位,这在部落社会中从未发生,这一过程和诸神的拔高过程携手并进,与它们正在逐步取代的强力存在相比,诸神获得

[①] 本章导论早先的版本是论文《何为轴心时代之轴心?》("What Is Axial about the Axial Age"),*Archives Européennes de Sociologie* 46, no.1 (2005): 69-89, Cambridge University Press. Copyright © Archives Européennes de Sociologie。再版得到了授权。

了更高的权位。当然,上古社会中的大多数人依然生活在小型的、面对面的群体之中,且依然有着他们自己的仪式生活,该种仪式生活与帝国中心大型的王室仪式仅仅有着松散的联系,在很多方面也与部落社会的仪式生活相似。

部落宗教和上古宗教均是"宇宙论的",因为超自然、自然和社会皆融合在一个单一的宇宙中。早期的国家均极大地拓展了人们对处于时间与空间之中的宇宙的理解,但是,正如陶克尔德·雅克布森证明的那样,宇宙仍然被视为一个国家,社会政治实在与宗教实在之间的同源性(homology)并未断裂。① 正如我们已经看到的那样,早期国家的建立与上古社会的形成摧毁了古人类几十万年——如果不是上百万年的话——演化中摇摇欲坠的平等主义,但是,惟其如此,更大与更复杂的社会才成为可能。一种突出的象征主义将支配与养育(nurturance)结合了起来,它造就了一种新的神圣权力,这种权力与社会权力相结合,而且以全新的仪式形式展现了出来,包括具有核心意义的献祭——甚至是活人祭——它是基本的地位差异的一种具体表现。

维持部落平等主义的平衡从来就不是轻而易举的,而且早在国家出现之前就已经有少许的地位差异开始产生了,若是如此则国家自身及其宗教政治的象征化也会诱发新形式的不稳定。如我们所见,古埃及中间期就宇宙秩序发出了严肃的质问:君王在哪里? 神在哪里? 我们为何饥饿? 我们为何正在遭受袭击者的杀害而无人保护我们? 如果政治统一得到了重塑,这些问题就会平息,但是,裂隙照旧会存在,而新的见解也会出现,例如这样的观念:统治是以神的恩宠为条件的,它可以从邪恶的统治者那里收回,或者个体可直接向诸神恳求而无须以支配性的膜拜(ruling cult)作为中介。这些见解将会在轴心时代得到清晰的表达,但是,在上古社会中,它们仍然仅仅是一个连续的宇宙统一

---

① Thorkild Jacobsen, "The Cosmos as a State", in *Before Philosophy: The Intellectual Adventure of Ancient Man*, ed. Henri Frankfort, Mrs. Henri Frankfort, John A. Wilson, and Thorkild Jacobsen (Harmondsworth: Pelican, 1949[1946]), 137-199.

体中的裂隙。①

轴心时代大约涵盖公元前第一个千年中的几个世纪,在对它进行讨论时,我们需要考虑大量定义上的争议,也需要考虑那些显然平行的发展在多大程度上是真正相似的。但是,我更乐意以相当具体的方式开始对轴心现象进行考察。正如我们已经看到的那样,在上古社会中,王与神是同时出现的,二者的紧密联系贯穿整个上古社会史。因此,不足为奇的是,轴心时代见证了神与王的关系发生了某些重大的转变。并不是它们之间的这些象征或紧密联系被抛弃了,而是它们通过焕然一新的方式得到了转化。再次提出的问题之一即为,谁是(真正的)君王,即那个真正反映了神圣正义(divine justice)的人?

在古希腊,柏拉图告诉雅典人,不要看阿喀琉斯,即贵族社会的希腊文化中的英雄(我们应该记得,阿喀琉斯是一个小国的君王,而他的母亲则是一个女神),而要看苏格拉底,后者根本不是一个贵族,而是一个石匠和好管闲事之人,他总是询问人们那些他们不愿思考的问题。正是苏格拉底,这个爱智者,哲学家,才应该成为君王,而且是唯一真正合法的君王。

在中国,生活于孔子(传统上将其生卒年确定在公元前 551—前479)200 年之后的孟子告诉我们,孔子才是无冕之王——虽然孔子是一个失败的士大夫,在周游古代中国列国的过程中聚集起了一批追随者,但这期间却从未在任何地方取得过实质的影响——以孔子这种王为核心,帝国即可以变得井然有序。而他——孟子——亦暗示,他是另一个理当被加冕的君王,尽管他此世的功业比不上孔子。

在印度,佛陀是谁呢?他是一位君王的儿子,本应该继承其父的王位,然而相反,他放弃了他的王国与家庭,为了寻求觉悟(enlightment)而在森林中成为苦行者。

---

① 马塞尔·戈谢(Marcel Gauchet)在《世界的祛魅:宗教的政治史》(*The Disenchantment of the World: A Political History of Religion*, Princeton: Princeton University Press, 1997[1985])中指出,集中于一个神圣的或者准神圣的君王的国家出现了,这打破了他所说的"原始宗教"的平衡,他将这种宗教描述为既是平等主义的,又是稳定不变的。尽管他将前国家的宗教理解为"绝对过去的主宰"(the reign of absolute past)未必恰当,因为这种理解确实未能把握这些宗教的开放性与多元性,但是,他强调,上古国家的出现乃是轴心时代的基本前提,这一强调则无疑是正确的。尤其参看第 1、2 章,23—46 页。

在以色列,上帝与君王之间的张力在君主政制时期是颇具特色的:有时候,上帝似乎与大卫家(House of David)订立了永恒的契约,赐予君主政制以准神圣的地位,但是君王,包括大卫在内,经常又被描述为罪人,甚至是耶和华的敌人,他们因着自己的恶行而受到惩罚。然而,在巴比伦之囚期间,大卫式的君主政制、耶路撒冷圣殿和土地本身均丧失殆尽了,耶和华被称颂为唯一存在的上帝,也是一个能够选择任何人来服务其目的的上帝——甚至波斯的王亦可成为上帝的弥赛亚。基督教以新的方式来使用将君王称为神子(耶稣的大卫世系得到了确认)的这一古老的王室称谓,并宣扬基督救世主甚至在十字架上统治,由此,它对这一论题进行了自己的调整。作为神选的先知,穆罕默德与摩西一样,他是一个君王,又不是君王,但他肯定是人民的统治者。在穆罕默德逝世之后,那些领导圈子里的人确认了他们作为先知之继承者(*khalifa*,哈里发)而统治的权利。① 在每一个例子中,上帝与君王之间古老的统一体都戏剧性地被打破了,但又吊诡地在新的轴心表述中得到了重申。

在这一点上,最好记住我们探讨中的中心原则之一:没有任何事物是永远失去了。部落社会中面对面的仪式虽然已经改头换面了,但在我们中间依然存在,与它们一样,政治与宗教权力的统一体——上古的"抵押"(mortgage),如沃格林所称呼的那样② ——亦不断地在经历过轴心"突破"的社会中再次出现。以"神授王权"进行统治的君王即是明显的例子,不过,宣称根据某种"更高的权力"(high power)来履行职责的总统亦复如此。随着论述的展开,我们必须在每一点上都对政治权力与宗教权力之间的关系进行考察。然而,有一点是确定的:这个问题从未消逝。

268　　　作为切近理解轴心时代的第一步,我们不妨借助阿纳尔多·莫米利亚诺那篇典雅的文章,对于公元前 600 年至前 300 年的古代世界的古典处境,他有这样的说法:

---

① 从年代上来讲,基督教与伊斯兰教并不在轴心时代期间,但是就历史而言,它们只有作为以色列的轴心突破的发展才是可以理解的。

② Eric Vogelin, *Israel and Revelation*, Vol. 1 of *Order and History* (Baton Rouge: Louisiana State University Press, 1956), 164.

雅斯贝尔斯的《历史的起源与目标》是德国在 1949 年问世的战后第一本关于历史的原创性著作,自这本书之后,论说轴心时代(Achsenzeit)已经成了老生常谈,它包括孔子和老子的中国,佛陀的印度,琐罗亚斯德的伊朗,先知的巴勒斯坦,哲学家、悲剧作家和历史学家们的希腊。这种表述中存在着真实的可信成分。所有这些文明均彰显了读写能力,将中央政府与地方权威相结合的复杂的政治组织,详明的城镇规划,成熟的冶金技术与国际外交的实践。在所有这些文明中,政治权力与智识运动之间均存在着深刻的张力。人们可留意到,任何地方都在尝试提出更高的纯洁、正义、完善,以及对事物更为普遍的解释。实在的新模式,不论是通过奥秘,或者是通过语言,还是通过理性来把握它,都是作为对通行模式的一种批判或替代而提出来的。我们身处批判主义的时代。①

莫米利亚诺指向了轴心时代的两个方面,我们必须对它们进行更细致的思考。其一,那些在很多方面都比之前的社会更为"发达"的社会,它们的背景特征是什么。其二,他以一个重要的术语"批判主义"来概括的那些思想领域——政治、伦理、宗教、哲学里的新发展又是什么。

如果转向雅斯贝尔斯本人,我们会发现,如同莫米利亚诺一样,他也对"为轴心时代做一种历史性的经验描述"甚感兴趣,但是,他的关怀首先是生存的:我们在历史中的何处? 正如其著作英文版的书名《历史的起源与目标》所暗示的那样。他所给出的年代亦有少许不同:他发现,"历史的轴心出现于公元前 500 年前后这段时期,出现于公元前 800 年至前 200 年之间发生的这段精神进程中"。他写道,正是在此期间,"人,如我们今天理解的那样的人,开始出现了"②。雅斯贝尔斯与莫米利亚诺都认为,轴心时代的人物——孔子、佛陀、希伯来先知、希腊哲学家——以一种先前的人物不曾有过的方式与我们同生共栖,他

① Arnaldo Momigliano, *Alien Wisdom: The Limits of Hellenization* (Cambridge: Cambridge University Press, 1975), 8-9.
② Karl Jaspers, *The Origin and Goal of History* (London: Routledge and Kegan Paul, 1953 [1949]), 1.

们与我们是同时代的。仍然以多种方式界定着我们自身的文化世界与伟大传统都发源于轴心时代。雅斯贝尔斯提出过这样的问题,即现代性是不是一个新的轴心时代的开端,可是他并未给出结论。无论如何,虽然人们对轴心洞见已经不厌其烦地加以说明,但是,我们并没有成长到不再需要它们的地步,至少现在还没有。

在试着对轴心时代之文化革新的性质进行更为细致的界定之前,我们必须更为精细入微地考察一下它们兴起的社会语境。莫米利亚诺所提及的几个特征——中央政府、城镇规划、国际外交——在上古社会中就已经出现了,读写能力和冶金术亦然。然而,后面的这两个特征则已发生了深刻的变化。在农业和战争中,铁正在取代青铜,但是,这一过渡是不平衡的,也是渐进的:"铁器时代"本身并非其他变迁的原因所在。尤其是,与转变生产手段相比,铁在促进战争效率方面似乎尤为重要。不过,铁制工具的使用必定推动了人口的逐步增长,这一增长也是公元前第一个千年的一大特点。铁制武器的使用则使得公元前第一个千年的战争更为残酷。尽管读写能力可追溯至公元前 3000 年,但毋庸置疑的是,在进入公元前第一个千年之前,它在很大程度上仍无非是一种读写手艺(craft literacy),只局限于小的文士群体。字母式的书写体正在取代美索不达米亚的楔形文字与埃及的象形文字,并且在希腊、以色列与印度得到使用,它极大地拓展了读写的所及范围。中国仍然使用汉字,这种文字在难度上堪与楔形和象形文字相媲美,不过,尽管要求大量记忆,但与西方上古的字体相比,它们更便于使用。在公元前第一个千年的后期,中国的读写能力显然也得到了发展。

雅斯贝尔斯强调的一个重要特征是,这些轴心"突破"——我们下文需要对这一术语作进一步思考——没有一个是发生在庞大帝国的中心。相反,在所有的情况下,"存在着的是不胜枚举的小国家和城市,还有所有人对所有人的争斗,这些却也引发了让人赞叹的繁荣,蓬勃的活力和财富"①。我们必须更细致地考察这种境况在每一个例子中是如何发生的,但是一般而言,小国之间的竞争使得流动知识分子的出现

---

① Karl Jaspers, *The Origin and Goal of History* (London: Routledge and Kegan Paul, 1953 [1949]), 4.

成为可能,他们并不在中央化的神职或官僚系统内部发挥作用,因此,在结构上也更富有批判主义的能力,而莫米利亚诺将这种批判主义看作对轴心时代具有中心意义的,雅斯贝尔斯则将其界定为"质疑所有的人类活动并赋予其新的意义"①的能力。

雅斯贝尔斯提到,繁荣——包括财富和活力的增长——与连续不 270 断的战争是混合在一起的,他的这一说法引出了另外两个关于轴心时代的观点,它们也需要提及。尽管贵金属的标准质量在上古社会的经济事务中就已经得到了运用,但是,只是到了轴心时代,货币制度才变得普及,它起初可能发源于小亚细亚,不过很快在希腊与腓尼基的城市、近东、印度和中国也开始投入使用。腓尼基人发明了最早形式的算盘。这些发展告诉我们的是,整个古老世界的贸易都正在增长。在公元前第一个千年的中期,市场经济无疑只是在萌动期,基本上尚未波及众多的乡村地区,但是我们知道,市场关系趋向于动摇根深蒂固的血缘关系与地位关系,所以它也必须被补充为一个导致轴心时代的社会动荡的背景元素。②

雅斯贝尔斯提及的战争状态几乎就相当于一切人对一切人的战争,这似乎说的就是我们在轴心时代中看到的早期希腊、以色列君主国、印度北部与中国北部内部的小国之间频仍的战争状态。但是,还有另外一个因素可加剧军事的不稳定性:拥有辽阔疆域的国家兴起了,与先前青铜时代的国家相比,它们在军事上更卓有成效,尤其在近东。这些均冲击并动摇了早期的轴心社会。第一个明显的例子就是新亚述帝

---

① Karl Jaspers, *The Origin and Goal of History* (London: Routledge and Kegan Paul, 1953 [1949]), 6.

② 苏珊(Susan)和安德烈·施尔拉特(Andrew Sherratt)在《地中海经济在公元前第一个千年早期的发展》("The Growth of Mediterranean Economy in the Early First Millennium BCE", *World Archaeology* 24[1993]: 361-378)中描述了近东与地中海在公元前第一个千年的前半叶的惊人的经济增长:"在公元前1000年,地中海的大部分地区实际上还处于史前(prehistoric);到了公元前500年,它才形成了一系列在一个世界-系统内部高度分化的区域。"不仅仅是贸易的重大增长,而且手工业、城市化以及读写能力的发展均出现于整个地中海盆地。施尔拉特将这一变迁的推动性力量归之于腓尼基人,后者尤其在公元前10世纪至8世纪期间面临着亚述人的压力。只是自公元前7世纪开始,希腊才开始在贸易与殖民方面同腓尼基展开竞争。尽管可能晚了几个世纪,但类似的发展同样也可见于印度北部与中国北部。

国(公元前 934—前 610)。① 任何熟悉希伯来《圣经》的人都知道,亚述帝国在公元前 722 年摧毁了北部以色列人的王国,即以色列国,并使得南部王国,即犹大国,在公元前 7 世纪的大部分时间里臣服于它。亚述人对地中海沿岸的腓尼基城市的压力刺激了腓尼基人向北非海岸殖民,其中,最重要的殖民地就是迦太基,它于公元前第一个千年的早期在西西里建立;他们的殖民活动也穿越了西地中海。虽然亚述人并未直接侵犯希腊,但腓尼基的扩张却推动了希腊从黑海沿岸到西地中海的殖民。新巴比伦帝国短暂的扩张在公元前 587 年摧毁了犹大国,但它紧接着又被阿契美尼德王朝统治下的波斯帝国(约公元前 550—前330)所灭,截至那时为止,波斯帝国是历史上疆域最辽阔的帝国,它深刻地影响了后巴比伦之囚时期的犹大国,以重大的文化成果向身处家园的希腊人提出了全面挑战,而且它恰恰在恒河流域轴心全盛期统治着印度的印度河流域。故而,除了中国,所有轴心文明均在它们发展中的关键时刻经受了来自波斯帝国的压力。波斯本身经常亦被作为一个轴心文明的例证,但是,关于琐罗亚斯德(包括他所属的年代是什么时候,从公元前 20 世纪的中期至公元前第一个千年中期,不同的专家权威说法各异),琐罗亚斯德教(包括琐罗亚斯德圣典的内容和断代)在多大程度上,以何种方式,在阿契美尼德王朝统治下的波斯帝国得到了制度化,所有这一切尚悬而未决,因为我们有大量的问题,而现有的资料却只是杯水车薪。出于这个原因,在这一章,我将遗憾地把琐罗亚斯德教从我对轴心文明的讨论中排除出去。我们被置于这样一种无可奈何的境地:虽然认识到,在四个有着充分的文献记录的轴心文明中,三个文明都受到了波斯的巨大影响,但波斯本身在很大程度上却仍然是个历史谜题。②

尽管雅斯贝尔斯将阿尔弗雷德·韦伯(Alfred Weber)誉为轴心时代这一观念的来源之一,但几乎可以肯定,作为雅斯贝尔斯早年重要的

---

① "新亚述"是为了与早期亚述国家(约公元前 1900—前 1830)和中期亚述国家(约公元前 1400—前 1050)区分开来。

② 希腊流传下来的对波斯帝国的记录在质量上不尽如人意,所有其他形式的记录也都有着严重的局限,关于这一点,可参考莫米利亚诺:《外族的智慧》(Alien Wisdom),第六章"伊朗人与希腊人",123—150 页。

同事,马克斯·韦伯对他也有影响。马克斯·韦伯对世界宗教的比较研究暗示了类似于轴心时代这样的假设,但是,在他的著作中,我发现的唯一一处他确凿地断定有类似于轴心时代这样的东西是他提到的"先知时代",它包含了公元前8—前7世纪,甚至一直延续至公元前6—前5世纪的发生于以色列、波斯与印度的先知运动,中国亦发生了类似的运动。这种运动似乎成为后来出现的世界宗教的背景。①

在提及了作为先行者的马克斯·韦伯之后,我还得提一提另外两位学者,他们在雅斯贝尔斯的"轴心时代"这一观念变得声名遐迩之后,又将它作了进一步的发展。其中之一即为埃里克·沃格林,他在五卷本的鸿篇巨著《秩序与历史》②中提到,在公元前第一个千年中出现了"存在的多元与平行的跳跃"(multiple and parallel leaps in beings)。具体而言,存在的跳跃描述了从简洁的宇宙论的象征化(cosmological symbolization)——这是我们说的上古社会的特征——到轴心文明关于个体灵魂、社会实在与超验实在的分化了的象征主义这一运动。沃格林直至第二卷方才提及雅斯贝尔斯,而且还是在批判意义上提及的,然而,他受惠于雅斯贝尔斯的地方似乎比他承认的要多得多。③

另一位受雅斯贝尔斯影响且值得一提的学者乃是艾森斯塔特,在使得轴心时代成为比较历史社会学的中心议题这一方面,任何人都难望其项背。艾森斯塔特专注于雅斯贝尔斯分析的一个中心面向,即"超验秩序与世俗秩序之间的根本张力",他也关注"新形态的知识精英",后者关心的是:根据超验世界对尘世进行可能的重构。④ 他强调,

① Max Weber, *Economy and Society*, ed. Guenther Roth and Claus Wittich (Berkley: University of California Press, 1978[1921-1922]), 441-442, 447.

② Eric Voegelin, *Order and History*, 5 vols. (Baton Rouge: Louisiana State University Press, 1956 1987)

③ Eric Voegelin, *The World of the Polis*, vol. 2 of *Order and History* (1957), 19-23. In vol. 4 *The Ecumenic Age* (1974), 2-6,虽然沃格林承认他早先曾受惠于雅斯贝尔斯,但是,他放弃了这一观念,即存在的跳跃可定位于历史中某一个特定的时期。(原文是 but he appears to owe him a larger dept than he acknowledges,根据文中的意思和注释,"dept"当为"debt"之误)

④ S. N. Eisenstadt, "Introduction: The Axial Age Breakthroughs—Their Characteristics and Origins", in *The Origins and Diversity of the Axial Age*, ed. S. N. Eisenstadt (Albany: SUNY Press, 1986), 1.艾森斯塔特承认雅斯贝尔斯与沃格林的贡献,也承认由史华慈(Benjamin Schwartz)所组织的关于轴心时代的代达罗斯(Daedalus)会议的贡献——会后出版(转下页)

轴心时代出现了他所说的"自反性"（reflexivity），即审视一个人自身之假设的能力，我认为，这与莫米利亚诺提出的"批判主义"的含义是相似的。艾森斯塔特已经推动了各个领域的学者们对轴心时代展开研究，在下文中，我将经常利用他们和艾森斯塔特本人的著作。

在考察了各个案例之后，我将回到这一问题上来，即我们能够在多大程度上将作为轴心发展之语境的社会条件普泛化？但是，在考察这些案例之前，有必要更具体地描述轴心时代之文化内涵的特性：一言以蔽之，是什么使得轴心时代成为"轴心的"？这个问题引发的争议比比皆是，也引发了这样一些疑问：考虑到这些文明之间的差异，我们究竟能不能谈论一个轴心时代？例如，艾森斯塔特对超验与世俗之间区别的强调已经在中国的例子中遭受质疑，因为后者有着根深蒂固的"此世性"。①安纳森业已指出，雅斯贝尔斯对轴心时代最扼要的陈述与他本人对生存哲学的理解有着明显的相似，也就是将其表达为当"人开始意识到作为整体的存在，意识到他自身及自身限制"，"在自我的深度与超验的澄明中体验绝对"。②讨论轴心时代时，我们总是过于轻率地拿自己的预设来作出解读，或者将四个实例中的一个（通常是以色列或希腊）当作所有其他实例的典范。是否存在一个可将轴心时代置于其中的理论框架能帮助我们尽量避开这些陷阱？我相信是存在的：我在第三章勾勒出的关于人类文化与认知之进化的框架。

我们在第三章看到，梅林·唐纳德将人类文化的进化描述成在四

（接上页）了《智慧、启示和怀疑：公元前第一个千年面面观》（*Wisdom, Revelation, and Doubt: Perspectives on the First Millennium* B.C., special issue, *Daedalus* 104, no.2, [Spring 1975]）。艾森斯塔特特别指出，在《代达罗斯》中，史华慈的论文《超越的时代》强调了轴心时代"趋向超验的气质"。亦可参 S. N. Eisenstadt, *Comparative Civilizations and Multiple Modernities*, 2 vols. (Leiden: Brill, 2003), 尤其是第 1 卷第 2 章中的论文《轴心文明》。关于轴心时代最新的论文集是《轴心文明与世界历史》（*Axial Civilizations and World History*, ed. Johann P. Arnason, S. N. Eisenstadt, and Björn Wittrock, Leidon: Brill, 2005），艾森斯塔特也参与其中。

① 对中国的疑问，可参 Mark Elvin, "Was There a Transcendental Breakthrough in China?" in Eisenstadt, *Origins and Diversity*, 325-359。关于希腊，亦有类似争论。

② Johann Arnason, "The Axial Age and Its Interpreters: Reopening a Debate", in Arnason, Eisenstadt, and Wittrock, *Axial Civilizations*, 31-32. 他引用了雅斯贝尔斯《历史的起源与目标》2 页中的一段文字。

个阶段展开。最早的是情景文化,人类与所有高级的哺乳动物一样,学习对他们所在的直接情境作出理解和回应。接着,大概在两百万年前开始,进入了模仿文化(mimetic culture)阶段,身体得到了前语言式(prelinguisitic)但并非必然是前语音式(prevocal)的运用,这既是为了通过表现性姿态来富有想象力地表现事件,也是为了以此与他人进行交流。之后,大概十万年前或者更早,随着我们所知道的语言的发展,神话文化出现了,唐纳德将其描述为"解释性与调节性隐喻的一种统一且集体认同的体系。心智之所及,已经超出了对事件的情景式把握,也超出了对情景的模仿性重构,而达到了对整个人类宇宙进行整全性建模(comprehensive modeling)的水平"。他说,生活的每一个面向"均被神话所渗透"①。尽管神话对生活给出了一种整全性的理解,但完全是通过隐喻和叙事来做到这一点的。并且,除了各种各样的图画,神话文化直到其历史末期,完全就是一种口头文化。在第三章,我提到了——但未加详述——理论文化(theoretic culture),也就是唐纳德提出的四个阶段中最后一个阶段。我的论点是:轴心突破涉及理论文化的形成,后者与作为"对整个人类宇宙进行整全性建模"的一种手段的神话文化保持着对话。所以现在,我必须转向对理论文化的描述。

唐纳德以消极的方式开始对理论文化的描述,他告诉我们,它涉及"与口头语的主导地位,以及与思想的叙事风格的决裂"②,但是,与主导地位的决裂并不意味着抛弃了早先的认知适应形式。尽管像之前的转型一样,新文化认知形式的出现最终也包含着对早先形式的重组,但人类仍然是情景、模仿与神话的生物。

理论文化的关键元素是逐步发展的;它们存在于图示的发明(graphic invention)、外在记忆和理论建构中。③ 图示的发明开始得相对要早一些,包括身体彩绘(body paiting),沙绘,旧石器时代的大型洞穴图画,等等,但是它对理论文化出现的主要贡献在于能够提供外在的记忆储备,亦即外在于人类大脑的记忆。与图画相比,早期的书写在可

273

---

① Merlin Donald, *Origins of the Modern Mind: Three Stages in the Evolution of Culture and Cognition* (Cambridge, Mass.: Harvard University Press, 1991), 214.
② Ibid., 269.
③ Ibid., 272.

被储备的认知信息量方面显然有了意义重大的超越，但是早期的文字系统并未广泛传播，能够使用者亦有限，这意味着它们也只是理论文化之可能性的前驱，而非充分的实现。毫不让人意外的是，唐纳德将公元前第一个千年的希腊视为理论文化首次明显出现的地方，并将由成熟的字母书写系统所提供的有效的外在记忆系统视为这种出现的一个面向（而不是原因）。他这样描述了外在记忆的重要性：

> 如果我们试图建立一座从新石器时代到现代认知能力的进化之桥或者从神话文化到理论文化的结构之桥，那么，外在记忆就是现代人类认知的一个关键特性。大脑在基因构造上可能并未发生变化，但是，它与累积的外在记忆网络之间的联系却使得它足可产生在孤立状态下原本不可能的认知能力。这绝非隐喻；大脑每次与外在的符号储备系统协力执行一个操作时，它就成为一个网络的一部分。它的记忆结构被暂时地转变；认知控制的中心也发生变化。①

但是，图示的发明以及它使之成为可能的外在记忆仅仅是理论文化发展的必要前提，这种文化是以分析，而非以叙事来进行思考的能力，也是建构可进行逻辑和经验批判之理论的能力。唐纳德援引了布鲁纳，把在现代人这里显明的两种思维模式描述为叙事的与分析的。②而布鲁纳本人则使用了威廉·詹姆士下面这段话作为自己著作的题记："说所有的人类思维实质上有两种类型——一种是推理思维，一种则是叙事的、描述的和冥想式的思维——这无异于说，只有每一个读者体验到的东西才能确证。"③当布鲁纳这么做的时候，他也就认可了一位杰出的先驱。所以，分析或理论思维并不是取代了叙事思维，而是加到了后者之上，这一点对我们理解轴心时代是至关重要的。

在某种意义上，像理论思考这样的东西也就是从叙事语境之外的

---

① Merlin Donald, *Origins of the Modern Mind: Three Stages in the Evolution of Culture and Cognition* (Cambridge, Mass.: Harvard University Press, 1991), 312.

② Ibid., 273.

③ Jerome Bruner, *Actual Mind*, *Possible Worlds* (Cambridge, Mass.: Harvard University Press, 1986), xiii. 我找出了詹姆士那段话的来源，它出自"Brute and Human Intelligence", 载 William James, *Writings*, *1878-1899* (New York: Library of America, 1992[1878]), 911.

例子中抽取出结论的能力,它可回溯至这样的事实:要模仿打制石片无疑需要某种程度的推理思维。在实践层面上,"原始人"与我们一样有逻辑,这也是列维-布留尔的原始人是"前逻辑"(prelogical)的这一看法遭到如此奚落的一个主要原因。① 即便我们将理论思考的定义窄化为类似于"自觉的理性反思"之类的东西,也能在轴心时代之前发现其实例。农业上对历法准确性的实际需求甚至使得一些尚未出现文字的社会(preliterate societies)发展出了一种"原始天文学",唐纳德认为,这其中已经萌发了很多现代科学的因素:"系统性与选择性的观察,对数据的收集,编码,最后是对数据的图像储存;分析储存的数据以提取出规律与内聚性的结构;以这些规律为根据来表述预测……理论尚未像它以后那样成为反思性的,也没有独立;但是,对一个更大宇宙的象征性建模(symbolic modeling)已经开始了。"②然而,或许正如冶金领域那样,理论虽然发端了,却仍停留在工艺专门化的层面上,因为它并未在最普遍的文化的自我理解层面上挑战神话;在此,被人们从伦理和宗教角度指责为叙事的神话在很大程度上仍未受到这些新发展的影响。

使得公元前第一个千年的希腊在唐纳德眼中显得独一无二的东西,乃是它"为反思而反思",它"超越了实用主义与机会主义的科学",酿就了"可被称为理论倾向"的结果。③ 唐纳德并未将他的论点与轴心时代问题联系起来,因为他单独将希腊挑选出来作为理论倾向首先兴起的地方,但是,耶胡达·艾尔卡纳虽然同样专注于希腊,却在他刊载于 1985 年由艾森斯塔特主编的《轴心时代的起源与多元性》一书的论文中将其论点与普遍的轴心问题联系了起来。他的论文题目是《古希腊二阶思想的出现》,他的"二阶思想"与唐纳德的"理论倾向"含义相近。④

① Lucian Lévy-Bruhl, *La Mentalité Primitive*(Paris: Librairie Felix Alcan, 1922), Translated into English as *Primitive Mentality*(London: George Allen and Unwin, 1923).认真阅读列维-布留尔的著作就会发现他的观点并非像人们曾认为的那样荒唐可笑。

② Donald, *Origins and Modern Mind*, 339-340.

③ Ibid., 341.

④ Yehuda Elkana, "The Emergence of Second-Order Thinking in Classical Greece", in Eisenstadt, *Origins and Diversity*, 40-64. 艾森斯塔特频频使用"二阶思想"这一概念,作为他的"自反性"一词的同义词。

我将按照唐纳德的做法,也使用有别于"叙事"一词的"理论"一词。与叙事和理论之间的区分相比,艾尔卡纳更关注的,用唐纳德的话来说,就是理论与"理论倾向"之间的区分。对艾尔卡纳而言,一阶理论(first-order theory)可以是十分复杂的,例如,可以像巴比伦的数学和代数的开端,或者像上文提及的历法天文学那样复杂,但它涉及的仅仅是直接的理性阐释,而没有对阐释的基础进行反思。二阶思想是"对思想的思想"(thinking about thinking);亦即,它力图理解理性阐释是何以可能的,又如何能够得到辩护。最早的例证之一就是与早期希腊的毕达哥拉斯相关的几何证明。几何证明不仅仅断言几何真理,也断言认定它们为真的根基,也就是那些原则上可被证伪或者被更好的证明所取代的证明。一些前苏格拉底的哲学家认为,宇宙是由水或火或心灵构成的,对艾尔卡纳而言,这些论点虽然明显是理论而非神话(下文我们将不得不探询这些理论与神话之间的关系),但它们却并不包含着二阶思想,因为它们没有尝试对替代性的解释进行证伪。有人可能会认为,他们这么做了,只是隐而未显,因为每一个前苏格拉底的哲学家都反过来提供了替代性的理论。然而,艾尔卡纳的立场的价值并不在于其细节,而是在于他在这些问题上给予我们的帮助:他看到,"理论"是早于轴心时代的,至少在诸如天文学和数学这样一些选定的领域如此;他看到,使得轴心时代之为轴心时代的,正是二阶思想的出现,而二阶思想乃是这样一种理念:存在着必须被辩护的替代项。

艾尔卡纳援引了莫米利亚诺的一段话来说明决定性的要点,这段话,我前面已经引用过了,即"实在的新模式,不论是通过奥秘,或者是通过语言,还是通过理性来把握它,都是作为对通行模式的一种批判或替代而提出的"①。我们在这里看到的,不是关于实在的各个有限领域的理论,甚至也不是关于实在的某个有限领域,诸如几何证明的二阶思想,而是关于宇宙论的二阶思想,对于刚刚从上古时代涌现出来的社会而言,它意味着对社会自身的宗教-政治前提进行思考。在文化的核心领域中,这一领域之前充斥着神话,正是二阶思想引发了超验理念,而超验理念已如此经常地与轴心时代联系在一起:"相互冲突的替代

---

① Momigliano, *Alien Wisdom*, 9.

选项得到了二阶权衡,紧随其后的是一种危及社会的构造、几乎不可承受的张力,超验突破(transcendental breakthrough)就是在这个时候发生了,通过创造一个超验王国,接着找到一种连接世俗世界与超验世界之间的救世神学的桥梁,人们就找到了这种张力的解决之道。"①但是我认为,作为一个科学史家,艾尔卡纳却在此漏跳了一拍。在科学史上,想努力搞清那些被认为与既存理念不相符合的、经验性的反常现象,这种动机会引导人们去创造一种新的抽象理论,一种新的"实在秩序"——如果你愿意这么称呼的话,它可以成功地解释那些反常现象。但是,与一种科学的理论相比,"创造一个超验王国"涉及更具实质性的东西。因为超验王国并不服从于科学理论所要服从的反证这种方法,它们不可避免地要求一种新的叙事形式,也就是一种新的神话形式。在第五章我提到,神话思辨,也就是包含着自反性理论元素的神话,已经在一些上古社会中出现了。超验突破包含着一种神话思辨的激进化,而不是对它的抛弃。

阿肯那顿在公元前 14 世纪中叶发起的宗教革命生动地说明了神话与神话思辨之间的差异。认为神话文化中不存在任何变化是大错特错的——甚至诸神也会变化。诸神中的一些被遗忘,一些被降级,一些则被提升为至上神。在埃及,最高神的地位的确是不稳定的;先是荷鲁斯,接着是拉,然后是阿蒙或阿蒙-拉,之后是普塔,再接着是托勒密王朝时期的伊西斯,如此这般。在这些变化中,没有任何一个神是戕身伐命的;失去了至高之位的诸神,没有一个被抹杀。改变神话文化的途径就是讲述一个不同的故事,通常只是稍有差异的故事,它并不包含着对任何之前故事的摒弃。例如,正如大卫·休谟留意到的那样②,人们常常谈论的多神论的"宽容"并非我们今天所理解的那种宽容美德,而是神话文化的结构本身的组成部分。一些神话和由它们讲述行迹的神

---

① Elkana, "Emergence", 64.

② 参 David Hume, *The Natural History of Religion*, chap. 9, "Comparison of these Religions [polytheism and monotheism], with regard to Persecution and Toleration", 在这一章中,休谟将多神论的宽容与一神论的"狂热和怨恨,以及所有人类情感中最暴烈和最难以平息的部分"进行了比较。引自《休谟论宗教》(*Hume on Religion*, ed. Richard Wollheim, New York: Meridian, 1964 [1757]),65 页。

祇可能比其他的神话和神祇更具核心性，但是，真假的问题则并未出现。将神话理解为"并非真实的故事"这种理念，只是轴心时代的产物：在部落社会和上古社会中，一种神话的信仰者无须裁决其他人的神话是错误的。

然而，这正是阿肯那顿所做的事情：他宣布，除了阿顿，所有的神都是假的；他将匕首扎入传统埃及宗教的心脏，以这样的方式，他提出了真假的标准。正如扬·阿斯曼所说的那样：

> 阿肯那顿的一神论革命不仅仅是人类历史上反－宗教（counter-religion）的第一次爆发，也是最为激烈和最为暴力的爆发。神庙被关闭，诸神的塑像被毁掉，他们的名字被抹去，对他们的膜拜被废止。对经历了文化与自然、社会繁荣与个体富足之间相互密切依赖的心灵而言，这是多么骇人听闻的冲击啊！这也是上面的一神论革命经验所必须应对的。不尊奉仪式使得持存的宇宙秩序与社会秩序被打断了。①

但是，尽管阿肯那顿切去了传统神话之根，他却并未脱离神话模式，在某些方面，他甚至是相当保守的。我们对阿肯那顿思想的了解主要来自《阿顿颂诗》，它基本上仍是叙事的。② 但是，认知上的突破仍彰显无遗。作为太阳神，阿顿乃是光之源，光则是生命与时间本身之源。仪式与神话并未被抛弃，但是它们完全集中到了阿顿身上。詹姆斯·艾伦辩称，在将"光"指认为宇宙的根本实在时，阿肯那顿毋宁是一个"自然哲学家"，也就是前苏格拉底哲学的一个先驱，而不是一个神学家。③ 但是，他同时具有这两种身份。使他成为保守主义者的，乃是他的这一

---

① Jan Assmann, *Moses the Egyptian: The Memory of Egypt in Western Monotheism* (Cambridge, Mass.: Harvard University Press, 1997), 25. 亦可参 Eric Hornung, *Akhenaten and the Religion of Light* (Ithaca: Cornell University Press, 1999 [1995])。

② "The Great Hymn to the Aten", Miriam Lichtheim, in *Ancient Egypian Literature*, vol. 2, *The New Kingdom* (Berkeley: University of California Press, 1976), 96-100.

③ James P. Allen, "The Natural Philosophy of Akhenaten", in *Religion and Philosophy in Ancient Egypt*, ed. W. K. Simpson, *Yale Egyptological Studies* 3 (1989): 89-101. 亦可参 Jan Assmann, "Akhanyati's Theology of Light and Time", *Proceedings of the Israel Academy of Sciences and Humanities* 7, no. 4 (1992): 143-175; Assmann, *The Mind of Egypt: History and Meaning in the Time of the Pharaohs* (Cambridge, Mass.: Harvard University Press, 2003 [1996]), 214-228.

信念:阿顿唯独只向他——法老——显现自身,并且只通过法老向人民显现。在大众崇拜中,阿顿,连同阿肯那顿及其妻子妮弗提提(Nefertiti),这三者均被刻画为神。在这一方面,阿肯那顿的宗教重申了上古的神与君王之间的统一,但是不管在多么大的程度上能充当先驱,该宗教未能对神与君王的关系提出批判性质疑,而这才是轴心时代的标志所在。不仅如此,阿肯那顿还声称,他是神与人之间沟通的唯一渠道,而这却发生在一个个人虔诚——也就是个体与神之间的直接联系——开始兴起的时代。

出于诸多原因,阿肯那顿的革命失败了:有关他的生平之事在他死后不久即被扫除殆尽,只是到了现代才被考古学家们再次发掘出来。倘若不计该革命对它所在的时代过于激进这一事实的话(其他的激进运动则在拒绝它们的社会的边缘存活了下来),其陨落的首要原因就是:它全然是创始人的智识产物。当阿肯那顿死后,没有教士,亦无先知,也无人去延续这一信仰。然而,神话思辨已经实现了一项将在近千年中都不会被重复的认知突破,这一事实确实非同寻常。这也指示了如下的事实,即不论如何缓慢和痛苦,轴心突破都是上古文化之子,它们就是从这里兴起的。

但是,我现在想澄清的是,作为一个问题重重的词,"突破"不意味着对此前事物的抛弃。在考察各个轴心案例时,我们将会更为清楚地看到这一点。理论文化被加到了神话文化与模仿文化之上,后两种文化在这一过程中得到了重组,但它们在各自的领域中依旧是不可或缺的。理论文化是一项非同寻常的成就,但也总是一种专门化的成就,因为它往往包含着那些平常人不可企及的领域中的书面语言。日常生活一如既往地是在个体及群体之间面对面的互动中过日子,在物质世界中日复一日的谋生活动中过日子。它首先是模仿性的(以布鲁纳的话来讲,即动作性的[enactive]),无需文字的解释,但是,如果语言解释是必需的,那就多是叙事性的,而非理论性的。

我已经提到了这一事实,即部落社会中面对面的仪式依然在我们中间存在,只是改头换面了。不妨以礼节性的握手为例,它是我们日常生活中极重要的一部分。莫米利亚诺告诉我们,古罗马的握手,即dexterarum iunctio,它是对信仰,即fides,也就是作为信任(trust)或信心

278

（confidence）的信仰的一种古老象征，而从很早的时候开始，信任女神
（Fides）就是罗马的神祇了。他指出，有充足的理由认为，在希腊，握手
是信任（pistis），即与罗马的 fides 一词相对应的希腊语的表达。
（Pistis，即毗斯缇斯，在古希腊神话中是信任之神）尽管通常而言，握手
无非是对某种协议的可信性的确认，或许还有着神佑的光环，然而，阿
提卡（Attic）肃穆的浮雕却显示出对这一理念的进一步延伸，因为它们
"将握手展示为生者与死者在别离之际的一种信仰象征。因此，握手
就不仅仅是生者之间协议的标志，也是在最终分别之际的信任与信仰
的手势"①。对我们而言，握手很难算得上是有意识的手势，然而，没有
人会预想将受到刚刚握过手的人的攻击。但是，拒绝别人主动的握手
却的确会使得人们意识到这一仪式性的手势：仪式的中断提出了让人
不安的疑问，而后者需要一个解释。

　　兰德尔·柯林斯追随涂尔干与戈夫曼的看法，他认为，我们的日常
生活即存在于无穷无尽的"互动仪式链"中。与他这方面的坚持相比，
任何人都相形见绌。"仪式，"他说道，"实质上是一种身体过程。"他提
出，仪式要求身体的在场，他还询问道，在修辞上，婚礼或葬礼是否可通
过电话或视频会议来进行。他的回答是：显而易见，"否"。人们可以
给婚礼或葬礼录像，但是，若无身体性的在场以及与参与者的互动，那
么，任何仪式均不可能发生。② 然而，模仿（动作性的、具身化的）文化
不仅仅是继续与理论文化一起存在，可以说，它改造了理论文化的一些
成就。修伯特·德莱弗斯已经详细地揭示了：苦心孤诣地专注于明确
的规则，使它们变得具身化，并且使它们在很大程度上变得不再被意识
到，通过这种方式而习得的技艺，最终比在初学者阶段要有效得多。③

---

① Arnaldo Momigliano, "Religion in Athens, Rome, and Jerusalem in the First Century B. C.", in
  On Pagans, Jews, and Christians (Middletown, Conn.: Wesleyan University Press, 1987), 76-
  77. 虽然莫米利亚诺在波斯人、凯尔特人以及希腊人和罗马人那里都发现了这一习俗，但是，
  握手往前可追溯至何时，我们尚不得而知。

② Randall Collins, *Interaction Ritual Chains* (Princeton: Princeton University Press, 2004), 53-
  54. 他还主张，真诚的学习要求老师与学生的身体性在场，因此，"远程学习"顶多是代用品。
  在我看来，他的这种观点是很可信的。

③ Hubert L. Dreyfus and Stuart E. Dreyfus, *Mind over Machine: The Power of Human Intuition and
  Expertise in the Age of the Computer* (New York: Simon and Schuster, 1986).

他列举的例子包括开车与熟练地下象棋。在这些例子中,驾轻就熟的实践者"直觉地"知道在具有挑战性的情境中该做些什么。在这种时刻,"批判性思维"(理论文化)却只会打断流畅性而制造严重的错误。人们可以想象,这样一种具身化过程可追溯至旧石器时代对石头的打磨。可以说,甚至早在有任何语言描述它之前,最初从痛苦的试验和错误中习得的东西就通过实践而变成了"第二天性"(second nature)。如果我们想象着,"现代人"生活在一个"科学世界"之中,已将诸如仪式之类的原始事物抛诸身后,这只是因为我们尚未像戈夫曼、柯林斯和德莱弗斯这些人那样注意到,我们的生活是多么深入地存在于具身化的仪式与实践中。这并不是说,仪式已经无可非议:反仪式的趋势甚至运动,在大多数的轴心突破中均发生过,并且从那时起就一直周期性地发生。这是我们往下论述时必须谨慎考虑的问题。但是,在每一个个案中,仪式在前门被扔了出去,却又从后门回来了:甚至还有着反仪式的仪式。我们的具身化及其节奏是无可回避的。

如果说理论文化一出现,模仿文化即与之进行了密切互动的话,那么,叙事文化亦不遑多让。有一些事情,叙事做得到,理论却做不到。我在第一章中曾指出,叙事实际上构成了自我,"自我是一种叙述"。① 我们不仅是通过分享我们的故事而得以了解人们的,而且只有理解了可以界定群体的故事时,我们才理解了我们在群体中的成员身份。一旦理论文化形成了,故事就要服从于批判主义——它处于轴心突破的核心——但是,在重要的生活领域中,理论无法取代故事。因为故事确实在自然科学中已经被理论所取代了,所以一些人也开始相信,这种事情会发生在所有领域中。尽管开创一门关于伦理学或政治学或宗教的科学的尝试已经在这些领域中提出了批判性的见解,但是,它们尚未成功地取代故事,后者为它们提供了实质内容。亚里士多德,毋庸置疑是所有时代最伟大的理论家之一,当他开始写作《伦理学》时,提出了这样的问题:人们所认为的至善是什么? 他发现,通常的回答就是"幸福"。简而言之,他是从意见,从人们讲述的什么会导向幸福的故事开始的,虽然批判了这些故事,他却并没有拒绝它们的实质内容。亚里士

280

---

① Jerome Bruner, *Acts of Meaning* (Cambridge, Mass.: Harvard University Press, 1990), 111.

多德同意通常的意见，即幸福就是至善——在力图辨别出什么能够引向真正的幸福的过程中，他运用了自己批判性的洞见。简而言之，他试图以更好的故事，而非理论来改进司空见惯的故事。有些现代道德哲学家已经寻求开创一门以"唯凭理性"为基础的伦理学。然而，当功利主义者说伦理学的基础应当是考虑最大多数人的最大的善时，他们就需要从对善的一种实质性说明来作为开端；他们仍然需要一个关于善的故事。义务论者试图通过区分善和权利来规避这一障碍，前者是随文化而变化的，后者则是普遍的，当他们这么做时，也仍然需要一个关于权利的故事，而这单靠理性是无法创作出来的。创造一个"单纯理性限度内的宗教"的努力也遭遇到了同样的问题：它们最终是以新的故事取代旧的故事。

简言之，叙事不止是文学，它是我们理解自身生活的方式。如果文学只是提供消遣，那么，它就不可能如其所是的那样重要。伟大的文学向着人的心灵最深邃的层面说话；它有助于我们更好地理解我们是谁。叙事不仅是我们理解自身的个人认同和集体认同的方式，它也是我们的伦理学、政治学和宗教的根源。正如威廉·詹姆士和杰罗姆·布鲁纳断言的那样，它是我们最基本的两种思维方式之一。叙事并不是非理性的，虽然它可被理性的推理所批判，但是它不可能仅只派生于理性。神话（叙事）文化并不是，亦永远不可能是理论文化的子集（subset）。它比理论文化古老，而且直至今天仍是一种与世界相联系的不可或缺的方式。

唐纳德注意到，在其出现后的大部分时间内，叙事文化一直都是口头的文化，而作为外在的符号储存系统，书写的发展则是理论文化出现的一个必要前提。尽管最早的书写似乎主要是功利性的，因为它记录的是神殿和王室经济中的收入和支出，但是当书写被用于扩展的文本时，这些文本更倾向于是叙事的，而不是理论的，甚至也不是准理论的。它们记录了口头语言，却没有取代口头语言。书写应该是要大声阅读的（无声的阅读则是相当近的发展），这往往是因为大多数人，甚至王室，仍然目不识丁，需要文士告诉他们写的是什么。简而言之，虽然书写是理论文化的前提，且社会中广泛传播的书写确实酿造了意义重大的文化变迁，但是作为读写能力的一种不可或缺的补充，口头文化却生存至今。

我们已经指出,面对面的文化总是牵涉到身体,即便只是对公共场所的陌生人微不足道的留意。人类的互动经常是身体性的:我们已经指出了公共的握手仪式,但是轻拍后背,一个拥抱或者一个吻都暗示了亲密程度的增加。口语根植于模仿性的、动作性的文化。沃尔特·J.翁已经注意到,口头语"有着高度的躯体内涵"(somatic content)。他写道:"如我们所指出的那样,口头语,从来不是像书面语那样存在于一种单纯的言语情境中。口头语总是一种整体性、生存性的情境的变形,而这种情境总是涉及身体。超出单纯发声(vocalization)的身体活动在口头交流中既不是偶然的,也不是刻意为之的,而是自然的,甚至是不可避免的。在口头的言语表达中,尤其是在公共的言语表达中,绝对的不动(motionlessness)本身就是一种强有力的姿态。"①在诸多仪式中,不单单是正确的姿势,而且口头语都是很重要的。在婚礼中,正是"我愿意"这一言语的互换才使得仪式成为有效的。祝圣的言语对于有效的圣餐仪式也同样不可或缺。

在书写文字出现了很长时间之后,口头言语在宗教生活中的特殊意义是通过对记忆和朗诵的广泛强调而显示出来的,有时候也涉及身体,如犹太教哈西德派(Hassidic)在祈祷中身体会前后摆动。口头言语被赋予的价值可能会导致对书写的质疑,仿佛至高的真理只能通过口头语言来沟通——柏拉图的第七封信(Plato's Seventh Letter)或许是对这一不安的最为著名的表达。某些传统,如琐罗亚斯德教、印度教和佛教甚至在书写已广为人知之后,仍然在较长的时间内坚持以口头语言来传承经典。所有这一切却丝毫不应该让我们怀疑书面语的重要性;它只应该让我们意识到,口头形态与读写能力一向都是彼此重叠的,而读写能力的全面的文化影响只是非常晚近的事。即使叙事长期以来都根植于口头语言,但我并不想将口头形态与叙事性等同起来。一旦被记载下来,叙事即会更容易地得到探究和比较,因此也就增加了

---

① Walter J. Ong, *Orality and Literacy* (London: Methuen, 1982), 66- 67. 此处不宜追问关于口头形态与读写能力(literacy)之间的关系这一重要问题,不过,对此问题,与艾瑞克·亥乌络克(Eric Havelock)与杰克·古蒂(Jack Goody)一样,沃尔特·J. 翁除了此处引用的这本著作之外,在其他著作中也有重要的贡献。

批判性反思的可能性。

轴心时代出现于很大程度上仍然是口头文化的环境里,其时只有初始的读写能力和理论反思的开端,然而,在每个轴心案例中都出现了一些激进的结论,比阿肯那顿的结论更为激进。在转向这些实例之前,我们要最后一次问:这是如何发生的?

在1975年《代达罗斯》关于轴心时代的专题研究中,埃里克·威尔在其逸趣横生的论文中问道,突破是否与崩溃有关,崩溃有没有可能并不是突破的必要条件?[1] 突破涉及的不仅是对已经流传下来的事物的一种批判性重估,也是对实在本性的一种新理解,一种关于真理的观念,世界的虚假性可据此而得到判定。它也是一种主张,即这种真理是普遍的,而不仅仅是地域性的。任何一个身处安全稳定的社会中的人何必要去作出如此根本性的重估呢?威尔的论点是,有着严峻的社会压力的时期会使人们质疑对实在的既有理解是否恰当,易言之,严重的崩溃可能就是文化突破的必要先行者。必要,却非充分:"对那些发掘普遍解释的人而言,不幸的是,崩溃在历史中比比皆是;突破则少之又少。"[2]他认为,正是波斯人对城邦——希腊人认为,它对人的生活是不可缺少的——的威胁,才刺激了希腊的突破;亚述、巴比伦和波斯对古以色列人的压力,才使得他们去寻求一种超验的原因;可能正是古代中国与印度相似的分崩离析才成就了它们的轴心创新。然而,反例也为数众多。最让人费解的一例即腓尼基人,他们与自己语言上的近亲以色列人同时受到了来自各大帝国的压力,稍后在迦太基又面临与罗马的生死攸关的斗争。然而,这一多才多艺、经济上富有革新性、高度通文达理的文化却没有经历突破——除非是所有关于这一突破的证据都已经消失殆尽,而这几乎是无稽之谈。

威尔提醒我们的另一点是:那些引致了最为激进的革新的人很少是成功的。从短期来看,他们经常是失败的:想想耶利米、苏格拉底、孔子、耶稣吧。在印度,即佛教的故乡,佛教最终消失了。雅斯贝尔斯鲜

---

① Eric Weil, "What Is a Breakthrough in History?" *Daedalus* 104, no.2 (Spring 1975): 21-36.
② Ibid., 26.

明地总结道:"轴心期亦以失败告终。历史继续前行。"①所以,不单单突破之前是崩溃,突破之后也是崩溃。历史就是如此。然而,真知灼见,至少是那些我们所了解的真知灼见保留了下来。之后的挫折激发了屡次三番的尝试,以恢复那些原初的真知灼见,以实现那些迄今尚未实现的可能性。正是这赋予了轴心传统以如此的动力。尽管这些传统对我们来说很重要,而且威尔也提醒我们,任何对轴心时代的讨论在文化上均是自传体式的——轴心时代之为轴心,是因为它给我们提供的意义②——但是,这些传统并未赋予我们任何必胜主义(triumphalism)的根据。失败一直为数众多,且很难定下胜利标准。很难说,我们今天,尤其是今天,正在践履伟大的轴心先知和圣哲们的真知灼见。但是,该做更仔细的审视了。

古以色列

283

尽管每一位严肃讨论轴心时代的人都会将古以色列作为一个案例而涵括进来,但是,如果我们将理论狭义地界定为"对思想的思想",那么显然,它并非以色列人所关心的。在上古美索不达米亚和埃及已经出现的智慧传统在以色列也得到了高度发展,但是相对而言,例如与希腊哲学相比,它仍然只是初步致力于逻辑推理。然而,如果我们还记得外在记忆的重要性、对文本的专注与批判以及对宗教与伦理实践的替代性根基(alternative grounds)的自觉评估,那么,古以色列就明显符合我们在导论部分所提出的标准。用上文征引过的莫米利亚诺的话来说,古以色列正在汇编起来的文本确实包含了"实在的新模式",它作为"对盛行模式的一种批判,一种替代"而发挥着作用。尽管这些新模式通常仍然以叙事形式来表达,它们却涉及了对宗教与政治设想如此根本的重思,以至于它们有了强有力的理论维度。我们此处的任务就是要看一看这些新模式究竟是如何形成的。

从现代历史研究进路的观点来看,关于古以色列的资料以及对这

---

① Jaspers, *Origin and Goal*, 20.
② Weil, "What Is a Breakthrough", 22.

些资料的学术阐释,几乎是令人丧气的。我们必须处理的实际上就是希伯来《圣经》,基督徒称之为《旧约》,还有一些考古证据和邻近社会的文献中关于以色列人的记录,不过最终,《圣经》才是首要的原始资料。问题是,在两百年的深入研究之后,连诸如各种《圣经》文本的成书年代这样的基本事实,我们拥有的也仍然只是脆弱而有争议的共识。《圣经》中的很多部分以历史的面貌出现——当然,不是现代的批判史学意义上的历史,而是一种从创世至公元前 5 世纪的多少具有连续性的叙事。但是叙事的每一页均服务于某种宗教目的,只有经过最为磨砥刻厉的学术分析,方可用来重构"究竟发生了什么"这些史实——如果确实可能的话。而"如果确实可能的话"并非一个微不足道的补充:当代《圣经》研究的一个倾向即是认为,我们永远不知道究竟发生了什么,我们必须按其原样来处理《圣经》,即它是一系列故事的集合,其中或许有一些故事与古以色列的真实个人有所关联,但我们不知道是何关联。对我来说,这并不是一个逃脱的借口。我的比较历史研究要求我要么保证材料的历史真实性,要么就干脆不用它。我的策略是在经过细致的考察之后,撇开其他学者的看法,而尽可能追随一些声望卓著的学者,当这些学术引导之间相互抵触时,就运用我的社会学常识来判断何者可能,何者不可能。

284

虽然对这个领域的专家而言,我所发现的东西不足为奇,但它们已在诸多方面让我吃惊不已,可能也会让本书的读者感到吃惊。一些学者相信,以色列的所有历史都是在波斯时期(公元前 538—前 333),或者甚至是在希腊化时期(公元前 333—前 165)凭空捏造出来的。[①] 对我来说,很明显的是,关于前君主政制社会晚期的证据寥寥无几,所以,对于以色列前君主政制的历史,我们的确知之甚少。这意味着,摩西五经——摩西五书(Pentateuch)或律法书(Torah)——是民间故事、传说、史诗,它们是在君主政制时期或之后从最粗略的片段中创作出来的,充其量是根据这些片段煞费苦心炮制出来的。在我看来,在《士师记》到

[①] 尼尔斯·彼得·雷赫(Niels Peter Lemche)在《以色列过去的序幕:以色列历史和认同的背景和开端》(*Prelude to Israel's Past: Background and Beginnings of Israelite History and Identity*, Peabody, Mass.: Hendrickson, 1998, 222-225)中对可能的年代进行了考察,并倾向于认为,尽管也存在着赞成别的不同年代的有效论证,但是,波斯和希腊化时期是可能性最大的年代。

《列王纪上》中,它们所描述的由部落社会向君主社会的转型虽然在细节上经常靠不住,但大致还是可信的。向来有一种说法认为,以色列与其前人不同的地方在于,它是以历史,而非神话为根基的。对于从小就在这样的观念熏陶下长大的人们来说,希伯来《圣经》中最核心的人物摩西并不比阿伽门农或埃涅阿斯更有历史真实性这一看法足以让人感到震惊。[①] 但是,史诗,即摩西的故事,也就是《出埃及记》、西奈山上的启示,在君主政制时期已经具有了它当前的形式,而这一时期也许是在公元前 7 世纪,无疑也就是在那些被信以为真的事件之后的几个世纪了。在我看来,这一说法比所谓的极简主义者的设想(minimalist scenario)要更为可靠,后者认为,史诗是一个更晚时代的产物。

我不敢相信所谓的极简主义者的设想,原因在于,我看不到波斯或希腊治下的小殖民地省份中的居民有任何理由需要创造关于君主政制的这种历史:它先是统一的,接着分裂了,之后则消亡了,也看不到他们有什么需要去创造摩西/《出埃及记》的史诗。几乎整部希伯来《圣经》处理的问题就是,在混乱的公元前第一个千年中期,几个处于巨大压力之下的边缘王国所面临的上帝和君王的问题,这也是上古社会的核心问题。不言而喻,巴比伦之囚造成了巨大的失魂落魄感,假若根本就没有失落任何东西,假若以色列和犹大王国很大程度上只是波斯或希腊化时期的捏造,那么,我就无法理解那种铭心刻骨的感觉。因此,我更倾向于赞成一种经过修正的传统年表,而不是那些激进的修正主义者。我知道,对于很多读者来说,我所说的"经过修正的传统年表"看起来仍然是非常激进的。

一份简要的年表大概会有助于读者理解我们的讨论:

公元前 13 世纪中期	摩西(传统的断代)	285
前 1208	埃及人的记载中首次提到了以色列	
约前 1200—前 1000	以色列与犹大的前君主制的部落	

---

① 莫舍·魏因菲尔德(Moshe Weinfeld)主张,希腊-罗马的迁徙/建立的故事和以色列的迁徙/建立的故事之间有着大量的相似之处。他特别引用了《埃涅阿斯纪》(*Aeneid*)与《创世记》中的亚伯拉罕故事之间的一些结构相似性。他还让我们注意与《出埃及记》/摩西叙事之间的相似之处。参 Weinfeld, *The Promise of the Land: The Inheritance of the Land of Canaan by the Israelites* (Berkeley: University of California Press, 1993), 1-21。

约前 1030—前 1010	扫罗为以色列的王
约前 1010—前 970	大卫为以色列和犹大的王
约前 970—前 930	所罗门为以色列和犹大的王
约前 930—前 722	犹大与以色列的分裂的君主制
前 722	亚述征服北部的以色列王国
前 640—前 609	约西亚为犹大的王
前 587	巴比伦征服南部的犹大王国
前 587—前 538	巴比伦之囚
前 539	居鲁士的波斯征服巴比伦
前 538	首批放逐者返回犹大
前 333	亚历山大征服波斯帝国,包括犹大
前 140—前 63	哈斯莫尼王朝
前 65	罗马征服巴勒斯坦

即便有一些传统,尤其是《士师记》中的传统,可追溯至前君主制时期,但是只有一个特殊的文本,《圣经》中以最古老的希伯来语写成的文本,也就是底波拉的歌(《士师记》第 5 章),可追溯至前君主制时代。① 即使关于前君主制之往昔的记忆只是在君主制时期或之后才记录下来的,但是,这些记忆在希伯来《圣经》中有着突出的地位这一事实本身即有着重要意义。古代的美索不达米亚和埃及,从先前存在的混沌中创造出了秩序,这一神圣活动就完整地涵括了王权制度。虽然我们从考古学证据了解到,在这两个案例中,前君主制都有一段漫长的发展期,但是,这一事实已从文化记忆中被删去了。当然,以色列的君主制是后来者,而美索不达米亚与埃及的君主制在扫罗、大卫和所罗门之前已有几千年的历史。不过,前君主时期——不论是被记住的,被精心炮制的,还是被捏造出来的——应该在以色列有着极其突出的地位(《圣经》的前七卷均与这一问题有关)这种说法亟需一个解释。人们

---

① Mark S. Smith, *The Memoirs of God: History, Memory, and the Experience of the Divine in Ancient Israel* (Minneapolis: Fortress Press, 2004), 24. 有学者指出,《出埃及记》第 15 章,《创世记》第 49 章,以及《申命记》第 33 章可能是前君主制时期;其他学者则将它们追溯至君主制的早期。

已经给出了几个看似合理的解释：(1)前君主制的故事被用来使君主制正当化；(2)前君主制的故事被用来批判君主制；(3)君主制衰落之后，前君主制的故事用来使以色列人确信，在君主制之后，他们可以继续生存，就像有君主制之前那样。① 所有这些解释可能都存在着某种真实的成分。

　　鉴于每一个"记忆"前君主制时代的动机都具有倾向性，因此，即使是在考古学的帮助之下，我们也很难对前君主制的社会多说些什么。如果像法老麦伦普塔赫(Pharaoh Merneptah)的胜利石碑上所标明的那样，在公元前 13 世纪末叶，北部巴勒斯坦的丘陵地区确实有一个名为以色列的民族存在，那这个民族也是无足轻重的，因为它再也没有在前君主制时代的埃及(或任何其他的)记录中出现过。② 它十有八九只是几支居民群体中的一支，只是多个起源中的一个而已，集体认同也只是在它们当中逐渐形成的——例如，犹大直至大卫之前都不是以色列的一部分。尽管在公元前 1200 年之后，新埃及王国在巴勒斯坦地区的力量骤然下降了，但还是间或地去保护贸易线路免受高原掠夺者的侵扰，而这又招致了埃及人的入侵，他们偶尔会将巴勒斯坦人放逐到埃及去。③ 一些被放逐者设法回来了，他们的回忆可能为《出埃及记》/摩西叙事提供了核心，虽然除了摩西是个埃及名字这一事实之外，少有证据能够支撑这一点。但是，今天几乎没有一个学者相信这样的说法，即我们看到的是出自摩西本人的话语，更不必提以下说法：《出埃及记》《利未记》《民数记》《申命记》中数不胜数的律法素材均是由摩西逐字逐句传达的。然而，律法书，即《圣经》的前五卷，在两千多年以来始终都是犹太人崇拜的核心。它从何而来，又何以获得确定性？这些问题的确不易回答——如果我们确实有可能回答得出这些问题的话，但是，即使只是试着去回答它们，也可能使我们离那些最需要了解的事实更近一步。

---

① 对这些论点的概述，可参 Norman K. Gottwald, *The Politics of Ancient Israel* (Louisville, Ky.: Westminster John Knox Press, 2001), 158-162。

② 人们可能会注意到，法老声称已经完全消灭了以色列人——但众所周知，胜利碑文是夸大其词了。

③ Donald B. Redford, *Egypt, Canaan, and Israel in Ancient Times* (Princeton: Princeton University Press, 1992), 208-209.

让我们先不管《圣经》的起始几卷——不论有多重要,但就"历史的"一词的现代意义而言,它们都并非"历史的"——转而从早期以色列社会开始吧,对于它,我们好歹还有少许历史的自信来进行讨论。如果我们能够利用《士师记》和《撒母耳记上》来认识前君主制晚期的社会是什么样子的,那么可以说,"以色列"一词也许指称的是巴勒斯坦中心地带及北部的一系列山地民族,他们主要通过血缘关系而组织为世系、氏族和部落。虽然十二支派这一观念是一种虚构——即便在《圣经》中,十二支派的名单也有很大的变化——而且一个支派是如何构成的,我们也无法知其究竟,但是在支派的层面之上,并不存在稳定的结构。当受到邻近民族的威胁时,一些支派可能会在诸如基甸(Gideon)或耶弗他(Jephthah)这样的克里斯玛型战争领袖之下联合起来,但渡过危机之后,这些联盟便不复存在,"以色列人"的支派之间的关系也不是完全免于冲突的。我将"以色列人"加引号,是因为还没有足够的根据能断定前君主制时期就存在一种强烈的族群认同。在语言和文化上,以色列人几乎不能与他们的邻居"迦南人"(Canaanite)分别开来。在公元前 1208 年的麦伦普塔赫石碑上,"以色列"一词就单独出现了,但关于其连续性或身份,它给我们的信息很少或一无所有。我们几乎可以说,以色列人就是居住在山地的迦南人,而迦南人就是居住在低地或沿海的迦南人(腓尼基人经常被认定是"迦南人"),或者,最好将他们都称为西部闪族(Semites)。

亚历山大·约菲完全从考古学材料出发来立论,他指出,在他称之为黎凡特(黎凡特指旳是中东托罗斯山脉以南、地中海东岸、阿拉伯沙漠以北和上美索不达米亚以东的一大片地区)的地区,大约从公元前 1200 年至前 1000 年,不仅经历了先前争夺这一区域的埃及人与赫梯人的帝国的衰落,而且也经历了许多围绕宫廷经济而组织起来的地方性城邦(local city state)的衰落,腓尼基人的城市实际上是这一时期唯一能维持其连续性的城市。在早些时候发生的、周期性的都市化和乡村化模式中,城市的衰落也伴随着山村聚居点的显著增长,在那些地方,农业和畜牧业被结合了起来。约菲相信,虽然古代近东的人口起落鲜有不涉及各种形式的迁徙,但是,这些增长的山村聚居点并非重大的人口迁入的产物,而主要是由本地的"迦南人"构成。① 他注意到,在公元前 10 世纪之前,城市聚居点的复兴,不论是古老城镇的恢复,还是新城镇的建立,都在有条不紊地进行之中,但是,乡村聚居点已足够多,也足够强,能在之后的政治发展中有所作为了:"由于有着强有力的联系网络,乡村要素的出现也第一次在南部黎凡特创造了对城市力量的一种重要的社会平衡。铁器时代是都市与乡村不稳定的融合,在此,政治、经济和文化的中心处于持续不断的张力之中。"②

然而,以色列的特点无疑是其独特的宗教,该宗教远远早于君主制——想想亚伯拉罕、以撒和雅各吧,更不用提摩西了。几十年以来,早期以色列有着宗教独特性这一观念已经遭到不断的侵蚀。看起来,耶和华并非以色列最初的神,而竟然是一个来自以东(Edom)的后来者,并逐渐被等同于南方的神:不仅仅是以东,也包括米甸(Midian)、帕兰(Paran)、西珥山(Seir)与西奈山(Sinai)(《士师记》5:4;《先知书》3:3;《诗篇》68:8, 17)。③ 以色列最初的神是伊勒(El),而非耶和华,正如在其父权叙事(patriarchal narrative)中显明的那样:以色列(Israel)之名即为"伊勒统治"的意思,而非"耶和华统治"的意思,要是后者,就会是 Isra-yahu 了。④ 或者,也可能不是 El,即古老的城市迦南人的至高神的独有名号,而是 el,即西闪语中对神、灵或祖先的通用的称呼。也许在《创世记》第 32 章中,雅各在雅博渡口就是在和一个支派的强力存在摔跤,而不是和超越的上帝摔跤,也不是和一个天使摔跤——和天使摔跤的说法是后来对这一问题的权宜解决方案。

假若在前君主制时代,甚至支派亦未得到清晰的界定,那么,敬虔的真正焦点就是家庭与世系。最近的研究已经强调了家族宗教不仅仅在古以色列,而且在整个古代近东都很重要。家族崇拜祖先(亦称 elim, el

① Alexander H. Joffe, "The Rise of Secondary States in Iron Age Levant", *Journal of the Economic and Social History of the Orient* 45, no. 4 (2002): 437.
② Ibid., 440.
③ 耶和华起源于以东人,而早期以色列与早期以东之间有着紧密联系,这种说法可参 Smith, *The Memoirs of God*, 27, 153-154, 170-171。
④ 以色列(Israel)这一名称的词源演化成了"上帝统治"(God rules),关于这一点,参 Stephen A. Geller, *Sacred Enigmas: Literary Religion in the Hebrew Bible* (London: Routledge, 1996), 22。关于 Isra-el 与 Isra-yahu 的对立,参 Smith, *The Memoirs of God*, 26。

288

的复数形式)与地方神,即"父辈们的神"(gods of the fathers),或者"家庭之神"(household gods),正如拉班被拉结偷走的神像这一例子中表现的那样(《创世记》31:30—35),它们可以用雕像来表征。(拉班的两个女儿都嫁与雅各为妻,雅各受神启逃离拉班时,其妻拉结偷了拉班家中的神像,拉班追上雅各后,由于拉结将神像藏了起来,他没有能搜到)卡莱尔·范·特·图尔恩已经颇有裨益地刻画了这种早期宗教之特征:

> 在以色列人宗教的最早阶段,宗教似乎主要是家庭或氏族的事务。中心山区的定居者生活于独立(self-contained)的,并且在很大程度是自给自足(self-sufficient)的共同体中……家庭宗教专注于聚居点的神。这种神是居主导地位的家族的守护神,并且与此相关地,也是地方氏族与聚居点的神。氏族成员资格系之于对氏族神的忠诚。氏族神通常是迦南诸神中的一个,伊勒与巴力(Baal)则受到了最广泛的崇拜。耶和华作为氏族神而出现似乎一直都很出人意料。① (巴力在犹太教以前是迦南的主神,太阳神、雷雨和丰饶之神)

我们对"迦南诸神"的了解主要来自公元前第二个千年的叙利亚北部城市乌加里特(Ugarit)丰富的文献储藏。② 以色列的宗教有着明显的连续性,但也有着明显的断裂——与那些最早的有关以色列的证据相比,乌加里特的毁灭还要更久远一些,这是一座位于以色列人的山村以北的城市,所以尽管可发现连续性,却必须谨慎待之。此外,"伊勒"一词可用作表示乌加里特的高位神的专有名称,或者仅仅用作表示"神"的通用词。类似地,巴力,即乌加里特一个重要的神的专有名称,也仅仅是用作表示"领主"或"主人"的词。所以,赖讷·阿尔贝茨奉劝我们不要对术语的相似性做过分的解读:

---

① Karel van der Toorn, *Family Religion in Babylonia*, *Syria and Israel: Continuity and Change in the Forms of Religious Life* (Leiden: Brill, 1996), 254-255.

② 特别参看克洛斯《迦南神话与希伯来史诗:以色列宗教史论文集》(Frank M. Cross Jr., *Canaanite Myth and Hebrew Epic: Essays in the History of the Religion of Israel*, Cambridge, Mass.: Harvard University Press, 1970)。亦可参马克·史密斯《〈圣经〉一神论的起源:以色列的多神教背景与乌加里特的文本》(*The Origins of Biblical Monotheism: Israel's Polytheistic Background and the Ugaritic Texts*, New York: Oxford University Press, 2001)。

尽管家庭所选诸神有种种名号,但在家庭敬虔的层面上,这些神丧失了独特的特征。不管早期以色列家庭崇拜的是伊勒－沙代(El-Shaddai),还是伊勒－奥拉姆(El-'OLam),还是别的伊勒,这个神作为一个家庭神,除了名字之外,与乌加里特诸神中的大天神少有共同之处。诸神世界内部的膜拜性、地方性、历史性与功能性的分化,是[乌加里特城市的]政治与社会分化的一种反映,它们几 289 乎没有在社会结构相对简单的家庭层面发挥什么作用。[1]

正如意大利一个村子中的圣母(Madonna)与邻村的圣母不会被看作一回事儿一样,一个地方的伊勒也不一定就会被认作另一个地方的伊勒:例如,伯特利的伊勒之于耶路撒冷的伊勒－以罗安(El-Elyon)。同样的说法亦适用于各个巴力,甚至适用于早期地方性的耶和华。(Elyon 在边码 294 页会再次出现,和合本《圣经》译为"至高者"。此处则音译为"以罗安")

　　由于有着地方性的、去中心化的、氏族的"神",因此,颇具诱惑力的是将早期以色列的宗教视为类似于第三章所描述的部落宗教,而且这一观念可能有某种真实的成分。然而,早期以色列并非一个孤立的社会,或者只是由部落人民所包围着的社会。毋宁说,它是若干"边疆社会"(frontier societies)——如它们一直被称呼的那样——中的一员,与上古社会高度分化的宗教体系有着密切联系,不可避免地受到后者的影响。上古的多神论因素在以色列的前君主制时代也许就已经出现,在君主制时代的早期则肯定已经出现。[2] 一直以来,最令人困扰的

---

[1] Rainer Albertz, *A History of Israelite Religion in the Old Testament Period*, vol. 1, *From the Beginnings to the End of the Monarchy* (Louisville, Ky.: Westminster John Knox Press, 1994 [1992]), 32.

[2] 早期以色列存在很多神,这方面的证据是确凿无疑的。兹欧尼·泽维特(Ziony Zevit)在其著作《古以色列的宗教:视差进路的综合》(*The Religions of Ancient Israel: A Synthesis of Parallactic Approaches*, London: Continuum, 2001)的书名中用复数形式表明了这一新的共识。马克·史密斯在几本书里,即《上帝的早期历史:古以色列的雅威与其他神祇》(*The Early History of God: Yahweh and the Other Deities in Ancient Israel*, San Francisco: Harper San Francisco, 1992; 2nd ed., Grand Rapids, Mich.: Eerdmans, 2002)、《〈圣经〉一神教的起源》(*The Origins of Biblical Monotheism*)与《上帝传略》(*The Memoirs of God*)等,一丝不苟地考察了这方面的证据。"多神教"(polytheism)一词的用法完全是描述性的。在此,后缀 ism 并不涉及任何理论,当然也不涉及任何与"一神教"的对立。

发现就是,当伊勒与耶和华合并之时,伊勒的配偶亚舍拉(Asherah)也被耶和华继承了(详见下文)。一个上帝太太(Mrs. God)的存在,虽然在犹太教与基督教正统那里如此不受待见,却已被广泛地,虽然不是普遍地接受了。

有理由相信,耶和华只是随着早期国家才日显重要的,这是我们必须细致考察的一个问题(正如第三章我们在澳大利亚那里所看到的那样,处于巨大的外在压力之下的部落社会已经出现了指向高位神的"先知运动",因此,在前君主制的以色列,这仍保有一种理论上的可能性。但是,在我看来,在最早的以色列,耶和华几近边缘的地位否定了这种可能性)。无疑,作为民族神,耶和华并未取代世系和氏族的诸神,至少在长时间内如此。阿尔贝茨指出,家庭宗教一直延续到君主制时期,或许也贯穿其始终。人的名字经常会涉及诸神,但是,他写道,"在君主制早期,给一个孩子起的名字中含有耶和华之名还绝非习俗;这只是在君主制晚期才发生的变化。"①

早期国家

如果我们确实能够谈论前君主制时期的以色列,那么,它就是由各种规模的、去中心化的地方性亲缘群体所构成的聚合体,这些群体主要是山地居民,其中一些在克里斯玛型战争领袖的领导之下陆续集合起来以防御来自诸如亚扪人(Ammonites)这样的邻近群体以及来自非利士人(Philistines)的沿海城市的侵袭。与任何地方的相似群体一样,这些人珍视他们的自主性,甚至抵制永久性的首领,并孜孜不息地规避国家的控制。不断增长的军事压力,尤其是来自非利士人的压力,似乎最终刺激了早期国家作为一种更有效的自我防御手段而出现。亚历山大·约菲将以色列与犹大,以及同样在公元前第一个千年的早期出现的亚扪与摩押的外约旦国家(trans-Jordanian states)(根据《创世记》记载,摩押人的祖先摩押是亚伯拉罕的内甥罗得与两位女儿在逃离罪恶之城所多玛之后,与长女所生下的儿子;亚扪也是罗得之子,是亚扪人的祖

---

① Albertz, *History of Israelite Religion*, 1: 32.

先)称为次生国家(secondary state),因为它们是在与该地区更古老也更发达的国家的交往中形成的国家。① 约菲将这些新兴国家的特征刻画为"族群化中的国家"(ethnicizing state),这指的是,它们与其说是为前国家的族群而生成的国家结构,毋宁说,它们正是族群性(ethnicity)的生成这一过程中的组成部分,而这一过程不只有着政治根源,亦有着经济与文化根源,尤其有着宗教根源。

以色列与犹大作为独立国家的证据仅仅始于公元前 9 世纪。根据《圣经》,它们是公元前 10 世纪晚期的时候从扫罗、大卫和所罗门的"联合王国"中分裂出来的。约菲完全从考古学资料出发证明了,公元前 10 世纪确实存在过一个相当大的国家,它包括后来的以色列与犹大,可能也包括外约旦地区,但是它孱弱、昙花一现,只是地方精英在腓尼基模式影响下的一种创造,却缺乏明晰的族群基础。像某些其他的古代近东的君主制一样,它是统治精英创造出来的一种由不同成分组成的产物,其内部有着极其多样的群体,以色列和犹大,或它们的构成成分——因为它们是否已成为实体尚有争议——只是这些群体中的一部分而已。公元前 10 世纪的这个国家大概企图建立某种王权意识形态,但是根据约菲,它只是"一个脆弱的、其亡也忽焉的波特金式村庄(Potemkin Village),其王权建制并不特别强大"②。(波特金式村庄即虚有其表之意)约菲告诫我们,不要试图草率地将考古证据和书面证据联系起来,但是,假若他的考古论据是可靠的,那么,扫罗、大卫和所罗门就陷入了传说的流沙之中,假若他的论据并非完全可靠,那么,他们的历史几乎同样是不可信的。而约菲本人指出,公元前 10 世纪的这个国家在当时不论多么不成熟,但是,曾存在过这样一个国家的记忆可能会有着强大的意识形态影响,它不仅在后来提供了所谓的创始人——他们有着让人神往的一生,也为意识形态的统一提供了一种资源,而在当时,这种统一几乎肯定是缺失的。

无论如何,公元前 9 世纪的以色列与犹大国开始具有了一定程度的历史实在性,而这是它们在公元前 10 世纪的前身所缺少的,它们当

---

① Joffe, "Rise of Secondary State", 425.
② Ibid., 445.

中的一些重要人物坚持,这两个国家之间有一种共同的宗教文化,即使是一种有争议的文化。考古证据显示,虽然从公元前 8 世纪以来,甚至从公元前 7 世纪以来,书写下来的文献经历了如此漫长的编纂与重写过程,以至于它们几乎并不比口头的讲述更为可靠,但是在公元前 8 世纪之前,读写能力在以色列与犹大并未普及,因此,更早的记述都是经由口头而得以流传的,这始终是一个很有问题的过程。

我已经试着揭示,我们对早期君主制的了解有多么脆弱,对前君主制时代的了解更是不堪一击。然而,由于前君主制的以色列对所有后来的以色列人与犹太人/基督徒/穆斯林的历史都有着重要意义,因此,我们必须试着对它的一些主要特质作出描述。特质之一即为,前君主制的以色列是反君主制的,或者被记忆成是反君主制的。"士师"糅合了包括立法者在内的大量角色,他主要是战争领袖,往往带有克里斯玛光环。然而,他们无一企图建立一种首领世系,更不用说王权世系了。在基甸带领以色列人赢得了对米甸人的战争之后,以色列人对基甸说,"愿你和你的儿孙管理我们"。这时,基甸拒绝了,说道:"惟有耶和华管理你们。"(《士师记》8:22—23)但是,当基甸之子亚比米勒试图自立为王时,反抗却此起彼伏,此事最后以其死亡而告终。

亚比米勒宣称自己为王之后,其弟约坦在逃生之前,说了关于树的寓言来讽刺王制:

> 有一时树木要膏一树为王管理它们,
> 就去对橄榄树说,"请你作我们的王"。
> 橄榄树回答说,
> "我岂肯止住供奉神和尊重人的油,
> 飘摇在众树之上呢?"

无花果树乐于出产自己甜美的果子而不是统治,葡萄树则乐于产出"使神和人喜乐"的美酒而不是统治。之后,荆棘接受了提议,却荒唐地要求其他树"投在我的荫下",虽然它可能烧起火来,烧灭其他树。(《士师记》9:7—15)①

---

① 对基甸与亚比米勒的讨论,参 Gottwald, *Politics of Ancient Israel*, 42-43。

对王权之危险最为著名的警告来自撒母耳，就在他膏扫罗为王之前，扫罗则是以色列的第一个王。撒母耳本人是一个复合型人物，他是最后一个"士师"，但也是祭司和"先见"（seer），也就是一个先知，除了 能做别的事情以外，他还能预测未来。确实，《撒母耳记上》告诉我们"现在称为先知的，从前称为先见"（《撒母耳记上》9:9）。作为最后一位先见，撒母耳似乎也是第一位先知，并且正如弗兰克·克劳斯已经论证过的那样，在以色列，预言与王权是生死与共的。① 无论如何，大众想要一个君王，撒母耳对这一要求的回应在古典意义上是有预言性质的。② 当人们要求撒母耳为他们立一个王，撒母耳就不喜悦，向耶和华祷告。耶和华对撒母耳说，"百姓向你说的一切话，你只管依从，因为他们不是厌弃你，乃是厌弃我，不要我作他们的王"。接着，撒母耳将上帝的严肃警告传达给人们：

> 管辖你们的王必这样行：他必派你们的儿子为他赶车、跟马、奔走在车前；又派他们作千夫长、五十夫长，为他耕种田地，收割庄稼，打造军器和车上的器械；必取你们的女儿为他制造香膏，做饭烤饼；也必取你们最好的田地、葡萄园、橄榄园，赐给他的臣仆。你们的粮食和葡萄园所出的，他必取十分之一给他的太监和臣仆；又必取你们的仆人婢女、健壮的少年人和你们的驴，供他的差役。你们的羊群，他必取十分之一，你们也必作他的仆人。那时，你们必因所选的王哀求耶和华，耶和华却不应允你们。（《撒母耳记上》8:6—18）

如果这里确实存在着关于前君主制时期的记忆，我们也不能确定它们是什么。这样的观念几乎肯定是后来才出现的：耶和华被视为部

---

① 弗兰克·克劳斯在其《迦南神话》（*Canaanite Myth*）中写道，"先知体制与王权在以色列同时出现，又一道衰落。这绝非偶然……领袖的克里斯玛原则在士师时代很是盛行，它以最具活力的形式在先知一职上存活了下来。"（223 页）克劳斯提出，撒母耳颇具典范性，因为他将耶和华选中的人立为王；他判断国王的所作所为，并可撤销任命；他可以宣布圣战。（223—224 页）
② 表示先知的语词被用到撒母耳之前的人物上，首先即是用于摩西，即超先知者（superprophet），但这是后来的发展，可能是君主制时代的晚期或后君主制时代的发展。作为超先知者的摩西，可参盖勒《神圣奥秘》（*Sacred Enigmas*），192 页。

落以色列的王,选立一个人为王则是一种背叛。撒母耳对王权之压迫行为的生动描绘可代表君主制下以色列人的经验,但是,部落以色列却已了解君主制是个什么东西——他们曾殚心竭虑地要逃避它——所以,这一消极意象可能是前君主制时期的。人们反复要求选立一个王,对于这个选择,耶和华的态度并不尽然是消极的。在告知撒母耳选立扫罗时,他似乎已认识到形势已危在旦夕:"他必救我民脱离非利士人的手,因我民的哀声上达于我,我就眷顾他们。"(《撒母耳记上》9:16)

293　　即便不可从表面上来理解《圣经》对扫罗、大卫和所罗门的记述,关于这三个人物的描述仍可使我们对以色列形成早期国家的这一过程有所了解。首先,扫罗不完全是"所有以色列"的王;他是治理"基列、亚书利、耶斯列、以法莲、便雅悯"的王(《撒母耳记下》2:9)。既不包括最北端的支派,也不包括犹大。他似乎只是比在他之前的士师稍微强大一些:他的统治不是依托于某个都城而是依托于自己的财产;他依赖于从其控制下的支派征集而来的兵力,却没有自己的军队;他显然没有税收与劳役系统。根据我们在第四章所看到的,扫罗看上去更像是一个至高无上的酋长(paramount chief),而不是王。

在大卫身上,我们开始看到了一种上古君主制的轮廓:他拥有一支私人军队,其中包括非以色列人的士兵(虽然我们不宜对这一早期的族群性做出过度解读);他占据了耶路撒冷,这是一个耶布斯人(Jebusite)的城市,之后,这座城市属于他私人所有(大卫之城)而非属于任何支派;在大卫传说的一则奇怪的补充中(《撒母耳记下》第24章),大卫吩咐将数点百姓作为推进更为严密的政治控制的第一步,但是,接着他就为此自责,上帝亦因此而惩罚了他。①

在所罗门这里,这一轮廓得到了实质性的充实。在腓尼基工匠的帮助下,他在耶路撒冷修建了一座圣殿献给耶和华,又为自己修建了一座与之相邻的宫殿。他与邻近的强国建立了广泛的联系,并通过婚姻与其中几个缔结了联盟。大卫以战利品为自己的大多数行动筹措资金,但所罗门则必须依赖税收与强制劳役。不论我们所知道的《圣经》

_____

① 甚至更为奇怪的是,正是上帝向以色列人发怒,才激动大卫去数点百姓。《撒母耳记下》24:1。

中的所罗门是一个真实的王，还是以色列王权的一个原型，基本上验证了撒母耳就王治理下的生活将会是何模样而对以色列人发出的不祥警告。

根据《列王纪上》第 11 至 12 章，当所罗门去世，北方的支派请求所罗门之子及继位者罗波安："你父亲使我们负重轭做苦工，现在求你使我们做的苦工负的重轭轻松些。"然而，罗波安却对犹大的老年人的建议视而不见，而采用了与他一同长大的少年人的鲁莽建议，以增加而非减轻他们的负担（沉重的税收与强制劳役）来威胁北方的支派。以色列的十个支派随即造反，选立耶罗波安为他们的王。根据赖讷·阿尔贝茨，人们可将耶罗波安与北方支派的反叛看作要回归扫罗的努力，扫罗的统治较为宽松，与古老的支派独立的理想也更为接近。在与犹大分离之后的五十年内，作为永久权力根基的王室宫邸都未能在北方修建起来。似乎有一种说法将摩西与《出埃及记》故事的一个早期版本称作是对北方王国进行正当化的努力的一部分——摩西是将其人民从专制压迫中拯救出来的解放者，而耶罗波安的一生甚至被认为可与摩西的一生相提并论。[①] 同样，这些记述不管是本就有当时的证据，还是只在相当晚以后才建构出来，它们均证实了传统中延续下来的、对王权体制的矛盾心理。

但是，在犹大，不论是从大卫和所罗门以来，还是从晚些时候以来，上古近东的王权的完整轮廓逐渐成型了。流传至今的神圣王权的象征在相当程度上就集中在大卫与所罗门这些人身上，前者是犹大王族世系的创始人，后者则是大卫之子与继位者，即使这一发展实际上只是渐进的。尽管在西闪米特人的诸神中，古老的高位神元素一直以来即为部落以色列所知，但它们却在早期君主政制的王权神学的发展中适应了君主体制。马克·史密斯已经细致地描述了这一过程。作为以色列最初的神，伊勒在古代的乌加里特娶了亚舍拉（Athirat，这是亚舍拉[Asherah]的乌加里特语名字，所以仍译为亚舍拉），并被他们的孩子所环绕，这些孩子包括白天与夜晚的星辰之神，以及日神与月神，也包括

---

① Albertz, *History of Israelite Religion*, 1:140-143. 马克·史密斯已经探讨了这一可能性，即《出埃及记》最早的上帝乃是伊勒，而非耶和华。参其《〈圣经〉一神论的起源》，146—148 页。

巴力这个有些含混的角色,他有时被看作伊勒之子,有时则被看作局外人。按照以色列人的理解,伊勒有一个配偶,即亚舍拉,也有形色各异的孩子,其中不仅包括阿施塔特(Astarte)与巴力,也包括耶和华。(阿施塔特乃腓尼基人的丰饶神之一,亦是爱神,是巴力神之妹,同时也是其妻)这就形成了一种世界主义神学,其中伊勒或埃洛希姆(Elohim)乃是诸民之神的父亲。在《申命记》第 32 章包含的古诗歌中,史密斯发现了这一更为古老的观念的残余:

> 至高者(Elyon)将地业赐给列邦,
> 将世人分开,
> 就照神圣诸子的数目①,
> 立定万民的疆界,
> 耶和华的分本是他的百姓;
> 他的产业本是雅各。(《申命记》32:8—9)

伊勒的其他各子是其他诸民之神。人们普遍认为,所罗门众多的外邦妻子为她们各自崇拜的诸神修建了小教堂,但在这一"世界神学"(world theology)的语境中,它们就不能算是亵渎,相反,它们在神学的层面上表征着由新的君主制所确立的国际关系模式。在这一架构中,巴力作为提尔(古代腓尼基的著名港口,现属黎巴嫩)之神,在前君主制时代的以色列长期以来即为人所知,它并非特别的威胁。②

295　　　根据这样的解释,这种相当宽容的世界主义神学对现代人很有吸引力③,但是,它将逐渐被其他迥然不同的东西所取代,所以,重建先前的模式一直很困难。马克·史密斯将这一变迁的特征描述成包含了两个并行的进程:融合(convergence)与分化(differentiation)。④ 融合的首

---

① "神圣诸子"(Devine sons)这一说法依据的是希腊语版本。玛索拉版本的希伯来《圣经》说的则是"以色列诸子",但是,这被认为只是为了避免下文所描述的意涵而作出的一种变更。

② 关于从西闪米特人对诸神的一般理解到早期以色列的理解的这一转型的更为详尽与细致的说明,可参密斯:《上帝传略》,101—119 页;亦可参史密斯:《〈圣经〉一神论的起源》,142 页以下。

③ 马克·史密斯发现,历史见证了从"将以色列的神与其他民族的神联系起来的世界神学"到"一种唯一神的宇宙神学",再到今天的世界神学之常见版本——其中,世界诸宗教以不同的进路追求实在与真理——的转变。

④ 关于融合与分化的进程,可参马克·史密斯:《上帝的早期历史》,7—9 页。

要例子是这一日渐成长的理念,即伊勒和耶和华乃同一上帝的两个不同的名号;但是,它也包含这一过程,即原属于巴力(风暴之神、战争之神)的特性被合并到耶和华这个角色当中。分化则包含这样一个理念,即两个神,例如耶和华与巴力,是不可相容的,即使某一个神的存在并未被否认,但是,同时崇拜他们则是错误的。主导王权神学的正是融合,而非分化。在这一点上,它与古代的美索不达米亚和埃及相似,在后二者这里,将一个神提升至其他神之上,或将其他神的属性结合到一个神身上是司空见惯的。

卡莱尔·范·特·图尔恩推测,正是扫罗第一次将耶和华提升至民族神(national God)的地位,他甚至提出,扫罗族谱中有以东人的血统,这可能解释了这个到当时为止相当边缘的神何以会得到提升。图尔恩也注意到,正是从基列耶琳(Kiriath-Jearim)这个地方,即扫罗家乡领地的腹心,大卫将上帝的约柜带到了耶路撒冷。[1] 将约柜带至耶路撒冷,并置之于圣殿后来被修建的地点,由此,大卫明白无误地将耶和华称为他本人的王权的上帝。

耶和华是犹太人君主政制的守护神,并被提升到了高于所有其他神的地位,实际情况似乎就是如此,但并不意味着耶和华是唯一的神。《诗篇》第89章,王室诗篇之一,在第3节至第7节中这样写道:

> 我与我所拣选的人立了约,
> 向我的仆人大卫起了誓。
> 我要建立你的后裔,直到永远;
> 要建立你的宝座,直到万代。
> 耶和华啊,诸天要称赞你的奇事,
> 在圣者的会中,要称赞你的信实。
> 在天空谁能比耶和华呢?
> 神的众子中,谁能像耶和华呢?
> 他在圣者的会中,是大有威严的神,
> 比一切在他四围的更可畏惧。

---

[1]　Van der Toorn, *Family Religion*, 277-281.

一位至高神,高于所有其他的神,却仍旧是诸神中的一个,这一理念就是古老的近东王权模式的组成部分。这一模式在美索不达米亚看起来是什么样的,也就暗示了在耶路撒冷将会是什么样的:"这样的陈述并非夸张:古代美索不达米亚文明把静态的城市文化给理想化了,在城市文化里,王权、圣殿膜拜与有特权的公民的地位在面对变迁的政治命运时仍保持着它们形式上的构成(Gestalten),而纪念性的建筑历经了数个世纪,竭力将自身复制为一种集体的公民活力的支柱。"①另一个特质在耶路撒冷也具有核心性:耶和华的圣殿位于神圣之山,即锡安山,这是一座其名字就概括了犹太人的王权复合体的山。

如果我们能够谈论王权神学,那是因为王处于这种神学的中心:上帝所选的王,在圣殿中,在圣山上,在圣城中,在扩展后作为整体可被称为锡安的土地上。我们很少在《撒母耳记》《列王纪》和《历代志》的叙事性记述中看到,而更多地在众多诗篇中看到一种王的形象:他与耶和华如此接近,以至于他(几乎)就是神,也就是说,在犹大,我们能看到在上古的近东司空见惯的东西。② 在整部希伯来《圣经》中唯有一处,即《诗篇》第 45 章第 6 节,王被称呼为神:

> 神啊,你的宝座是永永远远的,③
> 你的国权是正直的。
> 你喜爱公义,恨恶罪恶;
> 所以神就是你的神,
> 用喜乐油膏你,胜过膏你的同伴。

如果说君王唯有一次被称为神的话,那么,他与神性的紧密联系则得到

---

① Steven W. Holloway, *Aššur Is King!: Religion in the Exercise of Power in the Neo-Assyrian Empire* (Leidon: Brill, 2002), 260.

② 大卫在礼仪上被提升到了近乎神性(near-divinity)的地位,叙事传统可部分地被看作对它的一种限制。在整部希伯来《圣经》中,关于大卫的叙事(尤其是《撒母耳记下》9:1 至 20:26)是唯一堪与《创世记》记述的约瑟故事相媲美的文学名作。对大卫的描述是非常人性化的,他经历了伟大的胜利,但也经历了惨重的损失,并经受了极为老迈时的衰弱。但是,叙事文本亦包括了上帝的应许,即大卫一族将永远坚立——这一应许通过先知撒母耳的话语传至大卫那里,它也回应了《诗篇》第 89 章中的相似段落。参《撒母耳记下》7:12—16。

③ 史密斯在《〈圣经〉一神论的起源》160 页讨论了对"大卫是否真的在这一文本中被称为'神'"的论证。很多学者已经尝试对此作出不同的解读。

了再三的重申:他由神所生(《诗篇》2:7);他是神的长子(《诗篇》89:27);他坐在神的右边(《诗篇》110:1)。① 在以色列,神圣王权的观念与我们的先入之见是截然相反的,并且几乎总是遭到了以色列人的拒绝。史提芬·霍洛韦谈到了在研究古美索不达米亚的学者中——在这里,神圣王权的观念一直以来也遭到了拒绝——的一种相似倾向,他这么写道:"问题不是古代美索不达米亚对神圣的顺时适宜的理解,而是我们现代关于神性(godship)含义的僵化理解、误导性的翻译及其所引起的诠释缺陷。"②对我们来说,相当一部分也是因为我们所继承的以色列宗教后来的发展,在神与人之间设下了本体论的鸿沟,而这在古代心灵中根本就不存在。那里存在着一整套关于诸神的等级制:至高神,他们的妻子、孩子与孙子,他们的信使——甚至死者的灵亦被称为"神"。若山脉可被赋予神圣性,则出类拔萃之人亦可如此,而谁还会比君王更为出类拔萃呢?"大卫",意指大卫的世系,他将"永远"被拣选为王,这一事实已是如此非同寻常,以至于它指向了一项重大的差异,正如《诗篇》第89章所示,这种差异将王置于"超出你的同胞"的地位。我并不想否认:王常常被描述为神的仆人,或者王可受到神的责惩。同样在《诗篇》第89章中,如此地高举王,神说倘若大卫的子孙"背弃我的律例",他就要"用杖责罚他们的过失",但是,神仍然说道:"我必不将我的慈爱全然收回……我必不背弃我的约。"(《诗篇》89:30—33)③向这些人立下的"永远"的应许超出了他们的罪,提出了关于有条件的约与无条件的约之间对立的问题,这是之后必须考察的问题。王朝被巴比伦人摧毁了,这引发了古以色列人的神学危机,但是,如我们将看到的那样,这是一种他们仍然能够克服的危机。

在对古以色列王权之起源的叙事性阐释和在《诗篇》中——这些诗篇大概是为圣殿中举行的加冕典礼而撰写的——反映出来的王权象

页边:297

---

① 对于这些文字的评论,参阿尔贝茨:《以色列宗教史》,1:116—122。注意《新约》与这些语词之间的共通之处。

② Holloway, *Aššur Is King!*, 189.

③ 确定《诗篇》第89章以及该章中不同段落的年代,这是一个我无力解决的问题,但是,第30至33节看起来却与《申命记》——这是君主制晚期的一个文本——非常相似,并很可能是后来为了对早期文本的夸大其词作出限制而加上去的。

征主义之间有着明显的张力。在叙事中,王权有着非常明确的历史开端。在加冕赞美诗中,王权不仅将亘古恒存,而且其起源就在创世本身之中。列文森发现,"创世的宇宙-神话学象征"与古代近东的王权有着极其紧密的联系,但人们本以为,它在以色列是缺失的,不过事实上,它在那里亦有所呈现。他引述了《诗篇》第 89 章 25 节:

> 我要使他的左手伸到海上,
> 右手伸到河上。

在古代的乌加里特神话中,至高神伊勒在创世活动中克服了水、海洋和河流的混沌状态(这一创世版本的片段在希伯来《圣经》的很多地方都可以见到,甚至涉及了《创世记》第 1 章第 1 节,后者指明,起初是一片混沌,上帝赋予其秩序)。《诗篇》第 89 章 26 节中,君王被描述为参与了创世这一神圣活动,这使得列文森注意到,"创世、王权与圣殿因此而形成了一个不可分解的三和弦,对海洋的控制就是对它们永恒有效性的持续证明(如《诗篇》第 93 章)"①。

298   一些学者将锡安复合体的这些神话学寓意解释为以色列人在征服古老的迦南城市耶路撒冷之后同化了耶布斯人信仰的一个结果。关键不是以色列人吸收了异族的理念,而是部落以色列正在转变为一个城市王国,并正在吸收一种城市的王权神学。在被征服之前,耶路撒冷或许已经有了圣殿,撒督(Zadok)可能已经是这个圣殿的耶布斯人祭司(尽管此后他被赋予了利未人的血统),大卫选其为两个大祭司之一。另一个大祭司则是亚比亚他(Abiathar),他在耶路撒冷被征服之前就已经是大卫的大祭司。无论如何,《诗篇》第 48 章第 2 节将锡安等同于匝丰最高的山(Peak of Zaphon),而不是等同于耶路撒冷,从乌加里特的文本可知,匝丰是北部叙利亚的诸神之山。②

    锡安/圣殿/城市/君王复合体的宇宙神话学性质还有两种更深层的意涵需要注意。其一即不可亵渎性,具体而言,是耶路撒冷的不可亵渎性。列文森认为,就在大卫进攻耶路撒冷前夕,耶布斯人的神秘说

---

①   Jon D. Levenson, *Sinai and Zion: An Entry into the Jewish Bible* (Minneapolis: Seabury, 1985), 108-109.

②   对这些议题的讨论,可参 Albertz, *History of Israelite Religion*, 1:22-138.

法，即"你若不赶出瞎子、瘸子，必不能进攻这地方"(《撒母耳记下》5：6)，就暗示出，耶布斯人已经有了耶路撒冷是坚不可摧的这样的观念，这是以色列人将从他们这里继承下去的观念。列文森写道，"在最严酷的军事现实面前，绝对安全的调子变成了犹大君主国时期所吟唱的锡安赞美诗的一个中心论题"[1]。耶路撒冷以及圣殿最终在公元前578年被摧毁，这是惨痛的经历，并有着巨大的影响，但是，只要锡安与耶路撒冷城被视为超历史的实在，锡安的不可亵渎性就会保持下来。

锡安复合体另一个值得注意的意涵乃是帝国。回首往昔，据说大卫与所罗门统治着东起大河(幼发拉底河)，西至埃及边境的疆域。但是，只要犹大国的君王是由上帝膏立的，耶和华还统治着所有诸神，那么原则上，万邦均须臣服于锡安。上帝的统治"直到地极"，他"必在外邦中被尊崇，在遍地上也被尊崇"(《诗篇》46：10)。在近东的王室传统中，大君王，即众王之王，原则上乃是宇宙的统治者。犹大是一个小国家，时常屈从于强权帝国，这一事实并未妨碍大卫式的王权神学提出普世性的主张，这些主张最终将被认为只有到了末日才能实现。[2]

唯有耶和华

至此，我们已经看到的是，一种典型的近东君主政制，包括所有随之而来的意识形态，在以色列，或者至少在犹大出现了。以色列已经从部落社会过渡到了形成早期国家的上古社会。作为次生国家，以色列与犹大并不需要白手起家来开创上古文化——它们可从其周边的高级文化中汲取甚多，并对它们所借鉴的东西给予新的改造，例如，耶和华这个神的支配地位，虽然其独特性从早期君主制时期以来并没有那么明显。然而，如果早期以色列人的国家有典型的上古特性，那么，在尝试理解轴心时代的过程中，它们有什么令人感兴趣的地方呢？一些事情的确发生了，它们从根本上动摇了上古的模式，虽然并未摧毁该模

---

[1] Levenson, *Sinai and Zion*, 94.

[2] 注意，克利福德·格尔茨在《尼加拉：19世纪巴厘的剧场国家》(*Negara: The Theatre State in Nineteenth-Century Bali*, Princeton：Princeton University Press，1980)中描述了这样一种情境，几个统治者在巴厘小岛上割据为政，但每一个都宣称自己是普世的统治者。

式,却对其进行了重组。这就是我们现在必须转而关注的变迁。

"摩西五书",即律法书,自公元前 5 世纪起,就是以色列人与犹太教的核心与灵魂,但如果人们仅仅阅读了它们,识别上古模式就得颇费一番周折了,且只能将其识别为一种阴影。掩盖在上古模式与锡安山上的阴影就是西奈山的阴影,掩盖在大卫这一形象上的阴影则是摩西的阴影。① 我很清楚,《圣经》认为西奈与摩西远远早于锡安和大卫,我也不会否认,一些支离破碎的知识可能已甚是老旧,即使这更有可能是关于摩西,而不是西奈的知识。但是,律法书的大厦最早也是在君主制末期了,它的很多部分可能属于巴比伦之囚时期或后巴比伦之囚时期。因为《圣经》无意向我们展示律法书是如何演化的,所以我们必须寻求其他更冒险的途径来识别这一过程。

最可使人一目了然的地方为这一理念的出现,即耶和华作为以色列人唯一可合法崇拜的神,该理念取代了如下的世界主义神学:虽然将耶和华置于诸神的首席,却并未否认其他诸神依然可合法地接受其应得之物。在此,我们看到的就是马克·史密斯所说的分化,它与融合形成对比,后者似乎一直都是王权神学的特点。如我们已经注意到的那样,伊勒从来不曾被理解为"外来的",而是被所有的支派都作为表示耶和华的同义词(synonym)而接受了下来;其他诸神,无疑也包括巴力和亚舍拉,开始被称为是外来的,对他们的崇拜也被声讨成是对耶和华——他将从他们那里分化出来——的拒绝。尽管这一过程往往被描述为"一神论的发展",但是,用莫顿·史密斯提出的说法,即"唯有耶和华运动"(the Yahweh-alone movement),来指称这一过程或许更为恰当,因为对耶和华的虔诚并不意味着拒绝其他神,而只是意味着有义务不得崇拜他们。②

---

① 但是,我们必须谨记,以色列从未抛弃锡安,他们总是将锡安与西奈相提并论。这是如何可能的呢? 对这一问题的出色分析,可参 Levenson, *Sinai and Zion*。

② 对唯有耶和华运动的详尽讨论,可参 Morton Smith:《形塑〈旧约〉的巴勒斯坦支派与政治》(*Palestinian Parties and Politics That Shaped the Old Testament*, New York: Columbia University Press, 1971)。从理论的角度来看,"唯有耶和华"是有歧义的:它可意味着,虽然有其他的神存在,但是,崇拜耶和华乃是义务;它亦可意味着,唯有耶和华存在。若利用希腊词源来说,则第一种选项可称之为一神崇拜(monolatry),第二种选项可称之为一神论(monotheism)。"唯有耶和华"是从希伯来语翻译过来的,与内植了希腊的先入之见的表达相比,它更为可取。

资料一如既往地是非常成问题的,但是,唯有耶和华运动似乎滥觞于北部,也就是以色列王国。很难说公元前 9 世纪以色列境内的以利亚和以利沙传说的背后有着什么样的历史真实性——他们生活在一个充满了怪力乱神的世界——但是,他们对耶和华的虔诚与对所有其他神的强烈敌意却是他们身上最值得关注的东西。关于他们的故事似乎摆脱了申命派的框架,而《列王纪上》和《列王纪下》则将他们置于这一框架之中。他们首先谴责了亚哈王的妻子耶洗别对巴力的崇拜,警告这种不忠将招致惩罚,所以,他们也遵循了申命派历史(Deuteronomistic history)的模式,这一模式塑造了自《约书亚记》至《列王纪下》的所有经卷。不过,他们如痴似狂的敌意似乎超出了这一诠释框架,似乎也显示出唯独对耶和华极度虔诚这种现象的端倪。我们无力对这一发展做出适当的解释,但是,有少许的背景因素大概能让我们一窥这种发展的语境。

如果说关于耶罗波安的传统有点可靠性的话,那么可以说,以色列(与犹大相对立)在宗教上是保守的,它拒绝了专注于耶路撒冷及其圣殿和君王的初期王权神学。《圣经》因为耶罗波安在伯特利(Bethel)和但(Dan)铸造了"金牛犊"而斥责他。很有可能,那些古老的以色列圣殿中已经有这样的雕像了。据称,所罗门的耶和华殿中的"铜海"在"十二只铜牛"之上(《列王纪上》7:25),但是,没有人声称它们受到了崇拜,而伯特利和但的雕像则受到了这种指控,我们很难对这种区别作出判断。无论如何,耶和华是以色列的民族神,并且,不论牛犊还是别的什么,也是在伯特利和但被崇拜的神。但是,君主制在以色列不如在犹大那样坚实:暗杀层出不穷,王朝更替频仍,很多王朝因为过于短暂甚至不能称之为王朝。既有内忧,复有外患。以色列暴露于大马士革的亚兰人(Arameans of Damascus)的攻击之下,来自亚述帝国的威胁从公元前 9 世纪开始日益增长。更让人头疼的是,与犹大的仇恨周而复始,只有偶尔的停战协议打破这一状态。

以利亚和以利沙的传说显示了对耶和华的炽热敬虔,也显示了某种强烈的敌视,这种敌视不仅针对其他神,尤其是对巴力的崇拜,也针对任何以形象或者以与崇拜其他神相似的实践来崇拜耶和华这种现象。虽然以利亚提到了亚伯拉罕、以撒和雅各——他们经常被认为是北部不同世系的祖先,只是到后来才结合为一个血统——却并未提及摩西或西奈山。众所周知,以利亚被召唤至何烈山(《申命记》中表示"西奈山"的词)的南面去接受启示,该启示不是透过暴风或地震,而是透过耶和华"微小的声音"而降临的,然而,这里并没有明确地提及摩西。有人甚至已经提出,摩西的故事是以以利亚的故事为基础的,而非相反。① 传统显示了先知与王室,尤其是与亚哈,更多的还是与他的王后耶洗别之间的剧烈张力。事情有可能是这样的:王室所认可的实践是极其古老的,而激进的革新者则正是先知,不过,从我们现有的证据出发,还很难重现先知与君王/王后之间斗争的社会定位(social location)。

301

公元前 8 世纪中叶,首次留下书面记录的先知出现了,从这一时期开始,以色列与犹大的社会状况均呈现出剑拔弩张的迹象。从近东到东地中海,公元前 8 世纪似乎是一个经济显著发展的时期,其社会后果却是不稳定化。农业的商品化意味着大量持有土地是有利可图的,而仅仅致力于维持生计的小块农田则变得越发不合时宜。干旱或其他困难时期,小农户不得不求助于借贷者,后者通常也就是大的土地所有者。信贷法则使得小农户事实上变成了债务的奴隶,或者甚至卖身为奴以满足放贷者的索求。所有这些均极大地削弱了扩展的血缘体系的有效性。由于以色列比犹大更广袤,也更富足,这些情况在北部可能更为恶劣。此外,亚述对黎凡特的侵扰自公元前 9 世纪起就时有发生,在公元前 8 世纪的最后几十年中变得越发频仍。文士先知们同时对泛滥的社会不公与外交政策问题作出了强烈的反应。②

早期的两个文士先知,即阿摩司和何西阿,最先出现在北部,虽然阿摩司最初来自犹大。如同以利亚/以利沙传说一样,他们也关注对耶和华的独有崇拜,并对其竞争对象表现出敌意,但是,这里存在着一种新的个人激情的基调,因为我们保存了他们本人的文字(当然,总是很难搞清,哪些是他们自己的文字,哪些又是后来加上去的)。我已经说明了家庭宗教或个人宗教在古代近东与早期以色列中的重要性③,但

---

① Geller, *Sacred Enigmas*, 193.

② Albertz, *History of Israelite Religion*, 1:159-170.

③ 可与卡莱尔·范·特·图尔恩的《家庭宗教》相比较。

这并不是阿摩司和何西阿所表达的。相反,他们描述的是耶和华与以色列的子孙之间的一种私人关系,它看上去与之前的任何事物都迥然相异。何西阿的比喻尤其强烈:以色列是耶和华不忠的妻子,因为她拒绝了耶和华的爱,尽管耶和华并没有计较她的不忠而乐意挽回她。上帝命何西阿娶一淫妇为妻,以此作为一个比喻向这个民族表现耶和华与以色列之间的关系:"耶和华对我说,你再去爱一个淫妇,就是她情人所爱的,好像以色列人,虽然偏向别神,喜爱葡萄饼,耶和华还是爱他们。"(《何西阿书》3:1)

更为尖刻的是,何西阿将上帝描绘为一个被拒斥的父亲:

> 以色列年幼的时候我爱他,
> 就从埃及召出我的儿子来。
> 先知越发招呼他们,
> 他们越发走开,
> 向诸巴力献祭,
> 给雕刻的偶像烧香。
> 我原教导以法莲行走,
> 用膀臂抱着他们,
> 他们却不知道是我医治他们。
> 我用慈绳爱索牵引他们,
> 我待他们如人放松牛的两腮夹板,
> 把粮食放在他们面前。(《何西阿书》11:1—4)

虽然我认为这些文字对理解《何西阿书》是很必要的,但与对人民罪过的猛烈抨击,对即将降临于他们身上的审判的描述——这适用于所有的先知——相比,在分量上就显得很相形见绌。先知是为一位愤怒的神而发声的愤怒的人,然而关键的是,仁爱的神会宽恕那些真心悔改的人。

尽管激怒以利亚和以利沙的罪几乎全都是膜拜性的(cultic),但是,在文士先知中却有一种值得注意的新基调,它虽然是所有文士先知的特征,但早在阿摩司的时候就得到了最为清晰的认识:他们所声讨的罪不仅仅是膜拜性的,也是道德性的,尤其是富强者对贫弱者的压榨。

像何西阿一样,阿摩司强调了耶和华与以色列之间的特殊关系,将以色列的不忠数落得尤为不堪:"在地上万族中,我只认识你们;因此,我必追讨你们的一切罪孽。"(《阿摩司书》3:2)在这些罪孽中,有:

> 以色列人三番四次地犯罪,
>
> 我必不免去他们的刑罚;
>
> 因他们为银子卖了义人,
>
> 为一双鞋卖了穷人。
>
> 他们见穷人头上所蒙的灰也都垂涎;
>
> 阻碍谦卑人的道路。(《阿摩司书》2:6—7)

不止阿摩司,其他先知亦对膜拜性的罪做出了批判,如果人们以为仪式败坏比道德败坏更严重的话,他们也会对仪式做出全盘批评。在一节著名的文字中,阿摩司传达了上帝的话:

> 我厌恶你们的节期,
>
> 也不喜悦你们的严肃会……
>
> 要使你们歌唱的声音远离我;
>
> 因为我不听你们弹琴的响声。
>
> 惟愿公平如大水滚滚,
>
> 使公义如江河滔滔。(《阿摩司书》5:21,23—24)

阿摩司将神视为万族之神,纵然他与以色列之间的关系很特殊:

> 耶和华说:以色列人哪!
>
> 我岂不看你们如古实人吗?
>
> 我岂不是领以色列人出埃及地,
>
> 领非利士人出迦斐托,
>
> 领亚兰人出吉珥吗?
>
> 主耶和华的眼目察看这有罪的国,
>
> 必将这国从地上灭绝,
>
> 却不将雅各家灭绝净尽。(《阿摩司书》9:7—8)

如上所述,在古以色列的历史中(下文我们将必须考察摩西的特例),先知预言与君主制是作为同一症候的组成部分而共存的。我们

303

能否看到先知与君王继续就耶和华与人民之间关系的界定而争论不休呢？王权神学以其典型的上古形式认为，上帝与人民之间的关系必须以君王作为必要的中介。个体与家庭可以有他们自己的膜拜，但作为一个整体的王国则只能经由君王而与上帝相联系。这种理解正是先知要挑战的：对他们而言，上帝直接与人民发生联系。从一开始，先知就 304
与君王保持了距离，可以说，他们有自己与耶和华沟通的渠道。撒母耳批判扫罗；甚至大卫亦受到了拿单（Nathan）的批判。不要误以为先知就是简单地反对君王：他们在一种不稳定的共生关系（symbiosis）中共存。先知坚持的是，在与耶和华的联系中，君王并无垄断权。冲突有时候是很激烈的，正如以利亚与耶洗别之间的冲突一样，但只有何西阿在北部王国最后的灾难时刻全然拒绝了王权：

> 我将毁灭你，以色列；
> 谁来救助你？
> 你曾求我说：
> "给我立王和首领。"
> 现在拯救你的王在哪里？
> 保卫你的首领在哪里？
> 我在怒气中将王赐你，
> 又在烈怒中将王废去。（《何西阿书》13：9—11）

作为最早倡导唯有耶和华这一立场的人，先知们宣称，与君王相比，他们更真切地被耶和华所"呼召"。如我们已经看到的那样，个人受召意义上的预言，或者甚至是神灵附体的预言，不仅仅在近东，而且在部落民族及上古民族中得到了广泛传播。① 但是，在大部分情况下，先知都处于边缘地位，与很多先知在以色列所做的一样，他们回应平常人的需要，或者为统治者提供建议与支持。以色列的伟大先知直接挑战君王的能力暗示了君主制的衰弱——尤其是在面临内忧外患的北部——以及随之而来的、君王对控制由能读会写的臣民所构成的各种

① 罗伯特·威尔森（Robert R. Wilson）在《古以色列的预言与社会》（*Prophecy and Society in Ancient Israel*, Philadelphia: Fortress Press, 1980）一书中以比较视角对预言的信息及其在以色列的信息给出了一个有价值的概括。

群体的力不从心。伟大的先知宣称自己是被呼召的,而他们被托付的预言是关于审判或希望的预言,它同时指向君王与人民,首先要求的就是要唯独崇拜耶和华。

至此,我们一直聚焦于针对北部王国的先知,即阿摩司与何西阿,而何西阿之所以重要,不仅仅是因为他自身,也是因为他使用的语言与《申命记》的语言之间有着很强的连续性。当然,我们还不能忘了以赛亚,他也是公元前 8 世纪末叶的一位先知。在多种意义上,以赛亚都是一位典型的先知,他有耶路撒冷祭司的背景,而且与其说他拒绝了大卫式的王权神学,倒不如说他设法从其内部超越之。如《以赛亚书》第 6 章所述,其呼召发生在一个放大了的圣殿视野中,但是,受到呼召的是作为先知的以赛亚,而非君王。以赛亚因为君王与人民在道德与膜拜上的罪而对他们发出的谴责并不亚于他的北部同行,然而,他仍然对锡安的理想,耶路撒冷的不可亵渎性与大卫家王位的连续性忠贞不渝,哪怕是仅仅将其作为一种投射到未来的“主的日子”——那时,万物将恢复秩序——的理想。很难说这些有多少可追溯至以赛亚本人,有多少又是由他而来的传统在后来才提出来的,但是君王/耶路撒冷/锡安的理念之所以从未全然被摩西/西奈/圣约的理念所取代,却有相当一部分应归功于以赛亚的传统。①

根据他们提出的唯独崇拜耶和华的要求,先知是明显的少数派,从《圣经》本身就可以看出,一代又一代的君王与人民都因为崇拜其他神而受到了谴责。泽维特认为,崇拜数位神,尤其是崇拜耶和华及其配偶,这方面的证据在考古记录中是甚为广泛的,不仅仅在民间崇拜的“丘坛”(high places)中,而且也在耶路撒冷圣殿中:“耶路撒冷圣殿本身就反映了这种多边教义(polydoxy)。在这一机制的大部分历史中,与耶和华(YHWH)崇拜一道,其他神也受到了崇拜。”②但是,至少在巴

---

① 关于以赛亚的论述,可参亚伯拉罕·赫舍尔(Abraham J. Heschel)的《先知导论》(*The Prophets: An Introduction*, New York:Harper, 1969),61—97 页;威尔森的《古以色列的预言与社会》,270—274 页。威尔森指出,涉及了以赛亚的政治状况的说明可见于《列王纪下》18:17—19:9a,36—37,这里将其描述为一个北部传统中的先知,虽然他看作后来补充的《列王纪下》19:9b—35 却将以赛亚描绘成耶路撒冷人的王权神学的发言人,参《古以色列的预言与社会》,213—219 页。

② Zevit, *Religions and Ancient Israel*, 653.

比伦之囚之前,或者甚至就在巴比伦之囚时期,如果说只有少数人注意到了先知的警告,那么,这也是意义非凡的少数派,他们有能力超越早期的文士先知本人所言说的内容而对传统详加阐释。尽管《列王纪上》和《列王纪下》均表明,一些君王——虽然是在犹大,而不是在以色列——尤其是希西家与约西亚同情唯有耶和华运动,并根据其方案进行了改革,但是该运动一直在积蓄力量,第一个清晰的信号来自约西亚统治期间,其时,在修葺圣殿的过程中发现了一部书,人们普遍相信,这就是我们现在所说的摩西五书的第五卷《申命记》的一份早期手稿。

《申命记》的革命

我们现有的《申命记》无疑已经经过了几番修订,但是,其文本不管在形式上,还是在内容上已足够独特,以至于不论是回看摩西五书的前四卷,还是向前展望历史卷,它都是一个关键的参照点。人们历来认为,被称为"申命派"(the Deuteronomists)的那些人为以色列的信仰贡献了一个核心的,或许是最为核心的部分,但是,谁是申命派呢?随着公元前 621 年《申命记》在圣殿中被发现,该传统首次有了确定的形306式,但究竟是谁开创了这一传统,我们不得而知。但是,盖勒根据《列王纪下》第 22 章,给了我们一个重要提示:"值得注意的是,正是由大祭司希勒家与书记沙番组成的委员会让约西亚注意到了律法书。之后,它在女先知户勒大那里被确认为真的。该名单可被看作对申命联盟(Deuteronomic coalition)的主要羽翼的一个提示。"[1]先知的背景是显而易见的,因为先知的唯有耶和华运动所具备的特征,即热忱,就位于《申命记》信仰的中心。然而,大祭司与王室书记的在场也是重要的。他们中的每一个人均置身于与先知传统相重叠但又并未全然被它吸收的另一个传统中。祭司传统集中于圣殿、献祭以及大祭司和临在于圣殿中的至圣所(Holy of Holies)上帝的真实相见,由此产生了其自身的文学(literary)传统,可能就是这种传统完成了律法书的编纂工作。而王室书记则是通过古代近东智慧传统的以色列形式而受到教育的,该

---

① Geller, *Sacred Enigmas*, 176.

传统在诸如《箴言篇》《传道书》与《约伯记》等《圣经》经文中传承了下来。这种智慧传统首先是传授的传统,是教导,是老师和学生之间关系的传统,所有这些均被吸纳进《申命记》对以色列宗教的理解之中。

申命传统的核心就是约(Covenant),它从根本上界定了古以色列宗教。这一理念来自何处,又意味着什么呢?我们已经看到,约的理念在犹大的王权神学中处于极其核心的地位,在那里,约首先是在耶和华与大卫家之间订立的。约是古代近东意识形态的一个广为传播的特点。人们一度认为,公元前第二个千年的赫梯帝国的宗主条约提供了一种模式,它为摩西的约奠定了基础。① 更晚近的著作,包括莫舍·魏因菲尔德细致入微的研究则指出,正是亚述的条约模式对《申命记》有着决定性的影响。② 以色列宗教中的核心因素可能与一种强有力的亚述模式有关,这一可能性需要我们暂时退回去,去考察同时产生了文士先知与申命派的国际形势。

与先前近东的帝国相比,亚述帝国(更确切地说,是新亚述帝国,公元前934—前610)代表了一种新层次的紧张,军事和意识形态两方面都很紧张。③ 在公元前8世纪的时候,亚述帝国的凶残征服带来了大规模的破坏和驱逐,在包括犹大与以色列在内的所有地中海东部国家中同时激起了恐惧与强烈的抵抗意愿。与亚述帝国的军事威胁齐头并进的,是其强大的意识形态压力。虽然亚述人崇拜不止一个神,但是,亚述尔(Aššur)则是君王与帝国的神,是最卓越的(par excellence)的神,所有的臣属民族都要承认他的统治地位。因此,从何西阿至耶利米的以色列宗教,也包括摩西五经的早期版本(也就是说,从公元前8世纪晚期到整个公元前7世纪),它们巨大的创造性必须被部分地看作对亚述挑战的回应。

---

① 参 George Mendenhall, "Law and Covenant in Israel and the Ancient Near East", *Biblical Archaeologist* 17 (1945): 49-76。

② Moshe Weinfeld, *Deuteronomy and the Deuteronomic School* (London: Oxford University Press, 1972). 艾卡特·奥托(Eckart Otto)在《犹大与亚述的政治神学:作为文学的希伯来〈圣经〉的起源》("Political Theology in Judah and Assyria: The Beginning of the Hebrew Bible as Literature", *Svensk exegetisk arsbok* 65 [2000]: 59-76)中将亚述模式扩展到了《出埃及记》与摩西叙事上。

③ Geller, *Sacred Enigmas*, 182-183.

对亚述的宗教抵制采取了唯独信靠耶和华这一形式，它与要求承认亚述尔的压力针锋相对；如果说，唯有耶和华运动肇端于亚述步步紧逼的压力到来之前，那么，该运动在对压力的回应中又得以急剧壮大。以赛亚为犹大的君王亚哈斯与希西家提出的建议，即既回避介入反亚述联盟，亦不向亚述屈服，而是唯独信靠耶和华，乃是坚定不移的——如果不全然是现实主义的话——宗教抵抗的一种表现。

随着希西家臣服于亚述人，其子长寿的玛拿西亦效法之，他们与亚述人通过宗主条约而联结起来：不仅要接受亚述王为统治者，亦须接受亚述王的神，即亚述尔的优先性。[①] 这样的契约包括附庸必须遵守的条款，也包括祝福，以及任何对契约的破坏与不忠将遭到的诅咒，而且往往是最恶毒的诅咒。此外，"爱"他的宗主国乃是附庸的义务，这是一种亚述王无须回报的爱，因为在这种情况下，爱意味着忠诚，而这是对附庸而非宗主国的要求。[②]《申命记》沿袭并进行转化的正是这种契约，特别是以撒哈顿的附庸条约（vassal treaty），我们稍后会对此进行考察。[③]

魏因菲尔德将附庸条约与赐予条约（grant treaty）对立起来，前者确立了附庸方的义务，因此是有条件的，后者则是作为对忠诚的奖赏而给予的，是宗主对其追随者的一种无条件的赐予。他发现，与亚伯拉罕所立的约，以及与大卫所立的约都是赐予条约的典范，前者包含对土地与后裔的应许，后者则涉及大卫家的永久延续，但在这两个例子中，他发现，《圣经》的语言沿袭了亚述模式。因此，当上帝因亚伯拉罕"遵守我的吩咐"（《创世记》26：5，和合本原句为"都因亚伯拉罕听从我的话，遵守我的吩咐和我的命令、律例、法度"）而赏赐他的时候，这种表达是

① 霍洛韦在《亚述尔是王！》(Aššur Is King!）中这样说道："关于附庸在其宗主的神面前应以何种方式行动，以撒哈顿的附庸条约提供了重要而明晰的材料。附庸被命令要'恐惧'亚述尔，'你的神'；他被吩咐要保护'亚述尔，诸神及大神之王，我的主'的塑像，君王与王储的塑像，以及亚述尔与君王的标志，推测起来，这些标志指的应该就是附庸条约的碑铭上面关于他们的标志。"(61 页)

② 关于这一点，William L. Moran 撰写了经典的论文《〈申命记〉中的爱上帝的古代近东背景》("The Ancient Near Eastern Background to the Love of God in Deuteronomy", *Catholic Biblical Quarterly* 25[1963]：77-87)。

③ 尤其参看 Weinfeld, *Deuteronomy*，第一部分第二章，59—158 页。

亚述巴尼拔(亚述国君主)赏赐仆人所用表达的回响,"服侍完全""行在我面前"等这样的表达亦然。如上所述,约的表达在近东是很古老的,它可追溯至苏美尔,除了亚述人,亦可见于赫梯人与其他民族,但是,《圣经》的表达则与亚述原型的联系尤为密切。这对确定甚至是与诸如亚伯拉罕和大卫这样的人所立的明显"很早"的约的年代也多少有所启发。然而,我们切不可忽视以色列人的用法中的重大变化:亚述人的约是在统治者与臣民之间;而以色列人的约则是在神与人类之间。①

尽管对以色列的身份而言,无条件的赐予条约是根本性的,但是,《申命记》的基本结构及其对以色列宗教的核心表述则是由附庸条约所提供的。在附庸条约的亚述模式与以色列模式中,从属者均须恪守条约的规定,否则即要面临灾难性后果:如果从属者不忠,以色列的上帝,亚述的诸神就会使他们遭受麻风、失明、暴死、强奸与"他们素不认识的国"的入侵。② 简而言之,《申命记》(也许还有摩西五经中的大部分)是在一个充斥着无与伦比的暴力处境中形成的,在那里,北部的国已经覆灭,诸多居民流离出境,犹大则受缚于与亚述的附庸关系。一份文本显示,在公元前 701 年西拿基立(亚述王,公元前 705 年至前 681 年在位)讨伐希西家的战斗中,犹大亦对亚述恐怖的愤怒感同身受。亚述人声称,他们将犹太人所有的乡村都摧毁殆尽,除了耶路撒冷之外,也将 46 个深壁固垒的城镇都摧毁殆尽,在这样做的时候,他们还清洗了乡村地区的人口。巴鲁克·哈彭确证了亚述人这一宣告的历史真实性。③ 因此,当希西家最终臣服于亚述的宗主权时,犹大已每况愈下了。虽然乡村已遭到了毁坏,但是,由于北部王国公元前 722 年陷落之后涌入的难民,加上由于公元前 701 年的战争从犹大乡村地区涌入的难民,耶路撒冷人满为患。不可避免地,如此剧烈的人口变动进一步粉

---

① Weinfeld, *Deuteronomy*, 77-78.

② Ibid., 117-118,引自《申命记》第 28 章。

③ Baruch Halpern, "Jerusalem and the Lineages in the Seventh Century BCE: Kinship and the Rise of Individual Moral Liability", in *Law and Ideology in Monarchic Israel*, ed. Baruch Halpern and Deborah W. Hobson(Sheffield: JSOT Press,1991), 11-107.

碎了已经很虚弱的血缘纽带。① 对于亚述恐怖的记忆将历久犹存,对于最终将吞没耶路撒冷本身的新灾难的恐惧也将潜滋暗长。如果说先知常常预示"惊吓"(terror,吕振中译为"恐怖",思高本译为"惊慌",文理本译为"惊惶")的话——这是耶利米最喜欢使用的词汇之一,那么,亚述的例子就是信手拈来的,而在耶利米时期,它被同样残酷的巴比伦的例子所取代。

尽管《申命记》卷是在约西亚王时期的公元前 621 年"发现"的,但是,其起源则可追溯至玛拿西王时期(公元前 687—前 643),其时,正值以撒哈顿统治(公元前 681—前 669),他的附庸条约可能已为犹大所知。值得注意的是,阿摩司、何西阿、以赛亚、弥迦这些早期伟大的先知——多亏他们,文本才得以保存了下来——均生活在公元前 8 世纪中后期,也就是亚述第一波猛烈冲击的时期。然而,在公元前 7 世纪的时候,直至耶利米在公元前 627 年开始自己的布道之前,连一个重要的文士先知都没有出现,其时,亚述实力已衰退,新的剧变已初露端倪。因此,当公共预言在玛拿西漫长的高压统治下已经中止的时候,那些后来将被称为申命派的人们所组成的群体已经在私下里忙着创作一个对抗文本(counter-text),针对的就是主导性的亚述意识形态秩序,这一推测想必不算是太过离谱。

关键的转变——我们可在公元前 8 世纪的先知那里发现其开端——是这样一种主张,即虽然以色列与犹大的君王臣服于亚述的大君王,但是耶和华绝没有臣服于亚述尔。相反,亚述在耶和华而非亚述尔的掌控之中。地中海东部的列王经常撕毁他们与亚述的约,这往往会带来灾难性的后果。但是,对初期的申命派而言,算数的约乃是耶和华与以色列人之间的约,正是以色列人对约的背弃,才使得他们陷入了亚述人的权柄之下,后者仅仅是根据耶和华的意志而行动的。

关于耶和华的优位性,公元前 8 世纪的先知持有的观点不仅在《申命记》,而且在《出埃及记》中得到了详细的说明。摩西这个角色之

309

---

① 哈彭认为,在《申命记》《耶利米书》与《以西结书》这些文本中发现的从集体道德责任到个体责任的转变,可被视为对这些社会境况的反映:"传统的犹大文化永久地消逝了,它在亚述谋划的放逐中被一扫而光,"这"解开了个体的命运与他们的祖先和旁系亲属的命运之间的纽带"("Jerusalem",79)。

前是模糊与边缘的,在《出埃及记》的叙事上以及在《申命记》的"神学上"却呈现出了英雄色彩。艾卡特·奥托指出了摩西的故事在多大程度上有着亚述源头,例如,摩西在蒲草箱中的经历即基于萨尔贡出生的传说①(阿卡得帝国的开创者萨尔贡,据传一出世就被其母亲装入苇篮遗弃在幼发拉底河中,苇篮沿河漂流,被菜园园丁阿克卡捡到,将他抚养成人)——只是被赋予了判然有别的意义:

> 将来自新亚述帝国记述的事件结构转变为摩西带领之下的以色列民族,由此,希伯来的作者们否定了亚述王的声望与权威。在摩西/《出埃及记》的记述中,摩西被塑造为他的反类型(anti-type)要归功于这一事实,即作为以色列远古史上的一个人物,正是摩西在他的人民与神圣王国之间发挥着中介作用。这意味着,王权的中介功能被转移到了以色列过去的一位理想人物身上。随着对神圣王权这一观念的拒斥,关于社会及其构成的相应理念亦遭到了否弃。对于记述摩西/《出埃及记》的作者而言,"以色列"不是由以君王作为其中心人格的国家等级制所构成的,而是由耶和华与其人民之间的圣约所构成的。这并不是犹太人群体在巴比伦之囚期间的理念,而是犹太人在公元前 7 世纪的一种反抗规划(counter-programme),它拒绝了亚述帝国对忠诚的要求。②

申命派所开创的东西,无疑是由抵抗亚述的意识形态统治的意愿所激发的,但是,它远不止于此。摩西出现在这一新运动的中心,他不仅是亚述王(与埃及王)的反类型,同时也是以色列王的反类型。

在详细说明摩西的中枢角色这一方面,没有人比迈克尔·沃尔泽做得更好了。以色列巨大的制度成就是建立了一个社会,它不是以一个声称可统一天地的人的统治为基础,而是以上帝与一个民族的约为

---

① Otto,"Political Theology,"73-74. 奥托指出,这一故事的本源是新亚述帝国,却被归诸阿卡得王朝的萨尔贡,后者于公元前第三个千年期间在位,因此,它与埃及的类似故事(在埃及这里,"孟菲斯神学"被归诸古王国[Old Kingdom]时期)都是复古(archaizing)运动的一部分。所以,上古的摩西形象被提升至中心只是当时近东的普遍趋势在以色列的相似表现。不过,奥托发现,摩西史诗的其他细节则来自当时亚述的王权神学。

② 同上书,75 页。如果以撒哈顿的附庸条约是《申命记》中的很多条例的模型,那么,就很难理解,它们何以还能为巴比伦之囚时期或后巴比伦之囚时期的作者们提供一种模型。

基础。这就是出埃及之后在西奈山所发生的事件的重要意义。但是，与过去的共同体一样，这一新的共同体也必须同时是政治的与宗教的——这些领域之间至今仍无明晰的区分——因此也必须有一位领袖。但是，与法老截然相反，摩西绝非神圣的王。他是上帝的先知，别无其他。然而，作为一项如此危急的事业的领袖，他的绝对责任感使得他看起来有时像个君王，甚至像一个君王那样行动。沃尔泽指出，作为领袖，摩西有着两面性：列宁主义的一面与社会民主的一面。①

摩西发现，当他在西奈山上接受上帝的诫命时，百姓已经为他们自己铸造了一只金牛犊，准备膜拜它，这是一个不忠的征兆，是一个未能"爱"上帝的征兆，它在以色列作为一个民族而刚刚形成的开端就发生了。摩西呼吁"凡属耶和华"的人们与利未的子孙都到他那里聚集。然后，摩西对他们说：

> 耶和华以色列的神这样说："你们各人把刀挎在腰间，在营中往来，从这门到那门，各人杀他的弟兄与同伴并邻舍。"利未的子孙照摩西的话行了。那一天百姓中被杀的约有三千。摩西说："今天你们要自洁，归耶和华为圣，各人攻击他的儿子和弟兄，使耶和华赐福与你们。"(《出埃及记》32：27—29)

《出埃及记》的叙事坚持认为摩西不是君王，这是一个很紧要的重点，但是，在《出埃及记》第 32 章，他行动举止却像一个王。大卫·马洛是古老的夏威夷贵族成员，正如他对夏威夷王的阐述那样：

> 国王的敕令有生杀大权。如果国王想要置某人（可能是酋长，也可能是平民）于死地，他只需说出"死"这个字眼，然后这个人就会被处死。但是，如果国王选择说出"生"这个字眼，这个人的性命就保住了。②

311

摩西声称，话语是耶和华的话语，但其人类之声则是摩西的。在这个世界上，正是国家对事关生死的话授予了权力；不知怎的，国家的代言人总是一位君王。

------

① Michael Walzer, *Exodus and Revolution* (New York：Basic Books, 1985), 66.
② David Malo, *Hawaiian Antiquities* (Honolulu：Bernice P. Bishop Museum, 1951[1898]), 57.

在《出埃及记》的叙事中,第 32 章不是唯一一处提及反对摩西的人身上发生了不祥之事,但是,沃尔泽坚持,这并非故事的全部。还有另外一个摩西,一个社会民主的摩西,他通过教化、劝告和以身示范,而不是通过暴力来领导;他保护人民免受上帝的怒火,因为他恳求耶和华不要对他已开创的筹划施以灾难性的终结。① 然而,最重要的是,出现的是一种新的政治形式,即一个与上帝立约的民族,而其中没有作为统治者的君王。摩西是一个教师和先知,而非君王,摩西五经不仅通过上帝禁止摩西抵达应许之地这条禁令,也通过记述摩西之死而强调了这一点。摩西死在摩押地,"今日没有人知道他的坟墓"(《申命记》34:6)。沃尔泽指出,这与埃及法老可谓有天壤之别,后者的陵墓对其身份有着极其核心的意义。非但如此,摩西也不是列王之祖——关于他的后裔,《圣经》几乎一无所示。② 马基雅维利曾广为人知地问道:若无一个武装起来的先知的统治,先前的奴隶能否转变成一个约的民族?③然而,假若我们并不将摩西叙事视作历史记述,而是视作一个新的民族的宪章——这是一个在上帝之下而非在君王之下的民族,视作一种与雅典的民主制度相平行的理念,不过雅典的民主制度延续的时间更长,那么,我们可将摩西视作一种"过渡性对象"(transitional object),视作

---

① Michael Walzer, *Exodus and Revolution*, 66-68.

② Ibid., 126.

③ 马基雅维利将摩西称为"武装的先知",并接着说,"所有武装的先知都获得胜利,而没有武装的先知都失败了",因为人民是善变的,先知必须准备"以武力迫使他们信仰"。《君主论》,第 6 章,引自 Niccolò Machiavelli, *The Chief Works and Others*, vol. 1, trans, Allan Gilbert (Durham, N.C.: Duke University Press, 1965), 26。(没有武装的先知可能也会"胜利",但如何才能胜利,马基雅维利则三缄其口。) 在《话语》(*The Discourses*) 3.30.4 中,马基雅维利讨论了上文引述的《出埃及记》第 32 章的一节,他写道:"有辨别力地阅读《圣经》的人将会看到,在摩西着手制定法律和制度之前,他不得不杀掉大量出于嫉妒——更无其他原因——而反对他的计划的人。"引自 *The Discourses of Niccolò Machiavelli*, vol. 1, trans. Leslie J. Walker (London: Routledge and Kegan Paul, 1975), 547。饶有意味的是,马基雅维利坚持,如果一个新的共和国要形成或者一个老的共和国要彻底革新,必须有一个独一的权威。《话语》1.9.2 中,在一处以摩西为例的语境中,他写道:"人们应将此作为一项普遍的法则,即一个国家,不论是共和国还是君主国,很少——如果有过的话——开始就井然有序或者能对旧制度进行彻底的改革,除非这由一个人来完成。同样重要的是,任何相似的组织过程都应该只依靠一个人的心智与方法来实现。"参 *The Discourses of Niccolò Machiavelli*, trans. Walker, 1:234。这一言论或许有助于理解为什么所有的早期国家都极力强调天无二日、民无二主。

一种途径,它使得只知道君主政制的人民抛弃了君王而开始理解一种替代性的政制可能是什么样子的。

最后,正是作为约之传达者的摩西使得作为统治者的摩西黯然失色,因为约是原始申命派所设想的将要形成的新社会的关键。如果说,《出埃及记》叙述了出埃及的故事、在西奈山的启示、人民必须遵守的约与核心条款,那么对约的意涵及对它之于君王、先知和人民的意义做出明晰阐释的则是《申命记》。

这是因为《申命记》在这些问题上是很明确的,以至于它可被称为"神学",不过,"神学"这一术语必须要放在引号里,因为《申命记》是修辞的,而不是哲学的,这是摩西在以色列的子孙进入应许之地之前的告别辞,他必须留下来死去。它的目的在于说服而非逻辑论证。与古老近东的王权神学——不论是以色列的,还是其他地方的——相比而言,摩西五经在某种意义上代表了一些别开生面的东西,《申命记》则对这种意义进行了总结。虽然新时代的神定法则(dispensation)的要点在于承认上帝为王,并且唯有上帝为王,但是,甚至在这种基本的希伯来关于上帝的比喻用法中也有所保留:《圣经》有 47 次用到"上帝为王"的比喻,虽然人们经常是按照一个必然暗示着王权的最高权威来描述上帝的,但是,摩西五经只有 2 次将上帝称为王,一次是在《民数记》,一次则是在《申命记》。[①]

《申命记》承认了王权的必要性,但是,这种王权有着如此明显的受限制的特点,它甚至有点像一种"宪政君主制",以至于它在古代近东的词汇中几乎是难以辨识的。在《申命记》第 17 章第 14 至 15 节中,摩西对百姓们说,"到了耶和华你的神所赐你的地,得了那地居住的时候……你总要立耶和华你神所拣选的人为王"。不是"你**必将**(will)"而是"你**要**(may)"。君王必须是一个以色列人,而不是一个外邦人,不可为自己加添马匹,不可为自己多立嫔妃,不可为自己多积金银。因此,他并非完全是一个大卫或所罗门。但最为重要的是:

312

----

① 马克·泽维·布雷特勒(Marc Zvi Brettler)在《作为王的上帝:对一个以色列比喻的理解》(*God as King: Understanding an Israelite Metaphor*, JSOT Supplement Series 76, Sheffield Academic Press, 1989)中认为,上帝是王"是《圣经》中使用的关于上帝的最重要的关系性比喻,因为与诸如'上帝是爱人/丈夫'或'上帝是父'的比喻相比,它出现得更为频繁"(160 页)。

他登了国位,就要将祭司利未人面前的这律法书,为自己抄录一本,存在他那里;要平生诵读,好学习敬畏耶和华他的神,谨守遵行这律法书上的一切言语和这些律例,免得他向弟兄心高气傲,偏左偏右,离了这诫命。这样,他和他的子孙,便可在以色列中,在国位上年长日久。(《申命记》17:18—20)

统治年长日久,但非永远。如此而已。关于君王,这是《申命记》或摩西五经中其他任何一卷必然会说的全部。不将他抬升到众人之上吗?人们会疑惑,究竟为什么会需要一个其唯一职责就是维护诫命的君王。

如果说《申命记》对王权持保留态度,那么,它对预言亦持保留态度。一方面,摩西被提升至所有先知之上,其地位之高,使得斯蒂芬·盖勒的"超先知"(superprophet)一词看上去确实并无不妥;[1]另一方面,尽管《申命记》说每一代人都会有一个"像摩西"的先知,但是,后来的先知却受到了苛刻的约束。"以后以色列中再没有兴起先知像摩西的",《申命记》第34章第10节这样说道,这回应了《民数记》第12章第6节至第8节,在那几节当中,上帝说,他在异象中向其他先知显现,而与摩西面对面地说话。上帝还进一步宣称,对摩西的启示是最后的启示:"所吩咐你们的话,你们不可加添,也不可删减,好叫你们遵守我所吩咐的,就是耶和华你们神的命令。"(《申命记》4:2)因此,要提防那种所说的与摩西已说的不一样的先知。对于将来的先知,上帝对摩西这样说:

我必在他们弟兄中间,给他们兴起一位先知,像你。我要将当说的话传给他。他要将我一切所吩咐的都传给他们。谁不听他奉我名所说的话,我必讨谁的罪。若有先知擅敢托我的名,说我所未曾吩咐他说的话,或是奉别神的名说话,那先知就必治死。(《申命记》18:18—20)

我们如何分辨这样的话是否真的出自上帝?"先知托耶和华的名说话,所说的若不成就,也无效验,这就是耶和华所未曾吩咐的,是那先知

---

[1] Geller, *Sacred Enigmas*, 192.

擅自说的,你不要怕他。"(《申命记》18:22)人们会疑惑,《申命记》是否不愿将摩西留作唯一必要的先知。

虽然对亚述的参照让我确信,《申命记》的一些基本理念至少可追溯至公元前 7 世纪,而更多的理念则是在巴比伦之囚期间,甚至更晚才添加进来的。关于它的语境与年代,我们可以了解到的均为推测,而且让人怀疑的是,除了或多或少看似有理的假设之外,我们还能有什么。然而关键在于,我们试图理解《申命记》在做什么,并延伸理解摩西五经,即律法书在做什么,因为它是所有后来的犹太人之敬虔的核心。如果以色列有"轴心突破",如果我们能在什么地方发现它的话,那么,它就在此间。灾难性的国际局势无疑乃是崩溃。突破在哪里?

斯蒂芬·盖勒对这一问题的探索比我看到的任何资料都更为充分,我也将从他那里寻求帮助。盖勒不可避免地将它与希腊思想进行了比较,由此出发,他断言,虽然希伯来《圣经》并非"理论",亦即它并非通过演绎推理来推进的,但是,"至少在一些章节中,存在着一种真正的知性论证的尝试,不论它呈现出来的有多么不系统"。他继续说道: <!-- 314 -->

> 诠释的问题在于找到一种发现这些理念与论点的方法,该方法可避免将希腊人的逻辑观念不合时宜地强加到《圣经》思想较为分散的结构之上,同时又将它们翻译为一种让我们现代人感到舒适的用语……所以,适宜于这种理解的手段不是逻辑推理,而是文学诠释,不是抽象分析,而是具体的解经学。结果与其说是一种逻各斯,一种关于上帝的理论,倒不如说是一种措词(lexis),是《圣经》思想家们在认识上帝和上帝的道时的一种解读,这种解读对文本的构造很敏感,并对其进行循序渐进的处理。①

在其著作的关键一章中,盖勒就是通过细读《申命记》第 4 章来贯彻这一方法的,在此,我无法对此细读作出复述。顺便一提,他将这一章追溯至巴比伦之囚时期。从根本上讲,摩西五经是上帝与他的人民之间

---

① Geller, *Sacred Enigmas*, 31.

的约,由一种对自我和世界的新理解构成。但是,关键仍在于,约是包含在一个文本中的,一个在紧要的方面取代了君王、先知与圣哲的文本,虽然它并未取代诠释的必要性。《申命记》第4章赋予了那个是其中之一部分的文本以非同寻常的权柄:

> 我照着耶和华我神所吩咐的,将律例典章教训你们,使你们在所要进去得为业的地上遵行。所以你们要谨守遵行。这就是你们在万民眼前的智慧,聪明。他们听见这一切律例,必说,这大国的人真是有智慧,有聪明。哪一大国的人有神与他们相近,像耶和华我们的神,在我们求告他的时候与我们相近呢,又哪一大国有这样公义的律例典章,像我今日在你们面前所陈明的这一切律法呢。(《申命记》4:5—8)

这些叙述使得盖勒这样说道:"《申命记》第4章的第一部分确立了一种新的宗教形式,其中,文本被提升到了神本身的层次上,在某种意义上,它就是(is)神。"[1]上帝就在言(Word)中,如果人们听到了圣言并遵行,他们就与上帝处于正确的关系中,不论世界上发生了什么。

315　　　一种文本的宗教是一种便携式的(portable)宗教。虽然它全心全意关注的乃是应许之地,但值得注意的是,不论是在《申命记》中,还是在摩西五经,耶路撒冷均不曾被提及。甚至被吩咐了要将献祭中心化,圣殿也只是被称作"你神所选择要立他名的地方"。[2]虽然《申命记》中关于祭司和献祭的"规定和条例"不厌其详,但是必须承认,正如君王与先知一样,他们也被施以限制。尽管《利未记》与《民数记》的祭司文本显示,上帝临在于会幕中,但是,《申命记》却只说,他的名在那里。对于申命派而言,上帝总是在天上;只有他的言在人的身边。长期以来,学者们认为,摩西五经是由几个部分构成的:主要是叙事的耶和华底本(J documents)与伊罗兴底本(E documents),两个包括大型祭礼与

---

① Geller, *Sacred Enigmas*, 50.

② 根据奥托的《政治神学》65页,"按照《申命记》中的祭礼–中心化(cult-centralization)的角度来看,甚至《申命记》对圣约法典(Covenant Code)所进行的修订都是由一股反亚述的冲动所牵引的。如果耶和华要与亚述的神亚述尔竞争,耶路撒冷要与亚述的首府——它是亚述帝国唯一的亚述尔神庙的所在地——竞争,那么,耶和华崇拜就不可被分散到犹大乡村与城镇的几个圣殿中去"。

法典(large cultic and legal codes)以及对它们的含义的诠释在内的文献部分,即祭司文本(P)和《申命记》文本(D)。将《利未记》与《民数记》的祭司文本的教义(Priestly teaching)视为"原始的",或甚至将其完全视为关于"祭礼"就大错特错了,因为就在《利未记》中,即核心的第19章,有两条重要的道德诫命:"你要爱人如己"(《利未记》19:18),与"你们要爱外人如己,因为你们在埃及地也作过外方人"(《利未记》19:34)。玛丽·道格拉斯吸收了众多学者的研究,她提出,《利未记》的文本远远不是一堆毫无关联的规则,而是对生存的正确整理的一种宏大的宇宙论愿景,这种整理是围绕着上帝在会幕中活生生的临在而得到安排的。①

会幕(在摩西五经中就代表着圣殿)中的献祭对祭司文本来说是不可或缺的,因为这是一条核心途径,人们由此能够与上帝交流,并铭记他是如何近在咫尺的。祭司文本的部分在摩西五经中是如此突出,以至于绝不可能被否弃,而且,根据许多学者的看法,正是祭司文本对摩西五经进行了最后的修订。以西结,最伟大的先知之一,与耶利米属于同一时代,但在巴比伦之囚的早期生活于巴比伦,他清楚地反映了祭司文本的传统,只要圣殿可以保存下来,这一传统就会继续存在,并且以不同的形式在基督教中,以及同时在犹太教与基督教的神秘主义中发挥着影响。② 但是,《申命记》文本成为决定性的文本,并在拉比犹太教那里看到了它的最终胜利。《申命记》,即通过摩西本人而发出的上帝之言,它显著的滚动性修辞(rolling rhetoric)成了摩西五经——一本犹太人可带往任何地方的书——的含义的决定性标准。故土永远不会被遗忘,但是,许多其他近东民族一旦失去了土地,也就随之消失了,而犹太人只要有摩西五经以及对其进行诠释的共同体,他们就可以在任何地方存活下来,并繁荣昌盛起来。

---

① 参 Mary Douglas, *Leviticus as Literature* (Oxford: Oxford University Press, 1999);尤其是 Douglas, *Jacob's Tears: The Priestly Work of Reconciliation* (Oxford: Oxford University Press, 2004)。
② 参盖勒在《神圣奥秘》第四章对祭司文本作品的有价值的诠释,62—86 页。关于这一传统后来的影响,尤其要参考 85—86 页。盖勒也很有兴致地注意到,祭司文本提供了一种与古老的王室祭礼迥然不同的新祭礼(New Cult),因为祭司文本"完全删除了君王的角色"。(82 页)

轴心转向:约,民族与个人

上帝与以色列的子孙之间的关系被视为一种约,这与古老的近东君王和藩属之间的附庸条约相似,虽然因删除了作为中介的君王的角色而有了明显的新含义。我们已经证明,当上帝与以色列的子孙之间的关系被如此看待时,以色列的轴心突破就发生了。盖勒已经证明了这一断言的吊诡性——一个文本将上帝视为超验的,超出任何形象之上,它同时又创造了一种庞大的拟人论(anthropomorphism),即深切关爱一个民族的上帝。正是在不愿称呼上帝为王的文本中,上帝却被展示为王。"我认为,这创造了一种新的层面上的拟人论,它在很大程度上来自王权的比喻,却最终获得了一幅关于神圣人格(personality)的新图景,综合了神圣性中相互冲突的多个方面。"①

盖勒对《施玛篇》进行了细致的分析来证实其主张,《施玛篇》即犹太教的信经,也就是《申命记》第 6 章第 4 至 5 节。《施玛篇》中的"以色列啊,你要听,耶和华我们神是独一的主"(一种可能的翻译)经常被当作以色列人的"一神论"的真正基础,这是第一诫命的消极禁令——"除了我以外,你不可有别的神"(《出埃及记》20:3,钦定本)——的肯定叙述。② 虽然在历史的这一时刻,一神论大概是一个无法规避的术语,但它却是盖勒的分析——上帝不是某种"论"(ism),不是某种逻辑演绎,而是在关系中得以界定——的一个负担。在考察了希伯来语所有可能的语法诠释之后,盖勒得出了这一结论,即第一律例"以色列啊,你要听,耶和华我们神是独一的主"需要在与接下来的第二律例

---

① Stephen A. Geller, "The God of the Covenant", in *One God or Many? Concepts of Divinity in the Ancient World*, ed. Barbara Nevling Porter, *Transactions of the Casco Bay Assyriological Institute* 1 (2000): 286.

② 哈贝马斯在第一诫命中发现了理性的萌芽,他这样说:"从哲学的观点来看,第一诫命表达了认知水平上的一场'跃进',这一跃进授予了人反思的自由,也就是将自身从摇摆不定的直接性(vacillating immediacy)中分离出来,将自身从世代的桎梏与神话力量的虚妄中解放出来的能力。"引自桑德罗·马吉斯特(Sandro Magister)《教会受困,但无神论者哈贝马斯起而捍卫》("The Church Is under Siege, but Habermas, the Atheist, Is Coming to Its Defense"), www.chiesa.repubblica.it。

"你要尽心(heart,希伯来语:lēb)、尽性(soul,希伯来语:nepeš)、尽力(might,希伯来语:mě'ōd)爱耶和华你的神"的关系中得到理解。① 关于第二律例,盖勒借助于詹姆斯钦定本的上古表述以强调,即使第一律例的主张是集体性的("我们的神"),但第二律例中的命令则是第二人称单数的,这是一个"你的"(thy)可以正确翻译出而"your"——在现代英语里,它同时是单数与复数的——则无法正确翻译出的细微差别。

盖勒的论点是:虽然与上帝之间的关系将以色列界定为一个民族,但非常重要的是,这一关系也是与每一个作为个体的以色列人之间的关系:

> 我的论题是,在宣告上帝之独一性的名义下,另一个,或真正向人们提出的要求是:人们要通过唯独依附于上帝而达到自我的统一,也就是人们的心灵(heart,lēb)与嗜好/情感/生命(nepeš)的统一。约的成员们必须是一(one),整体且完全地与上帝在一起。换句话说,一神论涉及的不仅仅是上帝,还有信仰者的人格。两个统一体齐头并进。事实上,在《施玛篇》中,用数字表示的"一"(one)的微妙之处也是真实的,它不仅仅与上帝有关,也与信仰者有关。②

317

鉴于当代人,尤其美国人倾向于认为,个体与共同体处于零和关系

---

① 盖勒《约的上帝》,293 页,但整个讨论可参 290—296 页。我已经加上了第五节的其余部分,也为关键术语加上了希伯来文,盖勒并未引用前者,但他确实讨论了后者。在同一篇文章中,盖勒讨论了上帝的超越性与他在"他的名"这一问题上之于人的可及性。当摩西问上帝的名,上帝回答说:"我是自有永有的"(或"我必是我必是的"[shall be what I shall be],《出埃及记》3:13—14,盖勒自译)。鉴于古代近东的观念是:一个人的名就是一个人的权力,所以,上帝在回答摩西时是有所保留的。在另外两个地方,即《创世记》第 32 章,《士师记》第 13 章,上帝(或天使)均拒绝给出他的名。然而,上帝告诉摩西,耶和华,即"他是"(he is),就是"我的名,直到永远"——"他是"是"我是"的名(the name "I am")自然采取的第三人称形式(《出埃及记》第 15 章,盖勒自译)。盖勒评道:"在这样一个古代与圣经的语境中,显而易见的是,上帝已经拒绝了向摩西和以色列启示他的真名。他回答说,'我是我所是'(I am whatever I am),这已足够。事实上,这是一个温和的训斥。但是,就解救的即时语境和约的未来语境而言,'我是/我必是'(I am/shall be)是一个完全有意义的名,因为它论及了故事中早先的应许,即'我必与你同在'(I shall be with you)。易言之,在宇宙的层面上,上帝仍然是不被知,也不可知的,但是,在,与以色列的关系中,他将是永远可及的。"(盖勒:《约的上帝》,307 页)
② 盖勒:《约的上帝》,295—296 页。

之中，所以，我们必须努力看到，对于古以色列人而言，上帝与民族以及上帝与个体之间的关系是相互强化的。君主制末期出现了预言的伟大复兴，尤其是在《耶利米书》与《以西结书》中，个体先知与堕落的民族之间的冲突似乎最为激烈，没有什么地方比这里更明白地体现出：先知从来就不是"私人的个体"。他处境的痛苦之处在于，他是上帝之于民族的一个代表，又是民族之于上帝的一个代表。他无力逃脱任何责任，这使得耶利米发出悲惨的呼号："愿我生的那日受咒诅！"（《耶利米书》20:14）

在《先知的角色》一书中，提摩西·波尔克（Timothy Polk）将耶利米作为真正自我中的一个典范，作为他受召试图去影响的那个民族的一个隐喻，从而提供了很有启发性的分析。[①] 对《耶利米书》而言，关键词或许就是"心"（lēb），我们已在《施玛篇》中注意到它了。一颗秩序井然的心就是由对上帝的爱所统治着的心。然而，这恰恰是人们所欠缺的，因此，上帝告诉耶利米去向人们宣告：

> 愚昧无心的百姓啊！
> 你们有眼不看，
> 有耳不听，现在当听这话……（《耶利米书》5:21）（和合本为
> "愚昧无知"，现根据此处行文，译为"愚昧无心"）
> 但这百姓有背叛忤逆之心，
> 他们叛我而去。（《耶利米书》5:23）[②]

《耶利米书》中充斥着的灾祸预言是如此之多，以致有时很难——尽管看起来不大可能——记得这些原本是能加以留心的警示。因此，对于少有的几段以赐福的希望来平衡诅咒的文字，就颇值得对其中一段进行考量了：

> 耶和华如此说：

---

① Timothy Polk, *The Prophetic Persona: Jeremiah and the Language of the Self*, JSOT Supplement Series 32, Sheffield: Sheffield Academic Press, 1984. 波尔克指明，他是按我们现有的文本来分析耶利米的，而不是试图去发现历史上"真实的"耶利米，后面这种探索也许并非毫无希望，但对其意图来说，则是不必要的。

② Polk, *The Prophetic Persona*, 44.

倚靠人血肉的臂膀，

心中离弃耶和华的，

那人有祸了。

因他必像沙漠的杜松，

不见福乐来到，

却要住旷野干旱之处，

无人居住的碱地。

倚靠耶和华，

以耶和华为可靠的，

那人有福了。

他必像树栽于水旁，在河边扎根，

炎热来到，并不惧怕，

叶子仍必青翠，

在干旱之年毫无挂虑，

而且结果不止。(《耶利米书》17:5—8)①

318

由于遭遇到的只有一次又一次的误解与拒绝，所以，对耶利米来说，真相似乎是，"人心比万物都诡诈，坏到极处。谁能识透呢？"(《耶利米书》17:9)②当回归耶和华的希望在当下消褪之时，耶利米就梦想着一个未来，在那个时候，上帝将亲自改变人们变幻无常的心："耶和华说：'那些日子以后，我与以色列家所立的约乃是这样：我要将我的律法放在他们里面，写在他们心上。我要作他们的神，他们要作我的子民。'"(《耶利米书》31:33，修订标准本)这一节使人想起《以西结书》中更为生动的图景："我也要赐给你们一个新心，将新灵放在你们里面。又从你们的肉体中除掉石心，赐给你们肉心。"(《以西结书》36:26，修订标准本)

在波尔克的分析中，耶利米并不是一个伟大的人物，他只是机缘巧合成了先知；只是在先知的苛刻角色中——之所以说苛刻，是因为他必须同时为上帝和民族说话——耶利米才了解并成为一个真正的人。当

---

① Polk, *The Prophetic Persona*, 149-150.

② Ibid., 148.

压力变得不可承受的时候,我们确实在耶利米的自白中听到了私人的声音,告诉上帝说,这实在太难了。然而,持续下去的力量正是从上帝而来:

> 耶和华如此说:
> 你若归回,
> 我就将你再带来,
> 使你站在我面前;
> 你若将宝贵的和下贱的分别出来,
> 你就可以当作我的口。
> 他们必归向你,
> 你却不可归向他们。
> 我必使你向这百姓成为坚固的铜墙,
> 他们必攻击你,却不能胜你;
> 因我与你同在,要拯救你,搭救你。
> 这是耶和华说的。(《耶利米书》15:19—20,修订标准本)

正是在非同寻常的代求者(intercessor)角色中,先知为万民建立了与上帝之间关系的模型。① 在耶利米与以西结之后,先知的声音并未停止,只是在很大程度上变成了匿名的,这为旧的汇编加上了新的材料。也许最重要的就是被掳时期的汇编(exilic collection),很多学者称之为"第二以赛亚书",即《以赛亚书》第40至55章。根据马克·史密斯:

> 这一作品在很多方面都改变了古老的王权神学。首先,犹太人的君王从图景中消失了,反过来,耶和华则为了以色列自由地运用有效的王权手段来贯彻其神圣意志。在拯救以色列与列邦的新的神圣计划中,波斯人古列(Cyrus)变成了耶和华"膏立"的(弥赛亚)(《以赛亚书》45:1)。第二,以色列自身,而不是犹太人的王,变成了传达赐福的新仆人。以色列是古老的"永远的约"(《撒母耳记

---

① 可参乔切南·马福思(Jochanan Muffs)的出色论文, "Who Will Stand in the Breach? A Study of Prophetic Intercession", in *Love and Joy: Law, Language and Religion in Ancient Israel* (Cambridge, Mass.: Harvard University Press, 1992), 9-48。

下》23:5)的领受者,现在,它面向列邦(《以赛亚书》55:5)。①

史密斯的第三个要点是"一神论",亦即随着耶和华地位的提升,其他诸神的存在被否认了,对他们的膜拜被贬斥为对无生命的、人造对象的愚昧崇拜。"耶和华不止是(同时作为土地与民族的)以色列的神,也是所有土地与邦国的神。"②

"第二以赛亚书"延续了对王权神学的转化,这是由《以赛亚书》在公元前8世纪开启的事业。在巴比伦之囚期间及其后所发生的似乎是,《申命记》的王权神学与转化了的王权神学在很大程度上融合了。摩西五经——教导或律法——仍像以前那样重要,但是救赎的基调,回归与恢复的希望,减轻了很多伟大的预言作品中单调的残酷性。似乎以色列最终已经接受了这样的生活:作为一个民族,它唯一的王就是上帝——对大卫家的应许只有通过弥赛亚未来的神圣行动才能得以实现。诚命并不是像保罗时常想的那样禁锢了以色列,而是给予了以色列一种更高的律法,使得他们从任何世间法律的最终束缚中解放出来。犹太教,作为一种可在任何地方存活下来的经书的宗教,开始形成了。

320

在《申命记》中,超越的上帝首先是在他的言中被认识的,有条件的约永远要求这个民族忠于主耶和华的诫命。如果说,在某种重要的意义上,《申命记》已取得胜利,那么,无条件的约也并未被遗忘。它们作为这个民族生活于其中的视域而永久地保存了下来。上帝对亚伯拉罕和雅各/以色列的应许意味着,不论在多么令人战栗的处境中,上帝都不会抛弃对以色列的爱。上帝对大卫的应许意味着,未来的某一时刻,一种真正的好的生活方式将会存在于这大地上。

---

① Smith, *Origins of Biblical Monotheism*, 179. 我认为,史密斯对"第二以赛亚书"的分析是最有助益的,他指出,引号的使用提醒我们,我们并不知道这一文本的作者或作者们是否曾有意让它作为一个独立的作品来阅读。

② Ibid.虽然根据对"耶和华作为唯一的神"的强调而言,对偶像崇拜的批判是可以理解的,但却是非常不公平的。例如,巴比伦人对马尔杜克(Marduk)的神庙以及其中的神像很有感情,但是,他们并不认为,他的像就"是"马尔杜克,除非他偶尔临在于那里。马尔杜克,一个与暴风,也与帝国相关的伟大的宇宙之神,决不能被完全等同于任何形象。参 Jon Levenson, "Is There a Counterpart in the Hebrew Bible to New Testament Antisemitism?" *Journal of Ecumenical Studies* 22 (1985): 242-260。

阿克塞尔·霍耐特认为，"为承认而斗争"乃是人类历史中的一种强大动力，他对这种斗争做了成果丰硕的分析①，该分析可能有助于我们讨论这一困惑：为什么犹太人，并且唯独犹太人是被拣选的民族？这对非犹太人而言必然总是一个问题。霍耐特假定，承认的需要是在三个阶段中展开的。首先，有着对作为爱的承认的需要，没有它，就不会有自信(self-confidence)。其次，有着对作为正义的承认的需要，没有它，就不会有自重(self-respect)。接着，有着对作为价值创造者的承认的需要，没有它，就不会有自尊(self-esteem)。承认看起来确实处于以色列人宗教动力的中心。上帝对这个独特民族的承认反过来又要求该民族对上帝的承认。只有通过这种相互的承认，首先是爱的承认，民族与自我才能够形成。只有上帝的主动(initiative)才使得整个过程成为可能。但是，爱的承认必须是个人的，它不可能是普遍的。起初，上帝必须承认某个人，如果从这个人那里产生了新的东西，即一个不是因为忠于某个地上的统治者而是因为忠于上帝而形成的民族，那么这个民族也必然是一个独特的民族。无疑，古以色列的宗教强有力地迈向了对正义的承认，在此，一个更为宏大的语境——例如，如何对待外邦人——开始发轫了。但是，如果没有对其独特性的继续坚持，就难以看到以色列人的轴心突破是如何保持下来的。② 最好谨记，以色列的独特性只是相对的：从以色列源头而来的两种"普遍"宗教也有它们各自非常独特的开端，这些开端迄今仍界定着它们。基督教与伊斯兰教均为经书宗教，对它们而言，信仰者与非信

---

① 阿克塞尔·霍耐特(Axel Honneth)：《为承认而斗争：社会冲突的道德原理》(*The Struggle for Recognition: The Moral Grammar of Social Conflicts*, Cambridge, Mass.: MIT Press, 1996)。霍耐特找到了"承认"在现代历史语境中的三个阶段，并相信它们在前现代并未被如此清晰地被区分开来。我将证明，希伯来《圣经》中已明显包含了作为爱的承认(recognition as love)与作为正义的承认(recognition as justice)，但作为价值创造者的承认(recognition as creator of value)在很大程度上则仍然是晦暗不明的。

② 彼得·马士尼斯特(Peter Machinist)考察了《圣经》中坚持以色列区别于其他民族之独特性的段落，他发现，它们集中于两个问题：以色列上帝的独一性与以色列作为一个民族的独一性。Machinist, "The Question of Distinctiveness in Ancient Israel: An Essay", in *Ah, Assyria... Studies in Assyria History and Ancient Near Eastern Historiography Presented to Hayim Tadmor*, ed. Mordechai Cogan and Israel Eph'al (Jerusalem: Magnes Press, Hebrew University, 1991), 196-212.

仰者之间的区分并非无足轻重的。

盖勒提醒我们，"将希腊精神与希伯来精神视为截然对立的两极，321这种莫米利亚诺式的区分"与整个事实不符：

> 这两种世界观均声称唯有自己是正确的，这是由新的真知灼见所释放出来的巨大能量的主要外在表现。二者均阐发了一种新的共同体观念，以及支持它的新教育伦理与新制度。运动场与犹太会堂均为前所未有的公共集会形式。诚然，一条巨大的鸿沟将《圣经》信仰与希腊的逻各斯区分开来，将那种我们已经讨论过的充满张力的辩证法与对绝对、永恒之真理的冷静宣称区分开来，而哲学和科学即以这种真理作为公设。①

借助于这一提醒，盖勒将上述独特性的另一个维度也置于语境之中了。但是，正如我们已经看到的那样，以色列宗教中几个并不那么容易调和的部分也有助于形成其动力，同样，盖勒所指的鸿沟——这条鸿沟永久性地使西方传统至少区分为两个部分——将证明，一代又一代寻求跨越这条鸿沟的努力结出了如此丰硕的成果。

在得出结论之前，不妨总结一下，对于轴心突破在古以色列发生的方式，我们已经有何发现。我们已经将理论，即二阶思维作为轴心性的标准，在这个意义上，以色列仍是一个颇成问题的案例。但是，希伯来《圣经》已经集结了大量的资源，从而做到了与其他轴心案例的成就，尤其是跟希腊很相似的事情。修辞学，由于它与哲学之间的张力而成为希腊轴心转型的一部分，但在以色列，特别是在《申命记》中，它获得了高度发展。不止如此，以色列人的修辞学是在辩论的语境中得到发展的。沃尔特·布鲁格曼业已根据证词、反面证词与交叉诘问（cross examination）的线索，整理出了他的权威之作《〈旧约〉的神学》。② 如果说古以色列人最终完成了为唯一存在的神耶和华所作的辩护，那么，他们是通过辩论做到了这一点的。他们甚至不反对与上帝自身进行争辩。关于争辩，最明显的例子就是《约伯记》，它实质上是一篇复杂的

---

① Geller, *Sacred Enigmas*, 181.

② Walter Brueggemann, *Theology of the Old Testament: Testimony, Dispute, Advocacy* (Minneapolis: Fortress Press, 1997).

对话,在最后还提到了上帝自身的声音。从所有这些辩论与反辩论之中,出现了一种在世界上独特的并有着宏大的历史意涵的上帝理念。一个全然超越的上帝,没有任何形象,他是爱,又是公义,也要求他的子民向他奉献爱与公义,就他的子民是万邦之光而言,他也要求整个世界向他奉献爱与公义。部落民族中的强力存在与上古文明的诸神在一些关键的方面都嵌入他们生存于其中的社会世界之中。在上古社会中,关键的嵌入性(embeddedness)就是神与君王之间的关系——二者近乎等同。在早期的君主制时期,神与君王之间的关系和伟大的近东上古文明中的这种关系非常相似。然而最终,以色列人不再需要拉比所说的"肉与血的君王"来将他们与上帝联系起来,上帝才是唯一真正的王。一个最终外在于社会与世界的上帝提供了一个参考点,由此,所有既存的前提均可被质疑,这正是轴心转型的一个基本标准。以色列似乎采纳了伟大的上古文明最根本的象征——神、君王与民族——并将其推向了突破点,在此,世上诞生了焕然一新的东西。

然而,这种深刻的历史变迁——上帝将道德自由的礼物赐予了一个民族,这个民族能理解到,上帝的正义自身就是道德自由的至高表达①——是通过一种从未抛弃叙事的文化媒介而得以实现的,这种媒介将叙事作为文化理解的基本框架。这引着我们去询问:古以色列人有没有以一种新的方法来使用叙事,以此来构建今天可被称作"叙事神学"(narrative theology)的东西,后者事实上是理论的功能对等项——当然,它不是对自然之分析的功能对等项,而是对人类生存之理解的功能对等项。希伯来《圣经》中的很多部分都与神话、传说、民间故事、其他近东民族的言论和诗歌相似,有时候则相同。然而,这种宏大的包络性叙事(enveloping narrative)从创世进展到巴比伦之囚,并且通过后期先知的启示录式的文字,它还预言了未来——耶和华在"那日子"将会恢复万物的秩序。由于它一再重复了关于应许、不忠、惩罚与救赎的主题,所以这种宏大叙事是新的东西:一种将信仰者们置于与

---

① 这是黑格尔在其晚期的宗教哲学演讲中发表的深刻见解,他最早的时候认为,犹太人生活在律法的束缚之中。Georg Wilhelm Friedrich Heger, *Lectures on the Philosophy of Religion*, vol.2 (Berkeley: University of California Press, 1987 [1827]), 679.

一个故事的联系之中的方式，而这个故事则给予他们意义和希望。摩西五经第 1 卷的开端，即《创世记》的第 1 章至第 2 章第 4 节，即便它是祭司学派（priestly school）后期的产物，即便它的确不包含从无中创造（creatio ex nihilo）的教义，它仍不失为对创世的一种有力而严肃的解释，在古代近东的创世故事中也有其独特性。① 实际上，整部《创世记》是一部叙事的杰作，它吸收了古老的片段，但又将它们转变为此后将发生的一切的序幕——正如人们偶尔所说的那样，它是《旧约》中的《旧约》。

如果视其为一个整体，那么希伯来《圣经》的历史框架无疑是一流的元叙事，但也是一种任何接受它的文化都无法逃脱的元叙事。这种元叙事足够有力，又足够灵活，以至于运动与反对运动，建制与异端，所有这些均可借助于它来为伦理/社会/政治规划进行辩护，而这些规划对所有后来的历史动力都将有所影响，虽然并不总是有益的影响。在此，我们又发现了一种新的文化形式，它如此具有影响力，以至于我们必须把它理解为轴心转化的一部分。

最后，我们必须理解没有君主制的民族的社会成就，作为由古以色列完成的修辞学革新与叙事革新的一个结果，这是一个由神法（divine law）而非国家专断统治的民族所达到的社会成就，也是一个由负责的个体构成的民族所达到的社会成就。在此，正如盖勒注意到的那样，在后巴比伦之囚时期出现的犹太会堂是举足轻重的：不论在何处，只要一定数目的犹太人聚集了起来，一个宗教共同体也就形成了，该共同体可能在外在事物上服从于任何一个掌权的国家，但是，它为信仰者提供了一种不同的生活法则。这同时是基督教的教会与伊斯兰教的乌玛（Umma）的准备期。它并非"教会与国家的分化"，但却是一个穿刺的楔子（entering wedge），它使得分化的理念成为可以想象的。

这一概述表明的是，在寻求理解是什么使得轴心时代成为轴心的过程中，我们无疑需要考察理论的出现，不论它是在什么地方形成的，但是，对于较古老的文化形式向着新的构造的可能转化以及这种转化

---

① Jon D. Levenson, *Creation and the Persistence of Evil: The Jewish Drama of Divine Omnipotence* (Princeton: Princeton University Press, 1988).

的社会后果,我们也必须予以考察。

在这一章中,我试图将古以色列的宗教理解为一种轴心突破。也许以乔恩·列文森这位当代犹太人的一段相当于信仰告白的文字来结束本部分是恰如其分的,该告白甚至包含了今天所有关于上帝、君王与民族的动态项,而我们从一开始就将其视为决定性的:

> 因此,对于犹太教来说,没有任何声音比在西奈山上聆听到的声音更具核心意义了。西奈山使任何一个要作为犹太人而生活的人都面临着一种让人敬畏的选择,这种选择,一旦遭遇,就无法规避——它就是,是服从上帝还是偏离他,是遵守诫命还是背离诫命。最终,问题是:上帝是或不是君王,因为不存在没有臣民的君王,不存在没有附庸的宗主。简而言之,西奈山要求以彻底的严肃性来对待摩西五经。但是,在选择的重负旁边,就是香膏,它抚慰了决定的艰辛。香膏是救赎的历史,而救赎则为诫命提供了基础,并确保那将要成为王的是一位仁慈与爱的上帝,选择顺服于他并不是跳跃到荒谬之中。①

---

① Jon D. Levenson, *Creation and the Persistence of Evil: The Jewish Drama of Divine Omnipotence* (Princeton: Princeton University Press, 1988), 86.

第七章　轴心时代(二):古希腊

当谈到轴心时代的时候,古希腊似乎是一个信手拈来的例子。古希腊产生了一种以公民大会的理性辩论之后所做出的决定为基础的民主形式;产生了包括形式逻辑(二阶推理)在内的哲学;至少产生了以证明和论证为基础的科学的开端;更不用提它产生了璀璨的艺术与文学成就。一些人对古希腊的文化如此心醉神迷,以至于想象出一个"希腊奇迹",它没有先行者,也没有竞争对手,可以说,它从宙斯的头脑中跳出来的时候就是成熟的。希腊人内在地就是"理性的"。

最近这些年,这样极致的热情已经遭遇了有力的反驳,热情的支持者们被指责是欧洲中心主义或西方中心主义的,未能认识到希腊人从亚洲和非洲那里受益良多(数学、天文学等)。而批判者们则坚持,希腊"民主制"终归并不那么民主——它只适用于人口中的少数派,也就是公民,而将女性、奴隶与外邦居民排除在外。他们认为,希腊哲学导向了"形而上学"的死胡同,它使得哲学家们在数个世纪的时间里都沉浸在完全玄幻的问题上。而希腊的科学,由于拒绝了实验,从来就算不上什么。我听到过卡尔·萨根(Carl Sagan)在他的一档科学史的电视节目上宣称,"柏拉图使欧洲的科学倒退了1500年"。此言真是相当有伎俩,但是迄今为止,这并不是唯一被算到柏拉图头上的恶劣影响。

那么,我们现在在哪里呢?我认为,最好将古希腊作为只是四个轴心案例中的一个来对待,最好试着理解它是如何发展的,与其他实例有何异同,简要地提及它对未来的影响,并以此结束。路易·热尔内①

① 路易·热尔内(1882—1962)专攻古希腊研究;他比葛兰言(Marcel Granet)年长一岁,后者是涂尔干的追随者,专攻古代中国研究。从1918—1948年,热尔内花了三十年在阿尔及尔大学讲授希腊作品。虽然他继续有作品问世,但是,在涂尔干学派陷入混乱的那些年里,他是在相对孤立的状态下工作的。1948年,时年66岁的他回到巴黎,在巴黎高等研究(转下页)

（Louis Gernet）是涂尔干的学生，莫斯的朋友，让-皮埃尔·韦尔南（Jean-Pierre Vernant）的老师——近年来，以韦尔南为中心已经形成了一个颇具创造力的法国古典学者群体。我们不妨以热尔内的一段话作为开始：

> 这岂不是希腊的秘密：它任由分量最少的那些遗产消逝，却融合了最大多数的古代价值观念？无论如何，它最为切实的成功之一乃是，将一种英雄主义理想与一种智慧理想视为一体的。这两种理想轻而易举地融贯于那些以仁爱与组织性的行动为主导的人物身上，或是融贯于那些圣殿与城市的创始人的较晦暗的鬼魂之中——那些鬼魂是人与诸神的热情东道主。在塑造理想的模糊地带，一千年的经验是很有价值的。在过去，有一种生动的感觉甚是盛行，它是按照被接受的生命律动而参与到与人，以及与自然之间的交往中的喜悦感。与日常生活的野蛮不同，希伯尔波利安人（Hyperboreans）[一个极北之地的民族，仍然生活在黄金时代的条件下]的神话在很早的时候就能够唤起遥远过去的爱筵（*agapai*）画面，它安宁泰然，人们欢聚一堂，宾至如归。①

此处的要点是，在希腊这个案例中，从前国家的境遇到准国家的境

（接上页）实践学院任教，只是在这时，他才在青年古典学者中逐渐赢得了一批追随者。关于他的职业生涯，可参 S.C. Humphreys, "The Work of Louis Gernet", in *Anthropology and Greeks* (London：Routledge and Kagan Paul, 1978), 76-106。保罗·卡特利奇（Paul Cartledge）记录了受涂尔干影响的作品在战后法国出现的明显复兴，他写道："就智识上的生命力与影响力而言，在法国的'人文科学'领域，唯一可与所谓的'年鉴学派'——它是受到马克·布洛赫与吕西安·费弗尔的启发、有着社会学意识的历史学家所组成的群体——相媲美的对手就是'巴黎学派'，它是由研究古希腊，尤其是古希腊的宗教与神话的文化历史学家们组成的，这一领域过去三十年由让-皮埃尔·韦尔南主导着。并非偶然的是（正如他们所说），这两个'学派'在其源头上都受到了社会历史-心理学家涂尔干的作品的重要影响。"路易·布鲁特·柴德曼（Louise Bruit Zaidman）与宝琳·施密特·潘黛儿（Pauline Schmitt Pantel）《古希腊城市中的宗教》（*Religion in the Ancient Greek City*, Cambridge：Cambridge Unversity Press, 1989）的译者导言，xv—xvi 页。

① Louis Gernet, "Ancient Feasts" (1955), *The Anthropology of Ancient Greece* (Baltimore：Johns Hopkins University Press, 1981[1968]), 35. 这一段以爱筵为结束，它是"爱的筵席"（love feasts），诸神与人一道参与其中。

遇之间存在着连续性,尽管在所有的轴心案例中,这种连续性都是显而易见的,但是,希腊的连续性尤其容易在其保存下来的前国家的制度与信仰中辨认出来。

具体而言,希腊神话被很详细地保存了下来。其中,很多都与古代近东的神话相似——近东神话也是希伯来《圣经》的基础,但只是在一些片断里可以看得出来。虽然它们也会偶尔提到早先的时期,那时,诸神与人参与到同一个筵席中来,热尔内确信,这是一个在乡村节日里仍然被实践着的理念,但是,《荷马史诗》与其他早期文本所描绘的神人关系的主要图景则极其不同,而且与我们在第六章看到的耶和华与以色列人之间的关系亦大为不同。根据休·劳埃德-琼斯:

> 像在所有的早期希腊诗歌中一样,在《伊里亚特》中,诸神是以混杂着些许怜悯的不屑感来看待人的。"我会是不理智的",当阿波罗在众神的战场上遇到波塞冬时,这么对他说:"如果我为了那些可怜的凡人和你交手,他们如同树叶,一时还生机蓬勃,因为吮吸大地的养分,一时却又枯萎凋零。"宙斯说:"在大地上呼吸和爬行的所有动物,确实没有哪一种活得比人类更艰难。"[1]

326

劳埃德-琼斯继续说道,诸神"待人的方式正如乡村社会早期阶段的贵族对待农民的方式"[2]。在英雄时代及后来,虽然诸神有其喜爱的人,却并无暗示说他们"爱"所有人类或人类当中任何特定的群体。同样地,虽然特定的个体仍可能是被拣选的,但作为整体的希腊人并不是"被拣选的",而且希腊人也并未显得比他们的敌人好到哪里去。[3] 相反,在《伊里亚特》中,更被同情的是特洛伊人而不是希腊人;赫克托耳也显得比阿喀琉斯与阿伽门农更令人钦服。[4] 因此,以色列的神人关

---

[1] Hugh Lloyd-Jones, *The Justice of Zeus* (Berkeley: University of California Press, 1971), 3, 引自《伊里亚特》2:462f 与 17:446—447。(此处译文参考了《伊里亚特》的罗念生、王焕生译本[北京:人民文学出版社,2011 年],409、494 页。根据贝拉的注释,阿波罗说的话应出自第 2 卷,但实际上应出自第 21 卷,此处疑贝拉有误)

[2] 同上书,3—4 页。

[3] 尽管并无证据表明希腊人曾将自己视为被拣选的,但是,正如我们将在下文看到的那样,雅典人有可能认为自己是被雅典娜所拣选的。

[4] 对希腊观众而言,赫克托耳并不像我们认为的那样令人钦服,尤其是在与阿喀琉斯的比较中。

系中最根本的特征,即上帝对以色列的爱以及回报这种爱的义务,"你要爱耶和华你的神",在希腊那里是完全付之阙如的。亚里士多德说:"一个人说他爱宙斯会是很奇怪的事",并认为,神与人之间的 *philia*(爱、友谊)是不可能的。[①]正义则另当他论。一般而言,诸神,特别是宙斯的确关心正义,我们将在下文对此予以详细考察。

虽然希伯来《圣经》内部明显有很多张力,并且数个世纪以来对它们的诠释中也显现出了一些鲜明的差异,但是,摩西五经形成了一种无可比拟的规范性权威。在整个古代,荷马与赫西俄德乃是希腊教育的核心文本,但是它们从未具备希伯来《圣经》那样的权威性。古老的神话由诗人和悲剧作家进行了重构,由哲学家进行了批判与改革,从各种源头而来的新的神话、诸神与女神被不时地引进,但没有引起过分的骚动。古希腊的宗教在各种意义上都比以色列的宗教更具流动性,我们必须对这一流动性的社会原因与结果进行考察。

早期希腊社会

我们已经注意到了神–王–民这个复合体在所有上古社会中的核心意义,也注意到了这一事实,即每一个轴心案例均不得不面对这个复合体,所以值得注意的就是:古希腊是轴心转型期间唯一的特例,在它这里,虽然在文化想象中,君王并没有缺席,但在事实上,并不存在君王。简而言之,城邦(polis)——翻译成"城市国家"(city-state)是很有问题的——是在公元前 8 世纪至公元前 4 世纪期间的支配型制度,它见证了古希腊文化的繁荣与轴心转型,却不是由君王统治的。僭主时有,但正如我们将看到的那样,他们显然不是君王。看起来并不是王权的观念缺失了。在公元前 8 世纪以前,即使希腊人对在公元前第二个千年中领先于他们的迈锡尼文明已不知其然,但是,他们确实知道迈锡尼人是由君王统治的。根据对迈锡尼文明的现代考古学知识,我们知

[①] 多兹(E. R. Dodds)在《希腊人与非理性》(*The Greeks and the Irrational*, Berkeley: University of California Press, 1951)的 35、54 页,引用了亚里士多德的《大伦理学》1208B.30 与《尼各马可伦理学》1159A.5。但是,多兹也指出:"我们很难怀疑的是,雅典人爱他们的女神。"54 页。

道,迈锡尼文明无非是上古近东的文化模式在西方的一个延伸而已,根据这种模式,君王是神圣的、半神圣(semidivine)的或者像祭司一样的。以城邦为居所的希腊人不仅知道他们过去曾经有过君王,而且也意识到,北方的塞西亚,东方的亚述与波斯,南方的埃及都是有君王的。但是,他们的王权理念不仅仅是通过外来的模式,而且也是通过他们自己的神话与传说中的核心人物而形成的:《伊里亚特》就是关于一支表面上由一个君王所统治的希腊军队的故事,这个君王就是阿伽门农,偶尔也被称为 anax(王),该词源自迈锡尼文明中表示王的词汇 wanax。①后来用于表示王的希腊语"巴西琉斯"(basileus),在《荷马史诗》中被宽泛地用到君王、贵族、甚至仅仅是领导者这样的人身上。② 阿伽门农似乎也不大像是一个君王——在半数的时间内,他看上去更像一个大酋长(paramount chief)。宙斯也被称作 anax,虽然在《伊里亚特》中他还没有被称作巴西琉斯,而且他是一个君王,虽然有些像阿伽门农,他并不是一个可忽视诸神这些臣民的感受的君王。饶有意味的是,在《荷马史诗》中,宙斯更频繁地被称为 pater,即父亲,而不是君王。③《荷马史诗》之后,赋予宙斯的权力有了更大的增长,因此我们面对的是这样一种境况:诸神的君王并不是由人类的君王反映出来的,这是独属于希腊人的一种境况。④

然而,如果希腊人不是在君主国里组织起来的,那么,他们的社会又是何种类型呢? 与以色列的社会相比要说有什么区别的话,那就是:最早的希腊社会更为模糊不清。大约在公元前 1200 年左右,由于内部的腐朽,气候的变迁,或者外部的征服,迈锡尼的城市要么被侵占了,要

---

① *Anax* 也被用到普利阿摩司与其他少数领袖身上。

② 艾瑞克·海威劳克(Eric Havelock)的《古希腊的正义概念:从〈荷马史诗〉中的阴影到柏拉图的实质》(*The Greek Concept of Justice: From the Shadow in Homer to the Substance in Plato*, Cambridge, Mass.: Harvard University Press, 1978)对 *anax* 与 *basileus* 在《荷马史诗》中的运用进行了有益的讨论,94—99 页。

③ 在第六章,我们看到,在希伯来《圣经》中,情况正好是相反的,虽然整体而言,与宙斯之于希腊人的关系相比,耶和华对以色列人而言更像是父亲,但是,耶和华更频繁地被称作君王,而不是父亲。

④ 我的研究助理提摩太·多兰(Timothy Doran)为我全面搜索了 *anax* 与 *basileus* 在荷马、赫西俄德那里以及在《荷马赞诗》(*Homeric hymns*)中的所有用法。此外,他在宙斯作为父亲(*pater*)这方面的发现是最有裨益的。

么被抛弃了。但如果是被外部征服的话,那也不会是被"希腊人"所征服,因为正如我们从 B 类线形音节文字(Linear B syllabic script)那里了解到的一样,迈锡尼人在几个世纪里一直都是说希腊语的。说希腊语中的多里安方言(Dorian dialect)并因此被称为"多里安人"的那些人,有时被指为导致了迈锡尼文明的衰落,但是,尚无充分的证据来证实这猜测。[①] 无论如何,B 类线形文字与迈锡尼文明的其他成就在公元前 1200 年之后就消失了,接下来的 400 年则一般被称为黑暗时代(Dark Age)。至少对我们而言是黑暗的,因为考古学对这一时期尚没有多少发现,却有人口大幅度减少的证据。有线索显示,一些地方与近东的贸易并未完全终止。雅典人坚持了一种传统,即他们的城市,尽管不是特别出类拔萃的一个,但在迈锡尼的城市中,唯有它逃脱了被征服的命运,而且他们也相信,大约在公元前 1000 年左右,数目庞大的难民正是从雅典这里迁移到了安纳托利亚海岸,并在那里建立起了城镇,在公元前 8 世纪再度出现的希腊文化中,这些城镇将会成为重要的中心。但是,即使雅典从未被摧毁,它仍然在公元前 1200 年之后的数个世纪中萎缩成一个非常小的城镇。

后迈锡尼时期的最低点似乎是在公元前 1100 年。伊恩·莫里斯告诉我们,在公元前 1100 年之后:

> 很多乡村可能都被丢弃了,或者变得人烟稀疏。大多数人生活在小村庄里,不管怎样,他们在那里居住了 50—300 年……公元前 1000 年左右的灾难可能将希腊中部都消耗殆尽了,余留的少量财富落入了村子首领的手中,他们是迈锡尼最后的地方官员的子嗣。……在某种意义上,希腊中部变成了一个幽灵世界。实际上,每一个山顶与海港原本均有更早的居住者,并且在公元前 1050 年的时候,大地上还散布着一个更为辉煌的时代的遗迹残骸。仅仅罗列例证无法唤起那些时日的氛围……如果黑铁时代(Iron Age)

[①] 有人怀疑,虽然多里安语确实是一种希腊方言,但是,"多里安人"却不能被视为迈锡尼时期或上古的一个文化群体与军事群体,对相关理由的讨论,可参乔纳森·霍尔(Jonathan M. Hall)的《古代希腊的族群认同》(*Ethnic Identity in Greek Antiquity*, Cambridge University Press, 1997)。亦可参霍尔的《希腊性:在族群与文化之间》(*Hellenicity: Between Ethnicity and Culture*, Chicago: Chicago University Press, 2002)。

的哪一部分可被公允地称为黑暗时代,那么,这就是了。从一些人的视角来看,例如,那些建造迈锡尼宫殿,辛劳完成其定额任务的下层阶级,或者那些受 *wanakes*(*wanax* 的复数形式)及其官僚掣肘的地方贵族们,从他们的视角来看,公元前 1200 年的崩溃可能算得上是一种祝福。但是,到公元前 1050 年的时候,这些变迁的代价——不仅仅是丧失了高度的文明,也包括分崩离析与大规模的死亡——对任何群体的利益来说都过于沉重了。埃及人的文献记录了这一时期的农作物歉收。[①]

尽管很难单单从考古学资料出发来重构社会结构,而且将荷马用作资料来源也是问题多多,但相当清楚的是,黑暗时代经历了等级分明的迈锡尼秩序的崩溃,后者被一个更为平等的社会取代了。[②] 大量研究者已经证明,黑暗时代的政治结构是一种低水平的酋长结构,酋长严重依赖于其追随者们,而后者并非不能发表自己观点;其中或许会有一个临时而短暂的大酋长(paramount chief)。这种社会在低水平的等级制与显著的平等主义之间得到了平衡。沃尔特·唐兰用《奥德赛》中的证据描述了这些社会的样貌:

> 我怀疑,在所有关于低水平的首领地位(chiefdom)及其内在 329
> 压力的人种志当中,要论描述之清晰,无过于《奥德赛》的那些卷
> 目。首领大权在握,但是他必须屈从于战士的集体意志,后者则天
> 然地倾向于批判他的领导权。重要的是,我们要理解:史诗传统不
> 时地强调这一事实,即领袖与人民之间的张力乃是社会功能失调
> 的原因。奥德修斯一贯被描绘成可被人民合乎现实地寄予厚望的
> 领袖;然而,这一信息仍然没有错,即个人领导是脆弱易变的;一方
> 面是独裁,另一方面则是平等主义,这两种社会方向之间的内在对

---

① Ian Morris, *Archaeology as Cultural History: Words and Things in Iron Age Greece* (Malden, Mass.: Blackwell, 2000), 202-203, 206-207.

② 古代近东在等级制与平等主义之间的摆动从最早的时候开始就已得到了记录。关于黎凡特的纳图夫人(Natufians),可参 Ofer Bar-Yoseph, "From Sedentery Foragers to Villiage Hierarchies: The Emergence of Social Institutions", in *The Origins of Human Social Institutions*, ed W. G. Runciman (New York: Oxford University Press, 2001), 1-38。

立常常就是社会瓦解的原因。①

虽然《荷马史诗》中强调了杰出的个体，但是，我们仍然可以看到一个仅仅有着世袭等级观念之开端的社会。关于领导权的术语变动不居。如上文所述，*basileus* 是一个用法如此多变的术语，以至于它更经常地意味着"领袖"而非"君王"。尽管赫西俄德将《荷马史诗》中的领袖称为"英雄"，但是，在荷马的文本本身之中，甚至是普通成员亦可被称为英雄或 *aristoi*（意为"最好的"，它是 aristocracy，即"贵族政制"一词的来源）。② 很多领袖仍然与诸神有着特殊的联系：阿喀琉斯、墨涅拉俄斯、奥德修斯与普特洛克勒斯都可被称为"丢特腓"（*diotrephes*），即"宙斯所养的"（Zeus-nurtured），或者第欧根尼（*diogenes*），即"宙斯所生的"（Zeus-born）。一些领袖（"英雄们"一词后来就是为他们保留的）从字面上来理解就是宙斯所生的，萨耳珀冬（Sarpedon，宙斯之子，吕底亚王，在特洛伊战争中被帕特洛克斯所杀）就是一个例子。但是世系，甚至神圣的世系，其本身并不提供地位，也不为神所青睐。帕里斯是阿佛洛狄忒的最爱，但是，由于他无法胜任为一个战士，希腊人与特洛伊人同样都对其嗤之以鼻。到了宙斯所爱之子萨耳珀冬要死的时候，宙斯考虑要不要介入其中以挽救他的生命，赫拉劝服他不要这样做，以免引发诸神的不和，否则，他们中的一些也会想着去将他们的孩子从命中注定的死亡中拯救回来。这一插曲表明，宙斯的君主政制远非绝对的。荷马为我们展现了一个社会，地位是以勇气（valor）为基础的，但它也是这样一个社会，其中的领袖，即 *basileis*，可被视为"像神一样的"（god-like），并因此凌驾于普通人。

然而，存在着一种清晰的理解，即战士精英应将其地位归因于为更大的共同体所提供的服务：领袖是社会的一部分，是整体的一部分，整体比各个部分，甚至比主导部分都要大，在被马其顿人征服之前，这是

---

① Walter Donlan, "Chief and Followers in the Pre-State Greece", in *The Aristocratic Ideal and Selected Papers* (Wauconda, Ⅲ.: Blochazi-Carducci, 1999), 355. 他谈及的《奥德赛》各卷是叙述"奥德修斯及其追随者（*hetairo* = 伙伴，同志）从特洛伊战争返回的途中"的历险这几卷（348 页）。

② Donlan, *The Aristocratic Ideal*, 19, 关于 *aristoi*，参《伊里亚特》2.577-588, 5.780, 12.89, 12.197, 13.128；关于英雄，参《伊里亚特》2.110, 12.165, 15.230, 19.34。

希腊人从来没放弃过的一种观念。与许多其他的社会一样,希腊的贵族政制也是以一种战士贵族政制(warrior aristocracy)开始的。但是,
《伊里亚特》中萨耳珀冬对格劳科斯说的话表达了他们要求处尊居显的社会基础:

> 格劳科斯啊,为什么吕底亚人那样
> 用荣誉席位、头等肉肴和满斟的美酒
> 敬重我们? 为什么人们视我们如神明?
> 我们在克珊托斯河畔还拥有那么大片的
> 密布的果园、盛产小麦的肥沃土地。
> 我们现在理应站在吕底亚人的最前列,
> 坚定地投身于激烈的战斗毫不畏惧,
> 好让披甲的吕底亚人这样评论我们:
> "虽然我们的首领享用肥腴的羊肉,
> 咂饮上乘美酒,但他们不无荣耀地
> 统治着吕底亚国家:他们作战勇敢,
> 战斗时冲杀在吕底亚人的最前列。"①

虽然我们需要谨慎对待希腊早期存在过君主政制的历史这种观念,但仍有一些提示是关于某种统治类型的,这种统治与其说长久以来确实一直就是君主政制,毋宁说它更接近于古老的近东巫术-宗教模式。在《奥德赛》中,我们发现,奥德修斯假扮成乞丐,用下面的话来赞美佩内洛普:

> 尊敬的夫人,大地广袤,人们对你
> 无可指责,你的伟名达广阔的天宇,
> 如同一位无瑕的国王,敬畏神明,
> 统治无法胜计的豪强勇敢的人们,
> 执法公允,黝黑的土地为他奉献
> 小麦和大麦,树木垂挂累累硕果。

① *Iliad* 12.310-321, trans. Richmond Lattimore (Chicago: University of Chicago Press, 1951). 萨耳珀冬与格劳科斯是特洛伊的吕底亚盟军,所以严格而言,他们并非希腊人,但是,在上面的文字中,他们表达的是希腊的观点。

健壮的羊群不断繁衍,大海育鱼群,

人民在他的治理下兴旺昌盛享安宁。①

在赫西俄德的《工作与时日》中,我们对好的 *basileus* 有一幅相似的画面,它与关于坏的 *basileus* 的相反画面形成了对照,他常常将坏的 *basileus* 描述为"爱受贿赂的"(bribe-devouring):

相反,人们如果对任何外来人和本城邦人

都予以公正审判,丝毫不背离正义,

他们的城市就繁荣,人民就富庶,

他们的城邦就会呈现出一派爱护儿童、安居乐业的和平景象,

无所不见的宙斯也从不唆使对他们发动残酷的战争。

饥荒从不侵袭审判公正的人,厄运也是如此。

他们快乐地做自己想干的活计,土地为他们出产丰足的食物。

山上橡树的枝头长出橡实,蜜蜂盘旋采蜜于橡树之中,

绵羊身上长出厚厚的绒毛,

妇女生养很多外貌酷似父母的婴儿。

他们源源不断地拥有许多好东西,

他们不需要驾船出海,因为丰产的土地为他们出产果实。

但是,无论谁强暴行凶,

克洛诺斯之子、千里眼宙斯都将予以惩罚。

往往有甚至因一个坏人作恶和犯罪而使整个城市遭受惩罚的,

克洛诺斯之子把巨大的苦恼——饥荒和瘟疫一同带给他们。

因此,他们渐渐灭绝,妻子不生育孩子,

房屋被奥林波斯山上的宙斯毁坏而变少。

宙斯接着又消灭他们的庞大军队,

---

① *Odyssey* 19.108-114, trans. Richmond Lattimore (New York: Harper and Row, 1967).(佩内洛普是奥德修斯的妻子。此处的《奥德赛》的译文引自罗念生译本,北京:人民文学出版社,2011 年,278—279 页)

毁坏他们的城墙,沉没他们海上的船舰。①

在《神谱》开篇不久的一个引人入胜的段落中,赫西俄德记述了宙斯的女儿们,即缪斯女神,能够赐予君王的礼物:

> 伟大宙斯的女儿尊重任何一位
> 宙斯抚育下成长的巴西琉斯,看着他们出生,
> 让他们吮吸甘露,赐予他们优美的言词。
> 当他们公正地审理争端时,
> 所有的人民都注视着他们,
> 即使事情很大,
> 他们也能用恰当的话语迅速作出机智的裁决。
> 因此,巴西琉斯们是智慧的。
> 当人民在群众大会上受到错误引导时,
> 他们和和气气地劝说,能轻易地拨正讨论问题的方向。
> 当他们走过人群聚集的地方时,
> 人们对他们像对神一般地恭敬有礼。
> 当人民被召集起来时,他们鹤立鸡群,是受人注目的人物。②

然后,赫西俄德接着说道,缪斯女神们将相似的智慧与令人心悦诚服的教导赐予了"大地上的歌者和琴师"(《神谱》1.94),这意味着,在吟唱的诗人与政治权力之间存在着某种形式的关联,对此,我们需要在下文作出进一步考察。③ 因此在荷马和赫西俄德那里,仍可听到一种王

332

---

① Hesiod, *Works and Days*, in *Hesiod*, trans. Apostolos N. Athanassakis (Baltimore: Johns Hopkins University Press, 2004), 225-247. (此处《工作与时日》的译文引自张竹明译本,北京:商务印书馆,1996 年,8 页)韦斯特(M. L. West)在《赫利孔山的东方面孔:希腊诗歌与神话中的西亚元素》(*The East Face of Helicon: West Asiatic Elements in Greek Poetry and Myth*, Oxford University Press, 1997,321-323)中给出了大量关于近东,特别是关于亚述人的相似描述(136页),但是,他尤其强调了它与希伯来《圣经》的相似之处,如《利未记》第 26 章,《申命记》第 28 章,《阿摩司书》第 9 章,以及《诗篇》中的大量章节。

② Hesiod, *Theogony*, in *Hesiod*, trans. Apostolos N. Athanassakis, 81-92. (此处《神谱》引自张竹明译本,28—29 页)

③ 我们可能会注意到,两个典型的以色列的王——大卫与所罗门——与诗歌和智慧之间的联系。大卫是一个"歌者与琴师",《诗篇》即被认为是由他所作的,所罗门则以智慧见称,智慧书中的几卷被认为是他所作的(虽然根据叙事,他并非如此智慧,因为他播下了王国分裂的种子)。要说有什么不同的话,那就是,希腊早期的诗歌、智慧与政治之间的联系实际上更为明显了。

权——长久以来,它在希腊已经萎缩不全了——的回声。

正如我们所见,如果说唐兰将奥德修斯及其一伙追随者看作典型的早期希腊社会,那么,伦士曼对奥德修斯的伊萨卡岛(Ithaca,希腊西部爱奥尼亚海中群岛之一,是奥德修斯的家乡)的看法则如出一辙。伦士曼将伊萨卡岛描述为一个"亚国家"(semi-state),而不是"原始国家"(proto-state),亦即,它是这样一种社会,有着国家形态的雏形,却没有任何会不可避免地朝这一方向发展的迹象。伊萨卡已经"过了政治角色与血亲角色相伴而生的阶段,并且已经发展出了被赋予权威的角色,不论是在类型上,还是在程度上,这些角色均超过了世系首脑、村落长老和猎群领袖的权威"。它是这样一个社会,"英雄式的英勇与辩论中的雄辩(只有奥德修斯完全拥有'*auctoritas suadendi*'[发布命令的权力])相结合,形成了领导地位的基础"。① 伦士曼的要点在于,在这样一个社会中,并未出现任何一组独立的政治角色,也没有任何我们所说的"次生构造",因此,"亚国家"非常依赖于其领袖的人格,当奥德修斯不在的时候即易于完全瓦解。城邦在何种程度上超出了伦士曼所说的亚国家的限制,以及城邦从未发展出羽翼丰满的次生构造这一事实,我们必须将它们看作城邦的文化动力与它最终的政治败坏的关键。

在尝试理解早期的希腊社会时,我们需牢记诸多事项。几乎是默认地,我们可称之为一个部落社会,尽管这基本上不会让我们有太多收获。它与许多部落社会不同,甚至与轴心时期的中国不同,延伸的血亲关系似乎一直都不是社会组织的主要焦点。世系,即 *genos*(*gene*[基因]的复数形式),在贵族中倒还重要,但在平民那里则并非如此。家庭(household),*oikos*,则同时是贵族与农民的基本亲属单元,其中心乃是一个核心家庭(nuclear family),但是它可涵括三代人、未婚的女性与无血缘关系的从属者。一个村落就是家庭的集合,问题在于,村落何时变成了城邦呢?

---

① W. G. Runciman, "Origin of States: The Case of Archaic Greece", *Comparative Studies in Society and History* 24(1982): 354.

公元前 8 世纪

公元前 8 世纪,我们开始看到明显的文化复苏的迹象,它如此兴盛,以至于学者们已经开始谈论"公元前 8 世纪的希腊文艺复兴"。[①]如果我们郑重其事地看待这一类比,则"复兴"一词是很成问题的。意大利的文艺复兴涉及的是古典文化的复兴,它的基础是大量的古典文本与保存下来的古代建筑和雕塑。公元前 8 世纪的希腊没有任何文本(对他们来说,B 类线形文字一直不那么易读,如果他们已经见过这种文字的话),只有迈锡尼建筑与雕塑的断壁残垣。然而,我们现有的《荷马史诗》文本(远远晚于口头的吟诵),可追溯至公元前 700 年左右,甚至有可能在此之前就致力于写作了,因此,它确实凸显了某种据称从更早时代就开始了的希腊社会的景象,但更可能的是,《荷马史诗》反映的社会境况主要还是不远的过去。

《荷马史诗》是公元前 8 世纪之复兴的一个面向中的一个元素,这种复兴被称为泛希腊主义(Panhellenism),即希腊人之为希腊人的意识,尽管他们中间并不存在政治统一体。在《伊里亚特》中,希腊人尚未被称为希腊人(Hellenes),而是被称为别的几个名字,最常为人知的就是亚加亚人(Achaeans)。[②] 它描述了一支显然由极其多样的成分构成但又在一个君王即阿伽门农的统率下的希腊军队,这支军队与安纳托利亚海岸的一个城市特洛伊发生了对抗,后者在文化上与希腊人大同小异,却使希腊人统一了起来,共同致力于摧毁它。《伊里亚特》是人的故事,而非神的故事,但是,诸神在其中却明显是无所不在的,显而易见的正是伟大的泛希腊的奥林匹斯山诸神如宙斯、赫拉、阿波罗、阿佛洛狄忒、赫尔墨斯等,而不是我们知道在当时确实还存在着的每一村

333

---

① Robin Hagg, ed., *The Greek Renaissance of Eighth Century B. C.: Tradition and Innovation-Pro-ceedings of The Second International Symposium at the Swedish Institute in Athens*, *1-5 June*, *1981* (Stockholm: Sevenska Institutet i Athen, 1983).

② 霍尔在《希腊性》(*Hellenicity*)53 页以下质疑,《荷马史诗》中的"阿开亚人"(Akhaioi)尽管是称呼我们所说的"希腊人"时最常用的词,但是,它真的与古希腊人(Hellenes)相等同吗?他认为,希腊认同出现相当晚,是"在公元前 6 世纪期间的奥林匹克运动会的精英环境中"(227 页)形成的,并在公元前 5 世纪早期反抗波斯入侵的过程中得到了强化。

落和村庄里形形色色的地方神。统一不仅存在于传说与神话的层面上,也存在于祭拜的层面上。

我们在希腊历史中获得的第一个确切的时间是公元前776年(并非毫无争议),也就是第一次奥林匹克竞技会的时间,须记得,奥林匹克竞技会首先是仪式的场合,它以对宙斯的献祭而开幕,并作为宗教节日来庆祝。虽然当地的权威操持着竞技会,但参加者则来自所有的希腊共同体。后来,四年周期的竞技会之外还增加了周期性的尼米亚(Nemean)、科林斯地峡(Isthmian)和皮西安(Pythian)竞技会,它们也向所有的希腊选手开放。长远来看,或许更为重要的乃是德尔菲神谕的出现,神庙坐落于德尔菲的远地,不受任何重要城市的支配。求神谕的人来自大希腊的各个地方,而且神谕对政策亦有重要影响,尤其是支持了大约从公元前750年至前600年这期间对地中海与黑海沿岸很多地区的自觉殖民。

这一时期见证了泛希腊主义的意识形态、仪式与制度的兴起,然而,正是这同一时期亦见证了一种新的社会形式的出现,即城邦,像泛希腊主义机制强调一种共同的希腊认同那样,它也极力强调地方性的忠诚与团结。公元前8世纪首次可看到,希腊遍地都建造了神殿,这些神殿,包括与其相关的节日,正是城邦统一的真正象征。也可看到重要的公职与制度的出现,其中并非最重要的就是作为城邦自主之表现的强大的军事组织。

因为城邦是一种独特的希腊制度,是一个没有君王的社会,虽然治理方式不同,却明显与希腊即将形成的文化成就相关,所以我们想知道:它自何而来,又是如何发展的。我们尤其想知道,何以一种强大的泛希腊认同与强大的地方性的城邦认同会同时出现,它们是相互强化,还是冲突的来源,或者也许是两者兼而有之?① 公元前8世纪留下来

---

① 人们可将自主的城邦看作泛希腊主义文化中的一个要素,正如民族国家是当代国际文化中的一个要素一样。约翰·梅耶及其合作者已经令人信服地证明了后面这种联系。参 John M. Meyer and Michael T. Hannon, eds., *National Development and World System* (Chicago: University of Chicago Press, 1979); Conniel L. McNeely and D. A. Chekki, eds., *Constructing the Nation-State* (Santa Barbara: Greenwood, 1995); Frank Lechner and John Boli, *World Culture: Origins and Consequences* (Malden, Mass.: Blackwell, 2005)。

的书面证据很少,因为最早阶段的字母文字出现的时候甚至都已经是这一世纪的晚期了,并且公元前 7 世纪的文字材料也不是那么多。然而,关于这些世纪以及公元前 8 世纪之前的黑暗时代,考古学不断为我们提供了新的资料。[1]

城邦似乎是贵族的主要居住地,虽然他们可能也有乡间宅邸。[2]因此,贵族(*agathoi*,即"好的")与普通人(*demos*,即民众,也有意带轻蔑的 *kakoi*,即"低劣的""坏的")之间的区别部分地就是在城镇定居的土地所有者与在乡村定居的农民之间的区别,但是从根本上,城邦是一个民族,一个包括农民在内的民族,所以城镇与乡村之间的区别从未像中世纪的欧洲那样分明。我们也必须记得,虽然他们宣称对自己的居所有着亘古的依恋,但数个世纪以来,贵族和人民一直都处于几乎是持续不断的迁移之中。我们很难在考察希腊方言的地图时,却忽视人们一直在频繁迁移这一事实,而迁移就意味着战斗——甚至在他们定居下来之后,相邻的城邦之间仍会有大量的战斗持续发生。所以,对贵族地位的第一要求大概就是以战争中的领头作用为基础的。

希腊贵族最初也许是武士群体,他们是在迈锡尼的王权合法性衰落之后形成的,这与第四章所描述的波利尼西亚群岛中的一些岛屿上取代了衰落的酋长之合法性的武士群体大同小异。不过,他们声称在几个方面有权继承古老往昔的荫庇。如上所述,*anax* 一词来自迈锡尼的 *wanax*,意为"伟大的王",它在《荷马史诗》中保存了下来,不论有多么不妥,还是被用到了阿伽门农与普利阿摩司身上,偶尔也会用到其他的希腊领袖身上,而 *basileus* 一词,在迈锡尼时代适用于某种官职,在荷马和赫西俄德那里则是一个用作表示领袖的一般术语,但也保留了超越纯粹权力属性的某种程度的合法性。赫西俄德,其文本一般被追溯至大约公元前 700 年左右,他在好的 *basileis* 与坏的 *basileis* 之间做出了区分,好的 *basileis* 的行动遵从 *themis*,即习惯法,他借着自然的丰饶,透过社会的和谐,而带来了繁荣;坏的 *basileis* 则带来干旱、饥饿与社会动

335

---

[1] 特别参看莫里斯的著作,如《作为文化史的考古学》(*Archaeology as Cultural History*)。

[2] 对于希腊贵族最为简明的论述,可参路易·热尔内的《古希腊的贵族》("The Nobility in Ancient Greece")一文,载热尔内《古希腊的人类学》(*Anthropology of Anccient Greece*),279—288 页。

荡。因此,不论是以多么眇忽的方式,他们都代表了此世与诸神的世界之间的联系,而这正是最高的酋长与上古的君王所起的作用。并不让人吃惊的是,他们也经常承担着祭司的职责。在雅典,一个世袭的祭司被称为 basileus,不过,他没有什么宗教重要性,也没有任何政治权力。

即使贵族群体在公元前 5 世纪的民主政制兴起之前统治着绝大多数的希腊城邦,甚至在那之后也经常在民主或准民主的城邦里充任领袖,但我们不宜夸大他们的权力、凝聚力以及他们之于其他群体的封闭性。他们是土地所有者,但相较而言,例如与罗马的元老院阶层相比,他们并非大的土地所有者。一般说来,城邦本身在领土与人口的规模上都很小,只有少数可被称为城市。作为最大的城市,雅典在顶峰时期人口也不足 25 万人。奴隶劳动力在多大程度上被用到农业上仍是一个悬而未决的问题,但要说希腊贵族曾有过庞大的奴隶庄园似乎是不大可能的。贵族家族有门客与佃户,但很少能达到什么庞大的数目。

非常值得注意的是这一事实,即贵族远非一个凝聚的群体:他们视彼此为平等的,并抵制任一特定家族的支配。他们互争高下,并实质上开创了甚至今天我们也知道的竞技文化,在其中,获胜具有非凡的意义。但是,如果一个家族试图支配城邦,将遭到其他贵族家庭的抵抗,而且开始的时候,这种来自贵族家庭的抵抗比非贵族的抵抗要更多。

从公元前 8 世纪以来,创建我们所知道的城邦的主要推手就是贵族,而在创建泛希腊主义文化与机制的过程中起到了领头作用的,也正是他们。① 贵族家族的成员虽然总是在他们自己的城邦内谋权夺利,但是也常常在海外培养与希腊其他地方的贵族家族之间的宾朋之谊(guest-friendship),并与这些家族通婚。虽然通常都很短暂,但僭主在

---

① 泛希腊主义文化似乎可算得上是一种通常所说的"文明",亦即,一个多国的文化区域,其所有的构成性的实体(constitute entities)彼此共享某些信仰和实践,这些信仰和实践将它们与相邻的"文明"区分开来。诺曼·约菲(Norman Yoffee)论及了苏美尔早期的美索不达米亚文明(在本书第五章有所讨论),他强调,"文明的"意识形态也包括每一个构成"国家"应该是什么样的这样的观念。参《古代国家的神话:最早的城市,城邦与文明的演化》(*Myths of the Archaic State: Evolution of the Earliest Cities*, *State*, *and Civilizations*, Cambridge: Cambridge University Press, 2005),17 页。在希腊这里,城邦作为一种政治形式,包括对其自主性的坚定信仰,却没有像苏美尔那里所信奉的、哪怕是苟延残喘的那种观念,即集权化是可取的。这种城邦是泛希腊文明的一部分。约菲也注意到,文明在很大程度上常常是由精英之间远距离的贸易和礼物交换所构成的,希腊的情况似乎一直如此。

公元前 6 世纪控制了大量城邦,他们是贵族,动员民众的支持来反对其贵族同伴,但也号召他们海外的朋友和亲属帮助他们以强力来攘权夺利。文化合法性的欠缺以及僭主在贵族与平民那里激起的怨恨,这二者一并使得他们的统治相对短命:无一能够创立一个稳定的君主政制。

希腊关于地位等级制的概念是很复杂的,但由于地位等级制是希腊的文化革新的语境,所以我们必须努力去理解它。在最高的层次上,存在着不朽的诸神。在英雄时代,他们与凡人结合,交合之后的孩子往往就是贵族世系的创始人,但是,神人交媾的日子早已过去,而且在所有的区分中,最重要的可能就是凡人与诸神之间的区分。即便如此,萨耳珀冬仍对格劳科斯说,"所有人都这样看待我们,似乎我们是神"。虽然直至亚历山大,与神圣出身(divine descent)相对照的神的血统(divine parentage)的观念才在外来影响下而再度在希腊出现,但伟大的人——战争与和平时期的领袖、卓越的诗人、智慧的人——可被称为"神一样的人"(godlike)。然而,即使是神人结合而得的孩子也是凡人,正是人的有限性产生了诸神与人类之间的巨大分别。

神与人之间的区别为贵族(agathoi,即好的)如何看待民众(kakoi,即低劣的)提供了一个样板,然而,贵族之门从不向新成员关闭,在平稳的时期,凭财富也可以捞到贵族地位。但公民,包括民众与贵族,将他们自己视为是与其他群体(即奴隶)判然有别的。关于古希腊奴隶制的范围与程度仍有争议,但对奴隶的界定是:与公民相反,他们是不自由的。奥兰多·帕特森已经令人信服地指出了,在希腊与此后的西方文明中极其核心的自由理念,只有在与奴隶的不自由地位的对立中才是可理解的,亦即一个没有奴隶的社会可能并不会发展出这种独特的自由观。① 也许正是凡人与诸神之间极端的不平等才使得希腊人更容易没什么异议地接受奴隶与自由人之间的区分。确实,诸神可以被描述为:有着极度的自由(hyperfreedom),免于众多的人类局限,尤其是有限性的束缚。与诸神相比,甚至自由人亦可被视为奴隶。

---

① Orlando Patterson, *Slavery and Social Death: A Comparative Study* (Cambridge, Mass.: Harvard University Press, 1982); Patterson, *Freedom*, vol. 1: *Freedom in the Making of Western Culture* (New York: Basic Books, 1991).

还存在着其他的地位区别。与罗马不同,没有希腊城邦将其公民身份扩展至外邦人,因此定居下来的异邦人,尤其是在像雅典这样的大商业城市,虽然他们是很重要的群体,一般也很富裕,却没有政治权利。此外,当然还有妇女,虽然她们在神话、戏剧,偶尔甚至也在哲学中扮演着重要角色,却也不得参与政治。但是,在很多仪式中,女性却是全面的参与者,而这些仪式在非同寻常的意义上界定着城邦。我们可以说,她们虽然不是政治公民(political citizens),却是祭拜公民(cultic citizens)。① 守护雅典的智慧与战争之神当然就是雅典娜女神。这一方面,雅典并非独例:例如,赫拉就是阿尔戈斯(Argos)与萨默斯(Samos)的女神。(阿尔戈斯是希腊伯罗奔尼撒东北部的一个古城,萨摩斯是希腊爱琴海中的一个小岛)

了解了希腊社会在公元前 8 世纪复兴之后的第一个世纪中的样貌之后,我们必须问:为什么公元前 8 世纪出现了这么多新的发展?在回答这个问题的时候,重要的是要记得:至少自公元前 1200 年至前 600 年,早期希腊的地理范围就不断地在变化,与迈锡尼文明一样,它也是"东方"的一部分。当时尚无"欧洲"。考古学家发现,埃维亚岛上的列夫康地城(Lefkandi)从公元前 900 年起——如果不是更早的话——就是一个重要的商业中心,与近东有商业来往。② 希腊人在公元前 1000年前后就沿安纳托利亚海岸建立了自己的领地,他们与东方的民族有着持续的联系,而且绝非偶然的是——如他们所言——诸如米利都这样的城镇在最早的时候就处于文化革新的前沿了。例如,有一种传统看法认为,荷马来自安纳托利亚沿海的希俄斯岛(Chios)。但是,与其像 19 世纪的学者倾向于做的那样将希腊人视为受东方"影响",或是甚至在某种程度上已"东方化"了的印欧语系人群,我们更应该这样看:从迈锡尼时期开始,他们就是"东方"的西部边缘,是东方不可否认

① 罗伯特·帕克(Robert Parker)在《雅典宗教的历史》(*Athenian Religion: A History*, Oxford: Oxford University Press, 1996)中说道,希腊的女性享有"祭拜公民身份"(80 页)。他还提到,"尽管女性不具有大多数的政治权利,但是,在涉及宗教时,(雅典的)女性却是公民"(4 页)。有几个重要的节日仅限女性参与者。

② M. R. Popham and L. H. Sacker, *Lefkandi I, the Iron Age: The Settlement and the Cemeteries* (London: Thmes and Hudson, 1979), supp. Vol. 11 (British School of Archaeology at Athens).

的一部分,只是逐渐地,才创造了他们自己独特的文明。据此,较之于我们通常所想象的样子,他们与古以色列人要更为相似。

因此,当说起希腊的黑暗时代时,我们应该意识到,自公元前1200年至前800年的几个世纪中,美索不达米亚与埃及的中心地带之外的大部分近东地区都处于黑暗之中。巴勒斯坦与希腊同样是长夜难明。如果我们可以说早期以色列人当中发生了"再部落化"(re-tribalization),那么,我们也可以说黑暗时代的希腊人当中也发生了"再部落化":二者都是对公元前第二个千年的伟大的青铜时代宫廷文化的瓦解所作出的回应。在公元前800年前不久发生的一件事情将震动整个区域,这就是一个新的、行之有效的军事帝国的崛起,即新亚述帝国,在公元前9世纪末叶和前8世纪,它扩张到了地中海,并且如我们已经看到的那样,它在古代以色列的历史中也扮演着重要角色。与在以色列的情况不同,亚述人对希腊的影响是间接的,但仍然是强有力的。

亚述人借以影响希腊的中介主要是腓尼基人,虽然可能也包括内陆的安纳托利亚王国的一部分地区。正是亚述人对贡品,尤其是对金属,但也有对各种其他物品与日俱增的需求,再加上摆脱他们直接控制的意愿,使得腓尼基人的足迹远及地中海地区,这促成了迦太基在公元前814年的建立,而且也促成了北非、西西里、意大利和西班牙的许多其他城市的建立。在塞浦路斯、克里特岛,也许还有其他地方,腓尼基人与希腊人相互接触,以各种方式激发了后者(在公元前8世纪,希腊人根据腓尼基字母,改进了他们的字母),但尤其是为他们提供了一个各种货物的市场,而这些货物最终是亚述人需要的。摩根思·拉森(Mogens Larsen)已经谈到了"庞大的亚述吸尘器"(grand Assyrian vac-uum-cleaner)。① 正是这种"吸尘器"同时将腓尼基人与希腊人调动了起来,但是,这种动向一旦开始,就变成自我推动的。大约从公元前750年至前600年,希腊人建立的前哨遍及地中海与黑海沿岸,在此过

338

---

① 转引自尼古拉斯·珀塞尔(Nicholas Purcell)《流动性与城邦》("Mobility and the *Polis*"),载《希腊的城市:从荷马到亚历山大》(*The Greek City: From Homer to Alexander*),ed. Oswyn Murray and Simon Price (Oxford: Oxford University Press, 1990),38。

程中,他们与腓尼基人展开了角力。①

在希腊滥觞于公元前 8 世纪的如火如荼的行动中,引人注目的是,一种成长中的文化统一体②(它覆盖了但从未取代地方的异质性)并不是与政治统一体联结在一起的:越来越多的城邦如此不屈不挠地捍卫着自身的自主性,以至于希腊的扩张除非从隐喻的角度,否则不能被称作殖民化。新建立的城邦对它们所发源的城邦仅仅有着情感上的依附,在政治上则并不服从于它们。在某种意义上——我们将对这种意义进行简要的考察——政治上原始的社会在文化上却变得日益发达。"东方化"一词就最频繁地被用于这段上古时期的早期,虽然我已经尝试指明,自公元前第二个千年起,希腊就是近东的世界(oikumene)的一部分,而且正如列夫康地城所显示的那样,这种联系从未消失。③ 很明显,我们在此并没有面临一种非此即彼(either/or)的局面,即希腊人要么是封闭孤立的革新者,要么是完全从亚洲或非洲那里得到了这种革新。相反,他们确实是革新者——这也是本章的主题——但是,如果他们一直就是封闭孤立的、小型的、再部落化的社会,他们就绝不可能做到他们所做的。他们身上众多引人注目的地方来自这一事实,即他们是世界主义的、小型的、再部落化的社会,在一种意义上是自固封畛的,在另一种意义上则向整个广阔的世界开放。

我已经将希腊社会描绘为"有等级的",因为它在贵族与平民之间

① 大卫·坦迪(David W. Tandy)的《武士到商人:早期希腊的市场力量》(*Warriors into Traders: The Power of the Market in Early Greece*, Berkeley: California University Press, 1997)努力描述了(虽然并非没有争议)公元前 8 世纪所发生之转化的经济基础。由于公元前 8 世纪的证据还不足,所以各种解释也是见仁见智。

② 希罗多德明显是在一个相当晚的时期,而且是在雅典人奋起抵抗波斯人入侵的语境中,对希腊的文化认同作出了如下的界定:"而且我们还有着共同的希腊性格(Greekness):我们在血缘和语言上是一体的;诸神的神殿共同属于我们所有人,向诸神的献祭共同属于我们所有人,还有我们的习惯,它们产生于一种共同的起源。"Herodotus, *The History* 8. 144, David Grene translation (Chicago: University of Chicago Press, 1987)。值得注意的是,这里没有一种共同的政制。(此处关于希罗多德的译文参考了希罗多德:《历史》[上],王以铸译,北京:商务印书馆,1997 年,620—621 页)

③ Walter Burkert, *The Orientalizing Revolution: Near Eastern Influence on Greek Culture in the Early Archaic Age* (Cambridge, Mass.: Harvard University Press, 1992); Burkert, *Babylon, Memphis, Persepolis: Eastern Contexts of Greek Culture* (Cambridge, Mass.: Harvard University Press, 2004). 当然,共同的文化世界在上古时期之后并没有消失:希腊继续向它东方的社会学习,正如它们反过来也向希腊学习一样。

有着区别(在公元前 7 世纪甚至公元前 6 世纪之前,奴隶还非常少,但是,奴隶与自由人之间的区别要比贵族与平民之间的区别大得多)。但是,最早伊始,一种自封的贵族的骄傲就总是与一种强烈的平等主义感和所有的自由公民均为社会的完全参与者这一观念并驾齐驱。我们现有最早的文本,即荷马与赫西俄德的作品,证明了早期希腊社会存在着等级体系,但这种等级也很脆弱。《伊里亚特》一直被视为"保守的",或者甚至是"反动的",但是,很难说它在一味颂扬希腊贵族。自一开始,贵族中就存在不和。理查德·马丁将阿喀琉斯看作诗人所认同的人物,诗人实际上通过他而无情地批判了阿伽门农,并含蓄地批判了希腊领导阶层的等级制度。① 阿喀琉斯攻击阿伽门农自私自利,认为他拿的比应得的多,却把艰苦的战斗留给其他人。彼得·罗斯认为,这两人之间的冲突反映了以功绩奖赏为基础(阿喀琉斯)的较古老的文化对以物质财富为基础(阿伽门农)的新文化的抵制。② 尽管马丁与罗斯倾向于认为荷马站在了阿喀琉斯这一边,但是,阿喀琉斯并没有被描述成一个没有瑕疵的英雄。当非理性的愤怒缠身时,他远远没有反映出希腊贵族的美德。他告诉帕特洛克罗斯,他希望所有的特洛伊和希腊战士都死去而只有他们两个人活下来,当他这么说的时候,他被揭示出比阿伽门农更自私。③

　　希腊的政治组织在《伊里亚特》中很不明朗,但是,在重要的场合,必须召集所有的军队集结。通常只有领袖可以讲话,不过,在一个场合中,一个普通人(即特尔西特斯,一个真正的 *kakos*,即坏蛋,不仅满嘴脏话,而且丑陋畸形)也说话了,却被奥德修斯抽打和羞辱了一番,这经常被当成是荷马贵族偏见的一个例证。然而,值得记住的是,特尔西特斯被允许完成了他的讲话——文本暗示,这不是他第一次讲话——而且他评议的内容,也就是对阿伽门农之自私和近乎怯懦的行为的大肆

① Richard P. Martin, *The Language of Heroes: Speech and Performance in the Iliad* (Ithaca: Cornell University Press, 1989).
② Peter Rose, *Sons of the Gods*, *Children of the Earth: Ideology and Literary Form in Ancient Greece* (Ithaca: Cornell University Press, 1992).
③ 对于一个像我这样一生中的大量时间都用于研究日本的人来说,一种武士文化却没有强调领袖及其追随者之间的忠诚,这是十分令人震惊的。

抨击,与阿喀琉斯的话是非常相似的。因此,特尔西特斯事件在两方面均说得通,它并不像乍看起来的那样"反动"。

另一位最早的作家,即赫西俄德,显然并不代表贵族制讲话。我们已经引述了他对过去好的 *basileus* 的怀念,但特别是在《工作与时日》中,他所处时代的 *basileis* ——同样还是领袖,而非君王——受到了他毫不留情的口诛笔伐,关于他们对穷人的镇压,赫西俄德的谴责堪与差不多和他同一时代的阿摩司的谴责相提并论。那些自封为好人(*agathoi*)的人将另一些人称作坏人(*kakoi*),而这些所谓"坏人"更可能将他们自己视为中间阶层(middling, *mesoi*)——小农(small farmers),他们能参军战斗,不愿忍受任何人的颐指气使。从中间阶层的观点来看,贵族(*agathoi*)的特权必须是挣来的,但来自贵族的颐指气使则是不可接受的。① 没有财产的人即雇工(*thetes*,意为在别人土地上工作的人),他们的地位更低,但是,他们与最贫穷的务农者之间的界线是模糊的,而与中间阶层相比,他们对尊严的要求并不那么容易被当作一回事,却也不会完全被熟视无睹。② 因此,对于在公元前 8 世纪兴起的城邦而

340

---

① 维克多·戴维斯·汉森(Victor Davis Hanson)在《不同的希腊人:家庭农场与西方文明的农耕根源》(*The Other Greeks: The Family Farm and Agrarian Roots of Western Civilization*, Berke-ley: University of California Press, 1995)中对中间阶层及其在早期希腊社会中的重要性进行了全面的研究。汉森坚决反对使用 "农民"一词,他认为,这一词暗含了某种程度的依赖性与从属性,而这些特点在他更乐意以"务农者"(farmers)称呼的人们身上是看不到的。亦可参 Ian Morris, "The Strong Principle of Equality and the Archaic Origins of Greek Democracy", in *Demokratia: A Conversation on Democracies, Ancient and Modern*, ed. Josiah Ober and Charles Hedrick (Princeton: Priceton University Press, 1996), 19-48。莫里斯在《作为文化史的考古学:黑铁时代希腊的词与物》(*Archaeology as Culture History: Words and Things in Iron Age Greece*, Malden, Mass.: Blackwell, 2000)的第五章,即"对立的文化"中讨论了"中间阶层的意识形态"(middling Ideology)与"精英主义意识形态"之间的持续冲突。他认为,大约在公元前 500 年之前,精英主义意识形态已经消散殆尽了,而中间阶层的意识形态则占据了支配地位。在公元前 4 世纪,一种对希腊民主的"保守主义"批判出现了,在很大程度上,它所根据的原则就是原属中间阶层意识形态的一部分。
② 约西亚用"尊严"(dignity)一词来描述雅典民主政制中的公民;参约西亚·奥博(Josiah Ober)的《雅典的革命:古希腊民主和政治理论论文集》(*The Athenian Revolution: Essays on Ancient Greek Democracy and Political Theory*, Princeton: Priceton University Press, 1996),87页。他从查尔斯·泰勒(Charles Taylor)的《承认的政治学》("The Politics of Recognition")那里借鉴了对这一语词的理解,载泰勒及其他人所著的《多元文化主义:对承认的政治学的考察》(*Multiculturalism: Examining the Politics of Recognition*, Princeton: Priceton University Press, 1994),25—73 页。

言,它们可能会将本身视为一种由政治平等者(*homoioi*)——虽然之间有着地位的差异——所构成的共同体(*koinonia*)。正是这种境况使得莫里斯做出了如下出色论述:

> 我将证明,在公元前 8 世纪,希腊人阐发了一种全然一新的国家观念,在任何其他复杂的社会中均无与其相对应的观念。希腊人开创了政治学,并使得政治关系成为他们所称的城邦这一国家形式的核心。城邦理想的本质在于将公民与国家本身等同起来。这引出了两个重要结果。第一,一切权威的来源均在于共同体,它的部分或全体都要通过公开的讨论来做出有约束力的决定。第二个结果是,城邦使得国家作为集中化的权力垄断这一界定成为了同义反复(tautologous);权力就在作为整体的公民主体身上,而常备军或警察力量几乎是闻所未闻的。城邦的权力是全面的:不存在被更高权威所认可的个体的自然权利;权力的特性是政治的,并没有凌驾于城邦权威之上的权威……当然,在实践中,在公民社会的多样性与国家的统一之间存在着冲突,但是,城邦作为公民的政治共同体这一理想,它与古代中美洲、美索不达米亚、甚至中国的国家理想之间的对立则无出其右。城邦的伦理几乎就是一种无国家的国家(a stateless state),由于与公民主体之间的同构性,它独立于所有支配性阶层的利益。公民即(were)国家。①

当然,如果公民即国家,这就给"国家"的真正含义带来了问题。正是这一境况使得伦士曼说道,因为公民确实就是国家,所以城邦并非"城市国家"(city-state),而是"公民国家"(citizen-state),并且从伦士曼的观点来看,它必然是一个脆弱不堪、最终无以为继的国家。② 正是这一境况使得保罗·卡特利奇写道,"除了局部的例外,即斯巴达,古希腊的城邦在严格意义上就是无国家的政治共同体(State-less political communities)"。③ 最后,通过引用修昔底德的以下说法,即对希腊人而 341

---

① Ian Morris, *Burial and Ancient Society* (Cambridge: Cambridge University Press, 1987), 2-3.

② W.G. Runciman, "Doomed to Extinction: The *Polis* as an Evolutionary Dead-End", in Murray and Price, *The Greek City*, 347.

③ Paul Cartledge, "Comparatively Equal", in Ober and Hedrick, *Demokratia*, 182.

言,"人就是城邦",克里斯汀·梅耶(Christian Meier)既主张城邦是一个公民国家,同时又主张正是这一理念使国家观念受到了根本的非难:"没有任何方式能使任何类似于国家的事物建立起与社会相脱离的集中化的权力和国家制度。"①

然而,一旦我们从字面上来理解"公民即国家"这一陈述,则(原则上)所有公民的大会就必然是统治主体。② 我认为,莫里斯的观点是:这样的公民大会(assembly)在公元前 8 世纪已经实际存在了且不可忽视,而不是:它真的就在进行着统治,因为那将会意味着,民主政制的形成要比莫里斯或其他专家已证明的早得多。早期的城邦是由贵族群体来统治的(寡头政治),但总是有赖于公民大会公开或默许的承认。正是它,甚至在这一早期(公元前 8 世纪至公元前 5 世纪)的时候就使得公民成为国家了。在这几个世纪中的大多数城邦里,莫里斯都看到了整个公民主体越来越广泛的参与趋势。③ 雅典在公元前 8 世纪开了一个重要的好头,但接着就在公元前 7 世纪的很长时间内又回到了过去的寡头模式,却又在公元前 6 世纪的时候,在梭伦的领导下经历了一系列重要改革中的首次改革。对此,下文将有更详细的论述。

虽然大多数城邦都由于公民大会而有了民众的参与,但是,真正的民主政制则是一项晚近的并相对罕有的成就。寡头政治,即贵族家族的实际统治,是主导性的政府形式,但是,除了斯巴达,这些寡头政制通

---

① 克里斯汀·梅耶:《希腊政治的起源》(*The Greek Discovery of Politics*, Cambridge, Mass.: Harvard University Press, 1990[1980]),21 页,亦可参 144 页:"城邦的基础在于其公民,而不在于某一自主的国家组织。公民组成了国家。"

② 世界不少地方都有武士大会与城市大会:例如,可参约菲《神话》一书索引中的"大会"(*assemblies*)词条。有这样一个问题,即最早的时候,城邦大会是否一直就是武士大会,只是后来才变成了(成年男性)公民的大会? 韦尔南已经论证了,武士大会在先,它们后来转化成了公民大会。在《古希腊的神话与社会》(*Myths and Society in Ancient Greece*, New York: Zone Books, 1988[1974])中的"城市国家的战争"(City-State Warfare)一章,他以这样的陈述作为结束:"一方面,军队如果不是城市本身,即一无所是;另一方面,城市亦无非一支集结起来的武士。"(53 页)《荷马史诗》的证据很混杂:《伊利亚特》中提到了一些武士大会,《奥德赛》中的伊萨卡则有一个公民的大会。在上文所引用的几本著作中,莫里斯似乎认为,公元前 8 世纪见证并回应了非贵族的公民对于包容(inclusion)的更大要求,不论他们有没有武士地位。尽管大会在历史中并不少见,特别是在酋长国与早期国家时期,但是,在已知的例子中,除了希腊,没有一个当真以大会取代了君主政制而作为统治的一种主要形式。

③ 莫里斯:《作为文化史的考古学》,尤其是第四章。

常都是脆弱、可渗透以及不稳固的。我们已经指出,僭主政制是短命的,并且常常用来将以前被排斥在外的人们又涵括进来,而不是确立强大的集权控制。简而言之,城邦在公元前 8 世纪首次显露,正是从它这里,希腊的民主政制这种凤毛麟角的现象才可能在公元前 5 世纪的雅典首次得到充分的发展。至此,我们基本上是从结构的角度来看待早期希腊社会的;为了充分地理解它,我们需要考察其文化维度,确切而言,也就是考察其宗教。

诗歌及其仪式语境

我已经将诸如荷马和赫西俄德这些人的文本用作了资料来源,当然,它们确实可堪如此之用;我们还必须考虑它们是什么类型的文本:它们首先是诗。在口头文化中,诗对任何篇幅的作品来说都是很常见的,因为诗歌比散文要易于记忆。很少有人会怀疑,我们现有的荷马文本是将长期的口头吟诵记录下来的结果。人们无须争辩说,书写对它们没有影响——它们被记录下来的时候,可能在某种程度上已经被有意识地改变了——但是,要辨识其中的口头痕迹殊非难事。而赫西俄德的诗,虽然大多数人相信是赫西俄德本人所写,但是,它们显然也是意在用于吟诵的,而且可能最初就是口头创作出来的。在《荷马史诗》中,"吟游诗人"已被描述为仪式或亚仪式(semiritual)情境中的表演者——《奥德赛》中的德摩多科斯(Demodocus)。在公元前 6 世纪的雅典,《伊里亚特》与《奥德赛》会作为重要节日的一部分而被全文"表演"出来。这种情况下的表演指向了事件的模仿性质:吟游诗人是一个演员,因为他要使他所叙述的故事对观众而言是真实的。诗人可被称为"歌唱家",尽管《荷马史诗》可能不是唱出来的,却可能是被吟咏出来的,因为它强调文本的韵律性。①

---

① 罗莎琳德·托马斯(Rosalind Thomas)在《古希腊的读写能力与口头形态》)(*Literacy and Orality in Ancient Greece*, Cambridge:Cambridge University Press, 1992)中写道,荷马"大声地给一个观众唱他的诗"(4 页)。之后,她写道,尽管没有音乐伴奏,但是,《荷马史诗》吟咏者的表演却"最好被描述成'吟咏'而不是简单的朗诵",她接着引用了柏拉图《伊翁篇》(*Ion*)的 535b-e 指出,吟咏者不仅使用了戏服与姿势,而且在叙事的关键时刻还如痴如狂,(转下页)

但是,故事的内容是什么? 上文对文化进化的分析中,根据梅林·唐纳德,我们很大程度上将神话等同于叙事:正如希腊语 *mythos* —— myth 即来自 *mythos* ——所暗示的那样,神话(myths)就是故事。但是,就像我们从弗拉基米尔·普拉普(Vladimir Propp)、列维-斯特劳斯及其他人那里了解到的那样,故事明显是会迁移的(migratory)——同样的故事可在很多不同的文化中出现,其中的一些故事则几乎流布于全世界。在这样的故事当中寻求唯一的终极意义是毫无理由的:正是它们在特定时间的特定社会中得以应用的方式才使得它们成为这些社会中有效的神话。因此,沃尔特·柏克尔特(Walter Burkert)的定义是颇有裨益的:**"神话就是一种传统的故事,继发且部分地指涉着具有集体重要性的某种事物。"**[1]正是如此应用的故事起到了神话的作用。我们可以接着在以下两者之间做出有问题但重要的区分:一方是关于强力存在或诸神以及他们和人类之间互动的故事,另一方则是与之形成对照的关于人类过去做了些什么的故事,狭义而言,这也就是"神话"和"历史"之间的区分。我将这两个词加了引号,因为它们只能从分析的角度区分开来,而实际上,它们总是重叠的。[2]

　　如果说荷马与赫西俄德同时是在广义和狭义上来经营神话的,那么,他们也共有一个权威来源,也是许多早期诗人共有的来源——它最终变成约定俗成的东西,但在早期则必须严肃对待。这个来源就是缪斯女神,她们是宙斯之女,本身也是女神,二者的诗歌就来自这些女神。因此,这样的文本,如果不是"天启"(revealed)的话,也一定是"受神灵启发的"(inspired)。然而,与希伯来《圣经》相反,缪斯女神启发的东西并非必然可靠。早在《神谱》中,缪斯女神就告诉赫西俄德:

343　　　　荒野里的牧人,只知吃喝不知羞耻的家伙,

(接上页)似乎是神灵附体,并使得观众感染了相似的情绪(118 页)。这显示出了《荷马史诗》的表演中强烈的模仿性面向。

① 沃尔特·柏克尔特:《希腊神话与仪式中的历史》(*History in Greek Mythology and Ritual*, Berkeley: University of California Press, 1979),23 页。原文是黑体。

② "历史"与"神话"之间会不可避免地重叠,这一方面的论证,可参廉·麦克尼尔的《神话历史及其他论文》(*Mythistory and Other Essays*, Chicago: University of Chicago Press, 1986)。

> 我们知道如何把许多虚构的故事说得像真的，
> 但是如果我们愿意，我们也知道如何述说真事。①

诗人自己也许知道什么是真的，什么不是真的，但是，他对说出这些却有所保留。赫西俄德（也许还有荷马？）向"智慧者"说话。如何理解他，可能并不总是明摆着的，而是需要解释。在这方面，诗歌与神谕的特点有共通之处，例如，那些在德尔菲神庙求到的神谕，它们是出了名的含混不清，且需要解释——甚至是危险的，因为一个错误的解释可能是灾难性的。马塞尔·德蒂安（Marcel Detienne）在《古希腊真理的大师》中提醒我们，在这些文本中，Aletheia（真理）与 apate（欺骗）不应在实证主义的意义上来理解，亦即，它们不是简单的对立关系。真理可能是隐匿的；欺骗却可能有着某种诚实的目的。我们是在有效的（efficacious）言说领域里，而不是在可测验的（testable）言说领域里。②

在书写文字投入使用很久之后，诗的言说还是表演性的，甚至是创造性的；我们可以说，它创造了自身的"真理"。它确实创造了一个世界。在《柏拉图导读》中，艾瑞克·海威劳克在如下的意义上提及了"荷马式的百科全书"，即荷马传达了口头传统中所有值得知道的东西。③珍妮·施特劳斯·克雷（Jenny Strauss Clay）论及两部《荷马史诗》时，认为它们有一种"整体性"，她引述格雷戈里·纳吉（Gregory Nagy）的话称，"在二者之间，《伊里亚特》与《奥德赛》设法将几乎所有事物的某些方面（something of practically everything）都予以吸收并精心编排了起来，这些方面从英雄时代以来被认为是值得保存的"④。尽管在

---

① 第26—28行，亚坦那萨基斯（Athanassakis）译。（此处译文出自张竹明译本，27页）
② 马塞尔·德蒂安：《古希腊真理的大师》（*The Masters of Truth in Ancient Greece*，New York：Zone Books，1996[1967]），52页——在此，他提及了"表演性真理"（performative truth）——以及89—106页。
③ Eric A. Havelock, *Preface to Plato* (Cambridge, Mass.：Harvard University Press, 1963), 61-86. Eric A. Havelock, *The Greek Concept of Justice: From Its Shadow in Homer to Its Substance in Plato* (Cambridge, Mass.：Harvard University Press, 1978), 106-122.
④ 珍妮·施特劳斯·克雷：《雅典娜的愤怒：〈奥德赛〉中的诸神与人》（*Wrath of Athena: Gods and Men in Odyssey*，Princeton：Princeton University Press，1983），24页。她的引文来自格雷戈里·纳吉：《亚加亚人中的佼佼者：古希腊诗歌中的英雄概念》（*The Best of the Achaeans: Concept of Hero in Archaic Greek Poetry*，Baltimore：Johns Hopkins University Press，1978），18页。对我的研究目的而言，克雷的著作是很有启发的。虽然她对社会语境并无兴趣，（转下页）

荷马式的百科全书——如海威劳克所称呼的那样——中可以发现几乎所有类型的知识，但最重要的、使得荷马成为"希腊的老师"的则是它所描述的生活方式，也就是它形塑的 *paideia*（教育、文化、教化［*Bildung*］）。正是这引起了柏拉图的敌意，他延续了至少从色诺芬尼（公元前 6 世纪末叶，公元前 5 世纪初期）开始的荷马批判这一路线，因为柏拉图意图使苏格拉底取代荷马，成为希腊的老师。

海威劳克借助于赫西俄德来描述诗之教诲的核心。他在《神谱》的第 66—67 行发现了缪斯女神通过诗人所教导的内容，他将它翻译为：

> 她们赞美万物的法则，歌颂所有
> 甚至是不朽诸神的生活方式

第一行包含了 *nomoi* 与 *ethea*，海威劳克认为，可将其翻译为"习惯法"（custom-laws）与"民间风尚"（folk-ways）。[①]（*nomoi* 是法律、法则的意思，*ethea* 有民族风气的意思）

344

如果说在赫西俄德那里，对 *nomoi* 与 *ethea* 的强调是相对明朗的，那么，在《荷马史诗》那里，*nomoi*（或其单数形式 *nomos*）一词则难觅踪影[②]，在描绘一个诸神与人时而行善、时而行恶的道德世界时，它显得更为迂回，更接近于部落社会和上古社会中的神话体系。如果说荷马和赫西俄德的作品在形式上仍主要是神话，那么，它们也并非仅仅是对"支配性意识形态"的表达。赫西俄德从"中间阶层"（middling）的观点出发，对贵族持明显的批判态度；但是，荷马也颇具批判性：在《伊里亚特》中，不论是阿伽门农，还是阿喀琉斯，甚至是诸神，均非全然让人心

（接上页）而只是限于细读，但是，她对她所研究的每一个文本中的早期希腊神学的关注是很有帮助的。除了以上引及的关于荷马的著作之外，她还在《奥林匹斯山的政治：〈荷马赞诗〉的形式与意义》（*The Politics of Olympus: Form and Meaning in the Homeric Hymns*, Princeton: Princeton University Press, 1989）中对《荷马赞诗》（Homeric Hymns）有所论述，在《赫西俄德的宇宙》（*Hesiod's Cosmos*, Cambridge: Cambridge University Press, 2003）中对赫西俄德有所论述。

① 海威劳克：《导读》，62 页。值得记住的是，柏拉图最后一部关于政治哲学的伟大著作，题目就是《法律篇》（*Laws*），希腊语即为 *Nomoi*。

② 尽管来自同一词源的动词 *nemein* 已经出现了，并且，如我们下文将看到的那样，实际上是举足轻重的。

悦诚服;在《奥德赛》中,求婚者们作为伊萨卡与邻近岛屿的贵族的代表,被描绘成几乎全然是卑劣下流的。赫西俄德直白不晦,荷马则隐而不显地批评了既存的社会,并指明,它可与现在的样子不同,就此而言,这些最早的希腊文本已经有了轴心的迹象。①

至此,我们一直在考察从之前的一种彻底的口头传统中产生的最早之希腊文本的形式与内容。我们已经强调了,这些文本是表演出来的,在此意义上,我们已经将它们置于模仿/仪式语境之中了。现在必须对宗教变迁做一番考察,它们是在这些文本最早被书写下来的时候发生的,并为这些文本提供了更为宏大的语境。其中一个语境就是我们已经注意到的通常只在上古社会中出现的献祭仪式,这种仪式有着核心重要性。献祭在希腊世界中甚为古老,可能也是它与近东的共同特征之一——近东更大,希腊只是其中一部分。在希腊发现的朴素祭坛可追溯至黑暗时代,可能是延续了迈锡尼的习俗。这些祭坛很有可能是贵族家庭(oikos)的主祭司(leader-priest)用来放祭品的,这些祭品则是在诸如婚礼、葬礼,或指定用来崇拜某一特定神祇的时日这样的场合②,与家庭成员、他们的从属者和宾客一道分享的(《荷马史诗》中有这样的献祭筵席的例子)。

公元前 8 世纪经历了与我们已经提到的政治变迁相关联(在某种

---

① 这些文本是否比很多前轴心社会中所发现的一些文本更有"批判性",这一问题仍悬而未决。科特·拉夫劳伯(Kurt A. Raaflaub)走得如此之远,以至于提出,根据《荷马史诗》,轴心转型已经在希腊发生了,参《城邦、"政治"与政治思想:公元前 800 年至公元前 500 年前后的古希腊的新起点》("Polis,'the Political', and Political Thought: New Departures in Ancient Greece, c. 800-500 BCE"),载乔安·阿纳森(Johann P. Arnason)等编《轴心文明与世界历史》(Leiden: Brill, 2005),253—283 页。但是,拉夫劳伯将政治思想(political thought)与政治理论(political theory)混同了起来,正如我们将要看到的那样,后者只是在公元前 5 世纪末叶或公元前 4 世纪初期,也就是希腊的轴心转型时期才出现的。拉夫劳伯在《上古希腊的诗人、立法者与政治反思的开端》("Poets, Lawgivers, and the Beginning of Political Reflection in Archaic Greece")中进一步阐释了他关于早期希腊政治思想的观点,载克里斯托弗·罗(Christopher Rowe)与麦卡勒姆·斯高费尔德(Malcolm Schofield)编《牛津希腊和罗马政治思想史》(The Cambridge: Cambridge University Press, 2000),23—59 页。

② 然而,理查德·席福德(Richard Seaford)在《货币与早期希腊的心灵:荷马、哲学、悲剧》(*Money and the Early Greek Mind: Homer, Philosophy, Tragedy*, The Cambridge: Cambridge University Press, 2004, 52)中指出,希腊的献祭虽然总是献给某一个神的,却是一种公共事务,参与者共同享用肉类,而只是把骨头和肥肉焚烧给神,这与更符合常态的美索不达米亚的情况截然相反,在后者那里,献祭首先是献给神的,只有君王或祭司能够参与。

意义上是相等同?)的宗教实践变迁。理查德·席福德写道,"出土文物业已表明,公元前 8 世纪,在希腊世界的各个部分,与城邦早期发展相关的现象日增月盛,尤其是纪念性神庙的创建,在公共圣殿供上的奉献在质与量上也是突飞猛进。已经清楚的是,除了储备那些奉献上来的财富之外,这些早期神庙的另一个重要功能即大开献祭的筵席(sacrificial feast)"。① 除了家庭献祭(*oikos*-sacrifice)之外,《荷马史诗》中还提到了武士群体中间的献祭筵席,它强调了所有人的平等参与。但是,从公元前 8 世纪开始,似乎牺牲祭祀(animal sacrifice)成了城邦自身的一项核心且最典型的仪式。席福德写道,"城邦的团结与结合就在牺牲祭祀中表现了出来,其中,平均分配的原则(可见于《荷马史诗》)仍然是强有影响的。**完整的公民身份与参与献祭筵席的权利似乎完全是一回事**"。② 这同样也是一个提醒:在上古希腊,我们处理的是这么一个世界,我们习惯的领域区分——在这里,也就是宗教领域与政治领域的区分——根本就不起作用。对那些尚未分离开来的东西,我们无法谈论它们的"融合"。

这一原则的更进一步的例子是由席福德的论点提出来的,这个论点是,*nomos* 一词——我们看到,海威劳克将其翻译为"习惯法"——来自动词 *nemein*,即"分配",因此,*nomos* 就意味着"分配,然后是分配原则"。如我们注意到的那样,在《荷马史诗》中,*nomos* 一词难觅其踪,但 *nemein* 一词则时而可见,并几乎总是用于表示分配食物或饮品。不只如此,席福德写道,"甚至城市空间的分配亦可使用分割动物的术语"。他继续说道,在赫西俄德那里,*nomos* 一词出现了八次,两次与献祭有关。他以这样的说法作出了结论,即 *nomos* 一词在古典希腊的伦理思想中极具核心性,它"源自广为流传的……分配**肉食**的实践"。③

① 理查德·席福德:《货币与早期希腊的心灵:荷马、哲学、悲剧》,53 页。
② 同上书,49 页。黑体为本书所加。由于在罗马统治下的希腊城市也是如此,所以,何以基督徒拒绝参与到公民献祭中或拒绝吃献祭的肉类(基督徒有他们自己的献祭)会将他们置于公民共同体的界线之外也就一目了然了。
③ 同上书,60 页。黑体是原文所有。席福德在《货币与早期希腊的心灵:荷马、哲学、悲剧》中的讨论概述并扩展了《互惠与仪式:发展中的城市国家中的荷马与悲剧》(*Reciprocity and Ritual: Homer and Tragedy in the Deveoping City-State*, Oxford: Oxford University Press, 1994)一书中对于这些论题的充分研究。

对于当前的研究目的而言,最让人感兴趣的是,在大多数的上古社会中,献祭与等级制度的权威如此密切相关,但是,在早期希腊,献祭反映政体诚然是因为它指向了诸神,但也是因为它指向了作为一个整体的共同体,而不是统治者与祭司。事实上,在大多数情况下,任何人均可执行献祭——并没有神职方面的垄断,更不用说王权的垄断了。因此,作为古代希腊宗教的真正核心,希腊的献祭筵席如同"公民国家"的政治结构一样表达了同样的平等主义精神,正如公民国家在政治上是与众不同的,它在宗教上也是与众不同的。

如果说平等主义的献祭(这事实上是一种矛盾修辞法)使得希腊明显不同寻常的话,那么,下一事实亦然,即希腊的宗教在某种意义上是无祭司的(priestless)。沃尔特·柏克尔特写道,"希腊的宗教几乎可被称为一种没有祭司的宗教:那儿没有作为一个有着固定的传统、教育、加入仪式与等级制的封闭群体的祭司等级……原则上,神承认任何人,只要他尊重 nomos,亦即只要他愿意与当地的共同体融为一体"。① 当然,必须要有人负责献祭与其他仪式。使希腊显得很独特的乃是,任何公民均可担任(这一角色)。柴德曼与潘黛儿描述了"祭司"(以及值得注意的"女祭司")是如何被挑选出来的: 346

> 在大多数情况下,祭司或女祭司执行着类似于公民行政官的功能,因为他们行使着与城市官员的立法、司法、经济与军事权威相并行的仪式权威。挑选祭司或女祭司的方法显示了他们与行政官身份的亲和性。他们大多数是一年一任命的,一般是通过抽签,在任期结束的时候,他们有义务提交账目……同样,与行政职位一样,这些祭司职务一般也是禁止外邦人——包括永久居留者——担任的,但向所有的公民开放。②

如果说宗教职务被整合到了公共权威结构中的话,这绝不是在暗示宗教生活是边缘性的。相反,围绕着献祭筵席而增加的节日是城邦的自

---

① 沃尔特·柏克尔特:《希腊的宗教》(Greek Religion, Cambridge, Mass.: Harvard University Press, 1985),95 页。柏克尔特写的是"几乎没有祭司",这是因为还有少量残余的世袭祭司等级,也许当中最重要的就是艾留西斯(Eleusis)的祭司等级了。

② Zaidman and Pantel, Religion in the Anciet Greek City, 49.

我理解与团结的主要表现。希腊的节日为数众多且形形色色,此处没有篇幅来详细描述它们,但是,我们需要对少许突出的特征进行讨论。在绝大多数节日中,重要的是队列,即 *pompe*,它通向实施献祭的圣殿,但队列本身就是重要的。① 队列可能在城门或者甚至在城邦的边界开始,走向城市中央的圣殿,或者相反,它可能在城市的中央开始,而以抵达边远的圣殿为结束。队列本身是由那些最关注仪式的人组成,但这是一项真正的公共事件,会吸引成群结队的观众。由于在某个层面上,整个城市均卷入其中,因此,队列至少可暂时地克服希腊社会最深刻的裂痕:女性,如果——正如一些重要仪式所示——她们尚不是核心的行动者的话,那么,奴隶、定居的异邦人与孩子均可作为观众参与到节日氛围中来。

一个尤其重要的节日类型乃是由队列、献祭、竞技(*agon*)与宴会所构成的竞技式节日(agonistic festival)。② 从我们知道的最早时期开始,仪式语境中的竞赛就已经出现了。由阿喀琉斯支持的帕特洛克罗斯葬礼上的运动会就是以大量的竞技和比赛为特征的,阿喀琉斯为胜利者颁发奖品(《伊里亚特》第 23 卷)。我们已经提到,奥林匹克竞技会即是为宙斯举行的大型节日的一部分。但是,竞技并不必然只有运动;歌手——不论是独唱,还是合唱——之间,乐器演奏者之间,史诗吟咏者之间(《荷马史诗》的吟咏者),最后,戏剧家之间的竞技是很司空见惯的。竞争者往往代表着城市中的不同群体(或者,在泛希腊主义的节日中,他们自然又代表着不同的城市),因此,在重申群体团结的过程中,他们可表达出对抗和群体间的敌意。血缘群体、地方群体以及各种各样的团体均有自己的节日,主要包含的是它们自身的成员。

公元前 6 世纪雅典的政治/宗教改革

从地理上来说,雅典是希腊城邦中仅次于斯巴达的最大城邦,但是,斯巴达的规模则要归诸这一事实,即它包括了希洛人(helots)居住

① 对于队列的论述,可参柏克尔特:《希腊的宗教》,99—101 页。
② 参西蒙·霍恩布洛尔(Simmon Hornblower)与安东尼·斯帕弗思(Antony Spawforth)编《牛津古典词典》(第三版)中的"节日"词条(Oxford:Oxford University Press,2003),593 页。

的区域,他们是在臣服状态下的非公民,总是潜在的反抗者,相比之下,雅典人则是由所有被授予公民资格的人所组成,不仅仅是在城市,而且也在阿提卡(位于古希腊中东部,在雅典附近)的市镇、村落与乡村。因此,就公民的人口而言,雅典从早期开始就是最大的城邦了。然而,正如我们已经看到的那样,在公元前7世纪,当其他地方如爱奥尼亚、西西里岛都在发生翻天覆地的文化进步时,雅典却滞后了。在文化与政治上“滞后”,并不意味着经济上的滞后,而且正是经济上的进步导致了贫富之间、地主与农户之间的紧张,并开始危及城邦自身的团结。在这种语境下,我们即可理解梭伦的重要性,他是公元前594至前593年的首席执政官,也是主要的社会与宗教变革的发动者。虽然我们有一些梭伦的诗歌,许多人也相信,这些诗确实是他写的,但后来,他变成了雅典人自我理解中的一个如此核心的角色,以至于我们总是无法确定什么是他确实做过的,什么又是被归结到他——作为一个半神话般的城市重建者——的身上的。正是从梭伦的时代开始,雅典开始崛起为全希腊的文化首府(metropolis)。这并不意味着在其他地方没有发生什么重要的事情,但是越来越多地,任一领域的杰出之士都试图造访雅典,或甚至想在那里定居下来。

我们了解到,在一段有限的时间内,梭伦事实上被赋予了独裁的权力来改革城邦,在此,我们关注的正是这些宗教政治改革。但是,梭伦也是后来被称为公元前6世纪早期的希腊“七圣”或“七贤”之一的人,智慧对于他作为改革者的角色是不可或缺的。在关注了公元前6世纪与5世纪的宗教与政治变革之后,我们将回到智慧以及它从梭伦的时代至公元前4世纪的转化这一问题。

梭伦,出身贵族世系,却只有中等的财产,他将自己摆在贵族、中间阶层与下等阶层“之间”的位置,并认为,自己的改革并不是要颠覆既有的社会安排,而是要给予每一个群体应得的东西——简而言之,他首先关注的是正义(justice),即 *dike*,关注的是作为正义保障者的宙斯。梅耶将梭伦的观点称为“第三种立场”(third position),因为他志在创建一个对所有人都公正与公平的城邦,意图包容贵族与平民的立场。①

348

---

① Meier, *The Greek Discovery of Politics*, 44-45.

实际上,这意味着,在政治生活中要试图节制支配性群体,而赋予从属性群体更大的角色。重要的立法应归功于梭伦,如废除所有的债务,禁止债务劳役。据说,梭伦命令让因债务而沦为奴隶的雅典人回来,哪怕他们已被遣往海外。这样的行动显然是想抑制富人对穷人的压榨,但梭伦明白,只有一种意识的转化方可使得这些改革延续下去。在他的诗歌中,他讲道者的一面可与其政治家的一面比肩,他劝告那些富有之人要为了公民的礼让(comity)而节制他们的贪欲,但是,他也警告他们以及/或者他们的后裔,如果违背了宙斯的正义(*dike*),将遭受灭顶之灾(*ate*)。[1]

正如贵族与中间阶层在经济关系上存在着持续的紧张——这也是梭伦试图应对的,由贵族家庭(*oikoi*)资助的仪式和由整个城市资助的仪式之间亦存在着非同寻常的紧张。贵族家庭不单单成为潜在的、待时而动的家产制国家,并因此总是对公民城市构成潜在威胁,而且几个这样的家庭在同一城邦出现也制造了国内暴力的可能性,而这种可能性成真的时候也并不少见。葬礼调动了死者所属群体的强烈感受,亦可引发针对敌对派系的暴力。正是在这一语境中,由梭伦以及其他城市的早期立法者所发起的立法对这种贵族葬礼可接纳的参与者数量与活动类型均做出了严格的限制。席福德认为,尽管这些法律有许多动机,但是,至少一个重要的动机就是削弱贵族家庭的权力及暴力倾向的这一需要。这种立法之后,人们开始为战死者举办全城性的葬礼或纪念仪式,此时,我们可以看到,城邦维护了它之于贵族家庭的优先性。也有立法反对贵族中间过分奢侈的婚礼,而且还有为年轻女性创办的节日,这在某种程度上为那些本来纯粹只是家庭庆祝的活动赋予了集体表现。[2] 如果说,人们认为梭伦削减了贵族的私人仪式的话,那么,一种晚出的传统则将以下功绩也归功于他:为整个城市制定了第一份全面的仪式历法。[3]

---

[1] 关于梭伦教诲的这一面向,我的理解从提摩太·多兰的一篇未曾出版的论文《梭伦政治及诗歌作品中的 *ate*,反社会行为与城邦建构》("*Ate*, Antisocial Behavior, and Polis Building in Solon's Political and Poetical Efforts", 2005)中受益良多。

[2] Seaford, *Reciprocity and Ritual*, 74-114.

[3] Parker, *Athenian Religion*, 43-55.

尽管梭伦的典范深深地铭刻在雅典人的意识中——梅耶将他称为雅典的"第一位公民",埃里克·沃格林将他称为"希腊政治中最重要的一个人",但是,他显然未能成功地解决困扰这个城市的问题。① 大家族之间还有敌对,对中间阶层的排斥仍然如故,因此在公元前 6 世纪中叶的时候,雅典人不顾梭伦的激烈反对,接受了僭主庇西特拉图。两次攫取权力的失败尝试之后,庇西特拉图的僭主统治从公元前 547 年延续至他死去的公元前 528 年;他儿子的僭主统治最终在公元前 510 年被推翻。与其他情况中一样,庇西特拉图也是作为对原本棘手之问题的解决之道而执掌大权的,虽然他在后来变得声名狼藉,但是,他将特权扩展到了较低的阶层上,并致力于通过鼓励节日与一项雅典卫城的建筑规划来打造城邦的公民形象。他的两个儿子继承了他的事业,次子似乎转向了暴政而引发反抗,导致僭主统治分崩离析。然而,在某种意义上,庇西特拉图在多大程度上提升了平民的利益,并鼓励他们认同城邦,也就在多大程度上削弱了僭主统治的真正基础,不久,比梭伦更广泛的改革推动着城邦始终在激进民主的方向上前行。

尽管雅典的名字就指向了它特定的神,但雅典娜是一个被普遍承认的女神,在许多地方都有祭拜者。然而,雅典娜之于雅典的重要性甚是突出,并在公元前 6 世纪有了显著的增长,当时,在卫城的雅典娜神庙规模愈发宏大,亦愈发壮丽。泛雅典娜节(Panathenaea),其起源已不可考,但在雅典早期已是显赫的节日之一,它在公元前 6 世纪上半叶(恰恰在庇西特拉图僭主统治之前或之后,年代不详)与大泛雅典娜节(Great Panathenaea)一道得到了强化——也就是说每四年,泛雅典娜节就会扩大到含括与奥林匹克竞技会相似的运动项目,还有其他竞赛,在庇西特拉图之子希帕克斯时期,还包括对《伊里亚特》与《奥德赛》全篇长达三日的吟咏。这些节日不仅仅意在赞美雅典娜对于所有雅典人

---

① 克里斯汀·梅耶:《雅典:黄金时代的城市图景》(*A Portrait of the City in its Golden Age*, New York:Holt, 1998[1993]),27 页。梅耶继续说道,"他对自己要求比对其他人的要求更多,但是,他并不期待自己有更多的回报,而且他并不寻求凌驾于普通人之上"。沃格林:《城邦的世界》(*The World of Polis*)第 2 卷《秩序与历史》(*Oder and History*, Baton Rouge:Louisiana State University Press, 1957),199 页;沃格林接着说道,"(梭伦)不仅仅为希腊人,而且作为一种模式为人类开创了一种古典意义上的立法者类型,即 *nomothetes*……他在城邦创造的正当秩序(Eunomia)就是他灵魂的正当秩序。精神政治家的原型在他身上表现得历历如画"。

的崇高地位,也意在吸引泛希腊的观众。

雅典娜对雅典人究竟如何重要,一个著名的事件一直看作对这个问题的说明。希罗多德记述道(《历史》1.60),庇西特拉图第二次企图在雅典确立其僭主统治时(大约公元前 556 年左右,年代尚有争议),他让一个高挑美丽的女性像雅典娜那样身着全套甲胄,驾驭战车进入城市,并让传令官宣布,她就是雅典娜,她号召所有的雅典人接受庇西特拉图为他们的领袖。这一计谋得逞了,对于本应是希腊人中最聪明的雅典人的这种轻信,希罗多德有所议论。但是,丽贝卡·H. 西诺斯指出,雅典娜担当英雄队列的领袖这一传统由来已久,雅典人并不相信扮演成雅典娜的女性就真的是女神,而是认为他们正在参与一出让他们喜悦的戏剧。具体而言,他们想相信,雅典娜不仅仅拣选了庇西特拉图,而且拣选了雅典人民作为英雄的角色。她发现,在后来的雅典历史中,这是一个反复出现的主题。[①] 这是一个显著的例子,因为如果西诺斯的解释是正确的话,那么,雅典人感到他们长久以来就被雅典娜"拣选"了,这种被拣选的感受给了他们一种骄傲感和比众多其他希腊城邦的公民更大的自信。但如果说雅典娜"拣选"了雅典人,那么她就不是一个嫉妒的女神。她似乎并不介意她拣选的人民是否去崇拜其他神,而他们也确实崇拜着大量的神。在众多可被提及的神当中,我们尤其应该对狄奥尼索斯作一番考察。

狄奥尼索斯神话的一部分是:他是一个外来者,来自海外,来自历史上的色雷斯或弗里吉亚。现代学者与古希腊人都倾向于将这一部分的故事接受为历史事实,直至狄奥尼索斯的名字数次出现在 B 类线形文字的文本里所记录的迈锡尼诸神中。所以,狄奥尼索斯是一个真正的古希腊的神,但他"总是"来自海外。他在雅典是十分重要的,在这里有很多节日都是献给他的,其中一些节日其来也久。W. 罗伯特·康纳将公元前 6 世纪雅典的狄奥尼索斯崇拜的发展看作公元前 508 年至前 507 年期间开始的克里斯提尼改革中出现的希腊民主所做的一种宗

350

---

① Rebecca H. Sinos, "Divine Selection: Epiphany and Politics in Archaic Greece", in *Cultural Poetics in Archaic Greece: Cult*, *Performance*, *Politics*, ed. Carol Dougherty and Leslie Kurke (New York: Oxford University Press, 1998), 73-91. 帕克在《雅典的宗教》中认为,这是一个合理的解释,83—84 页。

教准备。① 对于狄奥尼索斯公会(*thiasotai*)作为众多自愿团体的一种，康纳进行了讨论，在公元前 6 世纪的雅典，这些团体构成了类似于"公民社会"的东西——它们是这样的团体：在某种程度上是自治的，并孕育了群体讨论与群体决策的实践。正是这些团体中所孕育的社会实践与狄奥尼索斯宗教精神之间的结合被康纳看作民主改革的一个重要基础，克里斯提尼孕育了这些改革，但不可能创造这些改革。

对我们来说，由克里斯提尼，或者由他领导下的雅典人民进行的结构性改革过于复杂而无法进行详细的描述。一言以蔽之，这些改革克服了一些作为雅典早些时候之特征的分歧，并扩大了平民在城邦治理中的参与。对我们而言，重要的是这一事实，即这些政治变革伴随着一种普遍的变革，也是这种普遍变革的一个面向，它既是宗教的，又是政治的。正是这一变革的宗教面向被康纳描述为狄奥尼索斯宗教与日俱增的重要性。

351

狄奥尼索斯神话是复杂而含混的，甚至是自相矛盾的，因为它有黑暗的一面，又有喜悦的一面，但是，它的焦点之一就是一个外来神进入一个城市，并把它搞乱，使那些反对他的人们遭到毁灭，而使那些接受他的人们之间有了一种新的团结。他是越界的(transgressive)，用当前话语中的一个常见词来形容就是，他无疑是一个越界者，但他也是整合性的，是新共同体的象征。② 康纳认为，公元前 6 世纪的狄奥尼

---

① W. Robert Connor, "Civil Society, Dionysiac Festival, and the Athenian Democracy", in Ober and Hedrick, *Demokratia*, 217-226. 对于克里斯提尼改革更为充分的讨论，可参 Meier, *Greek Discovery of Politics*, 49-81。

② 值得记住的是，在柏拉图的《法律篇》中，狄奥尼索斯带来的节日解除了人类的苦难，作为这样一个神，他与阿波罗共享荣耀(2. 653d)，合唱与舞蹈在儿童教育中处于中心地位——但是，在理想的城邦中，它们则贯穿了整个生命周期——它们当中的赞美诗也正是向着阿波罗和狄奥尼索斯咏唱的(2.655b)。在《悲剧的诞生》中，尼采不仅将阿波罗与狄奥尼索斯视为互补的，而且将酒神节的仪式描述成导向了一种共同参与和共同体的感觉。对尼采而言，音乐对于酒神仪式所产生的结果是必需的。他将如下的后果归因于音乐的力量："此刻，奴隶也是自由人；不论是必然性，还是僭主政治在人与人之间树立的一切僵硬敌对的藩篱都土崩瓦解了。由于听到了世界和谐的福音，每个人都变得不仅仅同邻人和解了，而且实际上与他融为一体了——摩耶的面纱好像已被撕裂，只剩下碎片在神秘的太一之前瑟缩飘零。人现在作为一个更高共同体的成员，轻歌曼舞来表现自我；他陶然忘步忘言，飘飘然乘风飞去。" Friedrich Nietzsche, *The Birth of Tragedy and the Genealogy of Morals*, trans. Frances Golffing (Garden City, N.Y.: Doubleday Anchor, 1956), 23.(此处译文参考了周国平译本，一些地方根据英文有改动。尼采：《悲剧的诞生》，北京：生活·读书·新知三联书店，1986 年,6 页)

索斯崇拜"最好被理解为对一种新型共同体的第一次想象"。更具体地,他写道:

> 狄奥尼索斯崇拜会陷入狂欢,而狂欢则暂时地颠倒了贵族社会的规范和实践。尽管这些颠倒可能提供了一个暂时的宣泄机制,并因此有助于巩固高压政权,但是,从更长远的角度来看,它们却可能有着极其不同的效果。它们使得人们可能会去思考一种不同的共同体,一种向所有人开放的共同体,在那里,地位分化可能是受到了限制或者被根除,言论也有着真正的自由。这是一个可以想象狄奥尼索斯式的平等与自由的社会。[1]

康纳提供了在政治领域中得到了制度化的特点的事例,这些特点"可能源自宗教实践,例如,'说真话'(outspokenness),即 *parrhesia*,以及 *isegoria*,即'言论平等'"[2]。考虑到狄奥尼索斯的祭拜群体的重要性与狄奥尼索斯宗教的精神,康纳认为,这是不足为奇的,即新建立的雅典民主政制将以一种新的节日来表达自身,也就是城市酒神节(City Dionysia),或酒神节(festival of Dionysus Eleuthereus)(狄奥尼索斯来自埃留忒里亚[Eleutheria]的边境城市,但它在词源上也暗示着自由)。他认为,城市酒神节并不是在庇西特拉图治下而是在克里斯提尼治下或此后不久确立的,因此,它是一种庆祝僭主政制崩溃的"自由节日"。[3]其他研究希腊宗教的专家则认为,城市酒神节是在庇西特拉图治下确立的,但在克里斯提尼时期经过了重要的改革与强化。[4] 即便如此,康纳的论述可能仍然是恰当的。

352　　从我们的观点来看,最有意味的是,宗教实践不仅使得与既存的社会实在不同的观念成为可能,而且也有助于实现它。尽管想象不同的

---

[1] Connor, "Civil Society", 222.

[2] Ibid., 223.

[3] Connor, "Civil Society", 224.

[4] 帕克在《雅典的宗教》中提到,城市酒神节确立下来的时间还不确定,他认为,它可能是在庇西特拉图治下确立的,但也可能是在克里斯提尼改革前后确立的,资料尚不确定。69、75页。克里斯蒂娜·苏尔维诺-英伍德(Christiane Sourvinous-Inwood)在《悲剧与雅典的宗教》(*Tragedy and Athenian Religion*, Lanham: Rowman and Littlefield, 2003)中对康纳确定的年代表示怀疑,她支持将公元前540年至前520年这段时间作为城市酒神节确立下来的时间,虽然她也接受了这一观点,即该节日大约在克里斯提尼时期有了重要的重组。

社会实在的能力就是我们所描述的轴心转型的一部分,但有趣的是,在这里,并未涉及任何明显理论性的东西。诚然,康纳写道:"节日有助于我们理解,为什么我们的文本中没有包含任何对雅典民主理论的详尽陈述……古希腊人并不书写理论;他们表演它。他们尤其通过城市酒神节来表演它。"①关于城市酒神节的角色,我们还会有更详细的论述,但是在这一例子中有趣的是,模仿和叙事在多大程度上能够为轴心转型做好铺垫。当然,正如我们将看到的那样,希腊人**确实**书写了理论,虽然在民主理论方面并不多。然而,与民主改革一样,理论也是从不可或缺的模仿和叙事基础中兴起的。

希腊悲剧

正是在城市酒神节当中,悲剧才首次得以上演,因此,节日早期历史的不确定性也意味着悲剧起源的不确定性。最早的悲剧,或与其相类似的事物,必定是在公元前 6 世纪上演的,而且竞赛可能已经出现了,在这种竞赛中,三位剧作家连续数天呈现三出戏剧。然而,所有保存下来的悲剧都可追溯至公元前 5 世纪。

埃斯库罗斯(Aeschylus,约公元前 525—前 456)于公元前 499 年创作了他的第一部悲剧,并于公元前 484 年赢得了首次胜利,他的《波斯人》创作于公元前 472 年,是保留下来的最早的希腊悲剧。索福克勒斯(Sophocles,约公元前 495—前 404),比欧里庇得斯(Euripides,约公元前 485—前 407)这个更年轻的同行活得要稍微久一些,在保存下来的悲剧中最晚的一部,即《俄狄浦斯在科罗诺斯》,就是由他撰写的,在他死后由其孙于公元前 401 年促成它的问世。因此,三位伟大悲剧作家实际上在整个公元前 5 世纪所创作戏剧的记录,以及它的上一个 70 年以来所保存下来的戏剧的记录,我们都有。所以,悲剧时代几乎与通常所称的雅典黄金时代这一时期完全重叠:它走向了激进民主;它在与当时最大的波斯帝国的两场战争中赢得了非凡的胜利;雅典帝国兴起;在众多领域中都取得了卓越的文化成就,而悲剧或许就是其中的高峰;

---

① Connor, "Civil Society", 224.

与斯巴达的伯罗奔尼撒战争,在公元前 404 年以彻底而灾难重重的败北而告终。因此,悲剧伴随着并评述了雅典在政治与文化上的崛起,它内在的败落,以及它致命的衰弱,包括最后两个短暂的僭政时期。说悲剧是公元前 5 世纪雅典的本质组成部分绝非夸大其词,但是,我们需要更细致地思考:它何以是城邦真正实质的一部分?①

在公元前 6 世纪末叶的时候,大型的泛雅典娜节与城市酒神节已经存在了,克里斯提尼的改革也极大地扩展了民众对城邦管理的参与,这时,雅典不得不面对一个非同寻常的挑战。波斯帝国,在公元前 538 年开始的以色列人回归耶路撒冷的过程中扮演着极其重要的角色(波斯帝国居鲁士在攻陷巴比伦城后释放了被囚在巴比伦的犹太人,并允许他们重返耶路撒冷),它在公元前 5 世纪 90 年代的时候,控制范围已延伸至西部的安纳托利亚,并逐步征服了那里的希腊城市。雅典已然是希腊最强大的海上强国,它因为支持爱奥尼亚的城市在任何可能的地方抵抗波斯人而使后者头痛不已。因此,大流士王决定征服整个希腊半岛,灭除希腊的干扰,以巩固当时庞大的波斯帝国的西部行省。公元前 490 年,大流士入侵希腊失利,主要是在马拉松败给了雅典人。公元前 480 年,其子薛西斯重整旗鼓,却在萨拉米斯的大海战中决定性地溃败于雅典人之手。公元前 479 年,包括雅典与斯巴达在内的联军在普拉提亚的陆战中打败了波斯人,为波斯人任何进一步的入侵写上了终止符。之后,雅典人组织了提洛同盟,涵盖爱琴海海岸与半岛的大多数国家,作为抵抗波斯的防御性联盟。随着波斯人威胁的消退,雅典将这一联盟转变为了事实上的雅典帝国,并成为希腊最强大的军事力量,这就引起了斯巴达的嫉妒,后者长久以来一直声称这一角色非它莫属。

正是在越来越激进的民主政制和与日俱增的帝国强权这种语境中,出现了雅典文化的繁荣。这两个方面并不是毫无联系的。随着雅典海

---

① 据我所知,梅耶的《雅典》是对公元前 5 世纪的雅典最好的一个阐述。它以一种整合的方式将政治、社会与文化的历史结合起来,并在很多方面用悲剧来阐明自己的论点。对于雅典至为智慧与至为愚蠢之处,对它的真正道德及其令人厌恶的败坏之处,梅耶均以公正的立场进行了展示,他从未忘记所描述对象的伟大,也从未为其悲惨的衰落而感到遗憾。他是历史学家的典范。

军——这是雅典军事实力的支柱——的发展壮大，对桨手(rowers)的需要也增长了；雅典公民的最底层，即没有财产的雇工(thetes)，纷纷成为这些桨手。之前，当多数战争是发生在陆地上的时候，组成步兵方阵的重装备步兵(hoplites)构成了武士中最为重要的非贵族群体，而重装备步兵从未失去他们的象征意义，因为他们主要来自有足够收入来武装自己的富裕务农者(farmers)。但是，随着海军变得更为重要，雇工也日益被吸收到城市的治理事业中。由于军人的薪水在雇工的收入中占了不小的部分，所以，他们被接纳到民主制度中与他们对雅典帝国强权的支持是相辅相面的。约西亚·奥伯(Josiah Ober)已经反驳了摩西·芬利(Moses Finley)的看法，他认为，雅典民主政制并不依赖雅典帝国的发展，但二者之间肯定有一些联系。[1] 因此，伟大的悲剧作家面对着民主政制与帝国的双重发展以及它们之间的复杂关系，他们必须帮助雅典人理解自身迅速的历史性崛起。[2]

354

---

[1]　芬利认为，尽管自公元前6世纪中叶起，大多数的希腊城邦都扩大了穷人的参与，但是，它们是通过"折中制度"(compromise systems)来做到这一点的。该制度使得富人"在决策中有了更重的分量。雅典最终改变了这种分量，因为在雅典，唯一的变数，也是独属于雅典的变数，就是帝国，这是一个海军不可或缺的帝国，这意味着，较低的阶层为海军提供了人力。这就是为什么我坚持帝国历来是雅典之民主类型的一个必要条件。之后，当帝国在公元前5世纪末叶被强行肢解时，这一制度是如此根深蒂固，以至于无人敢尝试去取代它，虽然在公元前4世纪的时候，人们已经很难为它提供必要的经济支持了"。参芬利：《古代与现代的民主》(*Democracy Ancient and Modern*, New Brunswick, N.J.: Rutgers University Press, 1973)，49—50页。约西亚·奥伯则坚持，雅典民主政制在公元前4世纪的持续活力给芬利的论点制造的问题比他承认的还要多，但是，奥伯接着说："如果没有帝国缓解其发展的经济压力，可能永远都不会有一种成熟的'激进'民主政制。"约西亚·奥伯：《雅典民主中的大众与精英：修辞学、意识形态与人民的力量》(*Mass and Elite in Democratic Athens: Rhstoric, Ideology and the Power of the People*, Princeton: Princeton University Press, 1989)，24页。关于奴隶制是否为激进民主的一个必要前提这一问题，存在着一种相似的论证，即雅典的直接民主类型要求公民投入如此多的时间和精力，以至于只有在他们有奴隶来打理日常事务的条件下，他们才可能维系高比例的参与。奥伯则指出，很多公民并非奴隶主，由此而反驳了上面这一观点。参奥伯前引书，24—27页。当然，相似的论证亦可用至女人身上——没有她们来管理家庭，男人也不可能有时间去做公民。

[2]　由于我的分析集中于文化层面，并因此集中于作为其基础的宗教与政治机制上，所以，我必要地忽略了古希腊的经济结构，这方面的著作已汗牛充栋。在此，请允许我就一些在本章无法讨论的问题略作交代。将古代经济描述为一种奴隶经济，这种观点已被弃若敝屣，虽然奴隶制的重要性并未被否认。在古代雅典的农民–公民生活中，奴隶制有着相对边缘的重要性，关于这一点，艾伦·伍德(Ellen Wood)《农民–公民与奴隶》(*Peasant-Citizen and Slave*, London: Verso, 1988)有很好的研究。穆罕默德·纳费奇(Mohamad Nafissi)在论文(转下页)

公元前 5 世纪以来的希腊悲剧在今天的剧院中并非难得上演,在电影上也偶尔能看到,因此对我们来说,很难想象它们在发源的那个时代有怎样的不同。对我们而言,去剧院是纯粹私人的决定,就是去享受某种类型的"娱乐"。对古希腊人而言,戏剧则是最大的年度节日之一城市酒神节的一部分,并在雅典卫城南部斜坡的狄奥尼索斯剧场上演:它同时是一种崇拜形式和一种公民义务。西蒙·戈德西尔这样描述它:"节日在二月底三月初延续四天。每天自黎明开始。堪称全年最大规模的公民聚会……通常参加的人数会在 14000—16000 之间……而公民大会,作为民主最为重要的政治机制,通常约有 6000 人参加,法庭则更少,大酒神节在规模上与奥林匹克竞技会更为相近。"[①]在前三天,每一天都会有三位剧作家中的一位所创作的三部悲剧上演,演出的强度往往几乎是无法忍受的,但是,一天的高潮则是第四部戏剧,即羊人剧(satyr play),关于它,我们所知不多,只知道它是粗鄙的,并且可能反映了悲剧从中产生的那种酒神节戏剧;它虽然并非必然是喜剧,却可缓解前面三部戏剧的紧张。对于从黎明开始的一天来说,这会是一种相当不错的体验,特别是因为人们在接下来三天的黎明也必须回到这里——与晚上在剧场里并不完全一样。在第四天,五部喜剧会上演,通常会涉及尖锐的政治与文化批判,它们既保持了悲剧的自我反思,又通过笑声而缓解了其严肃性。

戈德西尔阐释了,在戏剧上演之前,一系列仪式是如何界定这一事件的宗教与政治意义的。在节日开始前不久,一支游行队伍将狄奥尼索斯的雕像带入剧场。如我们可以预料的那样,第一天是以祭祀开始的:乳猪被屠宰,它们的血散布在演出区域的周围,奠酒被倒给诸神。

(接上页)《古代雅典的阶层,嵌入与现代性》("Class, Embeddedness and Modernity of Ancient Athens", *Comparative Studies in Soceity and History* 29, no. 2 (2000): 237-238.)中概括了关于古代雅典的一种相对现代之市场经济的证据。关于古代经济的性质这方面的争论,一个全面的讨论可参穆罕默德·纳费奇《古代雅典与现代意识形态:历史科学中的价值、理论与证明,马克斯·韦伯、卡尔·波兰尼与摩西·芬利》(*Ancient Athens and Modern Ideology: Value, Theory and Evidence in Historical Science, Max Weber, Karl Polanyi and Moses Finley*, London: Institute of Classican Studies, 2005)。

① Simon Goldhill, *Love, Sex and Tragedy: How the Ancient World Shapes Our Lives* (Chicago: University of Chicago Press, 2004), 223.

作为城邦最重要的军事与政治领导人,十位将军来执行这些祭祀。之后,是宣读上一年度城邦的公民捐助者的名字,他们会戴着表示荣誉的花冠现身。早上的第三项仪式是"朝贡游行"(parade of tribute),在帝国时期,附属城市进贡的银条围绕演出区域巡行展示。戈德西尔引用了伊索克拉底回忆时的一个说法,即这一仪典似乎"正好是被每一个人都憎恨的"。最后,还有战争孤儿的游行,他们是年轻人,国家支付费用供其接受教育,他们被期待像他们的父亲那样为城邦而战。这提醒我们,即使在其最光辉荣耀的时期,雅典也是一个武士的城邦,每一个成年男性都应该在军事生活中发挥作用。① 当戏剧开始的时候,这一事件的宗教政治性质在每一个人的心里都是很明显的。

真正不同寻常的是接下来的表演所涉及的事物:它们既不是爱国主义宣传,也不是乏味的道德故事;相反,它们对天上和地上的一切都表示怀疑。② 如韦尔南所示,"悲剧可被认为是城邦的一种表现,城邦将自身转变为剧场,并在集合起来的公民面前将自身呈现在舞台上",而且这么做的时候,既无恐惧,亦无青睐,展示了它的自我毁灭与庄严。③

一直有人这么问:既然在流传下来的戏剧中,几乎没有一部(欧里庇得斯的《酒神的女祭司》是显著的例外)包含明显与酒神相关的内容,希腊悲剧与酒神又有什么关系呢?韦尔南提供了一个很有启发性的回答:

> 我在别的地方已经写道:"一种虚构的意识对戏剧表演来说是必要的;它似乎同时是其条件与产物。"一种虚构,也就是一种

---

① Simon Goldhill, *Love, Sex and Tragedy: How the Ancient World Shapes Our Lives* (Chicago: University of Chicago Press, 2004),224-226.对伊索克拉底的引文出自226页。

② Ibid.,227.

③ 韦尔南:《古希腊的神话与悲剧》(*Myth and Tragedy in Ancient Greece*, New York: Zone Bokks,1988[1972]),185页。苏尔维诺-英伍德认为,歌队象征着雅典当时崇拜狄奥尼索斯的人们,以及他们在戏剧中所扮演的任何角色,悲剧最早也许就是从中演化而来的,而且歌队在任何悲剧中都不可缺。如果她是对的,那么,歌队就以一种任何现代戏剧都不可能做到的方式将戏剧与观众联系了起来。有趣的是,尼采在《悲剧的诞生》中预见到了这一观点:"在这些探讨中,我们必须记住的是,阿提卡悲剧的观众在歌队身上重新发现了**自己**,归根到底并不存在观众与歌队的对立,因为全体是一个庄严的大歌队,它由且歌且舞的羊人剧或羊人剧所代表的人们组成……我们所了解的那种观众概念,希腊人是不知道的。"(54页;黑体是原文所有)(此处译文参考了周国平译本,30页,有改动)

幻象,一种想象;然而,根据亚里士多德,诗人的魔术师技艺使得舞台上的影子戏栩栩如生,对哲学家而言,与致力于回忆事件在过去如何真实发生的实际的历史阐述相比,它更为重要,也更为真实。如果我们有理由相信,狄奥尼索斯的主要特征之一即在于持续地混淆幻象与实在之间的界线,虚构超越此时此地的东西,使得我们失去自我确证感和身份感,那么,神的神秘莫测而又含混不清的面孔无疑就在戏剧幻象——它由悲剧首次引到了希腊的舞台上——的相互作用中朝我们微笑。[1]

在希腊悲剧值得注意的事项中,如此适应于它的即时语境(immediate context),却又与我们今天如此相关的,乃是它们神秘莫测而又含混不清的特性向观众提出了如何苛刻的要求。同样,韦尔南是很有帮助的:

356

> 但是,当它被理解的时候,悲剧的信息恰恰就是:在人们言语交流中有着暧昧与难以传达的地方。甚至当他看到主角们执而不化地固着于一种意义,并因此是盲目的,看到他们将自己撕裂或毁灭,这个时候,观众必须理解,那里真实地存在着两种或者更多的可能的意义。只有在他意识到言语、价值、人自身均是含糊不清的,宇宙就是冲突的宇宙的时候,只有在他放弃他先前的信念而接受一个有问题的世界图景,并通过这种戏剧场面而获得了一种悲剧意识的时候,表达才变得透明,悲剧的信息才被他所理解。[2]

不论有多么困难,悲剧意识都关系到自我的深度和困惑以及对自我理解的需要,也许希腊悲剧所提供的轴心契机正是这种悲剧意识,而这在

---

① 韦尔南:《希腊的神话与悲剧》,187—188 页。亚里士多德对诗歌比历史更具有哲学性这一观点的论述,参《诗学》1451b 以下。尼采认为,"狄奥尼索斯一直是唯一的戏剧主角……希腊舞台上一切著名角色,如普罗米修斯、俄狄浦斯等,都只是这位最初的英雄的面具"(《悲剧的诞生》,66 页)。

② 同上书,43 页。关于希腊悲剧如何向当代观众言说这一问题,戈德西尔给出了一个很不一般的例子。他描述了索福克勒斯的《厄勒克特拉》于 1990 年在北爱尔兰德里的演出,在一周的时间内——这一周,八个人死于教派暴力——演出是如此地让人惊叹,以至于观众在戏剧结束后拒绝在没有讨论报复的激情所造成的伤害的情况下就离开剧场。戈德西尔:《爱,性与悲剧》,215 页。

《荷马史诗》中几乎是完全付之阙如的,在那里,事情总体上就是它们看起来的那个样子。正是在此,沃格林发现了悲剧的"存在的跳跃"(leap in being),这是他用来描述我所说的"轴心契机"的术语。① 倘若如此,轴心契机就仍然几乎完全是模仿性和叙事性的,而只有潜在的理论性。

苏尔维诺–英伍德为我们提供了酒神节仪式上希腊悲剧的略显特别的锚位,她认为这个锚位就在她所说的悲剧的"仪式母体"(ritual matrix)之中。② 根据从零碎的证据而做出的推测,她提出,城市酒神节在公元前 6 世纪发端的时候,是作为对狄奥尼索斯回归及驻留到雅典的一种庆祝,这是一个发生在神话时代却再次在仪式中变成当下的事件。在狄奥尼索斯首次亮相时(狄奥尼索斯来自埃留忒里亚),带来了酒与狂欢,他因为造成了城市的失序而遭到拒斥。随之而来的是灾难爆发,尤其是男人的阳痿,人们还有了这样的认识,即只有接受狄奥尼索斯为城市的常驻神才可能消除这一灾难。由于灾难的性质所在,所以作为酒神节游行队伍的一个突出特征,到场的直立阳具就标示着疾病已痊愈。

在更深刻的层面上,仪式的意义用苏尔维诺–英伍德的话来说,"这表明,唯有在对狄奥尼索斯的侍奉之中,通过放弃控制,并拥抱失序,人们才能最终维持秩序,避免灾难性的失控"。③ 这一吊诡涉及了希腊宗教的真正本性,后者突破了人类理性的限制。它也为探讨一般意义上的宗教吊诡,而不仅仅是酒神节的吊诡提供了范式或母体。357 "在那些抵制狄奥尼索斯的神话中所表达的张力、问题与人的限制"是"尤其有助于宗教探索的",这些宗教探索可以扩展到其他神话,并一般性地扩展到人类生活之有问题的本性(problematic nature)。④

因此,含混性与矛盾性形塑了希腊悲剧的特征,并将其提升到跨文

---

① 沃格林:《城邦的世界》(*The World of the Polis*),251 页:"存在的跳跃并未采取以色列人的神启形式,而是采取了酒神节的下落到人,下落到某种深度的这一形式,在这种深度中,人可以发现正义。"

② Sourvinou-Inwood, *Tragedy and Greek Religion*, 197-200.

③ Ibid., 153.

④ Ibid., 153.

化的人类关联性这一层面，这种关联性根植于一种意愿，甚至可说根植于一种必要性，去面对人类生活之有问题的本性，而这在较早的希腊文化中并不是很明显。例如，在荷马那里，俄瑞斯忒斯（阿伽门农的儿子）被毫不含糊地当作一个伟大的英雄而赞美，因为他杀死了母亲的情人埃癸斯托斯，报了杀父之仇。俄瑞斯忒斯也杀死了其母克吕泰涅斯特拉这一事实从未被明着提及，而只有一次暗示。然而，在埃斯库罗斯的《俄瑞斯忒亚》中，一方面是不可弑母的道德义务，另一方面则是为父复仇的道德义务，二者相互冲突，处于行动的中心的，正是俄瑞斯忒斯的为父报仇的道德义务，而最终需要免除的，则正是他作为一个弑母者的罪恶感，但这从没有洗刷掉这一行为的可怖之处。正是由此，才使得苏尔维诺-英伍德提出，希腊悲剧不断地涉及"宗教的问题化"（religious problematization）。她展示出，欧里庇得斯戏剧的"仪式母体"与埃斯库罗斯的戏剧是相差无几的，并认为欧里庇得斯远远说不上是一个启蒙的自由思想家，他竭尽全力去理解他继续信仰的诸神在黑暗时代能做到什么。

然而，如果说悲剧诗人涉及了宗教探索的话，那么，他们同时也涉及了政治探索，二者是同一硬币的两面，如有人说的那样，雅典的悲剧与激进民主同时发生这一事实绝非偶然。如果苏尔维诺-英伍德是对的，那么从一开始起，早期酒神节仪式中的歌队就象征着起源神话中的雅典人，他们先是拒绝，后来又接受了狄奥尼索斯，歌队同时也象征着当下的雅典人，他们再次欢颂狄奥尼索斯在他们中间；在悲剧的整个历史中，歌队从未失却这种双重角色。因此，如韦尔南所说，如果在悲剧中，城邦将自身转变成了剧场，而在剧场中人们同时是演员与观众，那么不论戏剧中发生在神话时代的行动或发生在地理空间中的行动有多么遥远，人们就是在看他们自己。无疑，非常值得注意的正是这个城市一个世纪以来持续容忍这种尖锐的自省的能力。

克里斯汀·梅耶为我们给出了对戏剧的一种政治解读，呼应了苏尔维诺-英伍德的宗教解读，从而补充了后者的观点。它们事实上是同一整体的两面。我们不可能在本章就某个人的戏剧在其特定的历史语境中给出一种解读，但是，我们可以简略地考察一下流传下来的第一部戏剧,即埃斯库罗斯的《波斯人》。① 它上演于公元前472年,距雅典公元前480年在萨拉米斯的胜利,公元前479年在普拉提亚的胜利不足十年,这是唯一一部流传下来以真实的时代而非以神话时代为背景的悲剧,但是,戏剧的发生地是遥远的波斯帝国首都,即苏萨(Susa)。戏剧设在公元前480年,其时,波斯长老的歌队正焦急地等待着西部前线战事的消息。太后出场了,她是大流士的遗孀,薛西斯的母亲——大流士在公元前490年发动了对希腊的入侵——薛西斯其时则仍在前线。太后表达了她深深的焦虑,在收到了第一个灾难消息之后,她的愿望就是去询问她死去丈夫的鬼魂。苏尔维诺-英伍德指出了,戏剧是如何醉心于大流士鬼魂出现的仪式以及他接下来的出场与言论,这是仪式在几乎所有流传下来的悲剧中的重要性的一个例证。只是在临近戏剧结束的时候,薛西斯本人才衣衫褴褛又浑身血渍地出现,诉说全面的溃败。

埃斯库罗斯成功地描绘出波斯人对弱小得多的雅典军队击溃了他们庞大舰队所表达的震惊,也展示出他们承认希腊人对自由至死不渝的爱。但是,戏剧并未表现出对波斯人的敌意。相反,观众沉浸于波斯人的尊严与苦难,一个战败的伟大城市的体验。大流士的鬼魂以傲慢、缺乏节制、越过不应跨越的疆界(即达达尼尔海峡)解释了战败的原因。但效果却是为雅典人树起了鉴镜,雅典人在公元前472年正忙着竭力将他们的力量拓展至整个爱琴海。

梅耶发现,埃斯库罗斯是在对他的公民同胞说话,梅氏这样写道:"雅典人也必须待在他们的界限之内……大流士的警告,即'人是有限的,必须学习抑制他的骄傲'(420)本来就是冲着他们来的……战败的强烈体验……必然使他们意识到战争的危险,正如埃斯库罗斯对战争惨状的深沉哀恸也必然有同样的效果。"②苏尔维诺-英伍德通常只限

---

① 我很荣幸地在2005年去现场观看了加利福尼亚州伯克利的奥罗拉剧场(Aurora Theater)出色上演的《波斯人》。戏剧经过少许必要的"改编",但是,剧作者小心地避免明显提及美国入侵伊拉克,这一事件可被视为对埃斯库罗斯笔下的东方入侵西方的一种颠倒:西方入侵东方。奥罗拉的礼堂是如此之小,以至于观众事实上就在戏剧当中,我认为现场所有人都强烈地感受到了,这出戏就是关于我们的戏。

② Christian Meier, *The Political Art of Greek Tragedy* (Baltimore: Johns Hopkins University Press, 1993 [1988]), 78.

于解释悲剧的宗教意义，但甚至连她也认为，在《波斯人》中，"过分的骄傲与僭越人类界限并不仅仅与波斯的君主相关……对这种自负与侵越（transgression）的探索在此跟敌对的他者没有多大瓜葛，虽然它存在于敌对的他者之中，这种探索与雅典直接相关"。[1]

如果篇幅足够，看看其他伟大的悲剧在它们自己时代的宗教/政治意义，及其对于我们的宗教/政治意义，会是很有趣的。但是，我们必须对城邦与诗人之间的这种特别的结合做出总结了。大概只有一个民主的城邦才可使自己接受这样尖锐的自省，而且我们必须记住，这个城邦始终如一地对悲剧诗人引以为豪，并尊重他们，但是这个城邦没有留意到他们苦口婆心教导的东西。雅典的确逐渐从一个自我防御性的联盟转变为一个压制性的，有时候是残忍的帝国。虽然在本土坚持正义，它却不介意专横地对待臣属的城邦。伯利克里，或者借他之口的修昔底德，以生存的名义为残暴辩护。对其他城邦而言，正义即强者的统治。柏拉图笔下的特拉西马库斯的观点就是雅典帝国的观点。

恰恰在一个错误的时刻，即公元前451年，当帝国最需要某种共同的目标感之时，伯利克里却提出了一条新法律，它规定父母双方皆为雅典公民是获得雅典公民权的必要条件。城邦之间的婚姻曾经在某时是司空见惯的，之前，只要父亲有雅典公民权就必然保证了孩子的公民权。现在，对臣属的城市而言，显而易见的是，他们永不可能成为雅典人了。[2] 这与罗马之间对比是再明显不过了，后者在紧急时刻将罗马公民权扩展到了所有的同盟城市。

如果说索福克勒斯比埃斯库罗斯更为阴郁的话，那么，比较年轻的欧里庇得斯则常常是倾向于让人毛骨悚然或歇斯底里的。欧里庇得斯尤其生动地展示了特洛伊女性在她们的男人被杀死之后遭到奴役的惨状，例如，在《赫卡柏》中赫卡柏（特洛伊国王普里阿摩斯的妻子）不得不忍受她的女儿被献祭，奥德修斯已经拒绝拯救她。对于帝国中的反抗城市，雅典人不时地杀死了它们的男性，奴役了它们的女性，考虑到

---

[1]　Sourvinou-Inwood, *Tragedy and Greek Religion*, 226.

[2]　在伯罗奔尼撒战争行将结束之际，在战败的命运已经变得明朗的时候，萨摩斯岛要求并获得了雅典的公民权，它是这样一个例子：早些时候人们想要它，却被拒绝了，此时则为时已晚。

这一事实,我们可再次看到戏剧反映出来的对人民的不满,但是,人民并没有领会他们的教师在说些什么。当伯利克里陷入与斯巴达的战争的时候,灾难的种子就已经种下了。这就是伯罗奔尼撒战争(公元前430—前404),这是一场也许确实无法避免的战争,但是,天不假年,伯利克里无法确保他的谨慎战略延续下去。战争的结果被两个短暂的僭政时期予以强化,也就是公元前411年400人议会的寡头政治和公元前404年三十僭主的统治。

最贴切不过的是,最后保存下来的希腊悲剧是索福克勒斯的《俄狄浦斯在科罗诺斯》,创作于他逝世的公元前404年的前不久,但在公元前401年首次由其孙子拿出来,这是一个恰如其分地象征着时代终结的纪念碑。失明而衰老的俄狄浦斯由他的女儿安提戈涅陪着,来到了科罗诺斯的雅典城镇等死。开始,城镇居民对他的末路穷途毫不同情,想赶走这个肮脏的男人,但是,雅典的王忒修斯,因为相信俄狄浦斯在阿提卡的墓地将会是对城市的祝福而欢迎他。终其一生,有智慧,也有愚蠢,有权力,也有苦难,他真正成了一个英雄,亦即一个死后将仍然存在的人。在雅典帝国衰落之后,公元前5世纪的雅典所达到的令人震惊的成就确实还继续存在着;这确实是一个黄金时代,但也是一个有着巨大苦难的时代,包含它所造成的苦难与它所蒙受的苦难。时至今日,希腊悲剧一直是讨论苦难问题时最重要的资源之一,虽然它的告诫在现在并不比以往更容易领会。

360

智慧与城市

上文从政治、宗教与诗歌的角度——诗歌发端于荷马和赫西俄德,并通过公元前5世纪雅典的诗剧(poetic drama)延续了下来——追踪了希腊城邦的历史,尤其是公元前6世纪以来的雅典历史。① 至此,我们已经在一些方面观察到轴心的端倪了,但是,它们仍然逗留在模仿与叙事的层面上,不过在赫西俄德、梭伦当然也在悲剧作家这里,我们已

---

① 从公元前7世纪起,抒情诗在希腊文化史中就有着不可小觑的重要性,但是本书研究的高度浓缩性使得我们不便给予它严肃的关注。

经看到了类似于神话思辨的东西，虽然只是零星的。但是，如果希腊首先是理论、哲学与科学的诞生地，那么，我们就需要稍作追溯，来看看任何可被适当地称为理论或被视为指向了理论的事物的开端。无疑，我们要从智慧即 *sophia* 这个地方开始，在对赫西俄德和梭伦的讨论中，我们已经提及它了。从最早的时代以来，诗人、预言者（或神谕的解释者）与——如我们在赫西俄德那里见到的那样——"王"就被算作智慧者。① 有一种传统，其起源可能不会晚于公元前 5 世纪，而且柏拉图与亚里士多德均注意到了它，它提及了大约公元前 6 世纪初叶的七贤或七智者（Wise Men），尽管在后来的传统中，七人的名单会有所变动，但梭伦几乎总是名列其中。智慧在赫西俄德之后的时期意味着什么，作为对这个问题的一种提示，我们最好更细致地对七贤作一番审视。②

如果认为将在七贤中间发现希腊"哲学"的开端，那我们多半会失望，因为他们中间只有泰勒斯在以后被认为是属于这一范畴的。乍看起来，现有的名单是很古怪的。最常见的名单包括梭伦、泰勒斯、庇塔库斯（Pittakos）、毕阿斯（Bias）、奇伦（Chilon）、克莱俄布卢（Kleoboulos）与佩里安德（Periander），最明显的是，他们唯一的共同之处就是对政治生活的参与。据说，庇塔库斯曾是米提利尼的 *aisymnetes*，亚里士多德将这个词界定为"被选出来的僭主"（elected tyrant）。人们认为，他被推选出来，被寄望在十年的时间里整饬城邦的秩序，而且与梭伦相似，他也是一个稳健的改革者。奇伦是斯巴达的达官贵人，佩里安德则是科林斯的僭主，既被描述为残忍的压迫者，又被描述为有着明智的温和。毕阿斯以其在法律案件中的辩论而广为人知。泰勒斯，首先被我们视为一个思想家，却在其家乡城市米利都的政治中扮演着积极的角色。在这七人当中，唯有罗得岛上林迪的克莱俄布卢似乎从来没有参与政治。因此，在早期的希腊，智慧似乎主要是实践与政治的，而不是理论的。

至于他们教导的内容，我们从七贤那里得到的几乎所有东西都是

---

① 关于这些早期的发展，尤其参见德蒂安：《古希腊真理的大师》。

② 我认为，理查德·马丁的论文《作为智慧表演者的七贤》（"The Seven Sages as Performors of Wisdom", Dougherty and Kurke, *Cultural Poetics*, 108-128）是很有帮助的，下文对七贤的讨论很大程度上也将依据这篇论文。

有着伦理意图的简短的格言陈述。从梭伦那里,我们当然看到了不少诗歌,但是,他的教诲往往是以诸如"不可过分"(Nothing in excess)这样的短句来概括的,这一教诲因为短句"节制即至善"(Moderation is best)而得到了补充,后者被认为是出自克莱俄布卢。在政治方面,七贤似乎大体上(此处,佩里安德却是个问题)代表着梭伦的"第三种立场"(the third position),即介于贵族与中间阶层之间的立场,节制(moderation,希腊文:*sophrosyne*)原本属于中间阶层的价值,贵族们难以悦纳之,但通过对它的强调,有助于使这一美德成为所有希腊人的中心,因此,它成了一种既高贵又大众化的美德。然而,理查德·马丁发现,政治只是七贤的一种角色,且未必是最重要的角色。他发现,有三个特征将他们界定为同一种类型:"首先,七贤是诗人;第二,他们参与政治;第三,他们是表演者(performers)。"①

在早期的希腊,诗歌是一种正式的表达形式,所以,七贤乃是诗人并不让人意外,虽然只有梭伦的诗歌流传了下来。马丁证明,泰勒斯是以诗歌来写作的,只不过无一流传下来;他也说明了其他人的诗歌成就,甚至是佩里安德的诗歌成就。② 对我们来说,诗歌表达的重要意义在于,它更适用于神话思辨,而不是理论。对我们来说,马丁对七贤作为表演者的强调尤让人感兴趣,因为这标示出,模仿性文化在他们影响其同胞公民的方式上仍很重要。他如此来界定表演(performance):"表演,我指的是通过言语或姿势,对重要事务的一种公共表现,它利用集会,并向监督与批评开放,尤其是向对风格的批评开放。"③关于七贤的典型行动,马丁给出了很多的例子,虽然也不是一以贯之,但这些行动往往是与一些简洁的口头陈述结合在一起的。一个梭伦的例子就足够了:"因此,当雅典的僭主庇西特拉图已经大权在握的时候,梭伦由于尢力推动人民反对他,就在将军营房前叠起自己的手臂,大声说道,'我的祖国,我已经以我的言语和剑服务于你'!"④言毕,他迅速离开雅典前往埃及。

---

① 《作为智慧表演者的七贤》,113 页。
② 同上书,113—115 页。
③ 同上书,115—116 页。
④ 同上书,117 页。

由于七贤以其格言式的智慧而广为人知，而它们往往是镶嵌在一个表演性的语境中的，所以，马丁提醒我们，罗曼·雅各布森曾评论道，格言和谚语是"在我们的言说中产生的最大的代码单元，同时也是最短的诗歌作品"。① 因此，格言表达可被称为一行诗，它们通常镶嵌在类似于禅（Zen-like）的行动语境中，强调的是正在建构中的论点。无疑，这些贤者可以言说与辩论，但是，他们的教导大多不是言传（此处，梭伦是一个明显的例外），而是身教（此处，梭伦并非例外）。因此，表演性的维度与其说是另一种维度，毋宁说是这样一种维度：它概括了实践政治与诗歌的面向，并触及了贤者所作所为的核心。这些考量促使马丁又加上了第四个特征：由于七贤履施的行动常常含有或隐或显的宗教基调，所以，我们必须为其他三个特征加上"宗教意义"。② 由于宗教维度主要存在于仪式行动、献祭或对献祭的解释、将礼物献给阿波罗的奉献行为中，诸如此类，所以我们可以说，表演最重要的因素除了政治与诗歌之外，还包含宗教。这种说法无足怪也；纵观本章，我们已经看到了，宗教与政治是如此深广地纠结在一起，以至于它们抵制按照我们的范畴进行分离，而且希腊的宗教政治生活首先就是在诗歌与表演中表现出来的。

　　马丁提出，七贤时代之后的希腊思想家，直至苏格拉底，并包括苏格拉底（虽然马丁对苏格拉底做出了重要的限定）在内，都显示出了同一主导性的表演品质，因此，他们不能像我们习惯上做的那样被当作空洞的"思想家"。我要对马丁的论点做两点重要的补充。其一就是悲剧诗人，他们通常并不被当作思想家，虽然他们确实是出色的思想家，如果苏尔维诺-英伍德是对的，那么，起初他们在最早的戏剧中就担当着主角，以他们自己的言语直接向人民讲话③，但是，甚至当消失在娴熟的演员（我们必须记住，他们也是高明的歌手）身后的时候，他们仍然在很大程度上参与了表演的创作活动，这种表演将在多个层面打动

① 《作为智慧表演者的七贤》，118 页。雅各布森的引文出自 Roman Jakobson, *Selected Writings*, vol. 4, *Slavic Epic Studies*（The Hague：Mouton, 1996），673。
② Martin, "The Seven Sages", 122.
③ Sourvinou-Inwood, *Tragedy and Greek Religion*, 154ff. 苏尔维诺-英伍德接着指出，作为起初的"演员"，诗人扮演了狄奥尼索斯。

观众,口头表达虽然关键,却只是其中的一个层面而已。

另一点我要做的补充是给马丁的单子上多加一个人物:不是到苏格拉底为止,而是也要加上柏拉图。柏拉图不也是一个戏剧家吗?他不是也寻求不仅仅通过推理而且也通过典范——首先就是苏格拉底的生与死——以及通过对话这样巧妙的人类相互作用来说服别人吗?①³⁶³据我所知,柏拉图的对话从来没有被表演出来,但按我的看法,这一事实不足以将它们排除在表演性范畴之外——原则上,它们是**可以**被表演出来的。② 关于柏拉图是表演性的另一个要点在于相对于说出来的言语,他对文字的怀疑。在《斐德罗篇》(*Phaedrus*)对这一问题的著名讨论中,柏拉图的观点是:真正的学习只有在面对面的互动中才可能发生,而文字只能充当对人们已知之物的一个"提醒",甚至可能会削弱记忆。在此,用唐纳德的话来说,柏拉图将文字视为一种"外在记忆"(external memory)的形式,虽然他在口头文化与写作文化(literate culture)的风口浪尖保持了平衡,但他似乎并不承认这种外在记忆可作为有力的资源。然而在此,我想要强调的重点是:通过书写与口头之间的区分,柏拉图使得表演性、表现性的东西成为根本性的:

> 苏格拉底:现在,告诉我,[除了书写文字之外]是否还有另一种话语,也就是这种话语的合法兄弟呢?我们能不能说说它是怎样产生的,以及它自然地就比前一种话语更好,更有能力呢?
>
> 斐德罗:你说的是哪种话语,依你看,它是怎样生出来的?
>
> 苏格拉底:我说的是以知识写在听者(listener)灵魂中的那种话语,它是有力保卫自己的,而且知道该向谁说话,向谁保持缄默。

① Sitta von Reden and Simon Goldhill, "Plato and the Performance of Dialogue", in *Performance Culture and Athenian Democracy*, ed. Simon Goldhill and Robin Osborne (Cambridge: Cambridge University Press, 1999), 257-289. 兰登与戈德西尔从《卡尔弥德篇》(*Charmides*)、《拉凯斯篇》(*Laches*)与《吕西斯篇》(*Lysis*)中选出了一些文字,不仅仅是为了展示柏拉图巧妙的戏剧性描述,也是为了阐明苏格拉底本人在运动场中正对着观众———一般多是男性青年——"表演"的时刻。

② 关于对话形式在柏拉图思想中的核心性,尤其参见查尔斯·卡恩(Charles H. Kahn)的《柏拉图与苏格拉底式的对话:文学形式的哲学运用》(*Plato and Socratic Dialogue: The Philosophical Use of Literacy Form*, Cambridge: Cambridge University Press), 1996. 亦可参保罗·弗里德兰德(Paul Friedlander)的《柏拉图导论》(*Plato: An Introduction*, New York: Patheon Books, 1958 [1954])中关于对话的章节,154—170 页。

斐德罗：你说的是知道的人的那种活生生的、有气息的话语（the living, breathing discourse of the man who knows），而书写文字可公正地被称为是它的影像（image）。①

尽管亚里士多德也写了对话，但是我们并不拥有任何这样的作品，而且我们目前拥有的亚氏著作除非作为专业性的演讲，是决不可能被表演出来的。即便残余的表演也表明，就像人类文化中的很多部分一样，表演性范畴也从来都没有消失。

理性思辨的开端

至此的讨论可看作为考察通常被称为"前苏格拉底的哲学家"而做的准备，如果有什么地方我们可发现理论在古希腊的开端，并因此确定轴心的环节，那就是在这些哲学家这里了。我们可提醒自己，当说起理论的时候，我们正在寻找的是什么。前文已经根据梅林·唐纳德证明：人类意识已循序渐进地发展了，正如我们与高等哺乳动物共有的情景文化（episodic culture）先是由模仿文化，接着又由叙事文化进行了增补一样。增补，而不是取代。理论文化并不是由读写能力引起的（它倒可能是读写能力的原因），却可能需要读写能力作为其持续发展的一个条件，它是最新的意识形式，而且与其"前辈"一样，它也是增补而不是取代了先前的文化形式。职是之故，诚如唐纳德所说的那样，人类意识是一个"混合的体系"。② 唐纳德这样刻画了理论文化的兴起所包含的"基本变迁"之特征："人类心灵开始对其自身表象的内容进行反思，开始对它们进行修正与提炼。这种改变从对直接而实际的问题的解答与推理上移开，而趋向将这些技艺运用到外在的记忆源所包含的

---

① 这个观点是伯纳德·威廉姆斯（Bernard Williams）给我提出来的，参其"Plato: The Inventor of Philosophy"，再版于 *The Sense of the Past: Essays in the History of Philosophy* (Princeton: Princeton University Press, 2006 [1998], 150-151)。译文出自威廉姆斯本人。对柏拉图而言，"影像"意味着一种模仿而不是原物——也就是说，它是次好的。（此处译文参考了朱光潜先生的译本，《柏拉图文艺对话集》，北京：人民文学出版社，1963 年，170—171 页）

② Merlin Donald, *Origins of the Modern Mind: Three Stages in the Evolution of Culture and Consciousness* (Cambridge, Mass.: Harvard University Press, 1991)；关于"混合的体系"，参 368 页以下。

恒定的象征性表象上去。"①无疑,"哲学"的出现刚好满足了这一要求。然而,我们应该记住唐纳德的告诫,即人类意识是一个混合的体系,因此,轴心转型所包含的可能远不止是理论的简单登场。

我们立刻就面临着术语的问题。"哲学"并不是一个我们可视之为理所当然的术语:它只是在公元前4世纪出现的,而且只是回溯性地运用至更早的思想家身上。这一术语在现代世界——也就是说,从17世纪以来——是否与古代世界意味着同一事物甚至都是不清楚的。不管是按照这个词的古希腊用法,还是按照它的现代用法,七贤(除了米利都的泰勒斯)并没有被称为哲学家(泰勒斯也只是很久之后才被称为哲学家);相反,"贤者"(sage)一词翻译的是 sopos(复数形式是 sophoi)一词,字面意思就是"智慧的人"(wise man),或者翻译的是实质上的同义词,即 sophistes,而 sophistes 就是后来被译为"智者"(sophist),也是受到柏拉图严厉批判的一个词。确切而言,sopos 一词可用于表示熟练掌握任何技巧或技艺的人。

关于智慧(sophia)以及追求智慧之人的概念长期以来都是极其含糊不清的,也是极其笼统的,它包括诗人、立法者以及思考事物本源的人,就像人们认为泰勒斯所做过的那样。② 阿那克西曼德可能是他的学生,至少是他下一代的米利都同胞,有证据表明,阿那克西曼德确定无疑地曾致力于这种思辨,因为我们可看到他著作的片段,它属于第一批真正以散文来写作的希腊文本。但是,根据亚里士多德,尽管泰勒斯、阿那克西曼德与阿那克西曼尼(第三代米利都思想家)构成了自然哲学的米利都学派,但如上所述,"哲学家"一词直至柏拉图的时代或仅仅在此前才开始普遍使用。也就是说,它在泰勒斯之后的200年之

① Merlin Donald, *Origins of the Modern Mind: Three Stages in the Evolution of Culture and Consciousness* (Cambridge, Mass.: Harvard University Press, 1991), 335. 关于"外在的记忆源",唐纳德主要指的是写下来的文本。

② 斯蒂芬·怀特批判性地审查了我们了解泰勒斯所依据的口头传统之后,得出了结论:他是"商业和政治学——不论是地区性的,还是国际性的政治学,以及工程学,测量学和航海术这些实用领域的先驱"。总而言之,"泰勒斯似乎首倡了对经验数据的定量处理。不论是否将其称为哲学家,他完全配得上希腊天文学之创始人这样的称号"。Stephen White, "Thales and the Stars", in *Presocratic Philosophy: Essay in Honor of Alexander Mourelatos*, ed., Victor Caston and Daniel W. Graham (Aldershot: Ashgate, 2002), 3.

内并没有普遍使用。（柏拉图于公元前 347 年逝世,泰勒斯于公元前 547 年逝世,其间相隔正好 200 年）"自然"哲学从中派生出来的"自然"（physis）一词的意义亦不可被视为理所当然的。

问题部分地在于,我们所了解的前苏格拉底哲学很多来自亚里士多德的著作,如果有人是理论家的话,那就非亚氏莫属了。难道不是亚里士多德实质性地创建了我们所知道的逻辑学吗? 难道不是亚里士多德几乎在知识的每一个领域都对表象的含义进行了反思吗? 但是,使人们进一步思考他对一系列前苏格拉底哲学家的解释,这恰恰正是亚里士多德本人的成就,因为像他做的那样,他强调了他们思想的理论意涵,并首先将他们视为他自己的先驱。我们应谨慎使用亚里士多德对他们的解释,并铭记这通常就是我们所拥有的全部,与此同时也必须记住,他们是宗教政治表演者,因为他们往往以诗歌来写作,他们之接近于七贤就正如他们接近于后来被视为哲学家的那些人一样。尽管我们可以看到他们的思想在两个世纪中有某些发展,但是,他们并不是以什么简单划一的接续关系排列起来的。

马丁强调了七贤之间的竞争——这是他们必然有七个人的原因之一。从最早的时候开始,竞技（agon）就是希腊文化的一个特征——赫西俄德提到,他曾参加过一场诗歌竞赛——因此,看到"前苏格拉底哲学家"相互竞争与批判,也就不足为奇了。虽然他们一般都活跃于自己的城市,但也频频四处走动,常常最后留在了远离自己出生地的地方。他们思考与批判的自由,部分地要归因于雅典城邦内的竞技文化与对"自由演讲"的尊重,但也部分地归因于他们的这一能力:当所在地的情况变得让他们感到不自在的时候,他们能够迁往别处。他们类似于古代版本的"自由流动的知识分子"。身处城邦之中,又加上希腊是一个多城邦的社会这一事实,这些条件无疑都与我们在他们的思想中发现的明显的多元性与原创性有关。①

传统的看法一直是,公元前 6 世纪早期的泰勒斯是第一位哲学家,

① 关于这一点,可参劳埃德（G. E. R. Lloyd）的《智慧的革命:对古希腊科学的主张与实践的研究》（*The Revolutions of Wisdom: Studies in the Claims and Practice of Ancient Greek Science*, Berkeley: University of California Press, 1987）中的"传统与革新"一章（Tradition and Innovation）,50—108 页。

他摆脱了神话的遮蔽,开启了理性探索的传统。但是,不仅仅关于泰勒斯,而且也关于其米利都追随者阿那克西曼德与阿那克西曼尼的这种看法都需要大幅修正。根据我们现有的对他们的解释,这三个米利都人都是在寻求宇宙的起源,即本原(arche),但这种寻求既不是以观察,也不是以演绎,而是以思辨为基础的。看看他们的思想一方面与赫西俄德有多相近,另一方面又与波斯和美索不达米亚的观念有多相近,就知道他们的思想顶多介于神话思辨与理论之间。① 毕竟,如弗朗西斯·康福德指出的那样,赫西俄德的《神谱》也是从一种基于自然实体不是诸神的宇宙生成论(cosmogony)开始的。起初是卡俄斯(Chaos,即混沌),也就是康福德所译的一道"豁裂的缺口",从卡俄斯产生了大地(Earth)与厄洛斯(Eros),后者诚然是神,但在这种早期的语境中,它更像是生殖原理,而不是一个奥林匹亚神。② 当泰勒斯说世界始自水③,或者阿那克西曼尼说世界始于气,或者阿那克西曼德说世界始于无限者(Apeiron)的时候,他们真的已与赫西俄德相离甚远吗?劳埃德已经证明,阿那克西曼德的天文学是以观察为基础的,并且开启了一种逐步改进观察与分析的传统,而米利都的宇宙生成论则并无这样的基础,也没有这样累积的可能性。④ 简而言之,阿那克西曼德对早期的希腊科学有所贡献,但作为宇宙生成论者,米利都人做的是别的事情,他们超

① 韦斯特(M. L. West)在其《早期希腊哲学与东方》(*Early Greek Philosophy and the Orient*, Oxford: Oxford University Press, 1971)中列举出了美索不达米亚和波斯的大量相似之处,尤其是与阿那克西曼德、阿那克西曼尼和赫拉克利特之间的相似之处。

② Francis M. Cornford, *From Religion to Philosophy: A Study in the Origins of Western Speculation* (New York: Harper Torchbook, 1957 [1912]), 66. 在《智慧的原理:希腊哲学思想的起源》(*Principium Sapientiae: The Origins of Greek Philosophical Thought*, Cambridge: Cambridge University Press, 1952, 187-201)中,康福德对爱奥尼亚人的宇宙生成论的背景给出了一幅更细致入微的画面,认为它意义重大地抛弃了在故事中作为行动者的神话存在者,但他也追溯了它与赫西俄德之间的连续性。亦可参韦斯特《早期希腊哲学》,书中论述了美索不达米亚和波斯对爱奥尼亚"哲学家"的影响。

③ 由于我们对泰勒斯思想的了解甚少,这些了解又很成问题,所以,他是否真的主张将水作为本原元素是不甚明了的,但是,如果这是真的,那么,他与一些将水作为世界起源的中东创世神话——例如,《创世记》1.2——相去不远。

④ G. E. R. Lloyd, *Magic, Reason and Experience: Studies in the Origin and Development of Greek Science* (Cambridge: Cambridge University Press, 1979);阿那克西曼德对天文学的贡献,见170页;米利都人的宇宙生成论主要促成了一种"新的或者'改良过的神学'",关于这一点,见11页。一般而言,劳埃德对米利都哲学家思想的源头持怀疑的立场。

越了神话,不过,幅度不大;他们迈向了理论,不过,离它还不是很近。

考虑到我们对他们本人著作的了解是如此之少,因此,关于米利都人思想的证据是很脆弱的,我们对他们的了解严重依赖于那些很久之后的文本。然而,查尔斯·卡恩设法重建了对阿那克西曼德思想的一种解释,这种解释值得我们来考察一番。乍看起来,他似乎与康福德,甚至与劳埃德大相径庭:"阿那克西曼德的体系为我们呈现出来的完全就是一种对自然世界之理性视野的到来,它至少出现在了西方。这一新观点以火山爆发之势来生效,而且随之而来的思辨洪流迅速从米利都扩散到了说希腊语的四面八方。"①然而,仔细探查之后,我们发现,卡恩坚持认为,"古老诗人的宇宙生成论观念",主要是荷马和赫西俄德,为米利都思想的兴起提供了不可或缺的背景。鉴于很难解释希腊思想这一早期的证据,所以卡恩说:"只有将米利都学派置于一方面由上古诗歌提供的光区,另一方面由古典哲学提供的光区之间——因此,实际上也就是从上下两边照亮他们——我们才有希望更深入地理解这一转型与创新的黑暗时期。"②

卡恩还提出了另外一个值得注意的观点。希腊的宇宙生成论思辨出现在米利都只怕并非偶然,它是安纳托利亚西部海岸——希腊居民称之为爱奥尼亚——的一个重要的商业港口。爱奥尼亚是希腊世界中与东方世界距离最近的部分:也就是说,距与美索不达米亚有着长期接触的安纳托利亚的诸王国最近,最后,距几乎扩展到整个中东的波斯帝国也是最近的。对在美索不达米亚已经有了长期发展的先进的天文学与数学而言,这是一个天然入口。这种外在的刺激是如此重要,以至于卡恩给了它一个生动的描述:"古希腊母体的温床是因为美索不达米亚的种子而受精的。"③劳埃德认为,为天文学这一领域的真正科学奠定了基础的,正是米利都学派对天文学的贡献,如果此说是正确的,那么,这种美索不达米亚的刺激就尤其重要了。

两个重要的特征将这种新的自然哲学与过去连接了起来:基本的

---

① Charles H. Kahn, *Anaximander and the Origins of Greek Cosmology* (Indianapolis: Hackett, 1994 [1960]), 7.
② Ibid., 234.
③ Ibid., 133.

叙事框架与相信宇宙是活的(alive)的信仰。与赫西俄德一样,阿那克西曼德对事物的起源有着强烈的兴趣。"阿那克西曼德的论述布局遵从的次序实质上是一种编年学的次序。世界的生命历史被描述为从一种原初的 *apeiron*［无限者］而来的逐渐演化与分化的过程……自然科学呈现为一种有开端、有中间与终结的史诗,这是早期希腊思想的特征。"①的确,阿那克西曼德的阐释似乎既是自然主义的(naturalistic),又是理性的:不单单是宇宙的起源,而且天体的运作、气候,以及其他自然现象,一切都是通过非人格的力(impersonal forces)而作出解释的。没有一处提及奥林匹亚诸神。但是,我们仍然是在叙事的领域之内;仍可察觉到与赫西俄德的《神谱》之间的牵连。

如果我们对 *apeiron* 进行更细致的考察,则阿那克西曼德思想的"科学"性质就会变得更加有问题了。*apeiron*,当它被翻译为"无限"(the Boundless)时,看起来似乎是一种抽象,事实上却是一种完全包围着世界的硕大而无穷无尽的质量。它是不朽的,非创生的,通过"种子"的散发,它自身同时在时间与空间上就是其他一切的本原,天空、大地,一切事物都是从种子中逐渐分化出来的。总而言之,卡恩指明了,尽管 *apeiron* 可能是一种自然原理,但它同时也是一种新的神(divinity):

> 我们看到,*apeiron* 不仅仅是世界的实体借以产生的生命源头,是包围与界定宇宙机体的外部界限,它还是永恒的、像神一样的力量,支配着这个世界有节律的生命循环。因此,这不仅仅是关于井然有序的宇宙的理念——希腊应将这一理念归功于阿那克西曼德——而且也是关于其调节者的理念,即宇宙神(Cosmic God)的理念。这两个理念是彼此相属的。自然世界是一个统一的整体,其一以贯之的特征是秩序与平衡,由于有了这种观念,便促生了古典时代已知的唯一的一神论形式。② 368

阿那克西曼德无疑还没有将科学与神学区分开,但是,我们可能得

---

① Charles H. Kahn, *Anaximander and the Origins of Greek Cosmology* (Indianapolis: Hackett, 1994 [1960]), 199.正如我们在第二章看到的那样,自然科学呈现为史诗这种现象在今天仍然是很有活力的。
② Ibid., 238-239.

把此处引文中的"一神论"一词放到括弧里,因为它引起的问题比它解决的问题要更多。最好将 *Apeiron* 看成是一种高于诸神的神,或者是一个宇宙的神圣根基,而这个宇宙在某种意义上是完全神圣的(据说,泰勒斯曾说过,"万物皆充满着神")①。尽管阿那克西曼德将奥林匹亚诸神的绝大多数宇宙功能都分配给了"自然"力,但是,他在任何地方都没有否认过诸神的存在,其继承者阿那克西曼尼的第一原理是"气",对我们来说,它在某种意义上太过复杂而不能在此细谈。他说道,"无限的气即原理,正在生成的、存在的、将要存在的事物以及诸神与神圣之物均从中形成"。② 在这种思维方式中,由于气是诸神的源头与本原,它可被视为是比诸神"更神圣"的,但是,诸神的存在并没有受到质疑,在包括柏拉图与亚里士多德在内的希腊思想史的大部分时间里也都没有受到质疑。这并不是说,荷马的诸神没有受到批判——我们需要在下文考察这一问题——甚至也不是说,古代历史中没有人完全否认诸神,而只是说,这并不是希腊"自然主义"兴起的不可避免的结果,甚至也不是非常普遍的结果。因此,如果我们真的要说起一种希腊"一神论",它也与以色列的一神论非常不同:宇宙神绝不是否认了其他神的存在的嫉妒之神。甚至更为重要的是,宇宙神并不要求拒绝祭拜奥林匹亚诸神,在整个古代,智慧之人与愚蠢之徒同样以赞美诗、祷告和献祭继续施行着这种祭拜。

我将"自然主义"放到引号中,因为不可假定自然,即 *physis* 的含义与当代英语中"自然"(nature)一词的用法相同。*Physis*,在接下来的希腊思想史中是一个核心术语,它意味着"事物的**本质特征**",但它从未失去另一层发展的含义,也就是这一理念的含义,即我们是"通过发现一个事物**从何而来**以及**以何方式**成为它当下之所是来理解该事物的'自然'的"。③ 保罗·利科提醒我们,以"自然"来翻译 *physis* 是有危险的,因为 *physis* 不是"某种被给予的无生气之物",毋宁说,*physis* 是有活力的(alive)。利科说道,如果认为通过艺术,我们是在模仿"在那里的

---

① 引文出自柏拉图的《法律篇》899b.9,此处被认为是属于泰勒斯的观点。

② G. S. Kirk, J. E. Raven and M. Schofield, *The Presocratic Philosophers*, 2nd ed. (Cambridge: Cambridge University Press, 1983), 145.

③ Kahn, *Anaximander*, 201-202. 原文是黑体。

那个事物"（that-thing-over-there）——这时，我们毋宁是在使某种有活力之物实现出来——那我们就不会理解亚里士多德的下一观念，即艺术是对自然（*physis*）的模仿（*mimesis*）。[1] 也许换一种说法，我们会说，希腊思想缺少我们对客观性与主观性的强烈的二元划分，所以，自然是人们与其同在的事物，是人作为其一部分的事物，而不是"在那里"的事物。[2]

通过证明宇宙生成论也是一种改良过的神话，我试图对下一观念做出限定，即米利都学派的宇宙生成论标志着"一种对自然世界之理性视野的到来"，但是，所有这些限定并不意味着我想贬低它的重要性，或者确切而言，想贬低它之于几乎所有后来的思想的意义。它并不标示着与诗歌、神话以及奥林匹亚诸神的彻底断裂，但是，它的确开辟了一个全新的思辨世界，这个世界将开启众多的发展路线。智慧之人的世界受制于多种影响——政治的、经济的、宗教的——但是，对"事物的本质特征"的关注永不止息地占据了希腊的心灵。

轴心转型

在柏拉图与亚里士多德的时候，类似于现代意义上的"理性"（rationality）显然已经在古希腊出现了，虽然这一假设仍是一个需要我们仔细审查的假设，但它已经被广泛接受。至于这种理性还要再往前推多久就能被辨识出来，前苏格拉底哲学家中又有谁最为清楚地表达了它，这方面的共识则是难得一见的。如果我们能对理性或者唐纳德所界定的理论的形成了然于心，那么就可考察这种形成在希腊的轴心转化中所扮演的角色。但必须时刻牢记，从约公元前 800 年至约公元前 300 年，古希腊文化在这 500 年中的繁花绽放，具有更为宏大的历史景观。在审视具体的思想家和运动之前，简明地考察一下这一时期的背

---

[1] Paul Ricoeur, *The Rule of Metaphor: Multi-Disciplinary Studies of the Creation of Meaning in Language* (Toronto: University of Toronto Press, 1977 [1975]), 42-43. "模仿"是否是对 *minesis* 的一个合适翻译，利科也表示怀疑，不过，这不是我们目前要关心的问题。

[2] "自然"的歧义在英语中也不是完全阙如的：自然科学的"自然"（nature）完全不是登山者的"自然"（nature）。

景特征会很有裨益,这些特征可能有助于解释轴心转型。

城邦自身一般可追溯至公元前 8 世纪,它的出现、它对所有公民都要参与公民大会这一点的强调(甚至当政治机构是由少数人垄断的时候亦复如此),以及一种包容性的城邦宗教的发展(该宗教以在越发雄伟的、献给城邦守护神的神庙中所施行的祭祀仪式为中心),这些一直都被视为希腊理性发展的必要前提。人们越来越广泛地参与政治机制与司法机制,随着这些发展,尤其是在公元前 6 世纪与公元前 5 世纪的发展,人们也越来越看重公民大会与法庭中的辩论,这使得辩论与证据问题备受瞩目。那些发展中的城邦内的政治参与强度一直被很多学者视为思想革新不可或缺的前提。①

值得记住的是,书写能力——它曾经被看作这一过程重要的原因,虽然现在看起来更多是一种必要原因,而非充分原因——与城邦的兴起近乎同时发生:最早的文字,也就是荷马、赫西俄德的诗歌与《荷马赞诗》,始于公元前 8 世纪末或前 7 世纪初,而散文文本,我们只有一些片段,它们则始于公元前 6 世纪初期到中期之间。②

除了政治发展与书写能力之外,第三个因素就是货币的发明,这是在公元前 7 世纪末或公元前 6 世纪早期的小亚细亚发生的,因此,它与米利都学派思辨的发端是相伴相随的。理查德·席福德在 2004 年的著作《货币与早期希腊的心灵》中已经有力地证明了,世界上第一个货币经济作为对抽象思想的刺激而发挥了重要作用。通常关于货币的讨论会很随意地将这一术语运用到任何被用作价值尺度的东西上,席福德则推动整个关于货币的讨论超越了这种处理方式,对于货币事实上究竟是什么,他做出了精确的界定,这是一个过于专业而不能在此复述

---

① 希腊政治生活对早期希腊思想发展的影响,尤其参见 Jean-Pierre Vernant, *The Origins of Greek Thought* (Ithaca: Cornell University Press, 1982 [1962]); Lloyd, *Magic, Reason and Experience*, 特别是第四章。希腊法律实践的影响,参 Michael Gagarin, "Greek Law and the Presocratics", in raham, Presocratic Philosophy, 19-24。他注意到,艾瑞克·海威劳克早些时候在《希腊的正义概念》(*The Greek Concept of Justice*)中已经看到了希腊法律程序的辩论特性对于希腊思想发展的重要意义。

② 书写能力在希腊思想的发展中甚是重要,艾瑞克·海威劳克是这一观点的最有力的支持者,虽然他从未忽视过口头形态的持续的重要性。尤其参见他的《柏拉图导论》与《希腊的文学革命及其文化后果》(*The Literate Revolution in Greece and Its Cultural Consequences*, Princeton: Princeton University Press, 1982)。

的讨论,但是,归根结底,货币作为一种通货被接受是建立在对发行权威的信任之上的。① 席福德赞同将爱奥尼亚的希腊人认定为货币的发明者,至于其起源的时间,他说道,"硬币从公元前 7 世纪晚期或公元前 6 世纪早期就在希腊的小亚细亚地区传播了,从大约公元前 6 世纪中期就在大陆传播了"。② 席福德通过引述米利都学派的著作,阐明了货币对希腊的抽象能力的影响,并给出了大量具体的例子,如赫拉克利特众所周知的说法:"一切转为火,火又转为一切,有如黄金换成货物,货物又换成黄金。"③货币能否像席福德所认为的那样,作为对早期希腊思想的一个刺激而扮演着主导性角色,这仍在争论之中。它是一个重要的背景因素则极可能是真的。货币是由城邦发行的,所以,它也是与经济发展相比肩的政治发展,记住这一点也很重要。

　　希腊思想日益理性化的过程中的第四个因素是由罗伯特·哈恩提出的:技术,尤其是建筑技术。④ 哈恩指出,在公元前 6 世纪前半叶的爱奥尼亚,米利都人的思想正在成形,阿那克西曼德正在尝试系统阐述宇宙结构,希腊历史上的第一批纪念性的石庙正在那里修建,这些神庙有位于与米利都相邻的迪迪马(Didyma)的阿波罗神庙,以弗所的阿尔忒弥斯(Artemis,月神和狩猎女神,阿波罗的孪生姐妹)神庙,萨摩斯的赫拉神庙。⑤ 哈恩提出,尽管修建大规模石头建筑物的很多基础技术是从埃及学来的——那时,埃及与爱奥尼亚之间的联系非常紧密,但是,希腊建筑师必须解决大量问题以满足他们自己的需要。尽管他们是在为诸神建造神圣的大型建筑物,但他们也是在单纯运用人类的理性来解决复杂的几何学与工程学问题。哈恩相信,阿那克西曼德的宇宙模式将神庙的结构,尤其是逐个堆叠起来的巨大圆鼓石所构成的大圆柱结构,用作了一种范式。我们知道阿那克西曼德认为,地球是圆柱形的,与石柱的圆鼓石一样,它的直径与高的比例是3:1,这也许暗示

① 全面的讨论,可参席福德:《货币与早期希腊的心灵》,第八章"货币的特征",147—182 页。
② 同上书,93 页。
③ 同上书,94 页。(这里采用了北京大学哲学系外国哲学教研室编译的《西方哲学原著选读》中的译文,北京:商务印书馆,1982 年,21 页)
④ Robert Hahn, *Anaximander and Architects: The Contribution of Egyptian and Greek Architecural Technologies to the Origins of Greek Philosophy* (Albany: SUNY Press, 2001).
⑤ 同上书,69 页以下。

着一个将宇宙的所有部分都连接起来的无限柱体,而地球则只是其中的一部分,柏拉图后来将其描述为一种世界之轴(*axis mundi*)。[①] 根据哈恩的诠释,阿那克西曼德的思想包含了"对超自然解释的拒斥"与"理性话语的提升",这可能是真的,但不应以此把阿那克西曼德说成是一个不成熟的"世俗主义者"。他将神庙石柱的宗教宇宙论含义用作其世界图景的范式,这表明,不论他从建筑工程师的理性反思那里学到了多少,他在很大程度上仍然生活在一个神话世界中。最后,如果书写能力和货币似乎与城邦的兴起密切相关,那么,作为城邦团结之真正象征的纪念性的神庙建筑亦复如此。[②]

上文提出来的这4个背景特征就是类似于理性反思的现象在古希腊兴起的背景,它们或多或少地都与城邦自身,与由大量独立城邦所构成的更大社会的兴起和发展有着密切关联。由于城邦社会是独特的,所以它酿造了独特的文化发展大概也就不足为奇了。在对轴心时代问题的导论性思考中,我们提出,瓦解是轴心转化的一个常见的诱因。迄今为止,我们一直将城邦社会看作大体上算是成功的。根据我们掌握的少量历史资料,事实上,在公元前6世纪的前半叶,米利都遭受了几次外侮与内乱。只是我们所知道的尚不足以说明这些困境是否与米利都人在思想上的革新有关。当我们对后来的发展进行考察时,瓦解问题会再度映入眼帘。我们仍然需要讨论宗教领域中的一些发展,但并不是所有的发展都可被包含在我们通常视为城邦宗教的范畴中。

372　　上文已经提及,作为发展中的城邦的团结中心,对奥林匹亚诸神的祭拜有着重要意义。但我们也注意到希腊宗教传统中的另一组成部分,即酒神节,它在公元前6世纪的雅典越来越重要。并不存在统一化的希腊宗教,自然也没有中心化的希腊宗教;德尔菲神庙充当着一个跨城邦的宗教中心,但是,它专注于阿波罗及其神谕,这意味着它只是代表了众多宗教祭拜、实践与虔诚中的一支而已。根据我们掌握的非常有限的记录,大量的宗教运动与/或克里斯玛人物从公元前6世纪以来

---

① 对于地球形状的论述,参 Kahn, *Anaximander*, 55-56; Hahn, *Anaximander*, 177ff.关于柏拉图的世界之轴,参《理想国》10. 616b 以下。

② 哈恩将贫乏而薄弱的证据用作根据,他认为,纪念性的爱奥尼亚神庙本来是象征寡头或僭主政府的,只是在无意中成为了整个共同体之团结的象征。我认为这个论点是不可靠的。

就陆陆续续出现了,遍及整个希腊世界。毕达哥拉斯及其追随者在西西里和意大利南部开展的运动得到的记载是最多的,但也不是那么齐全。① 毕达哥拉斯是一个隐晦不明的人物,没有著作流传于世,他出生在爱奥尼亚,可能知道米利都学派的思想,但他移居至西西里,在那里开创了一场既是宗教的又是政治的运动。② 虽然他的追随者在几个城市中谋求政治支配,但是至少对新成员而言,他的教导是秘传的,关注的也是个人的宗教需求。

神秘宗教——其中,最广为人知的是在临近雅典的艾留西斯(Eleusis)那里对得墨忒尔女神(Demeter)的祭拜——也关注个人的宗教福祉("拯救"可能是一个过于强烈的词)。我们只能吃力地识别出这些宗教潮流,对发展中的智慧传统而言,它们是另一个重要的影响,可能会让我们吃惊的是,这是一种与理性的发展相重叠的影响。赫拉克利特与巴门尼德思想的一些方面已被追溯至"神秘"宗教的影响。萨满一样的人(Shaman-like)常常被描述为拥有魔力,他们至少可追溯至梭伦时代(公元前 6 世纪早期)的埃庇米尼得斯(Epimenides)、一代或两代人之后的毕达哥拉斯以及后来的恩培多克勒与苏格拉底。恩培多克勒生活于公元前 5 世纪中叶,对希腊的思辨作出了重要贡献,但是据称他身着夸张的服饰,自命是神圣的。如果看看《会饮篇》中阿尔基比亚德(Alcibiades)所描述的苏格拉底,我们会发现,一个人可以站立着忘我地沉浸在沉思中达 24 个小时,可以赤脚舒适地走在冰上,而他的战友穿着鞋子也步履蹒跚,他还可以不受酒的诱惑,可以不需要睡眠。

这些宗教潮流与迈克尔·摩根所谓的"德尔菲神学"(Delphic theology)之间的主要差异在于,德尔菲神学强调神与人、有死与不朽(德

---

① 卡恩:《毕达哥拉斯与毕达哥拉斯学派简史》(*Pythagoras and the Pythagoreans: A Brief History*, Indianapolis:Hackett, 2000),该书吸收了,并在某种程度上改进了关于毕达哥拉斯主义的基础性研究,即沃尔特·柏克尔特的《古典毕达哥拉斯主义的知识与科学》(*Lore and Science in Ancient Pythagoreanism*, Cambridge, Mass.:Harvard University Press, 1972[1962])。

② 卡恩推测,由于缺少相反的确定性资料,所以那种对宇宙的基本的毕达哥拉斯数学式的理解很可能出自毕达哥拉斯本人。他写道,"宇宙的和谐是以数的比率来表现的,并可想象为天体谐音(astral music),这种观念是那些天才的理念之一,它多少个世纪以来都始终有着惊人的成效"。卡恩推断:由于没有任何毕达哥拉斯主义者可企及他的高度,因此,有充分的理由将这一理念追溯至毕达哥拉斯本人,参《毕达哥拉斯》,38 页。

尔菲箴言"认识你自己"是一个警告,要人们记住自己是人类,想与神竞争是傲慢的)之间的天壤之别,而神秘宗教由于强调迷狂仪轨、附身膜拜(possession cults)与入会仪式而将神人之间的界限看作可渗透的,并将神化看作人的一种可能性。① 如果我们看看《斐多篇》《会饮篇》和《斐德罗篇》,就很可能会认为柏拉图属于后一阵营。

上文已经注意到,米利都学派或忽略或接受了奥林匹亚诸神的存在,但均未批判这些神祇。然而,他们可能稍稍但隐晦地参考了他们的前辈来建构自己的宇宙生成论这一事实,以及他们可随意地对甚至是自己老师的观点进行大幅度修改这一事实,却透露了有关希腊思想界的一些重要信息。在一本比较古希腊与古中国科学的书中,G. E. R. 劳埃德指出,"对〔希腊〕古典时期的作家而言,伟大的权威人物令人震惊地**缺乏**",他将"有名的好辩的希腊人"与"不那么有名的平和的中国人"进行了对比,后者通常会为他们的主张寻找古代权威。② G. E. R. 劳埃德指出,甚至在希腊化时期,当依托于创始人及其文本的各个学派在希腊形成的时候,学派内部的争论强度,也就是学派后来的领袖批评其创始人并形成新的不同学派这种倾向,以及个体从一个学派转向另一个学派的倾向,并没有在中国出现,虽然在那里也可以发现各种形式的争论与辩驳。

作为每一个受过教育的希腊人首先要学习的文本,《荷马史诗》从未失去它对希腊心灵的吸引力。对其诗歌进行讽喻式的解释,以使它们符合于后来的思想,这样的尝试开始之早足让人吃惊,但是,甚至在那些公开批评荷马的作家那里(例如,《理想国》中的柏拉图),荷马的影响也更多地是作为一种潜文本(subtext)而不是作为外在权威。如果人们想到以色列,则希腊人也与它形成了鲜明的对比。我们可以认为,作为假设结果中的一种思想实验,宙斯与正义(*dike*)之间的紧密联系

① Michael L. Morgan, *Platonic Peity: Philosophy and Ritual in Fourth- Century Athens* (New Haven: Yale University Press, 1990), 15. 值得记住的是,至少在雅典,酒神宗教通过城市酒神节与悲剧的表演而被整合到了城邦宗教当中,后者并不完全就是摩根意义上的德尔菲宗教。在艾留西斯的祭拜也是雅典人生活的重要部分。祭拜的入会仪式向任何肯支付费用的说希腊语者开放,但雅典将这种祭拜当作是自身超拔于诸城邦的一种装饰。

② G. E. R. Lloyd, *Adversaries and Authorities: Investigations into Ancient Greek and Chinese Science* (Cambridge: Cambridge University Press, 1996), 21, 24. 黑体是原文所有。

在荷马那里投石问路似地发端,在赫西俄德那里变得非常明晰,也非常核心,在梭伦那里被有力地运用到他即时的情境中,在埃斯库罗斯的悲剧中则再次得到重申。尽管对我们所说的前苏格拉底哲学家而言,对正义的关注仍然有核心意义,但是,它与宙斯之间的联系却急剧地松弛了。在以色列那里,我们看到,耶和华逐渐从其他神之外的一个神,哪怕是最大的神,转变为唯一的真神。宙斯从未经历这种命运,即便这种可能性从未完全消失:公元前 3 世纪的斯多亚主义者克莱安塞(Cleanthes)的《宙斯颂》(*Hymn to Zeus*)可以为证。①

塞诺芬尼在 25 岁的时候,可能是公元前 545 年波斯征服了他的出生地科勒丰(位于爱奥尼亚)之后,离开了那里,在西西里和意大利南部的不同城市生活了几十年,他是我们知道的第一个公开批评奥林匹亚诸神的人物。他写下诗歌,在旅行所至的各个城市的公众场合朗诵,他是一个"真正的 *sophistes* 或贤者,准备将自己的理智用到几乎任何问题之上"。② 他的重要性主要在于这一事实,即他从米利都学派的思辨中引申出米利都人自己都没有得出的一个结论,即关于奥林匹亚诸神的传统观点是错误的:"荷马与赫西俄德赋予了诸神一切在凡人中是羞耻和污辱的品质,偷窃、通奸、相互欺骗。"③被归诸诸神的"不得体的"东西不单单是他们的行动,甚至也有他们的外观,似乎诸神是被生出来的,而且就像有死之人一样有着衣物、言语与身体。塞诺芬尼以一种文化相对主义的论点对神人同形同性论发起了进攻:"埃塞俄比亚人说他们的神是塌鼻子,黑肤色的,色雷斯人说他们的神有着蓝色的眼睛和红色的头发。"他甚至断言,如果马和牛会画画的话,它们的神看起来将会像马和牛。④

---

① 对这首赞美诗的翻译,见 A. A. Long and D. N. Sedley, *The Hellenistic Philosophers*, vol. 1 (Cambridge: Cambridge University Press, 1987), 326-327。对克莱安塞而言,宙斯虽然是"全能的",是"自然的能动者",但也只是"不朽者当中最高贵的",克莱安塞对宙斯的虔诚并未成为后来的斯多亚主义者们的中心。

② Kirk, Raven and Schofield, *The Presocratic Philosophers*, 168. 对塞诺芬尼的令人钦佩的研究,亦可参 Werner Jaeger, *The Theology of the Early Greek Philosophers* (Oxford: Oxford University Press, 1947), 38-54。

③ Kirk, Raven and Schofield, *The Presocratic Philosophers*, 168.

④ Ibid., 169.

塞诺芬尼阐发了一种肯定神学(positive theology),这也许是从米利都学派的学说中推导出来的:

> 一个神,诸神与人之中最伟大的神,与有死之人在身体或思想上无任何相似之处。
>
> 他总是在同一地点,绝不移动;在不同的时间去不同的地方也是与他绝不匹配的,但他毫不费力地以其心灵的思想来动摇万物。
>
> 他看到一切,想到一切,听到一切。[1]

在此,对于卡恩在阿那克西曼德那里发现的隐而不显的希腊宇宙神(Cosmic God),我们发现了一种详细的阐述,但是,"诸神与人之中最伟大的那一个"还不是唯一神。塞诺芬尼充分意识到了,荷马是"所有人从一开始就学习"的人,因此,他对荷马的批判确实是有倾向性的。[2]至少在那些受过教育的人中,荷马的诸神虽然尚未被拒绝,却再也不会是完全确定无疑的了。

赫拉克利特与巴门尼德

塞诺芬尼之后的下一代,两个最重要也最具原创性的思想家是赫拉克利特与巴门尼德,他们基本上生活于同一时期,即公元前6世纪末5世纪初,一个是在爱奥尼亚的以弗所,另一个则是在意大利的埃里亚(Elea),他们很可能彼此不知道对方的著作。我们可以将塞诺芬尼视为只是将他的米利都前辈的隐含之意开发了出来而已,但是,与他不同,赫拉克利特与巴门尼德均致力于将继承下来的诗的语言转变为可超越叙事,从而洞察关于自我、社会与宇宙的永恒真理的语言。虽然表面看来,两位思想家似乎是全然不同的,因为赫拉克利特相信,宇宙的终极真理就是持续的变化,而巴门尼德则相信,它应当是不动亦不变的存在,但是,他们都力图去描述一种与表象(appearance)不同的实在,这一事实使得二人在一些人眼里成为理性或理论的共同奠基者,并因

375

---

[1] Kirk, Raven and Schofield, *The Presocratic Philosophers*, 169-170.

[2] Jaeger, *Theology*, 42.

此成为轴心转化中的中枢角色。①

关于赫拉克利特,我们能看到的是其"著作"的残篇,该著作在古代的很多世纪里都为人所知,但它肯定是一个小小的格言集,我们现有的大概只是其中保存下来的三分之一到一半。他是尼采最钟情的希腊思想家,考虑到赫拉克利特对于悖论和冲突的强调,我们不难想见原因何在。② 他以散文来写作,但他的格言有着雅各布森的一行诗的力量。它们发掘了人、社会和宇宙的深度以及相互之间深刻而又相互冲突的关系,然而,它们并不是由连续的逻辑推理构成的。③

海威劳克强调,赫拉克利特,更确切地说,一般意义上的前苏格拉底哲学,都仍然生活在主要还是口头文化的氛围中:赫拉克利特提到的是听与说,而不是读与写。海威劳克说,尽管格言与诗歌同样古老,但是,赫拉克利特之凝练的言述的复杂性可能并不像短长格的六音步诗——如果它们是以这种诗写成的话——那样容易记诵,虽然它们常常很有节奏而几近于诗,并且运用了重复、谐音、对偶和对称的手法。④

----

① 赫拉克利特与巴门尼德实质上是殊途同归,关于这一论点,尤其参见 Alexander Nehamas, "Parmenidean Being / Heraclitean Fire", in Caston and Graham, *Presocratic Philosophy*, 45-64。黑格尔对这二人有着有趣的看法,他说巴门尼德"开始了真正的哲学思想。一个人使得他自己从一切表象和意见中解放出来,否认它们有任何真理,并且宣称,只有必然性,只有'有'才是真的东西。这种起始诚然还朦胧不明确,它里面所包含的尚不能加以进一步的说明;但把这点加以说明恰好就是哲学发展的本身,这种发展在这里还没有出现"。对于赫拉克利特,他写道,"这是必然的进步,这也就是赫拉克利特所作出的进步。'有'是'一',是'第一者';'第二者'是'变'——赫拉克利特进到了'变'这个范畴,这是第一个具体者,是统一对立者在自身中的'绝对'。因此,在赫拉克利特那里,哲学理念第一次以它的思辨形式出现了……这里我们看见了陆地,没有一个赫拉克利特的命题,我没有纳入到我的逻辑学中"。见 G. W. F. Hegel, *Lectures on the History of Philosophy*, vol. 1, trans. E. S. Haldane and Frances H. Simson (Atlantic Highlands, N.J.: Humanities Press, 1974), 254, 279。黑格尔并没有主张赫拉克利特是晚于巴门尼德的;他在二人之间建立的关联是逻辑学上的,而非年代上的。

② 尼采:《希腊悲剧时代的哲学》(*Philosophy in the Tragic Age of the Greeks*, trans. Marianne Cowan, Chicago, Rognery, 1962), 50 页以下。这本书尼采生前尚未完成;他的笔记和片断是在去世后出版的。

③ 查尔斯·卡恩在《赫拉克利特的艺术与思想:残篇及翻译与注释集》(*The Art and Thought of Heraclitus: An Edition of the Fragments With Translation and Commentary*, Cambridge: Cambridge University Press, 1979)中提供了一个出色的介绍。由于其言述具有谜一样的风格要求,如果人们想搞清它们的含义,就要有一种非常主动的回应,所以赫拉克利特似乎要让他的读者不止于阅读他说了什么,还要去"表演"它。

④ Havelock, *Literate and Revolution*, 204-206.

赫拉克利特重复使用了特定的关键词,但赋之以不常见的含义,例如,
logos(其含义从"语言",到"普遍的宇宙秩序",不一而足),智慧(*to sophon*),甚至是像"战争"与"火"这样浅显平常的词汇。海威劳克说道:"在总数约为130条的语录中,大概有不少于44条,或不少于34%,都专注于这种必要性,即找到一种新的、更好的语言,或一种新的、更为准确的体验模式,要么就是沉迷于否认当前的沟通方法与当前的体验。"①然而,海威劳克也认为,赫拉克利特为"第一批哲学散文的成就提供了原型与先声"。②

卡恩认为,赫拉克利特以一种文学艺术来表达其深刻的哲学,这对理解他的意蕴是很必要的。当卡恩持有这样的看法时,也就深化了海威劳克的论点。并不是赫拉克利特那里没有"推论"——卡恩提醒我们,自柏拉图到现在,赫氏一直被郑重其事地看作一位思想家——而是他的思想同时要求文学与逻辑的诠释,如果我们想尽量搞清它的含义的话。③

这里没有篇幅来讨论任何像是对赫拉克利特学说的充分阐释这样的东西,我将仅仅提及与我们所称的宗教维度有关的那些面向,虽然这对赫拉克利特而言也是中心面向。就像在他的"智慧只在于一件事,就是认识那善于驾驭一切的思想"④这一说法中那样,"智慧"(*to sophon*)理念是一个中心理念。莱因哈特说:"赫拉克利特的原理,也就是在他这里与阿那克西曼德的'无限者'(*apeiron*)和巴门尼德的'存在'对应着的东西,不是火而是智慧(*to sophon*)。"⑤卡恩认为莱因哈特的这一说法是对的,对他加以引证。在一个地方,赫拉克利特戏谑地对待将宙斯视为中心的可能性:"智慧别无他物,就是愿意又不愿意以宙

---

① Havelock, *Literate and Revolution*, 245.

② Ibid., 246.不论是因为他认为阿那克西曼德尚未撰写哲学散文,还是因为我们现有的、被归到后者名下的散文只有一句话,总之,海威劳克未将此荣誉授予阿那克西曼德。

③ Kahn, *Art and Thought*, 88-89.

④ Heraclitus, D. 41, in Kahn, *Art and Thought*, 55.(这里的译文引自《西方哲学原著选读》,26 页)

⑤ Ibid., 172.

斯的名义而被谈及。"①但是在此,我们必须小心,因为专家之间少有共识,赫拉克利特使用的语词有很多似乎都指向了终极实在:逻各斯,火,战争("万有之父"),神(theos),但所有这些语词或许都可归入到"对立的统一"(unity in opposites)的理念中去。根据赫拉克利特,对立双方相互需要,但相互之间也需要斗争,昼与夜,同一条山路可上山,亦可下山,海对于一些事物(鱼)是养育性的,对其他事物(人)则是致命的,诸如此类,因此在这些对我们来说可能很奇怪的实例中,冲突和统一是相互寓涵的。赫拉克利特试图既坚持贯乎一切事物中的永恒变化,又坚持它们之间的终极统一("一切是一";D. 50)。

在对赫拉克利特思想的有价值的概述中,爱德华·赫西帮助我们搞清楚了几个层次:"所以,我们必须将智慧[to sophon,我们就是以它开始对赫拉克利特思想的讨论的]作为某种既超乎宇宙对立面和宇宙统一体,又与它们相分离,却又同时在宇宙之神(cosmic god)和个体灵魂中显示自身的东西。"②赫拉克利特相信,真理(logos)对一切人是相同的,可为一切人所得,是神与人共有之物,但是,你必须保持清醒来理解它,而大多数人"未曾意识到他们在清醒时做了什么,正如他们忘却了在睡梦中做了什么"。③ 正如其他地方所示,人们有眼而不看,有耳而不听。就像赫拉克利特所言:"由于不理解,他们听到了,却像聋子:在场的时候,却像是不在。"④然而,我们清醒过来、本真地听的可能性仍然存在,不然赫拉克利特为何还写了一本书出来呢?当我们与赫拉克利特一样处在神话思辨正在向哲学转变的风口浪尖时,我们是不是唯有这么做:要么必然看到理性之光,要么像在神秘宗教里那样,必然从死亡中觉醒过来?也许二者均有可能。

377

---

① Heraclitus, D. 32, in Kahn, *Art and Thought*, 83. 赫拉克利特用爱奥尼亚方言说了句双关语,所以,"宙斯的名义"可同时意味着"生命的名义"(267 页)。

② Edward Hussey, "Heraclitus", in *The Cambridge Companion to Early Greek Philosophy*, ed. A. A. Long(Cambridge: Cambridege University Press, 1999), 88-112;引文出自 108 页。

③ Heraclitus, D. 1, in Kahn, *Art and Thought*, 29. 安东尼·朗(Anthony Long)认为,logos——他没有翻译这个词——可能是赫拉克利特的关键词。朗也注意到赫拉克利特思想中两个重要的创新之处:"赫拉克利特是最早假定了一个永恒世界的希腊思想家,也是最早将 kosmos(意为一种完美的结构)一词用到宇宙上的思想家。"参 A. A. Long, "Heraclitus", in *Routledge Encyclopedia of Philosophy*, vol. 4(New York: Routledge, 1998), 368。

④ Heraclitus, D. 34, in Kahn, *Art and Thought*, 29.

关于巴门尼德,我们发现了一些不同的东西。乍看之下,他似乎与早先的前苏格拉底哲学同属于神话思辨领域;他以诗歌写作,具体而言,就是短长格的六音步诗,他的一首流传下来的诗(在那些早期思想家的作品中,这是我们看到的流传最广的作品之一)以叙述升天并见到一位无名女神为序诗,该女神向年轻人(*kouros*)——他可能就代表了巴门尼德——揭示了真理之路(Way of Truth)与意见之路(Way of Opinion)。意见之路事实上是一种与其先辈学说并无显著差异的宇宙生成论。但是,真理之路则在希腊思想史中引进了气象一新的东西。女神告诉巴门尼德,只有两种求索之路,其中一种是可信的,另一种则不是。沃格林是这样翻译的,"一条道路就是:存在者存在,它不可能不存在。这是确信的途径,因为它遵循真理"。① 对沃格林来说,"存在!"的揭示只有经历某种对超验的体验才能达到。他认为,将这段话翻译为"它存在"(It is),或者"存在者存在"(Being is),会丢失对"存在!"(Is)的神妙领悟(ecstatic apprehension),而巴门尼德起初甚至犹豫要不要称之为"存在"(Being)。他写道:

> 通过努斯(Nous[mind])来把握的东西不能通过话语对象的方式来把握。在向着光前进的路上,顶点就是对至高实在的体验,它只能在惊叹的"存在!"(Is)中获得表达。当哲学家面对这一不可抗拒的实在时,"不存在"(Not Is)对他已经变得毫无意义了。随着"存在!"的惊叹,我们已经最接近于巴门尼德体验的核心了。陈述句"存在者存在"(Being is),"不存在者不能存在"(Nothing cannot be)已经是"拙劣"的限定了。②

同样,对尼采而言,巴门尼德的发现很是突然,但他与沃格林的理解截然不同,也就是说,这一发现不是一种神妙的体验,而是一种逻辑的揭示:

> 不存在的能存在吗? 由于我们唯一直接而绝对信任的知识形式就是重言式 A = A,拒绝它就无异于疯狂……因此,[巴门尼德]已经发现了一种原理,它是通往宇宙奥秘的钥匙,远离所有的人类

---

① Voegelin, *The World of the Polis*, 209.

② Ibid., 211.

幻象。现在,抓住了关于存在的重言式真理这一沉稳而令人敬畏的手,他能往下攀爬,进入一切的深处。①

沃格林与尼采都承认,巴门尼德并没有(尼采会说"不能")将被揭示为真理之路的存在与任何世间的经验连接起来。沃格林认为,巴门尼德为证明存在者存在(Being is)而不存在者不存在(Not Being is not)而提出的逻辑推理,只是对无法转化为经验性语言的超验体验的捍卫。对尼采而言,这是一种创造了纯粹存在(pure Being)之领域的努力,该领域在逻辑上是绝对连贯的,却完全是死亡的,没有任何东西能够从中而产生出来。在某种意义上,他们只是概括了从巴门尼德之最早的后继人到当前人们理解巴门尼德的不同方式。但是我认为,他们都会同意,巴门尼德已经发表了古希腊第一个扩展的、严密的逻辑推理的实例,他们也会同意,他所有的后来者都不得不面对它,要么将它作为通往真理的绝对路径而接受——甚至是在坚持巴门尼德的论证就有瑕疵的时候也是如此——要么像晚期柏拉图所做的那样,将逻辑推理只确定为只是通向真理的路径之一。②

---

① Nietzsche, *Philosophy in the Tragic Age*, 77. 根据尼采的描述,巴门尼德发现"存在"的这一生命"时刻"不仅是他自己一生,也是早期希腊思想史的转折点:"也许在他年事甚高时,巴门尼德曾经有一个时刻,陷入了最纯粹、不被任何现实所污染、完全没有血肉的抽象。在古希腊那两个世纪的悲剧时代中,没有一个时刻像这一时刻那样更具有非希腊的性质,它的产品是关于存在(Being)的学说。这个时刻成为了他本人的分界石,把他分成了两个时期。然而,这一时刻同时也把前苏格拉底思想分成了两半,前一半可以称作阿那克西曼德时期,后一半可以直接称作巴门尼德时期。"(69 页)(译文出自中文版的《希腊悲剧时代的哲学》,周国平译,北京:商务印书馆,1994 年,59—60、51—52 页,根据贝拉所引英文略有改动。可以看出,贝拉正文中的引文中是"是",注释的引文中则是"存在")

② 人们有着广泛的共识,即巴门尼德代表了希腊思想中的一个重大突破。在皮埃尔·维达尔-纳奎特(Pierre Vidal-Naquet)所撰的前言中,德蒂安的《古希腊真理的大师》被描述为"巴门尼德之诗的史前史"(8 页)。德蒂安指出,巴门尼德诗歌的整个布局"回溯了占卜者、诗人、星象家的看法";他的诗歌形式从赫西俄德那里受益良多;序诗则"诉诸教派与兄弟会(brotherhoods)的宗教词汇"。但这之后,德蒂安坚持,尽管如此,它代表着某种非常新颖的东西:"巴门尼德的真理(Aletheia)是由一个以某种方式与真理的主人相联系的人宣布出来的真理,它也是古希腊第一种向理性质疑开放的真理。这是第一个版本的客观真理,是一种在对话中并通过对话而得以确立的真理。"(130—134 页)劳埃德在《魔法、理性与经验》中描述了这种新的真理是什么:由于其"推理之严密的演绎形式",它是"革命性的"(70 页)。但是,他同样指出,"我们可能会宽泛地称之为经验性的方法和证据不仅仅是没有被使用:它们被排除了"(71 页)。

就算丝毫没有低估巴门尼德的逻辑成就,也仍然值得注意到,他至少还有一只脚逗留在古老的神话世界中。亚历山大·莫雷拉托斯虽然强烈意识到了巴门尼德论证的哲学关联性,却还是提醒我们,巴门尼德的诗歌有丰富的诗意,也经常有《荷马史诗》的回声,尤其还有从《奥德修斯》中信手拈来的语言和意象,这些被巴门尼德用来表述自己的哲学观点。正如卡恩研究赫拉克利特的著作一样,莫雷拉托斯研究巴门尼德的著作也展现出,文学分析能够充分地补充哲学分析,帮助我们理解文本在说些什么。他著作的题目《巴门尼德的路线》已表明了他研究路径的性质。他称为"路线"(route)的事物,其他人也翻译为"路径"(path)或"道路"(way),但莫雷拉托斯要唤起我们注意的是这一事实,即在诗歌的序诗中,当年轻人进行升天之旅时,如同奥德修斯一样,他也随着女神指引的路线,这一路线将导引他到"家园",也就是到最后的终点,即真理,但也有着遵从错误路线的危险——它根本算不上是路线,只是无休无止的徘徊(意见或表象之路)。莫雷拉托斯证明,巴门尼德对于史诗材料的运用贯穿全诗,这"有着赋予其论证以诗的力量的修辞学效果",例如,对隐喻的运用。他也提出了一个不仅可适用于巴门尼德,亦可适用于一般哲学的普遍观点:"但是,无须抹杀巴门尼德在诗歌艺术上的成功与他作为哲学家的成功之间的关联。正如现代文学批评告诉我们的那样,大量诗歌艺术——所有时代皆然——在如下的意义上与哲学分析有着共同的基础:在这两种运思路向中,我们发现,隐微的描写、灵氛、暗示性与语词的多重含义几乎都在微观水平上被给予了密切的注意。"①

我们可稍稍驻足于此,只看看莫雷拉托斯富有启发性的分析中的一小部分。他指出,巴门尼德在谈到控制着"存在"(what-is)的同一性与连贯性的神时,说神有四个面向:*Anangke*(约束),*Moira*(命运),*Dike*(正义),与*Peitho*(说服),但是,与年轻人对话的女神"本身就是说服之神"。说服依靠的是"忠诚的纽带",即*psitis*,也就是信任。说服之神的隐喻表示的是,存在的正当性(rightness)"被内化了:一种自主的

---

① Alexander Mourelatos, *The Route of Parmenides: A Study of Word, Image and Argumentin the Fragments* (New Haven: Yale University Press, 1970), 36-37.

必然性",但是,信任尽管是相互的,却并非平等的,因为信任正是来自"实在"(the what-is),而且正如柏拉图后来所表达的那样,它几乎是以爱,即 *eros* 的力量将我们拉向实在。① 在一个更深的层面上,莫雷拉托斯提出,我们是出于本性而适应于所是的存在者,因此,我们的思想真正是"关于,由于,并为了存在的",但是,在大多数时间里,我们都迷失在不存在(what-is-not)中,我们失去了真实的路线或道路,我们没有看到内心最深处的本性所看到的东西。② 在自己的道路上,巴门尼德与赫拉克利特同样孤独,因为他试着举起灯,却没有找到多少看到的人。莫雷拉托斯提醒我们,影像与隐喻并非坚持自身的苛刻逻辑的本体论,但是,它们指向了它的真实面向。尼采认为,存在是一个僵死的抽象,是一个纯粹的重言式,他的这一见解似乎与真相相距甚远,也许是他自己漫游于不存在之路上的一个症状。

无论如何,如果我们要寻找理论在古希腊发源之地,那么这里似乎就是了,它甚至比赫拉克利特那里要更清晰可见。巴门尼德不仅给出了一种关于真理的理论,也界定了可导向真理的推理形式——他在思想着思想,他在给出一种找到真理的方法(从词源上来讲,"方法"与 *hodos* 相关,而 *hodos* 在希腊语中表示路径或道路)。这是轴心突破吗?巴门尼德诗歌的神秘性,对于神话意象、神圣启示与理性推理的综合,以及它缺乏"存在!"与我们生存的世界之间的任何联系,这些似乎都限制了它的轴心蕴涵。然而,我们可以确定一点:即使我们不得不将轴心突破的完成保留给柏拉图与亚里士多德的著作,巴门尼德已经为轴心突破提供了不可或缺的工具。

即便"哲学"一词相对较晚,并且由于我们对理论的强调,我们可能倾向于将巴门尼德视为古希腊第一位真正的哲学家,但必须牢记:从对智慧的一种实践性/表演性(practive/performative)理解到至少从柏拉图以来所说的哲学这一转变是渐进的,而且希腊哲学本身甚至在其最自觉的理论家亚里士多德那里都从未丢弃实践性/表演性的一面。

① Alexander Mourelatos, *The Route of Parmenides: A Study of Word, Image and Argumentin the Fragments* (New Haven: Yale University Press, 1970), 160-161.
② Ibid., 177.

如迈克尔·弗莱德所说的那样:

> 如果由于我们专注于追求对世界的理论理解,而没有看到那些致力于这一追求的人们感到自己投入的是一种在更为宽泛的意义上得到理解的智慧——这种智慧至少有着强烈的实践因素——那么,我们将会发现,很难将苏格拉底会如何看待自己,又如何被他人看待这些问题理解为可追溯至米利都人的传统的一部分……从苏格拉底起,哲学是由对好的生活的关心而激发的,在此意义上,所有古代的哲学家都将哲学看作实践性的,也将它看作与这一实践关怀相关的,即人们如何真实地生活,如何真实地感受事物。①

危机与瓦解

如果塞诺芬尼、赫拉克利特与巴门尼德可被看作对米利都的宇宙生成论者的回应,那么,他们反过来也刺激了公元前5世纪下半叶的一系列日益广泛的回应。尤其是巴门尼德,他引导了一些人进一步阐述他自己的立场,也引导了另外一些人试着以一种同样严谨的逻辑来协调存在与变化,就像他曾经很严谨地否认过这种可能性一样。在此,我们无暇描述发生了什么,而只能说推理本身的出现使得真正的推理形式能够以多种方式得到运用,在其中,并不是所有的方式都像在那些先行者那里一样根植于一种道德本体论。巴门尼德甚至也被戏仿,正如著名的智者高尔吉亚在《论非存在》中所持的看法:"对于任何你想提到的东西:(1)要么,它什么也不是,(2)要么,即使它是某物,却是不可

---

① Michael Frede, "The Philosopher", in *Greek Thought: A Guide to Classical Knowledge*, ed. Jacques Brunschwig and Geoffrey E. R. Lloyd (Cambrideg, Mass.: Harvard University Press, 2000), 8, 10. 弗莱德在对迈克尔·弗莱德与吉塞拉·斯特赖克(Gisela Striker)所编的《希腊思想中的理性》(*Rationality in Greek Thought*, Oxford: Oxford University Press, 1996)一书的介绍中,进一步阐述了他对古典理性观与现代理性观之间差异的概括,1—28页。关于古典思想的"实践"面向,参 Pierre Hadot, *Philosophy as a Way of Life: Spiritual Exercises from Scorates to Foucault*, ed. Arnold Davidson, trans. Micheal Chase(Oxford: Blackwell, 1995)。

知的,或者(3)即使它是可知的,却不能向他人显明。"①

　　回顾过去,在柏拉图的影响之下,我们倾向于将哲学家与智者区分开来,但是,那个时代并没有做出这样的区分。智慧之人(the wise)与技艺娴熟之人(the skilled)均以同一词汇来表示。在希腊,通常情况下,最习以为常的目标就是驳倒他人,并显示自己是真正有智慧的。但是,在公元前 5 世纪末叶的雅典,出现了一种与日俱增的对瓦解的感受,这种感受甚至在正常情况下都从未远离希腊人常常悲观的心灵,但在旷日持久的伯罗奔尼撒战争的形势下,它已经变得过于真实了。如我们所看到的那样,古希腊是一个十分讲究正统实践(orthopraxy),亦即一种正确的行动方式,而不怎么讲究正统教义(orthodoxy)的世界。在痛苦又似乎无止尽的战争状态中,人们很难求助于《伊里亚特》。因此,一切都可受到质疑这样一种意识不仅仅影响了自诩智慧的人,也影响了像欧里庇得斯这样的悲剧作家,以及像修昔底德这样的历史学家。战争期间,当瘟疫肆虐雅典的时候,失范(anomia),即无法的状态(lawlessness),使得正常的生活在这一时期几乎就是不可能的,对于这样的失范状态,修昔底德评价道:"对神的畏惧以及对人法的畏惧已不再有约束力了。关于诸神,当人们看到好人和坏人都没有分别地死去的时候,是否崇拜诸神也就彼此无二了。至于说触犯人法,都没有人奢望能活到正义降临那一天。"②

　　费尔南达·凯兹描述了智者对这一局势的一种回应,也就是安提丰(Antiphon)的回应。这些我们称之为智者的人将诸如巴门尼德这样的思想家的成果不是运用到终极实在问题上,而是运用于人类日常生活,他们有时候会断言,nomos,即支配着日常生活的道德准则与法典,从一个地方到另一个地方之间的差异是如此之大,以至于它不可能与physis,也就是与自然相一致。确实,既存的道德法典可能与自然相背离。正如凯兹所说的那样:

---

① Paul Woodruff, "Rhetoric and Reletivism: Protagoras and Gorgias", in Long, *Early Greek Philosophy*, 305.

② Fernanda Decleva Caizzi, "Protagoras and Antiphon: Sophistc Debates on Justice", in Long, *Early Greek Philosophy*, 322.

安提丰的很多观点似乎都反映了雅典的社会生活经验,这可以从他强调雅典的法则不足以应对个体需要这种立场略窥一二,也可以从每个人都有目共睹的证据那里得到确证。在生与死方面,诉诸自然成为判定优劣的唯一标准;一方面,是有用与快乐之间的联系,另一方面,则是有害与痛苦之间的联系;人们看到的是:即使他们遵从法律,法律也无法保护个体,更别提他们还是无辜的这一方;援引法庭的程序与说服的程序要比真假是非本身有力得多——这一切都必然包含着一种基本上是自我中心与自我保护的道德,它通过指出正义与法律的缺陷而娴熟自如地将自身正当化,从而赋予人们安全感。①

382　尽管柏拉图从未提及安提丰,但是,我们或许可以在诸如色拉叙马霍斯与卡里克利斯这样的人物背后看到他,二人都相信,正义就是强者的法则,传统规范不应约束他们。

　　公元前 5 世纪的最后几十年里,在雅典天崩地解的形势下,如果事实已真的到了如斯境地,那我们也不应该忽视——柏拉图并未忽视——较早的、有影响的智者从未认可这种非道德(amoralist)的观点,即使他们的文化相对主义已经打开了面向这种观点的大门。确实,至少从黑格尔开始,就一直有人同心合力地去恢复智者的名誉,甚至力主他们是一种延续至今的教育形式的开创者,也是文化观念的发明者——既是在共同文化的意义上,也是在高级文化的意义上。公元前 6 世纪末叶与公元前 5 世纪早期的思辨思想,虽然从未取代诗歌传统和人民当中的大众宗教,却的确在精英当中创造了新的需要,尤其是在民主的城邦中,在这里,古老的贵族教育已经行不通了。雅典没有,任何其他的民主城邦也没有自觉地开创一种适应其需要的公民教育。但是,根据在这些问题上的宿学维尔纳·耶格尔的看法,正是智者提供了当时缺少的东西,以一种理性的、逻辑的,首先是修辞的教育取代了过去的诗的教育。耶格尔用希腊语中的 *Paideia* 作为其三卷本巨著的题目,这个词被不同地译为"教育""文化",甚至"文明化"。他将智者作

---

① Fernanda Decleva Caizzi, "Protagoras and Antiphon: Sophistc Debates on Justice", in Long, *Early Greek Philosophy*, 324-325.

为第一批在"文化"——这是一个我们现在仍然不可或缺的观念——的意义上使用 *Paideia* 一词的人而赋予他们显赫的地位。① 耶格尔还将智者视为三艺的发明者,三艺也就是后来的七艺的前三项,它以语言为中心,也就是以语法、辩证法(逻辑)与修辞为中心,通常也会加上数学。②

在一个自治的城市里,演说对于任何意图跻身领导层的人都是必要的。智者作为教师而提供的服务尤其为那些想当众富有说服力地讲话的人们所需要,因此,智者们尽管并没有忽略其他学科,但他们教的首先就是修辞学。不止是在柏拉图的心里,而且也在公众的看法里,正是修辞学使得智者变得可疑。一个人不是可以用修辞学使较坏的理由显得较好吗?亚里士多德将会把修辞学从柏拉图对它的放逐中(尽管柏拉图就是一个伟大的修辞学家)拯救出来,修辞学不仅将成为古代的所有教育的核心,而且直至 19 世纪的西方仍然如此。

不论是对于传统的信仰,还是对于前苏格拉底哲学的宇宙神学,智者的看法都是很复杂的。他们当中的一些人有可能是无神论者,但整体而言,他们更愿意避免对宗教问题作出判断。所以,他们在希腊第一次促成了文化的初步"世俗化",但也为盛行的怀疑提出了另一个问题。他们可被看作是对一般意义上的文化,特别是对宗教进行各种心理学、社会学和人类学解读的先行者,他们的这些解读主要是根据文化与宗教的功用来提出的。而这些解读在这些领域中的进一步发展要留待 19 世纪了,在那时,世俗化再度被提到了议程表上。③

一些人想将智者们塑造为英雄,塑造为民主制度与自由主义的捍卫者,与据说是柏拉图的反动见解相对立,而柏拉图确实在以普罗泰戈

---

① Wener Jaeger, *Paideia: The Ideals of Greek Culture* (Oxford: Oxford University Press, 1945), esp. vol1, bk. 2, "The Sophists," 286-381. 亦可参黑格尔《哲学史》第 1 卷第 355 页:"的确,智者们就是希腊的教师,通过他们,文化才开始在希腊出现,他们代替了从前的公众教师,即诗人和史诗朗诵者。"(此处译文参考了中文版的黑格尔《哲学史讲演录》第 2 卷,贺麟、王太庆译,北京:商务印书馆,1983 年,3 页)

② Jaeger, *Paideia*, 1:316.

③ 但是,如果智者可被视为还原主义者和实证主义社会科学的先行者,那么正是柏拉图与亚里士多德开创了人文主义的社会科学。当涂尔干最早开始授课时,他将亚里士多德的《政治学》作为基本文献指定给他的研究生。

拉为名的对话中,根据后者的精彩演讲而将一些"进步的"见解归诸普罗泰戈拉,虽然人们也可以争辩说,对于归诸普罗泰戈拉的见解,柏拉图在很大程度上其实是赞同的,因为他在复述中完善了这些见解。①无论如何,并不是所有的智者都是民主主义者——安提丰就是作为公元前411年的雅典寡头政治革命的策动者而被处死的。② 黑格尔也许给了我们最好的方式来确定智者在希腊思想发展中的地位。他将较早的前苏格拉底哲学,尤其是巴门尼德与赫拉克利特,看作客观存在的发现者,也就是与表象相对的实在本身的发现者。③ 智者出于主观目的而借用了他们的思想方法,用来在私人生活与公共生活中提供——用普罗泰戈拉的话来说——"好的判断",却没有作出任何明确的对客观有效性的承诺。④ 正是因为他们不怎么执着于持守真理,才使得他们作为哲学家的地位受到了质疑。然而,对于黑格尔来说,智者乃是希腊思想史的下一个转折的必要前提。一般的意见将苏格拉底视为智者并不是毫无缘由的。对黑格尔而言,正是在主观性之中,并通过主观性,苏格拉底(或者他之后的柏拉图)才能够回到客观理性,但这一次,由于吸收了主观性的环节,因而是以更为丰富的形式来进行的。

苏格拉底

苏格拉底与柏拉图之间难解难分,他们标志着古希腊的轴心转型的完成。在任何情况下讨论他们都会是一个巨大的挑战,因为这方面

---

① 一般意义上的智者,尤其普罗泰戈拉是进步的民主主义者,关于这种观点,可参艾瑞克·海威劳克:《希腊政治学中的自由主义倾向》(*The Liberal Temper in Greek Politics*, New Haven: Yale University Press, 1957)。

② Caizzi, "Protagoras and Antiphon", 331.

③ 卡恩有一部论述古希腊思想中的动词"去存在"(to be)的宏著,可以说,该著作原本是想"支持"巴门尼德的存在概念的。在这部著作中,他写到巴门尼德——但也写到了很久以后的希腊思想——的时候这么说,"在形而上学领域中,重大的积极成就乃是对普遍形式的述谓结构、实存与真理这些概念的冷静客观的关注",作为"这种成就的一个结果,在古典希腊的形而上学中存在着自我或主体概念的一种实质上的不实存(non-existence)。当他如此讨论的时候,就肯定了黑格尔的'客观理性'理念"。参 Charles H. Kahn, *The Verb "Be" in Ancient Greek* (Indianapolis: Hackett, 2003 [1973]), 418。

④ Hegel, *History of Philosophy*, 1:368-371. 当赫拉克利特写(D.101)"我寻找过我自己"(或者"我求索过我自己")时,他这里也有着主观的元素,但是,很难说这位于其著作的核心。

的学术成果浩如烟海,却又歧见纷呈。下文必要的简单讨论仅限于与本书论题相关的那些方面。

在他们的突破之前所发生的瓦解实际上也吞噬了苏格拉底,他在公元前 399 年 70 岁的时候受到审判,因不虔诚(不承认城邦的神,并引进新神 dainones)和败坏雅典青年而被定罪,之后被处死。他是历史上最杰出的人物之一,不仅给柏拉图,也给许多其他人留下了这样一种印象,即他改变了希腊以及之后的西方文化的进程。在他的一生中(公元前 469—前 399),苏格拉底经历了雅典帝国的兴衰,身处我们现在区分为哲学与智者的潮流之中。阿里斯托芬在戏剧《云》中将苏格拉底刻画为典型的智者与修辞学教师,但是,他的描绘处处都显着喜剧化的扭曲。苏格拉底是一个教师,没有人会对此质疑,但他是一种新的教师。典型的智者宣称自己在一切事情上都是智慧的,能够回答任何向他提出的问题。苏格拉底则宣称自己一无所知,是智慧的寻求者,而非供给者。

他在审判中向陪审团发表了会使自己送命的演说,在演说中,苏格拉底叙述道,他的朋友凯勒丰到德尔菲神庙询问是否有人比苏格拉底智慧,得到的回答是没有这样的人。苏格拉底因为这一回答(还是来自阿波罗)而困惑不已,因为他知道自己根本不智慧。但是,在向那些自称智慧的人们寻求智慧的过程中,苏格拉底发现,没有一个人是真正智慧的,因此,他的高明并不在于他本人的智慧,而在于他知道自己不知道它(《申辩篇》21a-e)。苏格拉底宣称的不是要去知道答案,而是要知道问题:我们如何关照我们的灵魂?将在正确的方向上引导我们灵魂的善和美德是什么?在某种意义上,苏格拉底的问题是主观的,它们关心的是自我或灵魂,但不是在智者意义上的自我或灵魂,因为苏格拉底寻求的不仅仅是他自身灵魂的真理,也是每一个人的灵魂的真理,而智者则认为,任何事物对于个体或文化来说都是相对的。在他的辩词中,他提及了自己的神(Daimonion),"每一次神希望劝阻他不要行动的时候,神的声音即会入耳可辨"。① 但是,他对智慧的追求最终来自

---

① Eric Voegelin, *Plato and Aristotle*, vol. 3 of *Order and History* (Baton Rouge: Louisiana State Press, 1957), 8.苏格拉底的神没有肯定性的教海,并且只有在它希望阻止苏格拉底做某事的时候,才会被听到。

于某种比精灵（spirit）更大的东西的要求，那是神（god）的要求。① 如果他承诺不再从事哲学，陪审团即可能会无罪释放他，他对这种可能性的回答经常被引用。苏格拉底告诉陪审团，他会说：

> 陪审团的先生们，我深表谢意，并且我也是你们的朋友，但是我要服从神灵胜过服从你们，只要我还有口气，还能动弹，我决不会放弃哲学，决不停止对你们劝告，停止给我遇到的你们任何人指出真理，以我惯常的方式说："高贵的阁下啊，你是一个雅典人，是最伟大、最以智慧和力量闻名的城邦的公民，如果你们只关心获取钱财，只斤斤于名声和尊荣，既不关心，也不想到智慧、真理和灵魂可能的最好状态，你不感到惭愧吗？……我要逢人就这么做。不管老幼，也不管是外乡人还是本邦人，尤其对本邦人，因为你们跟我关系近。请务必肯定：是神灵命令我这样做的，我相信这个城邦里发生的最大的好事无过于我对神的服侍了。"②

赫拉克利特曾经说过，多数人在醒着的时候也是睡着的（在场的时候，却像是不在；D. 34），巴门尼德则说过，大多数人是徘徊在不存在（what-is-not）的荒野上，因为他们尚未发现存在之路，在使雅典人直面他们对真理一无所知这一事实上，苏格拉底一直以来做的事情似乎与前二人如出一辙。显然，日复一日地在广场上做这样的事比私下里在自己的研究中这么做要令人厌烦得多。

---

① 对《申辩篇》的译者来说，一直都有这样的诱惑，就是用"上帝"（God）一词来翻译 theos，因为人们有这种感受：正如早期基督徒相信的那样，苏格拉底与基督教的用法极其接近。然而，较为稳妥还是将 theos 译为"神"（god）或"特指的神"（the god），尽管将这一不确定的术语与阿波罗或者任何特定的希腊神祇等同起来同样是不明智的。

② Apology 29d-e, 30a, trans. G. M. A. Grube, in Plato, Complete Works, ed. John M. Copper (Indianapolis: Hackett, 1997), 27-28.（此处译文参照了王太庆先生的《柏拉图对话集》，北京：商务印书馆，2011 年，40—41 页。由于严群先生与王太庆先生的译文与这里的英译文相比，在一些关键的地方有所不同，兹将王太庆先生的翻译附于此，以供参考："雅典公民们，我敬爱你们，但是我要服从神灵胜过服从你们，只要我还有口气，还能动弹，我决不会放弃哲学，决不停止对你们劝告，停止给我遇到的你们任何人指出真理，以我惯常的方式说：'高贵的公民啊，你是雅典的公民，这里是最伟大的城邦，最以智慧和力量闻名，如果你们只关心获取钱财，只斤斤于名声和尊荣，既不关心，也不想到智慧、真理和自己的灵魂，你不感到惭愧吗？……我要逢人就这么做。不管老幼，也不管是外乡人还是本邦人，尤其对本邦人，因为你们跟我关系近。因为，你们都知道，是神灵命令我这样做的。我相信这个城邦里发生的最大的好事无过于我执行神的命令了。'"）

事实也是如此:苏格拉底实际上是在质疑他的问题已广被接受的答案,所以也是在质疑其同胞公民的信仰与实践。死刑就是对这种行为的极端处罚,但是,三十僭主垮台之后的时期是动荡不安的,而且,虽然苏格拉底曾拒绝过与这些僭主合作,其中一些领袖却曾经是他的学生。多疑乃是当时氛围的一部分——埃利·萨甘已经发现,民主政治易于如此,正是这种氛围导致了对苏格拉底的奇怪审判与处决。① 但是,使得这一事件成为整个哲学史上的经典的不止是审判与处决,而更多在于苏格拉底情愿服从对他的判决,是他的这一信仰,即如他在《克力同篇》中陈述的那样,服从城邦的法律是他的义务。一个人,当还活着的时候就已经对他的很多学生有了改变人生的影响,他依照城邦的法律,但更多地是依照"对神的服侍"而心甘情愿地赴死,这种死完成了那从此以后一直不可磨灭的画面,它使得伊拉斯谟在写到"圣洁的苏格拉底,为我等祈祷!"的时候②,将他置于圣徒之列。

苏格拉底标志着希腊历史上的一个伟大转变,这从我们称其前辈为"前苏格拉底哲学"这一事实即可显明,但他思想的性质中有什么是极有新意的,却没有显明——肯定不是他的"理性主义",因为理性推理至少自巴门尼德开始就已经在希腊很盛行了。在解释苏格拉底的中枢意义的尝试中,可对其中若干种作一番考察。黑格尔相信,苏格拉底确如诉讼的那样有罪,因为他关于神的理念是新的,并且他试图将学生引向一种与传统雅典不同的生活方式。对黑格尔而言,正是苏格拉底根本的主观性将他与他的城邦置于冲突之中,不过,这却是一种在寻找真与善本身的过程中被赋予了客观转向的主观性。然而,黑格尔说,城邦已经开始为它起诉苏格拉底的那些事情而有愧于心了——它岂不是已经充斥着主观性,充斥着颠覆性的生活方式了吗?——并且几乎就在苏格拉底的死刑判决执行之际即已追悔莫及。然而,在批判的意义上,苏格拉底之死就是雅典之死的决定性标志——花已枯萎——因为

386

---

① Eli Sagan, *The Honey and the Hemlock: Democracy and Paranoia in Acient Athens and Modern A-merica* (New York: Basic Books, 1991).
② Jaeger, *Paideia*, 2:13.

雅典无法找到客观的政治形式来实现苏格拉底对灵魂的新理解。城邦的旧形式既无法吸收它，又无法拒绝它，所以，它就被化约为一种阴影。①

维尔纳·耶格尔虽然并未提及黑格尔，却提供了一种有几分相似的解释。他将诸如梭伦与埃斯库罗斯这样伟大的雅典人看作苏格拉底的先声，二人在各自的时代都引导其同胞雅典人更深入地理解他们的道德使命。然而，苏格拉底是在一种新的环境中说话的，并且他那个时候的雅典人也不再是以前的雅典人了："他是某种和谐的最后体现吗？而这种和谐甚至在他的有生之年即已步入解体过程了。无论真相是什么，他看上去都站在早期希腊的生活方式与一种新的未知领域之间的边界上，他已经比其他任何人都更接近这一领域了，却注定未能进入。"②稍后，耶格尔的说法又有少许变化："苏格拉底是最后的公民中的一员，这种类型的公民在较早的希腊城邦中兴盛一时。同时，他也是新型的道德与思想个人主义的体现与最好的例证。这些角色同时在他身上统一了起来，彼此之间并无损害。前一种角色指向了强有力的过去，后一种则展望了未来。因此，他在希腊精神的历史上是一个独特的事件。"③这一总结可谓切中肯綮，但是，我们必须对"个人主义"一词谨而慎之。苏格拉底在寻找灵魂的真理，是他的灵魂，也是他与之对话的人的灵魂，而这种真理用赫拉克利特的话来说，不是私人的，而是共同的（D.2）。倘若这是个人主义，那么，它也是一种与安提丰大相径庭的个人主义。也许，与这个茕茕孑立的"个人主义"一词相比，黑格尔所说的走向客观性的主观精神这一繁复的理念表达得更恰当。

让我们以沃格林作为总结。他写道，"在《申辩篇》中，我们已经看到了多种层面的行动。在政治层面上，苏格拉底遭到雅典的谴责；在神话层面上，雅典则已经遭到诸神的谴责。对话本身就是一个神话审判（mythical judgment）"。④ 对沃格林来说，这一审判意味着，城邦的秩序（kosmos）被转移到了苏格拉底的灵魂，他成为新的秩序担当者（order-

---

① Hegel, *History of Philosophy*, 425-448.

② Jaeger, *Paideia*, 2:27.

③ Ibid., 75.

④ Voegelin, *Plato and Aristotle*, 13.

bearer），从苏格拉底这里，这种灵魂的秩序通过柏拉图再一次——至少潜在地——成为了（一种新的）社会的秩序。

希腊语 *kosmos*，即秩序，对柏拉图来说，它是一个重要的词，它在自我、社会与宇宙的层面上都同时发挥作用。加夫列拉·卡罗内已经证明，在柏拉图晚期的诸如《蒂迈欧篇》与《法律篇》这样的对话中，表达的理念是：人可将宇宙的秩序作为他们自身灵魂的范本，所以每一个人至少潜在地就是宇宙的公民，这种观念后来通常只被归诸斯多亚学派。① 卡恩指出，只是在《申辩篇》中，我们才最好地了解了苏格拉底，它在审判后不久就写了出来，给出的描述如果离历史真相太远，可能就难以令人信服，但是，他也指出，甚至在《克力同篇》中，我们就发现柏拉图可能对历史画面有所增饰；他还指出，在早期的疑难性对话（aporetic dialogues）中，将苏格拉底说出来的话看作对其真实观点的简单表达就已不再靠谱了。② （aporetic 一词在学术界有不同的译法，如也有译成"开放性的""悖论的"，此处大概也有苏格拉底的一些对话并没有肯定的结论这样的含义。在《理想国》，苏格拉底亦有"你已把我置于如此进退维谷的辩论境地"之语）另一方面，人们可能会问，柏拉图离历史上的苏格拉底有多远，他是否已抛弃了苏格拉底的精神？特里·彭纳最近已经证明，不论人们可在"苏格拉底"（引号表示，我们所知关于苏格拉底的一切最终都是猜测）与柏拉图之间找到什么样的不连续性，但直至晚期的对话，二者之间仍然存在着突出的连续性。③ 这里不是深入讨论"苏格拉底问题"的地方，就我而言，不论细节如何难以知晓，但这一点是很清楚的，即没有苏格拉底就不可能有柏拉图。然而，柏拉图的兴趣包罗万象，他的思想富有活力，他的著作洋洋洒洒——在篇幅上可与《圣经》相媲美——通过这些，他完成了一种长期以来一直都在形成之中的轴心转型，并走向了一种轴心文化的制度化（institutionalization），后者将会有巨大的长远影响。

---

① Gabriela Roxana Carone, *Plato's Cosmology and Ita Ethical Dimensions* (Cambridege: Cambridge University Press, 2005).

② Kahn, *Plato and the Socratic Dialogue*.

③ Terry Penner, "Socrates", in Rowe and Schofield, *Greek and Roman Political Thought*, 164-189.

柏拉图

　　柏拉图的著作是浩瀚无垠的大海,因为它涉及了几乎所有的学科(甚至在晚期对话中涉及了自然哲学);它也是亚里士多德以及所有后来的古代(及现代)哲学的试金石。我将把自己限制在与本书的理论关怀相关的若干问题上。

　　如果轴心文化的决定性因素之一是能够想象出与既存事物不同的事物,那么,柏拉图似乎就是所有轴心思想家的旗手。① 柏拉图是保守主义者这一观念流传得如此广泛,以致它也裹挟了像卡尔·波普尔(Karl Popper)与列奥·施特劳斯(Leo Strauss)这样甚是不同的思想家,但是,如果说保守主义指涉的是任何对传统社会秩序的忠诚的话,这一观念似乎就是风马牛不相及的。麦卡勒姆·斯高费尔德指出,"不论是对于既存的政治结构,还是对于传统的道德信仰与实践,《理想国》几乎没有什么想要保存的"。② 坚持彻底的性别平等,使女性可与男性一道参与到保卫者阶层乃至战争中,剥夺统治者阶层的财产,以使他们过简朴的生活,甚至禁止他们接触钱币、拥有家庭和私人住所,难道这些能称为保守主义吗? 对柏拉图来说,显而易见的是:最坏的政制是僭主政治,僭主则是最不好的人,这是他一再强调的。《理想国》中的乌托邦充满了苛刻的法则,但是,它不是设计用来任由一个或一小撮僭主陷平民生活于凄风苦雨的。最严格的纪律是指向保卫者的,意在将保卫城邦时表现出来的凶猛与对全体人民的和善结合在一起。(可对照《理想国》410d-e)由于发了清贫(值得注意的是,在好的城邦中,保卫者没有奴隶,其他任何人也都没有奴隶)、服从(于哲学王)的誓愿,并且如果没有发贞洁誓愿的话——《理想国》中对于繁衍的安排

---

① 伯纳德·威廉姆斯(Bernard Williams)写道:"柏拉图开创了我们所知道的哲学学科……西方哲学不仅从柏拉图开始,而且将大部分时间都花在了他的同道身上。"在此,他一语中的。参 *The Sense of the Past*, 148。

② Malcolm Schofield, "Appoaching the Republic", in Rowe and Schofield, *Greek and Roman Political Thought*, 202. 他是在明确反驳像波普尔和施特劳斯这些人的观点时说出这番话的。

确实是很奇特的——至少也背负了贞洁誓愿最深刻的后果,即没有自己的配偶和孩子,因此这是一种苦行式的秩序。这些限制无一运用于其他人。在基本的美德中,哲学王首先要有智慧,保卫者要勇敢,而整个城邦则是节制与正义的典范。此外,虽然乍看之下《理想国》似乎是一种严格的等级体制,但柏拉图坚持,它是一种贤人政治(meritocracy):如果农业者与工匠的后代表现得异常聪明和英勇,他们将会被提升到保卫者中,而如果保卫者的后代被证明是鲁钝的,他们将会被派遣做较卑微的工作。

柏拉图并没有让理解他成为一件轻松的事。在上文对好的城邦的描述中,那些言语并非出自柏拉图,而是出自苏格拉底之口。正如西蒙·戈德西尔提醒我们的那样,柏拉图充满了"反讽性的模棱两可,并且小心翼翼地躲避在一个(或者两个)面具之后"。① 柏拉图从未以"柏拉图"出现过,正如戈德西尔所说的那样:"在苏格拉底最后的对话场景中,柏拉图确定自己是**不在场的**,而且在他的诸多对话中,他提供了一场有着不同面具的表演,从以第一人称驾轻就熟地扮演苏格拉底,到精心安排的匿名的'雅典陌生人'(哲学如何[去被]内在化?)。柏拉图就隐藏在——不在场但又全视(all-seeing)的——'柏拉图'中。"② 然而,很少有人对这一点有异议,即当苏格拉底说话的时候,柏拉图所信之事至少也会有所体现。在《理想国》对好的城邦的描述中,有很多反讽与诙谐的东西。苏格拉底偶尔会承认,他根本不确定下一步是什么,而且在第六卷的关键时刻,当他正在讨论善的理念——它是智慧的来源,这种智慧则使好的城邦成为可能——的时候,却避不界定善的理念究竟是什么。他使用了太阳的比喻,使得他的听众如坠云雾中,却没有解释该理念究竟是如何运作的。虽然有犹疑,有不尽成功的开头与终点,但即使柏拉图的一些规定确实是强制性的,也很难设想他是在描述一个极权主义国家,这种国家在所有的历史实例中都是由僭主把持着,而僭主则是柏拉图诅咒的对象。③ 柏拉图那些规定强迫统治者要

389

---

① Simon Goodhill, *Who Needs Greek? Contexts in the Cultural History of Hellenism* (Cambridege: Cambridge University Press, 2002), 63.
② Ibid., 61.
③ 那些在现代被描述为极权主义的国家无不是由僭主在把持着的,如希特勒。

远甚于强迫被统治者，而且似乎是设计用来防止而非创造僭主政治的。无论如何，不管设计好的城邦这整个冒险如何戏谑，不论如何允许一些人将他那些最大胆的方案视作笑谈，例如女性的平等权，在最后，苏格拉底确实想让他的听众严肃对待他的实验，如果不可能实现它的话，那么，"或许天上建有它的一个范型，让凡是希望看见它的人能够看到自己在那里定居下来"。①

我们应当记得，创造"一个言语中的城邦"（a city in words）的整个实验最初是为了通过将灵魂中的正义本质展现在更大的城邦中，从而让他的两个对话者，也就是柏拉图的兄弟格劳孔与阿德曼图，更清楚地了解灵魂中的正义本质而设计出来的。《理想国》活跃于多个层面，且志在多为，但在一个相当明显的层面上，它是柏拉图的这种尝试：让格劳孔与阿德曼图转向他们自身灵魂中的美德。转向（conversion）是一个不那么强烈的词。对话的真正核心，即第七卷的洞穴之喻，叙述了生活于洞穴中的某个人，他只能看到投射在洞壁上的阴影，直至被带到上面的世界，即实在本身，并看到了太阳，不过，他必须被劝导重新下到洞穴去帮助那些被判处生活于彼处的人们。在《理想国》中，宗教性的意旨在每一点上都与政治性的意旨并行不悖，我们在阅读时必须同时留意其含义的多个层面。

但如果说，就政治结构与道德传统而言，柏拉图根本不是保守主义者，那么他更具革命性的就是对核心的希腊文化遗产的拒斥，而这些恰恰是保守主义者理应珍纳于怀的。作为希腊人的教师，荷马被不体面地从好的城邦中驱逐出去，赫西俄德与伟大的悲剧诗人也遭受了同样的命运。为什么希腊最具决定性的文学传统会从好的城邦中被驱逐出去呢？因为其形式是诗歌，其内容是神话。吕克·布里松提出，柏拉图是第一个区分神话（*muthos*）与逻各斯（*logos*）、神话与理性推理的人，在他之前，神话与逻各斯实际上是同义词，都意味着

---

① *Republic*, trans. Paul Shorey, Leob Classical Library（Cambridge, Mass. : Harvard University Press, 1935）, 417（592b）.（此处译文参照的是郭斌和、张竹明译本, 北京：商务印书馆, 2011 年, 386 页）

一个故事或者一个叙述。① 布里松描述了柏拉图做出的关键区分："通过将神话与逻各斯作为不可证伪的话语与可证伪的话语，作为故事与推理话语而对立起来，柏拉图依据他的主要目标，也就是使得哲学家的话语成为决定所有其他话语——包括且尤其是诗人的话语——的标准，以一种独创和决定性的方式重组了古希腊'言说'的（speech）词汇。"②

神话内在地就是不可靠的，因为它叙述故事，而不是推理，而且因为它叙述的故事是口口相传的，发生于如此久远的过去，以至于没有人可能知道它真假与否。对口头与书面文字之间的差别，柏拉图（至少）有两种观点，例如在《斐德罗篇》中，他提出，真理只能通过口头来传递，但在《法律篇》中又坚持，所有的孩子都应当学习阅读与书写，法律本身也应该被写下来。③ 至于在《蒂迈欧篇》中十分重要的亚特兰蒂斯神话，柏拉图认为，虽然它口口相传了很长时间（叙述了发生在九千年以前的事情），但其可靠性依赖于这一事实，即很久之前，它就在埃及被记录了下来。无论如何，柏拉图要摒弃的神话是由荷马口头流传下来的，赫西俄德与悲剧诗人们从他这里获取了养分（今天仍然有人认为，悲剧最早是口头创作的，只是后来才写了下来），而这部分程度上就是他们的不可靠性之所在。然而更为重要的是神话的内容，尤其是它们将诸神描述成有着人类所有的道德瑕疵，而且极尽夸大其词之能

---

① 马塞尔·德蒂安在《神话的创造》中指出，在早期，例如在赫西俄德那里，神话与逻各斯实际上是同义的，都意味着故事或叙述，但在品达与希罗多德那里，神话一词极少出现，而且基本上是语带轻蔑的——相反，绝大多数我们（与柏拉图）会称为神话的东西被称为了逻各斯。修昔底德坚决地清除了神话与逻各斯这两个词，只要它们与早期不可知的事件有关。对于柏拉图笔下的神话一词，德蒂安的看法与布里松有所不同，但是，他终究与布里松的"正是柏拉图最早做出了我们现在已视作理所当然的区分"这一看法并不矛盾。

② Luc Brisson, *Plato the Myth Maker*, trans. and ed. Gerard Naddaf (Chicago: Chicago University Press, 1998[1994]), 90.

③ 布里松提示，柏拉图对书写文字的矛盾看法部分因为他所处的历史环境，那是一个口头文化仍然活跃，但文字正在变得日益重要的时期："因此，柏拉图关于神话的断言在危险的边缘保持了平衡。他处于两种文明之间的转折点上，一种以口头为基础，一种则以文字为基础。柏拉图事实上描述了神话的日薄西山之势。易言之，柏拉图描述了在一般意义上的希腊，特别是在雅典发生的记忆变迁的时期；即使记忆的本质未变，但至少记忆运作的手段已有了变化。一种共同体的所有成员共有的记忆现在遭到了另一种记忆的反对，后者是数量极为有限的人们的特权，对于他们来说，使用书写文字就是一个日常习惯的事情。"（*Plato the Myth Maker*, 38-39）

事。根据柏拉图，这不可能是真的，因此，好的城邦必须清除它们。

由于我们已经论证过，理论的出现对轴心转型是很关键的，所以对于像柏拉图这样伟大的轴心人物首先依靠的是推理话语而非神话叙事，我们实在无须啧啧惊奇，而且他经常说，这正是他正在做的事情。然而，他对诗歌传统的全然拒绝是匪夷所思的，诗歌这种传统直至今天仍为全世界所珍爱。柏拉图本人在《理想国》第10卷中说，在孩童时期，他曾经热爱过荷马，现在仍然敬畏他。但这只是突出了他的拒绝的彻底性与激烈性。伽达默尔概括了这些指控："[荷马]被说成是一个只能制造出事物的欺骗性表象的智者和魔法师。更坏的是，他通过煽动灵魂中的各种激情而败坏了灵魂。"伽达默尔指出，通过将诸神呈现为道德的典范而非不道德的典范，埃斯库罗斯已经投入到净化神话的努力中了，在指出这一点之后，伽达默尔认为，柏拉图走得更远：

391　　　　柏拉图的批判不再是对神话的诗歌批判，因为与诗人不同，他不是要以一种通过批判而使之净化的形式来保存古代诗歌。他摧毁了它。在此意义上，他的批判成为了对希腊文化的基础的攻击，以及对希腊历史留传给我们的遗产的攻击。我们或许期待从一个不通诗乐的理性主义者那里，而不是从一个其著作本身就从诗歌源头得到了滋养，却丢弃了几千年来使人类痴迷不已的诗歌魅力的人那里听到这种批判。①

卡恩认同伽达默尔的观点："柏拉图是唯一一个同时也是出色的文学艺术家的重要哲学家……柏拉图是唯一将这种流行的体裁[对话]转变为主要艺术形式的苏格拉底式的作家，这种形式可与公元前5世纪的雅典戏剧中的伟大作品相媲美。"②作为伟大的诗人，柏拉图如何能够拒绝整个诗歌传统呢？卡恩给了我们提示。正如我按照我关于轴心转型的论点所预想的那样，柏拉图没有拒绝模仿性与神话性的东

---

① Hans-Georg Gadamer, "Plato and the Poets", in *Dialogue and Dialectic: Eight Hermeneutical Studies on Plato* (New Haven: Yale University Press, 1980 [1934]), 46.

② Kahn, *Plato and the Socratic Dialogue*, xiii-xiv. 伯纳德·威廉姆斯有相似的说法："[柏拉图的]诸意象的共鸣与他的表现形式的想象力是为表达抽象思想而构想出来的最美妙的方式，它们甚至在内容上否认了感觉世界的实在性的时候都隐晦地肯定了它的实在性。"*The Sense of the Past*, 24。

西——确实,他看到了,没有它们,他永远无法使其理论洞见生效。他拒绝的不是模仿与神话本身,而是它们的整个传统!柏拉图将抛弃荷马和赫西俄德,埃斯库罗斯和索福克勒斯——但以何代之呢?《会饮篇》是这样结束的:大多数参与头一个夜晚之讨论的人们带着宿醉醒来,却发现苏格拉底与阿里斯多芬还在辩论着,似乎他们根本就没有睡。(实际上,当时醒着的人还有阿伽通,参《会饮篇》223C)他们辩论的是什么呢?同一个人能否既会写悲剧,又会写喜剧,对此,阿里斯多芬认为是不可能的,苏格拉底则辩称是可能的。那么,谁是这个能写喜剧意味的悲剧(comic tragedies)与悲剧意味的喜剧(tragic comedies)的人呢?

柏拉图,这个拒绝了传统(所以,他在任何意义上都不可能被称为保守主义者)的人知道,人没有传统就无法生存。他开创的是一种新的传统(尽管这是矛盾修辞法),其中,苏格拉底取代了阿喀琉斯,苏格拉底本人的对话则取代了史诗与悲剧诗人(我们也可以加上,不论是在范围上,还是在内容上)。他完全实现这些了吗?无疑,并不尽然——天可怜见!但是,他实实在在地确立了新的传统,一种延续至今的传统。对于任何不那么重要的人(以及那些我们可认为比柏拉图还要伟大的人)而言,这一事业会是疯子的事业。然而,柏拉图并不疯狂。就思想的广度与深度而言,唯一可与其相提并论的也许就是他的学生亚里士多德了。

柏拉图是如何使传统中的模仿和神话方面与理论联系起来的,对此,我们还需要再多说几句,虽然不会太多(所以,我们也不应忘记,柏拉图并未拒绝所有的希腊遗产:赫拉克利特与巴门尼德就幸免于难,他们逃脱的不是他偶尔的批评,而是他的责难,而且他从巴门尼德那里受益匪浅,而后者毕竟是以短长格的六音步诗来写作的;但他也没有拒斥那些伟大的立法者,尤其是梭伦,不过也包括莱库古[Lycurgus]与其他人。他甚至因为梭伦而承认了一种无须禁止的诗歌形式)。柏拉图知道,教育(*paideia*)是他的改革努力的关键:一种新型的人必须为了使新型的城邦成为可能而接受教育。他吸收了希腊教育中的传统因素,即体操(与我们的"体育"相差无几)与音乐(包括我们的音乐、歌唱与舞蹈,也包括一般意义上的艺术),并赋予它们一种新的形式。关于体操,他的改革基本上是否定式的:人们不应该过于强调体育竞争(而这对于希腊人来说是极其宝贵的),因为这会导向对真正重要的事物的排斥,甚至导向某种懒惰。关心身体仍然是重要的,只要它有助于健康、活力与美貌,但若超过这些,它就只是分心劳神之物。

关于音乐,他也是以传统开始的,但接着就替换了其实质。在《理想国》与《法律篇》中,柏拉图都强调了,正确类型的音乐、歌唱与舞蹈(以及针对孩子的游戏)开始了对灵魂的安置,这使得理性反思在年龄大一些的时候成为可能。在《法律篇》的第 2 卷中,柏拉图最充分地说明了他关于音乐教育的观点。例如:

> 雅典人:那么,一个"未受教育"的人,我们指的应该就是还没有接受过训练来参加到歌队的人,而且我们必须说,如果一个人已经受到了足够的训练,那么,他就是"受过教育的"。
>
> 克力尼亚:那是自然。
>
> 雅典人:一个歌队的表演当然是由舞蹈与歌唱组成的。
>
> 克力尼亚:那是自然。
>
> 雅典人:这意味着,受过良好教育的人将既能很好地唱歌,又能很好地跳舞?
>
> 克力尼亚:看起来是这样的。①

当然,雅典陌生人(我们认为)就是代表柏拉图说话的,他接着更详细地描述了歌唱与舞蹈中**恰当地**涉及了什么道德因素。但是,参与歌队的经验并不仅仅是为了教育青年人,它对于每一个人都是必要的:

> 因此,教育就是正确地训练快乐与痛苦感觉的事务。但是,在人的一生中,它的效果是逐渐减弱的,并且在很多方面完全化为乌有了。然而,诸神怜悯实际上生来就要受苦的人类,就以宗教节日的形式充作从劳动中抽身出来的时段让人类休息。他们赐予我们以阿波罗为领袖的缪斯女神,赐予我们狄奥尼索斯,通过与这些神共享他们的节日,人们再次变得完整了,多亏他们,我们在庆祝这

393

---

① *Laws* 654a-b, trans., Trevor J. Saunders, in Cooper, *Works*, 1345.

些节日的时候得到了恢复。①

　　柏拉图知道,不论理性的推理对每一个人的好的生活是如何重要,只有少数人才能一生致力于它,而叙事——神话——仍然是主要的表达真理的模式。② 在这里,事情确实变得棘手了,我无法解决这些已经使很多人困惑不已的争论。柏拉图坚持,他的"新"神话整体上是真实的,或者是"类似于真理的东西",或者"可能是真理",因此,它们甚至为最出类拔萃的学生也提供了一个对理性话语的重要补充,但柏拉图也能承认,他偶尔也在说谎——无疑是为了有益的目的,但仍然是谎言。最为著名也最受微词的例子就是《理想国》中的"高贵的谎言",它意在使城邦中不同的阶层相信,他们的地位是"自然的"。卷入这一争论,殊非我愿,但不妨说,在我看来,这个不真实(unture)的神话(与诸如《蒂迈欧篇》中的亚特兰蒂斯这样的"真实神话"相对立)更着意于使保卫者们相信,他们的"黄金"本性已经足够美好,以至于他们不需要金属、黄金,以及伴随着财富的地产和家庭,而不是为了使较低阶层——他们可拥有刚刚提到的所有这些东西——相信,他们"自然地"就是从属性的。

　　然而,虽然柏拉图在必须被废止的诗歌神话(《荷马史诗》等)与好的城邦中基本的诗歌神话(他自己的)之间进行了区分,但是,有一种——也许是几种——神话因素从来没有在讨论中浮出水面。柏拉图,不论怎么看都是一个非常敏锐与聪明的人,因此如果以为他没有意识到它们,那是我们的误判,应当是:他有自己的理由不去指出它们。首先,神话就是故事或记述的这种意义在柏拉图那里从未消失,在此意义上,他的整部对话文集中还存在着一个基本的神话:苏格拉底的生与死的神话。柏拉图展示的首先就正是这一神话;显然在他眼中,这也是

① *Laws* 653c-d.
② 凯瑟琳·摩根(Kathryn A. Morgan)在《从前苏格拉底到柏拉图时期的神话与哲学》(*The Myth and Philosophy from Presocratics to Plato*, Cambridge: Cambridge University Press, 2000)中对柏拉图的神话做出了颇有价值的解读。卡罗内也很重视柏拉图晚期对话中的神话,她认为,它们补充了推理,并在一定程度上含有它们自身的真理。但是,她提出,一旦常常补充推理的神话似乎与推理相冲突了,那么在这种情况下,推理必须被赋予优先权。参 *Plato's Cosmology*, 14-16。在柏拉图那里,除了他本人标为神话的故事之外,还有别的神话,对于后者,摩根与卡罗内都不曾讨论。

一个真实的神话，甚至这个时候也是如此，即他将苏格拉底在逻辑上应该已经具有，但实际上还没有真的具有的那些思想归诸苏格拉底。而苏格拉底并非一种推理；他是一个有故事、有叙事的人。这与理论在柏拉图那里获得了胜利这一观念之间有何关联呢？如果确实有关联，那人们会认为这是好事，还是认为这是坏事呢，对这些都置之不理吗？

再者，还有这一事实，即尽管荷马和赫西俄德在前门被扔了出去，但他们又偷偷从后门潜入了。在一篇研究《理想国》中的诗歌的有趣论文中，大卫·奥康纳指出了一些诗歌典故，它们构成了很多行动的基础。他特别指明了，柏拉图将奥德修斯的"死亡之旅"（《奥德赛》第 11 卷）用作了《理想国》中很多部分的一个隐晦的模型（implicit model），但尤其用作了洞穴比喻的一个隐晦模型。在第 3 卷（386a-d）中指责了荷马对死亡之旅的记述之后，他实际上又在讲述洞穴比喻的时候对荷马进行了积极的运用，在这里，他引用《奥德赛》（516d-e）来支持这一理念，即一旦人们已经到达了地面世界，就再也不想返回洞穴了，在洞穴中，人们看到的一切无非都是"影子"，这也是荷马用以表示冥界之死亡的用词。荷马乃是被摒弃者；荷马乃是权威（在很多对话中，柏拉图也会顺便援引荷马的诗句，常常是为了确定某个观点）；荷马乃是对话的整体结构的潜文本（subtext）。奥康纳也阐述了，柏拉图煞费苦心地运用了赫西俄德《工作与时日》中的"金属种族"，用来为他对不同政制的诠释提供潜结构（substructure）。每一个种族就对应着一种政制，它们在《理想国》第 8 卷、第 9 卷中依次等而下之，如果我们篇幅足够的话，这是一个很值得细究的问题。但这只是强化了这一观念，即柏拉图在第 2 卷中毫不客气地丢弃的东西，对于对话的整个结构仍然是基础性的，至少在隐而不显的（subterraneously）意义上如此，或者对荷马和赫西俄德耳熟能详的希腊人而言，看出这一点根本就没什么难度。[①]关于理论与叙事之间的关系，这又告诉了我们什么呢？

394

---

① David O'Connor, "Rewriting the Poets in Plato's Chacters", in *The Cambridge Campanion to Plato's Republic*, ed. G. R. F. Ferrari（Cambridge：Cambridge University Press，将出）。奥康纳指出，正是列奥·施特劳斯在其《论柏拉图的〈理想国〉》（"On Pltalo's Republic," in *The City and Man*, Chicago：Rand McNally, 1964, 50-138）一文中首先详细阐述了《理想国》对赫西俄德的金属种族的运用这一问题。

最后，就像伽达默尔、卡恩与其他人已经指出的那样，正是这些堪与荷马和索福克勒斯相媲美的对话，即《申辩篇》《会饮篇》《斐德罗篇》《理想国》，甚至还有如果得到恰当理解的《法律篇》，将我们拉入了哲学生活；虽然这些辩论经常是使人困惑的，还悬而未决的时候就结束了，正如苏格拉底在《理想国》中并未告知我们善的理念究竟是什么一样，或者，这些辩论经常在同一对话中就需要重新构筑，有时则是在晚一些的对话中重新构筑。① 根据《理想国》对最高水平的教育的勾画，我知道，柏拉图非常重视数学，特别是几何，因为在这些学科中，真理对心灵就完全显明了，不需要来自感官的确证，然后，他尤其重视辩证法，即逻辑论证，而在这里，人们会想到，柏拉图修正了巴门尼德关于存在的论证。这些我都不会否认。但是，如果这些就是全部，柏拉图还是柏拉图吗？② 他不就仅仅只是另一个有趣的早期逻辑学家吗？我的观点是，柏拉图的力量即在于他对唐纳德所说的整个"混合体系"的变革，该体系在一种新的综合中涵盖了模仿、神话与理论因素，但又不是完全以理论因素取代了模仿与神话因素。③ 这种取代是一项实验，在我们研究的四个实例中，没有哪个处于轴心转型中心地位的人着手进行过

395

---

① 我将《法律篇》也纳入到伟大的文学性对话中，这一做法可能需要一番辩解。可参安德烈·拉克斯(Andre Laks)研究《法律篇》的慧眼独具的论文，载 Rowe and Schofield, *Greek and Roman Political Thought*, 255-292；当然，还有沃格林在《柏拉图与亚里士多德》中论述《法律篇》的重要一章，215—268 页。它是这样结尾的："柏拉图终年 81 岁。在他逝世的那个晚上，他让一位色雷斯女孩为他吹奏长笛。女孩找不到正确的拍子。柏拉图用手指的动作向她示意小节。"

② 伯纳德·威廉斯通过他自己的方式证明了我的观点："柏拉图确实认为，如果将生命投身于理论，就会改变你的生命。至少在一个时期，他确实认为，纯粹的学习能够导向一种转化性的视野(transforming vision)。但是，他从来没有认为，这一转化的质料或条件可在某个理论中确定下来，他也没有认为，一种理论可在某个相称的高水平上对你需要知道的生死攸关的事情做出解释……相反，柏拉图似乎持有这样的看法，即哲学对一个人生活的最终意义并不在于任何可在它的发现中体现出来的东西，而在于它的活动。"(*The Sense of the Past*, 179) 查尔斯·卡恩有相似的说辞："对柏拉图来说，哲学实质上是一种生活方式，而不是某种教义。"(*Plato and the Socratic Dialogue*, 383)

③ 同样，威廉斯的洞见是卓有裨益的："在一个对话中，并不是所有的主张——甚至苏格拉底的主张——都是柏拉图本人所主张的：苏格拉底所主张的也许是柏拉图想让人们思考的。因为柏拉图是一个非常严肃的哲学家，他确实使哲学走上了通过推理、有条理的探索与理智的想象来讨论我们最深层的关怀这样一条道路上……我们很可能低估了他能够在何种程度上将热情、悲观甚至某种宗教性的庄严与一种反讽性的欢愉，无法同等严肃地对待他所有的理念这样一种设计结合了起来。"(*The Sense of the Past*, 149-150)

这种实验;这种实验有待 17 世纪西方现代性的兴起。

　　我已经将亚里士多德称为也许是所有时代中第二伟大的心灵,因此,不给他以与柏拉图相同或几乎相同的篇幅,似乎是大不敬,但我们的篇幅已捉襟见肘了。亚里士多德是一位高产的作家——有时,例如在《尼各马可伦理学》中,几乎是一位伟大的作家——但他不是柏拉图那样的艺术家。然而,他饱含热情、精力十足地做的就是勾勒出了大多数使后来的思想家投入其中的探究领域,而且他做得如此之好,中世纪几乎将他看作最终的权威,而亚里士多德本人,以及古希腊人与罗马人都未曾将谁视为最终权威。一路走来,他恢复了诗歌的名誉(在《诗学》中,他尤其称赞了悲剧),并且当他看到如果运用得当,修辞学确实可服务于道德目的的时候,他也恢复了修辞学的名誉。① 他不必抛弃广被接受的神话——在《形而上学》中,他将早期诗人对事物本源的兴趣看作哲学的先兆——也不必以他自己的真实的或非真的神话来取代它们。他也不必像柏拉图那样一切从零开始,完全依靠演绎推理——这不是说,柏拉图真的完成了这一事业。亚里士多德经常让自己从意见、从共同的经验开始,以批判性的反思与论证改善它,但又从来不远离既有的世界。就一个这么伟大的思想家而言,这种说法可能让他俯就了:他是一个有着出色的常识的人。相较而言,柏拉图有时候似乎是一个云遮雾罩的人,他更关心的是让我们吃惊而不是帮助我们,在这些方面,他并未被亚里士多德所效仿。有一种源远流长的传统,即在他们两人中二者择一,这似乎牵涉到对两种不同生活的选择,但我认为,我们无须做出这样的选择:我们仍然同时需要二者。

　　一种思考亚里士多德的方式是将他作为后轴心的思想家。柏拉图已经按照苏格拉底对智慧的寻求,为了摒弃从过去继承的遗产而经历了伟大的斗争。他运用了一个伟大心灵与伟大艺术家能够集中的每一份资源,以开启一种新人与一种新社会的可能性,而不仅仅是开启一种新思想的可能性。他以一种在亚里士多德时期必定还是粲然生辉的才华来从事这种事业。但柏拉图做的,亚里士多德不一定

---

① 柏拉图在《斐德罗篇》中亦有此看法,但从未像亚里士多德在《修辞学》中那样进行详细论述。

要去做。① 最明显的就是,与多数有天赋的人们不同,亚里士多德并没有被其前辈所吞噬,而是能够冷静地环视柏拉图已经开启的新世界,并探索其众多的可能性,而不心怀敌意,虽然在需要的时候,他肯定也不介怀提出一个好的论点。少有他没有看到的。尽管如韦伯可能说的那样,亚里士多德不像柏拉图那么有"宗教天赋",我们却不能将亚里士多德看作世俗的。他不但有逻辑学、形而上学,还有神学,后者是宇宙神理念的一个变种,该理念最初在阿那克西曼德那里依稀可辨,后又在柏拉图晚期的对话中得到了丰富的发展;它是一种在以后将十分有影响力的神学。当然,与柏拉图一样,他也将哲学看作一种生活方式。②

396

对古希腊与罗马的精英来说,哲学学派确实是一种组织形式。这些学派无一曾像儒家在中国那样被奉为正统,它们总是为了争取精英成员的拥护而不得不与诗歌和修辞学相互竞争。作为一种生活方式,哲学在何种程度上渗透到了非精英阶层仍是一个悬而未决的问题。在非精英阶层,古老的奥林匹亚神话与仪式范式即使越来越多地从寓意的角度来加以解释,却从未完全失去其约束力。③ 但是,柏拉图与亚里士多德之后的古典文化乃是轴心文化似乎已无异议。

"注定消亡"

我们之前看到了,沃格林将苏格拉底被判死刑这一事件看作不仅是城邦对苏格拉底的判决,也是诸神对城邦的判决。显然,虽然马其顿在公元前 322 年对雅典的最终征服确实结束了它的独立,但它在公元

---

① 我们能否说,柏拉图经受了哲学分娩时的阵痛,而亚里士多德则发现它已经是一个健康的年轻人了?巴门尼德已经将严格的推理提上了希腊思想的议程,尽管他的严格很吸引人,但也在同样的程度上让人生畏。柏拉图将推理作为一种丰富而精妙的资源进行了发展,但是,尽管他一再回到少数核心的问题,却提供了一系列并非总是协调的方式来回答它们,而不是以一个一以贯之的体系回答它们。(卡恩与威廉斯尤其认同这一观点)亚里士多德第一个开创了类似系统哲学的事物,虽然因为实践关怀在亚里士多德思想中的优先性,这种哲学还不是现代哲学家想从事的那种哲学。

② 皮埃尔·阿多(Pierre Hadot)在《哲学作为一种生活方式》中指出,正像柏拉图的追随者或任何其他的哲学学派一样,亚里士多德及其追随者们也致力于一种生活方式。

③ Luc Brisson, *How Philosophers Saved Myths: Allegorical Interpretation and Classical Mythology* (Chicago: University of Chicago Press, 2004 [1996]).

前399年还并未土崩瓦解。保罗·维尼已经证明,甚至在此之前,雅典民主政制就转变成了显贵阶层的统治,这是希腊化时代大多数城邦的特点,即便它们的外在形式仍像雅典那样保持着民主的样子。[1] 然而,黄金时代的"精神"尚未消散,它只是离开了城邦本身。如果说城邦的秩序转移到了苏格拉底的灵魂上,接着又转移到了柏拉图的灵魂上,那么我们就可以看到,从社会学的角度来讲,它就发生在形成的柏拉图学园(Plato Academy)那里,后来在公元前4世纪,该学园又被其他哲学学派所效仿,尤其是亚里士多德的吕克昂学园,但后来也包括斯多亚学派、伊壁鸠鲁派与其他学派。

伦士曼帮助我们理解了公元前4世纪的希腊城邦发生了什么,与其说它与苏格拉底之死有关——它好歹只是"在精神上"与此相关——毋宁说它与一种特别的地缘政治学反常(anomaly)的终结有关。伦士曼的基本观点是,希腊城邦是"一种进化的死胡同"(an evolutionary dead-end),它能够如其所能地维持那么长时间,只是因为特殊的地缘政治学的处境:足够近,能从相邻的文明那里学习,但这些文明要想征服它,则又太远了。希腊城邦见证了波斯人的失败,这基本上就是后勤上的失败,我们可以承认这一点而无损希腊的英雄主义。城邦的死胡同就是使它在文化上如此具有创造性的这一事实:它从未成为一个国家,并且毫无疑问,它从未成为一个联邦的国家(a state of states)。这种公民国家就是它的公民,它甚至不是城市国家。虽然柏拉图抨击了雅典民主政制(我们应当记住,柏拉图也激烈抨击了寡头政治,除了僭主政治之外,寡头政治是希腊城邦民主制唯一现实的替代品),但他在《理想国》中肯定了这一点:除了好的城邦,哲学只能在民主政制中出现。虽然他同情斯巴达,但当他在《法律篇》中试图发现第二好的城邦时,主要的言说者并不是一个斯巴达陌生人,而是一个雅典陌生人。人们无法想象一个斯巴达人如此长篇大论。正是希腊社会政治形式的独特性,特别是它的民主政制,才使得它成为我们在文化上仍然奉为圭臬的众多事物的起源,才使得它对于非常原始与极度成熟之

397

① Paul Veyne, *Bread and Circuse: Historical Sociology and Political Pluralism* (London: Penguin, 1990 [1976]).

事物的结合在世界历史上都显得很独特,但当它最终面对一种适应性更强的大规模君主政制形式的时候,这就成了它致命的弱点:这一次是马其顿,它要比波斯近得多。伦士曼提出,只有君主政制,或者像罗马或威尼斯这样的、希腊人从来没有过的强大的寡头政制,才能在古代的政治世界中动员力量以有效地角逐。希腊城邦确实太小,也太分散了,以至于难以抵御重大的挑战。如果说存在着一种希腊奇迹,那么,正是它的地缘政治学处境在长达几乎五个世纪的时间里,也就是从公元前8世纪到公元前4世纪的大部分时间,使得希腊人能自由地完成他们特别的实验而不必为其政治/军事上的脆弱付出代价。① 对此,我们只能说:哈利路亚!

伦士曼已经指出,进化不止在一个层面上发生。生物学的、社会的与文化的演化是相互依赖,甚至是相互渗透的过程,但并非彼此等同。② 作为一项社会实验,城邦的失败并不意味着希腊文化的失败。当然,若无某种社会载体,文化永远不会保存下来。我们已经阐明了希腊文化得以生存的社会媒介:学校,首先是竞技场(gymnasia),其次是各式各样的哲学学园,但也包括医药与艺术学园。在雅典失去其政治独立性之后的很长时间内,它仍然是文化的中心,各地的希腊人以及后来的罗马人都到这些学校来求学。当然,另外一个至关重要的因素是,马其顿人与罗马人都对希腊文化赞叹不已,他们去模仿它而不是试图毁灭它。对于传统的保存来说,鸿运当头的是,基督教对希腊气质,尤其对其哲学虽然并不是内在地就友好的,但甚至在保罗书信那里——如果不是更早的话——就逐渐希腊化了,以至于诸多的希腊文化与希

398

---

① Runciman, "Doomed to Extinction", 348-369. 为什么没有希腊城邦能走上罗马或威尼斯的道路,关于这一问题,伦士曼非常扼要地提出了他的论点:"所有的城邦都毫无例外地过于民主了。"(364 页)

② W. G. Runciman, "The Exception That Proves the Rule? Rome in the Axial Age", in *Comparing Modernities: Pluralism versus Homogen*[e]*ity*, ed. Eliezer Ben-Rafael and Yitzhak Sternberg (Leiden: Brill, 2005), 125-140. 他说道,"在自然选择论者的进化理论中",存在着"生物、文化和社会进化的可遗传但又相互作用层面上的一种普遍的基本过程。不同的物种、文化与社会全都是不同的**路径依赖**序列的结果,在这些序列中,选择性压力将会影响信息之广泛的表型效应(phenotypic effect),不论这些信息是以基因的方式(通过父母传给后代的DNA 的字符串),文化的方式(通过模仿或学习),还是以社会的方式(通过制度上强加的刺激与制裁)来传播的"(139 页)。

腊思想在教会内部都保存了下来,尽管不宽容的教会一旦把持大权就会不仅将神庙,也将哲学学校一并关闭。

保存下来的东西将会一而再再而三地重生。而保存下来的东西非常依赖于组织。诚然,机遇自有其作用,但这不可能完全是偶然的:柏拉图与亚里士多德的著作几乎完全保存了下来,至于赫拉克利特短小的著作,它如此少,但又如此珍贵,我们现有的却大概还不足一半,更不要说大多数的希腊悲剧都已经遗失了。但是,特别是在苏格拉底之后的头几十年里,被保存下来的创作作品已足够了,肯定是足够了,它们使世界永远地成了一个不同的地方。当轴心以色列的传统在一种奇特的爱恨交织的关系中与轴心希腊的传统走到一起的时候,其结果——在相当大的程度上,有恶的一面,也有好的一面——就是我们现有的这个世界。

第八章 轴心时代(三):公元前第一个千年晚期的中国

　　古典希腊比较引人注目的事情之一是,它似乎大约在几代人的时间里从一种部落社会(实际上是再部落化的社会)走到了现代性边缘的状态。这种飞速的变化一直被认为是与最后之繁荣的活力有关。当然,在公元前第二个千年的希腊一度还有过一个青铜时代的宫廷社会(palace society),即迈锡尼文明,它有着强有力的统治者,纪念性的建筑和一种书写字母。在大约从公元前 1200 年到公元前 800 年的希腊黑暗时代中,所有这一切基本上都被遗忘了,只有一些最朦胧的记忆保留了下来,重要的是,书写文字完全佚失了。早先文化的遗迹就是地表的奇异岩层,它们需要通过创造出来的传说来进行理解。

　　古代中国与它们不啻有天渊之别。在第五章,我们考察了前轴心时代的中国,也就是公元前第二个千年晚期的商朝与公元前第一个千年早期的西周。① 我们注意到,在中国的前轴心文化与轴心文化之间的连续性在希腊或以色列那里是没有对应表现的(在下文,我们将考察印度的这种连续性问题)。这种连续性通过文字体系的连续性而得以标明——我们从商朝那里看到的文字是所有后来的中国文字的、可以辨识的原型。据说,孔子教给学生的是从我们现在所称的《尚书》与《诗经》中选取出来的作品,这两部经典现在的形式是在孔子去世很久

---

① 遵循当前的标准做法,我使用的全都是罗马化的拼音系统,甚至在直接的引用中,也已经将其他体系转化为拼音。对于我这个年龄、从小接受的是韦氏拼音系统(Wade-Giles system)教育的人来说,这并不容易。对于非汉语的读者来说,拼音有其优点,亦有其劣势。这句话中的"Zhou"(周)与韦氏拼音系统中的"chou"相比,与实际的发音更接近。*Daodejing*(道德经)则比 *Tao Te Ching* 更接近。另一方面,x 与 q 可能是很有挑战性的。如果我们记得,*Xin* 在韦氏拼音中记作"hsin",而 *qi* 在韦氏拼音中记作"ch'i",这一点就会变得更为清晰。

之后才编排好的,但其中的部分内容则大概可追溯至西周早期,而且在孔子的有生之年已编排好。① 文字上的连续性标示着文化内容上更为重要的连续性。与我们对迈锡尼以及对黑暗时代的希腊的了解相比,我们对商朝与西周社会的了解要清晰得多,因为我们不仅有丰富的考古学资料,也有值得注意的文本上的连续性。

然而,从孔子的时代(传统上确定为公元前551—前479)到秦朝的统一(公元前221)这段时期,中国与古希腊同样具有让人惊叹的革新精神。这是百家争鸣、百花齐放的时期,与古典希腊相比,他们在多样性和内容上有所不同,但又在相同的程度上预示着现代性。孔子的《论语》,以及那些后来敬孔子为师的人们将周初的文化理想化了,并使之成为后来的中国应复归的标准,但在返回过去的这种外表之下,他们显著地开启了新的可能性。在公元前第一个千年的晚期,中国正经受着从周朝的"封建"(在第五章描述的意义上)政制到中华帝国的中央集权化的官僚政制的剧烈转变。由于儒家理想化的社会与我们想当然地理解的中国社会截然不同,因此,我们必须首先简单地回顾第五章中的一些论题,从而试着去理解它是什么样子的。当一个由武士统治着的社会正转化为由帝国官僚统治的社会的时候,中国的轴心转型就发生了。由武士统治着的社会是什么样子的呢?

孔子之前

正如我们在第五章提到的那样,尽管西周社会的分权(decentralization)类似于我们所认为的封建,但它实际上却是一个宗族(lineage)

---

① 记住这一点是甚为重要的,即在孔子的时代,并且在前帝国时期的大部分时间内,即便各式各样的书面文本已经存在了,但传授主要仍是以口头方式来进行的。《诗经》尤其就是这样被记住的,《尚书》中的一些篇什亦然。现有的书面文本并不必然与孔子《论语》当中提到的一致。我们现在所说的《诗经》与《尚书》几乎肯定包含了孔子的时代之后才写下来的材料,也许还缺了一些他那时可以读到的材料。有一种极端的观点认为,在《论语》最早的版本中,根本就没有提及《尚书》或《诗经》,直至孔子逝世之后,这两部将会以其书名而为人所知的经典也许甚至还没有被写下来,但确定无疑的是,那时它们还没有被编纂。关于这种观点,可参 E. Bruce Brooks and A. Taeko Brooks, *The Original Analects: Saying of Confucius and His Successors* (New York: Columbia University Press, 1998), 255。

社会,因为"封地"不是领主与封臣之间的契约关系,而是君王赐予的"礼物",一般是赐予同族亲属,有时也赐予其他忠诚的封臣,原则上,它们是有条件的,因此,可在任何时候收回。① (关于 lineage 的翻译,学术界也有不同的看法,这里暂译为"宗族",具体原因可参钱杭:《莫里斯·弗利德曼与〈东南部中国的宗族组织〉》一文。在"以色列"一章中,lineage 译为"世系")用韦伯式的术语来说,它是一个分权的家产制社会,而使用"封建"一词仅仅指向的是它的分权。我们必须记住,与公元前第一个千年晚期的中国将会达到的状态相比,公元前第一个千年早期的中国人口要更为稀少,在经济上,发展程度和城市化水平都较低。非中华的"部落"与华夏(中华)民族错落交织在一起,许多土地还没有得到开垦。

在这些形势下,西周初期的君主政制可能只是在一两个世纪中保持着某种程度的集权化控制。随着时间的推移与直系纽带的日益疏离,集权统治逐渐解体了。西周都城在公元前 771 年的陷落,以及将都城自西部中国的渭河流域——长期以来,它一直是周民族的故土——迁往东部的洛阳,这些都标志着中央权威的衰弱,虽然事实上几乎可以肯定,中央权威在此之前就已经衰弱了。在洛阳,周朝的权力很大程度上变成了礼仪性的,依赖于更为强大的东部诸侯国的好意,而这些国家这时事实上处于独立状态。

401

随后的春秋时期是以一部记录公元前 722 年至前 481 年这一跨度的编年史来命名的,这片土地逐渐陷入连绵不绝的战争,随后进入了战国时代(公元前 450—前 221,战国的起始年一般定为前 476 年),在这一时期,一系列新的发展改变了中国文化与社会的性质,并导致春秋时期仍占统治地位的武士贵族制(warrior aristocracy)退出历史舞台。

孔子本人生活于春秋时代落幕之际,他以批判性的理解来看待他生活于其中的社会。他将周礼理想化,他也是第一个运用"借古讽今"原则的人,这种做法在其追随者那里不绝如缕,许多统治者,包括第一

---

① Edward L. Shaughnessy, "Western Zhou History", in Michael Loewe and Edward L. Shaughnessy, *The Cambridge History of Ancient China* (Cambrideg: Cambrideg University Press, 1999), 292-351.

个秦朝皇帝,却都对它予以强烈谴责。通过更细致地考察春秋时期的社会现实,我们可以看到,将孔子与它联结起来的是什么,他在其中谴责的又是什么。

陆威仪描述了春秋贵族政制中的首要关怀,即"大事"(great services):祭祀、战争与狩猎。① 这三种事奉(services)是高度礼仪化的,也是相互关联的;正如许多其他的贵族社会一样,礼仪位于其中心。尽管"礼"(li),即礼仪(ritual),在后来的儒家那里将会有非常不同的含义,但是,它以"大事"的形式位于孔子要求尊崇的周初文化的中心。(此处将"ritual"译作"礼仪",译文中常常提到的"仪式"在英文中也是"ritual"一词)中心的事奉即为祭祀本身,战争与狩猎则是其延伸。对神灵与祖先的大祭是西周社会向着自身来表现自身的方式。因为我们西方的中国观受到了中华帝国的文人士大夫的核心人物如此深刻的影响,所以重要的是要认识到,我们现在讨论的西周和春秋是一个武士社会,这是一种与前君主制时期的以色列(不妨想想大卫与歌利亚故事里的参孙与大卫)、《荷马史诗》的希腊与《摩诃婆罗多》的印度有所不同的社会,但也许与它们属于同一类型。祭祀对社会的自我理解极具核心意义,而执行它们的正是武士,在这个方面,它与早期希腊相似,而与由祭司阶层执行祭祀的早期以色列和印度不同。诚如陆威仪所说的那样:

402
    在春秋时代,政治权威来自对有力量的先祖之灵与地方神祇的祭拜,而这种祭拜是通过定时在祖庙与国家的祭坛上奉献祭品来施行的。将统治者与黎民百姓区隔开来的行动就是这些祭坛上的"大事",而这些事奉都是以祭祀、战争与狩猎为形式,由礼仪指导的暴力。这些活动通过礼仪性的交换与牲礼的消耗而象征性地联结在一起,在将活物供献于祭坛上时达到了它们共同的高潮。因此,贵族首先是一位武士与献祭者(sacrificer),也就是这样一个人:他为了供奉赐予他权力的神灵而杀生。②

接着,陆威仪引用了《左传》,这部文献大概成书于公元前 4 世纪,但也

---

① Mark Edward Lewis, *Sanctioned Violence in Early China* (Albandy: SUNY Press, 1990).

② Ibid., 17.

吸收了更古老的材料，而且它仍然是了解春秋时期的最好资料：

> 国之大事，在祀与戎，祀有执膰，戎有受脤，神之大节也。①
（《成公十三年》）

祭祀与战争（狩猎从属于二者，为祭祀提供牲礼，为战争提供训练）界定了武士区别于平民的地方，平民是不能参与这两种活动的。此外，祭祀也反映了武士阶层的组织，该阶层事实上被划分为不同的宗族，并按照宗族而等级分明地组织起来。

在这一父系社会中，长子继承制（primogeniture）是一个紧要的因素：理论上，长子继承其父亲的地位，虽然事实经常并非如此，他的弟弟们则会被赐予各自的领地。在这些弟弟们的领地中，下一代长子之外的儿子们得到的仍然是较小的领地。这种正式的等级制，是依据人们在宗族系统中所处的位置而借助于一些规矩仪式性地表达出来的，这些规矩规定了适合于每一等级的礼器（ritual implements）的种类与数量，还有礼仪的精致程度。

考古学已经发现，所谓的周朝礼仪体系，也就是孔子理想化的体系，可能并不是该王朝建立的时候就确定下来的，而是来自可追溯至公元前 850 年左右的一场重大的礼仪改革，该改革为礼器的形式及其与403每一等级相匹配的数量都制定了标准，那是一场迅速在整个中国的文化世界中立足的改革，却未在任何文本中得到描述。根据对几十年的考古发现的重要综合，罗泰提出，他所说的西周晚期的礼仪改革可能是为了恢复宗族关系体系的凝聚力而作出的努力，在周朝统治了 200 年之后，这一体系变得混乱，因为贵族宗族在人口上的增长造成了一种很难在礼仪上呈现出来的局面。改革严格限制了位高权重的族系的数量，将不少贵族都降至一种以"士"一词来表示的底层精英地位，这个

---

① Mark Edward Lewis, *Sanctioned Violence in Early China* (Albandy：SUNY Press, 1990), 17.译文出自陆威仪本人。可比较 James Legge, *The Ch'un Ts'ew with the Tso Chun*, vol.5 of *The Chinese Classics* (Hong Kong：Hong Kong University press, 1960 ［1895］), 382. 华兹生（Burton Watson）翻译出了一卷《左传》的选编本，与陆威仪的本子相比，他的译本用起来要方便一些，可使我们对该文献略窥一二，但它选编的只是全书的一小部分。可参他的 *The Tso Chuan: Selections from China's Oldest Narrative History* (New York：Columbia University Press, 1989)。

词经常被译为"武士"(knight)(余英时引用了顾颉刚先生的说法:"吾国古代之士,皆武士也。"参余英时:《中国知识人之史的考察》,桂林:广西师范大学出版社,2004年,28页),孔子可能即属于这一阶层。罗泰进一步推测,这一激烈的改革由于声称回归到周朝初立时期,从而有了上古的根据而名正言顺了,正是在这一改革中,周文王、周武王与周公呈现出他们的原型意义(archetypal significance),甚至《尚书》与《诗经》的最早部分起初也是在这一改革时期得到编纂的。①

不论周朝礼仪体系——孔子视自己为它的复兴者——的真实年代是何时,值得注意的是,从最早的历史时期以来,也就是在商朝与西周,礼仪就有着极端的重要性。因为"礼"(ritual, li)位于孔子思想与儒家传统的核心,这也就没什么好吃惊的(下文中仍然多次出现 ritual 一词,也多次出现 li 一词,为保持这种区别,只要贝拉不特意注明是 li,我们还是会将 ritual 译为"礼仪"或"仪式",只将 li 翻译为"礼"),但重要的是要认识到,西周的"礼"与它后来在儒家那里的含义并不尽然相同。罗泰帮助我们了解了"礼"的早期重要性:

> 在一个例证中,考古学已经独立证实了先存的文本知识。这个例证揭示了,社会秩序与周朝精英阶层的祖先崇拜所要求的礼仪实践之间有极其紧密的联系——这是一种被实物证据充分证明了的联系……当然,这种联系在早期社会是一种普遍现象。然而,将社会地位与礼仪特权直接联系起来,这在早期中国比在其他早期文明中更加被当作是天经地义的。②

公元前850年左右的这场礼仪改革是一次用心良苦的努力,它为了巩固贵族宗族的政治地位,在献给祖先的祭祀仪式中指定了与每一个宗族等级相匹配的形式和礼器。特定的形式仅保留给周朝的君主;其他形式则留给王室家族之重要分支的宗族,以及它已在北部中国各地建立起来的最高等级的联盟;还有其他的形式,则是留给那些事奉君主或各个领地之统治者的从属性宗族。

404

---

① Lothar von Falkenhausen, *The Chinese Society in the Age of Confucius* (1000-250 BC): *The Archaeological Evidence* (Los Angeles: Cotsen Institute of Archaeology, UCLA, 2006), 156.

② Ibid., 12.

这一礼仪改革以其显著的彻底性而开创的标准化可能是为了整顿混乱局面、建立秩序而作出的一种努力。周朝统治了两个世纪之后,许多小领地与少数大一些的领地正日益独立。在文化上,精英之间有着显著的统一性,改革的广泛胜利表明了这一点,但是在政治上,周天子越来越难在那些日益独立的诸侯国之间组织起任何类型的一致行动。此外,正如在许多贵族社会中那样,一个人的荣誉,以及透过他的行动而彰显的祖先的荣誉,是一个重大的关怀。战争是大型的礼仪事奉之一,并经常因为一个人的宗族受到了某种真实或臆想的怠慢而爆发。

陆威仪注意到了"军事行动高度礼仪化的特质。作战的每一阶段都以特殊的礼仪为标志,这些礼仪将战场上的行动与国家崇拜(state cults)联结起来,并保证了战斗的神圣性质"。[1] 举足轻重的是对作战理由的正式宣告:

> 在每一场战斗前,武士们都会集结起来,被告知为什么天意、职责之势在必行,国家的荣誉和祖先之灵要求打响这场战斗。这一誓言,连同在祖先灵位前的卜筮、战斗祷辞和礼仪命令(ceremonial command, *ming*),在政治和宗教框架中决定了当天的厮杀。它规定了纪律的规则,却是以如下的形式做到的,即同时将指挥官和武士结合到对祖先和神灵的共同事奉中。[2]

正如人们可能会预想的那样,在这种礼仪化的战斗中,存在着一些准则使战争具有一种形式上的特性:入侵的军队会被以礼相迎;战斗的时间与地点是规定好的;如果一支军队不得不渡河,并陷入混乱,敌军将会等他们整饬完毕之后再发起进攻;如果一国之君去世,侵入的军队应该撤军,以不致"增加哀痛"。[3] 不消说,这种战争是由贵族精英来进行的。庶民可能参与到支持性的角色中,但并不参与到战斗中来。类似地,尽管庶民可打渔或猎取小型动物,但是,只有贵族礼仪性的狩猎才能以大型和危险的动物作为猎物。由于传世文本事实上只关注武士精英,因此,我们对农民与工匠阶层知之甚少。在后面这两个阶层中,

405

---

① Lewis, *Sanctioned Violence*, 22.
② Ibid., 25.
③ Ibid., 38.

可能有一些人具有非华夏的文化背景,但不管怎样,他们依附于他们所居住的这片领土,"隶属于"支配着这片领土的人。所以,周初社会在很多方面与后来的中国社会的样子大有不同。尽管礼仪在早期和晚期都具有核心性,但其意义将随着时间而发生剧烈的变化。

周初之际,在王国各地封立了分支与联盟的宗族,这是一种将他们的领地覆盖到更大疆域的方法,其疆域比商朝曾经控制的疆域更大。但是,在人烟稀少与基本上尚未开垦的乡村,宗族的首脑会被封立在城镇中,控制的也只是紧紧环绕着它的领土。"国"(guo)一词后来意味着"国家"(state),它最初的含义则是这样一个宗族的"都城"(capital),如果"都城"不是故甚其词的话,亦即它是统治者"宫廷"的所在地,并首先是祖庙的所在地,是所有重要祭祀的所在地。随着人口的增长,越来越多的土地得到了开垦,更像是以领土来界定的国家逐渐形成了。① 最初在很大程度上一直都是礼仪性的战争,却变得更加郑重其事了,而且小国开始被大国吞并。在这一过程中,尤其是在春秋时期,周天子能带来表面秩序的能力也都衰竭了。不仅仅最初分封的国与国之间有冲突,宗族内部亦有严重的倾轧(继承权之争从未止息),而且一个国家中的不同宗族之间,甚至一个宗族中的各房(sublineages)之间也有冲突。本应该整饬社会秩序的礼制越来越多地被践踏,尽管荣誉一如既往地是冲突的根源,但战争爆发的原因已不仅仅是为了祖先,而是为了权力,甚至是为了霸权。正如尤锐所述:"的确,春秋是分崩离析的时代。连续的篡位夺权造成了列国之间,各国内部主要的宗族之间,以及宗族内部之间的连绵不绝的冲突。春秋的政治思想史可被概述为列国政治家试图去终止崩溃,阻止无序,恢复等级秩序的艰辛努力。"②但是,正如尤锐接着论述的那样,"礼"的恢复仍然意味着我们在上文描述过的周朝体系的等级制形式,还不是儒家的概

① 如罗泰所述,"在中国,以中央的行政管理为边界的领土观念是东周的一大创新。在早期的青铜时代,而且在《左传》记载的大多数时间里(亦即春秋时期),政治权威是从一个政治实体的都城(国)向外辐射出去的,距离城越远,权威就削弱得越快……相反,在战国时代,国的基本意思已经变成'国家'而不是'都城'了,精确勘定每个国家的领土就成了举足轻重的问题"。*Chinese Society*, 406.

② Yuri Pines, *Foundations of Confucian Thought: Intellectual Life in The Chunqiu Period, 722-453 BCE* (Honolulu: University of Hawaʻi Press, 2002), 406.

念重组。它是为达到那些目的而被提供的"通用的灵丹妙药",然而,却是一剂似乎从未发挥过效用的灵丹妙药。孔子生活于春秋的落幕时期,他象征着这样一个时刻,那时产生了对于一种显著重组的需要,虽然它是按照回归先王时代而表达出来的。

春秋为随后出现的哲学反思留下什么思想遗产,在我们对此进行总结之前,最好先审视一番战国时代之前发生的一些深层而根本的社会宗教变化,这有助于我们了解之后的新发展。罗泰提出,这些变化在考古记录中要比在文献中更为明显。存在着两种重要变化,每一种都在罗泰著作中的第八章和第九章的题目中得到了扼要的概括:"高层精英与底层精英的分离(约公元前 750—前 221)"和"底层精英与庶民阶层的融合(约公元前 600—前 221)"。① 公元前 850 年左右发生的西周晚期的礼仪改革"有这样的影响:将显贵精英中的大多数人从一个双层社会(two-tiered society)——宗族作为构成这个社会的要素,其中的显贵与庶民之间的对立主导着这个社会——中的上层地位降低到新创造出来的中间层级,他们夹在越来越强势的上层统治者与未列入等级(unranked)的下层庶民之间"。② 春秋时期的问题部分地是,越来越强势的精英阶层与更强势的国家之间产生了深刻的分裂,在这些国家内部,统治的宗族与附属的宗族之间也产生了深刻的分裂——正是这些分裂,才使得社会如此动荡不安。

公元前 600 年左右,春秋中期的礼仪重建给上层等级增加了更多的特权,同时,将底层精英的特权削减到了这一地步,以至于他们与庶民之间的差异几乎不存,到了战国时代,差异则已消失殆尽。③ 这种重建有着更为深远的影响。如罗泰所述,"精英阶层内部形成了一个摄威擅势的亚群体(subgroup),这为战国时代的暴虐统治者的全面出现揭开了序幕,无疑也为后者铺平了道路"。④ 底层精英双重的下降趋势意味着,我们描述的存在于早期西周的武士社会,其真正的本质逐渐已不复存在了,界定这种社会的三项事奉的意义也逐渐消失了。

---

① Falkenhausen, *Chinese Society*, 326-399.
② Ibid., 370.
③ Ibid., 366.
④ Ibid., 365.

　　陆威仪尤其注意到,较早的武士社会的特点之一是很容易受到这些变化的侵蚀,也就是受到武士精英中基本的平等主义的侵蚀。陆威仪评论道,武士贵族中精心划分的等级不应使我们对这一事实视而不见,即"这些等级划分根据的是基本的高贵出身之外的其他条件,而基本的高贵出身则是精英阶层的所有成员都共有的,以他们之间的血缘关系以及对'大事'的集体参与为基础"。①　此外,"士"虽然是贵族等级制中的最底层,却是一个用于表示高贵的人(nobleman)的通用词,因此可以说,更高的等级是"添加"到作为一个"士"的基本规定之上的。"君王在贵族的顶端,士则处于底部,但是,这一时期的语言与礼仪程序均坚持,君王与士有共同的高贵本性,他们只是在程度上而不是在种类上被区分开来。"②孔子可能就是一个时代的"士",那时,像我们将要看到的那样,这个词开始有了新的含义。如果说战国时期新的强大统治者统治着一个由平等者构成的社会,那是因为所有人都要平等地服从于统治者。孔子将会做出新的区分,但这种区分将以道德品质而不是以宗族为基础。

　　现在是时候来总结这一问题了,即当孔子重思中国社会的文化基础的时候,之前紧挨着的那个时期对他有何影响呢?在此,我们面临着一个困境,它与我们了解春秋时期的主要文献来源,即《左传》有关。《左传》是《春秋》三传之一,《春秋》即所谓的《春秋编年史》(*Spring and Autumn Annals*),实际上就是鲁国的编年史,它之所以获得了主要的经典地位,是因为据说它由孔子编纂,这个说法几乎肯定是错误的。与其他的注解不同,《左传》是那段时期的一种大型连续的史书,只是令人不安地,也部分地未能成功地顺应《春秋》的注解形式。尽管人们普遍都赞同,它是在公元前4世纪才编撰的,但关于它赖以编撰的资料的真实性,则尚有争议。③　如果它是由儒家在公元前4世纪所撰,或是

---

① Falkenhausen, *Chinese Society*, 28.

② Ibid., 32.

③ 对《左传》历史可靠性的讨论,参 Pines, *Foundations of Confucian Thought*, 26-39。陆威仪在《早期中国的合法暴力》(1990)中主要根据《左传》来描绘春秋时期的社会,但是,在《早期中国的著作与权威》(*Writing and Authority in Early China*, Albany: SUNY Press, 1999)中,他又对《左传》的可靠性表示了怀疑。罗泰由于找出了大量的考古学证据,所以,他着力支持《左传》的可靠性。参罗泰:《孔子时代(公元前1000—前250)的中国社会》,索引的"左传"条。

有所增益地重撰,那么,它就很难用于描述儒家思想发源的历史"背景"。然而,如果它当中所包含的言说确实早于孔子,那么,它们可使我们对孔子可以运用的文化资源有所了解。我无力对这一技术性问题做出独立的判断,虽然就我来说,支持《左传》中至少有一些是真实的这种论断似乎是令人信服的。但是,就我的研究目的而言,不论《左传》是记述了孔子之前的事,还是只记述了早期儒家的观点,都不及其自身的发展那般重要。

关于社会地位的术语中有两种变化与罗泰主要以考古学为根据所描述的长期变化是一致的,它们就是"士"一词在含义上的变化,上文将其描述为等级有别的贵族制中的最底层,但是,现在则有了以地位而不是以出身为基础的"官员"——哪怕是下级官员——的含义。在诸侯国更大的战国时代,官员是基于功绩而不是基于出身来选拔的,我们也知道一些商人被赐予高官厚禄的例子,这是一个世袭宗族——除了最高的地位级别之外——的重要性确实日趋衰落的迹象。"士"一词得到了进一步的普泛化,可直接运用到受过教育的人身上,或甚至运用到作为一个阶层的学者身上。

另一个我们迄今尚未提到的词则展示出了自春秋末叶至战国初期的一种相似的发展,即"君子"一词。从词源上来看,这个词意指"君主的儿子"(son of a lord),并因此意指一个贵族。但是,在《左传》中,我们发现,甚至高层重臣使用这个词时也含有道德寓意,他们使用这个词在道德上将高风亮节的贵族与那些虽然出身贵族,行动却并不"君子"的人区分开来。虽然有时也会发现其他诸如 superior man(地位高的人)这样的翻译,但《论语》中君子的标准译法是 gentleman(有教养的人)。无论如何,在《论语》中,这个词始终用于指涉道德的而非血亲的区分。这两个词上的变化显示出来的是一个贵族宗族——除了最高的地位级别之外——很大程度上正在丧失其重要性的社会,但也是这样一个社会:其中,在相当大的程度上,那些直系上没有等级(lineally unranked)人现在可享有此前完全属于精英特权的文化形式,虽然这样做的时候,它们的含义也发生了变化。①

春秋晚期的一个有意思现象是,各个国家的都城人口曾短暂地作为政治行动者(actor)而出现,这提供了一**丝丝**与希腊城邦的相似性。都城平民(国人)由士与商人、工匠组成。根据陆威仪,"都城居民在不同的贵族宗族之间的残酷斗争中扮演着决定性角色,并经常可决定王位的继承……在危机时期,所有居民都被召集起来,以决定国家的政策"。② 一旦战国时期集权化的趋势羽翼已成,有了更强大的统治者与弱小的附属性宗族,都城平民的声音也就销声匿迹了。

如果在孔子的一个世纪之前或更长的时间之前,术语的变化以及下文将描述的与它们相关的其他变化就已经"在进行中"的话,那么,这就使得他自称"述而不作"的说法更加可信。③ 然而,《左传》提供给我们只是轶事式的记述。《论语》之前没有对这些变化的正式讨论,孔子之前也确实没有"私人思想家"或"周游的哲学家"(peripatetic philosophers)。④ 不管什么样的变化正在发生,孔子都是第一个对它们作出系统思考,或者可以说,作出"客观"思考的人。即使《论语》更多是格言式的,而不是系统性的,但是,将孔子视为开启了中国的轴心时代的人肯定是不刊之论。

问题还在于,孔子多大程度上认为自己体现了传统的周朝文化,而且记载似乎显示,一些东西,我们认为是他的革新,但可能在他之前就已经一直在发展了,这也表明,史华慈宣称孔子及其追随者"与他们后来的一些争鸣者相比,更真实地呈现了过去的一些**主导性的**文化取向"的这种说法是正确的。⑤

---

① 关于君子含义的变化,可参 Pines, *Foundations of Confucian Thought*, 165-171。与"士"和"君子"相类似的第三个术语变化是"百姓":在西周,"百姓"(一百个家族/姓氏)指的是显要的贵族,但是,到了春秋末叶,当越来越多的庶民也有了姓的时候,它便开始意味着"民"。同上书,44 页。

② Lewis, *Sanctioned Violence*, 48. 以及那些引用《左传》的脚注。

③ 参《论语·述而》,孔子在这里说自己是"述而不作"。

④ Pines, *Foundations of Confucian Thought*, 205-206.

⑤ Benjamin Schwartz, *The World of Thought in Ancient China* (Cambridge, Mass.: Harvard University Press, 1983), 60. 黑体为原文所有。

孔 子

本章一开始,就希腊和中国各自与其上古史之间的连续性这一问题,对二者做了比较。我们会以另外一个与希腊的比较来开始对孔子的讨论:如果中国历史中有任何可与柏拉图在西方所发挥的影响相提并论的人物,那他一定是孔子。怀特海说过一句广为人知的话:所有的西方哲学都不过是对柏拉图的一系列脚注;对于孔子,我们可以说相同的话:所有的中国哲学都不过是对孔子的一系列脚注。尽管肯定并非所有的中国思想都是儒家思想,正如并非所有的西方思想都是柏拉图式的,但事实仍然是,中国的每一位重要思想家,不论是哪一“家”(school),都不得不正视孔子。差别在于二人在各自的轴心转化演变中的定位:柏拉图处在滥觞于泰勒斯——也就是第一个我们知道其名字的希腊思想家——的漫长发展的尽头;孔子则处于一个漫长发展的开头,但他居于泰勒斯的位置,也就是说,他是第一个我们知道其名字的中国思想家,虽然在影响上,他居于柏拉图的位置。

如何理解这种乍看起来非常突出的差别呢? 如果我们更细致地审察一番《论语》这部我们现有的唯一的孔子著作,事实上也是我们了解他的唯一来源,这个问题就会变得简单了。《论语》在篇幅与风格上无疑与前苏格拉底哲学中的一个人很相似,即赫拉克利特,特别是如果我们去看赫拉克利特的整个文本的话。《论语》并不是很长,很多都是格言,而且在连续的辩论方面,被战国后来的几部文献《墨子》《孟子》《庄子》《荀子》后来居上,也被诸如《管子》与《吕氏春秋》这样集体创作的文献所超越。所以在形式上,《论语》确实看起来很“早”,即便它的影响力一直很大。但是,我们甚至不确定该文本有多早。传统上将孔子的生卒年确定在了公元前551至前479年,但是,我们没有理由认为孔子撰写过任何东西。我们现有的文字是由他的弟子记录下来的,也许是他在世时,也许是在他逝世后,而且人们几乎普遍认为,传世《论语》各篇并非全都来自同一时期。人们普遍认为,第三卷至第十卷,或第四卷至第九卷,或者一般而言,前面的几卷,这些与孔子本人的时代最为接近;后面的几卷,即第十一卷至第二十卷,但经常也包括第一卷至第二卷,或第一卷至第三卷,则被认为是其弟子或再传弟子后来所做的补充,但至于是多久之后,则仍有争议,因为一些人相信,整个文本都是孔子之后的一代人或两代人整理出来的,或者还有极端的情况,即白牧之(E. Bruce Brooks)与白妙子(Taeko A. Brooks)在他们的《原初的〈论语〉》中提出,《论语》在战国的大部分时间里都因为后来的补充而有所扩展,只是在公元前249年秦国征服鲁国之后才停止增补。[①]

白牧之与白妙子在《论语》后面的几卷中看到,它们对战国思想很多后来的发展作出了回应。对这一观点的主要反驳是,后面的几卷从来不具备晚期战国思想的持续辩论的特点。虽然注意到了这些看法之间的不同,且有时也会提及它们,但是我无须对它们表明立场。《论语》是一部核心的文本,也许是**唯一**那部核心的文本,这是毋庸置疑的,而且所有后来的中国思想家均将该文本作为一个整体来对待,两千多年来,这个文本建构了一个除了在所有受过教育的中国人的心灵里就绝无可能存在的"孔子"。

看了《论语》这部我们唯一有保证的资料,我们仍不确定孔子究竟是谁。如果他是一个贵族,那他肯定就是一个"士",也就是在"士"与庶民之间的区分日渐模糊之际的最底层贵族。他是一个教师,因为他有弟子,即学生。他传授的大概是某种被称作六艺的技艺,即礼、乐、射、御、书、数,也就是"贵族的有教养的技艺"(the polite arts of the aristocracy)[②],在那时,受过教育的平民也有兴趣去学习它们。在很久之后,六艺将会因为五经(或六经)而黯然失色,但很显然它们不是文本,而是技艺(skills)。例如,人们并不学习关于礼与乐的知识,而是学习如何表演礼与乐,二者事实上是紧密联系的活动。射与御则是军事技艺,白牧之与白妙子提出,最早期的《论语》,即第四卷(《里仁》),就有着军事气质,虽然对我来说,这并不那么明显。

411　　　毋庸置疑,有很多传授贵族之艺的教师,并且在孔子之前的很长时间里就一直如此。使他与众不同的,也就是使他成为中国文化的一个

---

① 参 Brooks and Brooks,《原初的〈论语〉》,附录1,《〈论语〉的累积理论》(The Accretion Theory of Analects),201—248页。

② Michael Nylan, *The Five "Confucian" Classics* (New Haven: Yale University Press, 2001), 20.

新阶段的开端的是,他感兴趣的并不仅仅在于传授特定的艺,甚至也不在于儒家传统中将极具核心意义的礼与乐,而在于他首先有意识地关注其弟子的——我们可称之为——"塑造"(formation)、他们作为人的道德发展与他们在世界中的道德立场。他也关注当时社会不忍目睹的局面,关注传统的流失,在他看来,这种传统曾经为所有人都提供了更大的安定与尊严。很明显,孔子是一个正直无私的人,他给弟子留下了流芳千古的印象。

要想重建他的教诲,我们必须从以下相关的争议开始,即在两个最为核心的词中,"仁"(亚瑟·韦利译之为"goodness")与"礼"(亚瑟·韦利译之为"ritual")①,哪一个更重要,我们甚至要究问,是否真的必须在这两个词中间选择一个。根据白牧之与白妙子,"仁"是第四卷(《里仁》)的一个关键词,而他们相信,第四卷是最早的一卷,也是唯一我们能够相对肯定它记述了历史上的孔子的真实观点的一卷。在这一卷中,"仁"在大量段落中出现,而"礼"则只被提及一次,而且还是顺便提及的。每个人都同意,"仁"在《论语》之前的任何文本中都是极其罕见的,但在《论语》中则甚是常见。很难确定它的前儒家的含义,因为那时它很少出现。人们总是注意到,"仁"字是由表示人(person)的偏旁——即"人"(human being),发音也是"ren"——与数字"二"构成的。它早期的用法可能意味着"英俊的"(handsome),"优秀的"(valiant),或者可能是作为一个表示人的相关词即"男子气概"(manly)的双关语,并且可能是一种贵族的素质,而不是一项美德。在《论语》中,"仁"显然是道德性的,但正如对其蕴涵有很多不同的译法一样,它的含义并不全然清晰。

如果第四卷是最早的一卷,也是与孔子最接近的一卷,那么我们从开头伊始便会发现一些难解之意,一些关于"仁"的难以捉摸的地方:

> 子曰:"我未见好仁者,恶不仁者。好仁者,无以尚之;恶不仁者,其为仁矣,不使不仁者加乎其身。有能一日用其力于仁矣乎?

---

① Arthur Waley, *The Analects of Confucius* (London: Allen and Unwin, 1938).

我未见力不足者。盖有之矣,我未之见也。"(《里仁》)①

孔子也没有自称达到了"仁":

> 子曰:"若圣与仁,则吾岂敢? 抑为之不厌,诲人不倦,则可谓
> 云尔已矣。"(《述而》)②

在弟子询问"仁"的定义时,孔子的回答通常都是含糊其词的,或者,当被问及某某人是否为仁,回答也总是否定的。然而,孔子告诉我们,"仁"并非遥不可及:

> 子曰:"仁远乎哉? 我欲仁,斯仁至矣。"(《述而》)③

从这些段落中,我们可辨识出的是,尽管"仁"很近,而且爱它的人不会将任何事物置于其上,然而没有人,甚至孔子本人,已能够将它付诸实践,虽然没有人缺乏这样做的力量。尤其是在《论语》后面的几卷中,"仁"被赋予的实质不胜枚举,这使得我们相信,"仁"是至高无上的美德,因为它包含了所有其他的美德,而且还远远不止于此,但是它从来没有全然失去它神秘的特性。它有某种东西使之超越日常生活。这是大量暗示中的一个,即《论语》并非完全是中国人和西方人通常所认为的那种世俗文本。

　　如果我们对一些常见的译法作一番考量,那么与常见的译法"仁爱"(benevolence)一样,韦利的"善"(goodness)也把握到了"仁"这个术语的普遍性(generality),正如葛瑞汉指出的那样,只有从孟子的时代开始,"仁爱"才适合作为主要的翻译④,但是,善与仁爱都太容易与我们本身的道德词汇等同起来,而且,正如安乐哲指出的那样,它们也

---

① 译文出自 Brooks and Brooks, *The Original Analects*, 14。我已经将白牧之夫妇特殊的罗马字母替换成了拼音。

② 译文出自 Roger T. Ames and Henry Rosemont Jr., *The Analects of Confucius: A Philosophical Translation* (New York: Ballantine Books, 1998), 119。我没有采用安乐哲(Roger T. Ames)将 ren(仁)翻译为"有权威的人"(authoritative person)的这种做法,因为我希望暂时对该术语的翻译问题保持开放。

③ 译文出自 Waley, *Analects of Confucius*, 129。我替换了韦利将 ren(仁)译为"善"(goodness)的做法,原因如上一条注释所述。

④ A. C. Graham, *Disputers of the Tao: The Philosophical Argument in Ancient China* (La Salle: Open Court, 1989), 112-113.

缺少这个术语的丰富性:"'仁'是一个人的整个人格;一个人文明化了的认知、审美、道德与宗教感受力……'仁'不仅仅是精神的,也是身体的,即一个人的仪容姿态,动行举止。""仁",他写道,"并非召之即来的……它是我们所做的,所生成的"。①"仁"肯定是道德性的,如罗哲海所示,"仁"是儒家思想中最高的道德术语②,但它不是理论性的,至少最初不是:虽然它产生思想,但它是躬体力行的(performative),亲力亲为的(enactive),心慕手追的(mimetic)。

考虑到它与人的相近性,我们现在可根据罗哲海,将仁——美德——译为"人道"(humaneness),而不是像有时看到的那样将它译为"人性"(humanity),所以,我们赞成安乐哲的反对意见——他并不认为"人性"这种译法暗示了它是一种普遍的人的特征。(下文贝拉提及humaneness 时,我们仍按照他的意思还原为"仁")"人道"(即"仁")试图去把握对一种理想的志向,这种理想虽触手可及,却不易在实践中实现。尽管如此,它却是一种规范或标准,而且是判断人的行为的**唯一**(the)规范或标准。虽然根植于具体的生活中,也就是社会的生活中,但它却是普遍的。③ 一般认为,赫伯特·芬格莱特将"仁"从属于"礼",但是,关于"仁",他却给出了一种体现其普遍性要求的界定:"社会就是人们互相以人相待。"④这几乎是康德式的观点,对待其他人要将他们本身就看作目的。也许在我们考察了"仁"的补充性术语"礼"之后,会更好地理解"仁"在儒家实践中是如何发挥作用的。

如果白牧之与白妙子是正确的,那么,"仁"最早是在《论语·里仁》出现的,让人吃惊的是,它看上去近乎是无语境的(contextless)。不论孔子传授给弟子的是什么"艺",他都深切关注他们的人格塑造,并且为他们设定了一种很高的,几乎是难以达到的道德目标。我们最终将看到,不论它初次亮相时有多突兀,"仁"的确有一个语境。但是,

413

---

① Ames and Henry Rosemont , *The Analects of Confucius*, 49.
② Heiner Roetz, *Confucian Ethics of the Axial Age* (Albany: SUNY Press, 1993 [1992]), 123, 此处引用了《吕氏春秋》之言:"孔子贵仁。"(语出《吕氏春秋·不二》,贝拉未指明具体出处)
③ 在此,我与安乐哲有分歧,他相信,由于"仁"不可抹杀地是关系性的(relational),所以也必然是殊别主义的(particularistic)。参 Ames and Henry Rosemont , *The Analects of Confucius*, 20ff。关于"仁"的普遍主义,我与罗哲海观点一致。参 Roetz, *Confucian Ethics*, 19ff.
④ Herbert Fingarette, *Confucius: The Secular as Sacred* (New York: Harper Torchbooks, 1972), 77.

孔子所传授的实质无疑是"礼",而且如果不涉及其语境,我们就很难引入对"礼"的讨论。芬格莱特中肯地指出,关键的语境就是"道",即道路(Way)。与在大多数战国时期的思想家那里一样,"道"在《论语》中也是一个重要的术语,但是,在不同思想家那里,其含义也会随之变化,我们不应不分青红皂白地将它等同于后来所称的道家所赋予它的含义。在《论语》中,"道"与其说是宇宙之道,倒不如说是古人之道,先王之道,君子之道。在《论语》中,"道"与"德"(力量、潜力、美德)相配,而它在《道德经》中的用法则大为不同。在《论语》中,"德"紧紧遵循了这个词在周初的用法,它是统治者的"卡里斯玛",也就是吸引人们到他这里来,领他们步入"道"之实践的力量。孔子确实将"德"归诸先王,他相信,他们是一种理想的政府形式的开创者,但是,他也将其普泛化为君子的品质,普泛化为任何真诚追求"道"的人的品质。①

　　道有其自身的尊严,同样,没有地方像《里仁》表达得那样清晰——"子曰:'朝闻道,夕死可矣。'"②但芬格莱特提出,追求"道"所必需的行动就落实在"礼"中,且落实在其主要的含义中,即"礼仪"。③如果我们能对《左传》寄予信任,那么,在周初的"大事"中集中体现出来的礼仪观念在春秋末期之前就已经得到了普泛化,并扩展到了各种各样的场合之中,它虽然仍包含了高度宗教化的仪式,但现在也包含了不少我们更多地会从礼节或教养方面来考虑的领域,然而所有这些,如果执行得当的话,都被视为社会稳定的基础。《论语》,尤其《乡党》,但又不仅仅限于《乡党》,包含了"礼"的很多不同的例子,对我们来说,其中一些着实琐碎——例如,"席不正,不坐"。

　　如果孔子一开始就是礼仪的指导者,那么,他精通的可能正是祭祀的细节,但他也精通各种社会场合下的恰当举止的细节。然而,在对弟子之人格塑造的关注中,他至少暂时地趋向将"礼"普泛化为一种联系世界与同胞的途径,"礼"以其自身的方式表达了与"仁"同样的道德深度。孔子描述了比夏、商、周还要早的圣人统治者舜的正确行动,与

---

① Graham, *Disputters of the Tao*, 13.
② 不论儒家通常对这个词的应用有多么社会化与政治化,但在此,"道"似乎有着超越的含义。或者,我们能否说:儒家的理想社会,即古人之道本身就是神圣的?
③ Fingarette, *Confucius*, 19-20.

"正席"形成极端鲜明的对比,其极简主义(minimalism)形式即无为(nonaction):"子曰:'无为而治者,其舜也与?夫何为哉?恭己正南面而已矣。'"(《卫灵公》)在此,我使用的译文出自李西蒙,他在注释中说明,"无为"(inactivity)亦可译为"不干涉"(noninterference),舜之所为的道德面向在于,他"设立了一个道德典范,而且他的'德'照耀到了民众身上"。① 将关于正席的说法与"南面"放在一起,我们就可以看到,如何坐绝对不是无关紧要的琐碎小事。

因此,礼仪是一种联系的方式与治理的方式。在《论语》中,它经常与以惩罚来实施的统治相对立。在理想的社会中,将不会有惩罚、死刑与肉刑,因为人们将行之以礼:"子曰:'道之以政,齐之以刑,民免而无耻;道之以德,齐之以礼,有耻且格。'"(《为政》)但是,能够发现礼仪效力的并不仅仅是统治者。行之以礼的君子同样会影响周围的人:"子欲居九夷。或曰:'陋,如之何?'子曰:'君子居之,何陋之有?'"(《子罕》)

如果"礼"并不仅仅像罗哲海有时候说的那样,是可用"合乎习俗的伦理"(conventional ethics)来概括的形色各异的习惯行为的集合,那么,这是因为孔子将之置于一种新的视野中。在此,对我来说,芬格莱特是正确的:他不接受诸如习俗(convention)与传统(tradition)这样的词汇通常(在现代文化中)的贬抑之意,而是看到了这个声称述而不作的人其实在何种程度上说出了新的东西,中国历史上此前从未说过的东西。根据芬格莱特,孔子提供了一种

> 立基于共享的习俗的普遍主义的共同体的新理想。他的方案的内容是要将这种新共同体创立为一种传统。但是,他也发现了,一种强有力的形式性的话语模式可现成地用来宣传这个理想;孔子的确使用了人类文化中最根深蒂固的话语模式——叙事,尤其是关于古老过去的叙事神话或轶事……

孔子是通过礼仪的意象,并因此通过传统的意象来理解人性(humanity)。对他来说,采用阐述的最司空见惯的叙事模式,即关

---

① Simon Leys, *The Analects of Confucius* (New York: Norton, 1997), 192.

于古老过去的叙事是恰到好处的。因此,他的思想内容与一切思索生命意义的形式中最古老也可能最让人心有戚戚焉的形式是最相宜不过的。尽管在这种意义上使用的叙事模式是思想的一种"上古"形式,但孔子思想中的拟古主义并不比当代小说或戏剧中的更突出。孔子使用了关于具有神话色彩之历史的叙事,以之服务于一种新的理想,这种理想在根本上立足于对人们的本性和本质力量的新卓识。①

芬格莱特拒绝了通常将传统视为阴魂不散的过去的看法,毫无疑问,这种看法内在地就会让位于对传统的一种更为准确的看法,就像它在大多数"传统的"社会中真正运作的那样,也就是说,就像是在一个面对新形势而不断做出修正与重释的状态里那样。他从《论语》中援引了一段关键的话,证明这就是孔子的看法:"子曰:'温故而知新,可以为师矣。'"(《为政》)芬格莱特的观点是,只有通过传统或习俗(人类学家称之为文化),人类才能以不完全被本能冲动与条件反射所决定的方式来行动,但新的境遇总是要求传统应该被重思,也就是"复活"(reanimated)。没有复活,传统才真的死了,但是,孔子所述之"礼"仍有活力,并如芬格莱特所示,在"重新统一"人类方面发挥着作用。②

我们可暂时回到芬格莱特所说话语的"形式性模式"(formal mode),《论语》将对新共同体的展望与遥远过去的叙事植根于这种模式之中。该叙事的很多内容尽管由于时代需要而做了修订,不过都包含在第五章论述中国商朝与西周的部分以及本章的第一部分之中。芬格莱特称之为一种"叙事神话",诚然如是,但它是作为历史被陈述出来的,并且明显与我们知道的历史有关。当孔子谈及商朝的文化、周初的文化,尤其是周文王与周公的时候,他是在谈论我们相信真实存在过

---

① Fingarette, *Confucius*, 65, 67-68.(此处译文参照了芬格莱特《孔子:即凡而圣》的中文译本,彭国翔、张华译,南京:江苏人民出版社,65、68 页。"convention"与"tradition"在文中各出现了一次,中译本均译为"传统",兹据贝拉上下文,分别译为"习俗"与"传统")

② 同上书,68—69 页。他继续说道:"预见人类正在出现某种统一,并不仅仅是一种政治的眼光——即便像孔子这样的预见是人类有记载的历史上任何政治远见中最宏大和最成功的构想之一。然而,孔子的远见是一种哲学的理想,甚至是一种宗教的远见,它揭示了人性神圣和神奇的一面,这一面存在于人类的共同体之中,而共同体则植根于人类所继承的生活方式之中。"(69 页)(此处译文参考了彭国翔译本,70 页,有改动)

的事情。他也谈及迄今尚无历史证实的夏朝,而且还谈及诸如尧、舜这些比夏朝还要早的先王——谈到尧舜,我们肯定就是在神话领域了。但是,神话与历史之间的区分向来并非易事,而且中国的神话是被当作历史而呈现出来的,这一事实本身就是意义深远的。后来的思想家在对他们的立场进行正当化的时候,会想出更为久远的先王以求助之。虽然内容迥然不同,但就其将历史,或者我们应该说是神话历史(mythistory)作为决定性的文化形式而加以重视而言,中国与以色列相似,而与希腊和印度不同。①

现在该回到我们的问题了,即"仁"和"礼",哪个更重要。《论语》中有两段文字被认为对这个问题给出了正好相反的答案。我们必须记得,《论语》是一本格言式著作,至多是轶事式著作,而不是系统性著作,它自身并未在其关键术语之间形成有系统的联系。在这些情况下,明显的矛盾比比皆是,不同的解释也在所难免。但是,让我们转向这些文字:

> 颜渊问仁。子曰:"克己复礼为仁。一日克己复礼,天下归仁焉。为仁由己,而由人乎哉?"颜渊曰:"请问其目。"子曰:"非礼勿视,非礼勿听,非礼勿言,非礼勿动。"颜渊曰:"回虽不敏,请事斯语矣。"(《颜渊》)②

在此,"礼"似乎优先于"仁",因为"复礼"似乎就是"仁"的真正定义。

---

① 参 William McNeill, *Mythistory and Other Essays* (Chicago:Chicago University Press, 1986)。葛瑞汉对儒家思想在历史传统传承上的中心角色做了如下评论:"儒家的生命力在于,作为周传统的守护人,他们亦成为中华文明本身的守卫者。永远不可能像对待其他对立的学派一样来对待他们,除非像开历史先河的秦始皇,你可能指望把它夷为平地,创立一个全新的开端。人们也许会补充道,因为儒学将它的所有一般观念根植于对一般习俗、学问和历史先例的缜密研究之中,它独自许诺将个体完全整合到其文化、共同体和宇宙之中,这必然是中国社会得以延续的秘密之一。"《论道者》,33 页。(此处译文参考了中译本《论道者:论中国古代哲学论辩》,张海晏译,北京:中国社会科学出版社,2003 年,42 页,有改动)

② Roetz, *Confucian Ethics*, 122. 我用《论语》原本的术语替代了罗哲海的翻译,并借鉴其他翻译,对此处的译文做了微调。值得注意的是,颜渊——常常被称为颜回——在《论语》较前的章节中对"仁"的理解似乎比任何人都要好,也许比孔子本人还要好,因此,这里有些奇怪的是,他似乎对"仁"又不甚了。同样值得注意的是,可能是由于他接近于"仁",所以,在那些较早的章节中,他被孔子当作"所爱的门徒",也就是他最有前途的弟子,虽然他英年早逝。(此处"the beloved disciple"译为"所爱的门徒",该称呼应该是借鉴自《约翰福音》13:23:"有一个门徒,是耶稣所爱的。")

但是,还有其他说法:"子曰:'人而不仁,如礼何?人而不仁,如乐何?'"(《八佾》)①在此,"仁"似乎是"礼"的必要前提,没有"仁","礼"就毫无意义,因此,它也优先于"礼"。②

也许芬格莱特能够向我们证明,看起来是一对矛盾的东西实际上却是一种互补,他用《论语》中常常与"礼"形影相随的乐来如此证明:

> 礼的行为不仅仅是机械刻板的表演;它们微妙而明智,或多或少地展示了对情境的敏感,也或多或少地表现了言行举止的有机完整。这里,我们最好还是以音乐为例加以说明——孔子是一位乐迷。我们把敏感与明智的音乐演奏和枯燥乏味、匪夷所思的音乐演奏区分开来;我们在演奏中感觉到自信与和谐,或者还有犹疑、冲突、伪饰和感伤。所有这些,我们都是在演奏中察觉到的,我们不必透视演奏者的心理或人格。

> 与之相类,一种行为,如果我们留意看这个人如何施行它,并且更具体地看它是否显示出,他因为人们与他一起参与到"礼"中而将所有这些相关的人看成是最终和他自己具有同等的尊严的,那么,这种行为就可被看作是"仁"。③

我们可以看到,对芬格莱特来说,"仁"和"礼"是一个整体(a single package)的一部分,彼此相互蕴涵。

罗哲海也看到了这种互补性,不过,他意欲赋予"仁"比"礼""更高"的道德地位。对他而言,"礼"指向了习俗性道德(黑格尔意义上的伦理,*Sittlichkeit*),而"仁"则代表了后习俗性的道德,即以普遍的伦理原则为基础的道德(黑格尔/康德意义上的道德,*Moralität*),而且他还运用了劳伦斯·科尔伯格(Lawrence Kohlberg)关于孩童时期道德推理的发展阶段的理论,认为"礼"适用于第三和第四阶段,即习俗层面,

---

① 同样,我用《论语》原本的中文术语替代了韦利对它们的翻译。

② 信广来(Kwong-Loi Shun)有一篇有意思的论文,在此文中,他同时讨论了这几段话,并通过各种努力去证明,其中一段话优先于另一段,还提出了一种协调它们的方法。参他的《*Ren and Li in the Analects*》, in *Confucius and Analects: New Essays*, ed. Bryan W. Van Norden (New York: Oxford University Press, 2002), 53-72。

③ Fingarette, *Confucius*, 53-54. 芬格莱特将关键的术语都保持原样而未作翻译。(此处译文部分引自彭国翔译本 54 页,但有改动)

"仁"则适用于第六阶段,即后习俗道德推理的最高阶段。① 罗哲海也将另一个"后习俗"的词与"仁"相并列,即"义",它常被译为"正当"(right),"正当性"(rightness),或者像罗哲海偏好的那样译为"正义"(justice)。无论如何,与"仁"一样,"义"也可见于白牧之所认为的《论语》中最古老的那一部分,即《里仁》之中:"子曰:'君子之于天下也,无适也,无莫也,义(right)之与比。'""子曰:'君子喻于义,小人喻于利。'"在我们讨论孟子的时候,将对"义"做出更详细的说明。②

我很赞赏罗哲海这方面的努力,他力图将孔子与儒家从那些否认了他们的伦理普遍主义,并将儒家伦理归为"群体伦理"(group ethics)的人那里解救出来——群体伦理缺乏任何个体用来评判群体习俗的标准。但是与罗哲海相反,我认为,芬格莱特虽然坚持儒家的自我是一种社会自我,而不是心理自我(psychological self)(我无意陷入这种争论),但他并没有在这种贬损的意义上将儒家伦理当作一种"群体伦理"。相反,我认为,由于强调传统可根据新的形势而改变,所以芬格莱特实际上将"礼"提升到了与"仁"同样的伦理普遍主义阶段。

尽管如此,我想更进一步,与罗哲海共同强调《论语》中普遍的伦理因素。《论语·颜渊》同样以"仁"开始,但又加了一些新的东西:

> 仲弓问仁。子曰:"出门如见大宾,使民如承大祭;己所不欲,勿施于人;在邦无怨,在家无怨。"③

在《论语》中,可发现若干个版本的黄金法则,我们在这里看到了其中一个。它遵从并增强了以下劝诫:在私人生活与公共生活中要怀着最大的尊重对待他人,而且这一劝诫也是作为对"仁"的一种解释而给出的。

然而,还有另外一个关键术语也出现在黄金法则的表达中,这是我们此前尚未提及却使得儒家词汇益发丰富的一个术语:

① 罗哲海对科尔伯格理论的理解,参 *Confucian Ethics*,26-27。罗哲海很可能受到了哈贝马斯的影响,后者在大量文献中也使用了科尔伯格的理论。

② 同上书,111—118 页。信广来亦将"义"与"仁"相并列,与"礼"相对立。参 Shun,"*Ren and Li*," 68-69。如上面引用的材料所示,白牧之与白妙子将"义"译为"right"。信广来则译为"rightness",李西蒙与罗哲海一样,译之为"justice"。

③ 译文出自 Ames and Henry Rosemont,*The Analects of Confucius*,它省略了对 ren(仁)的翻译。

子贡问曰:"有一言而可以终身行之者乎?"子曰:"其恕乎!己所不欲,勿施于人。"(《卫灵公》)①

罗哲海将"shu"(恕)保持了原样而未作翻译,因为他想质疑,"互惠"(reciprocity)这一通常的译法潜在地暗示着功利主义的算计,与此处他所认为的指涉意涵相比,这种算计是道德推理的一个较低的阶段。他指出,"恕"这一术语更常见地被译为"谅解"(forgiveness)或"迁就"(indulgence),而他建议,最好的译法当为"公平"(fairness),因为这强调了它作为一种规范的普遍性。"恕"还在另外一处关键的文本中出现了,即《里仁》:

419　　　子曰:"参乎!吾道一以贯之。"曾子曰:"唯。"子出,门人问曰:"何谓也?"曾子曰:"夫子之道,忠恕(benevolence and fairness)而已矣!"②

这里再次提到了"恕",与"忠"相并列,后者一般被译为忠诚(loyalty),但"恕"有一系列的含义,以至于此处译之为"仁爱"(benevolence)似乎更为合适。罗哲海的观点是,黄金法则是一种形式程序,而不是一种美德,它本身是可普遍化的,而不依赖于语境。③ 然而,它仍然需要一个普遍的伦理概念的背景假设(background assumption)来统御己所欲的是什么,或己所不欲的是什么。这正是"仁""恕""忠"(humaneness,fairness,benevolence)所提供的。

　　　芬格莱特强调了"礼"在《论语》中的地位,并证明:孔子将"礼"解释为一种对作为礼仪的生命感知(a sense of life as ceremonial),其中,且只有在其中,人才能成为人。正是在这种视野中,他看到了"即凡而圣"(the secular as sacred),这也是芬格莱特著作的副标题。然而,我们并不想让这种看法简单地强化如下见解,即儒家思想只是一种世俗的哲学而不是一种宗教。某种只有现代西方人才称之为一种"主义"(ism)的学说不应——同样,还是像只有现代西方人所称呼的那

---

① Roetz, *Confucian Ethics*, 133.
② Ibid., 142.原文转录。
③ Ibid., 135.

样——被称作"一种宗教"(a religion),这种看法可能是正确的。① (儒家在英文中是 confucianism,以 ism 结尾,所以此处才会提到 ism)但是,我们不能拒绝将形容词"宗教的"给予儒家。它的诸多关键术语——天、道、德、仁、礼(毕竟"礼"从未失去其作为宗教仪式的基本含义)——超出了凡俗世界,有一种它们从来没有失去的神圣光环,并在很久之后将由新儒家进行重申。

《论语》中有一个明显的宗教术语,虽然不是经常出现,但它会在某些关键时刻现身,这就是"天"(Heaven)。甚至这里也有一种尝试,坚持"天"不再具有任何宗教意义,而仅仅是一个表示"自然"(nature)的词汇,以此来力证儒家的世俗性。然而,在所有前现代的文化中,"自然"通常都是一个宗教术语——甚至希腊语中表示"自然"的"*physis*"也意味着有活力的、生长着的以及值得尊敬的事物。但是,"天"在《论语》中的具体出处暗示了某种与我们通常赋予"自然"的任何含义都明显不同的意思。例如:

> 子畏于匡,曰:"文王既没,文不在兹乎? 天之将丧斯文也,后死者不得与于斯文也;天之未丧斯文也,匡人其如予何?"(《子罕》) 420

孔子的使命——我们可以说,是他的"受命"(mandate),不妨想想"孔子是素王,是真正负有天命(Mandate of Heaven)的人"这些后来的观念吧——使得他不仅仅只是一个六艺教师,根据它所有的暗示,这个使命就是要去传述与——我们必须得加上——复活古人的传统。我们在《宪问》中发现,孔子声称,他与天之间有一种关系,我们只能称之为一种"私人"关系:

> 子曰:"莫知我也夫!"子贡曰:"何为其莫知子也?"子曰:"不怨天,不尤人,下学而上达。知我者其天乎!"②

当他最爱的弟子去世的时候,他悲痛得如同丧己,以至于让其他弟子吃惊不已(《先进》),而且他指向了天:

---

① 参 Wilfed Cantwell Smith, *The Meaning and End of Religion* (New York:Macmillan, 1962)。
② Graham,*Disputers of the Tao*, 17.

颜渊死,子曰:"噫! 天丧予! 天丧予!"①

由于天与人的道德秩序有关,在此意义上,孔子思想与西周思想之间具有连续性,所以,天与道之间亦存在着一种联系。然而,孔子从未使用"天道"(Way of Heaven)这一术语。② 葛瑞汉提出,这也许是因为卜筮者与其他用这个词来表示天体运动的人在那个时候已经用了这个词。③ 孔子对宇宙论兴味索然;对他来说,天与道首先与人的道德秩序有关。

尽管许多学者都一致认为,中国思想基本上是"乐观主义的",不过,孔子虽然仰仗天与"道",但他即便不是悲观主义的,至少也是不确定的。正如我们适才看到的那样,他能够感受到被天所弃。而他对"道"的关注主要是对其缺失的关注:"道不行"(《公冶长》),"天下无道"(《季氏》)。与其他的轴心思想家一样,孔子也相信,世界失序,而他的任务就是尽其所能地予以修正,但无论成败如何,他首先必须坚持他的原则,必须奉"仁"守"礼"。

421　　那么,我们如何来理解这个出类拔萃的人以及被归到他名下的这部典籍呢?他是一个企图复兴业已腐朽的那种公正的政治秩序的政治活动家吗?他是一个寻求其成员的道德纯洁性但又基本上遁离社会的新教派的创立者吗?或者,他与苏格拉底一样,是一个其所处时代的社会与政治实践的批评者,一个追求真理而非官职的人,通过他的言传身教将众弟子吸引到他这里来,而弟子们将以各种各样的方式将他确立的传统发扬下去?伊若泊认为,孔子的成就是确立了对教育的一种新的理解,这种教育通过"礼"的知识和实践使他的学生们转化为"道德的与明智的人"④,即我所说的"塑造"。所有这些可能性中也许都有其真实之处。我们确实能在《论语》中发现儒家的自我修行(self-cultivation)传统的开端,这是一种在以后的中国历史中极具核

---

① Graham,*Disputers of the Tao*, 17. 关于《论语》中的"天"的理念,我知道的最好的研究是 Schwartz, *World of Thought*, 122-127。

② 参《论语》5:13。

③ Graham,*Disputers of the Tao*, 18。

④ Robert Eno, *The Confucian Creation of Heaven: Philosophy and the Defense of Ritual Mastery* (Albany: State Univesity of New York, 1990), 41。

心性的传统。①

我们关注的是对几个实例中的轴心转化的理解，从这种观点来看，重要之处在于，在实现这一转型的本质的过程中，按照《论语》所述，孔子走了多远，或者他与传承其传统的弟子们走了多远。毋庸讳言，在《论语》中，我们没有发现太多的"二阶"思想（second-order thinking），亦即对思想的思想。在中国思想中，形式逻辑从来没有成为中心，尽管如我们将要看到的那样，它随着后来战国时代值得注意的诡辩而有所发展。但是，以细致的观察和对什么有效、什么无效的密切关注为基础，中国的科学取得了惊人的进步——正如李约瑟（Joseph Needham）的巨著已经广泛证明的那样，在历史上很长时间里，它都堪与西方科学并驾齐驱，或者常常领先于后者。② 然而，与苏格拉底一样，孔子感兴趣的主要也是人类社会，而不是自然宇宙，所以他与追随者的贡献主要也在于前一领域。然而，他们的贡献是卓著的。

批判性思维——哪怕是以格言或对话的形式——对社会与人类行为为何会误入歧途这样的问题提供了解释，并提出了可使其恢复秩序的选项。尽管并非所有的汉学家都赞同，但我已经根据罗哲海证明了，《论语》确实包含一种在某种程度上以普遍价值为基础的伦理学。应该澄清一下，我并不认为"普遍的"价值会以绝对的形式存在于任何文化中。它们总是在一个特定的时间与地点，以一种特定的语言表达出来的。如果我们将它们翻译为 justice（义）、benevolence（仁），或诸如此类，那么就是在使用这些不可避免地处于一种不同的文化背景中的术语，并因此至多只能接近这些被翻译过来的中文术语。我所说的"普遍的"，指的是一种指向普遍性的抱负（aspiration）。儒家伦理意在成为人类的伦理，而不是中国人的伦理。罗哲海已经指出，早期的中国伦理思想明显没有种族中心主义（ethnocentrism）。虽然那里有我们可恰如其分地译为"夷狄"（barbarians）的词，但"非中国人"并不从伦理上

422

---

① 参艾文贺（Philip J. Ivanhoe）《儒家道德的自我修行》（ *Confucian Moral Self Cultivation*, 2nd ed., Indianapolis: Hackett, 2000）。这本书的第一章，即论述孔子的这一章，对这个主题的论述比我这里能给出的论述要详尽得多。

② 李约瑟：《中国的科学与文明》第一卷（*Science and Civilisation in China*, vol. 1, Cambridge: Cambridge University Press, 1954），以及接下来的几卷。

得到不同对待,他们甚至可能为中国人提供有启发性的范例。①

虽然孔子及其追随者们生活在一个他们认为道德腐朽已一览无余的处境中,而对此腐朽,他们予以了激烈的批判,但我们现在知道,与其他的轴心文明不同,轴心时期的中国正处于快速的发展时期,不论是在人口、经济上,还是在政治/军事力量方面。这一"发展"的伦理后果刺激了儒家的批判主义。正如史华慈指出的那样,这将中国与其他的轴心案例联系了起来:

> 我想略谈一下孔子对于道德之恶的看法。恶的倾向阻碍了善的完成,事实上,对这些恶的倾向的描述与这一时期所有高级文明中的先知、智者与哲学家所做出的诊断有着惊人相似。对财富、权力、名望、感官欲望、自负与骄傲的恣意追求——这些主题关系重大地扮演了"困境"之源的角色。对恶的表述使其自身很容易在比较中转译为佛陀、柏拉图与希伯来先知的语汇。所有高级文明的物质发展都大大增加了扩大权力、变本加厉地骄奢淫逸与追求地位和特权的机会——至少对特定的阶层如此……正是在公元前第一个千年的那些富有创造性的少数人的道德取向中,我们发现了对某些随着文明的进程而出现的人类自我肯定之特征模式(characteristic mode)所发出的一个响亮的"不!"对他们来说,神圣者已不再居于权力、财富与外在荣耀的展示之中了。②

在试着理解孔子及其追随者对这些形势所做的回应的时候,考虑到史华慈确认了孔子的思想"既是社会政治的,又是伦理礼仪的",而且他还发现这两个维度"难分难解地交错在一起",所以我们可以再次求助于他。虽然史华慈对芬格莱特的不少论点并非毫无批判,但他还是求助于芬格莱特来总结他自己的立场:"然而最终,芬格莱特的主423张,即孔子的视野'当然不仅仅是一种政治视野',是合乎事实的。在其最高的层面上,我们有了这样一种社会的视野:它不仅安享和谐与康乐,而且也是一种借助于神圣又美好的礼仪生活而脱胎换骨的社会,所

---

① 参《人的概念》(The Concept of Man)一章的讨论,载 Roetz, *Confucian Ethics*, 123-126。他认为,孔子的哲学人类学并非特殊主义的,而是"否认了人与人之间任何自然的区分"。(125 页)

② Schwartz, *The World of Thought*, 83.

有阶层都参与到这种礼仪生活之中。"①

我们将看到,随着战国时代的发展,孔子所回应的社会形势——传承下来的伦理与政治行为规范遭颠覆,愈发军事化与冷酷的国家在霸权争夺过程中兴起。儒家,但也包括他们的批评者,必须继续回应的正是这些形势。

墨　子

墨翟(个人姓名)或墨子(墨大师)大概是在公元前 479 年孔子逝世之后出生的,他成长于公元前 5 世纪的下半叶,也许活到了公元前 4 世纪早期,可能也接受了儒家学者的教育,但后来转而激烈地反对儒家。他是战国时代崛起的一个"学派"的创立者,对儒家教义的主导地位提出了质疑。在描述他的教义与他的追随者的组织之前,最好先更细致地考察一番社会中正在发生的变化。对于甚至在公元前 7 世纪与公元前 6 世纪就已初步开始,并在公元前 4 世纪与公元前 3 世纪登峰造极的变化,陆威仪勾勒出了一幅扼要的图景:

> 周朝贵族宗族之间连续不断的战争逐渐促使他们通过征伐异国而占据了越来越广大的领土,中央政府的支配权也拓展到了乡村。它们被称为"战国"(warring states),因为它们黩武穷兵,通过兵役的逐渐扩大而创立起来,而且为了战争而对人口进行的登记与动员对其作为国家而生存仍然具有根本重要性……在贵族制度下,对礼仪上合法的暴力的真正执行一直是权威的标志,但在战国时代,所有男性都投身于合法的暴力,而权威则与对暴力的管理和控制有关。合法的暴力不再是一种保卫荣誉的手段,相反,它用于确立或强化专制的等级纽带,后者构成了新的社会结构。宗族——既作为政治的基本单位,又作为精英的血缘关系的基本单位——被取代了,国家把持了对军队的控制,而血缘群体则沦为同时提供税收与劳役的个体家庭……对祖先崇拜中分割性的贵族统

424

----

① Schwartz, *The World of Thought*, 117. 芬格莱特的引文出自 *Confucius*, 69。

治的最终认可被合法化的暴力形式和权威形式所取代,这两种形式是通过一个独一无二的、宇宙性的大权独揽的统治者对"天道"(patterns of Heaven)的模仿而得以正当化的。最后,对暴力的新的组织和解释使得战国时代的中国人提出了一种对人类社会与自然世界的新理解。①

在西周与春秋初期的时候,参与军事行动的仅限于贵族,后来逐渐又将都城的非贵族居民涵盖了进来,但最后,农民亦被纳入其中,因此,在战国中期,已经有了类似于普遍的成年男性征兵制度的实践了。结果,贵族制度下古老的战车军队被从社会较低等级征募而来的大规模步兵团取代了,这普遍消除了大的卿大夫宗族的社会权力与一般贵族的社会权力。与贵族的战车军队相比,大规模步兵团要求的技艺远没有那么复杂,装备也远没有那么昂贵。致力于单一作战(single combat)的勇敢的贵族武士被知道如何调动千军万马、整军饬武的宿将取而代之。与其他领域一样,战争变成了一门艺术,领导者依靠的是凿凿有据的功绩而不是出身。技术发明以战争的形式帮着推动了这些变化:铁制兵器、刚刚发明(或引进)的弩、更管用的盔甲以及更广泛普及的刀剑,这些都得到了越来越多的使用。正如在很多时代与地方一直发生的那样,新的战争形式推动了整个社会的变化,包括国家、经济与家庭。②

农民不再是依附于贵族领主的奴隶,但是,作为个体与核心家庭,他们要受制于集权化国家课加的税收、劳役与兵役,在此意义上,农民的土地现在是"私有财产"了。农民们不是在地理上组成了附属于某个贵族宗族的村庄,相反,他们现在组成了行政区域,由国家首脑指派的官僚管理。这些区域综合了民用与军事功能。农民被组织到五个户主构成的单位中,这提供了最低水平的步兵单位,而且在日常与军事生活中,他们共同对彼此的行为负责。③

---

① Lewis, *Scnctioned Violence*, 53-54.
② 同上书,66页以下。
③ 对这些发展的论述,除了陆威仪的《合法的暴力》,亦可参 Mark Edward Lewis, "Warring States Political History", in Loewe and Edward L. Shaughnessy, *Ancient China*, 587-650。

所有这些听起来都非常专制,趋向极权主义,而且在后来被称为"法家"的理论中,其意图原在于此。然而,与以上画面显示出来的景象相比,战国时期流动性要大得多,它甚至是紊乱的。烽火连年,国家崩溃,过去的贵族宗族一落千丈的地位,新兴的富庶的工匠与地主群体,这些带来了一个流动性很大的社会。过去的精英阶层中的成员,包括最底层的士,经常流离失所,不得不背井离乡寻求统治者的庇护与任用。甚至农民也经常流离失所。战国社会之动荡不安的一个结果就是出现了大量有着各种技艺与能力的人,他们已经失去了祖先的源头,可为任何需要他们的人效力。在这些人当中,很多是战士,为野心勃勃的统治者提供了兵力。另一些则是行政官员、谋士与使节,他们当中又有一些人阐发了自己的学说,由他们的弟子传承下来,但只是到了汉朝才被称为"法家"。

在这个由已经丧失了传统的社会地位的人们组成的庞大群体中,有一些周游列国的学者,他们与儒家一样,也往往出身于传授贵族传统六艺的教师,六艺在新的精英当中仍然很盛行。在战国中叶左右,对于大国的统治者或高层管理者来说,吸引大批有着不同背景的学者来为国家镀上文化光泽,已经成为了一种地位的象征。对于这些发展,我们所知不多,但是看起来确实是齐国开风气之先地聚集了这样一个学者群体。孟子与荀子可能都与此相关,尽管像《管子》表现出来的那样,学者们自己也都有着各种不同的背景。《管子》是一本集体著作,主要由齐国学者的作品组成。[1] 最终统一整个中国的秦国并未让齐国专美在前,它在丞相吕不韦的赞助之下召集了一大批学者,集体著作《吕氏春秋》即是由吕氏而来的。[2] 虽然一些杰出的战国思想家——荀子即为其中之一——提出,他们且只有他们的观点应该被官方认同,部分地是因为他们宣称自己已经从其他传统中汲取了所有的精华而丢弃了其糟粕,但是直至秦始皇试图强而为一之前,并无有效的思想控制。一个思想家如果在一地怀才不遇,或者触了一国之君的逆鳞,总是可以前往

① W. Allyn Rickert, *Guanzi: Political, Economic, and Philosophical Essays from Early China*, vols. 1 and 2 (Princeton: Princeton University Press, 1985, 1998).

② John Knoblock and Jeffrey Riegel, *The Annals of Lu Buwei*, a translation and commentary (Stanford: Stanford University Press, 2000).

他地,并经常可作为对当地文化资本的一种补充而受到欢迎。

陆威仪对这种情况概括如下:"除了那些出自孔门弟子的人之外,
唯一一个在记载中得到证实的充分发展的学派是墨家。另外,每一种
智识传统都是以它公认的创始人的名字确定下来的,并完全是通过以
他的名字命名的一部或多部典籍而得到界定。"①我们应该注意到,这
些典籍都是由弟子们传下来的,如果我们不愿使用学派(school)这个
词的话,亦可称之为学术谱系(scholarly lineage),毫无疑问,他们对"原
初的"文本有所增补,原初文本常常很难与后来的增补区分开来。白
牧之将这一模式称之为"累积的增长"(growth by accretion),并发现它
在《论语》中已有所体现,如我们已经注意到的那样,但在其他的儒家
与非儒家文本中也有所体现。②作为墨家运动的基本文本,《墨子》明显
就是这类文本。我们可能无法确切地知道,该文本有多少可归诸墨子
本人,但是显然,它前面的部分与后面被归诸"后期墨家"(Later
Mohist)的部分非常不同。③

当国家统一之后,墨家的运动比战国思想任何其他主要的流派都
消失得更彻底,因此,我们很难想象,在战国的大部分时间内,它都是与
儒家争夺智识主导地位的主要竞争者。该运动突然且完全地销声匿迹
了,我们在下文必须对其原因进行考察,但是在这里,可以思考一下:为
什么虽然墨家文本本身确实保存了下来,却很少能引起中国帝国时代
的学者们的兴趣与热诚呢?答案部分地在于,从汉朝中期以来,儒家学
说就类似于官方意识形态了,而墨家思想则不仅被看作与儒家学说相
对立的——这使得我们对它犹感兴趣——而且也被看作已彻头彻尾地
被儒家学说驳倒了,而这种说法却永远不能加诸后来被称作道家的文
本身上。除此之外,从文本来看,墨翟并没有作为一个立体人物出现。
《论语》中的孔子形象,不论经过了后来的传说的多少润色,数世纪以

---

① Lewis, "Warring States", 641.

② Brooks and Brooks, *The Original Analects*, 4-5, 201ff. 白牧之夫妇指出了累积的证据,尤其是
关于《道德经》与《孟子》的证据。葛瑞汉则指出了与《庄子》有关的证据。参其 *Chuang Tsu:
The Seven Inner Chapters and Other Writtings from the Chuang Tsu* (London: Allen and Unwin,
1981)。

③ A. C. Graham, *Later Mohist Logic, Ethics and Science* (Hong Kong: Chinese University Press,
1978)。

来都给中国人留下了不可磨灭的印象,西方人一旦开始了解他,也会有这种印象。但是,墨翟则更多地还是一种声音(remain a voice),而不是一个人。最后,《墨子》一书是臃肿累赘、絮絮叨叨的,缺少《孟子》的表现力、《庄子》的诗意或《荀子》思想上的严肃性。然而,作为战国时期儒家学说之外流传最广的思想,它值得我们严肃考量。

如上所述,《论语》主要是由格言与轶事组成的。《论语》的轴心特性不是来自逻辑推理的发展,而是来自它以新的方式来使用旧的观念,它将新的术语引入道德词汇之中,以及它使先前被视为理所当然的理念亦可被人反思。《墨子》不论在其最早的时候有多么浅陋,但它从一开始就采用了连续的推理,通常倾注于拒斥或修正那些被归诸孔子的理念。葛瑞汉指出,"中国的理性辩论"正是滥觞于墨子。事实或许如此,但很难看得出,如果没有孔子的衬托,墨子会如何开始。

如果说孔子能够被理解,部分是因为他的社会处境:他位于古老贵族制的最底层与寻求某种教育的庶民之间的边界上,这种教育可使庶民成为现在更看重功绩而不是宗族的国家体制内的官员,那么关于墨子的社会处境,我们又能说些什么呢?没有任何独立的证据能给他一个社会定位,但很多学者从文本本身做出了推测,导出了这一观念,即他来自比孔子稍微低一些的阶层,也许是来自工匠阶层,该阶层在城市环境中,也许特别在小国的都城中颇具影响力,墨子似乎也一直特别关注这一阶层。普鸣已经注意到《墨子》文本中对技艺的关注:"的确,在墨家的著作中,关于技艺的打造、建构与加工的比喻比比皆是,以至于一些学者已经提出,墨家事实上就是一支工匠的学派。"①

葛瑞汉将墨子的地位与其最具特色的思想联系了起来:"墨子似乎是一个出身底层的人,是一个工匠……这与其最具特色的革新有关,即,他评判制度时,依据的不是周朝的传统而是它们的实际效用,依据它们是否像轮子一样对人有益。"②普鸣通过证明墨家在革新的正当性

427

① Michael Puett, *The Ambivalance of Creation: Debates concerning Innovation and Artifice in Early China* (Stanford: Stanford University Press, 2001), 51. 在一个脚注中,普鸣告诫我们不要拿文本中的比喻与类比来证明作者的社会出身。苏格拉底频频使用工艺的例子,但他是一个石匠。

② Graham, *Disputters of the Tao*, 34.

上与儒家有一种基本差异,从而证实了墨家对实用性的强调。他注意到,孔子自称述而不作(《论语·述而》),这一说法可归于他的谦逊,但是,如果与另一文本两相对比,可能就有了更意味深长的含义:

> 子曰:"大哉尧之为君也!巍巍乎!唯天为大,唯尧则之。荡荡乎,民无能名焉。巍巍乎其有成功也,焕乎其有文章(patterning forms)!"①(《论语·泰伯》)

普鸣辩称,《论语》相当连贯地强调了"文"(wen,即 pattern,有时候也翻译为 culture)而不是革新或创造,这就给墨子的孔子批判授以了口实:"公孟子曰:'君子不作,述而已。'子墨子曰:'不然……吾以为古之善者则述之,今之善者则作之,欲善之益多也。"②(《墨子·耕柱》)

普鸣提出,墨子对"作,而非仅仅述"的肯定性评价是基于:他将天理解为积极的创造者,而不单单是一种要被模仿的"文"。墨子写道:

> 且吾所以知天之爱民之厚者,有矣。曰:以磨为日月星辰,以昭道之;制为四时春秋冬夏,以纪纲之;雷降雪霜雨露,以长遂五谷丝麻,使民得而财利之;列为山川溪谷,播赋百事,以临司民之善否;为王公侯伯,使之赏贤而罚暴,贼金木鸟兽,从事乎五谷丝麻,以为民衣食之财,自古及今,未尝不有此也。③(《墨子·天志中》)

尽管在上面这一段文字中,天似乎早在最初确立日月的时候就确立了王公侯伯,但是,另一段文字则表明,最初的人类是没有统治者的:

> 子墨子言曰:古者民始生,未有刑政之时,盖其语,人异义。是以一人则一义,二人则二义,十人则十义。其人兹众,其所谓义者亦兹众。是以人是其义,以非人之义,故交相非也。是以内者父子兄弟作怨恶离散,不能相和合;天下之百姓,皆以水火毒药相亏害。至有余力,不能以相劳;腐朽余财,不以相分;隐匿良道,不以相教。

① 译文出自普鸣,*The Ambivalance of Creation*, 47。需要注意的是,在《论语》中,尧是第一位"先王"。

② Ibid., 43.

③ Burton Watson, *Mo Tzu: Basic Writings*(New York:Columbia University Press, 1963),88.

天下之乱。若禽兽然。夫明虖天下之所以乱者,生于无政长。
(《墨子·尚同上》)①

这里的墨子听起来简直就与霍布斯如出一辙,只有一点不同,即一切人对一切人之间的战争的根源是"同义"(the common views)的缺失而不是法律的缺失。(之所以将 the common views 译为"同义",是因为此处引文出自《墨子·尚同上》,且这里出现了"人异义"的说法)但是,解决之道则是相同的:统治者。只是对于墨子而言,统治者首要的功能在于确立正确之"义":"上之所是,必皆是之;所非,必皆非之。"②(《墨子·尚同上》)在每一个层级,从地方到天下,下者均诉诸上者来寻找正确的标准,墨子在其他地方告诉我们,这些标准可通过将天的意志作为指南或作为木匠的丁字尺——也就是说,作为遵循的典范——而加以认识。③(此处贝拉指的应该是《墨子·天志上》中的这句话:"我有天志,譬若轮人之有规,匠人之有矩。")墨子在"尚同"部分的观点有着明显无情的极权主义色彩,他还鼓吹遵从上者之判断,直到遵从至高无上的统治者,即天子之判断的必要性,尽管如此,墨子却仍然说道:

> 察天下之所以治者何也?天子唯能壹同天下之义,是以天下治也。天下之百姓皆上同于天子,而不上同于天,则灾犹未去也。今若天飘风苦雨,溱溱而至者,此天之所以罚百姓之不上同于天者也。④

虽然这可能只是对时代惨状的一种评论,但是天子(苟延残喘的周天子)的判断已不再依天而行,或者情况甚至可能是:当时实际上已没有天子了,这个时候,它的确指明:除了上者的意志,还有一个标准,一个实质的标准,这是墨子学说中最基本的理念,任何政制最终都必须以此来衡量。在上面这段阐述了天的创造性作用的文字中,天创造的原因被说成是因为天"爱民"。而对认同于天的人来说,这就意味着他们也必须"爱民",爱所有的人,一视同仁。在此,我们看到了最常被译为"兼爱"(universal love)的墨家教义,葛瑞汉更愿意译为"关心每一个人"

430

---

① Burton Watson, *Mo Tzu: Basic Writings* (New York: Columbia University Press, 1963), 34.
② Ibid., 35.
③ Ibid., 83.
④ Ibid., 37.

（concern for everyone）①，倪德卫则译为"不偏不倚的关怀"（impartial caring）。② 下文简要描述了"兼爱"的含义：

> 是故子墨子曰："兼以易别。"然即兼之可以易别之故何也？曰：藉为人之国，若为其国，夫谁独举其国以攻人之国者哉？为彼者，由为己也。为人之都，若为其都，夫谁独举其都以伐人之都者哉？为彼犹为己也。为人之家，若为其家，夫谁独举其家以乱人之家者哉？为彼犹为己也。然即国都不相攻伐，人家不相乱贼，此天下之害与？天下之利与？即必曰天下之利也。③（《墨子·兼爱下》）

墨子以"利"来为"兼爱"思想辩护，对此，我们需要作一番思考，因为这将把我们引向与其学说有关的一个中心论题：他的功利主义（utilitarianism）。但是首先，我们必须考察上一段文字所提出的另一个问题，无疑也就是给儒家提出的问题，即"兼爱"与"孝"（filial piety）之间的冲突。儒家指控墨家，若对自己的血亲没有任何高于对其他人的义务，那就是无父无兄，就是全然抛弃了孝的义务。在上文论述《论语》的部分中，我们集中于其基本的道德词汇，却没有讨论儒家伦理的这种核心应用，即应用于家庭。关于孝这一观念的历史，尤锐提出了一个饶有趣味的问题。他认为，在周初的思想中，"孝"一词主要意味着对宗族的忠诚，但在春秋时期，对不安分的宗族的忠诚危及了国家的稳定，孝实际上已经声名扫地。他也提出，只是从孔子与/或早期儒家那个时候开始，孝才集中于核心家庭而不是宗族了，亦即专注于一个人对自己的父亲或兄长的义务——虽然它与破坏了大宗族而使核心家庭成为中心的社会变迁是一致的，虽然它从未全然抛弃对祖先的关注，也没有抛弃对宗族的关注，但与以前相比，其焦点要狭窄得多。白牧之则提出，孝在431 《论语》里那些最早成文的篇什中并不突出，只是在后来才变得突出。

---

① 葛瑞汉认为，"universal love"一词有误导性，因为"它太含糊了（'兼'暗示着'为每个'而非'为全体'），而且又太富于感情色彩（墨子的'爱'是利民远害的不动感情的愿望）。墨家人物是性情冷峻的人，他们倾听正义的呼声而不诉求爱心"。*Disputters of the Tao*, 41.（译文出自张海晏译本，53 页）

② David S.Nivison, "The Classical Philosophical Writtings", in Loewe and Shaughnessy, *Ancient China*, 763.

③ Watson, *Mo Tzu*, 40.

无论如何,它不仅变得突出,而且最终被看作诸如忠于统治者这样的所有其他伦理义务的基础,也被看作伦理美德的基础,乃至于是"仁"本身这一核心美德的基础:

> 有子曰:"其为人也孝弟,而好犯上者,鲜矣;不好犯上,而好作乱者,未之有也。君子务本,本立而道生。孝弟也者,其为仁之本与!"(《学而》)

然而,尽管儒家向来认为,墨子思想违背了孝,并因此应被否弃,但他们也未能完全免受墨子思想的影响。他们提出,关心自己的亲人虽然是一项基本义务,却并不意味着就不应该关心非亲人。例如,尊重父亲虽然是基本的,但它通过对一般意义上的长者也付出尊重才得以补全。在《论语》的一段被广泛引用的文字中,孔子的一个主要弟子所持的主张与墨子的主张似乎并非全然不相容:

> 司马牛忧曰:"人皆有兄弟,我独亡。"子夏曰:"商闻之矣:死生有命,富贵在天。君子敬而无失,与人恭而有礼,四海之内,皆兄弟也。君子何患乎无兄弟也?"(《颜渊》)

格言在《论语》中举目皆是,我们在这里看到的就是一条格言,它敏锐又切中肯綮,是对道德普遍主义的一种表达,却不是那种可放之四海而皆准的理论。

葛瑞汉注意到,正是墨子在兼爱问题上的冷峻逻辑才使得他不仅与儒家,而且与当时所有其他思想家区分开来:

> "兼爱"指关怀每一个人而不论他是否与自己有血缘亲属关系。正是这种由某一原则而执着地推导出它的逻辑结论,使墨家学说不仅对儒家思想,而且对整个中华文明而言,都表现出异质的面貌,正如这几个世纪(即战国时期)它所持续展现出的形象那样。墨家以外无人发现以下做法是可以容忍的,即坚持如关爱你自己的家庭一样去关爱别人的家庭。[1] (*译文出自张海晏译本,54页。个别地方有改动*)

----

[1] Graham, *Disputters of the Tao*, 42-43.

我想在中国逻辑学的开创者墨子与希腊逻辑学的开创者巴门尼德之间做一番比较。二人都对他们的新玩具乐此不疲，将其蕴涵推到了极致。巴门尼德"证明"了，存在不变化——它只存在(it just is)。变化是虚假的。他将其形而上学的逻辑学推到了这一地步，即他的逻辑学与对经验世界的任何观察都是不一致的。然而，他为对所有的西方哲学都将具有核心意义的逻辑学后来的发展提供了动力。墨子不是在形而上学而是在伦理学中将自己的逻辑学推至极致的。虽然继承者们，即"后期墨家"对墨子在逻辑学上相当粗疏的开端作出了极大的改良，但是，他们的努力却随着墨家在战国末叶的普遍衰落而烟消云散了，逻辑学也未能成为后来中国思想的中心。或许在伦理学领域将逻辑学推向荒谬比在形而上学领域要更危险。不是只有学者才意识到了不妥。确实，后来的墨家主张："尽管'兼爱'应该是平等的，无论有否血缘关系，每个人都应把对自己亲人的关爱包括在他的义务之中，这将有利于所有人。"①他们试图以此来缓和墨子的论点。

　　墨子冷峻的逻辑学所涉及的问题比他的兼爱思想(universal love, Concern for Everyone, impartial caring)中所涉及的问题更深刻，虽然前者也包括了后者。这与他将"利"(与"礼"同音不同字)作为每一个行动的动力这一观念相关，它一般被称为墨子的功利主义。正如我们已经看到的那样，天在墨子思想中有着突出的地位，它出于对人的爱而创造了我们所知的世界。与在《论语》中一样，很难想象将"Tian"翻译为Nature，而不是翻译为 Heaven。事实上，天有人必须遵从的意志。天之所欲即为"义"(right)，具体而言就是："强者不劫弱，贵者不傲贱，多诈者不欺愚。"②(《墨子·天志上》)甚至天子亦必须遵从天意。但是，如此一来，这里就有抵牾之处了：

　　　　今天下之人曰："当若天子之贵诸侯，诸侯之贵大夫，偏明知之，
　　　　然吾未知天之贵且知于天子也。"子墨子曰："吾所以知天之贵且知
　　　　于天子者，有矣。曰：天子为善，天能赏之；天子为暴，天能罚之。③

①　Graham, *Disputters of the Tao*, 43.
②　Watson, *Mo Tzu*, 82.
③　Ibid., 84.

像事实表明的那样,而且我们在《墨子》中也一再发现,天之所欲确实是义与善,但正是必然的"利"才使人遵从天意,正是因为不遵从天意而必然降临的"罚"才是遵从天意的最终理由。甚至"兼爱"的劝谕也是以这一事实为基础的,即如果每一个人都按照它来行动,那么,我们的境况将会比现在还未按照它行动的境况要好得多。所以,最后,遵从天意与兼爱**事关我们的利益**。正是这种难以抹杀的功利主义使得罗哲海将墨家描述为后习俗的(postconventional),在他那里,这就意味着"轴心的",不过,它是科尔伯格的第五个阶段的后习俗水平,即功利主义、相对主义、社会契约的取向,而不是第六个阶段的后习俗水平,即普遍的伦理原则的取向。①

最后,如果天如此一丝不苟地施行赏罚,那么,天人关系中似乎就存在着某种限制。至少,我们无法想象墨子像《论语》中的孔子那样说:"天丧予!"②确实,哪怕在不幸中,墨子也肯定了他的基本观点:

> 子墨子有疾,跌鼻进而问曰:"先生以鬼神为明,能为祸福,为善者赏之,为不善者罚之。今先生圣人也,何故有疾? 意者,先生之言有不善乎? 鬼神不明知乎?"子墨子曰:"虽使我有病,何遽不明? 人之所得于病者多方,有得之于寒暑,有得之劳苦,百门而闭一门焉,则盗何遽无从入?"③

葛瑞汉概述了墨子与儒家思想的关键差异:

> 儒家认为,义当以其自身为目的而行之,并指明贫富寿夭乃天之所命,并非由他自主,从而使他自己避免了这种诱惑,即为了获利而胡作非为。所以,他能够以无忧之心正当行事,而将结果委之

434

---

① Roetz, *Confucian Ethics*, 27, 243. 应该明确的是,墨子的功利主义是理论性的;诚然,他似乎相信,对他的道德关怀而言,这是唯一一令人完全信靠的理论基础。但是,在将一个人自身的自我利益作为首要关怀这种意义上,他与他的大多数追随者并非功利主义者。在他们的行动主义中,他们是"无私的",很大程度上是为了保护弱者。同样的观点也许亦可适用于18—19世纪英国哲学中的功利主义。

② 关于墨子的"有神论",史华慈写道:"在希伯来《圣经》中,我们发现了关于神圣筹划与人类活动之间相互作用的精妙而神秘的辩证法,在这里无法发现。"*World of Thought*, 162。

③ Graham, *Disputers of the Tao*, 49. 除了天,墨子也肯定了"鬼神"的存在,并赋予它们同样的功能。

于天。另一方面,对于墨家而言,所有的行为均是依据利害得失来评判的,所以,一种与结果相分离的道德是不可能有意义的。[1]

许多差异都来自这个基本的差异,而且其中一些必然会激发我们对墨家的倾慕之情。他们激烈反对儒家的"命"的思想,也就是天命的思想,视之为对人的责任的逃避。[2] 类似地,对于孔子拒绝侍奉他觉得不值得共事的主公这种做法,墨子也是愤愤不平的。对墨子而言,那是个人自豪的一种表达:因为任何侍奉的机会均可转化为人民的利益。墨家批判繁复的礼仪,尤其是厚葬;意味着精英阶层精巧而悦耳之享受的音乐也遭墨家批判,因为它耗费了巨大的开支,而这些钱本可用于改善人民的生活。对"礼"与"乐"的非难直冲儒家方案的核心,肯定也激怒了当时的精英阶层,并加深了这一印象,即墨家是阴郁严峻的。[3]

墨家反对侵略战争,但不是和平主义者。作为一场有组织的运动,墨家甚至投身于防御战争,帮助小国抵御大国的攻击。与后来的功利主义者一样,墨家是俭朴生活的积极分子与支持者,并致力于帮助他人的事业。[4] 墨家作为一场运动而冰消瓦解,可能更多地与他们的行动主义(activism)和他们组织军事行动的能力有关,而不是与其思想学说有关。这种有组织的行动主义绝非秦始皇在一个新的大一统的中华帝国里所愿意容忍的。但是即便在运动衰落之后,墨家作为一种思想仍缺少经久不衰的吸引力,对此,我们已经有所评论。这不是说墨家思想毫无影响。它以这样或那样的方式影响了战国思想中的每一思潮,有时是作为它们的积极对立面,有时则是作为它们暗中的借鉴。

庄子或后来的某一个人所撰的《庄子》在《天下》中对墨子做了有趣的评价,该评价可充当本部分的一个合适的结尾:

今墨子独生不歌,死不服,桐棺三寸而无椁,以为法式。以此教人,恐不爱人;以此自行,固不爱己。未败墨子道。虽然,歌而非歌,哭而非哭,乐而非乐,是果类乎?其生也勤,其死也薄,其道大

① Graham, *Disputters of the Tao*, 50.
② Watson, *Mo Tzu*,《非命》,117—123 页。
③ 同上书,《节葬》,65—77 页;《非乐》,110—116 页。
④ 同上书,《节用》,62—64 页。

戮。使人忧,使人悲,其行难为也。恐其不可以为圣人之道,反天下之心,天下不堪……（墨子以先王禹为典范,后者"形劳天下"）使后世之墨者,多以裘褐为衣,以跂蹻为服,日夜不休,以自苦为极……墨翟、禽滑厘之意则是,其行则非也。将使后世之墨者,必自苦以腓无胈、胫无毛相进而已矣。乱之上也,治之下也。虽然,墨子真天下之好也,将求之不得也,虽枯槁不舍也,才士也夫![1]

墨家将"利"的观念推至逻辑上的极致,这将他们置于远离中国思想之中心的边缘,不过,仍然应该记住的是,在更为常识性的意义上,利的观念也是中国思想主流的一部分。儒家是以统治者是否造福于民来评判他们的——确切而言,孟子使之成为政治合法性的标准。除了对逻辑一贯性的执著之外,墨家或许并不像它乍看起来的那样乖戾于中国传统。

"道家"与转向私人生活

我们已经看到,以贵族的教育传统为基础,孔子及其弟子开创了一种新的旨在塑造特定品质的教育,这是一种通过自我修养的实践而可在整个生命中继续发展的教育。这种教育意在使学生们为在战国时代出现的崭新的集权化国家中服务而做好准备,在这些国家中,功绩被认为比宗族更重要。（此处英文为 more then lineage,then 当为 than 之误）但是,它也使得学生准备成为一种特定的人,他能够通过言传身教来影响他人,并且不论入仕与否,他都能过一种让人满意的生活,若身处江湖,也可通过教学或担任礼仪专家而自给自足。伊若泊相信,儒教基本上是一个教派(sect),更多地以个体生命而不是仕途为趋向,不过,我们在孔子及其后学那里发现了对政治与入仕责任的持久关注,这使得伊若泊的观点显得很片面。[2]

另一方面,墨子及其追随者似乎主要是以公共生活为趋向的,如果可能的话,就效力于一位温情的主公,如果不可能的话,则组织起来行

---

① A. C. Graham, *Chuang Tsu*, 276-277.
② Eno, *Confucian Creation*, 50-52.

动。墨家的准军事组织加上他们对防御性战争的兴趣，包括发明机械工具来遏制进攻一方的军队，都显示出在一定程度上与儒家大不相同的行动主义。虽然行动主义本身也是一种对人格的塑造，但是自我修养本身似乎一直都不是墨家所关注的。尽管墨家意义重大地推进了逻辑学与理性的推理论证，超出我们在《论语》中发现的一切，但是，与它冷峻的功利主义显示出来的一样，他们的理性话语也总是服务于实际的目的。

如果说儒家似乎是尝试在公共生活与私人生活之间达到一种平衡，而墨家相当坚定地转向了公共方向的话，那么还有其他的倾向，在只关心私人生活的方向上一路前行，却不像儒墨那样组织良好。"道家"，我给这个词加上引号，是因为在战国时代，甚至在儒家和墨家都已成为凝聚性的运动时，它还零零散散。"道家"是一个可适用于若干人物和/或典籍的词，这些人物和/或典籍以"道"一词作为他们学说的中心，但同样重要的是，他们也强调了自我发展过程中的某种默想技术（meditation technique）。然而，也有其他强调私人生活，但甚至以宽泛的标准来看也不可称之为"道家"的倾向，在战国时代也很盛行。在一个如此动荡不安、兵连祸结的时代，这也不足为奇。

面对日趋一致的集权军事化意识形态和对人口的全面控制——这些通常是在"法家"的论题之下得到讨论的——似乎已没有可退避的"私人"空间了。但是，如我前面指出的那样，战国时代的无序，也就是这一事实，即欠缺强大的中央掌控力的小国至少在一段时间内还继续存在着，它表明那些对当时社会形势感到触目惊心的人仍有可退避之地。一些集权化中的国家在寻求文化资本与可能的意识形态支持时，容忍了多元的意识形态趋势，甚至是那些反对集权化的趋势。

杨朱及其支持者们针对社会，极端注重个体，我们将简单地讨论一下他们的理念。孟子代表着儒家在公共关怀与个人关怀之间的平衡，值得注意的是，他震惊于这一现象，即"天下之言，不归杨，则归墨。杨氏为我，是无君也；墨氏兼爱，是无父也。无父无君，是禽兽也"（《滕文公下》）①。在其他地方，孟子甚至更生动地表达了这种对立：

---

① 译文出自 Schwartz, *World of Thought*, 259；Graham, *Disputters of the Tao*, 54。

> 杨子取为我,拔一毛而利天下,不为也。墨子兼爱,摩顶放踵
> 利天下,为之……所恶执一者,为其贼道也。(《尽心上》)①

然而,如倪德卫指出的那样:"孟子实际上同时深受墨子与杨朱的影响",因此,不应该让诸家之间存在的激烈争论误导着我们忽视了这一事实,即在"诸子百家"的世界里,理念既是共享的,又是彼此争鸣的。②

杨　朱

我们没有看到任何明确系于杨朱名下的文献,甚至学者们在诸如《庄子》与《吕氏春秋》这些文献中归诸杨朱的言行可能也是其追随者的表述,这种事情在战国思想家身上比比皆是。③ 我们不知道杨朱的生卒年。如果我们相信,他确实像在很多文献中记载的那样,与孔子或墨子有过对话(他基本上不可能与两个人都有过对话),那么就必须将他置于公元前5世纪,但更可信的是将他确定在公元前4世纪的某段时间。无论如何,他似乎代表了一种彻底从社会中抽身而出的倾向,在极端的情况下,这种倾向由那些选择隐士生活的人表现了出来。《庄子》在两种隐士之间作出了区分:一些人退至"山林","高论怨诽",此乃"非世之人,枯槁赴渊者之好也";一些人则"就薮泽,处闲旷,钓鱼闲处,无为而已矣;此江海之士,避世之人,闲暇者之所好也"。④ (此处文字出自《刻意》)

杨朱(如我们将看到的那样,还有庄子)显然属于第二个群体。在《论语》中,我们对隐士已有所耳闻,但是,也许他们来自孔子本人之后的一个时代,而且隐士的形象只是遁离社会的一种极端例子,也许还没有那么绝对。葛瑞汉提供了一些思考,可能会有助于我们理解战国思想中的这个重要倾向:

438

---

① 译文出自 Graham, *Disputters of the Tao*, 54; D. C. Lau, trans., *Mencius* (Harmondsworth: Penguin, 1970), 188.
② Nivison, "The Classical Philosophical Writtings", 768.
③ Graham, *Disputters of the Tao*, 55, 他将《庄子》的第28—31章与《吕氏春秋》1:2,1:3,2:2,2:3 与21:4都归诸杨朱思想传统。
④ Graham, *Chuang Tsu*, 264-265.

那种使得统治阶层的成员能够抵御巨大的仕途压力的哲学，在中华帝国一直是经久不衰的必需品。① 杨朱学派是最早的，它被道家适时取代了，而从公元后的早期开始，又被佛教取而代之。但是，杨朱学派与其后继者不同，它没有任何神秘的因素。与墨家一样，它同样是从对利害的权衡开始的，但是，它的问题不是"我们应该怎样利天下"？而是"什么对人真正有利"？更具体地讲，是"什么对我自己有利"？是像俗人所想的财富与权力吗？抑或是身体的存活与健康以及感官的满足？②

杨朱的学说很容易被拙劣地模仿，但并不像它可能看起来的那么简单。根据葛瑞汉，它不应被视为一种完全使自我与任何其他之"善"都势不两立的彻底的利己主义形式，而应被视为一种自私的形式（a form of selfishness），在它这里，对自身生命之养育的关怀乃是首要的，对他人的关怀则始终是次要的，诚然，养育自身生命的思想如果被普遍采用的话，就会被认为有助于一般的善。③ 如上文引述的孟子的说法，"拔一毛而利天下，不为也"这一理念是杨朱学派的一个标志。我们来看一看对此理念的更充分解释，它包含在后来的一部著作中，葛瑞汉认为，这部著作（根据注释，这部著作当指《列子》）里植入了早期的材料。

当一个墨家的对话者问杨朱，"去子体之一毛以济一世，汝为之乎"，杨朱回答说，世固非一毛之所及。对话者说，若假设能，你会这么做吗？杨朱沉默未语，但是，他的一个弟子问对话者，有侵若肌肤获万金者，若为之乎？对话者说，为之。之后，弟子又问，有断若一节得一国，子为之乎？这时，对话者沉默不语。接着，弟子讲明了自己的观点：一毛微于肌肤，肌肤微于一节，一毛固一体万分中之一物，奈何轻之乎？④（此处文字出自《列子·杨朱》）

在这场交锋中，杨朱看起来确实接近于利己主义。然而，不妨考察一番下面这段文字，它几乎和上文一样开局：

---

① 葛瑞汉指出，在战国时代，很多人"耽于私人生活的优游闲适，不愿意承受日益残酷的争权夺利斗争的重负和危害"。*Disputters of the Tao*, 53。

② Ibid., 56。

③ Ibid., 59-64。

④ *The Book of Lieh-tzu*, trans. A. C. Graham (London: John Murray, 1960), 148f.

> 尧以天下让于子州支父,子州支父对曰:"以我为天子犹可也。虽然,我适有幽忧之病,方将治之,未暇在天下也。"天下,重物也,而不以害其生,又况于它物乎!惟不以天下害其生者,可以托天下也。①

在此,子州支父的自私似乎是绝对的,但是,我们很意外地被告知,他首先是值得以帝国相托的。亦可考察一下另一段杨朱学派的文字,即《吕氏春秋·本生》的开头:

> 始生之者,天也;养成之者,人也。能养天之所生而勿撄之谓天子。天子之动也,以全天为故者也。此官之所自立也。立官者,以全生也。今世之惑主,多官而反以害生,则失所为立之矣。譬之若修兵者,以备寇也。今修兵而反以自攻,则亦失所为修之矣。②

看来,至少一些杨朱主义者有某种政治思想——人们几乎可以说,战国思想中的每一种倾向均有一种政治思想。也许人们可以说,古希腊思想,或一般意义上的轴心时代的思想亦然——这是我们当牢记于心的东西。根据对自我的关怀,以及根据由之引申而来的政治论断,杨朱的思想显然与《道德经》和《庄子》相似。借用罗浩的一个术语来说,缺少的则是对内在修行(inner cultivation)的关注,内在修行也就是关于呼吸控制与精神集中的实践,人们相信,它们会引向宁静与省悟——这是所有的道家思潮的特点。③ 甚至在我们刚刚引述的政治思想中,天子被赋以"养天之所生"的职责,这可被视为比无为(nonaction)稍具干涉性,而无为则是对理想的道家统治者的全部要求。④ 我们确实不知道杨朱或庄子的生活年代,也不知道《道德经》何时所撰或何时问世,但这般推测是合理的:由于主张"利"应当首先是为了个体,且只有这一理念得以确立,天下才可得"利",故而以此激烈反对墨家的杨朱乃是道家思想家的先行者。虽然道家中仍有杨朱学派的元素,在以后

440

---

① 《吕氏春秋·贵生》,译文出自 Graham, *Disputters of the Tao*, 58。
② 《吕氏春秋·本生》,译文出自 Knoblock and Riegel, *Annals of Lu Buwei*, 64。
③ Harold D. Roth, *Original Tao: Inward Training* (Nei-yeh) *and the Foundations of Taoist Mysticism* (New York: Columbia University Press, 1999)。
④ "故君子不得已而临莅天下,莫若无为。"(《庄子·在宥》)译文出自 Graham, *Chuang Tsu*, 12。

的历史中也从未全然丢弃它,但与儒家一样,道家回避了"利"甚至是其中心关怀的长生之"利"这样的观念。

农 家

在战国时代的隐士中,有一个群体提出了一种有趣的意识形态,即每一个人,甚至统治者,都应该耕作土地,亲自种植食物。我们有理由相信,其中一些人实践了他们所宣扬的东西,这样一种农业乌托邦的信仰者们尊崇,但也许是发明了一个甚至比儒家的尧、舜还要久远的"先王",即神农,他在最早的远古已将这一学说付诸实践了。随着时间的推进,越来越早的"先王"也越来越频繁地被发现,以至于越早的先王在历史文献中出现得就越晚这条原理已在此得到了例示。

在汉代文献《淮南子》所包含的片段中,农家思想得到了重建:

故神农之法曰:"丈夫丁壮不耕,天下有受其饥者;妇人当年不织,天下有受其寒者。"故身亲耕,妻亲织,以为天下先。其导民也,不贵难得之货,不重无用之物,不器无用之物。是故其耕不强者,无以养生,其织不强者,无以掩形。有余不足,各归其身。衣食饶溢,奸邪不生,安乐无事,而天下均平。(《齐俗训》)①

无须说,神农的农业乌托邦是一种田园无政府状态(rural anarchy),没有刑罚或权威能干扰他们。相反,所有人都在简单的自足状态中自治。葛瑞汉注意到,正如许多力图证明农家的原则是行不通的努力所显示的那样,这一理想在战国时代很久以后仍有吸引力。② 尽管中国人受专制主义国家统治是率以为常的,却总是有一些人希望尽可能地摆脱它们;没有它们,生活也能快乐地过下去,这种理念从来没有完全消失。如我们将看到的那样,只有儒家提出了一种不同的理念,它并非一个民主的理念。然而,与退回私人生活或沉溺于乌托邦梦想不同,它关注的是抑制暴政之穷奢极欲的途径,虽然常常无济于事,但其成功的程度大概可由中华帝国的政治体系长远的稳定性来衡量。

---

① Graham, *Disputters of the Tao*, 66-67.
② Ibid., 72-74.

道　家

迄今为止,我们在本章已经相当轻率地使用了诸如"孔子主义"(Confucianism)、"墨子主义"(Mohism)与"道家主义"(Daoism)这样的语词,似乎它们代表的就类似于我们过去常常在西方古典哲学中所听到的教义派别——柏拉图主义,亚里士多德主义,斯多亚主义,伊壁鸠鲁主义,等等。(这段话中的出现的"孔子主义""墨子主义"与"道家主义"等词汇,在英文中都是以"ism"[主义]结尾,与柏拉图"主义"[Platonism]等词的结尾相同。前文循常例译为儒家、墨家、道家,但此处,贝拉显然想将它们与柏拉图主义等词汇作一对比,因此,暂时改译为"孔子主义"等)给予希腊罗马的学派比中国的学派更多的具体化,可能会是一个错误。每一个学派都包含了大量的多样性,相互冲突的,甚至可称之为"多个主义"(isms)的师生谱系,并且也包含了随时间而明显变换的命运。我们已经指出,在战国时代,只有儒家与墨家可真正被称为学派。现在,我们甚至必须对这一断言进行限定。如果我们将教义(doctrine)作为界定一个"学派"的主要基础,那么大概只有墨家可真正算得上是一个学派。

我们翻译为 Confucianism 的词,在中文中是"儒家",或许,可更准确地将"儒家"翻译为"学者的学派"(Scholarly School)。对于"儒"的含义,尚有争议——一些人猜想,这是一个前儒家的词汇,意指"礼仪专家"(ritual specialists),据推测,孔子即为其中一员。然而,伊若泊则令人信服地证明了,前儒家并没有提到"儒",也证明了,"儒家"总是与孔子联系在一起。他写道:"总而言之,一些人群在礼仪实践中能以与孔子及其弟子相似的方式应付自如,毫无疑问,他们在孔子的时代之前就已经存在了:但事实上,并无证据表明'儒'一词曾被用来描述他们。这个词似乎是一个创新,最初意在用来表示孔子创立的新教派(sect)。"[1]

但是,如果我们记得,孔子将自己界定为"述"者而非"作"者,而且

442

---

[1] Eno, *Confucian Creation*, 191-192. 伊若泊继续说道,关于"儒",尚无令人信服的词源说明(192—197 页)。

"五经",即《诗经》《尚书》、三部《礼》经(即《仪礼》《礼记》《周礼》)、《易经》《春秋》,也可能包括第六部经,即佚失的《乐》,它们位于"儒"传统的中心,那么,"儒家"作为"学者的学派"而非"儒家"这一观念也就可以理解了。要注意,虽然很久之后,即从宋朝开始,《论语》《孟子》成为"四书"中的两部,而"四书"几乎取代了"五经"在儒家传统中的中心地位,但《论语》《孟子》均未列入"五经"。① 尽管纵观中国历史,"五经"绝对是核心典籍,在帝国时代,要想通过作为仕途入口的科举考试,对五经的知识乃是不可或缺的,但《论语》却未列其中,不过,"五经"与孔子之间却有极大的关联,正如汉初陆贾所言:"后世衰废,于是后圣(即孔子)乃定五经,明六艺,承天统地,穷事察微。"②(语出陆贾《新语·道基》)孔子可能一直都是"素王",但是,由于他并未真正统治,所以,他传下"五经"想让正确的秩序形式传承下去,以待它们能够再次实现的时机。儒家比任何其他的学派都更深切地关注古代中国传统的保存,因此,他们以"学者的学派"而名也就不足为奇了,或者我们甚至可称之为"古典学者"(Classicists)。即便如此,我们必须记住,在古典传统中,孔子总是学者们的守护圣人,因此,将"儒家"称为孔子主义远非谬说。

　　罗浩的一个建议有助于澄清我们该如何来看待战国思想中各种潮流。他认为,汉代之前的学派应当是根据实践或技术(他交替使用这两个词)而非学说来界定的。我将证明,墨家是一定程度上的例外,它是唯一一个真正的教义式(dogmatic)"学派"。罗浩如此描述这些"技术":"宽泛地说……对儒家而言,在家庭与国家里要保持合适的礼仪;对墨家而言,要节约家庭与国家的开支以将可用资源的效益最大化;对法家而言,要确立法治与恪守它的方法……以及,对道家而言,要提倡神秘主义修行(mystical cultivation),它将导向与作为统治之本质因素的道合一。"③在这些学派之中,主要的组织形式是师生谱系,它造成了

443

① "将'四书'提高到'五经'之上的",正是宋朝哲学家朱熹(1130—1200)。参 Nylan, *The Five "Confucian" Classics*, 56。
② 转引自 Michael J. Puett, *To Become a God: Cosmology, Sacrifice, and Self-Divinization in Early China* (Cambridge: Cambridge University Press, 2002), 253。
③ Roth, *Original Tao*, 180。

极大的多样性。甚至后来的墨家也分裂成了三个彼此不友好的教派。孟子与荀子之间的不同只是儒家学派诸多不同的倾向中最明显的表现而已。道家在汉代中期以前甚至不能以道家这个词称之,他们总是由于师承关系的不同、奉为核心的典籍的不同而发生分裂。

为方便起见,我将使用罗浩提出的一种类型学来组织我对战国时代道家的重要倾向的讨论,虽然他用于该类型学的断代法尚有异议。① 罗浩认为,道家的所有派别都是通过神秘主义修行来界定的,但是,他们所持立场的社会意涵则在三个阶段得到发展:(1)"个人主义者"(Individualist),因为在这里"社会与政治思想实际上是付之阙如的"(我自己的看法是,若按照我们对这个词的认识,则中国传统无一可被称为"个人主义者"——在此,其含义是,专注于自我修行,而不怎么关心社会语境);(2)"原始主义者"(Primitivist),因为它倡导"一种简单的社会与政治";以及(3)"调和主义者"(Syncretist),因为其学说"作为一种治理术而被举荐给统治者,强调要让因此而开悟的统治者严格协调政治秩序与宇宙秩序,而且它也是一种从早先的法家与儒家学派那里借鉴了相关理念的调和主义的社会与政治哲学"。②

《管子·内业》

根据罗浩,集体著作《管子》的《内业》篇代表了后来人们所称的道家的最初阶段。它是否是道家传统中最早的著作尚有争议,但是,它无疑代表了罗浩的第一种类型,即他所说的"个人主义者"的类型,而我更愿意称之为"内在修行"的传统,因为它几乎没有包含任何伦理与政治指涉,关注的只是自我修行的实践。《管子·内业》是用韵文写成的,很可能代表了最初是以口头相传的学说。罗浩追随白牧之的看法,也认为从口头到书面的转型大约是在公元前 4 世纪中叶发生的,这可 444

---

① 森舸澜(Edward Slingerland)提出,《老子》要比《管子·内业》(*Inner Training*,或者如罗浩所译,*Inward Training*)更古老,罗浩则认为,《管子·内业》是最早的道家经典。参 Slingerland, *Effortless Action: Wu-wei As Conceptual Metaphor and Spiritual Ideal in Early China* (New York: Oxford University Press, 2003), 280-282。
② Roth, *Original Tao*, 7-8; 亦参 195 页以下。

能也提示了该文本大致的年代。① 假如该文本真有这么早,那么,关于宇宙论和神秘主义实践的专有词汇可能一直还正在发展之中,因此,我们需要小心,不要将一些关键词后来的含义加到它上面。

如果不想陷入过多的技术性细节,我们需要考察三个重要术语以及它们与中心术语"道"本身之间的关系。自我修行与人类参与其中的宇宙的三个面向有关。第一个即为"气",这个术语如此基本,但对西方思想来说又如此陌生,以至于它通常都保持在不翻译的原样,在《管子·内业》中,它可能仍然被理解为人的呼吸与自然界中的空气,但也已经开始具有更普遍的"生命之流"(vital fluid,有时也译为"以太"或"能量")的含义,一切都是形成于"生命之流",但有着不同层次的炼制。第二个术语是"精",即"气"的"生命精华"(vital essence,该词在下文再次出现,指的就是"精",此处按英文直译为"生命精华"),默想实践的目的就是为了养"精"。最后一个术语是"神",最早意指灵或神明,但是,根据罗浩之见,在《管子·内业》中,它有了更多修饰性的"精神的"(numinous)之意,也就是一种因为"精"的修行而得到的充盈(fulfillment)。② 然而,所有这些术语都归入了"道"的理念,后者现在已经成了对一切实在之潜在统一的核心的宇宙论表达。如上所述,"道"的字面意思就是"道路",它在中国早期的思想中随处可见。虽然"道"在儒家文献中有时候似乎也含有宇宙论的含义,但一般而言,在儒家文献中,"道"指向的是学派的学说或是它倡导的实践。

根据罗浩,关于自我修行的技术,《管子·内业》比诸如《道德经》或《庄子》这些人们更熟悉的文献说得要更详细。对身体的适当调整是基本的,包括四肢有序、安然而坐与呼吸的技巧,不过,它对精神集中的实践也有所描述。③ 如果假以勤勉追求,这些实践将导向精神的充盈,传统上,古代中国将此过程看作成"圣",葛瑞汉认为,"对所有的学

---

① Roth, *Original Tao*, 25, 213, 引自 Brooks and Brooks, *The Original Analects*, 156。

② Ibid., 107. 在同一个地方,罗浩还考察了"神"一词的用法——它最早用作"灵"(spirit),像"祖先之灵"这样的说法——是否也涉及在较早的祭祖仪式上的求"神"这种萨满实践的普泛化。葛瑞汉所见略同(参《论道者》,100 页以下),普鸣则强烈反对这一观点,他认为,《管子·内业》代表了对传统礼仪实践的拒绝,代表了一种个体的自我神化的主张。对我来说,这一观点并不全然令人信服。参 Puett, *To Become a God*, 109ff。

③ Ibid., 109-115.

派来说,这就是最智慧之人的理想"。①

为了使我们对《管子·内业》的学说有所了解,我将引用如下的文字,罗浩谓之为篇中的第一首诗:

> 凡物之精,此则为生。下生五谷,上为列星。流于天地之间, 445
> 谓之鬼神(ghostly and numinous),藏于胸中,谓之圣人(sage)。②

在另一首诗中,即罗浩所编版本的第十五首,"道"与"心"并列出现,罗浩将"心"翻译为"mind",它经常也被译为"heart"或"heart/mind",而且他这样解释,"对早期中国人而言,它是所有意识体验——包括知觉、思想、情感、欲望与直观——的所在地"。③"心"可以说是"道"的"发生"(happens)之地,至少对个人而言如此,在后来的儒家与道家思想中,它也是一个重要的术语:

> 道满天下,普在民所,民不能知也。一言(Dao)之解,上察于天,下极于地,蟠满九州。何谓解之,在于心安。④

罗浩指明,"道"作为"一言"(this one word),可能正如曼陀罗(mantra)在印度的默想形式中那样发挥作用——言与物彼此交融。

《管子·内业》关注的只是宇宙论理念与自我修行的实践,但是,在可被宽泛地称为道家传统的所有其他表达中,这些理念与实践均有所体现,不论它们上面又被添加了些什么东西。

《庄子》

与《管子·内业》相比,《庄子》是一本更伟大的著作,虽然二者在内容上有异曲同工之处,但它是一本极其不同的著作。⑤ 与《管子·内业》一样,它也甚是关注内在修行,但是,与《道德经》一样,它也显示出 446
了关于原始主义倾向的有力证据。《庄子》是一部非常复杂与精妙的

---

① Graham, *Disputters of the Tao*, 494.
② Roth, *Original Tao*, 46.
③ Ibid., 42.
④ Ibid., 72.
⑤ Ibid., 153-161,它引述了《庄子》中大量与《管子·内业》非常相似的论述内在修行的文字。

著作。它将"道"的理念推向一个极致,而且由于它质疑了既存现实的每一个方面,所以,它的内涵显然是轴心性的。然而,它拒绝毫不含糊地加以说明,而倾向于先如此这般地言说"道",接着又去针砭如此言说"道"的方式,因此,它似乎是一种中国版的否定神学。它对任何既存现实都表示怀疑,却平静地认可了最世俗的现实。要统筹兼顾地处理它,会超出本章的篇幅限制。于是,我要做的是从它众多的故事、寓言、比喻中拿出一些置于此,让那些不大了解它的读者因这部典籍的趣味而被引向文本本身。

如果说《管子·内业》是对儒家思想的一种回应的话,那么它也只是一种默默的回应,回应的方式是完全只强调内在修行,而对伦理与政治的关怀则阙如。至于在《庄子》(与《道德经》)这里,孔子及其学说是常见的参照点,要么是作为幽默的嘲弄对象,要么是作为错误的一个根源。下面这个故事同时阐明了庄子的死亡观以及他对儒家学说的反对:

> 子桑户、孟子反、子琴张三人相与友,曰:"孰能相与于无相与,相为于无相为?① 孰能登天游雾,挠挑无极,相忘以生,无所终穷?"三人相视而笑,莫逆于心,遂相与友。莫然有间而子桑户死,未葬。孔子闻之,使子贡往侍事焉。或编曲,或鼓琴,相和而歌曰:"嗟来! 桑户乎! 嗟来! 桑户乎! 而已反其真,而我犹为人猗!"子贡趋而进曰:"敢问:临尸而歌,礼乎?"二相视而笑曰:"是恶知礼意?"子贡反,以告孔子,曰:"彼何人者邪? 修行无有,而外其形骸,临尸而歌,颜色不变。无以命之,彼何人者邪?"孔子曰:"彼,游方之外者也;而丘,游方之内者也。外内不相及,而丘使女往吊之,丘则陋矣。"(《庄子·大宗师》)②

这三个朋友无疑位于庄子所赞赏的"闲暇者"之列(参边码第438

---

① 莫达(Eske Mollgaard)将这段文字翻译成了一个道德命令:"相为于无相为。"(Do for others in not doing for others)他发现了这与康德的定言命令之间的共通之处,后者克服了黄金法则的局限。他的论点即使并非全然让人信服,也是很有趣的。参其"Zhuangzi's Religious Ethics",*Journal of the American Academy of Religion* 71, no.2 (2003)。

② Graham, *Chuang Tsu*, 89.

页），而且他们都分有他的生死统一之感。在一处相似的文字中，庄子的朋友惠施批评了他，当时庄子之妻去世，人们却发现他"方箕踞鼓盆而歌"。庄子解释说，他的妻子现在"相与为春秋冬夏四时行也"，而且她"且偃然寝于巨室"①（《庄子·至乐》）。质而言之，对"游方之外者"而言，居丧之礼是可忽略的。这样的礼节只是一种局限，一种还不够理解"道"的表现。在这段文字中，庄子说，我们出生之前在"道"之中，死后则复归于"道"，而且在生之时，只要我们知晓它，就仍在"道"之中，那还有什么要忧患的呢？

在《庄子》与《道德经》中都有一种强烈的认识，即当人与自然相融的时候，事情就开始畅行无碍，但当文化被创造出来之时，事情就开始每况愈下。它以各种形式表达了原始主义的视野。庄子讨论了早期的人类处境，将它视为一个"至德"的时代，华兹生译之为 Perfect Virtue。Virtue 在此对译的是"德"，上文论述儒家的部分对这个术语已经有所探讨。"道"一词在儒家思想中一般指人的信仰与行为，与它一样，"德"（在儒家中意味着力量、潜力、美德）在道家文献中也具有一种宇宙论的指涉。因此庄子说，在最早的时候：

> 彼民有常性，织而衣，耕而食，是谓同德。② 一而不党，命曰天放。故至德之世，其行填填，其视颠颠。当是时也，山无蹊隧，泽无舟梁……夫至德之世，同与禽兽居，族与万物并。恶乎知君子小人哉！同乎无知，其德不离……及至圣人，蹩躠为仁，踶跂为义，而天下始疑矣。（《庄子·马蹄》）③

448

从此以后，处境就江河日下了。

《庄子》与《道德经》均是在与儒家学说的对立中界定他们的学说的，这种对立在很大程度上基于这种看法，即儒家试图以法则与规范来管治人民，从而对生命的自然运行横加干预。他们反对这种干预，教导的乃是"无为"（如上所见，即 nonaction，或 Doing Nothing）。事实上，在

---

① Graham, *Chuang Tsu*, 123-124.
② 这里可能与农家有相通之处。
③ Burton Watson, *The Complete Works of Chuang Tsu*（New York：Columbia University Press, 1968），105.

上文引述的《论语》靠后面的一段文字中，"无为"一词已经出现了。（见边码第 414 页）森舸澜提出，与这个术语相反的观念在《论语》中是很普遍的，它不像道家那样指向了一种原初状态（original position），而是指向了长期训练的结果，可以说，这种训练使人可以不假思索而"自然地"（naturally）做他应该做的事情。所以，无为是另一个在所有早期的中国思想中都很常见的术语，尽管它在不同的语境中意指不同的事物。[1]

在庄子众多生动的比喻中，有一个比喻为"无为"作出了辩护。这个故事和浑沌有关，汉斯-格奥尔格·梅勒说，浑沌"在世界**中央**，有着完美而永恒的生命，却**缺少**了人的特征——他没有面孔"。[2] 这段文字在《庄子·应帝王》的结尾处，如下：

> 南海之帝为儵，北海之帝为忽，中央之帝为浑沌。儵与忽时相与遇于浑沌之地，浑沌待之甚善。儵与忽谋报浑沌之德，曰："人皆有七窍以视听食息，此独无有，尝试凿之。"
>
> 日凿一窍，七日而浑沌死。[3]

梅勒补充道，"郭象简练地评论了这个故事：'**为者败之**。'（Activism killed him）"[4]（此处译文依据的是唐成玄英的《庄子注疏》，北京：中华书局，2011 年，168 页）

449

《道德经》

·

在所有的"道家"文献中，最著名的无疑当属《道德经》，据称，它由老子所撰，也经常以他的名字来命名为《老子》。这是最经常被翻译的一部汉语经典，也是世界上最经常被翻译的经典之一。它通常与《庄子》并列，并且自汉代以来就一直如此了。然而，在战国时期，它是与

---

① 关于《论语》中的"无为"，可参 Slingerland, *Effortless Actions*, 43-76。森舸澜的著作关注的是早期中国思想中的"无为"——除了法家，他发现，这一术语在法家中的用法与其他思想流派的用法"判然有别"（288 页）。

② Hans-Georg Moeller, *Daoism Explained: From the Dream of the Butterfly to the Fishnet Allegory* (Chicago：Open Court, 2004), 35. 黑体为原文所有。

③ Graham, *Chuang Tsu*, 98.

④ Moeller, *Daoism Explained*, 35. 黑体为原文所有。

《庄子》分开传播与讨论的。虽然对我们来说,它们有着相似的学说,与《管子·内业》也很相似,但是,它们显然是通过不同的谱系来传播的,并且直至相当晚的时期,它们并没有被看作一种传统中的不同部分。① 在形式上,《庄子》与《论语》,而不是与《道德经》更为接近:它有诗歌的元素,但大部分是散文;它包含了与《论语》相似的轶事与对话,虽然已经有了显著的发展。《道德经》与《墨子》不同,没有推理的连贯性,而与《论语》相类,文本的每一部分都是独立的。如果它有一种前后一致的学说,那也是从来自不同观点的各种洞见建立起来的,而不是通过连续的推理建立起来的。除了《墨子》也许还有《荀子》这两部作品之外,几乎所有中国早期的文献都倾向于从洞见到洞见,而不是通过系统性反思而在建构起来的思想中发现一个"体系",这是相当冒险的。

在这些方面,《道德经》与《庄子》相似,但在其他方面,则又非常不同。与《管子·内业》一样,它完全是诗式的;它甚至可被视为一首长诗,尽管从早期开始它就被分成了两部分、八十一章。它的学说在很大程度上不是以《庄子》酷爱的故事、寓言与比喻而是以一系列突出的意象或隐喻来表达的,这些隐喻已经成为了"道家"在全世界的象征。

梅勒提出一个观点,即在我们理解的"书"的意义上,亦即"书"写出来是为了让人静静地阅读,它有开头、中间、结尾,在我们恰巧心有所感的时候被记住或遗忘——《道德经》并不是一本"书"。相反,它最早的版本可能是口头的,甚至在这一文本已经被写下来之后,为的也是被那些它为之而形成的人们所倾听,最终被铭记,即内在化。它的结构是递归的(recursive)而非线性的,这意味着人们可从文本中的任何一个地方开始,并发现它与其他任何一个地方之间的联系。② 在这里说到

---

① 罗浩在《初始之道:内业与道家神秘主义的基础》(*Original Tao: Inward Training* [Nei-yeh] *and the Foundations of Taoist Mysticism*)中列举了《道德经》与《管子·内业》中的相通之处,144—153 页。

② Hans-Georg Moeller, *The Philosophy of the Daodejing* (New York: Columbia University Press, 2006), chap. 1, "How to Read the *Daodejing*", 1-20. 梅勒举出了网站的"超文本"(hypertext)的例子作为阅读《道德经》的一个对比,这个例子很有启发性,因为与《道德经》一样,超文本也是递归的,而非线性的,它假定了大量未曾明示的背景知识,指出在过去发生的事情之间有许多联系,它与其说是一种论证,毋宁说是一个行动"处方"(recipe)[5—7 页]。但是,有一个基本的差异:网站的超文本显然是用后即弃的;《道德经》则是要内在化的(internalized)。

的大多数方面，《道德经》与本章讨论的其他文本，确切而言，与本书讨论的许多文本都是很相似的。但是，在意象与隐喻的复杂网络中，《道德经》的确表现出了一种力量，很多读者已经发现这是很独特的力量。由于本章篇幅所限，对于原文的丰富性与复杂性，我只能给读者一个提示。

梅勒从《道德经》短小的第六章开始考察这一文本，部分地是因为这一章包含了如此多的核心意象。作为"较暗"（darker），也就是更富神秘色彩的章节之一，它已经吸引了其他翻译者的注意。让我们以梅勒的翻译开始：

> The spirit [*shen*] of the valley does not die—
> This is called dark feminity.
> The gate of dark feminity—
> This is called: root of heaven and earth.
> How ongoing!
> As if it were existent.
> In its use inexhaustible.[①]

刘殿爵的译文差别不大，却显示出了使用不同的英文词汇将如何改变整体的印象：

> The spirit of the valley never dies,
> This is called the mysterious female.
> The gateway of mysterious female
> Is called the root of heaven and earth.
> Dimly visible, it seems as if it were there,
> Yet use will never drain it.[②]

韦利的翻译与此相似，只是用 Doorway 代替了 gate 或 gateway，将 heaven 与 earth 大写为 Heaven 与 Earth，并将最后两句译为：

---

① Hans-Georg Moeller, *The Philosophy of the Daodejing* (New York: Columbia University Press, 2006), chap. 1, "How to Read the *Daodejing*", 7.

② D.C. Lau, trans., *Tao Te Ching* (New York: Penguin, 1963), 62.

It〔the valley spirit〕is there within us all the while;

Draw upon it as you will, it never runs dry.①

（上文引用了三个学者的译文，且各不相同，中文原文是："谷神不死，是谓玄牝。玄牝之门，是谓天地根。绵绵若存，用之不勤。""玄"在中文中既有"黑色"之意，又有"玄奥"之意，所以，一个译文译的是 dark，一个译的是 mysterious。根据王弼所注："玄，物之极也。"参《老子道德经注释》，王弼注，楼宇烈校释，北京：中华书局，2011 年，19 页）

在知识渊博的汉学家那里，这一高度浓缩的文本可做出不同的解读，对此，这些例子给出的只是一个非常初步的认识。此外，韦利认为，这一章可能是作为"早期道家学说的始源"的一部分而独立流通的，而且他在其他早期的中国文献中发现了这一章，或与它相似的段落。② 刘殿爵指出了一种"小之又小的可能性，即这里使用的表述是某种原始的创世神话的回声"③。

让我们看一看在这短小的一章中出现的个别词汇，因为它们提供了通往由《道德经》中很常见的意象与比喻所构成的丰富世界的入口。我们可以简单地留心一下，三位译者均译为 spirit 的中文词是用以表示次要神灵的古语，即"神"，如在"鬼神"（ghosts and gods）中那样，对此，我们在对《管子·内业》的讨论中已经有所评述。梅勒提出，这里的"神"（spirit）是非人格的，比如，与"美国精神"（spirit）一样，它暗示着"一种美德，活气或力量"。④ 可能确实如此，但是，与较古老的神灵观念之间的共通之处保存了下来，因为甚至直至今日，"神"这个字从未失去这种指涉。

至于"谷"一词，我们凭借它已经触及《道德经》思想的核心了。如韦利所述，"所以，与山相比，'谷'更'几于道'；在整个创造中，正是唯有消极的、被动的、'牝'的因素才能通往只在'渊'（in a still pool）中反映出来的'道'"。⑤（此处对应的《道德经》原文应是：道冲而用之，或

451

---

① Arthur Waley, *The Way and Its Power* (London：Allen and Unwin, 1934)，149.

② Ibid., 56-57.

③ Lau, *Tao Te Ching*, 44.

④ Moeller, *The Philosophy of the Daodejing*, 7.

⑤ Waley, *The Way*, 57.

不盈。渊兮似万物之宗。解其纷,和其光,同其尘,湛兮似或存。吾不知谁之子,象帝之先)正是"谷"的低微使得水流进来,创造了河流,最终流向大水,即海。而水本身则是另一个核心意象;正如第八章所述:"上善若水。水善利万物而不争,处众人之所恶,故几于道。"①与山相比,正是"谷"相对的无定形(formlessness),才使得它成为一个有效的意象。

《道德经》第十五章将"谷"与另外一整套相关的意象关联到了一起:

> 涣兮若冰之将释;敦兮其若朴;旷兮其若谷;混兮其若浊。孰能浊以静之徐清?孰能安以久动之徐生。保此道者不欲盈。②

将释之冰,未经雕琢的朴木,空旷的山谷,以及污浊的水,所有这些显然都是无定形的,而且以世人的眼光来看,也都是无价值的,然而,正是经由它们,才达到了"道"。

《道德经》的隐喻建立了一种吊诡的集合,看似弱小的战胜了看似强大的。这在对"牝"的颂扬中表现得再明显不过了;例如,第六十一章宣称:"牝常以静胜牡。"③而在第二十八章中:

452
> 知其雄,守其雌,为天下溪。为天下溪,常德不离,复归于婴儿。④

与雌性一样,婴儿看上去是弱小的,实际上却是强大的。与雄性或成年相比,二者都要更接近于源头,更接近根(root)——后者是《道德经》第六章的第一个例子中的另一个隐喻。(此处所说的隐喻指的是"天地根"[root])与成熟的植物相比,"根"看起来似乎不重要——它肮脏,不见天日,但却是植物的生命之源,它是本质;它看上去没有做任何事情,却做了一切事情。

《道德经》能否被称为"寂静主义的"(quietist),人们莫衷一是,但

---

① Lau, *Tao Te Ching*, 64.

② Ibid., 71.

③ Moeller, *The Philosophy of the Daodejing*, 22.

④ Lau, *Tao Te Ching*, 85. 我根据梅勒的译文改动了第三句和第四句,参 Moeller, *The Philosophy of the Daodejing*, 21。

重点在于,最终占上风的是寂静,而不是咆哮与力量。正是通过这种方式,才能理解《道德经》的"否定性",亦即,它将"道"等同于"无"(Nothing):正是从"无"中才生了"有"(Something):

> 反者道之动。弱者道之用。天下万物生于有,有生于无。①

我们必须在这一语境中理解《道德经》中的"无为"。第三十七章第一行:"道常无为,而无不为",或者,更严格地从字面翻译就是,"'无'为;无不为"(Nothing doing；nothing not done)。

拉法格是曾试着为《道德经》学说给出一个社会语境的学者之一。他认为,这些学说是从一个"士-理想主义者"(shi-idealists)的群体中兴起的,他对"士"一词的用法与我们已经看到的一样,也是拿它来命名战国时代的这一群体:他们出身于贵族中最低的等级,却已开始担任卑微的官吏;或者,他们只是受过教育的人。② "士"当中的理想主义者是那些关注社会状态与他们自己的道德正直的人。在战国恶劣的形势下,很多"士"为了入仕而受到了职业上的训练,却怀才不遇或大材小用,从而变得对当时的政治局势心灰意冷。他们没有转向反抗,但是,他们的确转向了批判。

当儒家批判统治阶层的所作所为,并试图说服当时的统治者效仿先王典范的时候,《道德经》却悉心竭力地对当时诸如上位者比下位者好、男尊女卑等这样的文化预设发起了正面抨击,这些预设不仅仅为古代中国人所有,而且亦为世界上的大多数文化所有。正是这种以生动的隐喻与意象——我只能举出它们当中极少的部分——来表达的抨击长期以来吸引了中国的读者,并在最近年月里吸引了全世界的读者。453

道家原始主义

如我们已经在《庄子》中看到的那样,这种对实在的常识性理解的抨击有助于形成这一认识,即事物在起初的时候是比较好的,那时,人

---

① Lau, *Tao Te Ching*, chap. 40, p.101.

② Michael LaFargue, *Tao and Method: A Reasoned Approach to the Daodejing* (Albany：SUNY Press, 1994), 118-122.

"同与禽兽居"——对儒家来说,这是一个骇人听闻的观念。偏爱更简单的日子,这一直被称为道教原始主义(Daoist Primitivism),在《道德经》第五十三章中得到了再好不过的例示:

> 小国寡民,使有什伯之器而不用,使民重死而不远徙。虽有舟舆,无所乘之;虽有甲兵,无所陈之;使人复结绳而用之。甘其食,美其服,安其居,乐其俗。邻国相望,鸡犬之声相闻。民至老死不相往来。[1](此处明显有误,不是第五十三章,而是第八十章)

在这种几乎与《庄子》一样对文化的极端拒绝中,很显然,儒家的美德,如庄子所说,"蹩躠为仁,踶跂为义",将受到同样的对待。确实如此,正如我们在第三十八章中发现的那样:

> 故失道而后德,失德而后仁,失仁而后义,失义而后礼。夫礼者,忠信之薄而乱之首。[2]

道家对习俗性信仰与复杂文化的拒绝似乎也包括了对规范秩序的拒绝,因为在道家的理想社会中,一切都"无为"而行,或者像"道"一样"自然"而然。事物将"自然"地不扶自直,而无须干涉,理想的统治者将不治而治。人们可能会提出,确实存在着一种道家的道德秩序,甚至是一种女性主义的道德秩序,它以柔和与温顺取代了侵扰与干涉,但柔和之可取,最终不是因为它是好的或对的,而是因为它"有效"(works)。刘殿爵在他《道德经》英译文的前言中指出,这部典籍最好被诠释为乱离时代的一种"生存指南":一个人应使自己卑微而稀缺以远害全身。[3]它充其量是针对"闲暇者"或离群索居的乡民,针对那些寻求避世离俗的人,而不是为了改革。当然,《道德经》所暗示的那种几乎废止道德的伦理(an almost antinomian ethic)永远都有吸引力,并反而促成了这一文本经久不衰的人气。

然而,罗哲海以科尔伯格的理论来衡量中国早期的思想,他据此提供了一种有意思的解释。虽然我发现他的解释在很多方面都是有问题

---

① Lau, *Tao Te Ching*, 142.

② 译文出自 Pines, *Foundations of Confucian Thought*, 89。

③ Lau, *Tao Te Ching*, esp. 29-30, 41-42.

的,至多也就是有启发性的,但仍然值得我们思考。罗哲海提出,《庄子》与《道德经》所代表的道家坚决地拒绝了"习俗性道德"(科尔伯格理论中的第三、第四阶段),但并没有稳固地达到第五、第六阶段所代表的"后习俗道德"。相反,可以说达到了四又二分之一阶段,他根据科尔伯格将其描述为:

> "无所不可"的阶段,也就是年轻人的反抗阶段。"什么是对的"是一个关于随意而主观的决定的问题。这一阶段以此为特征:它彻底拒绝了第二水平[习俗性道德]的异化的习俗主义,而诉诸第一水平[前习俗道德]的天真的快乐原则。这一阶段没有提出新的规范法则,相反,它宣称了一种颇具争议的"超越善恶"。它是后习俗的,但尚未确定原则。[1]

在运用这一理念时,他指出,"周朝的道家"   455

> 可被诠释为科尔伯格的四又二分之一阶段的典范代表。揭批道德主义的姿态,不遵守规范的象征主义(nonconformist symbolism)……对习俗约束力的拒斥以及对个体生命的强调——所有这些都切合年轻人的反抗阶段……道家比其他任何学派都更多地体现了中国社会中的青春期危机……即使在今天,对我们来说,道家洒脱的坦率也要比大多数儒家的一本正经吸引人得多,这可能是因为它唤起了对童年的天真自发性的回忆。[2]

罗哲海赞许道家伦理学的一个方面,这一方面在今天也不是最不重要的:"毫无疑问,道家自然主义包含了普遍主义理念。这种普遍主义不是以话语为中介的,这就有一个优点:不仅仅语言共同体的成员,而且任何属于自然之物,也包括那些不能说话的,都先天地在其范围之

---

① Roetz, *Confucian Ethics*, 27.

② Ibid., 257.我发现,梅勒的著作《解释道家:从庄周梦蝶到鱼网寓言》与《〈道德经〉的哲学》都是极有裨益的:关于这些文本中的意象深度以及它们之间丰富的意义关联,我阅读过的作品在这些方面的发掘均不可与他同日而语。但是,在《〈道德经〉的哲学》的最后,他借助于福柯,提出了一种非人文主义(nonhumanist)或后人文主义(post-humanist)哲学,作为道家——他将其解释为一种前人文主义(prehumanist)哲学——的对立面。在我看来,当他这么做的时候,只不过是停在了科尔伯格的四又二分之一阶段。

内。伦理学从一开始就是宏观伦理学(macroethics)。"①但正是道家思想这种真正的"自然主义",也就是它对作为"无为"(inactive)的"道",以及对作为万物"自然"发生之自然的强调,使得道家无法告知我们如何行动(how to act),虽然对于如何不要行动(how not to act),它告知我们的倒不少。如果自然中的一切本身就是完美的,那么,回归自然就是我们必须做的全部。此外,道家思想中明显没有讨论自然的阴暗面,也没有讨论这一事实,即侵扰与支配跟它们的对立面一样是自然的。道家在这些方面都是后习俗的,却没有给我们提供后习俗的伦理。

"道"的政治

《庄子》与《道德经》包含了一些社会批判,在早期中国的任何文献中,它们都是最为辛辣的社会批判。《庄子》第十卷《胠箧》说:"窃钩者诛,窃国者诸侯。"②《道德经》说:"民之饥以其上食税之多,是以饥。"③同样,第五十三章又说:

456
> 朝甚除,田甚芜,仓甚虚。服文彩,带利剑,厌饮食,财货有余,是谓盗夸。非道也哉!④

《庄子》与《道德经》都充分意识到了战争施加给平民百姓的代价:

> 师之所处,荆棘生焉。大军之后,必有凶年。⑤

虽然批判如此尖锐,但是,它们并未导向任何改革方案。相反,这些恶劣的形势只是社会已经远远背弃了其原初形式的症状而已。

考虑到对战国统治者的这些批判,一旦了解到道家与法家在最早的时候还有关联,就不仅仅是让人震惊了,而且也是相当奇怪的。⑥ 还

---

① Roetz, *Confucian Ethics*, 255.
② 译文出自 Roetz, *Confucian Ethics*, 253。
③ 《道德经》第七十五章, Philip J. Ivanhoe, trans., *The Daodejing of Laozi* (New York: Seven Bridges Press, 2002), 78。
④ Ibid., 30.
⑤ 《道德经》第三十章, Lau, *Tao Te Ching*, 88。
⑥ 有趣的是,倪德卫在对早期中国哲学的权威综述中,将一部分专用于论述"韩非子、老子、法家与道家"。参 Nivison, "The Classical Philosophical Writtings", 799-808。

有比法家提出的暴政技术（technology of tyranny）更只手遮天与专横恣睢的吗？法家很大程度上是由提升政治力量与军事力量的方法构成的，却没有任何道德基础。充其量，在糟糕的情况下，法家（韦利将他们称为"现实主义者"）①可以说，暴政比无政府状态要好。然而，当法家去摆弄一种包罗万象的宇宙论理念时，吸引他们的总是道家。为什么？

首先，要简单地说一下法家，上文已经提到了它，但尚未对它作出界定。与早期中国思想中通常会出现的一样，"法家"一词涵括了一大批本身就有所不同的思想家与文本。如华兹生所释，法家的文本属于一种技术文献（technical literature），其哲学性是无足轻重的。它们如同"关于卜筮、医药、农业、逻辑、军事科学等方面的论述"，都是操作指南。② 就轴心问题而言，法家无疑是相当成熟的理性主义——如史华慈所述，是韦伯意义上的"工具理性"——的一个例证，正如一位法家指出的那样，它以"富国强兵"为指向。③（"富国强兵"之说当出于《商君书·壹言》："故治国者，其专力也，以富国强兵也。"贝拉未注明具体出处）史华慈认为，一位早期的法家，即申不害，提出了一种官僚政治理论（a theory of bureaucracy），而"官僚政治'理论'的形成是世界社会政治思想史上最重要的一个事件"。④ 战国后期人物韩非，其著作为《韩非子》，他总结了法家学说，引起后人经久不息的兴趣——虽然反对他的不道德性。⑤

赋予该学派名称的学说是它对法律、对赏罚的强调，但它尤其强调刑罚，将其作为有效治理的关键。这种强调使得法家与儒家处于对立之中，后者相信，以刑罚而治是德治失败的一个症状，而且使得——人们可能会认为——法家与道家也是处于冲突之中。法家思想完全以统治者为取向，且基本上由关于统治者如何掌控与拓展权力的建议构成。

457

---

① Arthur Waley, *Three Ways of Thought in Ancient China* (London: Allen and Unwin, 1939), 199ff.

② Burton Watson, *Han Fei Tsu: Basic Writings* (New York: Comlunbia University Press, 1964), 14.

③ Schwartz, *World of Thought*, 328.

④ Ibid., 336.

⑤ 参华兹生对《韩非子》选文的翻译，其中包括了这个有趣但又不幸的人物的简要传记。*Han Fei Tsu*, 2-3。

正是这种狭隘的关注点使得法家在本章无关宏旨,而且正是它与道家之间的联系解释了为什么对它的讨论正好是在对道家的讨论结束之时。

在韦利这里,道家与他所称的现实主义之间的相似性表达得再简明不过了:

> 现实主义与道家之间有着非常真实而紧密的联系。两种学说都拒绝诉诸传统,拒绝诉诸"先王之道",而儒家的所有课程都是以它们为基础的……二者都谴责典籍的学习,而欲使人民"闷闷"(此处原文是 dull and stupid,对应的是《道德经》第二十章中的"我独闷闷",所以,"闷闷"本是老子自述,而不是用来描述老子所谓的"众人"或"俗人"的),使他们对自己的村庄与家园之外的任何事情都毫不关心。甚至"无为"的神秘学说,即统治者无为,则万物有活力,也在现实主义中找到了一个不神秘的对应者。如果统治者的每一个要求都已经在法律体现了出来,对不顺从的刑罚已经设置得如此酷烈,以致无人胆敢触犯它们了,那么,现实主义统治者就可坐享其成;"万物"(正如在道家中那样)"将自定"(will happen of its own accord)。① (此处根据文中之意,当为"天下将自定",这句话出自《道德经》第三十七章)

韦利接着指出,诸如《韩非子》这样重要的法家/现实主义文本虽然对其他学派,尤其是对儒家大肆批判,却经常使用道家的意象,对道家也少有微词。关于法道之间联系的例子,我们可以看看《韩非子·扬权》中的几段话:

458
> 权不欲见,素无为也。事在四方,要在中央。圣人执要,四方来效。虚而待之,彼自以之。

还有:

> 听言之道,溶若甚醉。唇乎齿乎,吾不为始乎……喜之则多事,恶之则生怨。故去喜去恶,虚心以为道舍。②

---

① Waley, *Three Ways*, 202-203.
② 这几段话出自 Watson, *Han Fei Tsu*, 35, 38,经过倪德卫的更改,参其"The Classical Philosophical Writtings", 801。

《道德经》第三章看上去与道家简直遐迩一体：

> 是以圣人之治，虚其心，实其腹，弱其志，强其骨；常使民无知、无欲，使夫智者不敢为也。为无为，则无不治。①

将道家与法家联系起来的似乎正是对道德主义的反对；危险在于，它们携手拒斥道德。法家国家的中央集权进入了道家原始主义的真空。对于德治为何已无济于事，法家有自己的解释。上古之世，民少而资源丰足；现在则民多而资源稀缺。因此，昔日要求小政府的形势，现在却要求严厉的刑罚：

> 是以古之易财，非仁也，财多也；今之争夺，非鄙也，财寡也……故圣人议多少、论薄厚为之政。故罚薄不为慈，诛严不为戾，称俗而行也。故事因于世，而备适于事。②（《韩非子·五蠹》）

正是在这种意义上，法家反对儒家以古非今，而是选择了一种"道家式的"回应，又受一点经济决定论的影响。 ⁴⁵⁹

但道家的第三种类型，即本章前面已经提及的调和主义，却不是由道家与法家的结合构成的。秦朝彪炳史册地统一了整个国家，之后又迅速崩溃，这永远地影响了意识形态的选择。无论如何，统治的道德基础总还是必要的，尽管汉代的调和主义确实涵括了道家与法家，但现在，儒家成为一种本质性的，且越来越有主导性的因素，这在汉代早期的调和主义著作《淮南子》中已经历历可辨了。③

孟 子

在中国思想家中，仅有两个人的名字一直约定俗成地被译成拉丁语，孟子（Mencius）即为其中之一，另一位则是孔子（Confucius）。这是

---

① Lau, *Tao Te Ching*, 59.

② Watson, *Han Fei Tsu*, 98-99.

③ 可参安乐哲《统治的艺术：古代中国政治思想研究》（*The Art of Rulership: A Study in Ancient Chinese Political Thought*, Honolulu：University of Hawai'i Press，1983）中对《淮南子》关于统治者一章的翻译。金鹏程（Paul Goldin）提出，《淮南子》并非通常假定的那种调和主义，但它借鉴了不同的学派来支持一种奇特的专制主义政府形式，后者肯定并非儒家的政府形式。

其重要性的一个尺度。《孟子》由孟子所撰,其弟子有所补充,它与《论语》同属儒家传统中的基本文本。与《论语》一样,它基本上也是由轶事与对话构成的,但选文比《论语》中的选文要长得多,而且尽管这部典籍绝非一种连贯的哲学研究,但与较早的典籍相比,其推理有了更充分的发展。虽然对孟子来说,孔子及其学说是一个不可或缺的出发点,但他是在孔子逝世近一个世纪之后出生的(孟子生卒年月尚不确定,但一般认为是公元前 390—前 310),他要回应的思想世界也比孔子面对的世界要更为丰富,也更为复杂。因此,许多我们理所当然地归于孔子的思想实际上是由孟子增益的。

可以公允地认为,孟子视孔子为角色榜样。与孔子一样,孟子也是一个四处巡游的教师,他有一群学生伴随着,试图说服诸侯或准-非法(quansi-illegitimately)自封的"王"将他的学说付诸实践。不过孔子仍然希望周王朝复兴,但孟子已经不再对这一可能性抱有希望了,而是根据他身处时代的精神开始期待一种新的天命,期待天将会赐予尘世一个新的统治者,缔造出孔子所希望的公义社会。与对先前王朝的理解一致,新的政制将会在一个统治者之下统一天下——一个普世的统治者与一种普世的伦理世界将相得益彰。如史华慈所述,孟子与同时代的许多人共同怀有"一种天启式的盼望,即时间在为'道'的复元而做准备"。①

虽然孟子并未对其时代的封建诸侯寄予厚望,但也总是在寻找一个能在他的指导之下变得足够贤德以整饬世界秩序的诸侯。下面的记述展示了孟子寻找的是什么。

> 孟子见梁襄王。出,语人曰:"望之不似人君,就之而不见所畏焉。卒然问曰:'天下恶乎定?'吾对曰:'定于一。''孰能一之?'对曰:'不嗜杀人者能一之。''孰能与之?'对曰:'天下莫不与也。王知夫苗乎?七八月之间旱,则苗槁矣。天油然作云,沛然下雨,则苗浡然兴之矣!其若是,孰能御之?今夫天下之人牧,未有不嗜杀人者也。如有不嗜杀人者,则天下之民皆引领而望之矣。

---

① Schwartz, *World of Thought*, 285.

诚如是也,民归之,由水之就下,沛然谁能御之?'"①(《孟子·梁惠王上》)

在这段引文中,孟子的确以生动的形象敲响了一种天启式的音符。

同样很明显的是,对于自己在历史中的这一关键时刻的使命,孟子有着非同寻常的洞识。如我们将看到的那样,他与孔子一样,感到自己为天所召唤,但是,仍然与孔子一样,他感到受挫于天。接受天意是他的使命,虽然并不必然是快乐的,如下面这段文字所示:

> 孟子去齐,充虞路问曰:"夫子若有不豫色然。前日虞闻诸夫子曰:'君子不怨天,不尤人。'""彼一时,此一时也。五百年461必有王者兴,其间必有名世者。由周而来,七百有余岁矣。以其数,则过矣;以其时考之,则可矣。夫天未欲平治天下也;如欲平治天下,当今之世,舍我其谁也? 吾何为不豫哉?"②(《孟子·公孙丑下》)

如史华慈说明的那样,孟子认为,除非有一个圣王的任命,像舜被尧选立,否则,他或者孔子都不可能真正地成为天子。但是,根据他们"对贤臣(virtuous minister)的理解",二人本来都应该是这样一位君王的良师。③ 人们应该注意到,根据孟子的解释,孔子正好生活在五百年的关口,而他本人则生活在七百余年的关口。因此,他们有着救世君王的光环,即使天已经决定:时机尚未成熟。("五百年"之说在《孟子》中有两处出现。《公孙丑下》:"五百年必有王者兴,其间必有名世者。由周而来,七百有余岁矣。"《尽心下》:"由尧舜至于汤,五百有余岁,若禹、皋陶,则见而知之;若汤,则闻而知之。由汤至于文王,五百有余岁,若伊尹、莱朱则见而知之;若文王,则闻而知之。由文王至于孔子,五百有余岁,若太公望、散宜生,则见而知之;若孔子,则闻而知之。")

虽然政治意图对他的使命具有核心意义,但是,政治失意并未妨碍他同样怀有儒家对自我修行的关注。一个人在此世的所得最终要取决

---

① Lau, *Mencius*, 1A6, 53-54. 译文根据史华慈对这段引文的一部分翻译而有所更动,参其 *World of Thought*, 282。

② Lau, *Mencius*, 2B13, 94. 译文有更动。

③ Schwartz, *World of Thought*, 284.

于天,但一个人能成为什么样的人则取决于个体。他简要地表达了自己的立场,如下:

> 广土众民,君子欲之,所乐不存焉;中天下而立,定四海之民,君子乐之,所性不存焉。君子所性,虽大行不加焉,虽穷居不损焉,分定故也。君子所性(true nature),仁义礼智根于心(heart)。① (《尽心上》)

孟子表现出了对精英主义与平民主义让人吃惊的一种融合。根于君子之心的乃是四种首要的美德,即仁(humaneness)、义(justice)、礼(ritual)、智(knowledge of good and evil),如我们下文将看到的那样,它们在每一个人的心里至少都有发端。从根本上,人的本性对所有人都是相同的:

> 口之于味也,有同耆焉;耳之于声也,有同听焉;目之于色也,有同美焉。至于心,独无所同然乎? 心之所同然者何也? 谓理(reason)也,义(rightness)也。圣人先得我心之所同然耳。② (《告子上》)

然而,如我们上文所见,由于自我修行,即使有困苦灾难,君子亦将固守好德之心,而民“则无恒产,因无恒心”(《梁惠王上》)③。确保民有“恒产”,这是君王的责任,在君子是统治者之有效劝谏者(advisor)的意义上,这同样也是君子的责任。因此,孟子抨击那些置民于悲惨境地的贪婪统治者,不仅仅是因为惨无人道,而且也因为统治者剥夺了人民好德的可能性。

在其社会批判中,孟子可以与道家一样严厉。如他向梁惠王所言:

> 庖有肥肉,厩有肥马,民有饥色,野有饿莩。此率兽而食人也……为民父母,行政,不免于率兽而食人,恶在其为民父母也?④ (《梁惠王上》)

---

① 7A21,译文出自 Roetz, *Confucian Ethics*, 86,有更动。
② Lau, *Mencius*, 6A7, 164.
③ Ibid., 1A7, 58.
④ Ibid., 1A4, 52.

在这里,孟子直言不讳地告诉梁惠王,他不成其君。

没有什么比他所处时代的连绵不绝的战争以及战争的缘由更让孟子怒不可遏了:

> 争地以战,杀人盈野;争城以战,杀人盈城,此所谓率土地而食人肉,罪不容于死。① (《离娄上》)

还有一次,齐宣王询问孟子,问题涉及了周朝:商朝末代恶君纣王被周武王所杀,弑君是否可被允许? 孟子回答道:

> 贼仁者谓之贼,贼义者谓之残。残贼之人,谓之一夫。闻诛一夫纣矣,未闻弑君也。② (《梁惠王下》)

恶君不再是君王,所以,杀他并非弑君,这一观念对古代中国而言并不独特,但它并非一个上古的观念。然而,孟子不是在宣扬革命,虽然他思想的意涵已足够有革命性,以至于后世的一些君王——不仅仅是在中国,而且也在日本——删去了他文本中犯颜的文字。他对不正(unjust)之君的谋臣的建议是,如果可能,就不再事君,如果不可能,就尽可能地缓和君王的恶意。但是,孟子的这一平民主义面向明示,从长远来看,有决定性的乃是人民:

> 民为贵,社稷次之,君为轻。是故得乎丘民而为天子。③ (《孟子·尽心下》)

根据孟子的非暴力主张,邪恶的统治者只是被抛弃,而不是被推翻,因为人民将转向好的统治者,"由水之就下,沛然",如我们上文所见。

孟子明明白白地将一种道德标准提升到既存的政治现状之上,正是这种提升使得他成为古代中国的轴心转向的代表。虽然没有放弃政治等级制所要求的礼节,但是,就德性而言,他将真正的君子置于所有统治者之上。孟子心有戚戚焉地叙述了子思——孔子之孙,而且也许是孔门传人谱系中的一环——对鲁缪公问题的回应:

———————————

① Lau, *Mencius*, 4A14, 124.
② Ibid., 1B8, 68.
③ Ibid., 7B14, 196,译文有改动。

缪公亟见于子思,曰:"古千乘之国以友士,何如?"子思不悦,曰:"古之人有言曰,事之云乎,岂曰友之云乎?"子思之不悦也,岂不曰:"以位,则子,君也;我,臣也;何敢与君友也?以德,则子事我者也,奚可以与我友?"①(《万章下》)

儒家显然赞同亚里士多德的观点,即友谊唯有在相等者之间方有可能,而不是在上位者与下位者之间。在此,君子坚持自己德性的优越性的同时,也暂时接受了统治者暧昧的合法性。

所以,孟子虽然相信人民有最后的决定权——确实,当他引用《尚书》中的"天视自我民视,天听自我民听"时②,他表达了一种"民声即神意"(*vox populi, vox dei*)的观点,并因此可在某种意义上被合理地视为一个平民主义者——但是,他也坚信德性精英的存在。让我们更为细致地考察他如何能够同时持有这两种信念。

孟子因其性善论而知名,这尤其与持人性本恶立场的荀子相对立。这是一个复杂的议题,有着漫长的争论历史,我无需在本章费墨细究。③ 明显可见的是,孟子相信,每一个人,本性即有德之"端",也有大量无关道德的其他之"端"。正如葛瑞汉指出的那样,汉语中的"性"(nature)的意思与我们的"天性"(inborn nature)所指的意思不尽一致,而是意味着在生命过程中的发展潜力。④ 所以,在此,人性"善"存在于这一事实,即如果人的主要德性得到了合适的养育,则每一个人都有发展它们的潜力。在一段著名的文字中,他描述了道德可能性的普遍存在,他以此开始:"无恻隐之心,非人也。"⑤(《孟子·公孙丑下》)由于"心"在孟子的道德心理学中是一个关键词,所以不妨对它作出进一步

---

① Lau, *Mencius*, 5B, 157. 白牧之与白妙子提出,子思虽然是孔子家族的一个继承者,但可能不是孔子的孙子。参 *The Original Analects*, 285。

② Lau, *Mencius*, 5A5 144.

③ 对孟子人性论的出色讨论,可参 A. C. Graham, "The Background of the Mencian Theory of Human Nature", in *Studies in Chinese Philosophy* (Albany: SUNY Press, 1990), 7-66. 亦可参 Kwong-Loi Shun, *Mencius and Early Chinese Thought* (Stanford: Stanford University Press, 1997), 180-231。

④ Graham, *Disputers of the Tao*, 123ff. 就那些对人性问题的争论感兴趣的人来说,这会是一个不错的起点。

⑤ Lau, *Mencius*, 2A6, 82.

的考察,因为这是我们更好地理解孟子论点的关键。①

我们已经看到,在《内业》中,"心"是一个关键词。原始道家的《内业》是集体著作《管子》中的一章,人们认为,后者是由齐国的一群学者在公元前4世纪及之后编撰的。孟子于公元前4世纪后期曾在齐国被称为稷下学宫的地方——就这个群体而言,它也许是个过于自我标榜的名字了——流连了一段时间,而且有内在证据表明,孟子读过《管子·内业》,因为他们共有一些相当专门的术语。与《庄子》和《道德经》不同,《管子·内业》没有对儒家痛下针砭。因此,葛瑞汉推测,《孟子》或许始自儒家与道家之间的分别尚未明晰的一个时代。简而言之,孟子倡导的自我修行之法可能与道家先驱并没有太大的差异。②

具体而言,孟子讨论了"气"的养成,这种生命能量是我们道德行动之可能性的根源,他使用的是一个几乎与《管子·内业》中相同的词——"浩然之气"(floodlike 或 vast *qi*),当它得到适当的养育,"则塞于天地之间"。③ 孟子说道,这种非同寻常之气"是集义所生者",其标准是"生于其心"。(《孟子·公孙丑上》)④在此,我们发现了一种自我修行,它虽然明显与《管子·内业》中的自我修行相关,却以一种《管子·内业》所不曾涉及的方式与道德相联系。虽然"心"主要不是认知的知性,而是道德的知性(moral intelligence)这一说法在此尚有争议,但是,对孟子而言,"心"是道德情感的根源,如果得到适当的发展,即可有识别能力,因此,它也包括那些我们可视之为心智(mind)与心灵(heart)的事物。所以要点在于,虽然每一个人都有发展出成熟的道德意识的潜力,但是,只有尽心竭力地进行道德的自我修行才可能成功地

465

---

① 瑞恰兹(I. A. Richards)在其《孟子论心:多重定义的探索》(*Mencius on the Mind: Experiments in Multiple Definition*, London: Kegan Paul, 1932)80页提到,"我们有理由猜测,孟子的见解可能更多地应作为训谕(injunction)而不是作为陈述(statement)来理解",所以,他指出了它们的施为性意图(performative intent),却未必否认了它们的理论有效性。

② 《孟子·离娄下》中有一处简短的文字:"孟子曰:'大人者,不失其赤子之心者也。'"参 Lau, *Mencius*, 4B12, 130。在此,孟子使用了道家常见的婴儿象征,但他也许强调的是婴儿的道德潜力,而非其前道德之力(premoral power)。

③ 刘殿爵提出,与老子或庄子相比,孟子"更真实地是一个神秘主义者",因为"他不仅相信一个人可以通过完善自己的道德本性而与宇宙合而为一,而且他也绝对信仰宇宙有着其道德的目的"。参 Lau, *Mencius*, 46。

④ Ibid., 2A2, 77-78.

实现它。由于生存压力所迫，平常人虽有道德天性，却缺少时间与精力去充分发展它们。所以，如果一个好德的统治者提升与外推他的"德"——在这个词几乎就是指物理能量的上古意义上——那么，人民就能够回应。与之形成对比，无论富足还是困厄均会坚守德性的就正是"德"之守护者（keeper），即君子。

在对核心道德问题的全部讨论中，孟子总会不厌其烦地谈及"天"。这种指涉亦可见于道家经典，其中，它们经常被假设为只是另一种谈论自然（nature）或者也许是谈论 Nature 的方式。（从边码第 469 页可以看出，Nature 就是"天"，但此处为了与"天"[Heaven]区分开，暂保持原样）一般而言，在儒家这里，特别在孟子这里肯定亦然，它们虽然并非没有自然化的倾向（naturalizing tendencies），不过也很确定地呈现出了一种有神论的因素。① 有一处关键的文字：

> 孟子曰："尽其心者，知其性也。知其性，则知天矣。存其心，养其性，所以事天也。夭寿不贰，修身以俟之，所以立命也。"②

一个新的、更好的时代是这样一个时代，在那里，一个好德之君，或一个能够接受好德的谋臣之谏议的君王，将统一全国，并给人民带来更好的生活，不论是在物质上，还是在精神上。至于这种时代何时可能出现，孟子准备接受天之所命。中国统一真正到来的方式并不是孟子所设想的那种方式，但他支持的那种理想后来从未被遗忘。我将引用《孟子》中的一段也许是最为有名的文字（韦利的译文，是其最妥当的翻译），来概述他的思想：

466

> 牛山之木尝美矣，以其郊于大国也，斧斤伐之，可以为美乎？是其日夜之所息，雨露之所润，非无萌蘖之生焉，牛羊又从而牧之，是以若彼濯濯也。人见其濯濯也，以为未尝有材焉，此岂山之性也哉？虽存乎人者，岂无仁义之心哉？其所以放其良心者，亦犹斧斤之于木也，旦旦而伐之，可以为美乎？其日夜之所息，平旦之气，其

---

① 史华慈提醒我们，对"天"的自然主义诠释与有神论诠释之间的对立是"一种我们强加到文本上的对立（antithesis）"。*World of Thought*, 289。一般而言，史华慈对早期中国思想的宗教维度的讨论是特别审慎的。

② Lau, *Mencius*, 7A1, 182，译文有改动。

好恶与人相近也者几希,则其旦昼之所为,有梏亡之矣。梏之反复,则其夜气不足以存;夜气不足以存,则其违禽兽不远矣。人见其禽兽也,而以为未尝有才焉者,是岂人之情也哉?故苟得其养,无物不长;苟失其养,无物不消。[1] (《告子上》)

荀 子

荀子是战国时代第三位伟大的儒家思想家,堪与孔、孟比肩,虽然与孔、孟相比,他的声望经历了更多的沉浮起落。以他的名字命名并保存相对完好的著作与他伟大的儒家先辈的著作有所不同,因为《荀子》是部并非由轶事与对话,而是由论证完备的论文组成的文集——涵盖了战国思想中的重要问题,对这个时代其他大多数重要思想家都作出了批判性回应,并在此回应中表明了自己的立场。倪德卫认为,他是"中国第一位可在现代意义上被描述为'学术性的'哲学家"。葛瑞汉认为,"(除了荀子)汉代以前的思想家,无人能将其所有的基本理念都整理在如此条理分明的论文中"。[2] 从年代来看,荀子为战国时代画上了一个句号:有一种推测将他的生辰定在公元前 310 年,即可能就是孟子逝世的那一年,而逝世于公元前 215 年,即秦统一之后的第六年。正如孟子一生贯穿了公元前 4 世纪的大部分时间一样,荀子则贯穿了公元前 3 世纪的大部分时间。

467

荀子在公元前 3 世纪面对的社会形势如果说有什么不同的话,那就是比孟子在公元前 4 世纪所面对的要更为恶劣,而荀子延续了激烈的社会批判传统。虽然由于大力强调下位者对上位者的义务,所以他对社会秩序的理解是等级制的,并且与所有的儒家一样,他无法设想一种好的社会秩序却没有君主政制,没有道德精英的引导,但是与孟子一

---

[1] Waley, *Three Way*, 116-117. 这段文字在韦利的葬礼上被宣读。

[2] Nivison, "The Classical Philosophical Writtings", 791; Graham, *Disputters of the Tao*, 237. 约翰·诺伯洛克(John Knoblock)则走得更远,以至于这样说,"荀子涉猎的知识领域超出了中国古代任何其他的思想家,唯有西方的亚里士多德可与其相提并论"。Knoblock, *Xunzi: A Translation and Study of the Complete Works*, vol. 3 (Stanford, CA: Stanford University Press, 1994), vii。

样,他仍然将人民看作统治者之正当性的晴雨表:

> 使愚诏知,使不肖临贤,生民则致贫隘,使民则綦劳苦。是故,百姓贱之如尪,恶之如鬼,日欲司间而相与投借之,去逐之。①

正是统治者的"唅唅常欲人之有"造成了压到人民身上的苛捐杂税,他们滥用民力去修建台榭、园囿,强征人民为其征战,随之使国家岌岌可危。② 对想得到安全的君王来说,"则莫若平政爱民矣"。正是这种考量使得荀子引用了"古书"(old text)的说法:"君者,舟也;庶人者,水也;水则载舟,水则覆舟。"③

与中国早期的其他思想家差不多,荀子是从这一观念出发的,即人民为本,统治者只有在关心人民的时候才是正当的,他由此得出的结论是:现在需要的是一种新的制度秩序(institutional order),其中,人民将在他们自己的政府里面有话语权。道家摆弄的是根本不要政府的理念,但按照这种指示,唯一实际的方式就是从社会中抽身而出,去做一个隐士。荀子与其他儒家则认为,人民自治的理念只是一个适合上古的药方。就荀子而言,人性恶(human nature is evil)——也许译为"人性坏"(human nature is bad)更好一些,因为根本恶(radical evil)这种理念在古代中国是没有的——的理念来自他的这一认识,即我们的本性主要是由大量贪得无厌的欲望组成的,如无管治,便可能出现类似于霍布斯式的一切人对一切人的战争状态,因为每一个人都试图以他人为代价去满足自己的欲望。也许在公元前3世纪严峻的社会形势下,孟子的温和理念,即除了大量欲望之外,人的本性至少还包含着道德冲动之端,对荀子来说似乎是过于乐观了。对荀子来说,外在的规训就是道德发展的秘诀,但同样是对他来说,内在之物也必然理解并想要这种规训。

对荀子的长期声誉造成更大伤害的,可能正是他对孟子"性善论"的拒斥,围绕这一问题,不论是在中国学者中间,还是在西方学者中间,都涌现出了大量文献。在此,我只能试着在不深入这一争论的全面复

---

① John Knoblock, *Xunzi: A Translation and Study of the Complete Works*, vol. 2 (Stanford, CA: Stanford University Press, 1990), 168.

② Ibid., 168.

③ Burton Watson, *Hsun Tsu: Basic Writings* (New York: Columbia University Press, 1963), 37.

杂性的情况下,去理解荀子的立场。① 理解荀子的立场时,一个根本性的问题是,如果我们本性就是"坏"的,那么,人一开始是如何变得有德性的? 按照他自己的看法,孟子亦有同样的问题,因为道德冲动"苟失其养",即会迅速枯萎,那时,谁还会有动力去照管它们呢?(荀子对孟子性善论的探讨,见于《荀子·性恶》)在二人那里,答案都是"心"(heart 或者 heart/mind),但是,这一答案又引出了新的问题。对孟子而言,"心"似乎是道德直觉的根源,而道德直觉则有着养育人之本性的道德冲动的力量,直至它们通过自我修行而缔造出一个本真的道德之人,即君子,后者又反过来可以指导其他人。我们看到,他也许是从原始道家的《管子·内业》中提取出这个理念的。

葛瑞汉辩称,荀子关于"心"的理念受惠于庄子,除了这一点之外,"心"在深层有着庄子未曾注意到的一种道德直觉。他引用了《荀子》第二十一章:

> 人何以知道? 曰:心。心何以知? 曰:虚壹而静。心未尝不臧也,然而有所谓虚;心未尝不两也,然而有所谓壹;心未尝不动也,然而有所谓静。人生而有知,知而有志;志也者,臧也;然而有所谓虚;不以所已臧害所将受谓之虚。心生而有知,知而有异;异也者,同时兼知之;同时兼知之,两也;然而有所谓一;不以夫一害此一谓之壹。心卧则梦,偷则自行,使之则谋;故心未尝不动也;然而有所谓静;不以梦剧乱知谓之静。②

这一段话可被看作理解"心"(mind)的神奇能力的一种尝试,而倪德卫指出,在荀子那里,"心"现在还是 **mind**,而不是 mind-heart③,然而,葛瑞汉仍将这里的"心"翻译为 heart——也许我们永远不能肯定,"心"是否就只意味着 heart-mind 统一体中的一端。(英文中的 heart 多是生理、情感的涵义,而 mind 则多指思维、心智等。学术界里提到儒家的"心"时多用 mind-heart 或 heart-mind。贝拉一般也用

---

① 我所见到的对荀子这一问题最好的研究是金鹏程的《道之礼》(*Rituals of the Way*, Chicago: Open University Court, 1999),1—13、72—81 页。
② Graham, *Disputters of the Tao*, 253.
③ Nivison, "The Classical Philosophical Writtings", 792. 黑体为原文所有。

mind 来表示"心")

在另一个有着悠久历史的隐喻中,心对荀子而言就像盘水(still water):它可以完满地反映实在,也可以引导我们向善。但是,水易起波澜,所以,心并非永无谬误的仪器——只有经过适当训练的心才能在正确的方向上引导我们。[1]（此处涉及的原文来自《荀子·解蔽》）荀子盛赞尧、舜、禹这些圣王,但尤其盛赞"后王",也就是周朝的创立者,因为这些人作为使事情步入正轨、其典范可为万世之师的圣人,我们对他们了解得最多。如此一来,我们可能会认为,这些圣人是某种非同寻常的存在者,总是与常人不同,然而,荀子尽力打消了我们这个念头:

> 涂之人可以为禹……今使涂之人伏术为学,专心一志,思索孰察,加日县久,积善而不息,则通于神明,参于天地矣。故圣人者,人之所积而致矣。[2]（《荀子·性恶》）

看来,任何善用其"心"而不依赖天生情感——也就是不依赖孟子所认为的"性"——的人通过充分而长足的努力,都可以成为圣人,成为道德典范。然而,"通于神明"与"参于天地"如何就突然进入"心"之中呢?

正如将"心"译为 heart 或 mind 有问题一样,将"天"译为 Heaven 或 Naure 也是有问题的。在其《天论》[3]中,荀子竭力将我们会以"自然事件"称呼的事物与人的道德规范区分开来。也就是说,邪恶的统治者并不必然会招致地震等自然灾异;确切而言,荀子坚持,"人祅"(human portents)——例如,田薉稼恶,籴贵民饥,道路有死人——才是国家衰败的真正征兆。这里我们看到了对韦伯会称为巫术的事物的拒斥,但这并不必然形成了对自然的一种"世俗"看法。天、地、人三才一体表明了一种宇宙论式的共振,所以,当人事井然有序,就是与天一致:

> 天职既立,天功既成,形具而神生,好恶喜怒哀乐臧焉,夫是之谓天情。耳目鼻口形能各有接而不相能也,夫是之谓天官。心居

---

[1] Knoblock, *Xunzi*, bk. 21, 3:107; Watson, *Hsun Tzu*, 131-132.

[2] Knoblock, *Xunzi*, bk. 23, 3:107.

[3] 译文出自 Knoblock, *Xunzi*, 3:14-22。华兹生将标题译为"A Discussion of Heaven"。

中虚,以治五官,夫是之谓天君。①

看起来,正如天是宇宙之主,君王是一国之主那样,心也是五官(天生)之主。在此,我们看到了一种共振,它不是巫术的,而在中国语境中肯定是宗教性的。

有些时候,荀子似乎是这样来理解"心"的:它计算、衡量,也看到了无序对人类是有害的,秩序则是有利的;所以,确立道德秩序是一种克服无政府状态与暴力的方式,因此是一种功利主义的善。但是,在更深的层面上,荀子相当清楚地假定了,道德本身就是一种善,就是我们人性的真正本质:

> 水火有气而无生,草木有生而无知,禽兽有知而无义,人有气、有生、有知,亦且有义,故最为天下贵也。②(《荀子·王制》)

对君子,也就是道德的人而言,没有自我利益的算计,只有蹈仁履义:

> 义之所在,不倾于权,不顾其利,举国而与之不为改视,重死持义而不桡,是士君子之勇也。③(《荀子·荣辱》) 471

即使一个人的本性中没有德之端,"心"也有能力与独立性去做出自主的判断,就像一个康德主义者那样有把握:

> 心者,形之君也,而神明之主也,出令而无所受令。自禁也,自使也,自夺也,自取也,自行也,自止也。故口可劫而使墨云,形可劫而使诎申,心不可劫而使易意,是之则受,非之则辞。故曰:心容,其择也无禁,必自现,其物也杂博,其情之至也不贰。④(《荀子·解蔽》)

---

① Knoblock, *Xunzi*, bk. 17;Watson, trans. *Hsun Tzu*, 80-81. 伊若泊对"天"在荀子那里的不同含义进行了审慎的讨论,他坚持认为,这些含义涵盖了自然主义与有神论之间的所有范围。参第六章"作为自然之艺的礼:'天'在《荀子》中的角色"(Ritual as a Natural Art:The Role of T'ien in the *Hsun Tzu*),in *The Confucian Creation of Heaven*,131-169。

② Knoblock, *Xunzi*, bk. 9,译文出自 Nivison, "The Classical Philosophical Writtings", 796,根据华兹生译文有所更动,Watson, *Hsun Tzu*, 45。

③ Knoblock, *Xunzi*, bk. 4,译文出自 Roetz, *Confucian Ethics*, 173。

④ Knoblock, *Xunzi*, bk. 21, 159-160.译文根据华兹生有所更动,参 Watson, trans. *Hsun Tzu*, 129。

然而,当"心"得到适当的修行,就不会反复无常与放诞任气:它关心的将是真正的"道"与体现"道"的"礼"——它将不会偏离圣王的典范:"礼者,人道之极也。"①

我还没有强调荀子比较专制主义的方面,在一个单纯以礼仪来治理似乎不大现实的时代,他愿意使用刑罚,甚至愿意与不那么高尚的统治者妥协,只要他们比那时最坏的统治者好一些。我们不要忘记,最伟大的两位法家思想家,即韩非子与李斯,都是荀子的学生,不论他们在多大程度上同时背弃了其师学说的字面意义与精神。对荀子而言,道德不是自内而生的,而只能自外强加,如我们已经看到的那样,这一观念是一种半真半假的陈述(a half-truth),一般被认为是"保守的"。

然而,荀子表达或肯定了一些在早期中国思想中随处可见的最激进的理念。首先,"从道不从君,从义不从父"。② 帝国时代的儒家思想极力强调要服从于君王与父亲,也要求人们在与这些尊长发生分歧时,可以进谏,但绝不可违背他们,考虑到这些,这短短的一句话看起来几乎是革命性的。③ 另外在儒家传统中有着核心重要性的一个等级关系
472 是师生关系。但是,荀子甚至使这种他本人亦身处其中的关系服从于强硬的道德标准:

> 非我而当者,吾师也;是我而当者,吾友也;谄谀我者,吾贼也。④ (《荀子·修身》)

---

① 译文出自 Goldin, *Rituals*, 73。试比较 *Xunzi*, bk. 19, in Knoblock, *Xunzi*, 3:61。

② Knoblock, *Xunzi*, bk. 29,译文出自 Roetz, *Confucian Ethics*, 64-65。试比较 Knoblock, *Xunzi*, 3:251-252。诺伯洛克将第二十九章的标题译为 On the Way of Son("子道")。这短小一章的整篇都值得注意。一些人认为,这一章与其他后面几章是由其弟子增补上去的,但是,诺伯洛克则相信,它们是荀子及其弟子使用的儒家传统的教学文本。

③ 人们可以想象,山崎暗斋(Yamazaki Ansai)要是读到了这句话,将会毛发直立。山崎暗斋是日本德川时期的专制主义儒家(absolutist confucianism)的创始人,据赫尔曼·乌姆斯(Herman Ooms)所言,他"抹去"了儒家传统中所有这样的观念,即可以不顺服于尊长。参Herman Ooms, *Tokugawa Ideology*: *Early Constructs*, 1570-1680 (Princeton: Princeton University Press, 1985), 247。

④ Knoblock, *Xunzi*, bk. 2,译文出自 Roetz, *Confucian Ethics*, 223。根据华兹生的译文有所改动,Watson, *Hsun Tzu*, 24。试比较 Knoblock, *Xunzi: A Translation and Study of the Complete Works*, vol. 1 (Stanford: Stanford University Press, 1988), 151。罗哲海指出了它与亚里士多德的"吾爱吾师[柏拉图],吾更爱真理"这一说法之间的相似性。

正如我们在"涂之人"那里看到的那样,一个人要达到如此高的道德标准既不轻松,也不是"自然而然的"。他必须努力修行以成为一个道德之人,而且在荀子看来,《论语》比《孟子》更集中地强调了一点:(要成为有德之人,就得)通过学习,通过五经,并有一位可敬之师的帮助,他能激励学生,并展示成人之道。荀子的成就之一就是强调了五经的核心性与持之以恒的学习的必要性,这甚至是当荀子已相对被遗忘的时候仍扎根在传统中的东西。在必须学习的事物中,"礼"与"乐"有着众所不及的重要性。对这些主题的论述是《荀子》最为重要的部分。

《荀子》第十九章《礼论》专论"礼",如我们可能想到的那样,它含有大量的专门礼仪的细节,尤其是由统治者在不同层面举行的祭祀,为君王以及其他人举行的葬礼等。在此意义上,"礼"就是《左传》中探讨的"大事"所包含的、本章前面也提过的早期礼仪理念的一种延续。但是,《礼论》也包含了对"礼"在人类生活中地位的更为普遍的讨论,这种讨论甚至几近于一种礼的理论,因此,这是理解早期中国的礼仪思想的最丰富的资源之一。①

荀子这一章以对人的欲望的讨论开始,如我们已经提到的那样,欲望是漫无边际的,永不知足的,若无整饬,即可成为混乱与暴力之源。然而,圣王确立礼仪不是为了压制人的欲望,而是为了管治它们,以使它们能以正确的方式得到满足。荀子清楚地表达了这一点:"礼者,养也。"②顺理成章地,荀子坚持,社会中的每一等级都有与其自身相配的礼仪,因此,礼仪秩序强化了所有早期中国思想家——除了道家——都视为理所当然的社会等级制。

在描述礼仪如何发挥作用的时候,荀子浓墨重彩,乃至于创作了韵体诗,它看上去就类似于对礼仪之效用的一首宇宙论赞歌:

> 凡礼,始乎悦,成乎文,终乎悦校。故至备,情文俱尽;其次,情 473
> 文代胜;其下复情以归大一也。天地以合,日月以明,四时以序,星

---

① 罗伯特·F. 卡帕尼(Robert F. Campany)将荀子与涂尔干的仪式理论进行了比较,他发现,前者也是阔远微妙的,且与后者有不少相似之处。参《作为仪式理论家的荀子与涂尔干》("Xunzi and Durkheim as Theorists of Ritual"),载 *Discourse and Prractice*, ed. Frank Reynolds and David Tracy (Albany: SUNY Press, 1992), 197-231。

② Knoblock, *Xunzi*, bk. 19, in Knoblock, *Xunzi*, 3:55.

辰以行,江河以流,万物以昌,好恶以节,喜怒以当。①

正如金鹏程表示的那样,"'道'只有一个。圣王领会了它,而他们的礼仪体现了它。再无其他之'道',亦无其他遵从'道'的礼仪系列。甚至,正是通过'道',天才能在我们的生活中发挥作用"。② 金鹏程比较了荀子的"道"理念与西方的自然法理念,前者由天颁布,由礼体现,后者则由上帝颁布。③

根据荀子,礼仪并非逻辑的,所以不能以浅薄的理论来推翻它。④(此处化用的原文应为:"礼之理诚深矣,'坚白''同异'之察入焉而溺。")要理解礼仪,就需要自我修行的一种高级阶段,而且只有圣人能够充分地理解它:"圣人明知之,士君子安行之,官人以为守,百姓以成俗。"⑤但是,好的习惯是道德的习惯,而且荀子很清楚,以刑罚而治会使得黎民百姓刁顽狡黠,企图只遵从法律的字面之意,而以礼而治则将使他们愿意追求德性。

第二十章《乐论》专论"乐",由于"乐"常常与"礼"相并列,所以,二者共有不少相同的特征。"乐"也是以情感为基础的,并涉及情感的形塑。然而,关于"乐",其核心情感乃是"乐":"夫乐者,乐也。"这一章如此开头。⑥ 应该留心的是,这同一个字既可读为"乐"(music),亦可读为"乐"(joy),这使得这个字的意指偶然会有歧义,有时候也许是有意识的歧义。荀子在这一章前面的部分写道,"人不能无乐(music)",但也可以读为"人不能无乐(joy)"。无论怎么样,音乐对一种完满的人类生活是必要的,而且荀子还因为墨家不同的想法而嘲笑了他们。由于礼仪几乎总是涉及音乐与舞蹈,所以,礼乐之间的交叠是很明显的,因此荀子"礼"的理论基本上亦可适用于"乐"。

474　　　在礼与乐两方面,要避免会造成身体伤害的纵欲或(尤其是在葬礼中)自虐这样的极端,就需要学习。需要的就是手段,而帮助我们找

---

① Knoblock, *Xunzi*, 3:60.

② Goldin, *Rituals of the Way*, 73.

③ Ibid., 105.

④ Knoblock, *Xunzi*, 3:61.

⑤ Ibid., 3:72.

⑥ Ibid., bk. 20, 3:80.

到这种手段的则正是知识。对荀子而言，道德在每一个方面都不是
"自然的"，而只能通过坚持不懈的学习以及对过去的伟大榜样的理解
才能获得。① 艾文贺以《荀子》第一章中的一段话作为他对荀子的道德
自我修行的讨论的结尾：

> 吾尝终日而思矣，不如须臾之所学也。吾尝跂而望矣，不如登
> 高之博见也。

艾文贺指出，高处就是"文化的大厦"，登上它就使得一个人走上了"学
习的险阻且崎岖不平的道路"，但是，其结果则"提供了一种广阔、无与
伦比的视野"。②

　　本章涉及的内容很广，但是，在结束之前，我觉得还是有必要提出
一个忠告。在第六章与第七章，也就是关于古以色列与古希腊的这两
章，我们似乎是在一个相对坚实的基础之上。受过教育的西方人都被
假定同时具有这两种文化的一些背景。许多受过教育的西方人也读古
典的希腊文或希伯来文。相对而言，读文言文的西方人就少之又少了。
甚至在受过教育的东亚人中，也只有少数人读文言文。作为 20 世纪研
究中国早期思想的最伟大的学者之一，葛瑞汉在 1961 年对文言文是一
种"模糊的语言"这一指责作出了回应，他写道，"大多数西方汉学家
（包括我自己）能阅读文言文，却不能写……我们当中尚无人通晓文言
文"。③ 诺伯洛克于 1994 年在《荀子》全译本的第三卷，也是最后一卷
的前言中，对保存下来的中国早期文本的碎片化状态作出了评论，他写
道，"对任何严肃的学者而言，保存下来的中国哲学明显是很凌乱
的"。④ 如果致力于研究中国早期思想的人都这么不确定，那么，像我
这样依赖于他们的人又如何能肯定我说出了有价值的东西呢？

---

① 罗哲海认为，荀子拒绝将我们的本性（nature）作为良心（better feelings）的根源，这种拒绝更
　多地是针对道家而非孟子。"使自然成为一种规范，这不仅仅摧毁了道德，也是对人本身的
　背弃，他被抛回到动物王国，在那里，与道家乌托邦的断言相反，他是无法生存下去的。"*Con-
　fucian Ethics*, 223。

② Ivanhoe, *Confucian Moral Self Cultivation*, 37.试比较 Knoblock, *Xunzi*, 1:136。

③ A. C. Graham, "Being in Western Philosophy Campared with *shih/fei* and *yu/wu* in Chinese Phi-
　losophy", Asia Major 8, no. 2（1961），再版于 Graham, *Studies in Chinese Philosophy*, 359。

④ Knoblock, *Xunzi*, 3：viii.

当我们试着理解轴心时代,甚至理解它之前的时代时,我们是在讨论很久以前的世界,也是很遥远的世界。这些社会与我们自己的社会475如何不同,在它们那里发现我们想发现的东西这样的想法又如何有诱惑力,这些问题怎么强调都不过分。我从大学时代就与时俱进地对古以色列与古希腊领域的研究有了较为广泛的涉猎。我有最粗浅的希腊语知识,足以把我领进译文之后附有希腊语的双语文本,但这只使我对译者的依赖降低了少许。对希伯来语,我并无这样的知识。但是,认为我们对以色列与希腊的理解要好过对古代中国的理解,这可能是一个错觉;对它们的熟悉可能会误导我们去发现此刻的文化想要我们发现的东西,许多大学者就已经身陷其中了。

实际上,与我在其他三个轴心案例中所做的准备相比,我对研究古代中国而做的准备要稍微好一些。① 但是,如果人们想到葛瑞汉与诺伯洛克提出的问题,这就只是无用的安慰。与很多领域相比,古代思想的研究共识尤为脆弱,核心问题尤是歧见纷呈。那些我颇为依赖的人们,以及我自己,都提出了我们也无法确定回答的问题。我已尽我所能地给出了一种融贯的阐述,但是,它应该被当作是一个扩展了的假设,一个可能的诠释,而不是某种每一个人都能确定的东西。

---

① 在 20 世纪 50 年代初期,我开始研读一个专门为我设立的社会学与后来在哈佛被称为"远东语言学"的博士项目。虽然我意在专注于研究日本,但是,我也被要求学习中文,而且也上了一个学期的文言文课程,在此期间,我阅读了《论语》与《孟子》原文的选编。在我关于德川时期的宗教的博士论文中,我将 18 世纪日本的一个被称为"Shingaku"(中文即"心学",heart learning)的宗教伦理运动作为案例进行了研究,并将一部简短的著作译了出来作为附录,该著作即《石田先生行迹》[*Ishida Sensei Jiseki*]),它是由这场运动的创始人即石田梅岩的弟子汇编起来的,由简短的轶事和精炼的对话构成,这明显是效仿了《论语》的风格。(参贝拉:《德川宗教》[*Tokugawa Religion*, Glencoe, Ⅲ.: Free Press, 1957],附录 1,"A Memoir of Our Teacher, Ishida",199—216 页。在 2000 年的时候,我受石田梅岩余存的信徒之邀,在京都举办的纪念该运动创立的大会上致辞,他们问我,他们能否将附录翻译出来。我说,它原文就是日语。然而,他们回答说,他们无法阅读原文,却可以阅读我的英文译本。除非是专家,否则就算是受过教育的日本人,也无法阅读前现代,甚至是晚至 18 世纪的日语。)除此之外,石田梅岩还是一位儒家,极度尊崇孟子以及几位新儒家的思想家。我必须努力将他参考的许多中国思想翻译出来。我也可以提一下,史华慈是我的老师之一,杜维明则属于我的第一批研究生,后来,他成为我在加州大学伯克利分校的同事。所有这一切并未使我成为中国古代思想的专家,但是,却的确使我有中国文献在手的时候能够更轻松地理解译文。(中文版的《德川宗教》并没有包含贝拉此处提到的附录,可参王晓山、戴茸译本,北京:生活·读书·新知三联书店,1998 年)

即便如此，我还是要看看能从轴心时代的中国得出什么结论。我已经强调了，也许是过于表现了"儒家思想"，在我们被嘱咐去考察外围与边缘的今天，这是一步不讨好的棋。我并未忽视中国思想中其他的趋势，甚至是诸如农家这样相当边缘的思想，但我仍将焦点置于儒家思想上，这不仅仅是因为它对后来的中国文化影响最大，而且也因为它最清晰地表现出了古代中国的轴心转型。[①] 在关于"我们该如何界定轴心转型"的讨论中，某种"超验"理念频频被提出。史华慈比其他人更详细地证明了，中国存在一种超验突破，它在儒家与战国时代的其他思想学派中都发生了。最好在这一语境中记住史华慈对超验的界定："'超验'是一个累积了很多含义的词，其中一些含义在哲学的意义上是很专门的。我在这里说的接近于这个词的词源意义，即向后退而向前看（a kind of standing back and looking beyond），也就是对现实的一种批判性、反思性的质疑，是对未来的一种新视野。"[②]事实上，史华慈也赞同，中国存在着一种更为实质性的超验，也就是一种尤其与"天"的理念相关的宗教超验，但他并不认可这一观念，即"天"在后来的儒家那里已经丧失了所有的宗教含义，仅仅变成了另一个表示"自然"的词。正如我们前面已经提到的那样，他坚持，在早期中国思想中，对"天"的自然主义诠释与有神论诠释之间的对立是"一种我们强加到文本上的对立"。[③] 我没有受像伊懋可（Mark Elvin）等人的影响，他们持

476

---

① 不论是对中国文化，还是对儒家，我确实想避免"本质主义"（essentialism）。像所有文化一样，中国文化也是复杂与多元的；与其说我们谈论的是一种儒家（Confucianism），毋宁说我们谈论的是多种儒家（Confucianisms）——我已经试着指出了，甚至在那些最为有力地形塑了这一传统的主要人物之间也存在着差异。齐思敏（Mark Csikszentmihalyi）提醒我们，儒家涉及了大量彼此相关的现象：就本章目的而言，传承五经的学派（school），或者倒不如说有多个学派（schools），即儒家（Ruists）是最为重要的，他们继承了自孔子而来的同一种解释，但根据不同的师生谱系而有所不同，不过，"儒家"一词也一直被用于专指各种政治意识形态、官僚的地位伦理与一些常见的实践。参 Mark Csikszentmihalyi, "Confucianis", in *God's Rule: The Politics of the World Religions*, ed. Jacob Neusner（Washington, D.C.：Georgetown University Press, 2003）, 213-214。但是，甚至在指出了儒家含义的范围时，人们还是因这一问题而迷惑：它们当中有多少普遍适用于前现代中国文化的核心倾向，包括其内部的众多张力与冲突？

② Benjamin Schwartz, "The Age of Transcendence", in *Wisdom, Revelation, and Doubt: Perspectives on the First Millennium* B. C., 特刊，*Daedalus* 104, no. 2（Spring 1975）：3。

③ Schwartz, *World of Thought*, 289.

相反看法。① 我认为，本章对战国时代主要的儒家文本的论述充分阐明了，为什么我认为轴心时代的中国可在儒家这里发现超验——不论是在其形式意义上（如上文史华慈的定义），还是在实质的意义上，也就是宗教意义上。我也已经试着说明了，为什么主要的非儒家倾向，尽管在很多方面均合乎轴心思想的定义，却未能在同样的程度上像儒家那样发展出融贯的、能对所有后来的中国社会与文化都施加批判性压力的轴心文化体系。

　　然而，人们仍然必须正视韦伯对中国宗教伦理的出色而影响深远的研究，其中，他强调了此世的内在性（this-worldly immanence），强调了超验世界和经验世界之间张力的缺失，他认为，这是一般意义上的中国文化的特征，尤其是儒家的特征。② 虽然史华慈对古代中国之超验性的辩护已被广泛接受——但还不是普遍的接受——然而一直有一种倾向将古代中国，尤其将儒家看作"此世的"，这在某种意义上使其更接近于希腊而不是"彼世的"以色列与印度的情况。

　　虽然我认为那种辩称中国彰显了"此世的超验主义"（this-worldly transcendentalism）是一种有说服力的主张，但我想对这种主张略加澄清，即使有关儒家。认为儒家有此世性的主张，端赖这一理念，即认为如果儒家有一种"拯救"观，那它也是政治性的：拯救将在政治领域中实现，正如它曾经在古代圣王时期的政治领域中得到实现一样。当然，我对孟子思想中的天启因素，即认为"道"将在新圣王的统治下得以实现这样一种观念的讨论，表明了这一理念的有效性。然而，在孔子、孟子与荀子那里，都存在一个理想，即人的自我修行将引导人们与终极的道德秩序合一，与"道"和天意合一，这对个体来说是可能的，不论社会形势有多么糟糕，而个体又多么"未能"将好的秩序带给社会。这一理念亦可被视为"此世的"，而且这里无疑没有对死后生命或对任何未来

---

① 可参其才思涩短的论文《中国有超验突破吗?》（"Was Thers a Tanscendental Breakthrough in China?"），载 *The Origin and Diversity of Axial Age Civilizations*，ed.，S. N. Eisentadt（Albany：SUNY Press，1986），325-359。我赞赏伊懋可在中国经济史与生态史上的研究，这是他的主要兴趣所在。

② Max Weber，"Konfuzianismus und Taoismus"，in *Gesammelte Aufsätze zur Religionssoziologie*（Tübingen：J. C. B. Mohr，1921），1；276-536。汉斯·格特（Hans Gerth）翻译为英文时，将它译作《中国的宗教》（*The Relgions of China*，Glencoe，Ⅲ.：Free Press，1951）。

重生之奖赏的强调,但这是一种强有力的宗教性理想,除了良心的安好以外,它对任何世间的回报都是淡然处之的。如果儒家完全依赖于一种政治形式的拯救,那么,它可能已遭遇了同样的命运;无疑,它在所不辞地恪守着对超验道德的有力的个人信仰,这使其经历了一次又一次的政治失败而仍然经久不衰。477

公元前 221 年,战无不胜的秦国军队完成了帝国的统一,再也没有比这个时刻更无以复加地表现出政治的失败。不是孟子期待的圣王,而正是其对立面,也就是儒家最为忧虑的那种暴君带来了统一。中国的统一者秦始皇处于法家学说的影响之下,他命令烧毁儒家的典籍,坑杀儒家学者。① 丞相李斯推行了这一政令,也推行了很多使秦国获得普遍权力的其他措施,正如他所言,"以古非今者族"。②

如上所述,李斯曾是荀子的学生,但他指责以前的老师在强大的军队与见几而作的政策大行其道之时却依赖于仁义,这个时候,荀子回答说,这种看法是短视的,这种政制亦不可能长久。③ 事实就是,秦始皇死后,李斯成为派系斗争的牺牲品,在公元前 208 年被处以极刑;他被施以腰斩。荀子的预言是正确的:秦朝的残酷暴虐使得它只维持了很短的时间。然而,所有后来的中国王朝,直至 1911 年清朝的灭亡,都深陷儒家正当化的本质元素与法家统治之间的张力中,而且我们很难说这种张力已经消失了。

儒家在政治领域经久不息的影响力在于它能够支撑起一个用以评判既存现实的规范性标准,而且对这一标准,它绝不完全改弦更张。秦始皇企图做的,以及强势的汉武帝步其后尘也想要做的,就是让自己在方士(祈求神灵以及为成就长生不老提供帮助的专家)的帮助之下成神,长生不老。普鸣描述了这一过程:"秦汉的祭祀体系涉及一种全然一新的思路。目的在于为统治者与尽可能多的神圣力量建立起个人联系,以获得他们的力量……成为'帝'(god),并对各种形式的世界行使   478

---

① 由于我们对秦朝的了解来自紧随其后的汉朝的作家,而他们有强烈的动机去败坏秦朝的声誉,所以,我们无法确切地知道,到底有多少书籍被烧毁,多少儒生被屠杀——如果有的话。但是,秦始皇在李斯的影响之下企图压制批判思想,这一点似乎是确定无疑的。

② Graham, *Disputters of the Tao*, 372.

③ Schwartz, *World of Thought*, 320.

直接的权力。简而言之,在意识形态上,秦始皇与汉武帝治下的帝国作为一种天上的国度而运行,君主则作为安排它的神。"①虽然商朝君王作为祖先将会在死后受到崇拜,但即便如此他们也未自称是神。神圣王权在中国历史上这一时刻的出现,表明它乃是时间上任一时刻的一种结构性可能,尽管它主要出现于上古的文明。在这种情况下,功能是一目了然的。它包含着对儒家的一种"迂回战术":如果皇帝是神,儒家还如何置他们于"天"的审判之下?西汉末年(公元前1世纪晚期),儒家重申了他们的主张,并且复原了他们所理解的传统祭祀体系。诚如普鸣所描述的那样:"在这一新的体系中,正是人通过建立都城,参天地、赞化育,才创立了中心。这牵涉到的,既不是安排宇宙的神一样的意志(theomorphic will),也不是企图成为与世界模式相一致的神灵。相反,它支持天与人的等级制;人创立了宇宙的中心,'天'则评判人的成绩。"②秦始皇与汉武帝的自我神化体系再也未能卷土重来。"传统的"体系将在所有后来的朝代中绵绵不息。无须说,正是儒家将决定君主在多大程度上遵从了天命。尘世的统治者与神圣的裁决之间的轴心性分离得到了保证。

艾森斯塔特已经强调了中国的此世超验主义的更深层含义,也强调了在何种意义上,它总是社会兼政治的,也是个人的:

> 克服了超验秩序与经验秩序之间张力的[中国]模式,尤其是它在新儒家中阐发的模式——但其根基仍存在于早先的古典儒家中——极力强调对宇宙秩序与人类生存的性质进行非传统主义的、自反性的界定。这种界定在其自身中即包含了对宇宙理想与任何既存现实之间张力的一种连续的原则性认知;尘世秩序普遍是不完美的,尤其政治秩序是不完美的;依据基本的宇宙和谐来

① Puett, *To Become a God*, 245.对于秦始皇的政制,金鹏程给出的描述与李斯的看法相似:"任何机制,只要其权威并非直接从皇帝而来,就内在地挑战了帝国的基础,并必须被摧毁。哲学家与教师们以为常地诉诸传统、经典与浩气凛然的先例,他们可能构成了李斯最为忌惮的那种明显的典型。秦帝国不仅仅是一个帝国,它还是一种有着专门的宇宙论的统一宇宙。相似地,宇宙的统治者不仅仅是一个皇帝或伟大君王;他是宇宙的中心,是所有秩序与逻辑的至高推动者。"参其"Li Si Chancellor of the Universe", in Goldin, *After Confucius*, 71。

② Puett, *To Become a God*, 312-313.

说,它只有部分是正当的;适当的行为与态度使得一种非常严格与自反性的自律(self-discipline)成为必需,在力图通过这些行为与态度来维持宇宙和谐的尝试中,以及在对一般意义上的既存凡俗世界,尤其是对政治秩序的批判立场的阐述中,均包含着巨大的个人张力。①

在这段文字中,艾森斯塔特是在纠正韦伯将儒家视为只是在"适应"世界的观点。就帝国时代确立的意识形态而言,韦伯对儒家的理解并不是没有根据的。齐思敏援引战国时代的文献《国语》这样说,"事君以敬,事父以孝",这是一个在中国——确切而言,是所有东亚国家——上千年历史中被无休无止地重复的感情。② 但是,荀子强硬的训谕"从道不从君,从义不从父"从未被全然忘却。狄百瑞(Theodore de Bary)列举了整个中国历史中遵从荀子训谕的儒家典范,尤其是在质疑君王方面;对儒家而言,不顺从双亲是较难想象的。③

"君子"概念,字面意义就是君主之子,一般译为 gentlemen,孔子将它由对世袭精英的称呼重释为对道德精英的称呼,李西蒙对孔子的创举做出了评论:

> 这种主张将有着革命性的后果:它是一种最具有毁灭性的意识形态打击,推动了封建制度的灭亡,终止了等级贵族制度的权力,而且它最终导向了官僚政治帝国的建立,也就是士大夫政府的建立。在长逾两千年的时间里,帝国都是由智识精英统治着的;为了通往政治权力之路,人们必须在向所有人开放的科举考试中互争雄长。在现代之前,这无疑是历史上最为开放、灵活、公平与成

① 艾森斯塔特:《此世超验主义与世界的建构——韦伯的〈中国的宗教〉与中国历史及文明的样式》("This Worldly Transcendentalism and the Structuring od the World—Weber's 'Rligion of Chins' and the Format of Chinese History and Civilization",未刊稿,1980),51 页。该论文以德文出版,名为"Innerweltliche Transzendenz und die Strukturierung der Welt: Max Webers Studie über China und die Gestalt der Chinesischen Zivilisation", in *Max Webers Studie über Konfuzianismus und Taoismus: Interpretation und Kritik*, ed. Wolfgang Schluchter (Frankfurt am Main: Suhrkamp, 1983)。一篇压缩版刊于 *Journal of Developing Societies* 1, no. 2 (1985): 168-186。

② Csikszentmihalyi, "Confucianis", 122.

③ 仅举一个例子,狄百瑞:《儒家的困境》(*The Trouble with Confucianism*, Cambridge, Mass.: Harvard University Press, 1991)中讨论了大量具有激烈批判精神的儒家。

熟的政府系统(正是这种系统给 18 世纪欧洲的启蒙思想家留下了深刻印象,并使他们受到启发)。①

李西蒙表达的已经远远超出了本章所关注的时期,但是,考虑到韦伯视中国为一个停滞的、传统的社会这种分析有着巨大的影响力,所以也许最好还是指出,这并非轴心时代留给后来的中国历史的遗产。

虽然我对罗哲海著作中的某些部分有不同看法,但在我撰写本章时它一直让我受益匪浅。他坚持将伦理普遍主义作为中国战国时期成功的轴心转型的一个尺度,我认为,这是不易之论。② 这些伟大的早期儒家远远不是要适应世界,而是反对他们所处时代的洪流,树立了经世长存的典范。在诺伯洛克翻译的《荀子》的最后,有一篇"颂词"(Eulogy),诺伯洛克并未给出它的出处。然而,由于它对这一问题做出了描述,即做一个真正的君子意味着什么,所以,从该颂词中节选出一部分可充当本章的一个合适的结论:

> 孙卿迫于乱世,鳛于严刑;上无贤主,下遇暴秦;礼义不行,教化不成;仁者绌约,天下冥冥;行全刺之,诸侯大倾。当是时也,知者不得虑,能者不得治,贤者不得使。故君上蔽而无睹,贤人距而不受。然则孙卿怀将圣之心,蒙佯狂之色,视天下以愚……是其所以名声不白、徒与不众、光辉不博也。今之学者,得孙卿之遗言余教,足以为天下法式表仪。所存者神,所过者化。观其善行,孔子弗过。③

---

① Leys, *Analects*, xxvii.在"智识精英"政府无法控制专制主义之恐怖的时候,中国历史呈现出了它的阴暗面。我肯定,对于这些,李西蒙是了解的。考虑到专制主义的恐怖在所有人类历史中都屡见不鲜,而不仅仅是在现代世界,所以我认为,在这里,他只是在强调中国统治相对的仁慈性。

② 在界定他所意指的早期中国的轴心转型时,罗哲海撇开了宗教问题(《轴心时代的儒家伦理学》,19—22 页)——我看不出有什么理由这么做——而转向了他所说的"一种普遍的启蒙探索",后者实际上是对科尔伯格的道德发展理论的一种改编(26—32 页)。虽然我对科尔伯格也有所保留,但是,罗哲海有效地运用了他的理论。

③ Knoblock, Xunzi, 3:269. 根据王安国(Jeffery Riegel)与他的私人交流,诺伯洛克译为"颂词"的文本属于原中文文本第三十二章"尧问篇"的末尾。也就是说,"颂词"与第三十二章并没有分开。然而,由于前者显然并非由荀子所撰,在内容上也与第三十二章的其余部分大为不同,所以,基于内容上的考量,诺伯洛克将二者分开了。这种做法在清朝对该文本的讨论中已有先例。尽管清朝的学术权威与诺伯洛克均认定,"颂词"的撰写是相当早的,也许就是由荀子当时的一个弟子所撰,但并无充分的证据来确凿地确定"颂词"的时间与作者。据推测,刘向最初整理的《荀子》即已将它涵括其中了,所以,它不可能晚于公元前 1 世纪。

尽管这一颂词感人至深,但是,我们无须裁定谁超越谁的问题。孔子的学说在孟子与荀子那里,以后的岁月中还在更多的儒家那里得到了发展与详述,最终,事实证明从早期,并事实上一直到当下,中国传统中最为持久、影响也最为深远的部分正是孔子学说。

第九章　轴心时代(四):古印度

　　开始轴心时代的印度这一章时,我更为忐忑不安。在关于轴心案例的四章中,这是我准备最为不足,又是我的研究最需要进一步研精阐微的一章。关于古以色列、希腊与中国的案例,我在成年时代的大部分时间里已阅读过主要的基本经典的译文,也了解主要的二手文献。在准备这些章节时,我频频回顾诸多那些我认为我已经知道了的东西,尤其还大量阅读了新近的二手文献,以尽可能在这本综合性著作中与时俱进地跟进最新的思想。在这几章中,每一章我都是从人们可称为研究生的水准开始的。但是,至于印度,由于不了解主要经典的译文,也不了解主要的二手文献,所以我是以大学一年级学生的水准开始的。①

　　除了我为准备本章而必须做的基础工作之外,我还发现,相对于其他三个案例,印度的情况还有一些棘手之处。从公元前第一个千年以来,印度的文献浩如烟海,其数目之庞大与其他三个案例中的任何一个相比都毫不逊色,甚至犹有过之。② 它们当中最重要的经典是口口相传的,并且在书面的梵文出现了很久之后依旧以口头相传。不论如何,书写文字的证据不能追溯至公元前 3 世纪之前,而第一批可靠的始自

---

① 作为一个新手,我在本章要比在关于其他轴心案例的三章中更为依赖这一领域的学者。对我来说,如果没有迈克尔·威策尔(Michael Witzel)论述吠陀时代的印度的著作与斯蒂芬·科林斯(Steven Collins)论述上座部佛教的著作,本章实际上是无法动笔的。他们均将最高水准的哲学学识与社会学的想象力,而不是某些轻率假定的东西结合了起来。此外,我要感谢威策尔,因为他对本章的前三分之二进行了详细的评论与纠正。

② "印度哲学是难于驾驭的浩瀚海洋。世界上没有哪个民族的哲学与宗教文献能在规模、内容的丰富性与多样性上与印度文献(Indian Literature)相提并论。"艾力希·弗劳瓦尔那(Erich Frauwallner)《印度哲学史》(*History of Indian Philosophy*, vol. 1, trans. V. M. Bedekar, Delhi: Motilal Banarsidass, 1973 [1953]),3 页。

公元前273年至前232年在位的阿育王(Asoka)的铭文。最早的文本是《梨俱吠陀》,其成书时间众说纷纭,有的将其追溯至公元前几千年前,有的则将其追溯至公元前第二个千年晚期的几个世纪,后一种说法更合理。但大多数的梵语文本,不论是口头的,还是只在相对晚近的时间里书写下来的,都只能在语言时代(linguistic age)[偶尔在内在证据]的基础上来确定时间,以识别谁先谁后。① 理查德·拉若维若(Richard Lariviere)将这种确定时间的体系称为"一个由纸牌搭起来的年代学房屋",因为如果一本文献的时间有误,则整个体系也就摇摇欲坠了。②

482

我们能否谈论那些意在口口相传地言说的"文本",甚至都是成问题的。诚然,其他三个轴心案例中的书写文本背后均存在着一种口头传统,而且为了搞清该传统究竟是如何发挥影响的,已有大量著作问世。《荷马史诗》是一个明显的例子,不过,在以色列与中国,也有证据表明流传至今的文本背后有口头的传承。在每一个案例中,关于口头传统的详细论证一直都是各执一词,因为案例的性质决定了,推测就是我们仅有的东西。密尔曼·帕里(Milman Parry)于20世纪30年代在南斯拉夫进行的田野工作研究了传统的塞尔维亚-克罗地亚语的口头诗歌。③ 他指出,在那个时候,塞尔维亚-克罗地亚语的吟游诗人仍在运用各种各样的技巧,包括用来充实韵律诗句的记忆手法与标志性短语,这些技巧亦可见于《荷马史诗》,并因此有助于我们理解它潜在的口头基础。但帕里的发现之一就是:当一个吟游诗人说他是在"分毫未动地重复"一首诗歌,甚至是他本人的一首以前就已经记录下来的诗歌的时候,他实际上都是在创作一首新诗,虽然与之前的版本有着结

---

① "划分印度的历史时期是一件尤其困难的事情,因为几乎不可能有任何把握或十拿九稳地确定最主要的历史事件的时间,无论是君王在位时间,领袖生辰,还是文献的撰写时间。"参帕特里克·欧利威尔(Patrick Olivelle):《四行期体系》(*The Asrama System*, New York: Oxford University Press, 1993),129页。

② 拉若维若的引文出自欧利威尔:《法经:古印度的法典》(*Dharmasutra: The Law Codes of Ancient India*, Oxford: Oxford University Press, 1999),xxii页。

③ Milman Parry, *The Making of Homeric Verse: The Collected Papers of Milman Parry*, ed. Adam Parry (Oxford: Clarendon Press, 1971). 帕里英年早逝之后,艾伯特·洛德(Albert Lord)进一步阐释了他的观点。参 Albert Lord, *The Singer of Tales* (Cambridge, Mass.: Harvard University Press, 1964)。

构相似性,但并不是照原样口头重复,而且帕里在这一发现中还看到了与全世界的口头传统都相似的东西。①

使印度的情况与众不同的是一个普遍被印度学家们相信的断言,即这些早期文本的口头传承是一成不变的,逐字逐句地,甚至连语调也没有变动。使得这一断言可信的是,这种口头的传承延续至今,并且似乎在最细枝末节的地方都丝毫不差,甚至比印刷出来的文本或它们所依据的相对较晚的文稿还要精确。因此,印度的一直被称为超口头形态(hyperorality)的事物也就是一种交叉核对口头言辞精确性的复杂体系,它的发展事实上是一种独特的口头技术,在功能上相当于文字。考虑到在所有伟大的传统中,甚至书写下来的文本也都常常以口头的形式来记忆与传承,书写下来的文本则仅仅用作记忆的提示,所以我们必须认识到,我们在每一处都要同等地对待文字与言说。然而,在对口头形态的强调上,印度的情况是很独特的。② 最为神圣的文本,尤其是吠陀经(Vedas),事实上是严禁书写下来的——唯有口头传承才被视为是本真的——并且可能至少直到公元第一个千年中叶之前都没有被书写下来。③

除了这些"文本的"问题,关于早期的印度历史,还有大量争论,可以说是针锋相对的争论,尤其是关于其中"雅利安人"(Aryans)的角色。我们应该注意到,在公元前第二个千年进入到印度西北的印度雅利安语民族确实自称为"Arya"(它最初意味着"热情的",但后来意味着"高贵的"或"可敬的",是我们现有的"雅利安人"一词的源头);这个词只是在最近才获得了更为普遍也更令人生厌的意涵。无疑,我们

---

① 有趣的是,作为帕里的传人,洛德认为,口头诗歌基本上是自由的即兴创作,因此,吠陀赞歌只在最自由的意义上才能说是口头的(*The Singer of Tales*, 280)。也许洛德已经认识到了,吠陀传统与大多数的口头文化都不一样,它具有读写能力的功能对等项。

② 参格雷厄姆(William A. Graham), *Beyond the Written Word: Oral Aspect of Scripture in the History of Religion* (Cambridge: Cambridge University Press, 1987)。格雷厄姆对我们所说的吠陀文献的超口头形态进行了讨论(67—75 页),但他表明了这一观点,即在所有伟大的宗教传统中,言说与聆听的经典要高于书写下来的经典,甚至在后者被另眼相看的时期亦然。

③ 哈特穆特·沙福尔(Hartmut Scharfe)试着解释了对文字的禁令,他说,"在萨亚纳(Sayana)对《梨俱吠陀》的注解中,他在前言中写道'人们是从老师的嘴唇而不是从某一份文稿学习的,他们通过这样的方法来学习吠陀文本'"。参 Hartmut Scharfe, *Education in Ancient India* (Leiden: Brill, 2008), 8。因此,口头传承是深深地嵌在老师与学生的私人关系中。

看到的最早文本是以一种上古形式的梵文写成的,它属于印度伊朗语系,与阿维斯陀语有着密切联系,也是印欧语系家族中的一部分。殖民主义学者倾向于认为,雅利安人穿过西北通道侵入早期的印度,随着成群的驾着两轮战车的雅利安武士袭击并打败了土著居民,他们在将自己的语言与文化强加给土著的同时,也使后者作为奴隶阶层臣服于自己。印度20世纪的民族主义创造了一种反叙事(counternarrative),在这种叙事中,整个印欧语系家族均兴起于印度,接着扩散到伊朗、中亚,最终到了欧洲。尽管这一理论少有可取之处,因为它与整个已知的印度历史悖反,即印度在长达千年的时间里见证了一个又一个民族从阿富汗或中亚经西北通道入侵进来,但是,该理论已经促成了对"雅利安人的征服"(Aryan conquest)这种假设进行重思。

并不是一个单一的群体世代相传,从而形成一个主体,相反根据最早的文本中的语言与其他证据,有大量也许规模相对较小的群体,都渗入了印度,他们彼此之间的斗争并不少于他们与之前既存的土著居民之间的斗争,而且他们也逐渐适应了他们所发现的文化习俗。在这种情况下,古典印度文化可被看作雅利安移民的文化与当地居民文化的一个混合体。尽管这一描述是令人信服的,但在任何一个特定的实例中,我们都无法真的知道什么是雅利安人的,什么又是本土固有的,因为我们只有梵语文本,即使我们能非常肯定现有的东西就是某种混合。① 一些早期的学者花了大量时间试图将这两个部分(或者不止两部分,鉴于在雅利安人到达之时,印度可能已是相当多元化了,而雅利安人自己内部也不尽然就是同质的)分离开来,后来的学者则倾向于认为,我们必须只专心于现有之物,而不必对什么来自何处过度殚精竭虑。总而言之,现有的文本都是以各种形式的、或早或晚的梵语写成的,至于早期佛教的文本,则是以巴利语记下来的,这是一种与梵语相关的中古印度–雅利安语的方言。尽管有一些词语来自德拉威语(Dravidian)等其他的非印欧语系,但是,轴心时代的文本全都是这种或那

---

① 威策尔指出:"《梨俱吠陀》中非梵语的外来词显示出,乡村生活、音乐与舞蹈,以及低水平的宗教(小传统)均为本土固有的,因此并非印度雅利安人的。"我是在私人交流中接触到这一观点的。

种形式的印度-雅利安语。

　　最好还是简要地提一下印度河流域（Indus Valley）或者哈拉帕（Harappan）文明，它大约在公元前 2600 年至公元前 1900 年处于顶峰期。我最初想在第五章将它与类似的例子——包括古埃及、美索不达米亚与中国的商朝——放到一起来讨论这种青铜时代的文明，但是能容许我重构哈拉帕文明之宗教的证据都佚失殆尽了。哈拉帕文明在很多方面都非同一般，它幅员辽阔，拥有庞大的人口（也许有一百万，或者更多）与一些重要的技术成就。很多信息似乎都要取决于哈拉帕文字，对它的破解，人们已期待了很长时间。最近，有严谨的学者已经提出，哈拉帕的符号根本不是文字，也永远不可能被破解。① 研究哈拉帕文字多年的一个学者阿斯科·帕珀拉认为，这种置之不理的做法是无法令人信服的，虽然他也承认，迄今为止破解这些文字的尝试无一成功。② 然而，对我的研究目的而言，尤令人气馁的是他承认了这一事实，即鉴于保存下来的文本的不足，而且有可能像迈锡尼文明的 B 类线形文字那样，即使被破解了，它们包含的内容可能也只提及了商业活动，所以用它们来理解哈拉帕文化也是杯水车薪的。然而即使没有，可能也将永远不会有足够的资料来描述哈拉帕的宗教体系——虽然可从塑像与雕饰的石碑做出一些推测——不过，栖居地上的连续性，即便是在一种削减了其复杂性的层面上，亦足以表明，从哈拉帕文化遗传下来的文化特征很可能最终被整合进了新兴的吠陀文化中，哪怕我们无法确切地知道这些因素是什么。③

---

① Steve Farmer et al., "The Collapse of the Indus-Script Thesis: The Myth of a Literate Harappan Civilazation", *Electronic Journal of Vedic Studies* 11, no. 2 (2004): 1-39.

② Asko Parpola, "Study of the Indus Script", *Transactions of International Conference of Eastern Studies* 50 (2005): 28-66.

③ 康宁汉（R. A E. Coningham）提出，尽管哈拉帕文化达到顶峰之后，很多资料都遗失了，包括可能是一种字母系统的那些符号也遗失了，但是，公元前第二个千年的衰落并不像人们通常想象的那样极致。他推断，"早期历史［公元前第一个千年的中期］中出现的城市，其基础在公元前第二个千年期间就已经在铺垫中了"。参康宁汉《黑暗时代还是连续体？对第二次出现的南亚都市生活考古学分析》（"Dark Age or Continuum? An Archeological Analysis of the Second Emergence of Urbanism in South Asia"），载 *The Archaeology of Early Hisroric South Asia: The Emergence of Cities and States*, ed., F. E. R. Allchin (Cambridge: Cambridge University Press, 1995), 72。

在这一新的领域寻找立足点的时候,发现或再发现优秀的涂尔干式的先辈是一幸事,正如在希腊领域中有路易·热尔内与让-皮埃尔·韦尔南一样。(在中国领域中,也有葛兰言的杰出著作,他是涂尔干的学生,但是我认为,他将最详细的论述放在了汉朝的发展上,比我的章节中讨论的时期要晚得多。)当然,我对亨利·于贝尔与马塞尔·莫斯的《献祭的性质与功能》早就很熟悉了,也记得印度的材料在其中是很重要的,但只是在重读它的时候,我才发现,莫斯不仅仅是涂尔干的学生,还是伟大的法国梵语学家列维的学生,后者的著作《〈梵书〉中关于献祭的教义》对莫斯的整个论证而言都是基础性的来源。① 同样,在阅读保罗·穆斯——在以前对我来说,他一直只是一个名字——的时候,我从他的大作《婆罗浮屠》的译者前言中了解到,穆斯不仅是莫斯的学生,而且在法兰西学院授课的时候,他总是随身携带两本书,其中一本就是列维的《〈梵书〉中关于献祭的教义》。② 这就让我想到我的老朋友路易斯·杜蒙,从他那里,我学到了关于印度以及关于许多其他事物的知识,他无疑是莫斯的学生,这是一个对杜蒙的《阶序人》匆匆一瞥之后即可确认的事实。③ 因此,尽管我的路程不易,但是我自己作为一个受到涂尔干深刻影响的社会学家,至少有些好伙伴相随。

485

---

① Henri Hubert and Marcel Mauss, *Sacrifice*, trans. W. D. Halls (Chicago: University of Chicago Press, 1964 [1898]); Sylvain Lévi, *La Doctrine du Sacrifice dans les Brahmanas* (Paris: Presses Universitaires de France, 1966 [1898]).

② Paul Mus, *Barabudur: Sketch of a History of Buddhism Based on Archaeological Criticism of the Texts*, trans., Alexander W. Macdonald (New Delhi: Indira Gandhi National Center for the Arts, Sterling Publisher, 1998 [1935]), xxiii. 另一本著作则是埃米尔·塞纳(Emile Senart)编译的《大森林奥义书》(*Brhad-aranyaka Upansiad*)。

③ 我也发现了杜蒙一个同学的轶事,它不仅揭示了莫斯的学说,也揭示了整个涂尔干学派的学说:"临近年末时,一个同学就要拿到民族学的学位了,他告诉我,他身上发生了一件奇怪的事。他是这样说的:'不久前的某一天,当我站在公交车站台的时候,我突然意识到,我不是用我习惯的那种方式看乘客;一些事物改变了我与他们之间的关系。不再有"我自己与他者"了;我就是他们当中的一员。有那么一阵子,我想知道这一奇怪而突然的转变的原因是什么。我马上意识到:这是莫斯的学说。'昨天的个体已经意识到自己是一个社会存在;他已经将自己的人格看成是与他在其邻人那里所反映出来的语言、心态和姿态联结在一起的。这是人类学学说必要的人文主义面向。"参 Louis Dumont, *Homo Hierarchicus: The Caste System and Its Implications* (Chicago: University of Chicago Press, 1980 [1966]), 7-8.

吠陀时代早期的印度

不论确定印度早期文本的时间有多难,还是存在着一个普遍的共识,即最早的吠陀经,也就是印度宗教的神圣经典,乃是《梨俱吠陀》。威策尔扼要叙述如下:"《梨俱吠陀》的语言在很多方面都与其后阶段的语言有所不同,也许与其将它描述为吠陀文学的**开端**,不如将它描述为漫长的印度雅利安语诗歌时期的最后阶段。《梨俱吠陀》中出现的许多词在阿维斯陀语(上古的东伊朗语,与古波斯语有密切联系)中都有同源词,而这些词在后《梨俱吠陀》的文本中再也没有出现过。"①尽管《梨俱吠陀》包含的一些元素可追溯至雅利安人最早进入印度的时期,甚至可追溯至他们还在阿富汗的那一时期,并因此可能利用了公元前第二个千年的早期或中期以来的材料,但根据威策尔,构成《梨俱吠陀》的神曲可能是经过了五代或六代人,在这一时期行将结束的时候整理出来的——大概是公元前 1200 年至公元前 1000 年中的某一段时间。② 甚至在《梨俱吠陀》中,我们也必须做出进一步的区分:最后一卷,即第十卷,以及第一卷中的不少神曲,都被认为比该文本的其他部分要晚一些,它们可能代表了对《梨俱吠陀》的大部分内容所指涉之世界的重要超越。总而言之,我们的第一个任务就是去理解《梨俱吠陀》较古老的部分揭示出来的社会与宗教现实。

由于我们现有的文本是在仪式中使用的神曲,所以,我们将以对仪式体系的描述开始,并运用文本中的线索、一些考古学资料与大量的推论,试着由此来循次而进地描述出这些仪式在其中施行的那种社会。实际上,甚至关于仪式也有推测的成分,因为在某一个仪式中使用的诸神曲并没有将该仪式作为一个整体来描述,也没有描述它们被用于其

---

① Michael Witzel, "Tracing the Vedic Dialects", in *Dialects dans les Litteratures Indo-Aryennes*, ed. Colette Caillat (Paris: College de France, Institut de Civilisaion Indienne: Depositaire exclusive: Edition-diffusio de Boccard, 1989), 124.

② Michael Witzel, "The Development of the Vedic Canon and Its Schools: The Social and Political Milieu", in *Inside the Texts beyond the Texts: New Approaches to the Study of the Vedas*, ed. Michael Witzel (Cambridge, Mass.: Department of Sanskrit and Indian Stidies, Harvard University, 1997), 263.

中的各种不同的仪式。在大多数情况下,《梨俱吠陀》的神曲似乎是用在祭祀仪式中的,这些仪式指向数目繁多的神,祈求的基本上都是此世的礼物,诸如六畜兴旺,喜得儿女尤其是儿子,长命百岁,战场凯旋等。斯蒂芬妮·贾米森与威策尔简练表达了这些仪式的意义:

> 也许吠陀宗教最明显富有启发性的理念就是类似于罗马的"以物易物"(*do ut des*)原则了,"我给予,所以你也给予",或者以吠陀的话来讲,"给我,我就会给你",*dehi me dadhami*,亦即互惠。 486
> 仪式祭品与一道奉上的神曲并不是出自纯粹的、充溢的歌颂之情而献给神的。相反,这些言辞与食物作为礼物,它们是无止境的交换循环中的一种记号——为神以前所赐予的礼物而致谢,但也是未来索取这种礼物与恩惠的一个引子(trigger)。《梨俱吠陀》中的大多数神曲都包含了对此世好处的直言不讳的祈求,对特殊形势下的佑助的祈求,还有对诸神之慷慨的普遍歌颂。①

这一相对简单而明确的模式可能会让我们想到荷马,而且与在《荷马史诗》中一样,献祭是供奉给众多神祇的。然而,吠陀的诸神与希腊的诸神少有共同之处,也缺乏任何意义上支配一切的组织。② 虽然因陀罗(Indra)是一个强大而核心的神,有时也被称为诸神之王,但是看起来,他支配其他诸神的能力甚至还稍逊宙斯一筹,此外,还有大量其他的神被描绘为与他有着同样的特性和力量。为了让我们了解较简单的神曲是什么样子的,这里有一首献给因陀罗的简短的神曲,即《梨俱吠陀》3.45:

> 1.到这里来了,因陀罗,你的栗色马带给我们喜悦,毛发似孔雀! 你不可阻挡,所向披靡! 经过他们,像穿过大漠!
> 2.弗栗多的吞噬者,伐罗的分裂者,堡垒的爆破者,水流的驱动

---

① Stephanie W. Jamison and Michael Witzel, "Vedic Hinduism", in The Study of Hinduism, ed. Arvind Sharma (Columbia: University of South Carolina Press, 2003), 65-113;这篇文章撰于 1992/95 年,长的版本(1992)可在 www.people.fas.harvard.edu/-witzel/vedica.pdf 获取。长的版本在 63 页稍有编辑,删掉了参考文献等诸如此类的文字。这篇几乎有着一本书长度的论文是我见过的对吠陀宗教的最好概述。

② Ibid., 53.

者,乘着战车,两匹栗色马嘶鸣——因陀罗是坚不可摧的破坏者!

3.如同深海,你神工鬼力,像牛一样。像牛有好的牧牛人为它们提供饲料,像灌渠为它们提供水塘,它们已经去如黄鹤。

4.给我们带来子孙/财富,就像赐予做出许诺之人的收益!就像一个人有一个曲钩,一棵树结满了成熟的果实,晃落堆金叠玉的财富,因陀罗!

5.你是自足的,因陀罗,是你自己的统治者,发出命令,因你本身的功勋而愈发荣耀:本身力量有增无已,众口交赞的那一位,我们最好的倾听者!①

由这一曲可明显看出,因陀罗是一位强大的战神。第 2 颂涉及了一些神秘的事件,它们并不会耽误我们的理解,反而阐明了他的征服力量。但是,他也与畜牧、农业活动有关,因此,对于想要物质福祉的祈祷者而言,他也是一个合适的接收者。刚刚引述的神曲看起来可能很简单,但要阐明关于因陀罗不同特性的所有典故与含义,则需要大量的注释。从诗歌的角度而言,这些诗有着高度的浓缩性,并含有典故,因为它们假定这些神话的知识是不言自明的。它们是伟大的诗歌艺术作品,而创作它们的吟游诗人则为作出最美妙的神曲而相互竞争。但是,如威策尔已经说过的那样,试图单单凭借这些神曲就去认识早期印度雅利安人的神话——更不用说历史了——无异于我们只有《诗篇》作为来源,却试图去认识早期以色列的历史与宗教。②

然而,通过细致发掘《梨俱吠陀》的文本,威策尔已经至少就这些文本形成之时所发生的事情勾勒出了一幅粗略的图景。文本向我们讲述了,大约有三十个部落或民族(稍后会考察,对于他们的社会组织,

---

① Walter H. Maurer, *Prinacles of India's Past: Selections from the Rgveda*, vol. 2 (Philadelphia: John Benjamins/ University of Pennsylvania Studies on South Asia, 1986), 67. 贾米森与威策尔推荐了这一译著与奥弗拉厄蒂(Wendy Doniger O'Flaherty)的《〈梨俱吠陀〉选集》(*The Rig Veda: An Anthology*, London: Penguin, 1981),在还没有现代学术性全译本的情况下,这两本书可作为很有用的节译本。不过,在不久的将来,乔尔·布里尔顿(Joel Brereton)与贾米森就会推出这样的全译本了。

② Michael Witzel, "Early Indian History: Linguisitic and Textual Parameters", in *The Indo-Aryans of Ancient South Asia: Language, Material Culture and Ethnicity*, ed. George Erdosy (Berlin: de Gruyter, 1995), 93.

我们能了解到什么）处于数目繁多的"罗阇"——后来被译为"王"（kings）——统治之下,但是,这里最好译为"酋长"（chieftains）,就我们能重现出来的情况而言,他们的世系涵盖了五代或六代人。由于不仅仅在雅利安民族与达沙即土著（或者最好说,他们是文化意义上的非雅利安民族）之间,而且在雅利安民族内部之间都有着连绵不绝的战争——如果说有何区别的话,那就是雅利安人内部的战争更为惨烈,结果,以普鲁为中心的五个部落组成的群体获得了霸权,不料却将霸权失给了它后来的亚群体之一,即婆罗多（Bharata）。

　　甚至在《梨俱吠陀》时代,"雅利安人"就已不再简单地指远徙而来的移民或其后裔了。人们在雅利安人中亦可发现有着达沙名字的首领,而且许多来自德拉威语、蒙达语（Munda）,也许甚至还有藏缅语（Tibeto-Burman）的外来词都出现在了《梨俱吠陀》中,因此,"雅利安人"已经变成了一种文化术语,而不是种族术语,它指的是那些参与到献祭与节日活动中的人,亦即参与到共同文化中的人。非但如此,这些以雅利安人自居的人不再纪念与赞美任何异乡,虽然他们可能从那些地方而来。他们将世界的中心置于北印度的某地,而且在他们看来,他们正是从这里发源的。即便"雅利安人"从未失去其精英内涵,但是就传承与文化而言,我们看到的却是一个多样化的世界。①

　　在部落、亚部落与世系的沉浮起落中,我们发现了一种集权化的趋势,这一趋势在《梨俱吠陀》时代的落幕之际将愈发明显。正如威策尔所述,"所以,《梨俱吠陀》首先象征着两个王室世系（普鲁与婆罗多）走向《梨俱吠陀》时代中叶的历史"。② 旷日持久的冲突的结果就是"婆罗多人最终战胜了其他的部落,并在萨伐底河畔安顿了下来,这成为南亚进入吠陀时代的心脏地带。《梨俱吠陀》3.51.11 正是将世界的中心 488 置于此处,四面八方则是被慑服的敌人"。③ （"《梨俱吠陀》3.51.11",

---

① Michael Witzel, "Early Indian History: Linguisitic and Textual Parameters", in *The Indo-Aryans of Ancient South Asia: Language, Material Culture and Ethnicity*, ed. George Erdosy (Berlin: de Gruyter, 1995), 109.

② Michael Witzel, "Rgvedic History: Poets, Chieftains and Polotics", in *Erdosy, Indo-Aryans*, 339.

③ Ibid.

具体指的就是《梨俱吠陀》第 3 卷第 51 曲第 11 颂,边码第 486 页所说的"《梨俱吠陀》3. 45"指的就是《梨俱吠陀》第 3 卷第 45 曲,但为了方便起见,译文中只以《梨俱吠陀》3.51.11 的形式来表示)威策尔将《梨俱吠陀》神曲最早的汇编工作归因于普鲁与婆罗多的集权化趋势,这绝非易事,考虑到这些神曲乃是"个别的诗人与祭司家族独有的财产,他们都不愿舍弃他们祖传的与(差不多是)秘密的知识"。① 但是,不管愿意与否,他们确实与这些知识分离了,甚至我们现有神曲的语言反映出来的都是普鲁与婆罗多的语言,而不是它们由之而来的某些世系的语言。②

　　普鲁与婆罗多的集权化趋势是将来更为明显的集权化趋势的先声,但这不应使我们臆断:它们创造了一种早期的国家。尽管它们正在朝这一方向迈进,但是,去集权化(decentralzing)的趋势依旧很明显,后者使得领导权频繁更迭。我们看到的是酋长与大酋长的世界,而不是君王与国家的世界。集权化趋势始自于《梨俱吠陀》时代早期的世界,威策尔将这个世界描述为"东旁遮普(Eastern Panjab)小型的、部落的、乡村社会中的一员,它还没有种姓体系,或者只有初期的种姓体系,它有一种前印度宗教,有寒冷的冬天,但没有真正的季风,没有城市,有一种以畜牧为基础的经济"。③ 这一早期的社会坐落于西北边陲与旁遮普,他将其描述成是由"管辖着'罗奢尼亚'/'刹帝利'(即贵族)的'酋长',韦夕(即平民),再加上土著与仆人/奴隶"构成的。④ (韦夕,也有直接译为"吠舍"或"氏族"的)在其他地方,他将早期《梨俱吠陀》的仪式体系描述成主要是由"简单的早火祭或晚火祭、一些季节性节日与

① Michael Witzel, "Rgvedic History: Poets, Chieftains and Polotics", in Erdosy, *Indo-Aryans*, 337.

② Ibid., 338.

③ Michael Witzel, "How to Enter the Vedic Mind? Strategies in Translating a Brāhmana Text", in *Translating, Translations, Translators: From India to the West*, trans. Enrica Garzilli, Harvard Oriental Series, Opera Minora, vol. 1 (Cambridge, Mass.: Department of Sanskrit and Indian Studies, Harvard Univeristy, 1996), 5.

④ Michael Witzel, "Early Sanskritization: Origins and Development of Kuru State", in *Recht, Staat und Verwaltung im klassische Indian* [The State, the Law, and Administration in Classical India], ed. Bernhard Kölver (Munich: Oldenbourg, 1997), 30.

重要的新年/春季苏摩祭(Soma ritual)"构成的。① 这些仪式需要祭司，但并不必然需要一种祭司阶层。与古希腊一样，酋长与世系首脑均可作为祭司来发挥作用，同样与古希腊一样，这里虽然有诗人/祭司世系，但尚不是一种祭司阶层或种姓。

如乔治·厄尔多兹已经证明的那样，如果主要以考古学证据为基础，那么，所有这些就都可以理解了。"随着哈拉帕的城市生活衰落而再现的稳定的政治结构，还有经济与政治权力重心的东移，一种新的(印度雅利安语)方言家族(a family of dialects)的扩散，这些几乎用去了一千年的时间。这一过程的顶峰是这种事物的出现，它们可被称为简单的酋长国(chiefdoms)，可追溯至大约公元前 1000 年左右。"②值得注意的是，即使在公元前 1000 年之后的四个或五个世纪里见证了重大的政治与文化变迁，但是，物质文化依旧相当简单。仍然没有足够大的聚居中心可被称为城市，没有宫殿与庙宇，只有枝条编制与泥浆涂抹的房屋，存在着"奢侈品的普遍短缺和艺术表现的令人震惊的贫乏"。③然而，正是在这一时期，如我们将看到的那样，大酋长国，甚至刚起步的早期国家，与剧烈的社会和文化转变都一道出现了。

然而，让人吃惊的是，《梨俱吠陀》的大部分都是在公元前 1000 年以前形成的，所以，从部落社会中产生的只是酋长国的开端，至少，如果厄尔多兹是对的话，情况就是如此。但是，《梨俱吠陀》是吠陀宗教中，并且在原则上也是历史上直到今天的印度教中最为神圣的经典。这一直是本书的一个前提，即"没有任何事物是永远失去了"(nothing is ever lost)，不过印度在令人吃惊的程度上展示出了这种前提。毋庸置疑，《荷马史诗》来自或至少描画了一个并不比公元前第二个千年晚期

———————

① Michael Witzel, "The Realm of the Kurus: Origins and Development of the First State in India", Nihon Minami Ajia Gakkai Zenoku Taikai, Hokohu Yoshi [Summaries of the Congress of the Japanese Association for South Asian Studies] (Kyoto, 1989), 2.下文将会对苏摩祭作出进一步的讨论。

② George Erdosy, "City States of North India and Pakistan at the time of the Buddha", in Allchin, *Archaeology*, 99. 这一说法总结了他在同一本书中的前面一章，即"都市化的序曲：族群与吠陀时代晚期的酋长国的兴起"(Prelude to Urbanization: Ethnity and the Rise of Late Vedic Chiefdoms, 75-98)中的讨论。

③ Erdosy, "Prelude", 82-83.

的印度复杂多少的社会,它在整个古典文明史的教育中都扮演着重要角色。在某种程度上,《荷马史诗》甚至可被称为"神圣的文本",但是它从来都不曾有过印度人赋予《梨俱吠陀》的那种权威。《创世记》中有某些部分可能是以它们原初的形式从部落或酋长时代传承下来的,但是,它们并非摩西五经的核心。如我们将看到的那样,《梨俱吠陀》中呈现出来的理念在公元前第一个千年的前半叶将得到精心的阐述,产生的注解也是汗牛充栋,直至如今,但原封不动地收集部落诗句,将其作为一种宗教传统的核心,这一点是独具印度特色的。这对整个宗教进化的理念都提出了问题,这也是我们下文必须应付的问题。

关于《梨俱吠陀》时代的仪式体系,我们所知的尚不足以对它进行细致入微的描述,但神曲中却有证据可使我们对它了解一二。我们已经描述了因陀罗,《梨俱吠陀》中最频繁提及的神之一。尽管因陀罗与大多数神都是不可见的,但在最重要的神里面,有两个神是可见的,他们同时也是早期的伊朗宗教中很重要的神,即阿耆尼(Agni,它是"火"的意思,任何熟悉拉丁文 *ignis* 的人都会注意到)与苏摩(Soma,它在阿维斯塔语中的同源词即为豪摩[Haoma],这两个词指的都是一种变更心智[mind-altering]的饮品,该饮品到底是什么,仍有争议)。普通的火与苏摩饮都参与到了主神当中,而这些神就是以它们为名的,并临在于现场;至于火,它是不可或缺的,是献祭的基础。沃尔特·毛雷尔指出,《梨俱吠陀》中最经常提及的三个神是因陀罗、阿耆尼与苏摩,但阿耆尼是最重要的:

> 从最简单的家庭仪式到最精心与最复杂的仪式,每一场仪式都是以火为中心的,正如它同类型的宗教,即琐罗亚斯德教一样,吠陀宗教一直都是一种火的膜拜,虽然二者沿着极其不同的路向在发展。没有火,这两种宗教中的献祭都是不可能的……阿耆尼的主要作用之一即是充当人与诸神之间的信使,通过这种能力,他要么将献祭的燔食的精华传给诸神,要么将诸神带到献祭的宴席上来,其中,他们一道坐在为他们而铺开的圣草上("圣草"是祭坛专用铺地的青草,可参巫白慧《〈梨俱吠陀〉神曲选》,北京:商务印书馆,2010 年,221 页)……一方面,因陀罗是强有力的武士神,不仅仅对魔鬼来说,而且对印度雅利安人的所有敌人来说,他都是无情的征服者,因此也是印度雅利安人最可靠的保护者;另一方面,

阿耆尼则是大祭司(arch-priest),是人与神之间的中介,是伟大而无所不知的圣者,并且作为所有献祭的中心与家中温暖和光明的提供者,他也是诸神之中与人最为亲近的伙伴。①

作为《梨俱吠陀》中第三个最常被提及的神,苏摩是苏摩植物的神化,是作为饮品而在仪式中发挥着重要作用的苏摩的来源。压榨苏摩这一植物的茎,释放出液汁,再把液汁与牛奶相混合,将一些苏摩供献给诸神,剩余则由参与的人喝掉,所有这些都是苏摩仪式中的重要方面。毛雷尔指出,"献给苏摩的神曲是通过恣意发挥想象的隐喻和明喻来表达的,也许没有什么奇思妙想能比《梨俱吠陀》第九卷［第九卷完全是由献给苏摩的神曲组成的］的诗人的想象还要天马行空的了"。② 某些献给苏摩的神曲的表达已经使得一些研究早期印度的学者们相信,它们描述的是药物引致的神秘主义体验(例如,《梨俱吠陀》10.136),也许就是后来的印度神秘主义的先声。③ 无论如何,苏摩被认为有着强烈的药性,也被认为是不朽的饮品,对诸神与人来说都是如此。因陀罗则被认为对它情有独钟。④

虽然在仪式中吟诵的神曲所包含的诗歌技巧是复杂而精巧的,但是仪式本身,至少在《梨俱吠陀》时期还相对简单。没有固定的仪式地点,也没有神殿,但每一场仪式都是在一个选定的地点重新施行的,这也许反映出了一个游牧民族频繁迁徙的特征。这个特点一旦确立下来,就在以后的所有时代里,在游牧生活已经被舍弃了很久之后,仍继续塑造着吠陀仪式的特征。神曲被学者们归诸诗人或吟游诗人,他们不一定是祭司,而且在诗歌方面,他们会与其他诗人互争雄长,因为他们经常会提到期待从富裕的仪式资助者那里得到的回报。他们被称为仙人(Rṣis)即"听到"了文本的先知,虽然他们也被认为是"看到"了而不是创作了它们,而且他们还被认为是半神(semidivine)。然而,这都是在《梨俱吠陀》的正典已经完成以及古代诗人已经被婆罗门(Brahmins)取

491

① Maurer, *Prinacles of India's Past*, 10-11.
② Ibid., 76.
③ Frits Staal, *Exploring Mysticcism: A Methodological Essay* (Berkeley: Univeristy of California Press, 1975).
④ Maurer, *Prinacles of India's Past*, 76.

代之后发生的事情了,婆罗门乃是古老文献的保存者与诠释者。①

吠陀时代中期的转化

威策尔已经证明了,在我们根据《梨俱吠陀》中较古老的那些部分而试着再现出来的社会与根据《梵书》而呈现出来的非常不同的社会之间存在着一段空档期。我们不可能确定精确的时间,但是如果认为《梨俱吠陀》中较古老的那些部分肇始于公元前第二个千年后期的几个世纪,那么最早的《梵书》可能就肇始于进入公元前第一个千年之后的一个或两个世纪。威策尔发现了一些文本,它们代表着早期梵语发展中的一个阶段,这很可能表明,它们来自两部重要的文献汇编之间的空档期。("两部重要的文献汇编"指的是《梨俱吠陀》与《梵书》)这些文献包括咒语(mantra)文献,后来的汇编中的其他片段,以及《梨俱吠陀》本身晚期的部分,特别是第十卷。这些文本给我们提供了一些看起来很重大的政治变迁的线索,这些变迁将通向一种明显不同的社会,通向吠陀时代中期的文化,在这种文化中,《梵书》成为了中心。

有一片向东延伸的地区,它位于并刚刚越过旁遮普与恒河平原上部之间的分水岭,被称为俱卢之野。在地理上,从旁遮普到俱卢之野有一种变化。这是不是暗示了一种人口的迁移,或者是不是很可能暗示了文化重心地区的一种变化,我们不得而知,但政治变迁位于这种变化的核心,哪怕我们只能模糊地辨别出它们。上文已经提及,在后期的《梨俱吠陀》中,先是普鲁人,接着是婆罗多人在雅利安人的三十个或更多"部落"(使用这一术语会遇到的困难,可参第三章)中拔得头筹,但在持续动荡的形势下,他们无法确立任何持久的统治。然而,在威策尔所谓的空档期,自诩为婆罗多人合法后裔的俱卢人(Kurus)建立了一种稳定的政制,它为所有后来的印度政治史都树立了典范。②

---

① "婆罗门"这个术语可用来指一个神,指绝对实在,指一类经文,也可以指祭司阶层。为了避免术语上的混乱,我遵循一些但并非全部印度学家的用法,将祭司群体称为婆罗门。
② 注意到这一点是很有意思的,即在印度的宪法中,这个国家的名字被称作"印度"或"婆罗多"(Bharat)。选择"婆罗多"作为国家的名字可能反映了伟大的印度史诗《摩诃婆罗多》的影响力,它回顾了这一早期的时代,但其形成则是很久之后的事了。

俱卢的领袖们继续称自己为 *rājan*，如我们已经看到的那样，它在《梨俱吠陀》时代应该被译为"酋长"（chief），而不是"君王"（king）。威策尔同时使用"酋长"与"君王"来指称俱卢领袖，但在试着明确俱卢政制的时候，他一度将这些领袖称作"大酋长"（great chief），并指向了一种大酋长国，亦即这是一种许多小酋长向一个大酋长效忠的政制。俱卢大酋长不仅仅要对军事袭击的战利品进行再分配，而且还要从部属那里征收贡品（*bali*），这些是小酋长绝对不能做的事情，威策尔就将大酋长的这种能力作为其新权力的一个指标。① 所有这一切都强烈地让人联想到正处在与西方接触期的夏威夷的一些大酋长国，那时其中一个酋长国似乎就接近要创立一个早期的国家了。当我发现威策尔本人将后来真正的印度王国与俱卢的政制加以对比的时候，我的怀疑就被验证了。这种对比如下："绝对权力只是在诸如公元前 500 年左右的摩揭陀国（Magadha）这样最早的、有着帝国抱负的大国中才实现的。吠陀的俱卢王国仍然类似于一个大的波利尼西亚酋长的王国，像是夏威夷的王国那样——也有着一种相似的意识形态。"②但是，与夏威夷一样，俱卢王国可能也处于向早期国家的转型过程中，所以术语上的含混或许反映了当时社会的含混。③

既有考古学证据表明，亦有文本证据表明，俱卢之野在公元前第一个千年前半叶的某一个时期赢得了某种地位，这是任何雅利安人的社会都从未企及的一种地位。根据对这一时期的大部分时间内分布在印度河与恒河的分水岭以及恒河区（Ganga valley）的聚居地的考察，厄尔多兹发现在许多地方，按照规模大小，只有两种层次的聚居地，而在广阔的区域，则只有一种（小的）聚居地层次，这表明酋长国超越了依旧很常见的部落层次（一种聚居地层次暗示出的就是一种部落社会），成为了主要的社会结构（一般而言，酋长国包括两种聚居地层次）。然

① Witzel, "Early Sanskritization", 46.

② Ibid., 47.本书第四章的最后部分详细论述了夏威夷的政治境遇与仪式境遇。

③ 克赖森与斯戈尔尼克认为，"勘定国家诞生的确切时刻"几乎是不可能的，他们还谈到了缓慢地形成制度的"不起眼的过程"，这些制度只有在回溯的时候才能被辨识出是国家的特征。Henri J. M. Claessen and Peter Skalnik, eds., The Early State (The Hague: Mouton, 1978), 620-621. 这就是夏威夷的情况，可能也是吠陀时代中期的俱卢之野的情况。

而,有一个区域即俱卢之野,存在着三种聚居地层次,而这三种层次至少暗示了最高的酋长地位。① 根据文本证据,厄尔多兹相信,也许在公元前 6 世纪之前,"加纳帕达"(*janapada*)一词就"具有了'王国'这一古典的含义","俱卢之野,作为所有晚期吠陀的部落中最有名的那个部落的家园,可能是第一个[作为一个'加纳帕达']被清晰地勾画出来的地区"。②

威策尔注意到,"在宗教的发展中,一个重要的——如果不是首要的话——发展是俱卢之野('俱卢人的土地')新的王室中心产生了一种新的地区神话"。③ 这种神话为这一新的政治发展水平赋予了宗教表现,他将其描述如下:

> 现在,我们能够理解俱卢之野的重要性了。它被有意识地变成了诸神的土地,也就是他们的 *devayajana*[诸神献祭的地方],在这里,甚至天河,即银河,也是由此流到了大地上,并作为萨伐底河与德里萨德瓦蒂河继续穿过了俱卢之野;在这里,世界树(Plaksa Prasravana)也耸立在世界的中心与天堂的中心。虽然俱卢之野很快变成了印度的外围之地,但这片土地仍旧是它神圣的土地,直至今天。摩诃婆罗多战争在这里厮杀,人们在这里沿着圣河的河岸朝拜,事实上直至今天,人们在这里可获得直接通往天堂的道路,在这里说着最纯粹的吠陀语言,甚至中世纪东印度的君王也是从这里带来了他们的婆罗门,也就是著名的娑罗伐陀(Sāravatas)。④

当然,俱卢之野是一个地区,而不是一个城市:那里并没有都城,确切而言,根本没有城市。威策尔说,"需注意,由于相对缺乏集权化的权力,君王为了控制王国的各个部分,从而在他们的领地上巡游"。⑤ 与俱卢

---

① Erdosy, "Prelude", 80.

② Ibid., 86.

③ Witzel, "Early Sanskritization", 42-43.

④ Witzel, "The Realm of the Kurus", 4.

⑤ Witzel, "Early Sanskritization", 45. 这种"巡游"也适用于夏威夷,后者那里也没有城市。早期埃及可能亦然。布鲁斯·特里格将早期国家划分为两种类型:领土国家(territorial-states)与城市–国家(city-states)。在领土国家中,提供中心的乃是宫廷(court),而不是城市,而宫廷是经常四处移动的。参 Bruce G. Trigger, *Understanding Early Civilizations* (Cambridge: Cambridge University Press, 2003), 92-119.

之野有关的地区发展出了一种独特的神话,这只是宗教实践所进行的重要重组——下文将对它进行描述——当中的一个方面而已,如我们将看到的那样,它也是一种与社会结构的变化密切相关的变化。

与之前或之后的任何社会相比,早期国家也许更强烈地强调了等级制,考虑到这些,我们可能会注意到,正是在吠陀时代的中期,将社会划分为四个等级的种姓制开始以其成熟的形式浮现。[1] 对它的第一个充分描述可见于《梨俱吠陀》最晚的神曲之一,即 10.90。在此,我们发现,人类的等级制嵌在一种宇宙论的等级制中,如我们在本书第五章看到的那样,这对上古社会来说是很典型的。这一曲被称作《原人歌》,这里的 purusa(原人)就是雌雄同体的原人或是世界巨人(world giant),宇宙、诸神与人类都是由它发源的。下面是一些挑选出来的诗文:

> 1.原人之神,微妙现身,千头千眼,又具千足;包摄大地,上下思维;巍然站立,十指以外。
>
> 2.唯此原人,是诸一切;既属过去,亦为未来;唯此原人,不死之主,享受牺牲,升华物外。[2]
>
> 6.原人化身,变作祭品,诸天用之,举行祭祀。溶解酥油,是彼春天,夏为燃料,秋为供物。[3]
>
> 11.原人之身,若被支解,试请考虑,共有几分?何是彼口?何是彼臂?何是彼腿?何是彼足?
>
> 12.原人之口,是婆罗门;彼之双臂,是刹帝利;彼之双腿,产生吠舍;彼之双足,出首陀罗。
>
> 13.彼之胸脯,生成月亮;彼之眼睛,显出太阳;口中吐出,雷神

494

---

[1] 早期的"瓦尔纳"(varṇa)也许最好译为"等级"或"阶层",虽然后来译为"种姓"也并非全然有误。

[2] 扬·贡达是这样来解释这一颂的开头的:"它是对这一观念的首次表达,即'宇宙的创造乃是超验之人(英文:Person,梵文:Puruṣa)的自我限制(self-limitation)',他'是诸一切,'在我们的经验王国中展现了他自己。"Gonda, *Vedic Literature*(Weisbaden: Otto Harrassowitz, 1975),137. 毛雷尔将这个颂的结尾解释为:"它显示了来自于原人的诸神(不朽者)还需要(献祭的)食物,而原人则'从根本上对任何食粮都一无所求。'"*Pinnacles of India's Past*, 273. 或者,如我们将看到的那样,他就是他自己的食粮。

[3] 毛雷尔对这一颂做出了这样的注解:正是"进化了的原人"现在由他的创造物,即诸神献祭给了最初的原人。*Pinnacles of India's Past*, 274.

（Indra）火天（Agni）；气息呼出，伐尤风神。

16.诸天设祭，以祭祈祭（The gods sacrificed with the sacrifice to the sacrifice），斯乃第一，至上法规（the first rites）。①（译文参考巫白慧：《〈梨俱吠陀〉神曲选》，北京：商务印书馆，2010年，253—256页）

即使只对上文引述的诗文给出充分的说明也得用上本章其余的部分，但我们还是可以注意到某些情况。这个著名的神曲已经明显超越了神话而走向了神话思辨。② 原人是用来表示（通常指男性）"人类"的很常见的词，在此，则以转化了的形式被提高到《梨俱吠陀》中的普通诸神之上，就像第13颂中的因陀罗与阿耆尼，而原人被看作他们的创造者，或被看作他们的起源。思辨已经提出了一种比诸神更高的终极实在秩序的问题。非但如此，关于献祭，最后一节，即第16颂，还提供了一种关于献祭的新的思辨性理念。奥弗拉赫蒂解释道："其意义在于，原人同时是诸神所献祭的祭品与献祭所供奉的神；也就是说，他同时是献祭的主体与客体。通过一种典型的吠陀式的吊诡，祭品（sacrifice）本身创造了献祭（sacrifice）。"③然而，这是吠陀时代中期的思辨的典型特征，而不是像在上文引述的献给因陀罗的神曲，即3.45中显明的那种较古老的《梨俱吠陀》思想的典型特征。奥弗拉赫蒂也评述了第16颂中所说的"至上法规"（the first rites）：她告诉我们，毛雷尔在这里译为"rites"的词，在原文中是"*dharmas*"（诸法），她则将它译为"仪式法则"（ritual laws）。奥弗拉赫蒂承认，*dharmas* 是一个"变化多端的词"，在此却意味着"在这种至上献祭中所确立起来的行为的原型模式，充当着所有未来献祭的典范"。④

整首神曲有着奥弗拉赫蒂所说的原型意义，而且尤其是在第11颂和第12颂中，穆斯将这两首颂称为"印度的第一个宪法"，因为它第一

---

① *Pinnacles of India's Past*, 271-272.
② 参â第五章注释92，那里引用了沃格林，将神话思辨定义为"在神话媒介中的思辨"。（原文是note 92，即注释92，对应的是原文边码240页中关于沃格林的一个注释，但译文采取的是脚注的形式）
③ O'Flaherty, *The Rig Veda*, 32.
④ Ibid., 31-32.

次描绘了种姓制,直至最近,这种制度都还是印度社会的基本结构。在第 12 颂中,奥弗拉赫蒂将 *Brāhmaṇa* 译为"婆罗门"(the Brahmin),*Rājanya* 译为"武士"(the Warrior,亦称为刹帝利),*Vaiśya* 译为"吠舍"(the People,早先也译为 *viś*),*Śūdra* 译为"首陀罗"(the Servants)。[1] 尽管四等级的制度第一次被安置在了宇宙论语境中,但是,我们仍需询问:这是否只是对一种存在已久的实践的制度化,我们后来所说的四种姓是不是真的就是这里所描述的东西。易言之,《梨俱吠陀》10.90 中所描绘的只是进化中的社会制度里面的一个时刻而已,虽然这个时刻可能很重要,但我们必须努力就其本身来理解它。

希腊与印度社会都有着印欧语系背景,在理解这种背景的有趣尝试中,格雷戈里·纳吉借鉴了杜美兹尔的著作,尤其是后者的三种功能的理论,这三种功能被认为描述了所有印欧语系社会的特征:第一个功能是主权/祭司(sovereignty/priesthood),第二个功能是武士(warrior)阶层,第三个则是农业/畜牧业(agriculture/herding)。[2] 根据纳吉的看法,本尼韦斯特(Emile Benveniste)作为杜美兹尔的追随者,"清楚地揭示了,印欧语系的社会组织的基础乃是部落"。[3] 但是,我们关于印欧语系社会的大多数证据都来自早期国家,在那里,那些原本有"多种功能"(functions)的事物将会愈发坚定地变得分化与制度化,印度的种姓制即为一个恰当的例子(第四种姓的"首陀罗"是后加的,他们被涵盖其中,又被排除在外,因为他们无法全面参与到界定了雅利安文化的献祭与节日活动中,因此也暗示出,他们不是原本的三重遗传的一部分)。

纳吉意识到了使用"部落"一词会遇到的困境,但他借鉴了蒙哥马利·瓦特,暂时地将它界定为"人们通过血缘关系——不论是父系,还是母系——而联结到一起的一种民族机体"。[4] 我们已经看到,在早期的吠陀社会中,*viś*一词被译为"平民",与"君王"和"贵族"相对立。纳

① O'Flaherty, *The Rig Veda*, 31.

② Georges Dumezil, *Les dieux souverains des indo-européens* (Paris: Gallimard, 1977). 纳吉也借鉴了本韦尼斯特的著作,参 *Indo-European Language and Society* (Coral Gables: University of Miami Press, 1973 [1969])。

③ Gregory Nagy, *Greek Mythology and Poetics* (Ithaca: Cornell Univeristy Press, 1990), 276.

④ W. Montgomery Watt, "The Tribal Basis of the Early Islamic State", *Accademia Nazionale dei Lincei* 359, no. 54 (1962): 153.

吉吸收本尼韦斯特的观点,将 *viś* 译为"部落,平民",认为它指涉的是一种"社会整体"(social whole),他同样还吸收了本尼韦斯特的看法,将 *viś*(部落)与 *viśva*,即"全体"(all)联系了起来。[①] 他在希腊语的 *phule*,即"部落",与印度的 *viś* 之间发现了有趣的相似之处,因为这两个词都与社会"全体"相关,且都与社会全体内部的一种分隔(division)有关,确切而言,是与印欧语系的三种分隔中的最底层相关:

> 三种 *phulai*[*phule* 的复数形式]等级中最底层的名字即 *Pam-phuloi*,它与 *phule* 一词本身之间的语义学关联对应的是三种主要社会阶层中或印度传统的种姓制中最底层的名字 *vaiśya* 与它所发源的 *viś*(即"部落")一词之间的语义学关联:正如 *Pamphuloi* 一词在意味着三部分中的最底层的同时也暗示着整个共同体那样,*vaiśya* 一词亦然,它同样在专门意味着三部分中的最底层的同时,也通过它的词源暗示着整个共同体,即 *viś*。[②]

从所有这些当中,我了解到的是,随着早期国家在希腊与印度逐渐兴起,分化也得到了发展,而这些分化的基础就是某种程度的部落平等主义。[③]《梨俱吠陀》10.124.8 如此叙述诸神与因陀罗之间的关系:"像所有人选择王一样选择了他。"(choosing him as all the people choose a king)[④]在此,奥弗拉赫蒂将这一段话中的 *viśaḥ*(即 *viś* 的复数形式,因此,其字面意义就是"平民们"或"众部落")译为"所有人"(all the people),但纳吉实际上则更愿意将晚期《梨俱吠陀》的这段文字译为"像所有部落选择一个至高王一样选择了他"(choosing him as all the tribes choose a overking [大酋长?])。[⑤] 即使这样一种选择在很大程度上还是象征性的,但如果我们可将这一颂看作反映了现实,那么,它仍然表

[①] Nagy, *Greek Mythology and Poetics*, 277.

[②] Ibid., 281.

[③] 早期国家在这两个地方采取了不同的发展方向,在希腊那里,发展出了城邦(城市-国家?),在某些方面,它在一种更为复杂的水平上回复到了部落平等主义,而吠陀的雅利安人则与早期国家几乎向来所是的情况一致,他们朝着更强调等级制度的方向行进。Ibid., 279.

[④] O'Flaherty, *Rig Veda*, 111.

[⑤] Nagy, *Greek Mythology and Poetics*, 277 n. 9.《梨俱吠陀》这一颂的译文是我根据纳吉在这个注释中的论述而建构出来的它可能的译法。

达了民众对统治者的赞同。①

《梨俱吠陀》10.90.11—12 是对四种姓等级制度的最早的清晰表述，我们也许能从中看到一种变动，它偏离了一种宽泛的民族观念——其中，酋长与祭司在上，追随者在下，所有人都通过血缘关系联结了起来——而转向了一种有不同等级的社会，也就是有分化了的角色的社会，这些角色虽然往往是遗传的，但原则上却超越了血缘关系，也跨越了部落之间的界线。然而，甚至在吠陀时代的中期，种姓之间显然比后来有着更多的流动性与变动。厄尔多兹注意到了某种程度的流动性，因为种姓之间的婚配是可能的，地位仍可赢取而来，而不是继承而来：亦即，其他出身的年轻人通过力学笃行而被承认为婆罗门，这种经历是存在的，而另一方面，也存在着这种观念，即有着婆罗门出身的人如果不通晓仪式，就不是真正的婆罗门。② 帕特里克·欧利威尔在比奥义书更古老的文本中发现了这样的问题，"你为什么要打听一个婆罗门的父亲或母亲呢？当你在某个人那里发现了学问，那就是他的父亲，那就是他的祖父"。③ 当然，在整个历史中，征服者不论是什么背景，均可声称有刹帝利的地位。正如在夏威夷一样，那里总是有人能够提出便宜从事的宗谱。世系与家庭仍然很重要，因为它们将贯穿印度的历史，但是，种姓制带来了超越以血缘关系为首要焦点的团结与对抗。

将许多小酋长国中原本数目众多的诗人/祭司世系与酋长/次酋长（subchiefs）世系合并为一个相对庞大的大酋长国，这其中有重重困难。甚至在建立稳定的酋长国时也不可能是没有冲突的。哈特穆特·沙福尔指出，*rājan* 开始可能是一个临时的词，指一种"战争酋长"，他只能在一场战役期间发挥作用。在《梨俱吠陀》中，当因陀罗插手与某个特定的敌人的斗争，但接着又退出斗争的时候，就频频被称为 *rājan*。"如果

① 罗米拉·塔帕尔（Romila Thapar）注意到，早期的吠陀文献表明，*rajanya* 与 *vis* 原本是同一个血缘群体中的上层世系与下层世系；*ksatra* 与 *vis* "应该在同一器皿中进餐"；而 *ksatra* 是从 *vis* 当中创造出来的。因此，显而易见的是，二者原本是"同一个种类中的身居高位者与身居低位者"。Thapar, *From Lineage to State: Social Formations in the Mid-First Millennium B. C. In the Ganga Valley* (Delhi: Oxford University Press, 1984), 31.（刹帝利［Ksatriya］一词即来源于 ksatra，后者有权力、统治、统治权、政治等含义）

② Erdosy, "The Prelude", 89.

③ Patrick Olivelle, trans., *Upanisads* (Oxford: Oxford University Press, 1996), 341 n.4.5.

说 *rājan* 最初并不是表示一种永久持有的地位的话,那么,*dáṃpati* 与 *viśpati* 则无疑指的就是永久性的地位,*dáṃpati* 是'住宅/家庭的主人 [父亲?]',*viśpati* 则是氏族/聚居地的主人'。"① 赫尔曼·库尔克提及了另一个重要术语,即 *grāma*,它最初意指迁徙中的雅利安人的"旅程" (trek),后来则被用来指村庄,即"定居下来的旅程"(settled trek)。 "早期的 *grāma* 是由 *grāmaṇis*,即'旅程的领导者'(trek leaders)来领导的,他总是属于 *grāma* 中的平民群体",而定居下来的旅程则"见证了 *grāmin*,即'村庄所有者'(villiage owner)的出现,后者似乎总是来自 *rājanyas* 或刹帝利"。② 库尔克认为,*grāma* 的平民群体并不总是乐意接受那些想要成为领主的人,那些人可能会被赶走,或者在最坏的情况下,村庄中的群体只是离开,这时,他们会被抛弃。易言之,聚居地与等级制导致了更多的集权化,但二者未必会一帆风顺地到来。紧密组织起来的从属群体可抵抗那些想要支配他们的人。任何地方的酋长国与大酋长国都是出了名的脆弱:当酋长企图支配村庄,大酋长企图支配次酋长的时候,总是存在着从属群体将脱离出去的可能性。早期的国家形成了一些结构与实践,它们使这种可能性越来越小,但印度的国家却从来没有完全超越大酋长国的脆弱性。

要在一个仍然被诸多专注于亚群体的忠诚所分割的社会中缔造出更广泛的团结,种姓体系只是其中的一种努力。由于缺少强有力的行政机构,所以,在婆罗门阶层——他们得到的界定要清晰得多——的帮助下,俱卢的统治者制定了一种比之前的体系复杂得多并与发展中的种姓制密切相关的仪式体系。在俱卢王的指引之下,由众多部落/酋长国中的众多世系连续多少代人创作出来的神曲,被汇编到了一个现在称之为《梨俱吠陀》的集子中,被"新形成的婆罗门阶层"中的所有成员共享,虽然每一首神曲仍然标记着最初的诗人的姓名与世系。在俱卢的压力下,早先的世系小心翼翼地守护着的"版权"现在已不再有效

---

① Hartmut Scharfe, "Sacred Kingship, Warlords, and Nobility", in *Ritual*, *State and History in South Asia: Essays in Honour of J. C. Heesterman*, ed. A. W. van den Hoek, D. H. A. Kolff, and M. S. Oort (Leiden: Brill, 1992), 311-312.

② Hermann Kulke, "The Rājasūya: A Paradigm of Early State Formation?" in van den Hoek, Kolff, and Oort, *Ritual*, *State and Histor*, 188-199.

了,因为神曲成了新确立的婆罗门祭司的公共资源。①

最让人瞩目的是,《梨俱吠陀》的正典现在已经完成了。新的祭司阶层珍视并效仿继承下来的资料的上古特色,与此同时,他们还致力于发展一种新的也更为复杂的仪式体系,这是一种以俱卢王及其宫廷为焦点,但也有其他重要功能的体系。与这种新的仪式体系相关的是,补充的文献汇编也随着时间而形成了:《娑摩吠陀》与《夜柔吠陀》,各自提供了仪式的颂歌与咒语,它们主要是从《梨俱吠陀》中提取出来的,而《阿闼婆吠陀》,则不是为新的天启祭(śrauta rituals)而是为较小的、更私人的仪式提供了素材。天启祭要求祭司精通四部吠陀经中的每一部,并精通围绕它们而详细展开的繁复的注解文本。

根据语言学,在最早的这些新的天启祭中,有一个仪式始于《梨俱吠陀》完成后不久,并与俱卢的宫廷有关,很可能就是与伟大的俱卢王,即帕里克希特(Parikṣit)的统治有关,该仪式即为火坛祭(Agnicayana)或火祭。② 考虑到所需主祭(officiants)的人数以及仪式的完成需要将近一年时间这一事实,它一定是极度奢华昂贵的,因此只有地位显赫的人才能让它施行下去。西奥多·普罗菲利斯写道,"在火坛祭中,为司祭者(sacrificer;abhiṣeka)施行的涂油礼也将这一仪式与领袖中最有权势的人联系了起来。"③(佛教中所谓的"灌顶"即为梵语 Abhiseka 的意译)普罗菲利斯根据语言学注意到,马祭仪式(Aśvamedha rite),如我们将看到的那样,也是与王权制度极其密切地联系在一起的,而塞达罗摩尼祭仪式(Sautrāmaṇi rite)"专注于因陀罗这一角色,由此判断,它最初很可能一直是一种王室仪式",它也始于这一空档期,而且是《梨俱吠陀》与其他最早的天启文本之间的这段时期的"原仪式"(Ur-litur-

498

---

① Witzel, "Early Sanskritization", 40-41.
② 西奥多·普罗菲利斯(Theodore Proferes)在其论文"Kuru Kings, Tura Kavaseya, and the—tvaya Gerund"中提供了一个论证来确定最初的仪式的时间。载 *Bulletin of the School of Oriental and African Studies* 66, no. 2 (2003):212-214。事实上,在南印度婆罗门的某些群体中,这种仪式至今还仍然存在。1975 年,弗里茨·斯塔尔(Frits Staal)记录了该仪式的一次完整施行。参 *Agni, the Vedic Ritual of the Fire Altar*, 2 vols. (Delhi:Motilal Banarsidass, 1984)。
③ Proferes, "Kuru Kings", 217.

gies)。① 对于印度历史的这一关键时期所发生的事情,普罗菲利斯这样概括了他的看法:"作为强化权力的方案中的一部分,俱卢王试图通过鼓励我们可称之为一种'合一的'(ecumenical)仪式体系的发展,从而来克服他们的祭司精英以氏族为基础的组织中固有的分裂趋势,这种体系并不依赖于,也不会保持《梨俱吠陀》时代的氏族分隔的特征。"②

这种复杂的仪式体系集中于俱卢的 *rājan*,人们很不寻常又相当突然地苦心经营它们,只不过现在有了祭司阶层,他们组织起来为统治者提供精心的支持,这证明了一种形势,即政治行政机构还不成熟,仪式则担负起了提供社会整合的沉重压力。正如厄尔多兹指出的那样,"我们可能会想到,更多地依赖于宗教性的约束而不是残酷的强力,这乃是酋长国的区别性标准之一"。③ 然而,没有强力,则没有任何大酋长国能够运转,俱卢王"可以通过一组现成的'令人生畏的[武士]'(*ugra*)或心腹来执行他的意志。他也依赖一种特务网"。④ 但是,"驯化"酋长与次酋长的野心这一重任,很大程度上都由新的仪式体系接管了。雅利安人群体内部连绵不绝的袭击与战斗,即使差不多就是比偷牛大不了多少的小事,现在也可被引向为仪式地位而展开的竞争中。如威策尔所述:

一个并不十分富裕的吠舍可能就满足于家庭(*gṛhya*)性的过渡仪式,这些仪式是为他及他的家庭而施行的。但是,一个较低等级的刹帝利则可能试图继续迈向社会宗教阶梯上的又一阶,成为一个 *dīkṣita*,也就是一个新入门的"司祭者"(英语:sacrificer,梵语:*yajamāna*),并比吠舍更广泛地学习吠陀经……在他设立了三个圣火之后,接着就可以施行拜火祭(Agnihotra)、新月祭与满月祭等等。如果他希望再接再厉,那么可以再加上季节性仪式与一

499

---

① Proferes, "Kuru Kings", 216-217.
② Ibid., 217.
③ Erdosy, "The Prelude", 87. 但是,罗米拉·塔帕尔指出,仪式体系发挥的稳定社会的影响并不是没有代价的。投入到仪式中的资源无法用于国家建设,而且据塔帕尔所描述的"国家的发展受阻"而言,次酋长相对的自主性也限制了"君王"(大酋长)的主权。*From Lineage to State*, 67.
④ Witzel, "Early Sanskritization", 47.

年一度的苏摩祭。如果他对此仍不满足,而希望进一步压过其竞争者(他们常常会干涉或摧毁他的仪式),那么,他可以继续施行另外七种类型的苏摩祭……在此,重要的是,这些敌对行为通过新的、社会分层(stratification)的天启(Śrauta)方式给机智地引导开了……(中文版蒋忠新翻译的《摩奴法论》2.18 将 Śrauta 译为"祭祀",北京:中国社会科学出版社,1986 年,18 页。在当页的注释中指出它是"吠陀规定的大型祭祀")

除了刹帝利,另一个级别就是有着王室血统的贵族……一个低等级的统治者可作为酋长,通过简单的王室 abhiṣeka(灌顶仪式)而得以神圣化……最后,还存在着严肃的天启选项来进行 rājasūya [王权神圣化]。《梨俱吠陀》最初完全是印欧语系的,后来,它的一个修订过的复杂版本为特别强大的至高君王又加上了马祭,这些君王声称有着"世界支配权",但涵盖的只是(北)印度的某些部分。因此,新的天启祭将每一个人都安置在合适的身份与合适的地位上……每一个人都有机会通过让婆罗门施行越来越精致的仪式——而不是袭击他的邻居——来获得更高的地位。[1]

仪式的内在意义是我们下文必须要考察的,但是其社会功能似乎很明显。大型的天启祭是对托斯丹·凡勃伦(Thorstein Veblen)所谓"炫耀性消费"的展示,也就是说,是通过精心设计与极其昂贵的仪式而对献祭者的地位进行展示。一些人甚至将这种仪式体系比作美国西北沿海的印第安人的夸富宴(potlatch)。尽管婆罗门阶层或等级在这种新的仪式体系中善得其所,但是我们不要忘记,仪式是为了王室与贵族而创造出来的。能够在最为精心设计的仪式中作为献祭者而非祭司而行动的人,确实有可能是一个非常富裕的婆罗门。[2]

---

[1] Witzel, "Early Sanskritization", 39-40.一个适应于每一个地位等级的统一的仪式体系,可能是某种仪式改革过程的一个产物,该改革类似于我们提到过的中国战国时代之前的礼仪改革过程。

[2] 在吠陀的献祭体系中,献祭为之而施行的人(the person for whom the sacrifice is performed)与施行献祭的祭司(the priest performing the sacrifice)之间存在着模糊性,于贝尔与莫斯则在他们的著作《献祭的性质与功能》中,通过将前者称为"献祭者"(sacrifier),将后者称为"司祭者"(sacrificer),而避免了这种模糊性,但是,这一用法并没有被后来者继承下来。

在俱卢王国逐渐成型的新社会以君王为其首领,他应保卫所有臣民的利益以及每一个人合适的生活方式(*dharma*),实际上,这种社会是与任何残余的部落平等主义的彻底决裂。四种姓是通过功能的分化,但甚至更多是通过严格的等级制而界定的。这种新型社会的开创者及其主要的受惠者就是刹帝利与婆罗门之间的联盟(*brahmakṣatra*),他们非常自觉地"吃掉"(用来表示"支配"或"剥削"的术语)那些在他们之下的人。我们现有的那些由婆罗门创作出来的文本宣称,他们也"吃掉"刹帝利,但偶尔也会承认,事实是相反的。

整体而言,这个联盟对双方成员都极其有利,它在以后历史的大部分时间里都将持续下去。因此,整个社会仪式体系,以及支配性的刹帝利与婆罗门阶层的联盟,它们正是威策尔以"梵化"(Sanskritization)一词来指称的事物,这个词是从人类学家斯利尼瓦斯的著作中借鉴过来的,后者用这个词来描述,在 20 世纪的印度,低种姓如何能够通过模仿高种姓的实践,学着像他们一样更多地依赖梵语——也就是神圣文本的语言——从而来提高他们的地位。[1] 威策尔所说的"第一次梵化"指的是这一事实,即俱卢王国成为了一个典范,其影响迅速扩展到了整个北印度;而且他也注意到了,当这个词用到说吠陀梵语的人的身上时,具有一种反讽性。[2] 俱卢王国是当时疆域最大、军力最强的社会,但它主要不是通过征服而是通过榜样来扩展其影响的。俱卢人已经创造了一种模式,它尽管有着内在的冲突与明显的僵化性,却可为将来的世代同时提供社会稳定性与适应力。[3]

虽然与后来的发展——这种发展是以一种俱卢基本的社会宗教模式所不曾用过的方式而取得的——相比,吠陀时代中期的智识成就将

500

---

[1] Mysore Narasimhachar Srinivas, *Religion & Society among the Coorgs of South India* (Oxford: Oxford University Press, 1952); and Srinivas, *The Cohesive Role of Sanskritization* (Delhi: Oxford University Press, 1989).

[2] Witzel, "Early Sanskritization", 51.

[3] "我相信,我们有理由将俱卢王国称为印度的第一个国家。拉乌(W. Rau)细致地描述了《夜柔吠陀》与《梵书》时期的社会与政治形势,用他的话来说就是:'《梵书》时期的印度人生活于其中的政治组织有充分的理由可被称为国家。'"Witzel, "Early Sanskritization", 51-52。在他研究早期印度的著作中,威策尔经常引用拉乌的 *Staat und Gesellschaft im alten Indien, nach den Brahmana-Texten dargestellt* (Wiesbaden: Otto Harrassowitz, 1957)。

会黯然失色,但是在以后的历史中,它亦会发挥影响。在对这些后来的智识发展以及它们在何种意义上体现了轴心转型进行考察之前,我们首先必须对吠陀时代中期结束之时的宗教思想状态作一番概述。按照本书的类型学,俱卢王国所反映出来的吠陀时代中期的社会是上古社会,因此,其文化与宗教也最有可能是上古的。我承认,在《梵书》中反映出来的吠陀时代中期的文化已有了轴心反思的种子;但在我看来,像一些学者提出的那样说它已经是轴心的了,却很难让人信服。但是,如果我们决心将它归为某类,就必须尽力来理解这种值得注意的仪式体系,不论这种努力有多么浅薄。

仪式体系

我们将火坛祭作为整个体系的典范,这不仅仅是因为有影片极其完备地记录了它在 1975 年的一场操演,又多亏弗里茨·斯塔尔(Frits Staal)及其同伴的两卷本大作亦有完备的记录,而且也因为它是最具综合性,也最重要的仪式之一,正如我们已经看到的那样,它也是最早的大型天启祭之一。[1] 据称,这也是世界上最古老的还继续存在的仪式[2],"作为吠陀仪式的顶点,它不仅仅因为其精心的设计,而且也因为它包含了很多值得注意的仪式和仪式元素这一事实而在天启仪式中有着特殊的地位"。[3] 这一仪式在口头传承中已经持存了两千五百至三千年,而且仍然毫无二致地操演着(弗里茨·斯塔尔发现,他记录下来的仪式只是在某些细枝末节的地方与非常久远的文本的描述有所不同)——最近一次操演是在公元 2006 年——此实乃一大奇迹。它同样是对如下事实的致敬,即在印度,没有什么东西曾经消失。就我所知,这种持存在世界上确实别无他例,它的非同寻常之处在于,这种仪式是

① 参弗里茨·斯塔尔所编的两卷本大作《阿耆尼,吠陀的火坛祭》(*Agni, the Vedic Ritual of the Fire Altar*, 2 vols. Delhi: Motilal Banarsidass, 1984)。值得注意的是,1975 年的表演持续了十二天,而在吠陀时代的中期则可能会持续一年:这里是用一天代表了一年。
② 斯塔尔实际上并没有这么主张,但是,在关于他记录的仪式操演的网站上,可以发现这一点。
③ Tsuji Naoshiro, "The Agnicayana Section of the Maitrāyani-Samhitā with Special Reference to the Mānava Śrautasūtra", in Staal, *Agni*, 2:135.

在一个刚刚摆脱了大酋长国而正走向早期国家的社会中创造出来的,亦即按照我的类型学,它只勉强算得上是上古的。

在某种意义上,这种仪式与其他大型天启仪式是上古社会的典型特征,因为它们荣耀统治者,并且是旨在保证其不朽。尽管早期的印度社会对纪念性建筑物,甚至对夏威夷建造的那种类型的神殿都一无所知,但是我们可将这些宏大的仪式看作埃及金字塔的功能对等项,后者也是为了保证统治者不朽而为他们建造的。然而,这里存在一个巨大的差异:这些仪式属于婆罗门,而不是属于君王,倘若没有任何王室赞助者,它们还可以由婆罗门自己来施行,只要他们能够找到充足的资源。这告诉了我们一些印度与所有其他案例都迥然有异的地方。

扬·赫斯特曼帮助我们明白了为什么这种最大的仪式以火为焦点:

> 阿耆尼即火,它是吠陀世界的中心特征。我们几乎无须在这一点上多做强调:所有的吠陀仪式实际上都以火的膜拜为中心,它们都可证明这一点。因此,火是一种深层次、多面向的意象的焦点也就不足为奇。只提及几个突出的要点即可,火准备了人的食物,并为诸神与父辈的另一个世界传送了祭品,它既是人类世界的中心,又是与超凡俗领域相沟通的手段。它是生命的善业(goods of life)在宇宙中流通的枢轴。

> 因此,火象征着生命,财富,生产与家庭、氏族、世系的延续。因此,就有了火的重要性,这种重要性系之于家火的安置,甚至更多地系之于为庄严的献祭而单独安置的火……不仅仅人与火被说成是父与子,而且这种关系是可逆的。简而言之,他们是一体的,是确保不朽的统一体。在此背景下,我们即可理解,对火的仪式主义关怀(ritualistic concern)近乎是痴迷的,正像煞费苦心的决疑论(casuistry)所显示的那样,这种决疑论关注的是可能降临在祭火上的灾祸。

> 然而,这种痴迷的关怀似乎也指向了其他事物。火象征了生命与不朽,但是,据有它却很不安全。火不仅仅在失控的时候,在以其好斗的楼陀罗(楼陀罗在吠陀神话中就是湿婆的前身,司破坏,但也被称为治疗者)形式而活动的时候是危险而又破坏力的,

而且也是众所周知地变幻无常与稍纵即逝的。①

火坛(Agnicayana)②祭证明了不少由赫斯特曼提出的观点,尤其在于这一点,即对它的精心设计是为了努力控制它的变幻无常与稍纵即逝,使它为了人类的命运而完成自身。我已经说过,在早期印度,并没有什么纪念碑。火坛是这种规律的例外。为仪式赋予名字的祭坛是仪式最为突出也最为昂贵的特征:它需要超过1000块大小形状各异、手工制作而成的砖,用来搭建鸟形的火坛,该坛就是仪式的中心。但同样重要的是,火坛并未变成一个纪念物,因为它在使用一次之后就被抛弃了,即使它的建造耗费了如此多的时间与精力。同样,赫斯特曼解释道:"甚至享有盛名的砖坛也并不能为它提供永久性。它在苏摩祭中被使用了之后,即被视为尸体,也就是阿耆尼的死尸,正如拉姆菩提尼的婆罗门[即操演1975年仪式的婆罗门]告诉我的那样。"③

在火坛祭中,我们可以看到很多关于思维方式的例证,正是这些思维方式塑造了吠陀思想的特征:相关性、同源性、相似性与同一性(梵语是 bandhu),它们似乎为最重要的问题提供了答案。显然,仪式专注于阿耆尼,但在特定的情境下,阿耆尼可等同于其他神,或被其他神替代,正如他们也可以被他替代一样,这在该仪式中时有发生,如我们将看到的那样。但火坛本身由五层构成,呈一只鸟的形状,每层则有200块砖:自上而看,火坛像是一只隼或鹰,总之像是一只掠食性飞禽,有头、翅膀与尾巴。鸟,或者鸟形的祭坛,就是阿耆尼。在将火从它之前的位置移到火坛中心的时候,主事祭司(adhvaryu priest)吟诵道:

> 阿耆尼有千眼百头,
>
> 你呼气百次,吸气千次,
>
> 你是财富的主人,始终不移,
>
> 所以,我们崇拜你,因为你的力量——啊!
>
> 你是有翅膀的鸟,坐在大地之上,
>
> 坐在大地的山脉之上;

503

---

① Jan Heesterman, "Other Folk's Fire", in Staal, *Agni*, 2:76-77.

② Agni 当然就是火,cayana 则是将那些用来组建祭坛的砖"堆起来"。

③ Jan Heesterman, "Other Folk's Fire", in Staal, *Agni*, 2:78.

你的羽翳充满长空，

你的光支撑着天上，

你的光辉壮大了四方。①

据说，阿耆尼是鸟，因为最早是一只鸟从天上带来了火，但是，也有其他的解释。多样的解释伴随着多样的意义，仪式思想普遍如此。

在相关性的运用中，具有核心意义的是：整个仪式的司祭者、赞助者与受惠者都是阿耆尼。所以，如果火坛就是阿耆尼，那么，通过非常复杂的方式，它也是司祭者。正是司祭者的体型决定了建造祭坛的砖的尺码：测量是从他手臂上举时的指尖到地面，从头顶到地面，从膝盖到地面这样来进行的。② 这些测量是分开进行的，且以极其复杂，以至于无法在此描述的方式来操作，但是，它们为超过 1000 块构成祭坛的砖的几种大小与形状提供了测量值。这是火坛无法再次使用的另一个原因：另一个司祭者将有不同的身体尺寸；砖也不会是同样的大小。

斯塔尔写道："火坛祭的主坛在几个方面是作为一个墓地而发挥作用的：金人与五个祭品的头部被埋在它的下面。"③他推测，祭坛的这个面向可能根据的就是早期吠陀的墓冢。金人是一个小的金色男性形象。这是很相称的，因为祭坛除了是别的以外，还是一个人类。头部就是一匹马，一个男性，一头公牛，一只公绵羊与一只公山羊的头，这些都是动物祭很典型的种类，虽然在实际中公山羊常常用其他物种代替。④在 1975 年的仪式中，而且可能在以前的很长时间内，这些头都是由黏土制作的。然而，在早期的文献中，关于如何获得这些头，特别是如何获得人的头，还有一些讨论。一些人认为，必须使用一颗真正的人头，也许是某个之前死于战场的人的头颅，不过，活人祭的可能性并不能被排除。然而，这种微乎其微的活人祭观念恰恰真实地显示出，任何诸如在夏威夷或中国商朝那样大规模的活人祭在早期印度存在的可能性是504如何眇乎小哉，我们可能还会疑惑，为什么早期国家的这一常见的标志

---

① Staal, *Agni*, 1:558.

② Staal, *Agni*, 196.

③ Ibid., 128.

④ Ibid., 306-307.

（在印度）却难觅其踪。是不是因为：统治者，即"君王"，从未完全获得过其他上古案例中的君王所获得的那种终极性，因为他不得不在很大的程度上与婆罗门共享最高等级？活人祭是对司祭者的至高地位的终极象征。也许印度的君王从未获得过那种至高地位。

　　如果火坛是阿耆尼，是一只鸟，是司祭者与一个坟墓，那么当我们了解到它是一切，即宇宙及其构成的时候，也许就不会大惊小怪了。祭坛由五层砖构成，每层 200 块，最高一层的砖块数还要再多一点。砖块在每一层的布置都小有差异，但是，这些差异又不足以破坏鸟的基本形状。不过，祭坛的一种含义是，第一层、第三层与第五层象征着构成宇宙的三个世界——大地、空气与天空（后来还会加上更多层面的世界，但三是一个基本数目）。① 所以，火坛就是生主神（Prajāpati），在吠陀时代中期的思想中，他已经被等同于原人了，即在上文提到的《梨俱吠陀》10.90 中出现的宇宙人（cosmic man），正是从他这里，整个宇宙以及所有内在于宇宙的东西才得以发源。同样，生主神与阿耆尼能够互换。斯塔尔将《梵书》的学说概述如下：

　　　　根据舍地略在《百道梵书》中的学说，建造火坛祭的祭坛，本质上就是生主神的复原，作为创造之神，他通过自我献祭（self-sacrifice），也就是通过他自己的分割（dismemberment）而创造了世界。鉴于生主神成为了宇宙，因此他的复原同时就是宇宙的复原。所以，将祭坛堆起来即意味着重新将世界组合在一起。正如生主是原初的司祭者（sacrificer），阿耆尼是神圣的司祭者，而 yajamāna 就是人类的司祭者。将火坛称为阿耆尼，这表明了阿耆尼与生主神的同一性。阿耆尼，生主神，yajamāna 他们彼此之间都是同一的，与供奉的祭坛，安置在上面的火也都是同一的。②

① Staal, *Agni*, 65. 值得注意的是，每一块砖不仅仅是创世者生主神身体的一部分，而且也是吠陀经的一个颂。

② Ibid. 应该注意的是，斯塔尔并不看重这种婆罗门式的思辨，因为他发现它完全无助于理解仪式，而且他还注意到，操演 1975 年仪式的拉姆菩提尼的婆罗门并没有这么来解释，而只是说他们历来就是这么做的。对斯塔尔而言，关键在于法则——它们是仪式的语法形式——而不是意义，后者是短暂的，在很大程度上也是无关紧要的。但是，这完全依赖于人们寻找的是什么。

正是这种思维方式使得 20 世纪的梵语学家心灰意冷：他们无法理解它，发现它是幼稚的，甚至是愚蠢的。① 但是，更晚近的印度学家已经成功地复原了其中大量的意义，并相当有效地表达了它。布莱恩·史密斯在《对相似性、仪式与宗教的反思》中为《梵书》做了充分的辩护。他援引了路易斯·勒努（Louis Renou）的说法，将吠陀思想称为"一个等式的体系"（a system of equations），但又询问道：它们建构的是何种等式，又出于什么意图呢？② 他的回答是：吠陀思想力图"将位于实在的三个独立层面上的相应因素联系起来，这三个层面就是：大宇宙（macrocosmos，它的构成与力量被统称为 *adhidevatā*，即'与神相关的'），仪式领域（*adhiyajña*，即'与献祭相关的'）与小宇宙（microcosmos，*adhyātman*，即'与自我相关的'）"。③ 然而，相关性或等式（*bandhu*）并不仅仅是为了思辨而打造出来的。吠陀思想是服务于吠陀行动的，并在这一预设下发挥作用，即"实在并非既定的，而是被制造出来的"（not given but made）。④

根本性的前提是，创造（或生殖，或排出——生主神并不尽然是耶和华那种模式的"创造之神"）基本上是"浑沌、无序与无形的"。因此，形成秩序的并不是创造，而是献祭。史密斯写道：

> 这是吠陀教（Vedism）的典型特点，也许几乎是决定性的特点，即一方面是纯粹的生殖，另一方面则是真正的宇宙生成论与人类生成论（anthropogony），在它们中间，则嵌入了一系列的建构性

---

① 奥弗拉赫蒂有一篇对早期西方观点的短评，她名之为《西方对〈梵书〉的轻视》（The Western Scorn for the Brahmanas），其中，她引用了 20 世纪研究早期印度宗教的奠基者之一麦克斯·缪勒在 1900 年写的一段话："不论对印度文学的研究者来说《梵书》有多么有趣，它们对一般的读者来说也是索然寡味的。"早几年之前，缪勒甚至将《梵书》称为"白痴的胡说八道与疯子的胡言乱语"。关于这一引文及相似的引文，可参她的 *Tales of Sex and Violence: Folklore, Sacrifice, and Danger in the* Jaiminiya Brahmana（Chicago: University of Chicago Press, 1985），3-6。

② Brian K. Smith, *Reflections on Resemblance, Ritual, and Religion*（Oxford University Press, 1989），31. 值得记住的是，"等式"在仪式思想中是很常见的：对许多基督徒而言，面包与酒在圣餐（献祭）仪式中就是基督的身体与血。《约翰福音》14 章，当耶稣说："我就是道路，真理，生命"时，基督徒不只是把它理解为隐喻。

③ Ibid., 46.

④ Ibid., 50.

仪式。在生主神的创造与宇宙的起源之间是诸神的献祭活动,它为无形的自然赋予了形式。在每一个人的生成与真正存在的起源之间也是仪式,它从只是潜在的人这里缔造出了人。吠陀仪式主义中的宇宙生成论与人类生成论只是在献祭中才得以**现实化**(*actualized*),并只有通过仪式的作用或业(*karman*)才得以**实现**。

对于吠陀的祭司与形而上学家而言,仪式活动并非将实在"象征化"或"戏剧化";它建构、整合并构成实在。仪式使本来无形之物有了形式,它将内在地就分离开来的东西联结到了一起,而且它治愈了故步自封的自然(unreconstructed nature)——这是所有被创造出来的事物与存在者都不断趋向的状态——的本体论疾病。①

像斯塔尔已经解释过的婆罗门学说一样,在火坛祭中,火坛的建造即为宇宙的重构,因为它将生主神的身体重新组合在一起。在早期的吠陀思想中,正是整轮的献祭才使得宇宙继续运转。最简单的仪式之一即火祭(Agnihorta),它是在清晨与夜晚施行的,"整个晚上都看守着火(与太阳等同),次日清晨又看着让它重燃,使得太阳升起。"②(梵语 *agnihotra* 指的是印度婆罗门教、印度教供养祭之一。始于夜柔吠陀以后,每日早、晚各一次,向三火[家主火、供养火、祖先祭火]投牛酪及各种供物,系为赎罪而行之祭祀。另外,阿耆尼诞生于三界,有三方面性质:地上之火,空中的电光,天上的太阳,为后世的梵天、毗湿奴与湿婆的"三位一体"打下了基础。这里值得注意的是,边码499页的引文中已经提到了"三火"这样的概念,边码504页也提到了,"三"是一个基本的数字)人的形成与宇宙的形成相似,史密斯将其描述为"人类生成论",至此,我们尚未对其作出讨论,但是,稍后我们必须对它作出进一

---

① Brian K. Smith, *Reflections on Resemblance*, *Ritual*, *and Religion*(Oxford University Press, 1989), 50-51. 史密斯对自然状态的描述让人联想到热力学的第二定律。但是,赫尔曼·奥登堡所说的"前科学的科学"(pre-scientific science)一词指的并不全是这个,而是孜孜不息地努力进行联系与分类,这才是我们所称呼的真正科学的根据。参 Hermann Oldenberg, *Vorwissenschaftliche Wissenschaft: Die Weltanschauung der Brāhmana-Texte*(Göttingen:Vandenhoek and Ruprecht, 1919)。

② Jamison and Witzel, "Vedic Hinduism", 38.

步考察,它也受到了一系列仪式的影响,即一系列标志着人格发展的生命周期(life-cycle)仪式。仪式也与个体的最终命运有关。火祭的一个功能就是使得司祭者成为不朽的,除了其他的含义之外,祭坛的鸟形也被解释为将带着司祭者飞天的鸟,当然,不是在仪式结束之时,而是在他的生命结束之时。

在吠陀时代中期的仪式体系中,一个将对未来有着持久影响的面向是:它是如何从根本上是分等级的。史密斯指出,仪式本身与参与到仪式中的人们都是分等级的,而且是以同样的方式分出等级的。他援引斯塔尔的说法,指向了吠陀仪式基本的等级结构:"[仪式等级的]序列是分层级的。那里有愈来愈高的复杂性。如果一个人已经施行了较靠前的那些仪式,那么,一般而言,他就有资格施行序列上的一个靠后的仪式。每一个靠后的仪式均以靠前的仪式为先决条件,并将一个或多个靠前的仪式的一次或多次发生也吸收进来。"[1]

史密斯指出,越是复杂的仪式,其等级就越高,因为它们吸收与重演了较简单的仪式。我已经提到,除了其他的意义之外,火坛祭还是一种苏摩祭,但是我还没有提到,与阿耆尼一样,苏摩也参与到仪式中了,我也没有提到,在阿耆尼被送到砖制的祭坛上的第二天,苏摩(他们有时合并为一个神,即 Agnisoma)与阿耆尼一起,也被传送到了祭坛上。[2]因此,火坛祭寓含了相对简单的苏摩仪式。但是,正如史密斯指出的那样,这种寓含(encompassment)的等级原则对种姓体系而言也是很核心的。他援引了路易·杜蒙的经典著作《阶序人》来证明,较高的种姓"寓含"了较低的种姓,并继续说道,"尽管杜蒙并没有完全解决这个问题,但是,这里似乎暗示的是一种关于'相对完整性'(relative complete-ness)的本体论,婆罗门是人类中'较为完整'的例子,而相对婆罗门而言,其他人则'不那么完整'"。[3]讨论中的完整性当然就是仪式的完整性。婆罗门能以刹帝利所不能的方式参与到仪式中,依此类推。如我们将看到的那样,诸如火坛祭这样大的仪式甚至在公元前第一

---

[1] Frits Staal, *Rules without Meaning: Ritual, Mantras, and the Human Science* (New York: P. Lang, 1989), 101.
[2] Staal, *Agni*, 1:590ff.
[3] Smith, *Reflections*, 48.

个千年晚期的几个世纪即已变成边缘仪式了,但是,等级原则还是一如既往。

虽然稍后我们也会对这一时期出现的发展进行更细致的考察,但现在必须简要地评论一下这种边缘化及其对仪式体系的影响。出于某些并不完全清晰的原因——但这些原因也许与一个更有效的国家的发展有关,它并不是一个"早期国家",而是一个完全的都市(上古?)国家——对复杂的仪式体系的需要,以及该体系为了维持社会稳定而促进的竞争,可能都会被王权为执行想达到的目标而形成的更有效的行政结构与更强大的能力所削弱。但是,布莱恩·史密斯帮助我们看到,这种变化意味着的并不是仪式体系或它在宗教生活中的中心地位的终止,而是一种转化,表面上看来,这种转化似乎是对等级秩序的一种逆转。根据这种新的理解,那些不能再举行庄严的天启祭的人们,却可在他们的家庭崇拜(即家庭内的献祭或gṛhya献祭)中仍然维系着整个吠陀仪式体系,后者现在已化约到它的"精髓内核(quintessential kernel)——也就是以一块木头,一杯水,一些花草与水果,口念'唵'(oṃ)即可施行的五种'大'祭"。① (gṛhya即为"家庭内部"之意,可参边码498页)它维持了婆罗门的高贵地位,维持了作为对这种地位之确认的献祭的重要性,由此,这种缩减后的家庭内[仪式]体系使得对宗教社会体系的传统理解继续存在了下去,并向进一步的革新敞开了大门,这些革新将开启新的可能性,同时并不质疑印度社会的基本预设。

前面引文中提及的音节似乎是"越少即越多"(less is more)的另一个例证。据信,"唵"(oṃ)是这样一个音节,它将卷帙浩繁的吠陀文本的所有学说都总结到了一个"词"(word)中。我将"词"加上引号,是因为"唵"除了它的发音之外没有任何意义:它是最简单的一个咒语。但根据斯塔尔的说法,我们可将其称为"前语言的语言"(prelinguistic language)。② 这再一次提醒了这一事实,即我们讨论的是一种口头文化。"唵"被说出来的时候是有意义的;它是一个强有力的言说形式。(《泰

① Smith, *Reflections*, 199.
② 实际上,斯塔尔说,由于仪式比语言古老了大概数十万年(参《无意义的法则》[*Rules without Meaning*]第三章),所以,"咒语占据了一个居于仪式与语言之间的领域"。他注意到,有一些"咒语像是动物中的声音结构"。参 *Rules without Meaning*, 261.

帝利耶奥义书》中有"唵是梵。唵是这一切。唵是应允"的说法。参《奥义书》,黄宝生译,北京:商务印书馆,2010年,235页)词,不论是否有意义,对吠陀思想而言是核心性的:词即物,并有着非同寻常的作用。[①] 不仅仅是词,而且诗歌的音步亦可被人格化,被视为神圣的,并活跃于世界中。在一个完全的口头文化中,说出来的词是有作用的:一个人确实能够"以词行事"(do things with words)。

言说本身被人格化为语言女神(Vac),她在《梨俱吠陀》10.125中谈起了她自己的伟大:"我在这个世界的开头生出了父"(第7颂),"我像风一样吹着,我越过天,越过这里的大地,到所有的创造物那里——我以我的伟大而变成了如此多的事物"(第8颂)。毛雷尔在对这一颂的注解中指出,它"是对献祭仪式的神圣言说的赞颂,这种言说乃是所有既存事物——包括诸神——的创造原则与基质"。[②] 如果我们如此来看"原则"与"基质",即它们并非在指一种静止状态,则它们可能就准确地描述出了这几个颂中所表达的意思,因为神圣言说对神圣献祭而言是不可或缺的,而关于神圣言说的理念本身就是:它是主动的、创造的、建构性的。我们在此讨论的,仍然更多的是实践而不是理论。

同样的说法亦可适用于另外两个术语,它们一直被视为形而上学的绝对真理,而它们最初的用法似乎一直是语言学上的,且一直是主动语态。其中一个是"利塔"(ṛta),通常一直被翻译为"宇宙秩序"或"宇宙和谐",但是,贾米森与威策尔则提出,最好将其译为"主动的、创造的真理,也就是真理的实现,即 Wahrheitsverwirklichung"。他们指出,它的对立面是"欺骗性、虞诈性的行动",所以,最好将它理解为主动性真理的力量,而不是"宇宙秩序"。[③]

508

---

① "从后来的印度思想的视角来看,整个吠陀经有时候都与'词'(words)和'音'(sounds)之原型语义学(protosemantic)的呈现这一理念相关。由此看来,吠陀经'主要是词'(primarily word)[sabdapradhana],并因此与《往世书》区分开来,后者则被认为是原义的[arthapradhana],亦即,后者是'意义'与'信息'在其中占主导地位的文献。"哈伯发斯(Wilhelm Halbfass):《传统与反思:印度思想探究》(Tradition and Reflection: Explorations in Indian Thought, Albany: SUNY Press, 1991),6页。(pradhana 意为首要之事或人,初始、太初的原始物质,Sabda 意味着声音)

② Maurer, Prinnacles of India's Past, 280-281.

③ Jamison and Witzel, "Vedic Hinduism", 67.

更明显与语言学相关的是一个很早就出现却将有着举足轻重的历史的术语:中性词"梵"(*brahman*),它最早的用法,甚至在奥义书中常常就意味着"表述"(formulation),尤其意味着"在言词中捕捉到一种重要又非自明(non-self-evident)的真理"。[①] 在它的阳性形式中,"梵"是一个神,一般指的就是最高神,甚至比生主神还要高,但是,在中性形式中,则指的是世界的根本实在。事实上,情况甚至更为盘根错节,因为中性形式的"梵"亦可被认为是一个神。扬·贡达指明,终极实在到底是人格化的,还是非人格化的,不论我们如何热衷于这一问题,它却并非古代的吠陀文本作者所关注的。[②] 不过,仍然值得记住的是,在最早的用法中,"梵"是作为一种言说的形式——创造性的、强有力的言说。

现在,我们可以思考如何来描述《梵书》阶段的吠陀思想的特征了。尽管它们预示了奥义书的洞见,但正如列维与穆斯都已经强调过的那样,它们依旧是在实践、模仿与叙事、神话创作与神话思辨的层面上,而不是在理论的层面上。[③] 因此,它们不能代表轴心突破。司祭者仍然被镶嵌在社会世界中,地位几乎就是一切,而且仪式的意图十有八九是在一个固定的等级制度中获得地位的攀升。弃世者(renouncer)遁离了献祭与地位的世界,只是在他们这里,我们才发现了轴心式的个体。因此,按照本书的类型学,《梵书》层面上的吠陀思想依旧是上古的。与其他的上古社会一样,这里存在着各种形式的神话思辨,它们接近于轴心洞见,但仍然是上古的。在后来的"印度"文化中,有如此多的因素基本上与我们在这一部分所描述的吠陀文化是一脉相承的,这意味着什么? 这就是我们稍后要考虑的问题。

---

① Jamison and Witzel, "Vedic Hinduism", 66.

② Jan Gonda, *Note on Brahman* (Utrecht: J. L. Beyers, 1950), 62-63.

③ 列维(在《〈梵书〉中关于献祭的教义》,尤其是 10—11 页)与穆斯(在《婆罗浮屠》中)均指出,在司祭者与弃世者之间存在着结构相似性,前者通过仪式与神同一,后者则通过苦行和冥想发现他的自我(atman)与绝对真理(brahman)同一。但我认为,他们都看到了,我称为"理论"的东西是在弃世者这里而不是在吠陀的司祭者这里呈现出来的。如果我对穆斯的理解是正确的话,那么他发现了,奥义书的思想是如此具有理论性,以至于它无法提供救赎,并必然会被后来的印度教中的虔信派宗教所取代,而佛教则设法将奥义书的突破与婆罗门对实践的强调结合了起来。

吠陀时代晚期的突破

　　了解一下到底是什么样的社会创作出了奥义书可能是大有裨益的,但我们拥有的只是猜度与推测。我们假定,早期奥义书是在公元前6世纪创作出来的,大约在这一时期,吠陀时代晚期的社会处于城市化的边缘或刚刚开始这一进程。考古学家们将恒河平原上的首批城市追溯至公元前6世纪晚期或公元前5世纪早期。[①] 特里克·欧利威尔是最近的奥义书译者,关于奥义书的社会背景,他在自己的导论性评述中告诉我们,尚不确定“恒河流域的城市化是在早期散文体的奥义书的创作之前出现的,还是在这之后出现的”。并没有关于城市的决定性证据,“但是,奥义书中关于农业的比喻与意象寥寥无几,而来自诸如编织、陶艺与冶金这样的工艺例子则不胜枚举”。欧利威尔如此概括:“在我看来,总的来说,它们的社会背景是由宫廷与工艺构成的,而不是由乡村与农业构成的。”[②]与《梨俱吠陀》相比,这里在技术上有了巨大的进步,甚至与《梵书》的世界相比,奥义书所知晓的世界也要广阔得多。来自俱卢之野地区的人物也出现在这些早期的奥义书中,但是,场景常常被放到了恒河流域更向东的地方,例如毗提诃(Videha)与憍萨罗(Kosala),在这些地方,王国与城市已开始出现了或即将出现。威策尔认为,将早期奥义书确定在公元前500年并不是不可能的。[③]

　　所以,我们可以假设,奥义书代表了一个节点,在那里,吠陀时代中期的“国家的发展受阻”(罗米拉·塔帕尔语)让位于新的国家的形成。人口在增长,农业盈余在扩大,扩张的贸易网络在发展,较古老的定居下来的乡村社会正处于压力之下。不论是奥义书的形成,还是国家的形成,如果不能有把握地确定它们的时间,留给我们的就只有推测了:即奥义书显示了对风云变幻与动荡不安的境遇的一种反应。欧利威尔怀疑,“新的理念与制度,尤其是苦行主义与独身生活”的出现暗示着

---

① Erdosy, "City States"; and Erdosy, *Urbanisation in Early Historic India* (Oxford: Britishe Archaeological Reports, International Series, 1988).

② Olivelle, *Upanisads*, xxix.

③ Witzel, "Tracing the Vedic Dialects", 245.

一种都市环境或都市化中的环境。① 我们不能确定的东西要多很多。

正如我们将要论证的那样，如果奥义书代表了一种轴心突破的出现，或某种非常类似于轴心突破的东西的出现，那么，我们仍不应过分强调它与它之前的文化之间的差异。贾米森与威策尔谈及《梵书》的智识传统的"高度连续性"。② 像我这样新入门的研究者会受到这一事实的触动，即奥义书中有如此多的东西在较古老的文本中也是很常见的：对"等式"，对仪式的正当施行的关注，甚至是为了达到相当世俗的目的而创作的符咒。奥义书因极具思辨性的洞识而声名遐迩，这些洞识在其中似乎是木秀于林。不过，贾米森与威策尔还指出了奥义书在形式与内容上的其他一些新意："通过对话的形式，教师的个人印记，来自学生的直率质疑与承认，或对知识的主张，早期奥义书似乎再次引入了晚期《梨俱吠陀》的某些不确定性，并给人一种感觉，即理念确实就是思辨，是为解决真正的难题而构想的不同尝试。"③

当贾米森与威策尔使用"再次引入"一词时，他们指的是一种悠久的质疑与辩论的传统，它可追溯至《梨俱吠陀》中记载的诗歌竞赛，竞赛中，每一个诗人都试图提出一个对手无法解决的问题。扬·贡达注意到，谜语以及为解决谜语而开展的竞赛在部落民族中是司空见惯的，而且它们有各种各样的用法，经常是与仪式相关联的。④ 所以，当我们在《梨俱吠陀》中发现这种谜语时，我们不能确定，它们是部落实践的残余，还是思辨的开端——在后来，这种思辨将有非常让人瞩目的发展。早期的诗歌竞赛在婆罗门时期发展为"谜语竞答"（*brahmodya*），韦恩·威利尔将其描述成是"对诗歌辩论的一种仪式化的，纯粹祭司式的扩展"⑤，所以，在《梨俱吠陀》与奥义书之间存在着某种连续性。当贾米森与威策尔提及"晚期《梨俱吠陀》的不确定性"时，毫无疑问，他们指的是诸如著名的"创造颂"（*Nasadiyasükta*）这样的神曲，即《梨

---

① Olivelle, *Upanisads*, xxix.

② Jamison and Witzel, "Vedic Hinduism", 75.

③ Ibid., 75-76.

④ Jon Gonda, *Brahman*, 58-61.

⑤ Wayne Whillier, "Truth, Teaching, and Tradition", in *Hindu Spirituality: Vedas through Vedanta*, ed. *Krishna Sivaraman* (New York: Crossroad, 1981), 48.

俱吠陀》10.129：

1.无（non-existence）既非有（existence），有亦非有；无空气界，无远天界。何物隐藏，藏于何处？谁保护之？深广大水？

2.死既非有，不死亦无；黑夜白昼，二无迹象。不依空气，自力独存，在此之外，别无存在。

3.太初（in the begining）宇宙，混沌幽冥，茫茫洪水，渺无物迹。由空（emptiness）变有，有复隐藏；热之威力，乃产彼一。

4.初萌欲念，进入彼内，斯乃末那，第一种识。智人（贝拉所引英文为 poets）冥思，内心探索，于非有中，悟知有结。

5.悟道智者，传出光带；其在上乎？其在下乎？有输种者，有强力者；自力居下，冲力居上。

6.谁真知之？谁宣说之？彼生何方？造化（creation）何来？世界先有，诸天后起；谁又知之，缘何出现？

7.世间造化，何因而有？是彼所作，抑非彼作？住最高天，洞察是事，惟彼知之，或不知之。① （此处译文引自巫白慧：《印度哲学：吠陀经探义和奥义书解析》，北京：东方出版社，2000 年，54—56 页。季羡林先生的译文为："那时，既无无，也无有，既无天空，也无其上的天界。何物在来回地转换？在何处？在谁的庇护下？何物是深不可测的水？那时，既无死，也无永生，无昼与夜的迹象。风不吹拂，独一之彼自行呼吸。在它之外没有任何别的东西。泰初，黑暗掩于黑暗之中；所有这一切都是无法识别的洪水。为虚空所包围的有生命者，独一之彼由它那炽热的欲望之力而出生泰初，爱欲临于其上，它是识的第一种子。智者索于内心，经过深思熟虑，使有之连锁在无中被发现。他们的绳尺横贯其中。那么，又有在上者吗？又有在下者吗？那里有含种子者，那里有延伸的力量。下面是欲望，上面是满足。谁实知之？谁实明之？他们何来？造化何来？诸神在这个［世界］被创造后才来的。谁实知之？它自何处发展而来？此造化何从而来，是他造作的或者不是——他是

---

① O'Flaherty, *The Rig Veda*, 25-26. 须注意，与《梨俱吠陀》10.90 一样，这个颂也是相当晚的，大约在公元前 1000—前 600 年之间。

此[世界]的在最高天的监视者,只有他知道,除非他也不知道。")

让我们把这种提问继续下去:在这里,我们看到的只是一个原始的诗人向他的竞争者提出的挑战吗,为的是一睹谁会因无言以对而语塞?或者,我们看到的是高阶的吠陀形而上学的开端吗?传统上给出的答案是后一种,但也许二者均有真实的成分。值得注意的是,这一创造颂在其他文化中亦有回响:《创世记》1:2 在开头提及了水,赫西俄德《神谱》的开头提及了存在着的欲望(eros)。

在剧烈的社会变迁时代,并非不寻常的是,奥义书生动地记述了这些讨论,并未拘执于种姓或性别藩篱,而这些藩篱在以后将更难跨越。有如此多的刹帝利都参与到了讨论之中,以至于一度有一种理论认为,奥义书代表了一种与婆罗门不同的刹帝利的立场。这一见解已被斥为不经之谈,但是,刹帝利与婆罗门一道参与到积极的讨论中则是毋庸置疑的事实。在一些情况下,刹帝利的君王甚至被婆罗门承认为老师。此外,有不止一个例子显示,女性积极参与了讨论。这些无一意味着一切都被彻底颠覆——我已经强调过它与早先传统之间的连续性了。但即使这种连续性是显而易见的,还是存在着新的洞识,它们在未来的发展中将至关紧要,不过由于它们与过去的观念交织在一起,所以往往并不完全是一目了然的。

乔尔·布里尔顿颇有裨益地描述了奥义书中的一些主要议题。[1]他利用《他氏奥义书》来阐明相关性(correlation)议题,该议题在我们了解火坛祭的过程中已经彰显了出来,阿耆尼被等同于祭坛上的火,等同于赋予祭坛形状的鸟,等同于主要祭品之一的苏摩,最后也等同于司祭者本人。在《他氏奥义书》中,宇宙人在创造之初(《梨俱吠陀》10. 90)已经与原初的自我,也就是与 ātman 相同一了,从他的口中产生了 512 "言说,接着是火;从它的鼻中产生了气息与风;从它的眼中产生了视力与太阳"(徐梵澄先生的译文为:"由口生语言,由语言生火,鼻遂启

① Joel Brereton, "The Upanishads", in *Eastern Canons: Approaches to the Asian Classics*, ed. William Theodore de Bary and Irene Bloom (New York: Columbia University Press, 1990), 115-135. 我也从赫尔曼·奥登堡那里受益匪浅,参其《〈奥义书〉的教义与早期佛教》(*The Doctrine of the Upanishads and Early Buddhism*, trans. Shridor B. Shrotri, Delhi: Motilal Banarsidass, 1991 [1923]),第一章"较古老的奥义书"(The Older Upanisads)。

焉,由鼻生气,由气生风。眼遂开焉,由眼生见,由见生太阳。"《徐梵澄文集》,上海:上海三联书店,2006 年,5 页),等等。但是,这些新创造出来的实在以一种分解的状态落入了大海。"它们需要一种秩序,为了找到它,它们再次进入了人形。火化为语言,乃入乎口。风化为气息,乃入乎鼻。太阳化为见,乃入乎眼"。最后,"自我本身进入新创造出来的人形。通过这种方式,自我,作为一切的根源,成为了每一个人的自我……所以,不论是在生理上,还是在精神上,人就是最完善的小宇宙"。① (这里的几处译文是对《爱多列雅奥义书》中"平安祷诵"的概括,可对照《徐梵澄文集》第十五卷,上海:上海三联书店,2006 年,1—14 页。"火化为语言"至"乃入乎眼"这段译文出自《徐梵澄文集》,6 页。另外,此处所说的"新创造出来的实在",在徐先生的译文中是"诸天","人"则被称为"作之善")尽管大宇宙/小宇宙的这种相关性在奥义书中以很多方式得到了表达,但是,最具有影响力的方式可能就是被表达为"梵"的同一性,我们上文已经提到,"梵"深植于《梨俱吠陀》中强力言说的理念,但已经成为用以表示至高神或终极实在本身的词,而 ātman,即每一个人的自我(self),但也是世界的自我(Self),所以,它与"梵"同一。

在《梵书》这里,相关性是在献祭仪式的层面上发挥作用的,司祭者与阿耆尼的同一可使得司祭者走向不朽,但是现在,这种相关性则作为一个知识问题被提了出来,不过,是严格保密且很难理解的救赎知识(salvific knowledge)。《梵书》中的献祭活动(karma)变成了知识(jñāna),虽然它们都是吠陀传统的组成部分,即 karmakāṇḍa 与 jñānakāṇḍa,也就是"业行部分"(works portion)与"知识部分"(knowledge portion)。② Karma 还将有其他的含义,其中一些含义是首次在奥义书中出现的,但较古老的含义却从来没有完全丧失。不过,我们的第一个任务就是要试着去理解这种新的对知识的强调。(Karma 即为羯磨或"业",指的就是人的行为)

奥义书中最早的文本对此做了直截了当的表述。在对知道(know-

---

① Brereton, "The Upanishads", 121.

② Halbfass, *Tradition and Reflection*, 40.

ing)"梵"以及"梵"知道(knowing)一切(the Whole)这一问题的回应中,答案被给出如下:

> 太初,这个世界只有梵。它只知道自己:"我是梵。"因此,它成为一切。诸神中,凡悟此者,便成为一切。众仙人亦如此,人类亦如此……谁以这种方式知道"我是梵",就成为这一切。甚至诸神也不能对此阻挠,因为他变成了他们的自我(ātman)。

该文本继续说,诸神失去了知道这种知识的人本来会提供的祭品,所以,"人若知道这样,诸神就会不愉快"。① (以上两处译文出自《大森林奥义书》1,4,10,译文参考了《奥义书》,黄宝生译,北京:商务印书馆,2010年,29页,根据贝拉所引英文有改动。这里的意思是,如果人知道了这种知识,就会崇拜自我,而不会再崇拜诸神,因此也就不会再献祭了,所以诸神就会不愉快)

在这一相当粗糙的形式中,我们至少也看到了一种超越神话思辨的开端。我们讨论的仍是诸神的世界,甚至是恼怒的诸神的世界,而"梵"也似乎更多地是神而不是抽象,然而,这里有一种初步的抽象层面,它超越了叙事而走向了概念思维。甚至在早期奥义书中的许多其他地方,这一转型就已经变得更清晰了。

尽管我想证明,理论开始在奥义书中形成了,但我也想肯定地说,它确实不是通过系统化的推理、逻辑演绎或经验归纳而来的。它是在隐喻中,在有意识保持隐秘的学说中("诸神爱隐秘"是奥义书中常见的一个说法,但在更古老的文本中亦可见这一说法)得以揭示的,而且它的内容在某种程度上就是"秘密":被解释给那些准备好理解的人,但又绝对不是招摇过市地大声说出来。我将证明,有条理的理性思维是从奥义书开始的,但它只是逐步地达到了一种成熟的形式,例如在可追溯至公元前400年左右的帕尼尼(Pāṇini)的语法学中。② 为了理解理性是如何在奥义书中运作的,让我们转向《歌者奥义书》第六卷中的

---

① *Brhadāraṇyaka Upanishads*, 1.4 10, in Olivelle, *Upanishads*, 15.
② 帕尼尼的梵语语法学一般被当作科学语言学的开端,也被认为刺激了现代西方在这一领域的发展。斯塔尔证明了,帕尼尼的语言学是从一种"仪式的科学"中发展出来的,并与那时理解上古的吠陀语言是什么这种需要有关(《无意义的法则》,33—60页)。

一段著名对话,在对话中,希婆多盖杜十二岁时被送走学习吠陀,他在二十四岁时归来,"踌躇满志,自认为可为人师,态度傲慢",受到了他的父亲乔达摩·阿鲁尼的考验。① (此处参考了黄宝生译文 191 页,有改动。另:黄本中提到的是"十四岁",而不是"十二岁")

乔达摩问儿子是否曾被传授过"代入规则(rule of substitution),通过它,就能够听到未曾听到的,想到未曾想到的,知道未曾知道的"。希婆多盖杜不知道,他的父亲解释道:"它是这样的,儿子。只是通过一个泥团,由此就可以知道一切泥制品。变化者只是所说的名称,真实者就是泥。"(《歌者奥义书》6.1.3—4)② (此处参考了黄宝生译文 191 页,有改动)

对于乔达摩所说的话,一直都聚讼纷纭,但是,从某种层面来说,他是在论证诸宇宙(universals)的存在。考虑到奥义书赋予名称的权力,我们听到的不应该是"变化者**只是**一个名称",因为它假定了一种唯名论的论点。相反,乔达摩说的是,我们可以从泥团去理解一切形式的泥,正如最后他向他的儿子展示的那样:一旦人们理解了实在的基本性质,一切事物的性质也就知道了。泥团的例子只是朝向将来的第一步:

> "去摘一个无花果来!""这个就是,父亲大人!""剖开它!""剖开了,父亲大人!""你在里面看到什么?""这些很小的种子,父亲大人!""剖开其中的一颗!""剖开了,父亲大人!""你在里面看到什么?""什么也没有,父亲大人!"

> 然后,父亲对他说:"儿子,这里的最微妙者,你无法看到,而正是由于这微妙者,这棵大无花果树得以挺立。

> 请你相信吧,儿子! 这个微妙者构成所有这一切的自我。它是真实,它是自我,它是你,希婆多盖杜啊!"(《歌者奥义书》6.12)③

514

---

① 我将使用欧利威尔的译文(*Upanishads*, 148)与布里尔顿的译文("The Upanishads", 122)。除了《大森林奥义书》以外,《歌者奥义书》是早期奥义书中最重要的一部。

② Olivelle, *Upanishads*, 148.

③ Olivelle, *Upanishads*, 154,最后一段则出自布里尔顿("The Upanishads", 124)。出于他在注释中解释过的原因,欧利威尔将最后一句著名的"*tat tuam asi*"译为"And that's how you are, Svetaketu"(它是你的存在方式,希婆多盖杜啊),而布里尔顿则更接近传统的译法。例如,爱哲将这句话译为"That art thou, Svetaketu"(它是你,希婆多盖杜啊)。Franklin Edgerton, *The Beginnings of Indian Philosophy* (London: George Allen and Unwin, 1965), 176.

《梵书》中无数的"等式"至此达到了顶峰：至大无外的外在实在(*brah-man*)与最深层的内在自我(*ātman*)是同一的。

在奥义书中，比喻仍然很核心，却是用来澄清概念的，而且论点是在普遍真理的层面上提出的。如果奥义书标志着形而上学层面上理论反思的发端，那么，它们可被正确地看作早期印度思想发展中在认知上的一个轴心环节。然而，加纳纳什·奥贝赛克拉对这一新的认知思维层面是否也涉及了一种轴心"伦理化"(ethicization)［这是他的说法］仍心存疑问。他提到，公元前第一个千年的早中期是一个"有利于哲学性和救赎性探索与思想系统化(韦伯称之为'宗教生活的理性化')"的时期。他继续说道，"然而，思辨性与系统性思维不必产生伦理化。奥义书产生的是一种极具思辨性的救赎神学，并不关注伦理化"。① 奥贝赛克拉的要点并非是说早期印度不存在轴心伦理化，而是说：它是在佛教教义而不是在吠陀经中出现的。

在阅读欧利威尔翻译的前十二种奥义书的过程中，我尝试将每一个伦理反思的例子都记录了下来。甚至在书中提到"善"(good)一词时就极力拓展它的定义，并将一些道德律废弃论(antinomian)的材料也包括在内，但是，我在计有 290 页的文本中发现的这方面的指涉不足20 个。也许最充分的伦理讨论早在《大森林奥义书》中就出现了：

> 现在，这自我确实是一切众生的世界。所以，当他供奉与祭祀之时，他就成为诸神的世界。当他诵读吠陀时，他就成为众仙人的世界。当他祭供祖先，渴望生育后代的时候，他就成为祖先的世界。当他为人类提供食物与庇护的时候，他就成为人类的世界。当他为牲畜提供草与水的时候，他就成为牲畜的世界。当从鸟兽到蚂蚁这样的创造物在他家中找到庇护的时候，他就成为它们的世界。正如一个人意欲自己的世界的福祉(well-being)一样，一切众生都意欲任何知道这一点的人的福祉。(《大森林奥义书》1.4.

515

---

① Gananath Obeyesekere, *Imagining Karma: Ethical Transformation in Amerindian*, *Buddhist*, *and Greek Rebirth* (Berkeley: University of California Press, 2002), 111.在研究早期印度的学者中，援引雅斯贝尔斯与艾森斯塔特来明确地讨论轴心时代问题的人很少，奥贝赛克拉即为其中之一。

16）①（此处参考了黄宝生译文第 31 页，根据贝拉引用的英译文有
改动）

人们可能会争辩说，"法"（dharma）在奥义书中是一个核心的伦理术
语。在某种意义上，确实如此，虽然它是否符合奥贝赛克拉的伦理化标
准还是下文需要更充分考虑的一个问题。

　　然而，如果暂时能肯定伦理学并非奥义书的中心关怀的话，我们就
可以问一问为什么了。一个原因与奥义书教义的私属特性，甚至是秘
密的特性有关（"upaniṣad"一词可能具有"联系"的基本含义，但也有
"秘密的学说"的含义）。因此，教义的传承是不公开的，而且在一些情
况下是极其受限制的。《歌者奥义书》在一处曾限定教义只能传给长
子而不能传给任何人（3.11.5），（原文为"确实，父亲应该将梵传给长
子或入室弟子"。黄宝生译本，157 页）《大森林奥义书》则在一处将它
限定在儿子与弟子中（6.3.12）。在其他例子中，又说教义可传授给再
生的成员，即被传授知识的种姓，也就是婆罗门、刹帝利与吠舍，但绝不
能传授给首陀罗。

　　关于"梵"与"自我"的同一性的教义在内容上似乎是绝对普遍的，
而且如布里尔顿注意到的那样，它是社会的，而不是个体的："真正的
自我不是个体的自我，而是一个人与其他一切共有的同一性。众生之
间没有真正的区别，因为它们都是来自存在，并回到存在。一切事物，
不论有无生命，都统一在存在中，因为它们都是存在的变化者。"②现代
印度思想家已经从这些教义中推演出了深刻的伦理推论，但在早期，这
些教义的任何社会推论与伦理推论都还是隐而不显：在早期文本中，
首先关注的是个体可能的救赎。③ 救赎或解脱是一种唯有出类拔萃的
人们才能达到的英雄主义理想。不止如此，宗教真理有着如此超验的
重要性，以至于对日常生活世界的关注都可被视为次要的。这一断言
516　需要在两个方向上加以限定：吠陀宗教从来没有丢弃它对日常生活的

---

① Olivelle, *Upanishads*, 148.
② Brereton, "The Upanishads", 124.
③ 关于现代思想家，参 Wilhelm Halbfass, *India and Europe: An Essay in Understanding*（Albany：
　　SUNY Press, 1988）。

关注,这在它对(婆罗门)家居者(householder)的强调中,尤其是在种姓义务的框架中都表现了出来;佛教有着同样超验的宗教真理理念,但也表达了对日常生活的伦理品质的深切关注。

我们应该总是记住,奥义书延续了《梵书》中的很多关怀,如欧利威尔所述,包括"食物、财富、权力、名望与幸福的来世"。[①] 较古老的来世观念均可见于这些文本,包括这一观念,即人若只是加入诸神的永恒幸福的领域中,它与地上最好的生活也没有太大的差异。"解脱"(moksa)的观念,即彻底的救赎(奥贝赛克拉的说法)、自由(欧利威尔的说法)或解脱(哈伯发斯的说法),将与佛教的涅槃(nirvāṇa)理念相匹配,它是新的观念,并要求对生命进行一种根本的重新定向。它与业(karma)的诸理念相关联,后者已不再仅仅是仪式活动了,而是所有能影响人的再生机会的人类活动形式,它们是刚刚在早期奥义书中出现的理念,在这里,它们还不那么常见,而且仍然是隐秘的。

在对"死后会发生什么"这个问题的一个相当复杂的讨论中,对于希婆多盖杜就这个主题——这是他从父亲那里没有学到的知识——而提出的问题,一位国王私下里回答说:"至于你问我的,让我告诉你吧,在你之前,这种知识从未传授给婆罗门。因此,一切世界的管辖权唯属刹帝利。"(《歌者奥义书》5.3.7)[②](按照黄宝生先生的译本,这里发生的事情是希婆多盖杜在一个集会上遇到了国王,国王问了他一些问题,他无法回答,就回到父亲那里,有所抱怨,其父乔达摩前往国王那里,说:"请告诉我你对我的孩子说的那些话吧!"所以,我们在这里看到的国王的话应该是对乔达摩而说,而不是对希婆多盖杜说的,贝拉的引文意思似乎与黄宝生先生的译本不尽一致。另外,国王说的话,在贝拉这里是"as to what you have asked me",我译为"至于你问我的",黄宝生先生的译文是:"正如你对我所说",意思也有差异。可对照黄宝生译本,181页)就那些能够逃离此世并走上了通向诸神之路的人们而言,这种秘密的知识实际上与《梵书》的教义并没有太大的差异。但是,对于那些依赖祭品与献祭的人而言,"那些在世上行为可爱的人很快进

---

① Olivelle, *Upanishads*, lvi.

② Ibid., 140.

人可爱的子宫,或婆罗门妇女的子宫,或刹帝利妇女的子宫,或吠舍妇女的子宫。而那些在世上行为卑污的人很快就进入卑污的子宫,或狗的子宫,或猪的子宫,或首陀罗妇女的子宫"。然而,还有一个可能性:"还有与这两条道路不同者——他们成为微生物,无休无止地循环着。'生吧!死吧!'这是第三种状态。"(《歌者奥义书》5.10.7-8)[1](根据《大森林奥义书》6.2,"在森林中崇拜信仰和真理"的人,进入火焰,经过一系列过程,最终进入梵界,不再返回;"那些依靠祭祀、布施和苦行赢得世界的人",进入烟,经过一系列过程,变成食物,为诸神所享用,又经过一系列过程,被祭供于人的火,又在女人的火中出生,"这样,他们不断准备进入这些世界,循环不已"。"然而,那些不知道这两条路的人,他们变成蛆虫、飞虫和啮噬类动物。"参黄宝生译本,110—111页)

知道业与再生真理的是刹帝利而不是婆罗门,从这一事实出发,肯尼斯·波斯特所得颇丰,他甚至提出,不可能有一种吠陀政治哲学,因为根据种姓而再生这种真理只是一种给予(a given),它超出了"梵"与"自我"之同一的教义,所以,业与再生的理念由于涉及了被要求或被禁止的社会行为,它们更多地为统治者而不是婆罗门所关注。[2] 但是,婆罗门似乎有他们自己的理由来关注这些问题。伟大的婆罗门圣哲耶若伏吉耶秘密地将同一教义的简化版本传授给了一个询问死后会发生什么的人,他说道:

> "我的朋友,此事不能当众说。握住我的手;让我俩私下说。"
>
> 这样,他俩离开现场,进行讨论。那么,他俩讨论的是什么呢?——他们谈论的唯独是业(英文 action,梵文 *karma*)。他俩赞颂的是什么呢?——他们赞颂的唯独是业。耶若伏吉耶告诉他:"人因善业而成为善人,因恶业而成为恶人。"[3](《大森林奥义书》3.2.13)

517

---

[1] Olivelle, *Upanishads*, 142. 这一对话在《大森林奥义书》6.2 中有一个稍微不同版本,参 Olivelle, *Upanishads*, 81-84. "可爱"与"卑污"似乎是用来描述与种姓地位相匹配的行为,而不是用来描述符合普遍的伦理规范的行为。

[2] Kenneth H. Post, "Spiritual Foundations of Caste", in Sivaraman, *Hindu Spirituality*, 101.

[3] Olivelle, *Upanishads*, 38.

事实证明,耶若伏吉耶是弃世者(*samnyasin*)的第一个例证,他将世界抛诸身后,去追求摆脱"业"与再生的宗教解脱的目标。① 当有人恳求耶若伏吉耶解释"梵",也就是内在于一切的自我的时候,他回答说:

> 他就是那个超越饥渴、忧愁、愚痴、衰老和死亡的自我。当知道了这个自我的时候,婆罗门也就抛弃了对儿子的渴望,对财富的渴望,对世界的渴望,而奉行游方僧的乞食生活。渴望儿子最终也就是与渴望财富一样的,渴望财富也就是与渴望世界一样的——二者都是渴望。所以,婆罗门应不做博雅之士,而尝试像儿童一样生活。当他既不像儿童,也不像博雅之士那样生活的时候,他就成为了圣人。当他既不像圣人,又不像他成为圣人之前那样生活,他就成为了婆罗门。他就只是这样一个婆罗门,不论他可能怎样生活。此外的一切都是痛苦。②(《大森林奥义书》3.5.1)(译文参考了黄宝生译本,60 页。根据贝拉的引文有改动)

弃世者角色是一种完全退出吠陀的种姓体系的方式,作为伟大的弃世者,佛陀也将如是行之,但耶若伏吉耶似乎不可磨灭地将它与婆罗门的角色联结了起来。我们需要思考:种姓是如何与吠陀传统中伦理化的相对缺失联系起来的?

当耶若伏吉耶决定离开家庭开始一种弃世者的乞食生活的时候,他告诉他的两位妻子要为她俩做好安排。其中一位妻子,即梅怛丽依,曾参与过哲学讨论,她在耶若伏吉耶离开之前寻求指导。他以一种让她觉得坠云雾中的方式试着解释自我的基本性质,这是一种没有任何

518

---

① 威策尔对耶若伏吉耶有一个很有趣的讨论,他将其看作是"印度文献里面最古老的阶层当中少有的**活生生**的人之一"[黑体为原文所有],除了他之外,还有婆悉斯他与佛陀。婆悉斯他在《梨俱吠陀》第七卷中短暂但生动地出现过,不过,直至耶若伏吉耶在晚期吠陀时代出现之前,他都是唯一一个这样显眼的人物。因为耶若伏吉耶就是奥义书的轴心转型的真正体现,而轴心转型经常会造就不同凡响的个体——但在上古社会,造就的则是生动的诸神,个体在很大程度上是由地位而不是由人格来界定的——所以,与佛陀一样,他的存在当然也确证了轴心转向。参 Michael Witzel, "Yajnavalkya as Ritualist and Philospher, and His Personal Language", in *Patimana: Essays in Iranian, Indo-Eropean, and Indian Studies in Honor of Hanns-Peter Schmidt*, ed. Siamak Adhami (Costa Mesa, Calif.: Mazda, 2003), 104-105。

② Olivelle, *Upanishads*, 39-40.

双重性的自我,是一种完全的、无法通过任何东西来认识它的自我:"但是,一旦一切都成为自我,那么,人在那里能看到谁呢,又依靠什么看呢?"他得出结论:

> "对于这个自我,只能说'不是——,不是——'。他是不可把握的,因为他不可把握。他是不可腐朽的,因为他不可腐朽。他是不可接触的,因为他不可接触。他不受束缚,但他也不会在恐惧中战栗,也不受伤害。看——依靠什么知道这位知道者?这里,我已经给了你教导,梅恒丽依。通往永生的教导都在这里了。"
>
> 说完,耶若伏吉耶离开了。① (《大森林奥义书》4.5.15)

这种看法类似于西方的否定神学,在对该看法的有力表达中,耶若伏吉耶显明了吠陀宗教在认知上的轴心突破。现在,我们要考察一下吠陀传统中似乎有碍于轴心伦理化的那些方面。

在给出了"太初,这个世界只有梵"(《大森林奥义书》1.4.10,见上文)的教义之后,该文本以双重含义来使用"梵"一词,即绝对实在与我们为方便起见而一直称呼的"婆罗门",尽管二者在梵语中都是"梵"(*brahman*),"梵"尚未充分发展,所以,"创造了支配性权力(rulling power),即一种优于并超越它自身的形式(a form superior to and surpassing itself)"。该文本继续说道:

> 没有比支配性权力更高者。相应地,在王祭中,婆罗门坐在刹帝利之下,向后者表示敬意。他将这种荣誉仅仅给予支配性权力。现在,祭司权力(梵)是支配性权力的子官。所以,即使国王处在最高地位,最终还是要像回到自己的子宫一样回到祭司权力。(《大森林奥义书》1.4.11)② (译文参考了黄宝生译本,29—30页,根据贝拉的引文有改动。"创造出支配性权力,即一种优于并超越它自身的形式"这句话,在黄宝生译本中对应的是"它[即梵]是唯一者。作为唯一者,它不显现。它创造出优秀的形态刹帝利性"。亦即,此处的"rulling power",中译本中对应的词是"刹

---

① Olivelle, *Upanishads*, 71.

② Ibid., 16.

帝利性"。"祭司权力"［priestly power］,在黄宝生译本中对应的
是"梵")

对于婆罗门与刹帝利之间的联盟(*brahmakṣatra*),人们很难找到
一个比这更好的表达了。接着,该文本又继续说,为了深化其发展,
"梵"继续创造了吠舍与首陀罗阶层。我们再次看到了婆罗门种姓"寓
含"了其他种姓这一理念——正是从它的"子宫"中,他们才得以出现。
但是,行文接着推断道:

> 它(梵)仍未充分发展。所以,它创造了正法(*dharma*),即 519
> 一种优于并超越它自身的形式。正法在此是支配性权力之上的
> 支配性权力。因此,没有比正法更高者……现在,正法非他,就
> 是真理。①(《大森林奥义书》1.4.14)(黄宝生译文为"确实,它不
> 显现。它创造出优秀的形态正法。正法是刹帝利性中的刹帝利
> 性。因此,没有比正法更高者……说他是真理,也就是说他是正
> 法",30页)

"正法"是吠陀传统中的一个核心术语,它在其自身领域中的核心
地位,正如"梵"与"自我"在它们自身领域中的核心地位一样,但是,它
的含义很复杂。与上面刚刚引述的文字中可能显现出来的意思相反,
"正法"唯独不是普遍的法则。

在考察这个词的词源与发展的过程中,我将主要依据哈伯发斯对
dharma 的权威讨论。②值得提请读者注意的是,哈伯发斯的主要观点之
一在于:我们从早期印度得到的文献材料是意识形态式的,而不是描述
式的,而且它来自一个特殊的社会群体,即婆罗门,并毫无疑问地表达
的是他们的利益。其他群体必定往往有着不同的想法,但是,在佛教与
耆那教出现之前,我们不知道这些不同是什么。如果刹帝利的想法有
所不同——他们当中的很多人可能确实如此,那么,他们会发现,明智
的是与婆罗门合作,而不是去挑战之。

dharma 一词与上文讨论过的 *rta*(秩序)相似,但二者并不相同。

---

① Olivelle, *Upanishads*, 16.
② Halbfass, *India and Europe*, 第七章"传统印度教的自我理解中的 *dharma*",310—333 页。

威策尔认为,ṛta 的意思类似于"主动性真理的力",在阐述这一观念的过程中,他指出,它在西方语言中没有对应的词,也许与另外一个同样难以翻译的古埃及术语 ma'at 很相似(见第五章)。① 按照本书的论证所依据的类型学,这意味着,与 ma'at 一样,ṛta 也是一个上古的术语,而不是一个轴心式的术语,即便我们很容易赋予其轴心意涵。dharma 一词在《梨俱吠陀》中与 ṛta 一词并存,在后来的文本中则基本上取代了后者,它遭到了同样的误解:尽管与 ṛta 不同,但它依旧是一个看似轴心术语的上古术语。它在佛教中——早期偶尔也在吠陀传统中——才成为了轴心术语,但这个词起源于吠陀传统中,而我将证明,在后来的印度的理解中它仍保持着上古的含义。

要理解这两个术语之间的差异,一个关键是,ṛta 在《梨俱吠陀》中总是单数的,dharma 则不仅仅在《梨俱吠陀》中,而且也在《梵书》中,有时候甚至在更靠后的像《摩诃婆罗多》这样的文本中都是复数的。它第一次用作单数是在《歌者奥义书》2.23.1,传统上被译为"存在着正法的三个分支"②,所以,甚至在单数形式中,它也是以复数被提及的。这个术语来自于词根 dhṛ,意味着"去支持"(to support)、"去支撑"(to uphold)、"去维系"(to maintain)(注意,与 ṛta 一样,dharma 是主动的,而不是静止的),而且在它早期的用法中,几乎专指宗教仪式。③ 与词根之间的联系在于这一信仰,即仪式"支撑"或"维系"着宇宙,而复数的 dharma 就是众多以各种方式发挥着这种作用的仪式,并且不论是在物理上,还是伦理上,它都不是一种自然法观念。根据吠陀的宇宙生成论,分离(separation)即分开,就像天与地那样,它是事关重大的,所以,dharma 的仪式活动包含了分离,也包含了支撑。最好是回顾一下《梨俱吠陀》10.90 的文本,它断定,创造宇宙的原初献祭产生了"第一条仪式正法",即第一 dharma;最好也要记住,在这个颂中,被分开的不仅仅是自然世界的各种形态,还有四个种姓。④

然而,即便在《梨俱吠陀》中,仪式不仅仅是 dharma 的唯一含义

---

① Witzel, "How to Enter the Vedic Mind", 12.

② Olivelle, *Upanishads*, 334.

③ Halbfass, "*Dharma*", 314, 317.

④ Ibid., 317-318.

了：它已有了更广泛的关于伦理与社会"规范""法规"或"律法"的意义。① 在吠陀传统后来的发展中，虽然这个词从来没有完全失去大量不同的指涉，但是，它开始有了一个特定的焦点：

> 在传统的印度教中，*dharma* 主要并实质上是*varṇāśramadharma*，即"种姓的等级与生命的阶段"，它分解成不可计数的特殊准则，根本不可能来自一种普遍的行为原则。*Varṇāśramadharma*确定了每一个种姓的地位与生命"义务"（*svadharma*）的阶段；它将他们与特定的角色和生活方式联系起来，并将他们排除在其他人的生活方式之外；它控制着他们通向仪式施行、通向神圣知识的根源与救赎的途径。②

非但如此，*dharma* 并不是一种"适用于印度社会与其他社会的普遍合法性"，因为它根本不适用于蔑戾车（*mlecchas*），即外族人，非雅利安人。抛开其他不论，一个原因是：它只能以梵语，即表达"正确"的行为形式的"正确"语言来传授。③ 因此，看上去很明显了，*dharma* 甚至在各个历史时代都仍然是上古的。

对 *dharma* 的这种理解在印度传统中也不是没有遇到普遍主义的挑战。《摩诃婆罗多》中有一些段落，其中，*ahiṃsā*，即对众生的"不害"（non-injury）或者"怜惜"，被作为"*dharma* 的核心与本质"。④ 后来的虔信派（*bhakti*）运动将遵循同一方向而前行。关于 *dharma* 的一种伦理性与普遍主义的概念，最显著的例子之一就是（佛教的）阿育王（公元前 3 世纪）的法敕。但是，这些趋势在现代之前从来都没有获得过优势。人们必须记住，《摩诃婆罗多》中最神圣的部分，即《薄伽梵歌》，教导的并不是"不害"，而是"义务"（*svadharma*）——与一个人的种姓相匹配的 *dharma*。当面对要与其亲人战斗甚至要杀死他们的使命的时候，阿周那畏缩了，他的战车的御者与老师，即奎师那告诉他要履行作为一个刹帝利的义务，亦即作为一个武士，杀戮对他来说就是其

---

① Halbfass, "*Dharma*", 318.

② Ibid., 320-321.

③ Ibid., 320.

④ Ibid., 316-317.

dharma 的一部分,但不执著于结果,所以也无须担负他的行为的业报 (karmic consequence)。①

这并不是说,不存在 *dharma* 哲学。弥曼差派哲学提出,训谕的内容只是在吠陀经中被给予的,而不可能来自理性反思,与此同时,他们做了大量努力,将 *dharma* 作为绝对的戒律,作为一套训谕,起而捍卫之。确实,理性反思可能引致不幸的后果:避恶行善即为 *dharma* 的本质,这种观念可诱导一个学生为了使他老师的妻子得到快乐而与她私通(这是对吠陀训谕最严重的背离之一)。最好是遵守这些训谕,因为即使没有给予它们理性的理由,它们仍是不易之典。② 人们可将弥曼差派称为一个捍卫上古的伦理体系而反对轴心理性化的轴心式哲学学派(因为它对推理的成熟运用)。弥曼差派绝不是印度历史中唯一的思想流派,但它是一个核心而有影响力的学派,而且很难证明其他的立场也获得了相似程度的支配地位。③

对 *dharma* 的讨论不可避免地会引向棘手的种姓问题。大体上,我回避使用"种姓"这个术语,因为它带有贬损之意,也因为有一种传统是用"阶层"(class)来翻译 *varṇa* 一词,而英文中的"种姓"(caste)则仅仅用来指 *jāti* 一词,后者是一个我之前还没有用过的术语。④ 四个种姓已在各种语境中得到了讨论。最近,*jāti* 一直被用来表示数以千计的世代相传的族内通婚群体(endogamous groups),它通常是以职业来区分的,但也常根据 *varṇa*(种姓)来进行分类,虽然种姓的安排往往一直是不确定的、竞争的,且可能是变化的。然而,哈伯发斯提出,尽管这两个词并不十分相同,但是,它们在早期的文本中却相互重叠,以至于几近是相同的,亦即,*varṇa* 被用于表示我们习惯上所认为的 *jāti*,反之亦然。不但如此,由于二者都是族内通婚的世代相传的群体,并产生于同样的分类方式,所以,*varṇa* 体系"在一些重要方面,是'真正'种姓

---

① *Bhagavadgītā* 24〔2〕ff., in J. A. B. van Buitenen, *The* Bhagavadgītā *in the* Mahābhārata (Chicago: University of Chicago Press,1981), 73ff.

② Halbfass, "Dharma", 326, 329.

③ Ibid., 333.

④ 例如,可参 A. L. Basham, *The Wonder That Was India* (New York: Grove, 1959), 148。

(*jāti*)的原型",'caste'(种姓)亦可用于表示 *varṇa*。"①

我的论证中心要点在于,印度的种姓没有理性推理的基础。人们 **522**
可以谈论劳动分工,而在种姓与职业之间总是存在着某种程度的联系,
但并不是一种密切的联系。贫困的婆罗门和刹帝利与富裕的首陀罗
(他们绝不会是"仆人")在整个印度历史中并不少见。种姓的分类是
以宗教资格为基础的,是在吠陀经中完全被给予的,它滥觞于《梨俱吠
陀》10.90,更多是以界定它们的 *dharma* 为基础,而不是以理性论证为
基础。(此处英文为 no more based on rational argument then dharma,
then 疑为 than 之误)简而言之,婆罗门可学习与教授吠陀经,以及施行
献祭;刹帝利可学习与教授吠陀经;吠舍可学习吠陀经;首陀罗既不可
施行献祭,亦不可教授吠陀经,甚至亦不能学习吠陀经;更无须说,适用
于首陀罗的同样也适用于那些种姓体系之外的人们。甚至在吠陀时代
晚期,关于再生、轮回与业的理念还远远没有得到充分的发展,但是,一
旦它们变得根深蒂固,以至于被当作理所当然的时候,种姓体系即可被
视为是完全公正的,即使无法进行理性的说明,因为每一个人在当前生
活中的地位都是由前生的业(actions)决定的,虽然我们对这些业一无
所知。

同样显而易见的是,种姓在吠陀经中并非某种边缘性的关怀。天
启文本中的种姓理念比比皆是,种姓不仅仅是一种社会分类,而且也是
一种思考宇宙万物的方式。布莱恩·史密斯有一本著作专门描述了很
多用种姓来理解世界的方式:它被用于为诸神、空间、时间、植物群、动
物群、典籍与社会进行分类。他概括道:

> 总而言之,种姓体系是一种总体性的意识形态,我所说的"总
> 体性的意识形态"指的是一种理念体系或范畴体系,它们对宇宙
> 及其组成部分以这样一种方式做出了解释,即那些做出解释的人
> 的旨趣与关怀被确立、被保护以及被促进……完全专注于种姓的

① 哈伯发斯:《传统与反思:印度思想探究》,第十章"阶序人:种姓制在印度思想中的概念化",
352 页。哈伯发斯认为,在这一章,他并不是在为杜蒙的那本名作做辩护,而是说:对于杜蒙
所说的这部著作的"主要理念",也就是"与权力相分离的等级制理念",他的确是赞成的
(350 页)。

社会适用性会妨碍我们将其真正的意识形态说服力把握为一种普遍主义的分类体系。在宇宙的很多领域，种姓都可对它进行分类，关于这些分类的方式，我们[已经]作出了探讨。种姓的影响范围要比镶嵌于其中的社会理论广阔得多，然而这一事实不应当将我们的注意力从为社会分化和特权所做的有力辩护上移开。作为一种多面向与普泛化的分类方案，种姓制通过将分等级的社会结构的理想形式投射到超自然、形而上学、自然与教法的领域，从而对这种理想形式进行理性化与表征，以此作为其首要的目标。①

即便不提佛教与耆那教的原则性批判，印度的种姓与 dharma 一样，也从未完全被视为理所当然的。在正统的看法中，救赎只向那些有着吠陀经知识的人开放，而首陀罗则被这种知识拒之门外。不单单是救赎（mokṣa）拒绝了他们，而且他们再生的机会也受到了损害：如果一个人要在"可爱的子宫"，即再生的子宫中再生，那么关于吠陀训谕的知识就是必不可少的。② 因此，对于那些在宗教资格上处于底层的人们来说，存在着一种恶性循环。如果他们矩步方行，他们还可能再生到一个较高的群体中，但要是没有那种如何行为端正的知识，这一可能性也就微乎其微了。有一些人，尤其是在后来的虔信派运动中，他们竭尽全力地将教义传播给每一个人，包括首陀罗与无种姓的贱民（outcaste）。他们所教授的并非吠陀训谕的浩瀚文集，而是对神——湿婆、毗湿奴、奎师那或女神——的恩典的仰赖。

尽管遇过阻力，也有时空中的变异，但直至最近，种姓体系对印度的社会组织来说一直都是基础性的。保守主义的弥曼差派的观点仍占据着支配地位。因此我认为，尽管奥义书宗教是轴心性的，且很多形式的理性话语（语言学、逻辑学、数学等）也得到了发展，但是，伦理学与社会的基础依旧是上古的。在某种程度上，这种观点类似于艾森斯塔

---

① Brian K. Smith, *Classifying the Universe: The Ancient Indian Varna System and the Origins of Caste* (New York: Oxford University Press, 1994), 82.

② 人们可能会认为，后来几个世纪的大哲学家们将拒绝这种对首陀罗的排斥，但是，事实并非如此。商羯罗与罗摩努阇均赞成，不许首陀罗学习吠陀经。商羯罗甚至支持这一规定：对于听了吠陀经的首陀罗，应将熔化了的金属灌到他们的耳中。Halbfass, *Tradition and Reflection*, 380-381.

特和我就日本提出来的观点,我们都认为,在日本,即使轴心文化的因素已有了丰富的发展历史,但是,社会的基本前提依旧是非轴心的。[1]印度的情况甚至尤令人瞩目,因为在轴心时代的伟大的宗教突破中,有一个就发生在这里,但其社会前提却并未随之跟进,当然,在极其重要的佛教这里情况不同,下文将对它进行讨论。确实,每一个轴心社会均含有沃格林所说的"一种上古的抵押"。[2] 历史上的每一个后轴心社会都是轴心因素与前轴心因素的结合,否则可能就难以运转下去。所以,印度必须被看作连续统一体的一个极端例子,而非独一无二的。我们必须记住,从伦理的角度而言,与吠陀、婆罗门和印度教传统相比,佛教体现出来的轴心性要多得多,但它也完全是印度历史的产物,即使它最终没有在印度存活下来。[3]

我意识到,我现在采取的立场很容易被指控为东方主义,以及对种姓进行"本质化"(essentializing)。如果这种控诉是在暗示,我将所有"东方的"社会均看作不平等的,那么这显然不是实情:第八章即描述了古典中华文明的深厚的平等主义。我坚信,以色列社会也有着深层的平等主义。当然在此,我谈到了意识形态,正如我在印度的例子中所做的一样——实际上,自狩猎采集社会以来,没有什么社会一直是非常平等的。甚至在意识形态上,当涉及性别问题的时候,中国与以色列社会也都不是平等主义的。

然而,罗纳尔德·印德恩在其著作《想象印度》中也许提出了反对将种姓本质化的最好理由,因为他将某种实质(substance)赋予了他所意指的本质化。他提出,那些将种姓视为印度社会之"本质"的人们否认了印度的"能动性"(agency)与变化的能力。[4] 在他看来,本质化者

---

① S. N. Eisenstadt, *Japanese Civilization: A Comparative View* (Chicago: Chicago University Press, 1996); and Robert N. Bellah, *Imagining Japan: The Japanese Tradition and Its Modern Interpretation* (Berkeley: University of California Press, 2003).

② Eric Voegelin, *Israel and Revelation*, vol. 1 of *Order and History*, vols. (Baton Rouge: Louisiana State University Press, 1956), 164.

③ 亚历山大·冯·罗什帕特(Alexander von Rospatt)提醒我,在一个传统上属于印度的区域,即尼泊尔,特别是在加德满都谷地,古典的印度佛教的确活至今。今天,只有在那里才能见到梵语的佛教。对于他给我的这个提示以及其他提示,我深表谢意。

④ Ronald B. Inden, *Imagining India* (Cambridge: Blackwell, 1990), 73-74.

（essentializer）并没有将人看作决定其自身命运的行动者,相反,他们将能动性赋予了制度与/或内在的理念(文化?),而不是赋予人类。但是,就像在关于能动性与制度的社会学争论中的其他人一样,本质化者也没有告诉我们:如果我们承认了人的能动性,制度与文化又会拥有什么样的角色。在整整这一章中,我一直都在讨论意识形态,包括关于基本的社会前提的意识形态,但我从来没有认为,意识形态在发挥能动性。正如我倾向于相信的那样,如果印度社会基本的种姓前提已经延续了相当漫长的时间,且经过了许多重大变迁,那么,这无疑是因为婆罗门知识分子与统治者有很强的能动性,前者捍卫了种姓制度,后者对婆罗门虽有不少反对与其他形式的抵制,但整体上仍支持他们的观点。制度与理念自身都没有什么能动性——它们必须不断地被人类行动者"维系","支撑"(dhr),不过没有了它们,任何社会都无法运转。很多情况下都是如此,我们不能以一种零和的方式来看待理念/制度与能动性——它们是可并存的(both/and),而不是非此即彼的(either/or)。

在压迫的历史上,印度并不拥有专利权:迄今为止,每一个人类社会对其绝大部分人口都是压迫性的——除了狩猎采集的社会,但即使在那里,当一个成人男性也比当一个孩子或成年女性要好。至少在相当长的时间内,民主制与奴隶制在两个最伟大的民主制典范中,即古希腊与现代美国都是相伴而生的,而鉴于美国对待其国内外人民的态度,谁又能说它不是历史上最具有压迫性的社会之一呢? 种姓制度只是压迫在印度采取的形式而已。

但是,印德恩作出了进一步的引申,我打算慎重待之。他提出,既在乡村,也在城市,种姓与其他形式的团体具有某种"臣民公民身份"（subject-citizenship）,也就是说,他们承认统治者的宗主权,但他们也声称拥有某些应被严肃倾听与对待的"权利"(印德恩用了这个词)。地方的公民大会(local assemblies)以仅仅"剥夺"了最底层种姓之"公民权"的方式来运作,而且这种大会可以在法庭上有代表。[①] 对我来说,所有这一切都非常有意义。它为印度社会的多种殊别主义（particularism）的特征赋予了有效的政治形式,而种姓只是这些特征中的一种,不

525

---

① Ronald B. Inden, *Imagining India* (Cambridge: Blackwell, 1990),217 页以下。

过它是最重要的一种特征。

印德恩试图证明,理性与意志参与到了印度政体的建构中,他还将公元前 8 世纪至公元前 10 世纪的罗湿陀罗拘陀王朝(Rashtrakuta)用作一个例证。[1] 但是,就我能看到的而言,他所描述的是一种殊别主义忠诚(particularistic loyalties)的集合,它最终是脆弱又易分裂的,而不是——例如,以中国为标准来看——一个强盛的国家。他的描述并未真正削弱罗米拉·塔帕尔的推断:

> 即便当世系体系(lineage system)[正如对 *jāti* 与 *varṇa* 的忠诚所展现出来的那样]被吸收到了国家中的时候,它的认同也没有全然被消除。除了较高的层面之外,行政机构保持了一种地方关怀,而公职的招募缺少客观标准,这意味着血缘纽带仍然是有效的。法典实质性地利用了习惯法,也吸收了地方习俗。正当性经常是以诸如吠陀献祭这样与世系体系相关的仪式来表达的……因此与其说,国家是一个分割性的系统(segmentary system),在其中,权力在中央的集中逐渐褪变成了仪式在边缘的主导权,倒不如说,国家系统本身并不是一个将其控制之下的所有领土都进行了重构的统一而整体的系统,相反,在与边缘地区的关系中,国家为灵活性留下了余地。[2]

对我来说,"统一而整体的"国家(诸如那些根据中国法家的学说而建构起来的国家)在印度很罕见这一事实不是什么"坏事"。印度模式的几个特征共同限制了在历史社会中(而不仅仅是在"东方")如此明显的专制倾向。在社会的顶端,在婆罗门与刹帝利之间的联盟中,权

---

① Ronald B. Inden, *Imagining India* (Cambridge: Blackwell, 1990), 212-262.

② Thapar, *From Lineage to State*, 171-172. 艾森斯塔特与哈里特·哈特曼(Harriet Hartman)在《印度与欧洲的文化传统、主权概念与国家的形成》("Cultural Traditions, Conception of Sovereignty and State Formation in India and Europe", in van den Hoel, Kolff, and Oort, *Ritual, State and History*, 493-506)中支持并拓展了塔帕尔的分析,他们通过这种方式来讨论印度社会。他们写道:"印度的政治主要发展了世袭的特征,统治者在很大程度上受赖于个人的忠诚。"(499 页)他们将社会看作由归属性群体与殊别主义群体(ascriptive and particularistic groups)的相当复杂的网络构成的,它们与地理上受限的"部落"团结(solidarities)毫无相似之处,而是可以延伸到广阔的地区。种姓团结是殊别主义的,但由于它们能够超越地方性的地理(local geography),所以能够为更具普遍主义色彩的团结提供某些功能等价物。

威与权力是分开的；dharma 则是"支配性权力之上的支配性权力"，这两个事实意味着存在着对专制的政治权力，即对专制主义的重要限制。结果可能导致一种相对软弱的国家——我们稍后必须考察普遍统治权的理想在印度传统中的意义——但这意味着，"地上的"人民，可以说有大量的防御措施来反对理性化趋势，鉴于后者可能剧烈冲击他们的生活方式，甚至是他们的生存。塔帕尔提到了习惯法在印度的重要性，而我们也应该记住，dharma 在原则上也包括了习惯法，只要后者没有违背吠陀的训谕，但在实际中，违背的时候却是很常见的。如果说印德恩在说到"公民身份"与"权利"时也许对他的术语做了过度延伸，那么，他在这一点上并没有错，即在对习俗生活的这些殊别主义防御中，他看到了这些理念在一种非常不同的文化语言风格中的某种功能对等项。简而言之，如我们知道的那样，在 20 世纪与 21 世纪，让我们觉得可悲的是，虽然"失败的国家"可能更糟，但强大的国家绝非未加夸饰的善(unvarnished good)。在传统印度这里，我们谈论的是受限制的国家，而非失败的国家。

在转向对佛教的讨论之前，对印度与中国，特别是对它们的主导阶层的精神气质进行一番简单的比较审察大概会颇有裨益。在某些方面，婆罗门很可以比作儒家：二者都是规范秩序的守护者，在印度这里，守护的就是"正法"(dharma)，中国这里则是"礼"，而且值得记住的是，虽然这两个术语被推而广之，包括了作为一个整体的规范秩序，但它们最初都意味着献祭仪式。然而关于国家，则截然不同：儒家将国家视为理想社会秩序的潜在体现，并因此将公职看作他的首要天职；婆罗门则将一种虽然由国家来保卫但又在相当大的程度上独立于国家的社会秩序视为理想的社会秩序，他的首要天职是担任宗教教师与祭司。正是这种差异使得西方人将中国看作"世俗的"，而将印度看作"宗教的"，虽然与印度理想的社会秩序一样，中国理想的国家也被认为体现了宗教价值。

但是还有一个问题，即两种精英阶层与至高的宗教秩序相联系的方式，这个问题似乎证明了西方的一种看法，而我认为，该看法是曲解。印度对三种"生命目标"——dharma(义务)，artha(利益)，kāma(快乐)——的传统表述适用于所有高种姓的家居者。正如查尔斯·马拉牟德已经指出的那样,这三种生命目标并没有简单地映射到种姓上。如他所述,婆罗门负责"宣告义务(*dharma*)",刹帝利负责"保卫义务(*dharma*)",也负责"政治利益(*artha*)",吠舍负责"经济利益(*artha*)"。快乐(*Kama*)"在(渴望)感官快乐的意义上"是所有种姓共有的,但尤其与刹帝利有着强烈的亲和性,虽然对他们来说,它也是危险的诱惑。[①] 尽管中国没有这种类型学,但是,儒家负责"礼"的传承与诠释。然而,印度的类型学因为加上了第四种范畴,即*mokṣa*(救赎,解脱),而变得复杂,虽然它在发端之际仍承认婆罗门有一种优越性,但是,在义务(*dharma*)的要求与救赎/解脱(*moksa*)的要求之间存在着不小的张力,因为在真诚追求救赎/解脱的时候,要求的是一种弃世者的生活,这与家居者的生活及其(像在中国那样)延续父系血脉的首要义务是水火不相容的。[②] 在吠陀时代晚期,有一场关于婆罗门的家居者和弃世者谁有优越性的争论。这在下文将有进一步的讨论,但是,*varnāśramadharma*(种姓的阶段法则)理念中所包含的妥协性解决方案是:家居者与弃世者是连续性的"生命阶段"(*āśrama*),弃世者阶段是在所有的家居期义务都已完成之后的老年开始的。(*Varnasramadharma* 一词由 *varnā*、*śrama* 与 *dharma* 三个词组成。*varnā* 意为种姓,*śrama* 是生命的阶段,*dharma* 可指责任,亦可指规则,正法。因此,可暂译为"种姓的阶段法则")

如果说,在古典中国有一个与*mokṣa*相似的词,那可能就是"道"的一种含义了,即道家意义上的"道",人与它合一而得到"救赎"。然而,儒家"道"的含义与 *dharma* 的含义极其相近,即"祖先之道"。但是,虽然道家因为对追求凡俗生活意兴阑珊而能够被看作弃世者,但他们却是一种与印度的弃世者相当不同的弃世者,他们更为逍遥自在,更有美学色彩,不那么一本正经,甚至在某种意义上,不那么"宗教"。然而,另一个相似之处在于,儒家与道家经常是同一批人,这表明了中国智识

① Charles Malamoud, "Semantics and Rhetoric in the Hindu Hierachy of the 'Aims of Man'", in his *Cooking the World: Ritual and Thought in Ancient India*, trans. *David White* (Delhi: Oxford University Press, 1996 [1989]), 125, 128.马拉牟德将这些目标译为"秩序"(*dharma*),"利益"(*artha*)与"欲望"(*kāma*)(113 页)。

② Whillier, "Truth, Teaching, and Tradition", 53.

精英内部的一种与印度相似的天职划分。这只是因为，如那句名言所示，在中国，人们"入仕则儒，出仕则道"。在此，有趣的是，虽然有着非常不同的文化重点，但弃世者在轴心时代的印度与中国都出现了。在古以色列与希腊则不那么明显，虽然也并不是没有：古以色列的拿细耳人（Nazirites），古希腊的犬儒主义者（在这个词的严格意义上），尽管二者似乎并不像中国与印度的弃世者那样一直处于轴心转型时期的中心。

佛　教

在早期佛教的经典中变得可见的（visible）世界与奥义书中的世界极其不同。这是一个有着强大王国、大型城市、广泛贸易与巨额财富的世界。这也是一个各种不同的"弃世者"在其中已变得很常见，而他们之间的争论亦如火如荼的世界。正如我们在力图理解早期奥义书出现的文化境遇时所发现的那样，弃世者为何在这一较晚的时期盛行一时，这个问题并无一目了然的答案。显然，在公元前第一个千年的下半叶，北部的印度社会，尤其是在恒河流域，正处于急剧的变迁之中，包括人口的显著增长、贸易的发展、都市化与更强大的国家。还有一个因素，其意义很难判断：这一时期的印度在西北部经受了巨大压力，这种压力不是来自中国人不得不周期性应对的那种"蛮夷"，而是来自强大的上古与轴心国家，尤其是波斯帝国的阿契美尼德王朝与各种希腊化的帝国。这些压力至少可能刺激了印度去建立国家。

"弃世者"有各种可能的含义，但在印度语境中，它最简单的定义是弃绝了家居者的生活，而转向苦行主义的生活，这通常包括云游化缘。在佛教这里，选择弃世者生活被称为"出家"，但这似乎是一种更宽泛地界定这一角色的好方法。无疑，作为《大森林奥义书》中描绘的典型的婆罗门弃世者，耶若伏吉耶很明显地被展示为：他要出家，并对他两位妻子中的一位给予指导。然而，在婆罗门的弃世者与非婆罗门的弃世者之间存在着值得注意的术语差异。前者被称为 *saṃnyāsins*（隐修者），后者则被称为 *śramaṇas*（沙门）。虽然婆罗门弃世者偶尔亦被称为"沙门",但是,佛教徒与耆那教徒从未被称为"隐修者"。① 无论如何,在 brāhmaṇas(它在本章被称为婆罗门)与沙门——非婆罗门的弃世者——之间逐渐产生了巨大的差异。阿育王的铭文使用了复合词"沙门-婆罗门"来表示这两个值得尊敬的宗教群体,但是,大约一个世纪之后,文法学家帕坦伽利用这个词当作由完全对立之物组成的复合词的一个例证。这些术语上的问题也许反映了婆罗门共同体内部的争论以及婆罗门与非婆罗门群体之间的冲突。

对婆罗门而言,这个问题和家居者——与弃世者相对——的地位有关,它最终在关于生命过程四阶段的 āśrama 体系中获得了解决:学梵期、家居期、林隐期、弃世期。表达印度教文明的基本术语即 varṇāśramadharma,也就是四种姓的等级与生命的四个阶段,在这一术语中指涉的正是将 āśrama 理解为生命周期的四个连续阶段的这种观点。然而,欧利威尔已经指出,对 āśrama 体系的这种理解相对较晚,也许只是在公元 1 世纪的时候才形成的。法经(Dharmasūtras)中有对 āśrama 体系的最早描述,它始自公元前 3 世纪与前 2 世纪,设想了"在 āśramas 中的一种自由选择,而 āśramas 曾被看作永久与终身的天职":学梵期之后,人们可选择成为家居者,可选择仍与老师在一起,直至死亡;可选择成为林隐者,或者可选择成为弃世者。②

然而,在四行期体系的理念充分发展之前,传统就设定了家居者地位的必要性。如欧利威尔所述:"在吠陀意识形态中,理想与典型的宗教生活是成家的家居者生活。这种生活的规范性特征与神学上两种核心的宗教活动相关:供奉祭品与生育孩子。根据这种神学,只有成家的家居者才有资格,并能胜任去践行这两种行为。"③家居者理想与弃世者理想之间的张力从来没有完全解决。"古典"四行期体系后来的发展规定了,只有在家居者的义务已经完成之后的人生晚期,弃世者的角

529

---

① 欧利威尔在《四行期体系》中引证了史诗中的很多文字,这些文字都表明,"'sramanas'一词被用于表示各种婆罗门苦行者"。(第 15 页,注 34)
② Patrick Olivelle, "The Renouncer Tradition", in *The Blackwell Companion to Hinduism*, ed. Gavin Flood (Oxford: Blackwell, 2003), 277. 更为充分的描述,可参 Olivelle, *The Āśrama System*; and Olivelle, *Dharmasutra*。
③ Olivelle, *The Āśrama System*, 36.

色才是妥当的,它试图由此来解决这个问题。理由在于,家居期对所有的四行期来说都是必需的。如果不献祭,祖先就无法得到滋养,宇宙也无法维持。如果没有子孙,就不会有任何四行期未来的成员。如果没有家居者,也就不会有人来供养弃世者。[①]

中世纪的神学家继续努力应付这种张力。最伟大的印度哲学家商羯罗捍卫了弃世者角色的合法性,他提出,那些规定了一生的仪式活动的文本"指向的不是与世界隔绝的人,而是那些满怀要到达美好世界的渴慕与希望的人"。[②] 但是,与他的传统中大多数后来的思想家不同,他的确相信,只有婆罗门才能成为弃世者。[③]

就像诸如杜蒙与塔帕尔这样的学者所设想的那样,可以说,弃世者角色的重要性在于,它使得人们有可能从外部审视整个传统与体现这种传统的社会。正如上述商羯罗引文所暗示的那样,弃世者将传统的社会看作不完美的,也不认为它是生命唯一可能度过的方式。杜蒙将弃世者看作在一个由归属角色(ascribed roles)与殊别主义联系支配着的社会中能够做出选择的本真个体。在这些方面,正如我们在早期奥义书那里已经注意到的那样,弃世者角色乃是轴心转化的一个标志。然而,在婆罗门的传统中,虽然在家居者的核心的"俗世"角色与弃世者之间存在着张力,但是,基本的俗世秩序本身却没有受到质疑,也就是说,弃世者可超越 dharma(责任、规则、正法),但他并没有拒斥它。在某种意义上,沙门的弃世者,包括佛教徒,也没有拒斥它,但他们也没有接受它。他们并不抨击既存的秩序,不过,在一些重要的方面,他们对其视而不见,并试图建构一个立于不同基础之上的社会。塔帕尔提出,"在后吠陀时代组织起来的弃世者群体既没有否定他们所属的社会,

———————————————

① 欧利威尔援引正法文献(dharma texts)证明了家居时期得到了多么强烈的支持:"处于一切生活时期(āsramas)的人都靠家居者的供养而生存","正如一切河流与溪水终归之于海一样,所有的秩序都因家居者而生存"(出自《摩奴法论》);"只有一种时期(āsramas),因为其他时期都没有孕育后代"(出自 Baudriliya Dharmasutra)。亦可参 Patrick Olivelle, The Origin and Early Development of Buddhist Monachism (Colombo: Gunasena, 1974), 5。(此处关于《摩奴法论》的译文参考了蒋忠新译本。经查,第一处引文出自第 3 章第 7 颂,第二处引文在本书边码第 556 页再次出现,出自第 6 章第 90 颂)

② Olivelle, The Āsrama System, 242.

③ Ibid., 227.

也没有激进地改变它:相反,他们试图建立一个平行的社会"。① 她指出,虽然并不存在弃世者明晰的社会规划,但是,在弃世者与世俗社会之间存在着"作为一种社会变迁过程的潜移默化"。②

佛教文本也显示出一种相对于奥义书的地理变迁,这值得我们稍稍驻足于此来作一番考察。早期吠陀的文本集中在东旁遮普与恒河流域上游的俱卢之野;奥义书则对恒河流域中游的毗提诃与憍萨罗有所讨论。在早期的文本中,位于恒河流域下游的摩揭陀国被认为外在于正统的婆罗门文化;不过,在佛教文本的时代之前,"梵化"在向东与向南的持续扩张过程中已经波及摩揭陀国了。然而,尽管那里很明显已经有婆罗门,但梵化是在相对较晚的时候才发生的,所以,非正统的沙门教派在这个重要并处于扩张中的王国内出现,并质疑婆罗门的至高地位,也就不足为奇了。佛教与耆那教的文献都记述了大量这样的教派,每一个教派都有一个开创者或领导者,也都有一种能够吸引其信众的教义。除了佛教徒与耆那教徒——甚至耆那教的文献也是相当晚了,虽然其中可能含有早期的材料——这些群体没有一个能够存活下来,所以我们只能从那些不共情而且可能是不公平地对待它们的文献中去了解它们。可能让人感到惊讶的是,在这些群体中,还有唯物主义者,他们认为没有神,也没有其他的世界;也有虚无主义者,他们认为死亡即终结,不存在死后的世界。苦行主义的教师即*sramaṇaic*,要理解他们如何能将人们吸引到这些信仰这里,还是稍有难度的,但是,也许对一些人来说,拒绝所有既存的宗教信仰乃是一种解脱。由于这些群体之间有着持续不断的讨论与争辩——对此,佛教文本中广有记载,所以

---

① Romila Thapar, "Renunciation: The Making of a Counter-Culture?" in *Ancient in Indian Social History: Some Interpretations* (Bashir Bagh: Orient Longman, 1978 [1976]), 63. 有四篇论文非常有助于我们理解弃世者在印度历史中角色,这是其中的一篇。其他几篇是 Louis Dumont, "World Renunciation in Indian Religions", in *Religion/Politics and History in India: Collected Papers in Indian Sociology* (The Hague: Mouton, 1970 [1960]); Jan Heesterman, "Brahmin, Ritual, and Renouncer", in *The Inner Conflict Of Tradition: Essays in Indian Ritual, Kingship, and Society* (Chicago: University of Chicago Press, 1985 [1964]), 26- 44; and Charles Malamoud, "Village and Forest in the Ideology of Brahmanic India", in *Cooking the World*, 74-91. 赫斯特曼与马拉牟德讨论的主要是早期;塔帕尔与杜蒙则将印度历史作为一个整体来讨论。

② Thapar, "Renunciation", 63.

这一情境可与古希腊的智者时代相比较,在那里教义迥然不同的思想家之间也有争鸣。

在此,我们必须将自己限制在沙门群体中记录最为完备,历史上也最为重要的派别上,即佛教徒。早期佛教的历史并不比早期印度宗教的其他方面的历史更可靠,所以,我将根据一些文本建构出一个理想类型(ideal type),这些文本可能出自不同的时代,它们呈现出来的是后来的传统所认为的佛陀的教义,而不是说我们能确定那就是佛陀真正传授的东西。

有些情况是相当清楚的:(1)佛陀将婆罗门传统内部已阐述过的一些核心观点视为是理所当然的,以及(2)对于他所接受的传统,佛陀进行了转化,这种转化方式完成了印度的轴心转型。用理查德·贡布里希的话来说,佛陀"颠倒了婆罗门的意识形态,并对宇宙进行了伦理化。佛陀对世界的伦理化,其重要性怎么强调都不过分,我将它视为文明史上的一个转折点"。① 我们的任务就是试着去同时理解这种连续性与彻底的变化。

存在着一种彻底的变化,在某种意义上,它先于所有其他的变化,但在本章的范围内,我们无法对它展开充分的探究。这种变化就是对奥义书救赎神学的基本等式(soteriological equation),即 *ātman*(自我)等于"梵"(终极实在)的双重逆转(double reversal)。不论是 *ātman*,还是 *brahman*,佛陀均否认了它们有一种本质的实在,因此,他将奥义书的等式 1 = 1 还原为佛教的等式 0 = 0。② *anattā*,即无我(not-self)的教义在不要将任何事物看作是自我的训谕中表达了出来:"这不是我的,这不是我,这不是我本身。"(this is not mine, this is not I, this is not my-self)③(疑这句话出自《相应部·非我相经》)这是甚至四圣谛(Four Noble Truths)也要依赖的前提。

---

① Richard Gombrich, *How Buddhism Began: The Conditioned Genesis of the Early Teachings* (London: Athlone, 1996), 51.

② Gombrich, *How Buddhism Began*, 33.

③ Steven Collins, *Selfless Persons: Imagery and Thought in Theravāda Buddhism* (Cambridge: Cambridge University Press, 1982), 125. 柯林斯在这本书中对 *anattā* 给出了英语能表达出来的最充分的说明。

另一方面,佛陀避免陷入关于自我与世界的终极实在的争论,当僧侣们向他询问诸如"有(或没有)自我吗"或"世界是不是永恒的"这样的问题的时候,他以一个譬喻作了回应,根据斯蒂芬·柯林斯的概述,这个譬喻就是:"一个为箭所伤的人,他在取出箭之前,没有心思去了解射箭之人的名字、家庭、肤色等。同样地,一个为箭所伤而受苦的人在询问造成这种状态的宇宙性质问题之前,应以消除苦痛为目标。"[1]贡布里希与柯林斯都强调,在此意义上,佛陀更多地是一个医治者而不是一个形而上学者,他的教义最终是实践的、治疗的,而不是说教的,虽然说教在佛经中也并不少见。

在对佛教与婆罗门教,以及佛教与几乎所有其他的印度宗教传统之间的共同之处进行详细说明的时候,仍有这样一个问题,即早期佛教从中接受了多少,而它又在多大程度上有助于那些理念的明朗化。然而,三个核心的佛教理念从更早的传统以来就以某种形式存在了:(1) *saṃsāra*——"再生的循环",经常被称为轮回转世,这种理念指的是,人类与其他众生经历了一系列的生命,这些生命在这个或其他世界中呈现出不同的形式;(2) *karma*——"业","道德报应",这种信仰指的是,"业"可作用于此生与来生的幸福或苦难,而此生的幸福或苦难则可能是由前生的"业"引起的;以及(3) *mokṣa*——"释放""解脱"(在佛教中一般称为 *nirvāṇa*,巴利文是 *nibbāna*),即从 *saṃsāra* 的循环中解放出来的状态,这是最高的宗教目标,虽然它通常被认为只有对弃世者才是可能的。[2]

在每一种情况下,佛教徒均提出了他们自己对这些术语的诠释,往往与婆罗门教或耆那教的诠释有极大的差异,下文将对此进行讨论。

532

---

[1] Steven Collins, *Selfless Persons: Imagery and Thought in Theravāda Buddhism*, 136-137,这里指的是《中部第六三摩罗迦小经》(*Majjhima Nikaya* 63.5)。

[2] 柯林斯其著作《无我之人:上座部佛教中的意象与思想》29 页阐释了这三种基本范畴,我对它们的描述是对柯林斯阐释的提炼。乔纳斯·布隆克豪斯特(Johannes Bronkhorst)新近出版的著作《大摩揭陀国:早期印度文化研究》(*Greater Magadha: Studies in the Culture of Early India*, Leiden: Brill, 2007)对这三种理念的源头有着完全不同的看法,他认为,它们的源头不是在吠陀传统中,而是在相当不同的"大摩揭陀国"的文化中,后者是在吠陀圈之外发展的,只是逐渐被吸收到了吠陀传统中。我无法对这一论点做出评议,它与我使用过的其他资料背道而驰。专家们将不得不来澄清这些问题,但是,正如我从希伯来《圣经》的研究那里了解到的那样,如果在文本之外少有或没有根据来确定它们是先于还是晚于其他文本,那么,关于年代的争论可以无休无止地继续下去。

不过在描述佛教立场的时候，以四圣谛作为开始肯定不会不妥，据信它们在佛陀的首次布道中即已得到了阐释，继而成为后来的佛教教义的基础。四圣谛是人们耳熟能详的，但也许还应对它们稍作注解。第一谛指，一切生命皆苦（dukkha）。第二谛指，受苦或不满的原因在于贪爱（英文：craving，梵文：tanha），欲望（desire）或执著（attachment）。第三谛指，消灭不满之道就是去消灭欲望、贪爱或执著。第四谛指完成这种消灭而要走上的道路："八正道"（noble Eightfold Path）。道阻且长，但每一个人都可迈出第一步，这就是优婆塞或优婆夷（lay followers）的认知对象。佛教的这些基本教义构成了后面讨论的基础。

尽管可以像传统上做的那样，将 suffering（苦）当作第一谛中的 dukkha 的翻译，但是，佛教学者已经指出，这一译法会造成误解：如果从第一谛中推断出佛教是一种悲观的、阴郁的或让人沮丧的教义，我们就犯下了一个错误。人们经常建议的一个不同译法是 unsatisfactory（不尽如人意的）。生命即 dukkha 的理念并不意味着人们一直都是不幸福的。日常的苦是每一天在身体上或精神上的苦楚，对比的是日常的幸福或淡然。它更深层的含义不是声称要解释人们一直是如何感觉的，而是要解释那些认真的人们经过反思之后会如何感觉："经由变化而来的痛苦"（suffering through change），即一切都会经受无常与变化；每一个幸福的时刻终会结束。更为根本的，这是对生命本身的不堪一击与脆弱的承认，对年轻的悉达多来说（悉达多是释迦牟尼的本名），这在他看到了他本不该看到的现象——病、老、死——的时候得到了显明。这种知识与那种人将不断再生并反复经受所有 dukkha 的知识相结合，能够将敏感的人引向一种选择的希望。佛陀提供的终极选择即涅槃（nirvāṇa），它是难以捉摸，难以形容的，却绝对比轮回，也就是比不断重复的不尽如人意的生活要可取得多。①

然而，佛陀在向优婆塞与优婆夷布道，而不仅仅是向潜在的宗教达人（virtuosi）。（"达人"在德语中即为 Virtuosi，此处参考的是中文版的韦伯《宗教社会学》中的译法，康乐、简惠美译，桂林：广西师范大学出版社，2005 年，203 页）他提供了一种从轮回解脱的道路，但是，他也关

---

① 我从柯林斯对 dukkha 的富有启发性的讨论中受益良多，Collins, *Selfless Persons*, esp. 191-193。

注那些还没有准备好为了获得这一解脱而去完成苛刻任务的人们。他为他们描述了一种生活方式，将他们引向积极的未来生活，让他们在多次再生之后走向最终的涅槃。一直有一种倾向将这一可能性视为"真正"佛教的妥协，或者是从其早期的纯粹形式的堕落，但有许多理由可以相信，事实绝非如此。可能有唯一的道路（One Path），但沿途也有不同的路径与不同的生活，而遵从佛陀的教义则可以帮助所有这些人。也许我可以借鉴查尔斯·泰勒最近的一本著作，即《世俗时代》，来说明此处的多种可能性。

泰勒提出"充实"（fullness）一词来描述那些已经达到了某种宗教体悟的人，这种体悟超越了日常生活世界，给予了他们比日常的生命满足感"更多的东西"。它与"空虚"（emptiness）和"放逐"（exile）观念相伴，也就是与生命是黑暗、阴冷和无意义的那种感受相伴。通常，正是宗教内行最为敏锐地感受到了这种空虚，在基督教中，西方有时称之为"灵魂的黑夜"，它有可能是一种宗教求索的先声，该求索终结于某种完全的东西，或至少是对它的惊鸿一瞥。但对我们而言，泰勒在这一点上是最有裨益的，即他提醒我们，一些人似乎乐于将完全或空虚看作"就是一切"（all there is），但二者之间还存在着一种"中间位置"（middle position）。关于中间位置（我们必须要慎重，不要将它与常见的那种对佛教的描述混为一谈，即把佛教描述为对感官快乐的追求与自我禁欲之间的中间道路），他写道：

> 正是在这里，我们发现了一条避开各种形式的否定、放逐、空虚的道路，虽然尚未达到充实。我们往往是凭借生活中某种稳定的，甚至是常规的秩序来面对中间位置的，在这种位置上，我们做对我们有某种意义的事情；例如，它有助于我们日常的幸福，或它以各种方式令人充实，或它促进了我们视为善的事物。或者，在最好的情况下，往往是这三种都有：例如，当履行一份职业的时候，我们是在努力与配偶和孩子幸福地生活，而关于这份职业，我们认为它是令人充实的，同时它也构成了对人类福祉的明显贡献。[1]

534

---

[1] Charles Taylor, *A Secular Age* (Cambridge, Mass.: Harvard University Press, 2007), 6-7.

我认为,正是那些至少偶尔经历了空虚,生命是黑暗、阴冷与无意义等这些感受的人们,最有可能踏上困难重重的宗教道路,朝向涅槃,即佛陀提供的终极完全。但是,对那些在中间位置的人——杜蒙称之为"在世界中的人"(man-in-the-world)——来说,佛陀也可以提供大量帮助,即给出一种生活方式,它不是以婆罗门的 dharma 为基础,因为后者有着根本性的殊别主义,而是以一种新意义上的佛法(Dharma),也就是以佛陀的教义为基础,在这种教义中,俗世里的伦理生活方式是一个重要的组成部分。所有这些都只为了解释:"众生皆苦"并不是说,佛教将日常生活看作完全悲惨的,而是说那些认真反思生命的人可能会发现,尽管有许多回报,但生命最终是不尽如人意的;对当时那些眼光并未超越日常生活的人来说,佛陀仍有大量可以教导的东西。

我们不妨回顾一下研究早期佛教的一位领军人物即贡布里希的说法,他认为,佛陀"颠倒了婆罗门的意识形态",我们还要试着更细致地理解他指的是什么。也许最具根本性的是,佛陀完全拒绝了婆罗门与四种姓的世袭地位。婆罗门在佛教经典中出现得相当频繁,他们通常是在与佛陀理论,却以他们的皈依而告终。对婆罗门的描绘往往是贬损的:在对话的开端,他们表现得很粗鲁、傲慢并对佛陀已经点化了其他婆罗门感到愤怒,但是,他们并未受到敌意的对待。[1] 顶多有些许讽刺与幽默,而不是愤恨与拒斥。然而,支配性的婆罗门意识形态——来源于婆罗门地位——确实被颠覆了。如斯蒂芬·柯林斯所述:

> 在此,"婆罗门"一词在佛教文本中的运用提供了一个简单的例证。对婆罗门教的思想而言,婆罗门诞生于其中的社会事实赋予了婆罗门在宗教(以及其他一切)方面的最高地位,但是,对佛教而言,尽最大努力来践履佛教训诫的人才有最高的地位,并因此才是("真正的"或"真实的")"婆罗门"。也就是说,当特殊的宗教内涵已经被改变,甚至已经被颠倒了(从婆罗门的社会性重点

---

[1] 莫里斯·华尔胥(Maurice Walshe)在《长阿含经》译文的导论中说道,根据佛教文献对婆罗门的态度,"人们会不断地联想到《新约》中法利赛人的形象,虽然至少可以这样说,在两种情况中呈现出来的形象都是单方面的"。Maurice Walshe, trans., *The Long Discourses of the Buddha: A Translation of the Digha Nikaya* (Boston: Wisdom), 22。

倒转为佛教的伦理性重点）的时候，总体的形式结构——在此，"做一个婆罗门"是最高价值——仍然保持着原样。①

人们可能称之为佛教对婆罗门教的"温柔拒绝"（gentle rejection），然而，许多婆罗门作家则视之为不共戴天的威胁：佛教徒拒绝了整个吠陀传统，拒绝承认所有被当作标准的文本有任何权威，也就是拒绝了那些永恒的文本，而婆罗门教以及它认作必需的 dharma 就是以这些文本为基础的。佛教徒还由于他们的 *ahiṃsā* 即不杀生的教义而拒绝献祭，确切而言，是拒绝杀害任何活着的生物。吠陀文本中可发现该理念的开端，但它只得到了选择性的应用，而且并不是意在废止这些文本中所规定的献祭。② 我们已经提到，婆罗门弃世者（*saṃnyāsins*）也拒绝献祭，采取的方式为内化，从而是在思想与言语中而不是在行动中表达出来的，而对于作为婆罗门阶段之真正基础的家居者而言，献祭仍然是必需的。对献祭的全然拒绝不能不说是对居主导地位的婆罗门教的一个重大威胁。

至于对婆罗门仪式具有核心意义的祭火——三火或五火，依情况而定——贡布里希也提出了相似的观点。同样，婆罗门弃世者在遁离尘世之时，也抛弃了火。这也是他必须乞讨的原因之一：他甚至无法生火做饭。但是，火以及火神阿耆尼，虽然在后来的传统中边缘化了，却从未在标准的婆罗门教中失去它们的神圣性。佛陀将火本身用作"贪、嗔、痴三种火"——它们必须在人获得救赎之前熄灭——的象征，由此，他再次彻底推进了婆罗门弃世者的立场。③

佛经以讽刺而非毫不留情的方式来对待婆罗门，为了对此有所了解，我将简述一个富裕而有影响力的婆罗门的故事，这个婆罗门就

① Collins, *Selfless Persons*, 32-33.
② 这一教义与耆那教相同，甚至可猜想它是从后者那里借鉴过来的，与佛教相比，耆那教对这一教义的坚持有过之而无不及。
③ Gombrich, *How Buddhism Began*, 68-69. 贡布里希注意到，"在所有大乘佛教文献里面最著名的一处文字中，也就是在《法华经》第三章［将世界比作一个］火宅的譬喻中"表达了这一基本理念（69页）。（《法华经》原文为："国邑聚落，有大长者，其年衰迈，财富无量，多有田宅，及诸僮仆。其家广大，唯有一门，多诸人众，一百二百，乃至五百人，止住其中。堂阁朽故，墙壁颓落，柱根腐败，梁栋倾危，周匝俱时，欻然火起，焚烧舍宅……三界无安，犹如火宅；众苦充满，甚可怖畏。"）

是种德。① 佛陀与他的一些信徒到了瞻婆，种德在这里生活得甚安逸。他是一个已不再年轻的男性，其母系父系溯上至七代祖先，其系谱无可挑剔，他博学，相貌端庄，也是许多人的老师。由于佛陀已名扬四海，他决定去拜访佛陀。他的婆罗门朋友指责了他，认为由于佛陀更年轻，所以应该是佛陀来访，而不是他去拜访佛陀，如果他先去拜访，则声誉会受损。但是种德争辩道，佛陀是博闻多识的，他说服他的朋友，做这一拜访对他来说是适当的。然而，在途中的时候，他开始担忧：如果他问了佛陀一个问题，佛陀可能会说这个问题不甚适宜，或者如果佛陀问他一个问题，而他又不知道答案，或者如果他默然而坐，看起来就很难看，他的朋友也会轻视他。他自思自忖，"彼会众各如是轻蔑我，我名誉则损减。我名誉之减少，我受用亦减少。所以者何？我等之受用，乃依于我之名誉故"。②

种德希望佛陀问他一个关于他自己的三吠陀领域的问题，佛陀察觉到了他的不自在，就这样问了："具足何者，婆罗门得称为婆罗门？"种德感到适意，回答说，有五种这样的特色：婆罗门应血统清净，溯上至七代祖先，是通晓持咒的学者，仪容端正，有美德，有智慧。

佛陀回应道："此等五种特色中，除去一特色，俱是其他之四种特色者，亦得称为婆罗门。"种德回答说："可除去容色，容色何用焉？"佛陀又诘问，我们能否再除去一个特色，使得只要三个特色即足矣。种德回答说："可除去诸咒。"佛陀再次问，能否再除去一个特色，使得只需两种特色就足够了，种德回答说："可除去生。"如是言时，他的婆罗门朋友深感不快，告诉他说，他放弃的已经太多，而且采取了佛陀的立场，而不是婆罗门的立场。种德要他们勿作如是言，并进一步回答佛陀说，婆罗门的本质特色是美德与智慧。佛陀问，二者之中能否再忽略一个？种德回答说："不然。尊者瞿昙！慧（wisdom）由戒而清净，戒由慧而清净。凡有戒则有慧，有慧则有戒；凡有戒者则有慧，有慧者则有戒。"③ 有目共睹的是，种德已经放弃了婆罗门信仰的基本因素，并实质上转向

① 《长阿含经·种德经本经》(*Sonadanda Sutta*, *Dīgha Nikāya* 4)，载 Walshe, *The Long Discourses*, 125-132。
② 同上书，128 页。
③ 同上书，129—131 页。

了佛陀的教义,亦即在新的伦理与智慧意义上的佛法(Dharma),而不是在旧的种姓义务意义上的正法(dharma)。

然而,种德请求佛陀原谅他,如果他在大庭广众之下未能表现出足够敬意的话,因为如果这么做了,"名誉则损减;我名誉之减少,同时我受用亦之减少"。① 根据注解,种德"仅仅在有限的范围内表现为一个皈依者"。② 与《新约》中那个富裕的年轻人一样,种德不愿放弃他的特权生活,即使他已经赞成了佛陀的教义。佛经中描述的许多其他婆罗门的确成为了佛陀真正的信徒,并获得了觉悟(enlightenment)。但是一个婆罗门与佛陀之间的这场小小的会面,这个故事却使人们得以管窥佛经中辩论的要旨以及怀疑主义但并非毫不共情的方式,据信,佛陀就是以这种方式来对待其对话者的。对我们而言,尤为重要的是,被认为是婆罗门所必需的特色从传统的五种减少到了佛教的两种,通过这种方式,这个故事为佛陀教义中所涉及的彻底伦理化提供了一个例证。

从轴心伦理化的观点来看,佛教最为根本的革新(虽然其他非婆罗门的弃世者教派亦然)也许就在于这种伦理必要性:使解脱的教义,即佛教意义上的佛法(Dharma),能够为所有人所得,而不论其地位或族群如何。奥贝赛克拉指出了一部佛经中的高潮,其时,佛陀认识到他作为普世性教师的角色。③

长时间地努力追寻觉悟之后,佛陀最终进入了涅槃(Nibbāna)。他心生此念,"予所得此法(Dhamma),甚深难见、难解、寂静、殊妙、虑绝、微妙,而唯智者所能知"。他认为,他生活在这样一个时代,众生沉溺于俗世而不可能对他必须要传授的有所回应。他心中生发出一些诗文,总结了他的观点:

> 艰难之所得,如何当与说。
> 身随贪嗔者,难觉此等法。
> 微妙逆世流,甚深细难见。

---

① 《长阿含经·种德经本经》,132 页。
② 同上书,注 550,169 页。
③ Obeyesekere, *Imagining Karma*, 114.

但这时,娑婆世界主梵天突然出现了,并对他说:①

> 离垢者觉法,例立山岩顶。
>
> 普眼人聚会,法成登高楼。
>
> 愿普眼者观,有智慧之主。
>
> 沉愁看众生,请观离愁者。
>
> 慈观生死恼,精进之勇者。
>
> 一切战胜者,精进世长者。
>
> 一切无债者,宣说诸正法。
>
> 大师世间尊,彼等成智者。

佛陀听取了梵天的恳愿,并"因对有情之慈愍"而决定承担起使其教义可为一切众生所得的使命。②

奥贝赛克拉指出,多年之后,在圆寂之际,当恶魔(Mara)即"世界之恶的人化"告诉他时辰马上到的时候,佛陀重申了他的意愿:"若我比丘,比丘尼,优婆夷,优婆塞声闻弟子众,尚未成为正闻、贤明、善决定、多闻,熟持修多罗,修习法随法行,既于师所说之法善护持、宣说……及未能宣示妙法之时,恶魔! 我将不般涅槃。"③(汉译是将引文中的话重复了四遍,分别以比丘,比丘尼,优婆塞,优婆夷开头,四种对象各一段,但贝拉此处引用的英译文,是直接将这几种对象放在一起,合并到一段中)他看到,他已经完成了这一切,佛法现在已经可为一切众生所得,僧侣与每一种地位的俗人都可得,只是到达了这一点之后,他才准备离世。

在佛经中所描绘的佛陀往往是被一大群比丘环绕着,而且个别的

---

① 不论是作为至高神,还是作为绝对真理,单数形式的 *Brahman* 在佛经中都是阙如的,但是 Brahmas,即复数形式,却仍位列佛教徒继续承认的众神之中。让一个梵天(Brahma)要求佛陀担负起终生都要做全世界的教师这种艰辛使命,这是佛经很喜欢的反讽之一。在这些反讽中,尤其重要的是,吠陀正统将关于解脱性真理的教义限制在少数人身上,但在此,梵天却督促佛陀使之为一切众生所得。

② 《圣求经》第十九至第二十一(*Ariyapariyesana Sutta*, 19-21),载 Bikkhu Bodhi, trans., *The Middle Discourses of the Buddha: A Translation of the Majjhima Nikaya* (Boston:Wisdom, 1995), 260-262.(书名疑为"*The Middle Length Discourses of the Buddha: A Translation of the Majjhima Nikaya*"之误)

③ Obeyesekere, *Imagining Karma*, 114-115. 这一段文字出自《大般涅槃经》(*Mahaparinibbana Sutta*)[佛陀最后的日子]。

比丘经常就是他的谈话对象。但同样很常见的是,带着问题到佛陀这里或来寻求建议者正是俗人,甚至君王也不少见,他们是佛陀与之对话的人。隐居的弃世者也被提及,经常都带着赞赏之意,但佛陀最经常地被展示为:他投身于某种积极的社会生活,既与他的比丘,也与更大的社会接触。他被展示为:教授他的僧侣信徒们在追求涅槃的过程中以正确的方式来立身处世,但也同样经常被展示为:教给俗人正确的生活方式,这种方式将避开恶业在今生与来世中制造的陷阱,并会引向此时的好生活与以后更好的生活,最终引向达到涅槃的可能性,即使对于俗人来说,最后一项并非他们直接关注的事情。

因此,虽然佛教创造了宗教史上最早的充分发展的僧侣体系,只有基督教中的隐修制度在后来的发展可与其相媲美,但是,佛教却不能单单被视为一种僧侣宗教。它在很大程度上也是俗人的宗教,俗人并没有被看作与僧侣相对照的偏离常规的或"流俗的"佛教徒。尽管与僧侣相比,俗人离目标较远,但在共同体中,他们是平等的伙伴,而且僧侣按照他们自己的方式依赖着俗人,正像俗人依赖僧侣一样。① 伊拉纳·弗里德里希·希尔博描述了他们之间深刻的相互依赖的核心: 539

> 由于戒律(Vinaya)禁止他们供给自己食宿,所以僧侣被抛入了一种依赖于俗人的状态,由此防止了他们自己与社会相隔绝。这种依赖是相互的,因为从俗人的角度出发,通过布施(英文:gift,梵文:dana)为僧侣提供物质支持,这代表了俗人收获功德的最有效(如果不是唯一的话)的方式,据说在此意义上,僧伽(Sangha)形成了"功德田"。②

希尔博注意到,这种交换不应被看作对回报的一种巫术性赎买,因为布施者的仁慈意愿对布施的功效是必不可少的。俗人亦依赖于僧

① 对佛教的修道制度与俗人之间关系的出色讨论,可参伊拉纳·弗里德里希·希尔博(Ilana Friedrich Silber):《艺术技巧、克里斯玛与社会秩序:对上座部佛教与中世纪天主教的隐修制度的比较社会学研究》(*Virtuosity, Charisma and Social Order: A Comparative Sociological Study of Monasticism in Theravada Buddhism and Medieval Catholicism*, New York: Cambridge University Press, 1995)。正是在这本书中,希尔博力陈,佛教与基督教是仅有两个发展了真正的隐修制度的宗教。
② 同上书,67 页。

侣,后者由于对佛陀佛法的宣扬而被看作正典的守护人,但僧侣本身是信守非暴力的,所以他们依赖俗人来维持僧侣之间的秩序,甚至依赖俗人来辨识谁是合法的僧侣,谁又是自利的寄生虫。简而言之,尽管佛陀与佛教僧侣已经"出家"了,也不再履行家居者的家庭、经济与政治义务,但在正在修行的僧伽生活中,他们仍然在很大程度上与社会保持着接触。

尽管"出家"的决定标志着佛教中的僧侣与俗人之间的一个巨大差异,但在某种程度上,俗人佛教徒所担负的义务与沙弥所担负的义务有交叠之处。贡布里希将俗人的五戒(Five Precepts)放到了一个更大的视野之中:

> 与为俗人设定的以否定形式表现出来的道德戒律相比,善意与无私的肯定性价值更好地描绘了佛教的特征。虽然通常被称为"戒律",但它们实际上是承诺(undertakings),是以第一人称来表达的。它们有五条:不杀生,不偷盗,不邪淫(根据一个人的处境来界定),不妄语,不饮酒,因为酒会引致疏忽,并因此会打破前面四个承诺……从肯定的角度来说,佛教徒的第一义务是要慷慨无私,而慷慨无私的首要对象是僧伽,虽然那绝非其唯一的对象。慷慨无私,持守道德承诺,心灵修行:这三条概括了佛教通往好的再生,最终从一切再生当中解脱出来的道路。①

540　　　贡布里希接着还描述了一些额外的规则,俗人被鼓励在特定日子里,也就是在农历月初一和十五要遵循这些规则:"一天一夜的时间里,他们完全禁欲,正午之后禁食固体食物,不妆饰自己,不观看娱乐活动,不使用奢侈的床。"②这些规则,连同五戒,与沙弥的义务是一样的,除了这一点,即僧侣还不得使用财物。尽管并不常见,但居士(layperson)亦可持长戒。因此,一般而言,僧侣与俗人之间的界线并不像人们可能想象的那样泾渭分明:即便人们预料,僧侣会更关注涅槃,俗人会更关注较好的来生,但后者仍然希望最终达到涅槃。

---

① Richard F. Gombrich, *Theravada Buddhism: A Social History from Ancient Benares to Modern Colombo*, 2nd ed. (London: Routledge, 2007), 66.
② Ibid., 78.

在西方,佛教很长时间都被视为一种"理性的"宗教(往往或明或暗地与基督教相对照),而且佛教的宗教性教义与伦理性教义往往都是以系统的命题形式来表达的,由前提导向结论。出于这个理由,如果人们将"理论"的出现作为轴心性(axiality)的一个标志的话,那么很容易就会将佛教视为一种轴心宗教。但与其他轴心案例一样,佛教教义的"逻辑"面向以有时被其西方崇拜者忽视了的方式与各种其他类型的话语如象征与叙事纠缠在一起。不但如此,佛教的真理在逻辑上是根据语词(words)的含义(亦即在语义上)而被理解的,但为了被"真正地"理解,这些真理必须在听者面对他们自身与世界的实践立场方面改变他们(在语言学的意义上,就是语用的层面)。①

因此在佛陀觉悟后的第一次要言不烦的布道中,也就是在著名的、致力于阐述四圣谛的鹿野苑布道中,佛陀在述说了真理之后反复强调,他最终已经"达悉皆清净",因此,他心中生出所知与所见:"我心解脱不动,此为我最后之生,再不受后有。"据说,当他在布道的时候,他的一个信徒,即阿若憍陈如充分领悟了这些真理:"有集法者,悉皆有此灭法。"②(译文出自《相应部第十二谛相应》)因此,理解了语词与它们之间的逻辑关联只是第一步;只有当教义已深深地透入意识中的时候,它们才能是转化性的。

斯蒂芬·柯林斯已经指出,虽然系统性思想在佛教教义中一直都很重要,但是叙事和象征性的思想总是与它相伴而行。在总结这三种类型的思想(它们可见于所有的轴心宗教)之间的联系的过程中,柯林斯提出,在系统性与叙事性之间,"意象是桥梁,是中介": 541

> 在成熟的传统内,涅槃最为常见的两种意象就是火的猝灭与城市。佛教的系统性思想呈现出了对诸理念的一种静态整理,而这些理念是以逻辑关系而不是以时间关系相联结的;它的叙事,不论是总体的主文本(overall master-text),还是在实际文本中所讲的

---

① 在此,我吸收了斯蒂芬·柯林斯在其《涅槃与其他的佛教极乐》(*Nirvana and Other Buddhist Felicities*, New York: Cambridge University Press, 1998, 282-285)中的讨论。

② Bikkhu Bodhi, trans., *The Connected Discourses of the Buddha: A Translation of the Samyutta Nikāya* (Boston: Wisdom, 2000), 1846. 鹿野苑布道可见于《相应部》56.11。

故事，都是出自必要性而暂时组织起来的。火的意象被构筑进了系统性思想的词汇之中，涅槃概念也存在于其中；但是，它也有一种时间维度，在意象内部的动词或动词观念中体现了出来：它是熄灭或猝灭的火。就微观角度而言，这种时间维度与规模更大的故事和历史的维度是一样的，在它们那里，叙事性思想将时间与永恒的涅槃（timeless nirvana）均进行了文本化（textualize）。所以，意象（执着—可燃之物，涅槃—猝灭）不仅仅内在于佛教词汇，它也包含了——简单地说，或者用一个南亚的隐喻来说，以种子的形式——从受苦到解除和终结的叙事变化，涅槃的句法价值（syntactic value）即可在这种变化中得以发现。涅槃之城可以是文本视野的一个静态对象；但是，城市作为旅途目的地、作为道路终点的观念同样内在于佛教的系统性思想，在这种观念中，也有对整个佛教的主叙事的一种微观描述。因此，与在主叙事中一样，在意象中，救赎之路也是一个穿越时间，从短暂易逝的身体之城通往永恒与不灭的涅槃之城的旅途：涅槃之城就是无恐惧之城，就像最早的文本之一以此意象所指称的那样。意象使得概念的逻辑运动起来：只要有运动，就有时间的延展，而只要有时间的延展，就有叙事。①

柯林斯力图把握佛教虔诚的中心关怀，只是为了使他的这种雄辩有力的尝试显得更为完善，我们可再次借助于他来解释"句法的"一词是如何进入上述引文的：

> 涅槃的概念与意象均有意识地以怀疑性的沉默（aporetic silence）而告终。在佛教故事中，涅槃就是句点（full stop），也就是

---

① Collins, *Nirvana*, 284. 柯林斯在语言学的意义上将涅槃理解为句法的、语义的与语用的，可参下文。肯尼斯·伯克（Kenneth Burke）撰写了一篇论文，运思路向与柯林斯截然相反，却提出了同样的观点：虽然仍有重大的差异，一个是非时间的，另一个则必然是时间性的，但是，系统性思想与叙事性思想却有着可互换性。对伯克而言，《创世记》的前三章，即伊甸园的故事，虽然它形式上是叙事，却能以"哲学的"形式，也就是以非时间的命题形式进行重构，作为从秩序理念的公设中必然推导出来的逻辑推论。参 Burke, "The First Three Chapters of Genesis", in *The Rhetoric of Religion: Studies in Logology* (Boston: Beacon Press, 1961), 172-271。

这样的点:在此,叙事性想象必定结束。但是,这种结束提供的与其说是一种纯粹的中断,毋宁说是对一种终结的认识。涅槃是话语或实践动态(discursive or practical dynamic)中的一个时刻,是佛教的想象、文本与仪式的结构中的一个形式上的结束点。正是在这种意义上,我想说,涅槃有一种句法与语义的价值:它是赋予整体以结构的终结时刻。[①]

接着,柯林斯将他关于典型的佛教解脱故事的论点又运用到了释迦牟尼佛的故事上。"对任何个体而言,精神解脱的故事即宇宙范围的教育小说(Bildungsroman),它的结局既是真理的发现,又是存在的变化……当圣人认识到真理,这并不是他或她简单地获得了某种新知识,而是这种知识具体表现了一种新的生存境界或生存条件。"[②]在沉默的中心点即涅槃理念,当人们可说的一切似乎都无济于事的时候,佛教徒总是转向佛陀,由于崇拜一词在亚伯拉罕宗教中引发的联想,所以我们不应贸然将它称作崇拜,而可称作对整个教义所关涉问题的一种具体表现。正如佛陀本人所说,"见法者见我,见我者见法"。[③](未找到佛经出处,姑且如此译之)

因此,已包含在四圣谛中的佛教核心教义就是从受苦到涅槃的道路,它在系统性与叙事性思想中,甚至在诸如熄灭之火这样的象征中表达了出来。这种教义将一切出身差异都置之度外,并宣称一切人在追求这条道路上的能力都是平等的,在此意义上,相对于严重依赖出身与世系的早期印度社会,它是革命性的。但是,正如塔帕尔注意到的那样,佛陀并未倡导革命性地颠覆既存制度;相反,他试图提供一种不同的生活方式,通过其吸引力而非通过征服来发展壮大,从而建立一个平行的社会。对于这一平行社会的建立有着核心意义的就是僧伽的创立,即佛教僧侣的制度。

---

① Collins, *Nirvana*, 243.
② Ibid., 243-244."知识"的获得不仅仅是认知性的,而且也是情感性与行动性的,这对佛法之道极具核心意义,我对这种"知识"的整个讨论主要借鉴了柯林斯的著作。佛教的知识不仅仅是事实的获得,也是技艺的获得,关于这一点的扼要讨论,可参柯林斯的概述,*Nirvana*,153。
③ Ibid., 245.

帕特里克·欧利威尔已指出,尽管佛陀有其弃世的信徒杖履相从,但作为一种"正式组织"的僧伽,也就是这样的组织:它接受了普遍的法则与义务,以此作为自身的基础,而不是像当时大多数的社会组织一样以特殊的纽带为基础①,它的发展只是循序渐进发生的。② 最初,出家的要求只是做一种云游的托钵僧。在雨季的时候,可方便地将僧侣们汇聚到临时的共同场所内待上大约四个月,之后再分道扬镳。久而久之,这些共同场所变成了永久性的,佛教寺庙也变得常见了,它们往往就位于城市的附近。

与基督教的隐修相比,佛教的隐修明显要少了一些等级色彩。佛陀说,佛法就是僧侣所需的一切,因此他拒绝指定继承者,而且甚至就在寺庙内部,虽然提出了一套精心设计的清规(monastic rules),即戒律,这也只是一种维持秩序的尝试,只有最低限度的等级制。每一个僧侣都要依靠自己追求佛法之路,但师生之间的关系是很重要的,并由此产生了师承派系;这些师承派系之间的分裂可能成为"教派"分离的结构基础。僧伽绝不是为作为一个整体的社会而设定的模型,它谨慎地与社会保持着距离,但如我们所见,佛教隐修多少有些无组织的(amorphous)特点使得僧侣与俗人资助者——往往是君王、高官或者富豪——之间的紧密联系成为必然。如果那里有一种努力,想去创造一个相对于既存的社会秩序的平行共同体这样的东西,那么,它就不仅仅是由僧侣,而是由僧侣与俗人共同构成的。

佛教虽然成为所有传教士宗教当中最大的宗教之一,事实上也传播到了整个东南亚与东亚,但在印度,它彻头彻尾地,在某种程度上也是不可思议地被印度教吸收了。③ 被吸收者在何种程度上改变了吸收者是一个学术探讨与争论的问题。不可否认的是,在后来的印度教的大型有神论运动中,明显有某种程度的伦理普遍主义,而它在婆罗门传统中几乎没有什么先兆。

---

① 对僧伽的这种韦伯式的描述,可参 Collins, *Nirvana*, 558。
② Patrick Olivelle, *The Origin*, 第二部分"佛教修道生活的发展"(The Growth of Buddhist Cenobitical Life),35—77 页。
③ 前文已经指出,尼泊尔的梵语佛教是个例外。

佛教之后的宗教与政治

虽然我们须记住,即在某种意义上,印度从来不是"后吠陀的",但是,佛陀的教义显然是后吠陀的,而且仅仅是后吠陀的社会,尤其是后吠陀政体的一种表达。作为早期佛教的中心之一,摩揭陀国代表了一种新的政体——更大,也更为集权化,关于王权和统治的观念也与先前盛行的观念有所不同。佛教文本本身已充分证实了重大的文化、社会与政治变迁,但还有其他必须进行考察的重要文本,不论这种考察有多么简略。也许最重要的就是伟大的史诗,即《罗摩衍那》与《摩诃婆罗多》——它们虽然与《伊里亚特》《奥德赛》有很大的差异,却的确有着史诗的形式——还包括诸如摩奴的《摩奴法论》与考底利耶的《政事论》这样的文本。这些文本的年代无法确切地定下来,它们包含的材料也可能来自不止一个时代,但是,它们现在的形式可追溯至公元前最后几个世纪与公元初的几个世纪。

我们必须还要考察的,不仅仅有集权化君主制的发展,而且有一个只能被称为帝国的王朝的创立,即孔雀王朝(公元前321—前185)。它由旃陀罗笈多在摩揭陀建立,但在最著名的统治者阿育王(公元前304—前232;公元前273—前232年在位)的统治下,其疆域臻至顶峰。旃陀罗笈多建立的孔雀王朝比秦始皇在中国建立的第一个帝国王朝几乎整整早了一百年,但是,二者的未来则不啻天渊。虽然秦朝之后的确有断裂,但是,在长逾两千年的时间里,一个又一个的帝国王朝继之而来,直至1911年,它们当中的大多数王朝支配着我们今天所称的中国大部分地区。然而,孔雀王朝崩溃之后,印度在后来历史的大部分时间里都一直处于四分五裂的状态,在规模上,没有任何政权可望孔雀王朝之项背,不过,印度仍有着一种无疑可与中国相媲美的文化统一性,而政治统一显然并非这种文化统一的一个先决条件。

如我们将看到的那样,阿育王可能是印度历史上最具有革新精神的统治者,但出于某些原因——我们将在下文对这些原因进行考察,除了在佛教文本中之外,他几乎被遗忘了。他的铭文是印度第一个书写文字的实例,它们内容广泛,充满了有趣的材料,是以一个正本,几种语言写下来的,在铭文刻好之后不久,这些语言即无法辨读了,直至现代才被破译出来。阿育王并没有像阿肯那顿那样完全被遗忘,但鉴于他的历史重要性,他在后来的历史记忆中的缺席就很值得注意。然而,存在着这样的文本,它们使得这一时期成为印度宗教与政治思想中极具创造性的时期,在所有这些文本中,都可感受得到他的存在。

我们首先必须更细致地了解一下摩揭陀国,由此来试着理解公历纪元(Common Era)转折前后的几个世纪的变迁。它最早被提及时,被描述成处于吠陀文化圈之外,居住在当地的是蛮族,但如我们上文提到的那样,在佛陀的时代之前,也就是大概在公元前 5 世纪的时候,蔓延滋长的梵化就已经波及了摩揭陀。在频婆娑罗王及其子阿阇世王的统治下,摩揭陀国成为恒河流域支配性的君主国,并发展出了一种与先前的时代迥然有异的政体。以佛教与耆那教的资料作为主要根据,我们能依稀辨识出来的是一种新的集权化程度与一个手握重权的君王的出现。我们已经看到了从酋长国到大酋长国,再到一个不稳定的早期国家在公元前第一个千年前半叶的漫长转型。我们看到,早期国家严重依赖一种复杂的仪式体系——它以居统治地位的家族为中心,但也准许其他贵族世系的参与——而且也非常依赖刹帝利与婆罗门之间的联盟。

在公元前第一个千年中叶的某个时候,尤其明显的是在摩揭陀国,君王能够将更多的权力集中在自己手中,他不那么依赖地方贵族,而更多地依赖他从王室世系或利害相连的附属世系中选派的官员,并能够征收必须被称为税收这样的东西,而不是像以前那样征收贡物。大型的王室仪式依旧施行,但不再那么频繁,而且更具排他性地只在王室世系内部进行。婆罗门举足轻重,且受尊敬,但由于佛教徒、耆那教徒与其他群体的出现而无法声称唯有他们可通向神圣。在佛教与耆那教的文本中,频婆娑罗王与阿阇世王均被称作他们宗教的护法,同样在这些文本中,根据描述,他们虽然也有婆罗门顾问,却绝没有将任何一种宗教"立为国教"。新的扩张性的摩揭陀国显然更少地受缚于古老的企盼,也比先前的政权更倾向于进行政治与宗教领域中的实验。它是相继而至的众多事物的温床。①

　　也许在公元前 5 世纪的时候(所有的时间都是暂定的),频婆娑罗王与阿阇世王已经极大地扩张了摩揭陀国的疆域,以至于它囊括了整个恒河流域的下游以及毗邻的北部与东部地区。公元前 4 世纪的很长一段时期都是由随后的难陀王朝统治着,它大大拓展了摩揭陀国的统治,直抵西海岸,因此将次大陆从孟加拉湾扩展到了阿拉伯海。正是下一个王朝,即孔雀王朝所创建的帝国将次大陆的大部分地区纳入囊中,它包括了今天的巴基斯坦与阿富汗的部分地区,只有最南端的地区不在其版图中,但甚至连这些地区也可能接受了孔雀王朝的附属国地位。孔雀王朝的建立者旃陀罗笈多在公元前 321 年推翻了难陀王朝最后一任统治者。根据传统的看法,旃陀罗笈多的篡位自立是由其顾问考底利耶策划的②,此人后来成为了他的首相。《政事论》这一论述统治权的重要著作被归诸考底利耶的名下。毋庸置疑,我们现有的这个文本也包含了后来的材料,但也有一些可能就来自孔雀王朝时期,甚至可能来自旃陀罗笈多的首相。旃陀罗笈多开疆拓土,其子频婆娑罗王亦不遑多让,他完成了征服伟业,还没有征服的只余下摩揭陀南部的一个重要地区,即羯陵伽。一段过渡期之后,频婆娑罗王之子阿育王在公元前278 年(所有这些时间都是大约的估计)继承了他父亲的王位,为了夺取王位,他在过渡期间大概杀死了一个或更多的兄弟,也正是阿育王在几年之后征服了羯陵伽,从而使得整个帝国的疆域达到了巅峰。

546

　　由于许多石壁与柱子上的铭文散布于他的整个帝国,而他在其中申述了自己的旨意,因此,我们对阿育王的了解要远远多于对任何在他之前以及在他之后很久的统治者的了解。阿育王的铭文是印度保留下来的最古老的文字例证,一些学者认为,印度最早的字母系统是在阿育王的宫廷中发明的。我们应该记住,在西北边境,印度人长期以来就一

---

①　对这一历史的出色概述,可参哈特穆特·沙福尔《印度传统中的国家》(*The State in Indian Tradition*, Leiden: Brill, 1989),第六章"对印度的国家发展的综合理解"。

②　我使用的是塔帕尔在其重要著作《阿育王与孔雀王朝的衰落》的修订版中(*Asoka and Decline of the Mauryas*, Delhi: Oxford Univeristy Press, 1997)选用的"Kautaliya"这一拼法。该修订版加上了新的后记,其中讨论了从 1961 年第一版到修订版问世之间的这段时期的研究。其他学者则选用 Kautiliya 这一拼法。

直与使用字母的波斯民族有所接触,在阿契美尼德王朝统治时期,波斯人控制了印度西北部的一些地区,而在晚近的公元前4世纪,印度人与希腊人之间也有来往。亚历山大大帝在公元前326年侵入印度河流域,随后建立了大量的小的希腊城邦,后来,这些城邦被旃陀罗笈多征服,但是,亚历山大大帝留在叙利亚与美索不达米亚的继承者塞琉古在公元前305年入侵印度,挑战了旃陀罗笈多对那些地区的支配权——它们一度被波斯人掌控、较晚的时候又落入希腊人手中。塞琉古铩羽而归,但他在公元前305年与旃陀罗笈多达成了协议,他放弃领土,换取了500头战象。作为印度前所未有的最大王朝,孔雀帝国紧接着亚历山大的帝国——直至他那个时代,这就是地中海与中东最大的帝国——就创立了,这一事实无疑意义重大;孔雀王朝与亚历山大的希腊化继任国之间持续的外交联系亦然。文字在印度的发明可作为人类学家所说的"刺激扩散"(stimulus diffusion)的一个例证:孔雀王朝并没有接受一种外国的字母系统,而是发明了他们自己的字母系统。另一个解释也许更有说服力,即印度的字母是由阿拉米字母发展而来的,而阿拉米语在当时的波斯与印度西北部被用作一种通用的语言。①

　　如果仅仅以最可靠的资料为准,也就是以他的铭文中他本人的话为准,那么,我们能看出几个事实:阿育王在某一时刻成为了佛教的拥护者;他对羯陵伽的征服是血流成河的,包括战斗人员与非战斗人员均横尸遍野,平民人口剧减;他对征伐中的暴力悔恨不已;他后来放弃了战争,立誓以法敕(*Dhamma*)而不是以暴力治国。② 法敕是以俗语(Prakrit,也有译为普拉克利特语)写成,这是当时印度北部普遍使用的一种口头语,它与巴利语一样都源自古典梵语,与巴利语也有着密切联系——巴利语是早期佛教正典使用的语言。在俗语与巴利语中,梵语dharma都变成了dhamma。然而,像早期的一些研究法敕的学者那样

① Romila Thapar, *Early India: From the Origins to AD 1300* (Berkeley: University of California Press, 2004), 162-163. 我将把阿育王的法敕(*Dhamma*)用作斜体,以与佛教的佛法(Dhamma)区别开来。

② 我对阿育王及其教义的说明主要借助于塔帕尔的《阿育王》一书,包括她在附录5中对法敕的翻译。在这本书的后记中,她留意到了至1997年之前的研究,除此之外,她在《早期印度》中对阿育王的讨论虽然有所简化,却也表达出了这本书2002年首次出版时提出的观点。

将阿育王的 *Dhamma* 解读成佛陀的 Dharma 将会是一个错误。尽管阿育王确实为同类的佛教信仰者规定了一些法敕,但是,从其内容可以清楚地看出,这些法敕想要传达的是他自己的 *Dhamma*,他自己的教义,可以说,它们是非宗派的,是平等地颁布给所有信仰者的,意在传达当时所有的宗教都共有的价值。具体而言,阿育王教导,对沙门(佛教的僧侣,但也有其他教派的僧侣)与婆罗门要同等尊重,即便哪个词置于首位在不同的法敕中会有所不同。

虽然在内容上有一种宗教品质,但阿育王的 *Dhamma* 可被视为一种政治宣传的形式。无疑,阿育王并非政治宣传的发明者,阿契美尼德王朝统治者的石壁铭文大概就是阿育王铭文由以派生的模型。但是,内容上的差异则炳若观火:例如,阿契美尼德王朝大流士一世的贝希斯敦铭文重复了之前许多统治者的宣言,它是这样开始的:"我是大流士,伟大的王,众王之王,波斯王,诸国之王。"①阿育王对自己则相对谦逊,最常见的也仅仅是把自己称为"毗耶达西王[Piyadassi 是他个人的名字],诸神所爱的"。大流士长长的铭文是围绕着他通向王位的恶劣环境来开始叙述的,接着记述了众多的征伐,特别记述了对大量叛乱的武力镇压以及叛乱者的悲惨命运,这有着明显的警告任何可能的未来叛乱者不要以身试法的意图。人们可以说,整篇铭文充满了血腥与暴力。

实际上,在阿育王的铭文中,唯一提及战争的地方就是他表达了对征伐羯陵伽的悔意,这在很多地点都出现了,但值得注意的是,却没有在羯陵伽本地出现过,战争的记忆可能让当地居民过于毛骨悚然,以至于不能听取悔意。阿育王的铭文致力于和平,正如大流士的铭文致力于战争。例如,《大摩崖法敕》第六章(the Sixth Major Rock Edict)说:

> 朕思维:朕必须增进一切世间之福祉,励精图治与政务之裁断即为这样做的手段。其实,与增进一切世间福祉相比,任何事业均望尘莫及。因此,朕任何之努力,所行都是朕为返还对有情(all beings)所负之债务,朕之劳作是为了他们现世之安乐,使他们他

548

---

① 参网上维基百科的词条"贝希斯敦铭文全译"。

日可达至天上。此一法敕(*Dhamma*)即为此目的而刻。①（参考南传大藏经《论藏·阿育王刻文》，悟醒译，15页。无出版信息。根据英文有改动。下同）

阿育王表达了对其臣民的健康与福祉的关怀，也描述了他的克尽厥职，诸如通过种植菩提树提供荫凉而提升了路况，每九英里就提供水井与休息处，使得人畜可以恢复精力。② 但他坚持，他给予的最伟大的礼物莫过于法敕(*Dhamma*)本身：

> 法之布施，由法之亲善、法之分与、如由法之结缘，没有如此(殊胜)之布施。如中于次下之事，(即)对于奴隶及仆从与正常之待遇，对父母柔顺，对朋友、知己、亲族并沙门、婆罗门与布施，对生类含括不屠杀……人若行此者，由此法(*Dhamma*)之布施，既有现世之所得，于后世亦生无限之功德。③

尽管阿育王的法敕明显受惠于佛教，但是，它旨在成为一种普遍的教导，而不是教派性的教导。阿育王首要的关怀之一乃是宗教宽容：

> 诸神所爱者认为，布施以荣誉未如一切教派的提升重要。其基础在于对人的言说的控制，以莫要在不合适的场合赞美自己的教派与毁谤他人的教派。在每一个场合，人都应尊重他人的教派，因为如是而为就增加了自己教派的影响，又利于他人的教派，而不如是而为，则人就削减了自己教派的影响，又害了他人的教派……是以，和睦是可赞美的，以使人们聆听彼此的原则。④（译文参考了南传大藏经《论藏·阿育王刻文》，悟醒译，26—27页。英译与汉译相比，少译了几句话，原因未知）

例如，不杀生，作为佛教中的一条绝对原则，频频受到阿育王的颂扬，但它却是一种适度的不杀生，允许有例外。总体上，不可为了食物而宰杀动物，但是在一些情况下，这又是完全合理的。对特定的罪行仍

---

① 塔帕尔所译，《阿育王》，253页。
② 出自《石柱法敕》第7章，译文同上书，265页。
③ 出自《大摩崖法敕》第11章，译文同上书，254—255页。
④ 出自《大摩崖法敕》第11章，译文同上书，255页。

然强制实施死刑;关于战争,虽然征伐已被排除,但是,例如仍有可能对滋事的森林部落进行惩罚。也应记住,不杀生是一种越来越普遍的价值,可在耆那教中见到其最极致的形式,但它在初期的印度教中也得到了广泛的肯定。

阿育王的法敕中的一个中心因素将它与佛教联结了起来,虽然不是以一种教派的方式,该中心因素就是:它是普遍性的。它当中没有任何与种姓有关的因素,没有任何与来自出身地位的义务有关的因素。人们必须尊敬婆罗门,就像人们必须尊敬各式各样的苦行者一样,但是,这并没有强加特定的种姓义务。那些讨论 dharma 的非佛教文本也含有可适用于每一个人的普遍性劝诫,但是,它们还大力强调了不同种姓的义务作为补充。在阿育王的法敕中完全难觅踪影的正是后面这样的教义。尽管阿育王的法敕无法被称作世俗的——它像关注此世的生命一样关注来世的生命——但它主要是政治性的,是阿育王试图创建的那种好的社会的基础,就我们所能辨识的而言,他的这种创建至少部分成功了。羯陵伽战争之后,他长期的统治都是国泰民安的。

阿育王传播法敕的努力并不限于铭刻劝诫。他指派了大量被称为"法敕大臣"(*dhamma-mahāmattas*)的官员,他们的职责就是传播这些教导,不仅仅是在领土内,而且还超出了边境,就像那些被派到希腊化君主国的传教团一样。在一个文字刚刚起步的社会里,只有少部分的个体能够阅读那些铭文,但铭文的所在地会举行聚会,会宣读铭文给聚集起来的人们听。与人类历史上大多数的布道形式一样,是否有很多人理解并按照布道的内容行动,是很值得怀疑的。然而,阿育王的法敕在后来的印度历史上的影响比我们能确切衡量出来的要更为重要。

"法敕大臣"只是孔雀王朝统治时期创立的众多官职中的一个例子。然而我们并不知道,个体是如何被选派到这些职位上的,功绩的标准——它们在中国的官僚体制中非常重要——又是否以任何有效的方式制度化了。孔雀王朝似乎与之前和之后的印度统治者一样,依赖于特殊的血缘与世系准则,而且往往将职责委派给当地的名贵,在大摩羯陀以外的地区尤其如此。因此,虽然阿育王试图以法敕将帝国统一起来,但它仍然是脆弱而易裂变的。他之后的一连串软弱无能的统治者看到了帝国统治的逐步崩溃,最后一个统治者终于在公元前 185 年被巽伽王朝推翻,据称后者出自婆罗门世系,它统治了摩羯陀国与一块比孔雀王朝的巅峰期要小得多的领地。有一些记述认为,佛教在巽伽王朝受到了迫害,但看起来更有可能的是,佛教在一个日益正统的婆罗门政权下受到了宽容的对待。

在试着理解公元前第一个千年行将结束之际的印度政教关系时,我们必须考虑到孔雀王朝,尤其要考虑到阿育王,因为在那里我们能看到当时的其他政权多半缺少的证据。除了一些考古学的证据之外,我们了解到的主要是文字证据,尤其是阿育王的铭文。我们对阿育王政权唯一确定的知识就来自铭文本身,当然,它们不是客观的描述,但还有一些被认为是来自孔雀王朝时期或之后不久的那段时期的文本,它们可能也会透露出一些信息。谢尔顿·波洛克写道,"在前现代的南亚历史中,少有问题比政治权力的性质和政体的特点还难以得出逻辑一致而让人信服的答案了",因为他注意到,"连一份出自王室档案的记录都没有保存下来"。[1] 所以,我们在流传下来的铭文与文本中看到的是对政治想象的呈现,也是对这一事实的呈现,即修撰这些文本的人如何想让事物成为它看起来的那个样子,或如何想让事物被认为是它们应该是的那个样子,这些与它们实际上的样子是相反的。然而,波洛克提出,只要我们不把这些呈现看作如实的描述,那么,它依旧能就这个问题告诉我们很多,即受过教育的印度人是如何来思考他们的社会及其问题与志向的。[2] 在我看来,这种看法言之成理。

在试着回答我们的问题的过程中,即使在很大程度上只局限在语言上,也就是局限在那个时期所保存下来的文本上,我们也会直接面临着"什么语言"的问题。阿育王铭文与之后几个世纪的其他统治者的铭文"不是以梵语写的,而是以各种中古印度语的方言写成的,它们有时候被称为俗语。这些方言虽然与梵语紧密相关,但是,前现代的印度思想家则认为,它们与梵语判然有别"。[3] 但是,大量极其重要的梵语文本保存了下来,我们有可靠的内在原因相信,它们正好始自公历纪元

① Sheldon Pollock, *The Language of the Gods in the World of Men: Sanskrit, Culture, and Power in Premodern India* (Berkeley: University of California Press, 2006), 5, 7.

② Ibid., 2-10.

③ Ibid., 60.

转折前后的那几个世纪。俗语大概代表了那时的口头语言,而梵语则是精英的文学语言。俗语的铭文向每一个人说话,而梵语则是一个特殊群体的语言。一部分俗语至少一度发展成为文学语言,而巴利语则是几种俗语的混合物,早期佛教的经文即是以它来书写的,它在印度南部被继续使用了很长一段时间,后来,作为上座部佛教首要的文学语言在斯里兰卡与东南亚延续至今——上座部佛教是一种自觉的**非**梵语的宗教。然而,用波洛克的话来说,正是梵语在随后的世纪里(至公元第一个千年的中期,甚至印度北部的佛教徒也开始以梵语书写了)成为"世界语言",而且一些最有影响力的梵语文本在孔雀王朝时期就已经写出来了,或更有可能的是,在后孔雀王朝时代就迅速写了出来。

在试着理解梵语为何在我们今天保存下来的文本中如此具有核心性的时候,可从这一事实出发,即梵语是吠陀经的语言,所以长久以来都是婆罗门传统的语言,而且我们保存下来的梵语文本主要就是由婆罗门修撰的。但是,吠陀经的语言与后孔雀王朝时代的新的文学梵语之间存在着一个基本差异:前者是口头的,后者则是书写下来的。文字在新的语法科学中提供了一种在口头传统中仍然只是萌芽状态的可能性:二阶的批判性思维,以关于语言本身的语言为开端。

帕尼尼的《八章书》是一部关键的文本。它是论述吠陀经语法的著作,是一系列附属于吠陀经、被称为"吠陀支"(也译为"明论支节录"或"吠陀分支")的文本中的一部分,这些文本用于帮助研究者们处理一种与当时的言说渐去渐远的语言。就此而言,它是吠陀传统自然延续的一部分。但它也是后来被称为"典论"(*sāstras*)的文献中的第一部,典论也就是对关于一特定学科的系统论述,在《八章书》这个案例里就是语法学。帕尼尼理性思考语言的能力使得其著作成为这一领域的杰作——它问世的时候,世界上任何一处的语言学反思都不可与它相提并论,而且当它在 19 世纪被译为西方语言的时候,仍能够刺激现代语言学的发展。

帕尼尼通常被推定是生活在公元前 4 世纪,这时正处于印度文化水平的顶峰,而至于《八章书》最初是口头的,还是书写下来的,人们仍各执一词。这是一个我不甚明了的争论,但对我来说,有可能是:虽然这本书是对记忆下来的言说的一种反思,但它本身是被书写下来的;书写对这本书的自反性(reflexive)而言,是不可或缺的;它是对语言的一种批判性反思。然而,我们必须记住,帕尼尼的著作不是关于一般意义

上的语言,而是具体与吠陀梵语有关,我们也要记住,他无疑相信,他所研究的语言就是真正的语言本身,与任何其他的语言都判若云泥,这显示了从早期开始就在印度的智识传统中存在着的普遍与特殊之间的张力,也显示了仪式上只能使用梵语这种做法被取消很长时间之后,梵语仍作为"文献与系统性思想的语言而独擅其美"的独特性。① 同样值得注意的是,佛教并未使用梵语,至少在很多世纪里都没有使用。人们认为,佛陀已经告诉了他的弟子,在一个没有人说古典梵语的时期,人们能理解的任何语言都可用来弘法,不使用梵语的决定也就是经过慎重考虑的。巴利语是从一种或更多的口头语言中发展而来的,但它本身很快就成为了一种独特的语言,而且几乎可以肯定,它在相当早的时候就成为了书写语言,直至今天,还在上座部佛教的正典与南传佛教中得到普遍的使用,它本身也成为一种几乎仅仅为受过教育的僧侣所通晓的精英语言。语言上的分裂是佛教与后来所谓印度教之间产生的深刻的文化分裂的一种表现。

有一些"典论"比帕尼尼的《八章书》要晚一些,处理的是与我们现在的讨论更直接相关的政教关系,但在对它们进行考察之前,我们可对"典论"(*śāstras*)一词的指涉略谈一二。波洛克有时将这个词译为"科学"(science)或"系统性思想"(systematic thought)。② 他甚至称之为"理论"(theory),与他用来表示"典论"其他词不同,他将"理论"一词放到了引号里。在论及"典论"在以后世纪里面的累加时,他走得如此之远,以至于说,"在古老的印度,没有什么未被理论化"。不过,他明确表示,他说的"理论",主要意味着"事无巨细的盘点(inventory)与分类(taxonomy)"。③ 所以,他强调了梵语的系统性思想的经验主义,也就是这一信仰,即"没有什么是梵语的'典论'力所不及的;一切事物,一切地方,不论有多么私密[他在此说的是《爱经》],都是可知的,并已

---

① Sheldon Pollock, *The Language of the Gods in the World of Men: Sanskrit, Culture, and Power in Premodern India* (Berkeley: University of California Press, 2006), 50.

② Ibid., 3, 76.

③ Ibid., 300.

经为人所知"。① 在"典论"中,盘点与分类往往是以无休无止的清单(lists)来表现的,它们显然是科学理论的开端与基础;但是,系统性思想只有在它达到了能够经受检验的普泛化水平,才能成为没有引号的理论。颇可玩味的是,在此意义上,作为最早的"典论",帕尼尼的《八章书》是最科学的。

我们上文已经提到了早期印度的三种(或四种)人生目标的理念,即 *dharma*(义务)、*artha*(利益)、*kāma*(快乐),还有 *mokṣa*(救赎,解脱),有一些"典论"专注于它们当中的某一种,尤其是摩奴的《摩奴法论》,考底利耶的《政事论》《爱经》,与关于解脱的《瑜伽经》(*Yoga Su-tras*),不过这当中的每一部都是难以严格确定其年代的复合文本。《政事论》是经济学与政治学的专著,在缺少更多直接资料的情况下,塔帕尔用它给出了一些对孔雀王朝的统治的认识②,并称许了 dharma 在统治中的突出地位,但《政事论》主要专注于统治中实际的需要,对宗教与道德问题则不甚敏感。温迪·多尼格写道,"《政事论》是向君王提出的建议的一种简编,虽然常常被说成是马基雅维利式的,但考底利耶让马基雅维利看起来就像是特雷莎修女"。③ 与大多数的"典论"一样,《政事论》主要由一系列的规则组成,这些规则可以说是描述性的,但主要是指示性的,所以,我们无法用它们来说明事情究竟如何。尽管《政事论》有时候似乎描述了一个大国,但在其他时候,它似乎是在描述一群为了争夺霸权而纵横捭阖的小国家。毋庸置疑,该文本——它的构成部分是由不同作者在不同时期所撰——同时与上述两种情况相关,虽然如何相关常常是不明朗的。大力强调复杂的特务系统表明了岌岌可危的统治欠缺深层的正当性。因为《政事论》关注的是"利益",而主要不是"义务"(*dharma*),所以,它对政教关系并不特别具有参考价值。

另一方面,摩奴的《摩奴法论》虽然部分地与《政事论》重叠,却给予了政教关系更多的关注。摩奴的《摩奴法论》是由婆罗门,并且是为婆罗门而作的,它首先是关于恰当的婆罗门行为的一种指南,但其次,

① Sheldon Pollock, *The Language of the Gods in the World of Men: Sanskrit, Culture, and Power in Premodern India* (Berkeley: University of California Press, 2006), 198.
② 塔帕尔:《阿育王》,尤其是附录 1,"《政事论》的时代",218—225 页。
③ Wendy Doniger, *The Hindus: An Alternative History* (New York: Penguin, 2009), 202.

它关注王权如何与 dharma 相关联,更具体地说,是如何与婆罗门相关联。它晚于法经,并对法经有所借鉴,后者则被归入了"吠陀支",亦即,法经是从属于并解释吠陀经的仪式复杂性与语言复杂性的著作。正如我们在帕尼尼的语法学的例子中看到的那样,这些是正朝着后来的"典论"方向发展的系统化著作。作为四部主要法经的译者,帕特里克·欧利威尔尝试性地指出,它们可追溯至公元前 3 世纪到公元前 2 世纪晚期;如果这些时间是准确的,那么,它们可能一直就是写下来的文本。① 无论如何,它们主要是由婆罗门在生命周期过程中的仪式准则与行为准则(其中,有很多准则亦适用于其他两个再生种姓)的清单构成的,文本中只有百分之六到百分之十二专注于治国之道。② 尽管摩奴阐述了同样的主题,多了一个洋洋洒洒的对统治权的讨论,但他的著作是一部有条有理的论述,以宇宙论反思与宗教反思为开端,也以它们为结束:因此,它是一部真正的"典论"。

摩奴的《摩奴法论》是一部非常重要的著作,其影响持续至今,因
554　为它试图做三件事,每一件对传统的延续都具有核心意义,但三者却很难综合起来:(1)按照作者所处时代的理解,将吠陀传统编纂成法典,并进行绝对化;(2)肯定了由奥义书呈现出来的新的婆罗门灵性(Brahmanic spirituality)成分;以及(3)回应了佛教的伦理普遍主义与阿育王法敕的挑战。关于最后一点,欧利威尔写道,"一种婆罗门式的致力于dharma(《摩奴法论》是其中的高峰)的文学体裁被真正创造了出来,这可能是因为 dharma 这个词被阿育王提升到了帝国意识形态的水平"。③

由于以印度神话中的第一个人与/或第一个君王的名字,即摩奴作为著作的名字,这显然是在要求实质上的正典地位。但是,这一要求反过来是以吠陀经作为自存之经典(uncreated scripture)的地位为基础的,摩奴的著作声称,它正是以吠陀经为基础的。因此,吠陀的训谕,包

----

① Olivelle, *Dharmasūtras*, xxxiv.

② Patrick Olivelle, *The Law Code of Manu* (New York: Oxford University Press, 2004), xix. 温迪·多尼格也译出了《摩奴法论》,载《摩奴法论》(*The Laws of Manu*, New York: Penguin, 1991)。两个译文均值得参考。欧利威尔翻译了该文本的一个评述版,并给出一个很有神益的导论。多尼格翻译的则是传统的版本,且也给出一个很有神益的导论。

③ Olivelle, *The Law Code of Manu*, xliii.

括它们所有的仪式独特性与其他形式的独特性,均被置于无可质疑的地位。然而,奥义书的弃世者传统及其对位于吠陀经核心的火祭的拒绝,却也得到了肯定。事实上,比起对吠陀献祭的强调,这里对不杀生与不要杀害动物的强调要更为突出,不过,吠陀的献祭也从未被拒绝。摩奴诉诸有时被其他宗教认为是便宜行事的表达:“献祭活动中的杀为非杀……对可动之物与不动之物的杀是吠陀所规定的,也被称为不杀生。”(《摩奴法论》5.39,44)①多尼格指出,在历史上的某段时期,吠陀的献祭已经变成“基本上是可有可无的,在某种程度上也是让人尴尬的”,《摩奴法论》必须仍然捍卫它,甚至使用批评者的术语来捍卫它。②

对于伦理普遍主义,摩奴使用了两种策略,每一种都有其自身的问题。首先,有几处地方,摩奴描述了多尼格所说的与“特殊法”(particular dharma)相对照的“普遍法”(general dharma)。多尼格将由种姓产生的特殊法与普遍法对立起来,前者即种姓法(svadharma),后者“有时候被称为永恒法(sanatana dharma)或共同法(sadharana dharma)”,包含了可适用于所有阶层与种姓的普遍的道德训诫。③ 她援引了这一颂:“不杀生,不妄语,不偷盗,清净无垢和调伏诸根是四种姓的总法。”(10.63) 又援引了一个重叠的颂,其大意相同(12.83-93),还有一个针对前面三种(再生) 种姓的稍有不同(少了“不杀生”) 的颂(6.93)。④ 也许特别重要的是 12.83 的清单,因为它是在这本书很接近末尾的地方的一个对“至善”(highest good) 的讨论中出现的:“吟诵吠陀,内部热量(inner heat),知识,调伏诸根,不杀生与侍奉尊长会带来至善。”⑤(蒋忠新的译文是:“学习吠陀、修苦行、正知神我、调伏诸根、戒杀和侍奉尊长是最好的造至福的行为。”246 页)但是,摩奴接着通过如下的说法描述了一份看起来相当不同的清单,其中,似乎只有不杀生才算得上是一种普遍伦理:

① Doniger, *The Laws of Manu*, xlii.(译文参考了《摩奴法论》的蒋忠新译本,北京:中国社会科学出版社,1986 年,93—94 页。根据英文有改动)
② Ibid., xliii.
③ Doniger, *The Hindus*, 209. 亦参她在第八章对生命终结的讨论。
④ Ibid., 210.
⑤ Doniger, *The Laws of Manu*, 286.

555

人们应当理解,与上面的六种活动相比,吠陀规定的行为总是一种保证今生与来世的至善的更为有效的手段。所有这些活动都毫无例外地包含在吠陀规定的行为方案中,每一种活动都依次包含在一种对应行为的法则中。[①] (12.86—87)

多尼格这样提取出了上面这段文字的意涵,她写道:"大体上,特殊规则凌驾于普遍规则之上;种姓法战胜了普遍法。"[②]

捍卫殊别主义的同时,也肯定了一种普遍主义,为此而运用的另一种策略是,摩奴将婆罗门描绘为人类成长最完美也最完全的表现,即普遍之人(universal man)。所以,其他种姓即是在一种减法理论中被界定的:与婆罗门相似,却缺少了他们的某些特质,诸如施行献祭的能力,最末尾的种姓即为首陀罗(当然也有贱民),他们无法听,也无法理解吠陀经。如果婆罗门理想是一种面向每一个人的模式,从而任何像婆罗门那样行动的人均可被看作婆罗门(这是一个在佛教经文中提出的理念),那么,这可能确实暗示了伦理普遍主义。然而,摩奴强硬地重申,这一理念是不可能的。在其宇宙论的导言中,他确定了这一原则,即曾是什么,就永远是什么:

首先,[主]只是根据吠陀的词即为万物指定了特定的名字,活动与特定的地位……在一次又一次被创造出来的时候,每一种受造物就遵从它自己最初由主所指定的活动。杀生或不杀生,温和或凶残,法(dharma)或非法(adharma),真实或虚妄——他在创造的时候为每一种受造物赋予了哪一种的品性,那一受造物就自然地获得了那一种品性。正如季节变更时,每一种季节都自然地各具殊趣,具身的存在物也践行着他们彼此有异的行为。[③] (1. 21,28—30)

---

① 欧利威尔对这段文字的翻译更清晰。参 *The Law Code of Manu*, 217。(蒋忠新的译文是:"而在上述这六种行为中,实行吠陀规定的行为应该远远被理解为最能造福今生和来世。而在实行吠陀规定的行为的时候,所有这些行为都依次被包含在这种仪式规则之中。"246 页)

② Doniger, *The Hindus*, 211.

③ Doniger, *The Laws of Manu*, 14—15. 多尼格对这段文字的翻译,可参 *The Hindus*, 210。这听起来与加尔文宗的双重预定论如出一辙,如果人们可以进行这样一种远距离比较的话。(参考了蒋忠新译文,5—6 页)

多尼格引用了拉马努金(A. K. Ramanujan)来评价摩奴在下面这个问题上对"普遍性的极度欠缺":他使得 *dharma* 如此"受制于语境"(context-sensitive),以至于将所有的地位、阶层与生命阶段加到任何特定的伦理训谕上都意味着,"每一种加法实际上都是对任何普遍法的一种减法"。"为绝对法或共同法留下的空间并没多少,如果说文本真的谈及了它们的话,那也是将它们作为不得已的手段而不是作为首要之选"。①

如果《摩奴法论》只是一部诸多特殊训谕的汇编,那么我们如何能将其视为一种"典论",即一部"系统性思想"或"科学"的著作呢?与法经不同,摩奴并不仅仅汇编了特殊的训谕;可以说,他写作的时候完全意识到了普遍性问题,并试图从理论上捍卫殊别主义——使用普遍的论证来捍卫殊别主义。② 只在极少数的情况下,他的智识结构中的一些张力才会显露出来。第六章处理的是(婆罗门)生命的第三与第四阶段,即林隐者(Forest Hermit)与云游的苦行者(Wandering Ascetic),这两个阶段似乎比前面的阶段更接近生命的最终目标,但在这一章快要结束的时候,他重新确认了家居者的优先性:

> 学梵者、家居者、林隐者与弃世者:这四种不同的秩序源自家居者。所有这些,一旦像在神圣的经典中说明的那样,按照恰当的次序被实行,那么,就会将一个以规定的方式而行动的婆罗门引向最高境界。然而,在这所有四种人中间,根据吠陀经文的指令,家居者被称为最好的;因为他供养其他三者。正如一切河流与溪水终归之于海一样,所有的秩序都因家居者而生存。③ (6.87-90)

然而,第六章是以这一说法结束的,即婆罗门"通过退出所有的仪式活动而摆脱了仪式内在的罪垢……消除罪垢而进入最高境界"(6.95-96)。④

---

① Doniger, *The Laws of Manu*, xlvi.
② 这样做的时候,摩奴就阐明了一种可能性,在完全不同的环境中,这一可能性通常是日本思想的一个特点。参见贝拉《想象日本》的导论。
③ Olivelle, *The Law Code of Manu*, 105.(参考了蒋忠新译文113—114页,有改动。蒋忠新译为"梵行者、家居者、林居者和遁世者")
④ Ibid.

甚至更引人注目的是,该著作真正结尾的地方有一段文字,它似乎是孤立的,却在读者的心中引发了不止一个问题:

> 唯有知晓吠陀的人才有资格成为军队的统帅、君王、刑罚的仲裁者与整个世界的统治者。火势增强,甚至可焚烧绿树,与此相同,一个知晓吠陀经的人可将因行为而来的腐朽燃烧殆尽。知晓吠陀真义的人,无论他生活在生命中的哪一个时期,甚至在这个世界的时候就有资格成为一个婆罗门。[①] （12.100-102）

557   根据这段文字后面的另一段文字与第六章末尾和它们相似的讨论,很明显的是,知晓吠陀经,需要的远不止是听它,根据摩奴的说法,还必须包括吠陀经所蕴涵的苦行实践与瑜伽实践。这种知识与实践乃是生命的第四个阶段的弃世者理想之特征,并包含着一种超越了仪式与其他特殊义务的普遍经验。正是出于这个原因,虽然认识到了这一阶段就是至善,但在第六章,摩奴仍然将家居期阶段看成是最好的。不过,在上面的引文中,弃世者理想与统治,甚至与世界统治的观念结合了起来;这与佛教的一些教义有相似之处,并在史诗中更为充分地显现了出来。在摩奴这里发现这一点是值得注意的。但是,对于这一事实,即一个真正通晓吠陀经的人“在他度过的生命的任何一个时期”都能够在这个世界中与梵合而为一,我们应该如何理解呢?与梵合而为一即等同于佛教在今生达到涅槃的观念。这一明显的普遍性主张必然是有限度的,因为“典论”与它们之下的文本可以没有吠陀的知识,但是,作为所有后来的印度的殊别主义的标准,在这一最具殊别主义色彩的著作中,有那么个把片刻,我们似乎瞥见了普遍性。[②]

    欧利威尔认为,作为捍卫婆罗门特权的一种努力,但更为普遍的是在回应苦行主义教派,尤其是佛教,以及特别是阿育王的思想所提出的实质性挑战时,《摩奴法论》作为重申婆罗门对社会的理解的一种努力,它可能是在孔雀王朝衰落之后的纷扰混乱时期写成的。[③] 他相信,

---

① Olivelle, *The Law Code of Manu*, 218.

② 摩奴似乎理解普遍伦理学的立场,但自觉地拒绝了它。相反,他选择了道德/政治退化（regression）,只要他的文本还有影响,这就会带来不幸的后果。

③ Olivelle, *The Law Code of Manu*, xli-xlv.

《摩诃婆罗多》(我认为也包括《罗摩衍那》)大致与《摩奴法论》在同一时期与同一地点出现,并同样关注对传统 dharma 的重申。然而,虽然这两部史诗都集中关注了 dharma,但在处理作为"正义"(righteousness)的 dharma 与 dharma 在婆罗门传统中所意味着的大量和地位相关的特殊义务之间的深刻张力时,《摩诃婆罗多》与《罗摩衍那》都远远超出了《摩奴法论》简单的虔诚。在处理这种张力的过程中,它们并未解决它,但开拓了所有后来的印度文化的视域,可被称作后世文化的构形文本(formative texts)。每一部史诗都很长——《摩诃婆罗多》据说有《伊里亚特》与《奥德赛》加起来的七倍或八倍长——在叙事与伦理反思上也极其复杂。在此,我只能说明它们为什么不仅仅对印度的想象来说,而且对一般意义上的人类想象来说都是一种构形文本。

与其史诗姊妹篇《摩诃婆罗多》相比,《罗摩衍那》的篇幅要短一些,叙述上也更清晰。[①] 在两部史诗中,普遍法与特殊法之间的张力在 558 这一问题上达到顶点,即在一个不允许暴力的道德世界中,君王或刹帝利种姓对于统治的不可避免的暴力的伦理责任问题。如我们已经看到的那样,这正是阿育王最关注的问题;作为这两部史诗最敏锐的注释者之一,波洛克使得这一对比甚是鲜明。我发现,波洛克对史诗的注释是最有帮助的,根据他的描述,罗摩(Rama)——《罗摩衍那》的中心人物,他最后不仅仅成为他自己的城市阿约提亚的君王,也成为了整个世界的君王——不仅重申了 dharma,而且也重新界定了它,由此而统一了宗教与政治的理想,统一了刹帝利与婆罗门的理想:

> dharma 是他作为一个刹帝利的义不容辞的义务,罗摩通过对 dharma 的这一新界定,解决了[婆罗门理想与刹帝利理想之间的]对立。通过增加一种僧侣的成分,他的法典扩大成为完全的"正义"(righteousness),这种成分不是来自他暂时的苦行经历,而仅仅是由于这一经历而变得丰富了。法典的确立旨在与婆罗门的

---

① 《罗摩衍那》标准的英文译本是《跋弥的〈罗摩衍那〉:古印度的史诗》的第一卷(*Rāmāyana of Vālmīki: An Epic of Ancient India*, vol.2: *Bālarāmāyaṇa*, trans. Robert P. Goldman, Princeton: Princeton University Press, 1984)。其他五卷在 2009 年的时候已经出版了,每一卷都包含了史诗的一篇,还有一卷待出。

dharma 相交叉,并吸收了后者及其正当化的伦理学(不杀生)与灵性(spirituality)。通过这种方式,刹帝利变成了自我正当化的,而且,作为一种整合性权力,王权的"全部潜能"最终可被激活。政治领域与灵性领域现在可汇集于一个单独的中心:君王。①

接着,波洛克提到了罗摩的教导与阿育王的教导之间惊人的相似性:

> 人们再次惊讶于[阿育王的]铭文与《阿逾陀篇》[《罗摩衍那》第二篇]之间的相似性。同样,对阿育王而言,"唯一真正的征服是通过'*dharma*'而来的征服":通过"怜悯、慷慨、真诚与正直",通过"对婆罗门与苦行者的崇敬"。同样,荣耀唯有为了他的这一目标才是可取的,即"人们可能因为他[的循循善诱]而顺从于 *dharma*[以阿育王时代的俗语来说,即是 *Dhamma*];他们可能遵守 *dharma* 的义务"。"战场的鼓声"被类似地转化为 *dharma* 的鼓声,而"一切世界永久的福祉"成了根本性的关怀。②

在 1986 年撰写《阿逾陀篇》的导言时,波洛克推测是《罗摩衍那》影响到了阿育王,甚至"《罗摩衍那》很可能充当了佛陀传记的一个原型"。③ 但是,在 2006 年的《人的世界中的诸神之语言》中,他又写道,"还没有让人信服的证据证明《罗摩衍那》的定稿在前阿育王时期即已存在了(这是我们所有手写稿的共同特点),更无须提在佛陀(约公元前 400 年)之前了"。④ 因此,如果我们能谈影响,不论影响在这里意味着什么,都必然是从佛教到阿育王再到《罗摩衍那》,而不可能是反过来。

最后,波洛克认为,《罗摩衍那》是创造性地含有矛盾的。罗摩"明显肯定了等级的从属关系"——很多人数个世纪以来就已经在《罗摩衍那》中看到了这一点——但是,他的"顾及其乌托邦统治的属灵承诺

---

① *The Rāmāyana of Vālmīki: An Epic of Ancient India*, vol.2: *Ayodhyākāṇḍa*, trans. Sheldon I. Pollock(Princeton: Princeton University Press, 1986), 70.

② 同上书,注 12,70—71 页。波洛克引述了阿育王铭文,它们与《阿逾陀篇》中的一些文字相似。

③ 同上书,70 页。

④ Pollock, *The Languages of Gods in the World of Men*, 81.

(spiritual commitment)似乎却隐隐约约地反对它"。① 据说,罗摩的统治开启了和平与繁荣的"黄金时代",它似乎更像是阿育王的时代而不是罗摩的时代。所以,在佛教与阿育王的法敕中出现的伦理普遍主义并未消失,而是在与后来印度历史中的婆罗门殊别主义之间的张力中继续存在。确实,阿育王的法敕以及明显影响了它的佛教共同作为伦理普遍主义,对上古的婆罗门殊别主义的遗产发起了一种持续的、轴心式的挑战,所以后来的印度文明是一种在轴心文化与上古文化倾向之间的不稳定的妥协,也许比大多数的后轴心文明都尤为甚之。

《罗摩衍那》有一个幸福结局,在此意义上,它是一部喜剧,而《摩诃婆罗多》虽然有附加的幸福结局,却是一部以完全的灾难而结束的悲剧,这一点是如此明显,以至于《罗摩衍那》的抄本往往被存放在家中,而《摩诃婆罗多》的抄本则被看作过于不祥而不适于家庭使用。② 但这给我们彰显出来的是,《罗摩衍那》的幸福结局也许来之太过容易,而《摩诃婆罗多》则为我们揭示了伦理实践与不可避免的暴力之间,宗教理想与政治现实之间的深渊,它展现的张力不仅仅存在于印度,而且也存在于人类社会中。波洛克仍然是一位卓有裨益的注解者:"不论《摩诃婆罗多》还可能是别的什么,但它也是且尤其是一部政治理论著作,是对南亚历史中的政治问题做出的最重要的文学反思,在某种意义上也是所有古代对政治生活这一令人绝望的现实做出的最深刻沉思。"③

如果像波洛克评述的那样,即"《罗摩衍那》无疑已经成为一种名副其实的谈论世界的语言",那么,《摩诃婆罗多》即可因为它广泛地汇编了诸多故事与学说,而被视为一种包含了整个世界的百科全书。然而,与《罗摩衍那》一样,它有一个叙事内核:

---

① Pollock, *Rāmāyana*, 2:72.
② 《罗摩衍那》中第二重要的角色是罗摩的妻子悉多(Sita),她的苦难与最终命运,以及她在罗摩那里受到的对待,确实都是很成问题的,如果人们对她做出严肃思考,那么人们可能就会改变《罗摩衍那》是一部喜剧的观念。《摩诃婆罗多》被广泛认可的英译本是由芝加哥大学出版的《摩诃婆罗多》第一卷第一篇(trans. and ed. J. A. B. van Buitenen),于 1973 年出版。接下来还出版了其他三卷:第二卷包含第二篇与第三篇;第三卷包含第四篇与第五篇;第七卷包含第十一篇与第十二篇的第一部分。总计有十八篇。
③ Pollock, *Languages of the Gods*, 17-18.

　　　　由于在接近开头的地方就宣称"存在于世界上的一切均可在《摩诃婆罗多》中找到,而它当中没有的就不存在",所以,[《摩诃婆罗多》]人所皆知地赞美了自己百科全书式的知识。然而,在它超过十万颂的行文中,这个文本从未失去其叙事内核的视野,即两派堂兄弟为了继承俱卢都城哈斯汀普罗的统治权而展开的斗争,也未失去它毫不动摇地坚持着的中心问题的视野,即政治权力的二律背反:人是权力的奴隶,权力却不是任何人的奴隶。(《摩诃婆罗多》6.41.36)当人们必须杀的就是自己亲人的时候,权力的吊诡——以最严酷的表达来说就是:为了保全,需要毁灭;为了生存,需要杀戮——就成了前所未有的尖锐问题。这就是为什么《摩诃婆罗多》是世界上所有前现代的政治叙事中最为悲惨的:《伊里亚特》与《罗摩衍那》一样,是关于一场远离家园的战争,《奥德赛》是关于告别沙场而回家的旅途,《埃涅阿斯纪》是关于一场建立家园的征途。《摩诃婆罗多》则是关于一场在家园中发生的战争,在任何这样的战争中,都必然是两败俱伤的。①

尽管波洛克在这一点上无疑是正确的,即《摩诃婆罗多》是关于权力的二律背反的,但这种二律背反首先在 dharma 的语境中发生:权力在何时,又是以何种方式符合或不符合 dharma 的?虽然方式不同,但两大史诗均集中关注了权力与 dharma。作为《罗摩衍那》中的英雄,罗摩是 dharma 的鲜明体现,他事实上是单面的(one-dimensional),因为他从未动摇过。② 在他通向王位的前夜,按照其父即国王的希望,他作为宫廷密谋的一个牺牲品而被放逐,且必须退隐到山林中去。他接受了父亲不公正的裁决,并利用了这个机遇作为一个弃世者而行动,虽然在妻子急迫的请求下,他带上了她。当他的兄弟指控其所作所为不像一个刹帝利时,罗摩回答说:"丢掉那个不光彩的念头吧,它依据的是刹帝利的法典;按照我的想法去做,使你的行动以法(dharma)为依据,而不是暴力。"(《罗摩衍那》2.18.36)之后,当其他人以相似之事非难他的时候,罗摩再次拒绝了"刹帝利的法典,在这里,非正义(unrighteousness)

---

① Pollock, *Languages of the Gods*, 225.
② Pollock, *Rāmāyana*, 2:48-52.

与正义(righteousness)携手并进,这是只有卑污、苟贱、贪婪、邪恶的人才去遵守的法典"(《罗摩衍那》2.101.20)。[1] 如我们已经看到的那样,罗摩说的(*dharma*)"法"指的是普遍法,即正义(righteousness)本身,而且他在整部史诗中都始终如一地拒绝对人施加暴力。波洛克断定,理想的人物"是对那些不可能有真正解决之法的问题在想象中给予解决",由此,他肯定罗摩具有"理想的君王"的性质。[2] 但是,为了避免罗摩显得过于理想,或者与佛教的禁欲者过于接近,他的刹帝利的进攻性被允许向着某些动物(考虑到对动物的不杀生伦理,这是很成问题的),尤其是向着罗刹,即魔鬼或食人魔——它们可能象征着人的邪恶,但又不是人——发泄出来。诚然,与罗刹之间的大战是《罗摩衍那》的戏剧顶峰,但至少在表面上,这并没有削弱罗摩终止战争的行为,虽然在后来的历史上,有些人群有时候会被过于轻易地等同于罗刹。[3]

561

然而,在《摩诃婆罗多》中,并没有像罗摩这样的理想人物。相反,中心人物,即班度族,也就是国王班度的五个儿子各有瑕疵,更不用说长兄坚战了,他是达摩神(Dharma)之子(因为他的人类父亲,即班度,不能怀上他)[4],因此,在一种重要的意义上,他就是 dharma(法)本身的化身,以至于他被称为法王。但是,整部史诗是对坚战在 dharma 上的教育的记述,这是一种似乎从未完成的教育。第三子阿周那是刹帝利理想的体现,如任何一个《薄伽梵歌》的读者所了解的那样,他在关键时刻对自己的责任到底是什么这个问题踌躇不决。

dharma 如何与权力相关联这一普遍的问题在如下两个方面成为焦点,即武士战斗的义务,以及出于正义的理由而必要的杀生是否违背了不杀生的伦理训谕,尤其是不可杀亲属与老师的伦理训谕。阿周那的御者黑天是阿周那的朋友,但也是毗湿奴的化身,就在与俱卢族[5]的大战将要开始之前,他为了打消阿周那突如其来的厌战之意,与阿周那

---

[1] Pollock, *Rāmāyana*, 67-68.

[2] Ibid., 51.

[3] 关于这一点,可参波洛克:《〈罗摩衍那〉与印度的政治想象》("Ramayana and Political Imagi-nation in India", Journal of Asian Studies 52, no. 2[1993]),262—297 页。

[4] 要解释班度族的双重出身将远远超出我既有的篇幅,因为这是一个情节之复杂使我们不可能对其做出简要描述的实例,而这种复杂性乃是整部史诗的特征。

[5] 班度族的堂兄弟。

发生了争论。黑天的论点是《薄伽梵歌》的核心,我没有必要一一复述,而只要说出下面这一点即可:只是由于黑天在他所有光彩夺目的荣耀之中揭示了他真正的自我,阿周那才最终认识到,他至高的义务就是履行其种姓义务,履行他的种姓法(svadharma)(svadharma 一词,在前文曾根据上下文译为"义务"或"种姓法"),同时放弃任何对后果的关注,并要认识到,一切最终都由神掌握,无论如何,没有一个人曾确切地被杀,因为胜利者将在此生享受胜利,而他们杀害的对手将在天上重生。这不是罗摩的看法,并且如塔帕尔所述,"倘若佛陀是这个御者,则信息可能是有所不同的"。[1] 总之,这一议题在《摩诃婆罗多》第六篇《薄伽梵歌》这里并未得到解决,而是在后面几篇里继续困扰着坚战。

562　　　第六篇至第九篇描述了大战,其对手俱卢族几乎濒临灭绝,班度族获得了最终胜利,这几篇即以此结束。但第十篇,即《夜袭篇》描述了三个幸存下来的俱卢族领袖如何在夜晚潜入了班度族的大营,杀死了班度族所有的儿孙,五兄弟则由于被黑天引开了而得以幸存。[2] 在双方近乎无差别的屠杀之后,坚战表达了拒绝他现在要执掌的王权而退隐山林的愿望,因为他无法想象再犯下任何比已经发生的杀生罪行还要多的罪行。为什么这个决定是错的,以及为什么他应就任王位,辩解的重任落到了阿周那的身上,因为国家终究需要一个公正的统治者。在这一关键时刻,阿周那超越了来自种姓法的论点——种姓法即一个人"自己的"dharma,它在实践中即意味着由其种姓继承而来的dharma,而在刹帝利这里,就意味着杀戮。他们并不孤独。阿周那证明,我们都是杀人者,并列出了一个详细的清单:

> 我看这世上没有哪个生物不靠杀生维生。生物依靠别的生物
> 维生,强者依靠弱者维生。鼬吃鼠,正如猫吃鼬;狗吃猫,陛下啊,
> 野兽吃狗……最受人崇敬的诸神都是杀戮者。楼陀罗是一个杀戮

---

[1] Thapar, *Early India*, 178.

[2] 第十篇的译文可见于约翰逊(W. J. Johnson)所译的《〈摩诃婆罗多〉的第十篇:夜袭篇》(*The Sauptikaparvan of the Mahabharata: The Massacre at Night*, New York: Oxford University Press, 1998)。约翰逊在他引人入胜的导论中指出了 dharma 概念的宇宙论层面,它只是这部浩瀚的史诗中所讨论的几种这样层面中的一种而已。我一直关注的是伦理/政治层面,该层面对其他层面的含义有所暗示,但就我的简要论述而言,它已经足够复杂了。

者,塞建陀、阿耆尼、伐楼那与阎摩亦然。我没有看到这世上有哪个人不杀生。苦行者不杀生,也不能维持生命。①(《摩诃婆罗多》12.15)(译文参考了《摩诃婆罗多》第 5 卷,黄宝生等译,北京:社会科学出版社,2005 年,第 25 页。值得注意的是,此处贝拉所引用的英译文与中译文差别极大。在中译文中,从"我看"到"吃狗"这部分是第 12 篇 15 章 20 颂和 21 颂;"最受人尊敬"到"亦然",是第 12 篇 15 章 16 颂和 17 颂,而且中译文中还特意提到了因陀罗,英译文则没有提到;"苦行者"一句,是第 12 篇 15 章 24 颂。可见,在中译文中,这几个颂并不是从前到后的"顺"序,而是打乱的顺序,但此处的英译文显然是将它们作为"顺"序来翻译的。原因不得而知)

尽管坚战说过"我决心不做残忍的人",由此而肯定了不忍之心(ānṛṣaṃsya)的价值,但他也让自己坚信,成为君王是他的职责所在,接着他督令举行马祭,即王权的大型献祭仪式之一。阿尔夫·希尔特贝特尔(Alf Hiltebeitel)将不杀生与不忍之心描述为《摩诃婆罗多》的两种核心价值,该史诗不止一次将不杀生或不忍之心称为"最高法"(highest dharma)。然而,希尔特贝特尔发现,这部史诗有 54 次将某物称为"最高法",在最频繁被提及的对象里,有 8 次是不忍之心,4 次是不杀生(虽然真理是 5 次,略超不杀生)。实际上,各式各样的德性与属灵实践都被描述为最高法,这使得希尔特贝特尔对《摩诃婆罗多》中的"最高法"做出了如下界定:"最高法似乎就是知道一个人所处的任 563 何具体境遇中的那种最高法,并在一种本体论的内部来认识这种境遇,这种本体论事实上承认,就表达与探讨'最高'而言,存在着无止尽的变化与延缓。"②

所有这些都可能是真的,且无疑已很好地为传统所用,然而它在多大程度上使坚战满意了,《摩诃婆罗多》本身让我们对这一问题仍心有

---

① Doniger, *The Hindus*, 266, 270.

② Alf Hiltebeitel, *Rethinking the Mahābhārata: A Reader's Guide to the Education of the Dharma King* (Chicago: University of Chicago Press, 2001), 208. 参他对这些问题的一般性讨论,202—214 页。

疑问。至于大型的马祭,它显然顺利地结束了,虽然不是没有事变——阿周那之子"杀死"了父亲,而阿周那却成功地复活了。[1] "但是",多尼格注解道,"就在献祭结束、宾客离去之后,献祭的圆满就被一个故事给破坏了。一只猫鼬从它的洞穴中出来,以人的声音宣布:'这整个祭祀都比不上一个遵守拾落穗的誓愿并以此为生的婆罗门给出的一粒麦粒。'"[2] 猫鼬表达了典型的弃世者观点,即与一次纯粹的施舍行为相比,献祭完全就是微不足道的。无疑,早在《摩诃婆罗多》中,大型王室献祭将坚战的统治象征化为转轮王(cakravartin),从而引起了灾难性的后果,因为它导致了致命的行险徼幸的事件,与俱卢族之间的纷争以及所有随后发生的灾难都是由此而来的。[3] 在这里,我们同样看到了,大型吠陀仪式之一有着极其矛盾的后果。

如波洛克所述,在这个故事结束的时候,虽然"班度族的政治权力已经巩固了,但战争及其所开启的新的、更为恶劣的迦梨时代(Kali Age)已经耗尽了他们的力量与意志",所以,坚战才呼喊:"权力的法(the law of power)当受诅咒,它让我们虽生犹死!"(《摩诃婆罗多》15.46.8)[4] 一位19世纪的思想家认为,"[《摩诃婆罗多》的]总体意图在于表达对社会生活的绝望",波洛克通过引述这位思想家的看法,将对该史诗的一种解读概述为:它主要宣告了"社会价值的衰落"。波洛克接

---

[1] 详细地讨论这一事变将离题万里,但是,加纳纳什·奥贝赛克拉在其《文化的成就》(*The Work of Culture*, Chicago: University of Chicago Press, 1990, 80-81)中注意到,这是弗洛伊德经典的俄狄浦斯情结的唯一一个印度例证,而且是极其模棱两可的一个例证,不过,在佛教文献中,经典的俄狄浦斯情结的例证是很常见的。参照对印度案例的整体讨论,75—88页。

[2] Doniger, *The Hindus*, 266, 270.

[3] 波洛克将王室献祭称为"[坚战]神化为转轮王"(*Language of the Gods*, 226),也就是神化为普世的统治者。这个词虽然在上座部佛教中仍然很重要,但在后来的印度教中似乎已不再使用了。波洛克对坚战的四个弟弟为了准备这种神化而在四个方向上进行的征伐,以及对其中所描述的征伐在地理上包含了已知的印度文化世界这一事实尤感兴趣。对世界的描述在《摩诃婆罗多》还出现了三次,并帮助人们界定了后来印度文明的政治地理学,也界定了这一政治修辞,即一个真正的好君王是一个世界统治者(例如,罗摩或在上文的《摩奴法论》接近末尾的地方所描述的统治者),与他实际王国的大小无关。这里的范例是阿育王,他有着不朽的来世。参 Pollock, *Language of the Gods*, 226-237.

[4] Pollock, *Language of the Gods*, 227.(中文版《摩诃婆罗多》为:"可悲啊!我们的王国、力量、勇敢和刹帝利法,这些导致我们虽生犹死。"可以看出"刹帝利法"对应的就是此处我们翻译的"权力的法"。参《摩诃婆罗多》第6卷,黄宝生等译,北京:中国社会科学出版社,2005年,699页)

着说，"这是对史诗的诠释，不是将它视为社会的圆满而是视为社会的深渊，这是对权力的诠释，不是将它视为完善而是视为不可完善之物，因为，如[普遍被认定是该首史诗作者的]毗耶娑所说，它'不是任何人的奴隶'"。① 最后，其中心词 *dharma* 究竟意味着什么，《摩诃婆罗多》仍让我们觉得如雾里看花。似乎只有神知道，而且正如希尔特贝特尔所述，"《摩诃婆罗多》就是与神的辩论"。②

史诗是印度传统中讨论核心的伦理与宗教问题的一个模式，只是为了完善我们对它的讨论，我想简单地提一下《毗输安呾啰王子本生经》，它一直被称作"佛教的史诗"。③ 本生经是佛陀前世的故事，出自不同且未知的年代，虽然总体上明显比经藏（Suttas）要晚，但其中一些 564 可能确实与印度史诗一样来自公历纪元转折前后的同一时期。④ 理查德·贡布里希在他为玛格丽特·科恩的英译本撰写的导论中，强调了《毗输安呾啰王子本生经》的重要性：

> 毗输安呾啰王子散尽一切，甚至舍弃了他的孩子与妻子，他的慷慨无私是佛教世界中最著名的故事。它已经在每一种佛教语言中，在风雅的文学中，在大众的虔诚中都得到了复述；它已经在每一个佛教国家的艺术中都得到了再现；它已经形成了不计其数的布道、戏剧、舞蹈与典礼的主题。在上座部佛教的国家中，即斯里兰卡与东南亚，它仍然被每一个孩子学习；甚至佛陀的传记都不如它更广为人知。⑤

尽管远不如印度史诗那样长篇大论，但《毗输安呾啰王子本生经》也是一部史诗，因为它叙述了一位伟大英雄的功绩与苦难。这也是事实，即

---

① Pollock, *Language of the Gods*, 554.

② Hiltebeitel, *Rethinking the Mahābhārata*, 214.

③ Margaret Cone and Richard F. Gombirth, *The Perfect Generosity of Prince Vessantara: A Buddhist Epic*（Oxford：Clarendon Press，Oxford，1977）. 最近对本生经故事的一个汇编，可参 *The Jataka: Birth Stories of the Bodhisatta*, trans. Sara Janet Shaw（New Delhi：Penguin，2006），它也涵括了颇具意味的《哑躄本生谭》，后者与《毗输安呾啰王子本生经》有些类似。

④ 其他版本似乎都来自最全面的那部巴利语文本，尽管无法丝毫不差地确定该文本的时间，但我们知道，故事追溯到了公元前 2 世纪与公元前 1 世纪，因为在北印度这一时期的浮雕中，可以发现故事当中的情节。参 Cone and Gombirth，*Vessantara*，xxxv。

⑤ Cone and Gombirth，*Vessantara*，xv。

在其篇幅最长、文学造诣最高的版本中,它缜密有序,文采斐然。数个世纪以来,它都能够以一种令人信服而有影响力的方式向广大听众——既有受过教育的,亦有大众——表达宗教传统的核心关怀,在这个方面,它堪与印度史诗相媲美。

　　柯林斯指出,在精神上,《毗输安呾啰王子本生经》与《罗摩衍那》要比与《摩诃婆罗多》接近得多,因为与罗摩一样,毗输安呾啰也是一个有着完美德性的王子,也由其父选立为储君,但接着也被放逐到山林中,他在那里作为一个弃世者而生活,最后归来却作为一个"理想的君王"而统治。由于他极端慷慨,毗输安呾啰在公众那里身陷烦恼,尤其是在他舍弃了国家的大象的时候。因为他有神奇的降雨能力,所以当来自另一个国家、深受旱灾之苦的几位婆罗门向他求雨的时候,他舍弃了大象。这就使得人们普遍要求放逐毗输安呾啰。他,他的妻子以及两个孩子到了一处田园般的山林隐居地,这时一个不满的婆罗门不请自来,向毗输安呾啰强要他的孩子,永远慷慨的毗输安呾啰不顾妻子的悲痛,同意了。诸神之王因陀罗乔装来到毗输安呾啰这里,为了预先阻止邪恶的婆罗门也将其妻子据为己有,就向毗输安呾啰要他的妻子。因陀罗继而现出真实的自我,归还了毗输安呾啰的妻子,她现在已不能再被施予出去了,作为一个被归还的礼物,她是不可亵渎的。(毗输安呾啰给出的大象价值极高,全身各处的饰物价值连城,"其值不可计之物。此等一切全部授与婆罗门等,同样象使及驯象师,象之侍者五百家族全部施与"。另外,此处的 Indra 仍依照前文译为"因陀罗",在中文版《毗输安呾啰王子本生经》中,庇护毗输安呾啰,并安排下一系列保护措施的是"帝释")这个故事的多数怜悯之情都给予了有丧子之痛的妻子。这些事件表明,完全的弃世生活意味着完全的慷慨,在惯常的人类关系层面上,它是极端痛苦的原因。《毗输安呾啰王子本生经》中并未出现任何针对令人不快的婆罗门的战争,因此,在这一点上,它与《罗摩衍那》之间并没有什么相似之处。毗输安呾啰不会以暴力来对付任何人,甚至是魔鬼,而全然邪恶的婆罗门无疑就是真正的魔鬼。然而,婆罗门的所作所为大白于天下,毗输安呾啰不仅与其家庭重聚,而且此后成为了完美的君王,自此之后就一直德被八方。柯林斯对这一故事的总体诠释如下:

它表明,在对极乐的苦行主义追求中,真正的人类财产最终必须被舍弃,所以这尤其是对弃世困境的一种痛苦而坦率的面对;在巴利语的文献中,这是将苦行价值注入一个平常的、生产与再生产的社会的最精微,也最成功的尝试。这个社会只是在故事结束之际才被一笔带过,这是不可避免的,因为连续的叙事描述会对[内在于这样一个社会的]矛盾与吊诡含糊其词:正如虚构的罗摩之治,也就是随着罗摩对罗波那的胜利与他作为君王的神化而来的乌托邦一样,它只在《罗摩衍那》第九篇的末尾处占了九个颂的篇幅。①

柯林斯指出,佛教对不杀生的绝对承诺既没有《摩诃婆罗多》的相对主义,也没有像《罗摩衍那》那样准许针对非人类的杀生行为,这种承诺尽管在《毗输安呾啰王子本生经》中得到了很好的表达,却并不像它看起来的那样与印度史诗处于简单的对立中。他提出,实际上在佛教社会中,Dhamma 有两种模式:"模式一,以互惠(reciprocity)原则为基础,当它以惩罚罪行的形式以及在自卫中以恶还恶的时候,它需要并正当化了暴力;模式二,价值,包括不杀生的价值是绝对的。"②《毗输安呾啰王子本生经》的力度在于它同时承认了这两种模式的存在与它们的代价。佛教徒总是将它看作一个充满欢乐的故事,而不是一个悲剧,这一现象乃是与超越故事自身的这一事实有着莫大关联:"它通常只是被简单地称为'大本生经',讲述了以佛陀乔达摩·悉达多为终点的转世序列上倒数第二次转世为人时发生的事情,那时,他尽善尽美地实现了给予的德性(virtue of giving);其后,在他作为乔达摩·悉达多最后一次出生之前,他再生为兜率天(Tusita)的一个神(a god)。"③这个故事指向的正是佛陀与他的涅槃。

566

---

① Collins, *Nirvana*, 501. 柯林斯在这本书中讨论佛教乌托邦思想的时候,引用了诺思洛普·弗莱(Northrop Frye)的一篇很有意思的论文《文学乌托邦种种》("Varieties of Literary Utopias", in *The Stubborn Structure: Essays on Criticism and Society*, Ithaca: Cornell University Press, 1970), 109—134 页。(该论文初版于 *Daedalus* 99, no. 2 [1965]: 323-347)弗莱对文学乌托邦做出了强有力的辩护,驳斥了当代贬低它们的人。

② Collins, *Nirvana*, 522.

③ Ibid., 333.

值得思考这一事实,即与《伊里亚特》《奥德赛》和《埃涅阿斯纪》相比,我们一直在讨论的三部史诗以更为明快的方式提出了关于暴力及其邪恶,好君王与好社会的问题。这部分地是因为希腊史诗产生时,它们所描述的武士社会方兴未艾(维吉尔用拉丁语写的史诗对希腊史诗亦步亦趋,以至于未能打破窠臼),但是,当我们现有的印度史诗版本形成的时候,印度类似的武士社会就只是一个遥远的记忆了。在印度史诗中,最让人印象深刻的恰恰是它从系统性思想中汲取真知灼见,并毫无粉饰地展示其复杂性与内在矛盾的叙事能力。倘若没有它们的叙事深度,对于传统在后来的历史中会如何展开自身,我们可能就只有残缺不全的认识。

第十章　结　论

　　帕斯卡在一条思想片断中说出了一些可适用于本书的道理："在写一本书的时候,最后发现的东西应该最早表达出来。"①写完了第一章至第九章之后,在彻底重写第二章"宗教与进化"的过程中,我发现了哺乳动物之间的游戏的重要性,我也发现,动物之间的游戏以很特别的方式为人类之间的游戏、仪式与文化的发展提供了背景。② 所以游戏虽然是我最后才发现的,却早早地就进入本书之中,但是接下来,在从部落宗教到轴心宗教的整个跋涉中,游戏却在很大程度上被忽视了。虽然我没有指出来,但游戏一直都在,只是在表面之下。因为已经付出了十三年的心血,所以我无法想象重写整本书来给予游戏足够的重视,在这里,我将在"结论"部分讨论游戏的重要性以及人类生活中那些危及游戏的事物,试着用这种方式来简要地补苴罅漏。

---

① Blaise Pascal, *Pensées*, rev. ed., trans. A. J. Karilsheimer (London: Penguin, 1995 [1670]), 323. 帕斯卡那里还有另外一段话与本书相关:"既然我们不可能是通才,也不可能懂得一切可能懂得的事物,所以,我们必须对一切事物都懂得一些。因为对一切都懂得一些,要比懂得某一件事物的一切要好得多。"Pascal, *Pensees*, 58. 在此,帕斯卡拒绝过度专门化,不过即便在试图遵从他的劝告的时候,所有我能做的也就是对许多事物知道少许,甚至不是对一切都知道少许。帕斯卡讥笑了宣称知道一切的一切(know everything about everthing)的哲学家。(贝拉此处引用的帕斯卡原文出自《思想录》第一编,译文参考了何兆武译本,北京:商务印书馆,2013年,19页)

② 正如第二章表明的那样,我从戈登·伯格哈特研究动物游戏的著作与约翰·赫伊津哈研究作为人类文化之基础的游戏的著作那里受益匪浅。在完成了其他几章之后,为何第二章成了我唯一重写的独立一章,这个问题也许要稍稍交代一下(我确实在2009年秋天写了一篇新的前言,以代替我一开始的时候撰写的前言,那时,我对本书的运思路向还没有充足的认识)。自本书的初稿完成以来,对生物进化的理解在这十年左右已经有了显著的变化,这是事实,但在较小的程度上,每个重大章节中的主题也发生了变化,这也是事实,所以仅仅如此还无法证明重写是合理的。主要原因在于虽然我仍然相信,在任何智识的意义上,宗教都不会先于我们自身这个物种,因而它是在旧石器时代出现的,但我已经意识到,使得这一起源成为可能的深层背景也有着这样的重要性,以至于需要我们对之进行广泛的讨论。

席　勒

第二章忽视了一篇关于游戏的重要的经典之作，即席勒的《论人的美育》，我将从它开始说起。席勒注意到康德的一个扼要的类比，后者评论道，艺术之于手艺，正如游戏之于劳作(work，该词在下文是一个很重要的概念，有时候译为劳作更合适，有时候则译为工作更合适，译文并没有强行统一)①，但是他对其游戏观念的阐述要远远超过了康德。席勒已经就动物游戏的性质作出了猜测，戈登·伯格哈特在其有名的著作《动物游戏的起源》中也给予了首屈一指的分析，即游戏是一个自由王国，与为生存而斗争的压力相对：它只能发生在伯格哈特所说的"放松的领域"(relaxed field)。②如席勒所述：

568

> 无疑，自然甚至已经把超出了生活必需的东西赐给没有理性的生物，并把一线自由之光投射在动物生存的黑夜。当狮子没有饥饿侵扰的时候，没有野兽向它发起挑战的时候，它闲置的精力就为自己创造了一个对象；它意气昂扬的咆哮在沙漠上回响，它旺盛的力量在毫无目的的展示中自得其乐……当匮乏是其活动的主要动力时，动物就**劳作**，当其力量的充沛是其主要动力时，当精力过剩的生活成为其活动动力时，动物就**游戏**。

席勒将"需要的强制"(sanction of need)或"**自然的严肃**"(physical seriousness)与"过剩的强制"(sanction of superfluity)或"**自然的游戏**"(physical play)对立了起来，但他也指出，人类的游戏虽然也是以身体的游戏开始，却可迈向审美游戏的层面，人类完满的精神与文化能力可

---

① Friedrich Schiller, *On the Aesthetic Education of Man*, trans. Reginald Snell (New York: Dover, 2004 [1801]).

② Gordon M. Burghardt, *The Genesis of Animal Play: Testing the Limits* (Cambridge, Mass.: MIT Press, 2005). 经检查，我发现，伯格哈特不仅在著作中提及了席勒，而且实际上还在其著作28页从席勒那里引用了一段文字，这是我在初次阅读时未能细究的一处引证，它与下一处引文有部分重叠。伯格哈特比其他任何人都更多地使我认识到，动物游戏在进化历史中有非同小可的重要性。

在其中被赋予自由的支配权。① 席勒是一位举足轻重的诗人,也是一位哲学爱好者,所以他的一些推理并不那么容易理解。他似乎是在主张,人类生命被一系列二分法(dichotomies)给撕裂了:质料与形式,感觉与知性,现实性与必然性,等等,游戏却可克服这种二分法。"但是,当我们意识到,在人的任何条件下,恰恰正是游戏,且唯独是游戏,使得人完整,并同时展示了他的双重性,那为何还要称之为一种**纯粹的嬉戏**(a *mere* game)呢?"写下这段话的时候,他已经反对将游戏化约为"一种纯粹的嬉戏"了。他以一种鲜明的断言达到了这种反思的顶端:"让我们一劳永逸地宣布,因为只有在他是完全意义上的人(man)的时候,人(Man)才游戏,并且,**当他在游戏的时候,他才是完全的人**。"②

在席勒阐述的众多有趣的看法之中,还有一个观点与游戏和时间有关:

> 感性冲动需要变化,需要时间以获得某种内容;形式冲动则需要废止时间,排除变化。因此,就有了二者结合而成的冲动(请允许我暂时称之为"**游戏冲动**"),这种游戏冲动的目标在于:时间**在时间中**的废止,生成(becoming)与绝对存在的和谐,变化与同一的和谐。③

在此,席勒似乎是在说,在"外在于时间的时间"(time out of time)中发生,这也许原初就是游戏的特点。正如我们在第一章注意到的那样,列维-斯特劳斯也将这视作音乐与神话的特点。④ "时间在时间中的废止"似乎是生命以一种并不屈服于"为生存而斗争"的形式而在放松的领域中发生的现象,而游戏作为第一种这样的形式,在生物学时间中是

569

---

① 席勒:《论人的美育》,第 27 封信,133—134 页。黑体为原文所有。在席勒这里,人们可能会看到我们在第一章发现的亚伯拉罕·马斯洛(Abraham Maslow)所说的匮乏认知与存在认知之间的区别。参马斯洛:《朝向一种存在心理学》(*Toward a Psychology of Being*, Princeton: Van Nostrand, 1962)。

② 席勒:《论人的美育》,第 15 封信,78—80 页。黑体为原文所有。

③ 同上书,第 14 封信,74 页。黑体为原文所有。

④ Claude Lévi-Strauss, *The Raw and the Cooked* (New York: Harper and Raw, 1969), 15-16,他在此说道:"音乐与神话需要时间,似乎只是为了拒绝它。"

源远流长的。

我认为,席勒有助于我们从第二章对动物游戏的描述转向第三章对部落仪式的描述。在所有那三个部落的例子中,我们看到仪式是如何在一个放松的领域中发生的,也看到人们付出了巨大的努力来创造这样一种领域。在卡拉帕洛人中,一个重大的仪式需要几周的筹备时间——如果不是几个月的话。这其中有一部分涉及排练与仪式施行中将会用到的仪式器具的制造,但是,还有一种强化的经济举措来提供多余的食物,这些食物将分发给重大仪式的参与者与出席者。必须在仪式之中征集食物,这无疑将打破魔咒。确实,有些仪式涉及的不止是人们直属的群体,如果它们果然要举行,则食物储存的能力似乎在相当大的程度上就是这些仪式的一个先决条件。我们可以在澳大利亚的土著居民与纳瓦霍族当中看到相似的筹备。可以想象,在前国家时代,人们可能想在相对不受外部入侵者威胁的时间与地点举行仪式。所以,人的仪式需要劳作来准备一个放松的领域;动物游戏需要游戏者是吃饱的、安全的,但没有什么特殊与广泛的准备是必需的。人类的游戏与劳作不仅仅是一组对立面,而且也以各种方式相互依赖,这是一个我们下文需要进一步考察的见解。

对部落仪式本身的描述通常会展示出一些我们可称之为游戏的特点:这种仪式非常像歌咏、舞蹈、筵席与全体的狂欢中那样被具身化了,但其中还有一种很强的假装游戏(pretend play)的因素,它可以有着严肃的意涵。我们可引述一个对卡拉帕洛人仪式的相关描述:

> 音乐表演与强力存在相关,也是与他们进行沟通的一种手段,虽然它并不是直接指向他们的……可以说,沟通不是通过**向着**(singing *to*)某种强力存在歌咏而发生的,而是通过歌咏**使之形成**(singing it *into being*)而发生的。强力存在的高度集中的心理形象(mental images)是通过表演手段在表演者的心灵中创造出来的……随之而来,在自我与歌咏的对象之间发生了一种融合;正如在神话中强力存在分有了人类的言说一样,在仪式中,人类也分有了强力存在[*itseke*]的音乐性,从而暂时取得了一些他们的转化力

量。在公共仪式中,这就是共同体的力量。①

我们亦可借鉴艾伦·巴索对仪式生发出来的道德平等感的描述:
"从经济的角度来看,它意味着每一个人都有义务参与,但是,每一个
人无论贡献了多少,都可领受 *Ifutisu*,即卡拉帕洛人的生活中最基本的
价值(包含慷慨、节制、灵活、面对社会困境时的泰然沉着,以及尊敬他
人这些观念),它超出了家庭领域,拓展到了共同体中的所有人。"②在
动物游戏的平等主义规则中,我们已经看到了这种平等感的先兆。

但是,虽然动物游戏发生于其中的动物社会是由有些严厉的支配
等级组织起来的,不过,诸如第三章描述过的狩猎采集社会与一些园艺
社会(horticulture societies)则是相对平等的。人们必然想知道,在游戏
与仪式中特有的平等主义是否已经以某种方式超出了仪式语境而在这
种社会中得到了普泛化。正如一些学者已经尝试的那样,狩猎采集社
会的平等主义也许完全可在经济基础上得到解释,但来自游戏与仪式
领域的文化动力可能也与此相关。我已经在第四章证明了,在仪式语
境中,对平等性的持续重申可能有助于这种社会应对飞扬跋扈的新贵
时时存在的威胁。

游戏、仪式与早期国家

随着农业、乡村聚居地的发展,以及人口的增长,支配等级制出现
了,一开始还很适中,后来却在早期国家中出现报复式增长。当这些支
配等级制再次出现的时候,发生了什么呢? 我们注意到了一种仪式分
叉(ritual bifurcation):一些仪式是专门留给支配性精英的,并且是在其
余人的视线之外或较远的地方举行,虽然各种不同的公共仪式依旧在
非精英人群中举行。蒂科皮亚岛是一个"传统的"波利尼西亚酋长国
的实例,在那里,酋长几乎没有强制权力,他仍被视为一个扩大了的、包
括整个群体在内的世系的首脑,但他受到的崇敬是狩猎采集社会中闻

---

① Ellen B. Basso, *A Musical View of the Universe: Kalapalo Myth and Ritual Performances* (Phila-
delphia: University of Pennsylvania Press, 1985), 253. 黑体为原文所有。
② Ibid., 256-257.

所未闻的。在这个岛上，出现了我们可称为崇拜的那些现象的开端。正是酋长，且只能是酋长将祭品——在这里，也就是食物与饮品——供奉给现在可称之为神的强力存在，因为在这些唯有酋长可施行的仪式中，请求诸神的庇护与佑助乃是核心要素。然而，远距离观察这些神圣的仪式之后会发现，仪式上的语词是保密的，说的时候又如此轻细，以至于平民无法听到，那里还有一种包含歌咏、舞蹈与筵席的普遍性节日，它使我们想到部落社会的共同仪式。

571　　夏威夷是一个早期国家，或者说在西方人发现它的时候，它距早期国家只有咫尺之遥，即便在它这里，也存在着一年一度的仪式交替。在一年之中属于库神即战神的时期，仪式是在有围墙的神庙中举行的，一般大众无法进入其中。在这里，祭司进行祭祀，最重要的就是活人祭，以赞美大酋长的权力与特权，后者已接近于成为君王了。但是，在这一年的剩余时间里，即玛卡希基的季节，尤其以新年仪式开始，一种极其不同的仪式盛行起来了。值得注意的是，在这一时期，库神的神庙大门紧闭。如我们在第四章看到的那样，在希乌瓦伊仪式之后的四天四夜里，没有人劳作。所有等级的人均沉浸在筵席、嘲笑、下流与讥讽的歌唱中，而首先则是沉浸在舞蹈中。欢笑战胜了禁忌(kapu)，而且舞蹈中的性企图是不可拒绝的。瓦勒热(Valerio Valeri)写道，"这些不可思议的协调的舞蹈"实现了"一种完满的友谊"，后者重组了社会本身。所有这些都是在一种"无等级分化"的气氛中发生的。① 古老的平等主义至少暂时地重现于世。

　　甚至在有着鲜明的等级制度的社会中，逆转的仪式——它们会违背平常的规则，例如像是与性别身份有关的规则，但也有尊敬上位者的规则——在全世界各地均可发现。一般而言，它们一直被诠释为"情绪发泄"(letting off steam)，所以最终强化了现状，但在某种程度上，它们可能也准许表达真实的感受，即使是在得到小心控制的条件下。在这些仪式中，游戏元素是显而易见的。

　　在现代的极权主义社会中，大型的公共仪式有时有数十万人的参

---

① *Kingship and Sacrifice: Ritual and Society in Ancient Hawaii* (Chicago: University of Chicago Press, 1985), 218-219.

与,并播放到王国的每一个角落,它们重申了所有人与现在非常遥远的领导阶层之间的团结。而在民主社会中,领导阶层应当是"透明"的,虽然很少全然如此,它定期地举办诸如新当选总统的就职典礼这样的大型公共仪式。仪式中的公众参与不论有多大程度上在阶级分化的国家社会中保存了下来,核心的神话与意识形态均强化了支配性的统治群体的正当性,虽然从轴心时代以来,它们并不是没有遇到过挑战。

我们已经注意到,官方意识形态通常会强调统治者压倒性的支配权,就像在波斯的阿契美尼德王朝的伟大君王即大流士一世的贝希斯敦铭文这个例子里一样,但它通常也会包含某种对养育(nurturance)的表达。甚至在这里,统治者也频频被称为人民的父亲或牧羊人,这虽然比冷酷无情的权力象征要更为亲切,却的确强调了:统治者是成年人,被统治者则是孩童。在上古社会中,而且甚至轴心社会亦然,在不同的程度上,统治者都是以一种不同于普通人的方式与神圣相联系的,因此对现存政权的宗教认可或意识形态认可都强化了现存的权力结构。

但是,阶级分化的国家社会还有另一个特点与游戏相关:在大多数君主制的早期国家中,以及对整个历史时代中很多这样的国家而言,成为君王的道路是荆棘满目的——觊觎王位的还有兄弟、堂兄弟与重权在握的地方大员。一旦王位到手,王权的维系亦往往要大费周折。然而,这种社会中的精英阶层,即我们可称为贵族的那些人,也就是君王亲属的大家庭或君王的亲密盟友,他们享有一种特殊的尊贵地位。如我们看到的那样,在夏威夷,他们被认为是近乎神圣的。更无须说,就"劳作"这个词平常的意思而言,他们从事的劳作是微不足道的,因为他们得到了社会下层无微不至的伺候。能描绘他们的特质的就是:他们游戏。他们狩猎,参加军事训练,这些技能一旦在战争中投入使用,即可有着实实在在的后果,但它们同时往往也是好玩的竞争(playful competition)。他们学习格高意远的歌舞之艺。他们有时写诗,或招募吟游诗人写诗,倾听史诗,或与情人交换情诗。我们不仅在古希腊——在这里,我们很多人最熟悉的就是《荷马史诗》中的贵族——而且也在古代的中国、日本、印度、非洲与波利尼西亚发现了这种贵族。

游戏另一个已经得到发展,且尤其在贵族间得到发展的特点是竞争的出现,用古希腊语来说,也就是 *agon*(竞技)的出现,它可能是在部落的游戏与仪式中出现的,但在那里并不突出。卢梭认为,即便是在简单的社会中,像是那些我所提到的部落社会,已经出现了某种竞争的因素,只是并未得到强调。① 但是,在贵族社会中,竞争性的体育赛事也许源自军事训练,它们已变得很常见了,而且包含了赛跑、摔跤与许多其他的"体育运动"——至今还继续存在着的体育运动。涉及团队游戏的竞争性比赛可能亦有着同一起源。我们在许多社会的贵族阶层中都发现了这样的发展,例如在波利尼西亚就很明显,但是,对那些熟悉西方历史的人来说,第一个想到的例子还是希腊。在此,竞技性的运动与比赛得到了高度发展,并往往与仪式相关——人们会想到《伊里亚特》中阿喀琉斯为帕特洛克罗斯的葬礼所组织的比赛——但是最明显的例子则是奥林匹克竞技会,因为它虽然只是几种泛希腊的体育盛事之一,却仍以相当不同的形式继续在我们中间存在着。在此,让人瞩目而且与我们今天的奥林匹克运动会极其不同的是,它们是在一个献给宙斯的大型节日的语境中举办的,运动会只是其中一部分。

573

  关于竞技性、竞争性游戏的出现,我想指出:尽管它们是在一个放松的时空发生的——在竞技会期间,所有处于战争状态的希腊城邦会宣布停战,以使运动员在云集赴会时不至于胆战心惊,重要的在于,失败者是被打败而不是被杀死——但是,竞争确实将一种为生存而斗争的因素带到了游戏境遇本身之中。公认的格言向来都是"不在于谁胜谁负,而在于你如何玩这个游戏",显然,它的影响并非不足挂齿,但是希腊人非常关心胜负。虽然竞争是高尚的,但折桂就是像神一样的。也许在现代美国之前,没有哪个社会曾经这么强调胜利。但是,如果胜利变得过为已甚,游戏即可能变成消极的,变成类似于上瘾症的东西,

---

① 关于这种境况,卢梭写道:"他们开始在大树下聚会;唱歌和跳舞,也就是爱与闲暇的真正产物,成了无牵无挂并因此而聚集起来的男人和女人的娱乐,更准确地说,成了他们的消遣。每一个人开始注视其余的人,同时也希望自己受到别人的注视,于是,众人的尊敬,就获得了一种价值。唱歌或跳舞最棒的人,最美、最强壮、最灵巧或最善言辞的人,就成了最受尊敬的人;这就是走向人与人之间的不平等的第一步,同时也是走向罪恶的第一步。" J.-J. Rousseau, *Discourse on the Origin of Inequality*, in *The First and Second* Discourse, trans. Roger D. Masters (New York: St. Martin's Press, 1964 [1755]), 149. (译文参考了卢梭:《论人与人之间不平等的起因和基础》,李平沤译,北京:商务印书馆,2011 年,91 页,根据贝拉所引英译文有改动)

而且会像卢梭想象的那样,可能会使不平等在基本上平等的竞技场中凸显出来。①

弃世者与早期国家的合法化危机

但是在此,游戏还具有另一层含义:一些人劳作,其他人则游戏。②并不是那些劳作的人就不会游戏,而是说:对他们而言,由于承负着必须谋生的沉重负担,所以,游戏受到了时间与品质上的限制。在此,在游戏者之间,游戏可能是平等主义的,但它并不是在整个社会中都平等地共享。意识形态专家们口口声声地许诺,现代性将使"闲暇"(leisure)民主化,这是一个与游戏密切相关的词,但今天,即便"闲暇阶层"也没有多少闲暇,而对其余的人来说,一天看上三两个小时的电视就是主要能消受的东西了。

然而,甚至在诸如夏威夷这样的早期国家中,我们也看到了可称为道德新贵之人的出现——也就是类似于先知的人物,他们冒着极大的危险,认为现存的权力结构应遵循一种其显然尚未满足的道德标准。轴心时代——公元前第一个千年的中叶——是这样的时代:这种对支配性的文化秩序的挑战已比比皆是了。这是轴心时代的定义的一部分,即正是在这时,一种普遍的平等主义伦理学首次出现了。我们今天该如何来思考这一不朽的时刻呢?

在此,我将借助哈贝马斯的论文《重建历史唯物主义》,将其作为一个出发点。在论及从由血缘关系组织起来的部落社会到早期国家出现这一转型的时候,他写道: 574

> 通过血缘关系而完成的社会整合……从一种发展逻辑的观点

---

① 对游戏的消极方面,包括对游戏作为瘾症(赌博可作为一个例子)的研究,可参伯格哈特:《动物游戏的起源》,385—393 页。

② 尽管人终其一生都可进行游戏,但是,它尤其是童年的特征。大卫·兰西(David F. Lancey)在《童年人类学:小天使、奴隶与换生灵》(*The Anthropology of Childhood: Cherubs, Chattel, Changelings*, Cambridge: Cambridge University Press, 2008)生动地指出了"一些人劳作,其他人游戏"在巴西的后果:"在巴西,童年是富贵者的一项特权,对穷人而言,它实际上是不存在的。"(1 页)

来看,与经由支配关系而完成的社会整合相比,它属于较低的阶段……尽管有这种进步,但与血缘系统所**允许**的不十分显著的社会不平等相比,政治的阶级社会中**必然**出现的剥削与压迫必须被视为倒退。出于这个原因,阶级社会在结构上就无法满足它们自身所生发出来的正当化需求。①

事实上,早在轴心时代之前,早期国家以及与其相伴而生的等级系统在我所说的上古社会中就出现了,并衍生了在一定程度上甚是常见的不幸,在我们从这种社会得到的文本中,可以辨识出这种不幸,但是,哈贝马斯所提及的正当化危机尤其尖锐地在轴心时代兴起了,那时社会的支配机制相对于上古社会有了显著的增长,条理连贯的抗议也首次成为了可能。将轴心转型解释为阶级斗争的形式无疑是太过简单了,但不可否认的是,它们均涉及对既存的社会与政治形势的社会批判与严厉的评判。

这种批判自何而来呢?在回应这个问题的时候,一直有一种谈论"知识者"的倾向,虽然就公元前第一个千年而言,这个词意味着什么还是暧昧不明的。人们会想到文士与祭司阶层,但是,我们能够假定,他们当中的大多数人与既存的权力系统是唇齿相依的,不可能极具批判性。即使那时已经存在的那种国家试图凌驾于血缘关系之上,甚至在一些重要的方面成功地凌驾于其上,但是,各种不同的殊别主义团体与归属性团体已经星罗棋布了。在这样的社会中去构想批判的社会空间并非易事。正是在这种语境中,必须对——用一个最经常用到古印度身上的词——"弃世者"的角色作一番考察。

在晚期吠陀的印度已经有弃世者了;其中,第一个也许就是我们已有所叙述的耶若伏吉耶,他是在《大森林奥义书》中出现的。弃世者放弃的是家居者的角色以及随之而来的所有社会牵连与政治牵连。佛教提供了一种彻底的弃世者形式,其初始的行动即为"出家",自此之后,他就保持着永远的无家状态。如果弃世者"不属于任何地方"(nowhere),那么可以说,他——有时候是她——就可以从外部审视已建立

575

---

① Jürgent Habermas, "Toward a Reconstruction of Historical Materialism", in *Communication and the Evolution of Society* (Boston: Beacon Press, 1979 [1976]), 163. 黑体为原文所有。

的社会。在某种意义上,不难将希伯来先知看作弃世者,虽然我也将他们称为控诉者(denouncers)。他们亦处于权力中心之外,力图遵从上帝的诫命,而不论其结果如何。即使在反对权力的时候,他们无疑比佛教的僧侣更面向权力,但是,如我们将看到的那样,佛教的僧侣对此世的权力亦有激烈的批判。很容易将中国战国时代出现的道家视为弃世者,他们亦有对权力的批判,虽然更多是讽刺性的,而不是伦理性的。但是还有一种观念认为,儒家,尤其是那些最伟大的儒家,他们从不入仕,或只短暂地担任底层公职,原则上也反对侍从一个不道德的主公,由于从外部对权力作出批判,所以他们也是弃世者。最后我将证明,通过不同的方式,苏格拉底与柏拉图亦是弃世者,他们在城邦中,却不属于城邦,并且从外部批判它。[①]

在几种轴心文化中,在大多数情况下只能被宽泛地称为弃世者的人们之间尽管存在着差异,但他们共有的一个特点是:他们是教师,是学派或修会的创始人,因此或多或少——经常是较少的——稳靠地将一种批判主义传统进行了制度化(institutionalizing)。最后,正如他们当中的一些人最终所做的那样,在某种程度上也是很吊诡的:他们的力量是通过影响甚至控制精英教育的程度来发挥的。[②] 他们的生存不可避免地依赖于收取服务费或依赖于一些人自愿的赠赐。

通过指出弃世者的重要性,我们在某种意义上回到了最初的问题。弃世者如何获得了支持,使他们能够继续在局外人的位置上生存呢?看起来很明显的是,对世界状态的某种不安必定相对已经广为传播,甚至在精英中间亦是如此,从而提供了支持,没有它,弃世者很可能已经消失在了荒野之中了。但是,弃世文化的社会学基础是某种放松领域

---

① 或许最好只将柏拉图称为弃世者。西蒙·戈德西尔将苏格拉底称为一位"流放中的表演者(performer)",因为他并未在公民大会与其他政治集会上展现出他的智慧(除了在一个重要的场合)。安德莱娅·奈丁格尔(Andrea Nightingale)不同意他的看法,她在 *Spectacles of Truth in Classical Greek Philosophy* 中认为,在与其同胞公民的交流中,苏格拉底仍隐秘地受到城邦的约束。参 Andrea Nightingale, *Spectacles of Truth in Classical Greek Philosophy: Theoria in its Cultural Context* (*Cambridge: Cambridge University Press*, 2004), 73 *n*.2. 我们能否将苏格拉底称为一位"异见者"呢? 与瓦茨拉夫·哈维尔(捷克前总统)一样,他批判城邦,却拒绝离开它,不论付出什么样的代价。幸运的是,哈维尔只在监狱里面被监禁了四年。

② 当然,就像在许多正当化斗争中一样,作为一种批判主义传统而开始的东西亦可成为一种正当化传统。

的确立,在这种领域中,新的精神达人(spiritual virtuosi)——如韦伯称呼他们的那样——的信徒形成了宗教实践群体。在某种意义上,弃世者放弃的就是"劳作",他们转而追求的则是"游戏",往往是一种非常严肃的游戏,但自有其愉悦的因素。几乎在每一个地方,共同的仪式对他们的实践来说都居核心地位,但是他们几乎所有人都担负起了教育局外同情者的责任。只有在取得了精英政治群体的宽容,甚至是尊敬对待的时候,传统才能保存下来,并得到精心的阐述,虽然它们有时也会受到精英政治群体的敌视。轴心时代兴起的这种群体,其诸多历史均与它们和政治权力之间复杂而模棱两可的关系有关。

哈贝马斯认为,轴心时代国家的正当化危机是由发展逻辑上的进步与道德实践上的退步之间的不一致而导致的。如果他是正确的话——我认为确实如此——那么,我想参考各种不同的弃世者在批判既存秩序的时候所提出的好的社会的乌托邦筹划,以此来阐明对这种正当化危机的回应。这些乌托邦筹划在四个轴心案例中采取了非常不同的形式,但是,它们中的每一个都严厉地批判了既存的社会政治形势。遭到批判的对象之一就是严酷的劳作条件,而且几乎所有轴心时代的乌托邦都有一种很大的游戏因素。

轴心时代的乌托邦

在古以色列,先知严厉批判了异邦的所作所为,但也批判了以色列与犹大王国内部的局势。根据阿摩司,富人与统治者"他们见穷人头上所蒙的灰也都垂涎;阻碍谦卑人的道路"(《阿摩司书》2.6-7)。(此处,贝拉注明的是《阿摩司书》第 2 章第 6 到 7 节,中文和合本对应的只是第 7 节)相反,先知盼望着主的日子,那时,审判将降临于地上,公平"如大水滚滚,公义如江河滔滔"(《阿摩司书》5.24)。先知告诫统治者与人民,要改变他们的道路,而去盼望一种神圣的介入,这种介入最终将拨乱反正。

在古代中国,例如孟子,但在他前后的很多儒者,也对社会令人痛心的状态,对统治者的腐朽,对农民所受的压迫表示不满,并提供了一种不同的治理形式:通过道德典范,通过遵从"礼",也就是规范秩序,而不是通过刑罚来进行统治。儒家盼望一个将会遵从儒家训谕的导德齐礼的统治者,儒家那里并无神圣介入的概念,除了这一含糊的观念,即天最终将惩罚那些逆道乱常的行为,但是,儒家以自己的方式与古以色列先知的盼望一样都是乌托邦的。

在《高尔吉亚》中,以及在《理想国》第一卷中,柏拉图是强者可肆意伤害弱者而无须受惩罚这样一种政治学的批判者:对他而言,僭主政制总是最坏的治理形式。在《理想国》中,他描绘出了一个与他所批判的社会相对立的好社会,但他知道,这种社会是一个"言语中的城邦"或"天上的城邦",是不可能在地上实现的。

印度史诗《罗摩衍那》由于提出了一种不同的王权理想,所以可被 577 看作对现存社会的批判。早期佛教的正典描述了一个与既存现实如此不同的理想社会,以至于它或许是所有乌托邦中最激进的一个,也就是说,它实际上是对社会的最激烈批判。

在每一个轴心案例中,我所说的社会批判主义与宗教批判主义都是结合在一起的,而且轴心象征化(axial symbolization)的形式与内容是在批判主义的进程中成形的。我将以希腊的例子作为样本,因为他们的 theoria 一词就是我们 theory(理论)一词的源头,根据梅林·唐纳德,我也将理论视为轴心转型的特征。我在第七章提出,柏拉图完成了轴心转型:因此,并不让人吃惊的是,将传统上表示仪式的 theoria 一词转变成了哲学 theoria(理论)的正是柏拉图,如我将试着展示的那样,theoria 与我们指涉的"理论"不尽一致,却是其直接的先声,而且在柏拉图的学生亚里士多德那里,我们亦可看到,这个词开始向着我们指涉的含义转变。

如果没有安德莱娅·奈丁格尔的出色著作《古典希腊哲学中的真理景观:文化语境中的 Theoria》(Spectacles of Truth in Classical Greek Philosophy: Theoria in its Cultural Context),我对柏拉图理论的讨论就是不可能的,我从这本书中广泛地含英咀华。奈丁格尔将柏拉图之前的 theoria 描述为"一种庄严的文化实践,它的特征是由为了见证某个事件或景观而进行的某种海外旅行表现出来的"。它采取了几种形式,但被柏拉图作为哲学 theoria 之类比——这种类比在《理想国》第五至第七卷的洞喻说中得到了最广泛的应用——的那种形式乃是公民形式

（civic form），其中，*theoros*（观察者、观看者）作为其城邦的官方代表被派遣出去，观察另一个城邦的宗教节日，之后返回，向同胞公民提交一份全面报告。奈丁格尔注意到，在此意义上，*theoria* 从本质上就是"国际性的"，即泛希腊主义的；雅典本身吸引了众多来自其他城邦的 *theoroi*（观察者）来观察其大型节日，即泛雅典娜节与城邦的酒神节。① 她注意到，柏拉图本人是以传统 *theoria* 的例子作为《理想国》的开端与结尾的。对话以苏格拉底去雅典的港口庇莱厄斯港参加色雷斯的女神朋迪斯的节日为开端（朋迪斯是月亮女神，雅典人也崇拜）。这暗示出，到庇莱厄斯港的路途很短，该节日却比这种短途可能显示出的要更为"国际化"，尤其是考虑到苏格拉底的这一评论，就更是如此了，即色雷斯的宗教游行因为表达了一种泛希腊主义的观点，所以与雅典的一样好。《理想国》是以厄尔神话为结束的，它事实上是一种最明显的 *theoria*，因为厄尔曾在战场上被杀死，要被火葬，却复活了，并向同胞叙述了他在死亡之地的旅行与他在那里参加的节日。②

578　　　　奈丁格尔注意到，在《理想国》第五至第七卷中，柏拉图首次让苏格拉底对他所说的"哲学"之含义给出了一个解释，这是一个使其对话者困惑不已的词，他们只是在它以前所指的宽泛的智识培养这种意义上知道这个词，但是，它现在则要在"*theoria* 作为真正哲学家的典型活动"的新含义的语境中去理解了。③ 传统的 *theoros* 是景观（spectacle）的爱好者，特别是宗教仪式与节日的爱好者，而哲学 *theoros* 则"爱真理的景观"（spectacle of truth）。④ 柏拉图极力强调视觉，强调是看见真理，而不是听见它；这也是一种特殊的看（seeing），即以"灵魂之眼"来看。这种看只有在接受了旷日持久的、使人们为这种看做好准备的哲学教育之后才有可能，但它是以"对一切时间与存在的 *theoria*［'看'］"为结束的（《理想国》486d）。

　　　　如果从印度或中国的视角来思考这种视觉，人们可能会想象，获得它，大概要通过某种形式的沉思，可能也涉及对呼吸的控制。尽管《会

---

① Nightingale, *Spectacles*, 40-41.

② Ibid., 74-77.

③ Ibid., 778.

④ Ibid., 98.

饮》中两次描绘了苏格拉底处于某种出神的状态，但这并不是柏拉图所认为的那种通往哲学视觉之路的沉思。以"看实在"（seeing reality）或"看存在"（seeing Being）为结束的教育是以数字与计算为开端的，它们"使心灵能够'看到'（view）从它们具体的展示中抽象出来的大与小本身"。① 接着是几何与天文学，每一种均涉及"看"更高的真理。柏拉图所指的天文学与其说是仰望星空，不如说是"支配天体运动的数学原理"，当"以心灵而不是以眼睛来凝视的时候"，人们才能"看见"这种原理。最后，则是"辩证法"，苏格拉底对它从未有过清楚的界定，而是使用了隐喻来描述它，他谈到了通向沉思"真实存在"的"辩证法的旅途"。② 此处涉及的并非"将视觉移植到灵魂中"，而是将视觉转向一种新的方向，也就是"离开变化的世界，指向真正的存在"（《理想国》521d）。③

接着，在关键时刻，柏拉图转向了叙事，奈丁格尔称之为洞穴类比（Analogy of the Cave）——它不仅仅是某种可转化为命题表述的寓言，也是某种以其自身的条件来揭示真理的神话，我更愿称之为洞穴比喻（Parable of the Cave）。佛陀也使用故事——在二次文献中往往被称为"譬喻"（similes）——来提出观点，如在著名的盲人摸象的比喻中那样。看起来，当思想正在脱离神话而走向理论的时候，叙事依旧不得不作为助产士来发挥作用。

在此，我无法对洞穴比喻的美妙之处与复杂之处给出一个说明，而只能提一提与我的论题相关的那些方面。这一比喻以一个"在家"的人作为开端，虽然在《理想国》中，家更倾向于是"城邦"，而不是"家庭"（oikos）。然而，家原来是一个黑暗的洞穴，它实际上是人们被囚禁于其中的监狱，因此，人们被迫看由他们背后的人（意识形态专家？）在火光前举着不同的物体而投射到洞壁上的阴影。这些阴影图像是人们习惯了的，因此当人们摆脱了囚禁的时候，并且以柏拉图的话来说，当人们"被迫突然站了起来，转头环视，走动，抬头看望火光"（515c），人

579

---

① Nightingale, *Spectacles*, 80.

② Ibid., 81.

③ Ibid., 80.

们将茫然失措,处于一种无家(*aporia*)的状态中,即深深的不确定性,也就是肯定(*poria*)即确定性的对立面。以奈丁格尔的话来说,人们将进入"一种生存与认识的真空地带",由于不再能认出过去熟悉的阴影,也不能在地面上令人炫目的光中看到任何东西,因此人们将倾向于从整个旅途中逃出,回到过去熟悉的监狱。①

然而,想要成为哲学家的人不会逃回去,甚至在某种程度上变得习惯于不确定的状态,也就是 *aporia*,奈丁格尔将它描述为"(除了其他方面之外)一种无家(homelessness)的状态"。她接着将这种新的境况描述成基本上类似于其他文化中的弃世者的处境:

> 不只是无家的状态(state of *aporia*),哲学家的离家还导向了一种永久的无家状态(a permanent state of *aporia*)[没有地方,无处]。因为已经脱离社会而走上哲学 *theoria* 旅途的人将永远不可能在世界中完全"在家"。*Theoria* 使灵魂无家可归,因为它将灵魂遣送至形而上学的领域,灵魂在其中将永远无法真正地栖居,也将不可避免地从那里返回。作为一个 *theoros*,柏拉图式的哲学家必须旅行以"看见"真理(在不同程度上的完全[fullness]),并将他的洞察力带回到人类世界。②

在一个好的城邦,他将被授予公职,并被寄予厚望去匡扶城邦,即使他更愿将他的时间花在沉思上,然而甚至在位期间,他仍然是他自己城邦的异邦人。但是,如果他回到一个坏的城邦,他对所见景象的叙述会被嘲笑,他将会被辱骂,甚至可能被杀掉。奈丁格尔总结道:"当他回到人类世界的时候,他就是奇怪的人(*atopos*),并非完全在家:对其同类而言,他已经成为了一个怪人。"③

我们仍需尽我们所能地理解哲学 *theoria* 本身是什么;仪式 *theoria* 看见了节日;哲学 *theoria* 看见了什么呢?在此,我们不需要考虑古典理论的夸张描绘,它假定哲学家就是一个非参与性的观察者(disengaged spectator),因为他在远处察看着客体,此客体不同于作为一个主体,作

---

① Nightingale, *Spectacles*, 105-106.

② Ibid., 106.

③ Ibid., 106-107.

为一个早熟的笛卡尔的他。柏拉图确实未能帮助我们理解哲学家看见了什么，亦即"形式"(forms，*eide*)，尤其是"善的形式"(form of the good)，也就是*agthon*，它似乎就是真理与实在本身——因为他待在神话里来谈论它们。在神话中，柏拉图将善的形式比作一切光的来源，类似于太阳之于灵魂的眼睛。但是，如果以生理的眼睛长时间凝视太阳，此举将致盲，而凝视善的形式的灵魂则看见了一切事物真实的样子。

奈丁格尔为我们揭示了，形式并非抽象，对于灵魂的眼睛来说它是本体论上的呈现，即"存在者"(beings)或"实体"(substances)。不仅如此，对形式的视觉也不是非投入性的，而是与参与有关，因为我们本身的一部分，即"努斯"(*nous*)，与形式相似，它被不甚妥当地翻译为"理性灵魂"(rational soul)。视觉本真地就是相互作用的：如奈丁格尔所述，视觉是"作为一个礼物赐予我们的"①。它不是冷冰冰的，也不是超然的：它是情感性的，也是有感染力的，它带来强烈的快乐与幸福，它是情色的，甚至是性感的。柏拉图说，灵魂"与实在接近，交合（做爱）"(490b)。不仅如此，视觉的经验还是完全转化性的；因此，人们成为了一个不同的人。② 人们可将灵魂说成是"受过启蒙的"(enlightened)，但是，与翻译 *nirvana* 或 *moksha* 一样，如果人们想避免使用 18 世纪的术语，那么，可以将灵魂说成是"觉悟的"(awakened)，或甚至是"解脱的"(released)，因为转化了的灵魂不是为了分有真实的实在而已经从洞穴的监狱中解放出来了吗？

然后，柏拉图接着描述了好的城邦，幸运的哲学 *theoros* 返回至此。详细地对它进行讨论将离题太远，但是我想提一下好的城邦的几个方面。如我们注意到的那样，好的城邦是由在哲学上已经解放了的人来统治的，虽然他们更愿意做其他事情。那么，他们何以要担负政治责任呢？对于这一问题，奈丁格尔给出了一个有趣的讨论：

> **如果**存在一个理想的城邦——柏拉图是否相信这种可能性，我们无从得知——那么，它可以且必须由哲学家来统治。既然这样，哲学家就必然要过一种双重生活（姑且这样说）：他将践履哲

---

① Nightingale, *Spectacles*, 111.

② Ibid., 110-116.

学,并担任统治者。为了有资格具有这种地位,个体必须拥有理论智慧和实践美德;除此之外,他或她必须不想统治,不想过政治生活(347c-d,521a-b)。根据定义,确实想统治的人不是一个真正的哲学家,因此,也就没有统治的资格。然而,理想城邦中的哲学家虽然并不情愿,却同意去统治。既然他是回应"正义要求"(just command)的"正义"之人,所以,哲学家"愿意"回来统治城邦(520d-e)。①

这益发不同寻常了,因为如奈丁格尔所提到的那样,哲学家在自己的城邦中仍然是一个异邦人,一个"非雇佣兵的雇佣兵"(non-mercenary mercenary),他得到了人们的支持,却没有回报,他不能拥有任何财产,永远不能接触金银。许多学者一直对这种境况困惑不解,但是奈丁格尔利用克里斯托弗·吉尔(Christopher Gill)的著作指出,仅仅因为他们是"'遵从正义要求的正义之人',所以,他们由于一直以来所受的教育与抚养而要热切地回报他们的城邦"。② 须谨记,返回并向其同胞公民叙述他的所见,这一直都是仪式 theoros 的义务。

统治者,或者像他们常常被称呼的那样,"保卫者"是苦行的一群人,并且一直也被比作修道会士。他们不仅仅献身于一种贫穷的生活(他们以城邦给予之物为生,而不是以任何自己的东西为生,在某种意义上可被视为行乞者),而且他们的性生活受到了如此的管制,以至于他们虽然有孩子,却没有家庭生活,没有个人家庭:孩子是被共同抚养的。他们体现了智慧的美德,但他们负责的是一个以正义和节制的美德为其特征的城邦,而且并非无足轻重的是,那里没有奴隶。理想的城邦并非一种民主政制,而且我肯定我们不想生活在这种城邦中,或许甚至柏拉图也有顾虑。无论如何,理想的城邦没有任何曾经存在过的实例。

在《理想国》的第八至第九卷中,柏拉图描述了从虚构的第一种政制——这是对其理想城邦的想象(vision)——开始的持续下降,这种下降之所以开始,是因为一些保卫者因渴望个人发财致富而迷失了,即便

---

① Nightingale, *Spectacles*, 134. 黑体为原文所有。
② Ibid., 135.

这第一次牵涉到对同胞公民的奴役。这造就了荣誉政制（timocracy），即荣誉的统治，以斯巴达作为一个现实的例子。但是不加抑制的欲望导致了进一步的急剧崩坏，先是寡头政制（oligarchy），接着是民主政制。虽然柏拉图的论证迫使他说，民主政制是除了僭主政制之外最坏的政制，但他也说这是最自由的政制，而且民主政制中的自由使它成为唯一让哲学得以可能的政制。在民主多样的生活方式中，至少在民主缺乏自我控制而导致僭主政制，也就是导致所有可能的政制中最坏的那种政制之前，哲学的生活是可以被追求的。如果置身于僵硬的崩坏逻辑之外，则柏拉图似乎比他承认的要更为同情民主政制。在少有的由其他人扮演了苏格拉底的角色的对话中，最重要的一篇是《法律篇》，其中的核心人物是一个雅典哲学家，而不是斯巴达人，也就是说在关于崩坏的模型中，斯巴达人应该是来自一个比雅典要好的城邦。但是斯巴达没有哲学家，除此之外，在《法律篇》中，没有任何斯巴达人可能会像雅典人一样谈论得那么多。

与当时的城邦相比，柏拉图高举的乃是一种理想。这经常被称作一种贵族的理想，但是，贵族总体上青睐寡头政制（oligarchy），而这是柏拉图所厌恶的。奈丁格尔提出，柏拉图使用贵族理想来反对贵族，在他眼中，这些贵族并不是"真正的"贵族，正如佛陀批判婆罗门并非"真正的"婆罗门一样。

这就将我们带到了佛教这个案例这里来了，在此，宗教改革与政治批判也是携手并进的。在转向佛陀本人之前，我已经呈现出了一个比通常更具佛教色彩的柏拉图。二人之间存在着一些有意思的相似之处：最近，人们修正了佛陀生活的年代，将他置于公元前 4 世纪，这使得佛陀与柏拉图可能是同时代人。一个显著的相似之处在于，他们各自在一定程度上否决了所继承的传统，并试图以一种全新的传统取而代之。在第七章中，我提到柏拉图创作了鸿篇巨著，想要取代他之前的整个诗歌、戏剧与智慧传统。幸运的是，他并未成功地将其前人一扫而尽，但正如怀特海的妙语所示（"欧洲的哲学传统就是对柏拉图的一系列脚注"），他的确开启了一个新的传统。类似地，佛陀否定了从《梨俱吠陀》到奥义书的整个吠陀传统，以证道与对话的汇编，也就是以佛教经典取而代之，它是柏拉图所有著作的篇幅的好几倍。我们可以相对肯定,归诸佛陀名下的并不尽然都是他所作,接连几代人都以他的名义对传统有所增补。并非没有可能的是,柏拉图的文集也有类似的分层。但在此,我们感兴趣的是,二人在多大程度上成功地开启了非常新的东西。

当然,与柏拉图一样,佛陀也从他的先驱那里受益匪浅,没有他们,他就是无法理解的。但是,正如贡布里希业已指出的那样,那些简单地将佛教视为婆罗门教后来的一个学派的人与那些将其视为一种气象全新的观念的人同样都是大谬不然:佛教对婆罗门教进行了如此彻底的
重塑,以至于开启了一种新的影响巨大的传统,即使它并没有在印度流传下来。在某些方面,二人均可被视为是空想主义者(visionaries);二人亦可被视为伟大的理性主义者,工于论证,长于对话;二人首先都是教师;二人均是教导救赎的教师——虽然由于我们在宗教与哲学之间作出非常人为的区分,或者我们将这种区分投射回了前现代,所以,常常未能看到柏拉图的这一面向。

在一种重要的意义上,佛教版本的洞穴神话就是对佛陀一生故事的全部阐述,将其作为世代相传的传统。正如哲学家不得不离开他的家庭(oikos)与城邦(polis)一样,佛陀也不得不离开他的家庭与城邦,更确切地说,是离开他的王国,其统治权本应归他所有。但是由于目睹了疾病、衰老与死亡,佛陀想离开那个洞穴,他为了这样做,就在苦难与贫困中生活了几年。然而最后,在此世的感官享受与他以前的那些弃世者的苛刻苦修之间,他发现了一条中间道路,在这条道路上,清净的冥想可将他引向真理,引向他所追寻的解脱。

正是在菩提树下的冥想之中,他名垂竹帛地看到了真理,并从轮回之轮中解脱,也就是从生与再生的无休止循环中解脱。一段时间之后,当他思考下一步要做什么的时候,他几乎下了结论:尝试将他已经学习到的东西教授给一个充斥着贪欲与憎恨的世界是徒劳无益的。但是,就在这时,他得到了娑婆世界主梵天的建议,后者恳求他终归还是要回到世界,如我们在第九章看到的那样:

> 沉愁看众生,请观离愁者
> 慈观生死恼,精进之勇者,
> 一切战胜者,精进世长者,

> 一切无债者，宣说诸正法，
>
> 大师世间尊，彼等成智者。

因此，出于对一切有情众生（sentient beings）的怜悯，佛陀用了四十五年来巡回说法，以确保他已看见的真理不至于在世上失传。①

与柏拉图的追随者一样，佛陀的信徒对轴心时代社会的正当化危机也知之甚多，正如许多文本中显明的那样。根据斯蒂芬·柯林斯，我们可从本生经（关于佛陀前生的故事，是佛教经典中最广为人知的体裁之一）当中的一个故事那里看到特别生动的例子，这个故事很长，且引人入胜，我的概述似乎只能挂一漏万。② "昔日迦尸拉迦王正当（dhammena）治国。此王有妻妾一万六千，但其中无有一人生产王子王女。"③诸神之王因陀罗怜悯他，就送未来的佛陀生为他的后妃之子。王子名为提密耶，他的父亲深感欣喜。当他一个月大的时候，被装饰一番，抱到他父亲面前，父亲如此喜欢他，就在朝见群臣的时候将他抱坐在膝上。正在这时，四个罪犯被带了进来，国王判一人投入大牢，两人被鞭打或剑击，一人被杙穿刺。提密耶甚是不安，担心父亲会因为这些恐怖的举措而进地狱。第二天，提密耶想起了他的前生，包括如下记忆：他过去曾是这个国家的国王，作为业的后果，他后来在一个极度惨酷的地狱中熬过了八万年，在那里，他自始至终都被置于炙热的金属上烤，苦不堪言。他决心不让它再次发生，所以他装作是躄、聋、哑的，为的是自己不能继承王位。

因为他容貌英俊，身体形态完美，人们很难相信他有缺陷，但是由

①　关于佛陀在"觉悟"的那个晚上的"冥想状态中"的所见，可参 Gananath Obyeyeskere, *Imagining Karma* (Berkeley：University of California Press, 2002), 158。关于婆罗门的言语，可参《圣求经》第十九至第二十一 (*Ariyapariyesana Sutta*, 19-21), 载 *The Middle Discourses of the Buddha: A Translation of the Majjhima Nikaya*, trans. Bikkhu Bodhi (Boston：Wisdom, 1995), 261。

②　这就是著名的"哑躄本生谭" (Birth Story of the Dumb Cripple), *Mugapakkha Jataka*, Ja. 6. 1ff., no. 538. 在斯蒂芬·柯林斯的《涅槃与其他的佛教极乐：巴利文想象的乌托邦》(*Nirvana and Other Buddhist Felicities: Utopias of the Pali Imaginaire*, Cambridge：Cambridge University Press, 1998, 425-433) 中有所叙述，并有部分翻译。完整的译文，可参 "The Story of Temiya, the Dumb Cripple", in *The Jatakas: Birth Stories of Buddhisatta*, trans. Sarah Shaw (New Delhi：Penguin, 2006), 179-221。

③　Collins, *Nirvana*, 426.

于他就是未来的佛陀,所以能够抵御任何会让他露出马脚的诱惑,不管是大喊大叫,恐怖的毒蛇,还是魅惑的女人。当他16岁的时候,占相之贤者告诉国王说,他将为王室带来厄运,应该将他杀掉。他的母亲恳求他表现自己并无残疾而自救,但由于知道自己若继承了王位,命运会是什么样子的,所以他不予听从。提密耶被驭者载到葬尸骸之处,他将在这里被杀死,但诸神却使驭者反而将他载到了森林。这时,提密耶表现出健康强壮的样子,从而揭示了他真正的自我。驭者提出要将他带回都城,使他可以要求继承王位,但是提密耶向驭者解释了如果这样做,等着他的就是地狱中可怕的命运,并宣布他要转而成为一个苦行者。这时,"驭者看到提密耶将如斯之王位如弃尸骸之状弃舍,就想也成为一个苦行者"。[1] 提密耶则指示驭者应返回都城,告诉他父母所发生的事情。

当提密耶的父母收到消息,他们急匆匆地赶到他所在的森林,为其新的自我所慑服,转而要抛弃他们自己的世界。不久,整个都城的人涌到森林中,每一个人都成了弃世者。他们将金银财宝作为无用之物扔在了都城的大街小巷。不久,一个邻国的国王耳闻了这件事情,就决定取波罗奈之国,搜刮金银财宝,但是,当到了都城的时候,他感到一股不可遏止的冲动,要去找苦行的王子及其父母。找到他们之后,他与他的臣民也跟随了提密耶,成为弃世者。另外一个国王则步其后尘。不久,很明显的是,提密耶终究是转轮王(cakravartin),也就是普世的统治者,虽然他的统治就是弃世。

柯林斯这样做了总结:"很难想象还有比这更直白的对王权的谴责了:虽然叙事者在第一句话就宣称提密耶的父亲正当治国,或'根据正当之法'(dhammena)治国。"[2]柯林斯指出,dhamma 是在两种意义上运用的,即世间法(wordly dhamma)与佛法(buddhadhamma),王国体现出来的是前者,彻底违背的则是后者。提密耶父亲的王国代表了研究古典时代晚期的伟大历史学家彼得·布朗(Peter Brown)所描述的"一种稳定的社会秩序的'温和暴力'(gentle violence),它更可预见,却仍

---

[1] Collins, *Nirvana*, 430.

[2] Ibid., 233-234.

然是镇压性的"。① 在一个阶级社会中,即使那些服侍他人而从未被服侍之人并没有挨揍受饿,他们也总是受到所服侍对象随心所欲的对待,而事实上,他们往往挨揍受饿;他们是身不由己的。如果说柏拉图不可能想象过其理想的城邦可以实现,那么很明显的是,在这个佛教故事中,提密耶普遍的弃世帝国永远不可能在地上实现:它涉及的不仅仅是不存在暴力,还不存在性活动。然而,与所有伟大的轴心乌托邦一样,它成了一种尺度,来衡量此世的短暂生命与它的应然状态相比是如何堕落。

轴心乌托邦与游戏

将伟大轴心思想家的思想带入游戏领域可能并非易事,但值得考虑。如我们在第二章接近末尾的地方指出的那样,柏拉图非常严肃地将游戏视作人与诸神互动的一种方式。对他来说,游戏的自由与另一个领域联结在一起,在该领域中,必然性并无支配地位。洞穴的比喻有一种游戏的因素,因为它需要从其出发点,也就是从洞穴中的生活解放出来。洞穴生活是一个强制的领域:它的居民是被束缚着的。当主角从其束缚中解放出来,转身离开了洞穴,发现他自己在太阳当空的露天之下,他首先感到焦虑。他自由了,却不知道该用他的自由做什么——自他体验游戏世界以来,已过去很长一段时间了,如果他曾经体验过那个世界的话。所以,他甚至有一半倾向要回到洞穴。但是,他真正做的是上升到对善的形式的想象,这是对存在与意义的一种愉悦而无法抗拒的体验。这离游戏的精髓很远吗?我们难道没有在柏拉图核心叙事的高潮看到一种游戏因素吗?尽管佛陀没有谈起过游戏,至少在我已经读过的文本中没有谈起,但在提密耶故事的高潮不是存在着一种奇妙的游戏氛围吗?提密耶的父母,即波罗奈之国的国王与王妃,如此为喜悦所淹没,以至于他们也成了弃世者,接着,波罗奈之国与邻国的国

586

---

① Collins, *Nirvana*, 417. 引文出自彼得·布朗:《权威与神圣:罗马世界基督教化的诸方面》(*Authority and the Sacred: Aspects of the Christianisation of the Roman World*, Cambridge: Cambridge University Press, 1995),53 页。值得注意的是,彼得·布朗所说的"温和的暴力"是由一个已经变成"基督教"帝国的国家强加的,正如"佛教"帝国同样会做的那样。

民全部也都在这种喜悦的转化中变得喜不自禁,这种时候,不是有某种类似于游戏的事物在进行吗? 我们不是已经看到了游戏只有在一个放松的领域——其中,为生存而斗争的压力被搁置了起来——中才是可能的吗,这不是我们在这两个伟大的叙事中所发现的吗?

甚至进一步套用这一类比也是可能的。所有的乌托邦不就是一种假装游戏吗? 在这里,人们可想象一个世界,它本身就是日常生活压力可被悬置的放松领域。如果我们可想象一个佛教弃世者的世界,那么,它将会是一个完全喜悦的世界,此世的苦难与欲望在那里会被抛诸身后,也不会有任何类型的强制,不论是内在的,还是外在的。在第二以赛亚书(Second Isaiah)中,对这些惊人的相似之处也有极佳的描述。在相当血腥地描述了将发生在罪人身上的事情之后,有一幅末世的图景,它确实就是一个放松的领域:

> 看哪,我造新天新地,
> 从前的事不再被纪念,也不再追想。
> 你们当因我所造永远欢喜快乐,
> 因我造耶路撒冷为人所喜,造其中的居民为人所乐。
> 我必因耶路撒冷欢喜,
> 因我的百姓快乐。
> 其中,必不再听见哭泣的声音和哀号的声音。
> 他们要建造房屋,自己居住;
> 栽种葡萄园,吃其中的果子。
> 他们建造的,别人不得吃。
> 因为我民的日子必像树木的日子,
> 我选民亲手劳碌得来的必长久享用。
> 豺狼必与羊羔同食,
> 狮子必吃草与牛一样;
> 尘土必作蛇的食物。
> 在我圣山的遍处,
> 这一切都不伤人不害物。
> 这是耶和华说的。(《以赛亚书》65:17-19,21-22,25,标准修订版)

587

我们在此看到的是一个绝对非暴力的世界,也是社会正义的世界:富贵与强权不掠夺穷人的房屋与收成,而普通人将长久地享受着他们双手的劳作。考虑到狮子的食物问题,这一乌托邦甚至像是素食主义的;蛇虽仍然受诅咒要吃坏的食物,却并未被杀死。这首先是一个欢欣的世界,不再会听见哭泣和哀号的声音。轴心时代的正当化危机得到了解决,即使只是在末世。

与佛教的乌托邦相比,柏拉图的《理想国》(更明显的是《法律篇》中所描述的城邦)要"现实"得多——在现实城邦中的生活如此有力地左右着柏拉图对"理想国"的看法,以至于它不可能是其他样子。基本的理念是一个由教育游戏与道德典范创造出来的社会,但等级制与强制力介入了,因为一些人被证明,他们对这种教导是无动于衷的。因此暴力也是必要的,至少最初在道德生活尚未被人们全面内化之前是必要的。虽然与柏拉图那里一样,儒家认识到,惩罚可能不得不逐步来消除,但儒家乌托邦主义的标志是以礼仪与典范进行的德治,它最终将取代战争与惩罚的统治。

在每一个例子中,仪式都居核心地位。在佛教的乌托邦中,它将采用坐禅的形式。① 儒家乌托邦首先即为对"礼"的表达,虽然这种礼仪形式超越了古代形式而将整个人类囊括进来。在柏拉图那里,人们可将对善本身的想象视为一种仪式,而且在许多对话中,柏拉图的思想都存在着仪式面向。甚至在末世,我们也能想象到,摩西五经的仪式规定仍然是有约束力的。但是,如果我们现实地来考量这些乌托邦中的任何一个,就像它们的作者通常做的那样,那么可看到,它们永远都行不通。我们生活在一个生存斗争依旧占统治地位的世界,它不会将其自身全然转化为一个放松的领域。

重叠的领域(Overlapping Fields)

然而,放松领域的出现对于为生存而斗争的世界并不是没有影响。

---

① 我知道,有一些人并不认为坐禅是仪式,我也知道,佛陀将吠陀仪式作为无益的东西而摒弃了。但是,对我来说,甚至私人的坐禅也是仪式,共同的坐禅无疑就更是仪式了。任何一个曾在禅堂里面待过的人都会看到这一点。

588　在生活中,且明显在人类文化中,没有不可渗透的界线,也没有不相重叠的领域。确实,游戏可被吸收到日常生活的世界之中,可变成为生存而斗争的一部分。我在上文提及了游戏与贵族社会中为战斗而做的训练之间的联系。在现代军事中,我们有被称为"战争游戏"(war games)的玩意儿,而且这个词不是毫无意义的。(war games 一般是军事演习的意思,但这里,贝拉似乎是要强调游戏的因素,所以暂译为"战争游戏")我们有民族国家的领袖陷入他们自己的幻想游戏:例如,如果他们入侵伊拉克,会发生什么?这是一种对他们所收到的所有关于"真正会发生什么"的建议都无动于衷的游戏幻想。① 在现代世界的很多地区都非常普遍的职业运动世界中,哪里是游戏结束而劳作开始的地方呢? 运动选手诚然是被聘用的,有时候还是以高得离谱的薪酬聘用的,虽然我们不应该忘记那些薪酬不那么高的选手,他们只劳作(work)寥寥数年,间或还会在劳作的时候遭受使他身衰力竭的伤病。另一方面,如我在第一章指出的那样,甚至在职业运动中,对比赛的参与本身亦可成为一种目的,选手可"专心致志",与他或她正在做的完全合而为一。

　　但是,如果游戏可被吸收到日常生活的世界,那么,在克服缺陷的意义上,劳作有时候也可被转化为游戏形式。艺术与游戏相关联,也含有某种劳作。康德将艺术描述为游戏,这激发了席勒复杂的反思。康德在这么描述的时候也注意到,艺术也包含劳作。他说,虽然艺术的精神必然是自由,但也含有它总是需要的某种强制(something compulsory),没有后者,艺术"就会根本不具形体,并完全枯萎",他列举出了在诗艺中"语言的正确和语汇的丰富,以及韵律学和节奏"等事例。② 我们注意到,在卡拉帕洛人为大型仪式做准备的时候,他们也在进行练习,我们当然知道,练习往往是非常繁重的劳作,如每一个舞蹈家与音乐家都知道的那样,而这种劳作使得艺术的自由,也就是使得游戏因素成为可能。

　　但我认为,我们需要将这些例子再推进一步,问一问普通的工作(即不是那种游戏之职业化形式的工作,也不是那种作为艺术之必然

---

① 参伯格哈特:《动物游戏的起源》,393 页,这里将战争作为世界上许多领袖的"终极的游戏形式"。

② Kant, *Power of Judgment*, sec. 43, 183. (中译文可对照康德:《判断力批判》,邓晓芒译,北京:人民出版社,2011 年,147 页)

组成部分的劳作)什么时候能够成为游戏或具有一种游戏的面向。让我们稍作倒退,回顾一下伯格哈特的《动物游戏的起源》。伯格哈特注意到,尽管游戏的首要功能是纯粹喜悦地表达游戏本身,但是倘若游戏者不遵守约束游戏的规则,游戏就会被破坏。这些规则至少在最初的时候是伦理性的,因为它们涉及对游戏者之间的平等性的保护,也就是我们现在所称的"公平游戏"(fair play),或"一个公平竞争的领域"(a level playing field)。但根据伯格哈特,游戏亦具有次级与第三级的功能。汉斯·乔阿斯的著作《行动的创造性》不厌其详地论及了多种形式的游戏,在这本书中,他提醒我们,游戏通过某些方式而具有了次级功能,它将孩子们从早期对主观性与客观性的混合中拉出来,使他们进入对世界的一种日益分化的理解。他引用了心理分析学家唐纳德·温尼科特(Donald Winnicott)关于幼儿期过渡对象(transitional object)的有趣论著,过渡对象也就是像安全毯这样的东西,它结合了自我性(selfhood)与他者性(otherness)的特点,使得幼儿可探索世界,同时也没有失去母亲的保护。① 乔治·赫伯特·米德是研究游戏,特别是研究游戏在孩子的道德发展中的角色的最伟大学者之一,他分析了孩子的这一能力,即在玩团体运动的时候,他们会想象自己在游戏的每一个角色中,而不仅仅在他们自己的角色中,并因此能"担当他人的角色",这是人类理解中的一种很关键的能力。② 约翰·杜威是米德之外另一位重要的美国实用主义者,约纳斯引用了他的看法说,工作与游戏是"同样自由的,也都是从内部受到激发的——只要不是在错误的经济条件下,这些条件易于将游戏变成是富人的闲散消遣,而将工作变成是与穷人志趣相忤的劳动(labor)"。③ 但是,在此,杜威进行的是社会批判,因为他了然于心,对他所在的社会与一般意义上的历史社会而言,他所说的"错误的经济条件"就是常态。就像在轴心时代一样,领域之间的重叠有着伦理的意涵。

　　在《作为经验的艺术》中,杜威进一步阐发了他对游戏与劳作之间

---

① Hans Joas, *The Creativity of Action* (Chicago: University of Chicago Press, 1996), 164-167,引用了 Donald W. Winnicott, *Playing and Reality* (Harmondsworth: Penguin, 1974)。

② George Herbert Mead, *Mind, Self, and Society* (Chicago: University of Chicago Press, 1934)。

③ Joas, *The Creativity of Action*, 155.

关系的理解。他强调,孩子们的游戏最初与小猫的游戏半斤八两,没有什么更多的目的,但是,随着游戏变得更为复杂,它就有了一个意旨与目的。他列举了正在以积木建造房屋或高塔的孩子的例子。在此,游戏涉及一个预先形成的观念(preconceived idea)的实现。"作为一个事件,游戏仍然是直接的(immediate)。但是,其内容则由从过去经验中提取出的理念对当下材料(present materials)的调节所组成……这一过渡使得游戏转化成了劳作(work),如果劳作并不等于辛劳(toil)与劳动(labor)的话。因为任何活动,当它是以实现一定的物质结果为导向的时候,就会变成劳作,而只有在活动是繁重的,是作为促成某个结果的**纯粹**手段的时候,才是劳动。艺术活动的产物(product)值得注意地被称为艺术**作品**(work)。"①接着,他继续说道,"游戏仍然是一种自由的姿态,它并不依附于外在的必然性所强加的目的,亦即,它与劳动相对立;但是,因为活动依附于一种客观结果的**生产**(production),所以,它可转化为劳作"。② 或许,杜威以一种好的美国方式过快地超越了本身作为目的的游戏或劳作,而推进到了生产领域,但无疑他提出了在其他理论传统中被称为异化劳动或异化劳作的问题,并提供了这一可能性,即所有的工作都可以是非异化的,这或许是另一个对日常生活世界施加压力的乌托邦理念。

590

值得注意的是,心理学家米哈伊·奇凯岑特米哈伊在研究他所说的心流——如我们在第一章提到的那样,他将它界定为全面与世界相接触,全面实现自身潜能的一种最优体验——的过程中发现,与预料的相反,而且在某种程度上有时候也与主体的信念相反,许多美国人在工作的时候确实经历过心流。③ 社会学家亚莉·霍克希尔德更多地集中在时间压力上,而不是在工作的内在满足上,她甚至担心,在她研究的人中间,有一些人在工作中比在家中获得了更多的满足。④ 或许,这种

① John Dewey, *Art as Experience* (1934), in *John Dewey: The Late Works*, *1925-1953*, vol. 10 (Carbondale: Southern Illinois Univeristy Press, 1987), 283.

② Ibid., 284.

③ Mihaly Csikszentmihalyi, *Flow: The Psychology of Optimal Experience* (New York: Harper and Row, 1990), 第七章。

④ Arlie Russell Hochschild, *The Time Bind: When Work Becomes Home and Home Becomes Work* (New York: Metropolitan Books, 1997).

在工作的内在满足上可能的增长与现代经济的变迁有关,在现代经济中,虽然办公室工作被广泛认为是常常没有什么意义的,但毕竟越来越少的工作涉及繁重的体力劳动。我们可合理地肯定,在每一个人的工作具有和游戏、艺术或心流同样的品质之前,我们还有一段路要走。

Theoria 与意识的类型

心流可一路向前回溯,因为它可见于动物游戏、仪式、艺术与内在地就有意义的劳作中,但还有另外一种相关却不同的体验类型,它至少同样古老。心理学家艾莉森·高普妮克饶有趣味地将心流与她所说的"走马灯意识"对立起来,也将心流与她所说的"聚光灯意识"等同起来,"当我们的注意力完全集中在一个单一的对象或活动上的时候,当我们沉浸于这种活动的时候",我们就有了后一种意识。心流涉及对一个单一方向的专注,因此,就涉及了聚光灯的比喻:"在心流中,我们享受了一种特别快乐的无意识。当我们对一个任务全神贯注的时候,就忘记了外部世界的存在,甚至失去了对我们必须采取的每一个独特行动的意识。计划似乎只是在自我执行。"①

至于走马灯意识,高普妮克认为,在婴幼儿中,它是很常见的,成人则通常只有通过特定的冥想形式才能获得它,它不是以一个特定的方向为导向,而是向整体未分化的世界开放。② "[与心流相比]走马灯意识引向了一种非常不同的幸福。那里有一种相似的感觉,即我们已经

---

① Alison Gopnik, *The Philosophical Baby: What Children's Minds Tell Us about Truth*, *Love*, *and the Meaning of Life* (New York: Farrar, Straus and Giroux, 2009), 129.

② 高普妮克注意到,心流是成人所特有的东西,而走马灯意识对婴儿则是根本的,但在特定的条件下,走马灯意识亦可为成人所得。她列举出禅宗和尚的"开放觉知"(open awareness)的冥想作为例子,他们自觉地想要中止聚光灯意识,以使他们能够向着整体未分化的世界开放。参高普妮克:《哲学的身体》,127—128 页。有趣的是,皮埃尔·阿多描述了古希腊哲学家中相似的实践,他们试图完全集中于当下的时刻,而丝毫不关心过去与未来。这是斯多亚学派与伊壁鸠鲁学派共同的实践,但二者几乎在其他一切问题上都大相径庭。他注意到,对这些思想家而言,"瞬间(instant)就是我们唯一与实在相接触的点,然而,它提供给我们的是实在的整体",他引用了塞涅卡(Seneca)描述这一瞬间的说法指出"对塞涅卡而言,圣人将自身投入到整个宇宙(*toti se inserens mundo*)"。参 Pierre Hadot, *Philosophy as a Way of Life* (Oxford: Blackwell, 1995), 229-230。

失去了我们的自我感受，但我们是通过成为世界的一部分而失去了自己。"①聚光灯意识与走马灯意识似乎都是马斯洛所称的存在认知的一部分，如第一章描述的那样，因为二者都不是以缺陷，即不是以马斯洛的匮乏认知为导向的。然而，还有一种重要的差异：心流是主动性的，走马灯意识则是接受性的。将这些现代的心理学范畴铭记于心之后，让我们回到轴心时代的 theoria 与理论这一问题。

Theoria 准确的译法是"沉思"（contemplation），这是一种既非主动，亦非被动的状态，因为它向实在的整体开放，并在这种开放的经验中接受被给予之物。这看上去很像是高普妮克以她的走马灯意识理念所描述的状态，在这种意识中，一切都被照亮了；也很像是她的以下观念，即在那种状态中，我们成为"世界的一部分"。走马灯意识与统一的事件（unitive event）很相像，如我们在第一章所描述的那样，后者是我们宗教体验的第一个阶段。柏拉图《理想国》中对善的理念的想象，佛陀在菩提树下的解脱体验，二者似乎均具有这种品质。在古代中国，很容易在道家这里找到相似的东西，在儒家中则不那么明显，虽然在孟子的牛山比喻中，关于牛山的原初状态的理念也包含了这样一种想象。在希伯来《圣经》中，这样的想象不在少数。《以赛亚书》第 6 章中，耶路撒冷神庙被视为与整个宇宙同一，这种伟大的想象就是一个很好的例子，但上文引述的《以赛亚书》第 65 章对末世的想象亦然。

如果我们可以使用柏拉图表达 theoria 体验的语词——它们通常是视觉的（visual），虽然与古以色列通常的情况一样，它们也能够包含听，但 theoria 却是一种看——那么可以说，theoria 体验如此深刻地洞悉了实在，以至于整个经验世界都受到了怀疑。这种体验可保持在私人状态，但当它们被作为后来的反思焦点的时候，即可导致对事物存在方式的根本质疑，亦即根据一种无所不包的真理，世界被相对化了。

在《闲暇，文化的基础》一书中，尤瑟夫·皮柏从中世纪的经院哲学中取出了一组对立的拉丁文术语，它们似乎意指一组相关的对立：intellectus（知性）是接受性的沉思（receptive contemplation），ratio（理

591

---

① Gopnik, *The Philosophical Baby*, 130.

性)则是主动性的理性(active reason)。① 这个相当晚的区分背后是一组并不容易作出详细说明的希腊术语：努斯(nous)在一些用法中可作为 intellectus 一词的根据，逻各斯(logos)则可作为 ratio 一词的根据，但是，努斯与逻各斯均有多重含义。无论如何，唐纳德与沿袭其做法的我都将"理论"用作描述轴心时代中一种新的文化能力的方式，当我们这样做的时候，我们首先想到的正是理论或主动意义上的理性，而不是作为沉思的 theoria。然而，我想证明，在这个词的两种意义之间存在着一种联系。如果高普妮克在这一问题上是对的，即她所说的走马灯意识是所有幼儿的特征(大概也是许多动物的特征)，那么，我们就很难证明它是轴心时代中的某种新事物。② 但它是某种不可轻易为成年人所得的东西，他们必须"劳作"才能获得它。在轴心时代的文化语境中，对于在智识与精神上已经协调的成年人来说，它具有了一种以前并未赋予这种体验的重要意义。我想证明，作为沉思的 theoria 可能会揭示主动意义上的理论的可能性，后者与高普妮克的聚光灯意识相关，但二者不尽相同。

高普妮可强调了聚光灯意识与心流之间的关联：任务(task)占据了我们，它拉动着我们，有时候，我们甚至没有意识到它在发生，但是，在谈论主动理性的时候，我想强调聚光灯意识的有意识的一面(conscious side)。那些从事苛刻的智识工作的人，即科学家与学者，当他们在工作中得心应手的时候，常常会有心流的体验。但是，有些情况下，一切都不顺利，事实结果不符合预期，看似逻辑一致的论证中出现了矛盾。这时，人们必然会停下心流，并思考这是怎么回事。我认为，正是在这时，我们为了试着理清问题并找到一种应对它们的方法而进行着"二阶思想"，即思想着思想。正是在这里，从本源上同时与走马灯意识和心流相关的"理论"作为主动理性而形成了，它涉及了解决问题可能需要的更高水平的抽象与探索方法。在此，我们发现了科学、认

---

① Josef Pieper, *Leisure, the Basis of Culture* (New York：Pantheon Books, 1964), 11. 因为按照皮柏的用法，闲暇是典型的放松领域，它显然与游戏的含义相重叠。事实上，皮柏的整部著作可以被看作对本书结论一章所讨论的游戏的沉思。

② 这可能是因为在唐纳德看来，它与情景意识(episodic consciousness)相关。在第三章中，我将它与统一性意识联系了起来。

知性思辨与普遍化的伦理学的开端,它们虽然依旧与具体的实践和故事,与模仿文化和神话文化相关,却开始在轴心时代出现了。

根本性的真理是被给予的,而不是达到的,这是哲学 theoria 的本义。当对它的体验在这种体验本身过去之后而得到了反省,大门可能就朝着这种新的思考世界,尤其是思考社会的方式打开了,社会现在已经"去神秘化"(demystified)了,因为洞穴中的阴影已被揭示出是虚假的,它们并非实在,而是被操纵的实在假象。轴心宗教中的这种新理论引致了两个重要的结果,它们在四个轴心案例中以不同的方式自行显现出来。一个结果是,将 theoria 体验为"看见真理"的人被驱动着想象这样一种社会,在其中,真理可改变日常的生活世界。对善的想象——它来自对 theoria 的真实体验——进行透彻思考的第二个结果是:考虑在世界之中建立有限的乌托邦类型,这种乌托邦就是保卫对善的想象,并至少为其皈依者提供一个放松领域的群体组织形式,因为改变整个社会被证明是不可能的乌托邦。这两种对 theoria 体验的回应将在此后长逾千年的时间里继续自行显现出来,直至现在,虽然考察后来的这些发展并非我们目前要关注的。这两种筹划均是乌托邦的,但第一个是宏大的,是几近幻想的乌托邦,而第二种则是更为适度的,甚至是实际的乌托邦。

两种乌托邦中的两种理论

如上所述,柏拉图的宏大乌托邦以城邦为模型,虽然是一种非常新的城邦。在洞穴比喻中对善的想象——这是古典意义上的 theoria——之后,柏拉图转向了主动意义上的理论,它是一种思考世界的方式,旨在搞清世界如何才能不同。主动性理论或主动理性要求柏拉图去思考日常生活世界的实际现实,那是为生存而斗争的世界。为了向那些并未分享他的超验体验的公民们证明他提出的城邦是好的,柏拉图发明了"高贵的谎言",以说服城邦中的不同等级将他们的地位视为"自然的"而欣然接受。在《法律篇》中,柏拉图证明,城邦为一些人安排了开明的"音乐"教育,对灵魂并没有因为这种教育而改善的人而言,惩罚,甚至包括死刑都是正当的,虽然这些惩罚迟早都不再是必需的。儒家承认,处于好德之君治理下的德性之城不能立即放弃严厉的惩罚,哪怕这是目标所向。当他们这样认为的时候,他们谈到的就是与柏拉图相似的立场。所以,弃世者以新的眼睛来看世界:正如柏拉图对那些回到洞穴的人的说法一样,他们按照阴影本身所是的样子来看它们,而不是像那些从未离开洞穴的人们那样天真地看。人们可以说,意识形态的幻相消散了。人们在保持距离地观看,可以说,就是客观地观看。

一旦非投入性的想象,也就是我所说的主动性理论成为可能,那么理论就能够再次转向:它可完全放弃任何道德立场,而只看什么是有用的,什么可使权贵与剥削集团变本加厉地掌握大权与榨取人民。我们可想一想中国的法家与印度考底利耶的《政事论》。尽管希伯来《圣经》看到并谴责了富人与权贵有己无人的专权擅势,但在《圣经》中,我们没有发现任何例子表明有人原则上为这种行为做辩护。也许除了一些智者以外——他们保存下来的著作是片断的,我们没有发现任何像是韩非子或考底利耶那样的著作。或者,我们有所发现?

亚里士多德并非一个非道德主义者;他是历史上最伟大的道德理论家之一。然而在亚里士多德这里,我们能够看到知识与伦理之间分离的可能性,当这种分离得到充分认可的时候,就会在以后的历史中产生重大后果,如我们已经看到的那样,这是一种在柏拉图"高贵的谎言"那里已有先兆的分离。皮埃尔·阿多提出,柏拉图的学园虽然关注数学与辩证法,但亦有一种本质上是政治性的目标:哲学家原则上应该成为王。然而,亚里士多德的学园是专门面向哲学家的,他们并不主动参与城邦生活,在某种程度上是一种弃世者的学园。[①] 但是,由于将哲学生活与政治生活如此泾渭分明地区别开来,亚里士多德危及了智慧(sophia)与实践智慧(phronesis)之间的联系,而他显然是依旧相信这种联系的。在他流传下来的文本中,虽然《伦理学》与《政治学》意在面向更广泛的积极公民(active citizen)听众,但大多数文本则是学园内部讲义记录,表达的是哲学生活的各个方面。这两个领域之间的联系

594

① Pierre Hadot, *What Is Ancient Philosophy?* (Cambridge, Mass.: Harvard University Press, 2002 [1995]), 78. 我对亚里士多德的讨论充分借鉴了他这本著作中关于亚里士多德的一章,77—90 页。

并不是直接的,而在这一事实中显示出来,即二者均是以好的生活形式为导向,一个向着为知识而知识,另一个则向着好的城邦的创造。

尽管最高形式的 theoria 是对神圣的沉思,并且不论有多么短暂,多么不完全,哲学家事实上就是由此而分有了神圣,但是 theoria 包括对一切事物——包括易逝的事物——的知识的追求。然而,皮埃尔·阿多提出,对现代心灵而言,亚里士多德庞大的研究计划与它表面看上去相当不同:"因此,无可争辩的是,对亚里士多德来说,心灵的生活在很大程度上即在于观察,从事研究,并对人们的观察作出反思。然而,这种活动是在一种特定的精神中实行的,我们甚至可将这种精神描述为近乎是一种宗教热情,它在实在的各个方面都指向实在,不论这些方面是卑微的,还是崇高的,因为我们在一切事物中都发现神圣的踪迹。"①他接着引用了亚里士多德说的一段话:"在一切自然的事物中都存在着美妙之物。"②(苗力田先生主编的《亚里士多德全集》第四卷中的"论动物部分"译为:"因为每种动物无不展示着自然,展示着美。"崔延强译,北京:中国人民大学出版社,1996 年,22 页)最高形式的 theoria 似乎接近于高普妮克所说的"走马灯意识",即对作为整体的实在的理解,但在其稍逊一筹的形式中,它成为不同类型的"聚光灯意识",专注于实在的每一个方面,不论它们有多么卑微,为的就是理解实在及其原因。

所以,在亚里士多德那里,很明显的一个可能的分离就是在其形而上学与诸多特殊的探究领域之间的分离,在形而上学中,他描述了所有知识的最终来源,而那些特殊领域,他与它们的创立有着莫大干系。但是,第二个可能的分离则是 theoria 与城邦生活之间的分离,theoria 即沉思,在其所有不同的层次上,它都是人类最好的生活,城邦生活也就是政治与伦理生活。用他的话来说,Theoria 是无用的。它是一种内在于自身的善,但它对世界并无作用。

595　　　但是,如果我们问起理论生活的好处是什么,或许我们就未得亚里

---

① Hadot, *What Is Ancient Philosophy?*, 82.

② Aritotle, *De Partibus Animalium I and De Generatione Animalium*, trans. I. D. M. Balm (Oxford: Oxford University Press, 1972), 18, 645a.

士多德之要领。由于理论生活是最好的生活,且自身即为好的,所以问题是:什么样的人与什么样的社会可使这种生活成为可能?《伦理学》与《政治学》描述了可以追求理论生活的条件。但是与柏拉图的《理想国》不同,亚里士多德的《政治学》并非乌托邦,而是对真实的希腊社会的一种经验性与分析性的描述,它虽然包含了在较好与较坏之间的伦理判断,但作为对第二好的生活——这种生活的最终价值在于使第一种生活成为可能——的分析,它是客观而保持距离的。亚里士多德是社会学的奠基者,这是涂尔干也承认的,当他最早开始在波尔多大学授课的时候,就将《政治学》指定为学生的基础教材。我想指明的是,如果亚里士多德思想的统一性被打破,那么两种 theoria 之间的区分,即纯粹的沉思与不同的探究领域之间的区分,以及两种伦理生活之间的区分,即智识生活与实践生活之间的区分,就会使某些独立的发展成为可能,长远来看,这些发展能够导向自主的科学与功利主义伦理学。

如果雅典是他自己的城邦的话,那么,亚里士多德实在是自己城邦中的一个外邦人:他不是一个公民。他不得不在公共建筑中创立自己的学校,即吕克昂学园,因为作为一个外邦人,他不能在雅典拥有土地,所以也就不能为其学园置办土地。当形势变得严峻的时候,与苏格拉底不同,他对自己的及时逃离不会感到良心不安,因此雅典并未第二次犯下同样的罪行。他是一个教师,是史上最伟大的教师之一,而(这么说并不十分贴切)亚历山大这个古代世界最伟大的征服者就是他的学生之一。整体而言,亚里士多德是在柏拉图的意义上使用 theoria 一词的,但是他也时不时地用它来表示"调查"(investigation)或"探究"(inquiry),亦即用来表示对世界中的一切事物——自然的与文化的事物——的研究,以了解它们是如何运作的,目的又是什么。

尽管在以色列,例如与斐洛(公元前20—公元50)或约瑟夫斯(Josephus,公元37—约100)的情况一样,原创思想家往往是以希腊语来写作的,并受到了数个世纪中一直支配着中东大部分地区的希腊思想的深刻影响,但在所有的轴心案例中,均可发现科学、批判性的世界观以及为知识而知识这些现象的开端。帕森斯将古以色列与希腊称作"温床"社会,因为甚至在它们已丧失了政治独立性的时候,它们的遗产仍在以后的历史中发荣滋长。① 实际上,所有的轴心社会都是温床社会,但如果我们要对这一比喻盘根究底的话,那么需要考察的事项之一就是:它们以各种方式交叉影响。正如犹太与希腊传统是相互渗透的一样,佛教对中国亦有强力影响,而印度的数学则影响了西方。很难确定这些轴心转型之间的关联,它们本身可能并不是简单平行的,不过在以后的历史中,它们彼此之间都深刻地相互影响。

我的观点是,轴心时代给予了我们两种意义上的"理论",但从那时以来,它们就一直不是没有问题的。伟大的乌托邦想象已经激发了人类的一些最高贵的成就;它们也激发了人类的一些最坏的行动。非投入性的认知(disengaged knowing),即为了理解而进行的探究,不论有没有道德评价,都已经带来了它自身的令人震惊的成就,但也赋予了人类毁灭环境与自身的力量。两种理论均批判了在轴心时代首次进入人们意识视野的阶级社会,但也为其做了辩护。它们既为改革的尝试,亦为镇压的尝试提供了智识手段。但是,轴心时代的正当化危机至今仍未解决。人们必然想知道,为了使这种解决成为可能,什么样的转化是国家社会所必须经历的,需要什么样的世界性机制来限制并部分地取代它们。

亚里士多德的吕克昂学园部分地是仿效柏拉图学园创立的,正如我在提及它的时候已经指出的那样,轴心时代突破的第二个伟大影响是创建了某些机制,它们可使传统保持活力,并使这些传统的追随者免受周遭世界的打击,这些机制也就是放松的领域,它们处于已确立的社会秩序的"温和的暴力"中,有时则是在政治动荡时期的不那么温和的暴力中。在印度,虽然后来信奉毗湿奴或湿婆的人们成立了自己的团体,但世袭的婆罗门种姓传承了传统,或是传统的重要部分。佛教徒开创了一种新的机制,即僧侣制度,它很可能影响了几个世纪之后西方基督教的隐修制度的形成。在所有这些实例中,教育机制都是很重要的,而且我们提到了尤其是在古典希腊与罗马世界传承着不同传统的"学派"(schools),例如,斯多亚学派与伊壁鸠鲁学派,而在中国,则是儒

---

① Talcott Parsons, *Societies: Evolutionary and Comparative Perspectives* (Englewood Cliffs, N. J.: Prentice-Hall, 1966),第六章,95—108 页。

家、墨家与道家，虽然道家后来大概是在佛教的影响下，也建立了与学派有所不同的宗教机制。[1]

以色列是一个特别有趣的例子，因为它后来的历史是一个流散民族的历史，而非一个帝国的历史。在某种意义上，犹太教尽管处境最为艰苦，却最接近于一个实现了的乌托邦。虽然在基督教与穆斯林社会中，他们常常都与把持权力者之间有着重要联系，但作为常常受迫害的少数群体，犹太人被剥夺了独立的政治权力。然而，在最好的处境下，犹太人可在统治权力的庇护之下建立他们自己的自治共同体；这些共同体缺少国家权力，尤其是军事权力，却有属于自己的维系共同体内部秩序的管辖机制。最严厉的制裁往往是被逐出共同体，这是因为暴力掌握在周围的政治秩序手中，尽管驱逐确实已经是一项很严重的惩罚了。[2] 不论外部联系多么有问题，但犹太教内部的生活仍是以摩西五经为指导的，因此，当我将这些共同体比作轴心乌托邦时，我想说的是，它们与佛教和基督教的隐修共同体有一些相似之处，因为宗教生活与日常生活在这些共同体中比在大多数的历史社会中要更为紧密地等同了起来。可能很有讽刺性的是，作为犹太人在现代的伟大解放的一个结果，回归应许之地的古老希望能够与现代民族主义结合起来去创建以色列人的国家，它并不比任何其他现代国家更具有乌托邦色彩——确实，它面临着道德理想与国家组织特有的实践紧迫性之间的所有张力。

要追溯后来的世纪从轴心传统中发展出来的宗教建制的广泛联系，将远远超出本书的范围——基督教的教会，伊斯兰教的乌玛（Ummah），佛教的僧伽，以及与它们相关的教育建制，包括伊斯兰教的麦德

---

[1] "学园"一词在历史的大部分时间内都意味着教育机制，但也有次要的教学传统（tradition of teaching）的含义，虽然在柏拉图学园与亚里士多德的吕克昂学园中，这两种含义合并了。然而，皮柏在其《闲暇，文化的基础》第四章中提醒我们，学园的词源含义即闲暇，也就是希腊语中的 *skole*，拉丁语中的 *scola*。闲暇表明了，教育是在一个放松的领域中发生的，并有着某种游戏因素。在我们的社会中，"学校"（school）已经成为了激烈——有时是残酷的——竞争之地，所以要我们将它看作"闲暇"可能颇有难度。然而，在历史上的大多数社会中，只有极少数人可上"学校"；其他人只要身体条件允许，就会去劳作。所以，教育作为闲暇是可以理解的。甚至当它民主化之后，仍然可以讲得通的是，如果教育的真正目的即人类的成长，就是教育的结果，那么它应当是在闲暇的氛围中发生的。

[2] 在那些被驱逐出犹太人教会的人当中，斯宾诺莎也许是最有名的一个。他能幸存，只是因为他在非犹太的共同体中有支持者。

莱赛(madrasas)与基督教的大学,运用它们相对的放松领域进行了伟大的文化革新。但是,所有这些建制都以这样或那样的方式使宗教的乌托邦理念在它们并非总是全然放松的疆域内部保持着活力。

再论元叙事

让我们回到我在前言中提出的问题:当元叙事在过去已至为频繁被用于替历史上的胜利者辩护,用于中伤失败者的时候——历史被看作为生存而进行的斗争——我们如何能像我做的那样去进行一种元叙事,甚至是一种进化论的元叙事呢?托马斯·麦卡锡在新近的著作《种族、帝国与人类发展的理念》中已经尖锐地提出了这些问题,然而即便在面临着巨大困难的情况下,他还是追随康德,肯定了他所说的普遍历史的价值,甚至是它的不可避免性。[1] 在对他做出回应的时候,我希望能澄清我的立场。大部分这类尝试本身确实基本上都来自欧洲和美国,它们存在着三个重大缺陷。

598　　1.存在着一种根据彻底的二分法(dichotomy)来讨论人类的强烈倾向,甚至在早期现代哲学家中最强调普遍性的康德那里也是如此:我们(欧洲,后来是欧洲加上美国)与他们相对,而且不仅仅是以文化,而且——唉!甚至在康德那里——也是以种族来划分的。[2] 尽管其他种族有时候被认为能学习得更像西方人,但是白种人被看作高于,甚至是在生物学上高于所有其他种族。即便当人类群体之间的区分是从文化上而非从种族上来看的时候,二分法依旧是主要的分类方式:文明与野蛮相对。当在较少开化的群体之间也作出区分的时候,他们之间的区分仍然是微不足道的:"东方人"可能高于原始人,但是,他们仍被归类于某种单一的、静态的尤其是专制的文化:因此就有了东方专制主义。人们只需看看爱德华·萨义德的《东方主义》,即可看到这种二分法近来如何支配着西方的思想。[3]

---

[1] Thomas McCarthy, *Race, Empire, and the Idea of Human Developments* (Cambridgw: Cambridge University Press, 2009).

[2] 麦卡锡:《种族、帝国与人类发展的理念》,第二章"康德论种族与发展",42—68 页。

[3] Edward Said, *Orientalism* (New York: Pantheon Bokks, 1978).

2.这种基本的二分法可作为早先与后来之间的一种区分而被注入到时间中,而这种时间有时候是进化的时间,后来者,也就是我们,通过一种更高程度的进步与其他群体区别开来。所有既存的社会均可根据进步的阶段而加以排列,欧洲或欧美位于顶点。帝国主义作为具有教育作用的事物而被证明是正当的,因为它在适当的(长的)监护期之后为那些没有自由的社会带来了自由的可能性。我们再次失望地发现,约翰·斯图尔特·密尔——与他的父亲詹姆斯·密尔一样,他成年之后的大半生都是为东印度公司工作的——对这种见解给出了舌灿莲花的表达,而且在其大作《论自由》中,亦毫不逊色。我们发现,自由"适用于能力已臻成熟的人类",而"专制主义在应付野蛮人时则是一种正当的政府模式,因为其目的是使他们有所改善,而手段又因实际上对这一目的有效而被证明是正当的"。用密尔的话来说,英国在印度的统治是"好的专制主义"。毕竟,"恰当地说,世界的大部分地区是没有历史的,因为习俗的专制主义是完整的。整个东方的情况都是如此"。①

3.过去或当前的恐怖可作为更好未来的必要前提而被证明是正当的。麦卡锡提到,瓦尔特·本雅明尤其有说服力地指出,"历史上无数的受害者无非是发展之路上的垫脚石这种思想"是难以承受的。② 麦卡锡注意到,康德与密尔均三番五次地申明,任何侵犯了另一个人的尊严的行动永远都无法从道德上证明是正当的,更不用说侵犯生存的行动了。然而他们二人,以及无数其他较少在道德哲学上受过训练的人都发现了将不可证明是正当的东西证明为正当的方式。在麦卡锡看来,我们(西方)的这部分遗产需要的不仅仅是道歉,而且还要补偿那些仍然被我们已经造就的后果折磨着的人们。③

然而,尽管麦卡锡对大多数既存的元叙事都进行了这种笔诛墨伐,但他仍然相信,人类的能力确实随着历史时代而有了大幅的发展,而且不论喜欢与否,虽然在实际中文化差异将总是存在,但我们现在全都是现代人了,根据这一事实,发展式变化的理念就是不可避免的,也是难

599

---

① 引文出自密尔的《论自由》,载麦卡锡:《种族、帝国与人类发展的理念》,168、172、180 页。
② 同上书,153 页。
③ 尤其参上书的最后一章,230—243 页。

以抑止的。非但如此，"将这一领域留给那些误用它的人已被证明是危险的"①。麦卡锡为我们仍然非常需要的那种元叙事给出了一个处方：

> 根据康德的理解，宏大的元叙事——从一种世界主义观点出发的普遍历史——既非理论知识的对象，亦非实践理性的对象，而是"反思判断力"的对象，他的这种理解近乎是不易之论。在他看来，虽然这些元叙事必须顾及已知的经验材料与因果联系，且与它们相兼容，但它们在渴望历史统一性的时候总是超越了已知的东西。要实现它，最好是从一种以实践为导向的见解出发：诸种宏大的元叙事给予了一种我们可能会盼望的更为人性之未来的理念，但只有在我们准备致力于实现这些叙事的时候，才有这种可能。②

在将本书与麦卡锡的标准相对照的时候，不妨让我试着展示我是如何尝试以几种方式去满足这些标准的。本书中不存在二分法。尽管本书不可避免地是从一种特定的当下观点出发来撰写的，但其叙述终止于两千年以前。它没有讨论文化战争（除了在第二章顺带提及某些类型的宗教与某些类型的科学之间的文化战争）或"文明的冲突"——甚至就没有讨论基督教与伊斯兰教，因为它们在本书要考察的时间范围之外。确实，我也没有处理现代性，虽然关于它的不少东西已经有所暗示。这并不是因为我对这些问题无话可说——我倒希望更详细地论述它们——而只是因为在本书中，"现代化"不是一个议题。如果"我们"意味着西方人，而以色列与希腊是"我们的"前辈，那么无疑，我并未对它们偏爱有加。它们所占据的篇幅并没有中国与印度的多，我已经努力以同等的敬意对待所有这四个轴心案例，并珍视它们非同寻常的成就。如果对密尔来说，"整个东方"没有历史，那么，我则试图展示，中国与印度，以及它们在全世界的前辈，不论是在自然上，还是在文化上，曾有过一种多么生动与引人注目的历史。

---

① 引文出自密尔的《论自由》，载麦卡锡：《种族、帝国与人类发展的理念》，241—242 页。
② 同上书，224—225 页。麦卡锡已撰写了一部极具原创性的著作，对于思考我们当前的问题而言，它是极有价值的资源。但是，除了他几乎不加批判地从康德那里借鉴的部分，如他承认的那样，他从哈贝马斯的话语伦理学那里也受益良多。

至于说将"他者"均质化,我同样也在任何地方都尽力避免这样做。我已经指出了,甚至在书中两个部落社会的例子,即澳大利亚的土著居民与纳瓦霍人中都有着显著的内在多元性,而上古社会与轴心社会无疑也有这种多元性,在后面的这两种社会中,深刻的内在张力刺激了新洞见的形成,也刺激了人们革故鼎新。同样,不论是在生物学上,还是在文化上,我都没有以胜利者的姿态去看待过去。在整个第二章,我试图展示,"较高"与"较低"之间的区分总是相对的;例如,细菌可被视为所有生命形式中最为成功的,但是我们没有理由嘲笑恐龙。尽管我给予了轴心时代最多的篇幅,其主要人物在任何受过教育的人的生活中仍有影响,但我并未贬抑前轴心文化,而是试图展示它们每一个的内在价值与意义。

最后,我的确试图完成一种普遍的历史(虽然只有 40 亿又 2000 年不到的时间),它与麦卡锡为我们需要的那种历史所提出的标准相同。我没有回避这一事实,即自然选择是进化的首要机制,不论在生物学上,还是在文化上,但我关注的是在动物游戏与人类文化中出现的"放松的领域",在这里,为生存而斗争或适者生存并未完全大权独揽,道德的标准与自由的创造性也可以形成,事实上,它们在很多情况下的确是被选择出来的形式,因为它们虽然是在"善内在于实践,而不是为了任何外在目的"的语境中产生的,却仍有继续存在的价值。我没有主张,一切都是为了善,也没有否认,历史充斥着恐怖。我展示出了,好人常常失败,而坏人常常胜利。

实践意图

麦卡锡将"实践意图"视为普遍历史唯一正当的理由,至于本书的"实践意图",我已经试着展示了,生命与文化的进化并未赋予任何类型的必胜主义以任何根据。我确实相信,我们需要谈论进化,它是我们现有的一切文化中受过教育的人们之间唯一共享的元叙事,但是须以这种方式来谈论进化:要展示出进化中的危险与成功,也不能怕在善与恶之间做出区分。

所以,让我转向一个让人吃惊的例证,来看看就人类今天的道德处 601

境和我们需要做出的改变而言，历史深处能向我们揭示出什么。根据过去 5.4 亿年的化石记录，至少已经有过五次重大的灭绝事件——它们被界定为这样的事件：所有的动物种类中至少有 50% 灭绝了。最近的一次灭绝，即白垩纪第三纪灭绝事件，也是 6500 万年以前了，它最广为人知，因为正是在这时，除了鸟类，所有的恐龙都灭绝了。最大的一次灭绝事件则是 2.45 亿年以前的二叠纪–三叠纪灭绝事件，那时，所有海洋物种中的 96%，陆地物种估计有 70% 或更多，包括脊椎动物、昆虫与植物，都灭绝了。它由于对进化的巨大影响而被称作"大灭绝"（Great Dying）。

如我们当中的一些人知道的那样，而且所有人都应当知道，我们此时此刻正身处第六次大灭绝事件之中——确切而言，我们身处其中已经有非常长的时间了。古生物学者奈尔斯·埃尔德雷德将这一事件描述为"威胁堪与地质历史上的五次大规模灭绝相提并论"的事件。[1] 他指出，以前所有的灭绝事件都有着物理原因，包括与外太空物体的相撞、火山爆发，或地壳板块构造的剧烈变动，但第六次灭绝则有着不同的原因："这是第一次有记录的出于生物原因而非物理原因的全球性灭绝事件。"[2]这种原因就是我们。

埃尔德雷德提出，这一灭绝事件至少在 10 万年前就开始了，那时，人类发展出了狩猎技巧，这使得他们能够过度地捕猎那些猎物，包括但又不仅仅限于类似于长毛象与乳齿象这样的巨型动物。人类任何时候占领了新的疆域，这种灭绝即会发生——如大约 4 万年以前的澳大利亚与 1.25 万年以前的美洲那样。较晚近的时候，当人类到达波利尼西亚时，他们彻底消灭了所有巨大的陆禽物种。[3]

但是，滥觞于 1 万年前的人类农业对环境的冲击则尤为恶劣。根据埃尔德雷德，"农业象征着整个 35 亿年的生命历史中最深刻的一种生态变迁"。这是因为，人类不再依赖于其他自然状态的物种，而是能够出于自身的需要去操控它们，因而任由人口过剩，超出了任何自然生

---

① Niles Eldredge, "The Sixth Extinction", actionbioscience.org/newfrontirers/eldredge2. html, 1.
② Ibid., 2.
③ Ibid., 3-4.

态的承载能力。农业的发展"本质上是向生态系统的宣战——改造土地以生产一种或两种粮食作物,而其他天然的植物种类则被划归为不必要的'稗草',而且除了少数被驯养的动物物种,所有生物现在都被视为是有害的"。① 人口的剧烈增长——现在已增至 60 亿,并继续呈对数递增——已到达了如此地步,在许多地方,水土大量流失,水的供应已捉襟见肘,海洋被污染,鱼类枯竭,气候变化已导致全球迅速变暖。埃尔德雷德这样结束了他的文章:"第三次大规模灭绝后,世界上只有 10%的物种幸存了下来。这一次灭绝后还会有任何物种能幸存吗?"②

当然,在我们通过较为平缓的手段来灭绝所有的生命物种,包括灭绝我们自身之前,我们很可能会引爆了核武器而相互毁灭。穷国与富国之间巨大的不平等,能源与水供应的日益衰减,均可引发这样一种致命的冲突。在前言中,我指出我们的适应速率(rate of adaption)已有了如此长足的增长,以至于我们已难于适应我们的适应(adapting to our adaptation)。所有这一切都应该表明,虽然我的确相信能力日趋增长这种意义上的进化,也的确相信这些新能力所促成的进化阶段可追溯至遥远的生物学时间上的过去,但我从来就不曾主张,越多就是越好的,也不曾主张,我们就是生命的顶点,也丝毫没有去肯定这一点,即我们不会使自身及其他大多数物种亡在旦夕,从而将地球留给了细菌,正如我在第二章援引古尔德的说法那样,细菌是"处于开端的有机体,现在是且可能永远都是(在太阳燃尽之前)地球上的统治性生物,不论以什么样的进化标准来看"。③ 如果只是在一本像这样讨论最广泛的生物与文化进化的著作中存在着一种主要的实践意图,那就为时晚矣:当务之急是,人类要警醒,认识到正在发生的事情,并采取必要的显著措施,这些措施如此明显地被人们所需要,在当前却又如此明显地被这个地球上的列强置若罔闻。

但是,我想通过讨论本书的另一个实践意图来结尾,与我们的生态危机相比,它不那么具有决定性,但也极其重要。这就是我们现有的一

---

① Niles Eldredge, "The Sixth Extinction," actionbioscience.org/newfrontirers/eldredge2. html, 4-5.
② Ibid., 5.
③ Steven Jay Gould, *The Structure of Evolutionary Theory* (Cambridge, Mass.: Harvard University Press, 2002), 898.

种可能性,即以一种与多数人以前曾做过的截然不同的方式来理解我们最根深蒂固的文化差异,包括我们的宗教差异。种族中心主义无所不在,因此无须惊讶,在我们的祖先那里也能发现它。

即使轴心时代的重要人物那样伟大,他们的伦理学倾向那样具有普遍性,我们也不可忘记,他们每一个人都将自己的学说视为唯一的真理或最高的真理,甚至像佛陀这样的人亦然——他从未谴责过其竞争对手,而只是巧妙地讽刺他们。柏拉图、孔子、《第二以赛亚书》都认为,是且仅仅是他们发现了最终的真理。我们可将这理解为一个久远的世界之不可避免的特征。

603 但是,对一本讨论宗教进化的著作而言,记住下面这一点有着令人难堪的重要性,即甚至早期现代最好的思想家通常也假定了基督教是高于所有其他宗教的。康德与黑格尔也许是所有现代哲学家中最有影响力的,对他们而言,具有优越性的不是基督教,而具体指的是新教。这是一种直至此前还广泛流传的观点。

记住下面这一点也是很切题的,即对韦伯而言,不是新教,而是他所说的"禁欲主义的新教"——他指的主要是加尔文宗——尤其在经济领域,但又绝非唯独在经济领域,为促进理性化设定了标准,而所有其他的宗教均在与这种宗教的对比中得到了评价,并或多或少被找出了不足之处,开始是天主教,但接着又指向了中国与印度的宗教。诚然,韦伯并不真心喜欢禁欲主义的新教,他称它为"一种普遍的无兄弟之爱的宗教",它与那些他认为象征着宗教最好的一面的人物不相匹配:耶稣、方济各与佛陀。然而,正是禁欲主义的新教为推动理性化在整个人类生活中的扩展发挥了最大的作用,这是一个让他疑虑重重的("铁笼")过程,不过他也认为,这个过程是不可避免的,整体而言也是有利的。[1]

然而,20 世纪开始出现了一种新观点,这种观点能够根据所有宗教的自身来理解和评价它们,而且不会因为将某种宗教看作最好的,或

---

[1] 对韦伯的宗教观点的更为充分的讨论,可参 Robert N. Bellah, "Max Weber and World-Denying Love", in *The Robert Bellah Reader*, ed. Robert N. Bellah and Steven M. Tipton (Durham, N. C.: Duke University Press, 2007), 123-149。

者因为将它看作历史上最进步的，从而驱使着人们将它设定为最高的宗教。在此，我首先想到的不是"新时代"意识，它宣称"所有的宗教都是通向同一上帝的不同道路"，不过，这种意见的出现表明了一种新的文化处境。韦伯讽刺他当时的文化精英"从所有的世界宗教中拈出一些古董来装饰自己的灵魂"，当时发生的很多事情确实很可笑，尤其是这种不可避免的倾向：在其他宗教中妄自加上人们想找到的东西，而不是试着根据它们自身来理解它们。我首先想到的也不是跨宗教对话，虽然它很重要，在这种对话中，我们承认每一种宗教生存的权利，承认它们受到迫害时有保卫自身的权利，哪怕我们可能仍旧继续相信，我们自己的宗教是最好的——不过与以前的倾向相比，这种对话无疑是一个巨大的进步。

我现在想到的是严肃的宗教研究者的与日俱增，他们可将宗教多元主义作为我们的命运来接受而不主张某一种传统具有优越性。在20世纪中期，雅斯贝尔斯的《历史的起源与目标》在这个方面迈进了一大步，他采用了基督教将耶稣基督作为历史"轴心"的这种理念，并将其普遍化，使之包括了公元前第一个千年期间其他的伟大传统，从而将"轴心时代"这一说法运用到这一早期出现的几个伟大传统上。① 604

关于接受其他宗教，这个方面教我最多的人非威尔弗雷德·史密斯莫属，这同时在他的学识与人格上，在他与穆斯林共事的一生中表现了出来。史密斯以他自己特有的方式相信，所有的宗教在历史上都是相关联的，将它们"本质化"为一系列的"主义"（isms）则无法把握它们丰富的多样性，这些多样性就在我们所区分的传统的内部，也在这些传统之间。所以，一直到个体信仰者，他们甚至与同一个信仰传统内部的任何其他信仰者都从来不是完全一样的，试着去理解这样的信仰者之间的共同之处是什么，不同之处又是什么，但首先是根据他们自身而不是根据我们来理解他们，这就是我们的任务。在《迈向一种世界神学》一书中，他最为详尽地说明了自己的立场，书中使用"上帝"一词作为

---

① Karl Jaspers, *The Origin and Goal of History* (London: Routledge and Kegan Paul, 1953 [1949]). 关于轴心时代以及它与现代性的相关性，最近有一个非常有益的阐释，可参 Steven G. Smith, *Appeal and Attitude: Prospects for Ultimate Meaning* (Bloomington: Indiana University Press, 2005)。

所有宗教的基本指涉,虽然他也承认这样做将面临困境。尽管他认定自己是一个基督徒,但在这种语境中,他对"上帝"一词的用法并不是任何排他意义上的基督教的上帝,也不需要对基督与三位一体的信仰。史密斯想将整体的人类宗教性囊括于他的视野之中,而不给予任何一种宗教或任何类型的宗教以特权。①

我也一直受到查尔斯·泰勒探讨多元文化主义的著作的影响,但尤其受到了他在《世俗时代》中对其他宗教的讨论——有时只是顺便的讨论——的影响,在这本书中,他始终根据宗教自身来严肃地看待它们。② 赫伯特·芬格莱特与其他人一样详细地说明了我试图描述的立场:

> 这正是现代人特殊的命运:他具有一种对精神洞见(spiritual visions)的"选择"。吊诡在于,尽管每一种洞见都要求完全委身于它完全的正确性,但是,我们今天却能够形成一种语境,在这里我们看到,没有任何一种洞见是唯一的洞见。因此,我们必须学习天真但又不教条。也就是说,在洞见到来的时候,我们必须接受它,并使我们自身将它作为实在而天真地信赖它。然而,我们必须保持对如此经验的开放性,即在一种洞见内部深处的黑影就是沉默而顽强的信使,它们正等着将我们引向一种新的光明与新的洞见……
>
> 不可忽视这一事实,即归根结底,委身于一种明确的取向(orientation)要强过意象的普遍性(catholicity of imagery)。一个人可以是个敏感而老道的旅人,在许多地方都轻松自如,但他必须有一个家。我们可与我们所拜访的人们连舆并席,但在一些领域中,我们可能只是旅人与宾客,主人才是真正在家的人。家总是某个人的家;但并无一般意义上的绝对的家(Absolute Home)。③

---

① Wilfred Cantwell Smith, *Toward a World Theology* (Philadephia: Westminster, 1981).

② Charles Taylor, *A Secular Age* (Cambridge, Mass.: Harvard University Press, 2007).

③ Herbert Fingarette, *The Self Transformation: Psychoanalysis, Philosophy, and the Life of the Spirit* (New York: Basic Books, 1963), 236-237. 我们可在芬格莱特这里看到一种特殊的"弃世者"吗?

最后的这一断言，即"并无一般意义上的绝对的家"，对很多信仰者来说，可能是最让人芒刺在背的，它会驱使人们去指责芬格莱特是相对主义，而且也会指责我提到的其他人。但是，相对主义的指责确实在每个案例中都是不恰当的。人们可就任何宗教作出它们是较好的还是较坏的这样的判断，但是，只有人们已经严肃地试着根据宗教本身来理解它们，这些判断才更可能切中要害。

我实在不相信，这样一种对待人类宗教的态度已广为流传了。诚然，露骨的偏见是声名狼藉的，许多人也能将他们自己的宗教是最好的这一信仰与其他宗教的信徒亦可得救这一信仰结合起来。但我提出的这种看法不一定在宗教知识分子中广为流传，那里仍有着一种广泛的信念，即人们可给出令人信服的理由来证明为什么某种宗教立场或哲学立场比所有其他的都要好。

在我看来，有两种相互关联的理由可说明为什么一种最好立场的理念必然会站不住脚。"争论"必然是要么赢，要么输，它当中的各种差异都是在本章一直使用着的"理论"这一层面上的差异。但是，对待他人的理论意味着，人们必须将它们从某种混合物——历史性的理论总是这种混合物的一部分——中分离出来，尤其是从它们与具体的实践和故事之间的联系中分离出来，这些实践与故事也就是唐纳德所谓的文化的模仿形式和神话形式，它们在理论革新中得到了重组而不是被抛弃了。

如果犯下了这种错误，下一个错误几乎就是不可避免的：人们将这样对待他人的理论，似乎它们就是对我们自身理论传统中的问题的回答。除了其他重要的事情之外，威尔弗雷德·史密斯还教会我，宗教之间的差异与其说是对同样的问题给出不同的回答，倒不如说问的本就是不同的问题。但是，如果我们认为，其他传统是在回答我们的问题，那么说这些传统回答那些问题不如我们自己的传统回答得好，就只是一种循环逻辑了，毕竟自己的传统的目的就是要回答自己那些问题的。

所以，注意到以下这一点并不是在支持相对主义，即普遍的范畴（universal categories）虽然在各自的传统中都很重要，但它们与给予它们不同重点的特殊性仍密不可分。麦卡锡的说法颇中肯綮："观念的 606

要点在于：**就它们自身的本性而言**，普遍没有特殊不可能是现实的，形式没有质料，抽象没有具体，结构没有内容也都不可能是现实的。"①由此可以断定，"从我们当下的视角来看，显而易见的是，不可化约的多样的解释学立场与实践取向影响着解释的努力，但不论是多么好的影响，一般都将导致一种'解释之间的冲突'，并因此需要跨越差异的对话"。②

　　所以，在一个有着多元传统的世界中，本章也是本书为我们当前处境指出的最后一个教训是，从其文化语境中脱离出来的理论可能会臆断一种优越性，而这种优越性可能会铸成可怕的大错。每一个轴心案例中的理论突破均导向了普遍伦理学的可能性，对基本的人类平等的重申，以及对所有人类——确切而言，是对一切有情众生——的必要尊重。然而，在每一个轴心案例中，这些主张都来自生活共同体，其宗教实践界定了他们是谁，谁的故事对他们的身份是必需的。臆断"我们"——尤其是，如果"我们"指的是现代西方的话——拥有以启示、哲学或科学为基础又可强加于他人的普遍真理，这就是法西斯主义、帝国主义与殖民主义的意识形态面向。如果我们能够明白，即使我们必须要通过相互讨论来应对持久的差异，但我们，是的，包括我们的理论，但也包括实践和故事，都置身于这种意识形态面向之中，那么就会使康德的世界公民社会的梦想更有可能实现，那个社会最终将制止由国家所组织的社会对彼此之间以及对环境的暴力。

---

① McCarthy, *Race*, *Empire*, 223. 黑体为原文所有。
② Ibid., 187.

译后记

罗伯特·贝拉（Robert N. Bellah, 1927—2013）是最具影响力的社会学家之一，据其个人网站（http://www.robertbellah.com）得知，他于1950年毕业于哈佛大学，获社会人类学学士学位，其本科毕业论文《阿帕切族人的亲属制度》（"Apache Kinship Systems"）获得 Phi Beta Kappa 奖，并由哈佛大学出版社付梓，此类先例或许极为罕见，足见其才华出众。其后，他在哈佛大学继续深造，并于1955年获得社会学和远东语言学博士学位，博士论文即国内学术界熟知的《德川宗教》（1957年出版）。从1955—1957年，他在麦吉尔大学伊斯兰教研究所从事博士后研究，之后，开始在哈佛大学任教；从1967年起，贝拉担任加州大学伯克利分校社会学与比较研究福特讲座教授，直到1997年。

贝拉著述等身，所著《宗教的演变》（1964）和《美国的公民宗教》（1967）影响甚巨，尤其是《美国的公民宗教》一文，在美国学术界引发了长达约20年的学术争论，使他成为引人注目的公共知识分子。他领衔撰写的《心灵的习性》一书在1985年出版后，很快成为畅销书，成为此后中国人了解美国文化的必读书目之一。贝拉其他著作还有《超越信仰》（*Beyond Belief*），《涂尔干论道德与社会》（*Emile Durkheim on Morality and Society*），《破碎之约》（*The Broken Covenant*），《新型宗教意识》（*The New Religious Consciousness*），《形形色色的公民宗教》（*Varieties of Civil Religion*），《想象日本》（*Imagining Japan*），《罗伯特·贝拉选集》（*The Robert Bellah Reader*），等等。

2011年9月，哈佛大学出版社出版了贝拉教授最新著作《人类进化中的宗教：从旧石器时代到轴心时代》，这是他30多年孜孜矻矻的研究结晶。在该书中，贝拉将宗教的产生与演化置于生物包括人类的进化这一宏大的叙事框架之内予以考察。贝拉将生物的历史即进化视作人类历史的一部分,认为进化的主体是生物有机体,而不是基因。他力图揭示,进化较之于一些生物学家和许多人文主义者所想象的要复杂得多,在进化中,意义和目的拥有一席之地,而且意义与目的也是在进化的。他对进化的兴趣特别集注于能力的进化:创造氧气的能力;在周遭只有单细胞有机体的几十亿年之后,形成体大且复杂的有机体的能力;调节体温的能力——鸟类与哺乳动物保持恒定的体温以便在极端炎热或寒冷的气温中生存的能力;花费数天或者数周,或者数年,或者数十年的时间养育无法凭借其自身之力量生存下去的幼崽和小孩的能力;制造原子弹的能力。当然,进化并未向我们保证,我们会聪明地或很好地运用这些新能力。这些能力能够帮助我们,或许也能毁灭我们,这端赖于我们如何对待这些能力。

至于宗教,贝拉同时借鉴了格尔茨与涂尔干的定义,认为象征乃是宗教之根本。同时,他还借鉴了舒茨关于多重实在的理论,认为游戏是哺乳动物乃至人类暂离日常生活世界,建构并耽溺于另外的实在的特别重要的进化遗产。他认为,在人类出现之前的进化时期,可以发现宗教赖以产生的基本能力,此即模仿行为。哺乳动物的游戏本能即是宗教的源头。而在宗教的历史上,游戏和模仿之所以如此重要,是因为它们乃是仪式的先驱,它们体现了在这个世界里生存的方式。与此前那些认为宗教起源于万物有灵论、自然崇拜、梦幻、异己的自然力量与社会力量的压迫等各种理论相比,贝拉教授的宗教起源论自然显得卓尔不群,令人耳目一新。贝拉认为,宗教的进化确实增加了新的能力。但他一再强调,宗教进化并不意味着从坏到好的进步。人类并不是从部落民众拥有的"原始宗教"进化到像我们这样的人所拥有的"高级宗教"。他指出有多种形式的宗教,而且这些类型可以置于一个进化的序列之内,但这不是就好坏而言的,而是就它们运用的能力而言的。贝拉认为,梅林·唐纳德(Merlin Donald)关于文化进化的三个阶段——模仿的、神话的和理论的阶段——这一架构令人信服。

贝拉断定,随着社会越来越复杂,诸宗教亦步亦趋。它们以其自身的方式解释社会阶层之间的巨大差异,后者取代了劫掠成性的部落里的基本平等主义。酋长们及随后的古代君王们需要新型的象征化,以使依据财富和权力而日益增长的社会阶级之间的等级划分获得意义。在公元前的第一个千年，理论性的文化在古代世界的多个地方出现了，它质疑旧的叙事，以重组旧的叙事及其模仿性的基础；它摒弃仪式与神话，以创造新的仪式与神话；并且以伦理的和灵性的普世主义的名义，质疑所有旧的等级制。这一时期的文化沸腾不仅导致了宗教和伦理学中的新发展，而且也导致了对自然界的理解的新发展，后者是科学的源头。由于这些原因，我们称这一时期为轴心时代。

贝拉的这部巨著所探讨的人类进化中的宗教止于轴心时代。他对部落宗教、古代宗教以及轴心时代的古以色列、古埃及、公元前一千年的中国与古印度的宗教及文化都做了深入广泛的探究与分析。尽管他在本书中研究的不是现代而是包括轴心时代之前的人类社会演进中的宗教，但是，他对以下现象却深表忧虑：宗教……有时导向伟大的道德进步，有时导向深刻的道德失败。说宗教的进化只是更加富有同情心的、更加公义的和更加开明的宗教向上和向前的崛起，这样的说法与事实的距离几乎是远得不能再远了。没有哪位本书的严肃读者会认为本书是对任何种类的宗教必胜信念或任何其他的必胜信念的赞歌。高速的技术进步与对我们在向世界社会和生物圈做什么的道德盲目相结合，乃是快速灭绝的秘方。看来，他是一位对现代性非常关注的悲观的进化论者。

贝拉的巨著自出版以来，广受好评。在该书封底，可以见到芝加哥大学的汉斯·乔阿斯（Hans Joas）教授的评论："本书是健在的最伟大的宗教社会学家的鸿篇巨制，自马克斯·韦伯以来，还没有人就早期世界宗教历史生产出如此博学而有系统的比较研究。罗伯特·贝拉为跨学科的宗教研究和全球跨宗教的对话开启了新的远景。"著名思想家哈贝马斯评论道："这部巨著是一位领军型的社会理论家的丰富的学术生涯的思想大丰收，他在从事这一令人讶异的项目的过程中，吸收了海量的生物学、人类学和历史学文献。贝拉首先要探寻的乃是在我们人类的自然进化中，仪式与神话的根源，随后则探寻直到轴心时代的宗教的社会演化进程。在该书的第二部分，他成功地对留存下来了的一些世界宗教甚至希腊哲学的起源做了独特的比较。在这一领域，我还没有见过与之同样雄心勃勃和包罗万象的研究。"

如上所述，贝拉的巨著是 2011 年 9 月出版的，10 月，贝拉教授即携新书应邀来北京做了 18 天的学术访问，参加了一系列学术活动。期间，贝拉教授曾在北京大学做过一次学术演讲，主要是介绍这本书的大旨。本人应邀对贝拉教授的演讲做了回应，在演讲后的餐叙中，贝拉教授的高足、原哈佛大学教授、现北京大学高等人文研究院院长杜维明教授建议由我主持翻译该书。藐余小子，虽自知才疏学浅，然不敢违杜先生之命，贸然应允。于是邀请已经毕业且在我看来英语较好的两位博士邵铁峰和刘一南合作翻译该书。现将分工情况列述如下：本人翻译前言和第一章，刘一南翻译第二章至第五章，邵铁峰翻译第六章至第十章。翻译完毕后，本人对全书做了通校，刘一南对前言和第一章也做了校对，邵铁峰在翻译索引的过程中，对全书的术语统一也做了不少工作。需要说明的是，为了使该书更易读，我们对书中涉及的一些知识点做了必要的补充或解释，凡此，或置于正文中的括弧中，或在注释中予以说明。原书中也有一些知识性或拼写错误，译者亦做了说明。由于贝拉的巨著信息量极大，涉及多种文明的古代史，而译者水平有限，错误在所难免，恳切希望读者批评指正。

在翻译过程中，贝拉教授于 2013 年 7 月 31 日病逝，译者感到悲痛与怅惘，有很多疑问本可以向贝拉教授请教的，然斯人已逝，不胜唏嘘哀叹之至。

在本书出版之际，译者愿借此机会衷心感谢杜维明先生的信任，感谢在翻译过程中多位师友的赐教与督责。

责任编辑为本书的编辑、校对和出版付出了辛勤的劳作，译者在此谨表谢忱。

孙尚扬

2015 年 5 月 4 日于雾都北郊林栖堂